W0258887

Sieben- und mehrstellige Tafeln der Kreis- und Hyperbelfunktionen und deren Produkte sowie der Gammafunktion

nebst einem Anhang
Interpolations- und sonstige Formeln

von

Keiichi Hayashi
Professor an der Kaiserlichen Kyushu-Universität, Japan

Springer-Verlag Berlin Heidelberg GmbH 1926

ISBN 978-3-662-28240-3 ISBN 978-3-662-29757-5 (eBook)
DOI 10.1007/978-3-662-29757-5

Ursprünglich erschienen bei Julius Springer in Berlin 1926
Softcover reprint of the hardcover 1st edition 1926

Vorrede.

Das vorliegende Werk ist sozusagen als eine erweiterte Auflage meiner Tafeln*) der Kreis- und Hyperbelfunktionen anzusehen, die jedoch eine durchgreifende Umarbeitung erfahren haben. Sie erschienen 1921 und haben, wenn auch einige Tafeln dieser Art schon damals bekannt waren, für diese in neuerer Zeit in den mathematischen sowie technischen Wissenschaften mehr und mehr in Anwendung kommenden Funktionen eine bemerkbare Lücke in der Literatur ausgefüllt und, was ihre Form sowie ihre innere Anordnung anbelangt, im Kreise der Fachmänner eine freundliche Aufnahme gefunden. Viele Benutzer obiger Tafeln aus aller Herren Ländern haben mich auf Druck- und Rechenfehler aufmerksam gemacht. Etliche waren auch so gefällig, mir bezüglich der Einrichtung der Tafeln Ratschläge zukommen zu lassen: die einen halten an besonderen Stellen der Tafeln kleinere Intervalle der Argumente für erforderlich, während andere verwandte Funktionen der genannten Gattung neu aufgenommen haben möchten.

Mathematische Tafeln bieten bei manchen analytischen Forschungen ein höchst wünschenswertes, ja sogar unentbehrliches Hilfsmittel; sie aufzustellen ist eine sehr mühselige, undankbare Arbeit, da derjenige, der sich ihr unterzieht, die Früchte seiner Bemühungen in der Regel nicht ernten kann; nur der erhebende Gedanke, daß er durch seine Aufopferung der Mit- und Nachwelt einen Dienst erweist, wird ihn bestärken, das gesteckte Ziel zu erreichen. Die genannten Tafeln so umzuarbeiten, daß sie einerseits den geäußerten Forderungen entsprechen, andererseits in möglichst weitgehendem Umfange dem heutigen Stande der Wissenschaft angepaßt sind, habe ich daher als eine Ehrenpflicht angesehen. Der Gedanke, einige Funktionen, die in meinem ersten Werke fehlten, und Funktionen, die mit Kreis- und Hyperbelfunktionen in näherer Beziehung stehen, hinzuzufügen und damit für diese beiden Funktionen eine praktisch vollständige Tafel zu bieten, schien mir gleich nach Herausgabe der vorigen Tafeln verlockend. Überdies schwebte mir als Ideal vor, die Tafelwerte mit mehr als fünf Dezimalstellen anzugeben, damit sie der ständig wachsenden Genauigkeit in den rechnenden Wissenschaften genügen würden. So nahm ich 1922 die Arbeit in Angriff und war gegen das Ende 1923 mit dem Manuskript fertig. Zu meinem größten Schmerz wurde indessen das Manuskript, das sich auf mehr als tausend Blätter belief, in ein Häufchen Asche verwandelt, als das Gebäude der technischen Fakultät zu Kyushu am 26. Dezember jenes Jahres niederbrannte. Zwei Jahre langwieriger Arbeit in einigen Stunden vernichtet: meine Trauer können nur diejenigen ermessen, die auf ähnliche Weise verloren haben, was ihnen ans Herz gewachsen war.

Sollte ich mein Vorhaben aufgeben? Mit frischem Mut machte ich mich Anfang 1924 von neuem auf den beschwerlichen Weg ins Reich der Zahlen, und es gelang mir, schon im Frühjahr 1925 das Manuskript druckfertig zu sehen.

Das Buch enthält in seinem Hauptteil, **Tafel I,** die Kreis- und Hyperbelfunktionen und deren Umkehrungen sowie die natürlichen Logarithmen. Das Argument fängt mit fünf Dezimalen an, und zwar schreitet es von $x = 0$ bis $x = 0{,}001$ mit dem Intervall 0,00001 fort. Von $x = 0{,}001$ bis $x = 6{,}30$ hat es dieselben Intervalle in beiden Werken, während es von $x = 6{,}30$ bis $x = 10$ im vorliegenden mit einem zehnmal kleineren Intervall fortgeführt ist. Der weitere Teil, der den Argumenten von $x = 10$ bis $x = 50$ entspricht, ist neu hinzugefügt. Wieder habe ich völlig davon abgesehen, die Logarithmen der Funktionen anzugeben, weil man einerseits seit der Einführung der Rechenmaschine selten auf die logarithmische Rechnung zurückgreift, und weil andererseits der Rahmen des Buches bei weitem hätte vergrößert werden müssen.

---

*) Fünfstellige Tafeln der Kreis- und Hyperbelfunktionen sowie der Funktionen e^x und e^{-x} mit den natürlichen Zahlen als Argument. Berlin und Leipzig 1921.

Was die Einrichtung der Tafeln im speziellen betrifft, so sind die Tafelwerte größtenteils sieben-, acht- oder zehnstellig angegeben. Dagegen sind sie für die ersten hundert Argumenten, also für $x = 0$ bis 0,00100, bis auf zwanzig Dezimalstellen berechnet, während die Funktionen $\sin x$ und $\cos x$ für $x = 3$ bis $x = 10$ mit achtzehn, für $x = 10$ bis $x = 50$ mit fünfzehn Dezimalstellen aufgeführt sind. Es mag sein, daß das Buch in mancher Beziehung den beabsichtigten Umfang überschreitet und sich für den Gebrauch als viel zu weitläufig erweist, da ich alle erzielten Rechnungsergebnisse bis auf die letzte errechnete Dezimale zu Papier gebracht habe. Denn aller Voraussicht nach wird eine mathematische Tafel dieser Art so lange ihren Wert behalten, als die Völker der Erde nicht tief unter ihre jetzige Kulturstufe sinken; und es ist zu hoffen, daß die vorliegenden Tafelwerte, die erstmalig in diesem Umfange erscheinen, größtenteils auf lange Zeit hinaus das Fundament für spätere Bearbeitungen bilden. Als Nachteil mußte dabei in Kauf genommen werden, daß die Tafel durch ihre Ausführlichkeit in manchen Fällen unbequem sein wird, und die Homogenität nicht gewahrt werden konnte.

Die Werte der Funktionen $\sin\frac{x\pi}{2}$, $\cos\frac{x\pi}{2}$ hat man viel nötig, wenn man einige höhere Funktionen berechnen will. Beide Funktionen sind in der **Tafel II** für $x = 0$ bis 0,500 bis auf 10 Dezimalstellen angegeben.

Die Funktionen $e^{\frac{x\pi}{360}}$, $e^{-\frac{x\pi}{360}}$ für $x = 0$ bis 360 sind in C. E. Van Orstrand „Tables*) of the exponential function" bis auf 23 Dezimalstellen angegeben. Daraus habe ich in der **Tafel III** für dieselben Argumentswerte $\mathfrak{Sin}\frac{x\pi}{360}$, $\mathfrak{Cof}\frac{x\pi}{360}$ berechnet.

Die Funktionen $\mathfrak{Sin}\, x \sin x$, $\mathfrak{Sin}\, x \cos x$, $\mathfrak{Cof}\, x \sin x$, $\mathfrak{Cof}\, x \cos x$ treten sehr häufig in den Lösungen von Differentialgleichungen auf. Sie könnten mit Hilfe der Tafel I durch direkte Multiplikation ermittelt werden; der Bequemlichkeit halber aber sind sie in der **Tafel IV** zusammengestellt. Vermöge der Beziehungen

$$e^{\pm x} \sin x = \mathfrak{Cof}\, x \sin x \pm \mathfrak{Sin}\, x \sin x,$$
$$e^{\pm x} \cos x = \mathfrak{Cof}\, x \cos x \pm \mathfrak{Sin}\, x \cos x,$$

kann diese Tafel auch für die Berechnung von $e^{\pm x} \sin x$, $e^{\pm x} \cos x$ benutzt werden.

Die **Tafeln VI, VII** enthalten die logarithmischen und natürlichen Werte der Gammafunktion. Diese Funktion steht zu den obenerwähnten eigentlich in keiner Beziehung. Trotzdem habe ich ihr einen hervorragenden Platz gewidmet, weil für diese Funktion keine praktische Tafel vorhanden ist, und weil diejenigen Fachmänner, die sich mit der Anwendung der höheren Mathematik beschäftigen, auch mit dieser Funktion recht häufig zu tun haben.

Die **Tafel V** und die **Tafeln VIII bis XI** sind teils durch Zusammenstellung aus verschiedenen Quellen, teils durch eigene Bearbeitung entstanden.

Die ersten Stellen der Tafelwerte wurden, wenn sie für die ganze Spalte gemeinschaftlich sind, größtenteils abgetrennt und über sowie unter der betreffenden Spalte durch stärkeren Druck hervorgehoben. Auch wenn sie voneinander um eine oder höchstens zwei Einheiten verschieden sind, wurden sie in ähnlicher Weise behandelt. Im letzten Fall sind diejenigen Tafelwerte mit * oder ** kenntlich gemacht, bei denen die Ergänzungen sich verändern. Z. B. sind auf S. 141 die ersten Stellen für $\mathfrak{Sin}\, x$ oben mit 4,9, unten mit 5,1 angegeben. Dies besagt, daß einem Teil der Werte $\mathfrak{Sin}\, x$ in der Spalte als Ergänzung 5,0 hinzugefügt werden muß. Man erhält ohne weiteres:

für $x = 2{,}305$ $\quad\mathfrak{Sin}\, x = \mathbf{4{,}96}220\ 97259$
„ $x = 2{,}328$ $\quad\mathfrak{Sin}\, x = \mathbf{5{,}07}995\ 78294$
„ $x = 2{,}343$ $\quad\mathfrak{Sin}\, x = \mathbf{5{,}15}819\ 39732$

Wie bei allen mathematischen Tafeln der Art wurden die angegebenen Zahlenwerte abgekürzt, und zwar wurde die letzte Dezimalstelle um 1 erhöht, wenn die folgende Ziffer 5 oder größer ist.

*) Memoirs of the national academy of sciences, Vol. XIV. Fifth memoir. Washington 1921.

Es ist denkbar, daß die Abkürzung nicht richtig ist, wenn die auf die letzte Stelle folgenden Ziffern nicht scharf erfaßt wurden; unter Umständen kann also die letzte Dezimalstelle der Tafel um eine Einheit unsicher ausfallen. Ferner habe ich oft der Platzersparnis und der größeren Übersichtlichkeit wegen in Anlehnung an andere Autoren Nullen hinter dem Komma in der Potenzform geschrieben, z. B. $0{,}0^5\,15$ statt 0,00000 15.

Die Interpolationsformeln im Anhang sind an sich unvollkommen. Ich habe sie nur aufgenommen, damit derjenige Benutzer der Tafel, der mit Hilfe derselben weitere Berechnungen ausführen will, nicht zum Zurückgreifen auf Spezialarbeiten genötigt ist.

Zum Schluß sehe ich mich ganz besonders verpflichtet, dem Herrn Baron K. Sumitomo, dessen Beistand mir die Herausgabe meiner früher erschienenen Tafeln ermöglicht hatte, meinen ehrerbietigsten Dank dafür auszusprechen, daß er mich bei dieser langwierigen Arbeit wieder in finanzieller sowie moralischer Beziehung unterstützt hat. Meinem Assistenten Herrn S. Kiyota, jetzigem Ingenieur an der Nippon Trascon Co., durch dessen unermüdliche Anstrengung und erfahrene Geschicklichkeit im Rechnen dieses Werk eine ganz hervorragende Förderung erfahren hat, schulde ich ebenfalls tiefsten Dank.

Es ist unausbleiblich, daß ein solches Tafelwerk Fehler und Irrtümer enthält. Ich richte daher an die Benutzer aller Richtungen die Bitte, mich auf Fehler und Mängel, die sie entdecken, aufmerksam zu machen.

Möge denn den vorliegenden Tafeln bei den Rechnern vom Fach und nicht minder im weiteren Kreise eine freundliche Aufnahme zuteil werden.

Berlin, im April 1926.

Keiichi Hayashi.

Inhaltsverzeichnis.

Anhang.

Tafel I

Kreis- und Hyperbelfunktionen

nebst den natürlichen Logarithmen*)

Die Argumentintervalle und die Anzahl der Dezimalstellen sind aus dem Schema auf den beiden folgenden Seiten ersichtlich.

*) Eine Tabelle für tg x, die in der Nähe von $\frac{\pi}{2}$ die Funktionswerte für ein kleineres Argumentintervall angibt, ist auf S. 88 hinzugefügt.

x	sin x	cos x	tg x	arc sin x	arc cos x	arc tg x
0 0,00001 0,00002 . . . 0,00100	20	20	20	20	20	20
0,0010 0,0011 . . . 0,0999	10	10	10	10	10	10
0,100 0,101 . . . 0,999	12	12	10	7	7	8
1,000 1,001 . . . 2,999	12	12	10			8
3,00 3,01 . . . 9,99	18	18	10			7
10,0 10,1 . . . 20,0	15	15	10			7
21 22 . . . 50	15	15	10			7

x	e^x	e^{-x}	Sin x	Cos x	Tg x	Ar Sin x	Ar Cos x	Ar Tg x	$\log_e x$
0 0,00001 0,00002 . . . 0,00100	20	20	20	20	20	20		20	20
0,0010 0,0011 . . . 0,0999	10	10	10	10	10	10		10	10
0,100 0,101 . . . 0,999	10	10	10	10	8	7		9	10
1,000 1,001 . . . 2,999	10	10	10	10	8	7	8 —x = 1,414— 7		10
3,00 3,01 . . . 9,99	10	10	10	10	10	7	7		10
10,0 10,0 . . . 20,0	15	15	15	15	10	7	7		10
21 22 50	15 —x = 41— 11 bis 14	15	15 —x = 39— 11 bis 14	15 —x = 39— 11 bis 14	10	7	7		10

x	Amp x	
	Bogenmaß	Winkelmaß
0 0,001 0,002 . . . 2,999	7	0,01″
3,00 3,01 . . . 10,00	7	0,01″ —x = 6,00— 0,001″

x	φ	sin x	cos x	tg x
0	0	0	1	0
	00° 00′	0,000	0,99999 99	0,000
0,00001	02″,06265	00 99999 99999 83333	999 50000 00000	01 00000 00000 33333
2	04,12530	01 ,, 99998 66667	998 00000 00001	02 ,, 00002 66667
3	06,18794	02 ,, 99995 50000	995 50000 00003	03 ,, 00009 00000
4	08,25059	03 ,, 99989 33333	992 00000 00010	04 ,, 00021 33333
5	10,31324	04 ,, 99979 16667	987 50000 00026	05 ,, 00041 66667
6	12,37589	05 ,, 99964 00000	982 00000 00054	06 ,, 00072 00000
7	14,43854	06 ,, 99942 83333	975 50000 00100	07 ,, 00114 33333
8	16,50118	07 ,, 99914 66667	968 00000 00171	08 ,, 00170 66667
9	18,56383	08 ,, 99878 50000	959 50000 00273	09 ,, 00243 00000
0,00010	20,62648	09 ,, 99833 33333	950 00000 00417	10 ,, 00333 33333
1	22,68913	10 ,, 99778 16667	939 50000 00610	11 ,, 00443 66667
2	24,75178	11 ,, 99712 00000	928 00000 00864	12 ,, 00576 00000
3	26,81442	12 ,, 99633 83333	915 50000 01190	13 ,, 00732 33334
4	28,87707	13 ,, 99542 66667	902 00000 01601	14 ,, 00914 66667
5	30,93972	14 ,, 99437 50000	887 50000 02109	15 ,, 01125 00001
6	33,00237	15 ,, 99317 33333	872 00000 02731	16 ,, 01365 33335
7	35,06502	16 ,, 99181 16667	855 50000 03480	17 ,, 01637 66669
8	37,12767	17 ,, 99028 00000	838 00000 04374	18 ,, 01944 00003
9	39,19031	18 ,, 98856 83334	819 50000 05430	19 ,, 02286 33337
0,00020	41,25296	19 ,, 98666 66667	800 00000 06667	20 ,, 02666 66671
1	43,31561	20 ,, 98456 50000	779 50000 08103	21 ,, 03087 00005
2	45,37826	21 ,, 98225 33334	758 00000 09761	22 ,, 03549 33340
3	47,44091	22 ,, 97972 16667	735 50000 11660	23 ,, 04055 66675
4	49,50355	23 ,, 97696 00001	712 00000 13824	24 ,, 04608 00011
5	51,56620	24 ,, 97395 83334	687 50000 16276	25 ,, 05208 33346
6	53,62885	25 ,, 97070 66668	662 00000 19041	26 ,, 05858 66683
7	55,69150	26 ,, 96719 50001	635 50000 22143	27 ,, 06561 00019
8	57,75415	27 ,, 96341 33335	608 00000 25611	28 ,, 07317 33363
9	59,81679	28 ,, 95935 16668	579 50000 29470	29 ,, 08129 66694
0,00030	*01,87944	29 ,, 95500 00002	550 00000 33750	30 ,, 09000 00032
1	03,94209	30 ,, 95034 83336	519 50000 38480	31 ,, 09930 33372
2	06,00474	31 ,, 94538 66669	488 00000 43691	32 ,, 10922 66711
3	08,06739	32 ,, 94010 50003	455 50000 49413	33 ,, 11979 00052
4	10,13003	33 ,, 93449 33337	422 00000 55681	34 ,, 13101 33394
5	12,19268	34 ,, 92854 16671	387 50000 62503	35 ,, 14291 66737
6	14,25533	35 ,, 92224 00000	352 00000 69984	36 ,, 15552 00081
7	16,31798	36 ,, 91557 83339	315 50000 78090	37 ,, 16884 33426
8	18,38063	37 ,, 90854 66673	278 00000 86881	38 ,, 18290 66772
9	20,44327	38 ,, 90113 50008	239 50000 96393	39 ,, 19773 00120
0,00040	22,50592	39 ,, 89333 33342	200 00001 06667	40 ,, 21333 33470
1	24,56857	40 ,, 88513 16676	159 50001 17740	41 ,, 22973 66821
2	26,63122	41 ,, 87652 00011	118 00001 29654	42 ,, 24696 00174
3	28,69387	42 ,, 86748 83346	075 50001 42450	43 ,, 26502 33529
4	30,75651	43 ,, 85802 66680	032 00001 56171	44 ,, 28394 66887
5	32,81916	44 ,, 84812 50015	*987 50001 70859	45 ,, 30375 00246
6	34,88181	45 ,, 83777 33351	942 00001 86561	46 ,, 32445 33608
7	36,94446	46 ,, 82696 16686	895 50001 03320	47 ,, 34607 66972
8	39,00711	47 ,, 81568 00021	848 00002 21184	48 ,, 36864 00340
9	41,06975	48 ,, 80391 83357	799 50002 40200	49 ,, 39216 33710
	00° 01′	0,000	0,99999 98	0,000

x	sin x	cos x
	0,00000	0,99999 99999
$0{,}0^5 1$	09999 99999 99983	99500 00000 00000
2	19999 ,, 99867	98000 ,, ,,
3	29999 ,, 99550	95500 ,, ,,
4	39999 ,, 98933	92000 ,, ,,
5	49999 ,, 97917	87500 ,, ,,
6	59999 ,, 96400	82000 ,, ,,
7	69999 ,, 94283	75500 ,, ,,
8	79999 ,, 91467	68000 ,, ,,
9	89999 ,, 87850	59500 ,, ,,

x	arc sin x	arc cos x	arc tg x
0	0	$\frac{\pi}{2}$	0
	0,000	1,570	0,000
0,00001	01 00000 00000 16667	78 63267 94896 45256	00 99999 99999 66667
2	02 ,, 00001 33333	77 ,, 94895 28590	01 ,, 99997 33333
3	03 ,, 00004 50000	76 ,, 94892 11923	02 ,, 99991 00000
4	04 ,, 00010 66667	75 ,, 94885 95256	03 ,, 99978 66667
5	05 ,, 00020 83333	74 ,, 94875 78590	04 ,, 99958 33333
6	06 ,, 00036 00000	73 ,, 94860 61923	05 ,, 99928 00000
7	07 ,, 00057 16667	72 ,, 94839 45256	06 ,, 99885 66667
8	08 ,, 00085 33333	71 ,, 94811 28590	07 ,, 99829 33333
9	09 ,, 00121 50000	70 ,, 94775 11923	08 ,, 99757 00000
0,00010	10 ,, 00166 66667	69 ,, 94729 95256	09 ,, 99666 66667
1	11 ,, 00221 83333	68 ,, 94684 78590	10 ,, 99556 33334
2	12 ,, 00288 00000	67 ,, 94608 61923	11 ,, 99424 00000
3	13 ,, 00366 16667	66 ,, 94530 45256	12 ,, 99267 66667
4	14 ,, 00457 33334	65 ,, 94439 28589	13 ,, 99085 33334
5	15 ,, 00562 50001	64 ,, 94334 11923	14 ,, 98875 00002
6	16 ,, 00682 66667	63 ,, 94213 95256	15 ,, 98634 66669
7	17 ,, 00818 83334	62 ,, 94077 78589	16 ,, 98362 33336
8	18 ,, 00972 00001	61 ,, 93924 61922	17 ,, 98056 00004
9	19 ,, 01143 16669	60 ,, 93753 45255	18 ,, 97713 66672
0,00020	20 ,, 01333 33336	59 ,, 93563 28587	19 ,, 97333 33340
1	21 ,, 01543 50003	58 ,, 93353 11919	20 ,, 96913 00008
2	22 ,, 01774 66671	57 ,, 93121 95253	21 ,, 96450 66677
3	23 ,, 02027 83338	56 ,, 92868 78584	22 ,, 95944 33346
4	24 ,, 02304 00006	55 ,, 90592 61917	23 ,, 95392 00016
5	25 ,, 02604 16674	54 ,, 92292 45249	24 ,, 94791 66686
6	26 ,, 02929 33342	53 ,, 91967 28581	25 ,, 94141 33357
7	27 ,, 03280 50011	52 ,, 91616 11912	26 ,, 93439 00029
8	28 ,, 03658 66680	51 ,, 91237 95244	27 ,, 92682 66701
9	29 ,, 04064 83349	50 ,, 90831 78574	28 ,, 91870 33374
0,00030	30 ,, 04500 00018	49 ,, 90396 61905	29 ,, 91000 00049
1	31 ,, 04965 16688	48 ,, 89931 45235	30 ,, 90069 66724
2	32 ,, 05461 33358	47 ,, 89435 28565	31 ,, 89077 33400
3	33 ,, 05989 50029	46 ,, 88907 11894	32 ,, 88021 00078
4	34 ,, 06550 66701	45 ,, 88345 95222	33 ,, 86898 66758
5	35 ,, 07145 83373	44 ,, 87750 78550	34 ,, 85708 33386
6	36 ,, 07776 00045	43 ,, 87120 61878	35 ,, 84448 00121
7	37 ,, 08442 16719	42 ,, 86454 45204	36 ,, 83115 66805
8	38 ,, 09145 33393	41 ,, 85751 28530	37 ,, 81709 33492
9	39 ,, 09886 50068	40 ,, 85010 11856	38 ,, 80227 00180
0,00040	40 ,, 10666 66743	39 ,, 84229 95180	39 ,, 78666 66871
1	41 ,, 11486 83420	38 ,, 83409 78503	40 ,, 77026 33565
2	42 ,, 12348 00098	37 ,, 82548 61825	41 ,, 75304 00261
3	43 ,, 13251 16777	36 ,, 81645 45146	42 ,, 73497 66961
4	44 ,, 14197 33457	35 ,, 80699 28466	43 ,, 71605 33663
5	45 ,, 15187 50138	34 ,, 79709 11785	44 ,, 69625 00369
6	46 ,, 16222 66821	33 ,, 78673 95102	45 ,, 67554 66873
7	47 ,, 17303 83505	32 ,, 77592 78418	46 ,, 65392 33563
8	48 ,, 18432 00191	31 ,, 76464 61732	47 ,, 63136 00510
9	49 ,, 19608 16879	30 ,, 75288 45045	48 ,, 60783 67232
	0,000	1,570	0,000

x	sin x		cos x	
$0{,}0^6 1$	0,00000 0	0999 99999 99999 98	0,99999 99999 99	995 00000 00000
2		1999 ,, 99999 87		980 ,, ,,
3		2999 ,, 99999 55		955 ,, ,,
4		3999 ,, 99998 93		920 ,, ,,
5		4999 ,, 99997 92		875 ,, ,,
6		5999 ,, 99996 40		820 ,, ,,
7		6999 ,, 99994 28		755 ,, ,,
8		7999 ,, 99991 47		680 ,, ,,
9		8999 ,, 99987 85		595 ,, ,,

x	φ	sin x	cos x	tg x
	00⁰ 01′	0,000	0,99999 9	0,000
0,00050	43″,13240	49 99999 79166 66693	8750 00002 60417	50 00000 41666 67083
1	45,19505	50 ,, 77891 50029	8699 50002 81883	51 ,, 44217 00460
2	47,25770	51 ,, 76565 33365	8648 00003 04651	52 ,, 46869 33840
3	49,32035	52 ,, 75187 16702	8559 50003 28770	53 ,, 49625 67224
4	51,38300	53 ,, 73756 00038	8542 00003 54294	54 ,, 52488 00612
5	53,44564	54 ,, 72270 83375	8487 50003 81276	55 ,, 55458 34004
6	55,50829	55 ,, 70730 66713	8432 00004 09771	56 ,, 58538 67401
7	57,57094	56 ,, 69134 50050	8375 50004 39833	57 ,, 61731 00802
8	59,63359	57 ,, 67481 33388	8318 00004 71521	58 ,, 65037 34208
9	*01,69624	58 ,, 65770 16726	8259 50005 04890	59 ,, 68459 67620
0,00060	03,75888	59 ,, 64000 00065	8200 00005 40000	60 ,, 72000 01037
1	05,82153	60 ,, 62169 83404	8139 50005 76910	61 ,, 75660 34459
2	07,88418	61 ,, 60278 66743	8078 00006 15681	62 ,, 79442 67888
3	09,94683	62 ,, 58255 00083	8015 50006 56373	63 ,, 83349 01323
4	12,00948	63 ,, 56309 33423	7952 00006 99051	64 ,, 87381 34765
5	14,07212	64 ,, 54229 16763	7887 50007 43776	65 ,, 91541 68214
6	16,13477	65 ,, 52084 00104	7822 00007 90614	66 ,, 95832 01670
7	18,19742	66 ,, 49872 83446	7755 50008 39630	67 00001 00254 35134
8	20,26007	67 ,, 47594 66788	7688 00008 90891	68 ,, 04810 68605
9	22,32272	68 ,, 45248 50130	7619 50009 44463	69 ,, 09503 02085
0,00070	24,38536	69 ,, 42833 33473	7550 00010 00417	70 ,, 14333 35574
1	26,44801	70 ,, 40348 16817	7479 50010 58820	71 ,, 19303 69072
2	28,51066	71 ,, 37792 00161	7408 00011 19744	72 ,, 24316 02580
3	30,57331	72 ,, 35163 83506	7335 50011 83260	73 ,, 29672 36097
4	32,63596	73 ,, 32462 66852	7262 00012 49441	74 ,, 35074 69625
5	34,69860	74 ,, 29687 50198	7187 50013 18359	75 ,, 40625 03164
6	36,76125	75 ,, 26837 33545	7112 00013 90091	76 ,, 46325 36714
7	38,82390	76 ,, 23911 16892	7035 50014 64710	77 ,, 52177 70276
8	40,88655	77 ,, 20908 00241	6958 00015 42294	78 ,, 58184 03850
9	42,94920	78 ,, 18826 83590	6879 50016 22920	79 ,, 64346 37436
0,00080	45,01184	79 ,, 14666 66940	6800 00017 06667	80 ,, 70666 71036
1	47,07449	80 ,, 11426 50291	6719 50017 94405	81 ,, 77147 04649
2	49,13714	81 ,, 08105 33642	6638 00018 83841	82 ,, 83789 38277
3	51,19979	82 ,, 04702 16995	6555 50019 77430	83 ,, 90595 71919
4	53,26244	83 ,, 01216 00349	6472 00020 74464	84 ,, 97568 05576
5	55,32509	84 99998 97645 83703	6387 50021 75026	85 00002 04708 39249
6	57,38773	85 ,, 93991 67059	6302 00022 79201	86 ,, 12018 72939
7	59,45038	86 ,, 90249 50415	6215 50023 87073	87 ,, 19501 06646
8	**01,51303	87 ,, 86421 33773	6128 00024 98731	88 ,, 27157 40370
9	03,57568	88 ,, 82505 17132	6039 50026 14260	89 ,, 34989 74112
0,00090	05,63833	89 ,, 78500 00492	5950 00027 33750	90 ,, 43000 07873
1	07,70097	90 ,, 74404 83853	5859 50028 57290	91 ,, 51190 41654
2	09,76362	91 ,, 70218 67216	5768 00029 84971	92 ,, 59562 75454
3	11,82627	92 ,, 65940 50580	5675 50031 16883	93 ,, 68119 09276
4	13,88892	93 ,, 61579 33950	5582 00032 53121	94 ,, 76861 43119
5	15,95157	94 ,, 57104 17311	5487 50033 93776	95 ,, 85791 76984
6	18,01421	95 ,, 52544 00679	5392 00035 38894	96 ,, 94912 10872
7	20,07686	96 ,, 47887 84049	5295 50036 88720	97 00003 04224 44783
8	22,13951	97 ,, 43136 67420	5198 00038 43201	98 ,, 13730 78719
9	24,20216	98 ,, 38283 50792	5099 50040 02483	99 ,, 23433 12680
0,00100	26,26481	99 ,, 33333 34167	5000 00041 66667	*00 ,, 33333 46667
	00⁰ 03′	0,000	0,99999 9	0,001

x	sin x	cos x
	0,00000 00	0,99999 99999 999
0,0⁷1	099 99999 99999 99998	99 95000 **00000**
2	199 ,, ,, 99987	99 80000 ,,
3	299 ,, ,, 99955	99 55000 ,,
4	399 ,, ,, 99893	99 20000 ,,
5	499 ,, ,, 99792	98 75000 ,,
6	599 ,, ,, 99640	98 20000 ,,
7	699 ,, ,, 99428	97 55000 ,,
8	799 ,, ,, 99147	96 80000 ,,
9	899 ,, ,, 98785	95 95000 ,,

x	arc sin x	arc cos x	arc tg x
	0,000	1,570	0,000
0,00050	50 00000 20833 33568	29 63267 74063 28355	49 99999 58333 33958
1	51 ,, 22108 50259	28 ,, 72788 11664	50 ,, 55783 00690
2	52 ,, 23434 66952	27 ,, 71461 94971	51 ,, 55130 67427
3	53 ,, 24812 83650	26 ,, 70083 78273	52 ,, 50374 34170
4	54 ,, 26244 00344	25 ,, 68652 61579	53 ,, 47512 00918
5	55 ,, 27729 17044	24 ,, 67167 44879	54 ,, 44541 67673
6	56 ,, 29269 33746	23 ,, 65627 28177	55 ,, 41461 34435
7	57 ,, 30865 50451	22 ,, 64031 11472	56 ,, 38269 01203
8	58 ,, 32518 67159	21 ,, 62377 94764	57 ,, 34962 67979
9	59 ,, 34229 83870	20 ,, 60666 78054	58 ,, 31540 34762
0,00060	60 ,, 36000 00583	19 ,, 58896 61340	59 ,, 28000 01541
1	61 ,, 37830 17300	18 ,, 57066 44623	60 ,, 24339 67511
2	62 ,, 39721 34020	17 ,, 55175 27903	61 ,, 20557 35166
3	63 ,, 41745 00744	16 ,, 53151 61179	62 ,, 16651 01985
4	64 ,, 43690 67472	15 ,, 51206 94451	63 ,, 12618 68814
5	65 ,, 45770 84211	14 ,, 49125 77712	64 ,, 08458 35654
6	66 ,, 47916 00939	13 ,, 46980 60984	65 ,, 04168 01252
7	67 ,, 50127 17680	12 ,, 44769 44243	66 99998 99745 68017
8	68 ,, 52405 34424	11 ,, 42491 27499	67 ,, 95189 36241
9	69 ,, 54751 51173	10 ,, 40145 10750	68 ,, 90497 03128
0,00070	70 ,, 57166 67927	09 ,, 37729 93996	69 ,, 85666 70028
1	71 ,, 59651 84687	08 ,, 35244 77237	70 ,, 80696 36942
2	72 ,, 62208 01451	07 ,, 32688 60472	71 ,, 75684 03870
3	73 ,, 64836 18211	06 ,, 30060 43702	72 ,, 70327 70813
4	74 ,, 67537 34998	05 ,, 27359 26926	73 ,, 64925 37771
5	75 ,, 70312 51780	04 ,, 25584 10143	74 ,, 59375 04746
6	76 ,, 73162 68568	03 ,, 21733 93355	75 ,, 53674 71738
7	77 ,, 76088 85363	02 ,, 18807 76560	76 ,, 47822 38747
8	78 ,, 79092 02165	01 ,, 15804 59758	77 ,, 41816 05774
9	79 ,, 82173 18974	00 ,, 12723 42949	78 ,, 35653 72821
0,00080	80 ,, 85333 35791	*99 ,, 09563 26132	79 ,, 29333 36610
1	81 ,, 88573 52615	98 ,, 06323 09308	80 ,, 22853 06974
2	82 ,, 91894 69447	97 ,, 03001 92476	81 ,, 16210 74081
3	83 ,, 95297 86288	96 63266 99598 75636	82 ,, 09404 41211
4	84 ,, 98784 03137	95 ,, 96112 58787	83 ,, 02432 08364
5	85 00001 02354 19994	94 ,, 92542 41929	84 99997 95291 75541
6	86 ,, 06009 36862	93 ,, 88887 25062	85 ,, 87981 42742
7	87 ,, 09750 53738	92 ,, 85146 08185	86 ,, 80499 09968
8	88 ,, 13578 70625	91 ,, 81317 91298	87 ,, 72842 77221
9	89 ,, 17494 87521	90 ,, 77401 74402	88 ,, 65010 44501
0,00090	90 ,, 21500 04428	89 ,, 73396 57495	89 ,, 57000 11810
1	91 ,, 25595 21347	88 ,, 69301 40576	90 ,, 48809 79147
2	92 ,, 29781 38276	87 ,, 65115 23647	91 ,, 40437 46515
3	93 ,, 34059 55218	86 ,, 60837 06705	92 ,, 31881 13914
4	94 ,, 38430 72171	85 ,, 56465 89752	93 ,, 23138 81348
5	95 ,, 42895 89137	84 ,, 52000 72786	94 ,, 14208 48809
6	96 ,, 47456 06115	83 ,, 47440 55808	95 ,, 05088 16307
7	97 ,, 52112 23107	82 ,, 42784 38816	96 99996 95775 83841
8	98 ,, 56865 40113	81 ,, 38031 21810	97 ,, 86269 51412
9	99 ,, 61716 57133	80 ,, 33180 04791	98 ,, 76567 19020
	*00 ,, 66666 74167	79 ,, 28229 87756	99 ,, 66666 86667
	0,001	1,569	0,000

x	sin x		cos x	
$0,0^8 1$	0,00000 000	10 00000 00000 00000	0,99999 99999 99999 9	9950 00000
2		20 ,, ,, ,,		9800 ,,
3		30 ,, ,, ,,		9550 ,,
4		40 ,, ,, ,,		9200 ,,
5		50 ,, ,, ,,		8750 ,,
6		60 ,, ,, ,,		8200 ,,
7		69 99999 99999 99999		7550 ,,
8		79 ,, ,, ,,		6800 ,,
9		89 ,, ,, ,,		5950 ,,

x	e^x	e^{-x}	Sin x	Cos x
0	1	1	0	1
	1,000	**0,999**	**0,000**	**1,00000 00**
0,00001	01 00000 50000 16667	99 00000 49999 83333	01 00000 00000 16667	000 50000 00000
2	02 00002 00001 33334	98 00001 99998 66667	02 ,, 00001 33333	002 00000 00001
3	03 00004 50004 50003	97 00004 49995 50003	03 ,, 00004 50000	004 50000 00003
4	04 00008 00010 66677	96 00007 99989 33344	04 ,, 00010 66667	008 00000 00011
5	05 00012 50020 83359	95 00012 49979 16693	05 ,, 00020 83333	012 50000 00026
6	06 00018 00036 00054	94 00017 99964 00054	06 ,, 00036 00000	018 00000 00054
7	07 00024 50057 16767	93 00024 49942 83433	07 ,, 00057 16667	024 50000 00100
8	08 00032 00085 33504	92 00031 99914 66837	08 ,, 00085 33333	032 00000 00171
9	09 00040 50121 50273	91 00040 49878 50273	09 ,, 00121 50000	040 50000 00273
0,00010	10 00050 00166 67083	90 00049 99833 33750	10 ,, 00166 66667	050 00000 00417
1	11 00060 50221 83943	89 00060 49778 17277	11 ,, 00221 83333	060 50000 00610
2	12 00072 00288 00864	88 00071 99712 00864	12 ,, 00288 00000	072 00000 00864
3	13 00084 50366 17857	87 00084 49633 84523	13 ,, 00366 16667	084 50000 01190
4	14 00098 00457 34934	86 00097 99542 68267	14 ,, 00457 33333	098 00000 01601
5	15 00112 50562 52109	85 00112 49437 52109	15 ,, 00562 50000	112 50000 02109
6	16 00128 00682 69397	84 00127 99317 36064	16 ,, 00682 66667	128 00000 02731
7	17 00144 50818 86813	83 00144 49181 20147	17 ,, 00818 83333	144 50000 03480
8	18 00162 00972 04374	82 00161 99028 04374	18 ,, 00972 00000	162 00000 04374
9	19 00180 51143 22097	81 00180 48856 88763	19 ,, 01143 16667	180 50000 05430
0,00020	20 00200 01333 40000	80 00199 98666 73333	20 ,, 01333 33334	200 00000 06667
1	21 00220 51543 58104	79 00220 78456 58103	21 ,, 01543 50000	220 50000 08103
2	22 00242 01774 76428	78 00241 98225 43094	22 ,, 01774 66667	242 00000 09761
3	23 00264 52027 94994	77 00264 47972 28316	23 ,, 02027 83334	264 50000 11660
4	24 00288 02304 13825	76 00287 97696 13823	24 ,, 02304 00001	288 00000 13824
5	25 00312 52604 32944	75 00312 47395 99609	25 ,, 02604 16667	312 50000 16276
6	26 00338 02929 52375	74 00337 97070 85706	26 ,, 02929 33334	338 00000 19041
7	27 00364 53280 72145	73 00364 46719 72142	27 ,, 03280 50001	364 50000 22143
8	28 00394 03658 92279	72 00391 96341 58943	28 ,, 03658 66668	392 00000 25611
9	29 00420 54065 12805	71 00420 45935 46135	29 ,, 04064 83335	420 50000 29470
0,00030	30 00450 04500 33752	70 00449 95500 33748	30 ,, 04500 00000	450 00000 33750
1	31 00480 54965 55149	69 00480 45035 21811	31 ,, 04965 16669	480 50000 38480
2	32 00512 05461 77027	68 00514 94539 10355	32 ,, 05461 33336	512 00000 43691
3	33 00544 55989 99417	67 00544 44010 99410	33 ,, 05989 50003	544 50000 49413
4	34 00578 06551 22351	66 00577 93449 89010	34 ,, 06550 66670	578 00000 55681
5	35 00612 57146 45864	65 00612 42854 79188	35 ,, 07145 83338	612 50000 62503
6	36 00648 07776 69989	64 00647 92224 69979	36 ,, 07776 00000	648 00000 69984
7	37 00684 58442 94763	63 00684 41558 61418	37 ,, 08442 16672	684 50000 78090
8	38 00722 09146 20221	62 00721 90855 53541	38 ,, 09145 33340	722 00000 86881
9	39 00760 59887 46401	61 00760 40114 46386	39 ,, 09886 50008	760 50000 96393
0,00040	40 00800 10667 73342	60 00799 89334 39991	40 ,, 10666 66675	800 00001 06667
1	41 00840 61488 10083	59 00840 38514 34397	41 ,, 11486 83343	840 50001 17740
2	42 00882 12349 29665	58 00881 87653 29643	42 ,, 12348 00011	882 00001 29654
3	43 00924 63252 59129	57 00924 36750 25771	43 ,, 13251 16679	924 50001 42450
4	44 00968 14198 89518	56 00967 85804 22824	44 ,, 14197 33347	968 00001 56171
5	45 01012 65189 20875	55 01012 34814 20844	45 ,, 15187 50015	*012 50001 70859
6	46 01058 16224 53244	54 01057 83779 19877	46 ,, 16222 66684	058 00001 86561
7	47 01104 67305 86672	53 01104 32698 19968	47 ,, 17303 83352	104 50002 03320
8	48 01152 18434 21205	52 01151 81570 21163	48 ,, 18432 00021	152 00002 21184
9	49 01200 69610 56890	51 01200 30394 23510	49 ,, 19608 16690	200 50002 40200
	1,000	**0,999**	**0,000**	**1,00000 01**

x	e^x		e^{-x}	
$0{,}0^{5}1$	**1,00000**	10000 00500 00017	**0,99999**	90000 00499 99983
2		20000 02000 00133		80000 01999 99867
3		30000 04500 00450		70000 04499 99550
4		40000 08000 01067		60000 07999 98933
5		50000 12500 02083		50000 12499 97917
6		60000 18000 03600		40000 17999 96400
7		70000 24500 05717		30000 24499 94283
8		80000 32000 08533		20000 31999 91467
9		90000 40500 12150		10000 40499 87850

x	$\mathfrak{Tg}$ x	$\mathfrak{Ar\,Sin}$ x	$\mathfrak{Ar\,Tg}$ x	$\log_e$ x
0	0 0,000	0 0,000	0 0,000	—∞
0,00001	00 99999 99999 66667	00 99999 99999 83333	01 00000 00000 33333	—11,51292 54649 70228 42009
2	01 ,, 99997 33333	01 ,, 99998 66667	02 ,, 00002 66667	—10,81977 82844 10283 11067
3	02 ,, 99991 00000	02 ,, 99995 50000	03 ,, 00009 00000	—10,41431 31763 02118 72869
4	03 ,, 99978 66667	03 ,, 99989 33333	04 ,, 00021 33333	—10,12663 11038 50337 80126
5	04 ,, 99958 33333	04 ,, 99979 16667	05 ,, 00041 66667	—9,90348 75525 36128 04549
6	05 ,, 99928 00000	05 ,, 99964 00000	06 ,, 00072 00000	—9,72116 59957 42173 41928
7	06 ,, 99885 66667	06 ,, 99942 83333	07 ,, 00114 33333	—9,56701 53159 14915 11498
8	07 ,, 99829 33333	07 ,, 99914 66667	08 ,, 00170 66667	—9,43348 39232 90392 49184
9	08 ,, 99757 00000	08 ,, 99878 50000	09 ,, 00243 00000	—9,31570 08876 34009 03730
0,00010	09 ,, 99666 66667	09 ,, 99833 33333	10 ,, 00333 33333	—9,21034 03719 76182 73607
1	10 ,, 99556 33334	10 ,, 99778 16667	11 ,, 00443 66667	—9,11503 01921 71857 87603
2	11 ,, 99424 00000	11 ,, 99712 00000	12 ,, 00576 00000	—9,02801 88151 82228 10986
3	12 ,, 99267 66667	12 ,, 99633 83334	13 ,, 00732 33334	—8,94797 61075 08691 68404
4	13 ,, 99085 33334	13 ,, 99542 66667	14 ,, 00914 66668	—8,87386 81353 54969 80557
5	14 ,, 98875 00001	14 ,, 99437 50001	15 ,, 01125 00002	—8,80487 52638 68018 35409
6	15 ,, 98634 66668	15 ,, 99317 33334	16 ,, 01365 33335	—8,74033 67427 30447 18242
7	16 ,, 98362 33335	16 ,, 99181 16668	17 ,, 01637 66669	—8,67971 21209 14012 33984
8	17 ,, 98056 00003	17 ,, 99028 00001	18 ,, 01944 00004	—8,62255 37070 74063 72788
9	18 ,, 97713 66670	18 ,, 98856 83335	19 ,, 02286 33338	—8,56848 64858 03787 96008
0,00020	19 ,, 97333 33337	19 ,, 98666 66669	20 ,, 02666 66673	—8,51719 31914 16237 42665
1	20 ,, 96913 00005	20 ,, 98456 50004	21 ,, 03087 00008	—8,46840 30272 46805 42359
2	21 ,, 96450 66674	21 ,, 98225 33337	22 ,, 03549 33344	—8,42188 30116 11912 56661
3	22 ,, 95944 33342	22 ,, 97972 16672	23 ,, 04055 66680	—8,37743 12490 41078 72928
4	23 ,, 95392 00011	23 ,, 97696 00006	24 ,, 04608 00016	—8,33487 16346 22282 80044
5	24 ,, 94791 66680	24 ,, 97395 83341	25 ,, 05208 33353	—8,29404 96401 02027 67089
6	25 ,, 94141 33349	25 ,, 97070 66676	26 ,, 05858 66690	—8,25482 89269 48746 37462
7	26 ,, 93439 00019	26 ,, 96719 50011	27 ,, 06561 00029	—8,21708 85989 65899 34590
8	27 ,, 92682 66697	27 ,, 96341 33346	28 ,, 07317 33368	—8,18072 09547 95024 49615
9	28 ,, 91870 33361	28 ,, 95935 16682	29 ,, 08129 66708	—8,14562 96349 83754 39291
0,00030	29 ,, 91000 00032	29 ,, 95500 00018	30 ,, 09000 00049	—8,11172 80833 08073 04468
1	30 ,, 90069 66705	30 ,, 95034 83355	31 ,, 09930 33391	—8,07893 82604 85082 17416
2	31 ,, 89077 33378	31 ,, 94538 66692	32 ,, 10922 66734	—8,04718 95621 70501 87300
3	32 ,, 88021 00052	32 ,, 94010 50029	33 ,, 11979 00078	—8,01641 79035 03748 18463
4	33 ,, 86898 66727	33 ,, 93449 33367	34 ,, 13101 33424	—7,98656 49403 54067 03042
5	34 ,, 85708 33403	34 ,, 92854 16706	35 ,, 14291 66719	—7,95757 74034 80814 74038
6	35 ,, 84448 00081	35 ,, 92224 00045	36 ,, 15552 00121	—7,92940 65265 14118 41847
7	36 ,, 83115 66759	36 ,, 91557 83385	37 ,, 16884 33472	—7,90200 75523 26003 97572
8	37 ,, 81709 33439	37 ,, 90854 66726	38 ,, 18290 66825	—7,87533 93052 43842 65066
9	38 ,, 80227 00120	38 ,, 90113 50068	39 ,, 19773 00180	—7,84936 38188 40581 99264
0,00040	39 ,, 78666 66803	39 ,, 89333 33410	40 ,, 21333 33538	—7,82404 60108 56292 11724
1	40 ,, 77026 33488	40 ,, 88513 16754	41 ,, 22973 66898	—7,79935 33982 65920 61622
2	41 ,, 75304 00174	41 ,, 87652 00098	42 ,, 24696 00261	—7,77525 58466 86860 11417
3	42 ,, 73497 66863	42 ,, 86748 83444	43 ,, 26502 33627	—7,75172 53492 76665 99662
4	43 ,, 71605 33553	43 ,, 85802 66790	44 ,, 28394 66996	—7,72873 58310 51967 25719
5	44 ,, 69625 00246	44 ,, 84812 50138	45 ,, 30375 00369	—7,70626 29751 99908 66270
6	45 ,, 67554 66941	45 ,, 83777 33488	46 ,, 32445 33539	—7,68428 40684 81133 41987
7	46 ,, 65392 33639	46 ,, 82696 16839	47 ,, 34607 66896	—7,66277 78632 60169 83327
8	47 ,, 63136 00340	47 ,, 81568 00191	48 ,, 36864 00510	—7,64172 44540 62337 49103
9	48 ,, 60783 67043	48 ,, 80391 83545	49 ,, 39216 33898	—7,62100 51668 59601 80988
	0,000	0,000	0,000	

x	e^x		e^{-x}	
$0{,}0^6 1$	1,00000 0	1000 00005 00000 02	0,99999 9	9000 00004 99999 98
2		2000 00020 00000 13		8000 00019 ,, 87
3		3000 00045 00000 45		7000 00044 ,, 55
4		4000 00080 00001 07		6000 00079 99998 93
5		5000 00125 00002 08		5000 00124 99997 92
6		6000 00180 00003 60		4000 00179 99996 40
7		7000 00245 00005 72		3000 00244 99994 28
8		8000 00320 00008 53		2000 00319 99991 47
9		9000 00405 00012 15		1000 00404 99987 85

x	e^x	e^{-x}	Sin x	Cos x
	1,000	**0,999**	**0,000**	**1,00000 0**
0,00050	50 01250 20835 93776	50 01249 79169 27057	50 00000 20833 33359	1250 00002 60417
1	51 01300 72111 31912	49 01300 27894 31855	51 ,, 22108 50029	1300 50002 81883
2	52 01352 23437 71349	48 01351 76568 37952	52 ,, 23434 66698	1352 00003 04651
3	53 01404 74816 12138	47 01404 25190 45402	53 ,, 24812 83368	1404 50003 28770
4	54 01458 26247 54332	46 01457 73759 54256	54 ,, 26244 00038	1458 00003 54294
5	55 01512 77732 97985	45 01512 22274 64567	55 ,, 27729 16709	1512 50003 81276
6	56 01568 29273 43150	44 01567 70734 76391	56 ,, 29269 33379	1568 00004 09771
7	57 01624 80689 89884	43 01624 19138 89783	57 ,, 30865 50050	1624 50004 39833
8	58 01682 32523 38242	42 01681 67486 04799	58 ,, 32518 66721	1682 00004 71521
9	59 01740 84234 88283	41 01740 15775 21497	59 ,, 34229 83393	1740 50005 04890
0,00060	60 01800 36005 40065	40 01799 64005 39935	60 ,, 36000 00065	1800 00005 40000
1	61 01860 87835 93647	39 01860 12175 60173	61 ,, 37830 16737	1860 50005 76910
2	62 01922 39927 49090	38 01921 60284 82271	62 ,, 39721 33410	1922 00006 15681
3	63 01984 91681 06456	37 01984 08332 06291	63 ,, 41745 00083	1984 50006 56373
4	64 02048 43697 65807	36 02047 56316 32295	64 ,, 43690 66756	2048 00006 99051
5	65 02112 95778 27206	35 02112 04236 60346	65 ,, 45770 83430	2112 50007 43776
6	66 02178 47923 90718	34 02177 52091 90510	66 ,, 47916 00104	2178 00007 90614
7	67 02245 00135 56409	33 02243 99881 22851	67 ,, 50127 16779	2244 50008 39630
8	68 02312 52414 24345	32 02311 47603 57436	68 ,, 52405 33454	2312 00008 90891
9	69 02381 04760 94594	31 02379 95257 94333	69 ,, 54751 50130	2380 50009 44463
0,00070	70 02450 57176 67223	30 02449 42843 33610	70 ,, 57166 66807	2450 00010 00417
1	71 02521 09662 42304	29 02519 90358 75336	71 ,, 59651 83484	2520 50010 58820
2	72 02592 62219 19905	28 02591 37803 19583	72 ,, 62208 00161	2592 00011 19744
3	73 02665 14848 00099	27 02663 85175 66421	73 ,, 64836 16839	2664 50011 83260
4	74 02738 67549 82959	26 02737 32475 15922	74 ,, 67537 33518	2738 00012 49441
5	75 02813 20325 68557	25 02811 79700 68162	75 ,, 70312 50198	2812 50013 18359
6	76 02888 73176 56969	24 02887 26851 23213	76 ,, 73162 66878	2888 00013 90091
7	77 02965 26103 48269	23 02963 73925 81151	77 ,, 76088 83559	2964 50014 64710
8	78 03042 79107 42535	22 03041 20923 42053	78 ,, 79092 00241	3042 00015 42294
9	79 03121 32189 39843	21 03119 67843 05997	79 ,, 82173 16923	3120 50016 22920
0,00080	80 03200 85350 40273	20 03199 14683 73060	80 ,, 85333 33606	3200 00017 06667
1	81 03281 38591 43904	19 03279 61444 43323	81 ,, 88573 50291	3280 50017 94405
2	82 03362 91913 50816	18 03361 08124 16865	82 ,, 91894 66976	3362 00018 83841
3	83 03445 45317 61092	17 03443 54721 93768	83 ,, 95297 83662	3444 50019 77430
4	84 03528 98804 74813	16 03527 01236 74116	84 ,, 98784 00349	3528 00020 74464
5	85 03613 52375 92063	15 03611 47667 57990	85 ,, 02354 17036	3612 50021 75026
6	86 03699 06032 12926	14 03696 94013 45475	86 00001 06009 33725	3698 00022 79201
7	87 03785 59774 37489	13 03783 40273 36658	87 ,, 09750 50415	3784 50023 87073
8	88 03873 13603 65837	12 03870 86446 31624	88 ,, 13578 67106	3872 00024 98731
9	89 03961 67520 98059	11 03959 32531 30461	89 ,, 17494 83799	3960 50026 14260
0,00090	90 04051 21527 34242	10 04048 78527 33258	90 ,, 21500 00492	4050 00027 33750
1	91 04141 75623 74477	09 04139 24433 40103	91 ,, 25595 17187	4140 50028 57290
2	92 04233 29811 18853	08 04230 70248 51088	92 ,, 29781 33883	4232 00029 84971
3	93 04325 84090 67463	07 04323 15971 66304	93 ,, 34059 50580	4324 50031 16883
4	94 04419 38463 20399	06 04416 61601 85843	94 ,, 38430 67278	4418 00032 53121
5	95 04513 92929 77754	05 04511 07138 09798	95 ,, 42895 83978	4512 50033 93776
6	96 04609 47491 39624	04 04606 52579 38265	96 ,, 47456 00679	4608 00035 38944
7	97 04706 02149 06102	03 04702 97924 71338	97 ,, 52112 17382	4704 50036 88720
8	98 04803 56903 77287	02 04800 43173 09114	98 ,, 56865 34087	4802 00038 43201
9	99 04902 11756 53276	01 04898 88323 51691	99 ,, 61716 50792	4900 50040 02483
0,00100	*00 05001 66708 34167	00 04998 33374 99167	*00 ,, 66666 67500	5000 00041 66667
	1,001	**0,999**	**0,001**	**1,00000 0**

x	e^x		e^{-x}	
0,0⁷1	**1,00000 00**	100 00000 05000 00	**0,99999 99**	900 00000 04999 99998
2		200 ,, 20000 00		800 ,, 19999 99987
3		300 ,, 45000 00		700 ,, 44999 99955
4		400 ,, 80000 00		600 ,, 79999 99893
5		500 00001 25000 00		500 00001 24999 99792
6		600 00001 80000 00		400 00001 79999 99640
7		700 00002 45000 01		300 00002 44999 99428
8		800 00003 20000 01		200 00003 19999 99147
9		900 00004 05000 01		100 00004 04999 98785

x	Tg x	Ar Sin x	Ar Tg x	$\log_e x$
	0,000	0,000	0,000	— 7,
0,00050	49 99999 58333 33750	49 99999 79166 66901	50 00000 41666 67292	60090 24595 42082 36147
1	50 ,, 55783 00460	50 ,, 77891 50259	51 ,, 44217 00690	58109 98322 45902 64845
2	51 ,, 53130 67174	51 ,, 76565 33618	52 ,, 46869 34094	56168 17463 88801 06520
3	52 ,, 50374 33891	52 ,, 75187 16983	53 ,, 49625 67503	54263 35514 18106 58595
4	53 ,, 47512 00612	53 ,, 73756 00344	54 ,, 52488 00918	52394 14184 05954 03649
5	54 ,, 44541 67338	54 ,, 72270 83711	55 ,, 55458 34340	50559 22797 37757 50143
6	55 ,, 41461 34068	55 ,, 70730 67080	56 ,, 58538 67768	48757 37742 35079 18673
7	56 ,, 38269 00802	56 ,, 69134 50451	57 ,, 61731 01203	46987 41971 35678 26869
8	57 ,, 34962 67542	57 ,, 67481 33826	58 ,, 65037 34646	45248 24544 23809 08349
9	58 ,, 31540 34287	58 ,, 65770 17203	59 ,, 68459 68095	43538 80210 64508 96947
0,00060	59 ,, 28000 01037	59 ,, 64000 00583	60 ,, 72000 01541	41858 09027 48027 73526
1	60 ,, 24339 67793	60 ,, 62169 83967	61 ,, 75660 34178	40205 16007 96917 17134
2	61 ,, 20557 34555	61 ,, 60278 67354	62 ,, 79442 68499	38579 10799 25136 86474
3	62 ,, 16651 01323	62 ,, 58255 00744	63 ,, 83349 01985	36979 07385 78695 73219
4	63 ,, 12618 68098	63 ,, 56309 34139	64 ,, 87381 35481	35404 23816 10556 56359
5	64 ,, 08458 34880	64 ,, 54229 17544	65 ,, 91541 68987	33853 81950 74591 30944
6	65 ,, 04168 01670	65 ,, 52084 00939	66 ,, 95832 01252	42327 07229 43802 87522
7	66 99998 99745 68467	66 ,, 49872 84347	67 00001 00254 34683	30823 28455 79262 36042
8	67 ,, 95189 35272	67 ,, 47594 67757	68 ,, 04810 69575	29341 77597 94121 72101
9	68 ,, 90497 02085	68 ,, 45248 51173	69 ,, 09503 03128	27881 89603 72969 03789
0,00070	69 ,, 56666 68908	69 ,, 42833 34594	70 ,, 14333 36695	26443 02229 20869 43097
1	70 ,, 80696 35739	70 ,, 40348 18020	71 ,, 19303 70275	25024 55879 28912 99876
2	71 ,, 75684 02580	71 ,, 37792 01451	72 ,, 24316 03870	23625 93459 54173 10905
3	72 ,, 70327 69431	72 ,, 35163 84888	73 ,, 29672 37479	22246 60238 21837 29100
4	73 ,, 64925 36292	73 ,, 32462 68331	74 ,, 35074 71105	20886 03717 66058 66630
5	74 ,, 59375 03164	74 ,, 29687 51780	75 ,, 40625 04746	19543 73514 33917 97949
6	75 ,, 53674 70047	75 ,, 26837 35235	76 ,, 46325 38404	18219 21246 83897 34125
7	76 ,, 47822 36942	76 ,, 23911 18697	77 ,, 52177 72080	16912 00431 16544 57092
8	77 ,, 41816 03850	77 ,, 20908 02165	78 ,, 58184 05774	15621 66382 80636 68322
9	78 ,, 35653 70769	78 ,, 17826 85641	79 ,, 64346 39487	14347 76125 03206 92592
0,00080	79 ,, 29333 37702	79 ,, 14666 69124	80 ,, 70666 69943	13089 88302 96346 80782
1	80 ,, 22853 04649	80 ,, 11426 52615	81 ,, 77147 06974	11847 63102 97789 65451
2	81 ,, 16210 71610	81 ,, 08105 36114	82 ,, 83789 40748	10620 62177 05975 30681
3	82 ,, 09404 38585	82 ,, 04702 19621	83 ,, 90595 74545	09408 48571 73630 49661
4	83 ,, 02432 05576	83 ,, 01216 03137	84 ,, 97568 08364	08210 86661 26914 80474
5	84 99997 95291 72583	84 99998 97645 86661	85 00002 04708 42207	07027 42084 79911 96524
6	85 ,, 87981 39606	85 ,, 93990 70195	86 ,, 12018 76075	05857 81687 16720 68720
7	86 ,, 80499 06646	86 ,, 90249 53738	87 ,, 19501 09968	04701 73463 15644 70151
8	87 ,, 72842 73703	87 ,, 86421 47291	88 ,, 27157 43888	03558 86504 92021 94778
9	88 ,, 65010 40779	88 ,, 82505 20855	89 ,, 34989 77835	02428 90952 38088 58177
0,00090	89 ,, 57000 07873	89 ,, 78500 04428	90 ,, 43000 11810	01311 57946 39963 35328
1	90 ,, 48809 74987	90 ,, 74404 88014	91 ,, 51190 45814	00206 59584 53378 37893
2	91 ,, 40437 42121	91 ,, 80218 71610	92 ,, 59562 79848	*99113 68879 21188 11045
3	92 ,, 31881 09276	92 ,, 65940 55218	93 ,, 68119 13914	98032 59718 16972 48277
4	93 ,, 23138 76452	93 ,, 61569 38838	94 ,, 76861 48011	96963 06827 00224 52385
5	94 ,, 14208 43650	94 ,, 57104 22470	95 ,, 85791 82142	95904 85733 69687 58548
6	95 ,, 05088 10871	95 ,, 52544 06115	96 ,, 94912 16307	94857 72735 02392 18161
7	96 99996 95775 78116	96 ,, 47887 89774	97 00003 04224 50508	93821 44864 66845 59797
8	97 ,, 86269 45386	97 ,, 43134 73446	98 ,, 13730 84745	92795 79862 99656 50046
9	98 ,, 76567 12680	98 ,, 38283 57133	99 ,, 23433 19020	91780 56148 35638 49324
0,00100	99 ,, 66666 80000	99 ,, 33333 40833	00 ,, 33333 53333	90775 52789 82137 05205
	0,000	0,000	0,000	— 6,

x		e^x		e^{-x}
$0,0^8 1$	1,00000 000	10 00000 00050 000	0,99999 999	90 00000 00049 99999 998
2		20 ,, 00200 000		80 ,, 00199 ,, 997
3		30 ,, 00450 000		70 ,, 00449 ,, 955
4		40 ,, 00800 000		60 ,, 00799 ,, 893
5		50 ,, 01250 000		50 ,, 01249 ,, 792
6		60 ,, 01800 000		40 ,, 01799 ,, 640
7		70 ,, 02450 000		30 ,, 02449 ,, 428
8		80 ,, 03200 000		20 ,, 03199 ,, 147
9		90 ,, 04050 000		10 ,, 04049 99998 785

x	φ	sin x	cos x	tg x	arc sin x	arc cos x	arc tg x
	0° 0	**0,00**	**0,99999**	**0,00**	**0,00**	**1,56**	**0,00**
0,0010	3 26″,26	099 99998	95000	100 00003	100 00002	979 63266	099 99997
1	3 46,89	109 99998	93950	110 00004	110 00002	969 63266	109 99996
2	4 07,52	119 99997	92800	120 00006	120 00003	959 63265	119 99994
3	4 28,14	129 99996	91550	130 00007	130 00004	949 63264	129 99993
4	4 48,77	139 99995	90200	140 00009	140 00005	939 63263	139 99991
5	5 09,40	149 99994	88750	150 00011	150 00007	929 63262	149 99989
6	5 30,02	159 99993	87200	160 00014	160 00007	919 63261	159 99986
7	5 50,65	169 99992	85500	170 00016	170 00008	909 63260	169 99984
8	6 11,28	179 99990	83800	180 00019	180 00010	899 63258	179 99981
9	6 31,90	189 99989	81950	190 00023	190 00011	889 63257	189 99977
0,0020	6 52,53	199 99987	80000	200 00027	200 00013	879 63255	199 99973
1	7 13,16	209 99985	77950	210 00031	210 00015	869 63253	209 99969
2	7 33,78	219 99982	75800	220 00035	220 00018	859 63250	219 99965
3	7 54,41	229 99980	73550	230 00041	230 00020	849 63248	229 99959
4	8 15,04	239 99977	71200	240 00046	240 00023	839 63245	239 99954
5	8 35,66	249 99974	68750	250 00052	250 00026	829 63242	249 99949
6	8 56,29	259 99971	66200	260 00059	260 00029	819 63239	259 99941
7	9 16,91	269 99967	63550	270 00066	270 00033	809 63235	269 99934
8	9 37,54	279 99963	60800	280 00073	280 00037	799 63231	279 99927
9	9 58,17	289 99959	57950	290 00081	290 00041	789 63227	289 99919
0,0030	*0 18,79	299 99955	55000	300 00090	300 00045	779 96223	299 99910
1	0 39,42	309 99950	51950	310 00099	310 00050	769 63218	309 99901
2	1 00,05	319 99945	48800	320 00109	320 00055	759 63213	319 99891
3	1 20,67	329 99940	45550	330 00120	330 00060	749 63208	329 99880
4	1 41,30	339 99934	42200	340 00131	340 00066	739 63202	339 99869
5	2 01,93	349 99929	38750	350 00143	350 00071	729 63196	349 99857
6	2 22,55	359 99922	35200	360 00156	360 00078	719 63190	359 99844
7	2 43,18	369 99916	31550	370 00169	370 00084	709 63184	369 99831
8	3 03,81	379 99909	27800	380 00183	380 00091	699 63177	379 99817
9	3 24,43	389 99901	23950	390 00198	390 00099	689 63169	389 99802
0,0040	3 45,06	399 99893	20000	400 00213	400 00107	679 63161	399 99787
1	4 05,69	409 99885	15950	410 00230	410 00115	669 63153	409 99770
2	4 26,31	419 99877	11800	420 00247	420 00123	659 63144	419 99753
3	4 46,94	429 99867	07550	430 00265	430 00133	649 63135	429 99735
4	5 07,57	439 99858	03200	440 00284	440 00142	639 63126	439 99716
5	5 28,19	449 99848	*98750	450 00304	450 00152	629 63116	449 99696
6	5 48,82	459 99838	94200	460 00424	460 00162	619 63106	459 99676
7	6 09,44	469 99827	89550	470 00346	470 00173	609 63095	469 99654
8	6 30,07	479 99816	84800	480 00369	480 00184	599 63084	479 99631
9	6 50,70	489 99804	79950	490 00392	490 00196	589 63072	489 99608
	0° 1	**0,00**	**0,99998**	**0,00**	**0,00**	**1,56**	**0,00**

x	sin x	cos x	e^x	e^{-x}
	0,00000 0000	0,99999 99999 99999 99	1,00000 0000	0,99999 9999
$0,0^{9}1$	1 00000 00000 00000	99 50000	1 00000 00000 500	9 00000 00000 50
2	2 ,, ,, ,,	98 00000	2 ,, 00002 000	8 .. 00002 00
3	3 ,, ,, ,,	95 50000	3 ,, 00004 500	7 .. 00004 50
4	4 ,, ,, ,,	92 00000	4 ,, 00008 000	6 .. 00008 00
5	5 ,, ,, ,,	87 50000	5 ,, 00012 500	5 .. 00012 50
6	6 ,, ,, ,,	82 00000	6 ,, 00018 000	4 ,, 00018 00
7	7 ,, ,, ,,	75 50000	7 ,, 00024 500	3 ,, 00024 50
8	8 ,, ,, ,,	68 00000	8 ,, 00032 000	2 ,, 00032 50
9	9 ,, ,, ,,	59 50000	9 ,, 00040 500	1 ,, 00040 50

x	e^x	e^{-x}	x	e^x	e^{-x}
$\frac{3\pi}{4}$ = 2,35619 44902	10,55072 40741 978	0,09478 02248 422	$\frac{8\pi}{4}$ = 6,28318 53072	535,49165 55247 647	0,00186 74427 317
$\frac{4\pi}{4}$ = 3,14159 26536	23,14069 26327 793	0,04321 39182 638	$\frac{9\pi}{4}$ = 7,06858 34706	1174,48316 53991 399	0,00085 14383 428
$\frac{5\pi}{4}$ = 3,92699 08170	50,75401 95117 349	0,01970 28729 866	$\frac{10\pi}{4}$ = 7,85398 16340	2575,97049 65975 706	0,00038 82032 039
$\frac{6\pi}{4}$ = 4,71238 89804	111,31777 84898 562	0,00898 32910 211	$\frac{11\pi}{4}$ = 8,63937 97974	5649,82470 14771 504	0,00017 69966 420
$\frac{7\pi}{4}$ = 5,49778 71438	244,15106 28542 750	0,00409 58248 894	$\frac{12\pi}{4}$ = 9,42477 79608	12391,64780 79166 975	0,00008 06995 176

x	e^x	e^{-x}	Sin x	Cos x	Tg x	Ar Sin x	Ar Tg x
	1,00	**0,99**	**0,00**	**1,00000**	**0,00**	**0,00**	**0,00**
0,0010	100 05002	900 04998	100 00002	05000	099 99997	099 99998	100 00003
1	110 06052	890 06048	110 00002	06050	109 99996	109 99998	110 00004
2	120 07203	880 07197	120 00003	07200	119 99994	119 99997	120 00006
3	130 08454	870 08446	130 00004	08450	129 99993	129 99996	130 00007
4	140 09805	860 09795	140 00005	09800	139 99991	139 99995	140 00009
5	150 11256	850 11244	150 00006	11250	149 99989	149 99994	150 00011
6	160 12807	840 12793	160 00007	12800	159 99986	159 99993	160 00014
7	170 14458	830 14442	170 00008	14450	169 99984	169 99992	170 00016
8	180 16210	820 16190	180 00010	16200	179 99981	179 99990	180 00019
9	190 18061	810 18039	190 00011	18050	189 99977	189 99989	190 00023
0,0020	200 20013	800 19987	200 00013	20000	199 99973	199 99987	200 00027
1	210 22065	790 22035	210 00015	22050	209 99969	209 99985	210 00031
2	220 24218	780 24182	220 00018	24200	219 99965	219 99982	220 00035
3	230 26470	770 26430	230 00020	26450	229 99959	229 99980	230 00041
4	240 28823	760 28777	240 00023	28800	239 99954	239 99977	240 00046
5	250 31276	750 31224	250 00026	31250	249 99948	249 99974	250 00052
6	260 33829	740 33771	260 00029	33800	259 99941	259 99971	260 00059
7	270 36483	730 36417	270 00033	36450	269 99934	269 99967	270 00066
8	280 39237	720 39163	280 00037	39200	279 99927	279 99963	280 00073
9	290 42091	710 42009	290 00041	42050	289 99919	289 99959	290 00081
0,0030	300 45045	700 44955	300 00045	45000	299 99910	299 99955	300 00090
1	310 48100	690 48000	310 00050	48050	309 99901	309 99950	310 00099
2	320 51255	680 51145	320 00055	51200	319 99891	319 99945	320 00109
3	330 54510	670 54390	330 00060	54450	329 99880	329 99940	330 00120
4	340 57866	660 57735	340 00066	57800	339 99869	339 99935	340 00131
5	350 61322	650 61179	350 00071	61250	349 99857	349 99929	350 00143
6	360 64878	640 64722	360 00078	64800	359 99845	359 99922	360 00156
7	370 68535	630 68366	370 00084	68450	369 99831	369 99916	370 00169
8	380 72292	620 72109	380 00091	72200	379 99817	379 99909	380 00183
9	390 76149	610 75951	390 00099	76050	389 99802	389 99901	390 00198
0,0040	400 80107	600 79893	400 00107	80000	399 99787	399 99893	400 00213
1	410 84165	590 83935	410 00115	84050	409 99770	409 99885	410 00230
2	420 88324	580 88077	420 00123	88200	419 99753	419 99877	420 00247
3	430 92583	570 92318	430 00133	92450	429 99735	429 99844	430 00265
4	440 96942	560 96658	440 00142	96800	439 99716	439 99858	440 00284
5	451 01402	551 01098	450 00152	*01250	449 99696	449 99848	450 00304
6	461 05962	541 05638	460 00162	05800	459 99676	459 99838	460 00324
7	471 10623	531 10277	470 00173	10450	469 99654	469 99827	470 00346
8	481 15385	521 15016	480 00184	15200	479 99631	479 99816	480 00369
9	491 20246	511 19854	490 00196	20050	489 99608	489 99804	490 00392
	1,00	**0,99**	**0,00**	**1,00001**	**0,00**	**0,00**	**0,00**

x	$\log_e x$	x	$\log_e x$	x	$\log_e x$	x	$\log_e x$
	— 6,		**— 6,**		**— 5,**		**— 5,**
0,0010	90775 52790	**0,0020**	21460 80984	**0,0030**	80914 29903	**0,0040**	52146 09179
1	81244 50992	1	16581 79343	1	77635 31675	1	49676 83053
2	72543 37222	2	11929 79186	2	74460 44692	2	47267 07537
3	64539 10145	3	07484 61560	3	71383 28105	3	44914 02563
4	57128 30424	4	03228 65416	4	68397 98474	4	42615 07381
5	50229 01709	5	*99146 45471	5	65499 23105	5	40367 78822
6	43775 16497	6	95224 38340	6	62682 14335	6	38169 89755
7	37712 70279	7	91450 35060	7	59942 24593	7	36019 27703
8	31996 86141	8	87813 58618	8	57275 42123	8	33913 93611
9	26590 13928	9	84304 45420	9	54677 87258	9	31852 00739
	— 6,		**— 5,**		**— 5,**		**— 5,**

x	Sin x	Cos x	Tg x	x	Sin x	Cos x	Tg x
$\frac{3\pi}{4}$	5,22797 19246 778	5,32275 21495 200	0,98219 33800 072	$\frac{8\pi}{4}$	267,74489 40410 165	267,74676 14837 482	0,99999 30253 396
$\frac{4\pi}{4}$	11,54873 93572 577	11,59195 32755 215	0,99627 20762 208	$\frac{9\pi}{4}$	587,24115 69803 985	587,24200 84187 414	0,99999 85501 065
$\frac{5\pi}{4}$	25,36715 83193 742	25,38686 11923 608	0,99922 38948 606	$\frac{10\pi}{4}$	1287,98505 41971 833	1287,98544 24003 872	0,99999 96985 966
$\frac{6\pi}{4}$	55,65439 75994 175	55,66338 08904 387	0,99983 86139 886	$\frac{11\pi}{4}$	2824,91226 22402 542	2824,91243 92368 962	0,99999 99373 444
$\frac{7\pi}{4}$	122,07348 35146 928	122,07757 93395 822	0,99996 64489 998	$\frac{12\pi}{4}$	6195,82386 36085 899	6195,82394 43081 075	0,99999 99869 752

x	φ	sin x	cos x	tg x	arc sin x	arc cos x	arc tg x
	0° 1	**0,00**	**0,9999**	**0,00**	**0,00**	**1,56**	**0,00**
0,0050	7′ 11″,32	499 99792	8 75000	500 00417	500 00208	579 63060	499 99583
1	7 31,95	509 99779	8 69950	510 00442	510 00221	569 63047	509 99558
2	7 52,58	519 99766	8 64800	520 00469	520 00234	559 63034	519 99531
3	8 13,20	529 99752	8 59550	530 00496	530 00248	549 63020	529 99504
4	8 33,83	539 99738	8 54200	540 00525	540 00262	539 63006	539 99475
5	8 54,46	549 99723	8 48750	550 00555	550 00277	529 62991	549 99445
6	9 15,08	559 99707	8 43200	560 00585	560 00293	519 62975	559 99417
7	9 35,71	569 99691	8 37550	570 00617	570 00309	509 62959	569 99383
8	9 56,34	579 99675	8 31800	580 00650	580 00325	499 62943	579 99350
9	*0 16,96	589 99658	8 25951	590 00685	590 00342	489 62926	589 99315
0,0060	0 37,59	599 99640	8 20001	600 00720	600 00360	479 62908	599 99280
1	0 58,22	609 99622	8 13951	610 00757	610 00378	469 62890	609 99243
2	1 18,84	619 99603	8 07801	620 00794	620 00397	459 62871	619 99206
3	1 39,47	629 99583	8 01551	630 00834	630 00417	449 62850	629 99167
4	2 00,09	639 99563	7 95201	640 00874	640 00437	439 62831	639 99126
5	2 20,72	649 99542	7 88751	650 00915	650 00458	429 62810	649 99085
6	2 41,35	659 99521	7 82201	660 00958	660 00479	419 62789	659 99042
7	3 01,97	669 99499	7 75551	670 01003	670 00501	409 62767	669 98997
8	3 22,60	679 99476	7 68801	680 01048	680 00524	399 62744	679 98952
9	3 43,23	689 99452	7 61951	690 01095	690 00548	389 62720	689 98905
0,0070	4 03,85	699 99428	7 55001	700 01143	700 00572	379 62696	699 98857
1	4 24,48	709 99403	7 47951	710 01193	710 00597	369 62671	709 98807
2	4 45,11	719 99378	7 40801	720 01243	720 00622	359 62646	719 98757
3	5 05,73	729 99352	7 33551	730 01297	730 00648	349 62620	729 98703
4	5 26,36	739 99325	7 26261	740 01351	740 00675	339 62593	739 98649
5	5 46,99	749 99297	7 18751	750 01406	750 00703	329 62565	749 98594
6	6 07,61	759 99268	7 11201	760 01463	760 00732	319 62536	759 98537
7	6 28,24	769 99239	7 03551	770 01522	770 00761	309 62507	769 98478
8	6 48,87	779 99209	6 95802	780 01582	780 00791	299 62477	779 98418
9	7 09,49	789 99178	6 87952	790 01643	790 00822	289 62446	789 98357
0,0080	7 30,12	799 99147	6 80002	800 01707	800 00853	279 62415	799 98293
1	7 50,74	809 99114	6 71952	810 01772	810 00886	269 62382	809 98229
2	8 11,37	819 99081	6 63802	820 01838	820 00919	259 62349	819 98162
3	8 32,00	829 99047	6 55552	830 01906	830 00953	249 62315	829 98094
4	8 52,62	839 99012	6 47202	840 01976	840 00988	239 62280	839 98024
5	9 13,25	849 98976	6 38752	850 02047	850 01024	229 62244	849 97953
6	9 33,88	859 98940	6 30202	860 02120	860 01060	219 62208	859 97880
7	9 54,50	869 98902	6 21552	870 02195	870 01098	209 62170	869 97805
8	**0 15,13	879 98864	6 12802	880 02272	880 01136	199 62132	879 97729
9	0 35,76	889 98825	6 03953	890 02350	890 01175	189 62093	889 97650
0,0090	0 56,38	899 98785	5 95003	900 02430	900 01215	179 62053	899 97570
1	1 17,01	909 98744	5 85953	910 02512	910 01256	169 62012	909 97488
2	1 37,64	919 98702	5 76803	920 02596	920 01298	159 61970	919 97405
3	1 58,26	929 98659	5 67553	930 02681	930 01341	149 61927	929 97319
4	2 18,89	939 98616	5 58203	940 02769	940 01384	139 61884	939 97232
5	2 39,52	949 98571	5 48753	950 02858	950 01429	129 61839	949 97142
6	3 00,14	959 98525	5 39204	960 02949	960 01475	119 61793	959 97051
7	3 20,77	969 98479	5 29554	970 03042	970 01521	109 61747	969 96958
8	3 41,40	979 98431	5 19804	980 03137	980 01569	099 61699	979 96863
9	4 02,02	989 98383	5 09954	990 03234	990 01617	089 61651	989 96766
	0° 3	**0,00**	**0,9999**	**0,00**	**0,00**	**1,56**	**0,00**

Tafel II

Zehnstellige Tafeln der Funktionen

$\sin\frac{x\pi}{2}$, $\cos\frac{x\pi}{2}$

von $x = 0$ bis 0,500 für jedes 0,001

x	$\sin\frac{x\pi}{2}$	$\cos\frac{x\pi}{2}$	x	$\sin\frac{x\pi}{2}$	$\cos\frac{x\pi}{2}$
	0,0	**1,0000**		**0,0**	**0,999**
0,000	0000 00000	0 00000	**0,010**	1570 73173	87 66325
1	0157 07957	*9 87663	1	1727 78998	85 07259
2	0314 15875	9 50652	2	1884 84397	82 23524
3	0471 23715	8 88067	3	2041 89331	79 15119
4	0628 31440	8 02609	4	2198 93761	75 82044
5	0785 39009	6 91576	5	2355 97648	72 24302
6	0942 46384	5 55871	6	2513 00954	68 41893
7	1099 53527	3 95493	7	2670 03640	64 34817
8	1256 60399	2 10442	8	2827 05668	60 03077
9	1413 66960	0 00719	9	2984 06997	55 46672
	0,0	**0,9999**		**0,0**	**0,999**

x	e^x	e^{-x}	Sin x	Cof x	Tg x	Ar Sin x	Ar Tg x
	1,00	0,99	0,00	1,0000	0,00	0,00	0,00
0,0050	501 25209	501 24792	500 00208	1 25000	499 99583	499 99792	500 00417
1	511 30271	491 29829	510 00221	1 30050	509 99558	509 99779	510 00442
2	521 35435	481 34966	520 00234	1 35200	519 99531	519 99766	520 00469
3	531 40698	471 40202	530 00248	1 40450	529 99504	529 99752	530 00496
4	541 46063	461 45538	540 00262	1 45800	539 99475	539 99738	540 00525
5	551 51528	451 50973	550 00277	1 51250	549 99445	549 99723	550 00555
6	561 57093	441 56508	560 00293	1 56800	559 99415	559 99707	560 00585
7	571 62759	431 62142	570 00309	1 62450	569 99383	569 99691	570 00617
8	581 68526	421 67875	580 00325	1 68200	579 99350	579 99675	580 00650
9	591 74393	411 73708	590 00342	1 72051	589 99315	589 99658	590 00685
0,0060	601 80361	401 79641	600 00360	1 80001	599 99280	599 99640	600 00720
1	611 86429	391 85672	610 00378	1 86051	609 99243	609 99622	610 00757
2	621 92598	381 91803	620 00397	1 92201	619 99206	619 99603	620 00794
3	631 98867	371 98034	630 00417	1 98451	629 99167	629 99583	630 00833
4	642 05238	362 04364	640 00437	2 04801	639 99126	639 99563	640 00874
5	652 11708	352 10793	650 00458	2 11251	649 99085	649 99542	650 00915
6	662 18280	342 17322	660 00479	2 17801	659 99042	659 99521	660 00958
7	672 24952	332 23950	670 00501	2 24451	669 98997	669 99499	670 01003
8	682 31725	322 30677	680 00524	2 31201	679 98952	679 99476	680 01048
9	692 38598	312 37503	690 00548	2 38051	689 98905	689 99450	690 01095
0,0070	702 45573	302 44429	700 00572	2 45001	699 98857	699 99428	700 01143
1	712 52648	292 41455	710 00597	2 52051	709 98807	709 99403	710 01193
2	722 59823	282 58579	720 00622	2 59201	719 98757	719 99378	720 01243
3	732 67100	272 65803	730 00648	2 66451	729 98703	729 99352	730 01297
4	742 74478	262 73126	740 00676	2 73802	739 98649	739 99325	740 01351
5	752 81954	252 80548	750 00703	2 81251	749 98594	749 99297	750 01406
6	762 89533	242 88070	760 00732	2 88801	759 98537	759 99268	760 01463
7	772 97212	232 95691	770 00761	2 96451	769 98478	769 99239	770 01522
8	783 04992	223 03411	780 00791	3 04202	779 98418	779 99209	780 01582
9	793 12873	213 11230	790 00822	3 12052	789 98357	789 99178	790 01643
0,0080	803 20855	203 19148	800 00853	3 20002	799 98293	799 99147	800 01707
1	813 28938	193 27156	810 00891	3 28047	809 98229	809 99114	810 01771
2	823 37121	183 35273	820 00924	3 36197	819 98162	819 99081	820 01838
3	833 45405	173 43489	830 00958	3 44447	829 98094	829 99047	830 01906
4	843 53790	163 51804	840 00993	3 52797	839 99024	839 99012	840 01976
5	853 62276	153 60219	850 01029	3 61247	849 97953	849 98976	850 02047
6	863 70862	143 68732	860 01065	3 69797	859 97880	859 98940	860 02120
7	873 79550	133 77355	870 01098	3 78452	869 97805	869 98903	870 02195
8	883 88338	123 86067	880 01136	3 87203	879 97729	879 98864	880 02272
9	893 97228	113 94878	890 01175	3 96053	889 97650	889 98825	890 02350
0,0090	904 06218	104 03788	900 01215	4 05003	899 97570	899 98785	900 02430
1	914 15309	094 12797	910 01256	4 14053	909 97488	909 98744	910 02512
2	924 24501	084 21905	920 01278	4 23203	919 97404	919 98702	920 02596
3	934 33794	074 31113	930 01341	4 32453	929 97319	929 98659	930 02681
4	944 43188	064 40419	940 01384	4 41803	939 97231	939 98616	940 02769
5	954 52682	054 49824	950 01429	4 51253	949 97142	949 98571	950 02858
6	964 62278	044 59329	960 01475	4 60804	959 97051	959 98525	960 02949
7	974 71975	034 68933	970 01521	4 70454	969 96958	969 98479	970 03042
8	984 81773	024 78635	980 01569	4 80204	979 96863	979 98431	980 03137
9	994 91671	014 88437	990 01617	4 90054	989 96766	989 98383	990 03234
	1,00	0,99	0,00	1,0000	0,00	0,00	0,00

x	$\log_e x$	x	$\log_e x$	x	$\log_e x$	x	$\log_e x$	x	$\log_e x$
	— 5,2		— 5,1		— 4,9		— 4,8		— 4,7
0,0050	9831 73665	0,0060	1599 58098	0,0070	6184 51299	0,0080	2831 37373	0,0090	1053 07061
1	7851 47393	1	*9946 65078	1	4766 04949	1	1589 12173	1	*9948 08655
2	5909 66534	2	8320 59869	2	3367 42530	2	0362 11247	2	8855 17949
3	4004 84584	3	6720 56456	3	1988 09308	3	*9149 97642	3	7774 08788
4	2135 63254	4	5145 72886	4	0627 52788	4	7952 35731	4	6704 55897
5	0300 71867	5	3595 31021	5	*9285 22584	5	6768 91155	5	5646 34804
6	*8498 86812	6	2068 56300	6	7960 70317	6	5599 30757	6	4599 21805
7	6728 91041	7	0564 77526	7	6653 49501	7	4443 22533	7	3562 93935
8	4989 73614	8	**9083 26668	8	5363 15453	8	3300 35575	8	2537 28933
9	3280 29281	9	7623 38674	9	4089 25195	9	2170 40022	9	1522 05218
	— 5,1		— 4,9		— 4,8		— 4,7		— 4,6

x	φ	sin x	cos x	tg x	arc sin x	arc cos x	arc tg x
	0° 3	**0,00**	**0,9999**	**0,01**	**0,01**	**1,56**	**0,00**
0,0100	4′ 22″,65	999 98333	5 00004	000 03333	000 01667	079 61601	999 96667
1	4 43,27	*009 98283	4 89954	010 03434	010 01717	069 61551	*009 96566
2	5 03,90	019 98231	4 79805	020 03538	020 01769	059 61499	019 96463
3	5 24,53	029 98179	4 69555	030 03643	030 01821	049 61447	029 96358
4	5 45,15	039 98125	4 59205	040 03750	040 01875	039 61393	039 96251
5	6 05,78	049 98071	4 48755	050 03859	050 01929	029 61338	049 96142
6	6 26,41	059 98015	4 38205	060 03971	060 01985	019 61283	059 96030
7	6 47,03	069 97958	4 27555	070 04084	070 02042	009 61226	069 95917
8	7 07,66	079 97900	4 16806	080 04199	080 02100	*999 61168	079 95801
9	7 28,29	089 97842	4 05956	090 04317	090 02159	989 61109	089 95684
0,0110	7 48,91	099 97782	3 95006	100 04437	100 02218	979 61050	099 95564
1	8 09,54	109 97721	3 83956	110 04559	110 02280	969 60988	109 95442
2	8 30,17	119 97658	3 72807	120 04683	120 02342	959 60926	119 95317
3	8 50,79	129 97595	3 61557	130 04810	130 02405	949 60863	129 95191
4	9 11,42	139 97531	3 50207	140 04939	140 02469	939 60799	139 95062
5	9 32,05	149 97465	3 38757	150 05070	150 02535	929 60733	149 94931
6	9 52,67	159 97399	3 27207	160 05203	160 02602	919 60666	159 94797
7	*0 13,30	169 97331	3 15558	170 05339	170 02670	909 60598	169 94662
8	0 33,92	179 97262	3 03808	180 05477	180 02739	899 60529	179 94524
9	0 54,55	189 97191	2 91958	190 05618	190 02809	889 60459	189 94383
0,0120	1 15,18	199 97120	2 80009	200 05760	200 02880	879 60388	199 94241
1	1 35,80	209 97047	2 67959	210 05906	210 02953	869 60315	209 94095
2	1 56,43	219 96974	2 55809	220 06053	220 03027	859 60241	219 93948
3	2 17,06	229 96899	2 43560	230 06203	230 03102	849 60166	229 93798
4	2 37,68	239 96822	2 31210	240 06356	240 03178	839 60090	239 93645
5	2 58,31	249 96745	2 18760	250 06511	250 03255	829 60013	249 93490
6	3 18,94	259 96666	2 06211	260 06668	260 03334	819 59934	259 93333
7	3 39,56	269 96586	1 93561	270 06828	270 03414	809 59854	269 93173
8	4 00,19	279 96505	1 80811	280 06991	280 03496	799 59772	279 93010
9	4 20,82	289 96422	1 67962	290 07156	290 03578	789 59690	289 92845
0,0130	4 41,44	299 96338	1 55012	300 07324	300 03662	779 59606	299 92677
1	5 02,07	309 96253	1 41962	310 07494	310 03747	769 59521	309 92507
2	5 22,70	319 96167	1 28813	320 07766	320 03883	759 59385	319 92235
3	5 43,32	329 96079	1 15563	330 07843	330 03921	749 59347	329 92159
4	6 03,95	339 95990	1 02213	340 08021	340 04011	739 59257	339 91981
6	6 24,57	349 95899	0 88764	350 08202	350 04101	729 59167	349 91800
5	6 45,20	359 95808	0 75214	360 08385	360 04193	719 59075	359 91616
7	7 05,83	369 95714	0 61565	370 08572	370 04286	709 58982	369 91430
8	7 26,45	379 95620	0 47815	380 08761	380 04381	699 58887	379 91241
9	7 47,08	389 95524	0 33966	390 08953	390 04476	689 58792	389 91049
0,0140	8 07,71	399 95427	0 20016	400 09147	400 04574	679 58694	399 90854
1	8 28,33	409 95328	0 05966	410 09345	410 04672	669 58596	409 90657
2	8 48,96	419 95228	*9 91817	420 09545	420 04773	659 58495	419 90457
3	9 09,59	429 95126	9 77567	430 09748	430 04874	649 58394	429 90254
4	9 30,21	439 95023	9 63218	440 09954	440 04977	639 58291	439 90048
5	9 50,84	449 94919	9 48768	450 10163	450 05082	629 58186	449 89839
6	**0 11,47	459 94813	9 34219	460 10375	460 05187	619 58081	459 89628
7	0 32,09	469 94706	9 19569	470 10589	470 05295	609 57973	469 89413
8	0 52,72	479 94597	9 04820	480 10807	480 05404	599 57864	479 89195
9	1 13,35	489 94487	8 89971	490 10027	490 05514	589 57754	489 88975
	0° 5	**0,01**	**0,9998**	**0,01**	**0,01**	**1,55**	**0,01**

x	$\sin\frac{x\pi}{2}$	$\cos\frac{x\pi}{2}$	x	$\sin\frac{x\pi}{2}$	$\cos\frac{x\pi}{2}$	x	$\sin\frac{x\pi}{2}$	$\cos\frac{x\pi}{2}$
	0,0	**0,999**		**0,0**	**0,998**		**0,0**	**0,998**
0,020	3141 07591	50 65604	**0,030**	4710 64507	88 98750	**0,040**	6279 05195	02 67284
1	3298 07409	45 59874	1	4867 54445	81 46480	1	6435 81381	*92 68661
2	3455 06414	40 29484	2	5024 43182	73 69566	2	6592 55980	82 45415
3	3612 04566	34 74434	3	5181 30679	65 68009	3	6749 28951	71 97548
4	3769 01827	28 94726	4	5338 16898	57 41811	4	6906 00257	61 25064
5	3925 98158	22 90362	5	5495 01799	48 90975	5	7062 69859	50 27964
6	4082 93520	16 61343	6	5651 85345	40 15501	6	7219 37719	39 06252
7	4239 87875	10 07671	7	5808 67496	31 15393	7	7376 03797	27 59931
8	4396 81183	03 29347	8	5965 48214	21 90653	8	7532 68055	15 89003
9	4553 73407	*96 26372	9	6122 27460	12 41282	9	7689 30455	03 93470
	0,0	**0,998**		**0,0**	**0,998**		**0,0**	**0,997**

x	e^x	e^{-x}	Sin x	Cof x	Tg x	Ar Sin x	Ar Tg x
	1,01	**0,99**	**0,01**	**1,0000**	**0,00**	**0,00**	**0,01**
0,0100	005 01671	004 98337	000 01667	5 00004	999 96667	999 98333	000 03334
1	015 11772	*995 08337	010 01717	5 10054	*009 96566	*009 98283	010 03435
2	025 21973	985 18436	020 01769	5 20205	019 96463	019 98231	020 03538
3	035 32276	975 28633	030 01821	5 30455	029 96358	029 98179	030 03643
4	045 42680	965 38930	040 01875	5 40805	039 96251	039 98125	040 03750
5	055 53184	955 49326	050 01929	5 51255	049 96141	049 98071	050 03859
6	065 63790	945 59820	060 01985	5 61805	059 96030	059 98015	060 03971
7	075 74497	935 70414	070 02042	5 72455	069 95917	069 97958	070 04084
8	085 85305	925 81106	080 02100	5 83206	079 95801	079 97901	080 04199
9	095 96214	915 91897	090 02158	5 94056	089 95683	089 97842	090 04317
0,0110	106 07224	906 02788	100 02218	6 05006	099 95564	099 97782	100 04437
1	116 18336	896 13777	110 02279	6 16056	109 95441	109 97721	110 04559
2	126 29548	886 24865	120 02342	6 27207	119 95317	119 97659	120 04683
3	136 40862	876 36052	130 02405	6 38457	129 95191	129 97595	130 04810
4	146 52276	866 47338	140 02469	6 49807	139 95062	139 97531	140 04939
5	156 63792	856 58722	150 02535	6 61257	149 94931	149 97465	150 05070
6	166 75409	846 70206	160 02602	6 72808	159 94797	159 97399	160 05203
7	176 87127	836 81788	170 02669	6 84458	169 94662	169 97331	170 05339
8	186 98946	826 93470	180 02738	6 96208	179 94524	179 97262	180 05477
9	197 10867	817 05250	190 02809	7 08058	189 94383	189 97192	190 05618
0,0120	207 22889	807 17129	200 02880	7 20009	199 94240	199 97120	200 05761
1	217 35012	797 29106	210 02953	7 32059	209 94095	209 97048	210 05906
2	227 47236	787 41183	220 03026	7 44209	219 93948	219 96974	220 06053
3	237 59561	777 53358	230 03101	7 56460	229 93798	229 96899	230 06203
4	247 71988	767 65632	240 03178	7 68810	239 93645	239 96823	240 03356
5	257 84515	757 78005	250 03255	7 81260	249 93490	249 96745	250 06511
6	267 97144	747 90477	260 03334	7 93811	259 93333	259 96666	260 06669
7	278 09875	738 03047	270 03414	8 06461	269 93173	269 96586	270 06829
8	288 22706	728 15716	280 03495	8 19211	279 93010	279 96505	280 06991
9	298 35639	718 28484	290 03578	8 32062	289 92845	289 96422	290 07156
0,0130	308 48674	708 41350	300 03662	8 45012	299 92677	299 96339	300 07324
1	318 61809	698 54315	310 03747	8 58062	309 92507	309 96253	310 07494
2	328 75046	688 67379	320 03833	8 71213	319 92235	319 96118	320 07766
3	338 88384	678 80542	330 03921	8 84463	329 92158	329 96079	330 07843
4	349 01824	668 93803	340 04010	8 97813	339 91980	339 95990	340 08021
5	359 15364	659 07163	350 04101	9 11264	349 91799	349 95900	350 08202
6	369 29007	649 20622	360 04192	9 24814	359 91616	359 95808	360 08386
7	379 42750	639 34179	370 04286	9 38465	369 91429	369 95715	370 08572
8	389 56595	629 47835	380 04380	9 52215	379 91240	379 95620	380 08761
9	399 70542	619 61589	390 04476	9 66066	389 91049	389 95524	390 08953
0,0140	409 84589	609 75443	400 04573	9 80016	399 90854	399 95427	400 09148
1	419 98739	599 89694	410 04672	9 94066	409 90657	409 95328	410 09345
2	430 12989	590 03445	420 04772	*0 08217	419 90456	419 95228	420 09545
3	440 27341	580 17594	430 04874	0 22467	429 90253	429 95127	430 09749
4	450 41795	570 31841	440 04977	0 36818	439 90048	439 95024	440 09955
5	460 56350	560 46187	450 05081	0 51268	449 89839	449 94919	450 10163
6	470 71006	550 60632	460 05187	0 65819	459 89627	459 94814	460 10375
7	480 85764	540 75175	470 05294	0 80469	469 89413	469 94706	470 10590
8	491 00623	530 89817	480 05403	0 95220	479 89195	479 94598	480 10807
9	501 15584	521 04557	490 05513	1 10070	489 88974	489 94487	490 11028
	1,01	**0,98**	**0,01**	**1,0001**	**0,01**	**0,01**	**0,01**

x	log x	x	$\log_e x$	x	$\log_e x$	x	$\log_e x$	x	$\log_e x$
	— 4,6		**— 4,5**		**— 4,4**		**— 4,3**		**— 4,2**
0,0100	0517 01860	**0,0110**	0986 00062	**0,0210**	2284 86282	**0,0130**	4280 59215	**0,0140**	6869 79493
1	*9521 98551	1	0081 01707	1	1454 98264	1	3514 30488	1	6158 04816
2	8536 75587	2	*9184 15007	2	0631 93272	2	2753 84494	2	5451 33144
3	7561 13837	3	8295 25533	3	*9815 60166	3	1999 12438	3	4749 57417
4	6594 94728	4	7414 19236	4	9005 88064	4	1250 05720	4	4052 70724
5	5638 00218	5	6540 82436	5	8202 66347	5	0506 55935	5	3360 66296
6	4690 12779	6	5675 01809	6	7405 84650	6	*9768 54862	6	2673 37503
7	3751 15375	7	4816 64372	7	6615 32855	7	9035 94461	7	0990 77852
8	2820 91449	8	3965 57475	8	5831 01081	8	8308 66868	8	1312 80982
9	1899 24897	9	3121 68789	9	5052 79676	9	7586 64388	9	0639 40660
	— 4,5		**— 4,4**		**— 4,3**		**— 4,2**		**— 4,2**

x	φ	sin x	cos x	tg x	arc sin x	arc cos x	arc tg x
	0°	0,01	0,9998	0,01	0,01	1,55	0,01
0,0150	51′ 33″,97	499 94375	8 75021	500 11251	500 05626	579 57642	499 88752
1	51 54,60	509 94262	8 59972	510 11478	510 05739	569 57529	509 88525
2	52 15,23	519 94147	8 44822	520 11707	520 05854	559 57414	519 88296
3	52 35,85	529 94031	8 29573	530 11940	530 05970	549 57298	529 88063
4	52 56,48	539 93913	8 14223	540 12175	540 06088	539 57180	539 87828
5	53 17,10	549 93794	7 98774	550 12414	550 06207	529 57061	549 87589
6	53 37,73	559 93673	7 83225	560 12656	560 06328	519 56940	559 87347
7	53 58,36	569 93550	7 67575	570 12901	570 06451	509 56817	569 87102
8	54 18,98	579 93426	7 51826	580 13149	580 06575	499 56693	579 86854
9	54 39,61	589 93301	7 35977	590 13400	590 06700	489 56568	589 86603
0,0160	55 00,24	599 93173	7 20027	600 13655	600 06827	479 56441	599 86349
1	55 00,86	609 93045	7 03978	610 13912	610 06956	469 56312	609 86091
2	55 41,49	619 92914	6 87829	620 14173	620 07087	459 56181	619 85830
3	56 02,12	629 92782	6 71579	630 14437	630 07219	449 56049	629 85566
4	56 22,74	639 92649	6 55230	640 14705	640 07352	439 55915	639 85299
5	56 43,37	649 92513	6 38781	650 14975	650 07488	429 55780	649 85029
6	57 04,00	659 92376	6 22232	660 15249	660 07625	419 55643	659 84755
7	57 24,62	669 92238	6 05582	670 15527	670 07763	409 55505	669 84478
8	57 45,25	679 92097	5 88833	680 15807	690 07904	399 55364	679 84197
9	58 05,88	689 91955	5 71984	690 16091	690 08046	389 56222	689 83913
0,0170	58 26,50	699 91812	5 55035	700 16379	700 08189	379 55079	699 83626
1	58 47,13	709 91666	5 37986	710 16669	710 08335	369 54933	709 83336
2	59 07,75	719 91519	5 20836	720 16964	720 08482	359 54786	719 83042
3	59 28,38	729 91371	5 03587	730 17261	730 08631	349 54637	729 82744
4	59 49,01	739 91220	4 86238	740 17562	740 08781	339 54487	739 82443
5	*00 09,63	749 91068	4 68789	750 17867	750 08934	329 54334	749 82139
6	00 30,26	759 90914	4 51330	760 18175	760 09088	319 54180	759 81831
7	00 50,89	769 90758	4 33591	770 18486	770 09244	309 54025	769 81519
8	01 11,51	779 90601	4 15842	780 18802	780 09401	299 53867	779 81204
9	01 32,14	789 90441	3 97993	790 19120	790 09560	289 53708	789 80886
0,0180	01 52,77	799 90280	3 80044	800 19443	800 09721	279 53547	799 80564
1	02 13,39	809 90117	3 61995	810 19768	810 09884	269 53384	809 80238
2	02 34,02	819 89953	3 43846	820 20098	820 10049	259 53219	819 79909
3	02 54,65	829 89786	3 25597	830 20431	830 10216	249 53052	829 79576
4	03 15,27	839 89618	3 07248	840 20768	840 10384	239 52884	839 79239
5	03 35,90	849 89447	2 88799	850 21108	850 10554	229 52714	849 78899
6	03 56,53	859 89275	2 70250	860 21452	860 10726	219 52542	859 78555
7	04 17,15	869 89102	2 51601	870 21800	870 10900	209 52368	869 78207
8	04 37,78	879 88926	2 32852	880 22152	880 11076	199 52192	879 77856
9	04 58,40	889 88748	2 14003	890 22507	890 11254	189 52014	889 77501
0,0190	05 19,03	899 88569	1 95054	900 22867	900 11434	179 51834	899 77142
1	05 39,66	909 88387	1 76005	910 23230	910 11615	169 51653	909 76779
2	06 00,28	919 88204	1 56857	920 23596	920 11798	159 51470	919 76412
3	06 20,91	929 88018	1 37608	930 23967	930 11984	149 51284	929 76042
4	06 41,54	939 87831	1 18259	940 24342	940 12171	139 51097	939 75668
5	07 02,16	949 87642	0 98810	950 24720	950 12360	129 50908	949 75289
6	07 22,79	959 87451	0 79261	960 25102	960 12551	119 50717	959 74907
7	07 43,42	969 87258	0 59613	970 25489	970 12745	109 50523	969 74521
8	08 04,04	979 87063	0 39864	980 25879	980 12940	099 50328	979 74131
9	08 24,67	989 86866	0 20015	990 26273	990 13137	089 50131	989 73738
	1°	0,01	0,9998	0,01	0,01	1,55	0,01

x	$\sin \frac{x\pi}{2}$	$\cos \frac{x\pi}{2}$	x	$\sin \frac{x\pi}{2}$	$\cos \frac{x\pi}{2}$	x	$\sin \frac{x\pi}{2}$	$\cos \frac{x\pi}{2}$
	0,0	0,99		0,09	0,99		0,10	0,99
0,050	7845 90957	691 73337	0,060	410 83133	556 19646	0,070	973 43111	396 09555
1	8002 49524	679 28606	1	567 20217	541 29114	1	*129 54853	378 73590
2	8159 06116	666 59280	2	723 54939	526 14022	2	285 63849	361 13105
3	8315 60694	653 65363	3	879 87263	510 74373	3	441 70060	343 28104
4	8472 13221	640 46856	4	*036 17149	495 10170	4	597 73448	325 18590
5	8628 63658	627 03765	5	192 44558	479 21418	5	753 73935	306 84570
6	8785 11966	613 36091	6	348 69453	463 08120	6	909 71601	288 26046
7	8941 58105	599 43839	7	504 91794	446 70281	7	**065 66289	269 43023
8	9098 02039	585 27012	8	661 11543	430 07904	8	221 57999	250 35507
9	9254 43728	570 85613	9	817 28661	413 20994	9	377 46695	231 03502
	0,0	0,99		0,10	0,99		0,12	0,99

x	e^x	e^{-x}	Sin x	Cof x	Tg x	Ar Sin x	Ar Tg x
	1,01	0,98	0,01	1,0001	0,01	0,01	0,01
0,0150	511 30646	511 19396	500 05625	1 25021	499 88751	499 94376	500 11252
1	521 45810	501 34333	510 05738	1 40072	509 88525	509 94262	510 11478
2	531 61075	491 49369	520 05853	1 55222	519 88295	519 94148	520 11708
3	541 76442	481 64503	530 05969	1 70473	529 88063	529 94031	530 11940
4	551 91911	471 79736	540 06087	1 85823	539 87827	539 93914	540 12176
5	562 07481	461 95068	550 06207	2 01274	549 87588	549 93794	550 12415
6	572 23152	452 10497	560 06327	2 16825	559 87347	559 93673	560 12657
7	582 39825	442 26025	570 06450	2 32475	569 87102	569 93551	570 12902
8	592 54800	432 41652	580 06574	2 48226	579 86854	579 93427	580 13150
9	602 70776	422 57377	590 06700	2 64077	589 86602	589 93301	590 13401
0,0160	612 86854	412 73201	600 06827	2 80027	599 86348	599 93174	600 13655
1	623 03034	302 89122	610 06956	2 96078	609 86091	609 93045	610 13913
2	633 19315	393 05143	620 07086	3 12229	619 85830	619 92915	620 14174
3	643 35697	383 21261	630 07218	3 28479	629 85566	629 92783	630 14438
4	653 52182	373 37478	640 07352	3 44830	639 85298	639 92649	640 14706
5	663 68768	363 53794	650 07487	3 61281	649 85028	649 92514	650 14976
6	673 85456	353 70208	660 07624	3 77832	659 84754	659 92377	660 15250
7	684 02245	343 86720	670 07763	3 94482	669 84477	669 92239	670 15527
8	694 19136	334 03330	680 07903	4 11233	679 84196	679 92098	680 15808
9	704 36129	324 20039	690 08045	4 28084	689 83912	689 91956	690 16092
0,0170	714 53223	314 36846	700 08188	4 45035	699 83625	699 91813	700 16380
1	724 70419	304 53752	710 08334	4 62086	709 83335	709 91667	710 16670
2	734 87717	294 70756	720 08481	4 79236	719 83041	719 91520	720 16965
3	745 05117	284 87858	730 08630	4 96487	729 82743	729 91372	730 17262
4	755 22618	275 05058	740 08780	5 13838	739 82442	739 91221	740 17563
5	765 40222	265 22357	750 08932	5 31289	749 82138	749 91069	750 17868
6	775 57926	255 39754	760 09086	5 48840	759 81830	759 90915	760 18176
7	785 75733	245 57249	770 09242	5 66491	769 81518	769 90759	770 18488
8	795 93642	235 74842	780 09400	5 84242	779 81203	779 90602	780 18803
9	806 11652	225 92534	790 09559	6 02093	789 80885	789 90443	790 19121
0,0180	816 29764	216 10324	800 09720	6 20044	799 80563	799 90281	800 19444
1	826 47978	206 28212	810 09883	6 38095	809 80237	809 90119	810 19770
2	636 66293	196 46198	820 10048	6 56246	819 79907	819 89954	820 20099
3	846 84711	186 64282	830 10214	6 74497	829 79574	829 89787	830 20432
4	857 03230	176 82465	840 10383	6 92848	839 79238	839 89619	840 20769
5	867 21852	167 00746	850 10553	7 11299	849 78897	849 89449	850 21110
6	877 40575	157 19125	860 10725	7 29850	859 78553	859 89277	860 21454
7	887 59400	147 37602	870 10899	7 48501	869 78206	869 89103	870 21802
8	897 78327	137 56177	880 11075	7 67252	879 77854	879 88927	880 22154
9	907 97355	127 74851	890 11252	8 86103	889 77499	889 88750	890 22509
0,0190	918 16486	117 93622	900 11432	8 05054	899 77140	899 88570	900 22868
1	928 35719	108 12492	910 11613	8 24105	909 76777	909 88389	910 23231
2	938 55053	098 31460	920 11797	8 43257	919 76415	919 88205	920 23598
3	948 74490	088 50526	930 11982	8 62508	929 76040	929 88020	930 23969
4	958 94028	078 69690	940 12169	8 81859	939 75666	939 87833	940 24343
5	969 13669	068 88952	950 12358	9 01310	949 75288	949 87644	950 24722
6	979 33411	059 08312	960 12549	9 20861	959 74905	959 87453	960 25104
7	989 53255	049 27770	970 12743	9 40513	969 74519	969 87260	970 25491
8	999 73202	039 47326	980 12938	9 60264	979 74129	979 87065	980 25881
9	*009 93250	029 66981	990 13135	9 80115	989 73736	989 86868	990 26275
	1,01	0,98	0,01	0,1001	0,01	0,01	0,01

x	$\log_e x$	x	$\log_e x$	x	$\log_e x$	x	$\log_e x$	x	$\log_e x$
	— 4,1		— 4,1		— 4,0		— 4,0		— 3,9
0,0150	9970 50779	0,0160	3516 65567	0,0170	7454 19349	0,0180	1738 35211	0,0190	6331 62998
1	9306 05352	1	2893 60070	1	6867 68155	1	1184 33407	1	5806 69439
2	8465 98511	2	2274 40367	2	6284 58952	2	0633 36849	2	5284 49999
3	7990 24506	3	1659 01712	3	5704 87775	3	0085 42191	3	4765 01831
4	7338 77696	4	1047 39442	4	5128 50728	4	*9540 46144	4	4248 22129
5	6691 52551	5	0439 48981	5	4555 43981	5	8998 45469	5	3734 08134
6	6048 43647	6	*9835 25836	6	3985 63769	6	8459 36983	6	3222 57127
7	5409 45666	7	9234 65596	7	3419 06394	7	7923 17551	7	2713 66432
8	4774 53390	8	8637 63926	8	2855 68217	8	7389 84091	8	2207 33413
9	4143 61698	9	8044 16571	9	2295 45661	9	6859 33569	9	1703 55472
	— 4,1		— 4,0		— 4,0		— 3,9		— 3,9

x	φ	sin x	cos x	tg x	arc sin x	arc cos x	arc tg x
	$1^0$0	**0,01**	**0,9998**	**0,02**	**0,02**	**1,55**	**0,01**
0,0200	8′ 45″,30	999 86667	0 00067	000 26671	000 13336	079 49932	999 73340
1	9 05,92	*009 86466	*9 80018	010 27073	010 13537	069 49731	*009 72938
2	9 26,55	019 86263	9 59869	020 27480	020 13740	059 49528	019 72532
3	9 47,18	029 86058	9 39621	030 27889	030 13945	049 49323	029 72122
4	*0 07,80	039 85851	9 19272	040 28304	040 14152	039 49116	039 71708
5	0 28,43	049 85642	8 98824	050 28722	050 14361	029 48907	049 71290
6	0 49,06	059 85431	8 78275	060 29144	060 14572	019 48696	059 70868
7	1 09,68	069 85217	8 57626	070 29571	070 14786	009 48482	069 70442
8	1 30,31	079 85002	8 36878	080 30002	080 15001	*999 48267	079 70011
9	1 50,93	089 84785	8 16029	090 30436	090 15218	989 48049	089 69597
0,0210	2 11,56	099 84565	7 95081	100 30875	100 15438	979 47830	099 69138
1	2 32,19	109 84344	7 74033	110 31319	110 15660	969 47608	109 68695
2	2 52,81	119 84120	7 52884	120 31766	120 15883	959 47385	119 69248
3	3 13,44	129 83894	7 31636	130 32218	130 16109	949 47159	129 67797
4	3 34,07	139 83666	7 10287	140 32674	140 16337	939 46931	139 67341
5	3 54,69	149 83436	6 88839	150 33134	150 16567	929 46701	149 66881
6	4 15,32	159 83204	6 67291	160 33599	160 16800	919 46468	159 66417
7	4 35,95	169 82970	6 45642	170 34067	170 17034	909 46338	169 65949
8	4 56,57	179 82733	6 23894	180 34541	180 17271	899 45997	179 65476
9	5 17,20	189 82495	6 02046	190 35018	190 17510	889 45758	189 64999
0,0220	5 37,83	199 82254	5 80098	200 35500	200 17751	879 45517	199 64517
1	5 58,45	209 82011	5 58049	210 35987	210 17994	869 45274	209 64031
2	6 19,08	219 81765	5 35901	220 36477	220 18239	859 45029	219 63541
3	6 39,71	229 81518	5 13653	230 36973	230 18487	849 44781	229 73046
4	7 00,33	239 81268	4 91305	240 37472	240 18737	839 44531	239 62547
5	7 20,96	249 81016	4 68857	250 37976	250 18989	829 44279	249 62043
6	7 41,58	259 80762	4 46309	260 38485	260 19243	819 44025	259 61535
7	8 02,21	269 80505	4 23661	270 38998	270 19500	809 43768	269 61022
8	8 22,84	279 80247	4 00913	280 39516	280 19759	799 43509	279 60504
9	8 43,46	289 79986	3 78065	290 40038	290 20020	789 43248	289 59983
0,0230	9 04,09	299 79722	3 55117	300 40565	300 20283	779 42985	299 59456
1	9 24,72	309 79457	3 32069	310 41097	310 20549	769 42719	309 58925
2	9 45,34	319 79189	3 08921	320 41633	320 20817	759 42451	319 58390
3	**0 05,97	329 78918	2 85673	330 42174	330 21087	749 42181	329 57849
4	0 26,60	339 78646	2 62325	340 42719	340 21360	739 41908	339 57304
5	0 47,22	349 78371	2 38877	350 43269	350 21635	729 41633	349 56755
6	1 07,85	359 78094	2 15329	360 43824	360 21913	719 41355	359 56200
7	1 28,48	369 77814	1 91681	370 44383	370 22192	709 41076	369 55641
8	1 49,10	379 77532	1 67934	380 44948	380 22476	699 40792	379 55078
9	2 09,73	389 77247	1 44086	390 45517	390 22759	689 40508	389 54509
0,0240	2 30,36	399 76961	1 20138	400 46091	400 23046	679 40222	399 53936
1	2 50,98	409 76671	0 96091	410 46669	410 23335	669 39933	409 53358
2	3 11,61	419 76380	0 71943	420 47253	420 23627	659 39641	419 52775
3	3 32,23	429 76086	0 47695	430 47841	430 23921	649 39347	429 52187
4	3 52,86	439 75789	0 23348	440 48434	440 24218	639 36050	439 51595
5	4 13,49	449 75491	**9 98900	450 49032	450 24517	629 38751	449 50997
6	4 34,11	459 75189	9 74353	460 49635	460 24818	619 38450	459 50395
7	4 54,74	469 74885	9 49705	470 50243	470 25122	609 38146	469 49788
8	5 15,37	479 74579	9 24958	480 50856	480 25429	599 37839	479 49175
9	5 35,99	489 74270	9 00110	490 51474	490 25738	589 37530	489 48558
	$1^0$2	**0,02**	**0,9996**	**0,02**	**0,02**	**0,154**	**0,02**

x	$\sin \frac{x\pi}{2}$	$\cos \frac{x\pi}{2}$	x	$\sin \frac{x\pi}{2}$	$\cos \frac{x\pi}{2}$	x	$\sin \frac{x\pi}{2}$	$\cos \frac{x\pi}{2}$
	0,12	**0,99**		**0,14**	**0,99**		**0,15**	**0,98**
0,080	533 32336	211 47013	**0,090**	090 12319	002 36577	**0,100**	643 44650	768 83406
1	689 14884	191 66044	1	245 61830	*980 11093	1	798 57286	744 13955
2	844 94302	171 60601	2	401 07826	957 61186	2	953 66024	719 20140
3	*000 70550	151 30688	3	556 50268	934 86862	3	*108 70825	694 01967
4	156 43591	130 76311	4	711 89118	911 88128	4	263 71652	668 59442
5	312 13385	109 97474	5	867 24339	888 64987	5	418 68466	642 92572
6	467 79895	088 94182	6	*022 55891	865 17447	6	573 49901	617 01362
7	623 43082	067 66441	7	177 83737	841 45513	7	728 61228	590 85820
8	779 02097	046 14257	8	333 07837	817 49191	8	883 34447	564 45951
9	934 59332	024 37634	9	488 28155	793 28487	9	**038 14827	537 81763
	0,13	**0,99**		**0,15**	**0,98**		**0,17**	**0,98**

x	e^x	e^{-x}	Sin x	Cos x	Tg x	Ar Sin x	Ar Tg x
	1,02	**0,98**	**0,02**	**1,0002**	**0,01**	**0,01**	**0,02**
0,0200	020 13400	019 86733	000 13334	0 00067	999 73338	999 86669	000 26673
1	030 33653	010 06583	010 13535	0 20118	*009 72936	*009 86468	010 27075
2	040 54007	000 26532	020 13738	0 40269	019 72530	019 86265	020 27481
3	050 74463	*990 46578	030 13943	0 60521	029 72120	029 86060	030 27892
4	060 95022	980 66722	040 14150	0 80872	039 71706	039 85853	040 28306
5	071 15682	970 86965	050 14359	1 01324	049 71288	049 85644	050 28724
6	081 36445	961 07305	060 14570	1 21875	059 70866	059 85433	060 29147
7	091 57310	951 27743	070 14783	1 42526	069 70439	069 85220	070 29573
8	101 78276	941 48279	080 14999	1 63278	079 70009	079 85005	080 30004
9	111 99345	931 68914	090 15216	1 84129	089 69574	089 84787	090 30439
0,0210	122 20516	921 89646	100 15435	2 05081	099 69135	099 84568	100 30878
1	132 41789	912 10476	110 15657	2 26133	109 68692	109 84347	110 31321
2	142 63165	902 31404	120 15881	2 47284	119 68245	119 84123	120 31769
3	152 84642	892 52429	130 16106	2 68536	129 67794	129 83897	130 32221
4	163 06222	882 73553	140 16334	2 89887	139 67338	139 83669	140 32677
5	173 27903	872 94775	150 16564	3 11339	149 66878	149 83439	150 33137
6	183 49687	863 16094	160 16797	3 32891	159 66414	159 83207	160 33602
7	193 71573	853 37511	170 17031	3 54542	169 65945	169 82973	170 34071
8	203 93562	843 59027	180 17267	3 76294	179 65472	179 82737	180 34544
9	214 15652	833 80640	190 17506	3 98146	189 64995	189 82498	190 35022
0,0220	224 37845	824 02351	200 17747	4 20098	199 64514	199 82257	200 35504
1	234 60140	814 24159	210 17990	4 42149	209 64027	209 82014	210 35990
2	244 82537	804 46066	220 18236	4 64301	219 63537	219 81769	220 36481
3	255 05036	794 68070	230 18483	4 86553	229 63042	229 81522	230 36976
4	265 27638	784 90172	240 18733	5 08905	239 62543	239 81272	240 37476
5	275 50342	775 12372	250 18985	5 31357	249 62039	249 81020	250 37980
6	285 73148	765 34670	260 19239	5 53909	259 61531	259 80766	260 38489
7	295 96056	755 57065	270 19496	5 76561	269 61018	269 80509	270 39002
8	306 19067	745 79558	280 19754	5 99313	279 60500	279 80251	280 39520
9	316 42180	736 02149	290 20016	6 22165	289 59978	289 79990	290 40043
0,0230	326 65395	726 24838	300 20279	6 45117	299 59452	299 79726	300 40570
1	336 88713	716 47624	310 20545	6 68169	309 58921	309 79461	310 41101
2	347 12133	706 70508	320 20813	6 91321	319 58385	319 79193	320 41637
3	357 35656	696 93490	330 21083	7 14573	329 57845	329 78923	330 42178
4	367 59280	687 16570	340 21355	7 37925	339 57300	339 78650	340 42724
5	377 83007	677 39747	350 21630	7 61377	349 56750	349 78376	350 43274
6	388 06837	667 63022	360 21908	7 84929	359 56196	359 78098	360 43829
7	398 30769	657 86394	370 22187	8 08581	369 55636	369 77819	370 44388
8	408 54803	648 09864	380 22469	8 32334	379 55073	379 77537	380 44953
9	418 78940	638 33432	390 22754	8 56186	389 54504	389 77253	390 45522
0,0240	429 03179	628 57098	400 23041	8 80138	399 53931	399 76966	400 46096
1	439 27520	618 80861	410 23330	9 04191	409 53352	409 76677	410 46675
2	449 51964	609 04721	420 23622	9 28343	419 52769	419 76385	420 47258
3	459 76511	599 28680	430 23916	9 52595	429 52181	429 76092	430 47847
4	470 01160	589 52736	440 24212	9 76948	439 51589	439 75795	440 48440
5	480 25911	579 76889	450 24511	*0 01400	449 50991	449 75496	450 49038
6	490 50765	570 01140	460 24812	0 25953	459 50389	459 75195	460 49641
7	500 75721	560 25489	470 25116	0 50605	469 49782	469 74892	470 50249
8	511 00780	550 49935	480 25422	0 75358	479 49169	479 74585	480 50862
9	521 25941	540 74479	490 25731	1 00210	489 48552	489 74277	490 51480
	1,02	**0,97**	**0,02**	**1,0003**	**0,02**	**0,02**	**0,02**

x	$\log_e x$	x	$\log_e x$	x	$\log_e x$	x	$\log_e x$	x	$\log_e x$
	— 3,9		**— 3,8**		**— 3,8**		**— 3,7**		**— 3,7**
0,0200	1202 30053	**0,0210**	6323 28413	**0,0220**	1671 28256	**0,0230**	7226 10631	**0,0240**	2970 14486
1	0703 54639	1	5848 22385	1	1217 76705	1	6792 26615	1	2554 34385
2	0207 26746	2	5375 40973	2	0766 29901	2	6360 30003	2	2140 26458
3	*9713 43929	3	4904 82063	3	0316 86005	3	5930 19184	3	1727 89286
4	9222 03781	4	4436 43570	4	*9869 43201	4	5501 92566	4	1317 21467
5	8733 03928	5	3970 23438	5	9423 99698	5	5075 48578	5	0908 21614
6	8244 42032	6	3506 19643	6	8980 53727	6	4650 85670	6	0050 88360
7	7762 15787	7	3044 30184	7	8539 03545	7	4228 02308	7	0095 20353
8	7280 22923	8	2584 53092	8	8099 47430	8	3806 96983	8	*9691 16258
9	6800 61200	9	2126 86422	9	7661 83684	9	3387 68200	9	9288 74755
	— 3,8		**— 3,8**		**— 3,7**		**— 3,7**		**— 3,6**

x	φ	sin x	cos x	tg x	arc sin x	arc cos x	arc tg x
	1° 2	0,02	0,9996	0,02	0,02	1,54	0,02
0,0250	5′ 56″,62	499 73959	8 75163	500 52096	500 26049	579 37219	499 47936
1	6 17,25	509 73645	8 50115	510 52724	510 26363	569 36905	509 47309
2	6 37,87	519 73329	8 24968	520 53357	520 26679	559 36589	519 46677
3	6 58,50	529 73010	7 99721	530 53995	530 26998	549 36270	529 46040
4	7 19,13	539 72689	7 74373	540 54638	540 27320	539 35948	539 45398
5	7 39,75	549 72365	7 48926	550 55286	550 27644	529 35624	549 44750
6	8 00,38	559 72039	7 23379	560 55939	560 27970	519 35298	559 44098
7	8 21,01	569 71710	6 97732	570 56597	570 28099	509 35169	569 43440
8	8 41,63	579 71378	6 71985	580 57260	580 28631	499 34637	579 42778
9	9 02,26	589 71044	6 46137	590 57929	590 28965	489 34303	589 42110
0,0260	9 22,88	599 70708	6 20190	600 58603	600 29302	479 33966	599 41437
1	9 43,51	609 70368	5 94143	610 59281	610 29642	469 33626	609 40759
2	*0 04,14	619 70026	5 67996	620 59966	620 29984	459 33284	619 40076
3	0 24,76	629 69682	5 41749	630 60655	630 30329	449 32939	629 39387
4	0 45,39	639 69335	5 15402	640 61350	640 30676	439 32592	639 38693
5	1 06,02	649 68985	4 88955	650 62049	650 31026	429 32242	649 37994
6	1 26,64	659 68633	4 62409	660 62755	660 31378	419 31889	659 37290
7	1 47,27	669 68278	4 35762	670 63465	670 31734	409 31534	669 36580
8	2 07,90	679 67920	4 09015	680 64181	680 32092	399 31176	679 35865
9	2 28,52	689 67559	3 82168	690 64902	690 32452	389 30816	689 35144
0,0270	2 49,15	699 67196	3 55221	700 65629	700 32816	379 30452	699 34419
1	3 09,78	709 66830	3 28175	710 66361	710 33182	369 30086	709 33688
2	3 30,40	719 66462	3 01028	720 67099	720 33550	359 29718	719 32951
3	3 51,03	729 66091	2 73781	730 67842	730 33921	349 29347	729 32209
4	4 11,66	739 65717	2 46435	740 68590	740 34295	339 28973	739 31461
5	4 32,28	749 65340	2 18988	750 69344	750 34672	329 28596	749 30709
6	4 52,91	759 64960	1 91442	760 70103	760 35052	319 28216	759 29950
7	5 13,54	769 64578	1 63795	770 70868	770 35434	309 27833	769 29186
8	5 34,16	779 64193	1 36049	780 71639	780 35820	299 27448	779 28417
9	5 54,79	789 63805	1 08202	790 72415	790 36208	289 27060	789 27642
0,0280	6 15,41	799 63415	0 80256	800 73196	800 36600	279 26668	799 26861
1	6 36,04	809 63021	0 52210	810 73984	810 36993	269 26275	809 26075
2	6 56,67	819 62625	0 24063	820 74776	820 37390	259 25878	819 25283
3	7 17,29	829 62226	*9 95817	830 75575	830 37789	249 25479	829 24486
4	7 37,92	839 61824	9 67471	840 76379	840 38191	239 25077	839 23683
5	7 58,55	849 61420	9 39025	850 77189	850 38596	229 24672	849 22874
6	8 19,17	859 61012	9 10479	860 78004	860 39004	219 24264	859 22059
7	8 39,80	869 60602	8 81833	870 78826	870 39414	209 23854	869 21239
8	9 00,43	879 60189	8 53087	880 79653	880 39828	199 23440	879 20413
9	9 21,05	889 59772	8 24241	890 80485	890 40244	189 23024	889 19582
0,0290	9 41,68	899 59353	7 95295	900 81324	900 40664	179 22604	899 18744
1	**0 02,31	909 58931	7 66249	910 82141	910 41086	169 22182	909 17901
2	0 22,93	919 58507	7 37103	920 82990	920 41511	159 21757	919 17052
3	0 43,56	929 58079	7 07857	930 83875	930 41939	149 21329	929 16197
4	1 04,19	939 57648	6 78511	940 84737	940 42370	139 20898	939 15337
5	1 24,81	949 57215	6 49066	950 85604	950 42804	129 20464	949 14470
6	1 45,44	959 56778	6 19520	960 86478	960 43241	119 20027	959 13598
7	2 06,06	969 56338	5 89874	970 87358	970 43681	109 19587	969 12719
8	2 26,69	979 55896	5 60129	980 88243	980 44124	099 19144	979 11835
9	2 47,32	989 55450	5 30283	990 89135	990 44569	089 18699	989 10945
	1° 4	0,02	0,9995	0,02	0,02	1,54	0,02

x	sin $\frac{x\pi}{2}$	cos $\frac{x\pi}{2}$	x	sin $\frac{x\pi}{2}$	cos $\frac{x\pi}{2}$	x	sin $\frac{x\pi}{2}$	cos $\frac{x\pi}{2}$
	0,17	0,98		0,18	0,98		0,20	0,97
0,110	192 91003	510 93262	**0,120**	738 13146	228 72507	**0,130**	278 72954	922 28106
1	347 62936	483 80453	1	892 40560	199 17011	1	432 52041	890 30651
2	502 30590	456 43345	2	*046 63312	169 37285	2	586 26088	858 09043
3	656 93925	428 81944	3	200 81365	139 33337	3	739 95055	825 63290
4	811 52903	400 96254	4	354 94681	109 05174	4	893 58904	792 93398
5	966 07486	372 86289	5	509 03220	078 52804	5	*047 17598	759 99378
6	*120 57636	344 52050	6	663 06946	047 76234	6	200 71099	726 81236
7	275 03316	315 93545	7	817 05820	016 75471	7	354 19369	693 38981
8	429 44486	287 10781	8	970 99805	*985 50524	8	507 62370	659 72621
9	583 81108	258 03766	9	**124 88862	954 01400	9	661 00064	625 82164
	0,18	0,98		0,20	0,97		0,21	0,97

x	e^x	e^{-x}	Sin x	Cos x	Tg x	Ar Sin x	Ar Tg x
	1,02	**0,97**	**0,02**	**1,0003**	**0,02**	**0,02**	**0,02**
0,0250	531 51205	530 99120	500 26042	1 25163	499 47930	499 73966	500 52103
1	541 76572	521 23859	510 26356	1 50215	509 47302	509 73652	510 52731
2	552 02041	511 48696	520 26673	1 75368	519 46670	519 73336	520 53364
3	562 27612	501 73629	530 26991	2 00621	529 46033	529 73017	530 54002
4	572 53286	491 98661	540 27313	2 25973	539 45391	539 72696	540 54645
5	582 79063	482 23790	550 27637	2 51426	549 44743	549 72372	550 55293
6	593 04942	472 49016	560 27963	2 76979	559 44091	559 72046	560 55946
7	603 30924	462 74340	570 28292	3 02632	569 43433	569 71717	570 56604
8	613 57008	453 99761	580 28623	3 28385	579 42770	579 71386	580 57268
9	623 83195	443 25280	590 28958	3 54238	589 42102	589 71052	590 57937
0,0260	634 09485	433 50897	600 29294	3 80190	599 41429	599 70716	600 58610
1	644 35877	423 76610	610 29634	4 06243	609 40751	609 70376	610 59289
2	654 62372	414 02421	620 29976	4 32396	619 40067	619 70035	620 59974
3	664 88969	404 28329	630 30320	4 58649	629 39379	629 69690	630 60663
4	675 15670	394 54335	640 30667	4 85002	639 38685	639 69343	640 61358
5	685 42473	384 80438	650 31017	5 11455	649 37985	649 68994	650 62058
6	695 69378	375 06639	660 31370	5 38009	659 38281	659 68642	660 62764
7	705 96387	365 32937	670 31725	5 64662	669 36571	669 68287	670 63474
8	716 23497	355 59332	680 32083	5 91415	679 35856	679 67929	680 64190
9	726 50711	345 85825	690 32443	6 18268	689 35135	689 67569	690 64912
0,0270	736 78028	336 12415	700 32806	6 45221	699 34409	699 67206	700 65639
1	747 05447	326 39103	710 33172	6 72275	709 33678	709 66840	710 66371
2	757 32969	316 65887	720 33541	6 99428	719 32941	719 66471	720 67109
3	767 60593	306 92769	730 33912	7 26681	729 32199	729 66100	730 67852
4	777 88321	297 19749	740 34286	7 54035	739 31451	739 65726	740 68600
5	788 16151	287 46826	750 34663	7 81488	749 30698	749 65349	750 69354
6	798 44084	277 73999	760 35042	8 09042	759 29939	759 64970	760 70114
7	808 72120	268 01271	770 35425	8 36695	769 29175	769 64588	770 70879
8	819 00259	258 28639	780 35810	8 64449	779 28406	779 64203	780 71650
9	829 28500	248 56105	790 36197	8 92302	789 27630	789 63816	790 72426
0,0280	839 56844	238 83668	800 36588	9 20256	799 26850	799 63426	800 73208
1	849 85291	229 11328	810 36982	9 48310	809 26063	809 63033	810 73995
2	860 13841	219 39086	820 37378	9 76464	819 25271	819 62637	820 74788
3	870 42494	209 66940	830 37777	*0 04717	829 24474	829 62238	830 75587
4	880 71250	199 94892	840 38179	0 33071	839 23670	839 61837	840 76391
5	891 00108	190 22941	850 38583	0 61525	849 22861	849 61432	850 77201
6	901 29070	180 51088	860 38991	0 90079	859 22047	859 61025	860 78017
7	911 58134	170 79331	870 39401	1 18733	869 21226	869 60615	870 78834
8	921 87301	161 07672	880 39815	1 47487	879 20400	879 60202	880 79666
9	932 16572	151 36110	890 40231	1 76341	889 19568	889 59786	890 80499
0,0290	942 45945	141 64645	900 40650	2 05294	899 18731	899 59367	900 81338
1	952 75421	131 93277	901 41072	2 34349	909 17859	909 58945	910 82182
2	963 05000	122 22006	902 41497	2 63503	919 17010	919 58521	920 83033
3	973 34682	112 50832	903 41925	2 92757	929 16183	929 58093	930 83889
4	983 64467	102 79756	904 42355	3 22111	939 15322	939 57663	940 84751
5	993 94355	093 08776	905 42789	3 51566	949 14455	949 57229	950 85619
6	*004 24346	083 37894	906 43226	3 81120	959 13583	959 56793	960 86493
7	014 54440	073 67109	907 43665	4 10774	969 12704	969 56354	970 87373
8	024 84637	063 96421	908 44108	4 40529	979 11819	979 55912	980 88259
9	035 14937	054 25830	909 44553	4 70383	989 10929	989 55466	990 89151
	1,03	**0,97**	**0,02**	**1,0004**	**0,02**	**0,02**	**0,02**

x	$\log_e x$	x	$\log_e x$	x	$\log_e x$	x	$\log_e x$	x	$\log_e x$
	— 3,6		**— 3,6**		**— 3,6**		**— 3,5**		**— 3,5**
0,0250	8887 94541	**0,0260**	4965 87410	**0,0270**	1191 84130	**0,0280**	7555 07688	**0,0290**	4045 94490
1	8488 74328	1	4581 99647	1	0822 15511	1	7198 57026	1	3701 71048
2	8091 12845	2	4199 58682	2	0453 83057	2	6843 33010	2	3358 65697
3	7695 08832	3	3818 63398	3	0086 85768	3	6479 34743	3	3016 77630
4	7300 61050	4	3439 12688	4	*9721 22659	4	6136 61338	4	2676 06046
5	6907 68268	5	3061 05460	5	9356 92743	5	5785 11917	5	2336 50156
6	6516 29275	6	2684 40632	6	8993 95063	6	5434 85612	6	1998 09177
7	6126 42871	7	2309 17136	7	8632 28658	7	5085 81562	7	1660 82332
8	5738 07871	8	1935 33915	8	8271 92583	8	4737 98918	8	1324 68855
9	5351 23103	9	1562 89924	9	7912 85902	9	4391 36839	9	0989 67986
	— 3,6		**— 3,6**		**— 3,5**		**— 3,5**		**— 3,5**

x	φ	sin x	cos x	tg x	arcsin x	arccos x	arctg x
	1° 4	**0,02**	**0,9995**	**0,03**	**0,03**	**1,54**	**0,02**
0,0300	3′ 07″,94	999 55002	5 00337	000 90032	000 45018	079 18250	999 10049
1	3 28,57	*009 54551	4 70292	010 90936	010 45470	069 17798	*009 09146
2	3 49,20	019 54096	4 40147	020 91846	020 45925	059 17343	019 08238
3	4 09,82	029 53639	4 09901	030 92761	030 46383	049 16885	029 07324
4	4 30,45	039 53178	3 79556	040 93683	040 46844	039 16424	039 06404
5	4 51,08	049 52714	3 49111	050 94611	050 47307	029 15960	049 05477
6	5 11,70	059 52248	3 18565	060 95544	060 47774	019 15493	059 04545
7	5 32,33	069 51778	2 87920	070 96485	070 48245	009 15023	069 03606
8	5 52,96	079 51305	2 57175	080 97431	080 48718	*999 14550	079 02662
9	6 13,58	089 50830	2 26330	090 98383	090 49194	989 14074	089 01711
0,0310	6 34,21	099 50351	1 95385	100 99342	100 49673	979 13595	099 00754
1	6 54,84	109 49869	1 64340	110 00307	110 50156	969 13112	108 99791
2	7 15,46	119 49384	1 33195	120 01277	120 50641	959 12627	118 98821
3	7 36,09	129 48895	1 01950	130 02254	130 51130	949 12138	128 97846
4	7 56,71	139 48404	0 70605	140 03238	140 51621	939 11646	138 96864
5	8 17,34	149 47909	0 39160	150 04228	150 52116	929 11152	148 95876
6	8 37,97	159 47412	0 07615	160 05224	160 52614	919 10653	158 94881
7	8 58,59	169 46911	*9 75971	170 06226	170 53116	909 10148	168 93881
8	9 19,22	179 46407	9 44226	180 07235	180 53620	899 09648	178 92874
9	9 39,85	189 45900	9 12381	190 08250	190 54128	889 09140	188 91810
0,0320	*0 00,47	199 45389	8 80437	201 09271	200 54639	879 08629	198 90840
1	0 21,10	209 44876	8 48392	211 10299	210 55153	869 08115	208 89814
2	0 41,73	219 44359	8 16248	221 11334	220 55670	859 07598	218 88782
3	1 02,35	229 43839	7 84004	231 12374	230 56190	849 07078	228 87743
4	1 22,98	239 43316	7 51659	241 13418	240 56714	839 06554	238 86697
5	1 43,61	249 42789	7 19215	251 14475	250 57241	829 06027	248 85645
6	2 04,23	259 42260	6 86671	261 15536	260 57771	819 05497	258 84587
7	2 24,86	269 41727	6 54026	271 16602	270 58304	809 04964	268 83522
8	2 45,49	279 41191	6 21282	281 17676	280 58841	799 04427	278 82451
9	3 06,11	289 40651	5 88438	291 18756	290 59381	789 03887	288 81373
0,0330	3 26,74	299 40108	5 55494	301 19842	300 59924	779 03344	298 80288
1	3 47,37	309 39562	5 22450	311 20935	310 60471	769 02797	308 79197
2	4 07,99	319 39013	4 89306	321 22035	320 61021	759 02247	318 78099
3	4 28,62	329 38460	4 56062	331 23141	330 61574	749 01694	328 76995
4	4 49,24	339 37904	4 22719	341 24254	340 62131	739 01137	338 75884
5	5 09,87	349 37345	3 89275	351 25374	350 62691	729 00577	348 74766
6	5 30,50	359 36782	3 55731	361 26501	360 63254	719 00014	358 73642
7	5 51,12	369 36216	3 22087	371 27634	370 63821	708 99447	368 82511
8	6 11,75	379 35646	2 88344	381 28774	380 64391	698 98877	378 71373
9	6 32,38	389 35073	2 54500	391 29920	390 64964	688 98304	388 70229
0,0340	6 53,00	399 34497	2 20557	401 31074	400 65541	678 97727	398 69077
1	7 13,63	409 33917	1 86513	411 32234	410 66121	668 97147	408 67919
2	7 34,26	419 33334	1 52370	421 33401	420 66705	658 96563	418 66755
3	7 54,88	429 32748	1 18127	431 34575	430 67292	648 95976	428 65583
4	8 15,51	439 32158	0 83783	441 35756	440 67882	638 95386	438 64404
5	8 36,14	449 31565	0 49340	451 36944	450 68476	628 94792	448 63219
6	8 56,76	459 30968	0 14797	461 38139	460 69073	618 94195	458 62027
7	9 17,39	469 30368	**9 80154	471 39340	470 69674	608 93595	468 60827
8	9 38,02	479 29764	9 45411	481 40549	480 70279	598 92989	478 59570
9	9 58,64	489 29157	9 10568	491 41764	490 70886	588 92382	488 58408
	1° 5	**0,03**	**0,9993**	**0,03**	**0,03**	**1,53**	**0,03**

x	$\sin \frac{x\pi}{2}$	$\cos \frac{x\pi}{2}$	x	$\sin \frac{x\pi}{2}$	$\cos \frac{x\pi}{2}$	x	$\sin \frac{x\pi}{2}$	$\cos \frac{x\pi}{2}$
	0,21	**0,97**		**0,23**	**0,97**		**0,24**	**0,96**
0,140	814 32414	591 67619	**0,150**	344 53639	236 99204	**0,160**	868 98872	858 31611
1	967 59381	557 28995	1	497 24703	200 20258	1	*021 10266	819 13252
2	*120 80928	522 66299	2	649 89970	163 17329	2	173 15487	779 71003
3	273 97017	487 79541	3	802 49402	125 90426	3	325 14496	740 04845
4	427 07609	452 68728	4	955 02960	088 39588	4	477 07257	700 14878
5	580 12669	417 33870	5	*107 50608	050 64735	5	628 93731	660 01020
6	733 12156	381 74975	6	259 92308	012 65965	6	780 73882	619 63313
7	886 06035	345 92052	7	412 28022	*974 43258	7	932 47672	579 01766
8	**038 94267	309 85110	8	564 57712	935 96624	8	**084 15063	538 16388
9	191 76814	273 54158	9	716 81341	897 26072	9	235 76018	497 07191
	0,23	**0,97**		**0,24**	**0,96**		**0,26**	**0,96**

x	e^x	e^{-x}	Sin x	Cos x	Tg x	Ar Sin x	Ar Tg x
	1,03	**0,97**	**0,03**	**1,0004**	**0,02**	**0,02**	**0,03**
0,0300	045 45340	044 55335	000 45002	5 00338	999 10032	999 55018	000 90049
1	055 75846	034 84938	010 45454	5 30392	*009 09130	*009 54567	010 90952
2	066 06455	025 14638	020 45908	5 60547	019 08221	019 54113	020 91862
3	076 37167	015 44436	030 46366	5 90801	029 07307	029 53656	030 92778
4	086 67982	005 74330	040 46826	6 21156	039 06386	039 53195	040 93700
5	096 98900	*996 04321	050 47290	6 51611	049 05460	049 52732	050 94628
6	107 29922	986 34409	060 47757	6 82165	059 04527	059 52266	060 95562
7	117 61046	976 64594	070 48226	7 12820	069 03588	069 51796	070 96503
8	127 92274	966 94876	080 48699	7 43575	079 02643	079 51324	080 97449
9	138 23605	957 25255	090 49175	7 74430	089 01692	089 50848	090 98402
0,0310	148 55039	947 55731	100 49654	8 05385	099 00735	099 50370	100 99361
1	158 86576	937 86304	110 50136	8 36440	108 99771	109 49888	111 00326
2	169 18216	928 16973	120 50621	8 67595	118 98802	119 49403	121 01297
3	179 49960	918 47740	130 51110	8 98850	128 97826	129 48915	131 02274
4	189 81806	908 78604	140 51601	9 30205	138 96844	139 48424	141 03258
5	200 13756	899 09565	150 52096	9 61660	148 95855	149 47930	151 04248
6	210 45809	889 40622	160 52593	9 93215	158 94860	159 47433	161 05245
7	220 77965	879 71776	170 53094	*0 24871	168 93859	169 46933	171 06247
8	231 10225	870 03028	180 53598	0 56626	178 92852	179 46429	181 07257
9	241 42587	860 34376	190 54106	0 88481	188 91838	189 45922	191 08272
0,0320	251 75053	850 65821	200 54616	1 20437	198 90818	199 45412	201 09294
1	262 07622	840 97363	210 55130	1 52492	208 89792	209 44899	211 10322
2	272 40295	831 29001	220 55647	1 84648	218 88759	219 44382	221 11357
3	282 73070	821 60737	230 56167	2 16904	228 87719	229 43863	231 12398
4	293 05949	811 92569	240 56690	2 49259	238 86678	239 43340	241 13446
5	303 38931	802 24498	250 57217	2 81715	248 85621	249 42814	251 14500
6	313 72017	792 56524	260 57746	3 14271	258 84562	259 42284	261 15560
7	324 05206	782 88647	270 58279	3 46926	268 83497	269 41752	271 16627
8	334 38498	773 20867	280 58816	3 79682	278 82425	279 41216	281 17701
9	344 71894	763 53183	290 59355	4 12538	288 81347	289 40677	291 18781
0,0330	355 05392	753 85596	300 59898	4 45494	298 80262	299 40134	301 19868
1	365 38995	744 18106	310 60444	4 78550	308 79171	309 39589	311 20962
2	375 72700	734 50712	320 60994	5 11706	318 78073	319 39040	321 22062
3	386 06509	724 83416	330 61547	5 44962	328 76968	329 38487	331 23169
4	396 40422	715 16216	340 62103	5 78319	338 75856	339 37932	341 24282
5	406 74437	705 49112	350 62662	6 11775	348 74738	349 37373	351 25402
6	407 08556	695 82106	360 63225	6 45331	358 73614	359 36810	361 26529
7	427 42779	686 15196	370 63792	6 78987	368 72482	369 36245	371 27663
8	437 77105	676 48383	380 64361	7 12744	378 71344	379 35676	381 28803
9	448 11534	666 81666	390 64934	7 46600	388 70199	389 35103	391 29950
0,0340	458 46067	657 15046	400 65510	7 80557	398 69047	399 34527	401 31104
1	468 80704	647 48523	410 66090	8 14613	408 67889	409 33948	411 32265
2	479 15443	637 82097	420 66673	8 48770	418 66723	419 33365	421 33433
3	489 50287	628 15767	430 67260	8 83027	428 65551	429 32780	431 34607
4	499 85233	618 49534	440 67850	9 17384	438 64372	439 32190	441 35788
5	510 20284	608 83397	450 68443	9 51840	448 63186	449 31597	451 36977
6	520 55438	599 17357	460 69040	9 86397	458 61994	459 31001	461 38172
7	530 90695	589 51413	470 69641	**0 21054	468 60794	469 30401	471 39374
8	541 26056	579 85567	480 70245	0 55811	478 59587	479 29797	481 40532
9	551 61520	570 19816	490 70852	0 90668	488 58374	489 29191	491 41799
	1,03	**0,96**	**0,03**	**1,0006**	**0,03**	**0,03**	**0,03**

x	$\log_e x$	x	$\log_e x$	x	$\log_e x$	x	$\log_e x$	x	$\log_e x$
	— 3,5		**— 3,4**		**— 3,4**		**— 3,4**		**— 3,3**
0,0300	0655 78973	**0,0310**	7376 80745	**0,0320**	4201 93762	**0,0330**	1124 77175	**0,0340**	8139 47544
1	0323 01072	1	7054 74598	1	3889 92488	1	0822 19966	1	7845 78947
2	*9991 33546	2	6733 71842	2	3578 88264	2	0520 54031	2	7552 96349
3	9660 75665	3	6413 71814	3	3268 80488	3	0219 78820	3	7260 99248
4	9331 26706	4	6094 73861	4	2959 68561	4	*9919 93790	4	6969 87146
5	9002 85954	5	5776 77332	5	2651 51896	5	9620 98402	5	6679 59549
6	8675 52700	6	5459 81584	6	2344 29906	6	9322 92120	6	6390 65969
7	8349 26244	7	5143 85981	7	2038 02011	7	9025 74416	7	6101 55920
8	8024 05890	8	4828 89892	8	1732 67636	8	8729 44765	8	5813 78922
9	7709 90951	9	4514 92692	9	1428 26212	9	8438 02646	9	5526 84498
	— 3,4		**— 3,4**		**— 3,4**		**— 3,3**		**— 3,3**

x	φ	sin x	cos x	tg x	arc sin x	arc cos x	arc tg x
	2° 0	**0,03**	**0,9993**	**0,03**	**0,03**	**1,53**	**0,03**
0,0350	0′ 19″,27	499 28546	8 75625	501 42987	500 71498	578 91770	498 57188
1	0 39,89	509 27932	8 40582	511 44216	510 72113	568 91155	508 55961
2	1 00,52	519 27314	8 05440	521 45453	520 72731	558 90537	518 54727
3	1 21,15	529 26693	7 70197	531 46696	530 73353	548 89915	528 53486
4	1 41,77	539 26068	7 34854	541 47947	540 73978	538 89290	538 52238
5	2 02,40	549 25440	6 99412	551 49205	550 74607	528 88661	548 50983
6	2 23,03	559 24808	6 63869	561 50470	560 75240	518 88028	558 49741
7	2 43,65	569 24173	6 28227	571 51741	570 75876	508 87392	568 48452
8	3 04,28	579 23534	5 92484	581 53021	580 76515	498 86753	578 47175
9	3 24,91	589 22891	5 56642	591 54307	590 77159	488 86109	588 45892
0,0360	3 45,53	599 22245	5 20700	601 55601	600 77805	478 85463	598 44601
1	4 06,16	609 21595	4 84658	611 56901	610 78456	468 84812	608 43303
2	4 26,79	619 20942	4 48515	621 56903	620 79110	458 84158	618 41998
3	4 47,41	629 20285	4 12273	631 59525	630 79768	448 83500	628 40685
4	5 08,04	639 19624	3 75931	641 60847	640 80429	438 82839	638 39366
5	5 28,67	649 18960	3 39490	651 62177	650 81094	428 82174	648 38039
6	5 49,29	659 18292	3 02948	661 63514	660 81762	418 81506	658 36705
7	6 09,92	669 17621	2 66306	671 64858	670 82435	408 80833	668 35363
8	6 30,54	679 16946	2 29564	681 66212	680 83111	398 80157	678 34015
9	6 51,17	689 16267	1 92722	691 67570	690 83790	388 79478	688 32659
0,0370	7 11,80	699 15584	1 55781	701 68936	700 84474	378 78794	698 31295
1	7 32,42	709 14898	1 18739	711 70310	710 85161	368 78107	708 29924
2	7 53,05	719 14208	0 81598	721 71691	720 85852	358 77416	718 28546
3	8 13,68	729 13514	0 44357	731 73080	730 86546	348 76722	728 27161
4	8 34,30	739 12817	0 07015	741 74476	740 87244	338 76024	738 25767
5	8 54,93	749 12116	*9 69574	751 75880	750 87946	328 75322	748 24367
6	9 15,56	759 11411	9 32033	761 77291	760 88652	318 74616	758 22959
7	9 36,18	769 10702	8 94392	771 78710	770 89362	308 73906	768 21543
8	9 56,81	779 09990	8 56651	781 80137	780 90075	298 73193	778 20120
9	*0 17,44	789 09273	8 18810	791 81571	790 90792	288 72476	788 18690
0,0380	0 38,06	799 08553	7 80869	801 83012	800 91513	278 71755	798 17252
1	0 58,69	809 07829	7 42828	811 84462	810 92238	268 71030	808 15806
2	1 19,32	819 07102	7 04687	821 85918	820 92966	258 70302	818 14353
3	1 39,94	829 06370	6 66447	831 87383	830 93698	248 69570	828 12892
4	2 00,57	839 05635	6 28106	841 88855	840 94435	238 68833	838 11423
5	2 21,20	849 04896	5 89665	851 90335	850 95175	228 68093	848 09947
6	2 41,82	859 04153	5 51125	861 91822	860 95918	218 67350	858 08463
7	3 02,45	869 03406	5 12485	871 93318	870 96666	208 66602	868 06971
8	3 23,07	879 02656	4 73744	881 94821	880 97418	198 65850	878 05472
9	3 43,70	889 01901	4 34904	891 96332	890 98174	188 65094	888 03965
0,0390	4 04,33	899 01143	3 95964	901 97850	900 98933	178 64335	898 02450
1	4 24,95	909 00380	3 56924	911 99377	910 99696	168 63572	908 00928
2	4 45,58	918 99614	3 17784	922 00911	921 00463	158 62805	917 99397
3	5 06,21	928 98844	2 78544	932 02453	931 01234	148 62033	927 97859
4	5 26,83	938 98070	2 39204	942 04003	941 02010	138 61258	937 96313
5	5 47,46	948 97292	1 99764	952 05561	951 02789	128 60479	947 94759
6	6 08,09	958 96510	1 60225	962 07127	961 03572	118 59696	957 93197
7	6 28,71	968 95724	1 20585	972 08701	971 04359	108 58909	967 91628
8	6 49,34	978 94934	0 80845	982 10283	981 05150	098 58118	977 90050
9	7 09,97	988 94140	0 41006	992 11872	991 05945	088 57323	987 88465
	2° 1	**0,03**	**0,9992**	**0,03**	**0,03**	**1,53**	**0,03**

x	$\sin \frac{x\pi}{2}$	$\cos \frac{x\pi}{2}$	x	$\sin \frac{x\pi}{2}$	$\cos \frac{x\pi}{2}$	x	$\sin \frac{x\pi}{2}$	$\cos \frac{x\pi}{2}$
	0,26	**0,96**		**0,27**	**0,96**		**0,29**	**0,95**
0,170	387 30500	455 74185	**0,180**	899 11060	029 36857	**0,190**	404 03252	579 30178
1	538 78471	414 17378	1	*049 91870	*985 42629	1	554 13180	532 99584
2	690 19893	372 36783	2	200 65759	941 24719	2	704 15816	486 45447
3	841 54730	330 32409	3	351 32690	896 83135	3	854 11122	439 67751
4	992 82945	288 04266	4	501 92625	852 17890	4	*003 99062	392 66506
5	*144 04499	245 52365	5	652 45527	807 28995	5	153 79599	345 41723
6	295 19355	202 76716	6	802 91360	762 16460	6	303 52696	297 93415
7	446 27478	159 77330	7	953 30086	716 80296	7	453 18316	250 21593
8	597 28826	116 54218	8	**103 61668	671 20516	8	602 76422	202 26269
9	748 23367	073 07390	9	253 86069	625 37129	9	752 26977	154 07455
	0,27	**0,96**		**0,29**	**0,95**		**0,30**	**0,95**

x	e^x	e^{-x}	Sin x	Cos x	Tg x	Ar Sin x	Ar Tg x
	1,03	**0,96**	**0,03**	**1,0006**	**0,03**	**0,03**	**0,03**
0,0350	561 97088	560 54163	500 71463	1 25625	498 57153	499 28581	501 43022
1	572 32759	550 88605	510 72077	1 60682	508 55926	509 27967	511 44252
2	582 68535	541 23145	520 72695	1 95840	518 54691	519 27350	521 45489
3	593 04413	531 57781	530 73316	2 31097	528 53450	529 26729	531 46733
4	603 40395	521 92513	540 73941	2 66454	538 52201	539 26105	541 47984
5	613 76481	512 27342	550 74569	3 01912	548 50946	549 25477	551 49242
6	624 12671	502 62268	560 75201	3 37469	558 49683	559 24846	561 50488
7	634 48964	492 97290	570 75837	3 73427	568 48413	569 24211	571 51780
8	644 85361	483 32408	580 76476	4 08884	578 47136	579 23573	581 53060
9	655 21801	473 67623	590 77119	4 44742	588 45852	589 22931	591 54347
0,0360	665 58465	464 02935	600 77765	4 80700	598 44561	599 22285	601 55641
1	676 95173	454 38343	610 78415	5 16758	608 43262	609 21636	611 56942
2	686 31984	444 73847	620 79068	5 52916	618 41956	619 20983	621 58251
3	696 68899	435 09448	630 79725	5 89173	628 40643	629 20327	631 59567
4	707 05918	425 45145	640 80386	6 25531	638 39323	639 19667	641 60890
5	717 43040	415 80939	650 81051	6 61990	648 37990	649 19003	651 62220
6	727 80266	406 16829	660 81719	6 98548	658 36661	659 18336	661 63558
7	738 17596	396 52816	670 82390	7 35206	668 35319	669 17665	671 64903
8	748 55030	386 88899	680 83066	7 71964	678 33968	679 16991	681 66255
9	758 92567	377 25078	690 83745	8 08823	688 32612	689 16312	691 67615
0,0370	769 30208	367 61353	700 84427	8 45781	698 31249	699 15630	701 68982
1	779 67953	357 97726	710 85114	8 82839	708 29878	709 14945	711 70357
2	790 05802	348 34194	720 85804	9 19998	718 28499	719 14255	721 71739
3	800 43754	338 70759	730 86498	9 57257	728 27112	729 13562	731 73128
4	810 81811	329 07420	740 87195	9 94615	738 25719	739 12865	741 74525
5	821 19971	319 44177	750 87897	*0 32074	748 24318	749 12165	751 75930
6	831 58235	309 81031	760 88602	0 69633	758 22909	759 11461	761 77342
7	842 96602	300 17981	770 89311	1 07292	768 21493	769 10753	771 78761
8	852 35074	290 55027	780 90023	1 45051	778 20069	779 10041	781 80188
9	862 73650	280 92170	790 90740	1 82910	788 18638	789 09325	791 81623
0,0380	873 12329	271 29409	800 91460	2 20869	798 17199	799 08606	801 83065
1	883 51112	261 66745	810 92183	2 58929	808 15753	809 07883	811 84515
2	893 89999	252 04176	820 92912	2 97087	818 14298	819 07156	821 85973
3	904 28990	242 41703	830 93643	3 35347	828 12837	829 06425	831 87438
4	914 68085	232 79327	840 94379	3 73706	838 11368	839 05691	841 88911
5	925 07284	223 17047	850 95118	4 12165	848 09891	849 04952	851 90391
6	935 46586	213 54864	860 95861	4 50725	858 08406	859 04210	861 91880
7	945 85993	203 92776	870 96608	4 89385	868 06914	869 03464	871 93376
8	956 25503	194 30785	880 97359	5 28144	878 05414	879 02714	881 94880
9	966 65118	184 68890	890 98114	5 67004	888 03906	889 01960	891 96391
0,0390	977 04837	175 07091	900 98873	6 05964	898 02390	899 01203	901 97911
1	987 44659	165 45389	910 99635	6 45024	908 00867	909 00441	911 99438
2	997 84585	155 83782	921 00402	6 84184	917 99336	918 99676	922 00973
3	*008 24616	146 22272	931 01172	7 23444	927 97797	928 98906	932 02516
4	018 64750	136 60858	941 01946	7 62804	937 96250	938 98133	942 04067
5	029 04989	127 99540	951 02724	8 02264	947 94695	948 97356	952 05625
6	039 45331	117 38318	961 03507	8 41825	957 93133	958 96574	962 07192
7	049 85778	107 77192	971 04293	8 81485	967 91562	968 95789	972 08767
8	060 26329	098 16163	981 05083	9 21246	977 89984	978 95000	982 10349
9	070 66983	088 55229	991 05877	9 61106	987 88397	988 94207	992 11940
	1,04	**0,96**	**0,03**	**1,0007**	**0,03**	**0,03**	**0,03**

x	$\log_e x$	x	$\log_e x$	x	$\log_e x$	x	$\log_e x$	x	$\log_e x$
	— 3,3		**— 3,3**		**— 3,29**		**— 3,2**		**— 3,24**
0,0350	5240 72175	**0,0360**	2423 63405	**0,0370**	683 73663	**0,0380**	7016 91193	**0,0390**	419 36329
1	4955 41485	1	2146 24136	1	413 83094	1	6754 09968	1	163 28120
2	4670 91964	2	1869 61601	2	144 65177	2	6491 97634	2	*907 85322
3	4387 23150	3	1593 75377	3	*876 19523	3	6230 53828	3	653 07601
4	4104 34588	4	1318 65043	4	608 45746	4	5969 78194	4	398 94627
5	3822 25825	5	1044 30184	5	341 43460	5	5709 70377	5	145 46071
6	3540 96411	6	0770 70386	6	075 12286	6	5450 30025	6	**892 61607
7	3260 45902	7	0497 85239	7	**809 51845	7	5191 56789	7	640 40913
8	2980 73856	8	0225 74338	8	544 61764	8	4933 50324	8	388 83667
9	2701 79835	9	*9954 37279	9	280 41669	9	4676 10284	9	137 89551
	— 3,3		**— 3,2**		**— 3,27**		**— 3,2**		**— 3,22**

x	φ	sin x	cos x	tg x	arc sin x	arc cos x	arc tg x
	2^0 1	**0,03**	**0,999**	**0,04**	**0,04**	**1,53**	**0,03**
0,0400	7′ 30″,59	998 93342	20 01067	002 13470	001 06744	078 56524	997 94772
1	7 51,22	*008 92540	19 61027	012 15076	011 07547	068 55721	*007 93210
2	8 11,85	018 91734	19 20888	022 16689	021 08354	058 54914	017 91640
3	8 32,47	028 90924	18 80649	032 18311	031 09165	048 54103	027 90063
4	8 53,10	038 90110	18 40310	042 19941	041 09980	038 53288	037 88478
5	9 13,72	048 89292	17 99871	052 21579	051 10799	028 52469	047 86884
6	9 34,35	058 88470	17 59332	062 23225	061 11622	018 61646	057 85283
7	9 54,98	068 87644	17 18693	072 24879	071 12449	008 50819	067 83562
8	*0 15,60	078 86814	16 77955	082 26542	081 13280	*998 49988	077 82056
9	0 36,23	088 85980	16 37116	092 28212	091 14116	988 49152	087 80317
0,0410	0 56,86	098 85141	15 96177	102 29891	101 14955	978 48313	097 78798
1	1 17,48	108 84299	15 55139	112 31578	111 15799	968 47469	107 77156
2	1 38,11	118 83452	15 14000	122 33273	121 16647	958 46621	117 75507
3	1 58,74	128 82602	14 72762	132 34977	131 17499	948 45769	127 73849
4	2 19,36	138 81747	14 31424	142 36689	141 18355	938 44913	137 72183
5	2 39,99	148 80888	13 89986	152 38409	151 19215	928 44053	147 70509
6	3 00,62	158 80025	13 48448	162 40137	161 20079	918 43189	157 68827
7	3 21,24	168 79158	13 06810	172 41874	171 20948	908 42320	167 67137
8	3 41,87	178 78286	12 65072	182 43619	181 21820	898 41448	177 65438
9	4 02,50	188 77411	12 23234	192 45372	191 22697	888 40571	187 63731
0,0420	4 23,12	198 76531	11 81296	202 47134	201 23578	878 39690	197 62016
1	4 43,75	208 75647	11 39259	212 48905	211 24463	868 38805	207 60293
2	5 04,37	218 74759	10 97121	222 50683	221 25353	858 37915	217 58562
3	5 25,00	228 73866	10 54884	232 52471	231 26247	848 37021	227 56822
4	5 45,63	238 72970	10 12547	242 54266	241 27145	838 36123	237 55074
5	6 06,25	248 72069	09 70109	252 56070	251 28047	828 35221	247 53317
6	6 26,88	258 71164	09 27572	262 57883	261 28953	818 34315	257 51552
7	6 47,51	268 70254	08 84935	272 59704	271 29864	808 33404	267 49779
8	7 08,13	278 69341	08 42198	282 61534	281 30779	798 32489	277 47997
9	7 28,76	288 68423	07 99361	292 63372	291 31698	788 31570	287 46207
0,0430	7 49,39	298 67501	07 56424	302 65219	301 32622	778 30646	297 35270
1	8 10,01	308 66574	07 13388	312 67075	311 33550	768 29718	307 33420
2	8 30,64	318 65643	06 70251	322 68939	321 34482	758 28786	317 31562
3	8 51,27	328 64708	06 27015	332 70812	331 35419	748 27849	327 29695
4	9 11,89	338 63769	05 83678	342 72694	341 36360	738 26908	337 27819
5	9 32,52	348 62825	05 40242	352 74584	351 37305	728 25963	347 25935
6	9 53,15	358 61877	04 96706	362 76483	361 38255	718 25013	357 24042
7	**0 13,77	368 60924	04 53069	372 78391	371 39209	708 24059	367 22140
8	0 34,40	378 59967	04 09333	382 80307	381 40167	698 23101	377 20230
9	0 55,02	388 59006	03 65497	392 82233	391 41130	688 22138	387 18311
0,0440	1 15,65	398 58040	03 21562	402 84167	401 42097	678 21171	397 16383
1	1 36,28	408 57070	02 77526	412 86110	411 43069	668 20199	407 14446
2	1 56,90	418 56096	02 33390	422 88061	421 44045	658 19223	417 12501
3	2 17,53	428 55117	01 89155	431 90022	431 45025	648 18243	427 10547
4	2 38,16	438 54134	01 44819	442 91992	441 46010	638 17258	437 08583
5	2 58,78	448 53146	01 00384	452 93970	451 47000	628 16268	447 06611
6	3 19,41	458 52154	*90 55849	462 95957	461 47993	618 15275	457 04631
7	3 40,04	468 51157	90 11213	472 97954	471 48992	608 14276	467 02641
8	4 00,66	478 50156	99 66478	482 99959	481 49995	598 13273	477 00642
9	4 21,29	488 49150	99 21643	493 01973	491 51002	588 12226	486 98635
	2^0 3	**0,04**	**0,998**	**0,04**	**0,04**	**1,52**	**0,04**

x	$\sin \frac{x\pi}{2}$	$\cos \frac{x\pi}{2}$	x	$\sin \frac{x\pi}{2}$	$\cos \frac{x\pi}{2}$	x	$\sin \frac{x\pi}{2}$	$\cos \frac{x\pi}{2}$
	0,30	**0,95**		**0,32**	**0,94**		**0,33**	**0,94**
0,200	901 69944	105 65163	**0,210**	391 74182	608 53588	**0,220**	873 79202	088 07690
1	*051 05286	056 99404	1	540 31254	557 53836	1	*021 54338	034 75201
2	200 32967	008 10191	2	688 80297	506 30752	2	169 21079	*981 19511
3	349 52949	*958 97536	3	837 21274	454 84350	3	316 79389	927 40632
4	498 65197	909 61450	4	985 54149	403 14641	4	464 29232	873 38577
5	647 69672	860 01946	5	*133 78885	351 21640	5	611 70571	819 13359
6	796 66338	810 19037	6	281 95445	299 05359	6	759 03370	764 64993
7	945 55159	760 12734	7	430 03794	246 65810	7	906 27592	709 93491
8	**094 36098	709 83050	8	578 03894	194 03007	8	**053 43202	654 98867
9	243 09118	659 29997	9	725 95709	141 16963	9	200 50163	599 81135
	0,32	**0,94**		**0,33**	**0,94**		**0,35**	**0,93**

x	e^x	e^{-x}	Sin x	Cof x	Tg x	Ar Sin x	Ar Tg x
	1,04	0,96	0,04	1,0008	0,03	0,03	0,04
0,0400	081 07742	078 94392	001 06675	0 01067	997 86803	998 93410	002 05638
1	091 48605	069 33650	011 07477	0 41127	*007 85201	*008 92609	012 07205
2	101 89572	059 73005	021 08283	0 81288	017 83591	018 91804	022 08779
3	112 30643	050 12456	031 09094	1 21549	027 81972	028 90995	032 10362
4	122 71818	040 52002	041 09908	1 61910	037 80346	038 90182	042 11953
5	133 13097	030 91645	051 10726	2 02371	047 78711	048 89365	052 13552
6	143 54480	021 31384	061 11548	2 42932	057 77069	058 88544	062 15158
7	153 95968	011 71219	071 12375	2 83593	067 75418	068 87719	072 16661
8	164 37560	002 11150	081 13205	3 24355	077 73760	078 86889	082 18396
9	174 79255	*992 51177	091 14039	3 65216	087 72093	088 86056	092 19912
0,0410	185 21055	982 91299	101 14878	4 06177	097 70418	098 85218	102 21666
1	195 62960	973 31518	111 15721	4 47239	107 68734	108 84377	112 23313
2	206 04968	963 71833	121 16567	4 88401	117 67043	118 83531	122 24968
3	216 47081	954 12244	131 17418	5 49662	127 65343	128 82682	132 26632
4	226 89297	944 52751	141 18273	5 71024	137 63636	138 81828	142 28303
5	237 31619	934 93353	151 19133	6 12486	147 61919	148 80970	152 29983
6	247 74044	925 34052	161 19996	6 54048	157 60195	158 80108	162 31671
7	258 16573	915 74847	171 20863	6 95710	167 58462	168 79242	172 33368
8	268 59207	906 15737	181 21735	7 37472	177 56721	178 78371	182 35072
9	279 01945	896 56723	191 22611	7 79334	187 54972	188 77497	192 36785
0,0420	289 44788	886 97806	201 23491	8 21297	197 53214	198 76618	202 38506
1	299 87734	877 38984	211 24375	8 63359	207 51448	208 75735	212 40236
2	310 30785	867 80258	221 25264	9 05521	217 49673	218 74848	222 41974
3	320 73940	858 21628	231 26156	9 47784	227 47891	228 73957	232 43720
4	331 17200	848 63094	241 27053	9 90147	237 46099	238 73061	242 45475
5	341 60564	839 04655	251 27954	*0 32609	247 44299	248 72161	252 47238
6	352 04032	829 46313	261 28860	0 75172	257 42491	258 71257	262 49009
7	362 47605	819 88066	271 29769	1 17835	267 40674	268 70349	272 50789
8	372 91282	810 29915	281 30683	1 60598	277 38849	278 69436	282 52578
9	383 35063	800 71860	291 31601	2 03461	287 37015	288 68520	292 54374
0,0430	393 78949	791 13901	301 32524	2 46425	297 35173	298 67598	302 65318
1	404 22939	781 56037	311 33451	2 89488	307 33321	308 66673	312 67174
2	414 67033	771 98269	321 34382	3 32651	317 31462	318 65743	322 69040
3	425 11232	762 40598	331 35317	3 75915	327 29594	328 64809	332 70914
4	435 55535	752 83021	341 36257	4 19278	337 27717	338 63871	342 72797
5	446 99943	743 25541	351 37201	4 62742	347 25831	348 62929	352 74688
6	456 44455	733 68156	361 38150	5 06306	357 23937	358 61982	362 76588
7	466 89072	724 10867	371 39102	5 49970	367 22034	368 61030	372 78497
8	477 33793	714 53674	381 40060	5 93734	377 20123	378 60075	382 80415
9	487 78619	704 96577	391 41021	6 37598	387 18202	388 59115	392 82341
0,0440	498 23549	695 39575	401 41987	6 81562	397 16273	398 58150	402 84277
1	508 68583	685 82669	411 42957	7 25626	407 14335	408 57181	412 86221
2	519 13723	676 25858	421 43932	7 69790	417 12388	418 56208	422 88174
2	529 58966	666 69143	431 44911	8 14055	427 10433	428 55231	432 90136
4	540 04314	657 12524	441 45895	8 58419	437 08469	438 45249	442 92107
5	550 49767	647 56001	451 46883	9 02884	447 06495	448 53262	452 94087
6	561 95324	638 99573	461 47876	9 47449	457 04513	458 52271	462 96075
7	571 40986	628 43241	471 48873	9 92114	467 02522	468 51276	472 98073
8	581 86763	618 87005	481 49879	**0 36884	477 00522	478 50276	483 00079
9	592 32624	609 30864	491 50880	0 81744	486 98514	488 49272	493 02095
	1,04	0,95	0,04	1,0010	0,04	0,04	0,04

x	$\log_e x$	x	$\log_e x$	x	$\log_e x$	x	$\log_e x$	x	$\log_e x$
	− 3,21		− 3,19		− 3,1		− 3,14		− 3,12
0,0400	887 58249	0,0410	418 32123	0,0420	7008 56607	0,0430	655 51633	0,0440	356 56451
1	637 89447	1	174 71575	1	6770 75383	1	423 22819	1	129 54965
2	388 82834	2	*931 70226	2	6533 50579	2	191 47837	2	*903 04899
3	140 38100	3	689 27790	3	6296 81929	3	*960 26440	3	677 06019
4	*892 54940	4	447 43982	4	6060 69167	4	729 58379	4	451 58095
5	645 33047	5	206 18517	5	5825 12031	5	499 43409	5	226 60898
6	398 72124	6	**965 51117	6	5590 10257	6	269 82286	6	002 14200
7	152 71865	7	725 41502	7	5355 63587	7	040 71769	7	**778 17774
8	**907 31976	8	485 89395	8	5121 81764	8	**812 14616	8	554 71396
9	662 52159	9	246 94521	9	4888 34530	9	584 09589	9	331 74842
	− 3,19		− 3,17		− 3,1		− 3,12		− 3,10

x	φ	sin x	cos x	tg x	arc sin x	arc cos x	arc tg x
	2° 3	**0,04**	**0,998**	**0,04**	**0,04**	**1,52**	**0,04**
0,0450	4′ 41″,92	498 48140	98 76708	503 03996	501 52014	578 11254	496 96619
1	5 02,54	508 47126	98 31674	513 06028	511 53030	568 10238	506 94593
2	5 23,17	518 46107	97 86539	523 08070	521 54051	558 09217	516 92559
3	5 43,80	528 45083	97 41304	533 10120	531 55076	548 08192	526 90515
4	6 04,42	538 44055	96 95970	543 12180	541 56106	538 07162	536 88463
5	6 25,05	548 43022	96 50536	553 14248	551 57140	528 06128	546 86402
6	6 45,68	558 41985	96 05001	563 16326	561 58179	518 05089	556 84331
7	7 06,30	568 40943	95 59367	573 18413	571 59223	508 04045	566 82251
8	7 26,93	578 39897	95 13633	583 20509	581 60271	498 02997	576 80163
9	7 47,55	588 38846	94 67799	593 22614	591 61324	488 01944	586 78065
0,0460	8 08,18	598 37790	94 21865	603 24718	601 62381	478 00887	596 75958
1	8 28,81	608 36730	93 75832	613 26852	611 63443	467 99825	606 73842
2	8 49,43	618 35666	93 29698	623 28985	621 64510	457 98758	616 71716
3	9 10,06	628 34596	92 83465	633 31127	631 65581	447 97687	626 69369
4	9 30,69	638 33522	92 37131	643 33278	641 66657	437 96611	636 67438
5	9 51,31	648 32444	91 90698	653 35439	651 67738	427 95530	646 65285
6	*0 11,94	658 31360	91 44165	663 37609	661 68823	417 94445	656 63123
7	0 32,57	668 30273	90 97532	673 39788	671 69913	407 93355	666 60952
8	0 53,19	678 29180	90 50799	683 41977	681 71007	397 92261	676 58771
9	1 13,82	688 28083	90 03966	693 44175	691 72107	387 91161	686 56581
0,0470	1 34,45	698 26981	89 57033	703 46383	701 73211	377 90057	696 54381
1	1 55,07	708 25874	89 10000	713 48600	711 74319	367 88949	706 52172
2	2 15,70	718 24763	88 62868	723 50826	721 75433	357 87835	716 49954
3	2 36,33	728 23647	88 15635	733 53062	731 76551	347 86717	726 47727
4	2 56,95	738 22526	87 68303	743 55307	741 77674	337 85594	736 45490
5	3 17,58	748 21400	87 20871	753 57562	751 78801	327 84467	746 43243
6	3 38,20	758 20270	86 73339	763 59827	761 79934	317 83334	756 40987
7	3 58,83	768 19135	86 25707	773 62101	771 81071	307 82197	766 38722
8	4 19,46	778 17995	85 77975	783 64384	781 82213	297 81055	776 36447
9	4 40,08	788 16851	85 30143	793 66677	791 83360	287 79908	786 34163
0,0480	5 00,71	798 15701	84 82212	803 68980	801 84511	277 78757	996 31869
1	5 21,34	808 14547	84 34180	813 71292	811 85668	267 77600	806 29565
2	5 41,96	818 13388	83 86049	823 73614	821 86829	257 76439	816 27252
3	6 02,59	828 12224	83 37817	833 75946	831 87995	247 75273	826 24930
4	6 23,22	838 11056	82 89486	843 78287	841 89166	237 74102	836 22597
5	6 43,84	848 09883	82 41055	853 80639	851 90342	227 72926	846 20255
6	7 04,47	858 08704	81 92524	863 82999	861 91522	217 71746	856 17904
7	7 25,10	868 07521	81 43894	873 85370	871 92708	207 70560	866 15543
8	7 45,72	878 06333	80 95163	883 87750	881 93898	197 69370	876 13172
9	8 06,35	888 05140	80 46332	893 90140	891 95094	187 68174	886 10791
0,0490	8 26,98	898 03942	79 97402	903 92540	901 96294	177 66974	896 08401
1	8 47,60	908 02739	79 48371	913 94950	911 97499	167 65769	906 06001
2	9 08,23	918 01532	78 99241	923 97370	921 98709	157 64559	916 03591
3	9 28,85	928 00319	78 50011	933 99799	931 99924	147 63344	926 01171
4	9 49,48	937 99102	78 00681	944 02239	942 01144	137 62124	935 98741
5	**0 10,11	947 97879	77 51251	954 04688	952 02369	127 60899	945 96303
6	0 30,73	957 96652	77 01722	964 07147	962 03599	117 59669	955 93853
7	0 51,36	967 95419	76 52092	974 09616	972 04834	107 58434	965 91394
8	1 11,90	977 94182	76 02363	984 12095	982 06073	097 57195	975 88925
9	1 32,61	987 92940	75 52533	994 14585	992 07318	087 55950	985 86446
	2° 5	**0,04**	**0,998**	**0,04**	**0,04**	**1,52**	**0,04**

x	$\sin\frac{x\pi}{2}$	$\cos\frac{x\pi}{2}$	x	$\sin\frac{x\pi}{2}$	$\cos\frac{x\pi}{2}$	x	$\sin\frac{x\pi}{2}$	$\cos\frac{x\pi}{2}$
	0,35	**0,93**		**0,36**	**0,92**		**0,38**	**0,92**
0,230	347 48438	544 40308	**0,240**	812 45527	977 64859	**0,250**	268 34324	387 95325
1	494 37991	488 76400	1	958 45874	919 70904	1	413 41862	327 72752
2	641 18787	432 89425	2	*104 37102	861 54021	2	558 39923	267 27399
3	787 90789	376 79395	3	250 19175	803 14227	3	703 28469	206 59279
4	934 53960	320 46326	4	395 92057	744 51533	4	848 07466	145 68408
5	*081 08265	263 90231	5	541 55712	685 65956	5	992 76878	084 54801
6	227 53667	207 11125	6	687 10104	626 57510	6	*137 36668	023 18474
7	373 90130	150 09020	7	832 55197	567 26209	7	281 86802	*961 59440
8	520 17619	092 83931	8	977 90955	507 72068	8	426 27243	899 77716
9	666 36096	035 35873	9	**123 17343	447 95102	9	570 57957	837 73316
	0,36	**0,93**		**0,38**	**0,92**		**0,39**	**0,91**

x	e^x	e^{-x}	Sin x	Cos x	Tg x	ArSin x	ArTg x
	1,04	**0,95**	**0,04**	**1,0010**	**0,04**	**0,04**	**0,04**
0,0450	602 78599	599 74818	501 51890	1 26709	496 96496	498 48263	503 04120
1	613 24679	590 18869	511 52905	1 71774	506 94469	508 47250	513 06153
2	623 70864	580 63015	521 53925	2 16939	516 92433	518 46232	523 08196
3	634 17153	571 07256	531 54949	2 62205	526 90389	528 45210	533 10248
4	644 63547	561 51593	541 55977	3 07570	536 88335	538 44183	543 12308
5	655 10046	551 96026	551 57010	3 53036	546 86272	548 43152	553 14379
6	665 56649	542 40553	561 58048	3 98602	556 84200	558 42116	563 16458
7	676 03357	532 85178	571 59090	4 44268	566 82119	568 41076	573 18546
8	686 50170	523 29897	581 60137	4 90033	576 80028	578 40031	583 20643
9	697 97088	513 74712	591 61188	5 35900	586 77929	588 38982	593 22750
0,0460	707 44110	504 19622	601 62244	5 81866	596 75831	598 37928	603 24866
1	717 91236	494 64628	611 63304	6 27932	606 73703	608 36869	613 26991
2	728 38468	485 09729	621 64369	6 74098	616 71577	618 35806	623 29126
3	738 85804	475 54926	631 65439	7 20365	626 69441	628 34738	633 31056
4	749 33245	466 00218	641 66513	7 66731	636 67295	638 33666	643 33422
5	759 80791	456 45606	651 67592	8 13198	646 65141	648 32588	653 35584
6	770 28441	446 91089	661 68676	8 59765	656 62977	658 31507	663 37756
7	780 76196	437 36667	671 69764	9 06432	666 60804	668 30420	673 39937
8	791 24056	427 82342	681 70857	9 53199	676 58622	678 29329	683 42127
9	801 72021	418 28111	691 71955	*0 00066	686 56430	688 28234	693 44327
0,0470	812 20091	408 73976	701 73057	0 47033	696 54229	698 27133	703 46536
1	822 68265	399 19936	711 74165	0 94101	706 52018	708 26028	713 48755
2	833 16544	389 65992	721 75276	1 41268	716 49799	718 24919	723 50982
3	843 64929	380 12143	731 76393	1 88536	726 47569	728 23804	733 53220
4	854 13417	370 58389	741 77514	2 35903	736 45331	738 22685	743 55467
5	864 62011	361 04731	751 78640	2 83371	746 43083	748 21561	753 57724
6	875 10710	351 51169	761 79771	3 30939	756 40825	758 20433	763 59990
7	885 59513	341 97701	771 80906	3 78607	766 38558	768 19299	773 62266
8	896 08422	332 44329	781 82046	4 26375	776 36281	778 18161	783 64551
9	906 57435	322 91052	791 83191	4 74244	786 33995	788 17018	793 66846
0,0480	917 06553	313 37871	801 84341	5 22212	796 31699	798 15871	803 69150
1	927 55776	303 84785	811 85496	5 70281	806 29394	808 14718	813 71465
2	938 05104	294 31794	821 86655	6 18449	816 27079	818 13561	823 73788
3	948 54537	284 78898	831 87820	6 66718	826 24755	828 12399	833 76122
4	959 04075	275 26098	841 88989	7 15087	836 22421	838 11232	843 78465
5	969 53718	265 73393	851 90163	7 63556	846 20077	848 10061	853 80818
6	980 03466	256 20783	861 91341	8 12125	856 17724	858 08884	863 83181
7	990 53319	246 68269	871 92525	8 60794	866 15361	868 07703	873 85553
8	*001 03277	237 15850	881 93714	9 09563	876 12988	878 06517	883 87935
9	011 53340	227 63526	891 94907	9 58433	886 10605	888 05326	893 90327
0,0490	022 03507	218 11297	901 96105	**0 07402	896 08213	898 04130	903 92729
1	032 53780	208 59163	911 97308	0 56472	906 05811	908 02929	913 95141
2	043 04158	199 07125	921 98517	1 05642	916 03399	918 01723	923 97563
3	053 54641	189 55182	931 99730	1 54912	926 00977	928 00513	933 99994
4	064 05229	180 03334	942 00947	2 04282	935 98546	937 99297	944 02435
5	074 55922	170 51581	952 02170	2 53752	945 96105	947 98077	954 04886
6	085 06720	161 99924	962 03398	3 03322	955 93653	957 96852	964 07348
7	095 57624	151 48361	972 04631	3 52992	965 91192	967 95621	974 09819
8	106 08632	141 96894	982 05869	4 02763	975 88721	977 94386	984 12300
9	116 59745	132 45522	992 07112	4 52634	985 86240	987 93146	994 14792
	1,05	**0,95**	**0,04**	**1,0012**	**0,04**	**0,04**	**0,04**

x	$\log_e x$	x	$\log_e x$	x	$\log_e x$	x	$\log_e x$	x	$\log_e x$
	— 3,10		**— 3,07**		**— 3,05**		**— 3,03**		**— 3,01**
0,0450	109 27892	**0,0460**	911 38825	**0,0470**	760 76773	**0,0480**	655 42681	**0,0490**	593 49809
1	*887 30325	1	694 23290	1	548 22780	1	447 31019	1	389 62442
2	665 81921	2	477 54809	2	336 13864	2	239 62579	2	186 16555
3	444 82465	3	261 33179	3	124 49835	3	032 37183	3	*983 11979
4	224 31739	4	045 58198	4	*913 30503	4	*825 54653	4	780 48548
5	004 29530	5	*830 29664	5	702 55679	5	619 14810	5	578 26094
6	**784 75625	6	615 47379	6	492 25177	6	413 17481	6	376 44452
7	565 69811	7	401 11143	7	282 38811	7	207 62489	7	175 03459
8	347 11879	8	187 20761	8	072 96395	8	002 49661	8	**974 02949
9	129 01619	9	**973 76035	9	**863 97746	9	**797 78825	9	773 42762
	— 3,08		**— 3,05**		**— 3,03**		**— 3,01**		**2,99**

x	φ	sin x	cos x	tg x	arc sin x	arc cos x	arc tg x
	2°	**0,04**	**0,998**	**0,05**	**0,05**	**1,52**	**0,04**
0,0500	51′ 53,″24	997 91693	75 02604	004 17084	002 08568	077 54700	995 83957
1	52 13,87	*007 90440	74 52575	014 19593	012 09823	067 53445	*005 81458
2	52 34,49	017 89183	74 02446	024 22112	022 11083	057 52185	015 78950
3	52 55,12	027 87921	73 52217	034 24642	032 12348	047 50920	025 76431
4	53 15,75	037 86654	73 01888	044 27181	042 13618	037 49650	035 73902
5	53 36,37	047 85381	72 51460	054 29730	052 14893	027 48375	045 71364
6	53 57,00	057 84104	72 00931	064 32290	062 16173	017 47095	055 68815
7	54 17,63	067 82822	71 50303	074 34860	072 17458	007 45810	065 66256
8	54 38,88	077 81534	70 99575	084 37440	082 18748	*997 44520	075 63687
9	54 58,88	087 80241	70 48747	094 40030	092 20044	987 43224	085 61108
0,0510	55 19,51	097 78944	69 97819	104 42631	102 21344	977 41924	095 58519
1	55 40,13	107 77641	69 46791	114 45241	112 22650	967 40618	105 55919
2	56 00,76	117 76333	68 95663	124 47855	122 23960	957 39307	115 53310
3	56 21,38	127 75020	68 44435	134 50493	132 25276	947 37992	125 50690
4	56 42,01	137 73702	67 93108	144 53135	142 26597	937 36671	135 48060
5	57 02,64	147 72379	67 41681	154 55786	152 27924	927 35344	145 45420
6	57 23,26	157 71050	66 90154	164 58459	162 29255	917 34013	155 42770
7	57 43,89	167 69717	66 38527	174 61121	172 30591	907 32677	165 40109
8	58 04,52	177 68378	65 86800	184 63804	182 31933	897 31335	175 37438
9	58 25,14	187 67034	65 34973	194 66497	192 33280	887 29988	185 34757
0,0520	58 45,77	197 65685	64 83046	204 69201	202 34632	877 28636	195 32066
1	59 06,40	207 64331	64 31020	214 71915	212 35990	867 27278	205 29364
2	59 27,02	217 62971	63 78893	224 74639	222 37352	857 25916	215 26651
3	59 47,65	227 61606	63 26667	234 77375	232 38720	847 24548	225 23929
4	*00 08,28	237 60237	62 74341	244 80120	242 40093	837 23175	235 21196
5	00 28,90	247 58861	62 21915	254 82876	252 41471	827 21796	245 18452
6	00 49,53	257 57481	61 69389	264 85643	262 42855	817 20413	255 15699
7	01 10,16	267 56095	61 16764	274 88420	272 44244	807 19024	265 12934
8	01 30,78	277 54704	60 64038	284 91208	282 45638	797 17630	275 10159
9	01 51,41	287 53308	60 11213	294 94006	292 47038	787 16230	285 07374
0,0530	02 12,03	297 51907	59 58287	304 96815	302 48443	777 14825	295 04578
1	02 32,66	307 50500	59 05262	314 99634	312 49853	767 13415	305 01772
2	02 53,29	317 49088	58 52137	325 02465	322 51278	757 11990	314 98955
3	03 13,91	327 47670	57 98912	335 05306	332 52689	747 10579	324 96127
4	03 34,54	337 46247	57 45588	345 08157	342 54115	737 09153	334 93289
5	03 55,17	347 44819	56 92163	355 11020	352 55547	727 07721	344 90440
6	04 15,79	357 43386	56 38639	365 13893	362 56983	717 06284	354 87581
7	04 36,42	367 41947	55 85015	375 16777	372 58426	707 04842	364 84711
8	04 57,05	377 40503	55 31290	385 19671	382 59873	697 03395	374 81830
9	05 17,67	387 39053	54 77466	395 22577	392 61327	687 01941	384 78939
0,0540	05 38,30	397 37598	54 23543	405 25493	402 62785	677 00483	394 76036
1	05 58,93	407 36138	53 69519	415 28420	412 64249	666 99019	404 73124
2	06 19,55	417 34672	53 15395	425 31358	422 65718	656 97550	414 70200
3	06 40,18	427 33201	52 61172	435 34307	432 67193	646 96075	424 67265
4	07 00,81	437 31724	52 06849	445 37267	442 68673	636 94595	434 64320
5	07 21,43	447 30242	51 52426	455 40237	452 70159	626 93109	444 61364
6	07 42,06	457 28755	50 97903	465 43219	462 71650	616 91618	454 58397
7	08 02,68	467 27262	50 43280	475 46211	472 73147	606 90121	464 55420
8	08 23,31	477 25764	49 88557	485 49215	482 74649	596 88619	474 52431
9	08 43,94	487 24260	49 33735	495 52230	492 76157	586 87111	484 49432
	3°	**0,05**	**0,998**	**0,05**	**0,05**	**1,51**	**0,05**

x	$\sin \frac{x\pi}{2}$	$\cos \frac{x\pi}{2}$	x	$\sin \frac{x\pi}{2}$	$\cos \frac{x\pi}{2}$	x	$\sin \frac{x\pi}{2}$	$\cos \frac{x\pi}{2}$
	0,39	**0,91**		**0,41**	**0,91**		**0,42**	**0,90**
0,260	714 78906	775 46257	**0,270**	151 43586	140 32766	**0,280**	577 92916	482 70525
1	858 90057	712 96553	1	294 54793	075 57473	1	720 00647	415 71239
2	*002 91372	650 24219	2	437 55810	010 59707	2	861 97838	348 49644
3	146 82818	587 29272	3	580 46603	*945 39485	3	*003 84453	281 05757
4	290 64357	524 11726	4	723 27137	879 96824	4	145 60457	213 39594
5	434 35955	460 71598	5	865 97375	814 31738	5	287 25815	145 51171
6	577 97577	397 08903	6	*008 57284	748 44245	6	428 80493	077 40506
7	721 49186	333 23656	7	151 06828	682 34361	7	570 24455	009 07615
8	864 90747	269 15874	8	293 45971	616 02102	8	711 57667	*940 52516
9	**008 22226	204 85572	9	435 74679	549 47485	9	852 80093	871 75224
	0,41	**0,91**		**0,42**	**0,90**		**0,43**	**0,89**

x	e^x	e^{-x}	Sin x	Cos x	Tg x	Ar Sin x	Ar Tg x
	1,05	**0,95**	**0,05**	**1,001**	**0,04**	**0,04**	**0,05**
0,0500	127 10964	122 94245	002 08359	25 02604	995 83750	997 91901	004 17293
1	137 62287	113 43063	012 09612	25 52675	*005 81249	*007 90651	014 19804
2	148 13716	103 91976	022 10870	26 02846	015 78738	017 89395	024 22325
3	158 65250	094 40985	032 12133	26 53117	025 76217	027 88135	034 24857
4	169 16889	084 90088	042 13401	27 03489	035 73686	037 86870	044 27398
5	179 68634	075 39287	052 14673	27 53960	045 71145	047 85600	054 29950
6	190 20483	065 88580	062 15951	28 04532	055 68594	057 84325	064 32512
7	200 72438	056 37969	072 17234	28 55203	065 66033	067 83044	074 35084
8	211 24498	046 87453	082 18522	29 05975	075 63462	077 81759	084 37666
9	221 76663	037 37032	092 19816	29 56847	085 60881	087 80469	094 40259
0,0510	232 28933	027 86705	102 21114	30 07819	095 58290	097 79173	104 42861
1	242 81308	018 36474	112 22417	30 58891	105 55688	107 77873	114 45474
2	253 33789	008 86338	122 23726	31 10064	115 53069	117 76567	124 48097
3	263 86375	*999 36297	132 25039	31 61336	125 50454	127 75257	134 50731
4	274 39066	989 86351	142 26358	32 12709	135 47822	137 73941	144 53375
5	284 91863	980 36500	152 27682	32 64181	145 45180	147 72620	154 56029
6	295 44765	970 86743	162 29011	33 15754	155 42517	157 71294	164 58693
7	305 97772	961 37082	172 30345	33 67427	165 39864	167 69963	174 61368
8	316 50884	951 87516	182 31684	34 19200	175 37191	177 68626	184 64044
9	327 04102	942 38045	192 33029	34 71073	185 34507	187 67285	194 66749
0,0520	337 57425	932 88668	202 34378	35 23047	195 31813	197 65938	204 69455
1	348 10854	923 39387	212 35733	35 75120	205 29109	207 64586	214 72172
2	358 64387	913 90201	222 37093	36 27294	215 26394	217 63229	224 74899
3	369 18026	904 41109	232 38459	36 79568	225 23669	227 61867	234 77636
4	379 71771	894 92112	242 39829	37 31942	235 20933	237 60499	244 80384
5	390 25621	885 43211	252 41205	37 84416	245 18187	247 59127	254 83143
6	400 79576	875 94404	262 42586	38 36990	255 15431	257 57749	264 85912
7	411 33636	866 45692	272 43972	38 89664	265 12664	267 56366	274 88692
8	421 87803	856 97075	282 45364	39 42439	275 09887	277 54977	284 91482
9	432 42074	847 48552	292 46761	39 95313	285 07099	287 53584	294 94283
0,0530	442 96451	838 00125	302 48163	40 48288	295 04300	297 52185	304 97095
1	453 50934	828 51792	312 49571	41 01363	305 01491	307 50781	314 99917
2	464 05521	819 03554	322 50983	41 54538	314 98672	317 49361	325 02750
3	474 60215	809 55412	332 52402	42 07813	324 95841	327 47956	335 05594
4	485 15013	800 07363	342 53825	42 61188	334 93001	337 46536	345 08448
5	495 69918	790 59410	352 55254	43 14664	344 90149	347 45111	355 11313
6	506 24927	781 11551	362 56688	43 68239	354 87278	357 43950	365 14189
7	516 80043	771 63788	372 58127	44 21915	364 84414	367 42244	375 17075
8	527 35263	762 16119	382 59572	44 75691	374 81531	377 40803	385 19973
9	537 90590	752 68544	392 61023	45 29567	384 78636	387 39356	395 22881
0,0540	548 46022	743 21066	402 62478	45 83543	394 75732	397 37904	405 25800
1	559 01559	733 73680	412 63939	46 37620	404 72816	407 36446	415 28730
2	569 57202	724 26390	422 65406	46 91796	414 69889	417 74983	425 31671
3	580 12950	714 79196	432 66878	47 46073	424 66952	427 33516	435 34623
4	590 68804	705 32094	442 68355	48 00449	434 64004	437 32041	445 37585
5	601 24764	695 85089	452 69838	48 54926	444 61045	447 30562	455 40559
6	611 80829	686 38177	462 71326	49 09503	454 58075	457 29078	465 43544
7	622 37000	676 91361	472 72820	49 64181	464 55094	467 27588	475 46539
8	632 93277	667 44639	482 74319	50 18958	474 52103	477 26092	485 49546
9	643 49659	657 98012	492 75823	50 73836	484 49100	487 24591	495 52563
	1,05	**0,94**	**0,05**	**1,001**	**0,05**	**0,05**	**0,05**

x	$\log_e x$	x	$\log_e x$	x	$\log_e x$	x	$\log_e x$	x	$\log_e x$
	— 2,99		**— 2,97**		**— 2,95**		**— 2,93**		**— 2,91**
0,0500	573 22736	**0,0510**	592 96463	**0,0520**	651 15604	**0,0530**	746 33654	**0,0540**	877 12324
1	373 42709	1	397 07818	1	459 03302	1	557 83507	1	692 10931
2	174 02523	2	201 57469	2	267 27841	2	369 68826	2	507 43705
3	*975 02019	3	006 45268	3	075 89079	3	181 89478	3	323 10520
4	776 41039	4	*811 71065	4	*884 86877	4	*994 45330	4	139 11251
5	578 19427	5	617 34713	5	694 21094	5	807 36251	5	*955 45773
6	380 37027	6	423 36065	6	503 91592	6	620 62109	6	772 13962
7	182 93684	7	229 74975	7	313 98234	7	434 22775	7	589 15696
8	**985 89244	8	036 51297	8	124 40883	8	248 18118	8	406 50850
9	789 23554	9	**843 64888	9	**935 19401	9	062 48011	9	224 19305
	— 2,97		**— 2,95**		**— 2,93**		**— 2,92**		**— 2,90**

x	φ	sin x	cos x	tg x	arc sin x	arc cos x	arc tg x
	3° 0	0,05	0,998	0,05	0,05	1,51	0,05
0,0550	9′ 04″,56	497 22750	48 78812	505 56255	502 77670	576 85598	494 46421
1	9 25,19	507 21235	48 23790	515 58292	512 79189	566 84079	504 43400
2	9 45,82	517 19715	47 68668	525 61340	522 80713	556 82555	514 40367
3	*0 06,44	527 18189	47 13446	535 64398	532 82243	546 81025	524 37324
4	0 27,07	537 16658	46 58124	545 67468	542 83778	536 79490	534 34270
5	0 47,70	547 15121	46 02703	555 70549	552 85319	526 77949	544 31205
6	1 08,32	557 13578	45 47181	565 73641	562 86865	516 76403	554 28128
7	1 28,95	567 12030	44 91560	575 76745	572 88417	506 74851	564 25041
8	1 49,58	577 10477	44 35839	585 79859	585 89975	496 73293	574 21943
9	2 10,20	587 08917	43 80018	595 82985	592 91538	486 71730	584 18833
0,0560	2 30,83	597 07353	43 24097	605 86122	602 93107	476 70161	594 15712
1	2 51,46	607 05782	42 68077	615 89270	612 94682	466 68586	604 12581
2	3 12,08	617 04206	42 11956	625 92430	622 96262	456 67006	614 09438
3	3 32,71	627 02625	41 55736	635 95600	632 97848	446 65420	624 06284
4	3 53,34	637 01037	40 99416	645 98762	642 99439	436 62707	634 03118
5	4 13,96	646 99444	40 42996	656 01976	653 01036	426 62232	643 99942
6	4 34,59	656 97846	39 86476	666 05180	663 02639	416 60629	653 96754
7	4 55,21	666 96242	39 29856	676 08397	673 04247	406 59020	663 93555
8	5 15,84	676 94632	38 73136	686 11624	683 05862	396 57406	673 90345
9	5 36,47	686 93016	38 16317	696 14863	693 07482	386 55786	683 87123
0,0570	5 57,09	696 91395	37 59398	706 18113	703 09107	376 54161	693 83891
1	6 17,72	706 89768	37 02379	716 21375	713 10738	366 52529	703 80646
2	6 38,35	716 88136	36 45260	726 24648	723 12376	356 50892	713 77391
3	6 58,97	726 86497	35 88041	736 27933	733 14018	346 49250	723 74124
4	7 19,60	736 84853	35 30723	746 31229	743 15667	336 47601	733 70846
5	7 40,23	746 83203	34 73304	756 34537	753 17321	326 45947	743 67556
6	8 00,85	756 81548	34 15786	766 37856	763 18981	316 44287	753 64255
7	8 21,48	766 79887	33 58168	776 41187	773 20647	306 42621	763 60943
8	8 42,11	776 78220	33 00450	786 44530	783 22319	296 40949	773 57619
9	9 02,73	786 76547	32 42632	796 47884	793 23997	286 39271	783 54283
0,0580	9 23,36	796 74868	31 84715	806 51250	803 25680	276 37588	793 50936
1	9 43,99	806 73184	31 26697	816 54627	813 27369	266 35899	803 47578
2	**0 04,61	816 71493	30 68580	826 58016	823 29154	256 34114	813 44208
3	0 25,24	826 69797	30 10363	836 61417	833 30765	246 32503	823 40826
4	0 45,86	836 68095	29 52046	846 64829	843 32472	236 30796	833 37433
5	1 06,49	846 66388	28 93629	856 68254	853 34184	226 29084	843 34028
6	1 27,12	856 64674	28 35113	866 71689	863 35903	216 27365	853 30612
7	1 47,74	866 62955	27 76496	876 75137	873 37627	206 25641	863 27184
8	2 08,37	876 61229	27 17780	886 78597	883 39357	196 23911	873 23744
9	2 29,00	886 59498	26 58964	896 82068	893 41094	186 22174	883 20293
0,0590	2 49,62	896 57761	26 00048	906 85551	903 42836	176 20432	893 16830
1	3 10,25	906 56018	25 41033	916 89046	913 44584	166 18684	903 13355
2	3 30,88	916 54269	24 81917	926 92553	923 46338	156 16930	913 09868
3	3 51,50	926 52515	24 22702	936 96072	933 48098	146 15170	923 06370
4	4 12,13	936 50754	23 63387	946 99603	943 49863	136 13405	933 02860
5	4 32,76	946 48987	23 03972	957 03145	953 51635	126 11633	942 99338
6	4 53,38	956 47215	22 44457	967 06700	963 53413	116 09855	952 95805
7	5 14,01	966 45436	21 84842	977 10267	973 55197	106 08171	962 92259
8	5 34,64	976 43652	21 25128	987 13845	983 56987	096 06281	972 88702
9	5 55,26	986 41861	20 65313	997 17436	993 58783	086 04485	982 85132
	3° 2	0,05	0,998	0,05	0,05	1,51	0,05

x	$\sin\frac{x\pi}{2}$	$\cos\frac{x\pi}{2}$	x	$\sin\frac{x\pi}{2}$	$\cos\frac{x\pi}{2}$	x	$\sin\frac{x\pi}{2}$	$\cos\frac{x\pi}{2}$
	0,43	0,89		0,45	0,89		0,46	0,88
0,290	993 91699	802 75758	**0,300**	399 04997	100 65242	**0,310**	792 98143	376 56301
1	*134 92449	733 54133	1	538 95289	029 22986	1	931 74522	302 95177
2	275 82310	664 10368	2	678 74343	*957 58764	2	*070 39322	229 12264
3	416 61247	594 44479	3	818 42127	885 72592	3	208 92507	155 07582
4	557 29224	524 56483	4	957 98606	813 64488	4	347 34044	080 81149
5	697 86207	454 46398	5	*097 43745	741 34471	5	485 63899	006 32983
6	838 32161	384 14242	6	236 77510	668 82557	6	623 82037	*931 63102
7	978 67052	313 60030	7	375 99867	596 08765	7	761 88434	856 71525
8	**118 90844	242 83781	8	515 10781	523 13113	8	899 83026	781 58270
9	259 03505	171 85513	9	654 10217	449 95619	9	**037 65810	706 23355
	0,45	0,89		0,46	0,88		0,48	0,87

x	e^x	e^{-x}	Sin x	Cos x	Tg x	Ar Sin x	Ar Tg x
	1,05	**0,94**	**0,05**	**1,0015**	**0,05**	**0,05**	**0,05**
0,0550	654 06147	648 51480	502 77334	1 28813	494 45087	497 23085	505 55592
1	664 62740	639 05042	512 78849	1 83891	504 43063	507 21573	515 58632
2	675 19439	629 58699	522 80370	2 39069	514 40027	517 20056	525 61683
3	685 76244	620 12450	532 81897	2 94347	524 36981	527 18533	535 64744
4	696 33155	610 66295	542 83430	3 49725	534 33923	537 17005	545 67817
5	706 90171	601 20237	552 84967	4 05204	544 30855	547 15471	555 70902
6	717 47293	591 74272	562 86510	4 60782	554 27776	557 13932	565 73997
7	728 04520	582 28402	572 88059	5 16461	564 24685	567 12387	575 77104
8	738 61854	572 82626	582 89614	5 72240	574 21583	577 10836	585 80221
9	749 19293	563 36945	592 91174	6 28119	584 18471	587 09280	595 83350
0,0560	759 76837	553 91359	602 92739	6 84098	594 15347	597 07719	605 86491
1	770 34488	544 45867	612 94310	7 40178	604 12212	607 06152	615 89642
2	780 92244	535 00470	622 95887	7 96357	614 09065	617 04579	625 92805
3	791 50106	525 55167	632 97470	8 52637	624 05908	627 03001	635 95979
4	802 08074	516 09959	642 99058	9 09017	634 02759	637 01417	645 99164
5	812 66148	506 64845	653 00652	9 65496	643 99560	646 99827	656 02361
6	823 24328	497 19826	663 02251	*0 22077	653 96369	656 98232	666 05569
7	833 82613	487 74901	673 03856	0 78757	663 93166	666 96632	676 08789
8	844 41004	478 30071	683 05467	1 35537	673 89952	676 95025	686 12020
9	854 99501	468 85335	693 07083	1 92418	683 86728	686 93413	696 15262
0,0570	865 58104	459 40694	703 08705	2 49399	693 83491	696 91795	706 18516
1	876 16813	449 96147	713 10333	3 06480	703 80244	706 90172	716 21782
2	886 75627	440 51694	723 11966	3 63661	713 76985	716 88543	726 25058
3	897 34548	431 07336	733 13606	4 20942	723 73714	726 86908	736 28347
4	807 93574	421 63073	743 15251	4 78324	733 70432	736 85268	746 31647
5	918 52707	412 18904	753 16901	5 35805	743 67139	746 83622	756 34958
6	929 11945	402 74829	763 18558	5 93387	753 63834	756 81970	766 38281
7	939 71289	393 30849	773 20220	6 51069	763 60518	766 80312	776 41616
8	950 30739	383 86963	783 21888	7 08851	773 57190	776 78649	786 44962
9	960 90295	374 43172	793 23562	7 66733	783 53852	786 76979	796 48320
0,0580	971 49957	364 99474	803 25241	8 24716	793 50501	796 75305	806 51689
1	982 09725	355 55872	813 26927	8 82798	803 47138	806 73624	816 55070
2	992 69599	346 12363	823 28618	9 40981	813 43765	816 71848	826 58463
3	*003 29579	336 68949	833 30315	9 99264	823 40379	826 70245	836 61868
4	013 89665	327 25629	843 32018	**0 57647	833 36982	836 68547	846 65284
5	024 49857	317 82404	853 33726	1 16130	843 33574	846 66843	856 68712
6	035 10155	308 39273	863 35441	1 74714	853 30153	856 65134	866 72152
7	045 70559	298 96236	873 37161	2 33398	863 26721	866 63418	876 75604
8	056 31069	289 53294	883 38888	2 92181	873 23278	876 61697	886 79067
9	066 91685	280 10445	893 40620	3 51065	883 19823	886 59970	896 82543
0,0590	077 52407	270 67692	903 42358	4 10049	893 16355	896 58237	906 86030
1	088 13236	261 25032	913 44102	4 69134	903 12876	906 56498	916 89529
2	098 74170	251 82467	923 45852	5 28318	913 09386	916 54753	926 93040
3	109 35211	242 39995	933 47608	5 87603	923 05883	926 53002	936 96563
4	119 96357	232 97619	943 49369	6 46988	933 02369	936 51246	947 00098
5	130 57610	223 55336	953 51137	7 06473	942 98843	946 49483	957 03645
6	141 18969	214 13148	963 52911	7 66058	952 95305	956 47715	967 07204
7	151 80434	204 71053	973 54690	8 25743	962 91756	966 45941	977 10774
8	162 42005	195 29053	983 56476	8 85529	972 88194	976 44160	987 14357
9	173 03682	185 87147	993 58267	9 45415	982 84621	986 42374	997 17952
	1,06	**0,94**	**0,05**	**1,0017**	**0,05**	**0,05**	**0,05**

x	$\log_e x$	x	$\log_e x$	x	$\log_e x$	x	$\log_e x$	x	$\log_e x$
	— 2,90		**— 2,88**		**— 2,86**		**— 2,84**		**— 2,83**
0,0550	042 20938	**0,0560**	240 35882	**0,0570**	470 40111	**0,0580**	731 22684	**0,0590**	021 78351
1	*860 55628	1	061 94665	1	295 11623	1	558 96151	1	*852 43546
2	679 23257	2	*883 85321	2	120 13806	2	386 99242	2	683 37371
3	498 23705	3	706 07438	3	*945 46553	3	215 31856	3	514 59730
4	317 56852	4	528 61205	4	771 09757	4	043 93891	4	346 10526
5	137 22582	5	351 46408	5	597 03312	5	*872 85247	5	177 89664
6	**957 20777	6	174 62938	6	423 27113	6	702 05824	6	009 97049
7	778 51320	7	**998 10682	7	249 81055	7	531 55521	7	**842 32586
8	598 14096	8	821 89533	8	076 65033	8	361 34241	8	674 96180
9	419 08988	9	645 99379	9	**903 78944	9	191 41883	9	507 87739
	— 2,88		**— 2,86**		**— 2,84**		**— 2,83**		**— 2,81**

x	φ	sin x	cos x	tg x	arc sin x	arc cos x	arc tg x
	3° 2	0,05	0,998	0,06	0,06	1,51	0,05
0,0600	6′ 15″,89	996 40065	20 05399	007 21037	003 60584	076 02684	992 81551
1	6 36,51	*006 38262	19 45385	017 24653	013 62392	066 00876	*002 77958
2	6 57,14	016 36454	18 85272	027 28279	023 64206	055 99062	012 74353
3	7 17,77	026 34639	18 25058	037 31919	033 66026	045 97242	022 70736
4	7 38,39	036 32819	17 64745	047 35570	043 67852	035 95416	032 67107
5	7 59,02	046 30992	17 04332	057 39233	053 69684	025 93583	042 63467
6	8 19,65	056 29160	16 43819	067 42908	063 71523	015 91745	052 59814
7	8 40,27	066 27321	15 83206	077 46595	073 73367	005 89901	062 56149
8	9 00,90	076 25476	15 22493	087 50295	083 75217	*995 88051	072 52472
9	9 21,53	086 23626	14 61681	097 54007	093 77074	985 86190	082 48783
0,0610	9 42,15	096 21769	14 00768	107 57731	103 78937	975 84331	092 45081
1	*0 02,78	106 19906	13 39756	117 61468	113 80805	965 82463	102 41368
2	0 23,41	116 18037	12 78644	127 65216	123 82680	955 80588	112 37643
3	0 44,03	126 16161	12 17433	137 68977	133 84561	945 78707	122 33905
4	1 04,66	136 14280	11 56121	147 72750	143 86448	935 76819	132 30156
5	1 25,29	146 12393	10 94710	157 76536	153 88342	925 74926	142 26394
6	1 45,91	156 10499	10 33199	167 80334	163 90241	915 73026	152 22620
7	2 06,54	166 08599	09 71588	177 84144	173 92147	905 71121	162 18833
8	2 27,17	176 06693	09 09877	187 87967	183 94059	895 69209	172 15035
9	2 47,79	186 04781	08 48066	197 91802	193 95977	885 67291	182 11224
0,0620	3 08,42	196 02863	07 86156	207 95650	203 97902	875 65366	192 07401
1	3 29,04	206 00939	07 24146	217 99377	213 99833	865 63435	202 03565
2	3 49,67	215 99008	06 62036	228 03383	224 01770	855 61498	211 99717
3	4 10,30	225 97071	05 99826	238 07268	234 03713	845 59555	221 95857
4	4 30,92	235 95128	05 37516	248 11168	244 05662	835 57606	231 91985
5	4 51,55	245 93178	04 75107	258 15076	254 07618	825 55650	241 88100
6	5 12,18	255 91223	04 12598	268 18998	264 09575	815 53693	251 84203
7	5 32,80	265 89261	03 49989	278 22934	276 11548	805 51720	261 80293
8	5 53,43	275 87293	02 87280	288 26882	284 13523	795 49745	271 76371
9	6 14,06	285 85318	02 24471	298 30842	294 15504	785 47764	281 72436
0,0630	6 34,68	295 83338	01 61563	308 34815	304 17491	775 45777	291 68489
1	6 55,31	•305 81351	00 98555	318 38801	314 19485	765 43783	301 64530
2	7 15,94	315 79357	00 35447	328 42800	324 21485	755 41783	311 60558
3	7 36,56	325 77358	*99 72239	338 46811	334 23491	745 39777	321 56573
4	7 57,19	335 75352	99 08931	348 50835	344 25504	735 37764	331 52576
5	8 17,82	345 73340	98 45524	358 54836	354 27523	725 35745	341 48566
6	8 38,44	355 71321	97 82016	368 58921	364 29548	715 33720	351 44544
7	8 59,07	365 69296	97 18409	378 62984	374 31580	705 31688	361 40509
8	9 19,69	375 67265	96 54703	388 67059	384 33618	695 29650	371 36461
9	9 40,32	385 65227	95 90896	398 71147	394 35663	685 27605	381 32401
0,0640	**0 00,95	395 63183	95 26990	408 75247	404 37714	675 25554	391 28328
1	0 21,57	405 61132	94 62983	418 79361	414 39771	665 23496	401 24242
2	0 42,20	415 59075	93 98877	428 83488	424 41835	655 21432	411 20144
3	1 02,83	425 57012	93 34672	438 87627	434 43906	645 19362	421 16033
4	1 23,45	435 54942	92 70366	448 91779	444 45983	635 17285	431 11909
5	1 44,08	445 52866	92 05961	458 95945	454 48066	625 15202	441 07772
6	2 04,71	455 50784	91 41455	469 00123	464 50156	615 13112	451 03623
7	2 25,33	465 48694	90 76850	479 04314	474 52253	605 11015	460 99461
8	2 45,96	475 46599	90 12146	489 08519	484 54355	595 08912	470 95286
9	3 06,59	485 44497	89 47341	499 12736	494 56465	585 06803	480 91098
	3° 4	0,06	0,997	0,06	0,06	1,50	0,06

x	$\sin \frac{x\pi}{2}$	$\cos \frac{x\pi}{2}$	x	$\sin \frac{x\pi}{2}$	$\cos \frac{x\pi}{2}$	x	$\sin \frac{x\pi}{2}$	$\cos \frac{x\pi}{2}$
	0,48	0,87		0,49	0,86		0,50	0,86
0,320	175 36741	630 66800	0,330	545 86684	863 15144	0,340	904 14158	074 20270
1	312 95785	554 88624	1	682 24998	785 21785	1	*039 28376	*994 13650
2	450 42908	478 88843	2	818 51053	707 07012	2	174 30001	913 85813
3	587 78077	402 67479	3	954 64816	628 70844	3	309 18999	833 36777
4	725 01257	326 24548	4	*090 66254	550 13303	4	443 95338	752 66562
5	862 12415	249 60071	5	226 55331	471 34405	5	578 58983	671 75189
6	999 11516	172 74065	6	362 32016	392 34172	6	713 09901	590 62677
7	*135 98528	095 66551	7	497 96275	313 12622	7	847 48060	509 29046
8	272 73415	018 37547	8	633 48074	233 69776	8	981 73426	427 74317
9	409 36146	*940 07071	9	768 87379	154 05652	9	**115 85966	345 98509
	0,49	0,86		0,50	0,86		0,52	0,85

x	e^x	e^{-x}	Sin x	Cos x	Tg x	Ar Sin x	Ar Tg x
	1,06	**0,94**	**0,06**	**1,001**	**0,05**	**0,05**	**0,06**
0,0600	183 65465	166 45336	003 60065	80 05401	992 81036	996 40582	007 21559
1	194 27355	167 03618	013 61868	80 65487	*002 77438	*006 38784	017 25178
2	204 89351	157 61995	023 63678	81 25673	012 73829	016 36980	027 28809
3	215 51453	148 20466	033 65493	81 85959	022 70207	026 35170	037 32453
4	226 13661	138 79031	043 67315	82 46346	032 66574	036 33353	047 36108
5	236 75976	129 37690	053 69143	83 06833	042 62929	046 31531	057 39776
6	247 38396	119 96443	063 70976	83 67420	052 59271	056 29703	067 43455
7	258 00923	110 55291	073 72816	84 28107	062 55602	066 27869	077 47147
8	268 63557	101 14232	083 74662	84 88895	072 51920	076 26029	087 50852
9	279 26296	091 73268	093 76514	85 49782	082 48227	086 24183	097 54568
0,0610	289 89142	082 32398	103 78372	86 10770	092 44521	096 22330	107 58297
1	300 52094	072 90622	113 80736	86 71358	102 40803	106 20472	117 62038
2	311 15152	063 49939	123 82606	87 32546	112 37073	116 18608	127 65791
3	321 78317	054 09351	133 84483	87 93834	122 33331	126 16737	137 69557
4	332 41588	044 68857	143 86365	88 55223	132 29577	136 14860	147 73335
5	343 04965	035 28457	153 88254	89 16711	142 25810	146 12978	157 77125
6	353 68449	025 88151	163 90149	89 78300	152 22031	156 11089	167 80928
7	364 32039	016 47940	173 92050	90 39989	162 18240	166 09194	177 84743
8	374 95735	007 07822	183 93957	91 01779	172 14437	176 07293	187 88571
9	385 59538	*997 67798	193 95870	91 63668	182 10621	186 05385	197 92411
0,0620	396 23447	988 28868	203 97290	92 26158	192 06793	196 03472	207 96264
1	406 87463	978 89032	213 99215	92 88247	202 02819	206 01553	218 00129
2	417 51585	969 49290	224 01147	93 50437	211 99100	215 99527	228 04007
3	428 15813	960 09642	234 03085	94 12728	221 95235	225 97695	238 07897
4	438 80148	950 70088	244 05030	94 75118	231 91357	235 95757	248 11799
5	449 44589	941 30628	254 06981	95 37609	241 87467	245 93812	258 15715
6	460 09137	931 91262	264 08937	96 00199	251 83565	255 91866	268 19643
7	470 73791	922 51990	274 10901	96 62890	261 79650	265 89905	278 23583
8	481 38552	913 12812	284 12870	97 25682	271 75723	275 87942	288 27536
9	492 03415	903 73727	294 14844	97 88571	281 71783	285 85973	298 31502
0,0630	502 69392	894 34737	304 16828	98 51565	291 67831	295 83998	308 35481
1	513 33472	884 95840	314 18816	99 14656	301 63866	305 82016	318 39472
2	523 98659	875 57038	324 20810	99 77848	311 59889	315 80028	328 43476
3	534 63952	866 18329	334 22812	*00 41141	321 55899	325 78034	338 47492
4	545 29352	856 79714	344 24819	01 04533	331 51897	335 76033	348 51522
5	555 94858	847 41193	354 26833	01 68026	341 47917	345 74026	358 55564
6	566 60471	838 02766	364 28852	02 31618	351 43854	355 72013	368 59619
7	577 26190	828 64432	374 30879	02 95311	361 39813	365 69993	378 63687
8	587 92016	819 26193	384 32912	03 59104	371 35760	375 67967	388 67767
9	598 57949	809 88047	394 34951	04 22998	381 31694	385 65935	398 71861
0,0640	609 23988	800 49995	404 36996	04 86991	391 27616	395 63897	408 75967
1	619 90133	791 12037	414 39048	05 51085	401 23525	405 61852	418 80086
2	630 56386	781 74173	424 41106	06 15279	411 19421	415 59801	428 84219
3	641 22745	772 36402	434 43171	06 79573	421 15304	425 57743	438 88364
4	651 89210	762 98726	444 45240	07 43968	431 11175	435 55679	448 92522
5	662 55782	753 61143	454 47320	08 08463	441 07032	445 53608	458 96693
6	673 22461	744 23653	464 49404	08 73057	451 02877	455 51532	469 00877
7	683 89247	734 86258	474 51495	09 37752	460 98709	465 49448	479 05074
8	694 56139	725 48956	484 53592	10 02548	470 94528	475 47359	489 09285
9	705 23138	716 11748	494 55695	10 67443	480 90334	485 45262	499 13508
	1,06	**0,93**	**0,06**	**1,002**	**0,06**	**0,06**	**0,06**

x	$\log_e x$	x	$\log_e x$	x	$\log_e x$	x	$\log_e x$	x	$\log_e x$
	— 2,81		**— 2,79**		**— 2,78**		**— 2,76**		**— 2,74**
0,0600	341 07168	**0,0610**	688 14148	**0,0620**	062 08939	**0,0630**	462 05526	**0,0640**	887 21956
1	174 54374	1	524 34128	1	*900 92900	1	303 45094	1	731 09151
2	008 29267	2	360 80895	2	740 02792	2	145 09778	2	575 20683
3	*842 31752	3	197 54360	3	579 38532	3	*986 99498	3	419 56477
4	676 61740	4	034 54438	4	419 00036	4	829 14175	4	264 16459
5	511 19139	5	*871 81042	5	258 87222	5	671 53731	5	109 00552
6	346 03859	6	709 34084	6	099 00009	6	514 18086	6	*954 08682
7	181 15809	7	547 13481	7	**939 38313	7	357 07164	7	799 40775
8	016 54900	8	385 19145	8	780 02055	8	200 20886	8	644 96756
9	*852 21043	9	223 50993	9	620 91153	9	043 59176	9	490 76553
	— 2,79		**— 2,78**		**— 2,76**		**— 2,75**		**— 2,73**

x	φ	sin x	cos x	tg x	arc sin x	arc cos x	arc tg x
	3^0	**0,06**	**0,997**	**0,06**	**0,06**	**1,50**	**0,06**
0,0650	43′ 27″,21	495 42388	88 82437	509 16966	504 58581	575 04687	490 86897
1	43 47,84	505 40273	88 17433	519 21210	514 60703	565 02565	500 82683
2	44 08,47	515 38152	87 52329	529 25466	524 62832	555 00436	510 78457
3	44 29,09	525 36024	86 87125	539 29736	534 64968	544 98300	520 74217
4	44 49,72	535 33889	86 21821	549 34019	544 67110	534 96158	530 69965
5	45 10,34	545 31748	85 56418	559 38315	554 69259	524 94009	540 65699
6	45 30,97	555 29601	84 90915	569 42624	564 71414	514 91854	550 61421
7	45 51,60	565 27446	84 25312	579 46946	574 73576	504 89692	560 57129
8	46 12,22	575 25286	83 59610	589 51286	584 75745	494 87523	570 52825
9	46 32,85	585 23118	82 93807	599 55631	594 77920	484 85348	580 48508
0,0660	46 53,48	595 20944	82 27905	609 59903	604 80057	474 83211	590 44177
1	47 14,10	605 18764	81 61903	619 64368	614 82290	464 80978	600 39833
2	47 34,73	615 16577	80 95801	629 68757	624 84485	454 78783	610 35477
3	47 55,36	625 14383	80 29600	639 73159	634 86687	444 76581	620 31107
4	48 15,98	635 12183	79 63298	649 77574	644 88896	434 74372	630 26724
5	48 36,61	645 09976	78 96897	659 82003	654 91111	424 72157	640 22327
6	48 57,24	655 07762	78 30396	669 86445	664 93333	414 69935	650 17918
7	49 17,86	665 05542	77 63796	679 90900	674 95561	404 67707	660 13495
8	49 38,49	675 03315	76 97095	689 95369	684 97796	394 65472	670 09060
9	49 59,12	685 01081	76 30295	699 99851	695 00038	384 63230	680 04611
0,0670	50 19,74	694 98841	75 63395	710 04447	705 02287	374 60981	690 00148
1	50 40,37	704 96594	74 96395	720 08856	715 04542	364 58726	699 95673
2	51 00,99	714 94340	74 29296	730 13338	725 06805	354 56463	709 91184
3	51 21,62	724 92080	73 62096	740 17915	735 09074	344 54194	719 86682
4	51 42,25	734 89813	72 94797	750 22465	745 11349	334 51919	729 82166
5	52 02,87	744 87539	72 27398	760 27028	755 13632	324 49636	739 77637
6	52 23,50	754 85258	71 59900	770 31585	765 15921	314 47347	749 73095
7	52 44,13	764 82971	70 92301	780 36195	775 18217	304 45050	759 68539
8	53 04,75	774 80676	70 24603	790 40800	785 20520	294 42748	769 63970
9	53 25,38	784 78376	69 56805	800 45417	795 22830	284 40438	779 59388
0,0680	53 46,01	794 76068	68 88908	810 50049	805 25147	274 38121	789 54792
1	54 06,63	804 73753	68 20910	820 54694	815 27470	264 35798	799 50182
2	54 27,26	814 71432	67 52813	830 59353	825 29801	254 33467	809 45559
3	54 47,89	824 69104	66 84616	840 64025	835 32138	244 31130	819 40923
4	55 08,51	834 66769	66 16319	850 68712	845 34482	234 28786	829 36273
5	55 29,14	844 64427	65 47922	860 73412	855 36833	224 26435	839 31609
6	55 49,77	854 62078	64 79426	870 78126	865 39191	214 24077	849 26932
7	56 10,39	864 59723	64 10830	880 82853	875 41555	204 21713	859 22241
8	56 31,02	874 57361	63 42134	890 87595	885 43927	194 19341	869 17537
9	56 51,65	884 54991	62 73339	900 92350	895 46306	184 16962	879 12819
0,0690	57 12,27	894 52615	62 04443	910 97119	905 48691	174 14577	889 08087
1	57 32,90	904 50232	61 35448	921 01902	915 51094	164 12174	899 03342
2	57 53,52	914 47842	60 66353	931 06700	925 53483	154 09785	908 98583
3	58 14,15	924 45446	59 97158	941 11510	935 56180	144 07088	918 93811
4	58 34,78	934 43042	59 27864	951 16335	945 58303	134 04965	928 89024
5	58 55,40	944 40631	58 58470	961 21174	955 60724	124 02544	938 84224
6	59 16,03	954 38214	57 88976	971 26016	965 63151	114 00117	948 79410
7	59 36,66	964 35789	57 19382	981 30894	975 65585	103 97683	958 74582
8	59 57,28	974 33357	56 49689	991 35773	985 68027	093 95241	968 69741
9	*00 17,91	984 30919	55 79896	*001 40670	995 70475	083 92793	978 64885
	4^0	**0,06**	**0,997**	**0,07**	**0,06**	**1,50**	**0,06**

x	$\sin \frac{x\pi}{2}$	$\cos \frac{x\pi}{2}$	x	$\sin \frac{x\pi}{2}$	$\cos \frac{x\pi}{2}$	x	$\sin \frac{x\pi}{2}$	$\cos \frac{x\pi}{2}$
	0,52	**0,85**		**0,53**	**0,84**		**0,54**	**0,83**
0,350	249 85647	264 01644	**0,360**	582 67950	432 79255	**0,370**	902 28180	580 73614
1	383 72436	181 83740	1	715 24006	348 52094	1	*033 50233	494 39276
2	517 46300	099 44818	2	847 66808	264 04122	2	164 58706	407 84336
3	651 07205	016 84899	3	979 96324	179 35358	3	295 53569	321 08817
4	784 55119	*934 04003	4	*112 12521	094 45823	4	426 34787	234 12738
5	917 90010	851 02150	5	244 15367	009 35539	5	557 02330	146 96123
6	*051 11843	767 79361	6	376 04828	*924 04527	6	687 56165	059 58992
7	184 20587	684 35656	7	507 80872	838 52807	7	817 96259	*972 01367
8	317 16207	600 71057	8	639 43467	752 80400	8	948 22581	884 23269
9	449 98673	516 85583	9	770 92581	666 87329	9	**078 35098	796 24720
	0,53	**0,84**		**0,54**	**0,83**		**0,56**	**0,82**

x	e^x	e^{-x}	Sin x	Cos x	Tg x	Ar Sin x	Ar Tg x
	1,06	**0,93**	**0,06**	**1,002**	**0,06**	**0,06**	**0,06**
0,0650	715 90244	706 74634	504 57805	11 32439	490 86128	495 43160	509 17744
1	726 57456	697 37613	514 59922	11 97535	500 81908	505 41051	519 21994
2	737 24775	688 00686	524 62045	12 62731	510 77676	515 38935	529 26256
3	747 92201	678 63853	534 64174	13 28027	520 73430	525 36813	539 30532
4	758 59734	669 27113	544 66310	13 93424	530 79172	535 34685	549 34821
5	769 27373	659 90468	554 68453	14 58920	540 64900	545 32550	559 39123
6	779 95119	650 53915	564 70602	15 24517	550 60616	555 30408	569 43439
7	790 62972	641 17457	574 72758	15 90214	560 56318	565 28260	579 47767
8	801 30932	631 81092	584 74920	16 56012	570 52011	575 26106	589 52109
9	811 98998	622 44821	594 77089	17 21909	580 47684	585 23945	599 56464
0,0660	822 67172	613 08643	604 79264	17 87907	590 43437	595 21822	609 60832
1	833 35452	603 72559	614 81446	18 54005	600 38997	605 19603	619 65214
2	844 03839	594 36568	624 83635	19 20204	610 34634	615 17422	629 69609
3	854 72333	585 00672	634 85831	19 86502	620 30258	625 15235	639 74018
4	865 40933	575 64868	644 88032	20 52901	630 25868	635 13041	649 78439
5	876 09641	566 29159	654 90241	21 19400	640 21465	645 10840	659 82875
6	886 78455	556 93542	664 91556	21 86899	650 17050	655 08633	669 87323
7	897 47376	547 58020	674 94678	22 52698	660 12621	665 06419	679 91785
8	908 16405	538 22591	684 96907	23 19498	670 08178	675 04199	689 96261
9	918 85540	528 87255	694 99142	23 86398	680 03723	685 01972	700 00750
0,0670	929 54782	519 52013	705 01384	24 53398	689 99154	694 99738	710 05252
1	940 24131	510 16865	715 03633	25 20498	699 94771	704 97498	720 09768
2	950 93587	500 81810	725 05888	25 87698	709 90235	714 95251	730 14298
3	961 63149	491 46845	735 08150	26 54999	719 85767	724 92997	740 18841
4	972 32819	482 11981	745 10419	27 22400	729 81244	734 90737	750 23398
5	983 02596	472 77206	755 12695	27 89901	739 76709	744 88470	760 27968
6	993 72480	463 42525	765 14977	28 57502	749 72180	754 86196	770 32552
7	*004 42470	454 07938	775 17266	29 25204	759 67597	764 83916	780 37149
8	015 12568	444 73444	785 19562	29 93006	769 63021	774 81629	790 41761
9	025 82773	435 39043	795 21865	30 60908	779 58431	784 79335	800 46385
0,0680	036 53085	426 04736	805 24175	31 28910	789 53828	794 77034	810 51024
1	047 23504	416 70522	815 26491	31 97013	799 49212	804 74727	820 55677
2	057 94029	407 36402	825 28814	32 65216	809 44582	814 72413	830 60343
3	068 64662	398 02375	835 31144	33 33519	819 39938	824 70092	840 65022
4	079 35402	388 68441	845 33481	34 01922	829 35281	834 67764	850 69716
5	090 06250	379 34601	855 35824	34 70425	839 30610	844 65429	860 74424
6	100 77204	370 00854	865 38175	35 39029	849 25926	854 63088	870 79145
7	111 48265	360 67201	875 40532	36 07733	859 21228	864 60740	880 83880
8	122 19433	351 33641	885 42896	36 76537	869 16516	874 58385	890 88629
9	132 90709	342 00174	895 45267	37 45441	879 11790	884 56023	900 93392
0,0690	143 62091	332 66801	905 47645	38 14446	889 07051	894 53655	910 98169
1	154 33581	323 33521	915 50030	38 83551	899 02299	904 51269	921 02959
2	165 05178	314 00334	925 52422	39 52756	908 97532	914 48897	931 07764
3	175 76882	304 67241	935 54821	40 22062	918 92752	924 46218	941 12583
4	186 48694	295 34241	945 57226	40 91467	928 87958	934 44112	951 17415
5	197 20612	286 01334	955 59639	41 60973	938 83150	944 41709	961 22262
6	207 92638	276 68520	965 62059	42 30579	948 78318	954 39299	971 27123
7	218 64771	267 35800	975 64485	43 00285	958 73493	964 36882	981 31998
8	229 37011	258 03173	985 66919	43 70092	968 68642	974 34458	991 36887
9	240 09358	248 70640	995 69359	44 39999	978 63780	984 32028	*001 41789
	1,07	**0,93**	**0,06**	**1,002**	**0,06**	**0,06**	**0,07**

x	$\log_e x$	x	$\log_e x$	x	$\log_e x$	x	$\log_e x$	x	$\log_e x$
	— 2,73		**— 2,71**		**— 2,70**		**— 2,68**		**— 2,67**
0,0650	336 80093	**0,0660**	810 05370	**0,0670**	306 26596	**0,0680**	824 75738	**0,0690**	364 87744
1	183 07298	1	658 65321	1	157 12350	1	677 80658	1	220 05482
2	029 58101	2	507 48160	2	008 20315	2	531 07141	2	075 44164
3	*876 32427	3	356 53818	3	*859 49423	3	384 55124	3	*931 03728
4	723 30205	4	205 82225	4	711 02611	4	238 24544	4	786 84115
5	570 51363	5	055 33313	5	562 76811	5	092 15337	5	642 85264
6	417 95830	6	*905 07014	6	414 72959	6	*946 27443	6	499 97116
7	265 63535	7	755 03261	7	266 90991	7	800 60798	7	355 49612
8	113 54407	8	605 21984	8	119 30840	8	655 15340	8	212 12692
9	**961 68375	9	455 63118	9	**971 92444	9	509 91010	9	068 96297
	— 2,71		**— 2,70**		**— 2,68**		**— 2,67**		**— 2,66**

x	φ	sin x	cos x	tg x	arc sin x	arc cos x	arc tg x
	4° 0	0,06	0,997	0,07	0,07	1,50	0,06
0,0700	0′ 38″,54	994 28473	55 10003	011 45579	005 72931	073 90337	988 60016
1	0 59,16	*004 26021	54 40010	021 50502	015 75393	063 87875	998 55133
2	1 19,79	014 23561	53 69917	031 55439	025 77863	053 85405	*008 50236
3	1 40,42	024 21095	52 99725	041 60390	035 80340	043 82928	018 45326
4	2 01,04	034 18621	52 29433	051 65356	045 82824	033 80444	028 40401
5	2 21,67	044 16141	51 59041	061 70336	055 85314	023 77954	038 35462
6	2 42,30	054 13653	50 88550	071 75329	065 87812	013 75456	048 30509
7	3 02,92	064 11158	50 17959	081 80337	075 90317	003 72951	058 25543
8	3 23,55	074 08657	49 47268	091 85360	085 92830	*993 70438	068 20562
9	3 44,17	084 06148	48 76477	101 90396	095 95349	983 67919	078 15568
0,0710	4 04,80	094 03632	48 05586	111 95447	105 97876	973 65392	088 10559
1	4 25,43	104 01109	47 34596	122 00512	116 00409	963 62859	098 05536
2	4 46,05	113 98579	46 63506	132 05593	126 02950	953 60318	108 00499
3	5 06,68	123 96042	45 92316	142 10686	136 05498	943 57770	117 95448
4	5 27,31	133 93497	45 21027	152 15794	146 08053	933 55215	127 90383
5	5 47,93	143 90946	44 49638	162 20916	156 10615	923 52652	137 85304
6	6 08,56	153 88387	43 78149	172 26053	166 13185	913 50183	147 80211
7	6 29,19	163 85822	43 06560	182 31205	176 15762	903 47506	157 75103
8	6 49,81	173 83249	42 34872	192 36370	186 18346	893 44922	167 69982
9	7 10,44	183 80669	41 63083	202 41551	196 20937	883 42331	177 64846
0,0720	7 31,07	193 78081	40 91196	212 46745	206 23536	873 39732	187 59696
1	7 51,69	203 75488	40 19208	222 51955	216 26141	863 37127	197 54531
2	8 12,32	213 72885	39 47120	232 57178	226 28754	853 34514	207 49353
3	8 32,95	223 70276	38 74933	242 62417	236 31375	843 31893	217 44160
4	8 53,57	233 67660	38 02646	252 67669	246 34002	833 29266	227 38952
5	9 14,20	243 65037	37 30260	262 72937	256 36637	823 26631	237 33731
6	9 34,82	253 62406	36 57773	272 78219	266 39279	813 23989	247 28495
7	9 55,45	263 59768	35 85187	282 83516	276 41929	803 21339	257 23245
8	*0 16,08	273 57123	35 12501	292 88827	286 44586	793 18682	267 17980
9	0 36,70	283 54471	34 39716	302 94153	296 47250	783 16018	277 12701
0,0730	0 57,33	293 51811	33 66830	312 99493	306 49921	773 13347	287 07407
1	1 17,96	303 49144	32 93845	323 04849	316 52600	763 10668	297 02099
2	1 38,58	313 46470	32 20761	333 10219	326 53661	753 09607	306 96777
3	1 59,21	323 43788	31 47576	343 15604	336 57980	743 05288	316 91440
4	2 19,84	333 41099	30 74292	353 21003	346 60681	733 02587	326 86088
5	2 40,46	343 38403	30 00908	363 26418	356 63390	722 99878	336 80722
6	3 01,09	353 35700	29 27424	373 31847	366 66105	712 97163	346 75342
7	3 21,72	363 32989	28 53841	383 38290	376 68829	702 94439	356 69947
8	3 42,34	373 30270	27 80158	393 42750	386 71559	692 91709	366 64537
9	4 02,97	383 27545	27 06375	403 48223	396 74297	682 88971	376 59113
0,0740	4 23,60	393 24812	26 32492	413 53712	406 77043	672 86223	386 53674
1	4 44,22	403 22071	25 58510	423 59215	416 79796	662 83472	396 48221
2	5 04,85	413 19323	24 84428	433 64734	426 82557	652 80711	406 42752
3	5 25,48	423 16568	24 10246	443 70267	436 85325	642 77943	416 37270
4	5 46,10	433 13805	23 35964	453 75816	446 88100	632 75168	426 31772
5	6 06,73	443 11035	22 61583	463 82379	456 90883	622 72385	436 26260
6	6 27,35	453 08258	21 87102	473 86957	466 93674	612 69594	446 20733
7	6 47,98	463 05473	21 12522	483 92549	476 96472	602 66796	456 15191
8	7 08,61	473 02680	20 37841	493 98159	486 99278	592 63990	466 09635
9	7 29,23	482 99880	19 63061	504 03783	497 02090	582 61178	476 04063
	4° 1	0,07	0,997	0,07	0,07	1,49	0,07

x	$\sin\frac{x\pi}{2}$	$\cos\frac{x\pi}{2}$	x	$\sin\frac{x\pi}{2}$	$\cos\frac{x\pi}{2}$	x	$\sin\frac{x\pi}{2}$	$\cos\frac{x\pi}{2}$
	0,56	0,82		0,57	0,81		0,58	0,80
0,380	208 33779	708 05743	**0,390**	500 52520	814 97174	**0,400**	778 52523	901 69944
1	338 18590	619 66358	1	628 96887	724 54923	1	905 53275	809 27058
2	467 89501	531 06587	2	757 27034	633 92507	2	*032 39494	716 64232
3	597 46478	442 26453	3	885 42930	543 09949	3	159 11146	623 81491
4	726 89491	353 25976	4	*013 44544	452 07271	4	285 68202	530 78857
5	856 18507	264 05180	5	141 31843	360 84495	5	412 10629	437 56353
6	985 33495	174 64086	6	269 04797	269 41644	6	538 38397	344 14001
7	*114 34422	085 02717	7	396 63373	177 78741	7	664 51475	250 51825
8	243 21256	*995 21093	8	524 07540	085 95808	8	790 49831	156 69849
9	371 93966	905 19238	9	651 37267	*993 92868	9	916 33434	062 68094
	0,57	0,81		0,58	0,80		0,59	0,80

x	e^x	e^{-x}	Sin x	Cos x	Tg x	Ar Sin x	Ar Tg x
	1,07	0,93	0,07	1,002	0,06	0,06	0,07
0,0700	250 81813	239 38199	005 71807	45 10006	988 58903	994 29590	011 46707
1	261 54374	230 05852	015 74261	45 80113	998 54012	*004 27146	021 51638
2	272 27043	220 73598	025 76723	46 50321	*008 49107	014 24694	031 56583
3	282 99820	211 41437	035 79191	47 20628	018 44188	024 22236	041 61543
4	293 72703	202 09370	045 81667	47 91036	028 39256	034 19770	051 66516
5	304 45694	192 77395	055 84150	48 61545	038 34309	044 17298	061 71504
6	315 18793	183 45514	065 86639	49 32153	048 29348	054 14818	071 76507
7	325 91998	174 13726	075 89136	50 02862	058 24373	064 12332	081 81523
8	336 65311	164 82031	085 91640	50 73671	068 19384	074 09839	091 86554
9	347 38731	155 50430	095 94151	51 44580	078 14381	084 07338	101 91599
0,0710	358 12259	146 18921	105 96669	52 15590	088 09364	094 04831	111 96658
1	368 85894	136 87506	115 99194	52 86700	098 04333	104 02316	122 01732
2	379 59636	127 56184	126 01726	53 57910	107 99289	114 99795	132 06820
3	390 33486	118 24954	136 04265	54 29220	117 94228	124 97266	142 11922
4	401 07443	108 93819	146 06812	55 00631	127 89155	134 94730	152 17039
5	411 81507	099 62776	156 09366	55 72141	137 84067	144 92187	162 22171
6	422 55679	090 31826	166 11926	56 43753	147 78965	154 89637	172 27316
7	433 29958	081 00970	176 14494	57 15464	157 73849	164 87080	182 32477
8	444 04345	071 70206	186 17069	57 87275	167 68718	174 84516	192 37651
9	454 78839	062 39536	196 19652	58 59187	177 63573	184 81945	202 42840
0,0720	465 53441	053 08958	206 22241	59 31199	187 58414	193 79367	212 48044
1	476 28150	043 78474	216 24838	60 03312	197 53241	203 76781	222 53263
2	487 02966	034 48082	226 27442	60 75524	207 48054	213 74188	232 58495
3	497 77890	025 17784	236 30053	61 47837	217 42852	223 71589	242 63743
4	508 52922	015 87579	246 32671	62 20250	227 37635	233 68982	252 69005
5	519 28061	006 57467	256 35297	62 92764	237 32405	243 66367	262 74282
6	530 03307	*997 27447	266 37930	63 65377	247 27160	253 63746	272 79573
7	540 78662	987 97521	276 40570	64 38091	257 21900	263 61117	282 84879
8	551 54123	978 67688	286 43218	65 10906	267 16626	273 58481	292 90200
9	562 29692	969 37948	296 45872	65 83820	277 11338	283 55838	302 95535
0,0730	573 05369	960 08300	306 48534	66 56835	287 06035	293 53188	313 00885
1	583 81153	950 78746	316 51204	67 29950	297 00717	303 50531	323 06250
2	594 57045	941 49285	326 53880	68 03165	306 95386	313 79492	333 11630
3	605 33045	932 19916	336 56564	68 76480	316 90040	323 45194	343 17024
4	616 09152	922 90641	346 59256	69 49896	326 84671	333 42515	353 22434
5	626 85367	913 61458	356 61954	70 23412	336 79303	343 39828	363 27858
6	637 61689	904 32368	366 64660	70 97029	346 73912	353 37134	373 33297
7	648 38119	895 03371	376 67374	71 70745	356 68509	363 34433	383 38751
8	659 14657	885 74468	386 70095	72 44562	366 63088	373 31724	393 44220
9	669 91302	876 45657	396 72823	73 18479	376 67654	383 29009	403 49703
0,0740	680 68055	867 16938	406 75558	73 92497	386 52205	393 26286	413 55202
1	691 44916	857 88311	416 78302	74 66613	396 46742	403 23555	423 60716
2	702 21884	848 59781	426 81052	75 40832	406 41264	413 20817	433 66244
3	712 98960	839 31341	436 83809	76 15151	416 35771	423 18072	443 71788
4	723 76144	830 02994	446 86575	76 89569	426 30263	433 15320	453 77346
5	734 53435	820 74741	456 89347	77 64088	436 23741	443 12560	463 82920
6	745 30834	811 46580	466 92127	78 38707	446 19204	453 09792	473 88509
7	756 08341	802 18511	476 94915	79 13426	456 13654	463 07018	483 94113
8	766 85956	792 90536	486 97710	79 88246	466 08085	473 04234	493 99732
9	777 63679	783 62653	497 00513	80 63166	476 02503	483 01446	504 05366
	1,07	0,92	0,07	1,002	0,07	0,07	0,07

x	$\log_e x$	x	$\log_e x$	x	$\log_e x$	x	$\log_e x$	x	$\log_e x$
	— 2,65		— 2,64		— 2,63		— 2,61		— 2,60
0,0700	926 00369	0,0710	507 54019	0,0720	108 91600	0,0730	729 58378	0,0740	369 01858
1	783 24849	1	366 79422	1	*970 12347	1	592 69122	1	233 97467
2	640 69680	2	226 24606	2	831 52331	2	455 98580	2	099 11288
3	498 34802	3	085 89516	3	693 11504	3	319 46701	3	*964 43273
4	356 20158	4	*945 74096	4	554 89796	4	183 13434	4	829 93371
5	214 25692	5	805 78293	5	416 87171	5	046 98728	5	695 61536
6	072 51345	6	666 02050	6	279 03572	6	*911 02532	6	561 47718
7	*930 97061	7	526 45314	7	141 38944	7	775 24799	7	427 51868
8	789 62783	8	387 08029	8	003 93238	8	639 65474	8	293 73940
9	648 48454	9	247 90143	9	**866 66400	9	504 24510	9	160 13885
	— 2,64		— 2,63		— 2,61		— 2,60		— 2,59

x	φ	sin x	cos x	tg x	arc sin x	arc cos x	arc tg x
	4° 1	0,07	0,997	0,07	0,07	1,49	0,07
0,0750	7′ 49″,86	492 97073	18 88181	514 09421	507 04911	572 58357	485 98477
1	8 10,49	502 94258	18 13202	524 15075	517 07739	562 55529	495 92876
2	8 31,11	512 91435	17 38122	534 20744	527 10575	552 52693	505 87260
3	8 51,74	522 88605	16 62943	544 26428	537 13418	542 49850	515 81630
4	9 12,37	532 85768	15 87665	554 32127	547 16269	532 46999	525 75984
5	9 32,99	542 82923	15 12286	564 37841	557 19128	522 44140	535 70324
6	9 53,62	552 80070	14 36808	574 43571	567 21994	512 41274	545 64648
7	*0 14,25	562 77210	13 61230	584 49316	577 24868	502 38400	555 58958
8	0 34,87	572 74343	12 85553	594 55076	587 27749	492 35519	565 53252
9	0 55,50	582 71467	12 09775	604 60851	597 29638	482 33630	575 47532
0,0760	1 16,13	592 68585	11 33898	614 66642	607 33535	472 29733	585 41797
1	1 36,75	602 65694	10 57922	624 72448	617 36439	462 26829	595 36046
2	1 57,38	612 62796	09 81845	634 78269	627 39351	452 23917	605 30281
3	2 18,00	622 59891	09 05669	644 84106	637 42271	442 20997	615 24501
4	2 38,63	632 56977	08 29393	654 89958	647 45199	432 18069	625 18705
5	2 59,26	642 54056	07 53018	664 95825	657 48134	422 15134	635 12894
6	3 19,88	652 51128	06 76542	675 01708	667 51077	412 12191	645 07069
7	3 40,51	662 48192	05 99967	685 07607	677 54027	402 09241	655 01228
8	4 01,14	672 45248	05 23293	695 13520	687 56986	392 06282	664 95372
9	4 21,76	682 42296	04 46518	705 19450	697 59952	382 03316	674 89500
0,0770	4 42,39	692 39337	03 69644	715 25394	707 62926	372 00342	684 83614
1	5 03,02	702 36370	02 92670	725 31355	717 65907	361 97361	694 77712
2	5 23,64	712 33396	02 15597	735 37330	727 68897	351 94371	704 71796
3	5 44,27	722 30413	01 38424	745 43322	737 71894	341 91374	714 65863
4	6 04,90	732 27423	00 61151	755 49329	747 74899	331 88369	724 59916
5	6 25,52	742 24426	*99 83778	765 55351	757 77912	321 85356	734 53953
6	6 46,15	752 21420	99 06306	775 61390	767 80932	311 72336	744 47975
7	7 06,78	762 18407	98 28734	785 67443	777 83961	301 79307	754 41982
8	7 27,40	772 15386	97 51062	795 73513	787 86997	291 76271	764 35973
9	7 48,03	782 12357	96 73291	805 79598	797 90041	281 73227	774 29949
0,0780	8 08,65	792 09321	95 95420	815 85699	807 93093	271 70175	784 23909
1	8 29,28	802 06276	95 17449	825 91816	817 96153	261 67115	794 17854
2	8 49,91	812 03224	94 39379	835 97948	827 99221	251 64047	804 11784
3	9 10,53	822 00164	93 61208	846 04096	838 02297	241 60971	814 05698
4	9 31,16	831 97096	92 82939	856 10260	848 05380	231 57888	823 99597
5	9 51,79	841 94021	92 04569	866 16440	858 08472	221 54796	833 93480
6	**0 12,41	851 90937	91 26100	876 22635	868 11571	211 51697	843 87348
7	0 33,04	861 87846	90 47531	886 28847	878 14678	201 48590	853 81200
8	0 53,67	871 84747	89 68862	896 35074	888 17794	191 45474	863 75037
9	1 14,29	881 81640	88 90094	906 41317	898 20917	181 42351	873 68858
0,0790	1 34,92	891 78525	88 11226	916 47576	908 24048	171 39220	883 62663
1	1 55,55	901 75402	87 32258	926 53851	918 27187	161 36081	893 56453
2	2 16,17	911 72271	86 53191	936 60142	928 30334	151 32934	903 50228
3	2 36,80	921 69133	85 74024	946 66449	938 33490	141 29778	913 43986
4	2 57,43	931 65986	84 94757	956 72772	948 36653	131 26615	923 37729
5	3 18,05	941 62831	84 15390	966 79111	958 39824	121 23444	933 31457
6	3 38,68	951 59669	83 35924	976 85466	968 43003	111 20265	943 25168
7	3 59,31	961 56499	82 56359	986 91837	978 46190	101 17078	953 18864
8	4 19,93	971 53320	81 76693	996 98224	988 49386	091 13882	963 12544
9	4 40,56	981 50134	80 96928	*007 04628	998 52589	081 10679	973 06209
	4° 3	0,07	0,996	0,08	0,07	1,49	0,07

x	$\sin\frac{x\pi}{2}$	$\cos\frac{x\pi}{2}$	x	$\sin\frac{x\pi}{2}$	$\cos\frac{x\pi}{2}$	x	$\sin\frac{x\pi}{2}$	$\cos\frac{x\pi}{2}$
	0,60	0,79		0,61	0,79		0,62	0,78
0,410	042 02253	968 46585	0,420	290 70537	015 50124	0,430	524 26563	043 04073
1	167 56258	874 05344	1	414 74696	*919 12858	1	646 77817	*944 73161
2	292 95417	779 44395	2	538 63702	822 56120	2	769 13613	846 23016
3	418 19699	684 63762	3	662 37524	725 79933	3	891 33921	747 53663
4	543 29074	589 63467	4	785 96131	628 84321	4	*013 38712	648 65127
5	668 23510	494 43534	5	909 39493	531 69309	5	135 27954	549 57432
6	793 02977	399 03986	6	*032 67580	434 34919	6	257 01619	450 30602
7	917 67444	303 44848	7	155 80360	336 81177	7	378 59676	350 84662
8	*042 16880	207 66142	8	278 77805	239 08106	8	500 02094	251 19637
9	166 51254	111 67893	9	401 59883	141 15730	9	621 28845	151 35550
	0,61	0,79		0,62	0,78		0,63	0,77

x	e^x	e^{-x}	Sin x	Cos x	Tg x	Ar Sin x	Ar Tg x
	1,07	**0,92**	**0,07**	**1,002**	**0,07**	**0,07**	**0,07**
0,0750	788 41509	774 34863	507 03323	81 38186	485 96907	492 98649	514 11015
1	799 19447	765 07166	517 06140	82 13307	495 91295	502 95844	524 16680
2	809 97493	755 79562	527 08965	82 88527	505 85669	512 93033	534 22359
3	820 75646	746 52050	537 11898	83 63848	515 80028	522 90213	544 28054
4	831 53908	737 24631	547 14638	84 39270	525 74372	532 87386	554 33764
5	842 32277	727 97305	557 17486	85 14791	535 68700	542 84552	564 39489
6	853 10754	718 70072	567 20341	85 90413	545 63014	552 81711	574 45230
7	863 89339	709 42931	577 23204	86 66135	555 57313	562 78861	584 50986
8	874 68032	700 15883	587 26074	87 41958	565 51597	572 76005	594 56757
9	885 46833	690 88928	597 28952	88 17881	575 45866	582 74140	604 62544
0,0760	896 25742	681 62066	607 31838	88 93904	585 40119	592 70268	614 68346
1	907 04758	672 35296	617 34731	89 70027	595 34358	602 67389	624 74163
2	917 83883	663 08619	627 37632	90 46251	605 28582	612 64502	634 79995
3	928 63115	653 82034	637 40540	91 22574	615 22790	622 61608	644 85844
4	939 42455	644 55542	647 43457	91 98999	625 16983	632 58706	654 91707
5	950 21903	635 29143	657 46380	92 75523	635 11161	642 55796	664 97586
6	961 01460	626 02836	667 49312	93 52148	645 05324	652 52879	675 03480
7	971 81124	616 76622	677 52251	94 28873	654 99472	662 49954	685 09390
8	982 60896	607 50501	687 55197	95 05698	664 93604	672 47022	695 15316
9	993 40776	598 24472	697 58152	95 82624	674 87722	682 44082	705 21257
0,0770	*004 20764	588 98536	707 61114	96 59650	684 81824	692 41135	715 27213
1	015 00860	579 72693	717 64084	97 36776	694 75910	702 38179	725 33185
2	025 81064	570 46942	727 67061	98 14003	704 69982	712 35217	735 39173
3	026 61376	561 21283	737 70047	98 91330	714 64038	722 32246	745 45176
4	047 41796	551 95717	747 73040	99 68757	724 58079	732 29268	755 51196
5	058 22325	542 70244	757 76040	*00 46284	734 52104	742 26282	765 57230
6	069 02961	533 44863	767 79049	01 23912	744 46114	752 23289	775 63281
7	079 83705	524 19575	777 82065	02 01640	754 40109	762 20287	785 69347
8	090 64558	514 94379	787 85089	02 79468	764 34088	772 17278	795 75429
9	101 45518	505 69276	797 88121	03 57397	774 28052	782 14262	805 81526
0,0780	112 26587	496 44265	807 91161	04 35426	784 22000	792 11238	815 87640
1	123 07763	487 19347	817 94208	05 13555	794 15933	802 08206	825 93769
2	133 89048	477 94522	827 97263	05 91785	804 09850	812 05166	835 99914
3	144 70441	468 69788	837 00326	06 70115	814 03752	822 02118	846 06074
4	155 51942	459 45148	847 03397	07 48545	823 97638	831 99063	856 12251
5	166 33552	450 20599	857 06476	08 27075	833 91509	841 96000	866 18444
6	177 15269	440 96143	867 09563	09 05706	843 85364	851 92929	876 24652
7	187 97095	431 71780	877 12657	09 84437	853 79204	861 89850	886 30876
8	198 79028	422 47509	887 15760	10 63269	863 73028	871 86764	896 37116
9	209 61070	413 23331	897 18870	11 42201	873 66836	881 83670	906 43373
0,0790	220 43221	403 99244	907 21988	12 21233	883 60629	891 80568	916 49645
1	231 25479	394 75251	917 25114	13 00365	893 54406	901 77458	926 55933
2	242 07845	385 51349	927 28248	13 79598	903 48167	911 74340	936 62237
3	252 90321	376 27540	937 31390	14 58931	913 41913	921 71214	946 68558
4	263 72904	367 03824	947 34540	15 38364	923 35643	931 68081	956 74894
5	274 55595	357 80200	957 37698	16 17897	933 29357	941 64940	966 81246
6	285 38395	348 56668	967 40864	16 97531	943 23056	951 61791	976 87615
7	296 21303	339 33228	977 44037	17 77266	953 16738	961 58634	986 93999
8	307 04319	330 09881	987 47219	18 57100	963 10405	971 55469	997 00400
9	317 87444	320 86626	997 50409	19 37035	973 04056	981 52296	*007 06817
	1,08	**0,92**	**0,07**	**1,003**	**0,07**	**0,07**	**0,08**

x	$\log_e x$	x	$\log_e x$	x	$\log_e x$	x	$\log_e x$	x	$\log_e x$
	— 2,59		**— 2,57**		**— 2,56**		**— 2,55**		**— 2,53**
0,0750	026 71654	**0,0760**	702 19487	**0,0770**	394 98571	**0,0780**	104 64523	**0,0790**	830 74265
1	*893 47202	1	570 70141	1	265 19984	1	*976 52221	1	704 24042
2	760 40480	2	439 38163	2	135 58220	2	848 56314	2	577 89802
3	627 51442	3	308 23407	3	006 13234	3	720 76760	3	451 71503
4	494 80040	4	177 25828	4	*876 84984	4	593 13516	4	325 69107
5	362 26327	5	046 45382	5	747 73426	5	465 66542	5	199 82573
6	229 89958	6	*915 82022	6	618 78518	6	338 35795	6	074 11861
7	097 71185	7	785 35706	7	490 00216	7	211 21236	7	*948 56932
8	**965 69863	8	655 06388	8	361 38478	8	084 22821	8	823 17745
9	833 85946	9	524 94025	9	232 93261	9	**957 40511	9	697 94262
	— 2,57		**— 2,56**		**— 2,55**		**— 2,53**		**— 2,52**

x	φ	sin x	cos x	tg x	arc sin x	arc cos x	arc tg x
	4° 3	**0,07**	**0,996**	**0,08**	**0,08**	**1,49**	**0,07**
0,0800	5 01″,18	991 46940	80 17063	017 11047	008 55800	071 07468	982 99857
1	5 21,81	*001 43737	79 37098	027 17483	018 59020	061 04248	992 93490
2	5 42,44	011 40527	78 57034	037 23934	028 62247	051 01020	*002 87107
3	6 03,06	021 37309	77 76870	047 30402	038 65483	040 97785	012 80708
4	6 23,69	031 34082	76 96607	057 36886	048 68727	030 94541	022 74293
5	6 44,32	041 30848	76 16244	067 43386	058 71979	020 91289	032 67863
6	6 04,94	051 27606	75 35781	077 49903	068 75239	010 88029	042 61416
7	7 25,57	061 24355	74 55218	087 56435	078 78507	000 84761	052 54954
8	7 46,20	071 21097	73 74556	097 60199	088 81783	*990 81485	062 48476
9	8 06,82	081 17830	72 93794	107 69550	098 85068	980 78200	072 41981
0,0810	8 27,45	091 14556	72 12932	117 76131	108 88360	970 74908	082 35471
1	8 48,08	101 11273	71 31971	127 82729	118 91661	960 71607	092 28945
2	9 08,70	111 07982	70 50910	137 89344	128 94970	950 68298	102 22403
3	9 29,33	121 04683	69 69749	147 95974	138 98287	940 64981	112 15844
4	9 49,96	131 01376	68 88489	158 02622	149 01613	930 61655	122 09270
5	*0 10,58	140 98061	68 07129	168 09285	159 04946	920 58321	132 02680
6	0 31,21	150 94737	67 35669	178 15965	169 08288	910 54980	141 96073
7	0 51,83	160 91406	66 44110	188 22662	179 11639	900 51629	151 89451
8	1 12,46	170 88066	65 62451	198 29375	189 14997	890 48271	161 82812
9	1 33,09	180 84718	64 80692	208 36104	199 18364	880 44904	171 76157
0,0820	1 53,71	190 81362	63 98834	218 42850	209 21738	870 41530	181 69486
1	2 14,34	200 77998	63 16876	228 49613	219 25122	860 38146	191 62799
2	2 34,97	210 74626	62 34819	238 56392	229 28513	850 34755	201 56096
3	2 55,59	220 71245	61 52661	248 63187	239 31913	840 31355	211 49376
4	3 16,22	230 67856	60 70404	258 70000	249 35321	830 27947	221 42640
5	3 36,85	240 64459	59 88048	268 76829	259 38737	820 24530	231 35888
6	3 57,47	250 61054	59 05591	278 83674	269 42162	810 21106	241 29120
7	4 18,10	260 57640	58 23036	288 90536	279 45595	800 17673	251 22335
8	4 38,73	270 54218	57 40380	298 97415	289 49037	790 14231	261 15534
9	4 59,35	280 50788	56 57625	309 04311	299 52487	780 10781	271 08717
0,0830	5 19,98	290 47350	55 74770	319 11223	309 55945	770 07323	281 01883
1	5 40,61	300 43903	54 91815	329 18152	319 59411	760 03857	290 95033
2	6 01,23	310 40448	54 08761	339 25098	329 62886	750 00382	300 88166
3	6 21,86	320 36985	53 25607	349 32061	339 66370	739 96898	310 81283
4	6 42,48	330 33513	52 42353	359 39041	349 69862	729 93406	320 74384
5	7 03,11	340 30033	51 59000	369 46037	359 73362	719 89906	330 67468
6	7 23,74	350 26545	50 75547	379 53050	369 76870	709 86396	340 60536
7	7 44,36	360 23049	49 91995	389 60080	379 80388	699 82880	350 53588
8	8 04,99	370 19544	49 08343	399 67127	389 83913	689 79355	360 46622
9	8 25,62	380 16030	48 24591	409 74191	399 87447	679 75821	370 39641
0,0840	8 46,24	390 12508	47 40740	419 81272	409 90990	669 72278	380 32642
1	9 06,87	400 08978	46 56789	429 88370	419 94541	659 68727	390 25627
2	9 27,50	410 05440	45 72738	439 95485	429 98100	649 65168	400 18596
3	9 48,12	420 01893	44 88588	450 02616	440 01668	639 61600	410 11548
4	**0 08,75	429 98338	44 04338	460 09765	450 05245	629 58023	420 04483
5	0 29,38	439 94774	43 19988	470 16931	460 08830	619 54438	429 97402
6	0 50,00	449 91202	42 35539	480 24114	470 12424	609 50844	439 90304
7	1 10,63	459 87621	41 50990	490 31310	480 16026	599 47242	449 83190
8	1 31,26	469 84032	50 66341	500 38531	490 19637	589 43631	459 76058
9	1 51,88	479 80434	39 81593	510 45765	500 23256	579 40012	469 68910
	4° 5	**0,08**	**0,996**	**0,08**	**0,08**	**1,48**	**0,08**

x	$\sin\frac{x\pi}{2}$	$\cos\frac{x\pi}{2}$	x	$\sin\frac{x\pi}{2}$	$\cos\frac{x\pi}{2}$	x	$\sin\frac{x\pi}{2}$	$\cos\frac{x\pi}{2}$
	0,63	**0,77**		**0,64**	**0,76**		**0,66**	**0,75**
0,440	742 39897	051 32428	**0,450**	944 80483	040 59656	**0,460**	131 18653	011 10696
1	863 35222	*951 10293	1	*064 16895	*938 48773	1	248 93207	*907 13584
2	984 14790	850 69172	2	183 37253	836 19153	2	366 51414	802 97989
3	*104 78569	750 09089	3	302 41528	733 70821	3	483 93246	698 63937
4	225 26532	649 30068	4	421 29689	631 03803	4	601 18674	594 11454
5	345 58647	548 32135	5	540 01709	528 18123	5	718 27669	489 40566
6	465 74886	447 15314	6	658 57558	425 13807	6	835 20202	384 51298
7	585 75219	345 79631	7	776 97205	321 90881	7	951 96243	279 43677
8	705 59616	244 25110	8	895 20623	218 49371	8	*068 55765	174 17727
9	825 28047	142 51777	9	**013 27782	114 89300	9	184 98739	068 73476
	0,64	**0,76**		**0,66**	**0,75**		**0,67**	**0,74**

x	e^x	e^{-x}	Sin x	Cos x	Tg x	Ar Sin x	Ar Tg x
	1,08	0,92	0,08	1,003	0,07	0,07	0,08
0,0800	328 70677	311 63464	008 53606	20 17070	982 97691	991 49115	017 13250
1	339 54018	302 40394	018 56812	20 97206	992 91310	*001 45926	027 19700
2	350 37468	293 17416	028 60026	21 77442	*002 84914	011 42730	037 26165
3	361 21025	283 94530	038 63248	22 57778	012 78501	021 39525	047 32647
4	372 04692	274 71737	048 66477	23 38214	022 72073	031 36313	057 39145
5	382 88466	265 49036	058 69715	24 18751	032 65628	041 33092	067 45659
6	393 72349	256 26427	068 72961	24 99388	042 59168	051 29864	077 52190
7	404 56341	247 03911	078 76215	25 80126	052 52692	061 26627	087 58737
8	415 40441	237 81486	088 79477	26 60963	062 48984	071 23383	097 65300
9	426 24649	228 59154	098 82747	27 41902	072 39691	081 20130	107 71880
0,0810	437 08966	219 36914	108 86026	28 22940	082 33167	091 16870	117 78476
1	447 93391	210 14767	118 89312	29 04079	092 26626	101 13601	127 85089
2	458 77924	200 92711	128 92606	29 85318	102 20070	111 10325	137 91718
3	469 62566	191 70748	138 95909	30 66657	112 13497	121 07040	147 98363
4	480 47317	182 48877	148 99220	31 48097	122 06908	131 03748	158 05025
5	491 32176	173 27099	159 02539	32 29637	132 00304	141 00447	168 11704
6	502 17143	164 05412	169 05866	33 11278	141 93682	150 97139	178 18399
7	513 02219	154 83817	179 09201	33 93018	151 87045	160 93822	188 25110
8	523 87404	145 62315	189 12544	34 74859	161 80392	170 90497	198 31838
9	534 72697	136 40905	199 15896	35 56801	171 73722	180 87164	208 38583
0,0820	545 58098	127 19587	209 19256	36 38843	181 67036	190 83823	218 45344
1	556 43608	117 98361	219 22624	37 20985	191 60334	200 80474	228 52122
2	567 29227	108 77227	229 26000	38 03227	201 53616	210 47116	238 58916
3	578 14954	099 56186	239 29384	38 85570	211 46881	220 737519	248 65727
4	589 00790	090 35236	249 32777	39 68013	221 40130	230 70377	258 72555
5	599 86734	081 14379	259 36178	40 50556	231 33363	240 66995	268 79400
6	610 72787	071 93613	269 39587	41 33200	241 26579	250 63606	278 86261
7	621 58949	062 72940	279 43005	42 15944	251 19779	260 60207	288 93139
8	632 45219	053 52359	289 46430	42 98789	261 12963	270 56801	299 00034
9	643 31598	044 31869	299 49864	43 81734	271 06130	280 53387	309 06945
0,0830	654 18085	035 11472	309 53307	44 64779	280 99281	290 49964	319 13874
1	665 04682	025 91167	319 56757	45 47924	290 92415	300 46533	329 20819
2	675 91386	016 70954	329 60216	46 31170	300 85533	310 43094	339 27781
3	686 78200	007 50833	339 63684	47 14516	310 78634	320 39646	349 34760
4	697 65122	*998 30804	349 67159	47 97963	320 71719	330 36191	359 41756
5	708 52153	989 10867	359 70643	48 81510	330 64787	340 32727	369 48768
6	719 39293	979 91022	369 74135	49 65157	340 57839	350 29255	379 56798
7	730 26541	970 71269	379 77636	50 48905	350 50874	360 25774	389 62845
8	741 13898	961 51607	389 81145	51 32753	360 43893	370 22286	399 69908
9	752 01364	952 32038	399 84663	52 16701	370 36895	380 18789	409 76989
0,0840	762 88938	943 12561	409 88189	53 00750	380 29880	390 15283	419 84087
1	773 76621	933 93176	419 91723	53 84899	390 22849	400 11770	429 91201
2	784 64413	924 73882	429 95266	54 69148	400 15801	410 08248	439 98333
3	795 52314	915 54681	439 98817	55 53498	410 08736	420 04718	450 05482
4	806 40324	906 35571	450 02376	56 37948	420 01655	430 01179	460 12647
5	817 28442	897 16554	460 05944	57 22498	429 94557	439 97632	470 19830
6	828 16670	887 97628	470 09521	58 07149	439 87442	449 94077	480 27031
7	839 05006	878 78794	480 13106	58 91900	449 80307	459 90513	490 34248
8	849 93451	869 60052	490 16699	59 76751	459 73162	469 86941	500 41482
9	860 82004	860 41402	500 20301	60 61703	469 65997	479 83361	510 48734
	1,08	0,91	0,08	1,003	0,08	0,08	0,08

x	$\log_e x$	x	$\log_e x$	x	$\log_e x$	x	$\log_e x$	x	$\log_e x$
	— 2,52		— 2,51		— 2,50		— 2,48		— 2,47
0,0800	572 86443	0,0810	330 61243	0,0820	103 60317	0,0830	891 46712	0,0840	693 84801
1	447 94249	1	207 23179	1	*981 72625	1	771 05771	1	574 87120
2	323 17641	2	084 00318	2	859 99769	2	650 79312	2	456 03577
3	198 56580	3	*960 92624	3	738 41713	3	530 67298	3	337 34140
4	074 11028	4	838 00060	4	616 98421	4	410 69696	4	218 78774
5	*949 80946	5	715 22587	5	495 69856	5	290 86471	5	100 37446
6	825 66295	6	592 60170	6	374 55985	6	171 17589	6	*982 10124
7	701 67037	7	470 12771	7	253 56770	7	051 63015	7	843 96773
8	577 83135	8	347 80354	8	132 72176	8	*932 22715	8	745 97362
9	454 14549	9	225 62881	9	018 02168	9	812 96655	9	628 11857
	— 2,51		— 2,50		— 2,49		— 2,47		— 2,46

x	φ	sin x	cos x	tg x	arc sin x	arc cos x	arc tg x
	4°	0,08	0,996	0,08	0,08	1,48	0,08
0,0850	52′ 12″,51	489 76828	38 96745	520 53017	510 26884	569 36384	479 61745
1	52 33,14	499 73213	38 11798	530 60291	520 30520	559 32748	489 54564
2	52 53,76	509 69590	37 26750	540 67571	530 34165	549 29103	499 47365
3	53 14,39	519 65959	36 41604	550 74874	540 37819	539 25449	509 40150
4	53 35,01	529 62319	35 56357	560 82194	550 41481	529 21787	519 32918
5	53 55,64	539 58670	34 71011	570 89531	560 45152	519 18116	529 25670
6	54 16 27	549 55013	33 85565	580 96886	570 48832	509 14436	539 18404
7	54 36,89	559 51347	33 00020	591 04258	580 52520	499 10748	549 11121
8	54 57,52	569 47673	32 14375	601 11647	590 56217	489 07051	559 03822
9	55 18,15	579 43990	31 28631	611 19054	600 59923	479 03345	568 96506
0,0860	55 38,77	589 40299	30 42786	621 26478	610 63637	468 99631	578 89172
1	55 59,40	599 36599	29 56843	631 33919	620 67360	458 95908	588 81822
2	56 20,03	609 32890	28 70799	641 41378	630 71092	448 92176	598 74455
3	56 40,65	619 29173	27 84656	651 48854	640 74832	438 88436	608 67071
4	57 01,28	629 25447	26 98413	661 56347	650 78581	428 84687	618 59670
5	57 21,91	639 21712	26 12071	671 63858	660 82339	418 80929	628 52252
6	57 42,53	649 17969	25 25629	681 71387	670 86106	408 77162	638 44817
7	58 03,16	659 14218	24 39087	691 78933	680 89881	398 73387	648 37364
8	58 23,79	669 10457	23 52446	701 86496	690 93665	388 69603	658 29895
9	58 44,41	679 06688	22 65705	712 00353	700 97458	378 65810	668 22408
0,0870	59 05,04	689 02910	21 78865	722 01682	711 01260	368 62008	678 14905
1	59 25,66	698 99124	20 91925	732 09292	721 05071	358 58197	688 07384
2	59 46,29	708 95329	20 04885	742 16926	731 08890	348 54378	697 99846
3	*00 06,92	718 91525	19 17746	752 24577	741 12718	338 50550	707 92291
4	00 27,54	728 87712	18 30507	762 32246	751 16555	328 46713	717 84719
5	00 48,17	738 83891	17 43168	772 39933	761 20401	318 42867	727 77129
6	01 08,80	748 80061	16 55730	782 47637	771 24255	308 39012	737 69523
7	01 29,42	758 76222	15 68192	792 55361	781 28119	298 35149	747 61899
8	01 50,05	768 72374	14 80555	802 63099	791 31991	288 31277	757 54258
9	02 10,68	778 68518	13 92818	812 70857	801 35873	278 27395	767 46599
0,0880	02 31,30	788 64653	13 04981	822 78632	811 39763	268 23505	777 38923
1	02 51,93	798 60779	12 17045	832 86425	821 43662	258 19606	787 31230
2	03 12,56	808 56896	11 29009	842 94236	831 47570	248 15698	797 23520
3	03 33,18	818 53005	10 40873	853 02064	841 51487	238 11781	807 15792
4	03 53,81	828 49105	09 52638	863 09911	851 55413	228 07855	817 08047
5	04 14,44	838 45195	08 64303	873 17775	861 59348	218 03920	827 00284
6	04 35,06	848 41277	07 75869	883 25657	871 63294	207 99974	836 92504
7	04 55,69	858 37351	06 87335	893 33558	881 67244	197 96024	846 84706
8	05 16,31	868 33415	05 98702	903 41476	891 71206	187 92062	856 76891
9	05 36,94	878 29470	05 09968	913 49412	901 75176	177 88092	866 69059
0,0890	05 57,57	888 25517	04 21136	923 57366	911 79156	167 84112	876 61209
1	06 18,19	898 21555	03 32203	933 65338	921 83127	157 80141	886 53341
2	06 38,82	908 17583	02 43171	943 73328	931 87143	147 76125	896 45456
3	06 59,45	918 13603	01 45040	953 81336	941 91149	137 72119	906 37553
4	07 20,07	928 09614	00 64809	963 89362	951 95165	127 68103	916 29633
5	07 40,70	938 05616	*99 75478	973 97406	961 99190	117 64078	926 21695
6	08 01,33	948 01609	98 86048	984 05469	972 03224	107 60044	936 13740
7	08 21,95	957 97593	97 96518	994 13549	982 07267	097 56001	946 05767
8	08 42,58	967 93569	97 06888	*004 21647	992 11319	087 51949	955 97776
9	09 03,21	977 89535	96 17159	014 29764	*002 15380	077 47888	965 89768
	5°	0,08	0,995	0,09	0,09	1,48	0,08

x	$\sin \frac{x\pi}{2}$	$\cos \frac{x\pi}{2}$
	0,67	0,73
0,470	301 25135	963 10950
1	417 34925	857 30173
2	533 28081	751 31174
3	649 04574	645 13976
4	764 64375	538 78608
5	880 07455	432 25094
6	995 33787	325 53462
7	*110 43342	218 63738
8	225 36091	111 55947
9	340 12006	004 30117
	0,68	0,73

x	$\sin \frac{x\pi}{2}$	$\cos \frac{x\pi}{2}$
	0,68	0,72
0,480	454 71059	896 86274
1	569 13222	789 24445
2	683 38465	681 44655
3	797 46762	573 46932
4	911 38084	465 31302
5	*025 12402	356 97792
6	138 69690	248 46429
7	252 09917	139 77239
8	365 33058	030 09249
9	478 39084	*921 85486
	0,69	0,71

x	$\sin \frac{x\pi}{2}$	$\cos \frac{x\pi}{2}$
	0,69	0,71
0,490	591 27966	812 62978
1	703 99677	703 22750
2	816 54190	593 64830
3	928 91476	483 89245
4	*041 11508	373 96023
5	153 14258	263 85189
6	264 99698	153 56772
7	376 67801	043 10798
8	488 18539	*932 47296
9	599 51886	821 66291
0,500	710 67812	710 67812
	0,70	0,70

x	e^x	e^{-x}	Sin x	Cos x	Tg x	Ar Sin x	Ar Tg x
	1,08	**0,91**	**0,08**	**1,003**	**0,08**	**0,08**	**0,08**
0,0850	871 70667	851 22844	510 23911	61 46755	479 58815	489 79772	520 56003
1	882 59438	842 04378	520 27530	62 31908	489 51622	499 76175	530 63290
2	893 48319	832 86003	530 31158	63 17161	499 44401	509 72569	540 70593
3	904 37308	823 67720	540 34794	64 02514	509 37169	519 68955	550 77914
4	915 26406	814 49530	550 38438	64 87968	519 29919	529 65332	560 85252
5	926 15613	805 31431	560 42091	65 73522	529 22653	539 61701	570 92607
6	937 04929	796 13423	570 45753	66 59176	539 15370	549 58062	580 99980
7	947 94354	786 95508	580 49423	67 44931	549 08069	559 54414	591 07370
8	958 83888	777 77684	590 53102	68 30786	559 00752	569 50758	601 14778
9	969 73531	768 59952	600 56789	69 16742	568 93418	579 47093	611 22202
0,0860	980 63283	759 42312	610 60485	70 02798	578 86067	589 43419	621 29645
1	991 53144	750 24764	620 64190	70 88954	588 78699	599 39737	631 37105
2	*002 43114	741 07307	630 67903	71 75210	598 71313	609 36047	641 44582
3	013 33192	731 89942	640 71625	72 61567	608 63911	619 32348	651 52077
4	024 23380	722 72669	650 75356	73 48025	618 56492	629 28641	661 59589
5	035 13677	713 55488	660 79095	74 34583	628 49055	639 24925	671 67119
6	046 04083	704 38398	670 82842	75 21241	638 41602	649 21200	681 74666
7	056 94598	695 21400	680 86599	76 07999	648 34131	659 17467	691 82231
8	067 85222	686 04494	690 90364	76 94858	658 26643	669 13726	701 89814
9	078 75955	676 87679	700 94138	77 81817	668 12862	679 09975	711 97414
0,0870	089 66797	667 70956	710 97920	78 68877	678 11609	689 06216	722 05033
1	100 57748	658 54325	721 01712	79 56037	688 04076	699 02449	732 12668
2	111 48809	649 37785	731 05512	80 43297	697 96519	708 98673	742 20321
3	122 39978	640 21338	741 09320	81 30658	707 88945	718 94888	752 27992
4	133 31257	631 04981	751 13138	82 18119	717 81353	728 91095	762 35681
5	144 22644	621 88717	761 16964	83 05680	727 73745	738 87293	772 43387
6	155 14141	612 72543	771 20799	83 93342	737 66119	748 83482	782 51112
7	166 05747	603 56462	781 24643	84 81105	747 58477	758 79663	792 58854
8	176 97462	594 40472	791 28495	85 68967	757 50815	768 75835	802 66613
9	187 89287	585 24574	801 32356	86 56930	767 43137	778 71998	812 74391
0,0880	198 81220	576 08767	811 36227	87 44994	777 35441	788 68153	822 82187
1	209 73263	566 93052	821 40105	88 33158	787 27728	798 64299	832 90000
2	220 65415	557 77429	831 43993	89 21422	797 19998	808 60436	842 97831
3	231 57676	548 61897	841 47890	90 09786	807 12250	818 56565	853 05681
4	242 50046	539 46456	851 51795	90 98251	817 04485	828 52685	863 13548
5	253 42526	530 31107	861 55709	91 86817	826 96702	838 48796	873 21433
6	264 35115	521 15850	871 59632	92 75483	836 88901	848 44901	883 29336
7	275 27813	512 00684	881 63564	93 64249	846 81084	858 40992	893 37257
8	286 20621	502 85610	891 67505	94 53115	856 73248	868 37077	903 45196
9	297 13537	493 70627	901 71455	95 42082	866 65395	878 33153	913 53153
0,0890	308 06563	484 55736	911 75414	96 31150	876 57525	888 29220	923 61128
1	318 99699	475 40936	921 79381	97 20317	886 49637	898 25296	933 69122
2	329 92943	466 26228	931 83358	98 09585	896 41731	908 21328	943 77133
3	340 86297	457 11611	941 87343	98 98954	906 33807	918 17369	953 85163
4	351 79760	447 97085	951 91338	99 88423	916 25866	928 13401	963 93210
5	362 73333	438 82651	961 95341	*00 77992	926 17907	938 09424	974 01276
6	373 67015	429 68309	971 99353	01 67664	936 09931	948 05439	984 09360
7	384 60807	420 54058	982 03374	02 57432	946 01937	958 01444	994 17462
8	395 54707	411 39898	992 07405	03 47302	955 93925	967 97441	*004 25583
9	406 48717	402 25830	*002 11444	04 37274	965 85895	977 93428	014 33722
	1,09	**0,91**	**0,09**	**1,004**	**0,08**	**0,08**	**0,09**

x	$\log_e x$	x	$\log_e x$	x	$\log_e x$	x	$\log_e x$	x	$\log_e x$
	— 2,46		**— 2,45**		**— 2,44**		**— 2,43**		**— 2,41**
0,0850	510 40225	**0,0860**	340 79827	**0,0870**	184 71603	**0,0880**	418 84645	**0,0890**	911 89093
1	392 80434	1	224 58675	1	069 83951	1	*928 27460	1	799 59445
2	275 38451	2	108 51013	2	*955 09481	2	814 83160	2	687 42394
3	158 08245	3	*992 56809	3	840 48161	3	701 51714	3	575 37911
4	040 91782	4	876 76032	4	725 99963	4	588 33093	4	463 45968
5	*923 89030	5	761 08650	5	611 64856	5	475 27270	5	351 66537
6	806 99958	6	645 54634	6	497 42810	6	362 34214	6	239 99590
7	690 24534	7	530 13952	7	383 33796	7	249 53897	7	128 45099
8	573 62725	8	414 86573	8	269 37783	8	136 86290	8	017 03037
9	457 71500	9	299 72467	9	155 54743	9	024 31365	9	*905 73375
	— 2,45		**— 2,44**		**— 2,43**		**— 2,42**		**— 2,40**

x	φ	sin x	cos x	tg x	arc sin x	arc cos x	arc tg x
	5° 0	**0,08**	**0,995**	**0,09**	**0,09**	**1,48**	**0,08**
0,0900	9′ 23″,83	987 85492	95 27330	024 37899	012 19450	067 43818	975 81742
1	9 44,46	997 81440	94 37402	034 46052	022 23529	057 39739	985 73698
2	*0 05,09	*007 77379	93 47374	044 54223	032 27618	047 35650	995 65637
3	0 25,71	017 73310	92 57246	054 62413	042 31715	037 31553	*005 57557
4	0 46,34	027 69231	91 67019	064 70594	052 35822	027 27446	015 49460
5	1 06,96	037 65143	90 76692	074 78847	062 39938	017 23330	025 41345
6	1 27,59	047 61046	89 86266	084 87093	072 44063	007 19205	035 33213
7	1 48,22	057 56940	88 95740	094 95354	082 48197	*997 15071	045 25062
8	2 08,84	067 52825	88 05115	105 03635	092 52341	987 10927	055 16894
9	2 29,47	077 48701	87 14390	115 11934	102 56493	977 06775	065 08708
0,0910	2 50,10	087 44568	86 23565	125 20252	112 60655	967 02613	075 00504
1	3 10,72	097 40426	85 32641	135 28588	122 64826	956 98442	084 92282
2	3 31,35	107 36275	84 41617	145 36943	132 69006	946 94262	094 84042
3	3 51,98	117 32114	83 50494	155 45315	142 73196	936 90072	104 75784
4	4 12,60	127 27945	82 59271	165 53707	152 77394	926 85874	114 67509
5	4 33,23	137 23766	81 67948	175 62117	162 81602	916 81646	124 59215
6	4 53,86	147 19578	80 76526	185 70545	172 85819	906 77448	134 50903
7	5 14,48	157 15382	79 85004	195 78992	182 90046	896 73222	144 42573
8	5 35,11	167 11175	78 93383	205 87458	192 94282	886 68986	154 32226
9	5 55,74	177 06960	78 01662	215 95942	202 98527	876 64741	164 25860
0,0920	6 16,36	187 02736	77 09841	226 04445	213 02781	866 60487	174 17476
1	6 36,99	196 98502	76 17921	236 12966	223 07045	856 56223	184 09074
2	6 57,62	206 94259	75 25902	246 21506	233 11318	846 51950	194 00654
3	7 18,24	216 90007	74 33782	256 30064	243 15600	836 47668	203 92215
4	7 38,87	226 85746	73 41564	266 38642	253 19893	826 43375	213 83759
5	7 59,49	236 81476	72 49245	276 47238	263 24193	816 39075	223 75284
6	8 20,12	246 77196	71 56827	286 55852	273 28504	806 34764	233 66792
7	8 40,75	256 72907	70 64310	296 64486	283 32823	796 30445	243 58281
8	9 01,37	266 68609	69 71693	306 73138	293 37152	786 26115	253 49751
9	9 22,00	276 64301	68 78976	316 81809	303 41491	776 21777	263 41204
0,0930	9 42,63	286 59985	67 86160	326 90498	313 45840	766 17428	273 32638
1	**0 03,25	296 55659	66 93244	336 99214	323 50197	756 13071	283 24054
2	0 23,88	306 51323	66 00229	347 07934	333 54564	746 08704	293 15452
3	0 44,51	316 46979	65 07114	357 16680	343 58940	736 04328	303 06832
4	1 05,13	326 42625	64 13899	367 25446	353 63326	725 99942	312 98193
5	1 25,76	336 38261	63 20585	377 34230	363 67721	715 95547	322 89535
6	1 46,39	346 33889	62 27172	387 43032	373 72126	705 91142	332 80860
7	2 07,01	356 29507	61 33658	397 51854	383 76540	695 86728	342 72166
8	2 27,64	366 25116	60 40046	407 60695	393 80964	685 82304	352 63453
9	2 48,27	376 20715	59 46333	417 69555	403 85397	675 77871	362 54722
0,0940	3 08,89	386 16305	58 52522	427 78434	413 89840	665 73428	372 45973
1	3 29,52	396 11885	57 58610	437 87331	423 94292	655 68976	382 37205
2	3 50,14	406 07457	56 64599	447 96248	433 98754	645 64514	392 28419
3	4 10,77	416 03018	55 70489	458 05184	444 03225	635 60043	402 19614
4	4 31,40	425 98571	54 76279	468 14139	454 07706	625 55562	412 10790
5	4 52,02	435 94114	53 81969	478 23113	464 12197	615 51071	422 01948
6	5 12,65	445 89647	52 87560	488 32107	474 16697	605 46571	431 93088
7	5 33,28	455 85171	51 93051	498 41119	484 21206	595 42062	441 84209
8	5 53,90	465 80686	50 98443	508 50151	494 25726	585 37542	451 75311
9	6 14,53	475 76191	50 03735	518 59201	504 30254	575 32014	461 66395
	5° 2	**0,09**	**0,995**	**0,09**	**0,09**	**1,47**	**0,09**

x	Amp x		x	Amp x		x	Amp x		x	Amp x		x	Amp x
	0,00	**0°**		**0,00**	**0°**		**0,01**	**1°**		**0,02**	**1°**		**0,03**
0	0	0	**0,010**	999 98	34′ 22″,61	**0,020**	999 87	08′ 45″,02	**0,030**	999 55	43′ 07″,02	**0,040**	998 93
0,001	100 00	03′ 26″,26	1	*099 98	37 48,87	1	*099 85	12 11,24	1	*099 50	46 33,19	1	*098 85
2	200 00	06 52,53	2	199 97	41 15,12	2	199 82	15 37,46	2	199 45	49 59,35	2	198 77
3	300 00	10 18,79	3	299 96	44 41,37	3	299 80	19 03,67	3	299 40	53 25,50	3	298 68
4	400 00	13 45,06	4	399 95	48 07,61	4	399 77	22 29,88	4	399 35	56 51,65	4	398 58
5	500 00	17 11,32	5	499 94	51 33,86	5	499 74	25 56,08	5	499 29	*00 17,79	5	498 48
6	600 00	20 37,58	6	599 93	55 00,10	6	599 71	29 22,28	6	599 22	03 43,93	6	598 38
7	699 99	24 03,84	7	699 92	58 26,33	7	699 67	32 48,47	7	699 16	07 10,06	7	698 27
8	799 99	27 30,10	8	799 90	*01 52,57	8	799 63	36 14,66	8	799 09	10 36,18	8	798 16
9	899 99	30 56,36	9	899 89	05 18,80	9	899 59	39 40,84	9	899 01	14 02,29	9	898 04
	0,00	**0°**		**0,01**	**1°**		**0,02**	**1°**		**0,03**	**2°**		**0,04**

x	e^x	e^{-x}	Sin x	Cos x	Tg x	Ar Sin x	Ar Tg x
	1,09	**0,91**	**0,09**	**1,004**	**0,08**	**0,08**	**0,09**
0,0900	417 42837	393 11853	012 15492	05 27345	975 77847	887 89407	024 41879
1	428 37066	383 97967	022 19549	06 17517	985 69782	997 85377	034 50054
2	439 31404	374 84173	032 23616	07 07789	995 61699	*007 81338	044 58247
3	450 25852	365 70470	042 27691	07 98161	*005 53598	017 77291	054 66459
4	461 20410	356 56859	052 31775	08 88634	015 45505	027 73234	064 74690
5	472 15076	347 43339	062 35869	09 79208	025 37342	037 69168	074 82938
6	483 09853	338 29910	072 39971	10 69882	035 29187	047 65094	084 91206
7	494 04738	329 16573	082 44083	11 60656	045 21015	057 61010	094 99491
8	504 99734	320 03327	092 48203	12 51530	055 12824	067 56917	105 07795
9	515 94838	310 90172	102 52333	13 42505	065 04516	077 52816	115 16117
0,0910	526 90053	301 77109	112 56472	14 33581	074 96389	087 48706	125 24458
1	537 85376	292 64137	122 60620	15 24757	084 88145	097 44586	135 32818
2	548 80810	283 51256	132 64777	16 16033	094 79882	107 40457	145 41196
3	559 76353	274 38467	142 68943	17 07410	104 71602	117 36320	155 49592
4	570 72005	265 25768	152 73118	17 98887	114 63303	127 32174	165 58007
5	581 67767	256 13162	162 77303	18 90464	124 54986	137 28018	175 66441
6	592 63639	247 00646	172 81496	19 82142	134 46651	147 23854	185 74893
7	603 59620	237 88221	182 85699	20 73921	144 38299	157 19680	195 83364
8	614 55710	228 75888	192 89911	21 65799	154 29928	167 15497	205 91853
9	625 51910	219 63646	202 94132	22 57779	164 21538	177 11306	216 00362
0,0920	636 48221	210 51495	212 98363	23 49858	174 13131	187 07105	226 08889
1	647 44600	201 39436	223 02582	24 42018	184 04705	197 02895	236 17434
2	658 41170	192 27468	233 06851	25 34319	193 96262	206 98676	246 25998
3	669 37809	183 15590	243 11109	26 26700	203 87800	216 94448	256 34582
4	680 34557	174 03804	253 15376	27 19181	213 79319	226 90210	266 43184
5	691 31416	164 92110	263 19653	28 11763	223 70821	236 85964	276 51804
6	702 28384	155 80506	273 23939	29 04445	233 62304	246 81709	286 60444
7	713 25461	146 68994	283 38234	29 97227	243 53769	256 77444	296 69102
8	724 22649	137 57572	293 32538	30 90111	253 45215	266 73171	306 77779
9	735 19946	128 46242	303 36852	31 83094	263 36644	276 68888	316 86475
0,0930	746 17353	119 35003	313 41175	32 76178	273 28053	286 64596	326 95190
1	757 14869	110 23855	323 45507	33 69362	283 19438	296 60295	337 03924
2	768 12496	101 12798	333 49849	34 62647	293 10818	306 55984	347 12677
3	779 10232	092 01832	343 54200	35 56032	303 02172	316 51664	357 21449
4	790 08078	082 90958	353 58560	36 49518	312 93509	326 47336	367 30240
5	801 06033	073 80174	363 62930	37 43104	322 84826	336 42998	377 39049
6	812 04099	064 69482	373 67309	38 36790	332 76125	346 38650	387 47878
7	823 02274	055 58880	383 71697	39 30577	342 67406	356 34294	397 56726
8	834 00559	046 48370	393 76095	40 24465	352 58668	366 29928	407 65593
9	844 98954	037 37951	403 80502	41 18453	362 49912	376 25553	417 74479
0,0940	855 97459	028 27622	413 84918	42 12541	372 41137	386 21169	427 83385
1	866 96074	019 17385	423 89344	43 06730	382 32344	396 16775	437 92309
2	877 94798	010 07239	433 93780	44 01019	392 23531	406 12372	448 01253
3	888 93633	000 97184	443 98225	44 95408	402 14701	416 07960	458 10215
4	899 92577	*991 87219	454 02679	45 89898	412 05851	426 03539	468 19197
5	910 91631	982 77346	464 07143	46 84489	421 96983	435 99108	478 28198
6	921 70795	973 67564	474 11616	47 79180	431 88097	445 94668	488 37218
7	932 90069	964 57873	484 16098	48 73971	441 79191	455 90218	498 46258
8	943 89453	955 48272	494 20591	49 68863	451 70267	465 85759	508 55317
9	954 88947	946 38763	504 25092	50 63855	461 61324	475 81291	518 64395
	1,09	**0,90**	**0,09**	**1,004**	**0,09**	**0,09**	**0,09**

Amp x	x	$\log_e x$	x	$\log_e x$	x	$\log_e x$	x	$\log_e x$	x	$\log_e x$
2⁰		**— 2,40**		**— 2,39**		**— 2,38**		**— 2,37**		**— 2,36**
17′ 28″,39	**0,0900**	794 56087	**0,0910**	689 57725	**0,0920**	596 67019	**0,0930**	515 57858	**0,0940**	446 04967
20 54,49	1	683 51144	1	579 74747	1	488 03357	1	408 10947	1	339 72324
24 20,58	2	572 58519	2	470 03819	2	379 51484	2	300 75573	2	233 50974
27 46,65	3	461 78186	3	360 44914	3	291 11375	3	193 51711	3	127 40893
31 12,72	4	351 10116	4	250 98005	4	162 83003	4	086 39337	4	021 42058
34 38,79	5	240 54283	5	141 63067	5	054 66345	5	*979 38427	5	*915 54445
38 04,84	6	130 10657	6	032 40073	6	946 61373	6	872 48955	6	809 78029
41 30,88	7	019 79219	7	*923 28997	7	*838 68064	7	765 70897	7	704 12788
44 56,91	8	*909 59934	8	814 29814	8	730 86392	8	659 04230	8	598 58697
48 22,93	9	799 52778	9	705 42496	9	623 16332	9	552 48928	9	493 15734
2⁰		**— 2,39**		**— 2,38**		**— 2,37**		**— 2,36**		**— 2,35**

x	φ	sin x	cos x	tg x	arc sin x	arc cos x	arc tg x
	5°	0,09	0,995	0,09	0,09	1,47	0,09
0,0950	26′ 35″,16	485 71686	49 08928	528 68271	514 34793	565 28475	471 57460
1	26 55,78	495 67172	48 14021	538 77361	524 39341	555 23927	481 48506
2	27 16,41	505 62649	47 19014	548 86469	534 43899	545 19369	491 39534
3	27 37,04	515 58116	46 23908	558 95597	544 48466	535 14802	501 30543
4	27 57,66	525 53574	45 28702	568 04744	554 53043	525 10225	511 21533
5	28 18,29	535 49022	44 33397	578 13910	564 57630	515 05638	521 12505
6	28 38,92	545 44461	43 37993	588 26375	574 62226	505 01042	531 03458
7	28 59,54	555 39890	42 42488	598 32301	584 66832	494 96436	540 94392
8	29 20,17	565 35309	41 46885	609 41526	594 71448	484 91820	550 85307
9	29 40,79	575 30719	40 51181	619 50769	604 76074	474 87194	560 76203
0,0960	30 01,42	585 26119	39 55379	629 60032	614 80709	464 82559	570 67081
1	30 22,05	595 21510	38 59476	639 69315	624 85354	454 77914	580 57940
2	30 42,67	605 16891	37 63474	649 78617	634 90009	444 73259	590 48779
3	31 03,30	615 12263	36 67373	659 87939	644 94674	434 68594	600 39600
4	31 23,93	625 07625	35 71172	669 97280	654 99348	424 63920	610 30403
5	31 44,55	635 02977	34 74871	680 06640	665 04032	414 59236	620 21186
6	32 05,18	644 98320	33 78471	690 16020	675 08726	404 54542	630 11950
7	32 25,81	654 93653	32 81972	700 25420	685 13430	394 49838	640 02695
8	32 46,43	664 88976	31 85372	710 34839	695 18143	384 45125	649 93421
9	33 07,06	674 84290	30 88674	720 44278	705 22866	374 40402	659 84129
0,0970	33 27,69	684 79594	29 91876	730 53737	715 27598	364 35670	669 74817
1	33 48,31	694 74888	28 94978	740 63215	725 32341	354 30927	679 65486
2	34 08,94	704 70173	27 97981	750 72713	735 37094	344 26174	689 56136
3	34 29,57	714 65448	27 00884	760 82230	745 41856	334 21412	699 46767
4	34 50,19	724 60713	26 03688	770 91767	755 46629	324 16639	709 37379
5	35 10,82	734 55968	25 06392	781 01324	765 51411	314 11857	719 27972
6	35 31,45	744 51214	24 08996	791 10901	775 56203	304 07064	729 18545
7	35 52,07	754 46450	23 11501	801 20498	785 61006	294 02262	739 09100
8	36 12,70	764 41677	22 13907	811 30114	795 65818	283 97450	748 99635
9	36 33,32	774 36893	21 16213	821 39750	805 70640	273 92628	758 90152
0,0980	36 53,95	784 32100	20 18420	831 49406	815 75471	263 87796	768 80649
1	37 14,58	794 27297	19 20527	841 59082	825 80313	253 82955	778 71126
2	37 35,20	804 22484	18 22534	851 68777	835 85165	243 78103	788 61585
3	37 55,83	814 17661	17 24442	861 78493	845 90027	233 73241	798 52024
4	38 16,46	824 12829	16 26251	871 88228	855 94899	223 68369	808 42444
5	38 37,08	834 07986	15 27960	881 97984	865 99780	213 63488	818 32845
6	38 57,71	844 03134	14 29569	892 07759	876 04672	203 58596	828 23226
7	39 18,34	853 98272	13 31079	902 17554	886 09574	193 53694	838 13588
8	39 38,96	863 93401	12 32489	912 27369	896 14486	183 48782	848 03931
9	39 59,59	873 88519	11 33800	922 37205	906 19407	173 43861	857 94254
0,0990	40 20,22	883 83627	10 35012	932 47060	916 24339	163 38929	867 84558
1	40 40,84	893 78726	09 36124	942 56936	926 29281	153 33987	877 74842
2	41 01,47	903 73815	08 37136	952 66831	936 34233	143 29035	887 65107
3	41 22,10	913 68893	07 38049	962 76748	946 39195	133 24073	897 55353
4	41 42,72	923 63962	06 38862	972 86682	956 44167	123 19101	907 45579
5	42 03,35	933 59021	05 39576	982 96638	966 49149	113 14119	917 35785
6	42 23,97	943 54070	04 40190	*093 06614	976 54141	103 09127	927 25972
7	42 44,60	953 49109	03 40705	003 16611	986 59144	093 04124	937 16140
8	43 05,23	963 44138	02 41121	013 26627	996 64156	082 99112	947 06288
9	43 25,85	973 39157	01 41436	023 36664	*006 69179	072 94089	956 96416
	5°	0,09	0,995	0,10	0,10	1,47	0,09

x	Amp x		x	Amp x		x	Amp x		x	Amp x		x	Amp x
	0,04	2°		0,05	3°		0,06	4°		0,07	4°		0,08
0,050	997 92	51′48″,95	**0,060**	996 40	26′08″,47	**0,070**	994 29	00′26″,76	**0,080**	991 48	34′43″,61	**0,090**	987 87
1	*097 79	55 14,95	1	*096 22	29 34,36	1	*094 04	03 52,51	1	*091 16	38 09,21	1	*087 47
2	197 66	58 40,94	2	196 03	33 00,23	2	193 79	07 18,25	2	190 83	41 34,79	2	187 05
3	297 52	*02 06,92	3	295 84	36 26,10	3	293 52	10 43,98	3	290 49	45 00,36	3	286 62
4	397 38	05 32,89	4	395 64	39 51,94	4	393 26	14 09,68	4	300 14	48 25,90	4	386 19
5	497 23	08 58,85	5	495 43	43 17,78	5	492 98	17 35,38	5	489 78	51 51,44	5	485 74
6	597 08	12 24,80	6	595 21	46 43,60	6	592 69	21 01,06	6	589 42	55 16,95	6	585 29
7	696 92	15 50,73	7	694 99	50 09,41	7	692 40	24 26,72	7	689 05	58 42,44	7	684 82
8	796 75	19 16,66	8	794 77	53 35 21	8	792 10	27 52,37	8	788 66	*02 07,92	7	784 35
9	896 58	22 42,57	9	894 53	57 00,99	9	891 80	31 18,00	9	888 27	05 33,38	9	883 87
	0,05	3°		0,06	3°		0,07	4°		0,08	5		0,09

x	e^x	e^{-x}	Sin x	Cos x	Tg x	Ar Sin x	Ar Tg x
	1,09	**0,90**	**0,09**	**1,004**	**0,09**	**0,09**	**0,09**
0,0950	965 88551	937 29345	514 29603	51 58948	471 52363	485 76814	528 73493
1	976 88265	928 20017	524 34124	52 54141	481 43382	495 72327	538 82610
2	987 88089	919 10781	534 38654	53 49435	491 34383	505 67831	548 91746
3	998 88023	910 01635	544 43194	54 44829	501 25365	515 63325	559 00901
4	*009 88067	900 92580	554 47743	55 40323	511 16328	525 58810	569 10076
5	020 88220	891 83617	564 52302	56 35918	521 07273	535 54286	579 19271
6	031 88484	882 74744	574 56870	57 31614	530 94919	545 49752	589 28485
7	042 88858	873 65962	584 61448	58 27410	540 89105	555 45208	599 37718
8	053 89342	864 57270	594 66036	59 23306	550 79992	565 40656	609 46971
9	064 89936	855 48670	604 70633	60 19303	560 70861	575 36093	619 56244
0,0960	075 90640	846 40161	614 75240	61 15400	570 61711	585 31522	629 65536
1	086 91454	837 31742	624 79856	62 11598	580 52542	595 26941	639 74847
2	097 92378	828 23414	634 84482	63 07896	590 43354	605 22350	649 84178
3	108 93413	819 15177	644 89118	64 04295	600 34147	615 17749	659 93529
4	119 94557	810 07031	654 93763	65 00794	610 29420	625 13139	670 02899
5	130 95811	800 98976	664 98418	65 97394	620 15675	635 08520	680 12289
6	141 97176	791 91011	675 03082	66 94094	630 06411	645 03892	690 21699
7	152 98651	782 83138	685 07757	67 90894	639 97128	654 99254	700 31128
8	164 00236	773 75355	695 12440	68 87795	649 87825	664 94606	710 40577
9	175 01931	764 67663	705 17134	69 84797	659 78504	674 89949	720 50046
0,0970	186 03736	755 60061	715 21837	70 81899	669 69163	684 85283	730 59534
1	197 05652	746 52551	725 26550	71 79101	679 59803	694 80606	740 69043
2	208 07677	737 45131	735 31273	72 76404	689 50424	704 75921	750 78571
3	219 09813	728 37802	745 36006	73 73807	699 41026	714 71225	760 88118
4	230 12059	719 30563	755 40748	74 71311	709 31608	724 66520	770 97686
5	241 14406	710 23416	765 45500	75 68916	719 22171	734 61805	781 07274
6	252 16882	701 16359	775 50262	76 66620	729 12716	744 57081	791 16881
7	263 19459	692 09392	785 55033	77 64426	739 03240	754 52347	801 26508
8	274 22146	683 02517	795 59815	78 62331	748 93746	764 47603	811 36155
9	285 24943	673 95732	805 64606	79 60338	758 84232	774 42850	821 45823
0,0980	296 27851	664 89038	815 69407	80 58444	768 74699	784 38087	831 55510
1	307 30869	655 82434	825 74218	81 56652	778 65146	794 33315	841 65217
2	318 33997	646 75921	835 79038	82 54959	788 55474	804 28533	851 74944
3	329 37236	637 69494	845 83871	83 53365	798 45983	814 23741	861 84691
4	340 40585	628 63167	855 88709	84 51876	808 36372	824 18939	871 94459
5	351 44044	619 56926	865 93559	85 50485	818 26742	834 14128	882 04246
6	362 47614	610 50776	875 98419	86 49195	828 17093	844 09307	892 14053
7	373 51293	601 44716	886 03289	87 48005	838 07423	854 04476	902 23881
8	384 55084	592 38747	896 08168	88 46915	847 97725	863 99636	912 33728
9	395 58984	583 32868	906 13058	89 45926	857 88027	873 94786	922 43596
0,0990	406 62996	574 27080	916 17958	90 45038	867 78300	883 89925	932 53484
1	417 67117	565 21383	926 22867	91 44250	877 68552	893 85056	942 63392
2	428 71349	556 15776	936 27787	92 43562	887 58786	903 80177	952 73320
3	439 75691	547 10260	946 32716	93 42976	897 49001	913 75288	962 83269
4	450 80144	538 04834	956 37655	94 42489	907 39194	923 70389	972 93238
5	461 84707	528 99499	966 42604	95 42103	917 29368	933 65480	983 03227
6	472 89381	519 94254	976 47564	96 41818	927 19523	943 60561	993 13236
7	483 94165	510 89100	986 52533	97 41633	937 09658	953 55633	*003 23266
8	494 99060	501 84036	996 57512	98 41548	946 99774	963 50695	013 33316
9	506 04065	492 79063	*006 62501	99 41564	650 89870	973 45747	023 43386
	1,10	**0,90**	**0,10**	**1,004**	**0,09**	**0,09**	**0,10**

Amp	x	$\log_e x$	x	$\log_e x$	x	$\log_e x$	x	$\log_e x$	x	$\log_e x$
5°		**— 2,35**		**— 2,34**		**— 2,33**		**— 2,32**		**— 2,31**
08′ 58″,82	**0,0950**	387 83874	**0,0960**	340 70875	**0,0970**	304 43005	**0,0980**	278 78003	**0,0990**	263 54284
12 24,25	1	282 63094	1	236 59630	1	201 39037	1	176 79124	1	162 58476
15 49,65	2	177 53372	2	132 59213	2	098 45675	2	074 90636	2	061 72647
19 15,03	3	072 54683	3	028 69602	3	*995 62898	3	*973 12518	3	*960 97079
22 40,40	4	*967 67005	4	*924 90774	4	892 90683	4	871 44749	4	860 31653
26 05,75	5	862 90315	5	821 22706	5	790 29010	5	769 87308	5	759 76348
29 31,08	6	758 24589	6	717 65378	6	687 77856	6	668 40174	6	659 31144
32 56,38	7	653 69805	7	614 18765	7	585 37199	7	567 03325	7	558 96020
36 21,67	8	549 25940	8	510 82847	8	483 07019	8	465 76742	8	458 70957
39 46,94	9	444 92971	9	407 57601	9	380 87294	9	364 60404	9	358 55933
5°		**— 2,34**		**— 2,33**		**— 2,32**		**— 2,31**		**— 2,30**

x	φ	sin x	cos x	tg x	arc sin x	arc cos x	arc tg x
		0,0	0,99	0,1	0,1	1,4	0,0
0,100	5° 43′ 46″,48	9983 34166 47	500 41652 78	0033 46721	0016 74	7062 89	9966 865
1	5 47 12,74	*0082 83707 30	490 38343 76	0134 48408	0117 25	6962 38	*0065 865
2	5 50 39,01	0182 32239 84	480 25085 70	0235 52143	0217 77	6861 86	0164 846
3	5 54 05,28	0281 79754 15	470 01879 62	0336 57947	0318 30	6761 33	0263 806
4	5 57 31,54	0381 26240 28	459 68726 54	0437 65840	0418 84	6660 79	0362 746
5	6 00 57,80	0480 71688 29	449 25627 48	0538 75843	0519 39	6560 24	0461 666
6	6 04 24,07	0580 16088 22	438 72583 51	0639 87978	0619 95	6459 68	0560 565
7	6 07 50,33	0679 59430 14	428 09595 66	0741 02264	0720 52	6359 11	0659 444
8	6 11 16,60	0779 01704 10	417 36665 00	0842 18724	0821 11	6258 53	0758 301
9	6 14 42,86	0878 42900 16	406 53792 61	0943 37377	0921 70	6157 93	0857 138
0,110	6 18 09,13	0977 83008 37	395 60979 57	1044 58246	1022 30	6057 33	0955 953
1	6 21 35,39	1077 22018 80	384 58226 96	1145 81350	1122 92	5956 71	1054 746
2	6 25 01,66	1176 59921 51	373 45535 90	1247 06711	1223 55	5856 08	1153 518
3	6 28 27,92	1275 96706 56	362 22907 49	1348 34350	1324 19	5755 45	1252 269
4	6 31 54,19	1375 32364 02	350 90342 86	1449 64288	1424 84	5654 79	1350 998
5	6 35 20,45	1474 66883 94	339 47843 14	1550 96546	1525 50	5554 13	1449 704
6	6 38 46,72	1574 00256 39	327 95409 48	1652 31145	1626 17	5453 46	1548 387
7	6 42 12,98	1673 32471 44	316 33043 02	1753 68106	1726 86	5352 77	1647 048
8	6 45 39,25	1772 63519 17	304 60744 92	1855 07450	1827 56	5252 08	1745 686
9	6 49 05,51	1871 93389 62	292 78516 37	1956 49198	1928 27	5151 37	1844 300
0,120	6 52 31,78	1971 22072 89	280 86358 54	2057 93372	2028 99	5050 64	1942 893
1	6 55 58,04	2070 49559 03	268 84272 62	2159 39993	2129 72	4949 91	2041 461
2	6 59 24,31	2169 75838 13	256 72259 82	2260 89081	2230 47	4849 16	2140 007
3	7 02 50,57	2269 00900 24	244 50321 35	2362 40659	2331 23	4748 41	2238 528
4	7 06 16,84	2368 24735 46	232 18458 43	2463 94746	2432 00	4647 63	2337 026
5	7 09 43,10	2467 47333 85	219 76672 29	2565 51366	2532 78	4546 85	2435 499
6	7 13 09,37	2566 68685 50	207 24964 18	2667 10538	2633 58	4446 05	2533 949
7	7 16 35,63	2665 88780 47	194 63335 34	2768 72284	2734 39	4345 24	2632 374
8	7 20 01,90	2765 07608 86	181 91787 04	2870 36625	2835 21	4244 42	2730 774
9	7 23 28,16	2864 25160 74	169 10320 55	2972 03584	2936 05	4143 58	2829 150
0,130	7 26 54,42	2963 41426 20	156 18937 15	3073 73180	3036 90	4042 73	2927 500
1	7 30 20,69	3062 56395 31	143 17638 13	3175 45436	3137 76	3941 87	3025 826
2	7 33 46,95	3161 70058 17	130 06424 79	3277 20372	3239 13	3840 50	3124 126
3	7 37 13,22	3260 82404 86	116 85298 45	3378 98011	3339 53	3740 11	3222 400
4	7 40 39,48	3359 93425 46	103 54260 42	3480 78374	3440 43	3639 20	3320 649
5	7 44 05,75	3459 03110 07	090 13312 05	3582 61481	3541 35	3538 29	3418 873
6	7 47 32,01	3558 11448 78	076 62454 65	3684 47356	3642 28	3437 36	3517 070
7	7 50 58,28	3657 18431 68	063 01689 60	3786 36018	3743 22	3336 41	3615 241
8	7 54 24,54	3756 24048 86	049 31018 25	3888 27490	3844 18	3235 45	3713 385
9	7 57 50,81	3855 28290 42	035 50441 96	3990 21794	3945 15	3134 48	3811 503
0,140	8 01 17,07	3954 31146 44	021 59962 13	4092 18950	4046 14	3063 49	3909 594
1	8 04 43,34	4053 32607 04	007 59580 13	4194 18981	4147 14	2932 49	4007 658
2	8 08 09,60	4152 32662 30	*993 49297 38	4296 21907	4248 16	2831 47	4105 696
3	8 11 35,87	4251 31302 33	979 29115 28	4398 27752	4349 19	2730 44	4203 705
4	8 15 02,13	4350 28517 23	964 99035 25	4500 36535	4450 24	2629 40	4301 688
5	8 18 28,40	4449 24297 11	950 59058 72	4602 48280	4551 30	2528 34	4399 642
6	8 21 54,66	4548 18632 05	936 09187 14	4704 63008	4652 37	2427 26	4497 569
7	8 25 20,93	4647 11512 18	921 49421 94	4806 80740	4753 46	2326 17	4595 468
8	8 28 47,19	4746 02927 60	906 79764 60	4909 01498	4854 57	2225 06	4693 339
9	8 32 13,46	4844 92868 41	892 00216 58	5011 25304	4955 69	2123 94	4791 181
		0,1	0,98	0,1	0,1	1,4	0,1

x	$\log_e$ x	Amp x		x	$\log_e$ x	Amp x		x	$\log_e$ x	Amp x
	− 2,3	0,09	5°		− 2,2	0,10	6°		− 2,1	0,11
0,100	0258 50930	983 37	43′12″,19	0,110	0727 49132	977 88	17′ 23″,51	0,120	2026 35352	971 30
1	*9263 47621	*082 87	46 37,42	1	*9822 50778	*077 28	20 48,52	1	1196 47334	*070 58
2	8278 24657	182 36	50 02,62	2	8925 64077	176 66	24 13,51	2	0373 42342	169 85
3	7302 62908	281 84	53 27,81	3	8036 74603	276 03	27 38,48	3	*9557 09236	269 10
4	6336 43798	381 30	56 52,97	4	7155 68306	375 39	31 03,42	4	8747 37134	368 34
5	5379 49288	480 76	*00 18,12	5	6282 31506	474 74	34 28,34	5	7944 15417	467 57
6	4431 61849	580 21	03 43,24	6	6240 50879	574 07	37 53,24	6	7147 33720	566 76
7	3492 64445	679 64	07 08,34	7	4558 13442	673 40	41 18,11	7	6356 81925	666 00
8	2562 40519	779 07	10 33,42	8	3707 06545	772 71	44 42,96	8	5572 50151	765 19
9	1640 73968	878 48	13 58,48	9	2863 17859	872 01	48 07,78	9	4794 28746	864 37
	− 2,2	0,10	6°		− 2,1	0,11	6°		− 2,0	0,12

x	e^x	e^{-x}	Sin x	Cos x	Tg x	Ar Sin x	Ar Tg x
	1,1	**0,9**	**0,1**	**1,00**	**0,0**	**0,0**	**0,1**
0,100	0517 09181	0483 74180	0016 67500	500 41681	9966 800	9983 41	0033 5348
1	0627 66418	0393 30329	0117 18044	510 48373	*0065 796	*0082 91	0134 5551
2	0738 34717	0302 95517	0217 69600	520 65117	0164 773	0182 40	0235 5961
3	0849 14091	0212 69735	0318 22178	530 91913	0263 730	0281 87	0336 6579
4	0960 04549	0122 52974	0418 75787	541 28762	0362 666	0381 34	0437 7407
5	1071 06104	0032 45226	0519 30439	551 75665	0461 582	0480 80	0538 8448
6	1182 18765	*9942 46481	0619 86142	562 32623	0560 477	0580 25	0639 9704
7	1293 42545	9852 56730	0720 42907	572 99637	0659 352	0679 69	0741 1176
8	1404 77454	9762 75964	0821 00745	583 76709	0758 205	0779 11	0842 2867
9	1516 23503	9673 04175	0921 59664	594 63839	0857 037	0878 53	0943 4780
0,110	1627 80705	9583 41353	1022 19676	605 61029	0955 847	0977 94	1044 6916
1	1739 49069	9493 87489	1122 80790	616 68279	1054 636	1077 33	1145 9277
2	1851 28606	9404 42575	1223 43016	627 85591	1153 403	1176 72	1247 1866
3	1963 19330	9315 06601	1324 06364	639 12965	1252 148	1276 09	1348 4685
4	2075 21249	9225 79559	1424 70845	650 50404	1350 871	1375 45	1449 7735
5	2187 34376	9136 61439	1525 36468	661 97907	1449 571	1474 80	1551 1019
6	2299 58721	9047 52233	1626 03244	673 55477	1548 249	1574 14	1652 4540
7	2411 94297	8958 51932	1726 71183	685 23114	1646 904	1673 47	1753 8299
8	2524 41114	8869 60526	1827 40294	697 00820	1745 536	1772 79	1855 2299
9	2636 99183	8780 78008	1928 10588	708 88595	1844 144	1872 09	1956 6541
0,120	2749 68516	8692 04367	2028 82074	720 86441	1942 730	1971 38	2058 1028
1	2862 49124	8603 39596	2129 54764	732 94360	2041 292	2070 67	2159 5763
2	2975 41018	8514 83685	2230 28666	745 12351	2139 830	2169 94	2261 0746
3	3088 44209	8426 36626	2331 03792	757 40418	2238 344	2269 20	2362 5981
4	3201 58710	8337 98409	2431 80151	769 78559	2336 834	2368 44	2464 1470
5	3314 84531	8249 69026	2532 57752	782 26778	2435 300	2467 68	2565 7214
6	3428 21683	8161 48468	2633 36607	794 85075	2533 742	2566 90	2667 3217
7	3541 70178	8073 36726	2734 16726	807 53452	2632 158	2666 11	2768 9479
8	3655 30027	7985 33791	2834 98118	820 31909	2730 550	2765 31	2870 6004
9	3769 01242	7897 39655	2935 80793	833 20449	2828 917	2864 49	2972 2794
0,130	3882 83833	7809 54309	3036 64762	846 19071	2927 258	2963 66	3073 9850
1	3996 77813	7721 77744	3137 50035	859 27779	3025 575	3062 82	3175 7176
2	4110 83193	7634 09951	3238 36621	872 46572	3123 865	3161 97	3277 4772
3	4224 99983	7546 50921	3339 24531	885 75452	3222 130	3261 10	3379 2642
4	4339 28196	7459 00646	3440 13775	899 14421	3320 369	3360 22	3481 0788
5	4453 67843	7371 59117	3541 04363	912 63480	3418 581	3459 33	3582 9211
6	4568 18936	7284 26325	3641 96306	926 22630	3516 767	3558 42	3684 7915
7	4682 81485	7197 02261	3742 89612	939 91873	3614 927	3657 50	3786 6901
8	4797 55503	7109 86917	3843 84293	953 71210	3713 060	3756 57	3888 6172
9	4912 41000	7022 80285	3944 80358	967 60642	3811 166	3855 62	3990 5730
0,140	5027 37989	6935 82354	4045 77817	981 60171	3909 245	3954 67	4092 5576
1	5142 46480	6848 93117	4146 76681	995 69798	4007 296	4053 69	4194 5714
2	5257 66485	6762 12565	4247 76960	*009 89525	4105 321	4152 71	4296 6145
3	5372 98017	6675 40689	4348 78664	024 19353	4203 317	4251 71	4398 6873
4	5488 41085	6588 77481	4449 81802	038 59283	4301 286	4350 69	4500 7898
5	5603 95703	6502 22931	4550 86386	053 09317	4399 227	4449 67	4602 9224
6	5719 61881	6415 77032	4651 92424	067 69456	4497 139	4548 62	4705 0852
7	5835 39630	6329 39774	4752 99928	082 39702	4595 023	4647 57	4807 2785
8	5951 28964	6243 11149	4854 08907	097 20057	4692 879	4746 50	4909 5025
9	6067 29892	6156 91149	4955 19372	112 10521	4790 706	4845 41	5011 7575
	1,1	**0,8**	**0,1**	**1,01**	**0,1**	**0,1**	**0,1**

Amp x	x	$\log_e x$	Amp x		x	$\log_e x$	Amp x	
6⁰		**— 2,0**	**0,12**	**7⁰**		**— 1,9**	**0,13**	**7⁰**
51′ 32″,59	**0,130**	4022 08285	963 54	25′ 39″,22	**0,140**	6611 28564	954 49	59′ 43″,20
54 57,36	1	3255 79558	*062 69	29 03,74	1	5899 53886	*053 51	*03 07,45
58 22,11	2	2495 33564	161 83	32 28,23	2	5192 82214	152 52	06 31,66
*01 46,84	3	1740 61508	260 96	35 52,70	3	4491 06487	251 51	09 55,85
05 11,54	4	0991 54790	360 08	39 17,14	4	3794 19794	350 49	13 20,01
08 36,22	5	0248 05005	459 18	42 41,55	5	3102 15366	449 46	16 44,14
12 00,87	6	*9510 03932	558 27	46 05,94	6	2414 86573	548 41	20 08,24
15 25,49	7	8777 43532	657 34	49 30,29	7	1732 26922	647 34	23 32,31
18 50,09	8	8050 15938	756 41	52 54,62	8	1054 30052	746 26	26 56,35
22 14,67	9	7328 13459	855 45	56 18,93	9	0380 89730	845 17	30 20,36
7⁰		**— 1,9**	**0,13**	**7⁰**		**— 1,9**	**0,14**	**8⁰**

x	φ	sin x	cos x	tg x	arc sin x	arc cos x	arc tg x
		0,1	0,98	0,1	0,1	1,4	0,1
0,150	8° 35′ 39″,72	4943 81324 74	877 10779 36	5113 52181	5056 83	2022 81	4888 995
1	8 39 05,99	5042 68286 68	862 11454 43	5215 82149	5157 98	1921 65	4986 780
2	8 42 32,25	5141 53744 35	847 02243 29	5318 15230	5259 22	1820 41	5084 536
3	8 45 58,52	5240 37687 87	831 83147 45	5420 51448	5360 33	1719 30	5182 263
4	8 49 24,78	5339 20107 35	816 54168 42	5522 90822	5461 53	1618 10	5279 962
5	8 52 51,04	5438 00992 91	801 15307 74	5625 33376	5562 75	1516 89	5377 630
6	8 56 17,31	5536 80334 67	785 66566 95	5727 79132	5663 98	1415 66	5475 269
7	8 59 43,57	5635 58122 75	770 07947 59	5830 28110	5765 22	1314 41	5572 879
8	9 03 09,84	5734 34347 27	754 39451 23	5932 80335	5866 49	1213 14	5670 458
9	9 06 36,10	5833 08998 36	738 61079 42	6035 33826	5967 77	1111 86	5768 007
0,160	9 10 02,37	5931 82066 14	722 72833 76	6137 94607	6069 07	1010 57	5865 526
1	9 13 28,63	6030 53540 74	706 74715 82	6240 56700	6170 38	0909 25	5963 015
2	9 16 54,90	6129 23412 28	690 66727 21	6343 22127	6271 71	0807 92	6060 473
3	9 20 21,16	6227 91670 90	674 48869 53	6445 90909	6373 06	0706 58	6157 900
4	9 23 47,43	6326 58306 73	658 21144 41	6548 63070	6474 42	0605 21	6255 297
5	9 27 13,69	6425 23309 90	641 83553 46	6651 38631	6575 80	0503 83	6352 662
6	9 30 39,96	6523 86670 55	625 36098 34	6754 17615	6677 20	0402 43	6449 996
7	9 37 06,22	6622 48378 81	608 78780 67	6857 00043	6778 61	0301 02	6547 299
8	9 37 32,49	6721 08424 83	592 11602 13	6959 85939	6880 05	0199 58	6644 569
9	9 40 58,75	6819 66798 73	575 34564 38	7062 75324	6981 50	0098 13	6741 809
0,170	9 44 25,02	6918 23490 67	558 47669 10	7165 68222	7082 97	*9996 67	6839 016
1	9 47 51,28	7016 78490 78	541 50917 96	7268 64653	7184 45	9895 18	6936 191
2	9 51 17,55	7115 31789 22	524 44312 68	7371 64641	7285 96	9793 68	7033 334
3	9 54 43,81	7213 83376 13	507 27854 96	7474 68209	7387 48	9692 15	7130 444
4	9 58 10,08	7312 33241 65	490 01546 50	7577 75378	7489 02	9590 61	7227 522
5	10 01 36,34	7410 81375 94	472 65389 05	7680 86171	7590 58	9489 06	7324 567
6	10 05 02,61	7509 27769 14	455 19384 33	7784 00611	7692 15	9387 48	7421 579
7	10 08 28,87	7607 72411 42	437 63534 09	7887 18721	7793 75	9285 88	7518 558
8	10 11 55,14	7706 15292 93	419 97840 10	7990 40522	7895 36	9184 27	7615 503
9	10 15 21,40	7804 56403 82	402 22304 10	8093 66037	7996 99	9082 64	7712 415
0,180	10 18 47,67	7902 95734 26	384 36927 88	8196 95290	8098 64	8980 99	7809 294
1	10 22 13,93	8001 33274 40	366 41713 23	8300 28303	8200 31	8879 32	7906 139
2	10 25 40,19	8099 69014 41	348 36661 93	8403 65099	8302 00	8777 63	8002 950
3	10 29 06,46	8198 02944 44	330 21775 80	8507 05700	8403 71	8675 92	8099 726
4	10 32 32,72	8296 35054 68	311 97056 65	8610 50129	8505 44	8574 19	8196 467
5	10 35 58,99	8394 65335 28	293 62506 30	8713 98409	8607 19	8472 45	8293 177
6	10 39 25,25	8492 93776 42	275 18126 59	8817 50562	8708 95	8370 68	8389 850
7	10 42 51,52	8591 20368 26	256 63919 37	8921 06613	8810 74	8268 90	8486 489
8	10 46 17,78	8689 45100 98	237 99886 48	9024 66584	8912 54	8167 09	8583 093
9	10 49 44,05	8787 67964 76	219 26029 79	9128 30497	9014 37	8065 26	8679 661
0,190	10 53 10,31	8885 88949 77	200 42351 17	9231 98376	9116 21	7963 42	8776 194
1	10 56 36,58	8984 08046 19	181 48852 52	9335 70243	9218 08	7861 55	8872 692
2	11 00 02,84	9082 25244 20	162 45535 71	9439 46122	9319 97	7759 67	8969 155
3	11 03 29,11	9180 40533 98	143 32402 66	9543 26036	9421 87	7657 76	9065 582
4	11 06 55,37	9278 53905 73	124 09455 28	9647 10008	9523 80	7555 83	9161 973
5	11 10 21,64	9376 65349 62	104 76695 50	9750 98061	9625 74	7453 89	9258 328
6	11 13 47,90	9474 74855 85	085 34125 23	9854 90218	9727 71	7351 92	9354 646
7	11 17 14,17	9572 82414 61	065 81746 43	9958 86503	9829 70	7249 93	9450 929
8	11 20 40,43	9670 88016 08	046 19561 05	*0062 86938	9932 27	7147 36	9547 174
9	11 24 06,70	9768 91650 46	026 47571 06	0166 91548	*0033 74	7045 89	9643 384
		0,1	0,98	0,2	0,2	1,3	0,1

x	$\log_e$ x	Amp x		x	$\log_e$ x	Amp x		x	$\log_e$ x	Amp x
	— 1,8	0,14	8°		— 1,8	0,15	9°		— 1,7	0,16
0,150	9711 99849	944 06	33′ 44″,35	0,160	3258 14637	932 17	07′ 42″,45	0,170	7195 68419	918 70
1	9047 54422	*042 94	37 08,30	1	2635 09140	*030 89	11 06,09	1	6609 17225	*017 27
2	8387 47581	141 81	40 32,22	2	2015 89438	129 60	14 29,69	2	6026 08022	115 81
3	7731 73576	240 65	43 56,11	3	1400 50782	228 30	17 53,26	3	5446 36845	214 34
4	7080 26766	339 49	47 19,96	4	0788 88512	326 97	21 16,80	4	4869 99798	312 86
5	6433 01621	438 31	50 43,79	5	0180 98051	425 64	24 40,31	5	4296 93051	411 36
6	5789 92717	537 11	54 07,59	6	*9576 74906	524 28	28 03,78	6	3727 12839	509 83
7	5150 94736	635 90	57 31,35	7	8976 14666	622 91	31 27,22	7	3160 55464	608 30
8	4516 02460	734 67	*00 55,08	8	8379 12996	721 53	34 50,62	8	2597 17287	706 74
9	3885 10768	833 43	04 18,78	9	7785 65641	820 12	38 13,99	9	2036 94731	805 71
	— 1,8	0,15	9°		— 1,7	0,16	9°		— 1,7	0,17

x	e^x	e^{-x}	Sin x	Cos x	Tg x	Ar Sin x	Ar Tg x
	1,1	0,8	0,1	1,01	0,1	0,1	0,1
0,150	6183 42427	6070 79764	5056 31332	127 11096	4888 503	4944 31	5114 0436
1	6299 66581	5984 76987	5157 44797	142 21784	4986 272	5043 20	5216 3611
2	6416 02364	5898 82807	5258 59778	157 42586	5084 012	5142 07	5318 7103
3	6532 49789	5812 97218	5359 76286	172 73504	5181 722	5240 93	5421 0913
4	6649 08868	5727 20210	5460 94329	188 14539	5279 402	5339 77	5523 5044
5	6765 79611	5641 51775	5562 13918	203 65693	5377 052	5438 59	5625 9498
6	6882 62031	5555 91904	5663 35064	219 26967	5474 673	5537 40	5728 4277
7	6999 56139	5470 40588	5764 57775	234 98364	5572 263	5636 20	5830 9385
8	7116 61947	5384 97820	5865 82064	250 79883	5669 823	5734 99	5933 4822
9	7233 79467	5299 63590	5967 07939	266 71528	5767 352	5833 75	6036 0592
0,160	7351 08710	5214 37890	6068 35410	282 73300	5864 850	5932 51	6138 6696
1	7468 49688	5129 20711	6169 64489	298 85200	5962 318	6031 24	6241 3138
2	7586 02413	5044 12045	6270 95184	315 07229	6059 755	6129 97	6343 9919
3	7703 66897	4959 11884	6372 27506	331 39391	6157 160	6228 67	6446 7041
4	7821 43151	4874 20219	6473 61466	347 81685	6254 533	6327 36	6549 4508
5	7939 31187	4789 37041	6574 97073	364 34114	6351 876	6426 03	6652 2321
6	8057 31017	4704 62342	6676 34338	380 96680	6449 186	6524 69	6755 0482
7	8175 42653	4619 96113	6777 73270	397 69383	6546 464	6623 33	6857 8995
8	8293 66106	4535 38347	6879 13880	414 52227	6643 710	6721 96	6960 7861
9	8412 01389	4450 89034	6980 56178	431 45212	6740 924	6820 57	7063 7083
0,170	8530 48513	4366 48166	7082 00174	448 48340	6838 105	6919 16	7166 6664
1	8649 07490	4282 15735	7183 45878	465 61612	6935 253	7017 74	7269 6604
2	8767 78332	4197 91732	7284 93300	482 85032	7032 369	7116 30	7372 6908
3	8886 61051	4113 76148	7386 42451	500 18600	7129 451	7214 85	7475 7577
4	9005 55658	4029 68977	7487 93341	517 62317	7226 500	7313 38	7578 8613
5	9124 62166	3945 70208	7589 45979	535 16187	7323 516	7411 89	7682 0020
6	9243 80586	3861 79833	7691 00377	552 80210	7420 498	7510 38	7785 1799
7	9363 10931	3777 97845	7792 56543	570 54388	7517 446	7608 86	7888 3953
8	9482 53212	3694 24235	7894 14489	588 38724	7614 361	7707 32	7992 1485
9	9602 07442	3610 58994	7995 74224	606 33218	7711 241	7805 76	8094 9396
0,180	9721 73631	3527 02114	8097 35759	624 37873	7808 087	7904 19	8198 2689
1	9841 51793	3443 53587	8198 99103	642 52690	7904 893	8002 60	8301 6366
2	9961 41939	3360 13404	8300 64267	660 77671	8001 675	8100 99	8405 0431
3	*0081 44081	3276 81557	8402 31262	679 12819	8098 417	8199 37	8508 4885
4	0201 58231	3193 58038	8504 00096	697 58135	8195 124	8297 73	8611 9730
5	0321 84401	3110 42839	8605 70781	716 13620	8291 796	8396 07	8715 4970
6	0442 22604	3027 35950	8707 43327	734 79277	8388 432	8494 39	8819 0607
7	0562 72850	2944 37364	8809 17743	753 55107	8485 033	8592 69	8922 6643
8	0683 35153	2861 47072	8910 94041	772 41113	8581 598	8690 98	9026 3080
9	0804 09525	2778 65067	9012 72229	791 37296	8678 128	8789 25	9129 9821
0,190	0924 95977	2695 91339	9114 52319	810 43658	8774 621	8887 50	9233 7169
1	1045 94521	2613 25881	9216 34320	829 60201	8871 078	8985 74	9337 4826
2	1167 05170	2530 68685	9318 18242	848 86927	8967 498	9083 95	9441 2895
3	1288 27935	2448 19741	9420 04097	868 23838	9063 882	9182 15	9545 1377
4	1409 62830	2365 79043	9521 91893	887 70936	9160 230	9280 33	9649 0276
5	1531 09865	2283 46581	9623 81642	907 28223	9256 540	9378 49	9752 9594
6	1652 69053	2201 22347	9725 73353	926 95700	9352 813	9476 63	9856 9333
7	1774 40407	2119 06333	9827 67037	946 73370	9449 050	9574 75	9960 9496
8	1896 23938	2036 98531	9929 62703	966 61235	9545 248	9672 86	*0065 0085
9	2018 19659	1954 98933	*0031 60363	986 59296	9461 409	9770 94	0169 1104
	1,2	0,8	0,2	1,01	0,1	0,1	0,2

Amp x	x	$\log_e x$	Amp x		x	$\log_e x$	Amp x	
9°		−1,7	0,17	10°		−1,6	0,18	10°
41′ 37″,33	0,180	1479 84281	903 58	15′ 28″,78	0,190	6073 12068	886 70	49′ 16″,62
45 00,63	1	0925 82477	*001 97	18 51,73	1	5548 18509	984 92	52 39,20
48 23,90	2	0374 91919	100 35	22 14,65	2	5025 99070	*083 11	56 01,74
51 47,14	3	*9826 91261	198 71	25 37,52	3	4506 50901	181 29	59 24,24
55 10,33	4	9281 95214	297 05	29 00,36	4	3989 71199	279 44	*02 46,71
58 33,50	5	8739 94539	395 37	32 23,17	5	3475 57204	377 58	06 09,13
*01 56,63	6	8200 86053	493 67	35 45,93	6	2964 06198	475 70	09 31,51
05 19,72	7	7664 66621	591 96	39 08,66	7	2455 15502	573 80	12 53,86
08 42,78	8	7131 33162	690 22	42 31,35	8	1948 82843	671 88	16 16,17
12 05,80	9	6600 82639	788 47	45 54,01	9	1445 04543	769 94	19 38,43
10°		−1,6	0,18	10°		−1,6	0,19	11°

x	φ	sin x	cos x	tg x	arc sin x	arc cos x	arc tg x
	1	0,1	0,98	0,2	0,2	1,3	0,1
0,200	1° 27′ 32″,96	9866 93307 95	006 65778 41	0271 00355	0135 79	6943 84	9739 556
1	1 30 59,23	9964 92978 75	*986 74185 10	0375 13383	0237 86	6841 77	9835 691
2	1 34 25,49	*0062 90653 05	966 72793 12	0479 30655	0339 96	6739 67	9931 790
3	1 37 51,76	0160 86321 07	946 61604 47	0583 52195	0442 07	6637 56	*0027 850
4	1 41 18,02	0258 79973 00	926 40621 15	0687 78026	0544 21	6535 42	0123 874
5	1 44 44,29	0356 71599 05	906 09845 20	0792 08171	0646 37	6433 26	0219 860
6	1 48 10,55	0454 61189 43	885 69278 63	0896 42655	0748 55	6331 08	0315 808
7	1 51 36,81	0552 48734 34	865 18923 50	1000 81500	0850 75	6228 88	0411 718
8	1 55 03,08	0650 34224 01	844 58781 85	1105 24731	0952 98	6126 65	0507 590
9	1 58 29,34	0748 17648 64	823 88855 74	1209 72371	1055 23	6024 41	0603 424
0,210	2 01 55,61	0845 98998 46	803 09147 24	1314 24444	1157 50	5922 14	0699 219
1	2 05 21,87	0943 78263 68	782 19658 44	1418 80973	1259 79	5819 84	0794 976
2	2 08 48,14	1041 55434 52	761 20391 41	1523 41983	1362 10	5717 53	0890 694
3	2 12 14,40	1139 30501 20	740 11348 27	1628 07496	1464 44	5615 19	0886 374
4	2 15 40,67	1237 03453 96	718 92531 11	1732 77538	1566 80	5512 83	1082 014
5	2 19 06,93	1334 74283 01	697 63942 07	1837 52131	1669 18	5410 45	1177 616
6	2 22 33,20	1432 42978 58	676 25583 26	1942 31300	1771 59	5308 04	1273 178
7	2 25 59,46	1530 09530 92	654 77456 83	2047 15069	1874 02	5205 61	1368 701
8	2 29 25,73	1627 73930 24	633 19564 92	2153 03462	1976 47	5103 16	1464 184
9	2 32 51,99	1725 36166 79	611 51909 69	2256 96503	2078 95	5000 69	1559 627
0,220	2 36 18,26	1822 96230 81	589 74493 31	2361 94215	2181 45	4898 19	1655 030
1	2 39 44,52	1920 54112 53	567 87317 95	2466 96624	2283 97	4795 66	1750 394
2	2 43 10,79	2018 09802 19	545 90385 81	2572 03752	2386 52	4693 12	1845 717
3	2 46 37,05	2115 63290 05	523 83699 08	2677 15626	2489 09	4590 54	1941 000
4	2 50 03,32	2213 14566 34	501 67259 97	2782 32267	2591 68	4487 95	2036 242
5	2 53 29,58	2310 63621 32	479 41070 69	2887 53702	2694 30	4385 33	2131 444
6	2 56 55,85	2408 10445 23	457 05133 47	2992 79954	2796 95	4282 69	2226 605
7	3 00 22,11	2505 55028 34	434 59450 55	3098 11048	2899 62	4180 02	2321 725
8	3 03 48,38	2602 97360 89	412 04024 16	3203 47008	3002 31	4077 32	2416 804
9	3 07 14,64	2700 37433 14	389 38856 58	3308 87858	3105 03	3974 61	2511 842
0,230	3 10 40,91	2797 75235 35	366 63950 05	3414 33624	3207 77	3871 86	2606 839
1	3 14 07,17	2895 10757 79	343 79306 87	3519 84329	3310 54	3769 10	2701 794
2	3 17 33,44	2992 43990 72	320 84929 30	3625 39998	3413 33	3666 30	2796 707
3	3 20 59,70	3089 74924 41	297 80819 65	3731 00656	3516 15	3563 49	2891 578
4	3 24 25,96	3187 03549 12	274 66980 22	3836 66327	3618 99	3460 64	2986 407
5	3 27 52,23	3284 29855 12	251 43413 33	3942 37037	3721 86	3357 78	3081 195
6	3 31 18,49	3381 53832 70	228 10121 29	4048 12810	3824 75	3254 88	3175 941
7	3 34 44,76	3478 75472 13	204 67106 44	4153 93670	3927 67	3151 96	3270 644
8	3 38 11,02	3575 94763 67	181 14371 13	4259 79643	4030 62	3049 02	3365 305
9	3 27 37,29	3673 11697 63	157 51917 70	4365 70754	4133 59	2946 05	3459 923
0,240	3 45 03,55	3770 26264 27	133 79748 52	4471 67027	4236 59	2843 05	3554 498
1	3 48 29,82	3867 38453 89	109 97865 96	4577 68488	4339 61	2740 02	3649 030
2	3 51 56,08	3964 48256 77	086 06272 41	4683 75161	4442 66	2636 97	3743 520
3	3 55 22,35	4061 55663 20	062 04970 25	4789 87071	4545 74	2533 90	3837 966
4	3 58 48,61	4158 60663 47	037 93961 88	4896 04244	4648 84	2430 79	3932 368
5	4 02 14,88	4255 63247 89	013 73249 73	5002 26705	4751 97	2327 66	4026 728
6	4 05 41,14	4352 63406 74	**989 42836 20	5108 54480	4855 13	2224 51	4121 043
7	4 09 07,41	4449 61130 33	965 02723 72	5214 87592	4958 31	2121 32	4215 315
8	4 12 33,67	4546 56408 95	940 52914 75	5321 26058	5061 52	2018 11	4309 543
9	4 15 59,94	4643 49232 92	915 93411 72	5427 69933	5164 76	1914 87	4403 727
	1	0,2	0,96	0,2	0,2	1,3	0,2

x	$\log_e$ x	Amp x		x	$\log_e$ x	Amp x		x	$\log_e$ x	Amp x
	− 1,6	0,19	10°		− 1,5	0,20	11°		− 1,5	0,21
0,200	0943 79124	867 98	23′ 00″,66	0,210	6064 77483	847 33	56′ 40″,71	0,220	1412 77326	824 65
1	0445 03709	966 01	26 22,85	1	5589 71455	945 15	*00 02,48	1	0959 25775	922 27
2	*9948 75816	*064 01	29 44,99	2	5116 90043	*042 96	03 24,22	2	0507 78971	*019 86
3	9454 92999	162 00	33 07,10	3	4646 31133	140 74	06 45,91	3	0058 35075	117 44
4	8963 52851	259 96	36 29,17	4	4177 92640	238 51	10 07,56	4	*9610 92271	214 99
5	8474 52998	357 90	39 51,19	5	3711 72509	336 25	13 29,17	5	9165 48768	312 52
6	7987 91102	455 83	43 13,18	6	3247 68713	433 97	16 50,74	6	8722 02797	410 03
7	7503 64857	553 74	46 35,12	7	2785 79254	531 67	20 12,26	7	8280 52615	507 52
8	7021 71993	651 62	49 57,02	8	2326 02162	629 35	23 33,74	8	7840 96500	604 99
9	6542 10270	749 49	53 18,89	9	1868 35492	727 01	26 55,18	9	7403 32754	702 43
	− 1,5	0,20	11°		− 1,5	0,21	12°		− 1,4	0,22

x	e^x	e^{-x}	Sin x	Cos x	Tg x	Ar Sin x	Ar Tg x
	1,2	**0,8**	**0,2**	**1,02**	**0,1**	**0,1**	**0,2**
0,200	2140 27582	1873 07531	0133 60025	006 67556	9737 532	9869 01	0273 2554
1	2262 47718	1791 24315	0235 61701	026 86017	9833 617	9967 06	0377 4438
2	2384 80081	1709 49279	0337 65401	047 14680	9929 664	*0065 09	0481 6759
3	2507 24682	1627 82414	0439 71134	067 53548	*0025 673	0163 10	0585 9519
4	2629 81535	1546 23712	0541 78911	088 02623	0121 644	0261 09	0690 2720
5	2752 50650	1464 73164	0643 88743	108 61907	0217 576	0395 06	0794 6366
6	2875 32040	1383 30763	0746 00639	129 31401	0313 469	0457 02	0899 0458
7	2998 25718	1301 96500	0848 14609	150 11109	0409 323	0554 95	1003 5000
8	3121 31695	1220 70367	0950 30664	171 01031	0505 138	0652 86	1107 9993
9	3244 49985	1139 52356	1052 48814	192 01171	0600 914	0750 76	1212 5442
0,210	3367 80600	1058 42460	1154 69070	213 11530	0696 650	0848 64	1317 1347
1	3491 23551	0977 40669	1256 91441	234 32110	0792 347	0946 49	1421 7711
2	3614 78851	0896 46976	1359 15938	255 62913	0888 004	1044 33	1526 4538
3	3738 46512	0815 61372	1461 42570	277 03942	0983 621	1142 14	1631 1801
4	3862 26548	0734 83850	1563 71349	298 55199	1079 197	1239 94	1735 9590
5	3986 18970	0654 14402	1666 02284	320 16686	1174 734	1337 71	1840 7819
6	4110 23790	0573 53019	1768 35386	341 88404	1270 230	1435 47	1945 6520
7	4234 41021	0492 99693	1870 70664	363 70357	1365 685	1533 20	2050 5699
8	4358 70676	0412 54417	1973 08130	385 62546	1461 100	1630 92	2155 5354
9	4483 12767	0332 17182	2075 47793	407 64974	1556 474	1728 62	2260 5490
0,220	4607 67306	0251 87980	2177 89663	429 77643	1651 806	1826 29	2365 6109
1	4732 34306	0171 66803	2280 33751	452 00554	1747 098	1923 95	2470 7214
2	4857 13779	0091 53643	2382 80068	474 33711	1842 347	2021 58	2575 8808
3	4982 05737	0011 48493	2485 28622	496 77115	1937 556	2119 19	2681 0893
4	5107 10194	*9931 51344	2587 79425	519 30769	2032 722	2216 79	2786 3472
5	5232 27162	9851 62188	2690 32487	541 94675	2127 847	2314 36	2891 6547
6	5357 56653	9771 81017	2792 87818	564 68835	2222 930	2411 91	2997 0122
7	5482 98679	9692 07823	2895 45428	587 53251	2317 970	2509 44	3102 4198
8	5608 53254	9612 42598	2998 05328	610 47926	2412 968	2606 95	3207 8779
9	5734 20390	9532 85335	3100 67528	633 52863	2507 923	2704 43	3313 3868
0,230	5860 00099	9453 36025	3203 32037	656 68062	2602 835	2801 90	3418 9467
1	5985 92394	9373 94660	3305 98867	679 93527	2697 705	2899 34	3524 5578
2	6111 97288	9294 61233	3408 68028	703 29261	2792 532	2996 77	3630 2206
3	6238 14793	9215 35735	3511 39529	726 75264	2887 315	3094 17	3735 9351
4	6364 44922	9136 18159	3614 13382	750 31541	2982 055	3191 55	3841 7017
5	6490 87687	9057 08496	3716 89596	773 98092	3076 751	3288 91	3947 5208
6	6617 43102	8978 06739	3819 68181	797 74920	3171 404	3386 24	4053 3920
7	6744 11178	8899 12880	3922 49149	821 62029	3266 013	3483 56	4159 3171
8	6870 91928	8820 26911	4025 32509	845 59420	3360 578	3580 85	4265 2949
9	6997 85366	8741 48824	4128 18271	869 67095	3455 099	3678 12	4371 3262
0,240	7124 91503	8662 78611	4231 06446	893 85057	3549 575	3775 38	4476 4113
1	7252 10353	8584 16264	4333 97045	918 13308	3644 007	3872 60	4583 5504
2	7379 41928	8505 61775	4436 90076	942 51852	3738 394	3969 81	4689 7438
3	7506 86241	8427 15138	4539 85552	967 00689	3832 737	4066 99	4795 9919
4	7634 43305	8348 76343	4642 83481	991 59824	3927 034	4164 15	4902 2949
5	7762 13132	8270 45382	4745 83875	*016 29257	4021 287	4261 29	5008 6530
6	7889 95735	8192 22249	4848 86743	041 08992	4115 494	4358 41	5115 0666
7	8017 91128	8114 06935	4951 92096	065 99032	4209 655	4455 50	5221 5359
8	8145 99322	8035 99433	5054 99945	090 99377	4303 772	4552 57	5328 0613
9	8274 20331	7957 99734	5158 10298	116 10032	4397 842	4649 62	5434 6427
	1,2	**0,7**	**0,2**	**1,03**	**0,2**	**0,2**	**0,2**

Amp x	x	$\log_e x$	Amp x		x	$\log_e x$	Amp x	
12⁰		**— 1,4**	**0,22**	**13⁰**		**— 1,4**	**0,23**	**13⁰**
30′ 16″,57	**0,230**	6967 59701	799 86	03′ 48″,08	**0,240**	2711 63556	772 86	37′ 15″,05
33 37,92	1	6533 75685	897 26	07 08,99	1	2295 83455	870 04	40 35,49
36 59,23	2	6101 79073	994 64	10 29,85	2	1881 75528	967 19	43 55,88
40 20,49	3	5671 68254	*091 99	13 50,66	3	1469 38356	*064 32	47 16,23
43 41,71	4	5243 41636	189 33	17 11,42	4	1058 70537	161 43	50 36,53
47 02,88	5	4816 97648	286 64	20 32,15	5	0649 70684	258 51	53 56,77
50 24,01	6	4392 34740	383 93	23 52,82	6	0242 37431	355 57	57 16,98
53 45,10	7	3969 51378	481 20	27 13,45	7	*9836 69424	452 61	*00 37,13
57 06,14	8	3548 46053	578 44	30 34,03	8	9432 65328	549 62	03 57,23
*00 27,13	9	3129 17271	675 66	33 54,56	9	9030 23825	646 61	07 17,29
13⁰		**— 1,4**	**0,23**	**13⁰**		**— 1,3**	**0,24**	**14⁰**

x	φ	sin x	cos x	tg x	arc sin x	arc cos x	arc tg x
	1	0,2	0,96	0,2	0,2	1,3	0,2
0,250	4° 19′ 26″,20	4740 39592 55	891 24217 11	5534 19212	5268 03	1811 61	4497 867
1	4 22 52,47	4837 27478 13	866 45333 36	5640 73931	5371 32	1708 31	4591 962
2	4 26 18,73	4934 12879 98	841 56762 98	5747 34116	5474 64	1604 99	4686 013
3	4 29 45,00	5030 95788 43	816 58508 44	5853 99791	5577 99	1501 64	4780 020
4	4 33 11,26	5127 76193 77	791 50572 24	5960 70983	5681 37	1398 27	4873 981
5	4 36 37,53	5224 54086 34	766 32956 89	6067 47716	5784 77	1294 86	4967 898
6	4 40 03,79	5321 29456 46	741 05664 90	6174 30018	5888 20	1191 43	5061 770
7	4 43 30,06	5418 02294 45	715 68698 82	6281 17913	5991 66	1087 97	5155 597
8	4 46 56,32	5514 72590 63	690 22061 16	6388 11427	6095 15	0984 48	5249 379
9	4 50 22,58	5611 40335 35	664 65754 49	6495 10587	6198 67	0880 96	5343 115
0,260	4 53 48,85	5708 05518 92	638 99781 35	6602 15417	6302 22	0777 51	5436 806
1	4 57 15,11	5804 68131 69	613 24144 31	6709 25945	6405 80	0673 94	5530 451
2	5 00 41,38	5901 28163 99	587 38845 94	6816 42195	6509 40	0570 33	5624 051
3	5 04 07,64	5997 85606 16	561 43888 84	6923 64194	6613 04	0466 70	5717 604
4	5 07 33,91	6094 40448 55	535 39275 60	7030 91969	6716 70	0363 03	5811 112
5	5 11 00,17	6190 92681 50	509 25008 81	7138 25544	6820 39	0259 34	5904 573
6	5 14 26,44	6287 42295 35	483 01091 11	7245 64947	6924 11	0155 62	5997 988
7	5 17 52,70	6383 89280 46	456 67525 10	7353 10204	7028 35	0051 38	6091 357
8	5 21 18,97	6480 33627 18	430 24313 42	7460 61340	7131 65	*9948 08	6184 679
9	5 24 45,23	6576 75325 87	403 71458 73	7568 18383	7235 46	9844 27	6277 955
0,270	5 28 11,50	6673 14366 89	377 08963 66	7675 81359	7339 30	9740 43	6371 183
1	5 31 37,76	6769 50740 59	350 36830 88	7783 50293	7443 18	9636 56	6464 365
2	5 35 04,03	6865 84437 34	323 55063 07	7891 25214	7547 08	9532 55	6557 500
3	5 38 30,29	6962 15447 50	296 63662 90	7999 06146	7651 01	9428 62	6650 588
4	5 41 56,56	7058 43761 45	269 62633 07	8106 93117	7754 98	9324 66	6743 628
5	5 45 22,82	7154 69369 56	242 51976 28	8214 86154	7858 97	9220 66	6836 621
6	5 48 49,09	7250 92262 20	215 31695 24	8322 85283	7963 00	9116 64	6929 566
7	5 52 15,35	7347 12429 74	188 01792 67	8430 90531	8067 05	9012 58	7022 464
8	5 55 41,62	7443 29862 58	160 62271 29	8539 01925	8171 14	8908 49	7115 314
9	5 59 07,88	7539 44551 08	133 13133 86	8647 19491	8275 26	8804 37	7208 116
0,280	6 02 34,15	7635 56485 64	105 54383 11	8755 43257	8379 41	8700 22	7300 870
1	6 06 00,41	7731 65656 64	077 86021 81	8863 73250	8483 59	8596 04	7393 576
2	6 09 26,68	7827 72054 48	050 08052 72	8972 09497	8587 81	8491 83	7486 234
3	6 12 52,94	7923 75669 55	022 20478 62	9080 52024	8692 05	8387 58	7578 843
4	6 16 19,20	8019 76492 24	*994 23302 31	9189 00859	8796 33	8283 30	7671 404
5	6 19 45,47	8115 74512 95	966 16526 57	9297 56029	8900 64	8178 99	7763 916
6	6 23 11,73	8211 69722 09	938 00154 22	9406 17562	9004 99	8074 65	7856 379
7	6 26 38,00	8307 62110 06	909 74188 07	9514 85485	9109 36	7970 27	7948 794
8	6 30 04,26	8403 51667 27	881 38630 95	9623 59825	9213 77	7865 86	8041 159
9	6 33 30,53	8499 38384 13	852 93485 68	9732 40609	9318 21	7761 42	8133 476
0,290	6 36 56,79	8595 22251 05	824 38755 13	9841 27866	9422 68	7656 95	8225 743
1	6 40 23,06	8691 03258 45	795 74442 13	9950 21622	9527 19	7552 44	8317 960
2	6 43 49,32	8786 81396 74	767 00549 57	*0059 21906	9631 73	7447 90	8410 129
3	6 47 15,59	8882 56656 35	738 17080 30	0168 28745	9736 30	7343 33	8502 247
4	6 50 41,85	8978 29027 71	709 24037 22	0277 42166	9840 91	7238 72	8594 316
5	6 54 08,12	9073 98501 24	680 21423 21	0386 62198	9945 55	7134 08	8686 335
6	6 57 34,38	9169 65067 37	651 09241 18	0495 88869	*0050 23	7029 41	8778 304
7	7 01 00,65	9265 28716 53	621 87494 05	0605 22206	0154 93	6924 70	8870 223
8	7 04 26,91	9360 89439 17	592 56184 73	0714 62238	0259 68	6819 96	8962 092
9	7 07 53,18	9456 47225 71	563 15316 15	0824 08992	0364 45	6715 18	9053 911
	1	0,2	0,95	0,3	0,3	1,2	0,2

x	$\log_e x$	Amp x		x	$\log_e x$	Amp x		x	$\log_e x$	Amp x
	— 1,3	0,24	14°		— 1,3	0,25	14°		— 1,3	0,26
0,250	8629 43611	743 58	10′ 37″,30	0,260	4707 36480	711 92	43′ 54″,65	0,270	0933 33200	677 81
1	8230 23399	840 52	13 57,26	1	4323 48717	808 62	47 14,10	1	0563 64581	774 25
2	7832 61915	937 44	17 17,16	2	3941 07752	905 30	50 33,51	2	0195 32127	870 68
3	7436 57903	*034 34	20 37,02	3	3560 12468	*001 95	53 52,87	3	*9828 34838	967 08
4	7042 10120	131 21	23 56,83	4	3180 61758	098 57	57 12,18	4	9462 71726	*063 45
5	6649 17338	228 05	27 16,59	5	2802 54530	195 18	*00 31,43	5	9098 41813	159 80
6	6257 78345	324 88	30 36,31	6	2425 89702	291 75	03 50,63	6	8735 44133	256 12
7	5867 91941	421 67	33 55,97	7	2050 66206	388 30	07 09,78	7	8373 77728	352 42
8	5479 56941	518 45	37 15,58	8	1676 82985	484 83	10 28,88	8	8013 41653	448 68
9	5092 72173	615 20	40 35,14	9	1304 38994	581 33	13 47,93	9	7654 34972	544 93
	— 1,3	0,25	14°		— 1,3	0,26	15°		— 1,2	0,27

x	e^x	e^{-x}	Sin x	Cos x	Tg x	Ar Sin x	Ar Tg x
	1,2	**0,7**	**0,2**	**1,03**	**0,2**	**0,2**	**0,2**
0,250	8402 54167	7880 07831	5261 23168	141 30999	4491 866	4746 65	5541 2812
1	8531 00843	7802 23716	5364 38564	166 62279	4585 845	4843 64	5647 9764
2	8659 60373	7724 47381	5467 56496	192 03877	4679 777	4940 63	5754 7287
3	8788 32768	7646 78818	5570 76975	217 55793	4773 663	5037 59	5861 5385
4	8917 18043	7569 18020	5674 00011	243 18032	4867 502	5134 52	5968 4061
5	9046 16209	7491 64980	5777 25615	268 90594	4961 295	5231 43	6075 3319
6	9175 27279	7414 19688	5880 53796	294 73484	5055 041	5328 32	6182 3156
7	9304 51268	7336 82138	5983 84565	320 66703	5148 740	5425 19	6289 3582
8	9433 88186	7259 52321	6087 17933	346 70254	5242 392	5522 03	6396 4597
9	9563 38048	7182 30230	6190 53909	372 84139	5335 996	5618 84	6503 6204
0,260	9693 00867	7105 15858	6293 92504	399 08362	5429 553	5715 64	6610 8407
1	9822 76654	7028 09196	6397 33729	425 42925	5523 063	5812 41	6718 1208
2	9952 65424	6951 10237	6500 77594	451 87831	5616 525	5909 15	6825 4609
3	*0082 67190	6874 18973	6604 24108	478 43081	5709 939	6005 88	6932 8615
4	0212 81963	6797 35397	6707 73283	505 08680	5803 305	6102 57	7040 3228
5	0343 09758	6720 59500	6811 25129	531 84629	5896 623	6199 25	7147 8451
6	0473 50587	6643 91275	6914 79656	558 70931	5989 892	6295 90	7255 4287
7	0604 04463	6567 30715	7018 36874	585 67589	6083 113	6392 53	7363 0739
8	0734 71400	6490 77811	7121 96795	612 74606	6176 285	6489 13	7470 7811
9	0865 51411	6414 32556	7225 59427	639 91983	6269 409	6585 71	7578 5504
0,270	0996 44507	6337 94943	7329 24782	667 19725	6362 484	6682 27	7686 3823
1	1127 50704	6261 69464	7432 92870	694 57834	6455 509	6778 80	7794 2770
2	1258 70013	6185 42611	7536 63701	722 06312	6548 486	6875 30	7900 2348
3	1390 02448	6109 27876	7640 37286	749 65162	6641 413	6971 79	8010 2561
4	1521 48022	6033 20753	7744 13635	777 34387	6734 290	7068 24	8118 3411
5	1653 06749	5957 21232	7847 92758	805 13990	6827 118	7164 68	8226 4901
6	1784 78640	5881 29308	7951 74666	833 03974	6919 896	7261 09	8334 7036
7	1916 63710	5805 44971	8055 59370	861 04341	7012 625	7357 47	8442 9817
8	2048 61972	5729 68215	8159 46878	889 15094	7105 303	7453 83	8551 3248
9	2180 73439	5653 99032	8263 37203	917 36235	7197 931	7550 16	8659 7332
0,280	2312 98123	5578 37415	8367 30354	945 67769	7290 508	7646 47	8768 2073
1	2445 36039	5502 83355	8471 26342	974 09697	7383 035	7742 75	8876 7472
2	2577 87200	5427 36845	8575 25177	*002 62023	7475 511	7839 01	8990 7640
3	2710 51618	5351 97879	8679 26870	031 24748	7567 937	7935 24	9093 5262
4	2843 29308	5276 66447	8783 31430	059 97877	7660 311	8021 45	9202 7659
5	2976 20281	5201 42543	8887 38869	088 81412	7752 635	8127 63	9311 5727
6	3109 24553	5126 26159	8991 49197	117 75356	7844 907	8223 79	9420 4471
7	3242 42134	5051 17288	9095 62423	146 79711	7937 128	8319 92	9529 3894
8	3375 73041	4976 15922	9199 78559	175 94482	8029 298	8416 03	9638 3998
9	3509 17285	4901 22054	9303 97616	205 19670	8121 416	8512 11	9747 4787
0,290	3642 74880	4826 35676	9408 19602	234 55278	8213 481	8608 17	9856 6264
1	3776 45840	4751 56780	9512 44530	264 01310	8305 495	8704 20	9965 8432
2	3910 30176	4676 85360	9616 72408	293 57768	8397 457	8800 21	*0075 1295
3	4044 27904	4602 21407	9721 03249	323 24656	8489 367	8896 18	0184 4857
4	4178 39037	4527 64914	9825 37061	353 01976	8581 224	8992 14	0293 9119
5	4312 63587	4453 15875	9929 73856	382 89731	8673 029	9088 06	0403 4086
6	4447 01568	4378 74280	*0034 13644	412 87924	8764 782	9183 96	0512 9760
7	4581 52995	4304 40124	0138 56435	442 96559	8856 481	9279 84	0622 6496
8	4716 17879	4230 13397	0243 02241	473 15638	8948 128	9375 68	0732 3247
9	4850 96235	4155 94094	0347 51070	503 45165	9039 721	9471 51	0842 1065
	1,3	**0,7**	**0,3**	**1,04**	**0,2**	**0,2**	**0,3**

Amp x	x	$\log_e x$	Amp x		x	$\log_e x$	Amp x	
15°		**— 1,2**	**0,27**	**15°**		**— 1,2**	**0,28**	**16°**
17′ 06″,92	**0,280**	7296 56758	641 14	50′ 13″,95	**0,290**	3787 43560	601 86	23′ 15″,57
20 25,86	1	6940 06096	737 34	53 32,36	1	3443 20118	697 78	26 33,43
23 44,75	2	6584 82080	833 50	56 50,72	2	3100 14767	793 68	29 51,23
27 03,59	3	6230 83813	929 64	*00 09,02	3	2758 26700	889 55	33 08,97
30 22,37	4	5878 10408	*025 75	03 27,26	4	2417 55116	985 39	36 26,66
33 41,10	5	5526 60987	121 84	06 45,45	5	2077 99226	*081 21	39 44,30
36 59,78	6	5176 34682	217 89	10 03,58	6	1739 58247	176 99	43 01,87
40 18,41	7	4827 30632	313 93	13 21,66	7	1402 31402	272 75	46 19,39
43 36,98	8	4479 47988	409 93	16 39,69	8	1066 17975	368 49	49 36,85
46 55,49	9	4132 85909	505 91	19 57,66	9	0731 17056	464 19	52 54,26
15°		**— 1,2**	**0,28**	**16°**		**— 1,2**	**0,29**	**16°**

x	φ	sin x	cos x	tg x	ars sin x	arc cos x	arc tg x
	17⁰	0,2	0,95	0,3	0,3	1,2	0,2
0,300	11′ 19″,44	9552 02066 61	533 64891 26	0933 62496	0469 27	6610 47	9145 679
1	14 45,71	9647 53952 31	504 04913 00	1043 22779	0574 11	6505 62	9237 397
2	18 11,97	9743 02873 26	474 35384 34	1152 89870	0678 99	6400 74	9329 064
3	21 38,24	9838 48819 90	444 56308 24	1262 63795	0783 91	6295 83	9420 681
4	25 04,50	9933 91782 69	414 67687 69	1372 44584	0888 87	6190 87	9512 246
5	28 30,77	*0029 31752 09	384 69525 68	1482 32265	0993 84	6085 89	9603 761
6	31 57,03	0124 68718 56	354 61825 19	1592 26867	1098 86	5980 87	9695 225
7	35 23,30	0220 02672 56	324 44589 24	1702 28411	1203 92	5875 81	9786 637
8	38 49,56	0315 33604 56	294 17820 85	1812 36946	1309 01	5770 72	9877 999
9	42 15,83	0410 61505 03	263 81523 05	1922 52481	1414 14	5665 59	9969 308
0,310	45 42,09	0505 86364 43	233 35698 86	2032 75051	1519 30	5560 43	*0060 567
1	49 08,35	0601 08173 25	202 80351 33	2143 04685	1624 50	5455 23	0151 774
2	52 34,62	0696 26921 96	172 15483 53	2253 41411	1729 74	5349 99	0242 929
3	56 00,88	0791 42601 05	141 41098 51	2363 85260	1835 01	5244 72	0334 032
4	59 27,15	0886 55200 99	110 57199 35	2474 36259	1940 32	5139 41	0425 083
5	*02 53,41	0981 64712 28	079 63789 14	2584 94438	2045 67	5034 07	0516 082
6	06 19,68	1076 71125 40	048 60870 96	2695 59826	2151 05	4928 69	0607 029
7	09 45,94	1171 74430 85	017 48447 93	2806 32452	2256 47	4823 27	0697 924
8	13 12,21	1266 74619 13	*986 26523 14	2917 12345	2361 92	4727 81	0788 767
9	16 38,47	1361 71680 73	954 95099 73	3027 99536	2467 42	4612 32	0879 557
0,320	20 04,74	1456 65606 16	923 54180 82	3138 94052	2572 95	4506 78	0970 295
1	23 31,00	1551 56385 93	892 03769 57	3249 95924	2678 52	4401 22	1060 979
2	26 57,27	1646 44010 54	860 43869 10	3361 05182	2784 12	4295 61	1151 611
3	30 23,53	1741 28470 50	828 74482 60	3472 21853	2889 77	4189 96	1242 191
4	33 49,80	1836 09756 34	976 95613 22	3583 45970	2995 45	4084 28	1332 717
5	37 16,06	1930 87858 57	765 07264 15	3694 77561	3101 17	3978 56	1423 190
6	40 42,33	2025 62767 71	733 09438 57	3806 16656	3206 93	3872 80	1513 610
7	44 08,59	2120 34474 29	701 02139 68	3917 63285	3312 73	3767 00	1603 977
8	47 34,86	2215 02968 83	668 85370 69	4029 17478	3418 57	3661 17	1694 290
9	51 01,12	2309 68241 88	636 59134 82	4140 79265	3524 45	3555 28	1784 550
0,330	54 27,39	2404 30283 95	604 23435 28	4252 48675	3630 36	3449 38	1874 756
1	57 53,65	2498 89085 59	571 78275 33	4364 25740	3736 31	3343 42	1964 909
2	**01 19,92	2593 44637 35	539 23658 20	4476 10490	3842 30	3237 43	2055 008
3	04 46,18	2687 96929 76	506 59587 14	4588 02954	3948 34	3131 39	2145 053
4	08 12,45	2782 45953 37	473 86065 43	4700 03163	4054 41	3025 32	2235 044
5	11 38,71	2876 91698 74	441 03096 33	4812 11149	4160 52	2919 21	2324 980
6	15 04,97	2971 34156 42	408 10683 12	4924 26940	4266 68	2813 06	2414 863
7	18 31,24	3065 73316 96	375 08829 11	5036 50568	4372 87	2706 86	2504 692
8	21 57,50	3160 09170 93	341 97537 59	5148 82064	4479 10	2600 63	2594 466
9	25 23,77	3254 41708 89	308 76811 88	5261 21457	4585 38	2494 36	2684 186
0,340	28 50,03	3348 70921 41	275 46655 28	5373 68780	4691 69	2388 04	2773 851
1	32 16,30	3442 96799 06	242 07071 14	5486 24063	4798 05	2281 69	2863 461
2	35 42,56	3537 19332 41	208 58062 80	5598 87337	4904 44	2175 29	2953 017
3	39 08,83	3631 38512 04	174 99633 60	5711 58633	5010 88	2068 85	3042 518
4	42 35,09	3725 54328 54	141 31786 90	5824 37982	5117 36	1962 38	3131 964
5	46 01,36	3819 66772 48	107 54526 07	5937 25416	5223 88	1855 85	3221 355
6	49 27,62	3913 75834 45	073 67854 48	6050 20965	5330 43	1749 30	3310 691
7	52 53,89	4007 81505 05	039 71775 53	6163 24662	5437 04	1642 69	3399 972
8	56 20,15	4101 83774 87	005 66292 60	6276 36537	5543 69	1536 04	3489 197
9	59 46,42	4195 82634 50	**971 51409 11	6389 56622	5650 38	1429 35	3578 367
	19⁰	0,3	0,93	0,3	0,3	1,2	0,3

x	$\log_e x$	Amp x		x	$\log_e x$	Amp x		x	$\log_e x$	Amp x
	— 1,2	0,29	16⁰		— 1,1	0,30	17⁰		— 1,13	0,31
0,300	0397 28043	559 87	56′ 11″,60	0,310	7118 29815	515 09	29′ 10″,89	0,320	943 42832	467 44
1	0064 50142	655 52	59 28,89	1	6796 23668	610 45	32 18,60	1	631 41558	562 52
2	*9732 82616	751 14	*02 46,13	2	6475 20912	705 79	35 35,24	2	320 37334	657 57
3	9402 24735	846 73	06 03,30	3	6155 20884	801 10	38 51,83	3	010 29558	752 58
4	9072 75776	942 29	09 20,42	4	5836 22931	896 38	42 08,36	4	*701 17632	847 57
5	8744 35024	*037 83	12 37,48	5	5518 26402	991 63	45 24,83	5	393 00967	942 52
6	8417 01770	133 34	15 54,48	6	5201 30654	*086 85	48 41,23	6	085 78976	*037 45
7	8090 75314	228 82	19 11,42	7	4885 35051	182 04	51 57,58	7	**779 51081	132 35
8	7765 54960	324 27	22 28,30	8	4570 38962	277 21	55 13,87	8	474 16706	227 21
9	7441 40021	419 69	25 45,12	9	4256 41762	372 34	58 30,10	9	169 75282	322 05
	— 1,1	0,30	17⁰		— 1,1	0,31	17⁰		— 1,11	0,32

x	e^x	e^{-x}	Sin x	Cos x	Tg x	Ar Sin x	Ar Tg x
	1,3	**0,7**	**0,3**	**1,04**	**0,2**	**0,2**	**0,3**
0,300	4985 88076	4081 82207	0452 02934	533 85141	9131 261	9567 30	0951 9604
1	5120 93415	4007 77727	0556 57844	564 35571	9222 748	9663 07	1061 8868
2	3256 12267	3933 80649	0661 15809	594 96458	9314 182	9758 82	1171 8862
3	5391 44644	3859 90964	0765 76840	625 67804	9405 562	9854 53	1281 9583
4	5526 90561	3786 08664	0870 40948	656 49613	9496 888	9950 22	1392 1041
5	5662 50030	3712 33744	0975 08143	687 41887	9588 161	*0045 89	1502 3237
6	5798 23065	3638 66195	1079 78435	718 44630	9679 379	0141 52	1612 6175
7	5934 09681	3565 06009	1184 51836	749 57845	9770 543	0237 13	1722 9857
8	6070 09889	3491 53180	1289 28355	780 81535	9861 653	0332 72	1833 4288
9	6206 23705	3418 07700	1394 08002	812 15703	9952 709	0428 27	1943 9471
0,310	6342 51141	3344 69562	1498 90790	843 60352	*0043 710	0523 80	2054 5409
1	6478 92212	3271 38759	1603 76727	875 15485	0134 656	0619 31	2165 2106
2	6615 46930	3198 15282	1708 65824	906 81106	0225 548	0714 78	2275 9566
3	6752 15310	3124 99126	1813 58092	938 57218	0316 385	0810 23	2386 7791
4	6888 97365	3051 90282	1918 53542	970 43824	0407 166	0905 65	2497 6786
5	7025 93110	2978 88743	2023 52183	*002 40926	0497 893	1001 04	2608 6553
6	7163 02556	2905 94502	2128 54027	034 48529	0588 564	1096 41	2719 7097
7	7300 25719	2833 07551	2233 59084	066 66635	0679 180	1191 75	2830 8425
8	7437 62612	2760 27884	2338 67364	098 95248	0769 740	1287 06	2942 0529
9	7575 13249	2687 55493	2443 78878	131 34371	0860 244	1382 34	3053 3423
0,320	7712 77643	2614 90371	2548 93636	163 84007	0950 692	1477 60	3164 7109
1	7850 55809	2542 32510	2654 11650	196 44159	1041 085	1572 83	3276 1589
2	7988 47760	2469 81903	2759 32928	229 14831	1131 421	1668 03	3387 6866
3	8126 53509	2397 38544	2864 57483	261 96026	1221 701	1763 20	3499 2946
4	8264 73071	2325 02424	2969 85324	294 87748	1311 925	1858 35	3610 9830
5	8403 06460	2252 73536	3075 16462	327 89998	1402 092	1953 46	3722 7524
6	8541 53689	2180 51874	3180 50907	361 02782	1492 203	2048 55	3834 6030
7	8680 14772	2108 37430	3285 88671	394 26101	1582 257	2143 61	3946 5352
8	8818 89723	2036 30197	3391 29763	427 59960	1672 254	2238 65	4058 5495
9	8957 78556	1964 30167	3496 74194	461 04362	1762 195	2333 65	4170 6461
0,330	9096 81285	1892 37334	3602 21975	494 59309	1852 078	2428 63	4282 8255
1	9235 97923	1820 51690	3707 73116	528 24807	1941 904	2523 58	4395 0879
2	9375 28485	1748 73229	3813 27628	562 00857	2034 672	2618 50	4507 4339
3	9514 72985	1677 01942	3918 85522	595 87463	2121 383	2713 39	4619 8637
4	9654 31436	1605 37822	4024 46807	629 84629	2211 036	2808 26	4732 3778
5	9794 03852	1533 80864	4130 11494	663 92358	2300 632	2903 09	4844 9762
6	9933 90248	1462 31058	4235 79595	698 10653	2390 170	2997 90	4957 6602
7	*0073 90637	1390 88399	4341 51119	732 39518	2479 650	3092 68	5070 4294
8	0214 05034	1319 52879	4447 26078	766 78956	2569 071	3187 43	5183 2842
9	0354 33452	1248 24491	4553 04481	801 28971	2658 435	3282 15	5296 2253
0,340	0494 75906	1177 03228	4658 86339	835 89567	2747 740	3376 84	5409 2529
1	0635 32409	1105 89082	4764 71663	870 60745	2836 986	3471 50	5522 3674
2	0776 02975	1034 82047	4870 60464	905 42511	2926 174	3566 13	5635 5693
3	0916 87619	0963 82116	4976 52752	940 34867	3015 304	3660 74	5748 8939
4	1057 86355	0892 89280	5082 48537	975 37818	3104 374	3755 32	5862 2366
5	1198 99197	0822 03535	5188 47831	**010 51366	3193 386	3849 86	5975 7028
6	1340 26158	0751 24871	5294 50644	045 75515	3282 338	3944 38	6089 2580
7	1481 67254	0680 53283	5400 56986	081 10268	3371 231	4038 87	6202 9024
8	1623 22497	0609 88762	5506 66868	116 55630	3460 065	4133 33	6316 6365
9	1764 91903	0539 31303	5612 80300	152 11603	3548 840	4227 76	6430 4607
	1,4	**0,7**	**0,3**	**1,06**	**0,3**	**0,3**	**0,3**

Amp x	x	$\log_e$ x	Amp x		x	$\log_e$ x	Amp x	
18⁰		**— 1,10**	**0,32**	**18⁰**		**— 1,07**	**0,33**	**19⁰**
01′ 46″,26	**0,330**	866 26245	416 86	34′ 24″,57	**0,340**	880 96614	363 25	06′ 56″,65
05 02,37	1	563 69036	511 63	37 40,06	1	587 28017	457 72	10 11,50
08 18,42	2	262 03101	606 38	40 55,49	2	294 45419	552 16	13 26,30
11 34,40	3	*961 27890	701 10	44 10,85	3	002 48318	646 57	16 41,03
14 50,32	4	661 42860	795 78	47 26,16	4	*711 36216	740 95	19 55,70
18 06,19	5	362 47472	890 44	50 41,40	5	421 08620	835 29	23 10,30
21 21,99	6	064 41190	985 06	53 56,57	6	131 65039	929 61	26 24,84
24 37,72	7	**767 23486	*079 65	57 11,69	7	**843 04990	*023 89	29 39,31
27 53,40	8	470 93835	174 22	*00 26,74	8	555 27992	118 14	32 53,72
31 09,02	9	175 51716	268 75	03 41,72	9	268 33567	212 36	36 08,06
18⁰		**— 1,08**	**0,33**	**18⁰**		**— 1,05**	**0,34**	**19⁰**

x	φ	sin x	cos x	tg x	arc sin x	arc cos x	arc tg x
	20⁰	**0,3**	**0,93**	**0,3**	**0,3**	**1,2**	**0,3**
0,350	03′ 12″,68	4289 78074 55	937 27128 47	6502 84948	5757 11	1322 62	3667 482
1	06 38,95	4383 70085 63	902 93454 11	6616 21548	5863 88	1215 85	3756 541
2	10 05,21	4477 58658 33	868 50389 45	6729 66453	5970 70	1109 03	3845 544
3	13 31,48	4571 43783 28	833 97937 94	6843 19695	6077 56	1002 17	3934 492
4	16 57,74	4665 25451 08	799 36103 03	6956 81306	6184 46	0895 27	4023 384
5	20 24,01	4759 03652 36	764 64888 19	7070 51318	6291 41	0788 33	4112 220
6	23 50,27	4852 78377 73	729 84296 89	7184 29763	6398 40	0681 34	4200 901
7	27 16,54	4946 49617 83	694 94332 60	7298 16673	6505 43	0574 30	4289 724
8	30 42,80	5040 17363 27	659 94998 82	7412 12080	6612 50	0467 23	4378 391
9	34 09,07	5133 81604 70	624 86299 04	7526 16017	6719 63	0360 11	4467 003
0,360	37 35,33	5227 42332 75	589 68236 78	7640 28516	6826 79	0252 94	4555 558
1	41 01,60	5320 99538 06	554 40815 55	7754 49610	6934 00	0145 73	4644 056
2	44 27,86	5414 53211 26	519 04038 88	7868 79331	7041 25	0038 48	4732 499
3	47 54,12	5508 03343 02	483 57910 31	7983 17712	7148 55	*9931 18	4820 884
4	51 20,39	5601 49923 97	448 02433 38	8097 64786	7255 89	9823 84	4909 213
5	54 46,65	5694 92944 77	412 37611 65	8212 20585	7363 28	9716 45	4997 485
6	58 12,92	5788 32396 08	376 63448 68	8326 85142	7470 71	9609 02	5085 701
7	*01 39,18	5881 68268 55	340 79948 05	8441 58491	7578 19	9501 54	5173 859
8	05 05,45	5975 00552 86	304 87113 34	8556 40664	7685 71	9394 02	5261 960
9	08 31,71	6068 29239 67	268 84948 14	8671 31695	7793 28	9286 45	5350 005
0,370	11 57,98	6161 54319 65	232 73456 06	8786 31617	7900 90	9178 83	5437 992
1	15 24,24	6254 75783 47	196 42640 71	8901 40463	8008 56	9071 17	5525 922
2	18 50,51	6347 93621 82	160 22505 70	9016 58266	8116 27	8963 46	5613 794
3	22 16,77	6441 07825 38	123 83045 67	9131 85061	8224 03	8855 70	5701 609
4	25 43,04	6534 18384 83	087 34291 27	9247 20881	8331 83	8747 90	5789 367
5	29 09,30	6627 25290 86	050 76219 12	9362 65759	8439 68	8640 05	5877 067
6	32 35,57	6720 28534 17	014 08841 91	9478 19730	8547 57	8532 16	5964 709
7	36 01,83	6813 28105 44	*977 32163 28	9593 82827	8655 52	8424 22	6052 294
8	39 28,10	6906 23995 39	940 46186 92	9709 55084	8763 51	8316 22	6139 821
9	42 54,36	6999 16194 72	903 50916 52	9825 36535	8871 54	8208 19	6227 290
0,380	46 20,63	7092 04694 13	866 46355 77	9941 27215	8979 63	8100 00	6314 701
1	49 46,89	7184 89484 34	829 32508 37	*0057 27157	9087 76	7991 87	6402 054
2	53 13,16	7277 70556 05	792 09378 04	0173 36396	9195 95	7883 69	6489 349
3	56 39,42	7370 47900 00	754 76968 50	0289 54967	9304 18	7775 46	6576 586
4	**00 05,69	7463 21506 90	717 35283 48	0405 82903	9412 45	7667 18	6663 764
5	03 31,95	7555 91367 48	679 84326 73	0522 20240	9520 78	7558 85	6750 884
6	06 58,22	7648 57472 46	642 24102 00	0638 67013	9629 16	7450 47	6837 946
7	10 24,48	7741 19812 59	604 54613 04	0755 23255	9737 54	7342 10	6924 949
8	13 50,74	7833 78378 60	566 75863 63	0871 89002	9846 06	7233 57	7011 894
9	17 17,01	7926 33161 23	528 87857 55	0988 64289	9954 58	7125 05	7098 780
0,390	20 43,27	8018 84151 23	490 90598 57	1105 49152	9063 16	7016 47	7185 608
1	24 09,54	8111 31339 35	452 84090 51	1222 43624	*0171 78	6907 85	7274 376
2	27 35,80	8203 74716 33	414 68337 16	1339 47742	0280 46	6799 17	7359 086
3	31 02,07	8296 14272 94	376 43342 35	1456 61541	0389 18	6690 45	7445 737
4	34 28,33	8388 49999 94	338 09109 90	1573 85056	0497 96	6581 67	7532 329
5	37 54,60	8480 81888 08	299 65643 63	1691 18322	0606 78	6472 85	7618 862
6	41 20,86	8573 09928 15	261 12941 40	1808 61377	0715 66	6363 97	7705 336
7	44 47,13	8665 34110 90	222 51025 06	1926 14255	0824 59	6255 04	7791 750
8	48 13,39	8757 54427 12	183 79880 47	2043 76992	0933 57	6146 06	7878 105
9	51 39,66	8849 70867 59	144 99517 50	2161 49624	1042 60	6037 03	7964 401
	22⁰	**0,3**	**0,92**	**0,4**	**0,4**	**1,1**	**0,3**

x	logₑ x	𝔄𝔪𝔭 x		x	logₑ x	𝔄𝔪𝔭 x		x	logₑ x	𝔄𝔪𝔭 x
	— 1,04	**0,34**	**19⁰**		**— 1,0**	**0,35**	**20⁰**		**— 0,99**	**0,36**
0,350	982 21245	306 55	39′ 22″,34	**0,360**	2165 12475	246 68	11′ 41″,50	**0,370**	425 22733	183 58
1	696 90555	400 71	42 36,55	1	1887 73207	340 52	14 55,05	1	155 32164	277 08
2	412 41034	494 83	45 50,70	2	1611 10672	434 32	18 08,54	2	*886 14247	370 56
3	128 72220	588 93	49 04,78	3	1335 24447	528 09	21 21,95	3	617 68593	464 00
4	*845 83658	682 99	52 18,80	4	1060 14113	621 83	24 35,30	4	349 94816	557 41
5	563 74895	777 02	55 32,75	5	0785 79254	715 54	27 48,59	5	082 92530	650 78
6	282 45481	871 01	58 46,63	6	0512 19456	809 21	31 01,80	6	**816 61356	744 13
7	001 94972	964 98	*02 00,45	7	0239 34309	902 85	34 14,95	7	551 00915	837 43
8	**722 22926	*058 91	05 14,20	8	*9967 23408	996 46	37 28,03	8	286 10834	930 71
9	443 28905	152 81	08 27,88	9	9695 86349	*090 03	40 41,04	9	021 90739	*023 95
	— 1,02	**0,35**	**20⁰**		**— 0,9**	**0,36**	**20⁰**		**— 0,97**	**0,37**

x	e^x	e^{-x}	Sin x	Cos x	Tg x	Ar Sin x	Ar Tg x
	1,4	**0,7**	**0,3**	**1,06**	**0,3**	**0,3**	**0,3**
0,350	1906 75486	0468 80897	5718 97294	187 78192	3637 554	4322 16	6544 3754
1	2048 73259	0398 37539	5825 17860	223 55399	3726 210	4416 53	6658 3811
2	2190 85237	0328 01220	5931 42009	259 43228	3814 805	4510 87	6772 4780
3	2333 11434	0257 71934	6037 69750	295 41684	3903 341	4605 18	6886 6667
4	2475 51865	0187 49674	6144 01096	331 50769	3991 816	4699 46	7000 9475
5	2618 06543	0117 34432	6250 36055	367 70487	4080 232	4793 71	7115 3208
6	2760 75483	0047 26202	6356 74640	404 00843	4168 587	4887 94	7229 7871
7	2903 58699	*9977 24977	6463 16861	440 41838	4256 882	4982 13	7344 3468
8	3046 56205	9907 30705	6569 62727	476 93477	4345 116	5076 29	7459 0002
9	3189 68016	9837 43514	6676 12251	513 55765	4433 290	5170 43	7573 7479
0,360	3332 94146	9767 63261	6782 65442	550 28703	4521 403	5264 53	7688 5901
1	3476 34609	9697 89985	6889 22312	587 12297	4609 456	5358 61	7803 5274
2	3619 89420	9628 23678	6995 82871	624 06549	4697 447	5452 65	7918 5602
3	3763 58592	9558 64335	7102 47129	661 11464	4785 377	5546 66	8033 6888
4	3907 42142	9489 11947	7209 15097	698 27044	4873 247	5640 65	8148 9138
5	4051 40081	9419 66509	7315 86786	735 53295	4961 055	5734 60	8264 2354
6	4195 52406	9350 28012	7422 62197	772 90209	5048 801	5828 52	8379 6543
7	4339 79191	9280 96450	7529 41370	810 37821	5136 486	5922 42	8495 1707
8	4484 20390	9211 71817	7636 24286	847 96103	5224 110	6016 28	8610 7852
9	4628 76037	9142 54105	7743 10966	885 65071	5311 671	6110 11	8726 4981
0,370	4773 46147	9073 43306	7850 01420	923 44727	5399 171	6203 91	8842 3100
1	4918 30734	9004 39416	7956 95659	961 35075	5486 609	6297 68	8958 2211
2	5063 29813	8935 42425	8063 93694	999 36119	5573 985	6391 42	9074 2321
3	5208 43398	8866 52328	8170 95535	*037 47863	5661 299	6485 13	9190 3433
4	5353 71505	8797 69118	8278 01193	075 70311	5748 551	6578 81	9306 5551
5	5499 14146	8728 92788	8385 10679	114 03467	5835 740	6672 46	9422 8680
6	5644 71338	8660 23330	8492 24004	152 47334	5922 867	6766 07	9539 2825
7	5790 43094	8591 60739	8599 41177	191 01916	6009 931	6859 66	9655 7990
8	5936 29429	8523 05007	8706 62211	229 67218	6096 933	6953 22	9772 4179
9	6082 30357	8454 56127	8813 87115	268 43242	6183 871	7046 74	9889 1398
0,380	6228 45894	8386 14092	8921 15901	307 29993	6270 747	7140 24	*0005 9650
1	6374 76054	8317 78896	9028 48579	346 27475	6357 560	7233 70	0122 8940
2	6521 20851	8249 50532	9135 85160	385 35692	6444 309	7327 13	0239 9274
3	6667 80301	8181 28993	9243 25654	424 54647	6530 996	7420 53	0357 0654
4	6814 54417	8113 14272	9350 70073	463 84344	6617 619	7513 90	0474 3086
5	6961 43214	8045 06362	9458 18426	503 24788	6704 179	7607 24	0591 6575
6	7108 46708	7977 05257	9565 70726	542 75983	6790 675	7700 55	0709 1126
7	7255 64913	7909 10949	9673 26982	582 37931	6877 108	7793 82	0826 6742
8	7402 97843	7841 23433	9780 87205	622 10638	6963 477	7887 07	0944 3679
9	7550 45513	7773 42700	9888 51407	661 94107	7049 782	7980 28	1127 4008
0,390	7698 07939	7705 68745	9996 19597	701 88342	7136 023	8073 46	1180 0035
1	7845 85134	7638 01560	*0103 91787	741 93347	7222 200	8166 61	1297 9962
2	7993 77114	7570 41140	0211 67987	782 09127	7308 313	8259 73	1416 0980
3	8141 83893	7502 87476	0319 48209	822 35685	7394 362	8352 81	1534 3091
4	8290 05487	7435 40562	0427 32462	862 73025	7480 346	8445 87	1652 6303
5	8438 41909	7368 00392	0535 20758	903 21151	7566 266	8538 89	1771 0618
6	8586 93176	7300 66959	0643 13108	943 80067	7652 122	8631 88	1889 6043
7	8735 59301	7233 40256	0751 09522	984 49778	7737 913	8724 84	2008 2581
8	8884 40299	7166 20277	0859 10011	**025 30288	7823 639	8817 76	2127 0239
9	9033 36186	7099 07014	0967 14586	066 21600	7909 300	8910 66	2245 9020
	1,4	**0,6**	**0,4**	**1,08**	**0,3**	**0,3**	**0,4**

Amp x	x	$\log_e x$	Amp x		x	$\log_e x$	Amp x	
20⁰		**— 0,96**	**0,37**	**21⁰**		**— 0,9**	**0,38**	**21⁰**
43′ 53″,98	**0,380**	758 40263	117 16	15′ 59″,63	**0,390**	4160 85399	047 36	47′ 58″,31
47 06,86	1	495 59039	210 33	19 11,82	1	3904 77190	140 19	51 09,79
50 19,66	2	233 46704	303 47	22 23,93	2	3649 34392	232 99	54 21,20
53 32,40	3	*972 02898	396 58	25 35,97	3	3394 56671	325 75	57 32,53
56 45,07	4	711 27264	489 65	28 47,95	4	3140 43697	418 48	*00 43,80
59 57,67	5	451 19447	582 68	31 59,85	5	2886 95141	511 17	03 54,99
*03 10,20	6	191 79095	675 69	35 11,68	6	2634 10677	603 83	07 06,11
06 22,66	7	**933 05860	768 66	38 23,45	7	2381 89983	696 45	10 17,16
09 35,05	8	674 99394	861 59	41 35,14	8	2130 32737	789 04	13 28,14
12 47,38	9	417 59354	954 49	44 46,76	9	1879 38621	881 59	16 39,04
21⁰		**— 0,94**	**0,37**	**21⁰**		**— 0,9**	**0,38**	**22⁰**

x	φ	sin x	cos x	tg x	arc sin x	arc cos x	arc tg x
	2	**0,3**	**0,92**	**0,4**	**0,4**	**1,1**	**0,3**
0,400	2° 55′ 05″,92	8941 83423 09	106 09940 03	2279 32187	1151 68	5927 95	8050 638
1	2 58 32,19	9033 92084 40	067 11151 95	2397 24718	1260 82	5818 81	8136 815
2	3 01 58,45	9125 96842 32	028 03157 16	2515 27253	1370 01	5709 63	8222 932
3	3 05 24,72	9217 97687 65	*988 85959 57	2633 39827	1479 25	5600 39	8308 990
4	3 08 50,98	9309 94611 17	949 59563 09	2751 62478	1588 54	5491 09	8394 989
5	3 12 17,25	9401 87603 71	910 23971 66	2869 95242	1697 88	5381 75	8480 928
6	3 15 43,51	9493 76656 05	870 79189 20	2988 38156	1807 28	5272 35	8566 806
7	3 19 09,78	9585 61759 02	831 25219 66	3106 91256	1916 73	5162 90	8652 626
8	3 22 36,04	9677 42903 43	791 62067 00	3225 54580	2026 72	5052 91	8738 385
9	3 26 02,31	9769 20080 10	751 89735 18	3344 28164	2135 79	4943 84	8824 084
0,410	3 29 28,57	9860 93279 84	712 08228 17	3463 12046	2245 41	4834 23	8909 723
1	3 32 54,84	9952 62493 50	672 17549 95	3582 06262	2355 07	4724 56	8995 302
2	3 36 21,10	*0044 27711 89	632 17704 51	3701 10851	2464 79	4614 84	9080 821
3	3 39 47,36	0135 88925 85	592 08695 86	3820 25849	2574 57	4505 07	9166 280
4	3 43 13,63	0227 46126 23	551 90528 00	3939 51293	2684 40	4395 24	9251 678
5	3 46 39,89	0318 99303 86	511 63204 95	4058 87223	2794 28	4285 35	9337 016
6	3 50 06,16	0410 48449 59	471 26730 73	4178 33674	2904 22	4175 51	9422 294
7	3 53 32,42	0501 93554 27	430 81109 39	4297 90686	3014 21	4065 52	9507 511
8	3 56 58,69	0593 34608 76	390 26344 97	4417 58296	3124 26	3955 47	9592 668
9	4 00 24,95	0684 71603 91	349 62441 53	4537 36542	3234 37	3845 36	9677 764
0,420	4 03 51,22	0776 04530 60	308 89403 12	4657 25463	3344 53	3735 10	9762 799
1	4 07 17,48	0867 33379 67	268 07233 83	4777 25096	3454 75	3624 88	9847 774
2	4 10 43,75	0958 58142 02	227 15937 73	4897 35480	3565 03	3514 61	9932 688
3	4 14 10,01	1049 78808 51	186 15518 91	5017 56654	3675 36	3404 28	*0017 541
4	4 17 36,28	1140 95370 02	145 05981 48	5137 88656	3785 74	3293 89	0102 334
5	4 21 02,54	1232 07817 43	103 87329 54	5258 31524	3896 19	3183 44	0187 065
6	4 24 28,81	1323 16141 64	062 59567 22	5378 85299	4006 69	3072 94	0271 735
7	4 27 55,07	1414 20333 53	021 22698 63	5499 50018	4117 25	2962 38	0356 345
8	4 31 21,34	1505 20384 00	**979 76727 93	5620 25721	4227 87	2851 76	0440 893
9	4 34 47,60	1596 16283 96	938 21659 25	5741 12447	4338 54	2741 09	0525 380
0,430	4 38 13,87	1687 08024 29	896 57496 75	5862 10235	4449 28	2630 35	0609 806
1	4 41 40,13	1777 95595 92	854 84244 59	5983 19125	4560 07	2519 56	0694 171
2	4 45 06,40	1868 78989 75	813 01906 95	6104 39156	4670 92	2408 71	0778 474
3	4 48 32,66	1959 58196 71	771 10488 01	6225 70368	4781 83	2297 80	0862 716
4	4 51 58,93	2050 33207 70	729 09991 95	6347 12800	4892 80	2186 83	0946 897
5	4 55 25,19	2141 04013 67	687 00422 99	6468 66494	5003 83	2075 80	1031 016
6	4 58 51,46	2231 70605 53	644 81785 33	6590 31487	5114 92	1964 72	1115 074
7	5 02 17,72	2322 32974 22	602 54083 19	6712 07822	5226 06	1853 57	1199 070
8	5 05 43,99	2412 91110 67	560 17320 79	6833 95537	5337 27	1742 36	1283 004
9	5 09 10,25	2503 45005 84	517 71502 38	6955 94674	5448 54	1631 09	1366 877
0,440	5 12 36,51	2593 94650 66	475 16632 20	7078 05273	5559 87	1519 77	1450 688
1	5 16 02,78	2684 40036 09	432 52714 50	7200 27374	5671 26	1408 38	1534 437
2	5 19 29,04	2774 81153 07	389 79753 55	7322 61018	5782 71	1296 93	1618 124
3	5 22 55,31	2865 17992 58	346 97753 62	7445 06246	5894 22	1185 41	1701 750
4	5 26 21,57	2955 50545 57	304 06718 99	7567 63100	6005 79	1073 84	1785 314
5	5 29 47,84	3045 78803 01	261 06653 96	7690 31619	6117 43	0962 21	1868 815
6	5 33 14,10	3136 02755 87	217 97562 82	7813 11846	6229 12	0850 51	1952 255
7	5 36 40,37	3226 22395 13	174 79449 89	7936 03821	6340 88	0738 75	2035 633
8	5 40 06,63	3316 37711 76	131 52319 47	8059 07587	6452 70	0626 93	2118 948
9	5 43 32,90	3406 48696 76	088 16175 91	8182 23185	6564 59	0515 05	2202 201
	2	**0,4**	**0,90**	**0,4**	**0,4**	**1,1**	**0,4**

x	$\log_e$ x	𝔄mp x		x	$\log_e$ x	𝔄mp x		x	$\log_e$ x	𝔄mp x
	— 0,91	**0,38**	**22°**		**— 0,8**	**0,39**	**22°**		**— 0,86**	**0,40**
0,400	629 07318	974 11	19′ 49″,88	**0,410**	9159 81193	897 35	51′ 34″,19	**0,420**	750 05677	817 01
1	379 38517	*066 60	23 00,64	1	8916 20645	989 48	54 44,22	1	512 24453	908 78
2	130 31904	159 04	26 11,32	2	8673 19296	*081 57	57 54,18	2	274 99649	*000 51
3	*881 87170	251 46	29 21,94	3	8430 76860	173 63	*01 04,06	3	038 30999	092 20
4	634 04010	343 83	32 32,48	4	8188 93052	265 65	04 13,86	4	*802 18238	183 86
5	386 82119	436 18	35 42,95	5	7947 67588	357 63	07 23,59	5	566 61101	275 48
6	140 21194	528 48	38 53,35	6	7707 00187	449 58	10 33,25	6	331 59327	367 06
7	**894 20935	620 75	42 03,67	7	7466 90572	541 49	13 42,83	7	097 12658	458 61
8	648 81046	712 99	45 13,92	8	7227 38465	633 37	16 52,34	8	**863 20834	550 12
9	404 01229	805 19	48 24,09	9	6988 43591	725 21	20 01,77	9	629 83601	641 59
	— 0,89	**0,39**	**22°**		**— 0,8**	**0,40**	**23°**		**— 0,84**	**0,41**

x	e^x	e^{-x}	Sin x	Cos x	Tg x	Ar Sin x	Ar Tg x
	1,4	**0,6**	**0,4**	**1,08**	**0,3**	**0,3**	**0,4**
0,400	9182 46976	7032 00460	1075 23258	107 23718	7994 986	9003 53	2364 8930
1	9331 72685	6965 00610	1183 36037	148 36648	8080 428	9096 36	2483 9974
2	9481 13327	6898 07457	1291 52935	189 60392	8165 894	9189 16	2603 2157
3	9630 68917	6831 20993	1399 73962	230 94955	8251 295	9281 93	2722 5483
4	9780 39470	6764 41213	1507 99128	272 40341	8336 631	9374 66	2841 9959
5	9930 25001	6697 68109	1616 28446	313 96555	8421 901	9467 37	2961 5588
6	*0080 25525	6631 01674	1724 61925	355 63599	8507 106	9560 04	3081 2477
7	0230 41057	6564 41903	1832 99577	397 41480	8592 245	9652 68	3201 0329
8	0380 71612	6497 88778	1941 41417	439 30195	8677 318	9745 28	3320 9451
9	0531 17205	6431 42323	2049 87441	481 29764	8762 326	9837 86	3440 9747
0,410	0681 77851	6365 02501	2158 37675	523 40176	8847 268	9930 40	3561 1223
1	0832 53566	6298 69316	2266 92125	565 61441	8932 144	*0022 91	3681 3884
2	0983 44363	6232 42761	2375 50801	607 93562	9016 954	0115 39	3801 7735
3	1134 50259	6166 22828	2484 13716	650 36544	9101 698	0207 83	3922 2781
4	1285 71269	6100 09513	2592 80878	692 90391	9186 375	0300 24	4042 9029
5	1437 07407	6034 02807	2701 52300	735 55107	9270 986	0392 62	4163 6481
6	1588 58689	5968 02705	2810 27992	778 30697	9355 531	0484 97	4284 5146
7	1740 25129	5902 09199	2919 08105	821 17114	9440 009	0577 28	4405 5027
8	1892 06744	5836 22284	3027 92230	864 14514	9524 421	0669 56	4526 6130
9	2044 03548	5770 41953	3136 80798	907 22750	9608 765	0761 81	4647 8460
0,420	2196 15556	5704 68198	3245 73679	950 41877	9693 043	0854 02	4769 2024
1	2348 42784	5639 01014	3354 70885	993 71899	9777 255	0946 20	4890 6825
2	2500 85247	5573 40394	3463 72426	*037 12820	9861 399	1038 35	5012 2871
3	2653 42960	5507 86331	3572 78314	080 64645	9945 476	1130 47	5134 0166
4	2806 15938	5442 38819	3681 88559	124 27378	*0029 486	1222 55	5255 8716
5	2959 04197	5376 97851	3791 03173	168 01024	0113 429	1314 60	5376 8526
6	3112 07751	5311 63421	3900 22165	211 85586	0197 304	1406 62	5499 9602
7	3265 26617	5246 35522	4009 45547	255 81070	0281 112	1498 60	5622 1950
8	3418 60810	5181 14148	4118 73331	299 87479	0364 853	1590 55	5744 5576
9	3572 10344	5115 99292	4228 05526	344 04818	0448 526	1682 47	5867 0484
0,430	3725 75235	5050 90947	4337 42144	388 33091	0532 131	1774 35	5989 6681
1	3879 55500	4985 89108	4446 83196	432 72304	0615 668	1866 20	6112 4173
2	4033 51152	4920 93767	4556 28692	477 22459	0699 138	1958 02	6235 2964
3	4187 62207	4856 04918	4665 78644	521 83563	0782 540	2048 80	6358 3062
4	4341 88681	4791 22555	4775 33063	566 55618	0865 874	2141 55	6481 4472
5	4496 30590	4726 46671	4884 91959	611 38630	0949 140	2233 27	6604 7199
6	4650 87948	4671 77259	4994 55344	656 32603	1032 337	2324 95	6728 1249
7	4805 60771	4597 14314	5104 23228	701 37542	1115 467	2416 60	6851 6629
8	4960 49074	4532 57829	5213 95623	746 53451	1198 528	2508 21	6975 3344
9	5115 52874	4468 07796	5323 72539	791 80335	1281 520	2599 80	7099 1401
0,440	5270 72185	4403 64211	5433 53987	837 18198	1364 444	2691 35	7223 0804
1	5426 07023	4339 27066	5543 39979	882 67045	1447 300	2782 86	7347 1562
2	5581 57404	4274 96355	5653 30525	928 26879	1530 087	2874 34	7471 4128
3	5737 23343	4210 72071	5763 25636	973 97707	1612 805	2965 79	7596 2159
4	5893 04856	4146 54208	5873 25324	**019 79532	1695 454	3057 20	7720 2013
5	6049 01958	4082 42760	5983 29599	065 72359	1778 034	3148 58	7844 8243
6	6205 14665	4018 37721	6093 38472	111 76193	1860 546	3239 93	7969 5858
7	6361 42993	3954 39083	6203 51955	157 91038	1942 988	3331 24	8094 4863
8	6517 86956	3890 46840	6313 70058	204 16898	2025 362	3422 52	8219 5263
9	6674 46572	3826 60987	6423 92792	250 53779	2107 666	3513 76	8344 7067
	1,5	**0,6**	**0,4**	**1,10**	**0,4**	**0,4**	**0,4**

Amp x	x	$\log_e x$	Amp x		x	$\log_e x$	Amp x	
23°		**— 0,84**	**0,41**	**23°**		**— 0,82**	**0,42**	**24°**
23′ 11″,13	**0,430**	397 00703	733 03	54′ 40″,55	**0,440**	098 05521	645 34	26 02″,33
26 20,41	1	164 71889	824 43	57 49,07	1	*871 04035	736 36	29 10,08
29 29,62	2	*932 96907	915 79	*00 57,52	2	644 53969	827 35	32 17,75
32 38,75	3	701 75510	*007 11	04 05,89	3	418 55089	918 30	35 25,35
35 47,81	4	471 07449	098 40	07 14,18	4	193 07166	*009 21	38 32,87
38 56,79	5	240 92479	189 65	10 22,40	5	**968 00968	100 09	41 40,31
42 05,69	6	011 30356	280 86	13 30,54	5	743 63270	190 92	44 47,67
45 14,52	7	**782 20839	372 04	16 38,60	7	519 66844	281 72	47 54,96
48 23,27	8	553 63686	463 18	19 46,59	8	296 20466	372 48	51 02,16
51 31,95	9	325 58659	554 28	22 54,50	9	073 23913	463 20	54 09,29
23°		**— 0,82**	**0,42**	**24°**		**— 0,80**	**0,43**	**24°**

x	φ	sin x	cos x	tg x	arc sin x	arc cos x	arc tg x
	2	0,4	0,9	0,4	0,4	1,1	0,4
0,450	5° 46′ 59″,16	3496 55341 12	0044 71023 53	8305 50645	6676 53	0403 10	2285 393
1	5 50 25,43	3586 57635 81	0001 16866 68	8428 90043	6788 54	0291 09	2368 521
2	5 53 51,69	3676 55571 85	*9957 53709 71	8552 41387	6900 62	0179 02	2451 588
3	5 57 17,96	3766 49140 23	9913 81556 99	8676 04731	7012 74	0066 89	2534 593
4	6 00 44,22	3856 38331 96	9870 00412 89	8799 80116	7124 96	*9954 68	2617 535
5	6 04 10,49	3946 23138 06	9826 10281 79	8923 67586	7237 22	9842 41	2700 414
6	6 07 36,75	4036 03549 53	9782 11168 08	9047 67183	7349 55	9730 08	2783 231
7	6 11 03,02	4125 79557 40	9738 03076 15	9171 78948	7462 04	9617 59	2865 986
8	6 14 29,28	4215 51152 69	9693 86010 43	9296 02927	7574 40	9505 23	2948 678
9	6 17 55,55	4305 18326 43	9649 59975 32	9420 39160	7686 93	9392 70	3031 307
0,460	6 21 21,81	4394 81069 66	9605 24975 26	9544 87691	7799 52	9280 11	3113 874
1	6 24 48,08	4484 39373 40	9560 81014 66	9669 48564	7912 18	9167 46	3196 378
2	6 28 14,34	4573 93228 70	9516 28097 99	9794 21821	8024 90	9054 73	3278 820
3	6 31 40,61	4663 42626 61	9471 66229 69	9919 07507	8137 69	8941 95	3361 198
4	6 35 06,87	4752 87558 18	9426 95414 23	*0044 05664	8250 54	8829 09	3443 514
5	6 38 33,13	4842 28014 46	9382 15656 07	0169 16337	8363 46	8716 17	3525 767
6	6 41 59,40	4931 63986 51	9337 26959 69	0294 39568	8476 45	8603 18	3607 957
7	6 45 25,66	5020 95465 40	9292 29329 59	0419 75404	8589 71	8489 92	3690 085
8	6 48 51,93	5110 22442 19	9247 22770 26	0545 23886	8702 64	8376 99	3772 150
9	6 52 18,19	5199 44907 96	9202 07286 21	0670 85061	8815 82	8263 81	3854 151
0,470	6 55 44,46	5288 62853 79	9156 82881 95	0796 58971	8918 04	8161 59	3936 089
1	6 59 10,72	5377 76270 76	9111 49562 01	0922 45663	9042 41	8037 23	4017 964
2	7 02 36,99	5466 85149 94	9066 07330 92	1048 45180	9158 80	7920 83	4099 777
3	7 06 03,25	5555 89482 45	9020 56193 23	1174 57567	9269 27	7810 37	4181 526
4	7 09 29,52	5644 89259 36	8974 96153 48	1300 82869	9382 80	7696 83	4263 211
5	7 12 55,78	5733 84471 79	8929 27216 23	1427 21132	9496 40	7583 23	4344 834
6	7 16 22,05	5822 75110 83	8883 49386 06	1553 72400	9610 08	7469 56	4426 394
7	7 19 48,31	5911 61167 60	8837 62667 54	1680 36720	9723 82	7355 81	4507 890
8	7 23 14,58	6000 42633 21	8791 67065 25	1807 14136	9837 63	7242 00	4589 322
9	7 26 40,84	6089 19498 77	8745 62583 80	1934 04695	9951 54	7128 09	4670 692
0,480	7 30 07,11	6177 91755 41	8699 49227 79	2061 08442	*0065 47	7014 16	4751 998
1	7 33 33,37	6266 59394 27	8653 27001 83	2188 25423	0179 37	6900 26	4833 240
2	7 36 59,64	6355 22406 46	8606 95910 55	2315 55685	0293 59	6786 04	4914 420
3	7 40 25,90	6443 80783 14	8560 55958 57	2442 99274	0407 76	6671 87	4995 535
4	7 43 52,17	6532 34515 43	8514 07150 53	2570 56236	0522 00	6557 63	5076 588
5	7 47 18,43	6620 83594 49	8467 49491 09	2698 26617	0636 32	6446 32	5157 576
6	7 50 44,70	6709 28011 46	8420 82984 89	2826 10466	0750 70	6328 93	5238 501
7	7 54 10,96	6797 67757 51	8374 07636 62	2954 07828	0865 16	6214 47	5319 363
8	7 57 37,23	6886 02823 79	8327 23450 94	3082 18750	0979 69	6099 94	5400 161
9	8 01 03,49	6974 33201 47	8280 30432 53	3210 43281	1094 30	5985 33	5480 895
0,490	8 04 29,76	7062 58881 71	8233 28586 10	3338 81466	1208 98	5870 66	5561 566
1	8 07 56,02	7150 79855 70	8186 17916 34	3467 33537	1323 73	5755 91	5642 172
2	8 11 22,28	7238 96114 60	8138 98427 96	3595 98994	1438 55	5641 08	5722 715
3	8 14 48,55	7327 07649 62	8091 70125 69	3724 78431	1553 46	5526 18	5803 195
4	8 18 14,81	7415 14451 92	8044 33014 24	3853 71715	1668 43	5411 20	5883 610
5	8 21 41,08	7503 16512 71	7996 87098 36	3982 78893	1783 48	5296 15	5963 962
6	8 25 07,34	7591 13823 18	7949 32382 80	4112 00014	1898 61	5181 02	6044 249
7	8 28 33,61	7679 06374 54	7901 68872 30	4241 35126	2013 81	5065 82	6124 473
8	8 31 58,87	7766 94158 00	7853 96571 64	4370 84278	2129 09	4950 54	6204 633
9	8 35 26,14	7854 77164 76	7806 15485 58	4500 47520	2244 45	4835 19	6284 729
	2	0,4	0,8	0,5	0,5	1,0	0,4

x	$\log_e$ x	Amp x		x	$\log_e$ x	Amp x		x	$\log_e$ x	Amp x
	— 0,79	0,43	24°		— 0,77	0,44	25°		— 0,75	0,45
0,450	860 76962	553 88	57′ 16″,34	0,460	652 78895	458 61	28′ 22″,46	0,470	502 16843	359 44
1	628 70395	644 53	*00 23,31	1	435 63360	548 86	31 28,63	1	289 62850	449 31
2	407 20992	735 14	03 30,20	2	218 94879	639 09	34 34,72	2	077 53934	539 14
3	186 22535	825 71	06 37,01	3	002 73249	729 27	37 40,74	3	*865 89905	628 93
4	*965 71809	916 24	09 43,74	4	*786 98268	819 41	40 46,67	4	654 70573	718 68
5	745 69600	*006 73	12 50,39	5	571 69734	909 51	43 52,52	5	443 95749	808 39
6	526 15695	097 18	15 56,96	6	356 87449	999 58	46 58,29	6	233 65248	898 06
7	307 09881	187 59	19 03,46	7	142 51213	*089 60	50 03,98	7	023 87881	987 69
8	088 51949	277 97	22 09,87	8	**928 60831	179 59	53 09,59	8	**814 45465	*077 28
9	**870 41689	368 31	25 16,20	9	715 16105	269 54	56 15,12	9	605 46816	166 83
	— 0,77	0,44	25°		— 0,75	0,45	25°		— 0,73	0,46

x	e^x	e^{-x}	Sin x	Cos x	Tg x	Ar Sin x	Ar Tg x
	1,5	**0,6**	**0,4**	**1,10**	**0,4**	**0,4**	**0,4**
0,450	6831 21855	3762 81516	6534 20169	297 01686	2189 901	3604 97	8470 0279
1	6988 12821	3699 08422	6644 52200	343 60621	2272 066	3696 14	8595 4906
2	7145 19486	3635 41697	6754 88894	390 30592	2354 162	3787 28	8721 0954
3	7302 41865	3571 81336	6865 30264	437 11601	2436 189	3878 39	8846 8431
4	7459 79975	3508 27332	6975 76321	484 03654	2518 146	3969 46	8972 7341
5	7617 33830	3444 79679	7086 27075	531 06755	2600 033	4060 50	9098 7693
6	7775 03448	3381 38371	7196 82538	578 20909	2681 851	4151 50	9224 9491
7	7932 88842	3318 03401	7307 42721	625 46122	2763 598	4242 47	9351 2743
8	8090 90031	3254 74762	7418 07634	672 82396	2845 276	4333 41	9477 7456
9	8249 07028	3191 52449	7528 77289	720 29738	2926 884	4424 31	9604 3635
0,460	8407 39850	3128 36455	7639 51697	767 88153	3008 421	4515 18	9731 1288
1	8565 88513	3065 26774	7750 30869	815 57643	3089 889	4606 01	9858 0420
2	8724 53032	3002 23399	7861 14816	863 38216	3171 286	4696 81	9985 1041
3	8883 33424	2939 26325	7972 03550	911 29875	3252 614	4787 57	*0112 3153
4	9042 31504	2876 35545	8082 97980	959 33525	3333 871	4878 30	0239 6767
5	9201 41889	2813 51052	8193 95418	*007 46470	3415 057	4968 99	0367 1887
6	9360 69993	2750 72840	8304 98576	055 71417	3496 174	5059 65	0494 8522
7	9520 14034	2688 00904	8416 06565	104 07469	3577 219	5150 27	0622 6677
8	9679 74027	2625 35237	8527 19395	152 54632	3658 194	5240 86	0750 6360
9	9839 49987	2562 75832	8638 37078	201 12910	3739 098	5331 42	0878 7578
0,470	9999 41932	2500 22683	8749 59625	249 82308	3819 931	5421 94	1007 0337
1	*0159 49877	2437 75784	8860 87046	298 62830	3900 694	5512 42	1135 4644
2	0319 73837	2375 35129	8972 19354	347 54483	3981 386	5602 87	1264 0508
3	0480 13830	2313 00712	9083 56559	396 57271	4062 007	5693 29	1392 7934
4	0640 69870	2250 72526	9194 98672	445 71198	4142 557	5783 67	1521 6930
5	0801 41975	2188 50565	9306 45705	494 96270	4223 036	5874 01	1650 7503
6	0962 30160	2126 34822	9417 97669	544 32491	4303 443	5964 32	1779 9660
7	1123 34440	2064 25293	9529 54574	593 79867	4383 780	6054 60	1909 3409
8	1284 54834	2002 21970	9641 16432	643 38402	4464 050	6144 84	2038 8757
9	1445 91355	1940 24847	9752 83254	693 08101	4544 239	6235 04	2168 5711
0,480	1607 44022	1878 33918	9864 55052	742 88970	4624 361	6325 21	2298 4278
1	1769 12849	1816 49177	9976 31836	792 81013	4704 412	6415 35	2428 4466
2	1930 97853	1754 70618	*0088 13618	842 84235	4784 392	6505 45	2558 6282
3	2092 99050	1692 98234	0200 00408	892 98642	4864 299	6595 51	2688 9734
4	2255 16457	1631 32019	0311 92219	943 24238	4944 135	6685 54	2819 4829
5	2417 50088	1569 71968	0423 89060	993 61028	5023 900	6775 53	2950 1575
6	2579 99962	1508 18073	0535 90944	**044 09018	5103 592	6865 49	3080 9980
7	2742 66094	1446 70329	0647 97882	094 68212	5183 213	6955 42	3212 0051
8	2905 48500	1385 28730	0760 09885	145 38615	5262 762	7045 30	3343 1795
9	3068 47196	1323 93270	0872 26963	196 20233	5342 239	7135 16	3474 5221
0,490	3231 62200	1262 63942	0984 49129	247 13071	5421 634	7224 97	3606 0337
1	3394 93526	1201 40740	1096 76393	298 17133	5500 976	7314 75	3737 7149
2	3558 41192	1140 23658	1209 08767	349 32425	5580 237	7404 50	3869 5667
3	3722 05214	1079 12691	1321 46262	400 58952	5659 425	7494 21	4001 5897
4	3885 85608	1018 07831	1433 88889	451 96719	5738 541	7583 88	4133 7848
5	4049 82391	0957 09073	1546 36659	503 45732	5817 584	7673 52	4266 1528
6	4213 95578	0896 16411	1658 89584	555 05994	5896 556	7763 13	4398 6945
7	4378 25187	0835 29838	1771 47675	606 77513	5975 454	7852 69	4531 4107
8	4542 71234	0774 49349	1884 10942	658 60292	6054 281	7942 22	4664 3022
9	4707 33735	0713 74937	1996 79399	710 54336	6133 034	8031 72	4797 3699
	1,6	**0,6**	**0,5**	**1,12**	**0,4**	**0,4**	**0,5**

Amp x	x	$\log_e x$	Amp x		x	$\log_e x$	Amp x	
25⁰		**— 0,73**	**0,46**	**26⁰**		**— 0,71**	**0,47**	**— 27⁰**
59′ 20″,57	**0,480**	396 91751	256 34	30′ 10″,56	**0,490**	334 98879	149 25	00′ 52″,31
*02 25,93	1	188 80089	345 81	33 15,10	1	131 11512	238 32	03 56,02
05 31,22	2	*981 11649	435 24	36 19,57	2	*927 65625	327 35	06 59,66
08 36,42	3	773 86253	524 64	39 23,95	3	724 61049	416 33	10 03,21
11 41,54	4	567 03723	613 99	42 28,25	4	521 97618	505 28	13 06,68
14 46,58	5	360 63880	703 30	45 32,47	5	319 75164	594 19	16 10,06
17 51,54	6	154 66551	792 57	48 36,60	6	117 93523	683 05	19 13,36
20 56,42	7	**949 11559	881 80	51 40,65	7	**916 52529	771 88	22 16,57
24 01,21	8	743 98731	970 99	54 44,62	8	715 52020	860 66	25 19,70
27 05,93	9	539 27895	*060 14	57 48,50	9	514 91832	949 41	28 22,75
26⁰		**— 0,71**	**0,47**	**26⁰**		**— 0,69**	**0,47**	**27⁰**

x	φ	sin x	cos x	tg x	arc sin x	arc cos x	arc tg x
	42	0,5	0,8	0,5	0,5	0,8	0,5
0,500	8° 38′ 52″,40	7942 55386 04	7758 25618 90	4630 24898	2359 88	4719 75	6364 761
1	8 42 18,67	8030 28813 07	7710 26976 40	4760 16464	2475 39	4604 25	6444 729
2	8 45 44,93	8117 97437 07	7662 19562 88	4890 22266	2590 97	4488 66	6524 633
3	8 49 11,20	8205 61249 27	7614 03383 13	5020 42354	2706 64	4373 00	6604 473
4	8 52 37,46	8293 20240 92	7565 78441 99	5150 76777	2822 38	4257 25	6684 248
5	8 56 03,73	8380 74403 24	7517 44744 26	5281 25585	2938 20	4141 44	6763 960
6	8 59 29,99	8468 23727 49	7469 02294 79	5411 88828	3054 10	4025 54	6843 608
7	9 02 56,26	8555 68204 91	7420 51098 42	5542 66556	3170 07	3909 56	6923 192
8	9 06 22,52	8643 07826 77	7371 91160 00	5673 58820	3286 13	3793 50	7002 711
9	9 09 48,79	8730 42584 32	7323 22484 39	5804 65670	3402 26	3677 37	7082 166
0,510	9 13 15,05	8817 72468 83	7274 45076 46	5935 87156	3518 48	3561 15	7161 557
1	9 16 41,32	8904 97471 56	7225 58941 08	6067 23330	3634 77	3444 86	7240 884
2	9 20 07,58	8992 17583 80	7176 64083 14	6198 74243	3751 15	3328 48	7320 146
3	9 23 33,85	9079 32796 83	7127 60507 55	6330 39945	3867 61	3212 02	7399 344
4	9 27 00,11	9166 43101 91	6078 48219 19	6462 20488	3984 15	3095 49	7478 478
5	9 30 26,38	9253 48490 36	6029 27222 98	6594 15923	4100 76	2978 87	7557 547
6	9 33 52,64	9340 48953 46	6979 97523 85	6726 26303	4217 46	2862 16	7636 553
7	9 37 18,90	9427 44482 51	6930 59126 72	6858 51678	4334 25	2745 38	7715 493
8	9 40 45,17	9514 35068 82	6881 12036 53	6990 92102	4451 12	2628 52	7794 370
9	9 44 11,43	9601 20703 69	6831 56258 23	7123 47626	4568 06	2511 57	7873 181
0,520	9 47 37,70	9688 01378 44	6781 91796 78	7256 18303	4685 09	2394 54	7951 929
1	9 51 03,96	9774 77084 39	6732 18657 13	7389 04184	4802 21	2277 42	8030 612
2	9 54 30,23	9861 47812 86	6682 36844 27	7522 05324	4919 41	2160 22	8109 231
3	9 57 56,49	9948 13555 19	6632 46363 17	7655 21775	5036 69	2042 94	8187 785
4	0*01 22,76	*0034 74302 70	6582 47218 82	7788 53590	5154 06	1925 57	8266 275
5	0 04 49,02	0121 30046 74	6532 39416 23	7922 00823	5271 51	1808 13	8344 700
6	0 08 15,29	0207 80778 65	6482 22960 40	8055 63526	5389 05	1690 58	8423 060
7	0 11 41,55	0294 26489 78	6431 97856 35	8189 41754	5506 67	1572 96	8501 357
8	0 15 07,82	0380 67171 48	6381 64109 10	8323 35561	5624 52	1455 11	8579 589
9	0 18 34,08	0467 02815 11	6331 21723 68	8457 45000	5742 17	1337 46	8657 756
0,530	0 22 00,35	0553 33412 05	6280 70705 15	8591 70126	5860 06	1219 58	8735 858
1	0 25 26,61	0639 58953 65	6230 11058 54	8726 10993	5978 03	1101 61	8813 896
2	0 28 52,88	0725 77431 29	6179 42788 93	8860 67656	6096 08	0983 55	8891 869
3	0 32 19,14	0811 94836 35	6128 65901 37	8995 40170	6214 22	0865 41	8969 778
4	0 35 45,41	0898 05160 22	6077 80400 95	9130 28589	6332 46	0747 18	9047 621
5	0 39 11,67	0984 10394 29	6026 86292 75	9265 32970	6450 77	0628 86	9125 401
6	0 42 37,94	1070 10529 94	5975 83581 86	9400 53367	6569 18	0510 45	9203 115
7	0 46 04,20	1156 05558 58	5924 72273 39	9535 89835	6687 68	0391 95	9280 765
8	0 49 30,47	1241 95471 62	5873 52372 45	9671 42432	6806 27	0273 36	9358 350
9	0 52 56,73	1327 80260 47	5822 23884 15	9807 11212	6924 95	0154 69	9435 871
0,540	0 56 23,00	1413 59916 53	5770 86813 64	9942 96232	7043 71	0035 92	9513 326
1	0 59 49,26	1499 34431 24	5719 41166 04	*0078 97548	7162 57	*9917 06	9590 717
2	1 03 15,52	1585 03796 01	5667 86946 49	0215 15217	7281 52	9797 12	9668 044
3	1 06 41,79	1670 68002 27	5616 24160 16	0351 49296	7449 04	9630 59	9745 305
4	1 10 08,05	1756 27041 47	5564 52812 21	0487 99842	7519 69	9559 94	9822 502
5	1 13 34,32	1841 80905 05	5512 72907 81	0624 66911	7638 91	9440 72	9899 634
6	1 17 00,58	1927 29584 44	5460 84452 13	0761 50562	7758 23	9321 41	9976 701
7	1 20 26,85	2012 73071 10	5408 87450 37	0898 50851	7877 64	9202 00	*0053 703
8	1 23 53,11	2098 11356 49	5356 81907 72	1035 67838	7987 14	9092 50	0130 641
9	1 27 19,38	2183 44432 07	5304 67829 39	1173 01579	8116 73	8962 90	0207 513
	3	0,5	0,8	0,6	0,5	0,9	0,5

x	$\log_e x$	Amp x		x	$\log_e x$	Amp x		x	$\log_e x$	Amp x
	− 0,69	0,48	27°		− 0,67	0,48	28°		− 0,65	0,49
0,500	314 71806	038 11	31′ 25″,71	**0,510**	334 45533	922 87	01′ 50″,66	**0,520**	392 64674	803 48
1	114 91779	126 77	34 28,59	1	138 56888	*011 12	04 52,69	1	200 52372	891 31
2	*915 51593	215 39	37 31,38	2	*943 06539	099 33	07 54,63	2	008 76911	979 10
3	716 51080	303 97	40 34,09	3	747 94338	187 49	10 56,48	3	*817 38149	*066 85
4	517 90109	392 51	43 36,71	4	553 20135	275 62	13 58,25	4	626 35947	154 56
5	319 68497	481 00	46 39,25	5	358 83783	363 70	16 59,94	5	435 70164	242 22
6	121 86097	569 46	49 41,70	6	164 85135	451 74	20 01,53	6	245 40662	329 84
7	**924 42754	657 87	52 44,07	7	**971 24045	539 74	23 03,04	7	055 47304	417 42
8	727 38314	746 25	55 46,35	8	778 00367	627 69	26 04,47	8	**865 89953	504 95
9	530 72624	834 58	58 48,55	9	585 13958	715 61	29 05,81	9	676 68471	592 45
	− 0,67	0,48	27°		− 0,65	0,49	28°		− 0,63	0,50

x	e^x	e^{-x}	Sin x	Cos x	Tg x	Ar Sin x	Ar Tg x
	1,6	**0,6**	**0,5**	**1,1**	**0,4**	**0,4**	**0,5**
0,500	4872 12707	0653 06597	2109 53055	2762 59652	6211 716	8121 18	4930 6144
1	5037 08166	0592 44322	2222 31922	2814 76244	6290 324	8210 61	5064 0368
2	5202 20129	0531 88106	2335 16011	2867 04118	6368 860	8300 00	5197 6378
3	5367 48612	0471 37944	2448 05334	2919 43278	6447 322	8389 35	5331 4182
4	5532 93632	0410 93829	2560 99901	2971 93730	6525 713	8478 67	5465 3789
5	5698 55205	0350 55754	2673 99725	3024 55479	6604 030	8567 95	5599 5207
6	5864 33347	0290 23715	2787 04816	3077 28531	6682 274	8657 19	5733 8446
7	6030 28077	0229 97705	2900 15186	3130 12891	6760 445	8746 40	5868 3512
8	6196 39409	0169 77718	3013 30846	3183 08563	6838 543	8835 58	6003 0416
9	6362 67361	0109 63747	3126 51807	3236 15554	6916 568	8924 71	6137 9166
0,510	6529 11949	0049 55788	3239 78081	3289 33869	6994 520	9013 82	6272 9770
1	6695 73191	*9989 53834	3353 09678	3342 63512	7072 399	9102 88	6408 2236
2	6862 51101	9929 57878	3466 46611	3396 04490	7150 204	9191 91	6543 6576
3	7029 45698	9869 67916	3579 88891	3449 56807	7227 936	9280 90	6679 2795
4	7196 56998	9809 83941	3693 36529	3503 20469	7305 594	9369 86	6815 0905
5	7363 85018	9750 05946	3806 89536	3556 95482	7383 179	9458 78	6951 0914
6	7531 29774	9690 33927	3920 47924	3610 81850	7460 691	9547 66	7087 2830
7	7698 91283	9630 67876	4034 11703	3664 79580	7538 129	9636 51	7223 6663
8	7866 69362	9571 07789	4147 80787	3718 88576	7615 494	9725 32	7360 2422
9	8034 64428	9511 53659	4261 55385	3773 09043	7692 784	9814 10	7497 0116
0,520	8202 76497	9452 05480	4375 35509	3827 40988	7770 001	9902 84	7633 9755
1	8371 05186	9392 63246	4489 20970	3881 84216	7847 145	9991 55	7771 1347
2	8539 50713	9333 26951	4603 11881	3936 38832	7924 214	*0080 22	7908 4903
3	8708 13093	9273 96590	4717 08252	3991 04842	8001 210	0168 85	8046 0431
4	8876 92345	9214 72156	4831 10094	4045 82250	8078 132	0257 44	8183 7941
5	9045 88484	9155 53644	4945 17420	4100 71064	8154 980	0346 00	8321 7443
6	9215 01527	9096 41047	5059 30240	4155 71287	8231 754	0434 52	8459 8945
7	9384 31492	9037 34360	5173 48566	4210 82926	8308 453	0523 01	8598 2458
8	9553 78396	8978 33567	5287 72410	4266 05986	8385 079	0611 45	8736 7992
9	9723 42255	8919 38690	5402 01782	4321 40473	8461 631	0699 87	8875 5556
0,530	9893 23086	8860 49697	5516 36695	4376 86391	8538 109	0788 24	9014 5160
1	*0063 20907	8801 66589	5630 77159	4432 43748	8614 512	0876 58	9153 6814
2	0233 35734	8742 89362	5745 23186	4488 12548	8690 842	0964 88	9293 0427
3	0403 67584	8684 18008	5859 74788	4543 92796	8767 096	1053 15	9432 6311
4	0574 16474	8625 52524	5974 31975	4599 84499	8843 277	1141 38	9572 4174
5	0744 82422	8566 92901	6088 94761	4655 87662	8919 383	1229 57	9712 4127
6	0915 65445	8508 39136	6203 63155	4712 02290	8995 415	1317 73	9852 6181
7	1086 65559	8449 91221	6318 37169	4768 28390	9071 372	1405 85	9993 0348
8	1257 82782	8391 49152	6433 16815	4824 65967	9147 255	1493 93	*0133 6630
9	1429 17130	8333 12921	6548 02105	4881 15026	9223 063	1581 97	0274 5046
0,540	1600 68622	8274 82524	6662 93049	4937 75573	9298 797	1669 98	0415 5603
1	1772 37273	8216 57954	6777 89660	4994 47614	9374 456	1757 95	0556 8313
2	1944 23102	8158 39206	6892 91948	5051 31154	9450 042	1845 89	0698 3185
3	2116 25125	8100 26274	7007 99926	5108 26199	9525 550	1933 79	0840 0231
4	2288 46360	8042 19151	7123 13604	5165 32756	9600 984	2021 65	0981 9461
5	2460 83824	7984 17833	7238 32995	5222 50829	9676 344	2109 47	1124 0885
6	2633 38534	7926 22314	7353 58110	5279 80424	9751 630	2197 26	1266 4516
7	2806 10507	7868 32587	7468 88960	5337 21547	9826 840	2285 01	1409 0363
8	2978 99760	7810 48647	7584 75557	5395 24204	9901 975	2372 73	1551 8437
9	2152 06312	7752 70488	7699 67912	5452 38400	9977 036	2460 40	1694 8751
	1,7	**0,5**	**0,5**	**1,1**	**0,4**	**0,5**	**0,6**

Amp x	x	$\log_e x$	Amp x		x	$\log_e x$	Amp x	
28°		**— 0,63**	**0,50**	**29°**		**— 0,61**	**0,51**	**29°**
32′ 07″,06	**0,530**	487 82724	679 90	02′ 14″,80	**0,540**	618 61394	552 07	32′ 13″,78
35 08,22	1	299 32577	767 31	05 15,09	1	433 60001	639 05	35 13,20
38 09,30	2	111 17896	854 68	08 15,30	2	248 92775	725 99	38 12,52
41 10,29	3	*923 38548	942 00	11 15,42	3	064 59590	812 89	41 11,76
44 11,20	4	735 94400	*029 28	14 15,45	4	*880 60321	899 74	44 10,91
47 12,01	5	548 85321	116 52	17 15,39	5	696 94843	986 55	47 09,96
50 12,75	6	362 11179	203 72	20 15,24	6	513 63032	*073 32	50 08,93
53 13,39	7	175 71845	290 87	23 15,01	7	330 64766	160 04	53 07,81
56 13,95	8	**989 67188	377 98	26 14,69	8	147 99920	246 73	56 06,61
59 14,41	9	803 97081	465 05	29 14,28	9	**965 68375	333 36	59 05,31
28°		**— 0,61**	**0,51**	**29°**		**— 0,59**	**0,52**	**29°**

x	φ	sin x	cos x	tg x	arc sin x	arc cos x	arc tg x
	3	0,5	0,8	0,6	0,5	0,9	0,5
0,550	1° 30′ 45″,64	2268 72289 31	5252 45220 60	1310 52133	8236 42	8843 21	0284 321
1	1 34 11,91	2353 94919 67	5200 14086 55	1448 19558	8356 21	8723 42	0361 064
2	1 37 38,17	2439 12314 64	5147 74432 50	1586 03914	8476 09	8603 55	0437 742
3	1 41 04,44	2524 24465 70	5095 26263 67	1724 05258	8596 06	8483 57	0514 356
4	1 44 30,70	2609 31364 33	5042 69585 32	1862 23651	8716 13	8363 50	0590 904
5	1 47 56,97	2694 33002 03	4990 04402 70	2000 59151	8836 30	8243 34	0667 388
6	1 51 23,23	2779 29370 30	4937 30721 07	2139 11818	8956 56	8123 07	0743 806
7	1 54 49,50	2864 20460 64	4884 48545 72	2277 81711	9076 92	8002 71	0820 160
8	1 58 15,76	2949 06264 56	4831 57881 91	2416 68891	9197 37	7882 26	0896 449
9	2 01 42,03	3033 86773 58	4778 58734 95	2555 73417	9317 93	7761 70	0972 673
0,560	2 05 08,29	3118 61979 21	4725 51110 13	2694 95350	9438 58	7641 05	1048 832
1	2 08 34,56	3203 31872 98	4672 35012 77	2834 34752	9559 33	7520 30	1124 927
2	2 12 00,82	3281 96446 41	4619 10448 16	2973 91681	9680 18	7399 45	1200 956
3	2 15 27,09	3372 55691 05	4565 77421 65	3113 66200	9801 13	7278 51	1276 920
4	2 18 53,35	3457 09598 44	4512 35938 56	3253 58370	9922 18	7157 46	1352 820
5	2 22 19,62	3541 58160 11	4458 86004 23	3393 68253	*0043 33	7036 31	1428 654
6	2 25 45,88	3626 01367 63	4405 27624 02	3533 95909	0164 57	6915 06	1504 424
7	2 29 12,15	3710 39212 55	4351 60803 29	3674 41401	0285 93	6793 71	1580 129
8	2 32 38,41	3794 71686 42	4297 85547 39	3815 04792	0407 38	6672 26	1655 769
9	2 36 04,67	3878 98780 83	4244 01861 71	3955 86143	0528 93	6550 70	1731 344
0,570	2 39 30,94	3963 20487 34	4190 09751 62	4096 85517	0650 59	6429 05	1806 854
1	2 42 57,20	4047 36797 53	4136 09222 53	4238 02978	0772 34	6307 29	1882 299
2	2 46 23,47	4131 47702 98	4082 00279 83	4379 38587	0894 21	6185 43	1957 679
3	2 49 49,73	4215 53195 29	4027 82928 93	4520 92409	1016 17	6063 46	2032 994
4	2 53 16,00	4299 53266 04	3973 57175 25	4662 64508	1138 24	5941 39	2108 244
5	2 56 42,26	4383 47906 84	3919 23024 21	4804 54946	1260 41	5819 22	2183 429
6	3 00 08,53	4467 37109 29	3864 80481 24	4946 63788	1382 69	5693 94	2258 549
7	3 03 34,79	4551 20865 00	3810 29551 80	5088 91099	1505 08	5574 55	2333 604
8	3 07 01,06	4634 99165 60	3755 70241 33	5231 36943	1627 57	5452 06	2408 594
9	3 10 27,32	4718 72002 69	3701 02555 29	5374 01384	1750 16	5329 47	2483 519
0,580	3 13 53,59	4802 39367 92	3646 26499 15	5516 84488	1872 87	5206 76	2558 379
1	3 17 19,85	4886 01252 90	3591 42078 38	5659 86320	1995 68	5083 95	2633 175
2	3 20 46,12	4969 57649 29	3536 49298 48	5803 06945	2118 59	4961 04	2707 905
3	3 24 12,38	5053 08548 72	3481 48164 92	5946 46429	2241 62	4838 01	2782 571
4	3 27 38,65	5136 53942 84	3426 38683 21	6090 04839	2364 76	4714 87	2857 171
5	3 31 04,91	5219 93823 30	3371 20858 87	6233 82240	2488 01	4591 63	2931 707
6	3 34 31,18	5303 28181 77	3315 94697 41	6377 78700	2611 35	4468 27	3006 178
7	3 37 57,44	5386 57009 92	3260 60204 35	6521 94284	2734 82	4344 81	3080 583
8	3 41 23,71	5469 80299 41	3205 17385 23	6666 29060	2858 40	4221 23	3154 924
9	3 44 49,97	5552 98041 92	3149 66245 60	6810 83095	2982 07	4097 56	3229 200
0,590	3 48 16,24	5636 10229 13	3094 06791 00	6955 56457	3105 88	3973 75	3303 411
1	3 51 42,50	5719 16852 73	3038 39027 00	7100 49213	3229 79	3849 84	3377 557
2	3 55 08,77	5802 17904 41	2982 62959 15	7245 61432	3353 82	3725 81	3451 638
3	3 58 35,03	5885 13375 88	2926 78593 05	7390 93181	3477 95	3601 68	3525 654
4	4 02 01,29	5968 03258 84	2870 85934 26	7536 44530	3602 20	3477 43	3599 605
5	4 05 27,56	6050 87544 99	2814 84988 40	7682 15547	3726 57	3353 07	3673 491
6	4 08 53,82	6133 66226 05	2758 75761 04	7828 06301	3851 04	3228 59	3747 313
7	4 12 20,09	6216 39293 75	2702 58257 81	7974 16862	3975 64	3104 00	3821 070
8	4 15 46,35	6299 06739 81	2646 32484 33	8120 47300	4100 34	2979 29	3894 761
9	4 19 12,62	6381 68555 96	2589 98446 21	8266 97683	4225 17	2854 46	3968 388
	3	0,5	0,8	0,6	0,6	0,9	0,5

x	$\log_e$ x	Amp x		x	$\log_e$ x	Amp x		x	$\log_e$ x	Amp x
	— 0,59	0,52	30°		— 0,57	0,53	30°		— 0,56	0,54
0,550	783 70008	419 96	02′ 03″,92	**0,560**	981 84953	283 51	31′ 45″,12	**0,570**	211 89182	142 68
1	602 04698	506 51	05 02,45	1	803 43735	369 62	34 42,75	1	036 60693	228 36
2	420 72327	593 02	08 00,88	2	625 34291	455 69	37 40,28	2	*861 62876	313 99
3	239 72775	679 48	10 59,23	3	447 56508	541 72	40 37,73	3	686 95623	399 58
4	059 05922	765 90	13 57,48	4	270 10275	627 71	43 35,08	4	512 58827	485 12
5	*878 71652	852 28	16 55,65	5	092 95478	713 65	46 32,35	5	338 52382	570 62
6	698 69847	938 61	19 53,72	6	*916 12008	799 54	49 29,52	6	164 76183	656 07
7	519 00391	*024 90	22 51,71	7	739 59753	885 39	52 26,60	7	**991 30125	741 48
8	339 63166	111 15	25 49,60	8	563 38603	971 20	55 23,59	8	818 14103	826 85
9	160 58058	197 35	28 47,41	9	387 48449	*056 96	58 20,49	9	645 28014	912 17
	— 0,58	0,53	30°		— 0,56	0,54	30°		— 0,54	0,54

x	e^x	e^{-x}	Sin x	Cof x	Tg x	Ar Sin x	Ar Tg x
	1,7	**0,5**	**0,5**	**1,1**	**0,5**	**0,5**	**0,6**
0,550	3325 30179	7694 98104	7815 16037	5510 14141	0052 021	2548 05	1838 1314
1	3498 71378	7637 31489	7930 69944	5568 01434	0126 932	2635 65	1981 6138
2	3672 29927	7579 70639	8046 29644	5626 00283	0201 767	2723 21	2125 3234
3	3846 05844	7522 15546	8161 95149	5684 10695	0276 527	2810 74	2269 2614
4	4019 99145	7464 66206	8278 16469	5742 82675	0351 212	2898 24	2413 4290
5	4194 09848	7407 22612	8393 43618	5800 66230	0425 822	2985 69	2557 8271
6	4368 37970	7349 84759	8509 26606	5859 11364	0500 357	3073 11	2702 4571
7	4542 83529	7292 52641	8625 15444	5917 68085	0574 817	3160 49	2847 3201
8	4717 46543	7235 26252	8741 10146	5976 36397	0649 201	3247 83	2992 4172
9	4892 27028	7178 05586	8857 10721	6035 16307	0723 510	3335 14	3137 7497
0,560	5067 25003	7120 90638	8973 17182	6094 07821	0797 743	3422 41	3283 3187
1	5242 40484	7063 81403	9089 29541	6153 10944	0871 902	3509 64	3429 1254
2	5417 73490	7006 77874	9205 47808	6212 25682	0945 984	3596 84	3575 1710
3	5593 24037	6949 80045	9321 71996	6271 52041	1019 992	3683 99	3721 4568
4	5768 92144	6892 87912	9438 02116	6330 90028	1093 923	3771 11	3867 9839
5	5944 77827	6836 01468	9554 38180	6390 39647	1167 780	3858 20	4014 7536
6	6120 81105	6779 20707	9670 80199	6450 00906	1241 561	3945 24	4161 7671
7	6297 01995	6722 45624	9787 28185	6509 73810	1315 266	4032 25	4309 0257
8	6473 40515	6665 76214	9903 82151	6569 58364	1388 896	4119 22	4456 5306
9	6649 96682	6609 12470	*0020 42106	6629 54576	1462 450	4206 16	4604 2831
0,570	6826 70514	6552 54387	0137 08064	6689 62451	1535 928	4293 05	4752 2845
1	7003 62029	6496 01959	0253 80035	6749 81994	1609 331	4379 91	4900 5360
2	7180 71244	6439 55181	0370 58032	6810 13213	1682 657	4466 73	5049 0389
3	7357 98178	6383 14047	0487 42065	6870 56112	1755 909	4553 51	5197 7945
4	7535 42847	6326 78551	0604 32148	6931 10699	1829 084	4640 26	5346 8041
5	7713 05269	6270 48688	0721 28291	6991 76979	1902 183	4726 97	5496 0691
6	7890 85463	6214 24452	0838 30506	7052 54957	1975 207	4813 64	5645 5908
7	8068 83446	6158 05837	0955 38804	7113 44642	2048 155	4900 27	5795 3704
8	8246 99236	6101 92838	1072 53199	7174 46037	2121 027	4986 87	5945 4094
9	8425 32850	6045 85450	1189 73700	7235 59150	2193 823	5073 43	6095 7090
0,580	8603 84308	5989 83666	1307 00321	7296 83987	2266 543	5159 96	6246 2707
1	8782 53625	5933 87481	1424 33072	7358 20553	2339 187	5246 44	6397 0959
2	8961 40821	5877 96889	1541 71966	7419 68855	2411 755	5332 89	6548 1858
3	9140 45913	5822 11885	1659 17014	7481 28899	2484 247	5419 30	6699 5419
4	9319 68919	5766 32463	1776 68228	7543 00691	2556 663	5505 67	6851 1656
5	9499 09856	5710 58618	1894 25619	7604 84237	2629 003	5592 00	7003 0583
6	9678 68744	5654 90344	2011 89200	7666 79544	2701 267	5678 30	7155 2214
7	9858 45600	5599 27636	2129 58982	7728 86618	2773 455	5764 56	7307 6564
8	*0038 40441	5543 70487	2247 34977	7791 05464	2845 566	5850 78	7460 3646
9	0218 53287	5488 18893	2365 17197	7853 36090	2917 601	5936 96	7613 3476
0,590	0398 84154	5432 72847	2483 05653	7915 78501	2989 561	6023 11	7766 6068
1	0579 33061	5377 32345	2601 00358	7978 32703	3061 444	6109 22	7920 1436
2	0760 00026	5321 97381	2719 01323	8040 98703	3133 250	6195 29	8073 9596
3	0940 85067	5266 67949	2837 08559	8103 76508	3204 981	6281 32	8228 0562
4	1121 88202	5211 44043	2955 22080	8166 66123	3276 635	6367 31	8382 4350
5	1303 09450	5156 25659	3073 41895	8229 67554	3348 213	6453 27	8537 0974
6	1484 48827	5101 12790	3191 68019	8292 80809	3419 714	6539 19	8692 0450
7	1666 06353	5046 05431	3310 00461	8356 05892	3491 140	6625 07	8847 2793
8	1847 82046	4991 03577	3428 39234	8419 42812	3562 488	6710 92	9002 8019
9	2029 75923	4936 07222	3546 84351	8482 91573	3633 761	6796 42	9158 6143
	1,8	**0,5**	**0,6**	**1,1**	**0,5**	**0,5**	**0,6**

Amp x	x	$\log_e x$	Amp x		x	$\log_e x$	Amp x	
31⁰		**— 0,54**	**0,54**	**31⁰**		**— 0,52**	**0,55**	**31⁰**
01′ 17″,30	**0,580**	472 71754	997 44	30′ 40″,37	**0,590**	763 27421	847 75	59′ 54″,25
04 14,02	1	300 45221	*082 67	33 36,17	1	593 92616	932 53	*02 49,13
07 10,65	2	128 48313	167 86	36 31,88	2	424 86441	*017 27	05 43,91
10 07,18	3	*956 80926	253 00	39 27,50	3	256 08800	101 96	08 38,61
13 03,63	4	785 42962	338 10	42 23,03	4	087 59596	186 61	11 33,21
15 59,98	5	614 34318	423 15	45 18,46	5	*919 38734	271 22	14 27,71
18 56,24	6	443 54894	508 16	48 13,80	6	751 46119	355 77	17 22,13
21 52,41	7	273 04592	593 13	51 09,05	7	583 81656	440 29	20 16,45
24 48,49	8	102 83311	678 04	54 04,21	8	416 45250	524 76	23 10,68
27 44,47	9	**932 90953	762 92	56 59,27	9	249 36809	609 18	26 04,81
31⁰		**— 0,52**	**0,55**	**31⁰**		**— 0,51**	**0,56**	**32⁰**

x	φ	sin x	cos x	tg x	arc sin x	arc cos x	arc tg x
	3	0,5	0,8	0,6	0,6	0,9	0,5
0,600	4° 22′ 38″,88	6464 24733 95	2533 56149 10	8413 68083	4350 11	2729 52	4041 950
1	4 26 05,15	6546 75265 51	2477 05598 63	8560 58570	4475 17	2604 46	4115 447
2	4 29 31,41	6629 20142 40	2420 46800 45	8707 69215	4600 34	2479 29	4188 879
3	4 32 57,68	6711 59356 37	2363 79760 23	8855 00088	4725 64	2353 99	4262 247
4	4 36 23,94	6793 92899 17	2307 04483 63	9002 51261	4851 05	2228 58	4335 549
5	4 39 50,21	6876 20762 59	2250 20976 32	9150 22805	4976 59	2103 05	4408 787
6	4 43 16,47	6958 42938 38	2193 29244 00	9298 14793	5102 24	1977 39	4481 959
7	4 46 42,74	7040 59418 34	2136 29292 35	9446 27296	5228 01	1851 62	4555 067
8	4 50 09,00	7122 70194 23	2079 21127 06	9594 60387	5353 91	1725 73	4628 111
9	4 53 35,27	7204 75257 86	2022 04753 86	9743 14138	5479 92	1599 71	4701 089
0,610	4 57 01,53	7286 74601 00	1964 80178 45	9891 88623	5606 06	1473 57	4774 002
1	5 00 27,80	7368 68215 48	1907 47406 57	*0040 83914	5732 32	1347 31	4846 851
2	5 03 54,06	7450 56093 09	1850 06443 94	0190 00086	5858 70	1220 93	4919 635
3	5 07 20,33	7532 38225 64	1792 57296 30	0339 37211	5985 21	1094 42	4992 354
4	5 10 46,59	7614 14604 95	1734 99969 40	0488 95365	6111 84	0967 79	5065 008
5	5 14 12,86	7695 85222 85	1677 34469 01	0638 74621	6238 60	0841 03	5137 597
6	5 17 39,12	7777 50071 17	1619 60800 88	0788 75055	6365 48	0714 15	5210 122
7	5 21 05,39	7859 09141 74	1561 78970 79	0938 96741	6492 48	0587 15	5282 582
8	5 24 31,65	7940 62426 39	1503 88984 53	1089 39754	6619 62	0460 01	5354 977
9	5 27 57,92	8022 09916 99	1445 90847 87	1240 04171	6746 88	0332 75	5427 308
0,620	5 31 24,18	8103 51605 37	1387 84566 63	1390 90067	6874 27	0205 36	5499 573
1	5 34 50,44	8184 87483 41	1329 70146 60	1541 97518	7001 79	0077 84	5571 774
2	5 38 16,71	8266 17542 96	1271 47593 60	1693 26601	7129 43	*9950 20	5643 911
3	5 41 42,97	8347 41775 89	1213 16913 45	1844 77392	7257 21	9822 42	5715 983
4	5 45 09,24	8428 60174 08	1154 78111 99	1996 49969	7385 12	9694 52	5787 990
5	5 48 35,50	8509 72729 40	1096 31195 05	2148 44410	7513 15	9566 48	5859 932
6	5 52 01,77	8590 79433 76	1037 76168 48	2300 60782	7641 32	9438 31	5931 810
7	5 55 28,03	8671 80279 04	0979 13038 14	2452 99192	7769 62	9310 01	6003 623
8	5 58 54,30	8752 75257 14	0920 41809 88	2605 59690	7898 06	9181 58	6075 372
9	6 02 20,56	8833 64359 96	0861 62489 58	2758 42363	8026 62	9053 01	6147 056
0,630	6 05 46,83	8914 47579 42	0802 75083 12	2911 47292	8155 32	8924 31	6218 675
1	6 09 13,09	8995 24907 44	0743 79596 39	3064 74556	8284 16	8795 48	6290 230
2	6 12 39,36	9075 96335 92	0684 76035 27	3218 24233	8413 13	8666 51	6361 720
3	6 16 05,62	9156 61856 82	0625 64405 68	3371 96404	8542 22	8537 41	6433 145
4	6 19 31,89	9237 21462 05	0566 44713 53	3525 91150	8671 47	8408 16	6504 507
5	6 22 58,15	9317 75143 56	0507 16964 73	3680 08551	8800 84	8278 80	6575 803
6	6 26 24,42	9398 22893 29	0447 81165 22	3834 48687	8930 37	8149 26	6647 035
7	6 29 50,68	9478 64703 21	0388 37320 93	3989 11641	9060 01	8019 62	6718 203
8	6 33 16,95	9559 00565 26	0328 85437 80	4143 97493	9189 82	7889 81	6789 306
9	6 36 43,21	9639 30471 40	0269 25521 78	4299 06326	9319 75	7759 88	6860 344
0,640	6 40 09,48	9719 54413 62	0209 57578 84	4454 38222	9449 85	7629 79	6931 318
1	6 43 35,74	9799 72383 89	0149 81614 95	4609 93264	9580 04	7499 59	7002 228
2	6 47 02,01	9879 84374 18	0089 97636 07	4765 71534	9710 40	7369 23	7073 074
3	6 50 28,27	9959 90376 49	0030 05648 19	4921 73116	9840 90	7238 73	7143 855
4	6 53 54,54	*0039 90382 81	*9970 05657 31	5077 98094	9971 54	7108 09	7214 572
5	6 57 20,80	0119 84385 14	9909 97669 43	5234 46551	*0102 33	6977 31	7285 224
6	7 00 47,06	0199 72375 49	9849 81690 55	5391 18571	0233 26	6846 37	7355 812
7	7 04 13,33	0279 54345 86	9789 57726 69	5548 14241	0364 34	6715 30	7426 336
8	7 07 39,59	0359 30288 28	9729 25783 87	5705 33643	0495 56	6584 07	7496 796
9	7 11 05,86	0439 00194 77	9668 85868 12	5862 76865	0626 93	6452 71	7567 191
	3	0,6	0,7	0,7	0,7	0,8	0,5

x	$\log_e x$	Amp x		x	$\log_e x$	Amp x		x	$\log_e x$	Amp x
	—0,51	0,56	32°		—0,49	0,57	32°		—0,47	0,58
0,600	082 56238	693 56	28′ 58″,85	**0,610**	429 63218	534 84	57′ 54″,12	**0,620**	803 58009	371 55
1	*916 03445	777 89	31 52,80	1	265 83198	618 71	*00 47,13	1	642 41970	454 97
2	749 78337	862 18	34 46,66	2	102 29965	702 55	03 40,04	2	481 51862	538 34
3	583 80823	946 42	37 40,42	3	*939 03431	786 33	06 32,86	3	320 87602	621 67
4	418 10811	*030 61	40 34,09	4	776 03508	870 07	09 25,59	4	160 49106	704 95
5	252 68210	114 76	43 27,66	5	613 30112	953 77	12 18,22	5	000 36292	788 19
6	087 52929	198 87	46 21,14	6	450 83154	*037 41	15 10,76	6	*840 49079	871 37
7	**922 64879	282 93	49 14,52	7	288 62551	121 02	18 03,20	7	680 87383	954 52
8	758 03970	366 94	52 07,82	8	126 68215	204 57	20 55,55	8	521 51125	*037 61
9	593 70113	450 91	55 01,01	9	**965 00063	288 09	23 47,81	9	362 40223	120 66
	—0,49	0,57	32°		—0,47	0,58	33°		—0,46	0,59

x	e^x	e^{-x}	Sin x	Cos x	Tg x	Ar Sin x	Ar Tg x
	1,8	0,54	0,6	1,1	0,5	0,5	0,6
0,600	2211 88004	881 16361	3665 35821	8546 52182	3704 957	6882 49	9314 7181
1	2394 18306	826 30988	3783 93659	8610 24647	3776 076	6968 22	9471 1148
2	2576 66847	771 51097	3902 57875	8674 08972	3847 119	7053 91	9627 8061
3	2759 33645	716 76684	4021 28481	8738 05165	3918 086	7139 57	9784 7936
4	2942 18720	662 07742	4140 05489	8802 13231	3988 976	7225 18	9942 0789
5	3125 22089	607 44266	4258 88911	8866 33178	4059 790	7310 76	*0099 6635
6	3308 43770	552 86252	4377 78759	8930 65011	4130 527	7396 30	0257 5493
7	3491 83783	498 33692	4496 75045	8995 08737	4201 187	7481 81	0415 7377
8	3675 42144	443 86582	4615 77781	9059 64363	4271 771	7567 27	0574 2305
9	3859 18873	389 44917	4734 86978	9124 31895	4342 279	7652 70	0733 0294
0,610	4043 13988	335 08691	4854 02649	9189 11339	4412 710	7738 09	0892 1359
1	4227 27507	280 77898	4973 24805	9254 02702	4483 064	7823 44	1051 5520
2	4411 59449	226 52533	5092 53458	9319 05991	4553 342	7908 75	1211 2792
3	4596 09832	172 32591	5211 88621	9384 21212	4623 543	7994 03	1371 3193
4	4780 78675	118 18066	5331 30304	9449 48370	4693 667	8079 27	1531 6740
5	4965 65996	064 08953	5450 78521	9514 87474	4763 715	8164 47	1692 3451
6	5150 71813	010 05246	5570 33283	9580 38530	4833 686	8249 63	1854 3243
7	5335 96145	*956 06941	5689 94602	9646 01543	4903 580	8334 75	2014 6435
8	5521 39011	902 14031	5809 62490	9711 76521	4973 398	8419 84	2176 2745
9	5707 00430	848 26511	5929 36959	9777 63470	5043 139	8504 88	2338 2289
0,620	5892 80418	794 44376	6049 18021	9843 62397	5112 803	8589 89	2500 5088
1	6078 78997	740 67620	6169 05688	9909 73308	5182 390	8674 87	2663 1158
2	6264 96183	686 96239	6288 99972	9975 96211	5251 901	8759 80	2826 0520
3	6451 31995	633 30226	6409 00885	*0042 31111	5321 335	8844 69	2989 3190
4	6637 86453	579 69577	6529 08438	0108 78015	5390 692	8929 55	3152 9189
5	6824 59574	526 14285	6649 22645	0175 36930	5459 972	9014 37	3316 8534
6	7011 51378	472 64346	6769 43516	0242 07862	5529 176	9099 15	3481 6246
7	7198 61883	419 19755	6889 71064	0308 90819	5598 302	9183 89	3645 7344
8	7385 91108	365 80505	7010 05302	0375 85807	5667 352	9268 60	3810 6846
9	7573 39072	312 46592	7130 46240	0442 92832	5736 324	9353 26	3975 9773
0,630	7761 05793	259 18010	7250 93891	0510 11902	5805 222	9437 89	4141 6144
1	7948 91290	205 94754	7371 48268	0577 43022	5874 041	9522 48	4307 5979
2	8136 95581	152 76819	7492 09381	0644 86200	5942 783	9607 03	4473 9299
3	8325 18687	099 64199	7612 72244	0712 41443	6011 449	9691 55	4640 6123
4	8513 60625	046 56889	7733 51868	0780 08757	6080 038	9776 02	4807 6471
5	8702 21415	**993 54883	7854 33266	0847 88149	6148 549	9860 46	4975 0365
6	8891 01074	940 58177	7975 21449	0915 79626	6216 984	9944 86	5142 7825
7	9079 99623	887 66765	8096 16429	0983 83194	6285 242	*0029 22	5310 8872
8	9269 17080	834 80642	8217 18219	1051 98861	6353 523	0113 54	5479 3526
9	9458 53463	781 99802	8338 26831	1120 26633	6421 728	0197 83	5648 1810
0,640	9648 08793	729 24240	8459 42276	1188 66517	6489 955	0282 07	5817 3745
1	9837 83087	676 53952	8580 64568	1257 18520	6558 006	0366 28	5986 9351
2	*0027 76366	623 88931	8701 93717	1325 82648	6625 979	0450 45	6156 8652
3	0217 88646	571 29172	8823 29737	1394 58909	6693 876	0534 58	6327 1668
4	0408 19949	518 74671	8944 72639	1463 47310	6761 695	0618 67	6497 3422
5	0598 70293	466 25421	9066 22436	1532 47857	6829 438	0702 73	6668 8937
6	0789 39696	413 81418	9187 79139	1601 60557	6897 104	0786 75	6840 3234
7	0980 28178	361 42656	9309 42761	1670 85417	6964 692	0870 73	7012 1337
8	1171 35759	309 09131	9431 13314	1740 22445	7032 204	0954 66	7184 3268
9	1362 62456	256 80836	9552 90810	1809 71646	7099 639	1038 57	7356 9051
	1,9	0,52	0,6	1,2	0,5	0,6	0,7

Amp x	x	$\log_e x$	Amp x		x	$\log_e x$	Amp x	
33°		— 0,46	0,59	33°		— 0,44	0,60	34°
26′ 39″,97	0,630	203 54596	203 67	55′ 16″,33	0,640	628 71026	031 15	23′ 43″,14
29 32,03	1	044 94164	286 62	58 07,44	1	472 58221	113 64	26 33,29
32 24,00	2	*886 58848	369 54	*00 58,46	2	316 69753	196 09	29 23,35
35 15,87	3	728 48586	452 40	03 49,38	3	161 05547	278 49	32 13,31
38 07,65	4	570 63246	535 22	06 40,20	4	005 65529	360 84	35 03,17
40 59,34	5	413 02801	617 99	09 30,93	5	*850 49622	443 15	37 52,94
43 50,93	6	255 67156	700 72	12 21,56	6	695 56752	525 41	40 42,61
46 42,42	7	098 56234	783 39	15 12,10	7	540 89845	607 62	43 32,19
49 33,82	8	**941 69956	866 03	18 02,54	8	386 45826	689 79	46 21,67
52 25,12	9	785 08246	948 61	20 52,89	9	232 25623	771 90	49 11,05
33°		— 0,44	0,59	34°		— 0,43	0,60	34°

x	φ	sin x	cos x	tg x	arc sin x	arc cos x	arc tg x
	3	**0,6**	**0,7**	**0,7**	**0,7**	**0,8**	**0,5**
0,650	7° 14′ 32″,12	0518 64057 36	9608 37985 49	6020 43991	0758 44	6321 19	7637 522
1	7 17 58,39	0598 21868 09	9547 82142 02	6178 35108	0890 11	6189 52	7707 789
2	7 24 24,65	0677 73618 99	9487 18343 77	6336 50303	1021 92	6057 71	7777 991
3	7 24 50,92	0757 19302 13	9426 46596 81	6494 89661	1153 88	5925 75	7848 130
4	7 28 17,18	0836 58909 54	9365 66907 20	6653 53270	1286 00	5793 64	7918 204
5	7 31 43,45	0915 92433 29	9304 79281 02	6812 41218	1418 26	5661 37	7988 214
6	7 35 09,71	0995 19865 46	9243 83724 36	6971 53593	1550 68	5528 95	8058 159
7	7 38 35,98	1074 41198 10	9182 80234 32	7130 90482	1712 34	5367 30	8128 041
8	7 42 02,24	1153 56423 30	9121 68844 00	7290 51975	1815 97	5263 67	8197 858
9	7 45 28,51	1232 65533 15	9060 49532 51	7450 38161	1948 85	5130 79	8267 612
0,660	7 48 54,77	1311 68519 73	8999 22314 97	7610 49128	2081 88	4997 76	8337 301
1	7 52 21,04	1390 65375 15	8937 87197 51	7770 84968	2215 06	4864 57	8406 926
2	7 55 47,30	1469 56091 50	8876 44186 27	7931 45769	2348 41	4731 23	8476 488
3	7 59 13,57	1548 40660 89	8814 93287 38	8092 31622	2481 91	4597 73	8545 985
4	8 02 39,83	1627 19075 45	8753 34507 00	8253 42619	2615 56	4464 07	8615 418
5	8 06 06,10	1705 91327 28	8691 67851 28	8414 78850	2749 38	4330 25	8684 787
6	8 09 32,36	1784 57408 53	8629 93326 40	8576 40407	2883 36	4196 27	8754 093
7	8 12 58,63	1863 17311 31	8568 10938 53	8738 27383	3017 49	4062 14	8823 334
8	8 16 24,89	1941 71027 78	8506 20693 84	8900 39870	3151 79	3927 84	8892 511
9	8 19 51,16	2020 18550 08	8444 22598 54	9062 77960	3286 26	3793 38	8961 625
0,670	8 23 17,42	2098 59870 37	8382 16658 81	9225 41747	3420 88	3658 75	9030 674
1	8 26 43,68	2176 94980 79	8320 02880 87	9388 31325	3555 67	3523 97	9099 660
2	8 30 09,95	2255 23873 52	8257 81270 92	9551 46787	3690 62	3389 01	9168 582
3	8 33 36,21	2333 46540 72	8195 51835 19	9714 88229	3825 74	3253 90	9237 441
4	8 37 02,48	2411 62974 58	8133 14579 92	9878 55744	3961 02	3118 61	9306 235
5	8 40 28,74	2489 73167 28	8070 69511 32	*0042 49428	4096 47	2983 17	9374 966
6	8 43 55,01	2567 77111 00	8008 16635 66	0206 69378	4222 09	2761 08	9443 633
7	8 47 21,27	2645 74797 95	7945 55959 19	0371 15688	4367 88	2615 29	9512 237
8	8 50 47,74	2723 66220 32	7882 87488 16	0535 88456	4503 83	2479 33	9580 777
9	8 54 13,80	2801 51370 33	7820 11228 84	0700 87778	4639 96	2343 20	9649 253
0,680	8 57 40,07	2879 30240 18	7757 27187 51	0866 13751	4776 26	2206 90	9717 666
1	9 01 06,33	2957 02822 11	7694 35370 45	1031 66475	4912 74	2166 90	9786 015
2	9 04 32,60	3034 69108 34	7631 35783 96	1197 46046	5049 38	2030 25	9854 300
3	9 07 58,86	3112 29091 09	7568 28434 34	1363 52563	5196 20	1883 43	9922 522
4	9 11 25,13	3189 82762 62	7505 13327 89	1529 86125	5323 20	1756 43	9990 680
5	9 14 51,39	3267 30115 16	7441 90470 92	1696 46833	5460 37	1619 26	*0058 775
6	9 18 17,66	3344 71140 98	7378 59869 76	1863 34785	5597 72	1481 91	0126 807
7	9 21 43,92	3422 05832 32	7315 21530 75	2030 50082	5735 25	1344 39	0194 774
8	9 25 10,19	3499 34181 46	7251 75460 21	2197 92824	5872 95	1206 68	0262 678
9	9 28 36,45	3576 56180 67	7188 21664 50	2365 63114	6010 84	1068 80	0330 520
0,690	9 32 02,72	3653 71822 22	7124 60149 97	2533 61053	6149 39	0930 24	0398 298
1	9 35 28,98	3730 81098 40	7060 90922 98	2701 86742	6287 16	0792 48	0466 013
2	9 38 55,25	3807 84001 50	6997 13989 90	2870 40285	6425 59	0654 05	0533 664
3	9 42 21,51	3884 80523 81	6933 29357 10	3039 21784	6564 20	0515 43	0601 251
4	9 45 47,78	3961 70657 65	6869 37030 98	3208 31343	6703 01	0376 63	0668 776
5	9 49 14,04	4038 54395 31	6805 37017 92	3377 69065	6841 99	0237 64	0736 237
6	9 52 40,31	4115 31729 12	6741 29324 32	3547 35056	6981 29	0098 35	0803 636
7	9 56 06,57	4192 02651 40	6677 13956 60	3717 29420	7120 53	*9959 11	0870 970
8	9 59 32,83	4268 67154 48	6612 90921 16	3887 52262	7260 08	9819 56	0938 242
9	*0 02 59,10	4345 25230 69	6548 60224 43	4058 03688	7399 82	9679 82	1005 451
	4	**0,6**	**0,7**	**0,8**	**0,7**	**0,7**	**0,6**

x	$\log_e x$	Amp x		x	$\log_e x$	Amp x		x	$\log_e x$	Amp x
	— 0,43	**0,60**	**34°**		**— 0,41**	**0,61**	**35°**		**— 0,40**	**0,62**
0,650	078 29161	853 98	52′ 00″,34	**0,660**	551 54440	672 11	20′ 07″,86	**0,670**	047 75666	485 53
1	*924 56368	936 00	54 49,52	1	400 14391	753 66	22 56,08	1	*898 61420	566 61
2	771 07171	*017 98	57 38,62	2	248 97230	835 17	25 44,20	2	749 69385	647 64
3	617 81497	099 91	*00 27,61	3	098 02888	916 63	28 32,22	3	600 99493	728 63
4	464 79275	181 79	03 16,51	4	*947 31295	998 04	31 20,14	4	452 51681	809 56
5	312 00434	263 63	06 05,31	5	796 82383	*079 41	34 07,97	5	304 25881	890 46
6	159 44900	345 42	08 54,01	6	646 56084	160 73	36 55,70	6	156 22029	971 30
7	007 12605	427 16	11 42,62	7	496 52331	242 00	39 43,34	7	008 40061	*052 09
8	**855 03477	508 86	14 31,13	8	346 71054	323 22	42 30,87	8	**860 79910	132 84
9	703 17445	590 51	17 19,54	9	197 12189	404 40	45 18,31	9	713 41514	213 54
	— 0,41	**0,61**	**35°**		**— 0,40**	**0,62**	**35°**		**— 0,38**	**0,63**

x	e^x	e^{-x}	Sin x	Cos x	Tg x	Ar Sin x	Ar Tg x
	1,9	**0,5**	**0,6**	**1,2**	**0,5**	**0,6**	**0,7**
0,650	1554 08290	2204 57768	9674 75261	1879 33029	7166 997	1122 43	7529 8706
1	1745 73279	2152 39919	9796 66680	1949 06599	7234 278	1206 26	7703 2261
2	1937 57443	2100 27286	9918 65079	2018 92365	7301 482	1290 04	7876 9737
3	2129 60801	2048 19863	*0040 70469	2088 90332	7368 608	1373 79	8051 1159
4	2321 83371	1996 17645	0162 82863	2159 00508	7435 658	1457 50	8225 6550
5	2514 25174	1944 20626	0285 02274	2229 22900	7502 631	1541 17	8400 5935
6	2706 86228	1892 28802	0407 28713	2299 57515	7569 528	1624 81	8575 9339
7	2899 66553	1840 42167	0529 62193	2370 04360	7636 347	1708 40	8751 6785
8	3092 66167	1788 60716	0652 02726	2440 63441	7703 089	1791 96	8927 8299
9	3285 85091	1736 84443	0774 50324	2511 34767	7769 754	1875 48	9104 3907
0,660	3479 23344	1685 13345	0897 05000	2582 18344	7836 342	1958 96	9281 3632
1	3672 80945	1633 47415	1019 66765	2653 14180	7902 853	2042 40	9458 7501
2	3866 57912	1581 86648	1142 35632	2724 22280	7969 287	2125 80	9636 5540
3	4060 54267	1530 31040	1265 11613	2795 42653	8035 644	2209 17	9814 7774
4	4254 70027	1478 80585	1387 94721	2866 75306	8101 924	2292 49	9993 4231
5	4449 05213	1427 35277	1510 84968	2938 20245	8168 127	2375 78	*0172 4935
6	4643 59844	1375 95112	1633 82366	3009 77478	8234 253	2459 03	0351 9915
7	4838 33940	1324 60085	1756 86927	3081 47012	8300 303	2542 24	0531 9196
8	5033 27519	1273 30190	1879 98664	3153 28855	8366 275	2625 42	0712 2807
9	5228 40601	1222 05423	2003 17589	3225 23012	8432 170	2708 55	0893 0774
0,670	5423 73206	1170 85778	2126 43714	3297 29492	8497 988	2791 65	1074 3126
1	5619 25354	1119 71250	2249 77052	3369 48302	8563 730	2874 71	1255 9889
2	5814 97064	1068 61834	2373 67615	3442 29449	8629 394	2957 73	1438 1093
3	6010 88355	1017 57524	2496 65415	3514 22940	8694 981	3040 71	1620 6765
4	6206 99247	0966 58317	2620 20465	3586 78782	8760 492	3123 65	1803 6935
5	6403 29760	0915 64206	2743 82777	3659 46983	8825 925	3206 55	1987 1631
6	6599 79913	0864 75187	2867 52363	3732 27550	8891 282	3289 42	2171 0883
7	6796 49726	0813 91254	2991 29236	3805 20490	8956 562	3372 25	2355 4719
8	6993 39219	0763 12403	3115 13408	3878 25811	9021 764	3455 04	2540 3171
9	7190 48411	0712 36828	3239 04892	3951 43519	9086 890	3537 79	2725 6267
0,680	7387 77322	0661 69924	3363 03699	4024 73623	9151 940	3620 50	2911 4238
1	7585 25972	0611 06286	3487 09843	4098 16129	9216 912	3703 17	3097 6515
2	7782 94381	0560 47709	3611 23336	4171 71045	9281 807	3785 81	3284 3729
3	7980 82568	0509 94189	3735 44189	4245 38378	9346 625	3868 40	3471 5710
4	8178 90553	0459 45719	3859 72417	4319 18136	9411 366	3950 96	3659 2491
5	8377 18355	0409 02296	3984 08030	4393 10326	9476 031	4033 48	3847 4102
6	8575 65996	0358 63913	4108 51041	4467 14954	9540 618	4115 96	4036 0576
7	8774 33494	0308 30566	4233 01464	4541 32030	9605 129	4198 40	4225 1946
8	8973 20869	0258 02250	4357 59310	4615 61560	9669 563	4280 81	4414 8241
9	9172 28142	0207 78960	4482 24591	4690 03551	9733 920	4363 17	4604 9502
0,690	9371 55332	0157 60691	4606 97321	4764 58012	9798 200	4445 50	4795 5755
1	9571 02460	0107 47437	4731 77511	4839 24948	9862 403	4527 79	4986 7136
2	9770 69544	0057 39194	4856 65175	4914 04369	9926 530	4610 04	5178 3379
3	9970 56606	0007 35957	4981 60324	4988 96281	9990 579	4692 25	5370 4817
4	*0170 63664	*9957 37721	5106 62972	5064 00692	*0054 552	4774 42	5563 1387
5	0370 90740	9907 44480	5231 73130	5139 17610	0118 448	4856 56	5756 3372
6	0571 37852	9857 56230	5356 90811	5214 47041	0182 268	4938 65	5950 0058
7	0772 05022	9807 72966	5482 16028	5289 88994	0246 010	5020 71	6144 2230
8	0972 92269	9757 94682	5607 48793	5365 43476	0309 676	5102 73	6338 9675
9	1173 99613	9708 21375	5732 89119	5441 10494	0373 265	5184 72	6534 2429
	2,0	**0,4**	**0,7**	**1,2**	**0,6**	**0,6**	**0,8**

Amp x	x	$\log_e x$	Amp x		x	$\log_e x$	Amp x	
35⁰		**— 0,38**	**0,63**	**36⁰**		**— 0,37**	**0,64**	**36⁰**
48′ 05″,65	**0,680**	566 24808	294 20	15′ 53″,65	**0,690**	106 36814	098 10	43′ 31″,82
50 52,89	1	419 29728	374 80	18 39,91	1	*961 54552	178 23	46 17,09
53 40,03	2	272 56211	455 36	21 26,07	2	816 93234	258 30	49 02,27
56 27,08	3	126 04194	535 87	24 12,14	3	672 52798	338 34	51 47,34
59 14,03	4	*979 73614	616 33	26 58,10	4	528 33185	418 32	54 32,32
*02 00,88	5	833 64407	696 75	29 43,97	5	384 34334	498 25	57 17,20
04 47,63	6	687 76513	777 11	32 29,74	6	240 56186	578 14	*00 01,98
07 34,28	7	542 09868	857 43	35 15,41	7	096 98682	657 98	02 46,66
10 20,84	8	396 64410	937 70	38 00,98	8	**953 61762	737 77	05 31,24
13 07,29	9	251 40080	*017 92	40 46,45	9	810 45367	817 51	08 15,72
36⁰		**— 0,37**	**0,64**	**36⁰**		**— 0,35**	**0,64**	**37⁰**

x	φ	sin x	cos x	tg x	arc sin x	arc cos x	arc tg x
	40⁰	0,6	0,7	0,8	0,7	0,7	0,6
0,700	06′ 25″,36	4421 76872 38	6484 21872 84	4228 83805	7539 75	9539 88	1072 596
1	09 51,63	4498 22071 89	6419 75872 84	4399 92718	7679 87	9399 76	1139 679
2	13 17,89	4574 60821 58	6355 22230 85	4571 30536	7820 19	9259 44	1206 698
3	16 44,16	4650 93113 80	6290 60953 34	4742 97365	7960 71	9118 93	1273 655
4	20 10,42	4727 18940 94	6225 92046 78	4914 93315	8101 41	8978 22	1340 548
5	23 36,69	4803 38295 36	6161 15517 62	5087 18494	8241 31	8838 31	1407 379
6	27 02,95	4879 51169 44	6096 31372 35	5259 73010	8383 42	8696 22	1474 147
7	30 29,22	4955 57555 56	6031 39617 44	5432 56973	8524 67	8554 96	1540 852
8	33 55,48	5031 57446 14	5966 40259 40	5605 70494	8666 22	8413 42	1607 494
9	37 21,75	5107 50833 55	5901 33304 72	5779 13684	8807 92	8271 71	1674 073
0,710	40 48,01	5183 37710 22	5836 18759 91	5952 86652	8949 82	8129 81	1740 590
1	44 14,28	5259 18068 54	5770 96631 47	6126 89511	9091 93	7987 71	1807 043
2	47 40,54	5334 91900 95	5705 66925 94	6301 22374	9234 24	7845 39	1873 434
3	51 06,81	5410 59199 87	5640 29649 85	6475 85352	9376 76	7702 88	1939 762
4	54 33,07	5486 19957 73	5574 84809 72	6650 78558	9519 48	7560 15	2006 028
5	57 59,34	5561 74166 97	5509 32412 12	6826 02107	9662 41	7417 22	2072 230
6	*01 25,60	5637 21820 04	5443 72463 58	7001 56112	9805 55	7274 08	2138 371
7	04 51,87	5712 62909 38	5378 04970 66	7177 40688	9948 90	7130 73	2204 448
8	08 18,13	5787 97427 47	5312 29939 95	7353 55951	*0092 47	6987 17	2270 463
9	11 44,40	5863 25366 75	5246 47378 00	7530 02016	0236 24	6843 39	2336 416
0,720	15 10,65	5938 46719 71	5180 57291 41	7706 78999	0380 23	6699 40	2402 306
1	18 36,93	6013 61478 83	5114 59686 76	7883 87017	0524 44	6555 20	2468 134
2	22 03,19	6088 69636 58	5048 54570 65	8061 26187	0668 86	6410 77	2533 899
3	25 29,45	6163 71185 47	4982 41949 69	8238 96628	0813 50	6266 13	2599 601
4	28 55,72	6238 66117 98	4916 21830 49	8416 98457	0958 36	6121 27	2665 242
5	32 21,98	6313 54426 63	4849 94219 66	8595 31794	1103 44	5976 19	2730 820
6	35 48,25	6388 36103 93	4783 59123 84	8773 96758	1248 74	5830 89	2796 336
7	39 14,51	6463 11142 39	4717 16549 67	8952 93469	1394 27	5685 37	2861 789
8	42 40,78	6537 79534 54	4650 66503 77	9132 22047	1540 02	5539 62	2927 180
9	46 07,04	6612 41272 91	4584 08992 82	9311 82615	1685 99	5393 64	2992 509
0,730	49 33,31	6686 96350 04	4517 44023 45	9491 75292	1832 20	5247 44	3057 776
1	52 59,57	6761 44758 47	4450 71602 34	9672 00203	1978 63	5101 01	3122 981
2	56 25,84	6835 86490 76	4383 91736 16	9852 57469	2125 34	4954 30	3188 124
3	59 52,10	6910 21539 46	4317 04431 58	*0033 47215	2272 18	4807 45	3253 204
4	**03 18,37	6984 49897 15	4250 09695 31	0214 69563	2419 31	4660 32	3318 223
5	06 44,63	7058 71556 38	4183 07534 02	0396 24639	2566 67	4512 96	3383 179
6	10 10,90	7132 86509 74	4115 97954 43	0578 12568	2714 26	4365 37	3448 074
7	13 37,16	7206 94749 82	4048 80963 24	0760 33475	2862 10	4217 53	3512 907
8	17 03,43	7280 96269 20	3981 56567 17	0942 87486	3010 17	4069 46	3577 677
9	20 29,69	7354 91060 49	3914 24772 95	1125 74730	3158 48	3921 15	3642 386
0,740	23 55,96	7428 79116 28	3846 85587 30	1308 95333	3307 03	3772 60	3707 033
1	27 22,22	7502 60429 20	3779 39016 96	1492 49423	3455 83	3623 80	3771 618
2	30 48,49	7576 34991 86	3711 85068 69	1676 37129	3604 88	3474 76	3836 142
3	34 14,75	7650 02796 88	3644 23749 23	1860 58580	3754 16	3325 47	3900 604
4	37 41,02	7723 63836 90	3576 55065 35	2045 13907	3904 18	3175 45	3965 004
5	41 07,28	7797 18104 56	3508 79023 81	2230 03239	4053 48	3026 15	4029 342
6	44 33,55	7870 65592 50	3440 95631 40	2415 26708	4203 52	2876 11	4093 619
7	47 59,81	7944 06293 37	3373 04894 89	2600 84446	4353 81	2725 82	4157 834
8	51 26,08	8017 40199 85	3305 06821 08	2786 76585	4504 35	2575 28	4221 988
9	54 52,34	8090 67304 57	3237 01416 76	2973 03258	4655 15	2424 48	4286 080
	42⁰	0,6	0,7	0,9	0,8	0,7	0,6

x	$\log_e x$	Amp x		x	$\log_e x$	Amp x		x	$\log_e x$	Amp x
	— 0,35	0,64	37⁰		— 0,34	0,65	37⁰		— 0,32	0,66
0,700	667 49439	897 21	11′ 00″,10	0,710	249 03089	691 50	38′ 18″,45	0,720	850 40670	480 96
1	524 73919	976 85	13 44,38	1	108 28492	770 67	41 01,74	1	711 61417	559 64
2	382 18750	*056 45	16 28,57	2	*967 73676	849 78	43 44,92	2	573 01401	638 27
3	239 83872	136 00	19 12,65	3	827 38586	928 85	46 28,01	3	434 60568	716 85
4	097 69228	215 50	21 56,63	4	687 23166	*007 87	49 11,00	4	296 38866	795 39
5	*955 74762	294 96	24 40,52	5	547 27363	086 84	51 53,89	5	158 36241	873 87
6	814 00415	374 36	27 24,31	6	407 51120	165 76	54 36,68	6	020 52642	952 31
7	672 46131	453 72	30 07,99	7	267 94384	244 63	57 19,36	7	*882 88014	*030 69
8	531 11853	533 03	32 51,58	8	128 57099	323 46	*00 01,95	8	745 42308	109 03
9	389 97525	612 29	35 35,06	9	**989 39213	402 23	02 44,44	9	608 15470	187 32
	— 0,34	0,65	37⁰		— 0,32	0,66	38⁰		— 0,31	0,67

x	e^x	e^{-x}	Sin x	Cos x	Tg x	Ar Sin x	Ar Tg x
	2,0	**0,49**	**0,7**	**1,2**	**0,6**	**0,6**	**0,8**
0,700	1375 27075	658 53038	5858 37018	5516 90056	0436 778	5266 66	6730 0528
1	1576 74674	608 89667	5983 92503	5592 82170	0500 214	5348 56	6926 4010
2	1778 42431	559 31257	6109 55587	5668 86844	0563 572	5430 43	7123 2911
3	1980 30365	509 77803	6235 26281	5745 04084	0626 854	5512 25	7320 7271
4	2182 38498	460 29300	6361 04599	5821 33899	0690 060	5594 04	7518 7127
5	2384 66849	410 85743	6486 90553	5897 76296	0753 189	5675 79	7717 2717
6	2587 15439	361 47127	6612 84156	5974 31283	0816 241	5757 51	7916 3480
7	2789 84287	312 13447	6738 85420	6050 98867	0879 216	5839 18	8116 0057
8	2992 73414	262 84698	6864 94358	6127 79056	0942 115	5920 81	8316 2286
9	3195 82840	213 60876	6991 10982	6204 71858	1004 937	6002 41	8517 0208
0,710	3399 12586	164 41975	7117 35306	6281 77281	1067 684	6083 96	8718 3863
1	3602 62672	115 27990	7243 67341	6358 95331	1130 353	6165 48	8920 3293
2	3806 33119	066 18917	7370 07101	6436 26018	1192 945	6246 96	9122 8538
3	4010 23945	017 14751	7496 54597	6513 69348	1255 461	6328 41	9325 9641
4	4214 25173	*968 15486	7623 09844	6591 25330	1317 900	6409 81	9434 6644
5	4418 66823	919 21118	7749 72852	6668 93970	1380 263	6491 18	9733 9590
6	4623 18914	870 31642	7876 43636	6746 75278	1442 549	6572 50	9938 8521
7	4827 91467	821 47053	8003 22207	6824 69260	1504 759	6653 79	*0144 3482
8	5032 84503	772 67346	8130 08579	6902 75925	1566 892	6735 04	0350 4866
9	5237 98043	723 92517	8257 52763	6981 45280	1628 949	6816 25	0557 1668
0,720	6443 32106	675 22560	8384 04773	7059 27333	1690 930	6897 42	0764 4983
1	5648 86714	626 57470	8511 14622	7137 72092	1752 834	6978 56	0972 4507
2	5854 61887	577 97243	8638 32322	7216 29565	1814 662	7059 65	1181 0287
3	6060 57645	529 41874	8765 57885	7294 99759	1876 413	7140 71	1390 2365
4	6266 74009	480 91358	8892 91326	7373 82683	1938 088	7221 73	1600 0793
5	6443 11000	432 45690	9020 32655	7452 78345	1999 687	7302 71	1810 5616
6	6679 68638	384 04865	9147 81887	7531 86751	2061 209	7383 65	2021 6883
7	6886 46944	335 68878	9275 39033	7611 07911	2122 655	7464 56	2233 4642
8	7093 45939	287 37725	9403 04107	7690 41832	2184 025	7545 42	2445 8942
9	7300 65643	239 11401	9530 76121	7769 87522	2245 318	7626 25	2658 9832
0,730	7508 06077	190 89901	9658 58088	7849 47989	2306 535	7707 03	2872 7364
1	7715 67262	142 73220	9786 47021	7929 20241	2367 676	7787 78	3087 1588
2	7923 49218	094 61353	9914 43933	8009 05286	2428 741	7868 50	3302 2554
3	8131 51967	046 54295	*0042 48836	8089 03131	2489 729	7949 17	3518 0566
4	8339 75529	**998 52043	0170 61743	8169 13786	2550 641	8029 80	3734 4924
5	8548 19925	950 54590	0298 82668	8249 37257	2611 477	8110 40	3951 6433
6	8756 85176	902 61932	0427 11622	8329 73554	2672 237	8190 96	4169 4546
7	8965 71302	854 74064	0555 48619	8410 22683	2732 921	8271 47	4388 0367
8	9174 78325	806 90982	0683 93672	8490 84654	2793 529	8351 95	4607 2901
9	9384 06266	759 12681	0812 46793	8571 59473	2854 061	8432 39	4827 2554
0,740	9593 55145	711 39155	0941 07995	8652 47150	2914 516	8512 80	5047 9381
1	9803 24983	663 70401	1069 77291	8733 47692	2974 896	8593 16	5269 3439
2	*0013 15802	616 06413	1198 54695	8814 61107	3035 200	8673 49	5491 4786
3	0223 27622	568 47186	1327 40218	8895 87404	3095 427	8753 78	5714 3480
4	0433 60464	520 92717	1456 33874	8977 26590	3155 579	8834 03	5937 9580
5	0644 14350	473 42999	1583 85675	9057 28675	3215 654	8914 24	6162 3145
6	0854 89300	425 98029	1714 45635	9140 43665	3275 654	8994 41	6387 4235
7	1065 85335	378 57802	1843 63767	9222 21569	3335 578	9074 55	6613 2911
8	1277 02477	331 22312	1972 90083	9304 12395	3395 426	9154 64	6839 9234
9	1488 40747	283 91556	2102 24596	9386 16151	3455 199	9234 70	7067 3268
	2,1	**0,47**	**0,8**	**1,2**	**0,6**	**0,6**	**0,9**

Amp x	x	$\log_e x$	Amp x		x	$\log_e x$	Amp x	
38⁰		**— 0,31**	**0,67**	**38⁰**		**— 0,30**	**0,68**	**38⁰**
05′ 26″,83	**0,730**	471 07448	265 56	32′ 25″,19	**0,740**	110 50928	045 30	59′ 13″,50
08 09,11	1	334 18192	343 76	35 06,47	1	*975 46537	123 00	*01 53,77
10 51,30	2	197 47650	421 90	37 47,65	2	840 60358	200 65	04 33,95
13 33,39	3	060 95771	500 00	40 28,74	3	705 92343	278 26	07 14,02
16 15,37	4	*924 62504	578 04	43 09,72	4	571 42442	355 82	09 54,00
18 57,26	5	788 47798	656 04	45 50,60	5	437 10606	433 33	12 33,87
21 39,05	6	652 51603	733 99	48 31,38	6	302 96788	510 79	15 13,64
24 20,73	7	516 73868	811 89	51 12,06	7	169 00939	588 20	17 53,31
27 02,32	8	381 14544	889 74	53 52,64	8	035 23010	665 56	20 32,88
29 43,80	9	245 73580	967 54	56 33,12	9	**901 62955	742 87	23 12,35
38⁰		**— 0,30**	**0,67**	**38⁰**		**— 0,28**	**0,68**	**39⁰**

x	φ	sin x	cos x	tg x	arc sin x	arc cos x	arc tg x
	4	0,6	0,7	0,9	0,8	0,7	0,6
0,750	2° 58′ 18″,60	8163 87600 23	3168 88688 74	3159 64599	4806 21	2273 42	4350 111
1	3 01 44,87	8237 01079 51	3100 68643 83	3346 60743	4957 52	2122 11	4414 080
2	3 05 11,13	8310 07735 08	3032 41288 85	3533 91823	5109 10	1970 53	4477 988
3	3 08 37,40	8383 07559 65	2964 06630 64	3721 57976	5260 94	1818 69	4541 835
4	3 12 03,66	8456 00545 91	2895 64676 01	3909 59337	5413 04	1666 59	4605 620
5	3 15 29,93	8528 86686 57	2827 15431 83	4097 96045	5565 41	1514 22	4669 344
6	3 18 56,19	8601 65974 35	2758 58904 93	4286 68236	5718 05	1361 58	4733 006
7	3 22 22,46	8674 38401 96	2689 95102 16	4475 76048	5870 96	1208 68	4796 608
8	3 25 48,72	8747 03962 13	2621 24030 41	4665 19621	6024 13	1055 50	4860 148
9	3 29 14,99	8819 62647 60	2552 45696 53	4854 99093	6177 59	0902 04	4923 627
0,760	3 32 41,25	8892 14451 11	2483 60107 41	5045 14606	6331 31	0748 32	4987 045
1	3 36 07,52	8964 59365 40	2414 67269 93	5235 66300	6485 31	0594 32	5050 402
2	3 39 33,78	9036 97383 23	2345 67190 98	5426 54316	6639 60	0440 04	5113 698
3	3 43 00,05	9109 28497 37	2276 59877 46	5617 78798	6794 16	0285 47	5176 933
4	3 46 26,31	9181 52700 58	2207 45336 29	5809 39887	6949 00	0130 63	5240 107
5	3 49 52,58	9253 69985 63	2138 23574 37	6001 37728	7104 13	*9975 50	5303 220
6	3 53 18,84	9325 80345 32	2068 94598 62	6193 72464	7259 55	9820 08	5366 272
7	3 56 45,11	9397 83772 43	1999 58415 99	6386 44241	7415 25	9664 38	5429 263
8	4 00 11,37	9469 80259 75	1930 15033 39	6579 53205	7571 25	9508 39	5492 193
9	4 03 37,64	9541 69800 10	1860 64457 78	6772 99502	7727 53	9352 10	5555 063
0,770	4 07 03,90	9613 52386 27	1791 06696 11	6966 83280	7884 12	9195 52	5617 872
1	4 10 30,17	9685 28011 10	1721 41755 33	7161 04685	8040 99	9154 52	5680 621
2	4 13 56,43	9756 96667 39	1651 69642 41	7355 63867	8198 17	8881 46	5743 308
3	4 17 22,70	9828 58347 99	1581 90364 32	7550 60976	8355 64	8724 00	5805 935
4	4 20 48,96	9900 13045 74	1512 03928 04	7745 96160	8513 43	8566 21	5868 501
5	4 24 15,22	9971 60753 47	1442 10340 56	7941 69572	8671 51	8408 12	5931 007
6	4 27 41,49	*0043 01464 04	1372 09608 87	8137 81363	8729 90	8349 73	5993 452
7	4 31 07,75	0114 35170 30	1302 01739 97	8334 31684	8988 60	8091 03	6055 837
8	4 34 34,02	0185 61865 14	1231 86740 86	8531 20689	9147 61	7932 02	6118 161
9	4 38 00,28	0256 81541 41	1161 64618 58	8728 48533	9306 94	7772 69	6180 425
0,780	4 41 26,55	0327 94192 00	1091 35380 12	8926 15369	9466 58	7613 05	6242 629
1	4 44 52,81	0398 99809 80	1020 99032 54	9124 21353	9626 54	7453 09	6304 772
2	4 48 19,08	0469 98387 70	0950 55582 85	9322 66640	9786 82	7292 81	6366 856
3	4 51 45,34	0540 89918 60	0880 05038 11	9521 51389	9947 43	7132 21	6428 879
4	4 55 11,61	0611 74395 42	0809 47405 36	9720 75757	*0108 36	6971 28	6490 841
5	4 58 37,87	0682 51811 05	0738 82691 67	9920 39901	0269 61	6810 02	6552 744
$\frac{\pi}{4}$ = 0,785...	5	0710 67811 87	0710 67811 87	*0000 00000	0333 91	6745 72	6562 830
6	5 02 04,14	0753 22158 44	0668 10904 10	0120 43982	0431 20	6648 43	6614 587
7	5 05 30,40	0823 85430 51	0597 32079 71	0320 88159	0593 12	6486 51	6676 369
8	5 08 56,67	0894 41620 19	0526 46135 60	0521 72594	0755 37	6324 26	6738 092
9	5 12 22,93	0964 90720 43	0455 53168 84	0722 97448	0917 97	6161 67	6779 754
0,790	5 15 49,20	1035 32724 18	0384 53156 52	0924 62884	1080 90	5998 73	6861 357
1	5 19 15,46	1105 67624 39	0313 46105 76	1126 69064	1244 18	5835 46	6922 900
2	5 22 41,73	1175 95414 04	0242 32023 64	1329 16154	1407 80	5671 84	6984 382
3	5 26 07,99	1246 16086 10	0171 10917 30	1532 04317	1571 77	5507 87	7045 805
4	5 29 34,26	1316 29633 54	0099 82793 85	1735 33721	1736 08	5343 55	7107 168
5	5 33 00,52	1386 36049 35	0028 47660 41	1939 04531	1900 76	5178 87	7168 472
6	5 36 26,79	1456 35326 53	*9957 05524 13	2143 16915	2065 79	5013 85	7229 715
7	5 39 53,05	1526 27458 07	9885 56392 14	2347 71041	2231 18	4848 46	7290 900
8	5 43 19,32	1596 12436 98	9814 00271 60	2552 67079	2396 93	4682 71	7352 024
9	5 46 45,58	1665 90256 28	9742 37169 65	2758 05198	2563 04	4516 59	7413 089
	4	0,7	0,6	1,0	0,9	0,6	0,6

x	$\log_e x$	Amp x		x	$\log_e x$	Amp x		x	$\log_e x$	Amp x
	— 0,28	0,68	39°		— 0,27	0,69	39°		— 0,26	0,70
0,750	768 20725	820 14	25′ 51″,72	**0,760**	443 68457	590 07	52′ 19″,82	**0,770**	136 47641	355 08
1	634 96272	897 35	28 30,98	1	312 19211	666 79	54 58,07	1	006 69054	431 31
2	501 89550	974 51	31 10,15	2	180 87233	743 47	57 36,23	2	*877 07290	507 50
3	369 00512	*051 63	33 49,21	3	049 72477	820 09	*00 14,28	3	747 62304	583 63
4	236 29110	128 70	36 28,18	4	*918 74898	896 67	02 52,22	4	618 34054	659 71
5	103 75297	205 72	39 07,04	5	787 94452	973 19	05 30,07	5	489 22496	735 74
6	*971 39028	282 69	41 45,80	6	657 31092	*049 67	08 07,81	6	360 27588	811 73
7	839 20256	359 61	44 24,46	7	526 84776	126 10	10 45,46	7	231 49286	887 66
8	707 18933	436 48	47 03,01	8	396 55458	202 48	13 23,00	8	102 87548	963 54
9	575 35016	513 30	49 41,47	9	266 43095	278 80	16 00,44	9	**974 42331	*039 38
	— 0,27	0,69	39°		— 0,26	0,70	40°		— 0,24	0,71

x	e^x	e^{-x}	Sin x	Cos x	Tg x	Ar Sin x	Ar Tg x
	2,1	**0,4**	**0,8**	**1,2**	**0,6**	**0,6**	**0,9**
0,750	1700 00166	7236 65527	2231 67319	9468 32847	3514 896	9314 72	7295 5075
1	1911 80755	7189 44223	2361 18266	9550 62489	3574 516	9394 70	7524 4718
2	2123 82535	7142 27637	2490 77449	9633 05086	3634 061	9474 64	7754 2263
3	2336 05527	7095 15766	2620 44880	9715 60647	3693 530	9554 55	7984 7774
4	2548 49753	7048 08604	2750 20574	9798 29179	3752 924	9634 41	8216 1319
5	2761 15234	7001 06147	2880 04543	9881 10690	3812 241	9714 24	8448 2962
6	2974 01990	6954 08390	3009 96800	9964 05190	3871 484	9794 03	8681 2775
7	3187 10045	6907 15329	3139 97358	*0047 12687	3930 650	9873 80	8915 0822
8	3400 39418	6860 26958	3270 06230	0130 33188	3989 741	9953 49	9149 7176
9	3613 90131	6813 43273	3400 23429	0213 66702	4048 756	*0033 17	9385 1906
0,760	3827 62205	6766 64270	3530 48967	0297 13238	4107 696	0112 80	9621 5082
1	4041 55662	6719 89943	3660 82859	0380 72803	4166 560	0192 40	9858 6778
2	4255 70523	6673 20289	3791 25117	0464 45406	4225 349	0271 96	*0096 7066
3	4470 06810	6626 55301	3921 75755	0548 31056	4284 063	0351 48	0335 6021
4	4684 64544	6579 94976	4052 34784	0632 29760	4342 700	0430 96	0575 3716
5	4899 43747	6533 39310	4183 02218	0716 41528	4401 263	0510 40	0816 0228
6	5114 44439	6486 88296	4313 78071	0800 66368	4459 750	0589 81	1057 5633
7	5329 66643	6440 41932	4444 62355	0885 04287	4518 162	0669 17	1300 0009
8	5545 10379	6394 00211	4575 55084	0969 55295	4576 498	0743 50	1543 3436
9	5760 75671	6347 63130	4706 56270	1054 19400	4634 759	0827 79	1787 5992
0,770	5976 62538	6301 30683	4837 65927	1138 96610	4692 945	0907 04	2032 7758
1	6192 71003	6255 02867	4968 84068	1223 86935	4751 056	0986 26	2278 8817
2	6409 01080	6208 79676	5100 10702	1308 90378	4809 091	1065 43	2525 9251
3	6625 52812	6162 61106	5231 45853	1394 06959	4867 051	1144 57	2773 9144
4	6842 26200	6116 47152	5362 89524	1479 36676	4924 937	1223 67	3022 8582
5	7059 21272	6070 37810	5494 41731	1564 79541	4982 747	1302 73	3272 7650
6	7276 38050	6024 33075	5626 02487	1650 35562	5040 481	1381 75	3523 6463
7	7493 76555	5978 32942	5757 71806	1736 04749	5098 141	1460 74	3775 5028
8	7711 36810	5932 37408	5889 49701	1821 87109	5155 726	1539 68	4028 3517
9	7929 18836	5886 46466	6021 36185	1907 82651	5213 236	1618 59	4282 1993
0,780	8147 22655	5840 60113	6153 31271	1993 91384	5270 671	1697 46	4537 0548
1	8365 48289	5794 78344	6285 34972	2080 13316	5328 031	1776 29	4792 9277
2	8583 85759	5749 01155	6417 42302	2166 43457	5385 316	1855 08	5049 8277
3	8802 65087	5703 28540	6549 68274	2252 96814	5442 526	1933 84	5307 7632
4	9021 56296	5657 60496	6681 97900	2339 58396	5499 662	2012 56	5566 7453
5	9240 69407	5611 97018	6814 36195	2426 33213	5556 722	2091 23	5826 7833
$\frac{\pi}{4}=0{,}785\ldots$	9328 00507	5593 81278	6867 09615	2460 90893	5579 418	2122 55	5931 1169
6	9460 04442	5566 38101	6946 83171	2513 21272	5613 708	2169 87	6087 8623
7	9679 61424	5520 83740	7079 38842	2600 22582	5670 619	2248 48	6350 0675
8	9899 40373	5475 33932	7212 03220	2687 37152	5727 455	2327 04	6613 3341
9	*0119 41312	5429 88671	7344 76320	2774 64991	5784 217	2405 56	6877 6775
0,790	0339 64263	5384 47953	7477 58155	2862 06108	5840 904	2484 05	7143 1684
1	0560 09247	5339 11773	7610 48737	2949 60510	5897 516	2562 50	7409 7575
2	0780 76288	5293 80128	7743 48080	3037 28208	5954 054	2640 91	7677 4757
3	1001 65407	5248 53012	7876 56198	3125 09210	6010 517	2719 28	7946 3340
4	1222 76627	5203 30420	8009 73103	3213 03523	6066 906	2797 62	8216 3437
5	1444 09968	5158 12349	8142 98809	3301 11159	6123 220	2875 92	8487 5161
6	1665 65444	5112 98794	8276 33325	3389 32119	6179 460	2954 18	8759 8628
7	1887 43106	5067 89750	8409 76678	3477 66428	6235 626	3032 40	9033 3954
8	2109 42948	5022 85213	8543 28867	3566 14080	6291 717	3110 58	9308 1259
9	2331 65000	4977 85178	8676 89911	3654 75089	6347 734	3188 72	9584 0663
	2,2	**0,4**	**0,8**	**1,3**	**0,6**	**0,7**	**1,0**

Amp x	x	$\log_e x$	Amp x	
40⁰		**— 0,24**	**0,71**	**40⁰**
18′ 37″,78	**0,780**	846 13593	115 16	44′ 45″,56
21 15,01	1	718 01291	190 90	47 21,77
23 52,15	2	590 05384	266 59	49 57,89
26 29,18	3	462 25830	342 23	52 33,90
29 06,11	4	334 62586	417 81	55 09,81
31 42,94	5	207 15612	493 35	57 45,62
34 19,67	$\frac{\pi}{4}=0{,}785\ldots$	156 44753	523 41	58 47,62
36 56,29	6	079 84866	568 84	*00 21,33
39 32,82	7	*952 70306	644 28	02 56,94
42 09,24	8	825 71891	719 67	05 32,44
40⁰	9	698 89581	795 01	08 07,84
		— 0,23	**0,71**	**41⁰**

x	$\log_e x$	Amp x	
	— 0,23	**0,71**	**41⁰**
0,790	572 23335	870 30	10′ 43″,14
1	445 73112	945 54	13 18,33
2	319 38872	*020 73	15 53,43
3	193 20573	095 88	18 28,42
4	067 18177	170 97	21 03,31
5	*941 31643	246 01	23 38,10
6	815 60931	321 01	26 12,78
7	690 06002	395 95	28 47,36
8	564 66815	470 84	31 21,84
9	439 43332	545 69	33 56,22
	— 0,22	**0,72**	**41⁰**

x	φ	sin x	cos x	tg x	arc sin x	arc cos x	arc tg x
	4	0,7	0,6	1,0	0,9	0,6	0,6
0,800	5° 50′ 11″,84	1735 60909 00	9670 67093 47	2963 85571	2729 52	4350 11	7474 095
1	5 53 38,11	1805 24388 15	9598 90050 22	3170 08367	2896 37	4183 26	7535 040
2	5 57 04,37	1874 80686 78	9527 06047 09	3376 73761	3063 60	4016 03	7595 927
3	6 00 30,64	1944 29797 92	9455 15091 25	3583 81925	3231 20	3848 43	7656 754
4	6 30 56,90	2013 71714 64	9383 17189 89	3791 33034	3399 18	3680 45	7717 521
5	6 07 23,17	2083 06429 99	9311 12350 22	3999 27264	3567 55	3512 09	7778 230
6	6 10 49,43	2152 33937 03	9239 00579 43	4207 64790	3736 30	3343 34	7838 879
7	6 14 15,70	2221 54228 84	9166 81884 75	4416 45791	3905 43	3174 20	7899 469
8	6 17 41,96	2290 67298 50	9094 56273 38	4625 70443	4074 96	3004 67	7960 000
9	6 21 08,23	2359 73139 09	9022 23752 56	4835 38927	4244 89	2834 74	8020 471
0,810	6 24 34,49	2428 71743 70	8949 84329 52	5045 51421	4415 21	2664 42	8080 884
1	6 28 00,76	2497 63105 45	8877 38011 49	5256 08107	4585 94	2493 70	8141 237
2	6 31 27,02	2566 47217 43	8804 84805 72	5467 09167	4757 07	2322 57	8201 531
3	6 34 53,29	2635 24072 76	8732 24719 47	5678 54783	4928 60	2151 03	8261 766
4	6 38 19,55	2703 93664 58	8659 57760 00	5890 45139	5100 55	1979 08	8321 943
5	6 41 45,82	2772 55986 00	8586 83934 57	6102 80420	5272 92	1806 71	8382 060
6	6 45 12,08	2841 11030 16	8514 03250 45	6315 60812	5445 70	1633 93	8442 119
7	6 48 38,35	2909 58790 21	8441 15714 94	6528 86500	5618 91	1460 72	8502 118
8	6 52 04,61	2977 99259 31	8368 21335 30	6742 57672	5792 54	1287 09	8562 059
9	6 55 30,88	3046 32430 60	8295 20118 85	6956 74518	5966 61	1113 03	8621 942
0,820	6 58 57,14	3114 58297 27	8222 12072 88	7171 37226	6141 10	0938 53	8681 765
1	7 02 23,41	3182 76852 48	8148 97204 69	7386 45988	6316 04	0763 60	8741 530
2	7 05 49,67	3250 88089 41	8075 75521 61	7602 00994	6491 41	0588 22	8801 236
3	7 09 15,94	3318 92001 25	8002 47030 95	7818 02437	6667 23	0412 40	8860 884
4	7 12 42,20	3386 88581 20	7929 11740 05	8034 50511	6843 50	0236 13	8920 474
5	7 16 08,47	3454 77822 47	7855 69656 24	8251 45411	7020 22	0059 41	8980 005
6	7 19 34,73	3522 59718 25	7782 20786 86	8468 87331	7197 40	*9882 23	9039 477
7	7 23 00,99	3590 34261 78	7708 65139 25	8686 76470	7375 04	9704 59	9098 891
8	7 26 27,26	3658 01446 27	7635 02720 79	8905 13023	7553 14	9526 49	9158 247
9	7 29 53,52	3725 61264 97	7561 33538 82	9123 97191	7731 72	9347 91	9217 544
0,830	7 33 19,79	3793 13711 10	7487 57600 71	9343 29172	7910 77	9168 86	9276 783
1	7 36 46,05	3860 58777 92	7413 74913 85	9563 09169	8090 30	8989 34	9335 964
2	7 40 12,32	3927 96458 68	7339 85485 62	9783 37382	8270 31	8809 33	9395 087
3	7 43 38,58	3995 26746 65	7265 89323 40	*0004 14015	8450 80	8628 83	9454 152
4	7 47 04,85	4062 49635 08	7191 86434 59	0225 39272	8631 79	8447 84	9513 159
5	7 50 31,11	4129 65117 28	7117 76826 60	0447 13358	8813 28	8266 35	9572 107
6	7 53 57,38	4196 73186 50	7043 60506 83	0669 36480	8995 27	8084 37	9630 998
7	7 57 23,64	4263 73836 05	6969 37482 70	0892 08844	9221 39	7858 24	9689 831
8	8 00 49,91	4330 67059 23	6895 07761 63	1115 30660	9360 76	7718 87	9748 606
9	8 04 16,17	4397 52849 35	6820 71351 06	1339 02147	9544 28	7535 35	9807 324
0,840	8 07 42,44	4464 31199 71	6746 28258 41	1563 23486	9728 32	7351 31	9865 983
1	8 11 08,70	4531 02103 64	6671 78491 14	1787 94918	9912 89	7166 74	9924 585
2	8 14 34,97	4597 65554 47	6597 22056 69	2013 16633	*0097 99	6981 65	9983 128
3	8 18 01,23	4664 21545 53	6522 58962 52	2238 88889	0283 62	6796 01	*0041 614
4	8 21 27,50	4730 70070 18	6447 89216 09	2465 11856	0469 79	6609 84	0100 043
5	8 24 53,76	4797 11121 75	6373 12824 87	2691 85767	0656 52	6423 12	0158 414
6	8 28 20,03	4863 44693 61	6298 29796 34	2919 10839	0843 79	6235 84	0216 727
7	8 31 46,29	4929 70779 13	6223 40137 98	3146 87290	1031 62	6048 01	0274 983
8	8 35 12,56	4995 89371 68	6148 43857 28	3375 15342	1220 02	5859 61	0333 182
9	8 38 38,82	5062 00464 64	6073 40961 73	3603 95215	1408 99	5670 65	0391 323
	4	0,7	0,6	1,1	1,0	0,5	0,7

x	$\log_e x$	Amp x		x	$\log_e x$	Amp x		x	$\log_e x$	Amp x
	— 0,22	0,72	41°		— 0,21	0,73	42°		— 0,19	0,74
0,800	314 35513	620 48	36′ 30″,50	**0,810**	072 10313	365 70	02′ 07″,62	**0,820**	845 09387	105 94
1	189 43319	695 23	39 04,67	1	*948 72249	439 95	04 40,76	1	723 21695	179 69
2	064 66711	769 92	41 38,74	2	825 49388	514 14	07 13,81	2	601 48839	253 39
3	*940 05650	844 57	44 12,71	3	702 41694	588 29	09 46,75	3	479 90783	327 04
4	815 60098	919 16	46 46,57	4	579 49130	662 39	12 19,59	4	358 47491	400 64
5	691 30016	993 71	49 20,34	5	456 71657	736 44	14 52,33	5	237 18926	474 20
6	567 15365	*068 21	51 54,00	6	334 09240	810 44	17 24,96	6	116 05055	547 70
7	443 16107	142 66	54 27,56	7	211 61841	884 39	19 57,50	7	*995 05840	621 15
8	319 32205	217 05	57 01,01	8	089 29424	958 29	22 29,93	8	874 21246	694 55
9	195 63619	291 40	59 34,36	9	**967 11951	*032 14	25 02,25	9	753 51238	767 90
	— 0,21	0,73	41°		— 0,19	0,74	42°		— 0,18	0,74

x	e^x	e^{-x}	Sin x	Cos x	Tg x	Ar Sin x	Ar Tg x
	2,2	**0,44**	**0,8**	**1,3**	**0,6**	**0,7**	**1,0**
0,800	2554 09285	932 89641	8810 59822	3743 49463	6403 677	3266 83	9861 2289
1	2776 75826	887 98597	8944 38614	3832 37212	6459 546	3344 89	*0139 6260
2	2999 64644	843 12042	9078 26301	3921 38343	6515 340	3422 92	0419 2704
3	3222 75762	798 29972	9212 22895	4010 52867	6571 060	3500 92	0700 1747
4	3446 09203	753 52381	9346 28411	4099 80792	6626 706	3578 87	0982 3521
5	3669 64988	708 79266	9480 42861	4189 22127	6682 278	3656 79	1265 8156
6	3893 43140	664 10621	9614 66260	4278 76881	6737 775	3734 66	1550 5788
7	4117 43682	619 46443	9748 98620	4368 45062	6793 199	3892 50	1836 6551
8	4341 66635	574 86727	9883 39954	4458 26681	6848 549	3890 30	2124 0585
9	4566 12023	530 31468	*0017 90277	4548 21745	6903 824	3968 07	2412 8029
0,810	4790 79868	485 80662	0152 49602	4638 30265	6959 026	4045 79	2702 9026
1	5015 70190	441 34305	0287 17942	4728 52248	7014 154	4123 48	2994 3721
2	5240 83015	396 92392	0421 95311	4818 87703	7069 208	4201 13	3287 2262
3	5466 18363	352 54919	0556 81722	4909 36641	7124 189	4278 74	3581 4797
4	5691 76259	308 21881	0691 77189	4999 99070	7179 095	4356 31	3877 1978
5	5917 56723	263 93274	0826 81725	5090 74999	7233 928	4433 85	4174 2461
6	6143 59780	219 69093	0961 95344	5181 64436	7288 687	4511 35	4472 7901
7	6369 85451	175 49334	1097 18058	5272 67392	7343 373	4588 81	4772 7958
8	6596 33758	131 33993	1232 49883	5363 83875	7397 984	4666 23	5074 2794
9	6823 04726	087 23065	1367 90831	5455 13895	7452 523	4743 61	5377 2574
0,820	7049 98375	043 16545	1503 40915	5546 57460	7506 988	4820 96	5681 7465
1	7277 14730	*999 14430	1639 00150	5638 14580	7561 379	4898 26	5987 7637
2	7504 53812	955 16715	1774 68549	5729 85264	7615 697	4975 53	6295 3264
3	7732 15645	911 23395	1910 46125	5821 69520	7669 941	5052 77	6604 4521
4	7960 00251	867 34466	2046 32892	5913 67359	7724 112	5129 96	6915 1588
5	8188 07653	823 49925	2182 28864	6005 78789	7778 210	5207 12	7227 4646
6	8416 37874	779 69765	2318 34054	6098 03820	7832 235	5284 23	7541 3881
7	8644 90937	735 93984	2454 48476	6190 42460	7886 186	5361 31	7856 9481
8	8873 66864	692 22576	2590 72144	6282 94720	7940 064	5438 36	8174 1638
9	9102 65678	648 55537	2727 05070	6375 60607	7993 869	5515 36	8493 0546
0,830	9331 87403	604 92863	2863 47270	6468 40133	8047 601	5592 33	8813 6404
1	9561 32060	561 34550	2999 98755	6561 33305	8101 259	5669 26	9135 9415
2	9790 99674	517 80593	3136 59541	6654 40134	8154 845	5746 15	9459 9783
3	*0020 90267	474 30987	3273 29640	6747 60627	8208 358	5823 01	9785 7718
4	0251 03863	430 85729	3410 09067	6840 94796	8261 797	5899 82	**0113 3432
5	0481 40483	387 44814	3546 97834	6934 42649	8315 164	5976 60	0442 7143
6	0712 00151	344 08238	3683 95957	7028 04195	8368 458	6053 34	0773 9072
7	0942 82891	300 75996	3821 03447	7121 79444	8421 679	6130 04	1106 9442
8	1173 88725	257 48085	3958 20320	7215 86405	8474 827	6206 71	1441 8484
9	1405 17676	214 24499	4095 46589	7309 71087	8527 903	6283 33	1778 6430
0,840	1636 69768	171 05234	4232 82267	7403 87501	8580 906	6359 92	2117 3518
1	1868 45023	127 90287	4370 27368	7498 17655	8633 836	6436 47	2457 9990
2	2100 43466	084 79652	4507 81907	7592 61559	8686 694	6512 99	2800 6092
3	2332 65118	041 73326	4645 45896	7687 19222	8739 479	6589 47	3145 2076
4	2565 10004	**998 71304	4783 19350	7781 90654	8792 192	6665 90	3491 8198
5	2797 78146	955 73582	4921 02282	7876 75864	8844 832	6742 31	3840 4720
6	3030 69568	912 80156	5058 94706	7971 74862	8897 400	6818 67	4191 1906
7	3263 84293	869 91020	5196 96636	8066 87656	8949 895	6894 99	4544 0029
8	3497 22344	827 06172	5335 08086	8162 14258	9002 318	6971 28	4898 9366
9	3730 83745	784 25607	5473 29069	8257 54676	9054 668	7047 53	5256 0197
	2,3	**0,42**	**0,9**	**1,3**	**0,6**	**0,7**	**1,2**

Amp x	x	$\log_e x$	Amp x		x	$\log_e x$	Amp x	
42⁰		**— 0,18**	**0,74**	**42⁰**		**— 0,17**	**0,75**	**43⁰**
27′ 34″,48	**0,830**	632 95782	841 20	52′ 51″,06	**0,840**	435 33871	571 48	17′ 57″,37
30 06,60	1	512 54841	914 46	55 22,16	1	316 36190	644 23	20 27,43
32 38,62	2	392 28382	987 66	57 53,15	2	197 52647	716 94	22 57,39
35 10,53	3	272 16368	*060 81	*00 24,04	3	078 83210	789 59	25 27,25
37 42,34	4	152 18766	133 91	02 54,82	4	*960 27844	862 19	27 57,01
40 14,05	5	032 35541	206 97	05 25,50	5	841 86516	934 75	30 26,66
42 45,66	6	*912 66659	279 97	07 56,08	6	723 59194	*007 25	32 56,21
45 17,17	7	793 12085	352 92	10 26,56	7	605 45843	079 70	35 25,65
47 48,57	8	673 71785	425 82	12 56,93	8	487 46432	152 11	37 55,00
50 19,87	9	554 45725	498 68	15 27,20	9	369 60927	224 46	40 24,24
42⁰		**— 0,17**	**0,75**	**42⁰**		**— 0,16**	**0,76**	**43⁰**

x	φ	sin x	cos x	tg x	arc sin x	arc cos x	arc tg x
	4	0,7	0,6	1,1	1,0	0,5	0,7
0,850	8°42′05″,09	5128 04051 40	5998 31458 85	3833 27132	1598 53	5481 10	0449 407
1	8 45 31,35	5194 00125 36	5923 15356 14	4063 11317	1788 65	5290 98	0507 433
2	8 48 57,61	5259 88679 92	5847 92661 11	4293 47995	1979 36	5100 27	0565 403
3	8 52 23,88	5325 69708 49	5772 63381 28	4524 37392	2170 67	4908 96	0623 315
4	8 55 50,14	5391 43204 49	5697 27524 20	4755 79736	2362 57	4717 06	0681 170
5	8 59 16,41	5457 09161 35	5621 85097 39	4987 75255	2555 08	4524 55	0738 967
6	9 02 42,67	5522 67572 50	5546 36108 39	5220 24179	2748 23	4331 41	0796 708
7	9 06 08,94	5588 18431 38	5470 80564 76	5453 26741	2941 95	4137 68	0854 391
8	9 09 35,20	5653 61731 44	5395 18474 05	5686 83171	3136 32	3943 31	0912 018
9	9 13 01,47	5718 97466 15	5319 49843 82	5920 93704	3331 32	3748 31	0969 588
0,860	9 16 27,73	5784 25628 95	5243 74681 64	6155 58576	3526 97	3552 67	1027 100
1	9 19 54,00	5849 46213 33	5167 92995 09	6390 78024	3723 26	3356 38	1084 556
2	9 23 20,26	5914 59212 77	5092 04791 74	6626 52283	3920 20	3159 43	1141 956
3	9 26 46,53	5979 64620 75	5016 10079 19	6862 81595	4114 81	2964 82	1199 298
4	9 30 12,79	6044 62430 76	4940 08865 03	7099 66199	4316 08	2763 55	1256 584
5	9 33 39,06	6109 52636 31	4864 01156 87	7337 06338	4515 04	2564 60	1313 813
6	9 37 05,32	6174 35230 91	4787 86962 30	7575 02254	4714 67	2364 96	1370 986
7	9 40 31,59	6239 10208 08	4711 66288 94	7813 54191	4915 00	2164 63	1428 102
8	9 43 57,85	6303 77561 33	4635 39144 42	8052 62397	5116 04	1963 60	1485 161
9	9 47 24,12	6368 37284 21	4559 05536 36	8292 27119	5317 78	1761 86	1542 164
0,870	9 50 50,38	6432 89370 26	4482 65472 40	8532 48603	5520 23	1559 40	1599 111
1	9 54 16,65	6497 33813 01	4406 18960 17	8773 27102	5723 41	1356 22	1656 001
2	9 57 42,91	6561 70606 03	4329 66007 32	9014 62867	5927 33	1152 30	1712 835
3	*0 01 09,18	6625 99742 88	4253 06621 51	9256 56150	6131 99	0947 64	1769 613
4	0 04 35,44	6690 21217 13	4176 40810 39	9499 07207	6337 41	0742 23	1826 334
5	0 08 01,71	6754 35022 36	4099 68581 63	9742 16292	6543 58	0536 05	1882 999
6	0 11 27,97	6818 41152 16	4022 89942 91	9985 83664	6750 53	0329 10	1939 608
7	0 14 54,24	6882 39600 11	3946 04901 89	*0230 09581	6958 26	0121 38	1996 162
8	0 18 20,50	6946 30359 83	3869 13466 27	0474 94303	7166 77	*9912 86	2052 659
9	0 21 46,76	7010 13424 92	3792 15643 73	0720 38092	7376 09	9703 54	2109 100
0,880	0 25 13,03	7073 88788 99	3715 11441 99	0966 41212	7586 22	9493 41	2165 485
1	0 28 39,29	7137 56445 68	3638 00868 73	1213 03926	7797 17	9282 46	2221 815
2	0 32 05,56	7201 16388 61	3560 83931 67	1460 26503	8008 95	8070 68	2278 088
3	0 35 31,82	7264 68611 42	3483 60638 52	1708 09208	8221 58	8858 05	2334 306
4	0 38 58,09	7328 13107 77	3406 30997 02	1956 52312	8435 06	8644 58	2390 468
5	0 42 24,35	7391 49871 30	3328 95014 88	2205 56086	8649 40	8430 23	2446 574
6	0 45 50,62	7454 78895 69	3251 52699 86	2455 20801	8864 62	8215 01	2502 624
7	0 49 16,88	7518 00174 59	3174 04059 67	2705 46733	9080 73	7998 90	2558 618
8	0 52 43,15	7581 13701 70	3096 49102 09	2956 34157	9297 74	7781 89	2614 557
9	0 56 09,41	7644 19470 69	3018 87834 86	3207 83350	9515 67	7563 97	2670 441
0,890	0 59 35,68	7707 17475 27	2941 20265 74	3459 94590	9734 52	7345 12	2726 269
1	1 03 01,94	7770 07709 13	2863 46402 50	3712 68160	9954 31	7125 33	2782 042
2	1 06 28,21	7832 90165 98	2785 66252 91	3966 04340	*0175 05	6904 59	2837 759
3	1 09 54,47	7895 64839 54	2707 79824 76	4220 03416	0396 75	6682 88	2893 421
4	1 13 20,74	7958 31723 54	2629 87125 83	4474 65669	0619 44	6460 19	2949 028
5	1 16 47,00	8020 90811 70	2551 88163 91	4729 91391	0843 12	6236 51	3004 579
6	1 20 13,27	8083 42097 78	2473 82946 81	4985 80869	1067 81	6011 82	3060 076
7	1 23 39,53	8145 85575 51	2395 71482 32	5242 34390	1293 52	5786 11	3115 517
8	1 27 05,80	8208 21238 66	2317 53778 26	5499 52256	1520 27	5559 36	3170 903
9	1 30 32,06	8270 49080 99	2239 29842 45	5757 34751	1748 08	5331 56	3226 234
	5	0,7	0,6	1,2	1,1	0,4	0,7

x	$\log_e x$	Amp x		x	$\log_e x$	Amp x		x	$\log_e x$	Amp x
	—0,16	0,76	43°		—0,15	0,77	44°		—0,13	0,77
0,850	251 89295	296 77	42′ 53″,38	0,860	082 28897	017 06	07′ 39″,08	0,870	926 20673	732 35
1	134 30504	369 02	45 22,41	1	*966 07746	088 81	10 07,08	1	811 33021	803 60
2	016 87522	441 22	47 51,34	2	850 00083	160 51	12 34,98	2	696 58551	874 81
3	*899 57315	513 38	50 20,14	3	734 05879	232 17	15 02,78	3	581 97231	945 96
4	782 40852	585 48	52 48,89	4	618 25102	303 77	17 30,48	4	467 49033	*017 07
5	665 38100	657 54	55 17,52	5	502 57721	375 33	19 58,07	5	353 13926	088 12
6	548 49028	729 54	57 46,04	6	387 03704	446 83	22 25,56	6	238 91880	159 12
7	431 73604	801 49	00 14,45	7	271 63022	518 29	24 52,94	7	124 82866	230 08
8	315 11795	873 40	02 42,76	8	156 35643	589 69	27 20,22	8	010 86853	300 98
9	198 63570	945 25	05 10,97	9	041 21537	661 04	29 47,40	9	*897 03813	371 84
	—0,15	0,76	43°		—0,14	0,77	44°		—0,12	0,78

x	e^x	e^{-x}	Sin x	Cos x	Tg x	Ar Sin x	Ar Tg x
	2,3	**0,42**	**0,9**	**1,3**	**0,69**	**0,7**	**1,2**
0,850	3964 68519	741 49319	5611 59600	8353 08919	106 947	7123 74	5615 2812
1	4198 76690	698 77307	5749 99692	8448 76998	159 153	7199 92	5976 7503
2	4433 08280	656 09563	5888 49359	8544 58922	211 287	7276 06	6340 4571
3	4667 63314	613 46086	6027 08614	8640 54700	263 349	7352 16	6706 4320
4	4902 41815	570 86870	6165 77473	8736 64342	315 339	7428 22	7074 7062
5	5137 43806	528 31911	6304 55947	8832 87858	367 257	7504 24	7445 3116
6	5372 69310	485 81205	6443 44053	8929 25257	419 103	7580 23	7818 2807
7	5608 18352	443 34747	6582 41803	9025 76550	470 876	7656 18	8193 6466
8	5843 90955	400 92534	6721 49211	9122 41744	522 579	7732 09	8571 4431
9	6079 87142	358 54561	6860 66291	9219 20851	574 209	7807 97	8951 7049
0,860	6316 06937	316 20823	6999 93057	9316 13880	625 768	7883 80	9334 4672
1	6552 50364	273 91317	7139 29523	9413 20841	677 254	7959 61	9719 7662
2	6789 17446	231 66039	7278 75703	9510 41742	728 669	8035 37	*0107 6386
3	7026 08207	189 44984	7418 31611	9607 76596	780 013	8111 10	0498 1222
4	7263 22670	147 28148	7557 97261	9705 25409	831 284	8186 78	0891 2555
5	7500 60860	105 15526	7697 72667	9802 88193	882 484	8262 43	1287 0777
6	7738 22800	063 07115	7837 57842	9900 64957	933 613	8338 05	1685 6291
7	7976 08513	021 02911	7977 52801	9998 55712	984 670	8413 62	2086 9508
8	8214 18025	*979 02908	8117 57558	*0096 60466	*035 656	8489 16	2491 0848
9	8452 51357	937 07103	8257 72127	0194 79230	086 570	8564 66	2898 0742
0,870	8691 08535	895 15492	8397 96521	0293 12014	137 413	8640 12	3307 9630
1	8929 89582	853 28071	8538 30756	0391 58827	188 185	8715 54	3720 7961
2	9168 94522	811 44835	8677 83226	0491 11297	238 885	8790 93	4136 6197
3	9408 23379	769 65780	8819 28800	0588 94580	289 515	8866 28	4555 4808
4	9647 76177	727 90902	8959 92638	0687 83540	340 073	8941 60	4977 4278
5	9887 52940	686 20197	9100 66371	0786 86568	390 560	9016 87	5402 5101
6	*0127 53691	644 53660	9241 50015	0886 03676	440 977	9092 11	5830 7782
7	0367 78455	602 91288	9382 43584	0985 34872	491 322	9167 31	6262 2841
8	0608 27256	561 33076	9523 47090	1084 80166	541 596	9242 48	6697 0808
9	0849 00117	519 79021	9664 60548	1184 39569	591 799	9317 60	7135 2227
0,880	1089 97064	478 29117	9805 83974	1284 13091	641 932	9392 69	7576 7657
1	1331 18120	436 83361	9947 17379	1384 00740	691 994	9467 75	8021 7668
2	1572 63308	395 41749	*0088 60780	1484 02529	741 985	9542 76	8470 2848
3	1814 32654	354 04276	0230 14189	1584 18465	791 905	9617 74	8922 3797
4	2056 26182	312 70939	0371 77622	1684 48560	841 755	9692 69	9378 1132
5	2298 43915	271 41733	0513 51091	1784 92824	891 534	9767 59	9837 5486
6	2540 85878	230 16654	0655 34612	1885 51266	941 243	9842 46	**0300 7508
7	2783 52095	188 95698	0797 28198	1986 23896	990 881	9917 29	0767 7863
8	3026 42590	147 78861	0939 31864	2087 10726	**040 449	9992 08	1238 7238
9	3269 57388	106 66139	1081 45624	2188 11763	089 946	*0066 84	1713 6338
0,890	3512 96513	065 57528	1223 69493	2289 27020	139 373	0141 55	2192 5871
1	3756 59989	024 53023	1366 03483	2390 56506	188 730	0216 23	2675 6593
2	4000 47841	**983 52620	1508 47610	2492 00231	238 017	0290 87	3162 9261
3	4244 60093	942 56316	1651 01888	2593 58204	287 233	0365 48	3654 4658
4	4488 96769	901 64106	1793 66332	2695 30438	336 379	0440 05	4150 3590
5	4733 57895	860 75986	1936 40954	2797 16941	385 455	0514 58	4650 6884
6	4978 43493	819 91953	2079 25770	2899 17723	434 462	0589 08	5155 5392
7	5223 53590	779 12001	2222 20794	3001 32795	483 398	0663 54	5664 9991
8	5468 88209	738 36127	2365 26041	3103 62168	532 264	0737 96	6179 1583
9	5714 47374	697 64328	2508 41523	3206 05851	581 061	0812 35	6698 1097
	2,4	**0,40**	**1,0**	**1,4**	**0,71**	**0,8**	**1,4**

Amp x	x	$\log_e x$	Amp x		x	$\log_e x$	Amp x	
44°		**— 0,12**	**0,78**	**44°**		**— 0,11**	**0,79**	**45°**
32′ 14″,48	**0,880**	783 33715	442 64	56′ 39″,56	**0,890**	653 38163	147 94	20′ 54″,34
34 41,45	1	669 76530	513 40	59 05,50	1	541 08515	218 19	23 19,25
37 08,32	2	556 32230	584 10	*01 31,34	2	428 91464	288 39	25 44,05
39 35,09	3	443 00784	654 76	03 57,08	3	316 86981	358 55	28 08,76
42 01,75	4	329 82164	725 36	06 22,71	4	204 95038	428 65	30 33,36
44 28,31	5	216 76340	795 91	08 48,24	5	093 15607	498 71	32 57,85
46 54,77	6	103 83284	866 42	11 13,66	6	*981 48660	568 71	35 22,25
49 21,12	7	*991 02967	936 87	13 38,99	7	869 94169	638 67	37 46,54
51 47,37	8	878 35360	*007 28	16 04,21	8	758 52107	708 57	40 10,73
54 13,52	9	765 80435	077 63	18 29,32	9	647 22445	778 43	42 34,81
44°		**— 0,11**	**0,79**	**45°**		**— 0,10**	**0,79**	**45°**

x	φ	sin x	cos x	tg x	arc sin x	arc cos x	arc tg x
	5	**0,7**	**0,6**	**1,2**	**1,1**	**0,4**	**0,73**
0,900	1° 33′ 58″,33	8332 69096 27	2160 99682 71	6015 82184	1976 95	5102 68	281 510
1	1 37 24,59	8394 81278 29	2082 63306 87	6274 94826	2206 91	4872 72	336 731
2	1 40 50,86	8456 85620 82	2004 20722 76	6534 73001	2437 98	4641 65	391 897
3	1 44 17,12	8518 82117 67	1925 71938 24	6795 17002	2670 17	4409 47	447 009
4	1 47 43,38	8580 70762 63	1847 16961 15	7056 27132	2903 49	4176 14	502 065
5	1 51 09,65	8642 51549 53	1768 55799 33	7318 03696	3137 97	3941 66	557 067
6	1 54 35,91	8704 24472 17	1689 88460 67	7580 47000	3373 63	3706 00	612 014
7	1 58 02,18	8765 89524 39	1611 14953 01	7843 57352	3610 48	3469 15	666 907
8	2 01 28,44	8827 46700 02	1532 35284 24	8107 35069	3848 55	3231 08	721 745
9	2 04 54,71	8888 95992 91	1453 49462 24	8371 80443	4087 85	2991 78	776 528
0,910	2 08 20,97	8950 37396 90	1374 57494 89	8636 93807	4328 41	2751 23	831 257
1	2 11 47,24	9011 70905 85	1295 59390 08	8902 75472	4570 24	2509 39	885 931
2	2 15 13,50	9072 96513 64	1216 55155 71	9169 25754	4813 37	2266 26	940 551
3	2 18 39,77	9134 14214 12	1137 44799 69	9436 44973	5057 83	2021 81	995 117
4	2 22 06,03	9195 24001 20	1058 28329 92	9704 33450	5303 64	1776 01	*049 628
5	2 25 32,30	9256 25868 75	0979 05754 32	9972 91510	5550 79	1528 84	104 085
6	2 28 58,56	9317 19810 67	0899 77080 82	*0242 19476	5799 35	1280 28	158 488
7	2 32 24,83	9378 05820 88	0820 42317 35	0512 17678	6049 33	1030 30	212 836
8	2 35 51,09	9438 83893 28	0741 01471 83	0782 86443	6300 76	0778 88	267 132
9	2 39 17,36	9499 54021 80	0661 54552 21	1054 26104	6553 65	0525 98	321 372
0,920	2 42 43,62	9560 16200 36	0582 01566 43	1326 36993	6808 05	0271 58	375 559
1	2 46 09,89	9620 70422 91	0502 42522 46	1599 19447	7063 97	0015 66	429 691
2	2 49 36,15	9681 16683 39	0422 77428 24	1872 73802	7321 45	*9758 18	483 770
3	2 53 02,42	9741 54975 76	0343 06291 75	2147 00398	7580 53	9499 11	537 794
4	2 56 28,68	9801 85293 96	0263 29120 95	2421 99578	7841 22	9238 42	591 765
5	2 59 54,95	9862 07631 99	0183 45923 82	2697 71683	8103 56	8976 07	645 682
6	3 03 21,21	9922 21983 81	0103 56708 35	2974 17061	8367 59	8712 04	699 546
7	3 06 47,48	9982 28343 40	0023 61482 52	3251 36060	8633 32	8446 32	753 355
8	3 10 13,74	0042 26704 77	*9943 60254 33	3529 29029	8900 85	8178 79	807 111
9	3 13 40,01	0102 17061 91	9863 53031 78	3807 96320	9170 15	7909 48	860 813
0,930	3 17 06,27	0161 99408 84	9783 39822 87	4087 38289	9441 28	7638 35	914 462
1	3 20 32,53	0221 73739 56	9703 20635 63	4367 55292	9714 29	7365 34	968 058
2	3 23 58,80	0281 40048 12	9622 95478 07	4648 47688	9989 21	7090 42	**021 600
3	3 27 25,06	0340 98328 53	9542 64358 21	4930 15837	*0266 05	6813 58	075 088
4	3 30 51,33	0400 48574 85	9462 27284 09	5212 60104	0544 98	6534 66	128 524
5	3 34 17,59	0459 90781 12	9381 84263 74	5495 80855	0825 91	6253 73	181 906
6	3 37 43,86	0519 24941 40	9301 35305 21	5779 78456	1108 93	5970 70	235 234
7	3 41 10,12	0578 51049 75	9220 80416 54	6064 53278	1394 11	5685 53	288 510
8	3 44 36,39	0637 69100 26	9140 19605 80	6350 05695	1681 48	5398 16	341 732
9	3 48 02,65	0696 79086 99	9059 52881 03	6636 36080	1971 10	5108 53	394 902
0,940	3 51 28,92	0755 81004 05	8978 80250 31	6923 44811	2263 03	4816 60	448 018
1	3 54 55,18	0814 74845 53	8898 01721 71	7211 32268	2557 33	4522 30	501 082
2	3 58 21,45	0873 60605 53	8817 17303 31	7499 98833	2854 06	4225 58	554 092
3	4 01 47,71	0932 38278 17	8736 27003 20	7789 44890	3153 28	3926 41	607 049
4	4 05 13,98	0991 07857 58	8655 30829 46	8079 70827	3455 05	3624 58	659 954
5	4 08 40,24	1049 69337 88	8574 28790 18	8370 77032	3759 46	3320 17	712 806
6	4 12 06,51	1108 22713 21	8493 20893 48	8662 63898	4066 57	3013 06	765 605
7	4 15 32,77	1166 67977 72	8412 07147 46	8955 31819	4376 45	2703 18	818 352
8	4 18 59,04	1225 05125 56	8330 87560 23	9248 81191	4736 17	2343 46	871 046
9	4 22 25,30	1283 34150 89	8249 62139 92	9543 12415	5004 88	2074 75	923 687
	5	**0,8**	**0,5**	**1,3**	**1,2**	**0,3**	**0,75**

x	$\log_e$ x	Amp x		x	$\log_e$ x	Amp x		x	$\log_e$ x	Amp x
	— 0,10	**0,79**	**45°**		**— 0,09**	**0,80**	**46°**		**— 0,08**	**0,81**
0,900	536 05157	848 23	44′ 58″,80	**0,910**	431 06835	543 53	08′ 52″,95	**0,920**	338 16089	233 83
1	425 00214	917 98	47 22,67	1	321 23817	612 78	11 15,79	1	229 52427	302 58
2	314 07589	987 69	49 46,45	2	211 52889	681 98	13 38,54	4	121 00554	371 29
3	203 27256	*057 34	52 10,12	3	101 93984	751 14	16 01,18	3	012 60445	439 94
4	092 59186	126 95	54 33,69	4	*992 47075	820 24	18 23,72	4	*904 32073	508 55
5	*982 03353	196 50	56 57,16	5	883 12137	889 30	20 46,16	5	796 15415	577 10
6	871 59729	266 01	59 20,52	6	773 89143	958 30	23 08,49	6	688 10443	645 61
7	761 28289	335 46	*01 43,78	7	664 78067	*027 26	25 30,72	7	580 17134	714 06
8	651 09004	404 87	04 06,94	8	555 78884	096 16	27 52,85	8	472 35462	782 47
9	541 01848	474 22	06 30,00	9	446 91566	165 02	30 14,87	9	364 65402	850 83
	— 0,09	**0,80**	**46°**		**— 0,08**	**0,81**	**46°**		**— 0,07**	**0,81**

x	e^x	e^{-x}	Sin x	Cof x	Tg x	Ar Sin x	Ar Tg x
	2,4	**0,40**	**1,0**	**1,4**	**0,71**	**0,8**	**1,**
0,900	5960 31112	656 96597	2651 67257	3308 63854	629 787	0886 69	47221 9490
1	6206 39445	616 32933	2795 03256	3411 36189	678 444	0961 00	47750 7746
2	6452 72399	575 73330	2938 49534	3514 22864	727 031	1035 28	48284 6882
3	6699 29998	535 17785	3082 06106	3617 23891	775 549	1109 52	48823 7944
4	6946 12267	494 66293	3225 72987	3720 39280	823 997	1183 72	49368 2011
5	7193 19231	454 18851	3369 50190	3823 69041	872 375	1257 88	49918 0198
6	7440 50914	413 75454	3513 37730	3927 13184	920 684	1332 01	50473 3651
7	7688 07341	373 36099	3657 35621	4030 71720	968 923	1406 10	51034 3556
8	7935 88536	333 00781	3801 43878	4134 44659	*017 093	1480 15	51601 1138
9	8183 94526	292 69496	3945 62515	4238 32011	065 194	1554 16	52173 7659
0,910	8432 25334	225 42240	4089 91547	4342 33787	113 226	1628 14	52752 4425
1	8680 80985	212 19010	4234 30987	4446 49997	161 188	1702 09	53337 2788
2	8929 61504	171 99801	4378 80852	4550 80653	209 081	1775 99	53928 4140
3	9178 66916	131 84609	4523 41154	4655 25763	256 905	1849 86	54525 9925
4	9427 97246	091 73430	4668 11908	4759 85338	304 660	1923 69	54130 1638
5	9677 52519	051 66261	4812 93129	4864 59390	352 346	1997 49	55741 0823
6	9927 32759	011 63097	4957 84831	4969 47928	399 963	2071 24	56358 9080
7	*0177 37993	*971 63933	5102 87030	5074 50963	447 510	2144 97	56983 8068
8	0427 68244	931 68767	5247 99738	5179 68506	494 990	2218 65	57615 9504
9	0678 23537	891 77595	5393 22971	5285 00566	542 400	2292 30	58255 5171
0,920	0929 03899	851 90411	5538 56744	5390 47155	589 741	2365 91	58902 6915
1	1180 09354	812 07212	5684 01071	5496 08283	637 014	2439 48	59557 6655
2	1431 39926	772 27995	5829 55966	5601 83961	684 219	2513 02	60220 6381
3	1682 65642	732 52755	5975 06444	5707 59199	731 354	2586 52	60891 8162
4	1934 76526	692 81488	6120 97519	5813 79007	778 422	2659 99	61571 4146
5	2186 82604	653 14191	6266 84206	5919 98397	825 420	2733 42	62259 6567
6	2439 13900	613 50859	6412 81521	6026 32379	872 351	2806 81	62956 7750
7	2691 70440	573 91488	6558 89476	6132 80964	919 213	2880 16	63663 0114
8	2944 52249	534 36074	6715 08087	6239 44162	966 007	2953 48	64378 6179
9	3197 59353	494 84614	6851 37369	6346 21983	**012 732	3026 76	65103 8568
0,930	3450 91776	455 37104	6997 77336	6453 14440	059 390	3100 01	65839 0020
1	3704 49545	415 93539	7144 28003	6560 21542	105 979	3173 22	66584 3389
2	3958 32684	376 53915	7290 89384	6667 43300	152 500	3246 39	67340 1655
3	4212 41219	337 18230	7437 61495	6774 79724	198 953	3319 53	68106 7930
4	4466 75175	297 86478	7584 44349	6882 30826	245 338	3392 63	68884 5467
5	4721 34577	258 58655	7731 37961	6989 96616	291 655	3465 69	69673 7668
6	4976 19452	219 34759	7878 42347	7097 77106	337 905	3538 72	70454 8093
7	5231 29825	180 14784	8025 57520	7205 72305	384 086	3611 71	71288 0468
8	5486 65720	140 98728	8172 83496	7313 82224	430 200	3684 56	72113 8704
9	5742 27165	101 86586	8320 20289	7422 06875	476 247	3757 58	72952 6896
0,940	5998 14183	062 78354	8467 67915	7530 46268	522 225	3830 46	73804 9345
1	6254 26802	023 74028	8615 26387	7639 00415	568 136	3903 30	74671 0570
2	6510 65045	**984 73604	8762 95721	7747 69325	613 980	3976 11	75551 5317
3	6767 28940	945 77079	8910 75931	7856 53010	659 756	4048 88	76446 8591
4	7024 18512	906 84449	9058 67032	7965 51480	705 465	4121 62	77357 5642
5	7281 33786	867 95709	9206 69038	8074 64747	751 106	4194 32	78284 2035
6	7538 74788	829 10856	9354 81966	8183 92822	796 680	4266 98	79227 3108
7	7796 41544	790 29886	9503 05829	8293 35715	842 187	4339 61	80187 6546
8	8054 34080	751 52795	9651 40642	8402 93437	887 627	4412 20	81165 7383
9	8312 52421	712 79579	9799 86421	8512 66000	932 999	4484 75	82162 3033
	2,5	**0,38**	**1,0**	**1,4**	**0,73**	**0,8**	**1,**

Amp x	x	$\log_e x$	Amp x		x	$\log_e x$	Amp x	
46°		**— 0,07**	**0,81**	**46°**		**— 0,06**	**0,82**	**47°**
32′ 36″,79	**0,930**	257 06928	919 13	56′ 10″,34	**0,940**	187 54037	599 45	19′ 33″,60
34 58,61	1	149 60017	987 39	58 31,13	1	081 21394	667 21	21 53,36
37 20,33	2	042 24643	*055 60	*00 51,81	2	*975 00044	734 92	24 13,02
39 41,94	3	*935 00781	123 75	03 12,40	3	868 89964	802 57	26 32,57
42 03,45	4	872 88408	191 86	05 32,88	4	762 91128	870 18	28 52,02
44 24,85	5	720 87497	259 92	07 53,25	5	657 03515	937 74	31 11,37
46 46,16	6	613 98025	327 92	10 13,53	6	551 27099	*005 25	33 30,62
49 07,36	7	507 19968	395 88	12 33,70	7	445 61858	072 71	35 49,76
51 28,45	8	400 53300	463 79	14 53,77	8	340 07767	140 12	38 08,80
53 49,45	9	293 97998	531 64	17 13,74	9	234 64804	207 48	40 27,74
46°		**— 0,06**	**0,82**	**47°**		**— 0,05**	**0,83**	**47°**

x	φ	sin x	cos x	tg x	arc sin x	arc cos x	arc tg x
	5	**0,8**	**0,5**	**1,3**	**1,**	**0,**	**0,7**
0,950	4° 25′ 51″,57	1341 55047 89	8168 30894 64	9838 25893	25323 59	31756 04	5976 276
1	4 29 17,83	1399 67810 74	8086 93832 53	*0134 21907	25645 70	31433 93	6028 812
2	4 32 44,10	1457 72433 62	8005 50961 73	0431 01228	25970 47	31109 16	6081 296
3	4 36 10,36	1515 68910 73	7924 02290 38	0728 63903	26298 84	30780 79	6133 727
4	4 39 36,63	1573 57236 27	7842 47826 63	1027 10466	26630 64	30448 99	6186 106
5	4 43 02,89	1631 37404 46	7760 87578 63	1326 41331	26965 98	30113 65	6238 433
6	4 46 29,15	1689 09409 50	7679 21554 54	1626 56916	27304 98	29774 66	6290 707
7	4 49 55,42	1746 73245 64	7597 49762 53	1927 57642	27647 76	29431 87	6342 929
8	4 53 21,68	1804 28907 11	7515 72210 77	2229 43931	27994 47	29085 16	6395 099
9	4 56 47,95	1861 76388 15	7433 88907 44	2532 16211	28345 24	28734 39	6447 217
0,960	5 00 14,21	1919 15683 01	7351 99860 72	2835 74909	28700 22	28379 41	6499 283
1	5 03 40,48	1976 46785 96	7270 05078 81	3140 20458	29059 58	28020 05	6551 297
2	5 07 06,74	2033 69691 26	7188 04569 89	3445 53291	29423 48	27656 15	6603 259
3	5 10 33,01	2090 84393 19	7105 98342 16	3751 73846	29792 11	27287 52	6655 169
4	5 13 59,27	2147 90886 04	7023 86403 84	4058 82563	30165 66	26913 97	6707 027
5	5 17 25,54	2204 89164 10	6941 68763 13	4366 79884	30544 34	26535 29	6758 834
6	5 20 51,80	2261 79221 67	6859 45428 25	4675 66257	30928 37	26151 26	6810 588
7	5 24 18,07	2318 61053 06	6777 16407 42	4985 42129	31317 99	25761 64	6862 291
8	5 27 44,33	2375 34652 59	6694 81708 88	5296 07953	31713 46	25366 17	6913 943
9	5 31 10,60	2432 00014 59	6612 41340 86	5607 64183	32115 06	24964 58	6965 543
0,970	5 34 36,86	2488 57133 38	6529 95311 60	5920 11277	32523 08	24556 55	7017 091
1	5 38 03,13	2545 06003 33	6447 43629 35	6233 49695	32937 86	24141 77	7068 588
2	5 41 29,39	2601 46618 76	6364 86302 35	6547 79903	33359 75	23719 89	7120 033
3	5 44 55,66	2657 78974 05	6282 23338 86	6863 02366	33789 13	23290 51	7171 427
4	5 48 21,92	2714 03063 56	6199 54747 16	7179 17556	34226 43	22853 20	7222 770
5	5 51 48,19	2770 18881 67	6116 80535 49	7496 25944	34672 10	22407 53	7274 061
6	5 55 14,15	2826 26422 76	6034 00712 15	7814 28008	35126 67	21952 96	7325 301
7	5 58 40,72	2882 25681 23	5951 15285 41	8135 24227	35590 70	21488 93	7376 490
8	6 02 06,98	2938 16651 47	5868 24263 55	8453 15085	36064 81	21014 82	7427 628
9	6 05 33,25	2993 99327 89	5785 27654 87	8774 01066	36549 70	20529 94	7478 715
0,980	6 08 59,51	3049 73704 92	5702 25467 66	9095 82661	37046 15	20033 48	7529 750
1	6 12 25,77	3105 39776 97	5619 17710 23	9418 60362	37555 05	19524 59	7580 735
2	6 15 52,04	3160 97538 49	5536 04390 88	9742 34665	38077 39	19002 24	7631 668
3	6 19 18,30	3216 46983 90	5452 85517 92	**0067 06050	38614 32	18465 31	7682 551
4	6 22 44,57	3271 88107 67	5369 61099 68	0392 75078	39167 15	17912 48	7733 383
5	6 26 10,83	3327 20904 26	5286 31144 48	0719 42198	39737 40	17342 23	7784 164
6	6 29 37,10	3382 45368 12	5202 95660 65	1047 07937	40326 84	16752 79	7834 894
7	6 33 03,36	3437 61493 74	5119 54656 53	1375 72810	40937 60	16142 03	7885 573
8	6 36 29,63	3492 69275 60	5036 08140 45	1705 37332	41572 17	15507 47	7936 202
9	6 39 55,89	3547 68708 18	4952 56120 76	2036 02024	42233 61	14846 03	7986 780
0,990	6 43 22,16	3602 59786 01	4868 98605 82	2367 67409	42925 69	14153 95	8037 308
1	6 46 48,42	3657 42503 57	4785 35603 97	2700 34017	43653 14	13426 49	8087 785
2	6 50 14,69	3712 16855 39	4701 67123 60	3034 02376	44422 07	12657 56	8138 212
3	6 53 40,95	3766 82835 99	4617 93173 05	3368 73021	45240 56	11849 07	8188 588
4	6 57 07,22	3821 40439 91	4534 13760 72	3704 46490	46119 69	10959 94	8238 914
5	7 00 33,48	3875 89661 69	4450 28894 97	4041 23327	47075 46	10004 17	8289 190
6	7 03 59,75	3930 30495 89	4366 38584 19	4379 04076	48132 38	08947 26	8339 415
7	7 07 26,01	3984 62937 05	4282 42836 77	4717 89287	49331 73	07747 90	8389 591
8	7 10 52,28	4038 86979 75	4198 41661 12	5057 79514	50754 02	06325 61	8439 716
9	7 14 18,54	4093 02618 57	4114 35065 62	5398 75313	52607 12	04472 51	8489 791
1,000	7 17 44,81	4147 09848 08	4030 23058 68	5740 77247	57079 63	0	8539 816
	5	**0,8**	**0,5**	**1,5**	**1,**	**0,**	**0,7**

x	$\log_e x$	Amp x		x	$\log_e x$	Amp x		x	$\log_e x$	Amp x
	− 0,05	**0,83**	**47°**		**− 0,04**	**0,83**	**48°**		**− 0,03**	**0,84**
0,950	129 32944	274 79	42′ 46″,58	**0,960**	082 19945	945 14	05′ 49″,29	**0,970**	045 92075	610 53
1	024 12164	342 05	45 05,31	1	*978 08700	*011 91	08 07,00	1	*942 88107	676 80
2	*919 02442	409 26	47 23,94	2	874 08283	078 62	10 24,60	2	839 94745	743 01
3	814 03753	476 42	49 42,47	3	770 18672	145 28	12 24,10	3	737 11968	809 18
4	709 16075	543 53	52 00,89	4	666 39844	211 90	14 59,50	4	634 39753	875 30
5	604 39385	610 59	54 19,22	5	562 71777	278 46	17 16,80	5	531 78080	941 36
6	499 73659	677 60	56 37,44	6	459 14448	344 97	19 33,99	6	429 26926	*007 38
7	395 18875	744 56	58 55,55	7	355 67835	411 44	21 51,09	7	326 86269	073 35
8	290 75010	811 47	*01 13,57	8	252 31917	477 85	24 08,08	8	224 56089	139 27
9	186 42041	878 33	03 31,48	9	149 06671	544 22	26 24,96	9	122 36365	205 14
	− 0,04	**0,83**	**48°**		**− 0,03**	**0,84**	**48°**		**− 0,02**	**0,85**

x	e^x	e^{-x}	Sin x	Cos x	Tg x	Ar Sin x	Ar Tg x
	2,5	**0,38**	**1,0**	**1,4**	**0,7**	**0,8**	
0,950	8570 96593	674 10235	9948 43179	8622 53414	3978 305	4557 27	1,83178 0823
1	8829 66623	635 44757	*0097 10933	8732 55690	4023 544	4629 75	1,84213 8521
2	9088 62535	596 83144	0245 89696	8842 72839	4068 715	4702 20	1,85270 4378
3	9347 84356	558 25390	0394 79483	8953 04873	4113 820	4774 61	1,86348 7165
4	9607 32112	519 71492	0543 80310	9063 51802	4158 858	4846 98	1,87449 6218
5	9867 05829	481 21446	0692 92192	9174 13637	4203 829	4919 32	1,88574 1491
6	*0127 05533	442 75248	0842 15143	9284 90390	4248 734	4991 62	1,89723 3608
7	0387 31249	404 32894	0991 49178	9395 82071	4293 572	5063 88	1,90898 3926
8	0647 83004	365 94380	1140 94312	9506 88692	4338 343	5136 11	1,92100 4602
9	0908 60824	327 59704	1290 50560	9618 10264	4383 048	5208 30	1,93330 8676
0,960	1169 64734	289 28860	1440 17937	9729 46797	4427 687	5280 46	1,94591 0149
1	1430 94762	251 01845	1589 96459	9840 98303	4472 259	5352 58	1,95882 4090
2	1692 50932	212 78655	1739 86139	9952 64794	4516 764	5424 67	1,97206 6740
3	1954 33272	174 59286	1889 86993	*0064 46279	4561 204	5496 72	1,98565 5641
4	2216 41808	136 43735	2039 99036	0176 42771	4605 577	5568 73	1,99960 9776
5	2478 76565	098 31997	2190 22284	0288 54281	4649 884	5640 71	2,01394 9732
6	2741 37570	060 24070	2340 56750	0400 80820	4694 125	5712 65	2,02869 7888
7	3004 24849	022 19948	2491 02450	0513 22398	4738 300	5784 55	2,04387 8629
8	3267 38428	*984 19629	2641 59400	0625 79028	4782 408	5856 42	2,05951 8587
9	3530 78334	946 23107	2792 27613	0738 50721	4826 451	5928 26	2,07564 6937
0,970	3794 44594	908 30381	2943 07106	0851 37487	4870 429	6000 05	2,09229 5720
1	4058 37232	870 41445	3093 97893	0964 39339	4914 340	6071 81	2,10950 0239
2	4322 56277	832 56297	3244 99990	1077 56287	4958 186	6143 54	2,12729 9513
3	4587 01754	794 74932	3396 13411	1190 88343	5001 965	6215 23	2,14573 6820
4	4851 73689	756 97346	3547 38172	1304 35517	5045 680	6286 88	2,16486 0341
5	5116 72110	719 23537	3698 74287	1417 97823	5089 328	6358 50	2,18472 3926
6	5381 97042	681 53497	3850 21772	1531 75270	5132 911	6430 08	2,20538 8024
7	5647 48513	643 87227	4001 80643	1645 67870	5176 429	6501 63	2,22692 0804
8	5913 26548	606 24722	4153 50913	1759 75635	5219 882	6573 14	2,24939 9530
9	6179 31175	568 65977	4305 32599	1873 98576	5263 269	6644 61	2,27291 2254
0,980	6445 62419	531 10989	4457 25715	1988 36704	5306 591	6716 05	2,29755 9425
1	6712 20308	493 59753	4609 30277	2102 90031	5349 847	6787 45	2,32345 9039
2	6979 04869	456 12268	4761 46301	2217 58568	5393 038	6858 82	2,35074 4979
3	7246 16127	418 68528	4913 73800	2332 42327	5436 165	6930 15	2,37957 6392
4	7513 54110	381 28529	5066 12790	2447 41320	5479 226	7001 45	2,41014 0783
5	7781 18844	343 92269	5218 63287	2562 55557	5522 222	7072 71	2,44266 1996
6	8049 10357	306 59744	5371 25306	2677 85050	5565 154	7143 93	2,47741 0258
7	8317 28674	269 30949	5523 98863	2793 29811	5608 021	7215 13	2,51471 5943
8	8585 73823	232 05881	5676 83971	2908 89852	5650 822	7286 28	2,55498 8869
9	8854 45830	194 84536	5829 80647	3024 65183	5693 560	7357 40	2,59874 6003
0,990	9123 44723	157 66910	5982 88907	3140 55817	5736 232	7428 48	2,64665 2412
1	9392 70529	120 53003	6136 08763	3256 61766	5778 840	7499 53	2,69958 3863
2	9662 23274	083 42805	6289 40234	3372 83039	5821 384	7570 54	2,75872 6448
3	9932 02984	046 36316	6442 83334	3489 19650	5863 863	7641 52	2,82574 3086
4	**0202 09688	009 33531	6596 38079	3605 71610	5906 277	7712 46	2,90306 9241
5	0472 43413	**972 34447	6750 04483	3722 38930	5948 627	7783 36	2,99448 0708
6	0743 04184	935 39061	6903 82562	3839 21623	5990 913	7854 23	3,10630 3048
7	1013 92030	898 47367	7057 72332	3956 19699	6033 135	7925 07	3,25039 4522
8	1285 06977	861 59364	7211 73807	4073 33171	6075 292	7995 87	3,45337 7389
9	1556 49053	824 75046	7365 87003	4190 62050	6117 386	8066 63	3,80020 1167
1,000	1828 18285	787 94412	7520 11936	4308 06348	6159 416	8137 36	∞
	2,7	**0,36**	**1,1**	**1,5**	**0,7**	**0,8**	

Amp x	x	$\log_e x$	Amp x		x	$\log_e x$	Amp x	
48°		**— 0,02**	**0,85**	**48°**		**— 0,01**	**0,85**	**49°**
28′ 41″,75	**0,980**	020 27073	270 96	51′ 23″,97	**0,990**	005 03359	926 42	13′ 55″,97
30 58,43	1	*918 28194	336 73	53 39,63	1	*904 07447	991 70	16 10,61
33 15,01	2	816 39706	402 45	55 55,19	2	803 21717	*056 92	18 25,15
35 31,49	3	714 61588	468 12	58 10,64	3	702 46149	122 10	20 39,58
37 47,87	4	612 93819	533 74	*00 26,00	4	601 80723	187 23	22 53,92
40 04,14	5	511 36378	599 31	02 41,25	5	501 25418	252 30	25 08,15
42 20,31	6	409 89244	664 83	04 56,40	6	400 80214	317 33	27 22,28
44 36,38	7	308 52395	730 30	07 11,44	7	300 45090	382 31	29 36,30
46 52,34	8	207 25812	795 73	09 26,39	8	200 20027	447 24	31 50,23
49 08,21	9	106 09474	861 10	11 41,23	9	100 05003	511 12	34 04,05
48°		**— 0,01**	**0,85**	**49°**		**— 0,00**	**0,86**	**49°**

x	φ	sin x	cos x	tg x	arc tg x	Amp x	
	5	**0,84**	**0,5**	**1,5**	**0,78**	**0,8**	**49⁰**
1,000	7⁰ 17′ 44″,81	147 09848 08	4030 23058 68	5740 77247	539 816	6576 95	36′ 17″,77
1	7 21 11,07	201 08662 88	3946 05648 72	6083 85879	589 791	6641 73	38 31,39
2	7 24 37,34	254 99057 58	3861 82844 16	6428 01779	639 716	6706 46	40 44,91
3	7 28 03,60	308 81026 78	3777 54653 42	6773 25520	689 592	6771 14	42 58,33
4	7 31 29,87	362 54565 09	3693 21084 92	7119 57679	739 417	6835 78	45 11,64
5	7 34 56,13	416 19667 16	3608 82147 10	7466 98837	789 192	6900 36	47 24,86
6	7 38 22,40	469 76327 60	3524 37848 40	7815 49580	838 918	6964 89	49 37,97
7	7 41 48,66	523 24541 07	3439 88197 26	8165 10496	888 594	7029 38	51 50,98
8	7 45 14,92	576 64302 21	3355 33202 13	8515 82179	938 220	7093 81	54 03,89
9	7 48 41,19	629 95605 69	3270 72871 47	8867 65227	987 797	7158 20	56 16,69
1,010	7 52 07,45	683 18446 18	3186 07213 74	9220 60242	*037 324	7222 54	58 29,40
1	7 55 33,72	736 32818 35	3101 36237 40	9574 67830	086 802	7286 82	*00 42,00
2	7 58 59,98	789 38716 88	3016 59950 93	9929 88602	136 230	7351 06	02 54,50
3	8 02 26,25	842 36136 48	2931 78362 80	*0286 23173	185 609	7415 25	05 06,90
4	8 05 52,51	895 25071 85	2846 91481 49	0643 72162	234 938	7479 39	07 19,20
5	8 09 18,78	948 05517 68	2761 99315 48	1002 36192	284 219	7543 48	09 31,40
6	8 12 45,04	*000 77468 72	2677 01873 28	1362 15893	333 450	7607 52	11 43,49
7	8 16 11,31	053 40919 68	2591 99163 38	1723 11897	382 632	7671 52	13 55,49
8	8 19 37,57	105 95865 29	2506 91194 28	2085 24841	431 765	7735 46	16 07,38
9	8 23 03,84	158 42300 31	2421 77974 49	2448 55374	480 848	7799 36	18 19,17
1,020	8 26 30,10	210 80219 49	2336 59512 52	2813 04122	529 883	7863 20	20 30,86
1	8 29 56,37	263 09617 59	2251 35816 89	3178 71758	578 868	7927 00	22 42,45
2	8 33 22,63	315 30489 39	2166 06896 12	3545 58929	627 805	7990 74	24 53,94
3	8 36 48,90	367 42829 65	2080 72758 75	3913 66298	676 693	8054 44	27 05,32
4	8 40 15,16	419 46633 17	1995 33413 31	4282 94530	725 531	8118 09	29 16,61
5	8 43 41,43	471 41894 74	1909 88868 33	4653 44295	774 321	8181 69	31 27,79
6	8 47 07,69	523 28609 17	1824 39132 37	5025 16268	823 063	8245 24	33 38,87
7	8 50 33,96	575 06771 28	1738 84213 97	5398 11131	871 755	8308 74	35 49,85
8	8 54 00,22	626 76375 88	1653 24121 68	5772 29570	920 399	8372 19	38 00,73
9	8 57 26,49	678 37417 80	1567 58864 07	6147 72270	968 994	8435 60	40 11,51
1,030	9 00 52,75	729 89891 89	1481 88449 70	6524 39934	**017 541	8498 95	42 22,19
1	9 04 19,02	781 33792 98	1396 12887 14	6902 33256	066 039	8562 26	44 32,76
2	9 07 45,28	832 69115 95	1310 32184 97	7281 52946	114 489	8625 51	46 43,24
3	9 11 11,54	883 95855 62	1224 46351 77	7661 99714	162 890	8688 72	48 53,61
4	9 14 37,81	935 14006 94	1138 55396 12	8043 74276	211 244	8751 88	51 03,89
5	9 18 04,07	986 23564 73	1052 59326 62	8436 77354	259 549	8814 99	53 14,06
6	9 21 30,34	**037 24523 89	0966 58151 86	8811 09675	307 805	8878 05	55 24,13
7	9 24 56,60	088 16879 34	0880 51880 44	9196 71972	356 014	8941 06	57 34,10
8	9 28 22,87	139 00625 96	0794 40520 97	9583 64982	404 174	9004 02	59 43,97
9	9 31 49,13	189 75758 68	0708 24082 06	9971 89449	452 286	9066 93	**01 53,74
1,040	9 35 15,40	240 42272 43	0622 02572 33	**0361 46123	500 350	9129 80	04 03,41
1	9 38 41,66	291 00162 14	0535 76000 39	0752 35757	548 366	9192 62	06 12,98
2	9 42 07,93	341 49422 75	0449 44374 88	1144 59112	596 334	9255 38	08 22,44
3	9 45 34,19	391 90049 21	0363 07704 42	1538 16955	644 254	9318 10	10 31,81
4	9 49 00,46	442 22036 48	0276 65997 66	1933 10058	692 126	9380 77	12 41,07
5	9 52 26,72	492 45379 53	0190 19263 23	2329 39198	739 951	9443 39	14 50,24
6	9 55 52,99	542 60073 33	0103 67509 79	2727 05159	787 727	9505 96	16 59,30
7	9 59 19,25	592 66112 88	0017 10745 97	3126 08731	835 456	9568 48	19 08,26
8	*0 02 45,52	642 63493 16	*9930 48980 45	3526 50709	883 138	9630 96	21 17,12
9	0 06 11,78	692 52209 17	9843 82221 87	3928 31896	930 771	9693 38	23 25,88
	5	**0,86**	**0,4**	**1,7**	**0,80**	**0,8**	**51⁰**

x	tg x	x	tg x	x	tg x
1,5680	357,61106	**1,5690**	556,69098	**1,5700**	1255,76559
1	370,87403	1	589,50849	1	1436,10708
2	385,15866	2	626,43762	2	1676,93267
3	400,58775	3	668,30271	3	2014,80140
4	417,30456	4	716,16427	4	2523,17018
5	435,47732	5	771,40999	5	3374,65255
6	455,30492	6	835,89161	6	5093,54819
7	477,02416	7	912,13643	7	10381,32743
8	500,91933	8	1003,68642	$\frac{\pi}{2}=1,5707\ldots$	∞
9	527,33464	9	1115,66422		

x	e^x	e^{-x}	Sin x	Cos x	Tg x	Ar Sin x	Ar Cos x
	2,7	**0,36**	**1,1**	**1,5**	**0,76**	**0,8**	**0,**
1,000	1828 18285	787 94412	7520 11936	4308 06348	159 416	8137 36	0
1	2100 14699	751 17456	7674 48621	4425 66077	201 381	8208 05	04471 763
2	2372 38323	714 44176	7828 97074	4543 41249	243 283	8278 71	06229 585
3	2644 89185	677 74567	7983 57309	4661 31876	285 120	8349 33	07651 440
4	2917 67310	641 08625	8138 29343	4779 37968	326 894	8419 92	08941 293
5	3190 72728	604 46348	8293 13190	4897 59538	368 604	8490 47	09995 838
6	3464 05465	567 87731	8448 08867	5015 96598	410 251	8560 99	10948 981
7	3737 65548	531 32771	8603 16388	5134 49160	451 834	8631 47	11825 268
8	4011 53005	494 81465	8758 35770	5253 17235	493 353	8701 91	12640 693
9	4285 67863	458 33807	8913 67028	5372 00835	534 809	8772 33	13406 366
1,010	4560 10150	421 89796	9069 10177	5490 99973	576 202	8842 70	14130 377
1	4834 79893	385 49426	9224 65233	5610 14660	617 531	8913 04	14818 834
2	5109 77119	349 12696	9380 32212	5729 44907	658 797	8983 35	15476 483
3	5385 01856	312 79600	9536 11128	5848 90728	699 999	9053 62	16107 098
4	5660 54132	276 50135	9692 01998	5968 52134	741 139	9123 85	16713 740
5	5963 33974	240 24298	9848 04838	6088 29136	782 215	9194 05	16299 223
6	6212 41409	204 02085	*0004 19662	6208 21747	823 229	9264 22	17864 778
7	6488 76466	167 83493	0160 46486	6328 29979	864 179	9334 35	18413 060
8	6765 39171	131 68517	0316 85327	6448 53844	905 067	9404 44	18945 320
9	7042 29553	095 57155	0473 36199	6568 93354	945 892	9474 50	19462 855
1,020	7319 47640	059 49402	0629 99119	6689 48521	986 654	9544 52	19966 816
1	7596 93458	023 45255	0786 74102	6810 19356	*027 353	9614 51	20458 207
2	7874 67036	*987 44710	0943 61163	6931 05873	067 989	9684 47	20937 910
3	8152 68401	951 47764	1100 60319	7052 08083	108 563	9754 39	21406 714
4	8430 97582	915 54413	1257 71584	7173 25998	149 075	9824 27	21865 319
5	8709 54606	879 64654	1414 94976	7294 59630	189 524	9894 12	22314 355
6	8988 39500	843 78483	1572 30509	7416 08992	229 910	9963 94	22754 388
7	9267 52294	807 95896	1729 78199	7537 74095	270 235	*0033 72	23185 930
8	9546 93014	772 16890	1887 38062	7659 54952	310 497	0103 46	23609 447
9	9826 61689	736 41461	2045 10114	7781 51575	350 696	0173 17	24025 365
1,030	*0106 58347	700 69606	2202 94371	7903 63976	390 834	0242 85	24434 070
1	0386 83015	665 01321	2360 90847	8025 92168	430 910	0312 49	24835 919
2	0667 35722	629 36602	2518 99560	8148 36162	470 923	0382 10	25231 235
3	0948 16496	593 75446	2677 20525	8270 95971	510 875	0451 67	25620 485
4	1229 25365	558 17850	2835 53757	8393 71607	550 764	0521 20	26003 485
5	1510 62356	522 63809	2993 99273	8516 63083	590 592	0590 71	26380 947
6	1792 27499	487 13321	3152 57089	8639 70410	630 358	0660 17	26752 962
7	2074 20821	451 66381	3311 27220	8762 93601	670 063	0729 61	27115 944
8	2356 42350	416 22987	3470 09681	8886 32668	709 706	0799 00	27481 537
9	2638 92115	380 83134	3629 04490	9009 87624	749 287	0868 37	27838 500
1,040	2921 70144	345 46820	3788 11662	9133 58482	788 807	0937 69	28190 829
1	3204 76464	310 14039	3947 31213	9257 45252	828 265	1006 99	28538 697
2	3488 11106	274 84790	4106 63158	9381 47948	867 662	1076 25	28882 261
3	3771 74096	239 59069	4266 07514	9505 66582	906 997	1145 47	29221 677
4	4055 65464	204 36871	4425 64296	9630 01167	946 272	1214 66	29557 086
5	4339 85236	169 18194	4585 33521	9754 51715	985 485	1283 81	29888 624
6	4624 33443	134 03033	4745 15205	9879 18238	**024 637	1352 94	30216 418
7	4909 10113	098 91387	4905 09363	*0004 00750	063 728	1422 02	30540 589
8	5194 15273	063 83250	5065 16012	0128 99261	102 758	1491 07	30861 251
9	5479 48953	028 78619	5225 35167	0254 13786	141 727	1560 09	31178 512
	2,8	**0,35**	**1,2**	**1,6**	**0,78**	**0,9**	**0,**

x	$\log_e x$	x	$\log_e x$	x	$\log_e x$	x	$\log_e x$	x	$\log_e x$
	0,0		**0,00**		**0,01**		**0,02**		**0,03**
1,000	0	**1,010**	995 03308	**1,020**	980 26273	**1,030**	955 88022	**1,040**	922 07132
1	099 95003	1	*093 99400	1	*078 25392	1	*052 92050	1	*018 17896
2	199 80027	2	192 85709	2	176 14918	2	149 86671	2	114 19433
3	299 55090	3	291 62253	3	273 94870	3	246 71901	3	215 11760
4	399 20213	4	390 29052	4	371 65266	4	343 47761	4	305 94895
5	498 75415	5	488 86125	5	469 26126	5	440 14267	5	401 68854
6	598 20717	6	587 33491	6	566 77467	6	536 71438	6	497 33656
7	697 56137	7	865 71171	7	664 19309	7	633 19292	7	592 89319
8	796 81696	8	783 99181	8	761 51670	8	729 57847	8	688 35859
9	895 97414	9	882 17542	9	858 74569	9	825 87121	9	783 73294
	0,0		**0,01**		**0,02**		**0,03**		**0,04**

x	φ	sin x	cos x	tg x	arc tg x	Amp x	
	60°	0,8	0,4	1,7	0,8	0,8	51°
1,050	09′ 38″,05	6742 32255 94	9757 10478 92	4331 53107	0978 358	9755 76	25′ 34″,55
1	13 04,31	6792 03628 47	9670 33760 25	4736 15134	1025 896	9818 09	27 43,11
2	16 30,58	6841 66321 80	9583 52074 55	5142 18820	1073 388	9880 37	29 51,57
3	19 56,84	6891 20330 97	9496 65430 50	5549 64983	1120 831	9942 60	31 59,92
4	23 23,11	6940 65651 02	9409 73836 79	5958 54457	1168 228	*0004 78	34 08,18
5	26 49,37	6990 02277 00	9322 77302 10	6368 88083	1215 577	0066 91	36 16,34
6	30 15,64	7039 30203 98	9235 75835 13	6780 66705	1262 879	0129 00	38 24,40
7	33 41,90	7088 49427 03	9148 69444 59	7193 91177	1310 134	0191 03	40 32,36
8	37 08,17	7137 59941 23	9061 58139 18	7608 62357	1357 341	0253 02	42 40,21
9	40 34,43	7186 61741 67	8974 41927 61	8024 81113	1404 502	0314 96	44 47,97
1,060	44 00,69	7235 54823 50	8887 20818 61	8442 48316	1451 615	0376 85	46 55,63
1	47 26,96	7284 39181 68	8799 94820 88	8861 64847	1498 682	0438 69	49 03,18
2	50 53,22	7333 14811 46	8712 63943 15	9282 31591	1545 701	0500 48	51 10,64
3	54 19,49	7381 81707 94	8625 28194 16	9704 49443	1592 674	0562 22	53 18,00
4	57 45,75	7430 39866 23	8537 87582 65	*0128 19303	1639 599	0623 92	55 25,25
5	*01 12,02	7478 89281 49	8450 42117 35	0553 42079	1686 478	0685 57	57 32,41
6	04 38,28	7527 29948 85	8362 91807 00	0980 18685	1733 310	0747 16	59 39,46
7	08 04,55	7575 61863 49	8275 36660 37	1408 50043	1780 095	0808 71	*01 46,42
8	11 30,81	7623 85020 56	8187 76686 19	1838 37084	1826 833	0870 22	03 53,27
9	14 57,08	7671 99415 25	8100 11893 25	2269 80743	1873 525	0931 67	06 00,03
1,070	18 23,34	7720 05042 75	8012 42290 29	2702 81965	1920 171	0993 07	08 06,68
1	21 49,61	7768 01898 23	7924 67886 08	3137 41702	1967 770	1054 43	10 13,24
2	25 15,87	7815 89976 92	7836 88689 41	3573 60914	2015 322	1115 74	12 19,70
3	28 42,14	7863 69274 02	7749 04709 06	4011 40566	2062 828	1176 99	14 26,05
4	32 08,40	7911 39784 75	7661 15953 80	4450 81635	2110 288	1238 21	16 32,31
5	35 34,67	7959 01504 34	7573 22432 42	4891 85102	2157 701	1299 37	18 38,46
6	39 00,93	8006 54428 03	7485 24153 72	5334 51959	2205 068	1360 48	20 44,52
7	42 27,20	8053 98551 06	7397 21126 50	5778 83205	2252 390	1421 55	22 50,48
8	45 53,46	8101 33868 70	7309 13359 55	6224 79845	2299 665	1482 56	24 56,33
9	49 19,73	8148 60376 20	7221 00861 69	6672 42895	2346 893	1543 53	27 02,09
1,080	52 45,99	8195 78068 85	7132 83641 74	7121 73380	2384 076	1604 45	29 07,75
1	56 12,26	8242 86941 92	7044 61708 50	7572 72327	2430 212	1665 32	31 13,30
2	59 38,52	8289 86990 70	6956 35070 79	8025 40780	2476 303	1726 15	33 18,76
3	**03 04,79	8336 78210 49	6868 03737 46	8479 79786	2522 348	1786 92	35 24,12
4	06 31,05	8383 60596 61	6779 67717 32	8935 90402	2568 346	1847 65	37 29,38
5	09 57,31	8430 34144 37	6691 27019 21	9393 73694	2614 299	1908 33	39 34,54
6	13 23,58	8476 98849 09	6602 81651 98	9853 30737	2660 207	1968 96	41 39,60
7	16 49,84	8523 54706 12	6514 31624 46	0314 62614	2706 068	2029 54	43 44,56
8	20 16,11	8570 01710 79	6425 76945 52	**0777 70417	2751 884	2090 08	45 49,42
9	23 42,37	8616 39858 46	6337 17623 99	1242 55247	2797 654	2150 56	47 54,18
1,090	27 08,64	8662 69144 49	6248 53668 75	1709 18216	2843 378	2211 00	49 58,85
1	30 34,90	8708 89564 26	6159 85088 66	2177 60443	2889 057	2271 39	52 03,41
2	34 01,17	8755 01113 13	6071 11892 58	2647 83057	2934 690	2331 73	54 07,87
3	37 27,43	8801 03786 51	5982 34089 39	3119 87197	2980 278	2392 03	56 12,24
4	40 53,70	8846 97579 78	5893 51687 97	3593 74012	3025 821	2452 27	58 16,50
5	44 19,96	8892 82488 35	5804 64697 19	4069 44657	3071 318	2512 47	**00 20,67
6	47 46,23	8938 58507 65	5715 73125 95	4547 00303	3116 771	2572 62	02 24,74
7	51 12,49	8984 25633 18	5625 76983 14	5026 42124	3162 178	2632 72	04 28,70
8	54 38,76	9029 83860 09	5537 76277 65	5507 71310	3207 539	2692 78	06 32,57
9	58 05,02	9075 33184 12	5448 71018 39	5990 89057	3252 856	2752 78	08 36,34
	62°	0,8	0,4	1,9	0,8	0,9	53°

x	e^x	e^{-x}	Sin x	Cos x	Tg x	Ar Sin x	Ar Cos x
	2,8	**0,34**	**1,2**	**1,6**	**0,78**	**0,9**	**0,3**
1,050	5765 11181	993 77491	5385 66845	0379 44336	180 636	1629 07	1492 476
1	6051 01985	958 79863	5546 11061	0504 90924	219 483	1698 02	1803 239
2	6337 21394	923 85730	5706 67832	0630 53562	258 270	1766 94	2110 895
3	6623 69437	888 95090	5867 37174	0756 32264	296 996	1835 81	2415 533
4	6910 46142	854 07939	6028 19102	0882 27041	335 662	1904 66	2717 237
5	7197 51539	819 24273	6189 13633	1008 37906	374 267	1973 47	3016 087
6	7484 85655	784 44089	6350 20783	1134 64872	412 811	2042 25	3312 160
7	7772 48520	749 67384	6511 40568	1261 07952	451 295	2110 99	3605 530
8	8060 40162	714 94153	6672 73004	1387 67158	489 719	2179 70	3896 267
9	8348 60610	680 24394	6834 18108	1514 42502	528 082	2248 37	4184 438
1,060	8637 09893	645 58103	6995 75895	1641 33998	566 386	2317 01	4470 108
1	8925 88039	610 95277	7157 46381	1768 41658	604 629	2385 61	4753 339
2	9214 95078	576 35912	7319 29583	1895 65495	642 812	2454 18	5034 189
3	9504 31039	541 80004	7481 25518	2023 05521	680 935	2522 72	5312 715
4	9793 95950	507 27550	7643 34200	2150 61750	718 998	2591 22	5588 973
5	*0083 89841	472 78548	7805 55646	2278 34194	757 001	2659 69	5863 014
6	0374 12739	438 32992	7967 89874	2406 22866	794 945	2728 12	6134 890
7	0664 64676	403 90881	8130 36898	2534 27778	832 829	2796 52	6404 648
8	0955 45678	369 52209	8292 96735	2662 48944	870 653	2864 89	6741 660
9	1246 55777	335 16975	8455 69401	2790 86376	908 417	2933 22	6937 998
1,070	1537 95000	300 85174	8618 54913	2919 40087	946 122	3001 52	7201 678
1	1829 63377	266 56803	8781 53287	3048 10090	983 767	3069 78	7463 419
2	2121 60936	232 31859	8944 64538	3176 96398	*021 353	3138 01	7723 259
3	2413 87708	198 10339	9107 88685	3305 99023	058 880	3206 21	7981 239
4	2706 43721	163 92238	9271 25742	3435 17979	096 347	3274 37	8237 397
5	2999 29005	129 77553	9434 75726	3564 53279	133 755	3342 49	8491 768
6	3292 43589	095 66281	9598 38654	3694 04935	171 104	3410 59	8744 388
7	3585 87502	061 58419	9762 14541	3823 72961	208 394	3478 65	8995 291
8	3879 60774	027 53963	9926 03405	3953 57369	245 625	3546 67	9244 510
9	4173 63434	*993 52910	*0090 05262	4083 58172	282 797	3614 67	9492 076
1,080	4467 95511	959 55256	0254 20127	4213 75384	319 910	3682 62	9738 022
1	4762 57034	925 60999	0418 48018	4344 09017	356 964	3750 55	9982 377
2	5057 48035	891 70133	0582 88951	4474 59084	393 959	3818 44	*0225 169
3	5352 68540	857 82657	0747 42942	4605 25599	430 896	3886 29	0466 427
4	5648 18581	823 98567	0912 10007	4736 08574	467 774	3954 12	0706 179
5	5943 98187	790 17859	1076 90164	4867 08023	504 593	4021 90	0944 451
6	6240 07388	756 40530	1241 83429	4998 23959	541 354	4089 66	1181 269
7	6536 46212	722 66577	1406 89818	5129 56394	578 057	4157 38	1416 657
8	6833 14690	688 95996	1572 09347	5261 05343	614 701	4225 07	1650 640
9	7130 12851	655 28784	1737 42034	5392 70817	651 287	4292 72	1883 242
1,090	7427 40726	621 64937	1902 87894	5524 52831	687 814	4360 34	2114 484
1	7724 98343	588 04453	2068 46945	5656 51398	724 284	4427 93	2344 391
2	8022 85732	554 47327	2234 19203	5788 66530	760 695	4495 48	2572 985
3	8321 02924	520 93557	2400 04684	5920 98240	797 048	4563 00	2800 284
4	8619 49948	487 43139	2566 03405	6053 46543	833 344	4630 49	3026 310
5	8918 26834	453 96069	2732 15382	6186 11452	869 581	4697 94	3251 084
6	9217 33612	420 52346	2898 40633	6318 92979	905 761	4765 36	3474 624
7	9516 70311	387 11964	3064 79174	6451 91137	941 882	4832 74	3696 950
8	9816 36962	353 74921	3231 31021	6585 05941	977 947	4900 09	3918 081
9	**0116 33595	320 41213	3397 96191	6718 37404	**013 953	4967 41	4138 033
	3,0	**0,33**	**1,3**	**1,6**	**0,80**	**0,9**	**0,4**

x	$\log_e x$	x	$\log_e x$	x	$\log_e x$	x	$\log_e x$	x	$\log_e x$
	0,04		**0,05**		**0,06**		**0,07**		**0,08**
1,050	879 01642	**1,060**	826 89081	**1,070**	765 86485	**1,080**	696 10411	**1,090**	617 76962
1	974 20919	1	921 18596	1	859 27915	1	788 65387	1	709 47069
2	*069 31143	2	*015 39228	2	952 60627	2	881 11804	2	801 08773
3	164 32332	3	109 50994	3	*045 84636	3	973 49680	3	892 62092
4	259 24501	4	203 53909	4	138 99961	4	*065 79030	4	984 07040
5	354 07669	5	297 47992	5	232 06616	5	157 99870	5	*075 43633
6	448 81853	6	391 33257	6	325 04617	6	250 12215	6	166 71885
7	543 47069	7	485 09723	7	417 93982	7	342 16081	7	257 91813
8	638 03334	8	578 77405	8	510 74725	8	434 11484	8	349 03431
9	732 50666	9	672 36320	9	603 46863	9	525 98440	9	440 06754
	0,05		**0,06**		**0,07**		**0,08**		**0,09**

x	φ	sin x	cos x	tg x	arc tg x	𝔄mp x	
	63⁰	**0,89**	**0,4**	**1,**	**0,83**	**0,9**	**53⁰**
1,100	01′ 31″,29	120 73600 61	5359 61214 26	96475 96572	298 127	2812 74	10′ 40″,01
1	04 57,55	166 05105 04	5270 46874 16	96962 95075	343 354	2872 65	12 43,59
2	08 23,82	211 27692 85	5181 28007 02	97451 85792	388 535	2932 51	14 47,06
3	11 50,08	256 41359 54	5092 04621 75	97942 69962	433 672	2992 32	16 50,43
4	15 16,35	301 46100 59	5002 76727 27	98435 48833	478 763	3052 09	18 53,71
5	18 46,61	346 41911 50	4913 44332 52	98930 23670	523 810	3111 81	20 56,89
6	22 08,88	391 28787 76	4824 07446 43	99426 95739	568 812	3171 48	22 59,96
7	25 35,14	436 06724 90	4734 66077 93	99925 66321	613 769	3231 10	25 02,94
8	29 01,41	480 75718 43	4645 20235 96	*00426 36712	658 681	3290 67	27 05,82
9	32 27,67	525 35763 88	4555 69929 47	00929 08215	703 548	3350 20	29 08,60
1,110	35 53,93	569 86856 80	4466 15167 42	01433 82145	748 372	3409 68	31 11,29
1	39 20,20	614 28992 73	4376 55958 75	01940 59828	793 150	3469 11	33 13,87
2	42 46,46	658 62167 24	4286 92312 42	02449 42603	837 884	3528 49	35 16,36
3	46 12,73	702 86375 88	4197 24237 40	02960 31820	882 574	3587 82	37 18,75
4	49 38,99	747 01614 24	4107 51742 66	03473 28841	929 219	3647 11	39 21,03
5	53 05,26	791 07877 90	4017 74837 16	03988 35038	971 820	3706 35	41 23,22
6	56 31,52	835 05162 45	3927 93529 89	04505 51796	*016 376	3765 54	43 25,32
7	59 57,79	878 93463 49	3838 07829 83	05024 80520	060 888	3824 69	45 27,31
8	*03 24,05	922 72776 65	3748 17745 96	05546 22612	105 356	3883 78	47 29,21
9	06 50,32	966 43097 53	3658 23287 28	06069 79499	149 780	3942 83	49 31,00
1,120	10 16,58	*010 04421 77	3568 24462 77	06595 52614	194 160	4001 83	51 32,70
1	13 42,85	053 56745 00	3478 21281 43	07123 43406	238 495	4060 79	53 34,30
2	17 09,11	097 00062 88	3388 13752 28	07653 53337	282 787	4119 69	55 35,80
3	20 35,38	140 34371 06	3298 01884 31	08185 83880	327 034	4178 55	57 37,21
4	24 01,64	183 59665 20	3207 85686 54	08720 36522	371 238	4237 36	59 38,51
5	27 27,91	226 75940 99	3117 65167 99	09257 12761	415 398	4296 13	*01 39,72
6	30 54,17	269 83194 10	3027 40337 67	09796 14120	459 514	4354 84	03 40,83
7	34 20,44	312 81420 23	2937 11204 61	10337 42117	503 586	4413 51	05 41,84
8	37 46,70	355 70615 08	2846 77777 84	10880 98297	547 615	4472 13	07 42,76
9	41 12,97	398 50774 36	2756 40066 39	11426 84216	591 600	4530 70	09 43,57
1,130	44 39,23	441 21893 79	2665 98079 30	11975 01442	635 541	4589 23	11 44,29
1	48 05,50	483 83969 10	2575 51825 62	12525 51559	679 439	4647 71	13 44,91
2	51 31,76	526 36996 02	2485 01314 38	13078 36167	723 293	4706 14	15 45,43
3	54 58,03	568 80970 31	2394 46554 64	13633 56876	767 103	4764 52	17 45,86
4	58 24,29	611 15887 72	2303 87555 46	14191 15315	810 870	4822 86	19 46,18
5	**01 50,56	653 41744 01	2213 24325 89	14751 13126	854 594	4881 15	21 46,41
6	05 16,82	695 58534 96	2122 56874 99	15313 51967	898 274	4939 39	23 46,54
7	08 43,08	737 66256 36	2031 85211 84	15878 33510	941 911	4997 58	25 46,58
8	12 09,35	779 64903 98	1941 09345 50	16445 59443	985 505	5055 73	27 46,51
9	15 35,61	821 54473 65	1850 29285 06	17015 31471	**029 056	5113 83	29 46,35
1,140	19 01,88	863 34961 16	1759 45039 58	17587 51313	072 563	5171 88	31 46,09
1	22 28,14	905 06362 34	1668 56618 16	18162 20704	116 027	5229 88	33 45,74
2	25 54,41	946 68673 01	1577 64029 89	18739 41396	159 449	5287 84	35 45,28
3	29 20,67	988 21889 01	1486 67283 85	19319 15158	202 827	5345 75	37 44,73
4	32 46,94	**029 66006 19	1395 66389 14	19901 43775	246 162	5403 61	39 44,08
5	36 13,20	071 01020 41	1304 61354 87	20486 29046	289 454	5461 43	41 43,34
6	39 39,47	112 26927 52	1213 52190 14	21073 72792	332 704	5519 20	43 42,49
7	43 05,73	153 43723 41	1122 38904 05	21663 76847	375 910	5576 92	45 41,55
8	46 32,00	194 51403 96	1031 21505 73	22256 43065	419 074	5634 60	47 40,51
9	49 58,26	235 49965 06	0940 00004 29	22851 73316	462 195	5692 22	49 39,38
	65⁰	**0,91**	**0,4**	**2,**	**0,85**	**0,9**	**54⁰**

x	e^x	e^{-x}	Sin x	Cos x	Tg x	Ar Sin x	Ar Cos x
	3,0	0,33	1,3	1,6	0,80	0,9	0,4
1,100	0416 60239	287 10837	3564 74701	6851 85538	049 902	5034 69	4356 825
1	0717 16926	253 83790	3731 66568	6985 50358	085 793	5101 94	4574 475
2	1018 03683	220 60068	3898 71808	7119 31876	121 627	5169 16	4790 997
3	1319 20543	187 39669	4065 90437	7253 30106	157 404	5236 35	5006 410
4	1620 67534	154 22588	4233 22473	7387 45061	193 123	5303 50	5220 729
5	1922 44688	121 08822	4400 67933	7521 76755	228 785	5370 61	5433 969
6	2224 52034	087 98369	4568 26832	7656 25201	264 390	5437 70	5646 145
7	2526 89602	054 91225	4735 99189	7790 90413	299 938	5504 75	5857 273
8	2829 57423	021 87386	4903 85019	7925 72404	335 428	5571 76	6067 367
9	3132 55527	*988 86849	5071 84339	8060 71188	370 862	5638 75	6276 441
1,110	3435 83944	955 89611	5239 97167	8195 86778	406 239	5705 69	6484 508
1	3739 42705	922 95668	5408 23518	8331 19187	441 559	5772 61	6691 583
2	4043 31840	890 05018	5576 63411	8466 68429	476 822	5839 50	6897 679
3	4347 51379	857 17657	5745 16861	8602 34518	512 029	5906 35	7102 807
4	4652 01353	824 33582	5913 83885	8738 17467	547 178	5973 16	7306 982
5	4956 81792	791 52789	6082 64501	8874 17290	582 272	6039 95	7510 215
6	5261 92726	758 75275	6251 58726	9010 34001	617 308	6106 70	7712 519
7	5567 34187	726 01037	6420 66575	9146 67612	652 289	6173 42	7913 905
8	5873 06205	693 30072	6589 88066	9283 18139	687 213	6240 10	8114 693
9	6179 08810	660 62376	6759 23217	9419 85593	722 080	6306 75	8313 969
1,120	6485 42033	627 97946	6928 72043	9556 69990	756 892	6373 37	8512 670
1	6792 05904	595 36779	7098 34563	9693 71342	791 647	6439 95	8710 499
2	7099 00455	562 78872	7268 10792	9830 89663	826 346	6506 51	8907 465
3	7406 25715	530 24220	7438 00748	9968 24968	860 989	6573 03	9103 579
4	7713 81717	497 72822	7608 04447	*0105 77269	895 576	6639 51	9298 851
5	8021 68489	465 24674	7778 21908	0243 46581	930 107	6709 97	9493 292
6	8329 86064	432 79772	7948 53146	0381 32918	964 582	6772 39	9686 912
7	8638 34472	400 38113	8118 98179	0519 36292	999 002	6838 77	9879 719
8	8947 13743	367 99694	8289 57024	0657 56719	*033 366	6905 13	*0071 723
9	9256 23909	335 64512	8460 29698	0795 94211	067 674	6971 45	0262 934
1,130	9565 65001	303 32564	8631 16219	0934 48783	101 926	7037 73	0453 360
1	9875 37050	271 03846	8802 16602	1073 20448	136 123	7103 99	0643 011
2	*0185 40086	238 78355	8973 30865	1212 09221	170 265	7170 21	0831 895
3	0495 74140	206 56089	9144 59026	1351 15114	204 351	7236 40	1020 021
4	0806 39244	174 37042	9316 01101	1490 38143	238 382	7302 56	1207 397
5	1117 35429	142 21213	9487 57108	1629 78321	272 358	7368 68	1394 031
6	1428 62725	110 08599	9659 27063	1769 35662	306 278	7434 77	1579 932
7	1740 21165	077 99195	9831 10985	1899 10180	340 143	7500 83	1765 107
8	2052 10778	045 92999	*0003 08889	2049 01889	373 954	7566 85	1949 565
9	2364 31597	013 90008	0175 20794	2189 10802	407 709	7632 85	2133 312
1,140	2676 83652	**981 90218	0347 46717	2329 36935	441 409	7698 81	2316 357
1	2989 66975	949 93627	0519 86674	2469 80301	475 055	7764 74	2498 707
2	3302 81596	918 00230	0692 40683	2610 40913	508 646	7830 63	2680 368
3	3616 27548	886 10025	0865 08762	2751 18787	542 182	7896 49	2861 349
4	3930 04862	854 23009	1037 90927	2892 13935	575 663	7962 32	3041 657
5	4244 13568	822 39178	1210 87195	3033 26373	609 090	8028 12	3221 297
6	4558 53699	790 58529	1383 97585	3174 56114	642 462	8093 88	3400 277
7	4873 25286	758 81060	1557 22113	3316 03173	675 780	8159 62	3578 604
8	5188 28360	727 06766	1730 60797	3457 67563	709 043	8225 31	3756 283
9	5503 62953	695 35645	1904 13654	3599 49299	742 253	8290 98	3933 323
	3,1	0,31	1,4	1,7	0,81	0,9	0,5

x	$\log_e x$	x	$\log_e x$	x	$\log_e x$	x	$\log_e x$	x	$\log_e x$
	0,09		0,10		0,11		0,12		0,13
1,100	531 01798	1,110	436 00153	1,120	332 86853	1,130	221 76327	1,140	102 82624
1	621 88577	1	526 05107	1	422 11441	1	310 21971	1	190 50709
2	712 67107	2	616 01958	2	511 28071	2	398 59798	2	278 11112
3	803 37403	3	705 90723	3	600 36758	3	486 89820	3	365 63848
4	893 99479	4	795 71415	4	689 37515	4	575 12053	4	453 08930
5	984 53350	5	885 44049	5	778 30357	5	663 26509	5	540 46370
6	*074 99031	6	975 08640	6	862 15297	6	751 33203	6	627 76183
7	165 36537	7	*064 65201	7	955 92351	7	839 32148	7	714 98382
8	255 65883	8	154 13747	8	*044 61531	8	927 23357	8	802 12979
9	345 87084	9	243 54293	9	133 22852	9	*015 06845	9	889 19989
	0,10		0,11		0,12		0,13		0,13

x	φ	sin x	cos x	tg x	arc tg x	Amp x	
	6	0,91	0,4	2,	0,85	0,9	54⁰
1,150	5⁰ 53′ 24″,53	276 39402 61	0848 74408 84	23449 69487	505 274	5749 80	51′ 38″,15
1	5 56 50,79	317 19712 51	0757 44728 52	24050 33487	548 309	5807 34	53 36,82
2	6 00 17,06	357 90890 70	0666 10972 46	24653 67237	591 303	5864 82	55 35,39
3	6 03 43,32	398 52933 10	0574 73149 79	25259 72682	634 253	5922 26	57 33 87
4	6 07 09,59	439 05835 65	0483 31269 64	25868 51783	677 161	5979 65	59 32,25
5	6 10 35,85	479 49594 29	0391 85341 16	26480 06520	720 027	6037 00	*01 30,53
6	6 14 02,12	519 84204 99	0300 35373 50	27094 38893	762 850	6094 30	03 28,72
7	6 17 28,38	560 09663 70	0208 81375 80	27711 50919	805 631	6151 55	05 26,81
8	6 20 54,65	600 25966 40	0117 23357 23	28331 44638	848 369	6208 75	07 24,80
9	6 24 20,91	640 33109 07	0025 61326 92	28954 22107	891 066	6265 91	09 22,69
1,160	6 27 47,18	680 31087 72	*9933 95294 06	29579 85405	933 720	6323 02	11 20,49
1	6 31 13,44	720 19898 33	9842 25267 81	30208 36629	976 332	6380 08	13 18,19
2	6 34 39,70	759 99536 93	9750 51257 32	30839 77898	*018 902	6437 10	15 15,80
3	6 38 05,97	799 69999 52	9658 73271 79	31474 11353	061 429	6494 07	17 13,31
4	6 41 32,23	839 31282 15	9566 91320 38	32111 39153	103 915	6550 99	19 10,72
5	6 44 58,50	878 83380 84	9475 05412 29	32751 63480	146 359	6607 87	21 08,04
6	6 48 24,76	918 26291 66	9383 15556 69	33394 86538	188 761	6664 70	23 05,26
7	6 51 51,03	957 60010 64	9291 21762 77	34041 10552	231 121	6721 48	25 02,38
8	6 55 17,29	996 84533 87	9199 24039 73	34690 37769	273 438	6778 22	26 59,41
9	6 58 43,56	*035 99857 42	9107 22396 77	35342 70459	315 715	6834 91	28 56,34
1,170	7 02 09,82	075 05977 36	9015 16843 08	35998 10914	357 949	6891 55	30 53,17
1	7 05 36,09	114 02889 80	8923 07387 88	36656 61449	400 142	6948 15	32 49,91
2	7 09 02,35	152 90590 84	8830 94040 37	37318 24404	442 293	7004 70	34 46,55
3	7 12 28,62	191 69076 59	8738 76809 77	37983 02138	484 403	7061 20	36 43,10
4	5 15 54,88	230 38343 17	8646 55705 29	38650 97273	526 471	7117 60	38 39,54
5	7 19 21,15	268 98386 71	8554 30736 16	39322 11517	568 498	7174 07	40 35,90
6	7 22 47,15	307 49203 36	8462 01911 60	39996 48005	610 483	7230 43	42 32,16
7	7 26 13,68	345 90789 25	8369 69240 83	40674 08962	652 427	7286 75	44 28,32
8	7 29 39,94	384 23140 56	8277 32733 09	41354 96872	694 329	7343 01	46 24,38
9	7 33 06,21	422 46253 44	8184 92397 63	42039 14244	736 190	7399 24	48 20,35
1,180	7 36 32,47	460 60124 08	8092 48243 67	42726 63612	778 010	7455 42	50 16,22
1	7 39 58,74	498 64748 66	8000 00280 46	43477 47542	819 788	7511 55	52 12,00
2	7 43 25,00	536 60123 37	7907 48517 25	44111 68616	861 526	7567 63	54 07,68
3	7 46 51,27	574 46244 43	7814 92963 30	44809 29448	903 222	7623 67	56 03,27
4	7 50 17,53	612 23108 04	7722 33627 85	45510 32682	944 877	7679 66	57 58,76
5	7 53 43,80	649 90710 43	7629 70520 17	46214 80984	986 491	7735 60	59 54,15
6	7 57 10,06	687 49047 83	7537 03649 52	46922 77050	**028 063	7791 50	**01 49,45
7	8 00 36,33	724 98116 48	7444 33025 16	47634 23606	069 595	7847 35	03 44,66
8	8 04 02,59	762 37912 63	7351 58656 38	48349 23405	111 086	7903 16	05 39,76
9	8 07 28,85	799 68432 54	7258 80552 43	49067 79222	152 536	7958 92	07 34,78
1,190	8 10 55,12	836 89672 49	7165 98722 61	49789 93874	193 946	8014 63	09 29,69
1	8 14 21,38	874 01628 75	7073 13176 18	50515 70200	235 314	8070 30	11 24,51
2	8 17 47,65	911 04297 61	6980 23922 44	51245 11070	276 642	8125 92	13 19,24
3	8 21 13,91	947 97675 36	6887 30970 68	51978 19384	317 929	8181 49	15 13,87
4	8 24 40,18	984 81758 32	6794 34330 19	52714 98072	359 176	8237 02	17 08,41
5	8 28 06,44	**021 56542 80	6701 34010 27	53455 50099	400 382	8292 51	19 02,85
6	8 31 32,71	058 22025 12	6608 30020 21	54199 78458	441 548	8347 94	20 57,19
7	8 34 58,97	094 78201 62	6515 22369 32	54947 86174	482 672	8403 33	22 51,44
8	8 39 25,24	131 25068 64	6422 11066 91	55699 76307	523 757	8458 68	24 45,60
9	8 41 51,50	167 62622 54	6328 96122 28	56455 51948	564 801	8513 97	26 39,66
	6	0,93	0,3	2,	0,87	0,9	56⁰

x	e^x	e^{-x}	Sin x	Cos x	Tg x	Ar Sin x	Ar Cos x
	3,1	**0,31**	**1,4**	**1,7**	**0,81**	**0,9**	**0,5**
1,150	5819 29097	663 67694	2077 80702	3741 48395	775 408	8356 62	4109 728
1	6135 26822	632 02909	2251 61957	3883 64865	808 509	8422 22	4285 505
2	6451 56161	600 41287	2425 57437	4025 98724	841 555	8487 78	4460 661
3	6768 17145	568 82825	2599 67160	4168 49985	874 548	8553 32	4635 200
4	7085 09806	537 27520	2773 91143	4311 18663	907 486	8618 82	4809 130
5	7402 34175	505 75369	2948 29403	4454 04772	940 371	8684 30	4982 456
6	7719 90285	474 26368	3122 81958	4597 08327	973 202	8749 74	5155 183
7	8037 78166	442 80515	3297 48826	4740 29341	*005 979	8815 14	5327 318
8	8355 97852	411 37806	3472 30023	4883 67829	038 702	8880 52	5498 866
9	8674 49373	379 98239	3647 25567	5027 23806	071 372	8945 86	5669 832
1,160	8993 32761	348 61809	3822 35476	5170 97285	103 988	9011 17	5840 222
1	9312 48049	317 28514	3997 59767	5314 88281	136 551	9076 45	6010 041
2	9631 95268	285 98351	4172 98459	5458 96809	169 060	9141 70	6179 294
3	9951 74450	254 71316	4348 51567	5603 22883	201 506	9206 91	6347 986
4	*0271 85627	223 47407	4524 19110	5747 66517	233 918	9272 09	6516 123
5	0592 28832	192 26620	4700 01106	5892 27726	266 267	9337 24	6683 709
6	0913 04096	161 08953	4875 97571	6037 06504	298 564	9402 36	6850 750
7	1234 11451	129 94401	5052 08525	6182 02926	330 806	9467 44	7017 250
8	1555 50929	098 82963	5228 33983	6327 16946	362 996	9532 49	7183 214
9	1877 22563	067 74634	5404 73964	6472 48599	395 133	9597 51	7348 647
1,170	2199 26385	036 69413	5581 28486	6617 97899	427 217	9662 50	7513 552
1	2521 62427	005 67295	5757 97566	6763 64861	459 248	9727 46	7677 936
2	2844 30721	*974 68277	5934 81222	6909 49499	491 226	9792 38	7841 802
3	3167 31299	943 72357	6111 79471	7055 51828	523 151	9857 27	8005 154
4	3490 64194	912 79531	6288 92332	7201 71863	555 025	9922 13	8167 998
5	3814 29438	881 89797	6466 19821	7348 09618	586 845	9986 96	8330 337
6	4138 27064	851 03151	6643 61957	7494 65107	618 613	*0051 75	8492 176
7	4462 57103	820 19590	6821 18757	7641 38346	650 328	0116 52	8653 519
8	4787 19589	789 39110	6998 90239	7788 29350	681 991	0181 25	8814 369
9	5112 14553	758 61710	7176 76421	7935 38132	713 602	0245 95	8974 731
1,180	5437 42029	727 87386	7354 77321	8082 64707	745 161	0310 62	9134 610
1	5763 02048	697 16135	7532 92957	8230 09091	776 667	0375 26	9294 008
2	6088 94644	666 47953	7711 23346	8377 71298	808 122	0439 86	9452 930
3	6415 19848	635 82838	7889 68505	8525 51343	839 524	0504 44	9611 380
4	6741 77694	605 20786	8068 28454	8673 49240	870 874	0568 98	9769 361
5	7068 68215	574 61795	8247 03210	8821 65005	902 172	0633 49	9926 878
6	7395 91442	544 05861	8425 92790	8969 98652	933 418	0697 96	*0083 933
7	7723 47408	513 52982	8604 97213	9118 50195	964 613	0762 41	0240 532
8	8051 36147	483 03154	8784 16496	9267 19651	995 756	0826 82	0396 676
9	8379 57692	452 56375	8963 50658	9416 07033	**026 847	0891 20	0552 369
1,190	8708 12074	422 12641	9142 99717	9565 12357	057 887	0955 55	0707 616
1	9036 99327	391 71949	9322 63689	9714 35638	088 875	1019 87	0862 420
2	9366 19483	361 34296	9502 42594	9863 76890	119 812	1084 16	1016 784
3	9695 72577	330 99679	9682 36449	*0013 36128	150 697	1148 41	1170 711
4	**0025 58640	300 68095	9862 45272	0163 13368	181 531	1212 64	1324 205
5	0355 77705	270 39542	*0042 69082	0313 08623	212 314	1276 83	1477 269
6	0686 29806	240 14015	0223 07895	0463 21911	243 045	1340 99	1529 906
7	1017 14976	209 91513	0403 61732	0613 53244	273 726	1405 12	1782 120
8	1348 33247	179 72031	0584 30608	0764 02639	304 355	1469 21	1933 913
9	1679 84653	149 55568	0765 14543	0914 70111	334 933	1533 28	2085 289
	3,3	**0,30**	**1,5**	**1,8**	**0,83**	**1,0**	**0,6**

x	$\log_e x$	x	$\log_e x$	x	$\log_e x$	x	$\log_e x$	x	$\log_e x$
	0,13		**0,14**		**0,15**		**0,16**		**0,17**
1,150	976 19424	**1,160**	842 00051	**1,170**	700 37488	**1,180**	551 44385	**1,190**	395 33071
1	*063 11297	1	928 12027	1	785 80846	1	636 15372	1	479 32904
2	149 95623	2	*014 26584	2	871 16912	2	720 79190	2	563 25686
3	236 72413	3	100 28735	3	956 38697	3	805 35850	3	647 11431
4	323 41681	4	186 23493	4	*041 67214	4	889 85365	4	730 90150
5	410 03440	5	272 10870	5	126 81476	5	974 27746	5	814 61854
6	496 57703	6	357 90879	6	211 88495	6	*058 63006	6	898 26555
7	583 04482	7	443 63533	7	296 88283	7	142 91156	7	981 84266
8	670 43792	8	529 28844	8	381 80852	8	227 12209	8	*065 34997
9	755 76544	9	614 86825	9	466 66216	9	311 26177	9	148 78760
	0,14		**0,15**		**0,16**		**0,17**		**0,18**

x	φ	sin x	cos x	tg x	arc tg x	Amp x	
	6	0,93	0,3	2,	0,87	0,9	56°
1,200	8° 45′ 17″,77	203 90859 67	6235 77544 77	57215 16221	605 805	8569 22	28′ 33″,62
1	8 48 44,03	240 09776 42	6142 55343 67	57978 72286	646 769	8624 43	30 27,49
2	8 52 10,30	276 19369 15	6049 29528 32	58746 23334	687 692	8679 59	32 21,26
3	8 55 36,56	312 19634 27	5956 00108 04	59517 72594	728 575	8734 70	34 14,94
4	8 59 02,83	348 10568 17	5862 67092 16	60293 23328	769 417	8789 77	36 08,53
5	9 02 29,09	383 92167 26	5769 30490 02	61072 78834	810 220	8844 79	38 02,02
6	9 05 55,36	419 64427 96	5675 90310 94	61856 42447	850 983	8899 77	39 55,42
7	9 09 21,62	455 27346 69	5582 46564 28	62644 17538	891 705	8954 70	41 48,72
8	9 12 47,89	490 80919 90	5488 99259 36	63436 07515	932 388	9009 58	43 41,92
9	9 16 14,15	526 25144 03	5395 48405 55	64232 15824	973 030	9064 42	45 35,03
1,210	9 19 40,42	561 60015 53	5301 94012 19	65032 45950	*013 633	9119 21	47 28,05
1	9 23 06,68	596 85530 88	5208 36088 64	65837 01414	054 196	9173 96	49 20,97
2	9 26 32,95	632 01686 54	5114 74644 25	66645 85780	094 719	9228 66	51 13,80
3	9 29 59,21	667 08479 00	5021 09688 39	67459 02648	135 202	9283 31	53 06,54
4	9 33 25,47	702 05904 75	4927 41230 42	68276 55662	175 645	9337 92	54 59,17
5	9 36 51,74	736 93960 29	4833 69279 70	69098 48505	216 049	9392 49	56 51,72
6	9 40 18,00	771 72642 15	4739 93845 62	69924 84900	256 413	9447 00	58 44,17
7	9 43 44,27	806 41946 83	4646 14937 54	70755 68616	296 739	9501 48	*00 36,53
8	9 47 10,53	841 01870 87	4552 32564 85	71591 03460	337 024	9555 90	02 28,79
9	9 50 36,80	875 52410 80	4458 46736 93	72430 93287	377 269	9610 28	04 20,96
1,220	9 54 03,06	909 93563 19	4364 57463 16	73275 41993	417 476	9664 62	06 13,03
1	9 57 29,33	944 25324 58	4270 64752 93	74124 53519	457 642	9718 91	08 05,01
2	*0 00 55,59	978 47691 55	4176 68615 64	74978 31851	497 770	9773 15	09 56,90
3	0 04 21,86	*012 60660 68	4082 69060 68	75836 81022	537 858	9827 35	11 48,69
4	0 07 48,12	046 64228 54	3988 66097 46	76700 05110	577 907	9881 50	13 40,39
5	0 11 14,39	080 58391 74	3894 59735 36	77568 08242	617 916	9935 61	15 31,99
6	0 14 40,65	114 43146 88	3800 49983 81	78440 94590	657 887	9989 67	17 23,50
7	0 18 06,92	148 18490 58	3706 36852 20	79318 68378	697 818	*0043 69	19 14,92
8	0 21 33,18	181 84419 46	3612 20349 96	80201 33877	737 710	0097 66	21 06,24
9	0 24 59,44	215 40930 16	3518 00486 51	81088 95407	777 563	0151 58	22 57,47
1,230	0 28 25,71	248 88019 32	3423 77271 25	81981 57343	817 377	0205 46	24 48,60
1	0 31 51,98	282 25683 59	3329 50713 61	82879 24106	857 152	0259 30	26 39,64
2	0 35 18,24	315 53919 63	3235 20823 02	83782 00173	896 889	0313 09	28 30,59
3	0 38 44,51	348 72724 13	3140 87608 91	84689 90074	936 586	0366 83	30 21,45
4	0 42 10,77	381 82093 75	3046 51080 72	85602 98389	976 245	0420 53	32 12,21
5	0 45 37,04	414 82025 19	2952 11247 87	86521 29757	**015 865	0474 18	34 02,88
6	0 49 03,30	447 72515 14	2857 68119 81	87444 88871	055 446	0527 79	35 53,45
7	0 52 29,57	480 53560 33	2763 21705 99	88373 80478	094 988	0581 35	37 43,93
8	0 55 55,83	513 25157 46	2668 72015 84	89308 09385	134 492	0634 87	39 34,32
9	0 59 22,09	545 87303 27	2574 19058 82	90247 80455	173 958	0688 34	41 24,61
1,240	1 02 48,36	578 39994 50	2479 62844 39	91192 98612	213 384	0741 77	43 14,82
1	1 06 14,62	610 83227 88	2385 03381 99	92143 68836	252 772	0795 15	45 04,92
2	1 09 40,89	643 17000 18	2290 40681 09	93099 96172	292 122	0848 40	46 54,94
3	1 13 07,15	675 41308 16	2195 74751 14	94061 85723	331 433	0901 78	48 44,86
4	1 16 33,42	707 56148 61	2101 05601 63	95029 42657	370 706	0955 03	50 34,69
5	1 19 59,68	739 61518 30	2006 33242 00	96002 72202	409 940	1008 23	52 24,43
6	1 23 25,95	771 57414 03	1911 57681 75	96981 79655	449 136	1061 39	54 14,07
7	1 26 52,21	803 43832 60	1816 78930 33	97966 70375	488 294	1114 50	56 03,62
8	1 30 18,48	835 20770 83	1721 96997 24	98957 49788	527 414	1167 56	57 53,08
9	1 33 44,74	866 88225 53	1627 11891 95	99954 23389	566 495	1220 58	59 42,44
	7	0,94	0,3	2,	0,89	1,0	57°

Tafel III

Zehnstellige Tafeln der Funktionen

$e^{\frac{x\pi}{360}}, e^{-\frac{x\pi}{360}}, \mathfrak{Sin}\,\frac{x\pi}{360}, \mathfrak{Cof}\,\frac{x\pi}{360}$

von $x = 0$ bis 360 für jedes 1

x	$e^{\frac{x\pi}{360}}$	$e^{-\frac{x\pi}{360}}$	$\mathfrak{Sin}\,\frac{x\pi}{360}$	$\mathfrak{Cof}\,\frac{x\pi}{360}$
0	1	1	0	1
1	1,00876 48344	0,99131 13204	0,00372 67570	1,00003 80774
2	1,01760 64912	0,98269 81339	0,01745 41786	1,00015 23126
3	1,02652 56436	0,97415 97847	0,02618 29295	1,00034 27142
4	1,03552 29709	0,96569 56225	0,03491 36742	1,00060 92967
5	1,04459 91583	0,95730 50026	0,04364 70779	1,00095 20805
6	1,05375 48970	0,94898 72862	0,05238 38054	1,00137 10916
7	1,06299 08842	0,94074 18397	0,06112 45223	1,00186 63620
8	1,07230 78234	0,93256 80352	0,06986 98941	1,00243 79293
9	1,08170 64239	0,92446 52504	0,07862 05868	1,00308 58371

x	e^x	e^{-x}	Sin x	Cos x	Tg x	Ar Sin x	Ar Cos x
	3,3	**0,30**	**1,5**	**1,8**	**0,83**	**1,0**	**0,6**
1,200	2011 69227	119 42119	0946 13554	1065 55673	365 461	1597 31	2236 250
1	2343 87003	089 31682	1127 27660	1216 59343	395 937	1661 32	2386 801
2	2676 38012	059 24255	1308 56879	1367 81134	426 363	1725 29	2536 943
3	3009 22290	029 19833	1490 01228	1519 21061	456 738	1789 23	2686 681
4	3342 39868	*999 18414	1671 60727	1670 79141	487 063	1853 13	2836 016
5	3675 90781	969 19995	1853 35393	1822 55388	517 336	1917 01	2984 951
6	4009 75061	939 24573	2035 25244	1974 49817	547 560	1980 86	3133 491
7	4343 92742	909 32145	2217 30299	2126 62443	577 733	2044 67	3281 636
8	4678 43858	879 42708	2399 50575	2278 93283	607 855	2108 45	3429 391
9	5013 28441	849 56259	2581 86091	2431 42350	637 927	2172 21	3576 757
1,210	5348 46525	819 72794	2764 36866	2584 09660	667 949	2235 93	3723 738
1	5683 98145	789 92312	2947 02917	2736 95229	697 920	2299 62	3870 336
2	6019 83333	760 14809	3129 84262	2889 99071	727 842	2363 28	4016 555
3	6356 02123	730 40281	3312 80921	3043 21202	757 714	2426 90	4162 396
4	6692 54548	700 68727	3495 92911	3196 61638	787 535	2490 50	4307 862
5	7029 40643	671 00143	3679 20250	3350 20393	817 307	2554 06	4452 956
6	7366 60441	641 34526	3862 62958	3503 97483	847 028	2617 60	4597 680
7	7704 13975	611 71873	4046 21051	3657 92924	876 700	2681 10	4742 036
8	8042 01280	582 12181	4229 94549	3812 06731	906 322	2744 57	4886 028
9	8380 22389	552 55448	4413 83471	3966 38918	935 895	2808 01	5029 658
1,220	8717 77336	523 01669	4597 87833	4120 89503	965 418	2871 41	5172 928
1	9057 66155	493 50843	4782 07656	4275 58499	994 891	2934 79	5315 841
2	9396 88880	464 02967	4966 42957	4430 45923	*024 315	2998 14	5458 399
3	9796 45544	434 58036	5150 93754	4585 51790	053 689	3061 45	5600 603
4	*0076 36182	405 16050	5335 60066	4740 76116	083 014	3124 73	5742 458
5	0416 60828	375 77003	5520 41912	4896 18916	112 290	3187 99	5883 965
6	0757 19515	346 40895	5705 39310	5051 80205	141 517	3251 21	6025 125
7	1098 12278	317 07720	5890 52279	5207 59999	170 694	3314 40	6165 942
8	1439 39151	287 77478	6075 80837	5363 58313	199 823	3377 56	6306 418
9	1781 00168	258 50165	6261 25002	5519 75166	228 902	3440 69	6446 554
1,230	2122 95363	229 25777	6446 84793	5676 10570	257 933	3503 78	6586 353
1	2465 24770	200 04312	6632 60229	5832 64541	286 914	3566 86	6725 817
2	2807 88424	170 85767	6818 51328	5989 37096	315 847	3629 89	6864 949
3	3150 86358	141 70140	7004 58109	6146 28249	344 731	3692 90	7003 750
4	3494 18608	112 57426	7190 80591	6303 38017	373 566	3755 88	7142 223
5	3837 85207	083 47624	7377 18792	6460 66415	402 353	3818 82	7280 369
6	4181 86190	054 40730	7563 72730	6618 13460	431 091	3881 74	7418 191
7	4526 21591	025 36741	7750 42425	6775 79166	459 781	3944 62	7555 690
8	4870 91444	**996 35655	7937 27895	6933 63550	488 422	4007 47	7692 869
9	5215 95785	967 37469	8124 29158	7091 66627	517 015	4070 29	7829 729
1,240	5561 34648	938 42179	8311 46234	7249 88414	545 559	4133 08	7966 273
1	5907 08066	909 49784	8498 79141	7408 28925	574 056	4195 84	8102 502
2	6253 16075	880 60279	8686 27898	7566 88177	602 504	4258 57	8238 419
3	6599 58710	851 73662	8873 92524	7725 66186	630 904	4321 27	8374 024
4	6946 36004	822 89931	9061 73037	7884 62967	659 256	4383 94	8509 321
5	7293 47993	794 09081	9249 69456	8043 78537	687 561	4446 58	8644 311
6	7640 94712	765 31111	9437 81800	8203 12912	715 817	4509 18	8778 996
7	7988 76194	736 56018	9626 10088	8362 66106	744 025	4571 76	8913 377
8	8336 92476	707 83798	9814 54339	8522 38137	772 186	4634 30	9047 457
9	8685 43591	679 14450	*0003 14571	8682 29020	800 299	4696 82	9181 236
	3,4	**0,28**	**1,6**	**1,8**	**0,84**	**1,0**	**0,6**

x	$\log_e x$	x	$\log_e x$	x	$\log_e x$	x	$\log_e x$	x	$\log_e x$
	0,18		**0,19**		**0,19**		**0,20**		**0,21**
1,200	232 15568	**1,210**	062 03596	**1,220**	885 08587	**1,230**	701 41694	**1,240**	511 13796
1	317 45431	1	144 64646	1	967 01951	1	782 68472	1	591 75062
2	398 68361	2	227 18876	2	*048 88607	2	863 88651	2	672 29835
3	481 84370	3	309 66300	3	130 68567	3	945 02242	3	752 78125
4	564 93469	4	392 06926	4	212 41841	4	*026 09255	4	833 19943
5	647 95669	5	474 40768	5	294 08440	5	107 09701	5	913 55299
6	730 90983	6	556 67835	6	375 68375	6	188 03590	6	993 84204
7	813 79421	7	638 88140	7	457 21657	7	268 90934	7	*074 06667
8	896 60995	8	721 01693	8	538 68297	8	349 71743	8	154 22699
9	979 35716	9	803 08505	9	620 08306	9	430 46026	9	234 32311
	0,18		**0,19**		**0,20**		**0,21**		**0,22**

x	φ	sin x	cos x	tg x	arc tg x	𝔄𝔪𝔭 x	
	7	0,94	0,3	3,	0,89	1,01	58°
1,250	1° 37′ 11″,01	898 46193 56	1532 23623 95	00956 96740	605 538	273 56	01′ 31″,72
1	1 40 37,27	929 94671 73	1437 32202 73	01965 75470	644 544	326 49	03 20,89
2	1 44 03,54	961 33656 91	1342 37637 77	02980 65386	683 511	379 38	05 09,98
3	1 47 29,80	992 63145 96	1247 39938 58	04001 71959	722 440	432 22	06 58,98
4	1 50 56,07	*023 83135 75	1152 39114 65	05029 01338	761 332	485 02	08 47,88
5	1 54 22,33	054 93623 15	1057 35175 48	06062 59343	800 185	537 77	10 36,69
6	1 57 48,60	085 94605 06	0962 28130 57	07102 51971	839 001	590 48	12 25,40
7	2 01 14,86	116 86078 38	0867 17989 44	08148 85295	877 779	643 14	14 14,03
8	2 04 41,13	147 68040 01	0772 04761 58	09201 65466	916 519	695 76	16 02,56
9	2 08 07,39	178 40486 88	0676 88456 53	10260 98712	955 222	748 33	17 51,00
1,260	2 11 33,66	209 03415 91	0581 69083 78	11326 91343	993 886	800 86	19 39,35
1	2 14 59,92	239 56824 03	0486 46652 87	12399 49750	*032 513	853 35	21 27,61
2	2 18 26,19	270 00708 19	0391 21173 31	13478 80407	071 103	905 78	23 15,77
3	2 21 52,45	300 35065 36	0295 92654 63	14564 89871	109 655	958 18	25 03,84
4	2 25 18,72	330 59892 49	0200 61106 36	15657 84796	148 169	*010 53	26 51,82
5	2 28 44,98	360 75186 57	0105 26538 02	16757 71883	186 646	062 83	28 39,71
6	2 32 11,24	390 80944 57	0009 88959 16	17864 57979	225 085	115 10	30 27,50
7	2 35 37,51	420 77163 49	*9914 48379 31	18978 49983	263 487	167 31	32 15,21
8	2 39 03,77	450 63840 33	9819 04808 01	20099 54896	301 852	219 48	34 02,82
9	2 42 30,04	480 40972 11	9723 58254 81	21227 79805	340 179	271 61	35 50,34
1,270	2 45 56,30	510 08555 85	9628 08729 25	22363 31902	378 469	323 69	37 37,77
1	2 49 22,57	539 66588 58	9532 56240 88	23506 18468	416 723	375 73	39 25,10
2	2 52 48,83	569 15067 34	9437 00799 26	24656 46881	454 938	427 72	41 12,35
3	2 56 15,10	598 53989 20	9341 42413 94	25814 24623	493 117	479 69	42 59,50
4	2 59 41,36	627 83351 19	9245 81094 47	26979 59271	531 259	531 58	44 46,56
5	3 03 07,63	657 03150 41	9150 16850 42	28152 58509	569 364	583 44	46 33,53
6	3 06 33,89	686 13383 92	9054 49691 36	29333 30122	607 431	635 26	48 20,41
7	3 10 00,16	715 14048 82	8958 79626 84	30521 82037	645 462	687 03	50 07,20
8	3 13 26,42	744 05142 21	8863 06666 45	31718 22171	683 456	738 76	51 53,90
9	3 16 52,69	772 86661 19	8767 30819 75	32922 58716	721 413	790 44	53 40,50
1,280	3 20 18,95	801 58602 89	8671 52096 32	34134 99811	759 333	842 08	55 27,02
1	3 23 45,22	830 20964 43	8575 70505 74	35355 53874	797 216	893 67	57 13,44
2	3 27 11,48	858 73742 95	8479 86057 59	36584 29322	835 063	945 23	58 59,77
3	3 30 37,75	887 16935 60	8383 98761 45	37821 34723	872 873	996 73	*00 46,01
4	3 34 04,01	915 50539 53	8288 08626 91	39066 78763	910 646	**048 19	02 32,16
5	3 37 30,28	943 74551 91	8192 15663 56	40320 70252	948 383	099 61	04 18,22
6	3 40 56,54	971 88969 92	8096 19881 00	41583 18123	986 084	150 99	06 04,19
7	3 44 22,81	999 93790 73	8000 21288 82	42854 31432	**023 747	202 32	07 50,06
8	3 47 49,07	**027 89011 56	7904 19896 62	44134 19368	061 374	253 60	09 35,85
9	3 51 15,34	055 74629 60	7808 15714 00	45422 91247	098 965	304 85	11 21,54
1,290	3 54 41,60	083 50642 06	7712 08750 57	46720 56517	136 520	356 05	13 07,15
1	3 58 07,86	111 17046 17	7615 99015 92	48027 24765	174 038	407 20	14 52,66
2	4 01 34,13	138 73839 17	7519 86519 68	49343 05712	211 519	458 31	16 38,08
3	4 05 00,39	166 21018 30	7423 71271 45	50668 09219	248 965	509 38	18 23,41
4	4 08 26,66	193 58580 80	7327 53280 85	52002 45292	286 374	560 40	20 08,66
5	4 11 52,92	220 86523 95	7231 32557 49	53346 24080	323 747	611 38	21 53,81
6	4 15 19,19	248 04845 01	7135 09111 01	54699 55881	361 084	662 31	23 38,87
7	4 18 45,45	275 13541 26	7038 82951 01	56062 51142	398 384	713 20	25 23,84
8	4 22 11,72	302 12610 01	6942 54087 13	57435 20465	435 649	764 05	27 08,72
9	4 25 37,98	329 02048 54	6846 22529 00	58817 74605	472 878	814 85	28 53,51
	7	0,96	0,2	3,	0,91	1,03	59°

x	$e^{\frac{x\pi}{360}}$	$e^{-\frac{x\pi}{360}}$	$\mathfrak{Sin}\,\frac{x\pi}{360}$	$\mathfrak{Cof}\,\frac{x\pi}{360}$
10	1,09118 74016	0,91643 28680	0,08737 72668	1,00381 01348
11	1,10075 14785	0,90847 02764	0,09614 06010	1,00461 08775
12	1,11039 93830	0,90057 68693	0,10491 12569	1,00548 81261
13	1,12013 18498	0,89275 20454	0,11368 99022	1,00644 19476
14	1,12994 96200	0,88499 52089	0,12247 72055	1,00747 24144
15	1,13985 34413	0,87730 57691	0,13127 38361	1,00857 96052
16	1,14984 40680	0,86968 31404	0,14008 04638	1,00976 36042
17	1,15992 22609	0,86212 67422	0,14889 77594	1,01102 45016
18	1,17008 87875	0,85463 59992	0,15772 63942	1,01236 23933
19	1,18034 44220	0,84721 03408	0,16656 70406	1,01377 73814

x	e^x	e^{-x}	Sin x	Cos x	Tg x	Ar Sin x	Ar Cos x
	3,4	**0,28**	**1,6**	**1,8**	**0,84**	**1,0**	**0,6**
1,250	9034 29575	650 47969	0191 90803	8842 38772	828 364	4759 30	9314 718
1	9383 50462	621 84353	0380 83055	9002 67407	856 382	4821 76	9447 904
2	9733 06287	593 23599	0569 91344	9163 14943	884 352	4884 18	9580 795
3	*0082 97086	564 65705	0759 15691	9323 81395	912 275	4946 57	9713 393
4	0433 22893	536 10667	0948 56113	9484 66780	940 150	5008 94	9845 699
5	0783 83743	507 58482	1138 12631	9645 71113	967 978	5071 27	9977 717
6	1134 79672	479 09149	1327 85262	9806 94410	995 759	5133 57	*0109 446
7	1486 10714	450 62663	1517 74026	9968 36689	*023 492	5195 84	0240 890
8	1837 76905	422 19022	1707 78941	*0129 97964	051 179	5258 09	0372 049
9	2189 78280	393 78224	1898 00028	0291 78252	078 818	5320 30	0502 925
1,260	2542 14874	365 40265	2088 37304	0453 77569	106 411	5382 48	0633 519
1	2894 86722	337 05143	2278 90790	0615 95932	133 957	5444 63	0763 834
2	3247 93859	308 72854	2469 60503	0778 33356	161 455	5506 75	0893 871
3	3601 36321	280 43396	2660 46463	0940 89858	188 907	5568 84	1023 631
4	3955 14143	252 16766	2851 48689	1103 65455	216 312	5630 90	1153 116
5	4309 27361	223 92961	3042 67200	1266 60161	243 671	5692 93	1282 328
6	4663 76010	195 71979	3234 02015	1429 73995	270 983	5754 93	1411 267
7	5018 60125	167 53817	3425 53154	1593 06971	298 248	5816 90	1539 936
8	5373 79742	139 38471	3617 20636	1756 59106	325 467	5878 84	1668 336
9	5729 34896	111 25939	3809 04479	1920 30417	352 639	5940 75	1796 468
1,270	6085 25624	083 16218	4001 04703	2084 20921	379 765	6002 62	1924 334
1	6441 51959	055 09305	4193 21327	2248 30632	406 845	6064 47	2051 936
2	6798 13939	027 05198	4385 54371	2412 59569	433 879	6126 29	2179 274
3	7155 11599	*999 03894	4578 03853	2577 07747	460 866	6188 08	2306 351
4	7512 44974	971 05390	4770 69792	2741 75182	487 808	6249 84	2433 167
5	7870 14101	943 09682	4963 52209	2906 61892	514 703	6311 57	2559 724
6	8228 19015	915 16769	5156 51123	3071 67892	541 552	6373 27	2686 023
7	8586 59751	887 26648	5349 66552	3236 93199	568 356	6434 94	2812 066
8	8945 36346	859 39315	5542 98515	3402 37830	595 113	6496 58	2937 854
9	9304 48836	831 54768	5736 47034	3568 01802	621 825	6558 19	3063 389
1,280	9663 97256	803 73004	5930 12126	3733 85130	648 492	6619 77	3188 671
1	**0023 81642	775 94021	6123 93810	3899 87832	675 112	6681 31	3313 702
2	0384 02031	748 17816	6317 92108	4066 09923	701 687	6742 83	3438 484
3	0744 58458	720 44385	6512 07037	4232 51421	728 216	6804 32	3563 017
4	1105 50960	692 73726	6706 38617	4399 12343	754 700	6865 78	3687 303
5	1466 79572	665 05836	6900 86868	4565 92704	781 139	6927 21	3811 343
6	1828 44331	637 40713	7095 51809	4732 92522	807 532	6988 61	3935 139
7	2190 45273	609 78354	7290 33459	4900 11813	833 880	7049 98	4058 692
8	2552 82434	582 18756	7485 31839	5067 50595	860 183	7111 32	4182 003
9	2915 55850	554 61916	7680 46967	5235 08883	886 441	7172 64	4305 073
1,290	3278 65558	527 07831	7875 78863	5402 86694	912 654	7233 92	4427 903
1	3642 11593	499 56499	8071 27547	5570 84046	938 821	7295 17	4550 495
2	4005 93993	472 07917	8266 93038	5739 00955	964 944	7356 39	4672 850
3	4370 12793	444 62082	8462 75356	5907 37438	991 022	7417 59	4794 969
4	4734 68031	417 18992	8658 74519	6075 93511	**017 055	7478 75	4916 853
5	5099 59741	389 78643	8854 90549	6244 69192	043 044	7539 88	5038 503
6	5464 87962	362 41034	9051 23464	6413 64498	068 987	7600 99	5159 921
7	5830 52730	335 06160	9247 73285	6582 79445	094 886	7662 06	5281 108
8	6196 54080	307 74020	9444 40030	6752 14050	120 741	7723 11	5402 064
9	6562 92050	280 44611	9641 23719	6921 68331	146 551	7784 12	5522 791
	3,6	**0,27**	**1,6**	**1,9**	**0,86**	**1,0**	**0,7**

x	$\log_e x$	x	$\log_e x$	x	$\log_e x$	x	$\log_e x$	x	$\log_e x$
	0,22		**0,23**		**0,23**		**0,24**		**0,25**
1,250	314 35513	**1,260**	111 17210	**1,270**	901 69005	**1,280**	686 00779	**1,290**	464 22184
1	394 32315	1	195 50570	1	984 39922	1	764 10229	1	541 71119
2	474 22727	2	269 77641	2	*059 04649	2	842 13585	2	619 14054
3	554 06759	3	348 98434	3	137 63196	3	920 10856	3	696 50998
4	633 84422	4	428 12957	4	216 15572	4	998 02053	4	773 81961
5	713 55726	5	507 21222	5	294 61786	5	*075 87183	5	851 06952
6	793 20680	6	586 23237	6	373 01849	6	153 66258	6	928 25979
7	872 79296	7	660 19013	7	451 35771	7	231 39286	7	*005 39053
8	952 31583	8	744 08560	8	529 63560	8	309 06277	8	082 46183
9	*031 77551	9	822 91887	9	607 85226	9	386 67240	9	159 47377
	0,23		**0,23**		**0,24**		**0,25**		**0,26**

x	φ	sin x	cos x	tg x	arc tg x	Amp x	
	7	**0,96**	**0,2**	**3,**	**0,91**	**1,0**	**59⁰**
1,300	4⁰ 29′ 04″,25	355 81854 17	6749 88286 25	60210 24480	510 070	3865 61	30′ 38″,21
1	4 32 30,51	382 52024 22	6653 51368 50	61612 81166	547 227	3916 33	32 22,82
2	4 35 56,78	409 12556 02	6557 11785 41	63025 55906	584 348	3967 00	34 07,34
3	4 39 23,04	435 63446 91	6460 69546 61	64448 60111	621 433	4017 63	35 51,77
4	4 42 49,31	462 04694 23	6364 24661 73	65882 05361	658 482	4068 22	37 36,10
5	4 46 15,57	488 36295 35	6267 77140 43	67326 03413	695 495	4118 76	39 20,35
6	4 49 41,84	514 58247 64	6171 26992 36	68780 66199	732 473	4169 26	41 04,51
7	4 53 08,10	540 70548 46	6074 74227 15	70246 05835	769 416	4219 71	42 48,58
8	4 56 34,37	566 73195 22	5978 18854 48	71722 34617	806 322	4270 12	44 32,56
9	5 00 00,63	592 66185 31	5881 60883 98	73209 65034	843 193	4320 49	46 16,45
1,310	5 03 26,90	618 49516 13	5785 00325 33	74708 09762	880 028	4370 81	48 00,25
1	5 06 53,16	644 23185 10	5688 37188 17	76217 81675	916 828	4421 09	49 43,96
2	5 10 19,43	669 87189 65	5591 71482 18	77738 93844	953 592	4471 33	51 27,58
3	5 13 45,69	695 41527 21	5495 03217 01	79271 59545	990 321	4521 52	53 11,11
4	5 17 11,96	720 86195 23	5398 32402 35	80815 92259	*027 015	4571 67	54 54,55
5	5 20 38,22	746 21191 17	5301 59047 85	82372 05678	063 673	4621 78	56 37,91
6	5 24 04,49	771 46512 48	5204 83163 19	83940 13711	100 295	4671 84	58 21,17
7	5 27 30,75	796 62156 65	5108 04758 05	85520 30482	136 883	4721 86	*00 04,34
8	5 30 57,01	821 68121 16	5011 23842 10	87112 70342	173 435	4771 84	01 47,43
9	5 34 23,28	846 64403 50	4914 40425 03	88717 47870	209 952	4821 77	03 30,42
1,320	5 37 49,54	871 51001 18	4817 54516 52	90334 77875	246 433	4871 66	05 13,33
1	5 41 15,81	896 27911 71	4720 66126 26	91964 75405	282 880	4921 51	06 56,14
2	5 44 42,07	920 95132 61	4623 75263 93	93607 55749	319 292	4971 31	08 38,87
3	5 48 08,34	945 52661 42	4526 81939 23	95263 34444	355 669	5021 07	10 21,51
4	5 51 34,60	970 00495 67	4429 86161 84	96932 27277	392 010	5070 79	12 04,06
5	5 55 00,87	994 38632 93	4332 87941 47	98614 50294	428 317	5120 46	13 46,52
6	5 58 27,13	*018 67070 74	4235 87287 81	*00310 19801	464 589	5170 09	15 28,89
7	6 01 53,40	042 85806 69	4138 84210 56	02019 52373	500 827	5219 68	17 11,17
8	6 05 19,66	066 94838 36	4041 78719 43	03742 64858	537 029	5269 23	18 53,37
9	6 08 45,93	090 94163 33	3944 70824 12	05479 74382	573 197	5318 73	20 35,47
1,330	6 12 12,19	114 83779 21	3847 60534 34	07230 98355	609 330	5368 19	22 17,49
1	6 15 38,46	138 63683 61	3750 47859 80	08996 54479	645 428	5417 60	23 59,41
2	6 19 04,72	162 33871 14	3653 32810 21	10776 60751	681 491	5466 98	25 41,25
3	6 22 30,99	185 94348 44	3556 15395 29	12571 35472	717 520	5516 31	27 23,00
4	6 25 57,25	209 45104 14	3458 95624 75	14380 97252	753 514	5565 59	29 04,67
5	6 29 23,52	232 86138 91	3361 73508 32	16205 65015	789 474	5614 84	30 46,24
6	6 32 49,78	256 17450 38	3264 49055 71	18045 58009	825 399	5664 04	32 27,72
7	6 36 16,05	279 39036 24	3167 22276 66	19900 95810	861 290	5713 20	34 09,12
8	6 39 42,31	302 50894 16	3069 93180 88	21771 98332	897 146	5762 31	35 50,43
9	6 43 08,58	325 53021 83	2972 61778 12	23658 85832	932 968	5811 39	37 31,65
1,340	6 46 34,84	348 45416 95	2875 28078 08	25561 78917	968 756	5860 42	39 12,78
1	6 50 01,11	371 28077 23	2777 92090 53	27480 98554	**004 510	5909 40	40 53,83
2	6 53 27,37	394 01000 37	2680 53825 18	29416 66076	040 229	5958 35	42 34,78
3	6 56 53,63	416 64184 12	2583 13291 77	31369 03191	075 913	6007 25	44 15,65
4	7 00 19,90	439 17626 21	2485 70500 05	33338 31988	111 564	6056 11	45 56,43
5	7 03 46,16	461 61324 37	2388 25459 77	35324 74950	147 181	6104 93	47 37,12
6	7 07 12,43	483 95276 38	2290 78180 65	37328 54958	182 763	6153 70	49 17,73
7	7 10 38,69	506 19479 99	2193 28672 46	39349 95303	218 312	6202 43	50 58,24
8	7 14 04,96	528 33932 98	2095 76944 95	41389 19694	253 826	6251 12	52 38,67
9	7 17 31,22	550 38633 14	1998 23007 85	43446 52267	289 306	6299 77	54 19,01
	7	**0,97**	**0,2**	**4,**	**0,93**	**1,0**	**60⁰**

x	$e^{\frac{x\pi}{360}}$	$e^{-\frac{x\pi}{360}}$	$\mathfrak{Sin}\frac{x\pi}{360}$	$\mathfrak{Cof}\frac{x\pi}{360}$
20	1,19068 99454	0,83984 92016	0,17542 03719	1,01526 95735
1	1,20112 61457	0,83255 20209	0,18428 70624	1,01683 90833
2	1,21165 38175	0,82531 82432	0,19316 77872	1,01848 60303
3	1,22227 37626	0,81814 73174	0,20206 32226	1,02021 05400
4	1,23298 67898	0,81103 86975	0,21097 40461	1,02201 27436
5	1,24379 37149	0,80399 18421	0,21990 09364	1,02389 27785
6	1,25469 53609	0,79700 62146	0,22884 45731	1,02585 07877
7	1,26569 25580	0,79008 12829	0,23780 56375	1,02788 69205
8	1,27678 61437	0,78321 65198	0,24678 48119	1,03000 13317
9	1,28797 69629	0,77641 14024	0,25578 27802	1,03219 41826

x	e^x	e^{-x}	Sin x	Cos x	Tg x	Ar Sin x	Ar Cos x
	3,6	0,27	1,6	1,9	0,86	1,0	0,7
1,300	6929 66676	253 17930	9838 24373	7091 42303	172 316	7845 11	5643 291
1	7296 77995	225 93975	*0035 42010	7261 35985	198 037	7906 06	5763 564
2	7664 26044	198 72741	0232 76651	7431 49393	223 714	7966 99	5883 611
3	8032 10860	171 54228	0430 28316	7601 82544	249 346	8027 89	6003 433
4	8400 32478	144 38432	0627 97023	7772 35455	274 935	8088 75	6123 032
5	8768 90937	117 25350	0825 82793	7943 08144	300 479	8149 59	6242 408
6	9137 86273	090 14981	1023 85646	8114 00627	325 979	8210 40	6361 563
7	9507 18522	063 07320	1222 05601	8285 12921	351 436	8271 18	6480 498
8	9876 87722	036 02365	1420 42679	8456 45043	376 848	8331 93	6599 213
9	*0246 93910	009 00114	1618 96898	8627 97012	402 216	8392 66	6717 710
1,310	0617 37122	*982 00564	1817 68279	8799 68843	427 541	8453 35	6835 990
1	0988 17396	955 03712	2016 56842	8971 60554	452 822	8514 01	6954 054
2	1359 34769	928 09556	2215 62607	9143 72162	478 059	8574 64	7071 902
3	1730 89278	901 18092	2414 85593	9316 03685	503 253	8635 25	7189 536
4	2102 80960	874 29318	2614 25821	9488 55139	528 403	8695 82	7306 958
5	2475 09853	847 43232	2813 83310	9661 26542	553 510	8756 37	7424 167
6	2847 75992	820 59831	3013 58081	9834 17912	578 573	8816 89	7541 165
7	3220 79417	793 79112	3213 50153	*0007 29264	603 593	8877 37	7657 952
8	3594 20164	767 01071	3413 59546	0180 60618	628 569	8937 83	7774 531
9	3967 98270	740 25709	3613 86280	0354 11989	653 502	8998 26	7890 901
1,320	4342 13773	713 53020	3814 30376	0527 83396	678 393	9058 66	8007 064
1	4716 66710	686 83002	4014 91854	0701 74856	703 240	9119 03	8123 021
2	5091 57119	660 15653	4215 70733	0875 86386	728 044	9179 37	8238 772
3	5466 85037	633 50970	4416 67033	1050 18003	752 805	9239 69	8354 318
4	5842 50501	606 88950	4617 80776	1224 69726	777 523	9299 97	8469 661
5	6218 53550	580 29591	4819 11980	1399 41570	802 198	9360 23	8584 802
6	6594 94221	553 72890	5020 60665	1574 33555	826 831	9420 45	8699 741
7	6971 72551	527 18844	5222 26853	1749 45698	851 420	9480 65	8814 478
8	7348 88579	500 67451	5424 10564	1924 78015	875 967	9540 82	8929 016
9	7726 42341	474 18708	5626 11816	2100 30525	900 472	9600 96	9043 355
1,330	8104 33876	447 72613	5828 30631	2276 03244	924 933	9661 07	9157 497
1	8482 63221	421 29162	6030 67029	2451 96192	949 353	9721 15	9271 440
2	8861 30415	394 88354	6233 21030	2628 09384	973 730	9781 20	9385 187
3	9240 35495	368 50185	6435 92655	2804 42840	998 064	9841 23	9498 739
4	9619 78498	342 14653	6638 81923	2980 96575	022 356	9901 22	9612 096
5	9999 59464	315 81755	6841 88855	3157 70609	*046 606	9961 19	9725 259
6	**0379 78430	289 51488	7045 13471	3334 64959	070 814	*0021 12	9838 230
7	0760 35433	263 23851	7248 55792	3511 79642	094 980	0081 03	9951 008
8	1141 30514	236 98840	7452 15837	3689 14677	119 103	0140 91	*0063 594
9	1522 63708	210 76452	7655 93628	3866 70080	143 185	0200 76	0175 991
1,340	1904 35054	184 56686	7859 89184	4044 45870	167 225	0260 59	0288 197
1	2286 44590	158 39538	8064 02526	4222 42064	191 223	0320 38	0400 215
2	2668 92356	132 25006	8268 33675	4400 58681	215 179	0380 15	0512 045
3	3051 78388	106 13087	8472 82650	4578 95737	239 093	0439 89	0623 688
4	3435 02725	080 03779	8677 49473	4757 53252	262 965	0499 60	0735 144
5	3818 65406	053 97079	8882 34164	4936 31242	286 796	0559 28	0846 415
6	4202 66469	027 92984	9087 36742	5115 29726	310 586	0618 93	0957 501
7	4587 05952	**001 91492	9292 57230	5294 48722	334 334	0678 55	1068 402
8	4971 83893	975 92600	9497 95647	5473 88247	358 040	0738 14	1179 121
9	5357 00332	949 96306	9703 52013	5653 48319	381 705	0797 71	1289 656
	3,8	0,25	1,7	2,0	0,87	1,1	0,8

x	$\log_e x$	x	$\log_e x$	x	$\log_e x$	x	$\log_e x$	x	$\log_e x$
	0,26		0,27		0,27		0,28		0,29
1,300	236 42645	1,310	002 71372	1,320	763 17366	1,330	517 89422	1,340	266 96140
1	313 31995	1	079 02048	1	838 90255	1	593 05394	1	341 56043
2	390 15438	2	155 26905	2	914 57414	2	668 15721	2	416 10385
3	466 92981	3	231 45953	3	990 18851	3	743 20412	3	490 59175
4	543 64635	4	307 59201	4	*065 74575	4	818 19475	4	565 02421
5	620 30408	5	383 66656	5	141 24594	5	893 12919	5	639 40131
6	696 90309	6	459 68329	6	216 68918	6	968 00751	6	713 72312
7	773 44346	7	535 64228	7	292 07554	7	*042 82981	7	787 98974
8	849 92530	8	611 54361	8	367 40511	8	117 59617	8	862 20125
9	926 34869	9	687 38737	9	442 67797	9	192 30667	9	936 35782
	0,26		0,27		0,28		0,29		0,29

x	φ	sin x	cos x	tg x	arc tg x	Amp x	
	7	0,97	0,2	4,	0,93	1,06	60°
1,350	7° 20′ 57″,49	572 33578 27	1900 66870 93	45522 17596	324 753	348 37	55′ 59″,27
1	7 24 23,75	594 18766 16	1803 08543 95	47616 40701	360 165	396 94	57 39,43
2	7 27 50,02	615 94194 63	1705 48036 65	49729 47061	395 544	445 46	59 19,51
3	7 31 16,28	637 59861 51	1607 85358 81	51861 62623	430 889	493 93	*00 59,50
4	7 34 42,55	659 15764 63	1510 20520 18	54013 13809	466 200	542 37	02 39,41
5	7 38 08,81	680 61901 83	1412 53530 54	56184 27536	501 478	590 76	04 19,22
6	7 41 35,08	701 98270 97	1314 84399 64	58375 31218	536 722	639 11	05 58,95
7	7 45 01,34	723 24869 92	1217 13137 25	60586 52786	571 932	687 42	07 38,59
8	7 48 27,61	744 41696 54	1119 39753 15	62818 20691	607 108	735 68	09 18,15
9	7 51 53,87	765 48748 72	1021 64257 12	65070 63925	642 251	783 90	10 57,61
1,360	7 55 20,14	786 46024 35	0923 86658 91	67344 12030	677 361	832 09	12 36,99
1	7 58 46,40	807 33521 34	0826 06968 33	69638 95109	712 437	880 22	14 16,29
2	8 02 12,67	828 11237 60	0728 25195 13	71955 43843	747 479	928 32	15 55,49
3	8 05 38,93	848 79171 04	0630 41349 11	74293 89504	782 488	976 37	17 34,61
4	8 09 05,20	869 37319 61	0532 55440 05	76654 63969	817 464	*024 39	19 13,64
5	8 12 31,46	889 85681 24	0434 67477 74	79037 99732	852 406	072 36	20 52,59
6	8 15 57,73	910 24253 88	0336 77471 95	81444 29925	887 315	120 28	22 31,45
7	8 19 23,99	930 53035 50	0238 85432 49	83873 88329	922 191	168 17	24 10,22
8	8 22 50,25	950 72024 07	0140 91369 15	86327 09390	957 034	216 01	25 48,90
9	8 26 16,52	970 81217 57	0042 95291 71	88804 28239	991 843	263 82	27 27,50
1,370	8 29 42,78	990 80613 99	*9944 97209 98	91305 80704	*026 619	311 58	29 06,01
1	8 33 09,05	*010 70211 32	9846 97133 75	93832 03335	061 362	359 29	30 44,44
3	8 36 35,31	030 50007 59	9748 95072 82	96383 33411	096 072	406 97	32 22,78
3	8 40 01,58	050 20000 81	9650 91037 00	98960 08970	130 749	454 60	34 01,03
4	8 43 27,84	069 80189 01	9552 85036 09	*01562 68820	165 393	502 20	35 39,20
5	8 46 54,11	089 30570 23	9454 77079 89	04191 52565	200 004	549 75	37 17,28
6	8 50 20,37	108 71142 52	9356 67178 22	06847 00619	234 583	597 25	38 55,27
7	8 53 46,64	128 01903 94	9258 55340 88	09529 54231	269 128	644 72	40 33,18
8	8 57 12,90	147 22852 56	9160 41577 68	12239 55507	303 641	692 15	42 11,00
9	9 00 39,17	166 33986 46	9062 25989 44	14977 47431	338 120	739 53	43 48,73
1,380	9 04 05,43	185 35303 72	8964 08312 98	17743 73886	372 567	786 87	45 26,38
1	9 07 31,70	204 26802 45	8865 88831 11	20538 79683	406 981	834 17	47 03,94
2	9 10 57,96	223 08480 76	8767 67462 65	23363 10578	441 363	881 43	48 41,42
3	9 14 24,23	241 80336 75	8669 44217 42	26217 13306	475 712	928 65	50 18,81
4	9 17 50,49	260 42368 57	8571 19105 25	29101 35601	510 028	975 82	51 56,12
5	9 21 16,76	278 94574 34	8472 92135 96	32016 26224	544 312	**022 95	53 33,34
6	9 24 43,02	297 36952 23	8374 63319 38	34962 34992	578 563	070 05	55 10,47
7	9 28 09,29	315 69500 37	8276 32665 33	37940 12806	612 781	117 10	56 47,52
8	9 31 35,55	333 92216 95	8178 00183 65	40950 11682	646 967	164 11	58 24,48
9	9 35 01,82	352 05100 13	8079 65884 17	43992 84778	681 121	211 07	**00 01,36
1,390	9 38 28,08	370 08148 11	7981 29776 73	47068 86430	715 243	258 00	01 38,15
1	9 41 54,35	388 01359 09	7882 91871 16	50178 72182	749 332	304 88	03 14,86
2	9 45 20,61	405 84731 26	7784 52177 29	53322 98821	783 388	351 73	04 51,48
3	9 48 46,88	423 58262 85	7686 10704 97	56502 24412	817 413	398 53	06 28,01
4	9 52 13,14	441 21952 08	7587 67464 05	59717 08332	851 405	445 29	08 04,46
5	9 55 39,40	458 75797 19	7489 22464 35	62968 11310	885 365	492 01	09 40,83
6	9 59 05,67	476 19796 43	7390 75715 73	66255 95466	919 293	538 68	11 17,11
7	*0 02 31,93	493 53948 04	7292 27228 04	69581 24348	953 189	585 32	12 53,30
8	0 05 58,20	510 78250 30	7193 77011 12	72944 62975	987 053	631 92	14 29,41
9	0 09 24,46	527 92701 49	7095 25074 82	76346 75880	**020 885	678 47	16 05,44
	8	0,98	0,1	5,	0,95	1,08	62°

x	$e^{\frac{x\pi}{360}}$	$e^{-\frac{x\pi}{360}}$	$\mathfrak{Sin}\,\frac{x\pi}{360}$	$\mathfrak{Cos}\,\frac{x\pi}{360}$
30	1,29926 58677	0,76966 54125	0,26480 02276	1,03446 56401
1	1,31065 37179	0,76297 80363	0,27383 78408	1,03681 58771
2	1,32214 13808	0,75634 87646	0,28289 63081	1,03924 50727
3	1,33372 97311	0,74977 70925	0,29197 63193	1,04175 34118
4	1,34541 96514	0,74326 25196	0,30107 85659	1,04434 10855
5	1,35721 20319	0,73680 45497	0,31020 37411	1,04700 82908
6	1,36910 77706	0,73040 26910	0,31935 25398	1,04975 52308
7	1,38110 77736	0,72405 64561	0,32852 56587	1,05258 21148
8	1,39321 29545	0,71776 53615	0,33772 37965	1,05548 91580
9	1,40542 42354	0,71152 89283	0,34694 76536	1,05847 65819

x	e^x	e^{-x}	Sin x	Cos x	Tg x	Ar Sin x	Ar Cos x
	3,8	0,25	1,7	2,0	0,87	1,1	0,8
1,350	5742 55307	924 02606	9909 26350	5833 28957	405 328	0857 24	1400 010
1	6128 48856	898 11500	*0115 18678	6013 30178	428 911	0916 75	1510 184
2	6514 81018	872 22983	0321 29017	6193 52000	452 452	0976 23	1620 176
3	6901 51831	846 37053	0527 57389	6373 94442	475 952	1035 69	1729 990
4	7288 61334	820 53708	0734 03813	6554 57521	499 411	1095 11	1839 625
5	7676 09566	794 72945	0940 68311	6735 41255	522 829	1154 51	1949 082
6	8063 96566	768 94761	1147 50903	6916 45664	546 206	1213 87	2058 361
7	8452 22372	743 19154	1354 51609	7097 70763	569 542	1273 21	2167 464
8	8840 87024	717 46122	1561 70451	7279 16573	592 838	1332 52	2276 391
9	9229 90559	691 75661	1769 07449	7460 83110	616 092	1391 80	2385 143
1,360	9619 33018	666 07770	1976 62624	7642 70394	639 307	1451 05	2493 721
1	*0009 14438	640 42445	2188 35997	7824 78442	662 480	1510 28	2602 125
2	0399 34860	614 79684	2392 27588	8007 07272	685 613	1569 47	2710 356
3	0789 94321	589 19484	2600 37418	8199 06903	708 705	1628 64	2818 415
4	1180 92862	563 61844	2808 65509	8372 27353	731 756	1687 78	2926 302
5	1572 30520	538 06760	3017 11880	8555 18640	754 768	1746 90	3034 019
6	1964 07336	512 54230	3225 76553	8738 30783	777 738	1805 98	3141 565
7	2356 23348	487 04251	3434 59549	8921 63799	800 669	1865 03	3248 941
8	2748 78595	461 56820	3643 60888	9105 17708	823 559	1924 06	3356 149
9	3141 73118	436 11936	3852 80591	9288 92527	846 409	1983 06	3463 189
1,370	3535 06955	410 69596	4062 18680	9472 88275	869 219	2042 03	3570 061
1	3928 80145	385 29796	4271 75174	9657 04971	891 989	2100 97	3676 766
2	4322 92728	359 92535	4481 50097	9841 42632	914 719	2159 89	3783 305
3	4717 44744	334 57810	4691 43467	*0026 01277	937 409	2218 77	3889 679
4	5112 36231	309 25619	4901 55306	0210 80925	960 060	2277 63	3995 888
5	5507 67229	283 95958	5111 85636	0395 81594	982 670	2336 46	4101 933
6	5903 37778	258 68826	5322 34476	0581 03302	*005 241	2395 27	4207 813
7	6299 47918	233 44220	5533 01849	0766 46069	027 771	2454 04	4313 532
8	6695 97687	208 22137	5743 87775	0952 09912	050 263	2512 79	4419 087
9	7092 87127	183 02574	5954 92276	1137 94850	072 714	2571 51	4524 481
1,380	7490 16275	157 85531	6166 15372	1324 00903	095 127	2630 20	4629 714
1	7887 85172	132 71003	6377 57085	1510 28087	117 500	2688 87	4734 786
2	8285 93859	107 58988	6589 17435	1696 76423	139 833	2747 50	4839 698
3	8684 42373	082 49484	6800 96445	1883 45929	162 127	2806 11	4944 452
4	9083 30757	057 42488	7012 94134	2070 36622	184 382	2864 69	5049 047
5	9482 59048	032 37998	7225 10525	2257 48523	206 597	2923 25	5153 483
6	9882 27288	007 36011	7437 45638	2444 81650	228 774	2981 77	5257 762
7	**0282 35516	*982 36525	7649 99495	2632 36021	250 911	3040 27	5361 885
8	0682 83772	957 39537	7862 72118	2820 11655	273 009	3098 73	5465 851
9	1083 72097	932 45045	8075 63526	3008 08571	295 069	3157 18	5569 662
1,390	1485 00530	907 53046	8288 73742	3196 26788	317 089	3215 59	5673 318
1	1886 69111	882 63538	8502 02786	3384 66325	339 070	3273 97	5776 819
2	2288 77881	857 76518	8715 50681	3573 27200	361 013	3332 33	5880 166
3	2691 26880	832 91984	8929 17448	3762 09432	382 917	3390 66	5983 360
4	3094 16149	808 09934	9143 03108	3951 13041	404 782	3448 97	6086 401
5	3497 45726	783 30364	9357 07681	4140 38045	426 609	3507 24	6189 290
6	3901 15654	758 53272	9571 31191	4329 84463	448 397	3565 49	6292 028
7	4305 25971	733 78656	9785 73657	4519 52314	470 146	3623 71	6394 614
8	4709 76719	709 06514	**0000 35103	4709 41617	491 857	3681 90	6497 050
9	5114 67938	684 36842	0215 15548	4899 52390	513 530	3740 07	6599 336
	4,0	0,24	1,9	2,1	0,88	1,1	0,8

x	$\log_e x$	x	$\log_e x$	x	$\log_e x$	x	$\log_e x$	x	$\log_e x$
	0,30		0,30		0,31		0,32		0,32
1,350	010 45925	1,360	748 46997	1,370	481 07398	1,380	208 34992	1,390	930 37471
1	084 50590	1	821 97237	1	554 04006	1	280 78744	1	*002 29129
2	158 49776	2	895 42077	2	626 95293	2	353 17253	2	074 15619
3	232 43492	3	968 81527	3	699 81268	3	425 50527	3	145 96948
4	306 31745	4	*042 15594	4	772 61938	4	497 78572	4	217 73123
5	380 14543	5	115 44286	5	845 37311	5	570 01396	5	289 44153
6	453 91895	6	188 67611	6	918 07395	6	642 19008	6	361 10043
7	527 63809	7	261 85577	7	990 72197	7	714 31413	7	432 70803
8	611 30291	8	334 98192	8	*063 31726	8	786 38621	8	504 26438
9	674 91352	9	408 05463	9	135 85988	9	858 40638	9	575 76957
	0,30		0,31		0,32		0,32		0,33

x	φ	sin x	cos x	tg x	arc tg x	Amp x	
	8	0,98	0,1		0,95	1,08	62°
1,400	0°12′ 50″,73	544 97299 88	6996 71429 00	5,79788 37155	054 685	724 98	17′ 41″,37
1	0 16 16,99	561 92043 78	6898 16083 51	5,83270 10495	088 453	771 45	19 17,23
2	0 19 43,26	578 76931 49	6799 59048 20	5,86792 69248	121 189	817 88	20 53,00
3	0 23 09,52	595 51961 32	6701 00332 93	5,90356 86461	155 893	864 27	22 28,68
4	0 26 35,79	612 17131 60	6602 39947 56	5,93963 36934	189 565	910 62	24 04,28
5	0 30 02,05	628 72440 66	6503 77901 96	5,97612 97234	223 205	956 93	25 39,80
6	0 33 28,32	645 17886 85	6405 14205 97	6,01306 45934	256 813	*003 20	27 15,23
7	0 36 54,58	661 53468 53	6306 48869 47	6,05044 63304	290 390	049 42	28 50,58
8	0 40 20,85	677 79184 05	6207 81902 32	6,08828 31736	323 935	095 61	30 25,84
9	0 43 47,11	693 95031 79	6109 13314 39	6,12658 35620	357 448	141 75	32 01,02
1,410	0 47 13,38	710 01010 14	6010 43115 55	6,16535 61446	390 930	187 85	33 36,11
1	0 50 39,64	725 97117 49	5911 71315 66	6,20460 97867	424 380	233 91	35 11,12
2	0 54 05,91	741 83352 24	5812 97924 60	6,24435 35773	457 799	279 93	36 46,04
3	0 57 32,17	757 59712 81	5714 22952 25	6,28459 68355	491 186	325 91	38 20,88
4	1 00 58,44	773 26197 62	5615 46408 47	6,32534 91181	524 542	371 85	39 55,64
5	1 04 24,70	788 82805 11	5516 68303 15	6,36662 02274	557 866	417 75	41 30,31
6	1 07 50,97	804 29533 71	5417 88646 15	6,40842 02192	591 159	463 61	43 04,90
7	1 11 17,23	819 66381 88	5319 07447 37	6,45075 94730	624 421	509 42	44 39,40
8	1 14 43,50	834 93348 09	5220 24716 68	6,49364 83881	657 651	555 20	46 13,82
9	1 18 09,76	850 10430 81	5121 40463 97	6,53709 80186	690 850	600 94	47 48,16
1,420	1 21 36,02	865 17628 52	5022 54699 12	6,58111 94562	724 018	646 63	49 22,41
1	1 25 02,29	880 14939 71	4923 67432 01	6,62572 41532	757 154	692 28	50 56,58
2	1 28 28,55	895 02362 88	4824 78672 53	6,67092 38697	790 260	737 90	52 30,66
3	1 31 54,82	909 79896 56	4725 88430 58	6,71673 06840	823 334	783 47	54 04,66
4	1 35 21,08	924 47539 25	4626 96716 04	6,76315 70105	856 377	829 00	55 38,58
5	1 38 47,35	939 05289 50	4528 03538 80	6,81021 55765	889 389	874 49	57 12,41
6	1 42 13,61	953 53145 85	4429 08908 76	6,85791 95027	922 370	919 94	58 46,16
7	1 45 39,88	967 91106 84	4330 12835 81	6,90628 22464	955 320	965 36	*00 19,83
8	1 49 06,14	982 19171 04	4231 15329 84	6,95531 76496	988 239	**010 73	01 53,41
9	1 52 32,41	996 37337 02	4132 16400 76	7,00503 99441	*021 128	056 06	03 26,91
1,430	1 55 58,67	*010 45603 37	4033 16058 47	7,05546 37664	053 985	101 34	05 00,33
1	1 59 24,94	024 43968 67	3934 14312 86	7,10660 41717	086 811	146 59	06 33,66
2	2 02 51,20	038 32431 53	3835 11173 83	7,15847 66491	119 607	191 80	08 06,91
3	2 06 17,47	052 10990 56	3736 06651 29	7,21109 71371	152 372	236 97	09 40,08
4	2 09 43,73	065 79644 38	3637 00755 15	7,26448 20405	185 106	282 10	11 13,16
5	2 13 10,00	079 38391 62	3537 93495 31	7,31864 82473	217 809	327 19	12 46,16
6	2 16 36,26	092 87230 92	3438 84881 67	7,37361 35306	250 482	372 23	14 19,08
7	2 20 02,53	106 26160 93	3339 74924 15	7,42939 46472	283 124	417 24	15 51,91
8	2 23 28,79	119 55180 32	3240 63632 65	7,48601 11976	315 735	462 21	17 24,66
9	2 26 55,06	132 74287 76	3141 51017 09	7,54348 18060	348 316	507 14	18 57,33
1,440	2 30 21,32	145 83481 92	3042 37087 38	7,60182 60620	380 867	552 02	20 29,92
1	2 33 47,59	158 82761 50	2943 21853 43	7,66106 41590	413 387	596 87	22 02,42
2	2 37 13,85	171 72125 19	2844 05325 16	7,72121 69172	445 876	641 68	23 34,84
3	2 40 40,12	184 51571 72	2744 87512 49	7,78230 58088	478 335	686 44	25 07,18
4	2 44 06,38	197 21099 79	2645 68425 33	7,84435 29833	510 764	731 17	26 39,44
5	2 47 32,65	209 80708 15	2546 48073 60	7,90738 12944	543 162	775 86	28 11,61
6	2 50 58,91	222 30395 52	2447 26467 22	7,97141 43283	575 530	820 50	29 43,70
7	2 54 25,17	234 70160 67	2348 03616 11	8,03647 64333	607 867	865 11	31 15,71
8	2 57 51,44	247 00002 34	2248 79530 20	8,10259 27511	640 175	909 68	32 47,63
9	3 01 17,70	259 19919 32	2149 54219 42	8,16978 92486	672 452	954 21	34 19,48
	8	0,99	0,1		0,96	1,10	63°

x	$e^{\frac{x\pi}{360}}$	$e^{-\frac{x\pi}{360}}$	Sin $\frac{x\pi}{360}$	Cos $\frac{x\pi}{360}$
40	1,41774 25462	0,70534 66814	0,35619 79324	1,06154 46138
1	1,43016 88249	0,69921 81501	0,36547 53374	1,06469 34875
2	1,44270 40179	0,69314 28676	0,37478 05751	1,06792 34427
3	1,45534 90797	0,68712 03713	0,38411 43542	1,07123 47255
4	1,46810 49735	0,68115 02025	0,39347 73855	1,07462 75880
5	1,48097 26705	0,67523 19067	0,40287 03819	1,07810 22886
6	1,49395 31508	0,66936 50330	0,41229 40589	1,08165 90919
7	1,50704 74028	0,66354 91347	0,42174 91341	1,08529 82687
8	1,52025 64238	0,65778 37688	0,43123 63275	1,08902 00963
9	1,53358 12196	0,65206 84964	0,44075 63616	1,09282 48580

x	e^x	e^{-x}	Sin x	Cos x	Tg x	Ar Sin x	Ar Cos x
	4,0	0,24	1,9	2,1	0,88	1,1	0,8
1,400	5519 99668	659 69639	0430 15015	5089 84654	535 165	3798 20	6701 473
1	5925 71951	635 04902	0645 33524	5280 38427	556 761	3856 32	6803 460
2	6331 84826	610 42629	0860 71099	5471 13727	578 319	3914 40	6905 300
3	6738 38334	585 82816	1076 27759	5662 10575	599 839	3972 45	7006 992
4	7145 32516	561 25462	1292 03527	5853 28989	621 320	4030 48	7108 536
5	7552 67413	536 70565	1507 98424	6044 68989	642 764	4088 48	7209 934
6	7960 43065	512 18120	1724 12472	6236 30592	664 169	4146 46	7311 185
7	8368 59512	487 68127	1940 45692	6428 13820	685 537	4204 40	7412 291
8	8777 16797	463 20583	2156 98107	6620 18690	706 867	4262 32	7513 252
9	9186 14960	438 75485	2373 69737	6812 45223	728 159	4320 21	7614 069
1,410	9595 54041	414 32832	2590 60605	7004 93436	749 413	4378 07	7714 741
1	*0005 34081	389 92619	2807 70731	7197 63350	770 630	4435 91	7815 270
2	0415 55123	365 54845	3025 00139	7390 54984	791 809	4493 72	7915 655
3	0826 17205	341 19509	3242 48848	7583 68357	812 950	4551 50	8015 898
4	1237 20371	316 86606	3460 16883	7777 03488	734 054	4609 25	8115 999
5	1648 64660	292 56134	3678 04263	7970 60397	855 120	4666 98	8215 96
6	2060 50114	268 28093	3896 11011	8164 39103	876 149	4724 68	8315 78
7	2472 76774	244 02477	4114 37148	8358 39626	897 141	4782 35	8415 45
8	2885 44681	219 79287	4332 82697	8552 61984	918 095	4840 00	8514 99
9	3298 53877	195 58518	4551 47679	8747 06197	939 012	4897 62	8614 39
1,420	3712 04403	171 40169	4770 32117	8941 72286	959 892	4955 21	8713 65
1	4125 96299	147 24237	4989 36031	9136 60268	980 735	5012 77	8812 77
2	4540 29609	123 10720	5208 59445	9331 70164	*001 541	5070 31	8911 75
3	4955 04372	098 99615	5428 02379	9527 01994	022 310	5127 82	9010 60
4	5370 20632	074 90920	5647 64856	9722 55776	043 042	5185 30	9109 31
5	5785 78428	050 84632	5867 46898	9918 31530	063 737	5242 76	9207 88
6	6201 77802	026 80750	6087 48526	*0114 29276	084 395	5300 19	9306 31
7	6618 18797	002 79270	6307 69764	0310 49033	105 016	5357 59	9404 61
8	7035 01454	*978 80190	6528 10632	0506 90822	125 601	5414 96	9502 78
9	7452 25814	954 83509	6748 71153	0703 54661	146 149	5472 31	9600 81
1,430	7869 91919	930 89222	6969 51348	0900 40571	166 660	5529 64	9698 70
1	8287 99812	906 97329	7190 51241	1097 48570	187 135	5586 93	9796 46
2	8706 49533	883 07827	7411 70853	1294 78680	207 573	5644 20	9894 09
3	9125 41125	859 20713	7633 10206	1492 30919	227 975	5701 44	9991 58
4	9544 74629	835 35985	7854 69322	1690 05307	248 341	5758 65	*0088 95
5	9964 50088	811 53640	8076 48224	1888 01864	268 670	5815 84	0186 18
6	**0384 67543	787 73677	8298 46933	2086 20610	288 963	5893 00	0283 27
7	0805 27037	763 96092	8520 65472	2284 61564	309 219	5930 13	0380 24
8	1226 28611	740 20884	8743 03864	2483 24747	329 440	5987 24	0477 08
9	1647 72308	716 48049	8965 62129	2682 10179	349 624	6044 32	0573 78
1,440	2069 58170	692 77587	9188 40292	2881 17878	369 773	6101 37	0670 36
1	2491 86239	669 09493	9411 38373	3080 47866	389 885	6158 40	0766 81
2	2914 56557	645 43767	9634 56395	3280 00162	409 962	6215 40	0863 13
3	3337 69166	621 80405	9857 94380	3479 74786	430 002	6272 37	0959 31
4	3761 24109	598 19405	*0081 52352	3679 71757	450 007	6329 32	1055 37
5	4185 21428	574 60766	0305 30331	3879 91097	469 976	6386 24	1151 31
6	4609 61166	551 04483	0529 28341	4080 32825	489 910	6443 13	1247 11
7	5034 43365	527 50556	0753 46404	4280 96960	509 808	6500 00	1342 79
8	5459 68067	503 98981	0977 84543	4481 83524	529 670	6556 84	1438 34
9	5885 35315	480 49757	1202 42779	4682 92536	549 496	6613 65	1523 77
	4,2	0,23	2,0	2,2	0,89	1,1	0,9

x	$\log_e x$	x	$\log_e x$	x	$\log_e x$	x	$\log_e x$	x	$\log_e x$
	0,33		0,34		0,35		0,35		0,36
1,400	647 22366	1,410	358 97044	1,420	065 68716	1,430	767 44443	1,440	464 31136
1	718 62674	1	429 86729	1	136 08491	1	837 35006	1	533 73170
2	789 97886	2	500 71391	2	206 43314	2	907 20685	2	603 10389
3	861 28011	3	571 51037	3	276 73191	3	977 01488	3	672 42798
4	932 53056	4	642 25675	4	346 98130	4	*046 77422	4	741 70405
5	*003 73028	5	712 95311	5	417 18137	5	116 48492	5	810 93216
6	074 87934	6	783 59953	6	487 33220	6	186 14706	6	880 11237
7	145 97781	7	854 19607	7	557 43385	7	255 76071	7	949 24476
8	217 02577	8	924 74281	8	627 48639	8	325 32593	8	*018 32940
9	288 02329	9	995 23982	9	697 68989	9	394 84279	9	087 36633
	0,34		0,34		0,35		0,36		0,37

x	φ	sin x	cos x	tg x	arc tg x	𝔄𝔪𝔭 x	
	83⁰	0,99	0,1		0,96	1,1	63⁰
1,450	04′ 43″,97	271 29910 38	2050 27693 67	8,23809 27537	704 699	0998 69	35′ 51″,24
1	08 10,23	283 29974 30	1950 99962 90	8,30753 09870	736 916	1043 14	37 22,92
2	11 36,50	295 20109 90	1851 71037 03	8,37813 26067	769 103	1087 55	38 54,52
3	15 02,76	307 00315 98	1752 40925 99	8,44992 72416	801 260	1131 92	40 26,03
4	18 29,03	318 70591 36	1653 09639 71	8,52294 55356	833 387	1176 24	41 57,46
5	21 55,29	330 30934 87	1553 77188 12	8,59721 91913	865 484	1220 53	43 28,82
6	25 21,56	341 81345 35	1454 43581 15	8,67278 10158	897 551	1264 78	45 00,08
7	28 47,82	353 21821 65	1355 08828 74	8,74966 49697	929 588	1308 99	46 31,27
8	32 14,09	364 52362 63	1255 72940 82	8,82790 62176	961 959	1353 16	48 12,38
9	35 40,35	375 72967 16	1156 35927 33	8,90754 11823	993 573	1397 29	49 33,40
1,460	39 06,62	386 83634 12	1056 97798 20	8,98860 76017	*025 520	1441 38	51 04,35
1	42 32,88	397 84362 39	0957 58563 37	9,07114 45885	057 438	1485 43	52 35,21
2	45 59,15	408 75150 88	0858 18232 79	9,15519 26931	089 326	1529 44	54 05,99
3	49 25,41	419 55998 49	0758 76816 39	9,24079 39712	121 184	1573 41	55 36,68
4	52 51,68	430 26904 15	0659 34324 11	9,32799 20341	153 013	1617 34	57 07,30
5	56 17,94	440 87866 79	0559 90765 89	9,41683 22187	184 812	1661 24	58 37,83
6	59 44,21	451 38885 33	0460 46151 69	9,50736 14766	216 581	1705 09	*00 08,29
7	*03 10,47	461 79958 74	0361 00491 44	9,59962 86470	248 321	1748 90	01 38,66
8	06 36,74	472 11085 97	0261 53795 09	9,69368 44493	280 031	1792 68	03 08,95
9	10 03,00	482 32265 99	0162 06072 58	9,78958 15961	311 712	1836 41	04 39,16
1,470	13 29,27	492 43497 78	0062 57333 87	9,88737 48920	343 362	1880 11	06 09,29
1	16 55,53	502 44780 32	*9963 07588 90	9,98712 13380	374 984	1923 77	07 39,34
2	20 21,79	512 36112 62	9863 56847 63	10,08888 02431	406 576	1967 38	09 09,31
3	23 48,06	522 17493 69	9764 05119 99	10,19271 33419	438 439	2010 96	10 39,19
4	27 14,32	531 88922 54	9664 52415 96	10,29868 49262	469 673	2054 50	12 09,00
5	30 40,59	541 50398 20	9564 98745 47	10,40686 19487	501 178	2098 00	13 38,72
6	34 06,85	551 01919 71	9465 44118 48	10,51731 42227	532 653	2141 46	15 08,37
7	37 33,12	560 43486 12	9365 88544 94	10,63011 45149	564 099	2184 88	16 37,93
8	40 59,38	569 75096 49	9266 32034 82	10,74533 87366	595 516	2228 26	18 07,41
9	44 25,65	578 96749 88	9166 74598 07	10,86306 60987	626 903	2271 61	19 36,81
1,480	47 51,91	588 08445 38	9067 16244 64	10,98337 93143	658 262	2314 91	21 06,13
1	51 18,18	597 10182 07	8967 56984 50	11,10636 47724	689 592	2358 18	22 35,37
2	54 44,44	606 01959 05	8867 96827 60	11,23211 27558	720 892	2401 40	24 04,53
3	58 10,71	614 83775 43	8768 35783 90	11,36071 76604	752 164	2444 59	25 33,61
4	**01 36,97	623 55630 32	8668 73863 37	11,49227 82325	783 406	2487 74	27 02,61
5	05 03,24	632 17522 86	8569 11075 96	11,62689 78221	814 620	2530 85	28 31,53
6	08 29,50	640 69452 19	8469 47431 64	11,76468 46545	845 804	2573 92	30 00,37
7	11 55,77	649 11417 44	8369 82940 38	11,90575 21208	876 960	2616 95	31 29,13
8	15 22,03	657 43417 79	8270 17612 13	12,05021 90904	908 087	2659 94	32 57,81
9	18 48,30	665 65452 39	8170 51456 86	12,19821 02457	939 185	2702 89	34 26,41
1,490	22 14,56	673 77520 43	8070 84484 55	12,34985 64416	970 255	2745 81	35 54,93
1	25 40,83	681 79621 09	7971 16705 15	12,50529 50926	**001 295	2788 69	37 23,37
2	29 07,09	689 71753 58	7871 48128 63	12,66467 05887	032 307	2831 52	38 51,72
3	32 33,36	697 53917 09	7771 78764 96	12,82813 47440	063 290	2874 32	40 20,00
4	35 59,62	705 26110 85	7672 08624 12	12,99584 72799	094 245	2917 08	41 48,20
5	39 25,89	712 88334 08	7572 37716 06	13,16797 63469	125 171	2959 80	43 16,32
6	42 52,15	720 40586 03	7472 66050 77	13,34469 90877	156 068	3002 49	44 44,36
7	46 18,41	727 82865 93	7372 93638 22	13,52620 22556	186 937	3045 13	46 12,32
8	49 44,68	735 15173 06	7273 20488 37	13,71268 28305	217 777	3087 74	47 40,20
9	53 10,94	742 37506 67	7173 46611 19	13,90434 88197	248 589	3130 31	49 08,01
	85⁰	0,99	0,0		0,98	1,1	64⁰

x	$e^{\frac{x\pi}{360}}$	$e^{-\frac{x\pi}{360}}$	$\mathfrak{Sin}\,\frac{x\pi}{360}$	$\mathfrak{Cos}\,\frac{x\pi}{360}$
50	1,54702 28051	0,64640 28822	0,45030 99615	1,09671 28436
1	1,56058 22039	0,64078 64946	0,45989 78546	1,10068 43493
2	1,57426 04485	0,63521 89061	0,46952 07712	1,10473 96773
3	1,58805 85807	0,62969 96925	0,47917 94441	1,10887 91366
4	1,60197 76513	0,62422 84336	0,48887 46088	1,11310 30425
5	1,61601 87202	0,61880 47128	0,49860 70037	1,11741 17165
6	1,63018 28567	0,61342 81169	0,50837 73699	1,12180 54868
7	1,64447 11396	0,60809 82365	0,51818 64515	1,12628 46880
8	1,65888 46568	0,60281 46658	0,52803 49955	1,13084 96613
9	1,67342 45062	0,59757 70023	0,53792 37520	1,13550 07543

x	e^x	e^{-x}	Sin x	Cos x	Tg x	Ar Sin x	Ar Cos x
	4,2	**0,23**	**2,0**	**2,2**	**0,89**	**1,1**	**0,9**
1,450	6311 45152	457 02881	1427 21135	4884 24016	569 287	6670 43	1629 07
1	6737 97620	433 58351	1652 19635	5085 77985	589 043	6727 19	1724 25
2	7164 92761	410 16163	1877 38299	5287 54462	608 763	6783 93	1819 30
3	7592 30619	386 76317	2102 77151	5489 53468	628 449	6840 63	1914 23
4	8020 11237	363 38810	2328 36213	5691 75023	648 098	6897 31	2009 03
5	8448 34656	340 03639	2554 15509	5894 19148	667 713	6953 97	2103 71
6	8877 00926	316 70802	2780 15062	6096 85864	687 292	7010 60	2198 26
7	9306 10072	293 40297	3006 34888	6299 75184	706 837	7067 20	2292 70
8	9735 62152	270 12121	3232 75016	6502 87136	726 346	7123 77	2387 01
9	*0165 57211	246 86272	3459 35470	6706 21741	745 820	7180 32	2481 20
1,460	0595 95283	223 62747	3686 16268	6909 79015	765 260	7236 84	2575 26
1	1026 76416	200 41545	3913 17435	7113 58981	784 664	7293 34	2669 20
2	1458 00650	177 22663	4140 38993	7317 61657	804 034	7349 81	2763 03
3	1889 68029	154 06099	4367 80965	7521 87064	823 369	7406 25	2856 73
4	2321 78598	130 91850	4595 43374	7726 35224	842 669	7462 67	2950 31
5	2754 32399	107 79915	4823 26242	7931 06157	861 935	7519 06	3043 78
6	3187 29476	084 70290	5051 29593	8135 99883	881 166	7575 42	3137 12
7	3620 69872	061 62973	5279 53450	8341 16423	900 362	7631 76	3230 34
8	4054 53631	038 57963	5507 97834	8546 55797	919 524	7688 07	3323 45
9	4488 80793	015 55257	5736 62768	8752 18025	938 652	7744 36	3416 44
1,470	4923 51411	*992 54852	5965 48279	8958 03131	957 745	7800 62	3509 31
1	5358 65515	969 56746	6194 54385	9164 11131	976 804	7856 85	3602 07
2	5794 23156	946 60938	6423 81109	9370 42047	995 829	7913 06	3694 70
3	6230 24376	923 67424	6653 28476	9576 95900	*014 819	7969 24	3787 22
4	6666 69220	900 76202	6882 96509	9783 72711	033 775	8025 40	3879 62
5	7103 57729	877 87270	7112 85229	9990 72500	052 698	8081 53	3971 91
6	7540 89950	855 00627	7342 94661	*0197 95288	071 586	8137 63	4064 08
7	7978 65924	832 16268	7573 24828	0405 41096	090 440	8193 70	4156 14
8	8416 85696	809 34193	7803 75751	0613 09945	109 260	8249 75	4248 07
9	8855 49310	786 54399	8034 47455	0821 01855	128 046	8305 78	4339 90
1,480	9294 56809	763 76884	8265 39963	1029 16847	146 799	8361 78	4431 61
1	9734 08238	741 01645	8496 53297	1237 54941	165 518	8417 75	4523 21
2	**0174 03640	718 28680	8727 87480	1446 16160	184 203	8473 72	4614 70
3	0614 43060	695 57987	8959 42537	1655 00523	202 854	8529 62	4706 07
4	1055 26541	672 89563	9191 18489	1864 08052	221 472	8585 51	4797 32
5	1496 54128	650 23407	9423 15361	2073 38767	240 056	8641 38	4888 47
6	1938 25864	627 59515	9655 33174	2282 92690	258 606	8697 23	4979 50
7	2380 41794	604 97887	9887 71954	2492 69841	277 123	8753 04	5070 42
8	2823 01962	582 38519	*0120 31722	2702 70241	295 607	8808 84	5161 23
9	3266 06413	559 81409	0353 12502	2912 93911	314 058	8864 60	5251 93
1,490	3709 55190	537 26555	0586 14317	3123 40873	332 474	8920 34	5342 52
1	4153 48338	514 73955	0819 37191	3334 11147	350 858	8976 05	5433 00
2	4597 85902	492 23607	1052 81147	3545 04754	369 209	9031 74	5523 36
3	5042 67925	469 75507	1286 46209	3756 21716	387 526	9087 40	5613 62
4	5487 94452	447 29655	1520 32399	3967 62054	405 811	9143 04	5703 77
5	5933 65529	424 86047	1754 39741	4179 25788	424 062	9198 65	5793 80
6	6379 81198	402 44682	1988 68258	4391 12940	442 280	9254 24	5883 73
7	6826 41506	380 05557	2223 17974	4603 23532	460 466	9309 80	5973 55
8	7273 46496	357 68670	2457 88913	4815 57583	478 618	9365 33	6063 26
9	7720 96214	335 34019	2692 81097	5028 15116	496 738	9420 84	6152 87
	4,4	**0,22**	**2,1**	**2,3**	**0,90**	**1,1**	**0,9**

x	$\log_e x$	x	$\log_e x$	x	$\log_e x$	x	$\log_e x$	x	$\log_e x$
	0,37		**0,37**		**0,38**		**0,39**		**0,39**
1,450	156 35564	**1,460**	843 64357	**1,470**	526 24008	**1,480**	204 20878	**1,490**	877 61200
1	225 29739	1	912 11328	1	594 24416	1	271 75353	1	944 70358
2	294 19164	2	980 53613	2	662 20203	2	339 25269	2	*011 75018
3	363 03846	3	*048 91220	3	730 11375	3	406 70632	3	078 75186
4	431 83791	4	117 24155	4	797 97938	4	474 11447	4	145 70867
5	500 59006	5	185 52425	5	865 79898	5	541 47723	5	212 62068
6	569 29498	6	253 76035	6	933 57262	6	608 79463	6	279 48796
7	637 95272	7	321 94992	7	*001 30035	7	676 06675	7	346 31054
8	706 56336	8	390 09302	8	068 98225	8	743 29364	8	413 08851
9	775 12695	9	458 18972	9	136 61837	9	810 47537	9	479 82191
	0,37		**0,38**		**0,39**		**0,39**		**0,40**

x	φ	sin x	cos x	tg x	arc tg x	Amp x	
	8	0,997	0,0		0,98	1,13	64⁰
1,500	5⁰ 56′ 37″,21	49 49866 04	7073 72016 68	14,10141 99472	279 372	172 83	50′ 35″,73
1	6 00 03,47	56 52250 46	6973 96714 79	14,30412 85382	310 127	215 32	52 03,37
2	6 03 29,74	63 44659 24	6874 20715 50	14,51272 04262	340 854	257 78	53 30,93
3	6 06 56,00	70 27001 67	6774 44028 79	14,72745 59485	371 552	300 19	54 58,42
4	6 10 22,27	76 99547 07	6674 66664 64	14,94861 10327	402 222	342 57	56 25,82
5	6 13 48,53	83 62024 77	6574 88633 03	15,17647 83808	432 864	384 90	57 53,15
6	6 17 14,80	90 14524 12	6475 09943 92	15,41136 87640	463 478	427 20	59 20,40
7	6 20 41,06	96 57044 45	6375 30607 30	15,65361 24385	494 063	469 46	*00 47,56
8	6 24 07,33	*02 89585 12	6275 50633 16	15,90356 06974	524 621	511 68	02 14,65
9	6 27 33,59	09 12145 50	6175 70031 46	16,16158 75724	555 150	553 87	03 41,66
1,510	6 30 59,86	15 24724 98	6075 88812 19	16,42809 17039	585 650	596 01	05 08,59
1	6 34 26,12	21 27322 92	5976 06985 34	16,70349 83992	616 123	638 12	06 35,44
2	6 37 52,39	27 19938 75	5876 24560 88	16,98826 18995	646 568	680 19	08 02,22
3	6 41 18,65	33 02571 85	5776 41548 79	17,28286 78805	676 985	722 22	09 28,91
4	6 44 44,92	38 75221 65	5676 57959 06	17,58783 62354	707 374	764 21	10 55,53
5	6 48 11,18	44 37887 58	5576 73801 67	17,90378 41083	737 735	806 17	12 22,07
6	6 51 37,45	49 90569 07	5476 89086 61	18,23112 93271	768 068	848 08	13 48,52
7	6 55 03,71	55 33265 57	5377 03823 86	18,57069 41673	798 373	889 96	15 14,91
8	6 58 29,98	60 65976 54	5277 18023 41	18,92310 95652	828 650	931 80	16 41,21
9	7 01 56,24	65 88701 44	5177 31695 24	19,28911 98043	858 900	973 60	18 07,43
1,520	7 05 22,51	71 01439 76	5077 44849 34	19,66952 78206	889 121	*015 37	19 33,58
1	7 08 48,77	76 04190 97	4977 57495 69	20,06520 09814	919 315	057 09	20 59,64
2	7 12 15,04	80 96954 58	4877 69644 28	20,47707 78002	949 482	098 78	22 25,63
3	7 15 41,30	85 79730 10	4777 81305 11	20,90617 53218	979 620	140 43	23 51,54
4	7 19 07,56	90 52517 03	4677 92488 15	21,35369 75246	*009 731	182 05	25 17,38
5	7 22 33,83	95 15314 92	4578 03203 40	21,82054 48119	039 814	223 62	26 43,13
6	7 26 00,09	99 68123 29	4478 13460 85	22,30832 47749	069 870	265 16	28 08,81
7	7 29 26,36	**04 10941 69	4378 23270 49	22,81836 44295	099 898	306 66	29 34,41
8	7 32 52,62	08 43769 68	4278 32642 30	23,35222 41687	129 899	348 12	30 59,93
9	7 36 18,89	12 66606 83	4178 41586 29	23,91161 37190	159 872	389 54	32 25,37
1,530	7 39 45,15	16 79452 71	4078 50112 42	24,49841 04419	189 818	430 93	33 50,74
1	7 43 11,42	20 82306 92	3978 58230 70	25,11468 03957	219 737	472 28	35 16,02
2	7 46 37,68	24 75169 04	3878 65951 13	25,76270 26550	249 627	513 59	36 41,23
3	7 50 03,95	28 58038 69	3778 73283 70	26,44499 74895	279 491	554 86	38 06,37
4	7 53 30,21	32 30915 48	3678 80238 39	27,16435 91385	309 327	596 10	39 31,42
5	7 56 56,48	35 93799 05	3578 86825 20	27,92389 40790	339 136	637 30	40 56,40
6	8 00 22,74	39 46689 02	3478 93054 12	28,72706 58919	368 918	678 46	42 21,30
7	8 03 49,01	42 89585 04	3378 98935 15	29,57774 80939	398 673	719 58	43 46,12
8	8 07 15,27	46 22486 77	3279 04478 28	30,48028 66346	428 400	760 67	45 10,87
9	8 10 41,54	49 45393 89	3179 09693 51	31,43957 41873	458 100	801 72	46 35,54
1,540	8 14 07,80	52 58306 05	3079 14590 82	32,46113 89128	487 733	842 73	48 00,13
1	8 17 34,07	55 61222 97	2979 19180 23	33,55125 10988	517 419	883 70	49 24,64
2	8 21 00,33	58 54144 32	2879 23471 71	34,70705 20170	547 038	924 64	50 49,08
3	8 24 26,60	61 37069 81	2779 27475 27	35,96671 05963	576 630	965 54	52 13,44
4	8 27 52,86	64 09999 17	2679 31200 90	37,30961 51754	606 195	**006 40	53 37,72
5	8 31 19,13	66 72932 13	2579 34658 60	38,75660 98570	635 733	047 22	55 01,93
6	8 34 45,39	69 25868 41	2479 37858 37	40,32028 80509	665 244	088 01	56 26,06
7	8 38 11,66	71 68807 76	2379 40810 20	42,01536 00358	694 728	128 76	57 50,11
8	8 41 37,92	74 01749 95	2279 43524 09	43,85911 72528	724 185	169 47	59 14,08
9	8 45 04,18	76 24694 73	2179 46010 03	45,87202 44213	753 615	210 15	**00 37,98
	8	0,999	0,0		0,99	1,15	66⁰

x	$e^{\frac{x\pi}{360}}$	$e^{-\frac{x\pi}{360}}$	$\mathfrak{Sin}\,\frac{x\pi}{360}$	$\mathfrak{Cos}\,\frac{x\pi}{360}$
60	1,68809 17950	0,59238 48472	0,54785 34739	1,14023 83211
1	1,70288 76401	0,58723 78050	0,55782 49175	1,14506 27226
2	1,71781 31683	0,58213 54839	0,56783 88422	1,14997 43261
3	1,73286 95163	0,57707 74952	0,57789 60106	1,15497 35058
4	1,74805 78307	0,57206 34537	0,58799 71885	1,16006 06422
5	1,76337 92682	0,56709 29777	0,59814 31453	1,16523 61230
6	1,77883 49956	0,56216 56885	0,60833 46535	1,17050 03420
7	1,79442 61898	0,55728 12109	0,61857 24894	1,17585 37004
8	1,81015 40383	0,55243 91731	0,62885 74326	1,18129 66057
9	1,82601 97387	0,54763 92061	0,63919 02663	1,18682 94724

x	e^x	e^{-x}	Sin x	Cos x	Tg x	Ar Sin x	Ar Cos x
	4,	**0,22**	**2,1**	**2,3**	**0,90**	**1,1**	**0,9**
1,500	48168 90703	313 01601	2927 94551	5240 96152	514 825	9476 32	6242 37
1	48617 30010	290 71415	3163 29297	5454 00713	532 880	9531 78	6331 75
2	49066 14178	268 43458	3398 85360	5667 28818	550 901	9587 21	6421 04
3	49515 43253	246 17728	3634 62763	5880 80490	568 890	9642 62	6510 21
4	49965 17280	223 94222	3870 61529	6094 55751	586 847	9698 00	6599 28
5	50415 36303	201 72938	4106 81682	6308 54621	604 771	9653 36	6688 24
6	50866 00367	179 53875	4343 23246	6522 77121	622 662	9808 69	6777 10
7	51317 09519	157 37030	4579 86244	6737 23274	640 521	9863 99	6865 85
8	51768 63802	135 22400	4816 70701	6951 93101	658 348	9919 27	6954 50
9	52220 63261	113 09984	5053 76638	7166 86623	676 142	9974 52	7043 04
1,510	52673 07943	090 99780	5291 04082	7382 03861	693 905	*0029 75	7131 48
1	53125 97892	068 91784	5528 53054	7597 44838	711 635	0084 95	7219 82
2	53579 33154	046 85995	5766 23579	7813 09575	729 333	0140 12	7308 04
3	54033 13774	024 82411	6004 15681	8028 98093	746 999	0195 28	7396 16
4	54487 39797	002 81030	6242 29384	8245 10413	764 633	0250 40	7484 19
5	54942 11268	*980 81848	6480 64710	8461 46558	782 234	0305 50	7572 10
6	55397 28234	958 84865	6719 21685	8678 06550	799 804	0360 58	7659 92
7	55852 90740	936 90078	6958 00331	8894 90409	817 342	0415 63	7747 63
8	56308 98831	914 97484	7197 00673	9111 98158	834 848	0470 65	7835 24
9	56765 52553	893 07082	7436 22735	9329 29818	852 323	0525 65	7922 76
1,520	57222 51951	871 18870	7675 66541	9546 85410	869 766	0580 63	8010 16
1	57679 97072	849 32844	7915 32114	9764 64958	887 177	0635 57	8097 47
2	58137 87961	827 49003	8155 19479	9982 68482	904 556	0690 50	8184 68
3	58596 24663	805 67345	8395 28659	*0200 96004	921 904	0745 40	8271 78
4	59055 07225	783 87868	8635 59679	0419 47547	939 220	0800 27	8358 79
5	59514 35693	762 10569	8876 12562	0638 23131	956 505	0855 12	8445 69
6	59974 10112	740 35446	9116 87333	0857 22779	973 759	0909 94	8532 50
7	60434 30529	718 62497	9357 84016	1076 46513	990 981	0964 74	8619 20
8	60894 96989	696 91720	9599 02634	1295 94354	*008 171	1019 51	8705 80
9	61356 09538	675 23113	9840 43213	1515 66325	025 331	1074 26	8792 31
1,530	61817 68223	653 56673	*0082 05775	1735 62448	042 459	1128 98	8878 71
1	62279 73090	631 92399	0323 90346	1955 82744	059 557	1183 68	8965 02
2	62742 24185	610 30288	0565 96948	2176 27236	076 623	1238 36	9051 23
3	63205 21554	588 70338	0808 25608	2396 95946	093 658	1293 00	9137 35
4	63668 65243	567 12546	1050 76348	2617 88895	110 662	1347 63	9223 36
5	64132 55300	545 56912	1293 49194	2839 06106	127 635	1402 22	9309 28
6	64596 91769	524 03432	1536 44169	3060 47600	144 577	1456 80	9395 10
7	65061 74699	502 52104	1779 61297	3282 13401	161 488	1511 34	9480 82
8	65527 04134	481 02927	2023 00604	3504 03530	178 368	1565 87	9566 45
9	65992 80122	459 55898	2266 62112	3726 18010	195 218	1620 36	9651 98
1,540	66459 02710	438 11014	2510 45848	3948 56862	212 037	1674 84	9737 41
1	66925 71943	416 68275	2754 51834	4171 20109	228 825	1729 29	9822 75
2	67392 87869	395 27677	2998 80096	4394 07773	245 583	1783 71	9907 99
3	67860 50535	373 89219	3243 30658	4617 19877	262 310	1838 11	9993 14
4	68328 59986	352 52898	3488 03544	4840 56442	279 007	1892 48	*0078 19
5	68797 16270	331 18712	3732 98779	5064 17491	295 673	1946 83	0163 15
6	69266 19434	309 86660	3978 16387	5288 03047	312 309	2001 16	0248 01
7	69735 69525	288 56738	4223 56393	5512 13132	328 914	2055 46	0332 78
8	70205 66589	267 28946	4469 18822	5736 47767	345 489	2109 73	0417 45
9	70676 10674	246 03280	4715 03697	5961 06977	362 034	2163 98	0502 03
	4,	**0,21**	**2,2**	**2,4**	**0,91**	**1,2**	**1,0**

x	$\log_e x$	x	$\log_e x$	x	$\log_e x$	x	$\log_e x$	x	$\log_e x$
	0,40		**0,41**		**0,41**		**0,42**		**0,43**
1,500	546 51081	**1,510**	215 96508	**1,520**	871 03349	**1,530**	526 77354	**1,540**	173 24164
1	613 15526	1	277 16833	1	936 80133	1	592 11167	1	243 15563
2	679 75533	2	343 32778	2	*002 52594	2	657 40713	2	308 02751
3	746 31108	3	409 44348	3	068 20739	3	722 65999	3	372 85734
4	812 82255	4	475 51550	4	133 84573	4	787 87029	4	437 64516
5	879 28982	5	541 54390	5	199 44101	5	858 03810	5	502 39103
6	945 71294	6	607 52872	6	264 99329	6	918 16347	6	567 09502
7	*012 09196	7	673 47004	7	330 50262	7	983 24645	7	631 75716
8	078 42696	8	739 36790	8	396 96907	8	*048 28711	8	696 37752
9	144 71798	9	805 22236	9	461 39269	9	113 28548	9	760 95614
	0,41		**0,41**		**0,42**		**0,43**		**0,43**

x	φ	sin x	cos x	tg x	arc tg x	𝔄mp x	
	8		0,0		0,99	1,15	66°
1,550	8° 48′ 30″,45	0,99978 37641 89	2079 48278 03	48,07848 24793	783 019	250 78	02′ 01″,81
1	8 51 56,71	„ 80 40591 22	1979 50338 08	50,50782 27606	812 396	291 39	03 25,55
2	8 55 22 98	„ 82 33542 50	1879 52200 18	53,19561 85304	841 746	331 95	04 49,22
3	8 58 49,24	„ 84 16495 56	1779 53874 33	56,18543 86890	871 069	372 48	06 12,81
4	9 02 15,51	„ 85 89450 19	1679 55370 52	59,53122 79910	900 366	412 97	07 36,33
5	9 05 41,77	„ 87 52406 24	1579 56698 76	63,30059 11408	929 636	453 42	08 59,77
6	9 09 08,04	„ 89 05363 54	1479 57869 04	67,57940 91129	958 879	493 84	10 23,14
7	9 12 34,30	„ 90 48321 93	1379 58891 37	72,47846 24089	988 096	534 21	11 46,42
8	9 16 00,57	„ 91 81281 27	1279 59775 73	78,14316 04116	*017 286	574 56	13 09,63
9	9 19 26,83	„ 93 04241 44	1179 60532 14	84,76821 91680	046 450	614 86	14 32,77
1,560	9 22 53,10	„ 94 17202 30	1079 61170 58	92,62049 63170	075 587	655 13	15 55,83
1	9 26 19,36	„ 95 20163 74	0979 61701 07	102,07581 17753	104 697	695 36	17 18,81
2	9 29 45,63	„ 96 13125 67	0879 62133 59	113,68088 42368	133 782	735 56	18 41,72
3	9 33 11,89	„ 96 96087 98	0779 62478 15	128,26293 27017	162 840	775 71	20 04,55
4	9 36 38,16	„ 97 69050 60	0679 62744 75	147,13603 88405	191 871	815 83	21 27,31
5	9 40 04,42	„ 98 32013 45	0579 62943 38	172,52112 17767	220 876	855 92	22 49,99
6	9 43 30,69	„ 98 84976 47	0479 63084 05	208,49128 39555	249 855	895 97	24 12,59
7	9 46 56,95	„ 99 27939 60	0379 63176 76	263,41125 25053	278 808	935 98	25 35,12
8	9 50 23,22	„ 99 60902 81	0279 63231 51	357,61106 15335	307 734	975 95	26 57,57
9	9 53 49,48	„ 99 83866 05	0179 63258 29	556,69098 03072	336 634	*015 89	28 19,95
1,570	9 57 15,75	„ 99 96829 32	0079 63267 11	1255,76559 15007	365 508	055 79	29 42,25
$\frac{2\pi}{4}$=1,570...	*0	1	0	±∞	388 482	087 54	30 47,74
1	0 00 42,01	0,99999 99792 59	*0020 36732 04	—4909,82594 23218	394 356	095 66	31 04,48
2	0 04 08,28	„ 99 92755 85	0120 36729 14	— 830,78987 95263	423 177	135 48	32 26,63
3	0 07 34,54	„ 99 75719 13	0220 36714 22	— 453,78705 83344	451 973	175 27	33 48,71
4	0 11 00,81	„ 99 48682 43	0320 36677 25	— 312,14063 19567	480 742	215 03	35 10,71
5	0 14 27,07	„ 99 11645 79	0420 36608 25	— 237,88578 72419	509 486	254 75	36 32,63
6	0 17 53,33	„ 98 64609 23	0520 36497 21	— 192,17021 02529	538 204	294 43	37 54,48
7	0 21 19,60	„ 98 07572 81	0620 36334 13	— 161,19275 44191	566 895	334 08	39 16,26
8	0 24 45,86	„ 97 40536 58	0720 36109 02	— 138,81566 72065	595 561	373 69	40 37,96
9	0 28 12,13	„ 96 63500 62	0820 35811 87	— 121,89388 11287	624 201	413 26	41 59,58
1,580	0 31 38,39	„ 95 76464 99	0920 35432 69	— 108,64920 36048	652 814	452 79	43 21,13
1	0 35 04,66	„ 94 79429 78	1020 34961 47	— 98,00052 14472	681 402	492 30	44 42,61
2	0 38 30,92	„ 93 72395 10	1120 34388 21	— 89,25270 67310	709 964	531 76	46 04,01
3	0 41 57,19	„ 92 55361 04	1220 33702 93	— 81,93847 37274	738 501	571 19	47 25,33
4	0 45 23,45	„ 91 28327 73	1320 32895 60	— 75,73209 90502	767 011	610 58	48 46,58
5	0 48 49,72	„ 89 91295 30	1420 31956 25	— 70,39958 86519	795 496	649 93	50 07,76
6	0 52 15,98	„ 88 44263 87	1520 30874 86	— 65,76851 09883	823 955	689 25	51 28,86
7	0 55 42,25	„ 86 87233 60	1620 29641 44	— 61,70900 05541	852 388	728 54	52 49,89
8	0 59 08,51	„ 85 20204 64	1720 28246 00	— 58,12138 66757	880 796	767 78	54 10,84
9	1 02 34,78	„ 83 43177 16	1820 26678 52	— 54,92799 99017	909 178	806 99	55 31,72
1,590	1 06 01,04	„ 81 56151 34	1920 24929 02	— 52,06696 96509	937 534	846 17	56 52,52
1	1 09 27,31	„ 79 59127 37	2020 22987 49	— 49,48921 53196	965 865	885 31	58 13,25
2	1 12 53,57	„ 77 52105 44	2120 20843 94	— 47,15457 17850	**994 171	924 41	59 33,91
3	1 16 19,84	„ 75 35085 75	2220 18488 37	— 45,03019 16712	022 451	963 48	*00 54,49
4	1 19 46,10	„ 73 08068 53	2320 15910 78	— 43,08889 00464	050 705	**002 51	02 15,00
5	1 23 12,37	„ 70 71054 01	2420 13101 17	— 41,30797 46740	078 935	041 50	03 35,43
6	1 26 38,63	„ 68 24042 41	2520 10049 55	— 39,66835 47347	107 139	080 46	04 55,79
7	1 30 04,90	„ 65 67033 99	2620 06745 92	— 38,15385 36296	135 317	119 38	06 16,07
8	1 33 31,16	„ 63 00029 01	2720 03180 29	— 36,75067 33501	163 470	158 27	07 36,28
9	1 36 57,43	„ 60 23027 72	2819 99342 65	— 35,44697 27970	191 598	197 12	08 56,42
	9		— 0,0		1,01	1,17	67°

x	$e^{\frac{x\pi}{360}}$	$e^{-\frac{x\pi}{360}}$	$\mathfrak{Sin}\,\frac{x\pi}{360}$	$\mathfrak{Cos}\,\frac{x\pi}{360}$
70	1,84202 44994	0,54288 09445	0,64957 17775	1,19245 27220
1	1,85816 95392	0,53816 40259	0,66000 27567	1,19816 67825
2	1,87445 60876	0,53348 80911	0,67048 39982	1,20397 20893
3	1,89088 53849	0,52885 27840	0,68101 36004	1,20986 90844
4	1,90745 86822	0,52425 77516	0,69160 04653	1,21585 82169
5	1,92417 72418	0,51970 26440	0,70223 72989	1,22193 99429
6	1,94104 23367	0,51518 71142	0,71292 76113	1,22811 47255
7	1,95805 52514	0,51071 08184	0,72367 22165	1,23438 30349
8	1,97521 72816	0,50627 34158	0,73447 19329	1,24074 53487
9	1,99252 97340	0,50187 45683	0,74532 75829	1,24720 21511

x	e^x	e^{-x}	Sin x	Cos x	Tg x	Ar Sin x	Ar Cos x
	4,7	**0,21**	**2,2**	**2,4**	**0,91**	**1,22**	**1,0**
1,550	1147 01826	224 79738	4961 11044	6185 90782	378 549	218 20	0586 52
1	1618 40093	203 58319	5207 40887	6410 99206	395 034	272 40	0670 91
2	2090 25522	182 39021	5453 93250	6636 32271	411 488	326 58	0755 21
3	2562 58160	161 21841	5700 68160	6861 90000	427 912	380 73	0839 42
4	3035 38054	140 06777	5947 65639	7087 72415	444 307	434 85	0923 54
5	3508 65252	118 93826	6194 85713	7313 79539	460 671	488 96	1007 56
6	3982 39800	097 82988	6442 28406	7540 11394	477 006	543 03	1091 49
7	4456 61747	076 74260	6689 93744	7766 68003	493 310	597 08	1175 33
8	4931 31140	055 67639	6937 81750	7993 49389	509 585	651 11	1259 08
9	5406 48025	034 63124	7185 92451	8220 55574	525 830	705 12	1342 73
1,560	5882 12451	013 60712	7434 25870	8447 86582	542 046	759 10	1426 30
1	6358 24466	*992 60402	7682 82032	8675 42434	558 231	813 05	1509 77
2	6834 84116	971 62191	7931 60963	8903 23153	574 387	866 98	1593 15
3	7311 91450	950 66077	8180 62687	9131 28763	590 514	920 89	1676 45
4	7789 46515	929 72058	8429 87229	9359 59286	606 611	974 77	1759 65
5	8267 49359	908 80132	8679 34614	9588 14745	622 678	*028 62	1842 76
6	8746 00030	887 90297	8929 04866	9816 95163	638 717	082 46	1925 78
7	9224 98575	867 02550	9178 98012	*0046 00563	654 725	136 26	2008 72
8	9704 45043	846 16891	9429 14076	0275 30967	670 705	190 05	2091 56
9	*0184 39481	825 33316	9679 53082	0504 86398	686 655	243 80	2174 31
1,570	0664 81938	804 51824	9930 15057	0734 66881	702 576	297 54	2256 98
$\frac{2\pi}{4}$=1,570…	1047 73810	787 95764	*0129 89023	0917 84787	715 234	340 31	2322 75
1	1145 72461	783 72412	0181 00025	0964 72436	718 468	351 25	2339 56
2	1627 11099	762 95078	0432 08010	1195 03088	734 330	404 94	2422 05
3	2108 97899	742 19821	0683 39039	1425 58860	750 164	458 60	2504 45
4	2591 32911	721 46638	0934 93136	1656 39774	765 969	512 24	2586 77
5	3074 16181	700 75527	1186 70327	1887 45854	781 744	565 85	2668 99
6	3557 47759	680 06486	1438 70637	2118 77123	797 491	619 44	2751 13
7	4041 27693	659 39513	1690 94090	2350 33603	813 209	673 00	2833 18
8	4525 56031	638 74606	1943 40712	2582 15318	828 898	726 54	2915 14
9	5010 32821	618 11763	2196 10529	2814 22292	844 558	780 06	2997 02
1,580	5495 58112	597 50982	2449 03565	3046 54547	860 189	833 55	3078 81
1	5981 31953	576 92261	2702 19846	3279 12107	875 792	887 02	3160 52
2	6467 54392	556 35597	2955 59398	3511 94995	891 366	940 46	3242 14
3	6954 25478	535 80989	3209 22245	3745 03234	906 912	993 88	3323 67
4	7441 45260	515 28434	3463 08413	3978 36847	922 429	**047 27	3405 12
5	7929 13785	494 77931	3717 17927	4211 95858	937 917	100 65	3486 48
6	8417 31104	474 29478	3971 50813	4445 80291	953 377	153 99	3567 76
7	8905 97264	453 83072	4226 07096	4679 90168	968 808	207 32	3648 95
8	9395 12314	433 38711	4480 86802	4914 25513	984 212	260 61	3730 05
9	9884 76305	412 96393	4735 86349	5148 89956	999 587	313 89	3811 07
1,590	**0374 89283	392 56117	4991 16583	5383 72700	*014 933	367 14	3892 01
1	0865 51299	372 17880	5246 66709	5618 84590	030 252	420 37	3972 86
2	1356 62402	351 81681	5502 40361	5854 22042	045 542	473 57	4053 63
3	1848 22641	331 47516	5758 37562	6089 85079	060 804	526 75	4134 32
4	2340 32064	311 15385	6014 58339	6325 73725	076 038	579 90	4214 92
5	2832 90721	290 85285	6271 02718	6561 88003	091 244	633 03	4295 44
6	3325 98662	270 57214	6527 70724	6798 27938	106 422	686 14	4375 88
7	3819 55935	250 31170	6784 62382	7034 93552	121 572	739 22	4456 23
8	4313 62590	230 07151	7041 77720	7271 84870	136 694	792 28	4536 50
9	4808 18677	209 85155	7299 16760	7509 01916	151 789	845 32	4616 68
	4,9	**0,20**	**2,3**	**2,5**	**0,92**	**1,24**	**1,0**

x	$\log_e x$	x	$\log_e x$	x	$\log_e x$	x	$\log_e x$	x	$\log_e x$
	0,43		**0,44**		**0,45**		**0,45**		**0,46**
1,550	825 49309	**1,560**	468 58213	**1,570**	107 56194	**1,580**	742 48470	**1,590**	373 40162
1	889 98842	1	532 66415	$\frac{2\pi}{4}$=1,570…	158 27053	1	805 75582	1	436 27494
2	954 44218	2	596 70514	1	171 23593	2	868 98693	2	499 10851
3	*018 85442	3	660 70514	2	234 86940	3	932 17809	3	561 90309
4	083 22519	4	724 66421	3	298 46241	4	995 32934	4	624 65804
				4	362 01500				
5	147 55456	5	788 58240	5	425 52723	5	*058 44073	5	687 37362
6	211 84258	6	852 45976	6	488 99914	6	121 51232	6	750 04990
7	276 08929	7	916 29634	7	552 43080	7	184 54415	7	812 68692
8	340 29474	8	980 09219	8	615 82224	8	247 53628	8	875 28473
9	404 45901	9	*043 84738	9	679 17353	9	310 48876	9	937 84339
	0,44		**0,45**		**0,45**		**0,46**		**0,46**

x	φ	sin x	cos x	tg x	ar ctg x	Amp x	
	9	0,99	— 0,0	— 3	1,01	1,17	67°
1,600	1° 40′ 23″,69	957 36030 42	2919 95223 01	4,23253 27355	219 701	235 94	10′ 16″,48
1	1 43 49,95	954 39037 37	3019 90811 38	3,09848 73073	247 778	274 72	11 36,47
2	1 47 16,22	951 32048 89	3119 86097 76	2,03710 71685	275 830	313 46	12 56,39
3	1 50 42,48	948 15065 28	3219 81072 15	1,04162 30329	303 857	352 17	14 16,23
4	1 54 08,57	944 88086 86	3319 75724 56	0,10608 10548	331 859	390 84	15 36,00
5	1 57 35,01	941 51113 94	3419 70044 99	*9,22522 38476	359 835	429 48	16 55,69
6	2 01 01,28	938 04146 88	3519 64023 45	8,39439 11337	387 787	468 08	18 15,31
7	2 04 27,54	934 47186 01	3619 56749 95	7,60943 76991	415 714	506 65	19 34,86
8	2 07 53,81	930 80231 70	3719 50914 49	6,86666 39665	443 615	545 18	20 54,34
9	2 11 20,07	927 03284 31	3819 43807 08	6,16275 77119	471 492	583 67	22 13,74
1,610	2 14 46,34	923 16344 21	3919 36317 73	5,49474 46618	499 343	622 13	23 33,07
1	2 18 12,60	919 19411 80	4019 28436 44	4,85994 64628	527 170	660 56	24 52,32
2	2 21 38,87	915 12487 48	4119 20153 22	4,25594 47729	554 971	698 95	26 11,50
3	2 25 05,13	910 95571 64	4219 11458 09	3,68055 04576	582 748	737 30	27 30,61
4	2 28 31,40	906 68664 70	4319 02341 04	3,13177 70603	610 499	775 62	28 49,65
5	2 31 57,66	902 31767 10	4418 92792 09	2,60781 78825	638 226	813 90	30 08,61
6	2 35 23,93	897 84879 27	4518 82801 24	2,10702 60957	665 928	852 15	31 27,50
7	2 38 50,19	893 28001 65	4618 72358 52	1,62789 74428	693 605	890 36	32 46,32
8	2 42 16,46	888 61134 70	4718 61453 92	1,16095 51364	721 257	928 53	34 05,06
9	2 45 42,72	883 84278 89	4818 50077 46	0,72923 66365	748 884	966 67	35 23,73
1,620	2 49 08,99	878 97434 71	4918 38219 14	0,30728 20411	776 487	*004 78	36 42,33
1	2 52 35,25	874 00602 62	5018 25868 99	**9,90212 38635	804 066	042 85	38 00,86
2	2 56 01,52	868 93783 14	5118 13017 02	9,51277 80089	831 620	080 89	39 19,31
3	2 59 27,78	863 76976 76	5218 99653 23	9,13466 87336	859 149	118 89	40 37,69
4	3 02 54,04	858 50184 00	5317 85767 64	8,77795 68233	886 653	156 85	41 56,00
5	3 06 20,31	853 13405 40	5417 71350 27	8,43086 27624	914 133	194 78	43 14,24
6	3 09 46,58	847 66641 48	5517 56391 12	8,09633 16459	941 589	232 68	44 32,40
7	3 13 12,84	842 09892 80	5617 40880 22	7,77369 28970	969 020	270 54	45 50,49
8	3 16 39,10	836 43159 91	5717 24807 58	7,46232 28300	996 427	308 36	47 08,51
9	3 20 05,37	830 66443 37	5817 08163 22	7,16164 06209	*023 809	346 15	48 26,46
1,630	3 23 31,63	824 79743 78	5916 90937 14	6,87110 46886	051 167	383 90	49 44,33
1	3 26 57,90	818 83061 70	6016 73119 38	6,59020 94347	078 500	421 62	51 02,13
2	3 30 24,16	812 76397 74	6116 54699 94	6,31848 23050	105 809	459 31	52 10,86
3	3 33 50,43	806 59752 50	6216 35668 85	6,05548 11326	133 094	496 96	53 37,52
4	3 37 16,69	800 33126 61	6316 16016 12	5,80079 17342	160 355	534 57	54 55,11
5	3 40 42,96	793 96520 68	6415 95731 77	5,55402 57307	187 591	572 15	56 12,62
6	3 44 09,22	787 49935 36	6515 74805 83	5,31481 85689	214 803	609 70	57 30,07
7	3 47 35,49	780 93371 29	6615 53228 31	5,08282 77215	241 991	647 21	58 47,44
8	3 51 01,75	774 26829 12	6715 30989 25	4,85773 10488	269 154	684 69	*00 04,74
9	3 54 28,02	767 50309 53	6815 08078 65	4,63922 53036	296 294	722 13	01 21,97
1,640	3 57 54,28	760 63813 19	6914 84486 54	4,42702 47668	323 409	759 53	02 39,12
1	4 01 20,55	753 67340 79	7014 60202 95	4,22085 99987	350 500	796 91	03 56,21
2	4 04 46,81	746 60893 02	7114 35217 90	4,02047 66957	377 567	834 24	05 13,22
3	4 08 13,08	739 44470 59	7214 09521 41	3,82563 46424	404 610	871 55	06 30,16
4	4 11 39,34	732 18074 22	7313 83103 51	3,63610 67494	431 629	908 81	07 47,03
5	4 15 05,61	724 81704 63	7413 55954 23	3,45167 81675	458 625	946 05	09 03,83
6	4 18 31,87	717 35362 56	7513 28063 60	3,27214 54790	485 596	983 25	10 20,56
7	4 21 58,14	709 79048 75	7612 99421 63	3,09731 59383	512 543	**020 41	11 37,22
8	4 25 24,40	702 12763 97	7712 70018 37	2,92700 67895	539 466	057 54	12 53,80
9	4 28 50,67	694 36508 97	7812 39843 83	2,76104 46236	566 366	094 63	14 10,32
	9	0,99	— 0,0	— 1	1,02	1,19	68°

x	$e^{\frac{x\pi}{360}}$	$e^{-\frac{x\pi}{360}}$	$\mathfrak{Sin}\,\frac{x\pi}{360}$	$\mathfrak{Cos}\,\frac{x\pi}{360}$
80	2,00999 39272	0,49751 39409	0,75623 99932	1,25375 39341
1	2,02761 11913	0,49319 12017	0,76720 99948	1,26040 11965
2	2,04538 28677	0,48890 60214	0,77823 84231	1,26714 44445
3	2,06331 03099	0,48465 80736	0,78932 61181	1,27398 41917
4	2,08139 48831	0,48044 70349	0,80047 39241	1,28092 09590
5	2,09963 79647	0,47627 25845	0,81168 26901	1,28795 52746
6	2,11804 09438	0,47213 44046	0,82295 32696	1,29508 76742
7	2,13660 52220	0,46803 21801	0,83428 65210	1,30231 87011
8	2,15533 22131	0,46396 55984	0,84568 33073	1,30964 89057
9	2,17422 33431	0,45993 43500	0,85714 44966	1,31707 88465

x	e^x	e^{-x}	Sin x	Cos x	Tg x	Ar Sin x	Ar Cos x
	4,	**0,20**	**2,3**	**2,5**	**0,92**	**1,2**	**1,0**
1,600	95303 24244	189 65180	7556 79532	7746 44712	166 855	4898 33	4696 79
1	95798 79342	169 47224	7814 66059	7984 13283	181 894	4951 32	4776 81
2	96294 84019	149 31285	8072 76367	8222 07652	196 905	5004 28	4856 75
3	96791 38326	129 17361	8331 10483	8460 27843	211 889	5057 22	4936 61
4	97288 42312	109 05449	8589 68431	8698 73881	226 845	5110 14	5016 39
5	97785 96027	088 95549	8848 50239	8937 45788	241 773	5163 03	5096 09
6	98283 99521	068 87658	9107 55932	9176 43589	256 674	5215 90	5175 70
7	98782 52843	048 81773	9366 85535	9415 67308	271 547	5268 75	5255 24
8	99281 56043	028 77893	9626 39075	9655 16968	286 393	5321 57	5334 69
9	99781 09172	008 76017	9886 16578	9894 92594	301 211	5374 37	5414 07
1,610	*00281 12278	*988 76141	*0146 18069	*0134 94210	316 003	5427 14	6493 36
1	00781 65413	968 78264	0406 43575	0375 21838	330 767	5479 89	6572 57
2	01282 68626	948 82384	0666 93121	0615 75505	345 504	5532 62	6651 71
3	01784 21967	928 88498	0927 66734	0856 55233	360 213	5585 33	6730 76
4	02286 25486	908 96606	1188 64440	1097 61046	374 895	5638 01	6809 73
5	02788 79235	889 06704	1459 86265	1338 92970	389 551	5690 66	6888 63
6	03291 83262	869 18792	1711 32235	1580 51027	404 179	5743 29	6967 44
7	03795 37618	849 32866	1973 02376	1822 35242	418 780	5795 90	7046 18
8	04299 42354	829 48925	2234 96714	2064 45640	433 354	5848 49	7124 84
9	04803 97519	809 66968	2497 15276	2306 82244	447 901	5901 05	7203 41
1,620	05309 03166	789 86991	2759 58087	2549 45078	462 422	5953 59	7281 91
1	05814 59343	770 08993	3022 34706	2792 24636	476 916	6006 10	7360 33
2	06320 66101	750 32972	3285 16565	3035 49537	491 382	6058 60	7438 68
3	06827 23492	730 58926	3548 32283	3278 91209	505 822	6111 06	7516 94
4	07334 31565	710 86854	3811 72356	3522 59209	520 236	6163 51	7595 13
5	07841 90372	691 16752	4075 36810	3766 53562	534 623	6215 93	7673 24
6	08349 99963	671 48620	4339 25672	4010 74291	548 983	6268 33	7751 28
7	08858 60389	651 82454	4603 38967	4255 21421	563 316	6320 70	7829 23
8	09367 71700	632 18254	4867 76723	4499 94977	577 623	6373 05	7907 11
9	09877 33949	612 56017	5132 38966	4744 94983	591 904	6425 37	7984 92
1,630	10387 47185	592 95741	5397 25722	4990 21463	606 158	6477 69	7062 64
1	10898 11460	573 37425	5662 37018	5235 74443	620 386	6529 97	7140 29
2	11409 26825	553 81066	5927 72880	5481 53946	634 587	6582 23	7217 86
3	11920 93331	534 26662	6193 33335	5727 59997	648 763	6634 46	7295 36
4	12433 11029	514 74212	6459 18409	5973 92620	662 911	6686 67	7372 78
5	12945 79970	495 23713	6725 28129	6220 51842	677 034	6738 86	7450 13
6	13459 00206	475 75164	6991 62521	6467 37685	691 131	6791 03	7527 40
7	13972 71788	456 28562	7258 21613	6714 50175	705 201	6843 17	7604 59
8	14486 94767	436 83906	7525 05430	6961 89336	719 246	6895 29	7681 71
9	15001 69194	417 41194	7792 14000	7209 55194	733 264	6947 38	7758 75
1,640	15516 95122	398 00423	8059 47350	7457 47773	747 257	6999 45	7835 73
1	16032 72602	378 61592	8327 05504	7705 67097	761 223	7051 50	7912 62
2	16549 01685	359 24699	8594 88493	7954 13192	775 164	7103 53	7989 44
3	17065 82422	339 89742	8862 96340	8202 86082	789 079	7155 53	8066 19
4	17583 14867	320 56719	9131 29074	8451 85793	802 968	7207 51	8142 86
5	18100 99069	301 25628	9399 86721	8701 12349	816 831	7259 47	8219 46
6	18619 35082	281 96467	9668 69308	8950 65775	830 668	7311 40	8295 98
7	19138 22957	262 69234	9937 76861	9200 46096	844 480	7363 31	8372 43
8	19657 62745	243 43928	**0207 09409	9450 53337	858 266	7415 20	8448 81
9	20177 54500	224 20546	0476 66977	9700 87523	872 027	7467 07	8525 11
	5,	**0,19**	**2,5**	**2,6**	**0,92**	**1,2**	**1,0**

x	$\log_e x$	x	$\log_e x$	x	$\log_e x$	x	$\log_e x$	x	$\log_e x$
	0,47		**0,47**		**0,48**		**0,48**		**0,49**
1,600	000 36292	**1,610**	623 41790	**1,620**	242 61492	**1,630**	858 00148	**1,640**	469 62418
1	062 84340	1	685 51042	1	304 32428	1	919 33236	1	530 58121
2	125 28486	2	747 56441	2	365 99557	2	980 62565	2	591 50110
3	187 68736	3	809 57991	3	427 62885	3	*041 88140	3	652 38390
4	250 05094	4	871 55698	4	489 22417	4	103 09964	4	713 22966
5	312 37566	5	933 49567	5	550 78158	5	164 28043	5	774 03842
6	374 66155	6	995 39601	6	612 30111	6	225 42382	6	834 81022
7	436 90868	7	*057 25806	7	673 78282	7	286 52984	7	895 54512
8	499 11707	8	119 08186	8	735 22676	8	347 59854	8	956 24315
9	561 28680	9	180 86747	9	796 63296	9	408 62998	9	*016 90436
	0,47		**0,48**		**0,48**		**0,49**		**0,50**

x	φ	sin x	cos x	tg x	arc tg x	Amp x	
	9	0,99	— 0,0		1,02	1,19	68°
1,650	4° 32′ 16″,93	686 50284 54	7912 08888 07	—12,59926 47895	593 241	131 70	15′ 26″,76
1	4 36 43,20	678 54091 46	8011 77141 09	—12,44151 08473	620 093	168 72	16 43,13
2	4 39 09,46	670 47930 52	8111 44592 93	—12,28763 40635	646 921	205 71	17 59,44
3	4 42 35,72	662 31802 54	8211 11233 63	—12,13749 29418	673 725	242 67	19 15,67
4	4 46 01,99	654 05708 33	8310 77053 21	—11,99095 27881	700 506	279 60	20 31,83
5	4 49 28,25	645 69648 71	8410 42041 72	—11,84788 53071	727 262	316 48	21 47,92
6	4 52 54,52	637 23624 53	8510 06189 19	—11,70816 82262	753 996	353 34	23 03,93
7	4 56 20,78	628 67636 62	8609 69485 65	—11,57168 49467	780 705	390 16	24 19,88
8	4 59 47,05	620 01685 84	8709 31921 14	—11,43932 42181	807 391	426 95	25 35,76
9	5 03 13,31	611 25773 06	8808 93485 70	—11,30797 98350	834 053	463 70	26 51,57
1,660	5 06 39,58	602 39899 17	8908 54169 37	—11,18055 03547	860 692	500 42	28 07,30
1	5 10 05,84	593 44065 03	9008 13962 18	—11,05593 88323	887 307	537 10	29 22,97
2	5 13 32,11	584 38271 54	9107 72854 18	—10,93405 25751	913 899	573 75	30 38,56
3	5 16 58,37	575 22519 62	9207 30835 40	—10,81480 29124	940 467	610 37	31 54,09
4	5 20 24,64	565 96810 18	9306 87895 89	—10,69810 49760	967 012	646 95	33 09,54
5	5 23 50,90	556 61144 14	9406 44025 70	—10,58387 75053	993 533	683 49	34 24,93
6	5 27 17,17	547 15522 44	9505 99214 86	—10,47204 26514	*020 031	720 01	35 40,24
7	5 30 43,43	537 59946 03	9605 53433 43	—10,36252 58027	046 505	756 49	36 55,49
8	5 34 09,70	527 94415 85	9705 06731 44	—10,25525 54135	072 956	792 93	38 10,66
9	5 37 35,96	518 18932 89	9804 59038 94	—10,15016 28703	099 384	829 35	39 25,77
1,670	5 41 02,23	508 33498 10	9904 10365 99	—10,04718 22992	125 788	865 72	40 40,80
1	5 44 28,49	498 38112 49	*0003 60702 62	— 9,94625 04739	152 169	902 07	41 55,77
2	5 47 54,76	488 32777 03	0103 10038 89	— 9,84730 66623	178 527	938 38	43 10,66
3	5 54 21,02	478 17492 75	0202 58364 86	— 9,75029 25096	204 862	974 65	44 25,49
4	5 54 47,29	467 92260 64	0302 05670 56	— 9,65515 19224	231 174	*010 90	45 40,24
5	5 58 13,55	457 57081 75	0401 51946 06	— 9,56183 09608	257 462	047 11	46 50,93
6	6 01 39,82	447 11957 10	0500 97181 41	— 9,47027 77354	283 728	083 28	48 09,55
7	6 05 06,08	436 56887 74	0600 41366 66	— 9,38044 23115	309 970	119 42	49 24,09
8	6 08 32,34	425 91874 72	0699 84491 87	— 9,29227 66174	336 189	155 53	50 38,57
9	6 11 58,61	415 16919 11	0799 26547 10	— 9,20573 43584	362 385	191 60	51 52,98
1,680	6 15 24,87	404 32021 98	0898 67522 40	— 9,12077 09356	388 558	227 64	53 07,32
1	6 18 51,14	393 37184 43	0998 07407 83	— 9,03734 33691	414 708	263 65	54 21,58
2	6 22 17,40	382 32407 53	1097 46193 46	— 9,95541 02246	440 835	299 62	55 35,78
3	6 25 43,67	371 17692 41	1196 83869 33	— 8,87493 15450	466 939	335 56	56 49,92
4	6 29 09,93	359 93040 17	1296 20425 53	— 8,79586 87854	493 021	371 47	58 03,98
5	6 32 36,20	348 58451 94	1395 55852 10	— 8,71818 47503	519 079	407 34	59 17,97
6	6 36 02,46	337 13928 85	1494 90139 12	— 8,64184 35364	545 115	443 18	*00 31,89
7	6 39 28,73	325 59472 04	1594 23276 65	— 8,56681 04757	571 127	478 99	01 45,75
8	6 42 54,99	313 95082 68	1693 55254 75	— 8,49305 20835	597 117	514 76	02 59,53
9	6 46 21,26	302 20761 92	1792 86063 50	— 8,42053 60084	623 084	550 50	04 13,25
1,690	6 49 47,52	290 36510 94	1892 15692 97	— 8,34923 09845	649 029	586 20	05 26,90
1	6 53 13,79	278 42330 93	1991 44133 21	— 8,27910 67862	674 950	621 87	06 40,48
2	6 56 40,05	266 38223 07	2090 71374 32	— 8,21013 41856	700 849	657 51	07 53,99
3	7 00 06,32	254 24188 58	2189 97406 35	— 8,14228 49111	726 725	693 12	09 07,43
4	7 03 32,58	242 00228 67	2289 22219 39	— 8,07553 16098	752 579	728 69	10 20,80
5	7 06 58,85	229 66344 55	2388 45803 50	— 8,00984 78088	778 410	764 23	11 34,11
6	7 10 25,11	217 22537 48	2487 68148 77	— 7,94520 78813	804 218	799 74	12 47,34
7	7 13 51,38	204 68808 67	2586 89245 27	— 7,88158 70128	830 004	835 21	14 00,51
8	7 17 17,64	192 05159 40	2686 09083 08	— 7,81896 11691	855 767	870 65	15 13,61
9	7 20 43,91	179 31590 93	2785 27652 28	— 7,75730 70659	881 508	906 05	16 26,64
	9	0,99	— 0,1		1,03	1,20	69°

x	$e^{\frac{x\pi}{360}}$	$e^{-\frac{x\pi}{360}}$	$\mathfrak{Sin}\,\frac{x\pi}{360}$	$\mathfrak{Cos}\,\frac{x\pi}{360}$
90	2,19328 00507	0,45593 81278	0,86867 09615	1,32460 90893
1	2,21250 37873	0,45197 66275	0,88026 35799	1,33224 02074
2	2,23189 60167	0,44804 95474	0,89192 32347	1,33997 27820
3	2,25145 82157	0,44415 65884	0,90365 08137	1,34780 74021
4	2,27119 18743	0,44029 74541	0,91544 72101	1,35574 46642
5	2,29109 84950	0,43647 18506	0,92731 33222	1,36378 51728
6	2,31117 95940	0,43267 94865	0,93925 00537	1,37192 95403
7	2,33143 67005	0,42892 00731	0,95125 83137	1,38017 83868
8	2,35187 13572	0,42519 33240	0,96333 90166	1,38853 23406
9	2,37248 31203	0,42149 89554	0,97549 30824	1,39699 20379

x	e^x	e^{-x}	Sin x	Cos x	Tg x	Ar Sin x	Ar Cos x
	5,2	0,19	2,5	2,6	0,92	1,2	1,0
1,650	0697 98272	204 99086	0746 49593	9951 48679	885 762	7518 91	8601 34
1	1218 94114	185 79547	1016 57283	*0202 36830	899 472	7570 73	8677 50
2	1740 42077	166 61926	1286 90075	0453 52002	913 156	7622 52	8753 58
3	2262 42215	147 46223	1557 47996	0704 94219	926 815	7674 30	8829 60
4	2784 94579	128 32433	1828 31073	0956 63506	940 448	7726 05	8905 54
5	3307 99222	109 20557	2099 39332	1208 59889	954 056	7777 77	8981 40
6	3831 56195	090 10592	2370 72802	1460 83393	967 639	7829 48	9057 20
7	4355 65552	071 02535	2642 31508	1713 34043	981 196	7881 16	9132 92
8	4880 27344	051 96386	2914 15479	1966 11865	994 729	7932 82	9208 57
9	5405 41624	032 92142	3186 24741	2219 16883	*008 236	7984 45	9284 15
1,660	5931 08444	013 89801	3458 59322	2472 49123	021 718	8036 06	9359 66
1	6457 27858	*994 89362	3731 19248	2726 08610	035 175	8087 65	9435 10
2	6983 99918	975 90822	4004 04548	2979 95370	048 607	8139 22	9510 46
3	7511 24676	956 94179	4277 15248	3234 09427	062 014	8190 77	9585 76
4	8039 02185	937 99433	4550 51376	3488 50809	075 397	8242 29	9660 98
5	8567 32497	919 06580	4824 12959	3743 19539	088 754	8293 79	9736 13
6	9096 15667	900 15619	5098 00024	3998 15643	102 086	8345 26	9811 22
7	9625 51746	881 26548	5372 12599	4253 39147	115 394	8396 72	9886 23
8	*0155 40788	862 39365	5646 50711	4508 90077	128 677	8448 15	9961 17
9	0685 82845	843 54069	5921 14388	4764 68457	141 935	8499 55	9036 04
1,670	1216 77972	824 70656	6196 03658	5020 74314	155 169	8550 94	*0110 84
1	1748 26219	805 89127	6471 18546	5277 07673	168 377	8602 30	0185 57
2	2280 27642	787 09478	6746 59082	5533 68560	181 562	8653 64	0260 23
3	2812 82293	768 31707	7022 25293	5790 57000	194 721	8704 96	0334 83
4	3345 90224	749 55813	7298 17205	6047 73019	207 857	8756 26	0409 35
5	3879 51491	730 81795	7574 34848	6305 16643	220 967	8807 53	0483 80
6	4413 66145	712 09649	7850 78248	6562 87897	234 054	8858 78	0558 19
7	4948 34241	693 39375	8127 47433	6820 86808	247 116	8910 01	0632 50
8	5483 55831	674 70970	8404 42431	7079 13401	260 153	8961 21	0706 75
9	6019 30970	656 04432	8681 63269	7337 67701	273 166	9012 39	0780 93
1,680	6555 59711	637 39760	8959 09975	7596 49736	286 155	9063 55	0855 04
1	7092 42108	618 76952	9236 82578	7855 59530	299 120	9114 69	0929 08
2	7629 78213	600 16006	9514 81104	8114 97110	312 061	9165 80	1003 06
3	8167 68082	581 56920	9793 05581	8374 62501	324 977	9216 89	1076 96
4	8706 11767	562 99691	*0071 56038	8634 55729	337 870	9267 96	1150 80
5	9245 09324	544 44320	0350 32502	8894 76822	350 738	9319 01	1224 57
6	9784 60804	525 90802	0629 35001	9155 25803	363 583	9370 04	1298 27
7	**0324 66263	507 39137	0908 63563	9416 02700	376 403	9421 04	1371 91
8	0865 25755	488 89323	1188 18216	9677 07539	389 200	9472 02	1445 48
9	1406 39333	470 41358	1467 98987	9938 40345	401 972	9522 98	1518 98
1,690	1948 07051	451 95240	1748 05906	**0200 01146	414 721	9573 91	1592 41
1	2490 28965	433 50967	2028 38999	0461 89966	427 446	9624 83	1665 78
2	3033 05127	415 08537	2308 98295	0724 06832	440 147	9675 72	1739 08
3	3576 35593	396 67949	2589 83822	0986 51771	452 825	9726 59	1812 31
4	4120 20417	378 29201	2870 95608	1249 24809	465 479	9777 43	1885 48
5	4664 59652	359 92290	3152 33681	1512 25971	478 109	9828 26	1958 58
6	5209 53345	341 57216	3433 98065	1775 55280	490 715	9879 06	2031 62
7	5755 01577	323 23975	3715 88801	2039 12776	503 299	9929 84	2104 59
8	6301 04375	304 92567	3998 05904	2302 98471	515 858	9980 59	2177 49
9	6847 61804	286 62989	4280 49407	2567 12397	528 394	*0031 33	2250 33
	5,4	0,18	2,6	2,8	0,93	1,3	1,1

x	$\log_e x$	x	$\log_e x$	x	$\log_e x$	x	$\log_e x$	x	$\log_e x$
	0,50		0,50		0,51		0,51		0,52
1,650	077 52879	1,660	681 76024	1,670	282 36264	1,680	879 37934	1,690	472 85289
1	138 11649	1	741 98306	1	342 22496	1	938 88544	1	532 00699
2	198 66751	2	802 16964	2	402 05147	2	998 35616	2	591 12612
3	259 18188	3	862 32002	3	461 84220	3	*057 79152	3	650 21032
4	319 65966	4	922 43424	4	521 59721	4	117 19158	4	709 25962
5	380 10088	5	982 51234	5	581 31653	5	176 55638	5	768 27408
6	440 50560	6	*042 55437	6	641 00021	6	235 88596	6	827 25374
7	500 87384	7	102 56038	7	700 64828	7	295 18036	7	886 19863
8	561 20567	8	162 53039	8	760 26080	8	354 43962	8	945 10879
9	621 50112	9	222 46447	9	819 83781	9	413 66378	9	*003 98427
	0,50		0,51		0,51		0,52		0,53

x	φ	sin x	cos x	tg x	arc tg x	Amp x	
	9	0,99	— 0,1	— 7,	1,03	1,20	69⁰
1,700	7⁰ 24′ 10″,17	166 48104 53	2884 44942 96	69660 21395	907 226	941 43	17′ 39″,60
1	7 27 36,44	153 54701 47	2983 60945 18	63682 45196	932 951	976 77	18 52,50
2	7 31 02,70	140 51383 07	3082 75649 05	57795 30027	958 595	*012 08	20 05,32
3	7 34 28,97	127 38150 61	3181 89044 64	51996 70267	984 245	047 35	21 18,08
4	7 37 55,23	114 15005 42	3281 01122 05	46284 66469	*009 874	082 59	22 30,77
5	7 41 21,49	100 81948 81	3380 11871 35	40657 25133	035 480	117 80	23 43,39
6	7 44 47,76	087 38982 12	3479 21282 64	35112 58482	061 064	152 97	24 55,95
7	7 48 14,02	073 86106 69	3578 29346 01	29648 84254	086 625	188 12	26 08,43
8	7 51 40,29	060 23323 88	3677 36051 55	24264 25498	112 164	223 23	27 20,85
9	7 55 06,55	046 50635 04	3776 41389 35	18957 10390	137 681	258 30	28 33,20
1,710	7 58 32,82	032 68041 56	3875 45349 52	13725 72039	163 176	293 35	29 45,49
1	8 01 59,08	018 75544 81	3974 49722 14	08568 48315	188 648	328 36	30 57,70
2	8 05 25,35	004 73146 18	4073 49097 31	03483 81685	214 099	363 34	32 09,85
3	8 08 51,61	*990 60847 08	4172 48865 13	*98470 19043	239 527	398 28	33 21,93
4	8 12 17,88	976 38648 93	4271 47215 71	93526 11560	264 933	433 19	34 33,94
5	8 15 44,14	962 06553 13	4370 44139 13	88650 14537	290 317	468 07	35 45,89
6	8 19 10,41	947 64561 13	4469 39625 51	83840 87259	315 679	502 92	36 57,76
7	8 22 36,67	933 12674 36	4568 33664 95	79096 92866	341 018	537 74	38 09,57
8	8 26 02,94	918 50894 28	4667 26247 56	74416 98209	366 336	572 52	39 21,32
9	8 29 29,20	903 79222 35	4766 17363 44	69799 73737	391 632	607 27	40 32,99
1,720	8 32 55,47	888 97660 05	4865 07002 71	65243 93373	416 906	641 98	41 44,60
1	8 36 21,73	874 06208 84	4963 95155 47	60748 34396	442 157	676 67	42 56,14
2	8 39 48,00	859 04870 24	5062 81811 84	56311 77331	467 387	711 32	44 07,62
3	8 43 14,26	843 93645 72	5161 66961 92	51933 05843	492 595	745 94	45 19,02
4	8 46 40,53	828 72536 82	5260 50595 83	47611 06636	517 781	780 53	46 30,37
5	8 50 06,79	813 41545 04	5359 32703 69	43344 69351	542 945	815 08	47 41,64
6	8 53 33,06	798 00671 92	5458 13275 63	39132 86473	568 088	849 60	48 52,85
7	8 56 59,32	782 49919 01	5556 92301 74	34974 53243	593 208	884 09	50 03,99
8	9 00 25,59	766 89287 84	5655 69772 17	30868 67564	618 307	918 55	51 15,06
9	9 03 51,85	751 18779 98	5754 45677 03	26814 29922	643 384	952 97	52 26,06
1,730	9 07 18,11	735 38397 01	5853 20006 44	22810 43303	668 439	987 37	53 37,90
1	9 10 44,38	719 48140 50	5951 92750 53	18856 13116	693 472	**021 73	54 47,88
2	9 14 10,64	703 48012 04	6050 63899 43	14950 47117	718 484	056 05	55 58,68
3	9 17 36,91	687 38013 23	6149 33443 27	11092 55334	743 475	090 35	57 09,42
4	9 21 03,17	671 18145 69	6248 01372 17	07281 50005	768 443	124 61	58 20,10
5	9 24 29,44	654 88411 03	6346 67676 27	03516 45501	793 390	158 85	59 30,71
6	9 27 55,70	638 48810 88	6445 32345 70	**99796 58270	818 316	193 04	*00 41,25
7	9 31 21,97	621 99346 88	6543 95370 60	96121 06768	843 220	227 21	01 51,72
8	9 34 48,23	605 40020 69	6642 56741 10	92489 11404	868 102	261 35	03 02,13
9	9 38 14,50	588 70833 96	6741 16447 35	88899 94478	892 963	295 45	04 12,47
1,740	9 41 40,76	571 91788 36	6839 74479 49	85352 80127	917 802	329 52	05 22,75
1	9 45 07,03	555 02885 56	6938 30827 65	81846 94273	942 620	363 56	06 32,96
2	9 48 33,29	538 04127 27	7036 85481 98	78381 64564	967 417	397 57	07 43,10
3	9 51 59,56	520 95515 17	7135 38432 62	74956 20335	992 192	431 54	08 53,18
4	9 55 25,82	503 77050 96	7233 89669 72	71569 92548	**016 946	465 48	10 03,19
5	9 58 52,09	486 48736 41	7332 39183 44	68222 13752	041 678	499 40	11 13,14
6	*0 02 18,35	469 10573 19	7430 86963 91	64912 18036	066 389	533 28	12 23,02
7	0 05 44,62	451 62563 06	7529 33001 30	61639 40982	091 079	567 12	13 32,84
8	0 09 10,88	434 04707 77	7627 77285 76	58403 19633	115 748	600 94	14 42,59
9	0 12 37,15	416 37009 07	7726 19807 44	55202 92438	140 395	634 72	15 52,27
	10	0,98	— 0,1	— 5,	1,05	1,22	70⁰

x	$e^{\frac{x\pi}{360}}$	$e^{-\frac{x\pi}{360}}$	$\mathfrak{Sin}\,\frac{x\pi}{360}$	$\mathfrak{Cof}\,\frac{x\pi}{360}$
100	2,39327 95596	0,41783 66861	0,98772 14368	1,40555 81228
1	2,41425 62587	0,41420 62370	1,00002 50109	1,41423 12478
2	2,43541 68151	0,41060 73317	1,01240 47417	1,42301 20734
3	2,45676 28403	0,40703 96961	1,02486 15721	1,43190 12682
4	2,47829 59598	0,40350 30586	1,03739 64506	1,44089 95092
5	2,50001 78136	0,39999 71498	1,05001 03319	1,45000 74817
6	2,52193 00559	0,39652 17028	1,06270 41765	1,45922 58793
7	2,54403 43553	0,39307 64527	1,07547 89513	1,46855 54040
8	2,56633 23952	0,38966 11374	1,08833 56289	1,47799 67663
9	2,58882 58738	0,38627 54966	1,10127 51886	1,48755 06852

x	e^x	e^{-x}	Sin x	Cos x	Tg x	Ar Sin x	Ar Cos x
	5,	**0,18**	**2,6**	**2,8**	**0,93**	**1,30**	**1,1**
1,700	47394 73917	268 35241	4563 19338	2831 54579	540 907	082 04	2323 10
1	47942 40770	250 09318	4846 15726	3096 25044	553 396	132 73	2395 80
2	48490 62417	231 85221	5129 38598	3361 23819	565 862	183 40	2468 44
3	49039 38913	213 62947	5412 87983	3626 50930	578 305	234 05	2541 02
4	49588 70313	195 42495	5696 63909	3892 06404	590 724	284 67	2613 53
5	50138 56672	177 23862	5980 66405	4157 90267	603 120	335 27	2685 98
6	50688 98045	159 07046	6264 95499	4424 02546	615 493	385 85	2758 36
7	51239 94487	140 92047	6549 51220	4690 43267	627 843	436 42	2830 68
8	51791 46052	122 78862	6834 33595	4957 12457	640 170	486 96	2902 93
9	52343 52797	104 67489	7119 42654	5224 10143	652 474	537 47	2975 12
1,710	52896 14776	086 57926	7404 78425	5491 36351	664 754	587 96	3047 24
1	53449 32045	068 50172	7690 40936	5758 91109	677 012	638 43	3119 30
2	54003 04659	050 44225	7976 30217	6026 74442	689 247	688 87	3191 30
3	54557 32673	032 40083	8262 46295	6294 86378	701 458	739 30	3263 23
4	55112 16143	014 37744	8548 89199	6563 26944	713 647	789 70	3335 10
5	55667 55124	*996 37207	8835 58958	6831 96165	725 813	840 09	3406 90
6	56223 49671	978 38469	9122 55601	7100 94070	737 957	890 45	3478 65
7	56779 99841	960 41530	9409 79156	7370 20686	750 077	940 79	3550 33
8	57337 05690	942 46386	9697 29652	7639 76038	762 175	991 10	3621 94
9	57894 67271	924 53036	9985 07118	7909 60154	774 250	*041 40	3693 49
1,720	58452 84643	906 61479	*0273 11582	8179 73061	786 303	091 67	3764 98
1	59011 57859	888 71713	0561 43073	8450 14786	798 333	141 92	3836 41
2	59570 86977	870 83735	0850 01621	8720 85356	810 341	192 15	3907 77
3	60130 72052	852 97545	1138 87254	8991 84798	822 326	242 36	3979 07
4	60691 13140	835 13139	1428 00000	9263 13140	834 288	292 55	4050 31
5	61252 10297	817 30518	1717 39890	9534 70407	846 228	342 71	4121 49
6	61813 63579	799 49678	2007 06951	9806 56629	858 146	392 85	4192 61
7	62375 73043	781 70618	2297 01213	*0078 71830	870 041	442 97	4263 66
8	62938 38744	763 93336	2587 22704	0351 16040	881 914	493 07	4334 65
9	63501 60739	746 17831	2877 71454	0623 89285	893 765	543 15	4405 58
1,730	64065 39084	728 44100	3168 47492	0896 91592	905 593	593 20	4476 44
1	64629 73836	710 72142	3459 50847	1170 22989	917 400	643 24	4547 25
2	65194 65051	693 01955	3750 81548	1443 83503	929 184	693 25	4617 99
3	65760 12785	675 33537	4042 39624	1717 73161	940 946	743 24	4688 67
4	66326 17095	657 66887	4334 25104	1991 91991	952 686	793 21	4759 30
5	66892 78038	640 02003	4626 38018	2266 40020	964 404	843 16	4829 86
6	67459 95670	622 38883	4918 78394	2541 17276	976 100	893 08	4900 36
7	68027 70048	604 77525	5211 46262	2816 23786	987 773	942 99	4970 79
8	68596 01229	587 17927	5504 41651	3091 59578	999 425	992 87	5041 18
9	69164 89270	569 60088	5797 64591	3367 24679	*011 056	**042 73	5111 49
1,740	69734 34227	552 04006	6091 15110	3643 19116	022 664	092 57	5181 75
1	70304 36157	534 49679	6384 93239	3919 42918	034 251	142 38	5251 95
2	70874 95118	516 97106	6678 99006	4195 96112	045 815	192 18	5322 09
3	71446 11166	499 46285	6973 32441	4472 78726	057 358	241 96	5392 16
4	72017 84359	481 97213	7267 93573	4749 90786	068 880	291 71	5462 18
5	72590 14754	464 49890	7562 82432	5027 32322	080 379	341 44	5532 14
6	73163 02408	447 04313	7857 99048	5305 03360	091 857	391 15	5602 04
7	73736 47378	429 60480	8153 43449	5583 03929	103 314	440 84	5671 88
8	74310 49722	412 18391	8449 15665	5861 34057	114 749	490 51	5741 66
9	74885 09497	394 78043	8745 15727	6139 93770	126 162	540 15	5811 38
	5,	**0,17**	**2,7**	**2,9**	**0,94**	**1,32**	**1,1**

x	$\log_e x$	x	$\log_e x$	x	$\log_e x$	x	$\log_e x$	x	$\log_e x$
	0,53		**0,53**		**0,54**		**0,54**		**0,55**
1,700	062 82511	**1,710**	649 33705	**1,720**	232 42908	**1,730**	812 14085	**1,740**	388 51132
1	121 63134	1	707 79949	1	290 55172	1	869 92762	1	445 96608
2	180 40302	2	766 22777	2	348 64060	2	927 68101	2	503 38784
3	239 14017	3	824 62193	3	406 69575	3	985 40107	3	560 77665
4	297 84284	4	882 98202	4	464 71722	4	*043 08784	4	618 13255
5	356 51107	5	941 30806	5	522 70505	5	100 74134	5	675 45557
6	415 14491	6	999 60011	6	580 65927	6	158 36162	6	732 74574
7	473 74438	7	*057 85819	7	638 57992	7	215 94873	7	790 00312
8	532 30954	8	116 08236	8	696 46704	8	273 50268	8	847 22772
9	590 84041	9	174 27264	9	754 32067	9	331 02354	9	904 41960
	0,53		**0,54**		**0,54**		**0,55**		**0,55**

x	φ	sin x	cos x	tg x	arc tg x	Amp x	
	10	**0,98**	**— 0,1**	**— 5,**	**1,05**	**1,22**	**70⁰**
1,750	0⁰16′03″,41	398 59468 74	7824 60556 50	52037 99225	165 021	668 47	17′01″,89
1	0 19 29,68	380 72088 55	7923 99523 09	48877 18736	189 626	702 19	18 11,44
2	0 22 55,94	362 74870 29	8021 36697 39	45811 80687	214 210	735 88	19 20,93
3	0 26 22,21	344 67815 76	8119 72069 56	42749 41546	238 772	769 54	20 30,35
4	0 29 48,47	326 50926 75	8218 05629 75	39720 08683	263 314	803 16	21 39,71
5	0 33 14,73	308 24205 10	8316 37368 13	36723 28247	287 834	836 76	22 49,00
6	0 36 41,00	289 87652 63	8414 67274 88	33758 47547	312 333	870 32	23 58,23
7	0 40 07,26	271 41271 16	8512 95340 16	30825 15026	336 811	903 85	25 07,39
8	0 43 33,53	252 85062 56	8611 21554 14	27922 80229	361 268	937 35	26 16,48
9	0 46 59,79	234 19028 67	8709 45907 01	25050 83771	385 704	970 82	27 25,51
1,760	0 50 26,06	215 43171 38	8807 68388 93	22209 07312	410 119	*004 25	28 34,48
1	0 53 52,32	196 57492 53	8905 88990 08	19396 73531	434 513	037 65	29 43,38
2	0 57 18,59	177 61994 03	9004 07700 64	16613 46093	458 886	071 03	30 52,22
3	1 00 44,85	158 56677 76	9102 24510 79	13858 79630	483 238	104 37	32 00,99
4	1 04 11,12	139 41545 64	9200 39410 72	11132 29712	507 570	137 68	33 09,69
5	1 07 37,38	120 16599 58	9298 52390 61	08433 52825	531 880	170 96	34 18,33
6	1 11 03,65	100 81841 50	9396 63440 65	05762 06346	556 170	204 20	35 26,91
7	1 14 29,91	081 37273 35	9494 72551 02	03117 48520	580 439	237 42	36 35,42
8	1 17 56,18	061 82897 05	9592 79711 93	00499 38441	604 686	270 60	37 43,87
9	1 21 22,44	042 18714 58	9690 84913 55	*97907 36027	628 914	303 76	38 52,25
1,770	1 24 48,71	022 44727 88	9788 88146 09	95341 02002	653 120	336 88	40 00,57
1	1 28 14,97	002 60938 94	9886 89399 74	92799 97873	677 306	369 97	41 08,83
2	1 31 41,24	*982 67349 74	9984 88664 70	90283 85914	701 471	403 03	42 17,02
3	1 35 07,50	962 63962 28	*0082 85931 17	87792 29144	725 615	436 06	43 25,14
4	1 38 33,77	942 50778 55	0180 81189 36	85324 91310	749 739	469 05	44 33,20
5	1 42 00,03	922 27800 57	0278 74429 47	82881 36870	773 842	502 02	45 41,20
6	1 45 26,30	901 95030 37	0376 65641 70	80461 30975	797 925	534 95	46 49,13
7	1 48 52,56	881 52469 97	0474 54816 26	77722 50661	821 986	567 86	47 57,00
8	1 52 18,83	861 00121 42	0572 41943 37	75690 28781	846 027	600 73	49 04,80
9	1 55 45,09	840 37986 77	0670 27013 24	73338 66099	870 048	633 57	50 12,54
1,780	1 59 11,36	819 66068 08	0768 10016 09	71009 19161	894 049	666 38	51 20,22
1	2 02 37,62	798 84367 43	0865 90942 12	68701 56340	918 028	699 16	52 27,83
2	2 06 03,88	777 92886 89	0963 69781 56	66415 46605	941 988	731 91	53 35,38
3	2 09 30,15	756 91628 56	1061 46524 64	64150 59514	965 927	764 63	54 42,87
4	2 12 56,41	735 80594 54	1159 21161 56	61906 65192	989 845	797 31	55 50,29
5	2 16 22,68	714 59786 94	1256 93682 57	59683 34323	*013 743	829 97	56 57,65
6	2 19 48,94	693 29207 88	1354 64077 88	57480 38139	037 621	862 59	58 04,94
7	2 23 15,21	671 88859 50	1452 32337 73	55297 48399	061 478	895 19	59 12,17
8	2 26 41,47	650 38743 92	1549 98452 34	53134 37387	085 315	927 75	*00 19,34
9	2 30 07,74	628 78863 31	1647 62411 96	50990 77891	109 132	960 28	01 26,44
1,790	2 33 34,00	607 09219 83	1745 24206 81	48866 43199	132 928	992 79	02 33,48
1	2 37 00,27	585 29815 63	1842 83827 15	46761 07081	156 704	**025 26	03 40,46
2	2 40 26,53	563 40652 90	1940 41263 19	44674 43783	180 460	057 70	04 47,37
3	2 43 52,80	541 41733 83	2037 96505 20	42606 28015	204 196	090 11	05 54,22
4	2 47 19,06	519 33060 62	2135 49543 41	40556 34940	227 912	122 49	07 01,01
5	2 50 45,33	497 14635 48	2233 00368 07	38524 40163	251 607	154 83	08 07,73
6	2 54 11,59	474 86460 62	2330 48969 43	36510 19723	275 282	187 15	09 14,39
7	2 57 37,86	452 48538 28	2427 95337 74	34513 50082	298 938	219 44	00 20,99
8	3 01 04,12	430 00870 70	2525 39463 26	32534 08118	322 572	251 70	01 27,52
9	3 04 30,39	407 43460 11	2622 81336 24	30571 71113	346 187	283 92	12 33,99
	10	**0,97**	**— 0,2**	**— 4,**	**1,06**	**1,24**	**71⁰**

x	$e^{\frac{x\pi}{360}}$	$e^{-\frac{x\pi}{360}}$	$\mathfrak{Sin}\frac{x\pi}{360}$	$\mathfrak{Cos}\frac{x\pi}{360}$
110	2,61151 65040	0,38291 92726	1,11429 86157	1,49721 78883
1	2,63440 60138	0,37959 22097	1,12740 69020	1,50699 91117
2	2,65749 61463	0,37629 40546	1,14060 10459	1,51689 51005
3	2,68078 86601	0,37302 45561	1,15388 20520	1,52690 66081
4	2,70428 53288	0,36978 34653	1,16725 09318	1,53703 43971
5	2,72798 79420	0,36657 05352	1,18070 87034	1,54727 92386
6	2,75189 83047	0,36338 55213	1,19425 63917	1,55764 19130
7	2,77601 82377	0,36022 81809	1,20789 50284	1,56812 32093
8	2,80034 95780	0,35709 82737	1,22162 56522	1,57872 39258
9	2,82489 41784	0,35399 55612	1,23544 93086	1,58944 48698

x	e^x	e^{-x}	Sin x	Cos x	Tg x	Ar Sin x	Ar Cos x
	5,	0,17	2,7	2,9	0,94	1,32	1,1
1,750	75460 26760	377 39435	9041 43663	6418 83097	137 554	589 78	5881 04
1	76036 01569	360 02564	9337 99503	6698 02067	148 924	639 38	5950 64
2	76612 33982	342 67429	9634 83277	6977 50706	160 274	688 96	6020 18
3	77189 24057	325 34028	9931 95014	7257 29042	171 601	738 52	6089 66
4	77766 71850	308 02360	*0229 34745	7537 37105	182 908	788 06	6159 09
5	78344 77420	290 72423	0527 02498	7817 74921	194 193	837 58	6228 46
6	78923 40824	273 44245	0824 98290	8098 42534	205 457	887 08	6297 76
7	79502 62121	256 17734	1123 22193	8379 39927	216 699	936 56	6367 01
8	80082 41367	238 92979	1421 74194	8660 67173	227 921	986 00	6436 21
9	80662 78623	221 69947	1720 54338	8942 24285	239 121	*035 44	6505 34
1,760	81243 73944	204 48638	2019 62653	9224 11291	250 301	084 85	6574 41
1	81825 27390	187 29050	2318 99170	9506 28220	261 459	134 24	6643 43
2	82407 39018	170 11180	2618 63919	9788 75099	272 596	183 61	6712 39
3	82990 08887	152 95027	2918 56930	*0071 51957	283 713	232 96	6781 29
4	83573 37055	135 80589	3218 78233	0354 58822	294 808	282 28	6850 13
5	84157 23581	118 67865	3519 27858	0637 95723	305 883	331 59	6918 92
6	84741 68522	101 56853	3820 05835	0921 62687	316 936	380 87	6987 65
7	85326 71937	084 47551	4121 12193	1205 59744	327 969	430 13	7056 32
8	85912 33885	067 39957	4422 46964	1489 86921	338 981	479 38	7124 94
9	86498 54425	050 34070	4724 10177	1774 44247	349 972	528 60	7193 49
1,770	87085 33614	033 29888	5026 01863	2059 31751	360 942	577 80	7261 99
1	87672 71512	016 27410	5328 22051	2344 49461	371 892	626 98	7330 44
2	88260 68176	*999 26633	5630 70772	2629 97405	382 821	676 14	7398 82
3	88849 23667	982 27556	5933 48056	2915 75612	393 730	725 27	7467 16
4	89438 38043	965 30177	6236 53933	3201 84110	404 618	774 39	7535 43
5	90028 11363	948 34495	6539 88434	3488 22929	415 485	823 48	7603 65
6	90618 43686	931 40508	6843 51589	3774 92097	426 332	870 55	7671 81
7	91209 35070	914 48213	7147 43428	4061 91642	437 159	921 61	7739 92
8	91800 85576	897 57611	7451 63983	4349 21593	447 965	970 64	7807 96
9	92392 95261	880 68698	7756 13282	4636 81979	458 750	**019 65	7875 96
1,780	92985 64186	863 81473	8060 91357	4924 72829	469 516	068 65	7943 89
1	93578 92409	846 95934	8365 98238	5212 94172	480 261	117 61	8011 78
2	94172 79991	830 12080	8671 33955	5501 46035	490 985	166 56	8079 60
3	94767 26989	813 29909	8976 98540	5790 28449	501 690	215 49	8147 37
4	95362 33464	796 49420	9282 92022	6079 41442	512 374	264 40	8215 09
5	95957 99476	779 70610	9589 14433	6368 85043	523 038	313 28	8282 75
6	96554 25083	762 93478	9895 65802	6658 59281	533 682	362 15	8350 35
7	97151 10346	746 18022	**0202 46162	6948 64184	544 305	410 99	8417 90
8	97748 55324	729 44241	0509 55541	7238 99783	554 909	459 81	8485 40
9	98346 60076	712 72133	0816 93971	7529 66105	565 493	508 62	8552 84
1,790	98945 24664	696 01697	1124 61484	7820 63180	576 057	557 40	8620 22
1	99544 49146	679 32929	1432 58108	8111 91038	586 600	606 16	8687 55
2	*00144 33582	662 65830	1740 83876	8403 49706	597 124	654 90	8754 82
3	00744 78033	646 00397	2049 38818	8695 39215	607 628	703 62	8822 04
4	01345 82558	629 36629	2358 22965	8987 59594	618 112	752 32	8889 21
5	01947 47218	612 74523	2667 36347	9280 10871	628 576	800 99	8956 33
6	02549 72073	596 14079	2976 78997	9572 93076	639 021	849 65	9023 38
7	03152 57182	579 55295	3286 50944	9866 06239	649 446	898 29	9090 39
8	03756 02607	562 98168	3596 52220	**0159 50388	659 851	946 90	9157 34
9	04360 08408	546 42698	3906 82855	0453 25553	670 236	995 50	9224 23
	6,	0,16	2,9	3,1	0,94	1,34	1,1

x	$\log_e x$	x	$\log_e x$	x	$\log_e x$	x	$\log_e x$	x	$\log_e x$
	0,55		0,56		0,57		0,57		0,58
1,750	961 57879	1,760	531 38091	1,770	097 95466	1,780	661 33643	1,790	221 56199
1	*018 70533	1	588 18295	1	154 43588	1	717 50043	1	277 41231
2	075 79925	2	644 95275	2	210 88522	2	773 63290	2	333 23146
3	132 86059	3	701 69034	3	267 30271	3	829 73389	3	389 01946
4	189 88939	4	758 39576	4	323 68839	4	885 80342	4	444 77636
5	246 88569	5	815 06904	5	380 04229	5	941 84152	5	500 50219
6	303 84952	6	871 71022	6	436 36446	6	997 84825	6	556 19699
7	360 78092	7	928 31933	7	492 65492	7	*053 82362	7	611 86078
8	417 67993	8	984 89642	8	548 91371	8	109 76768	8	667 49360
9	474 54657	9	*041 44152	9	605 14087	9	165 68045	9	723 09550
	0,56		0,57		0,57		0,58		0,58

x	φ	sin x	cos x	tg x	arc tg x	Amp x	
	103⁰	**0,97**	**— 0,2**	**— 4,**	**1,06**	**1,24**	**71⁰**
1,800	07′ 56″,65	384 76308 78	2720 20946 93	28626 16746	369 782	316 12	13′ 40″,40
1	11 22,92	361 99418 98	2817 58285 61	26697 23083	393 357	348 28	14 46,75
2	14 49,18	339 12792 97	2914 93342 52	24784 68564	416 912	380 42	15 53,03
3	18 15,45	316 16433 06	3012 26107 95	22888 32025	440 447	412 52	16 59,25
4	21 41,71	293 10341 52	3109 56572 15	21007 92628	463 962	444 60	18 05,41
5	25 07,98	269 94520 68	3206 84725 39	19143 29914	487 457	476 64	19 11,50
6	28 34,24	246 68972 85	3304 10557 94	17294 23769	510 932	508 65	20 17,53
7	32 00,50	223 33700 35	3401 34060 09	15460 54417	534 387	540 64	21 23,50
8	35 26,77	199 88705 51	3498 55222 10	13642 02416	557 822	572 59	22 29,41
9	38 53,03	176 33990 69	3595 74034 26	11838 48651	581 238	604 51	23 35,26
1,810	42 19,30	152 69558 22	3692 90486 85	10049 74325	604 634	636 40	24 41,04
1	45 45,56	128 95410 50	3790 04570 14	08275 60957	628 010	668 27	25 46,76
2	49 11,83	105 11549 88	3887 16274 43	06515 90370	651 366	700 10	26 52,42
3	52 38,09	081 17978 75	3984 25590 00	04770 44688	674 702	731 90	27 58,01
4	56 04,36	057 14699 50	4081 32507 15	03039 06329	698 019	763 67	29 03,54
5	59 30,62	033 01714 53	4178 37016 17	01321 57998	721 316	795 41	30 09,02
6	*02 56,89	008 79026 27	4275 39107 34	*99617 82683	744 593	827 12	31 14,42
7	06 23,15	*984 46637 13	4372 38770 98	97927 63650	767 850	858 80	32 19,77
8	09 49,42	960 04549 54	4469 35997 38	96250 84432	791 088	890 46	33 25,06
9	13 15,68	935 52765 95	4566 30776 85	94587 28830	814 306	922 08	34 30,28
1,820	16 41,95	910 91288 81	4663 23099 69	92936 80905	837 506	953 67	35 35,44
1	20 08,21	886 20120 57	4760 12956 20	91299 24972	860 685	985 23	36 40,54
2	23 34,48	861 39263 72	4857 00336 70	89674 45601	883 845	*016 76	37 45,58
3	27 00,74	836 48720 73	4953 85321 50	88062 26212	906 985	048 26	38 50,56
4	30 27,01	811 48494 09	5050 67630 91	86462 55992	930 105	079 73	39 55,47
5	33 53,27	786 38586 30	5147 47525 26	84875 16099	953 206	111 18	41 00,32
6	37 19,54	761 18999 88	5244 24904 86	83299 93423	976 288	142 59	42 05,11
7	40 45,80	735 89737 33	5341 99760 03	81721 67364	999 350	173 97	43 09,84
8	44 12,07	710 50801 20	5437 72081 11	80185 42907	*022 393	205 32	44 14,51
9	47 38,33	685 02194 02	5534 41858 41	78645 87213	045 416	236 64	45 19,12
1,830	51 04,60	659 43918 33	5631 09082 28	77117 93014	068 420	267 94	46 23,67
1	54 30,86	633 75976 71	5727 73743 03	75601 46915	091 405	299 20	47 28,15
2	57 57,13	607 98371 70	5824 35831 01	74096 35723	114 370	330 43	48 32,57
3	**01 23,39	582 11105 91	5920 95336 55	72602 46449	137 316	361 64	49 36,94
4	04 49,65	556 14181 90	6017 52250 00	71119 66298	160 243	392 81	50 41,24
5	08 15,92	530 07602 27	6114 06561 70	69647 82673	183 151	423 96	51 45,48
6	11 42,18	503 91369 94	6210 58261 99	68186 83163	206 039	455 07	52 49,66
7	15 08,44	477 65486 62	6307 07341 22	66736 55543	228 908	486 16	53 53,77
8	18 34,71	451 29955 84	6403 53789 74	65296 87776	251 757	517 21	54 57,83
9	22 00,97	424 84779 92	6499 97597 92	63867 68001	274 588	548 24	56 01,83
1,840	25 27,24	398 29961 52	6596 38756 09	62448 84533	297 399	579 23	57 05,76
1	28 53,51	371 65503 30	6692 77254 63	61040 25862	320 192	610 20	58 09,64
2	32 19,77	344 91407 91	6789 13083 89	59641 80644	342 965	641 14	59 13,45
3	35 46,04	318 07678 02	6885 46234 23	58253 37705	365 719	672 05	*00 17,21
4	39 12,30	291 14316 33	6981 76696 03	56874 86036	388 454	702 93	01 20,90
5	42 38,57	264 11325 53	7078 04459 65	55506 14790	411 170	733 78	02 24,53
6	46 04,83	236 98708 32	7174 29515 47	54147 13256	433 867	764 60	03 28,10
7	49 31,10	209 76467 41	7270 51853 86	52797 70914	456 545	795 39	04 31,61
8	52 57,36	182 44605 52	7366 71465 20	51457 77372	479 205	826 15	05 35,06
9	56 23,63	155 03125 39	7462 88339 87	50127 22393	501 845	856 88	06 38,45
	105⁰	**0,96**	**— 0,2**	**— 3,**	**1,07**	**1,25**	**72⁰**

x	$e^{\frac{x\pi}{360}}$	$e^{-\frac{x\pi}{360}}$	$\mathfrak{Sin}\,\frac{x\pi}{360}$	$\mathfrak{Cos}\,\frac{x\pi}{360}$
120	2,84965 39082	0,35091 98072	1,24936 70505	1,60028 68577
1	2,87463 06529	0,34787 07774	1,26337 99378	1,61125 07152
2	2,89982 63147	0,34484 82397	1,27748 90375	1,62233 72772
3	2,92524 28123	0,34185 19638	1,29169 54242	1,63354 73880
4	2,95088 20812	0,33888 17216	1,30600 01798	1,64488 19014
5	2,97674 60741	0,33593 72869	1,32040 43936	1,65634 16805
6	3,00283 67606	0,33301 84355	1,33490 91626	1,66792 75980
7	3,02915 61277	0,33012 49450	1,34951 55913	1,67964 05363
8	3,05570 61796	0,32725 65951	1,36422 47923	1,69148 13874
9	3,08248 89384	0,32441 31674	1,37903 78855	1,70345 10529

x	e^x	e^{-x}	Sin x	Cos x	Tg x	Ar Sin x	Ar Cos x
	6,	**0,16**	**2,9**	**3,1**	**0,94**	**1,35**	**1,1**
1,800	04964 74644	529 88882	4217 42881	0747 31763	680 601	044 07	9291 07
1	05570 01377	513 36720	4528 32329	1041 69048	690 947	092 63	9357 86
2	06175 88667	496 86208	4839 51229	1336 37438	701 274	141 16	9424 60
3	06782 36575	480 37347	5150 99614	1631 36961	711 581	189 67	9491 28
4	07389 45160	463 90133	5462 77514	1926 67647	721 868	238 16	9557 91
5	07997 14485	447 44566	5774 84960	2222 29526	732 136	286 64	9624 48
6	08605 44610	431 00643	6087 21983	2518 22627	742 385	335 09	9691 00
7	09214 35595	414 58364	6399 88615	2814 46979	752 614	385 52	9757 47
8	09823 87501	398 17726	6712 84888	3111 02614	762 823	431 93	9823 89
9	10434 00390	381 78728	7026 10831	3407 89559	773 014	480 32	9890 25
1,810	11044 74322	365 41368	7339 66477	3705 07845	783 185	528 69	9956 56
1	11656 09359	349 05645	7653 51857	4002 57502	793 337	577 04	*0022 82
2	12268 05561	332 71556	7967 67003	4300 38559	803 469	625 37	0089 02
3	12880 62991	316 39101	8282 11945	4598 51046	813 583	673 67	0155 17
4	13493 81708	300 08277	8596 86715	4896 94993	823 677	721 96	0221 27
5	14107 61774	283 79084	8911 91345	5195 70429	833 752	770 23	0287 32
6	14722 03252	267 51519	9227 25867	5494 77385	843 808	818 47	0353 31
7	15337 06201	251 25580	9542 90311	5794 15891	853 845	866 70	0419 26
8	15952 70685	235 01267	9858 84709	6093 85976	863 863	914 91	0485 15
9	16568 96763	218 78577	*0175 09093	6393 87670	873 862	963 09	0550 99
1,820	17185 84499	202 57509	0491 63495	6694 21004	883 842	*011 26	0616 77
1	17803 33953	186 38062	0808 47946	6994 86007	893 803	059 40	0682 51
2	18421 45187	170 20233	1125 62477	7295 82710	903 746	107 53	0748 19
3	19040 18264	154 04021	1443 07122	7597 11142	913 669	155 63	0813 82
4	19659 53245	137 89424	1760 81910	7898 71334	923 573	203 71	0879 40
5	20279 50191	121 76441	2078 86875	8200 63316	933 459	251 78	0944 93
6	20900 09166	105 65071	2397 22047	8502 87118	943 326	299 82	1010 41
7	21521 30230	089 55311	2715 87460	8805 42770	953 174	347 84	1075 84
8	22143 13447	073 47160	3034 83144	9108 30303	963 004	395 85	1141 21
9	22765 58878	057 40616	3354 09131	9411 49747	972 815	443 83	1206 54
1,830	23388 66585	041 35678	3673 65454	9715 01132	982 608	491 79	1271 81
1	24012 36632	025 32344	3993 52144	*0018 84488	992 381	539 73	1337 03
2	24636 69079	009 30613	4313 69233	0322 99846	*002 137	587 65	1402 20
3	25261 53991	*993 30482	4634 11754	0627 42236	011 873	635 56	1467 33
4	25887 21428	977 31951	4954 94739	0932 26690	021 591	683 44	1532 40
5	26513 41454	961 35018	5276 03218	1237 38236	031 291	731 30	1597 42
6	27140 24132	945 39680	5597 42226	1542 81906	040 972	779 14	1662 39
7	27767 69524	929 45938	5919 11793	1848 57731	050 635	826 96	1727 31
8	28395 77692	913 53788	6241 11952	2154 65740	060 280	874 76	1792 18
9	29024 48700	897 63230	6563 42735	2461 05965	069 906	922 55	1857 00
1,840	29653 82610	881 74261	6886 04175	2767 78436	079 514	970 31	1921 76
1	30283 79486	865 86881	7208 96304	3074 83184	089 104	**018 05	1986 48
2	30914 39390	850 01087	7532 19153	3382 20239	098 676	065 77	2051 15
3	31545 62386	834 16878	7855 72755	3689 89632	108 229	113 47	2115 77
4	32177 48536	818 34252	8179 57143	3997 91395	117 764	161 15	2180 34
5	32809 97904	802 53209	8503 72348	4306 25557	127 281	208 81	2244 86
6	33443 10553	786 73746	8828 18405	4614 92150	136 780	256 46	2309 33
7	34076 86546	770 95861	9152 95344	4923 91204	146 261	304 08	2373 75
8	34711 25947	755 19553	9478 03198	5233 22751	155 724	351 68	2438 13
9	35346 28819	739 44821	9803 42000	5542 86821	165 168	399 26	2502 45
	6,	**0,15**	**3,0**	**3,2**	**0,95**	**1,37**	**1,2**

x	$\log_e x$	x	$\log_e x$	x	$\log_e x$	x	$\log_e x$	x	$\log_e x$
	0,58		**0,59**		**0,59**		**0,60**		**0,60**
1,800	778 66649	**1,810**	332 68453	**1,820**	883 65011	**1,830**	431 59669	**1,840**	976 55716
1	834 20662	1	387 91789	1	938 58007	1	486 22657	1	*030 89023
2	889 71592	2	443 12076	2	993 47988	2	540 82663	2	085 19378
3	945 19442	3	498 29318	3	*048 34957	3	595 39689	3	139 46787
4	*000 64216	4	553 43517	4	103 18917	4	649 93738	4	193 71251
5	056 05918	5	608 54677	5	157 99870	5	704 44815	5	247 92775
6	111 44550	6	663 62802	6	212 77822	6	758 92922	6	302 11361
7	166 80116	7	718 67894	7	267 52774	7	813 38062	7	356 27012
8	220 12620	8	773 69958	8	322 24730	8	867 80239	8	410 39732
9	277 42064	9	828 68995	9	376 93694	9	922 19456	9	464 49524
	0,59		**0,59**		**0,60**		**0,60**		**0,61**

x	φ	sin x	cos x	tg x	arc tg x	Amp x	
	10	0,96	− 0,2	− 3,	1,07	1,25	72°
1,850	5° 59′ 49″,89	127 52029 75	7559 02468 25	48805 95887	524 466	887 59	07′ 41″,78
1	6 03 16,16	099 91321 37	7655 13840 72	47493 87907	547 068	918 26	08 45,05
2	6 06 42,42	072 21003 99	7751 22447 68	46190 88653	569 651	948 90	09 48,26
3	6 10 08,69	044 41077 40	7847 28279 53	44896 88448	592 216	979 52	10 51,41
4	6 13 34,95	016 51547 36	7943 31326 64	43611 77774	614 761	*010 11	11 54,50
5	6 17 01,22	*988 52415 68	8039 31579 42	42335 47231	637 288	040 66	12 57,53
6	6 20 27,48	960 43685 14	8135 29028 27	41067 87557	659 796	071 19	14 00,50
7	6 23 53,75	932 25358 56	8231 23663 59	39808 89616	682 284	101 69	15 03,41
8	6 27 20,01	903 97438 75	8327 15475 79	38558 44404	704 755	132 16	16 06,26
9	6 30 46,28	875 59928 55	8423 04455 27	37316 43036	727 206	162 60	17 09,05
1,860	6 34 12,54	847 12830 79	8518 90592 45	36082 76756	749 639	193 02	18 11,78
1	6 37 38,80	818 56148 32	8614 73877 74	34857 36923	772 053	223 40	19 14,45
2	6 41 05,07	789 89883 99	8710 54301 55	33640 15020	794 449	253 75	20 17,06
3	6 44 31,33	761 14040 67	8806 31854 31	32431 02642	816 826	284 08	21 19,61
4	6 47 57,60	732 28621 24	8902 06526 44	31229 91501	839 184	314 38	22 22,10
5	6 51 23,86	703 33628 58	8997 78308 36	30036 73422	861 523	344 64	23 24,54
6	6 54 50,13	674 29065 59	9093 47190 51	28851 40339	883 844	374 88	24 26,91
7	6 58 16 39	645 14935 17	9189 13163 31	27673 84297	906 147	405 09	25 29,22
8	7 01 42,66	615 91240 24	9284 76217 19	26503 97446	928 431	435 27	26 31,47
9	7 05 08,92	586 57983 71	9380 36342 60	25341 72042	950 696	465 43	27 33,67
1,870	7 08 35,19	557 15168 53	9475 93529 97	24187 00446	972 943	495 55	28 35,80
1	7 12 01,45	527 62797 63	9571 47769 75	23039 75119	995 171	525 65	29 37,88
2	7 15 27,72	498 00873 98	9666 99052 38	21899 88622	*017 381	555 71	30 39,90
3	7 18 53,98	468 29400 52	9762 47368 32	20767 33615	039 572	585 75	31 41,85
4	7 22 20,25	438 48380 23	9857 92708 00	19642 02855	061 745	615 76	32 43,75
5	7 25 46,51	408 57816 10	9953 35061 90	18523 89195	083 900	645 74	33 45,59
6	7 29 12,78	378 57711 11	*0048 74420 45	17412 85579	106 036	675 69	34 47,37
7	7 32 39,04	348 48068 26	0144 10774 14	16308 85048	128 154	705 62	35 49,09
8	7 36 05,31	318 28890 56	0239 44113 41	15211 80726	150 254	735 51	36 50,75
9	7 39 31,57	288 00181 04	0334 74428 74	14121 65834	172 335	765 38	37 52,36
1,880	7 42 57,84	257 61942 72	0430 01710 59	13038 33677	194 398	795 21	38 53,90
1	7 46 24,10	227 14178 63	0525 25949 45	11961 77646	216 442	825 02	39 55,39
2	7 49 50,37	196 56891 83	0620 47135 78	10891 91217	238 469	854 80	40 56,82
3	7 53 16,63	165 90085 38	0715 65260 06	09828 67951	260 476	884 56	41 58,19
4	7 56 42,90	135 13762 34	0810 80312 78	08772 01490	282 466	914 28	42 59,50
5	8 00 09,16	104 27925 78	0905 92284 42	07721 85557	304 438	943 98	44 00,75
6	8 03 35,42	073 32578 80	1001 01165 46	06678 13956	326 391	973 64	45 01,94
7	8 07 01,69	042 27724 48	1096 06946 41	05640 80568	348 326	**003 28	46 03,08
8	8 10 27,95	011 13365 94	1191 09617 74	04609 79351	370 243	032 89	47 04,15
9	8 13 54,22	**979 89506 29	1286 09169 97	03585 04339	392 142	062 48	48 05,17
1,890	8 17 20,48	948 56148 65	1381 05593 59	02566 49643	414 022	092 03	49 06,13
1	8 20 46,75	917 13296 15	1475 98879 10	01554 09443	435 885	121 56	50 07,03
2	8 24 13,01	885 60951 94	1570 89017 02	00547 77796	457 730	151 06	51 07,88
3	8 27 38,28	853 99119 17	1665 75997 84	*99547 49628	479 556	180 53	52 08,66
4	8 31 05,54	822 27801 00	1760 59812 09	98553 18735	501 365	209 97	53 09,39
5	8 34 31,81	790 47000 60	1855 40450 28	97564 79783	523 156	239 38	54 10,06
6	8 37 58,07	758 56721 16	1950 17902 94	96582 27306	544 928	268 77	55 10,67
7	8 41 24,34	726 56965 86	2044 92160 57	95605 55905	566 683	298 12	56 11,23
8	8 44 50,60	694 47737 91	2139 63213 71	94634 60246	588 420	327 45	57 11,72
9	8 48 16,87	662 29040 50	2234 31052 89	93669 35061	610 139	356 75	58 12,16
	10	0,94	− 0,3	− 2,	1,08	1,27	72°

x	$e^{\frac{x\pi}{360}}$	$e^{-\frac{x\pi}{360}}$	$\mathfrak{Sin}\,\frac{x\pi}{360}$	$\mathfrak{Cof}\,\frac{x\pi}{360}$
130	3,10950 64436	0,32159 44453	1,39395 59991	1,71555 04445
1	3,13676 07528	0,31880 02142	1,40898 02693	1,72778 04835
2	3,16425 39415	0,31603 02613	1,42411 18401	1,74014 21014
3	3,19198 81034	0,31328 43756	1,43935 18639	1,75263 62395
4	3,21996 53507	0,31056 23481	1,45470 15013	1,76526 38494
5	3,24818 78139	0,30786 39713	1,47016 19213	1,77802 58926
6	3,27665 76423	0,30518 90399	1,48573 43012	1,79092 33411
7	3,30537 70041	0,30253 73501	1,50141 98270	1,80395 71771
8	3,33434 80863	0,29990 87000	1,51721 96931	1,81712 83931
9	3,36357 30952	0,29730 28894	1,53313 51029	1,83043 79979

x	e^x	e^{-x}	Sin x	Cos x	Tg x	Ar Sin x	Ar Cos x
	6,	0,15	3,1	3,2	0,95	1,37	1,2
1,850	35981 95226	723 71663	0129 11781	5852 83445	174 596	466 82	2566 72
1	36618 25231	708 00077	0455 12577	6163 12654	184 005	494 36	2630 95
2	37255 18898	692 30062	0781 44418	6473 74480	193 396	541 89	2695 12
3	37892 76290	676 61617	1108 07337	6784 68953	202 769	589 39	2759 25
4	38530 97472	660 94739	1435 01367	7095 96105	212 124	636 87	2823 33
5	39169 82506	645 29427	1762 26540	7407 55967	221 462	684 33	2887 36
6	39809 31458	629 65679	2089 82889	7719 48569	230 782	731 77	2951 34
7	40449 44391	614 03495	2417 70448	8031 73943	240 084	779 20	3015 27
8	41090 21368	598 42872	2745 89248	8344 32120	249 368	826 60	3079 16
9	41731 62455	582 83809	3074 39323	8657 23132	258 635	873 98	3142 99
1,860	42373 67714	567 26304	3403 20705	8970 47009	267 884	921 35	3206 78
1	43016 37211	551 70355	3732 33428	9284 03784	277 116	968 69	3270 52
2	43659 71010	536 15962	4061 77524	9597 93487	286 330	*016 01	3334 21
3	44303 69175	520 63123	4391 53026	9912 16149	295 526	063 32	3397 85
4	44948 31770	505 11836	4721 59967	*0226 71803	304 705	110 60	3461 45
5	45593 58860	489 62099	5051 98380	0541 60479	313 866	157 87	3524 99
6	46239 50509	474 13911	5382 68299	0856 82210	323 010	205 11	3588 49
7	46886 06782	458 67271	5713 69756	1172 37027	332 137	252 34	3651 94
8	47533 27744	443 22176	6045 02784	1488 24960	341 246	299 54	3715 35
9	48181 13460	427 78626	6376 67417	1804 46043	350 338	346 73	3778 70
1,870	48829 63993	412 36618	6708 63687	2121 00305	359 412	393 90	3842 01
1	49478 79409	396 96152	7040 91629	2437 87780	368 470	441 04	3905 27
2	50128 59773	381 57225	7373 51274	2755 08509	377 509	488 17	3968 48
3	50779 05150	366 19837	7706 42657	3072 62493	386 532	535 28	4031 65
4	51430 15605	350 83985	8039 65811	3390 49795	395 538	582 37	4091 77
5	52081 91203	335 49668	8373 20767	3708 70436	404 526	627 44	4157 84
6	52734 32009	320 16885	8707 07562	4027 24447	413 497	676 49	4220 87
7	53387 38089	304 85634	9041 26228	4346 11862	422 451	723 52	4283 84
8	54041 09507	289 55914	9375 76797	4665 32710	431 388	770 53	4346 78
9	54695 46330	274 27722	9710 59304	4984 87026	440 308	817 52	4409 66
1,880	55350 48622	259 01058	*0045 73782	5304 74840	449 211	864 49	4472 50
1	56006 16449	243 75919	0381 20265	5624 96184	458 097	911 44	4535 29
2	56662 49877	228 52305	0716 98786	5945 51091	466 966	958 37	4598 04
3	57319 48971	213 30214	1053 09379	6266 39592	475 818	**005 28	4660 74
4	57977 13797	198 09644	1389 52077	6587 61720	484 654	052 18	4723 39
5	58635 44420	182 90594	1726 26913	6909 17507	493 472	099 05	4785 99
6	59294 40907	167 73063	2063 33923	7231 06985	502 273	145 90	4848 55
7	59954 03324	152 57048	2400 73139	7553 30185	511 058	192 74	4911 07
8	60614 31736	137 42548	2738 44595	7875 87141	519 826	239 56	4973 53
9	61275 26209	122 29562	3076 48324	8198 77885	528 577	286 35	5035 96
1,890	61936 86810	107 18088	3414 84362	8522 02449	537 312	333 13	5098 33
1	62599 13605	092 08125	3753 52740	8845 60865	546 030	379 89	5160 66
2	63262 06660	076 99672	4092 53495	9169 53165	554 731	426 62	5222 95
3	63925 66041	061 92726	4431 86658	9493 79382	563 416	473 34	5285 19
4	64589 91814	046 87286	4771 52265	9818 39549	572 084	520 04	5347 38
5	65254 84046	031 83350	5111 50348	**0143 33698	580 736	566 72	5409 53
6	65920 42804	016 80918	5451 80943	0468 61861	589 371	613 38	5471 63
7	66586 68154	001 79988	5792 44084	0794 24070	597 989	660 03	5533 68
8	67253 60163	*986 80558	6133 39803	1120 20360	606 591	706 65	5595 70
9	67921 18897	971 82627	6474 68136	1446 50761	615 177	753 25	5657 66
	6,	0,14	3,2	3,4	0,95	1,39	1,2

x	$\log_e x$	x	$\log_e x$	x	$\log_e x$	x	$\log_e x$	x	$\log_e x$
	0,61		0,62		0,62		0,63		0,63
1,850	518 56391	1,860	057 64877	1,870	593 84309	1,880	127 17768	1,890	657 68291
1	572 60336	1	111 39777	1	647 30473	1	180 35503	1	710 57897
2	626 61362	2	165 11789	2	700 73781	2	233 50412	2	763 44706
3	680 59473	3	218 80916	3	754 14235	3	286 62497	3	816 28722
4	734 54671	4	272 47163	4	807 51838	4	339 71762	4	869 09948
5	788 46961	5	326 10531	5	860 86594	5	392 78209	5	921 88385
6	842 36344	6	379 71024	6	914 18506	6	445 81842	6	974 64038
7	896 22824	7	433 28646	7	967 47576	7	498 82664	7	*027 36910
8	950 06404	8	486 83398	8	*020 73808	8	551 80677	8	080 07002
9	*003 87087	9	540 35285	9	073 97204	9	604 75885	9	132 74318
	0,62		0,62		0,63		0,63		0,64

x	φ	sin x	cos x	tg x	arc tg x	𝔄𝔪𝔭 x	
	10	**0,94**	**— 0,3**	**— 2,**	**1,08**	**1,27**	**72⁰**
1,900	8⁰51′43″,13	630 00876 87	2328 95668 64	92709 75147	631 840	386 03	59′12″,54
1	8 55 09,40	597 63250 24	2423 57051 49	91755 75361	653 523	415 27	*00 12,86
2	8 58 35,66	565 16163 85	2518 15191 98	90807 30624	675 188	444 49	01 13,13
3	9 02 01,93	532 59620 94	2612 70080 66	89864 35919	696 836	473 68	02 13,33
4	9 05 28,19	499 93624 78	2707 21708 07	88926 86288	718 465	502 84	03 13,48
5	9 08 54,46	467 18178 62	2801 70064 76	87994 76832	740 077	531 97	04 13,58
6	9 12 20,72	434 33285 74	2896 15141 28	87065 02711	761 671	561 08	05 13,61
7	9 15 46,99	401 38949 43	2990 56928 19	86146 59143	783 247	590 16	06 13,59
8	9 19 13,25	368 35172 98	3084 95416 03	85230 41402	804 805	619 21	07 13,51
9	9 22 39,52	335 21959 70	3179 30595 39	84393 44818	826 346	648 23	08 13,37
1,910	9 26 05,78	301 99312 90	3273 62456 81	83413 64776	847 869	677 22	09 13,18
1	9 29 32,04	268 67235 90	3367 90990 87	82512 96715	869 374	706 19	10 12,92
2	9 32 58,31	235 25732 03	3462 16188 14	81617 36129	890 862	735 13	11 12,62
3	9 36 24,57	201 74804 64	3556 38039 19	80726 78562	912 332	764 04	12 12,25
4	9 39 50,84	168 14457 07	3650 56534 61	79841 19614	933 784	792 92	13 11,83
5	9 43 17,10	134 44692 69	3744 71664 97	78960 54930	955 219	821 78	14 11,35
6	9 46 43,37	100 65514 87	3838 83420 85	78084 80212	976 637	850 61	15 10,81
7	9 50 09,63	066 76926 98	3932 91792 86	77213 91207	998 036	879 41	16 10,22
8	9 53 35,90	032 78932 41	4026 96771 57	76347 83713	*019 418	908 18	17 09,56
9	9 57 02,16	*998 71534 57	4120 98347 59	75486 53576	040 783	936 93	18 08,86
1,920	*0 00 28,43	964 54736 85	4214 96511 51	74629 96690	062 129	965 65	19 08,09
1	0 03 54,69	930 28542 68	4308 91253 93	73778 08993	083 459	994 34	20 07,27
2	0 07 20,96	895 92955 49	4402 82565 46	72930 86474	104 771	*023 00	21 06,39
3	0 10 47,22	861 47978 70	4496 70436 71	72088 25164	126 066	051 64	22 05,46
4	0 14 13,49	826 93615 77	4590 54858 29	71250 21141	147 343	080 24	23 04,47
5	0 17 39,75	792 29870 14	4684 35820 82	70416 70524	168 603	108 83	24 03,42
6	0 21 06,02	757 56745 28	4778 13314 91	69587 69481	189 846	137 38	25 02,32
7	0 24 32,28	722 74244 67	4871 87331 18	68763 14217	211 071	165 90	26 01,16
8	0 27 58,55	687 82371 78	4965 57860 27	67943 00985	232 279	194 40	26 59,94
9	0 31 24,81	652 81130 11	5059 24892 80	67127 26075	253 469	222 88	27 58,67
1,930	0 34 51,08	617 70523 16	5152 88419 41	66315 85822	274 643	251 32	28 57,34
1	0 38 17,34	582 50554 44	5246 48430 73	65509 76601	295 798	279 74	29 55,95
2	0 41 43,61	547 21227 48	5340 04917 40	64705 94824	316 937	308 13	30 54,51
3	0 45 09,87	511 82545 79	5433 57870 06	63907 36947	338 058	336 49	31 53,01
4	0 48 36,14	476 74512 92	5527 07279 37	63112 99462	359 162	364 82	32 51,46
5	0 52 02,40	440 77132 41	5620 53135 97	62322 78901	380 249	393 13	33 49,85
6	0 55 28,66	405 10407 83	5713 95430 52	61536 71834	401 319	421 41	34 48,18
7	0 58 54,93	369 34342 74	5807 34153 68	60754 74866	422 372	449 67	35 46,46
8	1 02 21,19	333 48940 72	5900 69296 10	59976 84643	443 407	477 89	36 44,68
9	1 05 47,46	297 54205 35	5994 00848 45	59202 97845	464 425	506 09	37 42,85
1,940	1 09 13,72	261 50140 22	6087 28801 40	58433 11187	485 426	534 27	38 40,96
1	1 12 39,99	225 36748 95	6180 53145 62	57667 21421	506 410	562 41	39 39,01
2	1 16 06,25	189 14035 14	6273 73871 79	56905 25335	527 377	590 53	40 37,01
3	1 19 32,52	152 82002 41	6366 90970 58	56147 19749	548 327	618 62	41 34,95
4	1 22 58,78	116 40654 41	6460 04432 69	55393 01518	569 260	646 69	42 32,84
5	1 26 25,05	079 89994 76	6553 14248 79	54642 67533	590 175	674 73	43 30,68
6	1 29 51,31	043 30027 13	6646 20409 57	53896 14714	611 074	702 74	44 28,45
7	1 33 17,58	006 60755 17	6739 22905 74	53153 40023	631 956	730 72	45 26,17
8	1 36 43,84	**969 82182 54	6832 21727 98	52414 40427	652 821	758 68	46 23,84
9	1 40 10,11	932 94312 94	6925 16867 01	51679 12965	673 668	786 61	47 21,45
	11	**0,92**	**— 0,3**	**— 2,**	**1,09**	**1,28**	**73⁰**

x	$e^{\frac{x\pi}{360}}$	$e^{-\frac{x\pi}{360}}$	$\mathfrak{Sin}\,\frac{x\pi}{360}$	$\mathfrak{Cos}\,\frac{x\pi}{360}$
140	3,39305 42565	0,29471 97199	1,54916 72683	1,84388 69882
1	3,42279 38153	0,29215 89947	1,56531 74103	1,85747 64050
2	3,45279 40364	0,28962 05188	1,58158 67588	1,87120 72776
3	3,48305 72045	0,28710 40989	1,59797 65528	1,88508 06517
4	3,51358 56243	0,28460 95433	1,61448 80405	1,89909 75838
5	3,54438 16206	0,28213 66622	1,63112 24792	1,91325 91414
6	3,57544 75387	0,27968 52671	1,64788 11358	1,92756 64029
7	3,60678 57444	0,27725 51715	1,66476 52865	1,94202 04579
8	3,63839 86243	0,27484 61901	1,68177 62171	1,95662 24072
9	3,67028 85859	0,27245 81396	1,69891 52231	1,97137 33628

x	e^x	e^{-x}	Sin x	Cos x	Tg x	Ar Sin x	Ar Cos x
	6,	**0,14**	**3,2**	**3,4**	**0,95**	**1,3**	**1,2**
1,900	68589 44423	956 86192	6816 29115	1773 15308	623 746	9799 84	5719 58
1	69258 36808	941 91254	7158 22777	2100 14031	632 299	9846 40	5781 46
2	69927 96119	926 97809	7500 49155	2427 46964	640 835	9892 45	5843 29
3	70598 22422	912 05857	7843 08283	2755 14140	649 355	9939 47	5905 08
4	71269 15786	897 15397	8186 00195	3083 15592	657 859	9985 98	5966 82
5	71940 76276	882 26426	8529 24925	3411 51351	666 347	*0032 47	6028 51
6	72613 03961	867 38944	8872 82509	3740 21452	674 818	0078 94	6090 17
7	73285 98907	852 52948	9216 72979	4069 25927	683 273	0125 39	6151 77
8	73959 61181	837 68437	9560 96372	4398 64809	691 712	0171 82	6213 33
9	74633 90852	822 85410	9905 52721	4728 38131	700 135	0218 23	6274 85
1,910	75308 87985	808 03866	*0250 42060	5058 45926	708 542	0264 62	6336 33
1	75984 52650	793 23802	0595 64424	5388 88226	716 933	0311 00	6397 76
2	76660 84913	778 45218	0941 19848	5719 65065	725 307	0357 35	6459 14
3	77337 84842	763 68111	1287 08366	6050 76477	733 666	0403 69	6520 48
4	78015 52505	748 92481	1633 30012	6382 22493	742 009	0450 01	6581 78
5	78693 87970	734 18326	1979 84822	6714 03148	750 336	0496 30	6643 03
6	79372 91304	719 45644	2326 72830	7046 18474	758 646	0542 58	6704 24
7	80052 62575	704 74434	2673 94071	7378 68504	766 941	0588 84	6765 41
8	80733 01852	690 04695	3021 48579	7711 53273	775 220	0635 08	6826 53
9	81414 09202	675 36424	3369 36389	8044 72812	783 483	0681 31	6887 61
1,920	82095 84693	660 69621	3717 57536	8378 27157	791 731	0727 51	6948 64
1	82778 28394	646 04284	4066 12055	8712 16339	799 962	0773 69	7009 63
2	83461 40372	631 40412	4414 99980	9046 40392	808 178	0819 86	7070 58
3	84145 20697	616 78003	4764 21347	9380 99350	816 378	0866 00	7131 48
4	84829 69436	602 17056	5113 76190	9715 93246	824 562	0912 13	7192 34
5	85514 86659	587 57569	5463 64545	*0051 22114	832 731	0958 24	7253 15
6	86200 72432	572 99540	5813 86446	0386 85986	840 884	1004 33	7313 93
7	86887 26826	558 42969	6164 41929	0722 84898	849 021	1050 40	7374 66
8	87574 49909	543 87854	6515 31028	1059 18881	857 143	1096 45	7435 34
9	88262 41749	529 34193	6866 53778	1395 87971	865 249	1142 49	7495 99
1,930	88951 02416	514 81985	7218 10215	1732 92200	873 341	1188 50	7556 59
1	89640 31977	500 31228	7570 00374	2070 31602	881 416	1234 50	7617 15
2	90330 30503	485 81922	7922 24290	2408 06212	889 476	1280 47	7677 66
3	91020 98061	471 34064	8274 81998	3746 16062	897 520	1326 43	7738 13
4	91712 34722	456 87653	8627 73534	3084 61187	905 549	1372 37	7798 56
5	92404 40554	442 42688	8980 98932	3423 41620	913 563	1418 29	7858 95
6	93097 15626	427 99167	9334 58229	3762 57396	921 561	1464 19	7919 29
7	93790 60008	413 57089	9688 51459	4102 08548	929 544	1510 08	7979 60
8	94484 73769	399 16453	**0042 78658	4441 95110	937 511	1555 94	8039 86
9	95179 56979	384 77256	0397 39861	4782 17116	945 464	1601 79	8100 07
1,940	95875 09706	370 39498	0752 35104	5122 74601	953 401	1647 61	8160 25
1	96571 32021	356 03177	1107 64422	5463 67597	961 322	1693 42	8220 38
2	97268 23994	341 68291	1643 27851	5804 96141	969 229	1739 21	8280 47
3	97965 85693	327 34839	1819 25426	6146 60264	977 121	1784 98	8340 52
4	98664 17188	313 02821	2175 57183	6488 60003	984 997	1830 73	8400 53
5	99363 18550	298 72233	2532 23158	6830 95390	992 858	1876 46	8460 49
6	*00062 89849	284 43076	2889 23386	7173 66460	*000 704	1922 18	8520 41
7	00763 31153	270 15347	3246 57902	7516 73248	008 535	1967 88	8580 29
8	01464 42534	255 89045	3604 26744	7860 15788	016 351	2013 55	8640 13
9	02166 24062	241 64168	3962 29946	8203 94113	024 152	2059 21	8699 93
	7,	**0,14**	**3,4**	**3,5**	**0,96**	**1,4**	**1,2**

x	$\log_e x$	x	$\log_e x$	x	$\log_e x$	x	$\log_e x$	x	$\log_e x$
	0,64		**0,64**		**0,65**		**0,65**		**0,66**
1,900	185 38862	**1,910**	710 32421	**1,920**	232 51860	**1,930**	752 00029	**1,940**	268 79731
1	238 00635	1	762 66653	1	284 58838	1	803 80034	1	320 33042
2	290 59641	2	814 98146	2	336 63105	2	855 57358	2	371 83699
3	343 15883	3	867 26905	3	388 64666	3	907 32002	3	423 31704
4	395 69364	4	919 52930	4	440 63522	4	959 03970	4	474 77060
5	448 20086	5	971 76226	5	492 59677	5	*010 73265	5	526 19771
6	500 68052	6	*023 96795	6	544 53134	6	062 39889	6	577 59838
7	553 13266	7	076 14641	7	596 43894	7	114 03834	7	628 97264
8	605 55730	8	128 29765	8	648 31962	8	165 65135	8	680 32052
9	657 95447	9	180 42170	9	700 17339	9	217 23763	9	731 64205
	0,64		**0,65**		**0,65**		**0,66**		**0,66**

x	φ	sin x	cos x	tg x	arc tg x	Amp x	
	11	0,92	— 0,3	— 2,	1,09	1,28	73°
1,950	1°43′36″,37	895 97150 04	7018 08313 51	50947 54681	694 499	814 51	48′ 19″,01
1	1 47 02,64	858 90697 54	7110 96058 21	50219 62654	715 313	842 39	49 16,51
2	1 50 28,90	821 74959 16	7203 80091 81	49495 33999	736 111	870 24	50 13,95
3	1 53 55,17	784 49938 60	7296 60405 03	48774 65866	756 891	898 06	51 11,34
4	1 57 21,43	747 15639 59	7389 36988 60	48057 55400	777 654	925 86	52 08,68
5	2 00 47,70	709 72065 87	7482 09833 22	47343 99829	798 401	953 63	53 05,96
6	2 04 13,96	672 19221 18	7574 78929 64	46633 96375	819 130	981 37	54 03,18
7	2 07 40,23	634 57109 26	7667 44268 58	45927 42296	839 843	*009 09	55 00,35
8	2 11 06,49	596 85733 89	7760 05840 77	45224 34880	860 540	036 78	55 57,46
9	2 14 32,76	559 05098 84	7852 63636 96	44524 71443	881 219	064 44	56 54,52
1,960	2 17 59,02	521 15207 88	7945 17647 88	43828 49328	901 881	092 08	57 51,53
1	2 21 25,29	483 16064 81	8037 67864 29	43135 65903	922 527	119 69	58 48,48
2	2 24 51,55	445 07673 42	8130 14276 93	42446 18567	943 156	147 27	59 45,38
3	2 28 17,81	406 90037 53	8222 56876 55	41760 04743	963 769	174 83	*00 42,22
4	2 31 44,08	368 63160 94	8314 95653 92	41077 21880	984 365	202 36	01 39,00
5	2 35 10,34	330 27047 50	8407 30599 80	40397 67453	*004 944	229 87	02 35,73
6	2 38 36,61	291 81701 02	8499 61704 94	39721 38967	025 507	257 34	03 32,41
7	2 42 02,87	253 27125 37	8591 88960 12	39048 33945	046 053	284 80	04 29,03
8	2 45 29,14	214 63324 39	8684 12356 12	38378 49938	066 583	312 22	05 25,60
9	2 48 55,40	175 90301 95	8776 31883 70	37711 84423	087 096	339 62	06 22,12
1,970	2 52 21,67	137 08061 91	8868 47533 65	37048 35299	107 592	366 99	07 18,58
1	2 55 47,93	098 16608 17	8960 59296 75	36387 99892	128 072	394 34	08 14,98
2	2 59 14,20	059 15944 62	9052 67163 79	35730 75947	148 535	421 66	09 11,33
3	3 02 40,46	020 06075 15	9144 71125 57	35076 61137	168 982	448 95	10 07,63
4	3 06 06,73	*980 87003 67	9236 71172 88	34425 53156	189 412	476 22	11 03,87
5	3 09 32,99	941 58734 11	9328 67296 51	33777 49720	209 826	503 46	12 00,06
6	3 12 59,26	902 21270 39	9420 59487 28	33132 48570	230 223	530 68	12 56,20
7	3 16 25,52	862 74616 45	9512 47735 99	32490 47466	250 604	557 86	13 52,28
8	3 19 51,79	823 18776 24	9604 32033 45	31851 44193	270 969	585 03	14 48,30
9	3 23 18,05	783 53753 70	9696 12370 48	31215 36556	291 317	612 16	15 44,28
1,980	3 26 44,32	743 79552 82	9787 88737 90	30582 22381	311 649	639 27	16 40,20
1	3 30 10,58	703 96177 55	9879 61126 53	29951 99518	331 964	666 36	17 36,06
2	3 33 36,85	664 03631 89	9971 29527 20	29324 65835	352 263	693 42	18 31,87
3	3 37 03,11	624 01919 83	*0062 93930 74	28700 19220	372 546	720 45	19 27,63
4	3 40 29,38	583 91045 37	0154 54327 98	28078 57593	392 812	747 45	20 23,34
5	3 43 55,64	543 71012 51	0246 10709 78	27459 78860	413 063	774 43	21 18,99
6	3 47 21,91	503 41825 29	0337 63066 96	26843 80995	433 296	801 39	22 14,58
7	3 50 48,17	463 03487 73	0429 11390 38	26230 61859	453 514	828 32	23 10,13
8	3 54 14,43	422 56003 86	0520 55670 88	25620 19741	473 714	855 22	24 05,62
9	3 57 40,70	381 99377 73	0611 95899 34	25012 52351	493 899	882 10	25 01,05
1,990	4 01 06,96	341 33613 41	0703 32066 59	24407 57815	514 068	908 95	25 56,44
1	4 04 33,23	300 58714 96	0794 64163 52	23805 34180	534 221	935 77	26 51,77
2	4 07 59,49	259 74686 45	0885 92180 98	23205 79511	554 358	962 57	27 47,04
3	4 11 25,76	218 81531 96	0977 16109 85	22608 91891	574 478	989 34	28 42,27
4	4 14 52,02	177 79255 59	1068 35941 00	22014 69420	594 583	**016 09	29 37,44
5	4 18 18,29	136 67861 45	1159 51665 32	21423 10218	614 671	042 81	30 32,55
6	4 21 44,55	095 47353 63	1250 63273 69	20834 12421	634 743	069 51	31 27,62
7	4 25 10,82	054 17736 27	1341 70756 99	20247 74184	654 799	096 18	32 22,63
8	4 28 37,08	012 79013 50	1432 74106 12	19663 93679	674 839	122 82	33 17,59
9	4 32 03,35	**971 31189 44	1523 73311 98	19082 69071	694 864	149 44	34 12,49
	11	0,90	— 0,4	— 2,	1,10	1,30	74°

x	$e^{\frac{x\pi}{360}}$	$e^{-\frac{x\pi}{360}}$	$\mathfrak{Sin}\,\frac{x\pi}{360}$	$\mathfrak{Cof}\,\frac{x\pi}{360}$
150	3,70245 80577	0,27009 08381	1,71618 36098	1,98627 44479
1	3,73490 94896	0,26774 41054	1,73358 26921	2,00132 67975
2	3,76764 53529	0,26541 77626	1,75111 37952	2,01653 15578
3	3,80066 81407	0,26311 16327	1,76877 82540	2,03188 98867
4	3,83398 03677	0,26082 55401	1,78657 74138	2,04740 29539
5	3,86758 45709	0,25855 93105	1,80451 26302	2,06307 19407
6	3,90148 33093	0,25631 27715	1,82258 52689	2,07889 80404
7	3,93567 91646	0,25408 57520	1,84079 67063	2,09488 24583
8	3,97017 47409	0,25187 80823	1,85914 83293	2,11102 64116
9	4,00497 26652	0,24968 95943	1,87764 15355	2,12733 11298

x	e^x	e^{-x}	Sin x	Cos x	Tg x	Ar Sin x	Ar Cos x
	7,	0,14	3,4	3,5	0,96	1,42	1,2
1,950	02868 75806	227 40716	4320 67545	8548 08261	031 939	104 85	8759 68
1	03571 97837	213 18686	4679 39575	8892 58262	039 710	150 48	8819 40
2	04275 90225	198 98078	5038 46074	8237 44152	047 466	196 08	8879 07
3	04980 53041	184 78890	5397 87076	8582 65966	055 208	241 67	8938 70
4	05685 86355	170 61120	5757 62617	8928 23738	062 934	287 23	8998 29
5	06391 90237	156 44767	6117 72735	*0274 17503	070 646	332 78	9057 84
6	07098 64759	142 29830	6478 17464	0620 47295	078 343	378 31	9117 35
7	07806 09990	128 16307	6838 96842	0967 13149	086 025	423 82	9176 82
8	08514 26002	114 04197	7200 10903	1314 15100	093 692	469 32	9236 24
9	09223 12866	099 93498	7561 59684	1661 53183	101 345	514 79	9295 63
1,960	09932 70652	085 84209	7923 43221	2009 27431	108 983	560 25	9354 97
1	10642 99431	071 76329	8285 61551	2357 37881	116 606	605 69	9414 27
2	11353 99274	057 69856	8648 14709	2705 84566	124 215	651 10	9473 53
3	12065 70253	043 64789	9011 02732	3054 67522	131 809	696 51	9532 75
4	12778 12438	029 61126	9374 25656	3403 86783	139 389	741 89	9591 93
5	13491 25902	015 58866	9737 83517	3753 42385	146 953	787 25	9651 07
6	14205 10714	001 58008	*0101 76353	4103 34362	154 504	832 60	9710 17
7	14919 66947	*987 58550	0466 04198	4453 62749	162 040	877 93	9769 22
8	15634 94672	973 60490	0830 67090	4804 27582	169 561	923 24	9828 24
9	16350 93960	959 63828	1195 65066	5155 28895	177 068	968 53	9887 22
1,970	17067 64883	945 68562	1560 98160	5506 66723	184 560	*013 80	9946 15
1	17785 07514	931 74691	1926 66411	5858 41103	192 039	059 05	*0005 05
2	18503 21922	917 82212	2292 69855	6210 52068	199 502	104 29	0063 91
3	19222 08181	903 91126	2659 08528	6562 99654	206 952	149 51	0122 72
4	19941 66363	890 01430	3025 82467	6915 83896	214 387	194 71	0181 50
5	20661 96538	876 13122	3392 91708	7269 04830	221 807	239 89	0240 23
6	21382 98780	862 26203	3760 36288	7622 62491	229 214	285 05	0298 93
7	22104 73160	848 40670	4128 16245	7976 56915	236 606	330 20	0357 58
8	22827 19750	834 56521	4496 31615	8330 88136	243 984	375 33	0416 20
9	23550 38623	820 73756	4864 82434	8685 56190	251 348	420 43	0474 77
1,980	24274 29852	806 92373	5233 68739	9040 61113	258 698	465 53	0533 31
1	24998 93507	793 12371	5602 90568	9396 02940	266 034	510 60	0591 81
2	25724 29663	779 33748	5972 47957	9751 81706	273 355	555 65	0650 27
3	26450 38391	765 56503	6342 40944	**0107 97448	280 662	600 69	0708 68
4	27177 19764	751 80634	6712 69564	0464 50201	289 956	645 71	0767 06
5	27904 73854	738 06141	7083 33856	0821 40000	295 235	690 71	0825 40
6	28633 00736	724 33022	7454 33857	1178 66881	302 500	735 69	0883 70
7	29362 00480	710 61275	7825 69602	1536 30880	309 752	780 65	0941 96
8	30091 73161	696 90899	8197 41130	1894 32032	316 989	825 60	1000 18
9	30822 18851	683 21892	8569 48478	2252 70374	324 212	870 53	1058 36
1,990	31553 37623	669 54254	8941 91683	2611 45942	331 422	915 44	1116 51
1	32285 29551	655 87983	9314 70782	2970 58770	338 618	960 33	1174 61
2	33017 94707	642 23078	9687 85813	3330 08896	345 799	**005 20	1232 67
3	33751 33164	628 59537	**0061 36812	3689 96354	352 967	050 06	1290 70
4	34485 44997	614 97359	0435 23817	4050 21182	360 122	094 90	1348 68
5	35220 30279	601 36542	0809 46866	4410 83414	367 262	139 72	1406 63
6	35955 89082	587 77085	1184 05996	4771 83088	374 389	184 52	1464 54
7	36692 21482	574 18987	1559 01244	5133 20239	381 501	229 30	1522 41
8	37429 27550	560 62247	1934 32648	5494 94903	388 601	274 07	1580 24
9	38167 07361	547 06862	2310 00246	5857 07116	395 686	318 82	1638 03
	7,	0,13	3,6	3,7	0,96	1,44	1,3

x	$\log_e x$	x	$\log_e x$	x	$\log_e x$	x	$\log_e x$	x	$\log_e x$
	0,66		0,67		0,67		0,68		0,68
1,950	782 93726	1,960	294 44732	1,970	803 35427	1,980	309 68447	1,990	813 46387
1	834 20616	1	345 45472	1	854 10282	1	360 17677	1	863 70251
2	885 44880	2	396 43611	2	904 82562	2	410 64359	2	913 91592
3	936 66519	3	447 39153	3	955 52270	3	461 08495	3	964 10412
4	987 85536	4	498 32099	4	*006 19410	4	511 50089	4	*014 26715
5	*039 01934	5	549 22453	5	056 83984	5	561 89141	5	064 40503
6	090 15716	6	600 10217	6	107 45993	6	612 25656	6	114 51779
7	141 26884	7	650 95394	7	158 05442	7	662 59636	7	164 60544
8	192 35441	8	701 77986	8	208 62332	8	712 91082	8	214 66802
9	243 41390	9	752 57997	9	259 16666	9	763 19999	9	264 70555
	0,67		0,67		0,68		0,68		0,69

x	φ	sin x	cos x	tg x	arc tg x	Amp x	
	II	0,90	— 0,4	— 2,1	1,10	1,30	74°
2,000	4° 35′ 29″,61	929 74268 26	1614 68365 47	8503 98633	714 872	176 03	35′ 07″,34
1	4 38 55,88	886 08254 10	1705 59257 49	7927 80519	734 864	202 60	36 02,14
2	4 42 22,14	846 33151 13	1796 45978 95	7354 12992	754 840	229 14	36 56,89
3	4 45 48,41	804 48963 53	1887 28520 76	6782 94305	774 800	255 66	37 51,58
4	4 49 14,67	762 55695 49	1978 06873 85	6214 22729	794 744	282 15	38 46,22
5	4 52 40,94	720 53351 19	2068 81029 13	5647 96552	814 672	308 61	39 40,81
6	4 56 07,20	678 41934 83	2159 50977 53	5084 14076	834 585	335 05	40 35,35
7	4 59 33,47	636 21450 64	2250 16709 98	4522 73619	854 481	361 47	41 29,83
8	5 02 59,73	593 91902 82	2340 78217 41	3963 73514	874 362	387 86	42 24,26
9	5 06 26,00	551 53295 61	2431 35490 76	3407 12111	894 226	414 22	43 18,64
2,010	5 09 52,26	509 05633 25	2521 88520 98	2852 87773	914 076	440 56	44 12,97
1	5 13 18,53	466 48949 99	2612 37299 01	2300 98948	933 908	466 87	45 07,24
2	5 16 44,79	423 83190 07	2702 81815 81	1751 43890	953 726	493 16	46 01,46
3	5 20 11,05	381 08387 78	2793 22062 32	1204 21076	973 527	419 42	46 55,63
4	5 23 37,32	338 24547 38	2883 58029 51	0659 28930	993 313	545 66	47 49,74
5	5 27 03,58	295 31673 15	2973 89708 34	0116 65886	*013 083	571 87	48 43,81
6	5 30 29,85	252 29769 39	3064 17089 79	*9576 30220	032 837	598 05	49 37,82
7	5 33 56,11	209 18840 41	3154 40164 81	9038 20922	052 575	624 21	50 31,78
8	5 37 22,38	165 98890 50	3244 58924 40	8502 35944	072 298	650 35	51 25,69
9	5 40 48,64	122 69894 00	3334 73359 53	7968 73884	092 005	676 46	52 19,54
2,020	5 44 14,91	079 31915 23	3424 83461 18	7437 33386	111 695	702 54	53 13,35
1	5 47 41,17	035 84928 52	3514 89220 36	6908 12898	131 371	728 60	54 07,10
2	5 51 07,44	*992 28938 24	3604 90628 04	6381 10951	151 031	754 64	55 00,80
3	5 54 33,70	948 63948 72	3694 87675 23	5856 26090	170 675	780 65	55 54,45
4	5 57 59,97	904 89964 34	3784 80352 94	5333 56872	190 304	806 63	56 48,05
5	6 01 26,23	861 06989 47	3874 68652 16	4813 01867	209 918	832 59	57 11,59
6	6 04 52,50	817 15028 50	3964 52563 92	4294 59656	229 515	858 53	58 35,08
7	6 08 18,76	773 14085 81	4054 32079 23	3778 28836	249 097	884 43	59 28,52
8	6 11 45,03	729 04165 81	4144 07189 10	3264 08012	268 664	910 32	*00 21,91
9	6 15 11,29	684 85272 91	4233 77884 57	2751 95805	288 215	936 18	01 15,25
2,030	6 18 37,56	640 57411 52	4323 44156 66	2241 90845	307 750	962 01	02 08,54
1	6 22 03,82	596 20586 07	4413 05996 40	1733 91776	327 270	987 82	03 01,78
2	6 25 30,09	551 74801 00	4502 13394 84	1227 97251	346 775	*013 61	03 54,96
3	6 28 56,35	507 20060 76	4592 16343 02	0724 05939	366 264	039 36	04 48,09
4	6 32 22,62	462 56369 80	4681 64831 98	0222 16517	385 738	065 10	05 41,17
5	6 35 48,88	417 83732 59	4771 08852 78	**9722 27673	405 196	090 81	06 34,20
6	6 39 15,15	373 02153 59	4860 48396 47	9224 38110	424 639	116 49	07 27,18
7	6 42 41,41	328 11637 29	4949 83454 11	8728 46538	444 067	142 15	08 20,11
8	6 46 07,68	283 12188 18	5039 14016 76	8234 51680	463 479	167 79	09 12,99
9	6 49 33,94	238 03810 76	5128 40075 51	7742 52270	482 876	193 40	10 05,81
2,040	6 53 00,20	192 86509 53	5217 61621 41	7252 47053	502 257	218 98	10 58,59
1	6 56 26,47	147 60289 02	5306 78645 55	6764 34783	521 623	244 55	11 51,31
2	6 59 52,73	102 25153 75	5395 91139 02	6278 14226	540 974	270 08	12 43,98
3	7 03 19,00	056 81108 26	5484 99092 89	5793 84158	560 310	295 59	13 36,60
4	7 06 45,26	011 28157 08	5574 02498 26	5311 43366	579 630	321 08	14 29,17
5	7 10 11,53	**965 66304 78	5663 01346 24	4830 90647	598 936	346 54	15 21,69
6	7 13 37,79	919 95555 91	5751 95627 91	4352 24806	618 226	371 98	16 14,16
7	7 17 04,06	874 15915 05	5840 85334 38	3875 44661	637 500	397 39	17 06,58
8	7 20 30,32	828 27386 77	5929 70456 78	3400 49039	656 760	422 78	17 58,95
9	7 23 56,59	782 29975 67	6018 50986 20	2927 36776	676 004	448 15	18 51,27
	II	0,88	— 0,4	— 1,9	1,11	1,31	75°

x	$e^{\frac{x\pi}{360}}$	$e^{-\frac{x\pi}{360}}$	$\mathfrak{Sin}\frac{x\pi}{360}$	$\mathfrak{Cof}\frac{x\pi}{360}$
160	4,04007 55876	0,24752 01214	1,89627 77331	2,14379 78545
1	4,07548 61812	0,24536 94984	1,91505 83414	2,16042 78398
2	4,11120 71429	0,24323 75614	1,93398 47907	2,17722 23522
3	4,14724 11928	0,24112 41487	1,95305 85223	2,19418 26705
4	4,18359 10753	0,23902 90977	1,97228 09888	2,21131 00865
5	4,22025 95584	0,23695 22505	1,99165 36540	2,22860 59045
6	4,25724 94348	0,23489 34483	2,01117 79932	2,24607 14415
7	4,29456 35212	0,23285 25344	2,03085 54934	2,26370 80278
8	4,33220 46595	0,23082 93533	2,05068 76531	2,28151 70064
9	4,37017 57161	0,22882 37510	2,07067 59825	2,29949 97336

x	e^x	e^{-x}	Sin x	Cos x	Tg x	Ar Sin x	Ar Cos x
	7,	**0,13**	**3,6**	**3,7**	**0,96**	**1,44**	**1,3**
2,000	38905 60989	533 52832	2686 04078	6219 56911	402 758	363 55	1695 79
1	39644 88508	520 00156	3062 44176	6582 44332	409 816	408 26	1753 51
2	40384 89991	506 48832	3439 20580	6945 69411	416 861	452 95	1811 18
3	41125 65513	492 98858	3816 33328	7309 32186	423 892	497 63	1868 82
4	41867 15147	479 50233	4193 82457	7673 32691	430 910	542 29	1926 42
5	42609 38968	466 02957	4571 68006	8037 70963	437 914	586 93	1983 98
6	43352 37049	452 57027	4949 90012	8402 47039	444 904	631 55	2041 51
7	44096 09466	439 12442	5328 48513	8767 60955	451 881	676 16	2098 99
8	44840 56293	425 69202	5707 43547	9133 12748	458 845	720 75	2156 44
9	45585 77604	412 27304	6086 75151	9499 02455	465 795	765 32	2213 85
2,010	46331 73473	398 86747	6466 43364	9865 30111	472 732	809 87	2271 23
1	47078 43976	385 47530	6846 48224	*0231 95754	479 655	854 40	2328 56
2	47825 89186	372 09651	7226 89769	0598 99420	486 565	898 92	2385 86
3	48574 09179	358 73110	7607 68036	0966 41146	493 462	943 42	2443 11
4	49323 04029	345 37905	7988 83064	1334 20968	500 346	987 90	2500 34
5	50072 73812	332 04034	8370 34890	1702 38924	507 216	*032 36	2557 52
6	50823 18602	318 71496	8752 23554	2070 95050	514 073	076 81	2614 67
7	51574 38474	305 40290	9134 49093	2439 89383	520 916	121 24	2671 77
8	52326 33504	292 10415	9517 11546	2809 21961	527 747	165 65	2728 84
9	53079 03766	278 81869	9900 10950	3178 92819	534 564	210 04	2785 88
2,020	53832 49337	265 54651	*0283 47344	3549 01995	541 369	254 41	2842 87
1	54586 70290	252 28759	0667 20766	3919 49526	548 160	298 77	2899 83
2	55341 66702	239 04193	1051 31255	4290 35448	554 938	343 11	2956 75
3	56097 38649	225 80950	1435 78850	4661 59800	561 703	387 43	3013 63
4	56853 86205	212 59030	1820 63587	5033 22618	568 455	431 74	3070 48
5	57611 09446	199 38432	2205 85507	5405 23939	575 193	476 02	3127 29
6	58369 08449	186 19153	2591 44648	5777 63801	581 919	520 29	3184 06
7	59127 83289	173 01193	2977 41048	6150 42241	588 632	564 54	3240 80
8	59887 34041	159 84550	3363 74745	6523 59296	595 332	608 78	3297 50
9	60647 60782	146 69224	3750 45779	6897 15003	602 019	653 00	3354 15
2,030	61408 63588	133 55211	4137 54188	7271 09399	608 693	697 19	3410 78
1	62170 42335	120 42513	4525 00011	7645 42523	615 354	741 38	3467 36
2	62932 97698	107 31126	4912 83286	8020 14412	622 003	785 54	3523 91
3	63696 29155	094 21050	5301 04052	8395 25102	628 638	829 69	3580 43
4	64460 36982	081 12283	5689 62349	8770 74632	635 261	873 82	3636 90
5	65225 21255	068 04825	6078 58215	9146 63039	641 870	917 93	3693 35
6	65990 82050	054 98673	6467 91688	9522 90361	648 468	960 02	3749 75
7	66757 19444	041 93827	6857 62808	9899 56635	655 052	**006 10	3806 12
8	67524 33515	028 90285	7247 71615	**0276 61899	661 624	050 16	3862 45
9	68292 24337	015 88046	7638 18145	0654 06191	668 182	094 20	3918 75
2,040	69060 91989	002 87109	8029 02440	1031 89548	674 729	138 22	3975 00
1	69830 36547	*989 87472	8420 24538	1410 12009	681 263	182 23	4031 22
2	70600 58088	976 89133	8811 84477	1788 73610	687 784	226 22	4087 41
3	71371 56689	963 92093	9203 82298	2167 74390	694 292	270 19	4143 56
4	72143 32427	950 96349	9596 18039	2547 14387	700 788	314 15	4199 67
5	72915 85379	938 01900	9988 91740	2926 93639	707 271	358 08	4255 75
6	73689 15623	925 08745	**0382 03440	3307 12184	713 742	402 01	4311 79
7	74463 23236	912 16882	0775 53178	3687 70059	720 200	445 91	4367 80
8	75238 08296	899 26310	1169 40993	4068 67303	726 646	489 79	4423 77
9	76013 70879	886 37029	1563 66926	4450 03954	733 079	533 66	4479 70
	7,	**0,12**	**3,8**	**3,9**	**0,96**	**1,46**	**1,3**

x	$\log_e x$	x	$\log_e x$	x	$\log_e x$	x	$\log_e x$	x	$\log_e x$
	0,69		**0,69**		**0,70**		**0,70**		**0,71**
2,000	314 71806	**2,010**	813 47221	**2,020**	309 75114	**2,030**	803 57930	**2,040**	294 98079
1	364 70556	1	863 21108	1	359 24384	1	852 82826	1	343 98838
2	414 66809	2	912 92522	2	408 71206	2	902 05297	2	392 97197
3	464 60567	3	962 61467	3	458 15582	3	951 25346	3	441 93158
4	514 51832	4	*012 27943	4	507 57514	4	*000 42976	4	490 86723
5	564 40608	5	061 91954	5	556 97006	5	049 58189	5	539 77895
6	614 26895	6	111 53502	6	606 34058	6	098 70987	6	588 66675
7	664 10698	7	161 12590	7	655 68675	7	147 81372	7	637 53067
8	713 92018	8	210 69219	8	705 00857	8	196 89348	8	686 37072
9	763 70858	9	260 23393	9	754 30608	9	245 94916	9	735 18693
	0,69		**0,70**		**0,70**		**0,71**		**0,71**

x	φ	sin x	cos x	tg x	arc tg x	Amp x	
	11	0,88	— 0,4	— 1,9	1,11	1,31	75°
2,050	7° 27′ 28″,85	736 23686 33	6107 26913 77	2456 06717	695 233	473 49	19′ 43″,53
1	7 30 49,12	690 08523 37	6195 98230 61	1986 57720	714 446	498 80	20 35,75
2	7 34 15,38	643 84491 41	6284 64927 86	1518 88649	733 645	524 09	21 27,91
3	7 37 41,65	597 51595 06	6373 26996 64	1052 98379	752 829	549 36	22 20,03
4	7 41 07,91	551 09838 96	6461 84428 09	0588 85793	771 998	574 60	23 12,09
5	7 44 34,18	504 59227 76	6550 37213 37	*0126 49786	791 151	599 82	24 04,11
6	7 48 00,44	457 99766 09	6638 85343 60	9665 89259	810 290	625 01	24 56,07
7	7 51 26,71	411 31458 62	6727 28809 95	9207 03123	829 413	650 18	25 47,98
8	7 54 52,97	364 54310 03	6815 67603 57	8749 90299	848 522	675 32	26 39,85
9	7 58 19,24	317 68324 98	6904 01715 62	8294 49715	867 615	700 44	27 31,66
2,060	8 01 45,50	270 73508 16	6992 31137 28	7840 80370	886 693	725 54	28 23,42
1	8 05 11,77	223 69864 27	7080 55859 70	7388 81031	905 757	750 61	29 15,14
2	8 08 38,03	176 57398 01	7168 75874 06	6938 50831	924 805	775 66	30 06,80
3	8 12 04,30	129 36114 09	7256 91171 55	6489 88675	943 839	800 68	30 58,41
4	8 15 30,56	082 06017 24	7345 01743 35	6042 93534	962 857	825 68	31 49,98
5	8 18 56,82	034 67112 18	7433 07580 65	5597 64389	981 861	850 65	32 41,49
6	8 22 23,09	*987 19403 66	7521 08674 64	5154 00228	*000 850	875 60	33 32,95
7	8 25 49,35	939 62896 42	7609 05016 53	4712 00047	019 823	900 53	34 24,37
8	8 29 15,62	891 97595 22	7696 96597 51	4271 62851	038 782	925 43	35 15,73
9	8 32 41,88	844 23504 81	7784 83408 79	3832 87653	057 727	950 31	36 07,04
2,070	8 36 08,15	796 40629 99	7872 65441 59	3395 73473	076 656	975 16	36 58,31
1	8 39 34,41	748 48975 53	7960 42687 12	2960 19339	095 570	999 99	37 49,52
2	8 43 00,68	700 48546 22	8048 15136 61	2526 24288	114 470	*024 80	38 40,69
3	8 46 26,94	652 39346 86	8135 82781 29	2093 87363	133 355	049 58	39 31,80
4	8 49 53,21	602 21382 26	8223 45612 39	1663 07615	152 225	074 33	40 22,87
5	8 53 19,47	555 94657 24	8311 03621 13	1233 84104	171 082	099 07	41 13,89
6	8 46 45,74	507 59176 63	8398 56798 78	0806 15895	189 921	123 78	42 04,85
7	9 00 12,00	459 14945 25	8486 05136 57	0380 02062	208 747	148 46	42 55,77
8	9 03 38,27	410 61967 97	8573 48625 76	**9955 41686	227 558	173 12	43 46,64
9	9 07 04,53	362 00249 62	8660 87257 59	9532 33855	246 354	197 76	44 37,46
2,080	9 10 30,80	313 29795 08	8748 21023 34	9110 77665	265 134	222 38	45 28,23
1	9 13 57,06	264 50609 20	8835 49914 27	8690 72220	283 902	246 97	46 18,95
2	9 17 23,33	215 62696 87	8922 73921 65	8272 16621	302 654	271 53	47 09,62
3	9 20 49,59	166 66062 99	9009 93036 76	7855 09988	321 392	396 08	48 00,24
4	9 24 15,86	117 60712 43	9097 07250 87	7439 51456	340 115	320 59	48 50,82
5	9 27 42,12	068 46650 12	9184 16555 28	7025 40141	358 824	345 09	49 41,34
6	9 31 08,39	019 23880 96	9271 20941 27	6612 75182	377 518	369 56	50 31,82
7	9 34 34,65	**969 92409 88	9358 20400 14	6201 55729	396 198	394 01	51 22,25
8	9 38 00,92	920 52241 81	9445 14923 19	5791 80924	414 863	418 43	52 12,62
9	9 41 27,18	871 03381 68	9532 04501 73	5383 49925	433 513	442 83	53 02,95
2,090	9 44 53,45	821 45834 46	9618 89127 06	4976 61903	452 149	467 21	53 53,23
1	9 48 19,71	771 79605 08	9705 68790 50	4571 16018	470 770	491 56	54 43,46
2	9 51 45,98	722 04698 53	9792 43483 38	4167 11449	489 377	515 89	55 33,65
3	9 55 12,24	672 21119 78	9879 13197 01	3764 47379	507 970	540 20	56 23,78
4	9 58 38,50	622 28873 80	9965 77922 73	3363 22995	526 547	564 48	57 13,86
5	*0 02 04,77	572 27965 60	*0052 37651 87	2963 37492	545 111	588 74	58 03,90
6	0 05 31,03	522 18400 17	0138 92375 77	2564 10071	563 660	612 97	58 53,89
7	0 08 57,30	472 00182 52	0225 42085 79	2167 79939	582 195	637 18	59 43,83
8	0 12 23,56	421 73317 67	0311 86773 26	1772 06308	600 715	661 37	*00 33,72
9	0 15 49,83	371 37810 65	0398 26429 54	1377 68396	619 221	685 54	01 23,56
	12	0,86	— 0,5	— 1,7	1,12	1,32	76°

x	$e^{\frac{x\pi}{360}}$	$e^{-\frac{x\pi}{360}}$	$\mathfrak{Sin}\,\frac{x\pi}{360}$	$\mathfrak{Cof}\,\frac{x\pi}{360}$
170	4,40847 95827	0,22683 55748	2,09082 20040	2,31765 75788
1	4,44711 91764	0,22486 46731	2,11112 72516	2,33599 19248
2	4,48609 74397	0,22291 08960	2,13159 32719	2,35450 41679
3	4,52541 73411	0,22097 40947	2,15222 16232	2,37319 57179
4	4,56508 18749	0,21905 41216	2,17301 38766	2,39206 79982
5	4,60509 40617	0,21715 08305	2,19397 16156	2,41112 24461
6	4,64545 69488	0,21526 40765	2,21509 64361	2,43036 05126
7	4,68617 36098	0,21339 37159	2,23638 99470	2,44978 36629
8	4,72724 71457	0,21153 96063	2,25785 37697	2,46939 33760
9	4,76868 06843	0,20970 16064	2,27948 95389	2,48919 11453

x	e^x	e^{-x}	Sin x	Cos x	Tg x	Ar Sin x	Ar Cos x
	7,	**0,12**	**3,8**	**3,9**	**0,96**	**1,46**	**1,3**
2,050	76790 11063	873 49036	1958 31014	4831 80049	739 500	577 51	4535 60
1	77567 28927	860 62330	2353 33298	5213 95628	745 909	621 35	4591 46
2	78345 24547	847 76911	2748 73818	5596 50729	752 305	665 16	4647 28
3	79123 98002	834 92776	3144 52612	5979 45389	758 689	708 96	4703 08
4	79903 49369	822 09925	3540 69722	6362 79647	765 060	752 75	4758 83
5	80683 78726	809 28356	3937 25185	6746 53541	771 419	796 51	4814 55
6	81464 86152	796 48068	4334 19042	7130 67110	777 766	840 26	4870 23
7	82246 71725	783 69059	4731 51332	7515 20392	784 100	883 99	4925 88
8	83029 35522	770 91329	5129 22095	7900 13426	790 423	927 70	4981 50
9	83812 77622	758 14876	5527 31372	8285 46250	796 733	971 40	5037 07
2,060	84596 98103	745 39699	5925 79201	8671 18902	803 030	*015 07	5092 61
1	85381 97044	732 65796	6324 65623	9057 31421	809 316	058 74	5148 12
2	86167 74523	719 93167	6723 90677	9443 83846	815 589	102 38	5203 59
3	86954 30619	707 21810	7123 54403	9830 76215	821 851	146 01	5259 03
4	87741 65411	694 51723	7523 56842	*0218 08567	828 100	189 62	5314 43
5	88529 78977	681 82906	7923 98034	0605 80942	834 337	233 21	5369 80
6	89318 71395	669 15357	8324 78018	0993 93376	840 562	276 79	5425 13
7	90108 42746	656 49075	8725 96834	1382 45911	846 775	320 35	5480 43
8	90898 93107	643 84058	9127 54523	1771 38583	852 976	363 89	5535 69
9	91690 22558	631 20306	9529 51125	2160 71433	859 165	407 41	5590 92
2,070	92482 31178	618 57817	9931 86679	2550 44499	865 343	450 92	5646 11
1	93275 19047	605 96590	*0334 61227	2940 57819	871 508	494 41	5701 26
2	94068 86243	593 36623	0737 74809	3331 11433	877 661	537 89	5756 39
3	94863 32846	580 77916	1141 27464	3722 05381	883 802	581 34	5811 48
4	95658 58935	568 20467	1545 19233	4113 39701	889 931	624 78	5866 53
5	96454 64590	555 64275	1949 50158	4505 14433	896 049	668 21	5921 55
6	97251 49891	543 09338	2354 20276	4897 29615	902 154	711 61	5976 53
7	98049 14917	530 55656	2759 29631	5289 85286	908 248	755 00	6031 48
8	98847 59747	518 03227	3164 78261	5682 81487	914 330	798 37	6086 40
9	99646 84463	505 52049	3570 66207	6076 18255	920 400	841 73	6141 28
2,080	*00446 89143	493 02122	3976 93511	6469 95632	926 459	885 06	6196 12
1	01247 73868	480 53444	4383 60212	6864 13655	932 506	928 38	6250 93
2	02049 38717	468 06015	4790 66352	7258 72365	938 541	971 69	6305 71
3	02851 83772	455 59832	5198 11970	7653 71801	944 564	**014 98	6360 46
4	03655 09112	443 14895	5605 97109	8049 12002	950 576	058 25	6415 17
5	04459 14817	430 71202	6014 21808	8444 93009	956 576	101 50	6469 84
6	05264 00968	418 28752	6422 86109	8841 14859	962 564	144 74	6524 48
7	06069 67646	405 87544	6831 90052	9237 77594	968 541	187 96	6579 09
8	06876 14930	393 47576	7241 33678	9634 81253	974 506	231 16	6633 66
9	07683 42902	381 08848	7651 17028	**0032 25875	980 460	274 34	6688 20
2,090	08491 51643	368 71358	8061 40143	0430 11500	986 402	317 51	6742 71
1	09300 41233	356 35105	8472 03065	0828 38168	992 333	360 67	6797 18
2	10110 11752	344 00088	8883 05833	1227 05920	998 252	403 80	6851 62
3	10920 63283	331 66304	9294 48490	1626 14793	*004 159	446 92	6906 02
4	11731 95906	319 33755	9706 31076	2025 64830	010 056	490 02	6960 40
5	12544 09702	307 02437	**0118 53633	2425 56069	015 940	533 11	7014 73
6	13357 04753	294 72349	0531 16202	2825 88550	021 814	576 17	7069 04
7	14170 81139	282 43491	0944 18824	3226 62315	027 676	619 23	7123 31
8	14985 38942	270 15862	1357 61540	3627 77401	033 526	662 26	7177 54
9	15800 78244	257 89459	1771 44392	4029 33851	039 366	705 28	7231 75
	8,	**0,12**	**4,0**	**4,1**	**0,97**	**1,48**	**1,3**

x	$\log_e x$	x	$\log_e x$	x	$\log_e x$	x	$\log_e x$	x	$\log_e x$
	0,71		**0,72**		**0,72**		**0,73**		**0,73**
2,050	783 97931	**2,060**	270 59828	**2,070**	754 86073	**2,080**	236 78937	**2,090**	726 40660
1	832 74791	1	319 13019	1	803 15824	1	294 85474	1	774 24204
2	881 49273	2	367 63856	2	851 43244	2	342 89702	2	822 05462
3	930 21380	3	416 12341	3	899 68334	3	390 91623	3	869 84435
4	978 91115	4	464 58476	4	947 91098	4	438 91239	4	917 61124
5	*027 58479	5	513 02264	5	996 11537	5	486 88552	5	965 35534
6	076 23476	6	561 43707	6	*044 29653	6	534 83566	6	*013 07665
7	124 86107	7	609 82807	7	092 45449	7	582 76281	7	060 77519
8	173 46374	8	658 19566	8	140 58927	8	630 66700	8	108 45100
9	222 04280	9	706 53988	9	188 70089	9	678 54826	9	156 10408
	0,72		**0,72**		**0,73**		**0,73**		**0,74**

x	φ	sin x	cos x	tg x	arc tg x	Amp x	
	12	0,8	— 0,5	— 1,7	1,12	1,32	76°
2,100	0° 19′ 16″,09	6320 93666 49	0484 61046 00	0984 65429	637 712	709 68	02′ 13″,36
1	0 22 42,36	6270 40890 24	0570 90614 00	0592 96636	656 189	733 80	03 03,11
2	0 26 08,62	6219 79486 95	0657 15124 90	0202 61255	674 652	757 89	03 52,80
3	0 29 34,89	6169 09461 68	0743 34570 10	*9813 58523	693 100	781 96	04 42,45
4	0 33 01,15	6118 30819 50	0829 48940 95	9425 87669	711 534	806 01	05 32,06
5	0 36 27,42	6067 43565 49	0915 58228 86	9039 48023	729 954	830 03	06 21,61
6	0 39 53,68	6016 47704 74	1001 62425 22	8654 38760	748 360	854 03	07 11,11
7	0 43 19,95	5965 43242 34	1087 61521 41	8270 59173	766 751	878 01	08 00,57
8	0 46 46,21	5914 30183 40	1173 55508 84	7888 08533	785 128	901 97	08 49,98
9	0 50 12,48	5863 08533 03	1259 44378 91	7506 86114	803 491	925 90	09 39,34
2,110	0 53 38,74	5811 78296 35	1345 28123 04	7126 91197	821 840	949 80	10 28,66
1	0 57 05,01	5760 39478 49	1431 06732 64	6748 23068	840 175	973 69	11 17,92
2	1 00 31,27	5708 92084 60	1516 80199 14	6370 81017	858 495	997 55	12 07,14
3	1 03 57,54	5657 36119 81	1602 48513 95	5994 64341	876 801	*021 39	12 56,31
4	1 07 23,80	5605 71589 29	1688 11668 52	5619 72342	895 093	045 20	13 45,43
5	1 10 50,07	5553 98498 20	1773 69654 28	5246 04325	913 371	069 00	14 34,51
6	1 14 16,33	5502 16851 71	1859 22462 67	4873 59603	931 635	092 77	15 23,54
7	1 17 42,60	5450 26655 00	1940 70085 13	4502 37493	949 884	116 51	16 12,52
8	1 21 08,86	5398 27913 27	2030 12513 13	4132 37315	968 120	140 23	17 01,45
9	1 24 35,12	5346 20631 71	2115 49738 11	3763 58397	986 341	163 93	17 50,33
2,120	1 28 01,39	5294 04815 53	2200 81751 55	3396 00071	*004 548	187 61	18 39,17
1	1 31 27,65	5241 80469 95	2286 08544 90	3029 61671	022 741	211 27	19 27,96
2	1 34 53,92	5189 47600 18	2371 30109 65	2664 42539	040 921	234 90	20 16,70
3	1 38 20,18	5137 06211 47	2456 46437 26	2300 42023	059 086	258 50	21 05,40
4	1 41 46,45	5084 56309 06	2541 57519 23	1937 59471	077 237	282 09	21 54,04
5	1 45 12,71	5031 97898 18	2626 63347 04	1575 94240	095 375	305 65	22 42,64
6	1 48 38,98	4979 30984 12	2711 63912 19	1215 45688	113 498	329 19	23 31,20
7	1 52 05,24	4926 55572 12	2796 59206 18	0856 13182	131 607	352 71	24 19,70
8	1 55 31,51	4873 71667 46	2881 49220 51	0497 96088	149 703	376 20	25 08,16
9	1 58 57,77	4820 79275 44	2966 33946 68	0140 93784	167 785	399 67	25 56,57
2,130	2 02 24,04	4767 78401 34	3051 13376 23	**9785 05642	185 851	423 12	26 44,94
1	2 05 50,30	4714 69050 45	3135 87500 66	9430 31049	203 905	446 54	27 33,26
2	2 09 16,57	4661 51228 11	3220 56311 51	9076 69392	221 945	469 95	28 21,53
3	2 12 42,83	4608 24939 61	3305 19800 30	8724 20058	239 971	493 33	29 09,75
4	2 06 09,10	4554 90190 28	3389 77958 57	8372 82446	257 983	516 68	29 57,93
5	2 19 35,36	4501 46985 47	3474 30777 86	8022 55955	275 981	540 02	30 46,06
6	2 23 01,63	4447 95330 51	3558 78249 72	7673 39989	293 966	563 33	31 34,14
7	2 26 27,89	4394 35230 75	3643 20365 70	7325 33957	311 937	586 62	32 22,18
8	2 29 54,16	4340 66691 57	3727 57217 37	6978 36977	329 894	609 88	33 10,17
9	2 33 20,42	4286 89718 31	3811 88596 28	6632 49344	347 837	633 13	33 58,11
2,140	2 36 46,69	4233 04316 37	3896 14494 00	6287 69601	365 765	656 35	34 46,01
1	2 40 12,95	4179 10491 12	3980 35102 10	5943 97465	383 681	679 55	35 33,86
2	2 43 39,21	4125 08247 96	4064 50312 17	5601 32365	401 583	702 72	36 21,66
3	2 47 05,48	4070 97592 30	4148 60115 79	5259 73733	419 471	725 88	37 09,42
4	2 50 31,74	4016 78529 53	4232 64504 55	4919 21005	437 346	749 01	37 57,13
5	2 53 58,01	3962 51065 10	4316 63470 05	4579 73623	455 207	772 12	38 44,79
6	2 57 24,27	3908 15204 41	4400 57003 89	4241 31031	473 054	795 20	39 32,41
7	3 00 50,54	3853 70952 90	4484 45097 66	3903 92677	490 888	818 26	40 19,98
8	3 04 16,80	3799 18316 03	4568 27743 00	3567 58012	508 708	841 31	41 07,51
9	3 07 43,07	3744 57299 23	4652 04931 50	3232 26492	526 514	864 32	41 54,99
	12	0,8	— 0,5	— 1,5	1,13	1,33	76°

x	$e^{\frac{x\pi}{360}}$	$e^{-\frac{x\pi}{360}}$	$\mathfrak{Sin}\,\frac{x\pi}{360}$	$\mathfrak{Cos}\,\frac{x\pi}{360}$
180	4,81047 73810	0,20787 95764	2,30129 89023	2,50917 84787
1	4,85264 04188	0,20607 33773	2,32328 35207	2,52935 68981
2	4,89517 30078	0,20428 28718	2,34544 50685	2,54972 79402
3	4,93807 83897	0,20250 79233	2,36778 52332	2,57029 31565
4	4,98135 98292	0,20074 83969	2,39030 57162	2,59105 41130
5	5,02502 06234	0,19900 41584	2,41300 82325	2,61201 23909
6	5,06906 40972	0,19727 50750	2,43589 45111	2,63316 95861
7	5,11349 36048	0,19556 10151	2,45896 62949	2,65452 73099
8	5,15831 25297	0,19386 18481	2,48222 53408	2,67608 71889
9	5,20352 42850	0,19217 74446	2,50567 34202	2,69785 08648

x	e^x	e^{-x}	Sin x	Cos x	Tg x	Ar Sin x	Ar Cos x
	8,	0,12	4,0	4,1	0,97	1,48	1,37
2,100	16616 99126	245 64283	2185 67422	4431 31704	045 194	748 28	285 91
1	17434 01669	233 40330	2600 30669	4833 71000	051 010	791 27	340 05
2	18251 85956	221 17601	3015 34177	5236 51779	056 816	834 24	394 15
3	19070 52068	208 96095	3430 77987	5639 74082	062 610	877 19	448 22
4	19890 00088	196 75809	3846 62139	6043 37949	068 393	920 12	502 26
5	20710 30096	184 56743	4262 86676	6447 43419	074 165	963 04	556 26
6	21531 42175	172 38895	4679 51640	6851 90535	079 925	*005 94	610 23
7	22353 36408	160 22264	5096 57071	7256 79336	085 674	048 83	664 17
8	23176 12876	148 06850	5514 03013	7662 09862	091 412	091 70	718 08
9	23999 71661	135 92650	5931 89505	8067 82155	097 139	134 55	771 95
2,110	24824 12846	123 79664	6350 16591	8473 96255	102 855	177 38	825 78
1	25649 36514	111 67891	6768 84312	8880 52202	108 560	220 20	879 59
2	26475 42747	099 57328	7187 92710	9287 50037	114 254	263 01	933 36
3	27302 31627	087 47976	7607 41826	9694 89801	119 937	305 79	987 10
4	28130 03238	075 39832	8027 31703	*0102 71534	125 608	348 56	*040 81
5	28958 57661	063 32896	8447 62383	0510 95278	131 269	391 31	094 48
6	29787 94981	051 27166	8868 33908	0919 61073	136 919	434 04	148 13
7	30618 15279	039 22641	9289 46319	1328 68960	142 557	476 77	201 73
8	31449 18639	027 19320	9710 99660	1738 18979	148 185	519 49	255 31
9	32281 05144	015 17202	*0132 93971	2148 11173	153 802	562 16	308 37
2,120	33113 74877	003 16285	0555 29296	2558 45581	159 408	604 83	362 37
1	33947 27921	*991 16569	0978 05676	2969 22245	165 003	647 48	415 84
2	34781 64361	979 18052	1401 23154	3380 41206	170 587	690 12	469 29
3	35616 84278	967 20732	1824 81773	3792 02507	176 160	732 74	522 71
4	36452 87757	955 24610	2248 81573	4204 06183	181 723	775 34	576 09
5	37289 74881	943 29683	2673 22599	4616 52282	187 275	817 93	629 44
6	38127 45735	931 35950	3098 04892	5029 40842	192 816	860 50	682 75
7	38966 00401	919 43410	3523 28495	5442 71906	198 346	903 06	736 04
8	39805 38963	907 52063	3948 93451	5856 45513	203 865	945 60	789 29
9	40645 61507	895 61906	4374 99801	6270 61706	209 374	988 12	842 51
2,130	41486 68114	883 72939	4801 47589	6685 20526	214 872	**030 63	895 70
1	42328 58871	871 85160	5228 36856	7100 22015	220 359	073 12	948 86
2	43171 33860	859 98568	5655 67647	7515 66214	225 836	115 59	**001 98
3	44014 93167	848 13162	6083 40003	7931 53164	231 302	158 05	055 08
4	44859 36875	836 28941	6511 53968	8347 82908	236 758	200 49	108 14
5	45704 65069	824 45904	6940 09583	8764 55486	242 202	242 91	161 16
6	46550 77833	812 64049	7369 06893	9181 70941	247 637	285 32	214 16
7	47397 75253	800 83375	7798 45940	9599 29314	253 060	327 71	267 13
8	48245 57412	789 03882	8228 26766	**0017 30647	258 473	370 09	320 06
9	49094 24396	777 25567	8658 49415	0435 74981	263 876	412 45	372 96
2,140	49943 76289	765 48430	9089 13930	0854 62359	269 268	454 79	425 83
1	50794 13177	753 72470	9520 20354	1273 92823	274 650	497 12	478 67
2	51645 35144	741 97685	9951 68730	1693 66414	280 021	539 43	531 48
3	52497 42275	730 24074	**0383 59101	2113 83175	285 382	581 72	584 26
4	53350 34657	718 51636	0815 91511	2534 43147	290 732	624 00	637 00
5	54204 12373	706 80370	1248 66002	2955 46372	296 072	666 26	689 71
6	55058 75510	695 10275	1681 82618	3376 92893	301 402	708 51	742 39
7	55914 24152	683 41349	2115 41402	3798 82751	306 721	750 73	795 04
8	56770 58387	671 73592	2549 42398	4221 15990	312 030	792 95	847 66
9	57627 78298	660 07002	2983 85648	4643 92650	317 328	835 15	900 25
	8,	0,11	4,2	4,3	0,97	1,50	1,39

x	$\log_e x$	x	$\log_e x$	x	$\log_e x$	x	$\log_e x$	x	$\log_e x$
	0,74		0,74		0,75		0,75		0,76
2,100	203 73447	2,110	678 79475	2,120	151 60887	2,130	622 19797	2,140	090 58290
1	251 34219	1	726 17689	1	198 76756	1	669 13531	1	137 30096
2	298 92724	2	773 53658	2	245 90402	2	716 05063	2	183 99720
3	346 48967	3	820 87386	3	293 01827	3	762 94395	3	230 67165
4	394 02949	4	868 18874	4	340 11034	4	809 81529	4	277 32432
5	441 54671	5	915 48125	5	387 18024	5	856 66467	5	323 95524
6	489 04137	6	962 75140	6	434 22799	6	903 49211	6	370 56442
7	536 51348	7	*009 99921	7	481 25362	7	950 29763	7	417 15189
8	583 96307	8	057 22472	8	528 25715	8	997 08126	8	463 71766
9	631 39015	9	104 42793	9	575 23859	9	*043 84301	9	510 26176
	0,74		0,75		0,75		0,76		0,76

x	φ	sin x	cos x	tg x	arc tg x	Amp x	
	123°	0,8	− 0,5	− 1,5	1,13	1,33	76°
2,150	11′ 09″,33	3689 87907 98	4735 76654 80	2897 97581	544 306	887 32	42′ 42″,42
1	14 35,60	3635 10147 75	4819 42904 53	2564 70732	562 085	910 29	43 29,81
2	18 01,86	3580 24024 00	4903 03672 31	2232 45421	579 850	933 25	44 17,15
3	21 28,13	3525 29542 23	4986 58949 79	1901 21116	597 602	956 17	45 04,44
4	24 54,39	3470 26707 94	5070 08728 61	1570 97291	615 340	979 08	45 51,69
5	28 20,66	3415 15526 61	5153 53000 42	1241 73423	633 064	*001 97	46 38,89
6	31 46,92	3359 96003 77	5236 91756 88	0913 48993	650 776	024 83	47 26,05
7	35 13,19	3304 68144 94	5320 24989 65	0586 23489	668 473	047 67	48 13,16
8	38 39,45	3249 31955 64	5403 52690 40	0259 96396	686 157	070 49	49 00,23
9	42 05,72	3193 87441 41	5486 74850 79	*9934 67206	703 828	093 28	49 47,25
2,160	45 31,98	3138 34607 79	5569 91462 51	9610 35416	721 484	116 05	50 34,22
1	48 58,25	3082 73460 33	5653 02517 23	9287 00524	739 128	138 81	51 21,15
2	52 24,51	3027 04004 61	5736 08006 66	8964 62031	756 758	161 53	52 08,03
3	55 50,78	2971 26246 18	5819 07922 47	8643 19443	774 375	184 24	52 54,87
4	59 17,04	2915 40190 62	5902 02256 38	8322 72269	791 978	206 93	53 41,66
5	*02 43,30	2859 45843 53	5984 91000 09	8003 20021	809 569	229 59	54 28,40
6	06 09,57	2803 43210 49	6067 74145 31	7684 62214	827 145	252 23	55 15,10
7	09 35,84	2747 32297 11	6150 51683 75	7366 98366	844 709	274 85	56 01,76
8	13 02 10	2691 13108 99	6233 23607 15	7050 27999	862 258	297 44	56 48,36
9	16 28,36	2634 85651 77	6315 89907 21	6734 50638	879 794	320 02	57 34,93
2,170	19 54,63	2578 49931 06	6398 50575 69	6419 65811	897 317	342 57	58 21,45
1	23 20,89	2522 05952 50	6481 05604 32	6105 73050	914 827	365 10	59 07,92
2	26 47,16	2465 53721 73	6563 54984 85	5792 71915	932 324	387 61	59 54,35
3	30 13,42	2408 93244 41	6645 98709 02	5480 61862	949 807	410 10	*00 40,73
4	33 39,69	2352 24526 20	6728 36768 59	5169 42514	967 277	432 56	01 27,07
5	37 05,95	2295 47572 77	6810 69155 33	4859 13387	984 734	455 01	02 13,36
6	40 32,22	2238 62389 78	6892 95860 99	4549 74026	*002 178	477 43	02 59,61
7	43 58,48	2181 68982 94	6975 16877 36	4241 23982	019 608	499 83	03 45,81
8	47 24,75	2124 67357 93	7057 32196 22	3933 62807	037 025	522 20	04 31,96
9	50 51,01	2067 57520 45	7139 41809 34	3626 90056	054 429	544 56	05 18,08
2,180	54 17,28	2010 39476 21	7221 45708 52	3321 05387	071 819	566 89	06 04,14
1	57 43,54	1953 13230 94	7303 43885 56	3016 08062	089 196	589 21	06 50,17
2	**01 09,81	1895 78790 35	7385 36332 25	2711 97943	106 561	611 50	07 36,14
3	04 36,07	1838 36160 19	7467 23040 41	2408 74499	123 912	633 77	08 22,08
4	08 02,34	1780 85346 19	7549 04001 85	2106 37299	141 250	656 01	09 07,96
5	11 28,60	1723 26354 10	7630 79208 38	1804 85915	158 575	678 24	09 53,81
6	14 54,87	1665 59189 69	7712 48651 83	1504 19919	175 887	700 44	10 39,60
7	18 21,13	1607 83858 72	7794 12324 04	1204 38898	193 185	722 62	11 25,36
8	21 47,10	1550 00366 97	7875 70216 83	0905 42424	210 471	744 78	12 11,07
9	25 13,66	1492 08720 22	7957 22322 05	0607 30082	227 744	766 92	12 56,73
2,190	28 39,93	1434 08924 26	8038 68631 55	0310 01426	245 003	789 04	13 42,35
1	32 06,19	1376 00984 89	8120 09137 19	0013 56145	262 249	811 14	14 27,93
2	35 32,46	1317 84907 92	8201 43830 81	**9717 93729	279 483	833 21	15 13,46
3	38 58,72	1259 60699 17	8282 72704 29	9423 13806	296 703	855 26	15 58,95
4	42 24,98	1201 28364 46	8363 95749 50	9129 15972	213 910	877 29	16 44,39
5	45 51,25	1142 87909 61	8445 12958 31	8835 99827	231 105	899 30	17 29,79
6	49 17,51	1084 39340 49	8526 24322 61	8543 64971	248 286	921 29	18 15,14
7	52 43,78	1025 82662 92	8607 29834 29	8252 11010	265 455	943 26	19 00,45
8	56 10,04	0967 17882 77	8688 29485 24	7961 37549	282 610	965 20	19 45,72
9	59 36,31	0908 45005 91	8769 23267 36	7671 44197	399 753	987 13	20 30,94
	125°	0,8	− 0,5	− 1,3	1,14	1,34	77°

x	$e^{\frac{x\pi}{360}}$	$e^{-\frac{x\pi}{360}}$	$\mathfrak{Sin}\frac{x\pi}{360}$	$\mathfrak{Cof}\frac{x\pi}{360}$
190	5,24913 23139	0,19050 76764	2,52931 23188	2,71981 99951
1	5,29514 00896	0,18885 24162	2,55314 38367	2,74199 62529
2	5,34155 11158	0,18721 15381	2,57716 97889	2,76438 13269
3	5,38836 89270	0,18558 49170	2,60139 20050	2,78697 69220
4	5,43559 70885	0,18397 24291	2,62581 23297	2,80978 47588
5	5,48323 91971	0,18237 39516	2,65043 26227	2,83280 65744
6	5,53129 88809	0,18078 93628	2,67525 47590	2,85604 41218
7	5,57977 97998	0,17921 85419	2,70028 06289	2,87949 91709
8	5,62868 56460	0,17766 13694	2,72551 21383	2,90317 35077
9	5,67802 01438	0,17611 77267	2,75095 12085	2,92706 89353

x	e^x	e^{-x}	Sin x	Cos x	Tg x	Ar Sin x	Ar Cos x
	8,	**0,11**	**4,2**	**4,3**	**0,97**	**1,50**	**1,3**
2,150	58485 83972	648 41578	3418 71197	5067 12775	322 617	877 33	9952 81
1	59344 75494	636 77318	3853 99088	5490 76406	327 895	919 49	*0005 33
2	60204 52951	625 14223	4289 69364	5914 83587	333 162	961 64	0057 83
3	61065 16429	613 52290	4725 82070	6339 34359	338 420	*003 77	0110 29
4	61926 66013	601 91518	5162 37248	6764 28765	343 667	045 89	0162 72
5	62789 01790	590 31906	5599 34942	7189 66848	348 904	087 99	0215 12
6	63652 23845	578 73454	6036 75196	7615 48649	354 131	130 08	0287 49
7	64516 32266	567 16159	6474 58053	8041 74212	359 347	172 14	0319 83
8	65381 27139	555 60021	6912 83559	8468 43580	364 554	214 20	0372 14
9	66247 08549	544 05038	7351 51755	8895 56794	369 750	256 23	0424 42
2,160	67113 76585	532 51210	7790 62687	9323 13897	374 936	298 25	0476 66
1	67981 31331	520 98536	8230 16398	9751 14933	380 113	340 26	0528 88
2	68849 72876	509 47013	8670 12931	*0179 59944	385 279	384 25	0581 06
3	69719 01306	497 96641	9110 52332	0608 48973	390 435	424 22	0633 22
4	70589 16708	486 47419	9551 34644	1037 82063	395 581	466 18	0685 34
5	71460 19168	474 99346	9992 59911	1467 59257	400 717	508 12	0737 43
6	72332 08775	463 52420	*0434 28177	1897 80598	405 843	550 04	0789 49
7	73204 85615	452 06641	0876 39487	2328 46128	410 959	591 95	0841 53
8	74078 49775	440 62007	1318 93884	2759 55891	416 065	633 84	0893 53
9	74953 01344	429 18516	1761 91414	3191 09930	421 161	675 72	0945 50
2,170	75828 40407	417 76169	2205 32119	3623 08288	426 247	717 58	0997 44
1	76704 67054	406 34964	2649 16045	4055 51009	431 324	759 42	1049 35
2	77581 81371	394 94899	3093 43236	4488 38135	436 390	801 25	1101 23
3	78459 83446	383 55973	3538 13736	4921 69710	441 447	843 07	1153 08
4	79338 73367	372 18186	3983 27590	5355 45777	446 493	884 87	1204 90
5	80218 51222	360 81537	4428 84843	5789 66379	451 530	926 64	1256 68
6	81099 17099	349 46023	4874 85538	6224 31561	456 557	968 41	1308 44
7	81980 71085	338 11644	5321 29721	6659 41365	461 574	**010 16	1360 17
8	82863 13270	326 78399	5768 17436	7094 95835	466 582	051 89	1411 87
9	83746 43741	315 46287	6215 48727	7530 95015	471 580	093 61	1463 54
2,180	84630 62587	304 15306	6663 23641	7967 38947	476 568	135 31	1515 18
1	85515 69896	292 85456	7111 42220	8404 27676	481 546	177 00	1566 78
2	86401 65757	281 56735	7560 04511	8841 61246	486 515	218 67	1618 36
3	87288 50257	270 29142	8009 10558	9279 39700	491 474	260 32	1669 91
4	88176 23487	259 02676	8458 60405	9717 63082	496 423	301 96	1721 43
5	89064 85534	247 77337	8908 54099	**0156 31435	501 363	343 59	1772 92
6	89954 36487	236 53121	9358 91683	0595 44805	506 293	385 19	1824 38
7	90844 76436	225 30030	9809 73204	1035 03233	511 213	426 79	1875 81
8	91736 05470	214 08061	**0260 98705	1475 06766	516 124	468 36	1927 21
9	92628 23677	202 87213	0712 68232	1915 55445	521 025	509 92	1978 58
2,190	93521 31147	191 67486	1164 81831	2356 49317	525 917	551 47	2029 92
1	94415 27969	180 48878	1617 39546	2797 88423	530 799	592 99	2081 23
2	95310 14233	169 31388	2070 41423	3239 72810	535 672	634 51	2132 51
3	96205 90027	158 15015	2523 87507	3682 02521	540 535	676 01	2183 76
4	97102 55443	146 99758	2977 77843	4124 77600	545 389	717 49	2234 98
5	98000 10568	135 85615	3432 12477	4567 98091	550 233	758 95	2286 17
6	98898 55494	124 72586	3886 91455	5011 64039	555 068	800 40	2337 34
7	99797 90309	113 60670	4342 14821	5455 75489	559 893	841 84	2388 47
8	*00698 15104	102 49864	4797 82621	5900 32484	564 709	883 26	2439 57
9	01599 29969	091 40169	5253 94901	6345 35069	569 516	924 66	2490 65
	9,	**0,11**	**4,4**	**4,5**	**0,97**	**1,52**	**1,4**

x	$\log_e x$	x	$\log_e x$	x	$\log_e x$	x	$\log_e x$	x	$\log_e x$
	0,76		**0,77**		**0,77**		**0,77**		**0,78**
2,150	556 78421	**2,160**	020 82217	**2,170**	472 71675	**2,180**	932 48768	**2,190**	390 15438
1	603 28503	1	057 10775	1	518 78909	1	978 34872	1	435 80606
2	649 76423	2	103 37192	2	564 84021	2	*024 18874	2	481 43691
3	696 22184	3	149 61470	3	610 87013	3	070 00776	3	527 04694
4	742 65787	4	195 83610	4	656 87887	4	115 80579	4	572 63618
5	789 07235	5	242 03614	5	702 86645	5	161 58285	5	618 20465
6	835 46530	6	288 21485	6	748 83290	6	207 33897	6	663 75236
7	881 83674	7	334 37225	7	794 77823	7	253 07417	7	709 27934
9	928 18668	8	380 50836	8	840 70245	8	298 78846	8	754 78560
9	974 51515	9	426 62318	9	886 60560	9	344 48185	9	800 27116
	0,76		**0,77**		**0,77**		**0,78**		**0,78**

x	φ	sin x	cos x	tg x	arc tg x	Amp x	
	126°	0,8	— 0,5	— 1,3	1,14	1,35	77°
2,200	03′ 02″,57	0849 64038 20	8850 11172 55	7382 30568	416 883	009 03	21′ 16″,11
1	06 28,84	0790 74985 52	8930 93192 74	7093 96273	434 000	030 91	22 01,25
2	09 55,10	0731 77853 77	9011 69319 83	6806 40931	451 104	052 77	22 46,34
3	13 21,37	0672 72648 85	9092 39545 76	6519 64158	468 195	074 61	23 31,38
4	16 47,63	0613 59376 65	9173 03862 44	6233 65580	485 273	096 43	24 16,38
5	20 13,90	0554 38043 10	9253 62261 82	5948 44817	502 339	118 22	25 01,34
6	23 40,16	0495 08654 10	9334 14735 84	5664 01495	519 391	140 00	25 46,25
7	27 06,43	0435 71215 60	9414 61276 45	5380 35243	536 431	161 75	26 31,12
8	30 32,69	0376 25733 53	9495 01875 59	5097 45692	553 458	183 48	27 15,95
9	33 58,96	0316 72213 84	9575 36525 23	4815 32475	570 472	205 19	28 00,73
2,210	37 25,22	0257 10662 47	9655 65217 34	4533 95228	587 473	226 88	28 45,47
1	40 51,49	0197 41085 39	9735 87943 88	4253 33586	604 461	248 55	29 30,16
2	44 17,75	0137 63488 57	9816 04696 84	3973 47191	621 437	270 20	30 14,82
3	47 44,02	0077 77877 99	9896 15468 19	3694 35685	638 400	291 83	30 59,42
4	51 10,28	0017 84259 63	9976 20249 93	3415 98724	655 351	313 43	31 43,99
5	54 36,55	*9957 82639 49	*0056 19034 04	3138 35916	772 289	335 02	32 28,51
6	58 02,81	9897 73023 56	0136 11812 54	2861 46949	789 214	356 58	33 12,99
7	*01 29,08	9837 55417 87	0215 98577 43	2585 31460	706 126	378 12	33 57,42
8	04 55,34	9777 29828 42	0295 79320 71	2309 89102	723 025	399 64	34 41,81
9	08 21,61	9716 96261 24	0375 54034 42	2035 19531	739 912	421 14	35 26,16
2,220	11 47,87	9656 54722 36	0455 22710 58	1761 22403	756 786	442 62	36 10,46
1	15 14,13	9596 05217 83	0534 85341 21	1487 97377	773 648	464 08	36 54,72
2	18 40,40	9535 47753 70	0614 41918 36	1215 44116	790 497	485 52	37 38,94
3	22 06,66	9474 82336 01	0693 92434 07	0943 62281	807 333	506 93	38 23,11
4	25 32,93	9414 08970 85	0773 36880 38	0672 51540	824 157	528 33	39 07,24
5	28 59,19	9353 27664 28	0852 75249 36	0402 11558	840 969	549 70	39 51,33
6	32 25,46	9292 38422 38	0932 07533 07	0132 42007	857 767	571 06	40 35,38
7	35 51,72	9231 41251 24	1011 33723 56	*9863 42556	874 554	592 39	41 19,38
8	39 17,99	9170 36156 97	1090 53812 93	9595 12879	891 327	613 70	42 03,34
9	42 44,25	9109 23145 66	1169 67793 24	9327 52653	908 088	634 99	42 47,25
2,230	46 10,25	9048 02223 42	1248 75656 58	9060 61554	924 836	656 26	43 31,13
1	49 36,78	8986 73396 38	1327 77395 05	8794 39262	941 572	677 51	44 14,96
2	53 03,05	8925 36670 67	1406 73000 74	8528 85457	958 296	698 74	44 58,74
3	56 29,31	8863 92052 43	1485 62465 76	8263 99823	975 007	720 95	45 42,49
4	59 55,58	8802 39547 79	1564 45782 22	7999 82049	991 706	741 14	46 26,19
5	**03 21,84	8740 79162 92	1643 22942 23	7736 31811	*008 392	762 30	47 09,85
6	06 48,11	8679 10903 96	1721 93937 92	7473 48808	025 066	783 45	47 53,47
7	10 14,37	8617 34777 10	1800 58761 42	7211 32728	041 727	804 57	48 37,04
8	13 40,64	8555 50788 50	1879 17404 85	6949 83263	058 376	825 68	49 20,57
9	17 06,90	8493 58944 35	1957 69860 38	6689 00106	075 012	846 76	50 04,06
2,240	20 33,17	8431 59250 84	2036 16120 13	6428 82956	091 637	867 83	50 47,51
1	23 59,43	8369 51714 18	2114 56176 26	6169 31516	108 249	888 87	51 30,91
2	27 25,70	8307 36340 56	2192 90020 94	5910 45464	124 848	909 89	52 14,27
3	30 51,96	8245 13136 21	2271 17646 33	5652 24524	141 435	930 89	52 57,59
4	34 18,23	8182 82107 35	2349 39044 61	5394 68392	158 010	951 87	53 40,87
5	37 44,49	8120 43260 20	2427 54207 94	5137 76772	174 572	972 83	54 24,10
6	41 10,75	8057 96601 01	2505 63128 52	4881 49385	191 123	993 77	55 07,29
7	44 37,02	7995 42136 03	2583 65798 54	4625 85900	207 660	*014 69	55 50,44
8	48 03,28	7932 79871 50	2661 62210 20	4370 86067	224 186	035 59	56 33,55
9	51 29,55	7870 09813 69	2739 52355 69	4116 49583	240 699	056 47	57 16,62
	128°	0,7	— 0,6	— 1,2	1,15	1,36	77°

x	$e^{\frac{x\pi}{360}}$	$e^{-\frac{x\pi}{360}}$	$\mathfrak{Sin}\,\frac{x\pi}{360}$	$\mathfrak{Cos}\,\frac{x\pi}{360}$
200	5,72778 70503	0,17458 74962	2,77659 97770	2,95118 72733
1	5,77799 01555	0,17307 05614	2,80245 97971	2,97553 03585
2	5,82863 32826	0,17156 68067	2,82853 32379	3,00010 00447
3	5,87972 02884	0,17007 61177	2,85482 20853	3,02489 82031
4	5,93125 50633	0,16859 83808	2,88132 83412	3,04992 67220
5	5,98324 15319	0,16713 34835	2,90805 40242	3,07518 75077
6	6,03568 36534	0,16568 13142	2,93500 11696	3,10068 24838
7	6,08858 54213	0,16424 17624	2,96217 18295	3,12641 35919
8	6,14195 08645	0,16281 47183	2,98956 80731	3,15238 27914
9	6,19578 40470	0,16140 00734	3,01719 19868	3,17859 20602

x	e^x	e^{-x}	Sin x	Cos x	Tg x	Ar Sin x	Ar Cos x
	9,	**0,11**	**4,4**	**4,5**	**0,97**	**1,52**	**1,4**
2,200	02501 34994	080 31584	5710 51705	6790 83289	574 313	966 05	2541 69
1	03404 30269	069 24106	6167 53082	7236 77188	579 101	*007 42	2592 71
2	04308 15885	058 17735	6624 99075	7683 16810	583 880	048 78	2643 70
3	05212 91931	047 12470	7082 89731	8130 02201	588 649	090 12	2694 66
4	06118 58499	036 08310	7541 25095	8577 33405	593 409	131 45	2745 59
5	07025 15679	025 05253	8000 05213	9025 10467	598 159	172 76	2796 48
6	07932 63561	014 03299	8459 30131	9473 33431	602 901	214 05	2847 36
7	08841 02236	003 02446	8918 99895	9922 02342	607 633	255 33	2898 20
8	09750 31795	*992 02694	9379 14551	*0371 17245	612 356	296 59	2949 01
9	10660 52330	981 04040	9839 74145	0820 78186	617 070	337 84	2999 79
2,210	11571 63930	970 06485	*0300 78722	1270 85209	621 774	379 07	3050 55
1	12483 66688	959 10027	0762 28330	1721 38358	626 469	420 29	3101 28
2	13396 60694	948 14665	1224 23014	2172 37680	631 155	461 49	3151 97
3	14310 46040	937 20397	1686 62821	2623 83219	635 832	502 68	3202 64
4	15225 22817	926 27224	2149 47796	3075 75021	640 500	543 85	3253 28
5	16140 91116	915 35142	2612 77986	3528 13130	645 159	585 01	3303 89
6	17057 51030	904 44153	3076 53438	3980 97592	649 809	626 15	3354 48
7	17975 02649	893 54254	3540 74197	4434 28452	654 449	667 27	3405 03
8	18893 46065	882 65444	4005 40310	4888 05755	659 081	708 38	3455 55
9	19812 81371	871 77723	4470 51824	5342 29548	663 704	749 47	3506 05
2,220	20733 08659	860 91088	4936 08784	5796 99874	668 317	790 55	3556 52
1	21654 28019	850 05540	5402 11239	6252 16780	672 921	831 61	3606 96
2	22576 39546	839 21077	5868 59233	6707 80311	677 517	872 66	3657 37
3	23499 43329	828 37698	6335 52815	7163 90513	682 103	913 69	3707 75
4	24423 39463	817 55401	6802 92030	7620 47432	686 681	954 71	3758 10
5	25348 28039	806 74186	7270 76926	8077 51113	691 250	995 71	3808 43
6	26274 09150	795 94052	7739 07549	8535 01601	695 809	**036 70	3858 73
7	27200 82888	785 14998	8207 83945	8992 98943	700 360	077 67	3909 00
8	28128 49347	774 37022	8677 06162	9451 43184	704 902	118 62	3959 24
9	29057 08618	763 60123	9146 74247	9910 34371	709 435	159 56	4009 45
2,230	29986 60795	752 84301	9616 88247	**0369 72548	713 959	200 49	4059 63
1	30917 05970	742 09555	**0087 48208	0829 57762	718 475	241 40	4109 79
2	31848 44238	731 35882	0558 54178	1289 90059	722 981	282 30	4159 92
3	32780 75690	720 63282	1030 06204	1750 69486	727 479	323 18	4210 02
4	33714 00420	709 91755	1502 04333	2211 96087	731 968	364 04	4260 09
5	34648 18522	699 21299	1974 48612	2673 69910	736 448	404 89	4310 14
6	35583 30089	688 51912	2447 39089	3135 91000	740 919	445 72	4360 15
7	36519 35213	677 83594	2920 75810	3598 59403	745 383	486 54	4410 14
8	37456 33990	667 16344	3394 58823	4061 75167	749 837	527 35	4460 10
9	38394 26513	656 50161	3868 88176	4525 38337	754 282	568 13	4510 03
2,240	39333 12874	645 85044	4343 63916	4989 48959	758 719	608 90	4559 93
1	40272 93170	635 20991	4818 86090	5454 07080	763 147	649 66	4609 81
2	41213 67492	624 58001	5294 54746	5919 12746	767 566	690 40	4659 66
3	42155 35936	613 96074	5770 69931	6384 66005	771 977	731 13	4709 48
4	43097 98595	603 35209	6247 31694	6850 66902	776 379	771 84	4759 27
5	44041 55565	592 75404	6724 40081	7317 15484	780 772	812 54	4809 04
6	44986 06938	582 16658	7201 95141	7784 11798	785 157	853 22	4858 78
7	45931 52810	571 58970	7679 96921	8251 55890	789 534	893 89	4908 49
8	46877 93275	561 02339	8158 45469	8719 47807	793 901	934 54	4958 17
9	47825 28428	550 46765	8637 40832	9187 87597	798 261	975 17	5007 83
	9,	**0,10**	**4,6**	**4,7**	**0,97**	**1,54**	**1,4**

x	$\log_e x$	x	$\log_e x$	x	$\log_e x$	x	$\log_e x$	x	$\log_e x$
	0,78		**0,79**		**0,79**		**0,80**		**0,80**
2,200	845 73604	**2,210**	299 25155	**2,220**	750 71959	**2,230**	200 15855	**2,240**	647 58659
1	891 18025	1	344 49019	1	795 75449	1	244 99154	1	692 21948
2	936 60383	2	389 70837	2	840 76912	2	289 80445	2	736 83247
3	982 00678	3	434 90611	3	885 76350	3	334 59729	3	781 42555
4	*027 38913	4	480 08343	4	930 73764	4	379 37006	4	825 99877
5	072 75089	5	525 24035	5	975 69156	5	424 12281	5	870 55212
6	118 09208	6	570 37689	6	*020 62528	6	468 85553	6	915 08563
7	163 41273	7	615 49306	7	065 53883	7	513 56825	7	959 59432
8	208 71284	8	660 58889	8	110 43221	8	558 26099	8	*004 09320
9	253 99244	9	705 66439	9	155 30544	9	602 93376	9	048 56730
	0,79		**0,79**		**0,80**		**0,80**		**0,81**

x	φ	sin x	cos x	tg x	arc tg x	Amp x	
	12	0,7	— 0,6	— 1,2	1,15	1,36	77°
2,250	8° 54′ 55″,81	7807 31968 88	2817 36227 23	3862 76162	257 200	077 33	57′ 59″,64
1	8 58 22,08	7744 46343 33	2895 13817 03	3609 65521	273 689	098 17	58 42,62
2	9 01 48,34	7681 52943 34	2972 85117 32	3357 17374	290 165	118 99	59 25,56
3	9 05 14,61	7618 51775 20	3050 50120 33	3105 31442	306 630	139 78	00 08,46
4	9 08 40,87	7555 42845 20	3128 08818 29	2854 07450	323 082	160 56	*00 51,32
5	9 12 07,14	7492 26159 67	3205 61203 43	2603 45103	339 522	181 32	01 34,13
6	9 15 33,40	7429 01724 90	3283 07268 02	2353 44140	355 949	202 05	02 16,90
7	9 18 59,67	7365 69547 24	3360 47004 30	2104 04282	372 365	222 77	02 59,63
8	9 22 25,93	7302 29633 01	3437 80404 54	1855 25255	388 768	243 47	03 42,32
9	9 25 52,20	7238 81988 54	3515 07460 99	1607 06787	405 159	264 14	04 24,97
2,260	9 29 18,46	7175 26620 20	3592 28165 94	1359 48607	421 538	284 80	05 07,57
1	9 32 44,73	7111 63534 33	3669 42511 66	1112 50447	437 905	305 43	05 50,13
2	9 36 10,99	7047 92737 30	3746 50490 44	0866 12041	454 260	326 05	06 32,66
3	9 39 37,26	6984 14235 48	3823 52094 57	0620 33121	470 603	346 64	07 15,14
4	9 43 03,52	6920 28035 24	3900 47316 34	0375 13424	486 933	367 22	07 57,57
5	9 46 29,79	6856 34142 97	3977 36148 07	0130 52688	503 252	387 77	08 39,97
6	9 49 56,05	6792 32565 08	4054 18582 07	*9886 50651	519 559	408 31	09 22,33
7	9 53 22,32	6728 23307 94	4130 94610 64	9643 07053	535 853	428 82	00 04,64
8	9 56 48,58	6664 06378 01	4207 64226 13	9400 21636	552 136	449 31	10 46,91
9	*0 00 14,85	6599 81781 63	4284 27420 84	9157 94144	568 406	469 79	11 29,14
2,270	0 03 41,11	6535 49525 29	4360 84187 14	8916 24321	584 665	490 24	12 11,33
1	0 07 07,37	6471 09615 40	4437 34517 34	8675 11914	600 911	510 68	12 53,48
2	0 10 33,64	6406 62058 41	4513 78403 82	8434 56669	617 146	531 09	13 35,59
3	0 13 59,90	6342 06860 75	4590 15838 91	8194 58337	633 368	551 49	14 17,66
4	0 17 26,17	6277 44028 88	4666 46814 99	7955 16667	649 579	571 86	14 59,68
5	0 20 52,43	6212 73569 27	4742 71324 43	7716 31412	665 778	592 21	15 41,66
6	0 24 18,70	6147 95488 39	4818 89359 59	7478 02324	681 964	612 55	16 23,61
7	0 27 44,96	6083 09792 71	4895 00912 87	7240 29159	698 139	632 86	17 05,51
8	0 31 11,23	6018 16488 73	4971 05976 64	7003 11671	714 302	653 16	17 47,37
9	0 34 37,49	5953 15582 93	5047 04543 31	6766 49619	730 453	673 43	18 29,19
2,280	0 38 03,76	5888 07081 81	5122 96605 28	6530 42768	746 592	693 69	19 10,97
1	0 41 30,02	5822 90991 89	5198 82154 94	6294 90858	762 720	713 92	19 52,71
2	0 44 56,29	5757 67319 67	5274 61184 73	6059 93671	778 835	734 14	20 34,40
3	0 48 22,55	5692 36071 69	5350 33687 06	5825 50963	794 939	754 33	21 16,06
4	0 51 48,82	5626 97254 48	5425 99654 35	5591 62495	811 030	774 51	21 57,68
5	0 55 15,08	5561 50874 56	5501 59079 05	5358 28036	827 110	794 66	22 39,25
6	0 58 41,35	5495 96938 50	5577 11953 58	5125 47352	843 178	814 80	23 20,78
7	1 02 07,61	5430 35452 84	5652 58270 41	4893 20210	859 235	834 92	24 02,28
8	1 05 33,88	5364 66424 15	5727 98021 97	4661 46379	875 279	855 01	24 43,73
9	1 09 00,14	5298 89858 99	5803 31200 74	4430 25631	891 312	875 09	25 25,14
2,290	1 12 26,41	5233 05763 94	5878 57799 18	4199 57736	907 332	895 15	26 06,51
1	1 15 52,67	5167 14145 59	5953 77809 76	3969 42469	923 342	915 19	26 47,85
2	1 19 18,94	5101 15010 52	6028 91224 97	3739 79602	939 339	935 21	27 29,14
3	1 22 45,20	5035 08365 34	6103 98037 28	3510 68911	955 325	955 20	28 10,39
4	1 26 11,47	4968 94216 65	6178 98239 20	3282 10174	971 299	975 18	28 51,60
5	1 29 37,73	4902 72571 07	6253 91823 22	3054 03169	987 262	995 14	29 32,77
6	1 33 04,00	4836 43435 21	6328 78781 84	2826 47673	*003 212	*015 08	30 13,89
7	1 36 30,26	4770 06815 71	6403 59107 59	2599 43468	019 151	035 00	30 54,98
8	1 39 56,52	4703 62719 21	6478 32792 98	2372 90335	035 079	054 94	31 36,03
9	1 43 22,79	4637 11152 34	6552 99830 54	2146 88057	050 994	074 79	32 17,04
	13	0,7	— 0,6	— 1,1	1,16	1,37	78°

x	$e^{\frac{x\pi}{360}}$	$e^{-\frac{x\pi}{360}}$	$\mathfrak{Sin}\,\frac{x\pi}{360}$	$\mathfrak{Cof}\,\frac{x\pi}{360}$
210	6,25008 90684	0,15999 77199	3,04504 56743	3,20504 33942
1	6,30487 00644	0,15860 75510	3,07313 12567	3,23173 88077
2	6,36013 12066	0,15722 94608	3,10145 08729	3,25868 03337
3	6,41587 67037	0,15586 33444	3,13000 66797	3,28587 00240
4	6,47211 08008	0,15450 90977	3,15880 08516	3,31330 99492
5	6,52883 77805	0,15316 66176	3,18783 55814	3,34100 21991
6	6,58606 19627	0,15183 58020	3,21711 30804	3,36894 88823
7	6,64378 77054	0,15051 65493	3,24663 55780	3,39715 21274
8	6,70201 94047	0,14920 87593	3,27640 53227	3,42561 40820
9	6,76076 14952	0,14791 23322	3,30642 45815	3,45433 69137

x	e^x	e^{-x}	Sin x	Cos x	Tg x	Ar Sin x	Ar Cos x
	9,	0,10	4,	4,	0,97	1,55	1,45
2,250	48773 58364	539 92246	69116 83059	79656 75305	802 611	015 80	057 45
1	49722 83176	529 38780	69596 72198	80126 10978	806 954	056 40	107 05
2	50673 02962	518 86368	70077 08297	80595 94665	811 287	096 99	156 63
3	51624 17814	508 35007	70557 91403	81066 26411	815 613	137 57	206 17
4	52576 27829	497 84697	71039 21566	81537 06264	819 930	178 13	255 69
5	53529 33101	487 35437	71520 98832	82008 34270	824 238	218 68	305 18
6	54483 33727	476 87226	72003 23250	82480 10477	828 538	259 21	354 64
7	55438 29801	466 40063	72485 94869	82952 34932	832 830	299 72	404 08
8	56394 21418	455 93946	72969 13736	83425 07683	837 113	340 22	453 49
9	57351 08675	445 48874	73452 79900	83898 28776	841 387	380 71	502 87
2,260	58308 91668	435 04848	73936 93410	84371 98258	845 654	421 18	552 22
1	59267 70491	424 61864	74421 54313	84846 16178	849 912	461 64	601 55
2	60227 45241	414 19923	74906 62658	85320 82583	854 162	502 08	650 85
3	61188 16013	403 79024	75392 18494	85795 97519	858 403	542 51	700 12
4	62149 82905	393 39165	75878 21869	86271 61035	862 637	582 92	749 37
5	63112 46011	383 00345	76364 72832	86747 73179	866 861	623 31	798 59
6	64076 05429	372 62564	76851 71432	87224 33997	871 078	663 69	847 78
7	65040 61254	362 25820	77339 17716	87701 43538	875 286	704 06	896 95
8	66006 13583	351 90112	77827 11735	88179 01848	879 486	744 41	946 08
9	66972 62513	341 55439	78315 53536	88657 08977	883 678	784 75	995 20
2,270	67940 08141	331 21801	78804 43169	89135 64971	887 863	825 07	*044 28
1	68908 50562	320 89195	79293 80682	89614 69879	892 038	865 38	093 34
2	69877 89874	310 57622	79783 66125	90094 23749	896 205	905 67	142 37
3	70848 26175	300 27080	80273 99546	90574 26627	900 365	945 95	191 37
4	71819 59559	289 97568	80764 80995	91054 78564	904 516	986 21	240 35
5	72791 90126	279 69084	81256 10521	91535 79605	908 659	*026 46	289 30
6	73765 17972	269 41629	81747 88171	92017 29800	912 794	066 69	338 23
7	74739 43194	259 15201	82240 13997	92499 29197	916 921	106 91	387 12
8	75714 65890	248 89798	82732 88046	92981 77844	921 039	147 11	435 99
9	76690 86158	238 65421	83226 10369	93464 75790	925 150	187 30	484 84
2,280	77668 04095	228 42067	83719 81014	93948 23081	929 253	227 47	533 65
1	78646 19799	218 19736	84214 00031	94432 19768	933 347	267 63	582 44
2	79625 33368	207 98427	84708 67470	94916 65898	937 434	307 78	631 21
3	80605 44898	197 78139	85203 83380	95401 61519	941 512	347 90	679 94
4	81586 54490	187 58871	85699 47810	95887 06681	945 583	388 02	728 66
5	82568 62240	177 40621	86195 60810	96373 01431	949 646	428 12	777 34
6	83551 68247	167 23389	86692 22429	96859 45818	953 700	468 20	826 00
7	84535 72609	157 07174	87189 32718	97346 39892	957 747	508 27	874 63
8	85520 75425	146 91974	87686 91725	97833 83700	961 786	548 33	923 24
9	86506 76793	136 77790	88184 99502	98321 77292	965 817	588 37	971 82
2,290	87493 76812	126 64619	88683 56096	98810 20715	969 840	628 40	**020 37
1	88481 75580	116 52460	89182 61560	99299 14020	973 855	668 41	068 90
2	89470 73196	106 41313	89682 15941	99788 57254	977 662	708 40	117 40
3	90460 69759	096 31177	90182 19291	*00278 50468	981 862	748 39	165 88
4	91451 65368	086 22051	90682 71659	00768 93709	985 853	788 35	214 33
5	92443 60123	076 13933	91183 73095	01259 87028	989 837	828 31	262 75
6	93436 54122	066 06822	91685 23650	01751 30472	993 813	868 25	311 15
7	94430 47464	056 00719	92187 23373	02243 24091	997 781	908 17	359 52
8	95425 40250	045 95621	92689 72314	02735 67935	*001 742	948 08	407 87
9	96421 32578	035 91527	93192 70525	03228 62053	005 695	987 97	456 19
	9,	0,10	4,	5,	0,98	1,56	1,47

x	$\log_e x$	x	$\log_e x$	x	$\log_e x$	x	$\log_e x$	x	$\log_e x$
	0,81		0,81		0,81		0,82		0,82
2,250	093 02162	**2,260**	536 48133	**2,270**	977 98315	**2,280**	417 54430	**2,290**	855 18176
1	137 45619	1	580 71933	1	*022 02631	1	461 39433	1	898 84035
2	181 87103	2	624 93777	2	066 05009	2	505 22514	2	942 47989
3	226 26615	3	669 13667	3	110 05449	3	549 03675	3	986 10039
4	270 64156	4	713 31603	4	154 03953	4	592 82918	4	*029 70187
5	314 99730	5	757 47589	5	198 00524	5	636 60243	5	073 28435
6	359 33336	6	801 61626	6	241 95163	6	680 35654	6	116 84785
7	403 64978	7	845 73715	7	285 87871	7	724 09150	7	160 39237
8	447 94657	8	889 83859	8	329 78650	8	767 80735	8	203 91794
9	492 22375	9	939 92058	9	373 67503	9	811 50410	9	247 42458
	0,81		0,81		0,82		0,82		0,83

x	φ	sin x	cos x	tg x	arc tg x	𝔄𝔪𝔭 x	
	13	0,7	— 0,6	— 1,1	1,16	1,37	78⁰
2,300	1⁰ 46′ 49″,05	4570 52121 77	6627 60212 80	1921 36417	066 898	094 65	32′ 58″,01
1	1 50 15,32	4503 85634 14	6702 13932 30	1696 35202	082 791	114 49	33 38,94
2	1 53 41,58	4437 11696 13	6776 60981 58	1471 84196	098 672	134 31	34 19,82
3	1 57 07,85	4370 30314 40	6851 01353 21	1427 83188	114 541	154 12	35 00,67
4	2 00 34,11	4303 41495 65	6925 35039 73	1024 31966	130 399	173 90	35 41,48
5	2 04 00,38	4236 45246 55	6999 62033 72	0801 30319	146 245	193 67	36 22,75
6	2 07 26,64	4169 41573 81	7073 82327 75	0578 78039	162 079	213 41	37 02,98
7	2 10 52,91	4102 30484 13	7147 95914 40	0356 74913	177 902	233 14	37 43,66
8	2 14 19,17	4035 11984 22	7222 02786 25	0135 20742	193 714	252 84	38 24,31
9	2 17 45,44	3967 86080 80	7296 02935 90	*9914 15316	209 514	272 53	39 04,92
2,310	2 21 11,70	3900 52780 59	7369 96355 95	9693 58432	225 302	292 20	39 45,49
1	2 24 37,97	3833 12090 34	7443 83039 00	9473 49884	241 079	311 85	40 26,02
2	2 28 04,23	3765 64016 76	7517 62977 67	9253 89470	256 844	331 48	41 06,51
3	2 31 30,50	3698 08566 63	7591 36164 57	9034 76990	272 598	351 09	41 46,96
4	2 34 56,76	3630 45746 69	7665 02592 34	8816 12242	288 340	370 68	42 27,37
5	2 38 23,03	3562 75563 70	7738 62253 61	8597 95027	304 071	390 25	43 07,74
6	2 41 49,29	3494 98024 44	7812 15141 02	8380 25146	319 791	409 80	43 48,07
7	2 45 15,56	3427 13135 68	7885 61247 21	8163 02403	335 499	429 34	44 28,36
8	2 48 41,82	3359 20904 21	7959 00564 84	7946 26601	351 195	448 85	45 08,61
9	2 52 08,09	3291 21336 82	8032 33086 57	7729 97546	366 881	468 35	45 48,82
2,320	2 55 34,35	3223 14440 30	8105 58805 07	7514 15042	382 554	487 82	46 28,99
1	2 59 00,62	3155 00211 47	8178 77713 01	7298 78896	398 216	507 28	47 09,13
2	3 02 26,88	3086 78687 15	8251 89803 08	7083 88917	413 867	526 72	47 49,22
3	3 05 53,14	3018 49844 14	8324 95067 95	6869 44914	429 507	546 14	48 29,28
4	3 09 19,41	2950 13699 29	8397 93500 33	6655 46696	445 135	565 54	49 09,29
5	3 12 45,67	2881 70259 42	8470 85092 92	6441 94074	460 752	584 92	49 49,27
6	3 16 11,94	2813 19531 39	8543 69838 42	6228 86860	476 358	604 28	50 29,21
7	3 19 38,20	2744 61522 03	8616 47729 55	6016 24867	491 952	623 62	51 09,10
8	3 23 04,47	2675 96238 21	8689 18759 04	5804 07908	507 535	642 95	51 48,96
9	3 26 30,73	2607 23686 80	8761 82919 61	5592 35799	523 107	662 25	52 28,78
2,330	3 29 57,00	2538 43874 67	8834 40203 99	5381 08358	538 667	681 54	53 08,56
1	3 33 23,26	2469 56808 69	8906 90604 94	5170 25396	554 217	700 81	53 48,30
2	3 36 49,53	2400 62495 76	8979 34115 19	4959 86733	569 754	720 06	54 28,01
3	3 40 15,79	2331 60942 76	9051 70727 52	4749 92188	585 281	739 29	55 07,67
4	3 43 42,06	2262 52156 60	9124 00434 67	4540 41581	600 796	758 50	55 47,29
5	3 47 08,32	2193 36144 19	9196 23229 42	4331 34731	616 301	777 69	56 26,88
6	3 50 34,59	2124 12912 45	9268 39104 55	4122 71461	631 794	796 86	57 06,43
7	3 54 00,85	2054 82468 29	9340 48052 84	3914 51593	647 275	816 01	57 45,94
8	3 57 27,12	1985 44818 66	9412 50067 09	3706 74949	662 746	835 15	58 25,40
9	4 00 53,38	1915 99970 47	9484 45140 08	3499 41355	678 205	854 27	59 04,84
2,340	4 04 19,65	1846 47930 69	9556 33264 63	3292 50634	693 653	873 36	59 44,23
1	4 07 45,91	1776 88706 26	9628 14433 55	3086 02613	709 090	892 44	*00 23,58
2	4 11 12,18	1707 22304 15	9699 88639 65	2879 97119	724 516	911 50	01 02,89
3	4 14 38,44	1637 48731 31	9771 55875 76	2674 33979	739 931	930 54	01 42,17
4	4 18 04,71	1567 67994 72	9843 16134 72	2469 13022	755 335	949 57	02 21,41
5	4 21 30,97	1497 80101 36	9914 69409 37	2264 34077	770 727	968 57	03 00,61
6	4 24 57,24	1427 85058 23	9986 15692 54	2059 96974	786 109	987 56	03 39,77
7	4 28 23,50	1357 87872 31	*0057 54977 10	1856 01546	801 479	*006 52	04 18,89
8	4 31 49,77	1287 73550 61	0128 87255 91	1652 47623	816 838	025 47	04 57,97
9	4 35 16,03	1217 57100 14	0200 12521 83	1449 35038	832 186	044 40	05 37,02
	13	0,7	— 0,7	— 1,0	1,16	1,38	79⁰

x	$e^{\frac{x\pi}{360}}$	$e^{-\frac{x\pi}{360}}$	𝔖𝔦𝔫 $\frac{x\pi}{360}$	𝔆𝔬𝔰 $\frac{x\pi}{360}$
220	6,82001 84504	0,14662 71693	3,33669 56406	3,48332 28099
1	6,87979 47830	0,14535 31728	3,36722 08051	3,51257 39779
2	6,94009 50453	0,14409 02457	3,39800 23998	3,54209 26455
3	7,00092 38294	0,14283 82917	3,42904 27689	3,57188 10605
4	7,06228 57677	0,14159 72155	3,46034 42761	3,60194 14916
5	7,12418 55332	0,14036 69227	3,49190 93053	3,63227 62280
6	7,18662 78399	0,13914 73195	3,52374 02602	3,66288 75797
7	7,24961 74432	0,13793 83130	3,55583 95651	3,69377 78781
8	7,31315 91398	0,13673 98112	3,58820 96643	3,72494 94755
9	7,37725 77689	0,13555 17228	3,62085 30231	3,75640 47459

x	e^x	e^{-x}	Sin x	Cos x	Tg x	Ar Sin x	Ar Cos x
	9,	**0,10**	**4,9**	**5,0**	**0,980**	**1,57**	**1,47**
2,300	97418 24548	025 88437	3696 18055	3722 06493	09 640	027 85	504 48
1	98416 16260	015 86350	4200 14955	4216 01305	13 577	067 72	552 45
2	99415 07814	005 85264	4704 61275	4710 46539	17 507	107 57	600 99
3	*00414 99309	*995 85179	5209 57065	5205 42244	21 428	147 41	649 20
4	01415 90846	985 86093	5715 02376	5700 88470	25 343	187 23	697 39
5	02417 82524	975 88007	6220 97259	6196 85266	29 249	227 03	745 56
6	03420 74444	965 90917	6727 41764	6693 32681	33 148	266 83	793 70
7	04424 66707	955 94824	7234 35941	7190 30766	37 039	306 61	841 81
8	05429 59411	945 99727	7741 79842	7687 79570	40 923	346 37	889 90
9	06435 52659	936 05625	8249 73517	8185 79142	44 798	386 12	937 96
2,310	07442 46550	926 12516	8758 17017	8684 29533	48 667	425 85	985 99
1	08450 41186	916 20399	9267 10393	9183 30793	52 528	465 57	*034 00
2	09459 36666	906 29274	9776 53696	9682 82971	56 381	505 28	081 99
3	10469 33093	896 39140	*0286 46976	*0182 86117	60 227	544 97	129 95
4	11480 30566	886 49996	0796 90285	0683 40282	64 065	584 64	177 88
5	12492 29187	876 61840	1307 83674	1184 45514	67 895	624 30	225 79
6	13505 29058	866 74672	1819 27193	1686 01866	71 719	663 95	273 67
7	14519 30279	856 88490	2331 20894	2188 09386	75 534	703 58	321 53
8	15534 32952	847 03295	2843 64829	2690 68124	79 342	743 21	369 36
9	16550 37179	837 19083	3356 59048	3193 78132	83 143	782 81	417 17
2,320	17567 43061	827 35856	3870 03602	3697 39459	86 936	822 40	464 95
1	18585 50699	817 53611	4383 98544	4201 52156	90 722	861 98	512 71
2	19604 60196	807 72348	4898 43924	4706 16273	94 501	901 54	560 44
3	20624 71654	797 92066	5413 39794	5211 31861	98 272	941 09	608 14
4	21645 85173	788 12764	5928 86205	5716 98969	*02 035	980 62	655 82
5	22668 00858	778 34441	6444 83209	6223 17649	05 791	*020 14	703 48
6	23691 18809	768 57095	6961 30857	6729 87952	09 540	059 64	751 11
7	24715 39130	758 80726	7478 29202	7237 09928	13 282	099 13	798 72
8	25740 61922	749 05333	7995 78294	7744 83627	17 016	138 61	846 30
9	26766 87288	739 30915	8513 78187	8253 09101	20 743	178 07	893 85
2,330	27794 15330	729 57471	9032 28930	8761 86401	24 462	217 51	941 38
1	28822 46153	719 85000	9551 30577	9271 15576	28 174	256 95	988 88
2	29851 79857	710 13501	**0070 83179	9780 96679	31 879	296 37	**036 36
3	30882 16547	700 42972	0590 86787	**0291 29759	35 577	335 77	083 82
4	31913 56325	690 73414	1111 41455	0802 14869	39 268	375 16	131 25
5	32945 99294	681 04825	1632 47235	1313 52059	42 951	414 54	178 65
6	33979 45558	671 37204	2154 04177	1825 41381	46 627	453 90	226 03
7	35013 95219	661 70551	2676 12335	2337 82885	50 296	493 24	273 39
8	36049 48383	652 04863	3198 71760	2850 76622	53 957	532 58	320 72
9	37086 05171	642 40140	3721 82506	3364 22645	57 612	571 89	368 03
2,340	38123 65627	632 76382	4245 44623	3878 21005	61 259	611 20	415 31
1	39162 29916	623 13587	4769 58165	4392 71752	64 899	650 49	462 56
2	40201 98122	613 51755	5294 23184	4907 74938	68 532	689 76	509 80
3	41242 70347	603 90884	5819 39732	5423 30615	72 158	729 03	557 00
4	42284 46697	594 30973	6345 07863	5939 38835	75 777	768 27	604 19
5	43327 27276	584 72021	6871 27628	6455 99648	79 388	807 51	651 34
6	44371 12187	575 14028	7397 99079	6973 13107	82 993	846 73	698 48
7	45416 01535	565 56993	7925 22271	7490 79264	86 590	885 93	745 59
8	46461 95425	556 00914	8452 97255	8008 98169	90 181	925 12	792 67
9	47508 93960	546 45791	8981 24085	8527 69876	93 764	964 30	839 73
	10,	**0,09**	**5,1**	**5,2**	**0,981**	**1,58**	**1,49**

x	$\log_e x$	x	$\log_e x$	x	$\log_e x$	x	$\log_e x$	x	$\log_e x$
	0,83		**0,83**		**0,84**		**0,84**		**0,85**
2,300	290 91229	**2,310**	724 75245	**2,320**	156 71857	**2,330**	586 82676	**2,340**	015 09294
1	334 38111	1	768 03313	1	199 81273	1	629 73601	1	057 81885
2	377 83103	2	811 29508	2	242 88833	2	672 62685	2	100 52652
3	421 26208	3	854 53832	3	285 94538	3	715 49930	3	143 21595
4	464 67428	4	897 76288	4	328 98390	4	758 35339	4	185 88717
5	508 06764	5	940 96875	5	372 00390	5	801 18911	5	228 54019
6	551 44218	6	984 15597	6	415 00541	6	844 00650	6	271 17502
7	594 79792	7	*027 32455	7	457 98843	7	886 80556	7	313 79169
8	638 13486	8	070 47449	8	500 95299	8	929 58631	8	356 39020
9	681 45304	9	113 60583	9	543 89909	9	972 34876	9	398 97057
	0,83		**0,84**		**0,84**		**0,84**		**0,85**

x	φ	sin x	cos x	tg x	arc tg x	Amp x	
	13	**0,7**	**— 0,7**	**— 1,0**	**1,16**	**1,38**	**79⁰**
2,350	4⁰ 38′ 42″,29	1147 33527 91	0271 30767 74	1246 63626	847 523	063 31	06′ 16″,03
1	4 42 08,56	1077 02840 95	0342 41986 51	1044 33221	862 849	082 21	06 55,00
2	4 45 34,82	1006 65046 28	0413 46171 05	0842 43657	878 164	101 08	07 33,93
3	4 49 01,09	0936 20150 95	0484 43314 24	0640 94772	893 468	119 94	08 12,82
4	4 52 27,35	0865 68162 00	0555 33408 99	0439 86402	908 761	138 77	08 51,67
5	4 55 53,62	0795 09086 48	0626 16448 20	0239 18386	924 043	157 59	09 30,49
6	4 59 19,88	0724 42931 46	0696 92424 80	0038 90561	939 314	176 39	10 09,27
$\frac{3\pi}{4}$ = 2,356…	5	0710 67811 87	0710 67811 87	0	942 196	180 04	10 16,79
7	5 02 46,15	0653 69703 99	0767 61331 71	*9839 02767	954 574	195 17	10 48,01
8	5 06 12,41	0582 89411 15	0838 23161 85	9639 54845	969 823	213 94	11 26,71
9	5 09 38,68	0512 02060 03	0908 77908 17	9440 46635	985 061	232 68	12 05,37
2,360	5 13 04,94	0441 07657 70	0979 25563 62	9241 77979	*000 287	251 41	12 44,00
1	5 16 31,21	0370 06211 27	1049 66121 14	9043 48721	015 504	270 12	13 22,59
2	5 19 57,47	0298 97727 83	1119 99573 70	8845 58703	030 709	288 81	14 01,14
3	5 23 23,74	0227 82214 49	1190 25914 25	8648 07769	045 903	307 48	14 39,65
4	5 26 50,00	0156 59678 37	1260 45135 79	8450 95765	061 087	326 13	15 18,12
5	5 30 16,27	0085 30126 59	1330 57231 27	8254 22535	076 259	344 76	15 56,56
6	5 33 42,53	0013 93566 29	1400 62193 70	8057 87928	091 421	363 38	16 34,96
7	5 37 08,80	*9942 50004 59	1470 60016 07	7861 91789	106 572	381 98	17 13,32
8	5 40 35,06	9870 99448 64	1540 50691 38	7666 33967	121 712	400 56	17 51,64
9	5 44 01,33	9799 41905 59	1610 34212 64	7471 14311	136 841	419 12	18 29,93
2,370	5 47 27,59	9727 77382 60	1680 10572 87	7276 32670	151 959	437 66	19 08,18
1	5 50 53,86	9656 05886 83	1749 79765 08	7081 88894	167 067	456 19	19 46,39
2	5 54 20,12	9584 27425 46	1819 41782 32	6887 82834	182 163	474 70	20 24,56
3	5 57 46,39	9512 42005 66	1888 96617 61	6694 14342	197 249	493 18	21 02,70
4	6 01 12,65	9440 49634 62	1958 44264 01	6500 83270	212 324	511 65	21 40,80
5	6 04 38,91	9368 50319 53	2027 84714 57	6307 89472	227 389	530 11	22 18,86
6	6 08 05,18	9296 44067 59	2097 17962 34	6115 32800	242 442	548 54	22 56,88
7	6 11 31,44	9224 30886 01	2166 44000 39	5923 13111	257 485	566 96	23 34,87
8	6 14 57,71	9152 10782 00	2235 62821 80	5731 30258	272 517	585 36	24 12,81
9	6 18 23,97	9079 83762 78	2304 74419 65	5539 84098	287 538	603 74	24 50,73
2,380	6 21 50,24	9007 49835 57	2373 78787 03	5348 74488	302 548	622 10	25 28,60
1	6 25 16,50	8935 09007 61	2442 75917 02	5158 01285	317 547	640 44	26 06,44
2	6 28 42,77	8862 61286 15	2511 65802 74	4967 64346	332 536	658 77	26 44,24
3	6 32 09,03	8790 06678 43	2580 48437 30	4777 63531	347 515	677 08	27 22,00
4	6 35 35,30	8717 45191 70	2649 23813 81	4587 98699	362 482	695 37	27 59,73
5	6 39 01,56	8644 76833 22	2717 91925 39	4398 69710	377 439	713 64	28 37,41
6	6 42 27,83	8572 01610 27	2786 52765 18	4209 76425	392 386	731 89	29 15,07
7	6 45 54,09	8499 19530 12	2855 06326 33	4021 18704	407 321	750 13	29 52,68
8	6 49 20,36	8426 30600 04	2923 52601 96	3832 96411	422 246	768 34	30 30,26
9	6 52 46,62	8353 34827 34	2991 91585 24	3645 09408	437 161	786 55	31 07,80
2,390	6 56 12,89	8280 32219 31	3060 23269 34	3457 57559	452 065	804 73	31 45,30
1	6 59 39,15	8207 22783 24	3128 47647 41	3270 40726	466 958	822 89	32 22,77
2	7 03 05,42	8134 06526 45	3196 64712 63	3083 58776	481 840	841 04	33 00,20
3	7 06 31,68	8060 83456 25	3264 74458 19	2897 11573	496 712	859 17	33 37,59
4	7 09 57,95	7987 53579 97	3332 76877 28	2710 98983	511 574	877 28	34 14,95
5	7 13 24,21	7914 16904 94	3400 71963 08	2525 20873	526 424	895 37	34 52,27
6	7 16 50,48	7840 73438 50	3468 59708 82	2339 77111	541 265	913 45	35 29,55
7	7 20 16,74	7767 23187 97	3536 40107 70	2154 67563	556 094	931 50	36 06,80
8	7 23 43,01	7693 66160 73	3604 13152 94	1969 92098	570 914	949 54	36 44,01
9	7 27 09,27	7620 02364 12	3671 78837 76	1785 50587	585 722	967 57	37 21,18
	13	**0,6**	**— 0,7**	**— 0,9**	**1,17**	**1,38**	**79⁰**

x	$e^{\frac{x\pi}{360}}$	$e^{-\frac{x\pi}{360}}$	$\mathfrak{Sin}\,\frac{x\pi}{360}$	$\mathfrak{Cos}\,\frac{x\pi}{360}$
230	7,44191 82119	0,13437 39573	3,65377 21273	3,78814 60846
1	7,50714 53929	0,13320 64250	3,68696 94840	3,82017 59090
2	7,57294 42794	0,13204 90371	3,72044 76212	3,85249 66583
3	7,63931 98823	0,13090 17053	3,75420 90885	3,88511 07938
4	7,70627 72563	0,12976 43423	3,78825 64570	3,91802 07993
5	7,77382 15006	0,12863 68615	3,82259 23195	3,95122 91811
6	7,84195 77590	0,12751 91771	3,85721 92910	3,98473 84681
7	7,91069 12205	0,12641 12038	3,89214 00084	4,01855 12121
8	7,98002 71194	0,12531 28573	3,92735 71310	4,05266 99884
9	8,04997 07359	0,12422 40541	3,96287 33409	4,08709 73950

x	e^{x}	e^{-x}	Sin x	Cos x	Tg x	Ar Sin x	Ar Cos x
	10,	**0,09**	**5,**	**5,**	**0,981**	**1,59**	**1,4**
2,350	48556 97247	536 91622	19510 02813	29046 94435	97 340	003 46	9886 76
1	49606 05390	527 38407	20039 33491	29566 71899	*00 910	042 61	9933 77
2	50656 18493	517 86145	20569 16174	30087 02319	04 472	081 74	9980 76
3	51707 36662	508 34835	21099 50914	30607 85748	08 027	120 86	*0027 72
4	52759 60001	498 84475	21630 37763	31129 22238	11 576	159 97	0074 66
5	53812 88617	489 35065	22161 76776	31651 11841	15 117	199 06	0121 58
6	54867 22614	479 86605	22693 68005	32173 54609	18 651	238 14	0168 47
$\frac{3\pi}{4}=2,356\ldots$	55072 40742	478 02248	22797 19247	32275 21495	19 338	245 74	0177 58
7	55922 62097	470 39092	23226 11503	32696 50595	22 179	277 20	0215 33
8	56979 07173	460 92526	23759 07324	33219 99850	25 699	316 25	0262 17
9	58036 57947	451 46906	24292 55520	33744 02427	29 213	355 29	0308 99
2,360	59095 14524	442 02232	24826 56146	34268 58378	32 720	394 31	0355 78
1	60154 77011	432 58502	25361 09255	34793 67757	36 220	433 32	0402 55
2	61215 45514	423 15715	25896 14900	35319 30615	39 713	472 31	0449 29
3	62277 20138	413 73870	26431 73134	35845 47004	43 199	511 29	0496 01
4	63340 00989	404 32967	26967 84012	36372 16979	46 678	550 26	0542 71
5	64403 88175	394 93004	27504 47586	36899 40590	50 151	589 21	0589 38
6	65468 81801	385 53980	28041 63911	37427 17892	53 616	628 15	0636 03
7	66534 81974	376 15895	28579 33040	37955 48936	57 075	667 07	0682 65
8	67601 88801	366 78748	29117 55026	38484 33775	60 527	705 98	0729 25
9	68670 02388	357 42538	29656 29925	39013 72463	63 973	744 88	0775 82
2,370	69739 22841	348 07263	30195 57789	39543 65053	67 411	783 76	0822 37
1	70809 50269	338 72923	30735 38673	40074 11597	70 843	822 63	0868 90
2	71880 84777	329 39517	31275 72630	40605 12148	74 268	861 48	0915 40
3	72953 26474	320 07043	31816 59715	41136 66759	77 686	900 32	0961 88
4	74026 75466	310 75502	32357 99982	41668 75484	81 098	939 15	1008 34
5	75101 31861	301 44892	32899 93484	42201 38376	84 503	977 96	1054 77
6	76176 95766	292 15212	33442 40277	42734 55489	87 901	*016 76	1101 18
7	77253 67288	282 86461	33985 40413	43268 26875	91 293	055 55	1147 57
8	78331 46536	273 58639	34528 93948	43802 52588	94 678	094 32	1193 93
9	79410 33617	264 31744	35073 00936	44337 32681	98 056	133 08	1240 27
2,380	80490 28639	255 05775	35617 61432	44872 67207	**01 427	171 82	1286 58
1	81571 31710	245 80732	36162 75489	45408 56221	04 792	210 55	1332 87
2	82653 42939	236 56613	36708 43162	45944 99776	08 151	249 26	1379 14
3	83736 62432	227 33418	37254 64506	46481 97926	11 503	287 97	1425 38
4	84820 90300	218 11146	37801 39576	47019 50723	14 848	326 65	1471 60
5	85906 26649	208 89796	38348 68426	47557 58223	18 186	365 33	1517 80
6	86992 71589	199 69366	38896 51111	48096 20478	21 518	403 99	1563 97
7	88080 25229	190 49857	39444 87685	48635 37543	24 844	442 64	1610 12
8	99168 87676	181 31266	39993 78204	49175 09472	28 163	481 27	1656 25
9	90258 59040	172 13594	40543 22723	49715 36318	31 475	519 89	1702 35
2,390	91349 39430	162 96839	41093 21296	50256 18135	34 781	558 49	1748 43
1	92441 28956	153 81000	41643 73978	50797 54978	38 081	597 08	1794 48
2	93534 27725	144 66076	42194 80824	51339 46901	41 374	635 66	1840 52
3	94628 35847	135 52067	42746 41890	51881 93958	44 660	674 23	1886 53
4	95723 53433	126 38972	43298 57230	52424 96203	47 940	712 78	1932 51
5	96819 80591	117 26789	43851 26901	52968 53690	51 214	751 31	1978 47
6	97917 17430	108 15518	44404 50956	53512 66475	54 481	789 84	2024 41
7	99015 64062	099 05158	44958 29452	54057 34611	57 742	828 35	2070 33
8	*00115 20595	089 95708	45512 62444	54602 58152	60 996	866 84	2116 22
9	01215 87140	080 87166	46067 49987	55148 37153	64 244	905 32	2162 09
	11,	**0,09**	**5,**	**5,**	**0,983**	**1,60**	**1,5**

x	$\log_e x$	x	$\log_e x$	x	$\log_e x$	x	$\log_e x$	x	$\log_e x$
	0,85		**0,85**		**0,86**		**0,86**		**0,87**
2,350	441 53282	**2,360**	866 16190	**2,370**	288 99551	**2,380**	710 04877	**2,390**	129 33659
1	484 07696	1	908 52581	1	331 18071	1	752 05675	1	171 16885
2	526 60300	2	950 87178	2	373 34811	2	794 04709	2	212 98361
3	569 11097	3	993 19982	3	415 49775	3	836 01981	3	254 78089
4	611 60088	4	*035 50995	4	457 62962	4	877 97492	4	296 56071
5	654 07275	5	077 80219	5	499 74375	5	919 91243	5	338 32309
6	696 52658	6	120 07656	6	541 84015	6	961 83237	6	380 06803
$\frac{3\pi}{4}=2,356\ldots$	704 78134								
7	738 96240	7	162 33305	7	583 91884	7	*003 73474	7	421 79555
8	781 38021	8	204 57170	8	625 97983	8	045 61955	8	463 50566
9	823 78004	9	246 79252	9	668 02313	9	087 48683	9	505 19839
	0,85		**0,86**		**0,86**		**0,87**		**0,87**

x	φ	sin x	cos x	tg x	arc tg x	Amp x	
	13	0,6	—0,7	—0,9	1,17	1,38	79°
2,400	7° 30′ 35″,53	7546 31805 51	3739 37155 41	1601 42897	600 521	985 57	37′ 58″,32
1	7 34 01,80	7472 54492 27	3806 88099 12	1417 68900	615 308	*003 56	38 35,42
2	7 37 28,06	7398 70431 77	3874 31662 15	1234 28466	630 085	021 53	39 12,48
3	7 40 54,33	7324 79631 41	3941 67837 74	1051 21468	644 852	039 48	39 49,51
4	7 44 20,59	7250 82098 56	4008 96619 17	0868 47779	659 608	057 41	40 26,50
5	7 47 46,86	7176 77840 64	4076 17999 70	0686 07265	674 354	075 33	41 03,45
6	7 51 13,12	7102 66865 03	4143 31972 61	0503 99807	689 089	093 23	41 40,37
7	7 54 39,39	7028 49179 16	4210 38531 19	0322 25276	703 814	111 11	42 17,25
8	7 58 05,65	6954 24790 44	4277 37668 73	0140 83546	718 529	128 97	42 54,10
9	8 01 31,92	6879 93706 30	4344 29378 54	*9959 74494	733 233	146 81	43 30,91
2,410	8 04 58,18	6805 55934 16	4411 13653 92	9778 97993	747 926	164 64	44 07,68
1	8 08 24,45	6731 11481 47	4477 90488 18	9598 53922	762 609	182 45	44 44,42
2	8 11 50,71	6656 60355 67	4544 59874 65	9418 42156	777 289	200 25	45 21,12
3	8 15 16,98	6582 02564 21	4611 21806 67	9238 62573	791 944	218 02	45 57,78
4	8 18 43,24	6507 38114 54	4677 76277 56	9059 15051	806 597	235 78	46 34,41
5	8 22 09,51	6432 67014 14	4744 23280 68	8879 99468	821 238	253 52	47 11,00
6	8 25 35,77	6357 89270 47	4810 62809 38	8701 15704	835 870	271 24	47 47,56
7	8 29 02,04	6283 04891 02	4876 94857 01	8522 63637	850 491	288 95	48 24,08
8	8 32 28,30	6208 13883 26	4943 19416 95	8344 43150	865 101	306 64	49 00,57
9	8 35 54,57	6133 16254 68	5009 36482 57	8166 54121	879 702	324 31	49 37,02
2,420	8 39 20,83	6058 12012 79	5075 46047 25	7988 96432	894 292	341 96	50 13,43
1	8 42 47,10	5983 01165 09	5141 48104 39	7811 69966	908 872	359 60	50 49,80
2	8 46 13,36	5907 83719 09	5207 42647 39	7634 74604	923 442	377 22	51 26,15
3	8 49 39,63	5832 59682 30	5273 29669 64	7458 10229	938 001	394 82	52 02,45
4	8 53 05,89	5757 29062 26	5339 09164 56	7281 76726	952 550	412 40	52 38,72
5	8 56 32,16	5681 91866 48	5404 81125 57	7105 73977	967 089	429 97	53 14,96
6	8 59 58,42	5606 48102 52	5470 45546 10	6930 01867	981 617	447 52	53 51,15
7	9 03 24,68	5530 97777 91	5536 02419 59	6754 60282	996 135	465 05	54 27,32
8	9 06 50,95	5455 40900 20	5601 51739 47	6579 49107	*010 643	482 57	55 03,44
9	9 10 17,21	5379 77476 95	5666 93499 20	6404 68225	025 141	500 06	55 39,54
2,430	9 13 43,48	5304 07515 72	5732 27692 25	6230 17528	039 627	517 54	56 15,59
1	9 17 09,74	5228 31024 09	5797 54312 06	6055 96901	054 105	535 01	56 51,61
2	9 20 36,01	5152 48009 63	5862 73352 12	5882 06231	068 572	552 45	57 27,60
3	9 24 02,27	5076 58479 91	5927 84805 91	5708 45407	083 029	569 88	58 03,55
4	9 27 28,54	5000 62442 54	5992 88666 91	5535 14316	097 476	587 29	58 39,46
5	9 30 54,80	4924 59905 11	6057 84928 63	5362 12848	111 913	604 69	59 15,34
6	9 34 21,07	4848 50875 22	6122 73584 56	5189 40893	126 339	622 07	59 51,19
7	9 37 47,33	4772 35360 48	6187 54628 21	5016 98341	140 756	639 43	*00 26,99
8	9 41 13,60	4696 13368 51	6252 28053 12	4844 85082	155 162	656 77	01 02,77
9	9 44 39,86	4619 84906 92	6316 93852 79	4673 01007	169 558	674 10	01 38,51
2,440	9 48 06,13	4543 49983 34	6381 52020 78	4501 46009	183 945	691 41	02 14,21
1	9 51 32,39	4467 08605 42	6446 02550 61	4330 19978	198 321	708 70	02 49,88
2	9 54 58,66	4390 60780 79	6510 45435 84	4159 22808	212 687	725 97	03 25,51
3	9 58 24,92	4314 06517 10	6574 80670 02	3988 54391	227 043	743 23	04 01,11
4	*0 01 51,19	4237 45822 00	6639 08246 73	3818 14621	241 389	760 47	04 36,67
5	0 05 17,45	4160 78703 16	6703 28159 53	3648 03392	255 725	777 70	05 12,20
6	0 08 43,72	4084 05168 24	6767 40402 00	3478 20599	270 050	794 90	05 47,69
7	0 12 09,98	4007 25224 92	6831 44967 73	3308 66136	284 366	812 09	06 23,15
8	0 15 36,25	3930 38880 87	6895 41850 31	3139 39899	298 672	829 27	06 58,57
9	0 19 02,51	3853 46143 78	6959 31043 36	2970 41782	312 967	846 42	07 33,96
	14	0,6	—0,7	—0,8	1,18	1,39	80°

x	$e^{\frac{x\pi}{360}}$	$e^{-\frac{x\pi}{360}}$	Sin $\frac{x\pi}{360}$	Cof $\frac{x\pi}{360}$
240	8,12052 73967	0,12314 47111	3,99869 13428	4,12183 60539
1	8,19170 24749	0,12207 47461	4,03481 38644	4,15688 86105
2	8,26350 13909	0,12101 40778	4,07124 36565	4,19225 77343
3	8,33592 96125	0,11996 26252	4,10798 34936	4,22794 61188
4	8,40899 26554	0,11892 03084	4,14503 61735	4,26395 64819
5	8,48269 60839	0,11788 70480	4,18240 45180	4,30029 15659
6	8,55704 55107	0,11686 27652	4,22009 13728	4,33695 41379
7	8,63204 65979	0,11584 73820	4,25809 96079	4,37394 69900
8	8,70770 50572	0,11484 08213	4,29643 21180	4,41127 29392
9	8,78402 66504	0,11384 30062	4,33509 18221	4,44893 48283

x	e^x	e^{-x}	Sin x	Cos x	Tg x	Ar Sin x	Ar Cos x
	11,	0,09	5,	5,	0,983	1,60	1,52
2,400	02317 63806	071 79533	46622 92137	55694 71670	67 486	943 79	207 94
1	03420 50704	062 72807	47178 88949	56241 61756	70 721	982 25	253 76
2	04524 47945	053 66987	47735 40479	56789 07466	73 949	*020 69	299 56
3	05629 55637	044 62073	48292 46783	57337 08855	77 172	059 11	345 34
4	06735 73893	035 58063	48850 07915	57885 65978	80 389	097 53	391 09
5	07843 02822	026 54956	49408 23933	58434 78890	83 598	135 93	436 82
6	08951 42535	017 52752	49966 94892	58984 47645	86 802	174 32	482 53
7	10060 93144	008 51450	50526 20847	59534 72298	89 999	212 69	528 22
8	11171 54759	*999 51049	51086 01855	60085 52905	93 190	251 05	573 38
9	12283 27490	990 51548	51646 37972	60636 89520	96 375	289 39	619 52
2,410	13396 11451	981 52946	52207 29253	61188 82200	99 553	327 73	665 14
1	14510 06750	972 55242	52768 75755	61741 30998	*02 725	366 04	710 73
2	15625 13501	963 58435	53330 77534	62294 35970	05 891	404 35	756 30
3	16741 31815	954 62525	53893 34646	62847 97171	09 051	442 64	801 85
4	17858 61802	945 67510	54456 47147	63402 14658	12 204	480 92	847 37
5	18977 07576	936 73389	55020 15094	63956 88484	15 352	519 18	892 87
6	20096 57247	927 80163	55584 38543	64512 18707	18 493	557 44	938 35
7	21217 22927	918 87829	56149 17550	65068 05380	21 628	595 67	983 81
8	22339 00730	909 96387	56714 52172	65624 48561	24 756	633 90	*029 24
9	23461 90766	901 05836	57280 42466	66181 48303	27 879	672 11	074 66
2,420	24585 93149	892 16175	57846 88488	66739 04664	30 995	710 30	120 05
1	25711 07990	883 27403	58413 90294	67297 17699	34 106	748 49	165 41
2	26837 35402	874 39519	58981 47942	67255 87463	37 210	786 66	210 76
3	27964 75498	865 52524	59549 61488	68415 14013	40 308	824 81	256 08
4	29093 28391	856 66414	60118 30989	68974 97403	43 400	862 95	301 38
5	30222 94193	847 81190	60687 56501	69535 37692	46 486	901 09	346 65
6	31353 73017	838 96851	61257 38083	70096 34934	49 566	939 20	391 91
7	32485 64977	830 13396	61827 75790	70657 89187	52 640	977 30	437 14
8	33618 70185	821 30824	62398 69680	71220 00505	55 707	**015 39	482 35
9	34752 88755	812 49134	62970 19810	71782 68945	58 769	052 47	527 53
2,430	35888 20800	803 68326	63542 26237	72345 94563	61 825	091 53	572 70
1	37024 66434	794 88398	64114 89019	72909 77416	64 875	129 58	617 84
2	38162 25771	786 09349	64688 08211	73474 17560	67 918	167 62	662 96
3	39300 98924	777 31179	65261 83873	74039 15051	70 956	205 64	708 06
4	40440 86007	768 53886	65836 16063	74604 69947	73 988	243 65	753 13
5	41581 87134	759 77471	66411 04832	75170 82302	77 014	281 64	798 18
6	42724 02419	751 01931	66986 50244	75737 52175	80 033	319 63	843 21
7	43867 31977	742 27266	67562 52355	76304 79622	83 047	357 60	888 22
8	45011 75921	733 53476	68139 11223	76872 64699	86 055	395 55	933 21
9	46157 34367	724 80559	68716 26904	77441 07463	89 057	433 49	978 17
2,440	47304 07428	716 08515	69293 99457	78010 07972	92 053	471 42	**023 11
1	48451 95220	707 37342	69872 28939	78579 66281	95 043	509 34	068 03
2	49600 97857	698 67040	70451 15409	79149 82449	98 028	547 24	112 93
3	50751 15454	689 97607	71030 58923	79720 56531	**01 006	585 13	157 81
4	51902 48126	681 29044	71610 59541	80291 88586	03 979	623 00	202 66
5	53054 95988	672 61349	72191 17320	80863 78670	06 944	660 87	247 49
6	54208 59156	663 94521	72772 32318	81436 26840	09 907	698 72	292 30
7	55363 37745	655 28560	73354 04593	82009 33154	12 861	736 55	337 09
8	56519 31870	646 63464	73936 34203	82582 97668	15 811	774 38	381 85
9	57676 41648	637 99232	74519 21207	83157 20440	18 754	812 19	426 59
	11,	0,08	5,	5,	0,985	1,62	1,54

x	$\log_e x$	x	$\log_e x$	x	$\log_e x$	x	$\log_e x$	x	$\log_e x$
	0,87		0,87		0,88		0,88		0,89
2,400	546 87374	2,410	962 67475	2,420	376 75402	2,430	789 12574	2,440	199 80393
1	588 53172	1	*004 15992	1	418 06780	1	830 26953	1	240 77914
2	630 17237	2	045 62789	2	459 36451	2	871 39641	2	281 73757
3	671 79568	3	087 07866	3	500 64418	3	912 50638	3	322 67923
4	713 40167	4	128 51227	4	541 90682	4	953 59946	4	363 60413
7	754 99036	5	169 92871	5	583 15244	5	994 67565	5	404 51229
6	796 56176	6	211 32801	6	624 38105	6	*035 73498	6	445 40373
7	838 11588	7	252 71017	7	665 59267	7	076 77746	7	486 27845
8	879 65274	8	294 07522	8	706 78732	8	117 80311	8	527 13647
9	921 17236	9	335 42316	9	747 96500	9	158 81192	9	567 97780
	0,87		0,88		0,88		0,89		0,89

x	φ	sin x	cos x	tg x	arc tg x	Amp x	
	14	0,6	—0,7	—0,8	1,18	1,39	80⁰
2,450	0⁰ 22′ 28″,78	3776 47021 35	7023 12540 47	2801 71686	327 252	863 56	08′ 09″,31
1	0 25 55,04	3699 41521 27	7086 86335 28	2633 29502	341 528	880 69	08 44,68
2	0 29 21,30	3622 29651 24	7150 52421 39	2465 15129	355 793	897 79	09 19,91
3	0 32 47,57	3545 11418 99	7214 10792 46	2297 28465	370 049	914 88	09 55,16
4	0 36 13,83	3467 86832 23	7277 61442 11	2129 69409	384 295	931 95	10 30,37
5	0 39 40,10	3390 55898 69	7341 04364 01	1962 37858	398 531	949 01	11 05,55
6	0 43 06,36	3313 18626 08	7404 39551 80	1795 33712	412 757	966 05	11 40,70
7	0 46 32,63	3235 75022 16	7467 66999 15	1628 56870	426 973	983 07	12 15,81
8	0 49 58,89	3158 25094 67	7530 86699 73	1462 07232	441 179	*000 07	12 50,88
9	0 53 25,16	3080 68851 35	7593 98647 23	1295 84699	455 375	017 06	13 25,92
2,460	0 56 51,42	3003 06299 96	7657 02835 33	1129 89170	469 561	034 03	14 00,93
1	1 00 17,69	2925 37448 27	7719 99257 73	0964 20547	483 737	050 99	14 35,90
2	1 03 43,95	2847 62304 03	7782 87908 13	0798 78732	497 903	067 93	15 10,84
3	1 07 10,22	2769 80875 04	7845 68780 24	0633 63627	512 060	084 85	15 45,74
4	1 10 36,48	2691 93169 07	7908 41867 79	0468 75133	526 207	101 75	16 20,61
5	1 14 02,75	2613 99193 90	7971 07164 49	0304 13154	540 344	118 64	16 55,45
6	1 17 29,01	2535 98957 34	8033 64664 09	0139 77594	554 471	135 51	17 30,25
7	1 20 55,28	2457 92467 18	8096 14360 32	*9975 68355	568 588	152 37	18 05,01
8	1 24 21,54	2379 79731 22	8158 56246 94	9811 85342	582 695	169 21	18 39,74
9	1 27 47,81	2301 60757 29	8220 90317 71	9648 28459	596 792	186 03	19 14,44
2,470	1 31 14,07	2223 35553 19	8283 16566 38	9484 97612	610 879	202 83	19 49,10
1	1 34 40,34	2145 04126 76	8345 34986 74	9321 92705	624 956	219 62	20 23,73
2	1 38 06,60	2066 66485 83	8407 45572 56	9159 13644	639 025	236 39	20 58,33
3	1 41 32,87	1988 22638 23	8469 48317 64	8996 60336	653 083	253 15	21 32,89
4	1 44 59,13	1909 72591 81	8531 43215 77	8834 32686	667 132	269 89	22 07,41
5	1 48 25,40	1831 16354 42	8593 30260 76	8672 30603	681 170	286 61	22 41,91
6	1 51 51,66	1752 53933 91	8655 09446 42	8510 53992	695 199	303 32	23 16,36
7	1 55 17,93	1673 85338 15	8716 80766 57	8349 02762	709 219	320 01	23 50,79
8	1 58 44,19	1595 10575 00	8778 44215 04	8187 76821	723 228	336 68	24 25,18
9	2 02 10,45	1516 29652 34	8839 99785 67	8026 76078	737 228	353 34	24 59,54
2,480	2 05 36,72	1437 42578 06	8901 47472 30	7866 00440	751 218	369 98	25 33,86
1	2 09 02,98	1358 49360 03	8962 87268 78	7705 49818	765 198	386 60	26 08,15
2	2 12 29,25	1279 50006 15	9024 19168 97	7545 24121	779 169	403 21	26 42,40
3	2 15 55,51	1200 44524 33	9085 43166 75	7385 23259	793 130	419 80	27 16,62
4	2 19 21,78	1121 32922 45	9146 59255 98	7225 47143	807 081	436 37	27 50,81
5	2 22 48,04	1042 15208 45	9207 67430 55	7065 95683	821 023	452 93	28 24,97
6	2 26 14,31	0962 91390 23	9268 67684 36	6906 68790	834 955	469 47	28 59,09
7	2 29 40,57	0883 61475 72	9329 60011 30	6747 66376	848 877	486 00	29 33,17
8	2 33 06,84	0804 25472 85	9390 44405 28	6588 88353	862 790	502 51	30 07,23
9	2 36 33,10	0724 83389 56	9451 20860 22	6430 34633	876 693	519 00	30 41,25
2,490	2 39 59,37	0645 35233 78	9511 89370 04	6272 05128	890 587	535 48	31 15,23
1	2 43 25,63	0565 81013 47	9572 49928 67	6113 99752	904 471	551 94	31 49,19
2	2 46 51,90	0486 20736 58	9633 02530 05	5956 18418	918 345	568 38	32 23,10
3	2 50 18,16	0406 54411 06	9693 47168 12	5798 61039	932 210	584 81	32 56,99
4	2 53 44,43	0326 82044 90	9753 83836 86	5641 27531	946 065	601 22	33 30,84
5	2 57 10,69	0247 03646 05	9814 12530 20	5484 17806	959 911	617 62	34 04,66
6	3 00 36,96	0167 19222 50	9874 33242 14	5327 31780	973 747	634 00	34 38,45
7	3 04 03,22	0087 28782 23	9934 45966 64	5170 69368	987 573	650 36	35 12,20
3	3 07 29,49	0007 32333 23	9994 50697 70	5014 30485	*001 390	666 71	35 45,92
9	3 10 55,75	*9927 29883 50	*0054 47429 31	4858 15048	015 197	683 04	36 19,60
	14	0,5	—0,8	—0,7	1,19	1,40	80⁰

x	$e^{\frac{x\pi}{360}}$	$e^{-\frac{x\pi}{360}}$	$\mathfrak{Sin}\,\frac{x\pi}{360}$	$\mathfrak{Cos}\,\frac{x\pi}{360}$
250	8,86101 71897	0,11285 38607	4,37408 16645	4,48693 55252
1	8,93868 25384	0,11187 33097	4,41340 46143	4,52527 79240
2	9,01702 86109	0,11090 12784	4,45306 36663	4,56396 49447
3	9,09606 13739	0,10993 76927	4,49306 18406	4,60299 95333
4	9,17578 68459	0,10898 24793	4,53340 21833	4,64238 46626
5	9,25621 10985	0,10803 55655	4,57408 77665	4,68212 33320
6	9,33734 02563	0,10709 68790	4,61512 16886	4,72221 85677
7	9,41918 04978	0,10616 63486	4,65650 70746	4,76267 34232
8	9,50173 80554	0,10524 39032	4,69824 70761	4,80349 09793
9	9,58501 92164	0,10432 94726	4,74034 48719	4,84467 43445

x	e^x	e^{-x}	Sin x	Cos x	Tg x	Ar Sin x	Ar Cos x
	11,	**0,08**	**5,**	**5,**	**0,985**	**1,62**	**1,54**
2,450	58834 67192	629 35865	75102 65664	83732 01529	21 692	849 98	471 31
1	59994 08620	620 73360	75686 67630	84307 40990	24 624	887 76	516 01
2	61154 66048	612 11718	76271 27165	84883 38883	27 550	925 53	560 69
3	62316 39591	603 50937	76856 44327	85459 95264	30 470	963 29	605 34
4	63479 29366	594 91016	77442 19175	86037 10191	33 385	*001 03	649 98
5	64643 35489	586 31954	78028 51767	86614 83722	36 293	038 76	694 59
6	65808 58076	577 73752	78615 42162	87193 15914	39 197	076 48	739 18
7	66974 97244	569 16407	79202 90419	87772 06825	42 094	114 18	783 75
8	68142 53109	560 59919	79790 96595	88351 56514	44 986	151 87	828 29
9	69311 25789	552 04287	80379 60751	88931 65038	47 872	189 55	872 82
2,460	70481 15400	543 49510	80968 82945	89512 32455	50 752	227 22	917 32
1	71652 22059	534 95587	81558 63236	90093 58823	53 627	264 87	961 80
2	72824 45883	526 42518	82149 01682	90675 44201	56 496	302 51	006 26
3	73997 86990	517 90302	82739 98344	91257 88646	59 359	340 14	050 70
4	75172 45496	509 38937	83331 53279	91840 92217	62 217	377 75	095 12
5	76348 21520	500 88424	83923 66548	92424 54972	65 069	415 35	139 52
6	77525 15178	492 38760	84516 38209	93008 76969	67 915	452 93	183 89
7	78703 26589	483 89946	85109 68322	93593 58268	70 756	490 51	228 24
8	79882 55871	475 41980	85703 56945	94178 98925	73 591	528 06	272 57
9	81063 03141	466 94862	86298 04139	94764 99001	76 421	565 61	316 88
2,470	82244 68516	458 48590	86893 09963	95351 58553	79 245	603 14	361 17
1	83427 52117	450 03164	87488 74476	95938 77641	82 064	640 66	405 43
2	84611 54060	441 58583	88084 97738	96526 56322	84 877	678 17	449 68
3	85796 74465	433 14847	88681 79809	97114 94656	87 684	715 66	493 90
4	86983 13449	424 71953	89279 20748	97703 92701	90 486	753 14	538 10
5	88170 71131	416 29903	89877 20614	98293 50517	93 283	790 61	582 28
6	89359 47630	407 88693	90475 79469	98883 68162	96 074	828 07	626 44
7	90549 43066	399 48325	91074 97370	99474 45695	98 859	865 51	670 58
8	91740 57556	391 08796	91674 74380	*00065 83176	*01 639	902 94	714 70
9	92932 91221	382 70107	92275 10557	00657 80664	04 413	940 36	758 80
2,480	94126 44178	374 32256	92876 05961	01250 38217	07 182	977 76	802 87
1	95321 16549	365 95242	93477 60653	01843 55896	09 946	**015 15	846 92
2	96517 08451	357 59065	94079 74693	02437 33758	12 704	052 53	890 95
3	97714 20006	349 23724	94682 48141	03031 71865	15 456	089 89	934 96
4	98912 51331	340 89217	95285 81057	03626 70274	18 204	127 24	978 95
5	*00112 02548	332 55545	95889 73502	04222 29047	20 945	164 58	**022 92
6	01312 73776	324 22706	96494 25535	04818 48241	23 682	201 91	066 87
7	02514 65136	315 90699	97099 37218	05415 27918	26 413	239 22	110 80
8	03717 76747	307 59524	97705 08611	06012 68136	29 138	276 52	154 70
9	04922 08729	299 29180	98311 39775	06610 68955	31 858	313 81	198 59
2,490	06127 61204	290 99666	98918 30769	07209 30435	34 574	351 08	242 45
1	07334 34292	282 70980	99525 81656	07808 52636	37 283	388 34	286 29
2	08542 28113	274 43123	*00133 92495	08408 35618	39 987	425 59	330 11
3	09751 42789	266 16094	00742 63347	09008 79441	42 686	462 83	373 91
4	10961 78440	257 89891	01351 94274	09609 84165	45 380	500 05	417 69
5	12173 35186	249 64514	01961 85336	10211 49850	48 068	537 26	461 45
6	13386 13150	241 39962	02572 36594	10813 76556	50 751	574 46	505 18
7	14600 12453	233 16234	03183 48109	11416 64343	53 428	611 64	548 90
8	15815 33215	224 93329	03795 19943	12020 13272	56 101	648 81	592 60
9	17031 75560	216 71247	04407 52156	12624 23403	58 768	685 97	636 27
	12,	**0,08**	**6,**	**6,**	**0,986**	**1,64**	**1,56**

x	$\log_e x$	x	$\log_e x$	x	$\log_e x$	x	$\log_e x$	x	$\log_e x$
	0,89		**0,90**		**0,90**		**0,90**		**0,91**
2,450	608 80246	**2,460**	016 13499	**2,470**	421 81506	**2,480**	825 85602	**2,490**	228 27105
1	649 61045	1	056 77714	1	462 29270	1	866 17047	1	268 42363
2	690 40181	2	097 40278	2	502 75396	2	906 46868	2	308 56009
3	731 17653	3	138 01191	3	543 19885	3	946 75065	3	348 68045
4	771 93463	4	178 60457	4	583 62740	4	987 01641	4	388 78473
5	812 67612	5	219 18075	5	624 03960	5	*027 26595	5	428 87292
6	853 40103	6	259 74047	6	664 43548	6	067 49931	6	468 94505
7	894 10935	7	300 28375	7	704 81505	7	107 71648	7	509 00113
8	934 80111	8	340 81060	8	745 17832	8	147 91749	8	549 04117
9	975 47632	9	381 32104	9	785 52531	9	188 10234	9	589 06519
	0,89		**0,90**		**0,90**		**0,91**		**0,91**

x	φ	sin x	cos x	tg x	arc tg x	𝔄mp x	
	14	0,5	— 0,80	— 0,7	1,19	1,40	80⁰
2,500	3⁰14′22″,02	9847 21441 04	114 36155 47	4702 22972	028 995	699 36	36′53″,26
1	3 17 48,28	9767 07013 86	174 16870 20	4546 54174	042 784	715 66	37 26,88
2	3 21 14,55	9686 86609 97	233 89567 51	4391 08570	056 562	731 94	38 00,46
3	3 24 40,81	9606 60237 40	293 54241 43	4235 86079	070 332	748 21	38 34,01
4	3 28 07,07	9526 27904 16	353 10885 99	4080 86617	084 092	764 46	39 07,54
5	3 31 33,34	9445 89618 30	412 59495 25	3926 10102	097 842	780 69	39 41,02
6	3 34 59,60	9365 45387 85	472 00063 25	3771 56453	111 593	796 91	40 14,47
7	3 38 25,87	9284 95220 86	531 32584 05	3617 25588	125 314	813 11	40 47,90
8	3 41 52,13	9204 39125 37	590 57051 71	3463 17425	139 036	829 30	41 21,28
9	3 45 18,40	9123 77109 44	649 73460 33	3309 31885	152 749	845 47	41 54,64
2,510	3 48 44,66	9043 09181 14	708 81803 96	3155 68886	166 452	861 63	42 27,96
1	3 52 10,93	8962 35348 53	767 82076 72	3002 28349	180 146	877 77	43 01,25
2	3 55 37,19	8881 55619 68	826 74272 69	2849 10193	193 830	893 89	43 34,51
3	3 59 03,46	8800 70002 67	885 58385 99	2696 14339	207 505	910 00	44 07,73
4	4 02 29,72	8719 78505 60	944 34410 74	2543 40708	221 171	926 09	44 40,93
5	4 05 55,99	8638 81136 55	*003 02341 05	2390 89221	234 827	942 16	45 14,08
6	4 09 22,25	8557 77903 62	061 62171 06	2238 59800	248 474	958 22	45 47,20
7	4 12 48,52	8476 68814 91	120 13894 90	2086 52365	262 111	974 27	46 20,30
8	4 16 14,78	8395 53878 53	178 57506 74	1934 66840	275 739	990 29	46 53,36
9	4 19 41,05	8314 33102 60	236 93000 71	1783 03146	289 358	*006 31	47 26,38
2,520	4 23 07,31	8233 06495 24	295 20371 00	1631 61207	302 966	022 30	47 59,38
1	4 26 33,58	8151 74064 57	353 39611 76	1480 40945	316 567	038 28	48 32,34
2	4 29 59,84	8070 35818 73	411 50717 19	1329 42283	330 157	054 25	49 05,27
3	4 33 26,11	7988 91765 85	469 53681 47	1178 65146	343 739	070 20	49 38,17
4	4 36 52,37	7907 41914 08	527 48498 79	1028 09457	357 311	086 13	50 11,03
5	4 40 18,64	7825 86271 57	585 35163 36	0877 75140	370 874	102 05	50 43,86
6	4 43 44,90	7744 24846 47	643 13669 40	0727 62121	384 428	117 95	51 16,66
7	4 47 11,17	7662 57646 95	700 84011 13	0577 70322	397 972	133 84	51 49,43
8	4 50 37,43	7580 84681 18	758 46182 78	0427 99671	411 507	149 71	52 22,17
9	4 54 03,69	7499 05957 31	816 00178 57	0278 50092	425 033	165 56	52 54,87
2,530	4 57 29,96	7417 21483 55	873 45992 77	0129 21511	438 549	181 40	53 27,54
1	5 00 56,22	7335 31268 06	930 83619 63	*9980 13854	452 056	197 22	54 00,18
2	5 04 22,49	7253 35319 04	988 13053 40	9831 27048	465 555	213 03	54 32,78
3	5 07 48,75	7171 33644 68	**045 34288 36	9682 61017	497 043	228 82	55 05,36
4	5 11 15,02	7089 26253 20	102 47318 78	9534 15691	492 523	244 60	55 37,90
5	5 14 41,28	7007 13152 78	159 52138 96	9385 90995	505 994	260 36	56 10,41
6	5 18 07,55	6924 94351 66	216 48743 19	9237 86858	519 455	276 11	56 42,89
7	5 21 33,81	6842 69858 04	273 37125 77	9090 03206	532 907	291 84	57 15,33
8	5 25 00,08	6760 39680 15	330 17281 01	8942 39969	546 350	307 55	57 47,75
9	5 28 26,34	6678 03826 22	386 89203 24	8794 97074	559 784	323 25	58 20,13
2,540	5 31 52,61	6595 62304 49	443 52886 77	8647 74449	573 208	338 93	58 52,48
1	5 35 18,87	6513 15123 19	500 08325 96	8500 72024	586 623	354 60	59 24,80
2	5 38 45,14	6430 62290 59	556 55515 13	8353 89728	600 029	370 25	59 57,08
3	5 42 11,40	6348 03814 92	612 94448 66	8207 27490	613 426	385 89	*00 29,34
4	5 45 37,67	6265 39704 44	669 25120 89	8060 85240	626 814	401 51	01 01,56
5	5 49 03,93	6182 69967 43	725 47526 19	7914 62907	640 193	417 12	01 33,75
6	5 52 30,20	6099 94612 15	781 61658 95	7768 60423	653 563	432 71	02 05,91
7	5 55 56,46	6017 13646 87	837 67513 55	7622 77717	666 924	448 29	02 38,03
8	5 59 22,73	5934 27079 88	893 65084 38	7477 14720	680 275	463 85	03 10,13
9	6 02 48,99	5851 34919 47	949 54365 84	7331 71363	693 618	479 39	03 42,19
	14	0,5	— 0,82	— 0,6	1,19	1,41	81⁰

x	$e^{\frac{x\pi}{360}}$	$e^{-\frac{x\pi}{360}}$	$\mathfrak{Sin}\,\frac{x\pi}{360}$	$\mathfrak{Cof}\,\frac{x\pi}{360}$
260	9,66903 03229	0,10342 29873	4,78280 36678	4,88622 66551
1	9,75377 77729	0,10252 43781	4,82562 66974	4,92815 10755
2	9,83926 80203	0,10163 35766	4,86881 72218	4,97045 07984
3	9,92550 75755	0,10075 05150	4,91237 85302	5,01312 90452
4	10,01250 30061	0,09987 51261	4,95631 39400	5,05618 90661
5	10,10026 09373	0,09900 73431	5,00062 67971	5,09963 41402
6	10,18878 80523	0,09814 71000	5,04532 04761	5,14346 75761
7	10,27809 10927	0,09729 43313	5,09039 83807	5,18769 27120
8	10,36817 68595	0,09644 89720	5,13586 39437	5,23231 29158
9	10,45905 22131	0,09561 09578	5,18172 06277	5,27733 15855

x	e^x	e^{-x}	Sin x	Cos x	Tg x	Ar Sin x	Ar Cos x
	1,2	**0,08**	**6,**	**6,**	**0,986**	**1,64**	**1,56**
2,500	18249 39607	208 49986	05020 44810	13228 94797	61 430	723 12	679 92
1	19468 25479	200 29547	05633 97966	13834 27513	64 086	760 25	723 56
2	20688 33299	192 09927	06248 11686	14440 21613	66 738	797 37	767 17
3	21909 63187	183 91126	06862 86030	15046 77157	69 384	834 48	810 76
4	23132 15266	175 73144	07478 21061	15653 94205	72 025	871 57	854 33
5	24355 89658	167 55980	08094 16839	16261 72819	74 661	908 65	897 88
6	25580 86486	159 39632	08710 73427	16870 13058	77 291	945 72	941 41
7	26807 05872	151 24100	09327 90886	17479 14986	79 916	982 78	984 92
8	28034 47939	143 09384	09945 69277	18088 78661	82 537	*019 82	*028 41
9	29263 12809	134 95481	10564 08664	18699 04145	85 152	056 85	071 88
2,510	30493 00605	126 82392	11183 09106	19309 91499	87 761	093 87	115 32
1	31724 11451	118 70116	11802 70667	19921 40784	90 366	130 87	158 75
2	32956 45469	110 58652	12422 93409	20533 52060	92 966	167 86	202 16
3	34190 02983	102 47999	13043 77392	21146 25391	95 560	204 84	245 54
4	35424 83516	094 38156	13665 22680	21759 60836	98 149	241 81	288 91
5	36660 87791	086 29122	14287 29335	22373 58457	*00 733	278 76	332 25
6	37898 15733	078 20897	14909 97418	22988 18315	03 313	315 71	375 58
7	39136 67464	070 13480	15533 26992	23603 40472	05 887	352 63	418 88
8	40376 43109	062 06870	16157 18119	24219 24989	08 455	389 55	462 16
9	41617 42791	054 01066	16781 70863	24835 71929	11 019	426 45	505 42
2,520	42859 66636	045 96067	17406 85284	25452 81352	13 579	463 35	548 67
1	44103 14766	037 91874	18032 61446	26070 53320	16 132	500 22	591 89
2	45347 87307	029 88483	18658 99412	26688 87895	18 681	537 09	635 09
3	46593 84382	013 85896	19285 99243	27307 85139	21 245	573 94	678 27
4	47841 06117	013 84111	19913 61003	27927 45114	23 763	610 79	721 43
5	49089 52636	005 83128	20541 84754	28547 67882	26 297	647 61	764 57
6	50339 24064	*997 82945	21170 70560	29168 53505	28 825	684 43	807 70
7	51590 20526	989 83562	21800 18482	29790 02044	31 349	721 23	850 80
8	52842 42147	981 84978	22430 28585	30412 13562	33 868	758 02	893 39
9	54095 89052	973 87191	23061 00930	31034 88122	36 382	794 79	936 94
2,530	55350 61367	965 90203	23692 35582	31658 25785	38 891	831 56	979 97
1	56606 59217	957 94011	24324 32603	32282 26614	41 394	868 31	**022 99
2	57863 82727	949 98615	24956 92056	32906 90671	43 893	905 05	065 99
3	59122 32024	942 04013	25590 14005	33532 18019	46 387	941 78	108 97
4	60382 07233	934 10206	26223 98513	34158 08720	48 876	978 50	151 93
5	61643 08480	926 17193	26858 45644	34784 62837	51 360	**015 20	194 87
6	62905 35892	918 24972	27493 55460	35411 80432	53 840	051 89	237 79
7	64168 89594	910 33542	28129 28026	36039 61568	56 314	088 57	280 69
8	65433 69713	902 42904	28765 63405	36668 06309	58 783	125 23	323 57
9	66699 76376	894 53056	29402 61660	37297 14716	61 248	161 88	366 43
2,540	67967 09708	886 63998	30040 22855	37926 86853	63 708	198 52	409 26
1	69235 69838	878 75728	30678 47055	38557 22783	66 163	235 15	452 08
2	70505 56890	870 88246	31317 34322	39188 22568	68 613	271 76	494 88
3	71776 70994	863 01551	31956 84721	39819 86273	71 058	308 36	537 66
4	73049 12275	855 15643	32596 98316	40452 13959	73 498	344 95	580 42
5	74322 80861	847 30520	33237 75170	41085 05690	75 934	381 53	623 16
6	75597 76879	839 46182	33879 15349	41718 61530	78 365	418 09	665 88
7	76874 00457	831 62627	34521 18915	42352 81542	80 791	454 65	708 58
8	78151 51722	823 79856	35163 85933	42987 65789	83 212	491 19	751 26
9	79430 30803	815 97867	35807 16468	43623 14335	85 628	527 71	793 92
	1,2	**0,07**	**6,**	**6,**	**0,987**	**1,66**	**1,58**

x	$\log_e x$	x	$\log_e x$	x	$\log_e x$	x	$\log_e x$	x	$\log_e x$
	0,91		**0,92**		**0,92**		**0,92**		**0,93**
2,500	629 07319	**2,510**	*028 27531	**2,520**	425 89015	**0,530**	821 93027	**2,540**	216 40810
1	669 06519	1	068 10802	1	465 56482	1	861 44816	1	255 77044
2	709 04120	2	107 92486	2	505 22375	2	900 95043	2	295 11728
3	749 00125	3	147 72586	3	544 86697	3	940 43710	3	334 44864
4	788 94532	4	187 51102	4	584 49447	4	979 90819	4	373 76455
5	828 87345	5	227 28044	5	624 10627	5	*019 36370	5	413 06500
6	868 78565	6	267 03388	6	663 70239	6	058 80366	6	452 35001
7	908 68192	7	306 77162	7	703 28284	7	098 22806	7	491 61960
8	948 56228	8	346 49756	8	742 84763	8	137 63693	8	530 87377
9	988 42674	9	386 19974	9	782 39677	9	177 03027	9	570 11254
	0,91		**0,92**		**0,92**		**0,93**		**0,93**

x	φ	sin x	cos x	tg x	arc tg x	Amp x	
	146°	0,5	— 0,83	— 0,6	1,19	1,41	81° 0
2,550	06′ 15″,26	5768 37173 91	005 35352 35	7186 47578	706 951	494 92	4′ 14″,22
1	09 41,52	5685 33851 53	061 08038 33	7041 43295	720 275	510 43	4 46,22
2	13 07,79	5602 24960 61	116 72418 20	6896 58448	733 590	525 93	5 18,19
3	16 34,05	5519 10509 46	172 28486 40	6751 92967	746 897	541 42	5 50,13
4	20 00,32	5435 90506 41	227 76237 37	6607 46785	760 194	556 88	6 22,03
5	23 26,58	5352 64959 76	283 15665 56	6463 19835	773 483	572 34	6 53,91
6	26 52,84	5269 33877 85	338 46765 44	6319 12049	786 762	587 78	7 25,75
7	30 19,11	5185 97269 01	393 69531 48	6175 23361	800 032	603 20	7 57,56
8	33 45,37	5102 55141 57	448 83958 14	6031 53704	813 293	618 60	8 29,34
9	37 11,64	5019 07503 87	503 90039 92	5888 03011	826 546	634 00	9 01,09
2,560	40 37,90	4935 54364 27	558 87771 31	5744 71217	839 788	649 37	9 32,80
1	44 04,17	4851 95731 12	613 77146 82	5601 58255	853 023	664 73	*0 04,49
2	47 30,43	4768 31612 77	668 58160 95	5458 64059	866 248	680 08	0 36,14
3	50 56,70	4684 62017 58	723 30808 22	5315 88566	879 465	695 41	1 07,77
4	54 22,96	4600 86953 94	777 95083 16	5173 31708	892 672	710 73	1 39,36
5	57 49,23	4517 06430 21	832 50980 31	5030 93422	905 871	726 03	2 10,92
6	*01 15,49	4433 20454 77	886 98494 20	4888 73642	919 060	741 31	2 42,45
7	04 41,76	4349 29036 02	941 37619 40	4746 72304	932 241	756 59	3 13,95
8	08 08,02	4265 32182 33	995 68350 46	4604 89344	945 412	771 84	3 45,41
9	11 34,29	4181 29902 12	*049 90681 96	4463 24698	958 574	787 08	4 16,85
2,570	15 00,55	4097 22203 77	104 04608 46	4321 78302	971 727	802 31	4 48,25
1	18 26,82	4013 09095 70	158 10124 56	4180 50094	984 872	817 52	5 19,63
2	21 53,08	3928 90586 33	212 07224 85	4039 40008	998 009	832 71	5 50,97
3	25 19,35	3844 66684 06	265 95903 94	3898 47983	*011 136	847 89	6 22,28
4	28 45,61	3760 37397 33	319 76156 43	3757 73956	024 255	863 06	6 53,56
5	32 11,88	3676 02734 56	373 47976 94	3617 17863	037 364	878 21	7 24,81
6	35 38,14	3591 62704 19	427 11360 11	3476 79644	050 465	893 34	7 56,03
7	39 04,41	3507 17314 65	480 66300 56	3336 59235	063 557	908 47	8 27,22
8	42 30,67	3422 66574 40	534 12792 95	3196 56575	076 640	923 57	8 58,38
9	45 56,94	3338 10491 88	587 50831 93	3056 71603	089 714	938 66	9 29,50
2,580	49 23,20	3253 49075 56	640 80412 16	2917 04256	102 779	953 74	**0 00,60
1	52 49,46	3168 82333 88	694 01528 31	2777 54474	115 836	968 80	0 31,67
2	56 15,73	3084 10275 32	747 14175 05	2638 22196	128 884	983 84	1 02,70
3	59 41,99	2999 32908 35	800 18347 09	2499 07360	141 923	998 88	1 33,70
4	**03 08,26	2914 50241 45	853 14039 10	2360 09907	154 953	*013 89	2 04,68
5	06 34,52	2829 62283 10	906 01245 81	2221 29776	167 975	028 89	2 35,62
6	10 00,79	2744 69041 79	958 79961 91	2082 66907	180 987	043 88	3 06,53
7	13 27,05	2659 70526 01	**011 50182 13	1944 21241	193 991	058 85	3 37,41
8	16 53,32	2574 66744 26	064 11901 21	1805 92716	206 986	073 81	4 08,26
9	20 19,58	2489 57705 05	116 65113 87	1667 81276	219 973	088 75	4 39,09
2,590	23 45,85	2404 43416 87	169 09814 87	1529 86859	232 950	103 68	5 09,88
1	27 12,11	2319 23888 25	221 45998 95	1392 09407	245 919	118 59	5 40,63
2	30 38,38	2233 99127 71	273 73660 90	1254 48861	258 880	133 49	6 11,36
3	34 04,64	2148 69143 78	325 92795 47	1117 05162	271 831	148 37	6 42,06
4	37 30,91	2063 33944 97	378 03397 45	0979 78253	284 774	163 24	7 12,73
5	40 57,17	1977 93539 83	430 05461 62	0842 68075	297 708	178 09	7 43,37
6	44 23,44	1892 47936 89	481 98982 79	0705 74570	310 634	192 93	8 13,98
7	47 49,70	1806 97144 71	533 83955 77	0568 97681	323 551	207 76	8 44,55
8	51 15,97	1721 41171 83	585 60375 36	0432 37349	336 459	222 57	9 15,10
9	54 42,23	1635 80026 81	637 28236 39	0295 93518	349 358	237 36	9 45,62
	148°	0,5	— 0,85	— 0,6	1,20	1,42	81° 2

x	$e^{\frac{x\pi}{360}}$	$e^{-\frac{x\pi}{360}}$	$\mathfrak{Sin}\,\frac{x\pi}{360}$	$\mathfrak{Cof}\,\frac{x\pi}{360}$
270	10,55072 40742	0,09478 02248	5,22797 19247	5,32275 21495
1	10,64319 94239	0,09395 67098	5,27462 13571	5,36857 80669
2	10,73648 53048	0,09314 03501	5,32167 24774	5,41481 28275
3	10,83058 88210	0,09233 10834	5,36912 88688	5,46145 99522
4	10,92551 71389	0,09152 88482	5,41699 41454	5,50852 29936
5	11,02127 74878	0,09073 35834	5,46527 19522	5,55600 55356
6	11,11787 71604	0,08994 52284	5,51396 59660	5,60391 11944
7	11,21532 35130	0,08916 37231	5,56307 98950	5,65224 36180
8	11,31362 39668	0,08838 90081	5,61261 74794	5,70100 64874
9	11,41278 60078	0,08762 10243	5,66258 24918	5,75020 35160

x	e^x	e^{-x}	Sin x	Cos x	Tg x	Ar Sin x	Ar Cos x
	12,	**0,07**	**6,**	**6,**	**0,987**	**1,66**	**1,58**
2,550	80710 37827	808 16660	36451 10583	44259 27243	88 040	564 23	836 56
1	81991 72921	800 36234	37095 68344	44896 04577	90 447	600 73	879 18
2	83274 36215	792 56587	37740 89814	45533 46401	92 849	637 22	921 78
3	84558 27837	784 77720	38386 75058	46171 52778	95 246	673 70	964 36
4	85843 47914	776 99632	39033 24141	46800 23773	97 639	710 17	*006 93
5	87130 96575	769 22321	39680 37127	47449 59448	*00 026	746 62	049 47
6	88417 73950	761 45787	40328 14082	48089 59868	02 410	783 06	091 99
7	89706 80166	753 70029	40976 55069	48730 25098	04 788	819 49	134 49
8	90997 15353	745 95046	41625 60153	49371 55200	07 162	855 90	176 97
9	92288 79640	738 20838	42275 29401	50013 50239	09 531	892 31	219 44
2,560	93581 73155	730 47404	42925 62876	50656 10280	11 896	928 70	261 88
1	94875 96029	722 74743	43576 60643	51299 35386	14 255	965 07	304 30
2	96171 48391	715 02855	44228 22768	51943 25623	16 610	*001 44	346 71
3	97468 30369	707 31737	44880 49316	52587 81053	18 961	037 80	389 09
4	98766 42095	699 61391	45533 40352	53233 01743	21 307	074 14	431 46
5	*00065 83697	691 91814	46186 95941	53878 87756	23 648	110 47	473 80
6	01366 55305	684 23007	46841 16149	54525 39156	25 984	146 78	516 13
7	02668 57051	676 54968	47496 01041	55172 56009	28 316	183 09	558 44
8	03971 89063	668 87697	48151 50683	55820 38380	30 644	219 38	600 72
9	05276 51472	661 21193	48807 65140	56468 86332	32 966	255 66	643 00
2,570	06582 44409	653 55454	49464 44478	57117 99932	35 285	291 93	685 25
1	07889 68005	645 90481	50121 88762	57767 79243	37 598	328 19	727 47
2	09198 22389	638 26273	50779 98058	58418 24331	39 907	364 43	769 68
3	10508 07693	630 62829	51438 72432	59069 35261	42 212	400 66	811 88
4	11819 24048	623 00147	52098 11950	59721 12098	44 512	436 88	854 05
5	13131 71585	615 38228	52758 16678	60373 54906	46 807	473 09	896 20
6	14445 50435	607 77070	53418 86682	61026 63753	49 098	509 28	938 33
7	15760 60730	600 16674	54080 22028	61680 38702	51 384	545 46	980 45
8	17077 02600	592 57037	54742 22782	62334 79819	53 666	581 63	**022 54
9	18394 76179	584 98159	55404 89010	62989 87169	55 943	617 79	064 61
2,580	19713 81597	577 40040	56068 20778	63645 60818	58 216	653 94	106 67
1	21034 18986	569 82679	56732 18153	64302 00832	60 484	690 07	148 71
2	22355 88479	562 26075	57396 81202	64959 07277	62 748	726 20	190 73
3	23678 90207	554 70227	58062 09990	65616 80217	65 007	762 31	232 73
4	25003 24303	547 15134	58728 04585	66275 19719	67 262	798 40	274 71
5	26328 90900	539 60796	59394 65052	66934 25848	69 513	834 49	316 67
6	27655 90129	532 07212	60061 91459	67593 98671	71 759	870 56	358 61
7	28984 22124	524 54381	60729 83871	68254 38253	74 000	906 62	400 53
8	30313 87018	517 02303	61398 42357	68915 44660	76 237	942 67	442 43
9	31644 84943	509 50976	62067 66983	69577 17960	78 470	978 71	484 32
2,590	32977 16032	502 00401	62737 57816	70239 58216	80 698	**014 73	526 18
1	34310 80417	494 50575	63408 14921	70902 65496	82 922	050 75	568 03
2	35645 78237	487 01499	64079 38369	71566 39868	85 142	086 75	609 85
3	36982 09620	479 53172	64751 28224	72230 81396	87 357	122 73	651 66
4	38319 74701	472 05593	65423 84554	72895 90147	89 567	158 71	693 45
5	39658 73614	464 58761	66097 07427	73561 66187	91 774	194 67	735 22
6	40999 06493	457 12675	66770 96909	74228 09584	93 976	230 63	776 97
7	42340 73472	449 67335	67445 53068	74895 20403	96 173	266 57	818 71
8	43683 74685	442 22740	68120 75972	75562 98712	98 367	302 49	860 42
9	45028 10266	434 78889	68796 65688	76231 44578	*00 556	338 41	902 12
	13,	**0,07**	**6,**	**6,**	**0,989**	**1,68**	**1,60**

x	$\log_e x$	x	$\log_e x$	x	$\log_e x$	x	$\log_e x$	x	$\log_e x$
	0,93		**0,94**		**0,94**		**0,94**		**0,95**
2,550	609 33592	**2,560**	000 72585	**2,570**	390 58989	**2,580**	778 93989	**2,590**	165 78757
1	648 54392	1	039 78072	1	429 49283	1	817 69207	1	204 39016
2	687 73655	2	078 82035	2	468 38064	2	856 42924	2	242 97785
3	726 91383	3	117 84474	3	507 25333	3	895 15141	3	281 55066
4	766 07576	4	156 85391	4	546 11092	4	933 85859	4	320 10850
5	805 22237	5	195 84786	5	584 95341	5	972 55080	5	358 65166
6	844 35365	6	234 82662	6	623 78082	6	*011 22803	6	397 17988
7	883 46963	7	273 79019	7	662 59317	7	049 89032	7	435 69327
8	922 57031	8	312 73858	8	701 39045	8	088 53766	8	474 19182
9	961 65572	9	351 67181	9	740 17269	9	127 17008	9	512 67557
	0,93		**0,94**		**0,94**		**0,95**		**0,95**

x	φ	sin x	cos x	tg x	arc tg x	Amp x	
	14	0,5	— 0,8	— 0,6	1,20	1,42	81° 3
2,600	8° 58′ 08″,50	1550 13718 21	5688 87533 69	0159 66131	362 250	252 14	0′ 16″,11
1	9 01 34,76	1464 42254 60	5740 38202 11	0023 55130	375 132	266 91	0 46,56
2	9 05 01,03	1378 65644 55	5791 80416 48	*9887 60459	388 006	281 66	1 16,99
3	9 08 27,29	1292 83896 63	5843 13991 68	9751 82061	400 871	296 40	1 47,39
4	9 11 53,56	1206 97019 43	5894 38982 57	9616 19880	413 727	311 12	2 17,75
5	9 15 19,82	1121 05021 53	5945 55384 01	9480 73860	426 575	325 83	2 48,09
6	9 18 46,09	1035 07911 52	5996 63190 91	9345 43945	439 414	340 52	3 18,40
7	9 22 12,35	0949 05698 01	6047 62398 14	9210 30079	452 245	355 20	3 48,67
8	9 25 38,61	0862 98389 60	6098 53000 60	9075 32207	465 067	369 86	4 18,92
9	9 29 04,88	0776 85994 88	6149 34993 22	8940 50273	477 880	384 51	4 49,14
2,610	9 32 31,14	0690 68522 48	6200 08370 90	8805 84223	490 685	399 15	5 19,32
1	9 35 57,41	0604 45981 01	6250 73128 57	8671 34001	503 481	413 77	5 49,48
2	9 39 23,67	0518 18379 10	6301 29261 18	8536 99552	516 269	428 37	6 19,61
3	9 42 49,94	0431 85725 37	6351 76763 65	8402 80823	529 049	442 97	6 49,71
4	9 46 16,20	0345 48028 45	6402 15630 95	8268 77758	541 819	457 54	7 19,77
5	9 49 42,47	0259 05296 98	6452 45858 03	8134 90304	554 582	472 11	7 49,81
6	9 53 08,73	0172 57539 62	6502 67439 86	8001 18406	567 336	486 65	8 19,82
7	9 56 35,00	0086 04764 99	6552 80371 43	7867 62011	580 081	501 19	8 49,80
8	*0 00 01,26	*9999 46981 76	6602 84647 72	7734 21065	592 818	515 71	9 19,75
9	0 03 27,53	9912 84198 58	6652 80263 73	7600 95515	605 546	530 21	9 49,67
2,620	0 06 53,79	9826 16424 12	6702 67214 46	7467 85307	618 265	544 70	*0 19,56
1	0 10 20,06	9739 43667 04	6752 45494 92	7334 90389	630 976	559 18	0 49,42
2	0 13 46,32	9652 65936 02	6802 15100 13	7202 10707	643 679	573 64	1 19,25
3	0 17 12,59	9565 83239 73	6851 76025 14	7069 46210	656 374	588 09	1 49,05
4	0 20 38,85	9478 95586 86	6901 28264 96	6936 96843	669 060	602 52	2 18,82
5	0 24 05,12	9392 02986 10	6950 71814 66	6804 62556	681 737	616 94	2 48,56
6	0 27 31,38	9305 05446 13	7000 06669 29	6672 43295	694 406	631 35	3 18,28
7	0 30 57,65	9218 02975 66	7049 32823 91	6540 39009	707 067	645 74	3 47,96
8	0 34 23,91	9130 95583 39	7098 50273 60	6408 49647	719 719	660 12	4 17,61
9	0 37 50,18	9043 83278 02	7147 59013 44	6276 75155	732 363	674 48	4 47,24
2,630	0 41 16,44	8956 66068 27	7196 59038 52	6145 15484	744 998	688 83	5 16,83
1	0 44 42,71	8869 43962 85	7245 50343 94	6013 70581	757 625	703 16	5 46,40
2	0 48 08,97	8782 16970 49	7294 32924 82	5882 40396	770 244	717 48	6 15,94
3	0 51 35,23	8694 85099 91	7343 06776 26	5751 24878	782 855	731 79	6 45,44
4	0 55 01,50	8607 48359 85	7391 71893 39	5620 23976	795 457	746 08	7 14,92
5	0 58 27,76	8520 06759 03	7440 28271 36	5489 37639	808 050	760 36	7 44,37
6	1 01 54,03	8432 60306 22	7488 75905 29	5358 65817	820 636	774 62	8 13,79
7	1 05 20,29	8345 09010 14	7537 14790 35	5228 08460	833 212	788 87	8 43,18
8	1 08 46,56	8257 53879 55	7585 44921 70	5097 65518	845 781	803 10	9 12,55
9	1 12 12,82	8169 91923 22	7633 66294 51	4967 36940	858 341	817 32	9 41,88
2,640	1 15 39,09	8082 26149 89	7681 78903 94	4837 22678	870 892	831 53	**0 11,18
1	1 19 05,35	7994 55568 33	7729 82745 20	4707 22681	883 436	845 72	0 40,46
2	1 22 31,62	7906 80187 32	7777 77813 48	4577 36900	895 971	859 90	1 09,70
3	1 25 57,88	7819 00015 63	7825 64103 98	4447 65286	908 498	874 07	1 38,92
4	1 29 24,15	7731 15062 04	7873 41611 92	4318 07790	921 017	888 22	2 08,11
5	1 32 50,41	7643 25335 33	7921 10332 51	4188 64363	933 528	902 36	2 37,27
6	1 36 16,68	7555 30844 31	7968 70261 00	4059 34956	946 030	916 48	3 06,40
7	1 39 42,94	7467 31597 75	8016 21392 62	3930 19521	958 524	930 59	3 35,50
8	1 43 09,21	7379 27604 45	8063 63722 61	3801 18008	971 010	944 68	4 04,57
9	1 46 35,47	7291 18873 24	8110 97246 25	3672 30371	983 487	958 76	4 33,62
	15	0,4	— 0,8	— 0,5	1,20	1,42	81° 5

x	$e^{\frac{x\pi}{360}}$	$e^{-\frac{x\pi}{360}}$	Sin $\frac{x\pi}{360}$	Cos $\frac{x\pi}{360}$
280	11,51281 71877	0,08685 97133	5,71297 87372	5,79983 84505
1	11,61372 51243	0,08610 50171	5,76381 00536	5,84991 50707
2	11,71551 75023	0,08535 68782	5,81508 03120	5,90043 71902
3	11,81820 20736	0,08461 52396	5,86679 34170	5,95140 86566
4	11,92178 66581	0,08388 00449	5,91895 33066	6,00283 33515
5	12,02627 91444	0,08315 12381	5,97156 39532	6,05471 51912
6	12,13168 74901	0,08242 87636	6,02462 93632	6,10705 81268
7	12,23801 97224	0,08171 25665	6,07815 35780	6,15986 61444
8	12,34528 39392	0,08100 25922	6,13214 06735	6,21314 32657
9	12,45348 83090	0,08029 87866	6,18659 47612	6,26689 35478

x	e^x	e^{-x}	Sin x	Cos x	Tg x	Ar Sin x	Ar Cos x
	13,	0,07	6,	6,	0,989	1,68	1,60
2,600	46373 80350	427 35782	69473 22284	76900 58066	02 740	374 31	943 79
1	47720 85072	419 93418	70150 45827	77570 39245	04 921	410 21	985 45
2	49069 24565	412 51795	70828 36385	78240 88180	07 097	446 09	*027 09
3	50418 98966	405 10914	71506 94026	78912 04940	09 268	481 95	068 71
4	51770 08408	397 70773	72186 18818	79583 89591	11 436	517 81	110 31
5	53122 53028	390 31372	72866 10828	80256 42200	13 599	553 65	151 89
6	54476 32959	382 92710	73546 70125	80929 62835	15 758	589 49	193 45
7	55831 48339	375 54786	74227 96776	81603 51562	17 912	625 31	235 00
8	57187 99301	368 17600	74909 90850	82278 08451	20 062	661 11	276 52
9	58545 85982	360 81151	75592 52416	82953 33567	22 208	696 91	318 03
2,610	59905 08518	353 45438	76275 81540	83629 26978	24 351	732 69	359 52
1	61265 67045	346 10460	76959 78293	84305 88752	26 488	768 47	400 99
2	62627 61698	338 76216	77644 42741	84983 18957	28 622	804 23	442 44
3	63990 92614	331 42707	78329 74953	85661 17660	30 751	839 97	483 88
4	65355 59928	324 09931	79015 74999	86339 84930	32 876	875 71	525 29
5	66721 63779	316 77887	79702 42946	87019 20833	34 997	911 43	566 69
6	68089 04302	309 46575	80389 78863	87699 25438	37 113	947 15	608 06
7	69457 81633	302 15994	81077 82820	88379 98813	39 226	982 85	649 42
8	70827 95910	294 86143	81766 54884	89061 41027	41 334	*018 54	690 76
9	72199 47271	287 57021	82455 95125	89743 52146	43 438	054 21	732 08
2,620	73572 35851	280 28628	83146 03611	90426 32240	45 538	089 88	773 39
1	74946 61788	273 00964	83836 80412	91109 81376	47 633	125 53	814 67
2	76322 25220	265 74026	84528 25597	91793 99623	49 725	161 17	855 94
3	77699 26284	258 47815	85220 39235	92478 87050	51 812	196 80	897 19
4	79077 65119	251 22330	85913 21394	93164 43724	53 896	232 42	938 42
5	80457 41861	243 97570	86606 72145	93850 69716	55 975	268 02	979 63
6	81838 56648	236 73535	87300 91557	94537 65092	58 050	303 62	**020 82
7	83221 09620	229 50223	87995 79699	95225 29922	60 121	339 20	062 00
8	84605 00914	222 27634	88691 36640	95913 64274	62 188	374 77	103 15
9	85990 30668	215 05768	89387 62450	96602 68218	64 251	410 33	144 29
2,630	87376 99021	207 84622	90084 57199	97292 41822	66 309	445 87	185 41
1	88765 06112	200 64198	90782 20957	97982 85155	68 364	481 41	226 51
2	90154 52080	193 44494	91480 53793	98673 98287	70 415	516 93	267 59
3	91545 37063	186 25509	92179 55777	99365 81286	72 461	552 44	308 66
4	92937 61200	179 07243	92879 26979	*00058 34221	74 504	587 94	349 71
5	94331 24632	171 89694	93579 67469	00751 57163	76 542	623 43	390 73
6	95726 27496	164 72863	94280 77317	01445 50179	78 576	658 90	431 75
7	97122 69933	157 56748	94982 56593	02140 13341	80 607	694 37	472 74
8	98520 52083	150 41349	95685 05367	02835 46716	82 633	729 82	513 71
9	99919 74084	143 26665	96388 23709	03531 50375	84 655	765 26	554 67
2,640	*01320 36077	136 12696	97092 11691	04228 24386	86 674	800 69	595 60
1	02722 38203	128 99440	97796 69382	04925 68821	88 689	836 10	636 52
2	04125 80601	121 86896	98501 96852	05623 83748	90 699	871 51	677 43
3	05530 63411	114 75066	99207 94173	06322 69238	92 705	906 90	718 31
4	06936 86774	107 63946	99914 61414	07022 25360	94 708	942 28	759 18
5	08344 50831	100 53537	*00621 98647	07722 52184	96 706	977 65	800 02
6	09753 55723	093 43839	01330 05942	08423 49781	98 701	**013 01	840 85
7	11164 01590	086 34849	02038 83370	09125 18220	*00 692	048 36	881 66
8	12575 88573	079 26569	02748 31002	09827 57571	02 678	083 69	922 46
9	13989 16814	072 18996	03458 48909	10530 67905	04 661	119 01	963 23
	14,	0,07	7,	7,	0,990	1,70	1,62

x	$\log_e x$	x	$\log_e x$	x	$\log_e x$	x	$\log_e x$	x	$\log_e x$
	0,95		0,95		0,96		0,96		0,97
2,600	551 14450	2,610	935 02213	2,620	317 43178	2,630	698 38462	2,640	077 89172
1	589 59865	1	973 32897	1	355 59243	1	736 40021	1	115 76333
2	628 03801	2	*011 62114	2	393 73853	2	774 40135	2	153 62061
3	666 46260	3	049 89865	3	431 87009	3	812 38805	3	191 46356
4	704 87243	4	088 16152	4	469 98711	4	850 36033	4	229 29220
5	743 26752	5	126 40975	5	508 0896	5	888 31820	5	267 10653
6	781 64787	6	164 64336	6	546 17759	6	926 26166	6	304 90657
7	820 01350	7	202 86235	7	584 25107	7	964 19074	7	342 69232
8	858 36441	8	241 06675	8	622 31006	8	*002 10543	8	380 46381
9	896 70062	9	279 25655	9	660 35457	9	040 00575	9	418 22103
	0,95		0,96		0,96		0,97		0,97

x	φ	sin x	cos x	tg x	arc tg x	Amp x	
	15	0,4	— 0,88	— 0,5	1,20	1,42	81⁰
2,650	1⁰ 50′ 01″,74	7203 05412 90	158 21958 78	3543 56560	995 954	972 83	55′ 02″,63
1	1 53 28,00	7114 87232 26	205 37855 50	3414 96528	*008 415	986 88	55 31,62
2	1 56 54,27	7026 64340 13	252 44931 68	3286 50227	020 868	*000 92	56 00,58
3	2 00 20,53	6938 36745 34	299 43182 61	3158 17609	033 312	014 95	56 29,51
4	2 03 46,80	6850 04456 71	346 32603 60	3029 98627	045 749	028 96	56 58,41
5	2 07 13,06	6761 67483 07	393 13189 96	2901 93234	058 177	042 96	57 27,28
6	2 10 39,33	6673 25833 27	439 84937 01	2774 01383	070 597	056 94	57 56,12
7	2 14 05,59	6584 79516 15	486 47840 07	2646 23026	083 008	070 91	58 24,94
8	2 17 31,86	6496 28540 54	533 01894 49	2518 58116	095 412	084 87	58 53,72
9	2 20 58,12	6407 72915 31	579 47095 60	2391 06607	107 807	098 81	59 22,48
2,660	2 24 24,38	6319 12649 30	625 83438 77	2263 68453	120 194	112 74	59 51,21
1	2 27 50,65	6230 47751 39	672 10919 36	2136 43606	132 573	126 65	*00 19,91
2	2 31 16,91	6141 78230 42	718 29532 74	2009 32021	144 944	140 55	00 48,58
3	2 34 43,18	6053 04095 28	764 39274 28	1882 33652	157 306	154 44	01 17,23
4	2 38 09,44	5964 25354 83	810 40139 39	1755 48452	169 661	168 31	01 45,84
5	2 41 35,71	5875 42017 96	856 32123 46	1628 76376	182 007	182 17	02 14,43
6	2 45 01,97	5786 54093 55	902 15221 90	1502 17379	194 346	196 02	02 42,99
7	2 48 28,24	5697 61590 48	947 89430 12	1375 71413	206 676	209 85	03 11,52
8	2 51 54,50	5608 64517 65	993 54743 56	1249 38435	218 998	223 67	03 40,02
9	2 55 20,77	5519 62883 96	*039 11157 64	1123 18400	231 312	237 47	04 08,50
2,670	2 58 47,03	5430 56698 30	084 58667 81	0997 11261	243 617	251 27	04 36,95
1	3 02 13,30	5341 45969 59	129 97269 52	0871 16974	255 914	265 04	05 05,36
2	3 05 39,56	5252 30706 73	175 26958 23	0745 35494	268 204	278 81	05 33,75
3	3 09 05,83	5163 10918 65	220 47729 42	0619 66777	280 486	292 56	06 02,12
4	3 12 32,09	5073 86614 25	265 59578 57	0494 10777	292 760	306 29	06 30,45
5	3 15 58,36	4984 57802 47	310 62501 15	0368 67452	305 026	320 02	06 58,76
6	3 19 24,62	4895 24492 22	355 56492 67	0243 36756	317 283	333 73	07 27,03
7	3 22 50,89	4805 86692 46	400 41548 64	0118 18645	329 533	347 42	07 55,28
8	3 26 17,15	4716 44412 11	445 17664 56	*9993 13076	341 774	361 10	08 23,51
9	3 29 43,42	4626 97660 11	489 84835 97	9868 20005	354 008	374 77	08 51,70
2,680	3 33 09,68	4537 46445 42	534 43058 39	9743 39387	366 232	388 43	09 19,86
1	3 36 35,95	4447 90776 98	578 92327 38	9618 71180	378 449	402 07	09 48,00
2	3 40 02,21	4358 30663 75	623 32638 47	9494 15339	390 659	415 70	10 16,11
3	3 43 28,48	4268 66114 69	667 63987 23	9369 71823	402 860	429 31	10 44,20
4	3 46 54,74	4178 97138 76	711 86369 22	9245 40587	415 054	442 91	11 12,25
5	3 50 21,00	4089 23744 94	755 99780 03	9121 21589	427 239	456 50	11 40,28
6	3 53 47,27	3999 45942 20	800 04215 24	8997 14785	439 417	470 08	12 08,28
7	3 57 13,53	3909 63739 50	843 99670 45	8873 20134	451 586	483 64	12 36,25
8	4 00 39,80	3819 77145 85	887 86141 26	8749 37591	463 748	497 19	13 04,19
9	4 04 06,06	3729 86170 22	931 63623 28	8625 67116	475 901	510 72	13 32,11
2,690	4 07 32,33	3639 90821 60	975 32112 14	8502 08665	488 046	524 24	13 59,99
1	4 10 58,59	3549 91108 99	**018 91603 47	8378 62197	500 184	537 75	14 27,86
2	4 14 24,86	3459 87041 39	062 42092 91	8255 27669	512 313	551 24	14 55,69
3	4 17 51,12	3369 78627 81	105 83576 10	8132 05040	524 435	564 72	15 23,49
4	4 21 17,39	3279 65877 25	149 16048 72	8008 94267	536 549	578 19	15 51,27
5	4 24 43,65	3189 48798 72	192 39506 41	7885 95309	548 655	591 64	16 19,02
6	4 28 09,92	3099 27401 24	235 53944 87	7763 08124	560 753	605 08	16 46,75
7	4 31 36,18	3009 01693 84	278 59359 78	7640 32671	572 844	618 51	17 14,44
8	4 35 02,45	2918 71685 53	321 55746 83	7517 68909	584 926	631 92	17 42,11
9	4 38 28,71	2828 37385 35	364 43101 72	7395 16796	597 001	645 32	18 09,75
	15	0,4	— 0,90	— 0,4	1,21	1,43	82⁰

x	$e^{\frac{x\pi}{360}}$	$e^{-\frac{x\pi}{360}}$	Sin $\frac{x\pi}{360}$	Cos $\frac{x\pi}{360}$
290	12,56264 10723	0,07960 10962	6,24151 99881	6,32112 10842
1	12,67275 05414	0,07890 94677	6,29692 05369	6,37583 00046
2	12,78382 51019	0,07822 38487	6,35280 06266	6,43102 44753
3	12,89587 32124	0,07754 41867	6,40916 45129	6,48670 86996
4	13,00890 34061	0,07687 04301	6,46601 64880	6,54288 69181
5	13,12292 42907	0,07620 25276	6,52336 08816	6,59956 34091
6	13,23794 45495	0,07554 04282	6,58120 20606	6,65674 24889
7	13,35397 29418	0,07488 40816	6,63954 44301	6,71442 85117
8	13,47101 83038	0,07423 34378	6,69839 24330	6,77262 58708
9	13,58908 95490	0,07358 84473	6,75775 05509	6,83133 89981

x	e^x	e^{-x}	Sin x	Cos x	Tg x	Ar Sin x	Ar Cos x
	14,	**0,07**	**7,**	**7,**	**0,990**	**1,70**	**1,63**
2,650	15403 86454	065 12131	04169 37162	11234 49292	06 640	154 33	003 99
1	16819 97634	058 05972	04880 95831	11939 01803	08 615	189 63	044 73
2	18237 50496	051 00518	05593 24989	12644 25507	10 586	224 92	085 45
3	19656 45182	043 95770	06306 24706	13350 20476	12 553	260 19	126 15
4	21076 81834	036 91727	07019 95054	14056 86780	14 516	295 46	166 84
5	22498 60593	029 88387	07734 36103	14764 24490	16 475	330 71	207 51
6	23921 81603	022 85750	08449 47926	15472 33676	18 431	365 96	248 16
7	25346 45004	015 83815	09165 30595	16181 14409	20 382	401 19	288 79
8	26772 50940	008 82582	09881 84179	16890 66761	22 330	436 40	329 40
9	28199 99553	001 82050	10599 08752	17600 90801	24 274	471 61	370 00
2,660	29628 90987	*994 82217	11317 04385	18311 86602	26 214	506 80	410 58
1	31059 25383	987 83084	12035 71149	19023 54234	28 150	541 99	451 14
2	32491 02885	980 84651	12755 09117	19735 93768	30 082	577 16	491 68
3	33924 23637	973 86915	13475 18361	20449 05276	32 011	612 32	532 21
4	35358 87780	966 89877	14195 98952	21162 88829	33 935	647 47	572 72
5	36794 95460	959 93535	14917 50962	21877 44498	35 856	682 61	613 21
6	38232 46819	952 97890	15639 74465	22592 72354	37 773	617 73	653 68
7	39671 42002	946 02939	16362 69531	23308 72470	39 687	752 85	694 14
8	41111 81151	939 08684	17086 36234	24025 44917	41 596	787 95	734 57
9	42553 64412	932 15122	17810 74645	24742 89767	43 502	823 04	774 99
2,670	43996 91928	925 22253	18535 84837	25461 07091	45 404	858 12	815 39
1	45441 63844	918 30077	19261 66883	26179 96960	47 302	893 19	855 78
2	46887 80304	911 38593	19988 20856	26899 59448	49 197	928 25	896 15
3	48335 41453	904 47800	20715 46827	27619 94626	51 087	963 29	936 49
4	49784 47435	897 57697	21443 44869	28341 02566	52 974	998 33	976 83
5	51234 98396	890 68284	22172 15056	29062 83340	54 857	*033 35	*017 14
6	52686 94480	883 79560	22901 57460	29785 37020	56 737	068 36	057 44
7	54140 35833	876 91525	23631 72154	30508 63679	58 613	103 36	097 72
8	55595 22600	870 04177	24362 59212	31232 63389	60 485	138 35	137 98
9	57051 54927	863 17516	25094 18706	31957 36222	62 353	173 32	178 22
2,680	58509 32959	856 31542	25826 50709	32682 82250	64 218	208 29	218 45
1	59968 56842	849 46253	26559 55294	33409 01547	66 079	243 24	258 66
2	61429 26721	842 61649	27293 32536	34135 94185	67 936	278 18	298 85
3	62891 42744	835 77729	28027 82507	34863 60236	69 790	313 11	339 02
4	64355 05055	828 94493	28763 05281	35591 99774	71 640	348 03	379 18
5	65820 13803	822 11940	29499 00931	36321 12871	73 486	382 93	419 32
6	67286 69132	815 30069	30235 69531	37050 99600	75 328	417 83	459 44
7	68754 71190	808 48880	30973 11155	37781 60035	77 167	452 71	499 55
8	70224 20123	801 68371	31711 25876	38512 94247	79 003	487 59	539 64
9	71695 16079	794 88543	32450 13768	39245 02311	80 834	522 45	579 71
2,690	73167 59204	788 09394	33189 74905	39977 84299	82 663	557 30	619 76
1	74641 49647	781 30924	33930 09361	40711 40285	84 487	592 14	659 80
2	76116 87553	774 53132	34671 17211	41445 70342	86 308	626 97	699 82
3	77593 73071	767 76017	35412 98527	42180 74544	88 125	661 79	739 82
4	79072 06348	760 99579	36155 53384	42916 52964	89 939	696 60	779 80
5	80551 87533	754 23818	36898 81858	43653 05675	91 749	731 39	819 77
6	82033 16773	747 48732	37642 84021	44390 32752	93 555	766 17	859 72
7	83515 94216	740 74320	38387 59948	45128 34268	95 358	800 94	899 65
8	85000 20011	734 00583	39133 09714	45867 10297	97 157	835 70	939 57
9	86485 94305	727 27519	39879 33393	46606 60912	98 953	870 45	979 47
	14,	**0,06**	**7,**	**7,**	**0,990**	**1,71**	**1,64**

x	$\log_e x$	x	$\log_e x$	x	$\log_e x$	x	$\log_e x$	x	$\log_e x$
	0,97		**0,97**		**0,98**		**0,98**		**0,98**
2,650	455 96400	**2,660**	832 61228	**2,670**	207 84724	**2,680**	581 67945	**2,690**	954 11936
1	493 69273	1	870 19920	1	245 29341	1	618 98593	1	991 28717
2	531 40723	2	907 77200	2	282 72557	2	656 27849	2	*028 44118
3	569 10752	3	945 33068	3	320 14372	3	693 55714	3	065 58138
4	606 79359	4	982 87527	4	357 54787	4	730 82191	4	102 70780
5	644 46547	5	*020 40576	5	394 93804	5	768 07280	5	139 82044
6	682 12316	6	057 92217	6	432 31423	6	805 30981	6	176 91930
7	719 76668	7	095 42452	7	469 67645	7	842 53296	7	214 00442
8	757 39603	8	132 91280	8	507 02473	8	879 74227	8	251 07578
9	795 01123	9	170 38704	9	544 35906	9	916 93773	9	288 13340
	0,97		**0,98**		**0,98**		**0,98**		**0,99**

x	φ	sin x	cos x	tg x	arc tg x	Amp x	
	15	**0,4**	**— 0,90**	**— 0,4**	**1,21**	**1,43**	**82⁰**
2,700	4⁰ 41′ 54″,98	2737 98802 34	407 21420 17	7272 76291	609 067	658 71	18′ 37″,36
1	4 45 21,24	2647 55945 53	449 90697 90	7150 47354	621 126	672 09	19 04,95
2	4 48 47,51	2557 08823 96	492 50930 64	7028 29943	633 177	685 45	19 32,51
3	4 52 13,77	2466 57446 68	535 02114 13	6906 24018	645 220	698 79	20 00,04
4	4 55 40,04	2376 01822 75	577 44244 12	6784 29539	657 255	712 13	20 27,54
5	4 59 06,30	2285 41961 21	619 77316 36	6662 46464	669 283	725 45	20 55,02
6	5 02 32,57	2194 77871 13	662 01326 63	6540 74754	681 303	738 76	21 22,47
7	5 05 58,83	2104 09561 58	704 16270 70	6419 14368	693 314	752 05	21 49,89
8	5 09 25,10	2013 37041 62	746 22144 35	6297 65267	705 318	765 33	22 17,29
9	5 12 51,36	1922 60320 32	788 18943 38	6176 27410	717 315	778 60	22 44,66
2,710	5 16 17,62	1831 79406 76	830 06663 59	6055 00757	729 303	791 86	23 12,00
1	5 19 43,89	1740 94310 02	871 85300 80	5933 85269	741 284	805 10	23 39,31
2	5 23 10,15	1650 05039 18	913 54850 82	5812 80906	753 257	818 33	24 06,60
3	5 26 36,42	1559 11603 35	955 15309 49	5691 87629	765 222	831 54	24 33,86
4	5 30 02,68	1468 14011 60	996 66672 64	5571 05398	777 180	844 75	25 01,09
5	5 33 28,95	1377 12273 03	*038 08936 13	5450 34174	789 129	857 94	25 28,89
6	5 36 55,21	1286 06396 76	079 42095 81	5329 73918	801 071	871 11	25 55,47
7	5 40 21,48	1194 96391 88	120 66147 55	5209 24590	813 005	884 28	26 22,63
8	5 43 47,74	1103 82267 50	161 81087 22	5088 86153	824 931	897 43	26 49,75
9	5 47 14,01	1012 64032 74	202 86910 71	4968 58567	836 850	910 57	27 16,85
2,720	5 50 40,27	0921 41696 72	243 83613 92	4848 41793	848 760	923 69	27 43,92
1	5 54 06,54	0830 15268 56	284 71192 74	4728 35793	860 663	936 80	28 10,96
2	5 57 32,80	0738 84757 38	325 49643 10	4608 40528	872 559	949 90	28 37,98
3	6 00 59,07	0647 50172 31	366 18960 90	4488 55961	884 447	962 99	29 04,97
4	6 04 25,33	0556 11522 50	406 79142 09	4368 82052	896 327	976 06	29 31,94
5	6 07 51,60	0464 68817 08	447 30182 59	4249 18763	908 199	989 12	29 58,87
6	6 11 17,86	0373 22065 18	487 72078 37	4129 66058	920 064	*002 16	30 25,79
7	6 14 44,13	0281 71275 97	528 04825 38	4010 23897	931 921	015 20	30 52,67
8	6 18 10,39	0190 16458 58	568 28419 58	3890 92243	943 771	028 22	31 19,53
9	6 21 36,66	0098 57622 18	608 42856 95	3771 71058	955 612	041 23	31 46,36
2,730	6 25 02,92	0006 94775 92	648 48133 49	3652 60305	967 447	054 22	32 13,16
1	6 28 29,19	*9915 27928 97	688 44245 17	3533 59946	979 273	067 20	32 39,94
2	6 31 55,45	9823 57090 49	728 31188 02	3414 69944	991 092	080 17	33 06,69
3	6 35 21,72	9731 82269 65	768 08958 03	3295 90262	*002 903	093 13	33 33,42
4	6 38 47,98	9640 03475 63	807 77551 23	3177 20862	014 707	106 07	34 00,11
5	6 42 14,25	9548 20717 61	847 36963 66	3058 61707	026 503	119 00	34 26,78
6	6 45 40,51	9456 34004 77	886 87191 35	2940 12760	038 291	131 92	34 53,43
7	6 49 06,77	9364 43346 29	926 28230 35	2821 73985	050 072	144 83	35 20,05
8	6 52 33,04	9272 48751 37	965 60076 73	2703 45345	061 845	157 72	35 46,64
9	6 55 59,30	9180 50229 20	**004 82726 54	2585 26803	073 609	170 60	36 13,21
2,740	6 59 25,57	9088 47788 98	043 96175 88	2467 18323	085 367	183 47	36 39,75
1	7 02 51,83	8996 41439 92	083 00420 82	2349 19868	097 118	196 32	37 06,26
2	7 06 18,10	8904 31191 21	121 95457 46	2231 31402	108 861	209 16	37 32,75
3	7 09 44,36	8812 17052 07	160 81281 91	2113 52888	120 596	221 99	37 59,21
4	7 13 10,63	8719 99031 72	199 57890 27	1995 84291	132 324	234 81	38 25,64
5	7 16 36,89	8627 77139 37	238 25278 68	1878 25575	144 044	247 61	38 52,05
6	7 20 03,16	8535 51384 24	276 83443 26	1760 76703	155 757	260 40	39 18,43
7	7 23 29,42	8443 21775 56	315 32380 16	1643 37639	167 462	273 18	39 44,79
8	7 26 55,69	8350 88322 56	353 72085 53	1526 08349	179 160	285 94	40 11,12
9	7 30 21,95	8258 51034 46	392 02555 53	1408 88796	190 850	298 70	40 37,42
	15	**0,3**	**— 0,92**	**— 0,4**	**1,22**	**1,44**	**82⁰**

x	$e^{\frac{x\pi}{360}}$	$e^{-\frac{x\pi}{360}}$	Sin $\frac{x\pi}{360}$	Cof $\frac{x\pi}{360}$
300	13,70819 56691	0,07294 90608	6,81762 33041	6,89057 23650
1	13,82834 57346	0,07231 52298	6,87801 52524	6,95033 04822
2	13,94954 88956	0,07168 69060	6,93893 09948	7,01061 79008
3	14,07181 43822	0,07106 40414	7,00037 51704	7,07143 92118
4	14,19515 15056	0,07044 65887	7,06235 24584	7,13279 90471
5	14,31956 96584	0,06983 45009	7,12486 75787	7,19470 20796
6	14,44507 83157	0,06922 77313	7,18792 52922	7,25715 30235
7	14,57168 70356	0,06862 62337	7,25153 04010	7,32015 66347
8	14,69940 54600	0,06802 99623	7,31568 77488	7,38371 77112
9	14,82824 33153	0,06743 88718	7,38040 22217	7,44784 10935

x	e^x	e^{-x}	Sin x	Cof x	Tg x	Ar Sin x	Ar Cof x
	14,	**0,06**	**7,**	**7,**	**0,991**	**1,71**	**1,65**
2,700	87973 17249	720 55127	40626 31061	47346 86188	00 745	905 19	019 35
1	89461 88989	713 83408	41374 02791	48087 86199	02 534	939 91	159 21
2	90952 09676	707 12360	42122 48658	48829 61018	04 319	974 63	099 06
3	92443 79459	700 41983	42871 68738	49572 10721	06 101	*009 33	138 89
4	93936 98485	693 72276	43621 63104	50315 35381	07 879	044 02	178 70
5	95431 66905	687 03238	44372 31833	51059 35072	09 653	078 70	218 50
6	96927 84869	680 34869	45123 75000	51804 09869	11 424	113 37	258 27
7	98425 52525	673 67169	45875 92678	52549 59847	13 192	148 03	298 04
8	99924 70024	660 00135	46628 84944	53295 85079	14 956	182 68	337 78
9	*01425 37515	660 33768	47382 51873	54042 85641	16 716	217 31	377 51
2,710	02927 55149	653 68067	48136 93541	54790 61608	18 473	251 94	417 22
1	04431 23075	647 03032	48892 10022	55539 13054	20 227	286 55	456 91
2	05936 41445	640 38661	49648 01392	56288 40053	21 977	321 15	496 59
3	07443 10408	633 74954	50404 67727	57038 42681	23 724	355 74	536 25
4	08951 30116	627 11911	51162 09103	57789 21013	25 467	390 32	575 89
5	10461 00719	620 49530	51920 25594	58540 75125	27 206	424 89	615 52
6	11972 22368	613 87811	52679 17278	59293 05090	28 943	459 45	655 12
7	13484 91214	607 26754	53439 32230	60046 58984	30 675	493 99	694 72
8	14999 19409	600 66358	54199 26526	60799 92883	32 405	528 53	734 29
9	16514 95103	594 06621	54960 44241	61554 50862	34 131	563 05	773 85
2,720	18032 22450	587 47544	55722 37453	62309 84997	35 853	597 56	813 40
1	19551 01599	580 89126	56485 06236	63065 95362	37 572	632 06	852 92
2	21071 32703	574 31366	57248 50669	63822 82035	39 288	666 55	892 43
3	22593 15915	567 74263	58012 70826	64580 45089	41 000	701 03	931 92
4	24116 51386	561 17817	58777 66784	65338 84602	42 709	735 50	971 40
5	25641 39269	554 62027	59543 38621	66098 00648	44 415	769 95	010 85
6	27167 79715	548 06893	60309 86411	66857 93304	46 117	804 40	050 29
7	28695 72879	541 52413	61077 10233	67618 62646	47 816	838 83	089 72
8	30225 18912	534 98588	61845 10162	68380 08750	49 511	873 26	129 13
9	31756 17968	528 45416	62613 86276	69142 31692	51 203	907 67	168 52
2,730	33288 70199	521 92897	63383 38651	69905 31548	52 892	942 07	207 89
1	34822 75759	515 41030	64153 67365	70669 08385	54 577	976 46	247 25
2	36358 34802	508 89814	64924 72494	71433 62308	56 259	**010 84	286 59
3	37895 47480	502 39250	65696 54115	72198 93365	57 938	045 20	325 92
4	39434 13948	495 89336	66469 12306	72965 01642	59 614	079 56	365 22
5	40974 34359	489 40071	67242 47144	73731 87215	61 286	113 90	404 52
6	42516 08868	482 91455	68016 58706	74499 50162	62 955	148 24	443 79
7	44059 37628	476 43488	68791 47070	75267 90558	64 620	182 56	483 05
8	45604 20280	469 96168	69567 12056	76037 08224	66 282	216 88	522 29
9	47150 58522	463 49495	70343 54513	76807 04008	67 941	251 18	561 52
2,740	48698 50963	457 03469	71120 73747	77577 77216	69 596	285 47	600 72
1	50247 98275	450 58088	71898 70093	78349 28182	71 249	319 74	639 91
2	51799 00612	444 13353	72677 43630	79121 56982	72 898	354 01	679 09
3	53351 58128	437 69261	73456 94433	79894 63695	74 543	388 27	718 25
4	54905 70980	431 25814	74237 22583	80668 48397	76 186	422 51	757 39
5	56461 39322	424 83009	75018 28156	81443 11166	77 825	456 75	796 52
6	58018 63310	418 40848	75800 11231	82218 52079	79 461	490 97	835 63
7	59577 43100	411 99328	76582 71886	82994 71214	81 094	525 18	874 72
8	61137 78848	405 58449	77366 10200	83771 68649	82 723	559 39	913 80
9	62699 70710	399 18210	78150 26250	84549 44460	84 349	593 58	952 86
	15,	**0,06**	**7,**	**7,**	**0,991**	**1,73**	**1,66**

x	$\log_e x$	x	$\log_e x$	x	$\log_e x$	x	$\log_e x$	x	$\log_e x$
	0,99		**0,99**		**1,00**		**1,00**		**1,00**
2,700	325 17730	**2,710**	694 86349	**2,720**	063 18803	**2,730**	430 16092	**2,740**	795 79204
1	362 20748	1	731 75705	1	099 94598	1	466 78425	1	832 28173
2	399 22395	2	768 63701	2	136 69042	2	503 39417	2	868 75811
3	436 22673	3	805 50337	3	173 42137	3	539 99069	3	905 22120
4	473 21582	4	842 35614	4	210 13883	4	576 57383	4	941 67099
5	510 19123	5	879 19534	5	246 84281	5	613 14359	5	978 10750
6	547 15297	6	916 02097	6	283 53333	6	649 69998	6	*014 53073
7	584 10106	7	952 83304	7	320 21039	7	686 24301	7	050 94071
8	621 03550	8	989 63157	8	356 87400	8	722 77269	8	087 33744
9	657 95631	9	*026 41656	9	393 52417	9	759 28903	9	123 72092
	0,99		**1,00**		**1,00**		**1,00**		**1,01**

x	φ	sin x	cos x	tg x	arc tg x	Amp x	
	15	**0,3**	**— 0,92**	**— 0,4**	**1,22**	**1,44**	**82⁰**
2,750	7⁰ 33′ 48″,22	8166 09920 52	430 23786 32	1291 78945	202 532	311 44	41′ 03″,70
1	7 37 14,48	8073 64989 97	468 35774 10	1174 78760	214 207	324 16	41 29,95
2	7 40 40,75	7981 16252 06	506 38515 04	1057 88207	225 874	336 88	41 56,18
3	7 44 07,01	7888 63716 03	544 32005 34	0941 07249	237 535	349 58	42 22,38
4	7 47 33,28	7796 07391 13	582 16241 20	0824 35852	249 187	362 27	42 48,55
5	7 50 59,54	7703 47286 63	619 91218 86	0707 73981	260 832	374 95	43 14,70
6	7 54 25,81	7610 83411 78	657 56934 52	0591 21600	272 470	387 61	43 40,82
7	7 57 52,07	7518 15775 85	695 13384 43	0474 78676	284 100	400 26	44 06,92
8	8 01 18,34	7425 44388 10	732 60564 82	0358 45172	295 723	412 90	44 32,99
9	8 04 44,60	7332 69257 81	769 98471 96	0242 21055	307 338	425 53	44 59,03
2,760	8 08 10,87	7239 90394 25	807 27102 09	0126 06290	318 946	438 14	45 25,05
1	8 11 37,13	7147 07806 70	844 46451 50	0010 00842	330 547	450 74	45 51,04
2	8 15 03,39	7054 21504 44	881 56516 47	*9894 04677	342 140	463 33	46 17,01
3	8 18 29,66	6961 31496 76	918 57293 28	9778 17760	353 725	475 91	46 42,95
4	8 21 55,92	6868 37792 95	955 48778 23	9662 40058	365 303	488 47	47 08,87
5	8 25 22,19	6775 40402 31	992 30967 63	9546 71537	376 874	501 02	47 34,76
6	8 28 48,45	6682 39334 12	*029 03857 81	9431 12161	388 437	513 56	48 00,62
7	8 32 14,72	6589 34597 69	065 67445 08	9315 61899	399 993	526 09	48 26,46
8	8 35 40,98	6496 26202 33	102 21725 78	9200 20714	411 542	538 60	48 52,27
9	8 39 07,25	6403 14157 34	138 66696 27	9084 88575	423 083	551 11	49 18,06
2,770	8 42 33,51	6309 98472 04	175 02352 89	8969 65447	434 618	563 60	49 43,82
1	8 45 59,78	6216 79155 74	211 28692 00	8854 51296	446 144	576 07	50 09,56
2	8 49 26,04	6123 56217 76	247 45709 99	8739 46089	457 664	588 54	50 35,27
3	8 52 52,31	6030 29667 43	283 53403 23	8624 49793	469 175	600 99	51 00,95
4	8 56 18,57	5936 99514 07	319 51768 12	8509 62374	480 680	613 43	51 26,61
5	8 59 44,84	5843 65769 01	355 40801 06	8394 83800	492 177	625 86	51 52,25
6	9 03 11,10	5750 28435 58	391 20498 46	8280 14036	503 667	638 27	52 17,86
7	9 06 37,37	5656 87529 12	426 90856 74	8165 53051	515 150	650 68	52 43,44
8	9 10 03,63	5563 43056 98	462 51872 33	8051 00810	526 625	663 07	53 09,00
9	9 13 29,90	5469 95028 49	498 03541 67	7936 57281	538 093	675 45	53 34,53
2,780	9 16 56,16	5376 43453 01	533 45861 21	7822 22432	549 552	687 81	54 00,04
1	9 20 22,43	5282 88339 89	568 78827 40	7707 96229	561 006	700 17	54 25,52
2	9 23 48,69	5189 29698 48	604 02436 71	7593 78640	572 451	712 51	54 50,98
3	9 27 14,96	5095 67538 13	639 16685 62	7479 69633	583 890	724 84	55 16,41
4	9 30 41,22	5002 01868 23	674 21570 62	7365 69174	595 321	737 16	55 41,81
5	9 34 07,49	4908 32698 12	709 17088 19	7251 77232	606 745	749 46	56 07,19
6	9 37 33,75	4814 60037 17	744 03234 85	7137 93775	618 162	761 75	56 32,55
7	9 41 00,02	4720 83894 77	778 80007 11	7024 18769	629 571	774 03	56 57,88
8	9 44 26,28	4627 04280 28	813 47401 48	6910 52183	640 973	786 30	57 23,19
9	9 47 52,54	4533 21203 09	848 05414 51	6796 93985	652 369	798 56	57 48,47
2,790	9 51 18,81	4439 34672 58	882 54042 74	6683 44143	663 757	810 80	58 13,72
1	9 54 45,07	4345 44698 14	916 93282 71	6570 02625	675 137	823 03	58 38,95
2	9 58 11,34	4251 51289 15	951 23130 99	6456 69399	685 510	835 25	59 04,16
3	*0 01 37,60	4157 54455 01	985 43584 15	6343 44433	697 877	847 46	59 29,34
4	0 05 03,87	4063 54205 11	**019 54638 76	6230 27696	709 235	859 66	59 54,49
5	0 08 30,13	3969 50548 86	053 56291 42	6117 19157	720 587	871 84	*00 19,62
6	0 11 56,40	3875 43495 67	087 48538 73	6004 18783	731 932	884 01	00 44,73
7	0 15 22,66	3781 33054 92	121 31377 28	5891 26543	743 269	896 17	01 09,81
8	0 18 48,93	3687 19236 05	155 04803 71	5778 42406	754 599	908 32	01 34,86
9	0 22 15,19	3593 02048 45	188 68814 63	5665 66341	765 922	920 45	01 59,90
	16	**0,3**	**— 0,94**	**— 0,3**	**1,22**	**1,44**	**83⁰**

x	$e^{\frac{x\pi}{360}}$	$e^{-\frac{x\pi}{360}}$	Sin $\frac{x\pi}{360}$	Cos $\frac{x\pi}{360}$
310	14,95821 04130	0,06685 29171	7,44567 87480	7,51253 16650
1	15,08931 66508	0,06627 20535	7,51152 22987	7,57779 43521
2	15,22157 20131	0,06569 62368	7,57793 78881	7,64363 41250
3	15,35498 65717	0,06512 54233	7,64493 05742	7,71005 59975
4	15,48957 04869	0,06455 95693	7,71250 54588	7,77706 50281
5	15,62533 40078	0,06399 86319	7,78066 76879	8,84466 63199
6	15,76228 74734	0,06344 25683	7,84942 24526	8,91286 50209
7	15,90044 13136	0,06289 13362	7,91877 49887	8,98166 63249
8	16,03980 60492	0,06234 48935	7,98873 05779	8,05107 54714
9	16,18039 22937	0,06180 31987	8,05929 45475	8,12109 77462

x	e^x	e^{-x}	Sin x	Cof x	Tg x	Ar Sin x	Ar Cof x
	15,	0,06	7,	7,	0,991	1,73	1,66
2,750	64263 18842	392 78612	78935 20115	85327 98727	85 972	627 76	991 90
1	65828 23400	386 39653	79720 91873	86107 31526	87 592	661 93	*030 93
2	67394 84541	380 01333	80507 41604	86887 42937	89 209	696 09	069 94
3	68963 02421	373 63650	81294 69386	87668 33036	90 822	730 23	108 94
4	70532 77198	367 26605	82082 75296	88450 01902	92 433	764 37	147 92
5	72104 09028	360 90197	82871 59416	89232 49612	94 040	798 49	186 88
6	73676 98068	354 54424	83661 21822	90015 76246	95 643	832 61	225 82
7	75251 44477	348 19288	84451 62594	90799 81882	97 244	866 71	264 75
8	76827 48410	341 84786	85242 81812	91584 66598	98 842	900 80	303 67
9	78405 10026	335 50918	86034 79554	92370 30472	*00 436	934 88	342 57
2,760	79984 29483	329 17684	86827 55900	93156 73583	02 027	968 95	381 45
1	81565 06938	322 85082	87621 10928	93943 96010	03 615	*003 01	420 31
2	83147 42549	316 53113	88415 44718	94731 97831	05 200	037 06	459 16
3	84731 36476	310 21776	89210 57350	95520 79126	06 781	071 10	498 00
4	86316 88875	303 91069	90006 48903	96310 39972	08 360	105 13	536 81
5	87903 99906	297 60993	90803 19456	97100 80450	09 936	139 14	575 61
6	89492 66728	291 31547	91600 67590	97891 99137	11 508	173 15	614 40
7	91082 98499	285 02730	92398 97884	98684 00614	13 077	207 14	653 17
8	92674 86378	278 74542	93198 05918	99476 80460	14 643	241 13	691 92
9	94268 33524	272 46981	93997 93272	*00270 40253	16 206	275 10	730 65
2,770	95863 40098	266 20047	94798 60025	01064 80073	17 766	309 06	769 37
1	97460 06258	259 93741	95600 06259	01859 99999	19 323	343 01	808 07
2	99058 32164	253 68060	96402 32052	02656 00112	20 877	376 95	846 76
3	*00658 17975	247 43004	97205 37486	03452 80490	22 427	410 88	885 43
4	02259 63853	241 18574	98009 22640	04250 41213	23 975	444 80	924 09
5	03862 69957	234 94767	98813 87595	05048 82362	25 519	478 70	962 73
6	05467 36446	228 71584	99619 32431	05848 04015	27 061	512 60	**001 35
7	07073 63483	222 49024	*00425 57230	06648 06253	28 599	546 49	039 96
8	08681 51227	216 27086	01232 62071	07448 89156	30 134	580 36	078 55
9	10290 99839	210 05769	02040 47035	08250 52804	31 667	614 23	117 13
2,780	11902 09480	203 85074	02849 12203	09052 97277	33 196	648 08	155 69
1	13514 80312	197 64999	03658 57656	09856 22655	34 722	681 92	194 23
2	15129 12495	191 45544	04468 83476	10660 29019	36 245	715 75	232 76
3	16745 06191	185 26708	05279 89742	11465 16449	37 766	749 57	271 27
4	18362 61561	179 08490	06091 76536	12270 85025	39 283	783 38	309 77
5	19981 78768	172 90890	06904 43939	13077 34829	40 797	817 18	348 25
6	21602 57973	166 73908	07717 92032	13884 65940	42 308	850 97	386 71
7	23224 99338	160 57542	08532 20898	14692 78440	43 816	884 75	425 16
8	24849 03025	154 41793	09347 30616	15501 72409	45 321	918 52	463 59
9	26474 69198	148 26659	10153 21270	16311 47928	46 824	952 27	501 01
2,790	28101 98018	142 12139	10979 92939	17122 05079	48 323	986 02	540 41
1	29730 89648	135 98234	11797 45707	17933 43941	49 819	**019 76	578 80
2	31361 44252	129 84942	12615 79655	18745 64597	51 312	053 48	617 17
3	32993 61991	123 72264	13434 94864	19558 67127	52 802	087 19	655 52
4	34627 43030	117 60192	14254 91419	20372 51611	54 290	120 90	693 86
5	36262 87532	111 48743	15075 69394	21187 18137	55 774	154 59	732 18
6	37899 95659	105 37900	15897 28880	22002 66780	57 256	188 27	770 49
7	39538 67577	099 27667	16719 69955	22818 97622	58 734	221 94	808 78
8	41179 03449	093 18045	17542 92702	23636 10747	60 210	255 60	847 05
9	42821 03439	087 09031	18366 97204	24454 06235	61 682	289 25	885 31
	16,	0,06	8,	8,	0,992	1,75	1,68

x	$\log_e x$	x	$\log_e x$	x	$\log_e x$	x	$\log_e x$	x	$\log_e x$
	1,01		1,01		1,01		1,02		1,02
2,750	160 09117	2,760	523 06797	2,770	884 73202	2,780	245 09277	2,790	604 15958
1	196 44819	1	559 29329	1	920 82659	1	281 05753	1	639 99546
2	232 79201	2	595 50550	2	956 90813	2	317 00935	2	675 81849
3	269 12262	3	631 70459	3	992 97666	3	352 94825	3	711 62870
4	305 44003	4	667 89059	4	*029 03219	4	388 87425	4	747 42608
5	341 74426	5	704 06350	5	065 07472	5	424 78734	5	783 21066
6	378 03531	6	740 22332	6	101 10426	6	460 68753	6	818 98244
7	414 31320	7	776 37008	7	137 12083	7	496 57485	7	854 74142
8	450 57794	8	812 50377	8	173 12443	8	532 44929	8	890 48762
9	486 82952	9	848 62442	9	209 11508	9	568 31086	9	926 22105
	1,01		1,01		1,02		1,02		1,02

x	φ	sin x	cos x	tg x	arc tg x	Amp x	
	16	0,3	— 0,94	— 0,3	1,22	1,44	83° 0
2,800	0° 25′ 41″,46	3498 81501 56	222 23406 69	5552 98317	777 238	932 58	2′ 24″,90
1	0 29 07,72	3404 57604 78	255 68576 52	5440 38302	788 547	944 69	3 49,88
2	0 32 33,99	3310 30367 55	289 04320 78	5327 86265	799 849	956 79	3 14,84
3	0 36 00,25	3215 99799 28	322 30636 14	5215 42176	811 143	968 88	3 39,77
4	0 39 26,52	3121 65909 42	355 47519 27	5103 06003	822 430	980 95	4 04,68
5	0 42 52,78	3027 28707 39	388 54966 86	4990 77716	833 710	993 01	4 29,56
6	0 46 19,05	2932 88202 63	421 52975 59	4878 57284	844 983	*005 07	4 54,42
7	0 49 45,31	2838 44404 59	454 41542 17	4766 44676	856 249	017 10	5 19,25
8	0 53 11,58	2743 97322 70	487 20663 30	4654 39862	867 508	029 13	5 44,06
9	0 56 37,84	2649 46966 41	519 90335 72	4542 42811	878 760	041 15	6 08,84
2,810	1 00 04,11	2554 93345 18	552 50556 15	4430 53493	890 004	053 15	6 33,60
1	1 03 30,37	2460 36468 45	585 01321 32	4318 71877	901 241	065 14	6 58,33
2	1 06 56,64	2365 76345 69	617 42628 00	4206 97934	912 471	077 12	7 23,04
3	1 10 22,90	2271 12986 35	649 74472 94	4095 31632	923 695	098 09	7 47,73
4	1 13 19,16	2176 46399 89	681 96852 90	3983 72943	934 911	101 05	8 12,39
5	1 17 15,43	2081 76595 80	714 09764 66	3872 21835	946 120	112 99	8 37,03
6	1 20 41,69	1987 03583 52	746 13205 02	3760 78279	957 322	124 92	9 01,64
7	1 24 07,96	1892 27372 55	778 07170 77	3649 42244	968 517	136 84	9 26,23
8	1 27 34,22	1797 47972 34	809 91658 70	3538 13702	979 046	148 75	9 50,79
9	1 31 00,49	1702 65392 39	841 66665 65	3426 92621	990 885	160 65	*0 15,33
2,820	1 34 26,75	1607 79642 17	873 32188 43	3315 78973	*002 059	172 53	0 39,84
1	1 37 53,02	1512 90731 17	904 88223 88	3204 72728	013 225	184 41	1 04,33
2	1 41 19,28	1417 98668 89	936 34768 84	3093 73855	024 385	196 27	1 28,80
3	1 44 45,55	1323 03464 80	967 71820 17	2982 82327	035 538	208 12	1 53,24
4	1 48 11,81	1228 05128 41	998 99374 73	2871 98112	046 683	219 95	2 17,66
5	1 51 38,08	1133 03669 22	*030 17429 39	2761 21183	057 822	231 78	2 42,05
6	1 55 04,34	1037 99096 72	061 25981 03	2650 51508	068 954	243 59	3 06,42
7	1 58 30,61	0942 91420 42	092 25026 55	2539 89061	080 079	255 40	3 30,76
8	2 01 56,87	0847 80649 84	123 14562 84	2429 33810	091 196	267 19	3 55,08
9	2 05 23,14	0752 66794 47	153 94586 82	2318 85727	102 307	278 97	4 19,38
2,830	2 08 49,40	0657 49863 83	184 65095 40	2208 44783	113 410	290 73	4 43,65
1	2 12 15,67	0562 29867 45	215 26085 52	2098 10949	124 506	302 49	5 07,90
2	2 15 41,93	0467 06814 84	245 77554 12	1987 84196	135 596	314 23	5 32,12
3	2 19 08,20	0371 80715 52	276 19498 14	1877 64495	146 679	325 97	5 56,32
4	2 22 34,46	0276 51579 02	306 51914 54	1767 51818	157 755	337 69	6 20,50
5	2 26 00,73	0181 19414 87	336 74800 29	1657 46135	168 824	349 40	6 44,65
6	2 29 26,99	0085 84232 60	366 88152 36	1547 47418	179 886	361 09	7 08,78
7	2 32 53,26	*9990 46041 74	396 91967 75	1437 55639	190 941	372 78	7 32,88
8	2 36 19,52	9895 04851 84	426 86243 44	1327 70769	201 989	384 45	7 56,96
9	2 39 45,78	9799 60672 44	456 70976 46	1217 92779	213 030	396 12	8 21,02
2,840	2 43 12,05	9704 13513 07	486 46163 80	1108 21641	244 063	407 77	8 45,05
1	2 46 38,31	9608 63383 29	516 11802 49	0998 57327	255 090	419 41	9 09,06
2	2 50 04,58	9513 10292 65	545 67889 58	0888 99809	266 111	431 04	9 33,04
3	2 53 30,84	9417 54250 70	575 14422 09	0779 49057	277 124	442 65	9 57,01
4	2 56 57,11	9321 95266 99	604 51397 10	0670 05045	288 131	454 26	**0 20,94
5	3 00 23,37	9226 33351 09	633 78811 65	0560 67744	299 131	465 85	0 44,86
6	3 03 49,64	9130 68512 55	662 96662 82	0451 37126	310 124	477 43	1 08,74
7	3 07 15,90	9035 00760 95	692 04947 70	0342 13163	321 110	489 00	1 32,61
8	3 10 42,17	8939 30105 85	721 03663 38	0232 95827	332 089	500 56	1 56,45
9	3 14 08,43	8843 56556 81	749 92806 95	0123 85090	343 061	512 11	2 20,27
	16	0,2	— 0,95	— 0,3	1,23	,1,45	83° 2

x	$e^{\frac{x\pi}{360}}$	$e^{-\frac{x\pi}{360}}$	Sin $\frac{x\pi}{360}$	Cos $\frac{x\pi}{360}$
320	16,32221 07534	0,06126 62105	8,13047 22714	8,19173 84819
1	16,46527 22283	0,06073 38880	8,20226 91702	8,26300 30582
2	16,60958 76135	0,06020 61907	8,27469 07114	8,33489 69021
3	16,75516 78990	0,05968 30784	8,34774 24103	8,40742 54887
4	16,90202 41717	0,05916 45113	8,42142 98302	8,48059 43415
5	17,05016 76153	0,05865 04498	8,49575 85827	8,55440 90326
6	17,19960 95117	0,05814 08548	8,57073 43284	8,62887 51832
7	17,35036 12415	0,05763 56876	8,64636 27769	8,70399 84645
8	17,50243 42853	0,05713 49096	8,72264 96879	8,77978 45974
9	17,65584 02241	0,05663 84826	8,79960 08707	8,85623 93534

x	e^x	e^{-x}	Sin x	Cos x	Tg x	Ar Sin x	Ar Cos x
	16,	**0,06**	**8,**	**8,**	**0,992**	**1,75**	**1,68**
2,800	44464 67711	081 00626	19191 83542	25272 84169	63 152	322 89	923 56
1	46099 96429	074 92830	20017 51800	26092 44629	64 619	356 52	961 78
2	47756 89759	068 85640	20844 02059	26912 87700	66 083	390 14	*000 00
3	49405 47864	062 79058	21641 34403	27734 13461	67 544	423 74	038 19
4	51055 70909	056 73082	22499 48914	28556 21996	69 002	457 34	076 37
5	52707 59061	050 67712	23328 45674	29379 13386	70 457	490 92	114 54
6	54361 12483	044 62946	24158 24768	30202 87715	71 909	524 50	152 69
7	56016 31341	038 58786	24988 86278	31027 45063	73 359	558 06	190 82
8	57673 15800	032 55229	25820 30286	31852 85515	74 805	591 62	228 94
9	59331 66028	026 52275	26652 56876	32679 09151	76 249	625 16	267 05
2,810	60991 82188	020 49924	27485 66132	33506 16056	77 690	658 69	305 13
1	62653 64447	014 48175	28319 58136	34334 06311	79 128	692 22	343 21
2	64317 12972	008 47027	29154 32972	35162 80000	80 563	725 73	381 26
3	65982 27929	002 46481	29989 90724	35992 37205	81 995	759 23	419 30
4	67649 09484	*996 46534	30826 31475	36822 78009	83 425	792 72	457 33
5	69317 57803	990 47187	31663 55308	37654 02495	84 851	826 20	495 34
6	70987 73055	984 48440	32501 62308	38486 10747	86 275	859 67	533 34
7	72659 55405	978 50290	33340 52557	39319 02848	87 696	893 13	571 32
8	74333 05021	972 52739	34180 26141	40152 78880	89 114	926 58	609 28
9	76008 22071	966 55785	35020 83143	40987 38928	90 529	960 01	647 23
2,820	77685 06721	960 59427	35862 23647	41822 83074	91 942	993 44	685 16
1	79363 59140	954 63666	36704 47737	42659 11403	93 352	*026 86	723 08
2	81043 79496	948 68500	37547 55498	43496 23998	94 759	060 26	760 98
3	82725 67955	942 73928	38391 47014	44334 20942	96 163	093 66	798 87
4	84409 24688	936 79952	39236 22368	45173 02320	97 564	127 05	836 74
5	86094 49861	930 86568	40081 81646	46012 68215	98 963	160 42	874 60
6	87781 43644	924 93778	40928 24933	46853 18711	*00 358	193 78	912 44
7	89470 06204	919 01581	41775 52312	47694 53892	01 751	227 14	950 26
8	91160 37712	913 09975	42623 63869	48536 73844	03 142	260 48	988 07
9	92852 38336	907 18960	43472 59688	49379 78648	04 529	293 81	**025 87
2,830	94546 08245	901 28537	44322 39854	50223 68391	05 914	327 13	063 65
1	96241 47609	895 38703	45173 04453	51068 43156	07 296	360 45	101 42
2	97938 56597	889 49459	46024 53569	51914 03028	08 675	393 75	139 17
3	99617 35379	883 60804	46876 87288	52760 48092	10 052	427 04	176 90
4	*01337 84125	877 72737	47730 05694	53607 78431	11 425	460 32	214 62
5	03040 03004	871 85258	48584 08873	54455 94131	12 796	493 59	252 32
6	04743 92187	865 98367	49438 96910	55304 95277	14 165	526 85	290 01
7	06449 51845	860 12061	50294 69892	56154 81953	15 530	560 10	327 69
8	08156 82148	854 26342	51151 27903	57005 54245	16 893	593 34	365 35
9	09865 83266	848 41209	52008 71029	57857 12237	18 253	626 57	402 99
2,840	11576 55371	842 56660	52866 99356	58709 56016	19 611	659 78	440 62
1	13288 98634	836 72695	53726 12970	59562 85665	20 966	692 99	478 23
2	15003 13226	830 89314	54586 11956	60417 01270	22 318	726 18	515 83
3	16718 99318	825 06516	55446 96401	61272 02917	23 667	759 37	553 41
4	18436 57082	819 24301	56308 66390	62127 90691	25 014	792 55	590 98
5	20155 86689	813 42667	57171 22011	62984 64678	26 358	825 71	628 53
6	21876 88312	807 61615	58034 63349	63842 24964	27 700	858 87	666 07
7	23599 62123	801 81144	58898 90490	64700 71634	29 038	892 01	703 59
8	25324 08294	796 01253	59764 03521	65560 04773	30 374	925 15	741 10
9	27050 26997	790 21941	60630 02528	66420 24469	31 708	958 27	778 59
	17,	**0,05**	**8,**	**8,**	**0,993**	**1,76**	**1,70**

x	$\log_e x$	x	$\log_e x$	x	$\log_e x$	x	$\log_e x$	x	$\log_e x$
	1,02		**1,03**		**1,03**		**1,04**		**1,04**
2,800	961 94172	**2,810**	318 44833	**2,820**	673 68849	**2,830**	027 67116	**2,840**	380 40522
1	997 64963	1	354 02919	1	709 14320	1	063 00061	1	415 61029
2	*033 34479	2	389 59739	2	744 58534	2	098 31758	2	450 80297
3	069 02722	3	425 15295	3	780 01493	3	133 62208	3	485 98327
4	104 69692	4	460 69587	4	815 43196	4	168 91413	4	521 15119
5	140 35390	5	496 22616	5	850 83646	5	204 19372	5	556 30676
6	175 99817	6	531 74383	6	886 22843	6	239 46087	6	591 44997
7	211 62974	7	567 24889	7	921 60787	7	274 71558	7	626 58083
8	247 24862	8	602 74135	8	956 97480	8	309 95787	8	661 69935
9	282 85481	9	638 22121	9	992 32923	9	345 18775	9	696 80555
	1,03		**1,03**		**1,03**		**1,04**		**1,04**

x	φ	sin x	cos x	tg x	arc tg x	Amp x	
	16	0,2	— 0,95	— 0,3	1,23	1,45	83° 2
2,850	3° 17′ 34″,70	8747 80123 43	778 72375 53	0014 80924	334 026	523 65	2′ 44″,07
1	3 21 00,96	8652 00815 26	807 42366 24	*9905 83303	344 985	535 17	3 07,87
2	3 24 27,23	8556 18641 89	836 02776 21	9796 92198	355 936	546 68	3 31,58
3	3 27 53,49	8460 33612 90	864 53602 57	9688 07581	366 881	558 19	3 55,31
4	3 31 19,76	8364 45737 88	892 94842 48	9579 29425	377 819	569 68	4 19,01
5	3 34 46,02	8268 55026 41	921 26493 10	9470 57702	388 751	581 15	4 42,69
6	3 38 12,29	8172 61488 09	949 48551 59	9361 92386	399 675	592 62	5 06,34
7	3 41 38,55	8076 65132 50	977 61015 14	9253 33448	410 593	604 08	5 29,97
8	3 45 04,82	7980 65969 26	*005 63880 92	9144 80861	421 503	615 52	5 53,58
9	3 48 31,08	7884 64007 94	033 57146 14	9036 34599	432 407	626 96	6 17,16
2,860	3 51 57,35	7788 59258 17	061 40808 01	8927 94634	443 303	638 38	6 40,72
1	3 55 23,61	7692 51729 53	089 14863 73	8819 60938	454 194	649 79	7 04,25
2	3 58 49,88	7596 41431 64	116 79310 55	8711 33485	465 077	661 19	7 27,77
3	4 02 16,14	7500 28374 11	144 34145 68	8603 12247	475 954	672 58	7 51,26
4	4 05 42,41	7404 12566 55	171 79366 38	8494 97199	486 824	683 95	8 14,72
5	4 09 09,67	7307 94018 58	199 14969 90	8386 88311	497 687	695 32	8 38,16
6	4 12 34,93	7211 72739 82	226 40953 50	8278 85559	508 544	706 67	9 01,58
7	4 16 01,20	7115 48739 89	253 57314 47	8170 88915	519 394	718 01	9 24,98
8	4 19 27,46	7019 22028 40	280 64050 08	8062 98352	530 237	729 35	9 48,35
9	4 22 53,73	6922 92614 99	307 61157 63	7955 13844	541 073	740 67	*0 11,70
2,870	4 26 19,99	6826 60509 30	334 48634 41	7847 35364	551 902	751 98	0 35,03
1	4 29 46,26	6730 25720 94	361 26477 75	7739 62886	562 725	763 27	0 58,33
2	4 33 12,52	6633 88259 55	387 94684 96	7631 96382	573 541	774 56	1 21,61
3	4 36 38,79	6537 48134 78	414 53253 38	7524 35826	584 350	785 84	1 44,87
4	4 40 05,05	6441 05356 26	441 02180 35	7416 81192	595 153	797 10	2 08,11
5	4 43 31,32	6344 59933 63	467 41463 21	7309 32454	605 949	808 35	2 31,32
6	4 46 57,58	6248 11876 55	493 71099 34	7201 89585	616 738	819 59	2 54,50
7	4 50 23,85	6151 61194 65	519 91086 09	7094 52559	627 521	830 83	3 17,67
8	4 53 50,11	6055 07897 59	546 01420 85	6987 21350	638 297	842 04	3 40,81
9	4 57 16,38	5958 51995 03	572 02101 02	6879 95931	649 066	853 25	4 03,93
2,880	5 00 42,64	5861 93496 61	597 93123 98	6772 76277	659 829	864 45	4 27,03
1	5 04 08,90	5765 32412 00	623 74487 15	6665 62361	670 585	875 64	4 50,10
2	5 07 35,17	5668 68750 86	649 46187 94	6558 54157	681 334	886 81	5 13,15
3	5 11 01,44	5572 02522 85	675 08223 80	6451 51640	692 076	897 98	5 36,18
4	5 14 27,70	5475 33737 63	700 60592 14	6344 54783	702 812	909 13	5 59,18
5	5 17 53,97	5378 62404 89	726 03290 42	6237 63561	713 542	920 27	6 22,16
6	5 21 20,23	5281 88534 28	751 36316 10	6130 77947	724 264	931 40	6 45,12
7	5 24 46,50	5185 12135 48	776 59666 65	6023 97917	734 980	942 52	7 08,06
8	5 28 12,76	5088 33218 17	801 73339 53	5917 23444	745 690	953 63	7 30,97
9	5 31 39,03	4991 51792 03	826 77332 25	5810 54502	756 393	964 73	7 53,86
2,890	5 35 05,29	4894 67866 73	851 71642 28	5703 91067	767 087	975 81	8 16,73
1	5 38 31,55	4797 81451 97	876 56267 15	5597 33112	777 777	986 89	8 39,57
2	5 41 57,82	4700 92557 43	901 31204 36	5490 80611	788 459	997 95	9 02,40
3	5 45 24,08	4604 01192 79	925 96451 44	5384 33540	799 136	*009 01	9 25,19
4	5 48 50,35	4507 07367 75	950 52005 93	5277 91874	809 806	020 05	9 47,97
5	5 52 16,61	4410 11092 01	974 97865 36	5171 55586	820 469	031 08	**0 10,73
6	5 55 42,88	4313 12375 26	999 34027 30	5065 24651	831 126	042 10	0 33,46
7	5 59 09,14	4216 11227 19	**023 60489 30	4958 99044	841 776	053 11	0 56,17
8	6 02 35,41	4119 07657 51	047 77248 94	4852 78740	852 419	064 11	1 18,85
9	6 06 01,67	4022 01675 93	071 84303 81	4746 63714	863 056	075 10	1 41,52
	16	0,2	— 0,97	— 0,2	1,23	1,46	83° 4

x	$e^{\frac{x\pi}{360}}$	$e^{-\frac{x\pi}{360}}$	Sin $\frac{x\pi}{360}$	Cos $\frac{x\pi}{360}$
330	17,81059 07406	0,05614 63690	8,87722 21858	8,93336 85548
1	17,96669 76197	0,05565 85312	8,95551 95443	9,01117 80755
2	18,12417 27498	0,05517 49321	9,03449 89089	9,08967 38409
3	18,28302 81234	0,05469 55347	9,11416 62943	9,16886 18291
4	18,44327 58380	0,05422 03028	9,19452 77676	9,24874 80704
5	18,60492 80972	0,05374 91999	9,27558 94487	9,32933 86486
6	18,76799 72118	0,05328 21904	9,35735 75107	9,41063 97011
7	18,93249 56002	0,05281 92385	9,43983 81809	9,49265 74193
8	19,09843 57897	0,05236 03090	9,52303 77403	9,57539 80494
9	19,26583 04175	0,05190 53671	9,60696 25252	9,65886 78923

x	e^x	e^{-x}	Sin x	Cos x	Tg x	Ar Sin x	Ar Cos x
	17,	**0,057**	**8,**	**8,**	**0,993**	**1,76**	**1,70**
2,850	28778 18406	84 43209	61496 87598	67281 30807	33 039	991 39	816 07
1	30507 82692	78 65055	62364 58819	68143 23873	34 367	*024 49	853 53
2	32239 20029	72 87478	63233 16275	69006 03754	35 692	057 58	890 98
3	33972 30590	67 10480	64102 60055	69869 70535	37 015	090 67	928 41
4	35707 14548	61 34057	64972 90245	70734 24303	38 335	123 74	965 83
5	37443 72077	55 58211	65844 06932	71599 65144	39 653	156 80	003 23
6	39182 03350	49 82941	66716 10205	72465 93145	40 968	189 85	040 62
7	40922 08541	44 08245	67589 00148	73333 08393	42 281	222 89	077 99
8	42663 87825	38 34124	68462 76850	74201 10974	43 590	255 93	115 35
9	44407 41375	32 60577	69337 40399	75070 00976	44 898	288 95	152 69
2,860	46152 69366	26 87603	70212 90882	75939 78484	46 202	321 96	190 02
1	47899 71972	21 15201	71089 28385	76810 43587	47 504	354 96	227 33
2	49648 49368	15 43372	71966 52998	77681 96370	48 804	387 95	264 63
3	51399 01729	09 72114	72844 64807	78554 36922	50 100	420 93	301 92
4	53151 29230	04 01428	73723 63901	79427 65329	51 395	453 90	339 18
5	54905 32046	*98 31311	74603 50367	80301 81679	52 686	486 86	376 44
6	56661 10352	92 61765	75484 24294	81176 86059	53 976	519 81	413 68
7	58418 64325	86 92788	76365 85769	82052 78556	55 262	552 75	450 90
8	60177 94140	81 24379	77248 34880	82929 59259	56 546	585 68	488 11
9	61938 99972	75 56539	78131 71717	83807 28255	57 828	618 60	525 31
2,870	63701 81998	69 89266	79015 96366	84685 85632	59 107	651 50	562 48
1	65466 40395	64 22560	79901 08917	85565 31477	60 383	684 40	599 65
2	67232 75338	58 56421	80787 09459	86445 65879	61 657	717 29	636 80
3	69000 87004	52 90847	81673 98079	87326 88926	62 928	750 17	673 94
4	70770 75571	47 25839	82561 74866	88209 00705	64 197	783 03	711 16
5	72542 41215	41 61395	83450 39910	89092 01305	65 463	815 89	748 17
6	74315 84113	35 97516	84339 93298	89975 90814	66 727	848 74	785 26
7	76091 04442	30 34200	85230 35121	90860 69321	67 988	881 57	822 34
8	77868 02381	24 71447	86121 65467	91746 36914	69 247	914 40	859 40
9	79646 78106	19 09257	87013 84425	92632 93681	70 503	947 22	896 44
2,880	81427 31796	13 47628	87906 92084	93520 39712	71 757	980 02	933 48
1	83209 63629	07 86561	88800 88534	94408 75095	73 009	**012 82	970 50
2	84993 73783	02 26055	89695 73864	95297 99919	74 257	045 60	**007 50
3	86779 62436	**96 66109	90591 48164	96188 14273	75 504	078 38	044 49
4	88567 29767	91 06723	91488 11522	97079 18245	76 748	111 15	081 46
5	90356 75955	85 47895	92385 64030	97971 11925	77 989	148 90	118 42
6	92148 01174	79 89627	93284 05774	98863 95400	79 228	176 65	155 37
7	93941 05617	74 31916	94183 36851	99757 68767	80 464	209 38	192 30
8	95735 89450	68 74763	95083 57344	*00652 32106	81 698	242 11	229 22
9	97532 52856	63 18166	95984 67345	01547 85511	82 930	274 82	266 12
2,890	99330 96016	57 62126	96886 66945	02444 29071	84 159	307 53	303 01
1	*01131 19108	52 06642	97789 56233	03341 62875	85 386	340 22	339 88
2	02933 22314	46 51713	98693 35301	04239 87013	86 610	372 91	376 74
3	04737 05813	40 97338	99598 04237	05139 01575	87 832	405 58	413 58
4	06542 69786	35 43518	*00503 63134	06039 06652	89 051	438 25	450 41
5	08350 14413	29 90251	01410 12081	06940 02332	90 268	470 90	487 23
6	10159 39875	24 37537	02317 51169	07841 88706	91 483	503 55	524 03
7	11970 46353	18 85376	03225 80488	08744 65864	92 695	536 18	560 81
8	13783 34028	13 33766	04135 00131	09648 33897	93 905	568 80	597 59
9	15598 03081	07 82708	05045 10187	10552 92895	95 112	601 42	634 34
	18,	**0,055**	**9,**	**9,**	**0,993**	**1,78**	**1,72**

x	$\log_e x$	x	$\log_e x$	x	$\log_e x$	x	$\log_e x$	x	$\log_e x$
	1,04		**1,05**		**1,05**		**1,05**		**1,06**
2,850	731 89943	**2,860**	082 16248	**2,870**	431 20298	**2,880**	779 02941	**2,890**	125 65021
1	766 98099	1	117 12141	1	466 04011	1	813 74561	1	160 24630
2	801 27625	2	152 06811	2	500 86512	2	848 44976	2	194 83043
3	837 10722	3	187 00261	3	535 67800	3	883 14187	3	229 40260
4	872 15190	4	221 92491	4	570 47877	4	917 82194	4	263 96282
5	907 18431	5	256 83502	5	605 26743	5	952 49000	5	298 51110
6	942 20445	6	291 73294	6	640 04399	6	987 14603	6	333 04745
7	977 21232	7	326 61869	7	674 80846	7	*021 79007	7	367 57188
8	*012 20795	8	361 49227	8	709 56085	8	056 42210	8	402 08439
9	047 19133	9	396 35370	9	744 30116	9	091 04215	9	436 58499
	1,05		**1,05**		**1,05**		**1,06**		**1,06**

x	φ	sin x	cos x	tg x	arc tg x	𝔄mp x	
	166°	**0,2**	**— 0,97**	**— 0,2**	**1,23**	**1,46**	**83°**
2,900	09′ 27″,94	3924 93292 14	095 81651 50	4640 53940	873 686	086 07	42′ 04″,16
1	12 54,20	3827 82515 86	119 69289 60	4534 49393	884 310	097 04	42 26,78
2	16, 20,47	3730 69356 80	143 47215 73	4428 50049	894 927	108 00	42 49,37
3	19 46,73	3633 53824 67	167 15427 52	4322 55882	905 538	118 94	43 11,95
4	23 13,00	3536 35929 18	190 73922 59	4216 66867	916 142	129 87	43 34,50
5	26 39,26	3439 15680 06	214 22698 60	4110 82979	926 740	140 80	43 57,03
6	30 05,53	3341 93087 03	237 61753 17	4005 04194	937 331	151 71	44 19,54
7	33 31,79	3244 68159 80	260 91083 99	3899 30487	947 915	162 61	44 42,02
8	36 58,06	3147 40908 10	284 10688 72	3793 61833	958 493	173 50	45 04,48
9	40 24,32	3051 11341 66	307 20565 04	3687 98206	969 065	184 38	45 26,92
2,910	43 50,59	2952 79470 21	330 20710 63	3582 39584	979 630	195 25	45 49,34
1	47 16,85	2855 45303 48	353 11123 21	3476 85940	990 188	206 10	46 11,73
2	50 43,12	2758 08851 21	375 91800 48	3371 37250	*000 740	216 95	46 34,11
3	54 09,38	2660 70123 13	398 62740 15	3265 93489	011 286	227 79	46 56,46
4	57 35,65	2563 29128 98	421 23939 97	3160 54634	021 825	238 61	47 18,79
5	*01 01,91	2465 85878 50	443 75397 66	3055 20660	032 358	249 42	47 41,09
6	04 28,17	2368 40381 43	466 17110 98	2949 91540	042 884	260 23	48 03,38
7	07 54,44	2270 92647 52	488 49077 68	2844 67253	053 404	271 02	48 25,64
8	11 20,70	2173 42686 52	510 71295 53	2739 47774	063 917	281 80	48 47,88
9	14 46,97	2075 90508 18	532 83762 31	2634 33078	074 424	292 57	49 10,10
2,920	18 13,23	1978 36122 25	554 86475 81	2529 23140	084 923	303 34	49 32,29
1	21 39,50	1880 79538 48	576 79433 82	2424 17937	095 417	314 09	49 ,54,47
2	25 05,76	1783 20766 64	598 62634 16	2319 17444	105 905	324 83	50 16,62
3	28 32,03	1685 59816 47	620 36074 63	2214 21638	116 386	335 55	50 38,75
4	31 58,29	1587 96697 74	641 99753 07	2109 30493	126 861	346 27	51 00,86
5	35 24,56	1490 31420 22	663 53667 31	2004 43987	137 329	356 98	51 22,94
6	38 50,82	1392 63993 66	684 97815 19	1899 62095	147 791	367 68	51 45,00
7	42 17,09	1294 94427 84	706 32194 58	1794 84792	158 246	378 36	52 07,05
8	45 43,35	1197 22732 53	727 56803 34	1690 12056	168 695	389 04	52 29,07
9	49 09,62	1099 48917 49	748 71639 34	1585 43862	179 138	399 70	52 51,06
2,930	52 35,88	1001 72992 51	769 76700 47	1480 80186	189 574	410 36	53 13,04
1	56 02,15	0903 94967 35	790 71984 62	1376 21004	200 004	421 00	53 34,99
2	59 28,41	0806 14851 80	811 57489 71	1271 66293	210 428	431 63	53 56,93
3	**02 54,68	0708 32655 63	832 33213 63	1167 16029	220 845	442 26	54 18,84
4	06 20,94	0610 48388 63	852 99154 33	1062 70188	231 256	452 87	54 40,73
5	09 47,21	0512 62060 59	873 55309 72	0958 28746	241 660	463 47	55 02,59
6	13 13,47	0414 73681 28	894 01677 77	0853 91680	252 058	474 06	55 24,44
7	16 39,74	0316 83260 49	914 38256 41	0749 58966	262 450	484 64	55 46,26
8	20 06,00	0218 90808 03	934 65043 61	0645 30581	272 836	495 21	56 08,07
9	23 32,27	0120 96333 67	954 82037 35	0541 06501	283 215	505 77	56 29,85
2,940	26 58,53	0022 99847 22	974 89235 61	0436 86702	293 587	516 32	56 51,60
1	30 24,80	*9925 01358 47	994 86636 38	0332 71162	303 954	526 86	57 13,34
2	33 51,06	9827 00877 21	*014 74237 66	0228 59856	314 314	537 39	57 35,06
3	37 17,32	9728 98413 26	034 52037 47	0124 52762	324 668	547 90	57 56,75
4	40 43,59	9630 93976 40	054 20033 83	0020 49856	335 015	558 41	58 18,42
5	44 09,85	9532 87576 46	073 78224 77	*9916 51114	345 356	568 91	58 40,07
6	47 36,12	9434 79223 22	093 26608 33	9812 56513	355 691	579 39	59 01,70
7	51 02,38	9336 68926 51	112 65182 57	9708 66031	366 020	589 87	59 23,31
8	54 28,65	9238 56696 13	131 93945 54	9604 79643	376 342	600 33	59 44,90
9	57 54,91	9140 42541 89	151 12895 32	9500 97327	386 658	610 79	*00 06,46
	168°	**0,1**	**— 0,98**	**— 0,1**	**1,24**	**1,46**	**84°**

x	$e^{\frac{x\pi}{360}}$	$e^{-\frac{x\pi}{360}}$	$\mathfrak{Sin}\,\frac{x\pi}{360}$	$\mathfrak{Cof}\,\frac{x\pi}{360}$
340	19,43469 22315	0,05145 43780	9,69161 89267	9,74307 33047
1	19,60503 40913	0,05100 73074	9,77701 33920	9,82802 06993
2	19,77686 89693	0,05056 41212	9,86315 24240	9,91371 65453
3	19,95020 99516	0,05012 47858	9,95004 25829	10,00016 73687
4	20,12507 02389	0,04968 92676	0,03769 04857	10,08737 97532
5	20,30146 31477	0,04925 75334	10,12610 28071	10,17536 03406
6	20,47940 21111	0,04882 95505	10,21528 62803	10,26411 58308
7	20,65890 06800	0,04840 52862	10,30524 76969	10,35365 29831
8	20,83997 25242	0,04798 47082	10,39599 39080	10,44397 86162
9	21,02263 14332	0,04756 77844	10,48753 18244	10,53509 96088

x	e^x	e^{-x}	Sin x	Cof x	Tg x	Ar Sin x	Ar Cof x
	18,	0,05	9,	9,	0,993	1,78	1,72
2,900	17414 53694	502 32201	05956 10747	11458 42948	96 317	634 02	671 09
1	19232 86049	496 82243	06868 01903	12364 84146	97 519	666 61	707 82
2	21053 00327	491 32836	07780 83746	13272 16582	98 719	699 20	744 53
3	22874 96711	485 83978	08694 56367	14180 40344	99 917	731 77	781 23
4	24698 75381	480 35668	09609 19857	15089 55525	*01 112	764 34	817 92
5	26524 36522	474 87906	10524 74308	15999 62214	02 305	796 89	854 59
6	28351 80315	469 40692	11441 19812	16910 60504	03 496	829 43	891 24
7	30181 06944	463 94024	12358 56460	47822 50484	04 684	861 97	927 89
8	32012 16590	458 47904	13276 84343	18735 32247	05 870	894 49	964 51
9	33845 09438	453 02328	14196 03555	19649 05883	07 054	927 01	001 13
2,910	35679 85670	447 57299	15116 14186	20563 71484	08 235	959 51	*037 73
1	37516 45470	442 12814	16037 16328	21479 29142	09 414	992 00	074 31
2	39354 89022	436 68873	16959 10075	22395 78948	10 590	*024 49	110 89
3	41195 16510	431 25476	17881 95517	23313 20993	11 765	056 96	147 44
4	43037 28117	425 82622	18805 72748	24231 55369	12 937	089 42	183 98
5	44881 24027	420 40310	19730 41859	25150 82169	14 106	121 87	220 51
6	46727 04426	414 98541	20656 02943	26071 01483	15 273	154 32	257 03
7	48574 69498	409 57313	21582 56092	26992 13405	16 438	186 76	293 53
8	50424 19427	404 16626	22510 01400	27914 18027	17 601	219 18	330 01
9	52275 54398	398 76480	23438 38959	28837 15439	18 761	250 60	366 49
2,920	54128 74597	393 36873	24367 68862	29761 05735	19 919	284 00	402 95
1	55983 80209	387 97806	25297 91202	30685 89008	21 074	316 39	439 39
2	57840 71420	382 59277	26229 06071	31611 65349	22 228	348 78	475 82
3	59699 48414	377 21287	27161 13564	32538 34851	23 379	381 15	512 23
4	61560 11379	371 83834	28094 13772	33465 97607	24 528	413 52	548 63
5	63422 60499	366 46919	29028 06790	34394 53709	25 674	445 87	585 02
6	65286 95962	361 10540	29962 92711	35324 03251	26 818	478 22	621 40
7	67153 17953	355 74698	30898 71628	36254 46325	27 960	510 55	657 76
8	69021 26660	350 39391	31835 43634	37185 83025	29 100	542 88	694 10
9	70891 22269	345 04619	32773 08825	38118 13444	30 238	575 19	730 43
2,930	72763 04967	339 70381	33711 67293	39051 37674	31 373	607 50	766 75
1	74636 74941	334 36678	34651 19132	39985 55810	32 505	639 79	803 05
2	76512 32379	329 03508	35591 64436	40920 67944	33 636	672 08	839 34
3	78389 77468	323 70871	36533 03299	41856 74170	34 764	704 35	875 61
4	80269 10397	318 38766	37475 35815	42793 74581	35 891	736 62	911 87
5	82150 31352	313 07193	38418 62079	43731 69272	37 015	768 87	948 12
6	84033 40522	307 76151	39362 82185	44670 58337	38 136	801 12	984 35
7	85918 38096	302 45641	40307 96228	45610 41868	39 256	833 36	**020 57
8	87805 24261	297 15660	41254 04301	46551 19961	40 373	865 58	056 78
9	89693 99207	291 86209	42201 06499	47492 92708	41 488	897 80	092 97
2,940	91584 63123	286 57287	43149 02918	48435 60205	42 601	930 01	129 15
1	93477 16196	281 28894	44097 93651	49379 22545	43 711	962 20	165 31
2	95371 58618	276 01029	45047 78794	50323 79824	44 820	994 39	201 46
3	97267 90577	270 73692	45998 58442	51269 32134	45 926	**026 57	237 59
4	99166 12262	265 46882	46950 32690	52215 79572	47 030	058 74	273 72
5	*01066 23865	260 20598	47903 01633	53163 22231	48 132	090 89	309 82
6	02968 25574	254 94840	48856 65367	54111 60207	49 231	123 04	345 92
7	04872 17579	249 69608	49811 23985	55060 93594	50 329	155 18	382 00
8	06778 00072	244 44901	50766 77586	56011 22487	51 424	187 31	418 06
9	08685 73243	239 20718	51723 26262	56962 46981	52 517	219 43	454 12
	19,	0,05	9,	9,	0,994	1,80	1,74

x	$\log_e x$	x	$\log_e x$	x	$\log_e x$	x	$\log_e x$	x	$\log_e x$
	1,06		1,06		1,07		1,07		1,07
2,900	471 07370	2,910	815 30812	2,920	158 36163	2,930	500 24232	2,940	840 95813
1	505 55051	1	849 66648	1	193 60234	1	534 36617	1	874 96596
2	540 01545	2	884 01303	2	226 83133	2	568 47840	2	908 96222
3	574 46850	3	918 34780	3	261 04861	3	602 57900	3	942 94693
4	608 90970	4	952 67078	4	295 25419	4	636 66797	4	976 92009
5	643 33903	5	986 98198	5	329 44807	5	670 74533	5	*010 88171
6	677 75651	6	*021 28141	6	363 63026	6	704 81107	6	044 83180
7	712 16216	7	055 56909	7	397 80077	7	738 86522	7	078 77038
8	746 55597	8	089 84501	8	431 95961	8	772 90777	8	112 69743
9	780 93795	9	124 10919	9	466 10678	9	806 93874	9	146 61298
	1,06		1,07		1,07		1,07		1,08

x	φ	sin x	cos x	tg x	arc tg x	Amp x	
	169°	**0,1**	**—0,98**	**— 0,1**	**1,24**	**1,46**	**84° 0**
2,950	01′ 21″,18	9042 26473 61	170 22029 98	9397 19059	396 968	621 23	0′ 28″,00
1	04 47,44	8944 08501 10	189 21347 63	9293 44817	407 271	631 67	0 49,53
2	08 13,71	8845 88634 19	208 10846 36	9189 74577	417 569	642 09	1 11,03
3	11 39,97	8747 66882 68	226 90524 27	9086 08317	427 860	652 51	1 32,51
4	15 06,24	8649 43256 41	245 60379 50	8982 46012	438 144	662 91	1 53,97
5	18 32,50	8551 17765 20	264 20410 16	8878 87641	448 423	673 30	2 15,40
6	21 58,77	8452 90418 87	282 70614 41	8775 33181	458 695	683 68	2 36,82
7	25 25,03	8354 61227 25	301 10990 38	8671 82608	468 961	694 06	2 58,21
8	28 51,30	8256 30200 16	319 41536 25	8568 35899	479 221	704 42	3 19,58
9	32 17,56	8157 97347 45	337 62250 18	8464 93032	489 474	714 77	3 40,93
2,960	35 43,83	8059 62678 94	355 73130 34	8361 53984	499 721	725 11	4 02,27
1	39 10,09	7961 26204 47	373 74174 93	8258 18732	509 962	735 44	4 23,57
2	42 36,36	7862 87933 87	391 65382 15	8154 87254	520 197	745 76	4 44,86
3	46 02,62	7764 47876 99	409 46750 20	8051 59526	530 426	756 07	5 06,13
4	49 28,89	7666 06043 65	427 18277 31	7948 35526	540 648	766 37	5 27,37
5	52 55,15	7567 62443 71	444 79961 70	7845 15231	550 865	776 66	5 48,60
6	56 21,42	7469 17087 01	462 31801 61	7741 98619	561 075	786 94	6 09,80
7	59 47,68	7370 69983 39	479 73795 29	7638 85676	571 279	797 21	6 30,98
8	*03 13,94	7272 21142 70	497 05941 00	7535 76353	581 476	807 47	6 52,14
9	06 40,21	7173 70574 79	514 28237 00	7432 70654	591 668	817 72	7 13,29
2,970	10 06,47	7075 18289 51	531 40681 58	7329 68547	601 854	827 96	7 34,40
1	13 32,74	6976 64296 71	548 43273 01	7226 70011	612 033	838 19	7 55,50
2	16 59,00	6878 08606 25	565 36009 61	7123 75022	622 206	848 41	8 16,58
3	20 25,27	6779 51227 98	582 18889 66	7020 83558	632 373	858 61	8 37,64
4	23 51,53	6680 92171 76	598 91911 50	6917 95596	642 534	868 81	8 58,67
5	27 17,80	6582 31447 44	615 55073 45	6815 11116	652 689	879 00	9 19,69
6	30 44,06	6483 69064 90	632 08373 85	6712 30093	662 837	889 18	9 40,68
7	34 10,33	6385 05033 98	648 51811 03	6609 52506	672 980	899 35	*0 01,65
8	37 36,59	6286 39364 56	664 85383 37	6506 78333	683 116	909 50	0 22,60
9	41 02,86	6187 72066 51	681 09089 22	6404 07551	693 246	919 65	0 43,53
2,980	44 29,12	6089 03149 67	697 22926 96	6301 40138	703 370	929 79	1 04,44
1	47 55,39	5990 32623 94	713 26894 98	6198 76072	713 488	939 92	1 25,33
2	51 21,65	5891 60499 18	729 20991 68	6096 15331	723 600	950 03	1 46,20
3	54 47,92	5792 86785 25	745 05215 45	5993 57892	733 706	960 14	2 07,05
4	58 14,18	5694 11492 04	760 79564 72	5891 03734	743 806	970 24	2 27,88
5	**01 40,45	5595 34629 41	776 44037 91	5788 52835	753 899	980 33	2 48,68
6	05 06,71	5496 56207 25	791 98633 46	5686 05172	763 987	990 40	3 09,47
7	08 32,98	5397 76235 44	807 43349 81	5583 60723	774 068	*000 47	3 30,23
8	11 59,24	5298 94723 85	822 78185 42	5481 19467	784 144	010 53	3 50,98
9	15 25,51	5200 11682 36	838 03138 75	5378 80381	794 213	020 57	4 11,70
2,990	18 51,77	5101 27120 86	853 18208 27	5276 46444	804 276	030 61	4 32,40
1	22 18,04	5002 41049 24	868 23392 48	5174 14633	814 334	040 64	4 53,09
2	25 44,30	4903 53477 37	883 18689 87	5071 85927	824 385	050 65	5 13,75
3	29 10,57	4804 64415 16	898 04098 94	4969 60304	834 430	060 66	5 34,39
4	32 36,83	4705 73872 47	912 79618 21	4867 37742	844 469	070 66	5 55,01
5	36 03,10	4606 81859 22	927 45246 20	4765 18219	854 502	080 65	6 15,61
6	39 29,36	4507 88385 28	942 00981 44	4663 01713	864 529	090 62	6 36,19
7	42 55,62	4408 93460 55	956 46822 48	4560 88204	874 550	100 59	6 56,75
8	46 21,89	4309 97094 93	970 82767 88	4458 77668	884 565	110 55	7 17,29
9	49 48,15	4210 99298 31	985 08816 20	4356 70084	894 574	120 50	7 37,81
	171°	**0,1**	**—0,98**	**— 0,1**	**1,24**	**1,47**	**84° 1**

x	$e^{\frac{x\pi}{360}}$	$e^{-\frac{x\pi}{360}}$	$\mathfrak{Sin}\,\frac{x\pi}{360}$	$\mathfrak{Cos}\,\frac{x\pi}{360}$
350	21,20689 13172	0,04715 44832	10,57986 84170	10,62702 29002
1	21,39276 62086	0,04674 47730	10,67301 07170	10,71975 54908
2	21,58027 02627	0,04633 86226	10,76696 58200	10,81330 44427
3	21,76941 77588	0,04593 60012	10,86174 08788	10,90767 68800
4	21,96022 31013	0,04553 68780	10,95734 31117	11,00287 99896
5	22,15270 08211	0,04514 12226	11,05377 97992	11,09892 10219
6	22,34686 55762	0,04474 90050	11,15105 82856	11,19580 72906
7	22,54273 21533	0,04436 01953	11,24918 59790	11,29354 61743
8	22,74031 54685	0,04397 47637	11,34817 03524	11,39214 51161
9	22,93963 05687	0,04359 26811	11,44801 89438	11,49161 16246
360	23,14069 26328	0,04321 39183	11,54873 93573	11,59195 32755

x	e^x	e^{-x}	Sin x	Cos x	Tg x	Ar Sin x	Ar Cos x
	19,	**0,05**	**9,**	**9,**	**0,994**	**1,80**	**1,74**
2,950	10595 37282	233 97059	52680 70111	57914 67171	53 608	251 54	490 16
1	12506 92381	228 73924	53639 09229	58867 83153	54 697	283 64	526 18
2	14420 38731	223 51311	54598 43710	59821 95021	55 783	315 72	562 19
3	16335 76522	218 29221	55558 73651	60777 02872	56 868	347 80	598 19
4	18253 05948	213 07653	56519 99147	61733 06800	57 950	379 87	634 17
5	20172 27198	207 86606	57482 20296	62690 06902	59 030	411 93	670 14
6	22093 40466	202 66079	58445 37193	63648 03273	60 108	443 99	706 50
7	24016 45943	197 46073	59409 49935	64606 96008	61 184	476 03	742 04
8	25941 43822	192 26587	60374 58617	65566 85205	62 257	508 06	777 97
9	27868 34295	187 07620	61340 63338	66527 70958	63 329	540 08	813 88
2,960	29797 17555	181 89172	62307 64192	67489 53363	64 398	572 09	849 78
1	31727 93795	176 71242	63275 61277	68452 32518	65 465	604 09	885 67
2	33660 63207	171 53829	64244 54689	69416 08518	66 531	636 08	921 54
3	35595 25985	166 36934	65214 44526	70380 81460	67 594	668 06	957 40
4	37531 82324	161 20555	66185 30884	71346 51439	68 655	700 04	993 25
5	39470 32415	156 04692	67157 13861	72313 18554	69 713	732 00	*029 08
6	41410 76453	150 89345	68129 93554	73280 82899	70 770	763 95	064 90
7	43353 14632	145 74514	69103 70059	74249 44573	71 825	795 90	100 71
8	45297 47147	140 60196	70078 43475	75219 03672	72 877	827 83	136 50
9	47243 74191	135 46393	71054 13899	76189 60292	73 927	859 75	172 28
2,970	49191 95960	130 33103	72030 81429	77161 14532	74 976	891 67	208 04
1	51142 12648	125 20327	73008 46161	78133 66488	76 022	923 57	243 79
2	53094 24451	120 08062	73987 08194	79107 16257	77 066	955 47	279 53
3	55048 31562	114 96310	74966 67626	80081 63936	78 108	987 36	315 26
4	57004 34179	109 85070	75947 24555	81057 09624	79 148	*019 24	350 97
5	58962 32496	104 74340	76928 79078	82033 53418	80 186	051 11	386 66
6	60922 26709	099 64121	77911 31294	83010 95415	81 222	082 97	422 35
7	62884 17015	094 54412	78894 81302	83989 35713	82 256	114 80	458 02
8	64848 03609	089 45212	79879 29198	84968 74410	83 288	146 64	493 68
9	66813 86687	084 36521	80864 75083	85949 11604	84 318	178 47	529 32
2,980	68781 66448	079 28339	81851 19054	86930 47393	85 345	210 29	564 95
1	70751 43086	074 20664	82838 61211	87912 81875	86 371	242 09	600 56
2	72723 16799	069 13497	83827 01651	88896 15148	87 395	273 89	636 16
3	74696 87785	064 06837	84816 40474	89880 47311	88 416	305 68	671 75
4	76672 56241	059 00683	85806 77779	90865 78462	89 436	337 46	707 33
5	78650 22364	053 95036	86798 13664	91852 08700	90 453	369 23	742 89
6	80629 86352	048 89893	87790 48229	92839 38122	91 469	401 00	778 44
7	82611 48402	043 85256	88783 81573	93827 66829	92 482	432 75	813 98
8	84595 08714	038 81122	89778 13796	94816 94918	93 494	464 49	849 50
9	86580 67486	033 77493	90773 44996	95807 22490	94 503	496 22	885 01
2,990	88568 24916	028 74367	91769 75274	96798 49641	95 511	527 94	920 50
1	90557 81202	023 71744	92767 04729	97790 76473	96 516	559 66	955 98
2	92549 36544	018 69624	93765 33460	98784 03084	97 519	591 36	991 45
3	94542 91142	013 68005	94764 61568	99778 29573	98 521	623 05	**026 90
4	96538 45193	008 66887	95764 89153	*00773 56040	99 520	654 74	062 35
5	98535 98899	003 66271	96766 16314	01769 82585	*00 518	686 41	097 77
6	*00535 52458	*998 66155	97768 43151	02767 09306	01 513	718 08	133 19
7	02537 06070	993 66538	98771 69766	03765 36304	02 507	749 73	168 59
8	04540 59936	988 67421	99775 96258	04764 63679	03 498	781 38	203 98
9	06546 14257	983 68803	*00781 22727	05764 91530	04 488	813 02	239 35
	20,	**0,04**	**10,**	**10,**	**0,995**	**1,81**	**1,76**

x	$\log_e x$	x	$\log_e x$	x	$\log_e x$	x	$\log_e x$	x	$\log_e x$
	1,08		**1,08**		**1,08**		**1,09**		**1,09**
2,950	180 51703	**2,960**	518 92683	**2,970**	856 19528	**2,980**	192 33005	**2,990**	527 33874
1	214 40960	1	552 70491	1	889 85965	1	225 88147	1	560 77797
2	248 29067	2	586 47158	2	923 51268	2	259 42163	2	594 20601
3	282 16028	3	620 22686	3	957 15440	3	292 95055	3	627 62289
4	316 01841	4	653 97074	4	990 78480	4	326 46823	4	661 02860
5	349 86509	5	687 70325	5	*024 40390	5	359 97468	5	694 42316
6	383 70031	6	721 42437	6	058 01170	6	393 46991	6	727 80657
7	417 52409	7	755 13413	7	091 60820	7	426 95392	7	761 17883
8	451 33643	8	788 83253	8	125 19343	8	460 42673	8	794 53997
9	485 13734	9	822 51988	9	158 73737	9	493 88833	9	827 88998
	1,08		**1,08**		**1,09**		**1,09**		**1,09**

x	φ	sin x	cos x	tg x	arc tg x
	172	+ 0,		— 0,	1,2
3,00	1° 53′ 14″,42	14112 00080 59867 222	—0,98999 24966 00445 457	14254 65431	4904 58
1	2 27 37,07	13121 31921 50184 023	—0,99135 41739 48825 862	13235 75324	5004 28
2	3 01 59,71	12129 32550 30629 768	—0,99261 67167 05937 109	12219 54587	5103 38
3	3 36 22,36	11136 11886 86649 826	—0,99377 99986 18555 602	11205 81908	5201 90
4	4 10 45,01	10141 79863 16601 900	—0,99484 39033 59459 478	10194 36175	5299 83
5	4 45 07,66	09146 46422 32437 020	—0,99580 83245 39061 231	09184 96461	5397 18
6	5 19 30,31	08150 21517 60269 178	—0,99667 31657 16046 582 ⎫	08177 42010	5493 96
7	5 53 52,96	07153 15111 40843 543	—0,99743 83404 07018 531 ⎭	07171 52211	5590 17
8	6 28 15,60	06155 37174 29913 217	—0,99810 37720 95145 624	06167 06591	5685 81
9	7 02 38,25	05156 97683 98534 493	—0,99866 93942 37813 574	05163 84789	5680 89
3,10	7 37 00,90	04158 06624 33290 579	—0,99913 51502 73279 465	04161 66546	5875 42
1	8 11 23,55	03158 73984 36453 773	—0,99950 09936 26327 876	03160 31686	5969 40
2	8 45 46,20	02159 09757 26096 066	—0,99976 68877 12928 373	02159 60100	6062 83
3	9 20 08,84	01159 23939 36158 170	—0,99993 28059 43893 874	01159 31729	6155 71
4	9 54 31,49	00159 26529 16486 953	—0,99999 87317 27539 545	00159 26540	6248 07
π = 3,14...	*0	0	—1	0	6262 73
5	0 28 54,14	*00840 72473 67148 706	—0,99996 46584 71341 962	*00840 75445	6339 88
6	1 03 16,79	01840 63069 33053 667	—0,99983 05895 82598 348	01840 94257	6431 18
7	1 37 39,44	02840 35258 83603 859	—0,99959 65384 68085 855	02841 49902	6521 94
8	2 12 02,08	03839 79045 05235 218	—0,99926 25285 32720 893	03842 62428	6612 19
9	2 46 24,73	04838 84433 68414 199	—0,99882 85931 77218 656	04844 51924	6701 93
3,20	3 20 47,38	05837 41434 27579 909	—0,99829 47757 94753 085	05847 38545	6791 15
1	3 55 10,03	06835 40061 21047 187	—0,99766 11297 66617 578	06851 42521	6879 86
2	4 29 32,68	07832 70334 70865 103	—0,99692 77184 56886 912	07856 84178	6968 07
3	5 03 55,32	08829 22281 82607 612	—0,99609 46152 06080 888	08863 83952	7055 79
4	5 38 17,97	09824 85937 45108 472	—0,99516 19033 23830 334	09872 62408	7143 01
5	6 12 40,62	10819 51345 30108 376	—0,99412 96760 80546 220	10883 40255	7229 74
6	6 47 03,27	11813 08558 91817 582	—0,99299 80366 98092 685	11896 38363	7315 98
7	7 21 25,92	12805 47642 66379 658	—0,99176 70983 39464 947	12911 77782	7401 75
8	7 55 38,56	13796 58672 71227 043	—0,99043 69840 97473 090	13929 79760	7487 03
9	8 30 11,21	14786 31738 04318 478	—0,98900 78269 82432 888	14950 65760	7571 84
3,30	9 04 33,86	15774 56941 43248 382	—0,98747 97699 08864 884	15974 57477	7656 18
1	9 38 56,51	16761 24400 44218 268	—0,98585 29656 81203 059	17001 76861	7740 05
2	**0 13 19,16	17746 24248 40860 301	—0,98412 75769 78514 513	18032 46134	7823 45
3	0 47 41,80	18729 46635 42903 108	—0,98230 37763 38231 697	19066 87809	7906 40
4	1 22 04,45	19710 81729 34669 991	—0,98038 17461 38898 808	20105 24714	7988 90
5	1 56 27,10	20690 19716 73399 670	—0,97836 16785 81934 095	21147 80006	8070 94
6	2 30 49,75	21667 50803 87379 745	—0,97624 37756 72409 870	22194 77202	8152 53
7	3 05 12,40	22642 65217 73883 046	—0,97402 82491 98852 172	23246 40194	8233 68
8	3 39 35,05	23615 53206 96897 099	—0,97171 53207 12062 091	24302 93273	8314 39
9	4 13 57,69	24586 05042 84636 906	—0,96930 52215 02960 871	25364 61156	8394 65
3,40	4 48 20,34	25554 11020 26831 319	—0,96679 81925 79461 014	26431 69009	8474 49
1	5 22 02,99	26519 61458 71773 259	—0,96419 44846 42365 686	27504 42469	8553 89
2	5 57 25,64	27482 46703 23124 073	—0,96149 43580 60298 847	28583 07675	8632 87
3	6 31 48,29	28442 57125 36462 369	—0,95869 80828 43668 606	29667 91294	8711 42
4	7 05 10,93	29399 83124 15567 657	—0,95580 59386 17666 404	30759 20546	8789 54
5	7 40 33,58	30354 15127 08429 164	—0,95281 82145 94304 729	31857 23237	8867 26
6	8 14 56,23	31305 43591 02970 246	—0,94973 52095 43496 155	32962 27790	8944 55
7	8 48 18,88	32253 59003 22478 795	—0,94655 72317 63176 602	34074 63273	9021 44
8	9 23 41,53	33198 51882 20734 116	—0,94328 45990 48475 795	35194 59435	9097 92
9	9 57 04,17	34140 12778 76820 765	—0,93991 76386 59938 019	36322 46740	9173 99
	19	— 0,		+ 0,	1,2

x	$\log_e$ x	Amp x	
	1,0	1,47	84°
3,00	9861 22887	130 43	17′ 58″,30
1	*0194 00788	229 27	21 22,17
2	0525 68314	327 13	24 44,01
3	0856 26195	424 01	28 03,86
4	1185 75154	519 94	31 21,72
5	1514 15905	614 92	34 37,63
6	1841 49160	708 96	37 51,59
7	2167 75616	802 06	41 03,64
8	2492 95970	894 25	44 13,78
9	2817 10909	985 51	47 22,04
	1,1	1,47	84°

x	$\log_e$ x	Amp x	
	1,1	1,48	84°
3,10	3140 21115	075 88	50′ 28″,43
1	3462 27262	165 35	53 32,97
1	3783 30018	253 93	56 35,69
3	4103 30046	341 64	59 36,59
4	4422 27999	428 47	*02 35,70
π = 3,14...	4472 98858	442 11	03 03,83
5	4740 24528	514 45	05 33,04
6	5057 20276	599 57	08 28,61
7	5373 15879	683 85	11 22,45
8	5688 11968	677 29	14 14,56
9	6002 09168	849 91	17 04,97
	1,1	1,48	85°

x	$\log_e$ x	Amp x
	1,1	1,48
3,20	6315 08098	931 70
1	6627 09371	*012 69
2	6938 13596	092 87
3	7248 21372	172 26
4	7557 33298	250 85
5	7865 49963	328 67
6	8172 71954	405 72
7	8478 99849	482 00
8	8784 34224	557 53
9	9088 75648	632 31
	1,1	1,49

x	e^x	e^{-x}	Sin x	Cos x	Tg x	Ar Sin x	Ar Cos x
	2	**0,04**	**1**	**1**	**0,99**	**1,8**	**1,7**
3,00	0,08553 69232	978 70684	0,01787 49274	0,06766 19953	505 47537	1844 65	6274 72
1	0,28739 99252	929 16788	0,11905 41232	0,16834 58020	515 24388	2160 40	6627 61
2	0,49129 16842	880 12184	0,22124 52329	0,27004 64513	524 81989	2475 21	6979 19
3	0,69723 25894	831 56381	0,32445 84756	0,37277 41138	534 20717	2789 08	7329 46
4	0,90524 32351	783 48895	0,42870 41728	0,47653 90623	543 40943	3102 02	7678 43
5	1,11534 44225	735 89244	0,53399 27491	0,58135 16735	552 43030	3414 04	8026 13
6	1,32755 71620	688 76952	0,64033 47334	0,68722 24286	561 27333	3725 13	8372 54
7	1,54190 26750	642 11549	0,74774 07601	0,79416 19149	569 94202	4035 30	8717 70
8	1,75840 23962	595 92566	0,85622 15698	0,90218 08264	578 43979	4344 56	9061 59
9	1,97707 79758	550 19544	0,96578 80107	1,01128 99651	586 76999	4652 92	9404 24
3,10	2,19795 12814	504 92024	1,07645 10395	1,12150 02419	594 93592	4960 37	9745 66
1	2,42104 44007	460 09553	1,18822 17227	1,23282 26780	602 94080	5266 92	*0085 84
2	2,64637 96432	415 71684	1,30111 12374	1,34526 84058	610 78782	5572 59	0424 81
3	2,87397 95424	371 77973	1,41513 08726	1,45884 86698	618 48002	5877 36	0762 57
4	3,10386 68587	328 27979	1,53029 20304	1,57357 48283	626 02049	6181 26	1099 13
$\pi = 3,14\ldots$	3,14069 26328	321 39183	1,54873 93573	1,59195 32755	627 20762	6229 57	1152 63
5	3,33606 45809	285 21269	1,64660 62270	1,68945 83539	633 41221	6484 27	1434 51
6	3,57059 59291	242 57411	1,76408 50940	1,80651 08351	640 65809	6786 41	1768 69
7	3,80748 43564	200 35979	1,88274 03793	1,92474 39772	647 76101	7087 69	2101 71
8	4,04675 35521	158 56551	2,00258 39485	2,04416 96036	654 72377	7388 10	2433 56
9	4,28842 74431	117 18709	2,12362 77861	2,16479 96570	661 54912	7687 66	2764 25
3,20	4,53253 01971	076 22040	2,24588 39966	2,28664 62005	668 23978	7986 36	3093 80
1	4,77908 62246	035 66133	2,36936 48057	2,40972 14189	674 79839	8284 21	3422 21
2	5,02812 01813	*995 50583	2,49408 25615	2,53403 76198	681 22755	8581 22	3749 48
3	5,27965 69710	955 74988	2,62004 97361	2,65960 72349	687 52981	8877 38	4075 64
4	5,53372 17474	916 38951	2,74727 89261	2,78644 28212	693 70766	9172 71	4400 68
5	5,79033 99172	877 42078	2,87578 28547	2,91455 70625	699 76355	9467 21	4724 61
6	6,04953 71425	838 83980	3,00557 43723	3,04396 27703	705 69988	9760 89	5047 44
7	6,31133 93433	800 64271	3,13666 64581	3,17467 28852	711 51901	*0053 74	5369 18
8	6,57577 26999	762 82568	3,26907 22215	3,30670 04783	717 22324	0345 77	5689 84
9	6,84286 36559	725 38494	3,40280 49033	3,44005 87526	722 81483	0636 99	6009 42
3,30	7,11263 89207	688 31674	3,53787 78766	3,57476 10440	728 29601	0927 40	6327 94
1	7,38512 54719	651 61738	3,67430 46491	3,71082 08228	733 66895	1217 01	6645 39
2	7,66035 05585	615 28318	3,81209 88634	3,84825 16951	738 93577	1505 81	6961 79
3	7,93834 17032	579 31051	3,95127 42991	3,98706 74042	744 09857	1793 82	7277 14
4	8,21912 67054	543 69577	4,09184 48738	4,12728 18316	749 15941	2081 04	7591 45
5	8,50273 36438	508 43541	4,23382 46448	4,26890 89989	754 12028	2367 47	7904 73
6	8,78919 08792	473 52589	4,37722 78101	4,41196 30691	758 98315	2653 11	8216 99
7	9,07852 70558	438 96373	4,52206 87092	4,55645 83466	763 74997	2937 97	8528 23
8	9,37077 11133	404 74547	4,66836 18293	4,70240 92840	768 42262	3222 06	8838 45
9	9,66595 22703	370 86769	4,81612 17967	4,84983 04736	773 00295	3505 38	9147 68
3,40	9,96410 00474	337 32700	4,96536 33887	4,99873 66587	777 49279	3787 93	9455 90
1	*0,26524 42594	304 12004	5,11610 15295	5,14914 27299	781 89393	4069 71	9763 14
2	0,56941 50211	271 24349	5,26835 12931	5,30106 37280	786 20810	4350 74	**0069 39
3	0,87664 27497	238 69408	5,42212 79045	5,45451 48452	790 43703	4631 01	0374 66
4	1,18695 81683	206 46853	5,57744 67415	5,60951 14268	794 58239	4910 53	0678 96
5	1,50039 23087	174 56364	5,73432 33362	5,76606 89726	798 64584	5189 30	0982 30
6	1,81697 65147	142 97620	5,89277 33763	5,92420 31383	802 62898	5467 32	1284 68
7	2,13674 24448	111 70307	6,05281 27070	6,08392 97377	806 53340	5744 60	1586 10
8	2,45972 20759	080 74110	6,21445 73324	6,24526 47434	810 36067	6021 15	1886 58
9	2,78594 77062	050 08722	6,37772 34170	6,40822 42892	814 11229	6296 96	2186 12
	3	**0,03**	**1**	**1**	**0,99**	**1,9**	**1,9**

Amp x	x	$\log_e x$	Amp x		x	$\log_e x$	Amp x	
85⁰		**1,1**	**1,49**	**85⁰**		**1,22**	**1,50**	**86⁰ 1**
19′ 53″,69	**3,30**	9392 24685	706 34	46′ 31″,50	**3,40**	377 54316	407 46	0′ 37″,65
22 40,73	1	9694 81894	779 64	49 02,69	1	671 22913	473 80	2 54,48
25 26,12	2	9996 47829	852 21	51 32,38	2	964 05511	539 48	5 09,96
28 09,86	3	*0297 23040	924 07	54 00,59	3	*256 02612	604 51	7 24,10
30 51,99	4	0597 08070	995 21	56 27,32	4	547 14714	668 89	9 36,90
33 32,50	5	0896 03458	*065 64	58 52,60	5	837 42310	732 64	*1 48,38
36 11,42	5	1194 09740	135 37	*01 16,44	6	**126 85891	795 75	3 58,56
38 48,77	7	1491 27444	204 41	03 38,84	7	415 45940	858 23	6 07,44
41 24,55	8	1787 57095	272 77	05 59,84	8	703 22938	920 10	8 15,05
43 58,79	9	2082 99214	340 45	08 19,44	9	990 17362	981 35	**0 21,39
85⁰		**1,2**	**1,50**	**86⁰**		**1,24**	**1,50**	**86⁰ 3⁰**

x	φ	sin x	cos x	tg x	arc tg x
	20	**— 0,**	**— 0,**	**0,**	**1,2**
3,50	0^0 32′ 06″,82	35078 32276 89619 848	93645 66872 90796 338	37458 56402	9249 67
1	1 06 29,47	36013 00994 71968 352	93290 20910 33303 548	38603 20423	9324 94
2	1 40 52,12	36944 09585 44477 074	92925 42053 44123 246	39756 71635	9399 82
3	2 15 14,77	37871 48738 28997 788	92551 33950 08784 455	40919 43735	9474 31
4	2 49 37,41	38795 09179 41730 279	92168 00341 05203 377	42091 71335	9548 41
5	3 24 00,06	39714 81672 85959 950	91775 45059 66275 913	43273 90001	9622 11
6	3 58 22,71	40630 57021 44416 729	91373 72031 41544 694	44466 36306	9695 44
7	4 32 45,36	41542 26067 71246 022	90962 85273 57944 452	45669 47872	9768 38
8	5 07 08,01	42449 79694 83582 542	90542 88894 79629 661	46883 63431	9840 95
9	5 41 30,65	43353 08827 52717 833	90113 87094 66888 467	48109 22871	9913 13
3,60	6 15 53,30	44252 04432 94852 384	89675 84163 34147 006	49346 67300	9984 95
1	6 50 15,95	45146 57521 61423 256	89228 84481 07068 319	50596 39101	*0056 40
2	7 24 38,60	46036 59148 28998 192	88772 92517 78750 153	51858 82001	0127 48
3	7 59 01,25	46992 00412 88727 212	88308 12832 65026 023	53134 41131	0198 20
4	8 33 23,89	47802 72461 35342 756	87834 50073 58874 007	54423 63105	0268 56
5	9 07 46,54	48678 66486 55699 477	87352 08976 83937 836	55726 96085	0338 56
6	9 42 09,19	49549 73729 16844 817	86860 94366 47164 927	57044 89866	0408 20
7	*0 16 31,84	50415 85478 53611 573	86361 11153 90566 085	58377 95958	0477 49
8	0 50 54,49	51276 93073 55723 690	85852 64337 42101 718	59726 67669	0546 43
9	1 25 17,14	52132 87903 54406 567	85335 59001 65699 450	61091 60202	0615 02
3.70	1 59 39,78	52983 61409 08493 213	84810 00317 10408 159	62473 30752	0683 26
1	2 34 02,43	53829 05082 90017 656	84275 93539 58693 497	63872 38608	0751 16
2	3 08 25,08	54669 10470 69287 026	83733 44009 73880 087	65289 45263	0818 72
3	3 42 47,73	55503 69171 99423 821	83182 57152 46745 630	66725 14531	0885 95
4	4 17 10,38	56332 72841 00369 896	82623 38476 41272 284	68180 12669	0952 84
5	4 51 33,02	57156 13187 42343 773	82055 93573 39560 723	69655 08511	1019 39
6	5 25 55,67	57973 81977 28742 926	81480 28117 85912 390	71150 73602	1085 62
7	6 00 18,32	58785 71033 78482 760	80896 47866 30085 546	72669 82351	1151 52
8	6 34 40,97	59591 72238 07764 032	80304 58656 69730 768	74207 12182	1217 09
9	7 09 03,62	60391 77530 11260 559	79704 66407 92011 675	75769 43708	1282 34
3,80	7 43 26,26	61185 78909 42719 076	79096 77119 14416 700	77355 60905	1347 26
1	8 17 48,91	61973 68435 94963 197	78480 96869 24767 847	78966 51302	1411 87
2	8 52 11,56	62755 38230 79293 471	77857 31816 20432 409	80603 06184	1476 16
3	9 26 34,21	63530 80477 04275 591	77225 88196 46743 750	82266 20811	1540 14
4	**0 00 56,86	64299 87420 53908 892	76586 72324 34637 287	83956 94643	1603 80
5	0 35 19,50	65062 51370 65167 301	75939 90591 37507 928	85676 31593	1667 16
6	1 09 42,15	65818 64701 04905 000	75285 49465 67295 257	87425 40288	1730 21
7	1 44 04,80	66568 19850 46119 106	74623 55491 29802 888	89205 34352	1792 95
8	2 18 27,45	67311 09323 43561 738	73954 15287 59258 423	91017 32791	1855 39
9	2 52 50,10	68047 25691 08693 921	73277 35548 52120 585	92862 59918	1917 53
3,90	3 27 12,74	68776 61591 83973 818	72593 23042 00140 129	94742 46499	1979 36
1	4 01 35,39	69499 09732 16471 874	71901 84609 22681 230	96658 29338	2040 91
2	4 35 58,04	70214 62887 30805 496	71203 27163 98310 115	98611 52059	2102 15
$\frac{5\pi}{4}=3{,}92\ldots$	5	70710 67811 86547 524	70710 67811 86547 524	*0	2144 80
3	5 10 20,69	70923 13902 01385 995	70497 57691 95657 789	00603 65493	2163 11
4	5 44 43,34	71624 55691 23970 544	69784 83250 03563 746	02636 28119	2223 77
5	6 19 05,98	72318 81240 86512 013	69065 10965 60507 680	04711 06579	2284 15
6	6 53 28,63	73005 83608 39299 593	68338 48035 83336 224	06829 76224	2344 24
7	7 27 51,28	73685 55923 64383 182	67605 01726 95291 873	08994 21702	2404 04
8	8 02 13,93	74357 91389 44274 612	66864 79373 53351 259	11206 37594	2463 56
9	8 36 36,58	75022 83282 29918 833	66117 88377 74880 066	13468 29108	2522 81
	22	**—0,**	**—0,**	**1,**	**1,3**

x	$\log_e$ x	Amp x		x	$\log_e$ x	Amp x		x	$\log_e$ x	Amp x
	1,25	**1,51**	**86^0 3**		**1,28**	**1,51**	**86^0**		**1,3**	**1,52**
3,50	276 29685	041 99	2′ 26″,47	**3,60**	093 38455	616 25	52′ 10″,96	**0,370**	0833 28196	135 93
1	561 60375	102 03	4 30,31	1	370 77723	670 58	54 03,03	1	1103 18766	185 11
2	846 09896	161 47	6 32,92	2	647 40258	724 38	55 53,99	2	1372 36683	233 79
3	*129 78709	220 33	*8 34,31	3	923 26483	777 64	57 43,85	3	1640 82337	281 99
4	412 67271	278 59	0 34,50	4	*198 36817	830 37	59 32,62	4	1908 56114	329 71
5	694 76035	336 28	2 33,49	5	472 71676	882 58	*01 20,30	5	2175 58400	376 95
6	976 05449	393 40	4 31,40	6	746 31474	934 27	03 06,92	6	2441 89574	423 73
7	**256 55958	449 95	6 27,94	7	**019 16621	985 44	04 52,47	7	2707 50015	470 04
8	536 28004	505 94	8 23,43	8	291 27522	*036 11	06 36,98	8	2972 40096	515 89
9	815 22025	561 37	**0 17,76	9	562 64581	086 27	08 20,45	9	3236 60191	561 28
	1,27	**1,51**	**86^0 5**		**1,30**	**1,52**	**87^0**		**1,3**	**1,52**

x	e^x	e^{-x}	Sin x	Cos x	Tg x	Ar Sin x	Ar Cos x
	3	**0,03**	**1**	**1**	**0,998**	**1,9**	**1,9**
3,50	3,11545 19587	019 73834	6,54262 72876	6,57282 46711	17 78976	6572 05	2484 73
1	3,44826 77839	*989 69144	6,70918 54348	6,73908 23492	21 39454	6846 41	2782 41
2	3,78442 84638	959 94352	6,87741 45143	6,90701 39495	24 92807	7120 04	3079 17
3	4,12396 76148	930 49159	7,04733 13494	7,07663 62653	28 39175	7392 96	3375 01
4	4,46691 91909	901 33271	7,21895 29319	7,24796 62590	31 78697	7665 17	3669 94
5	4,81331 74876	872 46397	7,39229 64240	7,42102 10603	35 11506	7936 66	3963 97
6	5,16319 71451	843 88247	7,56737 91602	7,59581 79849	38 37736	8207 44	4257 10
7	5,51659 31516	815 58537	7,74421 86490	7,77237 45027	41 57517	8477 52	4549 34
8	5,87354 01471	787 56983	7,92283 22244	7,95070 79227	44 70976	8746 90	4840 69
9	5,23407 59265	759 83304	8,10323 87980	8,13083 71284	47 78237	9015 59	5131 16
3,60	6,59823 44437	732 37224	8,28545 53606	8,31277 90831	50 79423	9283 58	5420 75
1	6,96605 28148	705 18469	8,46950 04840	8,49655 23308	53 74655	9550 88	5709 48
2	7,33756 78221	678 26765	8,65539 25728	8,68217 52493	56 64048	9817 49	5997 33
3	7,71281 66172	651 61844	8,84315 02164	8,86966 64008	59 47720	*0083 42	6284 33
4	8,09183 67254	625 23440	9,03279 21907	9,05904 45347	62 25782	0348 67	6570 48
5	8,47466 60490	599 11288	9,22433 74601	9,25032 85889	64 98345	0613 24	6855 77
6	8,86134 28713	573 25127	9,41780 51793	9,44353 76920	67 65519	0877 14	7140 22
7	9,25190 58603	547 64700	9,61321 46952	9,63869 11651	60 27409	1140 37	7423 84
8	9,64639 40726	522 29748	9,81058 55489	9,83580 85237	72 84121	1402 93	7706 62
9	*0,04484 69573	497 20020	*0,00993 74776	*0,03490 94797	75 35755	1664 83	7988 57
3,70	0,44730 43601	472 35265	0,21129 04168	0,23601 39433	77 82413	1926 07	8269 69
1	0,85380 65270	447 75233	0,41466 45019	0,43914 20251	80 24192	2186 65	8550 00
2	1,26439 41086	423 39678	0,62008 00704	0,64431 40382	82 61190	2446 57	8829 50
3	1,67910 81640	399 28358	0,82755 76641	0,85155 04999	84 93500	2705 85	9108 19
4	2,09799 01650	375 41031	1,03711 80309	1,06087 21341	87 21216	2964 48	9386 07
5	2,52108 20001	351 77459	1,24878 21271	1,27229 98730	89 44427	3222 46	9663 15
6	2,94842 59788	328 37404	1,46257 11192	1,48585 48596	91 63224	3479 80	9939 44
7	3,38006 48359	305 20633	1,67850 63863	1,70155 84496	93 77692	3736 51	*0214 94
8	3,81604 17356	282 26914	1,89660 96221	1,91943 22135	95 87919	3992 58	0489 66
9	4,25640 02760	259 56019	2,11690 23371	2,13949 79389	97 93986	4248 01	0763 59
3,80	4,70118 44933	237 07719	2,33940 68607	2,36177 76326	99 95978	4502 82	1036 75
1	5,15043 88663	214 81790	2,56414 53437	2,58629 35226	*01 93974	4757 00	1309 14
2	5,60420 83208	192 78009	2,79114 02600	2,81306 80609	03 88053	5010 56	1580 76
3	6,06253 82342	170 96156	3,02041 43093	3,04212 39249	05 78293	5263 49	1851 62
4	6,52547 41398	149 36013	3,25199 02692	3,27348 38706	07 64768	5515 81	2121 72
5	6,99306 32316	127 97364	3,48589 17476	3,50717 14840	09 47556	5767 52	2391 06
6	7,46535 13689	106 79995	3,72214 16847	3,74320 96842	11 26726	6018 61	2659 66
7	7,94238 60808	085 83694	3,96076 38557	3,98162 22251	13 02353	6269 09	2927 52
8	8,42421 50713	065 08252	4,20178 21231	4,22243 29483	14 74504	6518 97	3194 63
9	8,91088 65237	044 53460	4,44522 05888	4,46566 59349	16 43250	6768 25	3461 00
3,90	9,40244 91055	024 19114	4,69110 35970	4,71134 55085	18 08657	7016 92	3726 65
1	9,89895 19734	004 05011	4,93945 57362	4,95949 62372	19 70791	7265 00	3991 56
2	**0,40044 47781	**984 10947	5,19030 18417	5,21014 29364	21 29717	7512 48	4255 75
$\frac{5\pi}{4}=3,92\ldots$	0,75401 95117	970 28730	5,36715 83194	5,38686 11924	22 38949	7685 14	4440 02
3	0,90697 76672	964 36726	5,44366 69973	5,46331 06699	22 85499	7759 37	4519 23
4	1,41860 13005	944 82147	5,69957 65429	5,71902 47576	24 38199	8005 67	4781 98
5	1,93536 68348	925 47018	5,95805 60665	5,97731 07683	25 87877	8251 39	5044 03
6	2,45732 59491	906 31143	6,21913 14174	6,23819 45317	27 34594	8496 52	5305 36
7	2,98453 08397	887 34331	6,48282 87033	6,50170 21364	28 78407	8741 07	5566 00
8	3,51703 42275	868 56393	6,74917 42941	6,76785 99334	30 19375	8985 04	5825 93
9	4,05488 93633	849 97141	7,01819 48246	7,03669 45387	31 57553	9228 43	6085 16
	5	**0,01**	**2**	**2**	**0,999**	**2,0**	**2,0**

Amp x	x	$\log_e x$	Amp x		x	$\log_e x$	Amp x	
87° 1		**1,33**	**1,52**	**87° 2**		**1,36**	**1,53**	**87° 4**
0′ 02″,89	**3,80**	500 10667	606 22	6′ 12″,93	**3,90**	097 65531	031 80	0′ 50″,75
1 44,31	1	762 91891	650 72	7 44,71	1	353 73740	072 07	2 13,81
3 24,73	2	*025 04226	694 78	9 15,58	2	609 16538	111 93	3 36,03
5 04,14	3	286 48032	738 39	*0 45,55	$\frac{5\pi}{4}=3,92\ldots$	787 34372	139 48	4 32,85
6 42,57	4	547 23666	781 57	2 14,62	3	863 94259	151 40	4 57,45
8 20,02	5	807 31483	824 33	3 42,80	4	*118 07233	190 48	6 18,05
9 56,50	6	**066 71835	866 66	5 10,11	5	371 55789	229 17	7 37,85
*1 32,03	7	325 45070	908 56	6 36,55	6	624 40253	267 47	8 56,85
3 06,60	8	583 51536	950 05	8 02,13	7	876 60947	305 39	*0 15,07
4 40,23	9	840 91576	991 13	9 26,86	8	**128 18193	342 94	1 32,52
					9	379 12309	380 11	2 49,19
87° 2		**1,35**	**1,52**	**87° 3**		**1,38**	**1,53**	**87° 5**

x	φ	sin x	cos x	tg x	arc tg x
	2	— 0,7	— 0,		1,3
4,00	29° 10′ 59″,22	5680 24953 07928 251	65364 36208 63611 915	1,15782 12824	2581 77
1	29 45 21,87	6330 09827 67073 521	64604 30401 34958 603	1,18150 17504	2640 45
2	30 19 44,52	6972 31407 64024 114	63837 78556 40659 201	1,20574 84983	2698 86
3	30 54 07,17	7606 83270 88332 118	63064 88338 92775 507	1,23058 71118	2757 00
4	31 28 29,82	8233 59072 26652 739	62285 67477 87041 478	1,25604 46844	2814 87
5	32 02 52,47	8852 52544 26195 111	61500 23765 25574 304	1,28214 99307	2872 46
6	32 37 15,11	9463 57497 57397 052	60708 65055 38954 845	1,30893 33110	2929 79
7	33 11 37,76	*0066 67821 75817 503	59910 99264 07685 226	1,33642 71678	2986 86
8	33 46 00,41	0661 77485 83240 468	59107 34367 83031 446	1,36466 58756	3043 66
9	34 20 23,06	1248 80538 87984 325	58297 78403 07258 918	1,39368 59992	3100 19
4,10	34 54 45,71	1827 71110 64410 504	57482 39465 33268 912	1,42352 64832	3156 47
1	35 29 08,35	2398 43412 11625 563	56661 25708 43643 937	1,45422 88393	3212 49
2	36 03 31,01	2960 91736 11370 787	55834 45343 69110 167	1,48583 73684	3268 25
3	36 37 53,65	3515 10457 85093 548	55002 06639 06425 046	1,51839 93995	3323 76
4	37 12 16,30	4060 94035 50194 685	54164 17918 35698 309	1,55196 55540	3379 02
5	37 46 38,95	4598 37010 75446 304	53320 87560 37154 657	1,58659 00391	3434 02
6	38 21 01,59	5127 34009 35574 445	52472 23998 07346 439	1,62233 09720	3488 77
7	38 55 24,24	5647 79741 65001 165	51618 35717 74824 695	1,65925 07414	3543 28
8	39 29 46,89	6159 69003 10740 652	50759 31258 15277 011	1,69741 64079	3597 53
9	40 04 09,54	6662 96674 84444 088	49895 19209 66140 661	1,73690 01522	3651 55
4,20	40 38 32,19	7157 57724 13588 060	49026 08213 40699 578	1,77777 97745	3705 31
1	41 12 54,83	7643 47204 91801 397	48152 06960 41673 748	1,82013 92540	3758 84
2	41 47 17,48	8120 60258 28325 387	47273 24190 74309 659	1,86406 93768	3812 13
3	42 21 40,13	8588 92112 96602 451	46389 68692 58980 509	1,90966 84414	3865 18
4	42 56 02,78	9048 38085 81988 404	45501 49301 43304 897	1,95704 30542	3917 99
5	43 30 25,43	9498 93582 28583 525	44608 74899 13792 799	2,00630 90278	3970 56
6	44 04 48,07	9940 54096 85177 766	43711 54413 07027 658	2,05759 23994	4022 91
7	44 39 10,72	**0373 15213 50305 499	42809 96815 20393 467	2,11103 05855	4075 02
8	45 13 33,37	0796 72606 16405 293	41904 11121 22355 782	2,16677 36992	4126 90
9	45 47 56,02	1211 22039 13080 308	40994 06389 62305 625	2,22498 60522	4178 55
4,30	46 22 18,67	1616 59367 49454 984	40079 91720 79975 297	2,28584 78774	4229 97
1	46 56 41,31	2012 80537 55623 784	39161 76256 14435 168	2,34955 73069	4281 16
2	47 31 03,96	2399 81587 23187 844	38239 69177 12680 530	2,41633 26531	4332 13
3	48 05 26,61	2777 58646 44875 484	37313 79704 37817 659	2,48641 50479	4382 88
4	48 39 49,26	3146 07937 53242 613	36384 17096 76858 279	2,56007 15863	4433 41
5	49 14 11,91	3505 25775 58449 158	35450 90650 48131 627	2,63759 84982	4483 71
6	49 48 34,56	3855 08568 85107 743	34514 09698 08323 398	2,71932 61275	4533 80
7	50 22 57,20	4195 52819 08200 923	33573 83607 59150 853	2,80562 30446	4583 66
8	50 57 19,85	4526 55121 88063 402	32630 21781 53683 427	2,89690 22442	4633 31
9	51 31 42,50	4848 12167 04425 710	31683 33656 02318 209	2,99362 79435	4682 75
4,40	52 06 05,15	5160 20738 89515 954	30723 28699 78419 683	3,09632 37807	4731 97
1	52 40 27,80	5462 77716 60216 331	29780 16413 23633 187	3,20558 26402	4780 98
2	53 14 50,44	5755 80074 49271 178	28824 06327 52881 534	3,32207 85028	4829 78
3	53 49 13,09	6039 24882 35543 444	27865 08003 59054 320	3,44658 07634	4878 37
4	54 23 35,74	6313 09305 73316 562	26903 31031 17399 427	3,57997 18303	4926 75
5	54 57 58,39	6577 30606 20638 781	25938 85027 89626 299	3,72326 85729	4974 93
6	55 32 21,04	6831 86141 66707 138	24971 79638 27730 573	3,87764 90058	5022 89
7	56 06 43,68	7076 73366 58288 312	24002 24532 77549 684	4,04448 55196	5070 66
8	56 41 06,33	7311 89832 25173 742	23030 29406 82059 085	4,22538 67030	5118 22
9	57 15 28,98	7537 33187 04666 437	22056 03979 84418 757	4,42225 04476	5165 58
	2	— 0,9	— 0,		1,3

x	$\log_e$ x	Amp x		x	$\log_e$ x	Amp x		x	$\log_e$ x	Amp x
	1,38	1,53	87°		1,41	1,53	88° 0		1,43	1,54
4,00	629 43611	416 91	54′ 05″,10	4,10	098 69737	765 40	6′ 03″,91	4,20	508 45253	080 74
1	879 12413	453 35	55 20,26	1	342 30285	798 37	7 11,95	1	746 26477	110 58
2	*128 19026	489 43	56 34,67	2	585 31634	831 02	8 19,25	2	983 51280	140 12
3	376 63760	525 14	57 48,33	3	827 74070	863 33	9 25,91	3	*220 19931	169 36
4	624 46920	560 50	59 01,27	4	*069 57878	895 33	*0 31,91	4	456 32692	198 31
5	871 68811	595 51	*00 13,48	5	310 83342	927 01	1 37,25	5	691 89829	226 98
6	**118 29736	630 17	01 24,97	6	551 50743	958 37	2 41,94	6	926 91603	255 36
7	364 29995	664 49	02 35,76	7	791 60358	989 43	3 45,99	7	**161 38272	283 46
8	609 69884	698 46	03 45,83	8	**031 12465	*020 17	4 49,40	8	395 30096	311 28
9	854 49701	732 10	04 55,22	9	270 07339	050 61	5 52,19	9	628 67329	338 82
	1,40	1,53	88°		1,43	1,54	88° 1		1,45	1,54

x	e^x	e^{-x}	Sin x	Cos x	Tg x	Ar Sin x	Ar Cos x
		0,01	2	2	0,999	2,0	2,0
4,00	54,59815 00331	831 56389	7,28991 71971	7,30823 28360	32 92997	9471 25	6343 71
1	55,14687 05635	813 33952	7,56436 85841	7,58250 19794	34 25761	9713 51	6601 56
2	55,70110 58268	795 29649	7,84157 64309	7,85952 93959	35 55898	9955 19	6858 73
3	56,26091 12471	777 43300	8,12156 84586	8,13934 27885	36 83459	*0196 31	7115 22
4	56,82634 28055	759 74724	8,40437 26665	8,42197 01389	38 08497	0436 86	7371 04
5	57,39745 70447	742 23746	8,69001 73351	8,70743 97097	39 31059	0676 86	7626 18
6	57,97431 10790	724 90191	8,97853 10299	8,99578 00490	40 51197	0916 29	7880 64
7	58,55696 25919	707 73885	9,26994 26017	9,28701 99902	41 68957	1155 17	8134 45
8	59,14546 98499	690 74657	9,56428 11921	9,58118 86578	42 84386	1393 50	8387 58
9	59,73989 17041	673 92336	9,86157 62353	9,87831 54689	43 97531	1631 27	8640 06
4,10	60,34028 75974	657 26754	*0,16185 74610	*0,17843 01364	45 08437	1868 50	8891 89
1	60,94671 75696	640 77745	0,46515 48975	0,48156 26721	46 17148	2105 19	9143 06
2	61,55924 22644	624 45144	0,77149 88750	0,78774 33894	47 23707	2341 33	9393 58
3	62,17792 29348	608 28788	1,08092 00280	1,09700 29068	48 28158	2576 93	9643 46
4	62,80282 14492	592 28515	1,39344 92988	1,40937 21504	49 30521	2811 99	9892 70
5	63,43400 02981	576 44165	1,70911 79408	1,72438 23573	51 30898	3046 52	*0141 30
6	64,07152 25999	560 75579	2,02795 75210	2,04356 50789	51 29269	3280 51	0389 26
7	64,71545 21074	545 22601	2,34999 99236	2,36545 21838	52 25693	3513 97	0636 59
8	65,36585 32140	529 85076	2,67527 73532	2,69057 58608	53 20209	3746 90	0883 29
9	66,02279 09604	514 62849	3,00382 23378	3,01896 86226	54 12853	3979 31	1129 37
4,20	66,68633 10409	499 55768	3,33566 77321	3,35066 33089	55 03665	4211 19	1374 82
1	67,35653 98101	484 63683	3,67084 67209	3,68569 30892	55 92678	4442 55	1619 66
2	68,03348 42894	469 86445	4,00939 28225	4,02409 14670	56 79930	4673 39	1863 88
3	68,71723 21738	455 23905	4,35133 98916	4,36589 22822	57 65455	4903 71	2107 49
4	69,40785 18388	440 75918	4,69672 21235	4,71112 97153	58 49288	5133 52	2350 49
5	70,10541 23467	426 42339	5,04557 40564	5,05983 82903	59 31460	5362 81	2592 88
6	70,80998 34543	412 23024	5,39793 05759	5,41205 28783	60 12007	5591 60	2834 67
7	71,52163 56192	398 17832	5,75382 69180	5,76780 87012	60 90959	5819 88	3075 86
8	72,24044 00073	384 26621	6,11329 86726	6,12714 13347	61 68348	6047 65	3316 45
9	72,96646 84996	370 49253	6,47638 17872	6,49008 67125	62 44206	6274 91	3556 45
4,30	73,69979 36996	356 85590	6,84311 25703	6,85668 11293	63 18562	6501 68	3795 86
1	74,44048 89403	343 35496	7,21352 76954	7,22696 12450	63 91446	6727 94	4034 68
2	75,18862 82920	329 98835	7,58766 42042	7,60096 40878	64 62888	6953 71	4272 92
3	75,94428 65692	316 75475	7,96555 95108	7,97872 70583	65 32915	7178 98	4510 57
4	76,70753 93383	303 65282	8,34725 14050	8,36028 79332	66 01556	7403 75	4747 65
5	77,47846 29253	290 68126	8,73277 80563	8,74568 48689	66 68839	7628 04	4984 15
6	78,25713 44231	277 83876	9,12217 80177	9,13495 64054	67 34789	7851 84	5220 07
7	79,04363 16991	265 12406	9,51549 02292	9,52814 14698	67 99434	8075 15	5455 43
8	79,83803 34051	252 53586	9,91275 40232	9,92527 93819	68 62800	8297 97	5690 21
9	80,64041 89805	240 07292	**0,31400 91256	**0,32640 98548	69 24911	8520 32	5924 43
4,40	81,45086 86650	227 73399	0,71929 56625	0,73157 30024	69 85793	8742 18	6158 09
1	82,26946 35042	215 51783	1,12865 41629	1,14080 93413	70 45469	8963 56	6391 19
2	83,09628 53583	203 42323	1,54212 55630	1,55415 97953	71 03964	9184 46	6623 74
3	83,93141 69103	191 44897	1,95975 12103	1,97166 57000	71 61302	9404 89	6855 73
4	84,77494 16738	179 59385	2,38157 28677	2,39336 88062	72 17504	9624 85	7087 17
5	85,62694 40022	167 85670	2,80763 27176	2,81931 12846	72 72593	9844 33	7318 06
6	86,48750 90963	156 23633	3,23797 33665	3,24953 57298	73 26593	**0063 35	7548 40
7	87,35672 30134	144 73159	3,67263 78488	3,68408 51646	73 79523	0281 90	7778 21
8	88,23467 26757	133 34132	4,11166 96312	4,12300 30444	74 31405	0499 99	8007 47
9	89,12144 58787	122 06438	4,55511 26174	4,56633 32612	74 82260	0717 61	8236 19
		0,01	4	4	0,999	2,2	2,1

Amp x	x	$\log_e x$	Amp x		x	$\log_e x$	Amp x	
88° 1		1,45	1,543	88° 2		1,48	1,546	88° 3
6′ 54″,34	**4,30**	861 50227	66 09	6′ 42″,91	**4,40**	160 45409	24 29	5′ 35″,49
7 55,88	1	*093 79041	93 08	7 38,60	1	387 46895	48 72	6 25,88
8 56,81	2	325 54023	*19 81	8 33,73	2	613 96961	72 90	7 15,76
9 57,13	3	556 75420	46 28	9 28,31	3	839 95841	96 85	8 05,15
*0 56,85	4	787 43481	72 47	*0 22,35	4	*065 43764	*20 55	8 54,05
1 55,98	5	**017 58451	98 41	1 15,85	5	290 40962	44 03	9 42,46
2 54,52	6	247 20574	**24 09	2 08,82	6	514 87660	67 26	*0 30,40
3 52,48	7	476 30091	49 52	3 01,27	7	738 84086	90 27	1 17,85
4 49,86	8	704 87244	74 69	3 53,19	8	962 30464	**13 05	2 04,83
5 46,86	9	932 92271	99 61	4 44,59	9	**185 27018	35 60	2 51,35
88° 2		1,47	1,545	88° 3		1,50	1,548	88° 4

x	φ	sin x	cos x	tg x	arc tg x
	2		**— 0,**		**1,35**
4,50	57°49′51″,63	— 0,97753 01176 65097 055	21079 57994 30779 706	4,63773 20545	212 74
1	58 24 14,28	— 0,97958 91644 28366 880	20101 01214 72860 158	4,87333 25330	259 70
2	58 58 36,92	— 0,98155 02530 91515 450	19120 43426 70301 200	5,13351 44348	306 46
3	59 32 59,57	— 0,98341 31875 47310 687	18137 94435 92811 633	5,42185 57962	353 02
4	60 07 22,22	— 0,98517 77815 03859 450	17153 64067 22111 817	5,74325 76578	399 39
5	60 41 44,87	— 0,98684 38585 03236 576	16167 62163 53686 319	6,10382 82610	445 57
6	61 16 07,52	— 0,98841 12519 39130 519	15179 98584 98355 184	6,51127 91390	491 55
7	61 50 30,16	— 0,98987 98050 73503 846	14190 83207 83673 674	6,97548 81152	537 34
8	62 24 52,81	— 0,99124 93710 52266 911	13200 25923 55170 336	7,50931 74563	582 93
9	62 59 15,46	— 0,99251 98129 19963 139	12208 36637 77433 275	8,12983 31178	628 34
4,60	63 33 38,11	— 0,99369 10036 33464 456	11215 25269 35054 517	8,86017 48957	673 56
1	64 08 00,76	— 0,99476 28260 74675 504	10221 01749 33442 382	9,73252 24884	718 60
2	64 42 23,40	— 0,99573 51730 62245 343	09225 76019 99511 765	10,79298 78024	763 44
3	65 16 46,05	— 0,99660 79473 62285 502	08229 58033 82262 275	12,11007 00935	808 10
4	65 51 08,70	— 0,99738 10616 98093 287	07232 57752 53254 166	13,79011 91962	852 58
5	66 25 31,35	— 0,99805 44387 58879 377	06234 85146 06992 011	16,00766 98707	896 88
6	66 59 54,00	— 0,99862 80112 07498 839	05236 50191 61226 078	19,07051 74409	940 99
7	67 34 16,65	— 0,99910 17216 87184 786	04237 62872 57181 393	23,57690 55374	984 92
8	68 08 39,29	— 0,99947 55228 27284 008	03238 33177 59724 446	30,86388 12915	*028 67
9	68 43 01,94	— 0,99974 93772 47993 994	02238 71099 57477 534	44,65736 66341	072 25
4,70	69 17 24,59	— 0,99992 32575 64100 884	01238 86634 62890 737	80,71276 29675	115 65
1	69 51 47,24	— 0,99999 71463 87717 969	00238 89781 12281 503	418,58782 26539	158 87
$\frac{6\pi}{4}$=4,71...	70	— 1	0	±∞	169 17
2	70 26 09,89	— 0,99997 10363 30024 459	*00761 09461 34148 151	— 131,38590 37635	201 91
3	71 00 32,53	— 0,99984 49300 02004 366	01761 01092 92306 824	— 56,77675 89291	244 79
4	71 34 55,18	— 0,99961 88400 14185 403	02760 75114 54211 309	— 36,20821 96967	287 48
5	72 09 17,83	— 0,99929 27889 75377 945	03760 21528 87976 555	— 26,57541 42310	330 01
6	72 43 40,48	— 0,99886 68094 90414 165	04759 30341 37788 027	— 20,98766 82079	372 36
7	73 18 03,13	— 0,99834 09441 56887 576	05757 91561 23846 449	— 17,33858 24205	414 55
8	73 52 25,77	— 0,99771 52455 60893 312	06755 95202 42274 957	— 14,76794 45026	456 56
9	74 26 48,42	— 0,99698 97762 71769 559	07753 31284 64978 649	— 12,85888 74976	498 41
4,80	75 01 11,07	— 0,99616 46088 35840 672	08749 89834 39446 569	— 11,38487 06542	540 09
1	75 35 33,72	— 0,99523 98257 69162 609	09745 60885 88486 121	— 10,21218 72546	581 61
2	76 09 56,37	— 0,99421 55195 49271 386	10740 34482 09879 961	— 9,25683 05406	622 96
3	76 44 19,01	— 0,99309 17926 05935 407	11734 00675 75955 388	— 8,46336 47579	664 14
4	77 18 41,66	— 0,99186 87573 10912 571	12726 49530 33056 283	— 7,79373 05886	705 16
5	77 53 04,31	— 0,99054 65359 66713 185	13717 71121 00907 646	— 7,22093 15446	746 02
6	78 27 26,96	— 0,98912 52607 94369 823	14707 55535 71862 798	— 6,72528 66995	786 72
7	79 01 49,61	— 0,98760 50739 20215 328	15695 92876 10023 316	— 6,29210 98137	827 26
8	79 36 12,25	— 0,98598 61273 61670 296	16682 73258 50221 802	— 5,91021 95779	867 64
9	80 10 34,90	— 0,98426 85830 12041 464	17667 86814 96857 575	— 5,57095 27300	907 86
4,90	80 44 57,55	— 0,98245 26126 24332 512	18651 23694 22575 405	— 5,26749 30658	947 92
1	81 19 20,20	— 0,98053 83977 94068 910	19632 74062 66777 434	— 4,99440 40745	987 83
2	81 53 42,85	— 0,97852 61299 41138 508	20612 28105 33958 412	— 4,74729 66597	**027 58
3	82 28 05,49	— 0,97641 60102 90649 716	21589 76026 91854 430	— 4,52258 84777	067 17
4	83 02 28,14	— 0,97420 82498 52809 155	22565 08052 69395 332	— 4,31732 67150	106 61
5	83 36 50,79	— 0,97190 30694 01820 815	23538 14429 54451 005	— 4,12905 56180	145 90
6	84 11 13,44	— 0,96950 06994 53808 818	24508 85426 91361 782	— 3,95571 61212	185 04
7	84 45 36,09	— 0,96700 13802 43765 997	25477 11337 78243 195	— 3,79556 88539	224 02
8	85 19 58,74	— 0,96440 53617 01530 596	26442 82479 64055 353	— 3,64713 44084	262 86
9	85 54 21,38	— 0,96171 29034 26793 498	27405 89195 45427 245	— 3,50914 65187	301 54
	2		**+ 0,**		**1,37**

x	$\log_e$ x	𝔄mp x		x	$\log_e$ x	𝔄mp x		x	$\log_e$ x	𝔄mp x
	1,50	**1,548**	**88°4**		**1,52**	**1,550**	**88°5**		**1,54**	**1,552**
4,50	407 73968	57 92	3′37″,40	**4,60**	605 63035	69 33	0′53″,46	**4,70**	756 25087	60 63
1	629 71535	80 03	4 22,99	1	822 78570	89 33	1 34,72	1	968 79080	78 73
								$\frac{6\pi}{4}$=4,71...	*019 49940	82 99
2	851 19938	*01 91	5 08,13	2	*039 47051	*09 14	2 15,56	2	180 87996	96 64
3	*072 19395	23 58	5 52,82	3	255 68681	28 74	2 56,00	3	392 52025	*14 38
4	292 70121	45 03	6 37,07	4	471 43662	48 15	3 36,04	4	603 71357	31 95
5	512 72330	66 27	7 20,88	5	686 72196	67 37	4 15,68	5	814 46180	49 34
6	732 26235	87 30	8 04,25	6	901 54481	86 40	4 54,92	6	**024 76682	66 55
7	951 32049	**08 11	8 47,19	7	**115 90717	**05 23	5 33,77	7	234 63049	83 60
8	**169 89981	28 73	9 29,70	8	329 81099	23 88	6 12,24	8	444 05465	**00 47
9	388 00241	49 13	*0 11,79	9	543 25825	42 35	6 50,33	9	653 04114	17 18
	1,52	**1,550**	**88°5**		**1,54**	**1,552**	**88°5**		**1,56**	**1,554**

x	e^x	e^{-x}	Sin x	Cos x	Tg x	Ar Sin x	Ar Cos x
		0,01			**0,9997**	**2,2**	**2,1**
4,50	90,01713 13005	110 89965	45,00301 11520	45,01412 01485	5 32108	0934 77	8464 38
1	90,92181 85105	099 84602	45,45541 00252	45,46640 84854	5 80970	1151 47	8692 03
2	91,83559 79782	088 90237	45,91235 44772	45,92324 35009	6 28864	1367 71	8919 16
3	92,75856 10821	078 06761	46,37389 02030	46,38467 08791	6 75811	1583 50	9145 76
4	93,69080 01195	067 34066	46,84006 33565	46,85073 67630	7 21827	1798 83	9371 83
5	94,63240 83149	056 72044	47,31092 05553	47,32148 77597	7 66933	2013 71	9597 38
6	95,58347 98301	046 20589	47,78650 88856	47,79697 09445	8 11146	2228 14	9822 41
7	96,54410 97728	035 79597	48,26687 59066	48,27723 38663	8 54484	2442 14	*0046 92
8	97 51439 42071	025 48963	48,75206 96554	48,76232 45517	8 96963	2655 67	0270 91
9	98,49443 01619	015 28584	49,24213 86518	49,25229 15102	9 38602	2868 77	0494 40
4,60	99,48431 56419	005 18357	49,73713 19031	49,74718 37388	9 79416	3081 42	0717 37
1	*00,48414 96364	*995 18183	50,23709 89090	50,24705 07273	*0 19422	3293 63	0939 83
2	01,49403 21295	985 27961	50,74208 96667	50,75194 24628	0 58637	3505 40	1161 79
3	02,51406 41105	975 47591	51,25215 46757	51,26190 94348	0 97075	3716 73	1383 24
4	03,54434 75833	965 76976	51,76734 49428	51,77700 26405	1 34752	3927 63	1604 20
5	04,58498 55771	956 16019	52,28771 19876	52,29727 35895	1 71683	4138 09	1824 65
6	05,63608 21567	946 64624	52,81330 78471	52,82277 43095	2 07882	4348 12	2044 61
7	06,69774 24325	937 22695	53,34418 50815	53,35355 73510	2 43366	4557 72	2264 07
8	07,77007 25714	927 90139	53,88039 67788	53,88967 57926	2 78146	4766 90	2483 05
9	08,85317 98074	918 66862	54,42199 65606	54,43118 32468	3 12238	4975 64	2701 53
4,70	09,94717 24521	909 52771	54,96903 85875	54,97813 38646	3 45656	5183 96	2919 53
1	11,05215 99057	900 47776	55,52157 75641	55,53058 23416	3 78411	5391 86	3137 03
$\frac{6\pi}{4}$ = 4,71 . . .	11,31777 84899	898 32910	55,65439 75994	55,66338 08904	3 86140	5441 46	3188 93
2	12,16825 26678	891 51785	56,07966 87446	56,08858 39232	4 10518	5599 33	3354 06
3	13,29556 23397	882 64710	56,64336 79343	56,65219 44053	4 41990	5806 38	3570 61
4	14,43420 16802	873 86462	57,21273 15170	57,22147 01632	4 72838	6013 02	3786 67
5	15,58428 45272	865 16952	57,78781 64160	57,79646 81112	5 03075	6219 24	4002 26
6	16,74592 58990	856 56094	58,36868 01448	58,37724 57542	5 32714	6425 04	4217 38
7	17,91924 19607	848 03802	58,95538 07903	58,96386 11704	5 61766	6630 43	4432 02
8	19,10435 00448	839 59990	59,54797 70229	59,55637 30219	5 90243	6835 41	4646 19
9	20,30136 86632	831 24574	60,14652 81029	60,15484 05603	6 18159	7039 97	4859 90
4,80	21,51041 75187	822 97470	60,75109 38858	60,75932 36329	6 45517	7244 13	5073 14
1	22,73161 75173	814 78597	61,36173 48288	61,36988 26885	6 72336	7447 88	5285 92
2	23,96509 07798	806 67871	61,97851 19963	61,98657 87835	6 98644	7651 23	5498 23
3	25,21096 06548	798 65213	62,60148 70667	62,60947 35880	7 24391	7854 17	5710 08
4	26,46935 17301	790 70541	63,23072 23380	63,23862 93921	7 49648	8056 71	5921 48
5	27,74038 98460	782 83775	63,86628 07342	63,87410 91118	7 74405	8258 85	6132 42
6	29,02420 21074	775 04839	64,50822 58117	64,51597 62956	7 98872	8460 59	6342 91
7	30,32091 68965	767 33653	65,15662 17656	65,16429 51309	8 22459	8661 93	6552 94
8	31,63066 38858	759 70140	65,81153 34359	65,81913 04499	8 45774	8862 87	6762 53
9	32,95357 40513	752 14225	66,47302 63144	66,48054 77369	8 68628	9063 42	6971 66
4,90	34,28977 96849	744 65831	67,14116 65509	67,14861 31340	8 91030	9263 57	7180 36
1	35,63941 44085	737 24883	67,81602 09601	67,82339 34484	9 12987	9463 34	7388 60
2	37,00261 31865	729 91308	68,49765 70278	68,50495 61587	9 34511	9662 71	7596 41
3	38,37951 23400	722 65033	69,18614 29183	69,19336 94216	9 55608	9861 70	7803 77
4	39,77024 95600	715 45984	69,88154 74808	69,88870 20792	9 76287	*0060 30	8010 70
5	41,17496 39215	708 34089	70,58394 02563	70,59102 36652	9 96557	0258 51	8217 19
6	42,59379 58970	701 29278	71,29339 14846	71,30040 44124	**0 16425	0456 34	8423 25
7	44,02688 73709	694 31480	72,00997 21114	72,01691 52595	0 35900	0653 78	8628 87
8	45,47438 16536	687 40626	72,73375 37955	72,74062 78581	0 54990	0850 85	8834 07
9	46,93642 34957	680 56645	73,46480 89156	73,47161 45801	0 73702	1047 53	9038 83
	1	**0,00**			**0,9999**	**2,3**	**2,2**

Amp x	x	$\log_e$ x	Amp x		x	$\log_e$ x	Amp x	
88⁰		**1,56**	**1,554**	**89⁰ 0**		**1,58**	**1,555**	**89⁰ 0**
57′ 28″,03	**4,80**	861 59179	33 72	3′ 25″,06	**4,90**	923 52051	90 34	8′ 48″,12
58 05,36	1	*069 70841	50 10	3 58,84	1	*127 39418	*05 16	9 18,69
58 42,32	2	277 39281	66 31	4 32,28	2	330 85305	19 83	9 48,95
59 18,91	3	484 64677	82 36	5 05,39	3	533 89881	34 36	*0 18,91
59 55,14	4	691 47207	98 25	5 38,17	4	736 53312	48 74	0 48,57
*00 31,01	5	897 87049	*13 99	6 10,63	5	938 75766	62 97	1 17,93
01 06,52	6	**103 84379	29 57	6 42,76	6	**140 57407	77 07	1 47,01
01 41,68	7	309 39371	44 99	7 14,57	7	341 98401	91 03	2 15,79
02 16,48	8	514 52199	60 26	7 46,07	8	542 98910	**04 84	2 44,29
02 50,94	9	719 23035	75 38	8 17,25	9	743 59098	18 52	3 12,51
89⁰		**1,58**	**1,555**	**89⁰ 0**		**1,60**	**1,557**	**89⁰ 1**

x	φ	sin x	cos x	tg x	arc tg x
	2	**— 0,9**	**0,**	**— 3,**	**1,37**
5,00	86° 28′ 44″,03	5892 42746 63138 469	28366 21854 63226 265	38051 50062	340 08
1	87 03 06,68	5603 97542 71118 025	29323 70853 98863 329	26029 61968	378 46
2	87 37 29,33	5305 96307 00367 608	30287 26618 70323 930	14766 91063	416 70
3	88 11 51,98	4998 42019 60760 866	31229 79603 27915 543	04191 61270	454 80
4	88 46 14,62	4681 37755 92608 911	32178 20292 49721 180	*94240 72494	492 75
5	89 20 37,27	4354 86686 35906 545	33123 39202 36753 877	93726 34993	530 55
6	89 55 59,92	4018 92075 98628 524	34065 26881 07789 627	75996 41524	568 21
7	90 29 22,57	3673 57284 24079 036	35003 73909 93890 892	67610 19038	605 73
8	91 03 45,22	3318 85764 57297 644	35938 70904 32589 622	59661 12899	643 11
9	91 38 07,86	2954 81064 10525 077	36870 08514 61733 337	52114 44528	680 34
5,10	92 12 30,51	2581 46823 27732 297	37797 77427 12980 563	44938 94156	717 43
1	92 46 53,16	2198 86775 48216 408	38721 68365 04936 894	38106 55701	754 39
2	93 21 15,81	1807 04746 69267 034	39641 72089 35922 353	31591 98289	791 20
3	93 55 38,46	1406 04655 07906 912	40557 79399 76360 792	25372 33301	827 88
4	94 30 01,10	0995 90510 61710 515	41469 81135 60782 086	19426 86049	864 42
5	95 04 23,75	0576 66414 68704 629	42377 68176 79427 910	13736 71321	900 82
6	95 38 46,40	0148 36559 66354 891	43281 31444 69451 963	08284 72228	937 08
7	96 13 09,05	*9711 05228 49642 393	44180 61903 05705 489	03055 21800	973 21
8	96 47 31,70	9264 76794 28234 541	45075 50558 91099 042	**98033 86956	*009 21
9	97 21 54,34	8809 55719 82754 453	45965 88463 46531 446	93207 54491	045 07
5,20	97 56 16,99	8345 46557 20153 265	46851 66713 00376 959	88564 18775	080 80
1	98 30 39,64	7872 53947 28189 821	47732 76449 77521 692	84092 70948	116 40
2	99 05 02,29	7390 82619 29022 279	48609 08862 87940 384	79782 89381	151 87
3	99 39 24,94	6900 37390 31916 293	49480 55189 14804 671	75625 31253	187 20
4	*00 13 47,58	6401 23164 85074 483	50347 06714 02114 035	71611 25078	222 41
5	00 48 10,23	5893 44934 26592 030	51208 54772 41840 683	67732 64066	257 48
6	01 22 32,88	5377 07776 34543 277	52064 90749 60579 621	63982 00222	292 43
7	01 56 55,53	4852 16854 76204 345	52916 06082 05695 284	60352 39062	327 25
8	02 31 18,18	4318 77418 56416 840	53761 92258 30956 082	56837 34907	361 94
9	03 05 40,83	3776 94801 65097 804	54602 40819 81648 312	53430 86648	396 50
5,30	03 40 03,47	3226 74422 23901 164	55437 43361 79160 929	50127 33958	430 94
1	04 14 26,12	2668 21782 32036 023	56266 91534 05032 704	46921 53875	465 26
2	04 48 48,77	2101 42467 11247 198	57090 77041 84453 373	43808 57723	499 44
3	05 23 11,42	1526 42144 49963 507	57908 91646 69210 431	40783 88341	533 51
4	05 57 34,07	0943 26564 46619 400	58721 27167 20073 264	37843 17563	567 45
5	06 31 56,71	0352 01558 52155 596	59527 75479 88606 388	34982 43946	601 27
6	07 06 19,36	**9752 73039 11704 475	60328 28519 98403 622	32197 90705	634 97
7	07 40 42,01	9145 46999 05466 054	61122 78282 25735 049	29486 03832	668 54
8	08 15 04,66	8530 29510 88780 472	61911 16821 79598 729	26843 50396	702 00
9	08 49 27,31	7907 26726 31402 956	62693 36254 81169 131	24267 16976	735 33
5,40	09 23 49,95	7276 44875 55987 362	63469 28759 42634 362	21754 08246	768 55
1	09 58 12,60	6637 90266 75784 430	64238 86576 45414 297	19301 45677	801 65
2	10 32 35,25	5991 69285 31560 980	65002 02010 17751 788	16906 66341	834 63
3	11 06 57,90	5337 88393 27746 369	65758 67429 11669 198	14567 21831	867 49
4	11 41 20,55	4676 54128 67812 591	66508 75266 79282 568	12280 77262	900 23
5	12 15 43,19	4007 73104 88894 467	67252 18022 48465 767	10045 10308	932 86
6	12 50 05,84	3331 52009 95656 491	67988 88261 97857 087	07858 10455	965 38
7	13 24 28,49	2647 97605 93412 913	68718 78618 31200 754	05717 78126	997 77
8	13 58 51,14	1957 16728 20507 776	69441 81792 51015 944	03622 24007	**030 06
9	14 33 13,79	1259 16284 79961 650	70157 90554 31585 919	01569 68384	062 23
$\frac{7\pi}{4}=5{,}49\ldots$	15	0710 67811 86547 524	70710 67811 86547 524	0	087 20
	3	**— 0,7**	**0,**	**— 1,**	**1,39**

x	$\log_e x$	Amp x		x	$\log_e x$	Amp x		x	$\log_e x$	Amp x
	1,60	**1,557**	**89° 1**		**1,62**	**1,558**	**89° 1**		**1,64**	**1,559**
5,00	943 79124	32 06	3′ 40″,44	**5,10**	924 05397	60 30	8′ 04″,94	**5,20**	865 86256	76 33
1	*143 59151	45 47	4 08,10	1	*119 94042	72 43	8 29,97	1	*057 98558	87 31
2	342 99337	58 75	4 35,48	2	315 44931	84 44	8 54,74	2	249 74019	98 18
3	541 99841	71 89	5 02,58	3	510 56592	96 33	9 19,27	3	441 12781	*08 94
4	740 60821	84 90	5 29,42	4	705 30795	*08 11	9 43,56	4	632 14983	19 59
5	938 82433	97 78	5 56,00	5	899 67147	19 76	*0 07,60	5	822 80766	30 14
6	**136 64833	*10 54	6 22,30	6	**093 65795	31 31	0 31,40	6	**013 10267	40 58
7	334 08176	23 17	6 48,35	7	287 26885	42 73	0 54,97	7	203 03626	50 92
8	531 12616	35 67	7 14,14	8	480 50563	54 04	1 18,31	8	392 60977	61 16
9	727 78306	48 04	7 39,67	9	673 36972	65 24	1 41,41	9	581 82459	71 29
	1,62	**1,558**	**89° 1**		**1,64**	**1,559**	**89° 2**		**1,66**	**1,560**

x	e^x	e^{-x}	Sin x	Cos x	Tg x	Ar Sin x	Ar Cos x
	1	**0,006**			**0,9999**	**2,3**	**2,2**
5,00	48,41315 91026	73 79470	74,20321 05778	74,20994 85248	0 92043	1243 83	9243 17
1	49,90473 61490	67 09033	74,94903 26229	74,95570 35262	1 10021	1439 76	9447 08
2	51,41130 37941	60 45267	75,70234 96337	75,70895 41604	1 27643	1635 31	9650 57
3	52,93301 26956	53 88106	76,46323 69425	76,46977 57531	1 44916	1830 49	9853 63
4	54,47001 50259	47 37483	77,23177 06388	77,23824 43871	1 61847	2025 30	*0056 28
5	56,02246 44864	40 93334	78,00802 75765	78,01443 69099	1 78443	2219 73	0258 51
6	57,59051 63234	34 55595	78,79208 53819	78,79843 09414	1 94710	2413 79	0460 32
7	59,17432 73433	28 24201	79,58402 24616	79,59030 48817	2 10655	2607 49	0661 72
8	60,77405 59286	21 99090	80,38391 80098	80,39013 79188	2 26285	2800 81	0862 70
9	62,38986 20535	15 80199	81,19185 20168	81,19801 00367	2 41605	2993 78	1063 28
5,10	64,02190 72999	09 67466	82,00790 52767	82,01400 20232	2 56621	3186 37	1263 44
1	65,67035 48737	03 60829	82,83215 93954	82,83829 54783	2 71341	3378 60	1463 20
2	67,33536 96211	*97 60229	83,66469 67991	83,67067 28220	2 85769	3570 48	1662 55
3	69,01711 80449	91 65605	84,50560 07422	84,51151 73027	2 99911	3761 99	1861 49
4	70,71576 83213	85 76897	85,35495 53158	85,36081 30055	3 13773	3953 14	2060 04
5	72,43179 03169	79 94047	86,21284 54561	86,21864 48608	3 27361	4143 93	2258 18
6	74,16445 56051	74 16997	87,07935 69527	87,08509 86524	3 40679	4334 37	2455 92
7	75,91483 74841	68 45688	87,95457 64576	87,96026 10264	3 53734	4524 45	2653 27
8	77,68281 09934	62 80064	88,83859 14935	88,84421 94999	3 66531	4714 18	2850 22
9	79,46855 29318	57 20068	89,73149 04625	89,73706 24693	3 79074	4903 55	3046 77
5,20	81,27224 18752	51 65644	90,63336 26554	90,63887 92198	3 91369	5092 57	3242 93
1	83,09405 81937	46 16737	91,54429 82600	91,54975 99337	4 03420	5281 24	3438 70
2	84,93418 40707	40 73291	92,46438 83708	92,46979 56999	4 15233	5469 57	3634 08
3	86,79280 35202	35 35253	93,39372 49974	93,39907 85227	4 26812	5657 54	3829 08
4	88,67010 24057	30 02568	94,33240 10744	94,33770 13313	4 38161	5845 17	4023 68
5	90,56626 84586	24 75184	95,28051 04701	95,28575 79885	4 49286	6032 46	4217 90
6	92,48149 12972	19 53047	96,23814 79963	96,24334 33010	4 60191	6219 40	4411 74
7	94,41596 24454	14 36106	97,20540 94174	97,21055 30280	4 70879	6406 00	4605 20
8	96,36987 53518	09 24308	98,18239 14605	98,18748 38913	4 81356	6592 25	4798 27
9	98,34342 54094	04 17603	99,16919 18246	99,17423 35848	4 91626	6778 17	4990 96
5,30	*00,33680 99748	**99 15939	*00,16590 91904	*00,17090 07843	5 01692	6963 74	5183 28
1	02,35022 83881	94 19267	01,17264 32307	01,17758 51574	5 11559	7148 98	5375 22
2	04,38388 19930	89 27537	02,18949 46196	02,19438 73733	5 21231	7333 89	5566 79
3	06,43797 41563	84 40700	03,21656 50431	03,22140 91132	5 30711	7518 45	5757 99
4	08,51271 02891	79 58707	04,25395 72092	04,25875 30799	5 40003	7702 69	5948 81
5	10,60829 78667	74 81510	05,30177 48578	05,30652 30088	5 49111	7886 59	6139 27
6	12,72494 64495	70 09061	06,36012 27717	06,36482 36778	5 58039	8070 16	6329 35
7	14,86286 77043	65 41313	07,42910 67865	07,43376 09178	5 66791	8253 39	6519 07
8	17,02227 54249	60 78219	08,50883 38015	08,51344 16234	5 75369	8436 30	6708 42
9	19,20338 55540	56 19733	09,59941 17903	09,60397 37636	5 83777	8618 88	6897 41
5,40	21,40641 62042	51 65809	10,70094 98116	10,70546 63926	5 92018	8801 13	7086 03
1	23,63158 76805	47 16402	11,81355 80202	11,81802 96604	6 00097	8983 06	7274 30
2	25,87912 25020	42 71466	12,93734 76777	12,94177 48243	6 08015	9164 66	7462 20
3	28,14924 54240	38 30958	14,07243 11641	14,07681 42599	6 15777	9345 94	7649 75
4	30,44218 34606	33 94833	15,21892 19887	15,22326 14720	6 23385	9526 89	7836 94
5	32,75816 59077	29 63047	16,37693 48015	16,38123 11062	6 30842	9707 53	8023 77
6	35,09742 43652	25 35557	17,54658 54047	17,55083 89605	6 38152	9887 84	8210 25
7	37,46019 27612	21 12322	18,72799 07645	18,73220 19967	6 45317	*0067 84	8396 37
8	39,84670 73743	16 93297	19,92126 90223	19,92543 83520	6 52340	0247 51	8582 15
9	42,25720 78580	12 78442	21,12654 00069	21,13066 78511	6 59224	0426 87	8767 57
$\frac{7\pi}{4}$ = 5,49…	44,15106 28543	09 58249	22,07348 35147	22,07757 93396	6 64490	0566 32	8911 72
	2	**0,004**	**1**	**1**	**0,9999**	**2,4**	**2,3**

Amp x	x	$\log_e x$	Amp x		x	$\log_e x$	Amp x	
89° 2		**1,66**	**1,560**	**89° 2**		**1,68**	**1,561**	**89° 2**
2′ 04″,28	**5,30**	770 68206	81 32	5′ 40″,84	**5,40**	639 89536	76 32	8′ 56″,79
2 26,92	1	959 18353	91 26	6 01,33	1	824 90929	85 31	9 15,33
2 49,34	2	*147 33034	*01 09	6 21,61	2	*009 58155	94 21	9 33,68
3 11,53	3	335 12382	10 83	6 41,69	3	193 91339	*03 02	9 51,85
3 33,51	4	522 56530	20 47	7 01,58	4	377 90609	11 74	*0 09,85
3 55,26	5	709 65609	30 01	7 21,26	5	561 56087	20 38	0 27,66
4 16,80	6	896 39751	39 46	7 40,75	6	744 87898	28 93	0 45,29
4 38,13	7	**082 79085	48 81	8 00,05	7	927 86164	37 39	1 02,75
4 59,24	8	268 83742	58 07	8 19,15	8	**110 51010	45 77	1 20,04
5 20,14	9	454 53849	67 24	8 38,06	9	292 82555	54 07	1 37,15
					$\frac{7\pi}{4}$ = 5,49…	433 56738	60 46	1 50,33
89° 2		**1,68**	**1,561**	**89° 2**		**1,70**	**1,562**	**89° 3**

x	φ	sin x	cos x	tg x	arc tg x
	3	**— 0,**	**0,7**	**— 0,**	**1,39**
5,50	15° 07′ 36″,43	70554 03255 70391 906	0866 97742 91260 000	99558 40522	094 28
1	15 41 59,08	69841 84692 16213 434	1568 96267 64061 132	97586 78107	126 23
2	16 16 21,73	69122 67715 97126 792	2263 79108 70591 891	95653 26718	158 06
3	16 50 44,38	68396 59518 76900 826	2951 39317 88231 844	93756 39341	189 78
4	17 25 07,03	67663 67361 31456 897	3631 70019 20619 223	91894 75924	221 39
5	17 59 29,67	66923 98572 76261 890	4304 64409 66409 996	90067 02951	252 89
6	18 33 52,32	66177 60549 93037 279	4970 15759 87307 432	88271 93062	284 28
7	19 08 14,97	65424 60756 55791 571	5628 17414 75355 369	86508 24683	315 56
8	19 42 37,62	64665 06722 56183 530	6278 62794 19488 453	84774 81697	346 73
9	20 17 00,27	63899 06043 28223 634	6921 45393 71332 703	83070 53125	377 79
5,60	20 51 22,91	63126 66378 72321 312	7556 58785 10249 798	81394 32837	408 75
1	21 25 45,56	62347 95452 78685 535	8183 96617 07618 613	79745 19276	439 60
2	22 00 08,21	61563 01052 50086 445	8803 52615 90347 546	78122 15205	470 34
3	22 34 30,86	60771 91027 23985 725	9415 20586 03611 306	76524 27468	500 97
4	23 08 53,51	59974 73287 94043 504	*0018 94410 72805 882	74950 66768	531 51
5	23 43 16,16	59171 55806 31009 652	0614 68052 64715 488	73400 47455	561 93
6	24 17 38,80	58362 46614 03007 374	1202 35554 47885 388	71872 87333	592 25
7	24 52 01,45	57547 53801 95217 058	1781 91039 52194 540	70367 07475	622 47
8	25 26 24,10	56726 85519 28968 438	2353 28712 27622 121	68882 32052	652 59
9	26 00 46,75	55900 49972 80249 140	2916 42859 02202 044	67417 88169	682 60
5,70	26 35 09,40	55068 55425 97637 761	3471 27848 39159 683	65973 05715	712 51
1	27 09 32,04	54231 10198 19669 708	4017 78131 93225 074	64547 17219	742 32
2	27 43 54,69	53388 22663 91644 031	4555 88244 66116 986	63139 57716	772 03
3	28 18 17,34	52540 01251 81879 596	5085 52805 61192 292	61749 64617	801 64
4	28 52 39,99	51686 54443 97428 950	5606 66518 37255 182	60376 77595	831 14
5	29 27 02,64	50827 90774 99258 330	6119 24171 61520 845	59020 38469	860 55
6	30 01 25,28	49964 18831 16902 270	6623 20639 61728 312	57679 91095	889 86
7	30 35 47,93	49095 47249 62601 368	7118 50882 77397 252	56354 81272	919 07
8	31 10 10,58	48221 84717 44931 779	7605 09948 10223 607	55044 56642	948 18
9	31 44 33,23	47343 39970 81935 084	8082 92969 73609 001	53748 66603	977 19
5,80	32 18 55,88	46460 21794 13757 211	8551 95169 41319 004	52466 62219	*006 11
1	32 53 18,52	45572 39019 14805 155	9012 11856 95265 345	51197 96150	034 93
2	33 27 41,17	44680 00524 05430 271	9463 38430 72407 340	49942 22562	063 66
3	34 02 03,82	43783 15232 63146 980	9905 70378 10767 813	48698 97068	092 28
4	34 36 26,47	42881 92113 33395 760	**0339 03275 94558 910	47467 76651	120 82
5	35 10 49,12	41976 40178 39859 353	0763 32790 98413 314	46248 19600	149 25
6	35 45 11,76	41066 68482 94341 142	1178 54680 30716 422	45039 85452	177 60
7	36 19 34,41	40152 86124 06214 729	1584 64791 76035 148	43842 34930	205 85
8	36 53 57,06	39235 02239 91453 757	1981 59064 36639 127	42655 29888	234 00
9	37 28 19,71	38313 26008 81251 069	2369 33528 73110 142	41478 33258	262 07
5,90	38 02 42,36	37387 66648 30236 360	2747 84307 44035 741	40311 08999	290 04
1	38 37 05,00	36458 33414 24301 476	3117 07615 44783 052	39153 22049	317 92
2	39 11 27,65	35525 35599 88042 600	3476 99760 45348 933	38004 38280	345 71
3	39 45 50,30	34588 82534 91828 566	3827 57143 27282 663	36864 24451	373 40
4	40 20 12,95	33648 83584 58504 600	4168 76258 19677 486	35732 48169	401 01
5	40 54 35,60	32705 48148 69740 814	4500 53693 34227 414	34608 77848	428 53
6	41 28 58,25	31758 85660 72034 824	4822 86130 99345 769	33492 82670	455 95
7	42 03 20,89	30809 05586 82377 888	5135 70347 93342 066	32384 32549	483 29
8	42 37 43,54	29856 17424 93593 990	5439 03215 76653 916	31282 98095	510 53
9	43 12 06,19	28900 30703 79361 355	5732 81701 23130 717	30188 50582	537 69
	3	**— 0,**	**0,9**	**— 0,**	**1,40**

x	$\log_e x$	𝔄mp x		x	$\log_e x$	𝔄mp x		x	$\log_e x$	𝔄mp x
	1,70	**1,562**	**89° 3**		**1,72**	**1,563**	**89° 34′**		**1,74**	**1,564**
5,50	474 80922	62 28	1′ 54″,10	**5,60**	276 65977	40 06	34″,53	**5,70**	046 61748	10 44
1	656 46232	70 42	2 10,87	1	455 07195	47 42	49,71	1	221 90237	17 10
2	837 78603	78 47	2 27,48	2	633 16639	54 71	*04,73	2	396 88054	23 69
3	*018 78153	86 44	2 43,92	3	810 94422	61 92	19,61	3	571 55307	30 22
4	199 45008	94 33	3 00,20	4	988 40655	69 06	34,34	4	745 92103	36 68
5	379 79278	*02 15	3 16,32	5	*165 55452	76 13	48,93	5	919 98548	43 08
6	559 81083	09 88	3 32,27	6	342 38922	83 13	**03,36	6	*093 74747	49 41
7	739 50539	17 54	3 48,07	7	518 91177	90 06	17,66	7	267 20805	55 68
8	918 87764	25 12	4 03,71	8	695 12327	96 92	31,81	8	440 36827	61 89
9	**097 92872	32 63	4 19,20	9	871 02481	*03 72	45,82	9	613 22916	68 04
	1,72	**1,563**	**89° 3**		**1,73**	**1,564**	**89° 36′**		**1,75**	**1,564**

x	e^x	e^{-x}	Sin x	Cos x	Tg x	Ar Sin x	Ar Cos x
	2	0,004	1	1	0,99996	2,4	2,3
5,50	44,69193 22642	08 67714	22,34392 27464	22,34800 95178	65972	0605 91	8952 64
1	47,15112 70676	04 61074	23,57354 04801	23,57758 65875	72586	0784 64	9137 37
2	49,63503 71897	00 58479	24,81551 56709	24,81952 15188	79069	0963 05	9321 75
3	52,14391 10235	*96 59891	26,06997 25172	26,07393 85063	85424	1141 16	9505 78
4	54,67799 94586	92 65268	27,33703 64659	27,34096 29927	91652	1318 94	9689 48
5	57,23755 59058	88 74572	28,61683 42243	28,62072 16815	97758	1496 42	9872 83
6	59,82283 63230	84 87764	29,90949 37733	29,91334 25497	*03743	1673 59	*0055 84
7	62,43409 92403	81 04804	31,21514 43799	31,21895 48604	09607	1850 46	0238 50
8	65,07160 57862	77 25655	32,53391 66104	32,53768 91759	15359	2027 01	0420 83
9	67,72561 97136	73 50279	33,86594 23429	33,86967 73708	20995	2203 26	0602 82
5,60	70,42640 74262	69 78637	35,21135 47812	35,21505 26449	26518	2379 20	0784 48
1	73,14423 80048	66 10694	36,57028 84677	36,57394 95371	31933	2554 84	0965 80
2	75,88938 32348	62 46411	37,94287 92968	37,94650 39379	37241	2730 18	1146 79
3	78,66211 76330	58 85753	39,32926 45289	39,33285 31042	42444	2905 21	1327 44
4	81,46271 84753	55 28684	40,72958 28034	40,73313 56718	47544	3079 95	1507 77
5	84,29146 58239	51 75168	42,14397 41536	42,14749 16703	52545	3254 38	1687 76
6	87,14864 25561	48 25169	43,57258 00196	43,57606 25365	57444	3428 51	1867 43
7	90,03453 43917	44 78653	45,01554 32632	45,01899 11285	62247	3602 35	2046 77
8	92,94942 99226	41 35584	46,47300 81821	46,47642 17405	66955	3775 89	2225 78
9	95,89362 06405	37 95930	47,94512 05238	47,94850 01167	71570	3949 12	2404 47
5,70	98,86740 09671	34 59655	49,43202 75008	49,43537 34663	76091	4122 07	2582 83
1	*01,87106 82828	31 26725	50,93387 78051	50,93719 04777	80524	4294 72	2760 87
2	04,90492 29569	27 97109	52,45082 16230	52,45410 13339	84871	4467 08	2938 59
3	07,96926 83774	24 70772	53,98301 06501	53,98625 77273	89130	4639 15	3115 99
4	11,06441 09814	21 47683	55,53069 81066	55,53381 28748	93306	4810 93	3293 07
5	14,19066 02857	18 27808	57,09373 87524	57,09692 15332	97398	4982 41	3469 84
6	17,34832 89179	15 11116	58,67258 89031	58,67574 00147	**01410	5153 61	3646 28
7	20,53773 26474	11 97575	60,26730 64449	60,27042 62024	05342	5324 52	3822 41
8	23,75919 04172	08 87154	61,87805 08509	61,88113 95663	09197	5495 14	3998 23
9	27,01302 43760	05 79822	63,50498 31969	63,50804 11791	12975	5665 47	4173 73
5,80	30,29955 99096	02 75547	65,14826 61775	65,15129 37322	16680	5835 52	4348 92
1	33,61912 56746	**99 74301	66,80806 41222	66,81106 15523	20308	6005 29	4523 80
2	36,97205 36301	96 76051	68,48454 30125	68,48751 06176	23866	6174 77	4698 37
3	40,35867 90717	93 80770	70,17787 04974	70,18080 85744	27354	6343 97	4872 63
4	43,77934 06650	90 88427	71,88821 59112	71,89112 47538	30772	6512 88	5046 59
5	47,23438 04787	87 98992	73,61575 02898	73,61863 01889	34125	6681 52	5220 23
6	50,72414 40199	85 12437	75,36064 63881	75,36349 76318	37410	6649 88	5393 57
7	54,24898 02678	82 28733	77,12307 86972	77,12590 15705	40629	7017 96	5566 61
8	57,80924 17089	79 47853	78,90322 34618	78,90601 82471	43785	7185 76	5739 34
9	61,40528 43723	76 69767	80,70125 86978	80,70402 56745	46878	7353 28	5911 78
5,90	65,03746 78653	73 94448	82,51736 42103	82,52010 36551	49908	7520 52	6083 91
1	68,70615 54094	71 21869	84,35172 16112	84,35443 37981	52880	7687 49	6255 74
2	72,41171 38762	68 52002	86,20451 43380	86,20719 95382	55793	7854 19	6427 27
3	76,15451 38247	65 84820	88,07592 76714	88,07858 61534	58649	8020 61	6598 50
4	79,93492 95381	63 20297	89,96614 87542	89,96878 07839	61448	8186 76	6769 44
5	83,75333 90611	60 58405	91,87536 66103	91,87797 24508	64193	8352 64	6940 08
6	87,61012 42378	57 99120	93,80377 21629	93,80635 20749	66862	8518 25	7110 42
7	91,50567 07499	55 42414	95,75155 82542	95,75411 24957	69518	8683 59	7280 47
8	95,44036 81553	52 88263	97,71891 96645	97,72144 84908	72102	8848 65	7450 23
9	99,41460 99271	50 36641	99,70605 31315	99,70855 67956	74634	9013 45	7619 70
	3	0,002	1	1	0,99998	2,4	2,4

Amp x	x	$\log_e x$	Amp x		x	$\log_e x$	Amp x	
89° 36′		1,75	1,564	89° 39′		1,77	1,565	89° 41′
59″,70	5,80	785 79176	74 12	11″,05	5,90	495 23509	31 75	09″,90
*13,43	1	958 05709	80 15	23,48	1	664 58314	37 20	21,15
27,03	2	*130 02617	86 11	35,78	2	833 64489	42 59	32,28
40,49	3	301 70004	92 02	47,96	3	*002 42130	47 94	43,30
53,82	4	473 07968	97 87	*00,02	4	170 91334	53 23	54,21
**07,01	5	644 16612	*03 65	11,96	5	339 12196	58 47	*05,02
20,08	6	814 96036	09 39	23,78	6	507 04811	63 65	15,71
33,01	7	985 46338	15 06	35,48	7	674 69274	68 79	26,30
45,82	8	**155 67619	20 68	47,07	8	882 05680	73 87	36,79
58,50	9	325 59977	26 24	58,54	9	**009 14121	78 90	47,17
89° 38′		1,77	1,565	89° 40′		1,79	1,565	89° 42′

x	φ	sin x	cos x	tg x	arc tg x
	3	**— 0,**		**— 0,**	**1,40**
6,00	43° 46′ 28″,84	27941 54981 98925 873	0,96017 02866 50366 021	29100 61914	564 76
1	44 20 51,49	26979 99847 01515 971	0,96291 63869 49075 526	28019 04593	591 75
2	44 55 14,13	26015 74914 30468 489	0,96556 61964 11517 772	26943 51691	618 64
3	45 29 36,78	25048 89826 27075 146	0,96811 94500 58954 680	25873 76822	645 45
4	46 03 59,43	24079 54251 34159 219	0,97057 58925 68149 213	24809 54112	672 18
5	46 38 22,08	23107 77882 99392 062	0,97293 52782 96897 478	23750 58171	698 81
6	47 12 44,73	22133 70438 78359 147	0,97519 73713 08592 750	22696 64074	725 37
7	47 47 07,37	21157 41659 37385 318	0,97736 19453 95818 929	21647 47328	751 83
8	48 21 30,02	20179 01307 56128 968	0,97942 87841 02971 099	20602 83851	778 21
9	48 55 52,67	19198 59167 29954 887	0,98139 76807 47900 905	19562 49953	804 51
6,10	49 30 15,32	18216 25042 72095 540	0,98326 84384 42584 597	18526 22307	830 72
1	50 04 37,97	17232 08757 15610 565	0,98504 08701 12811 663	17493 77929	856 85
2	50 39 00,61	16246 20152 15154 280	0,98671 47985 16892 104	16464 94159	882 90
3	51 13 23,26	15258 69086 48561 041	0,98829 00562 63380 446	15439 48638	908 86
4	51 47 45,91	14269 65435 18258 280	0,98976 64858 27814 753	14417 19290	934 74
5	52 22 08,56	13279 19088 52517 082	0,99114 39395 68468 933	13397 84299	960 54
6	52 56 31,21	12287 39951 06550 188	0,99242 22797 41116 796	12381 22094	986 26
7	53 30 53,85	11294 37940 63467 293	0,99360 13785 12806 357	11367 11326	*011 90
8	54 05 16,50	10300 22987 35097 567	0,99468 11179 74643 027	10355 30854	037 45
9	54 39 39,15	09305 05032 62689 293	0,99566 13901 53580 400	09345 59723	062 93
6,20	55 14 01,80	08308 94028 17496 578	0,99654 20970 23217 475	08337 77149	088 32
1	55 48 24,45	07311 99935 01263 052	0,99732 31505 13601 208	07331 62501	113 64
2	56 22 47,09	06314 32722 46612 524	0,99800 44725 20033 436	06326 95283	138 87
3	56 57 09,74	05316 02367 17356 553	0,99858 59949 10881 281	05323 55120	164 03
4	57 31 32,39	04317 18852 08728 896	0,99906 76595 34390 261	04321 21737	189 11
5	58 05 55,04	03317 92165 47556 817	0,99944 94182 24499 410	03319 74945	214 11
6	58 40 17,69	02318 32299 92379 237	0,99973 12328 05657 847	02318 94626	239 03
7	59 14 40,34	01318 49251 33521 714	0,99991 30750 96642 303	01318 60713	263 87
8	59 49 02,98	00318 53017 93138 239	0,99999 49269 13375 212	00318 53180	288 64
$\frac{8\pi}{4}$ = 6,28...	60	0	1	0	296 51
9	60 23 25,63	*00681 46400 74770 141	0,99997 67800 70743 112	*00681 47983	313 33
6,30	60 57 48,28	01681 39004 84349 890	0,99985 86363 83415 142	01681 62777	337 95
1	61 32 10,93	02681 14795 17892 742	0,99964 05076 65661 585	02682 11215	362 48
2	62 06 33,58	03680 63774 35826 630	0,99932 24157 30172 441	03683 13338	386 95
3	62 40 56,22	04679 75947 26689 815	0,99890 43923 85876 184	04684 89228	411 33
4	63 15 18,87	05678 41323 07078 195	0,99838 64794 34758 891	05678 59027	435 65
5	63 49 41,52	06676 49915 21555 821	0,99776 87286 67684 082	06691 42955	459 88
6	64 24 04,17	07673 91742 92518 598	0,99705 12018 59213 674	07696 61319	484 05
7	64 58 26,82	08670 56832 10001 223	0,99623 39707 61430 576	08703 34537	508 14
8	65 32 49,46	09666 35216 31417 342	0,99531 71170 96763 543	09711 83153	532 15
9	66 07 12,11	10661 16937 81222 986	0,99430 07325 49815 001	10722 27851	556 09
6,40	66 41 34,76	11654 92048 50493 290	0,99318 49187 58192 659	11734 89475	579 96
1	67 15 57,41	12647 50610 96402 557	0,99196 97873 02345 837	12749 89044	603 75
2	67 50 20,06	13638 82699 41597 718	0,99065 54596 94407 515	13767 47774	627 49
3	68 24 42,70	14628 78400 73455 231	0,98924 20673 66043 217	14787 87093	651 13
4	68 59 05,35	15617 27815 43211 526	0,98772 97516 55307 956	15811 28657	674 71
5	69 33 28,00	16604 21058 64957 051	0,98611 86637 92512 547	16837 94374	698 22
6	70 07 50,65	17589 48261 14484 040	0,98440 89648 85100 700	17868 06423	721 66
7	70 42 13,30	18572 99570 27978 114	0,98260 08259 01538 413	18901 87268	745 03
8	71 16 35,94	19554 65151 00543 839	0,98069 44276 54217 265	19939 59684	768 32
9	71 50 58,59	20534 35186 85554 395	0,97868 99607 81373 327	20981 46777	791 55
	3	**+ 0,**		**+ 0,**	**1,41**

x	$\log_e$ x	𝔄mp x		x	$\log_e$ x	𝔄mp x		x	$\log_e$ x	𝔄mp x
	1,79	**1,565**	**89° 42′**		**1,80**	**1,566**	**89° 44′**		**1,82**	**1,566**
6,00	175 94692	83 883	57″,444	**6,10**	828 87712	31 060	34″,752	**6,20**	454 92920	73 748
1	342 47485	88 816	*07,618	1	992 67732	35 523	43,959	1	616 08959	77 786
2	508 72593	93 700	17,691	2	*156 20965	39 942	53,073	2	776 99068	81 784
3	674 70107	98 535	27,664	3	319 47499	44 317	*02,097	3	937 63328	85 743
4	840 40119	*03 322	37,538	4	482 47422	48 649	11,032	4	*098 01824	89 662
5	*005 82720	08 061	47,314	5	645 20818	52 938	11,879	5	258 14638	93 542
6	170 98001	12 753	56,992	6	807 67775	57 184	28,636	6	418 01851	97 384
7	335 86051	17 399	** 6,574	7	969 88379	61 387	37,307	7	577 63746	*01 187
8	500 46960	21 998	16,061	8	**131 82715	65 549	42,511	8	736 99805	04 955
								$\frac{8\pi}{4}$ = 6,28...	787 70664	06 145
9	664 80817	26 552	25,453	9	293 50867	69 768	51,213	9	896 10707	08 681
	1,80	**1,566**	**87° 44′**		**1,82**	**1,566**	**89° 45′**		**1,83**	**1,567**

x	e^x	e^{-x}	Sin x	Cos x	Tg x	Ar Sin x	Ar Cos x
	4	**0,002**	**2**	**2**	**0,99998**	**2,4**	**2,4**
6,00	03,42879 34927	47 87522	01,71315 73703	01,71563 61225	77117	9177 99	7788 87
1	07,48332 02739	45 40882	03,74043 30929	03,74288 71810	79550	9342 25	7957 76
2	11,57859 57267	42 96696	05,78808 30285	05,79051 26981	81935	9506 25	8126 36
3	15,71502 93820	40 54940	07,85631 19440	07,85871 74380	84273	9669 99	8294 67
4	19,89303 48867	38 15589	09,94532 66639	09,94770 82228	86564	9833 46	8462 69
5	24,11303 00448	35 78620	12,05533 60914	12,05769 39534	88812	9996 67	8630 43
6	28,37543 68593	33 44009	14,18655 12292	14,18888 56301	91012	*0159 61	8797 88
7	32,68068 15745	31 11733	16,33918 52006	16,34149 63738	93170	0322 29	8965 05
8	37,02919 47184	28 81767	18,51345 32709	18,51574 14475	95285	0484 72	9131 93
9	41,42141 11460	26 54089	20,70957 28685	20,71183 82744	97359	0646 88	9298 54
6,10	45,85777 00825	24 28677	22,92776 36074	22,93000 64751	99391	0808 79	9464 86
1	50,33871 51676	22 05508	25,16824 73084	25,17046 78592	*01384	0970 43	9630 90
2	54,86469 44995	19 84560	27,43124 80218	27,43344 64777	03336	1131 82	9796 67
3	59,43616 06799	17 65810	29,71699 20495	29,71916 86304	05250	1292 95	9962 15
4	64,05357 08593	15 49236	32,02570 79678	32,02786 28914	07127	1453 83	*0127 36
5	68,71738 67824	13 34818	34,35762 66503	34,35976 01321	08966	1614 45	0292 30
6	73,42807 48348	11 22533	36,71298 12908	36,71509 35441	10768	1774 82	0456 95
7	78,18610 60893	09 12360	39,09200 74266	39,09409 86626	12535	1934 93	0621 33
8	82,99195 63528	07 04279	41,49494 29625	41,49701 33903	14267	2094 79	0785 44
9	87,84610 62144	04 98268	43,92202 81938	43,92407 80206	15965	2254 40	0949 28
6,20	92,74904 10933	02 94306	46,37350 58313	46,37553 52619	17629	2413 76	1112 85
1	97,70125 12868	00 92375	48,84962 10247	48,85163 02621	19260	2572 86	1276 14
2	*02,70323 20202	*98 92452	51,35062 13875	51,35261 06327	20858	2731 72	1439 17
3	07,75548 34958	96 94519	53,87675 70219	53,87872 64738	22426	2890 33	1601 92
4	12,85851 09428	94 98555	56,42828 05437	56,43023 03992	23962	3048 69	1764 41
5	18,01282 46683	93 04541	59,00544 71071	59,00737 75612	25467	3206 80	1926 63
6	23,21894 01080	91 12458	61,60851 44311	61,61042 56769	26943	3364 67	2088 59
7	28,47737 78777	89 22286	64,23774 28246	64,23963 50531	28390	3522 29	2250 28
8	33,78866 38256	87 34006	66,89339 52125	66,89526 86131	29808	3679 66	2411 70
$\frac{8\pi}{4}=6{,}28\ldots$	35,49165 55248	86 74427	67,74489 40410	67,74676 14837	30253	3729 75	2463 07
9	39,15332 90846	85 47600	69,57573 71623	69,57759 19223	31198	3836 80	2572 86
6,30	44,57191 01259	83 63048	72,28503 69106	72,28687 32154	32560	3993 69	2733 76
1	50,04494 88120	81 80333	75,02156 53894	75,02338 34226	33895	4150 34	2894 40
2	55,57299 24514	79 99435	77,78559 62539	77,78739 61975	35204	4306 75	3054 78
3	61,15659 38530	78 20338	80,57740 59096	80,57918 79434	36487	4462 91	3214 90
4	66,79631 13816	76 43022	83,39727 35397	83,39903 78419	37745	4618 84	3374 75
5	72,49270 90137	74 67471	86,24548 11333	86,24722 78804	38978	4774 52	3534 35
6	78,24635 63837	72 93667	89,12231 35086	89,12404 28752	40186	4929 97	3693 69
7	84,05782 88913	71 21592	92,02805 83660	92,02977 05253	41370	5085 18	3852 78
8	89,92770 76585	69 51230	94,96300 62678	94,96470 13907	42531	5240 15	4011 61
9	95,85657 96880	67 82562	97,92745 07159	97,92912 89721	43669	5394 86	4170 18
6,40	**01,84503 78721	66 15573	*00,92168 81574	*00,92334 97147	44785	5549 36	4328 50
1	07 89368 10615	64 50245	03,94601 80185	03,94766 30430	45878	5703 61	4486 57
2	14,00311 41256	62 86562	07,00074 27347	07,00237 13909	46950	5857 64	4644 38
3	20,17394 80127	61 24508	10,08616 77809	10,08778 02318	49000	6011 43	4801 94
4	26,40679 98115	59 64067	13,20260 17024	13,20419 81091	49030	6164 99	4959 25
5	32,70229 28123	58 05222	16,35035 61450	16,35193 66672	50039	6318 31	5116 32
6	39,06105 65696	56 47957	19,52974 58869	19,53131 06826	51028	6471 40	5273 13
7	45,48372 69651	54 92257	22,74108 88697	22,74263 80954	51998	6624 27	5429 69
8	51,97095 32362	53 38107	25,98470 97128	25,98624 35235	52949	6776 90	5586 01
9	58,52336 32152	51 85491	29,26092 23331	29,26244 08821	53880	6929 30	5742 08
	6	**0,001**	**3**	**3**	**0,99999**	**2,5**	**2,5**

Amp x	x	$\log_e x$	Amp x		x	$\log_e x$	Amp x	
89° 46′		**1,84**	**1,567**	**89° 47′**		**1,85**	**1,567**	**89° 48′**
02″,801	**6,30**	054 96334	12 372	22″,471	**6,40**	629 79904	47 322	34″,559
11,131	1	213 56766	16 026	30,008	1	785 92709	50 628	41,379
19,379	2	371 92082	19 644	37,471	2	941 81177	53 902	48,132
27,544	3	530 02362	23 227	44,860	3	*097 45383	57 143	54,817
35,628	4	687 87684	26 773	52,175	4	252 85401	60 352	*01,436
43,631	5	845 48129	30 284	59,417	5	408 01308	63 529	07,988
51,556	6	*002 83774	33 760	*06,587	6	562 93178	66 674	14,476
59,401	7	159 94696	37 202	13,686	7	717 61085	69 788	20,899
*07,172	8	316 80974	40 609	20,714	8	872 05104	72 871	27,052
09 626	9	473 42684	43 983	27,672	9	**026 25307	75 923	33,554
14,858								
89° 47′		**1,85**	**1,567**	**89° 48′**		**1,87**	**1,567**	**89° 49′**

x	φ	sin x	cos x	tg x	arc tg x
	3	0,	0,9	0,	1,41
6,50	72° 25′ 21″,24	21511 99880 87815 524	7658 76257 28023 500	22027 72003	814 70
1	72 59 43,89	22487 49456 71533 931	7438 76327 25921 180	23078 59194	837 79
2	73 34 06,54	23460 74159 48080 348	7209 02017 72533 255	24134 32576	860 81
3	74 08 29,18	24431 64256 78537 485	6969 55626 09040 544	25195 16796	883 75
4	74 42 51,83	25400 10039 70023 113	6720 39546 97363 871	26261 36946	906 64
5	75 17 14,48	26366 01823 72778 533	6461 56271 96218 071	27333 18588	929 45
6	75 51 37,13	27329 29949 77012 763	6193 08389 36196 326	28410 87778	952 19
7	76 25 59,78	28289 84785 09492 695	5914 98583 93887 321	29494 71097	974 87
8	77 00 22,43	29247 56724 29869 624	5627 29636 65027 812	30584 95676	997 48
9	77 34 45,07	30202 36190 26732 480	5330 04424 36693 281	31681 89225	*020 02
6,60	78 09 07,72	31154 13635 13378 174	5023 25919 58529 466	32785 80067	042 49
1	78 43 30,37	32102 79541 23289 468	4706 97190 13027 653	33896 97165	064 90
2	79 17 53,02	33084 24422 05310 836	4381 21398 84846 673	35015 70156	087 24
3	79 52 15,67	33990 38823 18512 789	4046 01803 29184 702	36142 29389	109 52
4	80 26 38,31	34929 13323 26735 183	3701 41755 39204 018	37277 05956	131 73
5	81 01 00,96	35864 38534 92800 043	3347 44701 12511 956	38420 31732	153 87
6	81 35 23,61	36796 05105 72384 505	2984 14180 16701 443	39572 39411	175 95
7	82 09 46,26	37724 03719 07544 465	2611 53825 53954 524	40733 62553	197 97
8	82 44 08,91	38648 25095 19879 600	2229 67363 24712 457	41904 35619	219 92
9	83 18 31,55	39568 59992 03330 430	1838 58611 90415 969	43084 94021	241 81
6,70	83 52 54,20	40484 99206 16598 162	1438 31482 35319 441	44275 74167	263 63
1	84 27 16,85	41397 33573 75178 042	1028 89977 27382 797	45477 13511	285 39
2	85 01 39,50	42305 53971 42997 053	0610 38190 78245 051	46689 50602	307 09
3	85 36 02,15	43209 51317 23646 753	0182 80308 02283 480	47913 25141	328 72
4	86 10 24,79	44109 16571 51202 165	*9746 20604 74762 534	49148 78039	350 29
5	86 44 47,44	45004 40737 80617 612	9300 63446 89076 669	50396 51470	371 80
6	87 19 10,09	45895 14863 77690 476	8846 13290 13091 370	51656 88943	393 24
7	87 53 32,74	46781 30042 08583 867	8382 74679 44586 735	52930 35362	414 63
8	88 27 55,39	47662 77411 28899 271	7910 52248 65808 076	54217 37099	435 95
9	89 02 18,03	48539 48156 72290 246	7429 50719 97128 082	55518 42064	457 21
6,80	89 36 40,68	49411 33511 38608 322	6939 74903 49825 172	56833 99787	478 41
1	90 11 03,33	50278 24756 81572 291	6441 29696 77982 774	58164 61498	499 54
2	90 45 25,98	51140 13223 95952 103	5934 20084 29514 318	59510 80215	520 62
3	91 19 48,63	51996 90294 04258 668	5418 51136 96318 864	60873 10831	541 64
4	91 54 11,27	52848 47399 42930 887	4894 28011 63572 334	62252 10217	562 60
5	92 28 33,92	53694 76024 48011 295	4361 55950 58159 422	63648 37322	583 49
6	93 02 56,57	54535 67706 40301 745	3820 40280 96251 347	65062 53279	604 33
7	93 37 19,22	55371 14036 09990 627	3270 86414 30034 675	66495 21526	625 11
8	94 11 41,87	56201 06659 00743 140	2712 99845 93596 554	67947 07922	645 83
9	94 46 04,52	57025 37275 93246 240	2146 86154 47971 763	69418 80881	666 49
6,90	95 20 27,16	57843 97643 88199 870	1572 51001 25357 073	70911 11507	687 09
1	95 54 49,81	58656 79576 88746 211	0990 00129 72498 498	72424 73741	707 63
2	96 29 12,46	59463 74946 82328 679	0399 39364 93257 100	73960 44518	728 12
3	97 03 35,11	60264 75684 21972 509	**9800 74612 90359 091	75519 03931	748 54
4	97 37 57,76	61059 73779 06978 774	9194 11860 06336 047	77101 35408	768 91
5	98 12 20,40	61848 61281 63023 793	8579 57172 63661 158	78708 25898	789 22
6	98 46 43,05	62631 30303 21655 899	7957 16696 04087 485	80340 66074	809 48
7	99 21 05,70	63407 73016 99181 624	7326 96654 27194 295	81999 50548	829 68
8	99 55 28,35	64177 81658 74933 422	6689 03349 28147 626	83685 78096	849 82
9	*00 29 50,99	64941 48527 68911 081	6043 43160 34681 291	85400 51903	869 90
	4	0,	0,7	0,	1,42

x	$\log_e$ x	𝔄mp x		x	$\log_e$ x	𝔄mp x		x	$\log_e$ x	𝔄mp x
	1,87	1,567	89° 49′		1,88	1,568	89° 50′		1,90	1,5683
6,50	180 21769	78 945	39″,787	6,60	706 96490	07 559	38″,808	6,70	210 75264	3 450
1	333 94562	81 937	45,958	1	858 36539	10 266	44,392	1	359 89510	5 900
2	487 43759	84 899	52,068	2	*009 53699	12 947	49,921	2	508 81545	8 325
3	640 69433	87 832	58,117	3	160 48042	15 600	55,394	3	657 51437	*0 726
4	793 71655	90 735	*04,106	4	311 19635	18 228	*00,814	4	805 99249	3 104
5	946 50496	93 610	10,241	5	461 68547	20 829	06,179	5	954 25049	5 457
6	*099 06030	96 456	15,906	6	611 94846	23 404	11,491	6	*102 28901	7 787
7	251 38325	99 273	21,717	7	761 98599	25 954	16,750	7	249 10869	**0 094
8	403 47453	*02 063	27,471	8	911 79875	28 478	21,956	8	397 71020	2 378
9	555 33485	04 825	33,168	9	**061 38741	30 977	27,111	9	545 09416	4 639
	1,88	1,568	89° 50′		1,90	1,568	89° 51′		1,91	1,5685

x	e^x	e^{-x}	Sin x	Cos x	Tg x	Ar Sin x	Ar Cos x
		0,001	3	3	0,99999	2,5	2,5
6,50	665,14163 30444	50 34392	32,57006 48026	32,57156 82418	54794	7081 47	5897 90
1	671,82641 75911	48 84797	35,91246 45557	35,91395 30354	55689	7233 41	6053 48
2	678,57838 53394	47 36691	39,28845 58352	39,23992 95043	56566	7385 13	6208 81
3	685,39821 14918	45 90058	42,69837 62430	42,69983 52488	57426	7536 62	6363 90
4	692,28657 80365	44 44885	46,14256 67740	46,14401 12625	58269	7687 88	6518 75
5	699,24417 38159	43 01156	49,62137 18501	49,62280 19657	59095	7838 92	6673 35
6	706,27169 45954	41 58857	53,13513 93548	53,13655 52405	59905	7989 73	6827 71
7	713,36984 31329	40 17974	56,68422 06677	56,68562 24651	60699	8140 31	6981 83
8	720,53932 92492	38 78493	60,27897 06999	60,27035 85492	61478	8290 67	7135 71
9	727,78086 98988	37 40400	63,38974 79294	63,89112 19694	62240	8440 81	7289 35
6,60	735,09518 92420	36 03680	67,54691 44370	67,54827 48050	62988	8590 72	7442 76
1	742,48301 87166	34 68322	71,24083 59422	71,24218 27744	63721	8740 42	7595 92
2	749,94509 71119	33 34309	74,97188 18405	74,97321 52714	64439	8889 89	7748 85
3	757,48217 06418	32 01631	78,74042 52394	78,74174 54024	65143	9039 15	7901 55
4	765,09499 30200	30 70272	82,54684 29964	82,54815 00236	65834	9188 19	8054 00
5	772,78432 55351	29 40221	86,39151 57565	86,39280 97786	66510	9337 01	8206 23
6	780,55093 71268	28 11464	90,27482 79902	90,27610 91366	67173	9485 61	8358 21
7	788,39560 44626	26 83988	94,19716 80319	94,19843 64307	67823	9633 99	8509 97
8	796,31911 20159	25 57780	98,15892 81190	98,16018 38969	68460	9782 15	8661 49
9	804,32225 21440	24 32828	*02,16050 44306	*02,16174 77134	69085	9930 07	8812 78
6,70	812,40582 51675	23 09119	06,20229 71278	06,20352 80397	69697	*0077 79	8963 84
1	820,57063 94506	21 86641	10,28971 03933	10,28592 90574	70297	0225 30	9114 67
2	828,81751 14815	20 65382	14,40815 24716	14,40935 90098	70886	0372 60	9265 27
3	837,14726 59541	19 45330	18,57303 57106	18,57423 02436	71462	0519 68	9415 64
4	845,56073 58510	18 26472	22,77977 66019	22,78095 92491	72027	0666 55	9565 79
5	854,05876 25262	17 08796	27,02879 58233	27,02996 67029	72581	0813 20	9715 70
6	862,64219 57892	15 92292	31,32051 82800	31,32167 75092	73124	0959 65	9865 39
7	871,31189 39908	14 76947	35,65537 31481	35,65652 08427	73656	1105 88	*0014 85
8	880,06872 41078	13 62749	40,03379 39164	40,03493 01914	74178	1251 90	0164 09
9	888,91356 18306	12 49688	44,45621 84309	44,45734 33997	74689	1397 71	0313 10
6,80	897,84729 16504	11 37751	48,92308 89376	48,92420 27128	75190	1543 30	0461 88
1	906,87080 69476	10 26929	53,43485 21273	53,43595 48202	75681	1688 69	0610 45
2	915,98501 00811	09 17209	57,99195 91801	57,99305 09010	76163	1833 87	0758 79
3	925,19081 24791	08 08581	62,59486 58105	62,59594 66686	76635	1978 85	0906 91
4	934,48913 47292	07 01034	67,24403 23129	67,24510 24163	77098	2123 61	1054 80
5	943,88090 66716	05 94557	71,93992 36079	71,94098 30636	77551	2268 17	1202 48
6	953,36706 74912	04 89139	76,68300 92886	76,68405 82026	77996	2412 52	1349 94
7	962,94856 58120	03 84771	81,47376 36675	81,47480 21445	78431	2556 66	1497 17
8	972,62635 90873	02 81440	86,31266 54716	86,31369 36157	78858	2700 60	1644 19
9	982,40141 72183	01 79138	91,20019 96522	91,20121 75660	79277	2844 34	1790 99
6,90	992,27471 56050	00 77854	96,13685 39098	96,13786 16952	79687	2987 87	1937 57
1	*002,24724 22903	*99 77578	**01,12312 22662	**01,12412 00240	80090	3131 20	2083 94
2	012,31999 45349	98 78299	06,15950 33525	06,16049 11824	80484	3274 32	2230 09
3	022,49397 96226	97 80009	11,24650 08109	11,24747 88118	80870	3417 25	2376 02
4	032,77021 49604	96 82696	16,38462 33454	16,48559 16150	81249	3559 97	2521 74
5	043,14972 81803	95 86352	21,57438 47726	21,57534 34077	81620	3702 48	2667 25
6	053,63355 72423	94 90966	26,81630 40729	26,81725 31694	81984	3844 80	2812 54
7	064,22275 05381	93 96529	32,11090 54426	32,11184 50955	82341	3986 92	2957 62
8	074,91836 69958	93 03032	37,45871 83463	37,45964 86495	82691	4128 84	3102 48
9	085,72147 61859	92 10465	42,86027 75697	42,86119 86162	83033	4270 56	3247 14
	1	0,000	5	5	0,99999	2,6	2,6

Amp x	x	$\log_e x$	Amp x		x	$\log_e x$	Amp x	
89° 51′		1,91	1,5685	89° 52′		1,93	1,5687	89° 53′
32″,213	6,80	692 26122	6 878	20″,535	6,90	152 14116	8 076	04″,259
37,265	1	839 21202	9 094	25,107	1	296 96378	*0 081	08,396
42,267	2	985 94719	*1 289	29,633	2	441 57696	2 067	12,491
47,220	3	*132 46736	3 461	34,114	3	585 98132	4 033	16,546
52,124	4	278 77316	5 612	38,551	4	730 17745	5 979	20,560
56,978	5	424 86523	7 742	40,943	5	874 16596	7 906	24,535
*01,784	6	570 74417	9 850	47,292	6	*017 94743	9 814	28,470
06,543	7	716 41062	**1 937	51,597	7	161 52248	**1 702	32,366
11,254	8	861 86519	4 004	55,860	8	304 89168	3 572	36,223
15,918	9	**007 10850	6 050	*00,080	9	448 05562	5 424	40,042
89° 52′		1,93	1,5687	89° 53′		1,94	1,5689	89° 53′

x	φ	sin x	cos x	tg x	arc tg x
	4	0,	0,	0,	1,42
7,00	01° 04′ 13″,64	65698 65987 18789 090	75390 22543 43304 638	87144 79827	889 93
1	01 38 36,29	66449 26465 56282 228	74729 48030 54743 440	88919 74678	909 90
2	02 12 58,94	67193 22456 82861 763	74061 26229 08620 361	90726 54515	929 82
3	02 47 21,59	67930 46521 44814 683	73385 63821 17381 548	92566 42971	949 68
4	03 21 44,23	68660 91287 07638 446	72702 67562 99475 943	94440 69599	969 48
5	03 56 06,88	69384 49449 29763 811	72012 44284 11794 002	96350 70240	989 23
6	04 30 29,53	70101 13772 35598 393	71315 00886 81372 572	98297 87423	*008 93
$\frac{9\pi}{4}$ = 7,06...	05	70710 67811 86547 524	70710 67811 86547 524	*0	025 79
7	05 04 52,18	70810 77089 87883 616	70610 44345 36372 763	00283 70796	028 57
8	05 39 14,83	71513 32305 59357 841	69898 81705 36337 718	02309 77586	048 16
9	06 13 37,48	72208 72394 03718 502	69180 20083 01737 240	04377 73102	067 69
7,10	06 48 00,12	72896 90401 25876 152	68454 66664 42806 341	06489 31300	087 17
1	07 22 22,77	73577 79445 51493 390	67722 28704 87684 814	08646 35213	106 59
2	07 56 45,42	74251 32717 95801 721	66983 13528 09865 030	10850 77888	125 96
3	08 31 08,07	74917 43483 31689 470	66237 28525 54955 192	13104 62762	145 28
4	09 05 30,72	75576 05080 57053 926	65484 81155 66765 396	15410 04549	164 55
5	09 39 53,36	76227 10923 61411 000	64725 78943 12723 868	17769 30016	183 76
6	10 14 16,01	76870 54501 91755 726	63960 29478 08630 848	20184 78852	202 92
7	10 48 38,66	77506 29381 17667 017	63188 40415 42757 644	22659 04615	222 02
8	11 23 01,31	78134 29203 95650 169	62410 19473 99298 444	25194 75763	241 08
9	11 57 23,96	78754 47690 32710 687	61625 74435 81182 538	27794 76779	260 08
7,20	12 31 46,60	79366 78638 49153 053	60835 13145 32254 671	30462 09401	279 03
1	13 06 09,25	79971 15925 40598 185	60038 43508 58831 317	33199 93957	297 93
2	13 40 31,90	80567 53507 39213 364	59235 73492 50640 705	36011 70843	316 78
3	14 14 54,55	81155 85420 74148 509	58427 11124 01154 507	38901 02126	335 58
4	14 49 17,20	81736 05782 31172 770	57612 64489 27319 165	41871 73315	354 32
5	15 23 39,84	82308 08790 11505 458	56792 41732 88694 864	44927 95301	373 02
6	15 58 02,49	82871 88723 89835 442	55966 51057 06010 261	48074 06500	391 66
7	16 32 25,14	83427 39945 71523 201	55135 00720 79141 091	51314 75206	410 26
8	17 06 47,79	83974 56900 48979 819	54297 99039 04520 868	54655 02204	428 80
9	17 41 10,44	84513 34116 57217 281	53455 54381 91991 938	58100 23643	447 29
7,30	18 15 33,08	85043 66206 28564 518	52607 75173 81105 189	61656 14240	465 74
1	18 49 55,73	85565 47866 46543 719	51754 69892 56876 799	65328 90818	484 13
2	19 24 18,38	86078 73878 98901 544	50896 47068 65010 442	69125 16257	502 48
3	19 58 41,03	86583 39111 29789 912	50033 15284 26593 426	73052 03889	520 77
4	20 33 03,68	87079 38516 91091 154	49164 83172 52275 301	77117 22407	539 02
5	21 07 26,32	87566 67135 92882 412	48291 59416 55937 513	81329 01361	557 22
6	21 41 48,97	88045 20095 53034 211	47413 52748 67862 742	85696 37321	575 37
7	22 16 11,62	88514 92610 45938 268	46530 71949 47412 597	90229 00799	593 47
8	22 50 34,27	88975 79983 50359 657	45643 25846 95222 414	94937 44053	611 53
9	23 24 56,92	89427 77605 96408 537	44751 23315 64921 927	99833 09901	629 53
7,40	23 59 19,57	89870 80958 11626 759	43854 73275 74390 649	**04928 41691	647 49
1	24 33 42,21	90304 85609 66184 736	42953 84692 16556 820	10236 94632	665 40
2	25 08 04,86	90729 87220 17184 052	42048 66573 69748 866	15773 48677	683 26
3	25 42 27,51	91145 81539 52061 399	41139 27972 07608 317	21554 23239	701 08
4	26 16 50,16	91552 64408 31089 469	40225 77981 08573 195	27596 94035	718 85
5	26 51 12,81	91950 31758 28970 588	39308 25735 64940 931	33921 12438	736 57
6	27 25 35,45	92338 79612 75518 902	38386 89410 91519 892	40548 27764	754 24
7	27 59 58,10	92718 04086 95427 067	37461 51221 33878 668	47502 13056	771 87
8	28 34 20,75	93088 01388 47113 454	36532 47419 76202 285	54808 94993	789 45
9	29 08 43,40	93448 67817 60645 994	35599 78296 48764 552	62497 88738	806 99
	4	0,	0,	2,	1,43

x	$\log_e$ x	Amp x		x	$\log_e$ x	Amp x		x	$\log_e$ x	Amp x
	1,94	1,5689	89° 53′		1,96	1,5691	89° 54′		1,97	1,5693
7,00	591 01491	7 256	43″,822	7,10	009 47840	4 612	19″,620	7,20	408 10260	0 316
1	733 77010	9 071	47,565	1	150 22438	6 254	23,007	1	546 89513	1 801
2	876 32180	*0 868	51,271	2	290 77254	7 879	26,360	2	685 49529	3 272
3	*018 67058	2 646	54,939	3	431 12344	9 489	29,680	3	823 90361	4 729
4	160 81702	4 407	58,572	4	571 27764	*1 082	32,966	4	962 12064	6 170
5	302 76168	6 151	*02,168	5	711 23567	2 660	36,220	5	*100 14689	7 598
6	444 50515	7 877	05,729	6	850 99810	4 222	39,442	6	237 98288	9 011
$\frac{9\pi}{4}$ = 7,06...	566 01021	9 345	08,756	7	*990 56546	5 768	42,631	7	375 62915	*0 410
7	586 04799	9 586	09,254	8	129 93831	7 299	45,789	8	513 08622	1 796
8	727 39077	*1 278	12,744	9	269 11717	8 815	48,916	9	650 34560	3 167
9	868 53405	2 953	16,199							
	1,95	1,5691	89° 54′		1,97	1,5692	89° 54′		1,98	1,5694

x	e^x	e^{-x}	Sin x	Cos x	Tg x	Ar Sin x	Ar Cos x
	1	**0,000**			**0,99999**	**2,6**	**2,6**
7,00	096,63315 84285	91 18820	548,31612 32732	548,31703 51552	83369	4412 08	3391 58
1	107,65450 49007	90 28086	553,82680 10461	553,82770 38546	83699	4553 40	3535 81
2	118,78661 77465	89 38255	559,39286 19605	559,39375 57860	84022	4694 52	3679 83
3	130,03061 01864	88 49318	565,01486 26273	565,01574 75591	84338	4835 45	3823 65
4	141,38760 65790	87 61266	570,69336 52262	570,69424 13528	84648	4976 18	3967 25
5	152,85874 27834	86 74090	576,42893 76872	576,42980 50962	84952	5116 72	4110 65
6	164,44516 57728	85 87781	582,22215 34974	582,22301 22754	85250	5257 06	4253 84
$\frac{9\pi}{4} = 7{,}06\ldots$	174,48316 53991	85 14383	587,24115 69804	587,24200 84187	85501	5377 37	4381 31
7	176,14803 42492	85 02331	588,07359 20080	588,07444 22411	85542	5397 21	4396 82
8	187,96851 85091	84 17731	593,98383 83680	593,98468 01411	85828	5537 16	4539 60
9	199,90780 06108	83 33974	599,95348 36067	599,95431 70041	86109	5676 92	4682 17
7,10	211,96707 44926	82 51049	605,98312 46938	605,98394 97988	86384	5816 48	4824 53
1	224,14754 60917	81 68950	612,07336 45984	612,07418 14934	86654	5955 85	4966 69
2	236,45043 34656	80 87668	618,22481 23494	618,22562 11162	86918	6095 03	5108 65
3	248,87696 69133	80 07194	624,43808 30969	624,43888 38163	87177	6234 02	5250 41
4	261,42838 90983	79 27521	630,71379 81731	630,71459 09252	87431	6372 82	5391 96
5	274,10595 51735	78 48641	637,05258 51547	637,05337 00188	87680	6511 42	5533 31
6	286,91093 29059	77 70546	643,45507 79257	643,45585 49802	87924	6649 84	5674 45
7	299,84460 28040	76 93227	649,92191 67406	649,92268 60634	88163	6788 07	5815 40
8	312,90825 82457	76 16678	656,45374 82889	656,45450 99568	88398	6926 11	5956 15
9	326,10320 56072	75 40891	663,05122 57590	663,05197 98482	88627	7063 96	6096 69
7,20	339,43076 43944	74 65858	669,71500 89043	669,71575 54901	88852	7201 62	6237 04
1	352,89226 73743	73 91572	676,44576 41086	676,44650 32657	89073	7339 10	6377 19
2	366,48906 07082	73 18024	683,24416 44529	683,24489 62553	89289	7476 38	6517 14
3	380,22250 40871	72 45209	690,11088 97831	690,11161 43040	89501	7613 49	6656 89
4	394,09397 08665	71 73118	697,04662 67773	697,04734 40891	89709	7750 40	6796 45
5	408,10484 82047	71 01744	704,05206 90152	704,05277 91895	89913	7887 13	6935 81
6	422,25653 72012	70 31080	711,12791 70466	711,12862 01546	90113	8023 68	7074 98
7	436,55045 30366	69 61120	718,27487 84623	718,27557 45743	90308	8160 04	7213 94
8	450,98802 51145	68 91856	725,49366 79644	725,49435 71500	90500	8296 21	7352 72
9	465,57069 72040	68 23281	732,78500 74380	732,78568 97660	90689	8432 21	7491 30
7,30	480,29992 75845	67 55388	740,14962 60229	740,15030 15617	90873	8568 02	7629 69
1	495,17718 91915	66 88171	747,58826 01872	747,58892 90043	91054	8703 64	7767 88
2	510,20396 97633	66 21622	755,10165 38005	755,10231 59627	91231	8839 09	7905 88
3	525,38177 19906	65 55736	762,69055 82085	762,69121 37821	91404	8974 35	8043 69
4	540,71211 36662	64 90505	770,35573 23078	770,35638 13584	91575	9109 43	8181 31
5	556,19652 78372	64 25924	778,09794 26224	778,09858 52148	91742	9244 33	8318 74
6	571,83656 29577	63 61985	785,91796 33796	785,91859 95781	91905	9379 06	8455 97
7	587,63378 30444	62 98682	793,81657 85881	793,81720 64563	92065	9513 60	8593 02
8	603,58976 78325	62 36009	801,79457 21158	801,79519 57167	92222	9647 97	8729 87
9	619,70611 29337	61 73960	809,85274 77689	809,85336 51648	92376	9782 15	8866 54
7,40	635,98442 99959	61 12528	817,99190 93716	817,99252 06243	92527	9916 16	9003 02
1	652,42634 68645	60 51707	826,21287 08469	826,21347 60176	92675	*0049 99	9139 31
2	669,03350 77448	59 91491	834,51645 42978	834,51705 34469	92820	0183 64	9275 42
3	685,80757 33667	59 31875	842,90349 00896	842,90408 32771	92963	0317 12	9411 34
4	702,75022 11508	58 72852	851,37481 69328	851,37540 42180	93102	0450 41	9547 07
5	719,86314 53759	58 14416	859,93128 19672	859,93186 34088	93239	0583 36	9682 62
6	737,14805 73489	57 56562	868,57374 08463	868,57431 65025	93372	0716 48	9817 98
7	754,60668 55751	56 99283	877,30305 78234	877,30362 77517	93504	0849 25	9953 16
8	772,24077 59322	56 42574	886,12010 58374	886,12067 00948	93632	0981 85	*0088 15
9	790,05209 18437	55 86430	895,02576 66004	895,02632 52433	93758	1114 28	0222 96
	1	**0,000**			**0,99999**	**2,7**	**2,7**

Amp x	x	$\log_e x$	Amp x		x	$\log_e x$	Amp x	
89° 54′		**1,98**	**1,5694**	**89° 55′**		**2,00**	**1,5695**	**89° 55′**
52″,011	**7,30**	787 43481	4 525	21″,320	**7,40**	148 00002	7 382	47″,840
55,076	1	924 32738	5 869	24,093	1	283 04393	8 599	50,349
58,110	2	*061 03280	7 200	26,839	2	417 90572	9 803	52,833
*01,114	3	197 55159	8 518	29,557	3	552 58587	*0 995	55,293
04,088	4	333 88426	9 823	32,248	4	687 08488	2 176	57,728
07,032	5	470 03132	*1 114	34,912	5	821 40324	3 345	00,138
09,947	6	605 99327	2 393	37,550	6	955 54142	4 502	02,525
12,833	7	741 77062	3 659	40,162	7	*089 49991	5 647	04,888
15,691	8	877 36386	4 913	42,747	8	223 27920	6 781	07,228
18,519	9	**012 77350	6 154	45,307	9	356 87975	7 904	09,544
89° 55′		**2,00**	**1,5695**	**89° 55′**		**2,01**	**1,5696**	**89° 56′**

x	φ	sin x	cos x	tg x	arc tg x
	4		0,		1,43
7,50	29° 43′ 06″,05	0,93799 99767 74738 858	34663 53178 35025 811	2,70601 38668	824 48
1	30 17 28,70	0,94141 93725 72818 290	33723 81427 78365 370	2,79155 66277	841 92
2	30 51 51,34	0,94474 46272 18153 968	32780 72441 88457 941	2,88201 26583	859 32
3	31 26 13,99	0,94797 54081 88052 396	31834 35651 47303 459	2,97783 75063	876 68
4	32 00 36,64	0,95111 13924 07108 893	30884 80520 14919 667	3,07954 47347	893 98
5	32 34 59,29	0,95415 22662 79514 863	29932 16543 34706 902	3,18771 54642	911 25
6	33 09 21,94	0,95709 77257 20417 121	28976 53247 38494 546	3,30300 98635	928 47
7	33 43 44,58	0,95994 74761 86326 116	28018 00188 51278 640	3,42618 10679	945 64
8	34 18 07,23	0,96270 12327 04570 042	27056 66951 95660 177	3,55809 21444	962 77
9	34 52 29,88	0,96535 87199 01791 864	26092 63150 95993 643	3,69973 69144	979 85
7,60	35 26 52,53	0,96791 96720 31486 426	25125 98425 82255 380	3,85226 56947	996 89
1	36 01 15,18	0,97038 38330 00574 877	24156 82442 93641 396	4,01701 73685	*013 89
2	36 35 37,82	0,97275 09563 95013 769	23185 24893 81904 247	4,19555 96810	030 84
3	37 10 00,47	0,97502 08055 04436 254	22211 35494 14438 671	4,38974 03291	047 75
4	37 44 23,12	0,97719 31533 45822 926	21235 23982 77125 659	4,60175 23761	064 62
5	38 18 45,77	0,97926 77826 86199 928	20257 00120 76944 677	4,83421 89085	081 44
6	38 53 08,42	0,98124 44860 64362 076	19276 73690 44363 781	5,09030 38773	098 22
7	39 27 31,06	0,98312 30658 11618 800	18294 54494 35517 387	5,37385 90867	114 95
8	40 01 53,71	0,98490 33340 71560 854	17310 52354 34181 474	5,68962 18742	131 65
9	40 36 16,36	0,98658 51128 18845 793	16324 77110 53556 025	6,04348 51212	148 30
7,70	41 10 39,01	0,98816 82338 77000 369	15337 38620 37864 526	6,44287 24735	164 90
1	41 45 01,65	0,98965 25389 35238 027	14348 46757 63780 367	6,89726 99257	181 47
2	42 19 24,29	0,99103 78795 64289 862	13358 11411 41689 994	7,41899 54592	197 99
3	42 53 46,94	0,99232 41172 31247 415	12366 42485 16802 698	8,02434 11426	214 47
4	43 28 09,59	0,99351 11233 13415 850	11373 49895 70116 919	8,73531 64322	230 91
5	44 02 32,24	0,99459 87791 11176 121	10379 43572 19252 971	9,58239 74035	247 31
6	44 36 54,89	0,99558 69758 59854 827	09384 33455 19162 107	10,60903 11503	263 67
7	45 11 17,53	0,99647 56147 40600 595	08388 29495 62721 853	11,87935 83194	279 98
8	45 45 40,18	0,99726 46068 90265 881	07391 41653 81227 553	13,49219 87111	296 25
9	46 20 02,84	0,99795 38734 10293 209	06393 79898 44790 062	15,60815 21460	312 49
7,80	46 54 25,49	0,99854 33453 74604 963	05395 54205 62649 573	18,50682 16495	328 68
1	47 28 48,14	0,99903 29638 36495 938	04396 74557 83415 520	22,72210 08366	344 83
2	48 03 10,78	0,99942 26798 34527 958	03397 50942 95242 549	29,41633 27745	360 94
3	48 37 33,43	0,99971 24543 97425 983	02397 93353 25952 538	41,69058 23622	377 01
4	49 11 56,08	0,99990 22585 47975 199	01398 11784 43112 645	71,51773 81232	393 04
5	49 46 18,73	0,99999 20733 05918 723	00398 16234 54079 384	251,15184 41759	409 02
$\frac{10\pi}{4}$ = 7,85...	50	1	0	± ∞	415 38
6	50 20 41,38	0,99998 18896 89855 605	00601 83296 93981 277	— 166,15605 00233	424 97
7	50 55 04,03	0,99987 17087 18138 965	01601 76810 14087 798	— 62,42300 04230	440 88
8	51 29 26,67	0,99966 15414 08774 157	02601 54305 79440 932	— 38,42571 57827	456 75
9	52 03 49,32	0,99935 14087 78316 980	03601 05786 23415 576	— 27,75160 65273	472 58
7,90	52 38 11,97	0,99894 13418 39772 036	04600 21256 39536 595	— 21,71511 26813	488 37
1	53 12 34,62	0,99843 13815 99491 458	05598 90724 81428 636	— 17,83261 15678	504 12
2	53 46 57,27	0,99782 15790 53074 309	06597 04204 62729 939	— 15,12528 75464	519 83
3	54 21 19,91	0,99711 19951 80267 064	07594 51714 56960 136	— 13,12936 65687	535 51
4	54 55 42,56	0,99630 27009 38865 684	08591 23279 97332 069	— 11,59673 73270	551 14
5	55 30 05,21	0,99539 37772 57619 901	09587 08933 76497 637	— 10,38264 83952	566 73
6	56 04 27,86	0,99438 53150 28140 406	10581 98717 46217 701	— 9,39696 20131	582 29
7	56 38 50,51	0,99327 74150 95809 763	11575 82682 16946 074	— 8,58061 74401	597 81
8	57 13 13,15	0,99207 01882 49697 960	12568 50889 57317 656	— 7,89330 06014	613 29
9	57 47 35,80	0,99076 37552 11483 588	13559 93412 93530 730	— 7,30655 28620	628 73
	4		— 0,		1,44

x	$\log_e x$	Amp x		x	$\log_e x$	Amp x		x	$\log_e x$	Amp x
	2,01	1,5696	89° 56′		2,02	1,5697	89° 56′		2,04	1,5698
7,50	490 30205	9 016	11″,836	7,60	814 82473	9 542	33″,549	7,70	122 03289	9 067
1	623 54658	*0 116	14,107	1	946 31719	*0 538	35,603	1	251 81876	9 968
2	756 61380	1 206	16,354	2	*077 63697	1 524	37,637	2	381 43640	*0 861
3	889 50418	2 285	18,580	3	208 78453	2 501	39,650	3	510 88626	1 744
4	*022 21800	3 353	20,783	4	339 76032	3 467	41,644	4	640 16876	2 619
5	154 75633	4 411	22,964	5	470 56478	4 424	43,617	5	769 28434	3 484
6	287 11902	5 458	25,124	6	601 19838	5 371	45,571	6	898 23342	4 342
7	419 30674	6 494	27,262	7	731 66154	6 309	47,506	7	*027 01644	5 190
8	551 31997	7 520	29,378	8	861 95472	7 238	49,421	8	155 63382	6 030
9	683 15914	8 536	31,474	8	992 07835	8 157	51,318	9	284 08599	6 862
	2,02	1,5697	89° 56′		2,03	1,5698	89° 56′		2,05	1,5699

x	e^x	e^{-x}	Sin x	Cos x	Tg x	Ar Sin x	Ar Cos x
	1	0,0005			0,99999	2,7	2,7
7,50	808,04241 44561	5 30844	904,02093 06858	904,02148 37702	93882	1246 53	0357 58
1	826,21354 28166	4 75811	913,10649 76178	913,10704 51988	94003	1378 61	0492 03
2	844,56729 40533	4 21326	922,28337 59604	922,28391 80929	94123	1510 51	0626 29
3	863,10550 35565	3 67383	931,55248 34091	931,55302 01474	94238	1642 25	0760 37
4	881,83002 51627	3 13976	940,91474 68825	940,91527 82802	94352	1773 81	0894 27
5	900,74273 13396	2 61101	950,37110 26147	950,37162 87249	94464	1905 20	1027 98
6	919,84551 33736	2 08752	959,92249 62492	959,92301 71244	94574	2036 41	1161 52
7	939,14028 15588	1 56924	969,56988 29332	969,57039 86256	94681	2167 46	1294 88
8	958,62896 53881	1 05612	979,31422 74134	979,31473 79746	94787	2298 34	1428 06
9	978,31351 37461	0 54811	989,15650 41325	989,15700 96136	94890	2429 05	1561 06
7,60	998,19589 51041	0 04514	999,09769 73263	999,09819 77778	94991	2559 58	1693 88
1	*018,27809 77168	*9 54719	*009,13880 11225	*009,13929 65943	95090	2689 96	1826 52
2	038,56212 98212	9 05418	019,28081 96397	019,28131 01815	95187	2820 16	1958 99
3	059,05001 98373	8 56609	029,52466 70882	029,52525 27491	95284	2950 19	2091 28
4	079,74381 65714	8 08285	039,87166 78715	039,87214 86999	95376	3080 06	2223 39
5	100,64558 94202	7 60441	050,32255 66880	050,32303 27322	95468	3209 76	2355 33
6	121,75742 85785	7 13074	060,87847 86355	060,87894 99429	95557	3339 29	2487 09
7	143,08144 52478	6 66178	071,54048 93150	071,54095 59328	95645	3468 66	2618 68
8	164,61977 18475	6 19749	082,30965 49363	082,31011 69112	95732	3597 86	2750 10
9	186,37456 22282	5 73682	093,18705 24300	093,18750 97982	95816	3726 89	2881 34
7,70	208,34799 18872	5 28272	104,17376 95300	104,17422 23572	95899	3855 77	3012 40
1	230,54225 81857	4 83215	115,27090 49321	115,27135 32536	95980	3984 47	3143 30
2	252,95958 05687	4 38606	126,47956 83541	126,48001 22147	96060	4113 01	3274 02
3	275,60220 07873	3 94441	137,80088 06716	137,80132 01157	96138	4241 39	3404 57
4	298,47238 31223	3 50716	149,23597 40254	149,23640 90970	96214	4369 61	3534 94
5	321,57241 46111	3 07425	160,78599 19343	160,78642 26768	96289	4497 66	3665 15
6	344,90460 52759	2 64566	172,45208 94097	172,45251 58662	96363	4625 55	3795 18
7	368,47128 83554	2 22133	184,23543 30710	184,23585 52843	96435	4753 28	3925 05
8	392,27482 05374	1 80122	196,13720 12626	196,13761 92748	96505	4880 84	4054 74
9	416,31758 21950	1 38529	208,15858 41711	208,15899 80240	96574	5008 25	4184 27
7,80	440,60197 76245	0 97350	220,30078 39448	220,30119 36797	96642	5135 50	4313 62
1	465,13043 52856	0 56580	232,56501 48138	232,56542 04718	96709	5262 58	4442 81
2	489,90540 80445	0 16217	244,95250 32114	244,95290 48331	96774	5389 50	4571 83
3	514,92937 34191	**9 76255	257,46448 68968	257,46488 55223	96838	5516 27	4700 68
4	540,20483 38268	9 36690	270,10222 00789	270,10261 37479	96901	5642 87	4829 37
5	565,73431 68348	8 97520	282,86696 35414	282,86735 32934	96962	5769 32	4957 88
$\frac{10\pi}{4}=7{,}85\ldots$	575,97049 65976	8 82032	287,98505 41972	287,98544 24004	96986	5819 62	5011 38
6	591,52037 54126	8 58739	295,75999 47694	295,76038 06432	97022	5895 60	5086 24
7	617,56558 81875	8 20344	308,78260 30766	308,78298 51109	97081	6021 74	5214 42
8	643,87255 97025	7 82331	321,93609 07347	321,93646 89678	97139	6147 71	5342 44
9	670,44392 06768	7 44696	335,22177 31036	335,22214 75732	97195	6273 53	5470 30
7,90	697,28232 82685	7 07435	248,64097 87625	348,64134 95060	97251	6399 19	5597 99
1	724,39046 63408	6 70546	362,19504 96431	362,19541 66977	97305	6524 69	5725 52
2	751,77104 57300	6 34023	375,88534 11638	375,88570 45662	97359	6650 03	5852 88
3	779,42680 45170	5 97864	389,71322 23653	389,71358 21517	97411	6775 22	5980 08
4	807,36050 83006	5 62065	403,68007 60471	403,68043 22535	97462	6900 26	6107 12
5	835,57495 04745	5 26622	417,78729 89062	417,78765 15683	97513	7025 14	6233 99
6	864,07295 25065	4 91531	432,03630 16767	432,03665 08298	97562	7149 86	6360 70
7	892,85736 42204	4 56790	446,42850 92707	446,42885 49497	97610	7274 43	6487 25
8	921,93106 40815	4 22394	460,96536 09210	460,96570 31605	97657	7398 85	6613 64
9	951,29695 94839	3 88341	475,64831 03249	475,64864 91590	97704	7523 12	6739 87
	2	0,0003	1	1	0,99999	2,7	2,7

Amp x	x	$\log_e x$	Amp x		x	$\log_e x$	Amp x	
89° 56′		2,05	1,5699	89° 57′		2,06	1,5700	89° 57′
53″,195	**7,80**	412 37337	7 686	10″,972	**7,90**	686 27595	5 484	27″,057
55,054	1	540 49638	8 501	12,654	1	812 77818	6 222	28,579
56,894	2	668 45545	9 308	14,319	2	939 12058	6 952	30,086
58,716	3	796 25100	*0 108	15,968	3	065 30356	7 675	31,578
*00,520	4	923 88344	0 899	17,600	4	191 32753	8 391	33,055
02,306	5	*051 35318	1 682	19,216	5	317 19287	9 100	34,517
04,074	$\frac{10\pi}{4}=7{,}85\ldots$	102 06177	1 992	19,854	6	442 89999	9 802	35,964
05,824	6	178 66064	2 458	20,816	7	568 44928	*0 497	37,398
07,557	7	305 80624	3 226	22,400	8	693 84115	1 185	38,817
09,273	8	432 79039	3 986	23,968	9	819 07598	1 866	40,221
	9	559 61349	4 739	25,520				
89° 57′		2,06	1,5700	89° 57′		2,07	1,5701	89° 57′

x	φ	sin x	cos x	tg x	arc tg x
	4	**0,9**	**— 0,**		**1,44**
8,00	58° 21′ 58″,45	8935 82466 23381 778	14550 00338 08613 526	— 6,79971 14553	644 13
1	58 56 21,10	8785 38030 35080 087	15538 61764 41565 084	— 6,35805 46588	659 50
2	59 30 43,75	8625 05748 89683 647	16525 67805 86360 535	— 5,96798 85533	674 83
3	60 05 06,39	8454 87225 08670 978	17511 08591 90810 875	— 5,62243 09963	690 12
4	60 39 29,04	8274 84160 75861 976	18494 74268 55267 362	— 5,31366 36329	705 37
5	61 13 51,69	8084 98356 20399 671	19476 54999 31160 666	— 5,03605 53482	720 59
6	61 48 14,34	7885 31709 98747 464	20456 40966 19364 895	— 4,78506 82851	735 76
7	62 22 36,99	7675 86218 75703 640	21434 22370 68376 700	— 4,55700 48873	750 91
8	62 56 59,63	7456 63977 04435 050	22409 89434 72299 603	— 4,34882 19204	766 01
9	63 31 22,28	7227 67177 05531 974	23383 32401 68623 773	— 4,15799 18963	781 08
8,10	64 05 44,93	6988 98108 45086 243	24354 41537 35791 465	— 3,98239 82468	796 11
1	66 40 07,58	6740 59158 11794 818	25323 07130 90538 362	— 3,82025 50710	811 10
2	65 14 30,23	6482 52809 93091 123	26289 19495 85001 096	— 3,67004 49843	826 06
3	65 48 52,87	6214 81644 50306 506	27252 68971 03581 225	— 3,53047 04771	840 98
4	66 23 15,52	5937 48338 92864 322	28213 45921 59555 986	— 3,40041 54774	855 87
5	66 57 38,17	5650 55666 51509 216	29171 40739 91426 168	— 3,27891 47043	870 72
6	67 32 00,82	5354 06496 50574 274	30126 43846 58991 459	— 3,16512 90302	885 53
7	68 06 23,47	5048 03793 79288 834	31078 45691 39143 667	— 3,05832 55212	900 31
8	68 40 46,11	4732 50618 62129 807	32027 36754 21368 239	— 2,95786 11499	915 05
9	69 15 08,76	4407 50126 28219 488	32973 07546 02944 514	— 2,86316 94176	929 77
8,20	69 49 31,41	4073 05566 79772 901	33915 48609 83835 207	— 2,77374 92954	944 43
1	70 23 54,06	3729 20284 59597 855	34854 50521 61255 626	— 2,68915 60292	959 07
2	70 57 16,71	3375 97718 17650 935	35790 03891 23913 161	— 2,60899 34523	973 67
3	71 31 39,36	3013 41399 76652 800	36721 99363 45907 635	— 2,53290 75247	988 24
4	72 06 02,00	2641 54954 96766 200	37650 27618 80283 111	— 2,46058 08756	*002 77
5	72 40 24,65	2260 42102 39340 262	38574 79374 52221 815	— 2,39172 81744	017 27
6	73 14 47,30	1870 06653 29724 669	39495 45385 51870 840	— 2,32609 21844	031 73
7	73 49 09,95	1470 52511 19157 439	40412 16445 26792 363	— 2,26344 03861	046 15
8	74 23 32,60	1061 83671 45730 129	41324 83386 74028 121	— 2,20356 20762	060 55
9	74 57 55,24	0644 04220 94434 356	42233 37083 31768 944	— 2,14626 58656	074 91
8,30	75 33 17,89	0217 18337 56293 640	43137 68449 70620 174	— 2,09137 75143	089 23
1	76 07 40,54	*9781 30289 86584 650	44037 68442 84453 847	— 2,03873 80505	103 53
2	76 42 03,19	9336 44436 62152 032	44933 28062 80838 556	— 1,98820 21325	117 78
3	77 16 25,84	8882 65226 37821 086	45824 38353 71037 938	— 1,93963 66171	132 01
4	77 50 48,48	8419 79197 01912 659	46710 90404 59568 806	— 1,89291 93039	146 20
5	78 25 11,13	7948 44975 30864 683	47592 75350 33309 953	— 1,84793 78325	160 35
6	78 59 33,78	7468 13276 42964 927	48469 84372 50152 726	— 1,80458 87101	174 48
7	79 33 56,43	6979 06903 51199 550	49342 08700 27184 502	— 1,76277 64515	188 57
8	80 08 19,08	6481 30747 15222 213	50209 39611 28396 248	— 1,72241 28185	202 62
9	80 42 41,72	5974 89784 92448 514	51071 68432 51905 393	— 1,68341 61431	216 65
8,40	81 17 04,37	5459 89080 88280 663	51928 86541 16685 299	— 1,64571 07262	230 64
1	81 51 27,02	4936 33785 05467 367	52780 85365 48792 639	— 1,60922 63002	244 59
2	82 25 49,67	4404 29132 92603 981	53627 56385 67084 080	— 1,57389 75493	258 52
3	83 00 12,32	3863 80444 91778 084	54468 91134 68413 689	— 1,53966 36793	272 41
4	83 34 34,96	3314 93125 85365 717	55304 81199 12302 538	— 1,50646 80316	286 24
5	84 08 57,61	2757 72664 41983 592	56135 18220 05072 054	— 1,47425 77364	300 10
6	84 43 20,26	2192 24632 61602 693	56959 93893 83432 688	— 1,44298 33995	313 90
7	85 17 42,91	1618 54685 19828 736	57778 99972 97519 555	— 1,41259 88202	327 66
8	85 52 05,56	1036 68559 11355 087	58592 28266 93366 729	— 1,38306 07360	341 39
9	86 26 28,21	0446 72072 92593 764	59399 70642 94811 961	— 1,35432 85913	355 09
	4	**0,8**	**— 0,**		**1,45**

x	$\log_e x$	Amp x		x	$\log_e x$	Amp x		x	$\log_e x$	Amp x
	2,07	**1,5701**	**89° 57′**		**2,09**	**1,5701**	**89° 57′**		**2,10**	**1,5702**
8,00	944 15417	2 540	41″,612	**8,10**	186 40617	8 925	54″,781	**8,20**	413 41543	4 702
1	*069 07611	3 208	42,989	1	309 78681	9 529	56,027	1	535 29235	5 249
2	193 84219	3 869	44,352	2	433 01542	*0 127	57,261	2	657 02099	5 790
3	318 45280	4 523	45,702	3	556 09236	0 719	58,482	3	778 60147	6 325
4	442 90832	5 171	47,038	4	679 01800	1 305	59,691	4	900 03439	6 856
5	567 20914	5 812	48,361	5	801 79273	1 886	*00,889	5	*021 32003	7 381
6	691 35565	6 447	49,671	6	924 41690	2 460	02,074	6	142 45875	7 901
7	815 34823	7 076	50,968	7	*046 89089	3 029	03,247	7	263 45090	8 416
8	939 18725	7 699	52,252	8	169 21506	3 593	04,409	8	384 29684	8 925
9	**062 87311	8 315	53,523	9	291 38979	4 150	05,559	9	504 99691	9 430
	2,09	**1,5701**	**89° 57′**		**2,10**	**1,5702**	**89° 57′**		**2,11**	**1,5702**

x	e^x	e^{-x}	Sin x	Cos x	Tg x	Ar Sin x	Ar Cos x
	2	**0,0003**	**1**	**1**	**0,99999**	**2,7**	**2,7**
8,00	980,95798 70417	3 54626	490,47882 57896	490,47916 12522	97749	7647 23	6865 94
1	*010,91711 28824	3 21247	505,45839 03788	505,45872 25036	97795	7771 19	6991 85
2	041,17733 29434	2 88200	520,58850 20617	520,58883 08817	97838	7894 99	7117 60
3	071,74167 32721	2 55482	535,87067 38619	535,87099 94102	97880	8018 65	7243 18
4	102,61319 03279	2 23090	551,30643 40095	551,30675 63184	97922	8142 15	7368 62
5	133,79497 12882	1 91019	566,89732 60932	566,89764 51951	97963	8265 50	7493 89
6	165,29013 43572	1 59268	582,64490 92152	582,64522 51420	98004	8388 70	7619 00
7	197,10182 90774	1 27833	598,55075 81470	598,55107 09303	98043	8511 75	7743 96
8	229,23323 66447	0 96710	614,61646 34868	614,61677 31579	98982	8634 65	7868 76
9	261,68757 02267	0 65898	630,84363 18185	630,84393 84082	98120	8757 40	7993 40
8,10	294,46807 52838	0 35391	647,23388 58724	647,23418 94115	98157	8880 00	8117 89
1	327,57802 98939	0 05189	663,78886 46875	663,78916 52064	98193	9002 46	8242 22
2	361,02074 50799	*9 75287	680,51022 37756	680,51052 13043	98230	9124 76	8366 39
3	394,79956 51414	9 45682	697,39963 52866	697,39992 98548	98265	9246 92	8490 41
4	428,91786 79883	9 16372	714,45878 81755	714,45907 98127	98299	9368 92	8614 28
5	463,37906 54795	8 87354	731,68938 83720	731,68967 71074	98333	9490 78	8737 99
6	498,18660 37633	8 58624	749,09315 89505	749,09344 48129	98366	9612 49	8861 55
7	533,34396 36228	8 30180	766,67184 03024	766,67212 33204	98398	9734 06	8984 95
8	568,85466 08230	8 02019	789,42719 03105	789,42747 05125	98430	9855 48	9108 20
9	604,72224 64634	7 74139	802,36098 45247	802,36126 19386	98461	9976 75	9231 30
8,20	640,95030 73324	7 46536	820,47501 63394	820,47529 09930	98491	*0097 88	9354 24
1	677,54246 62662	7 19207	838,77109 71727	838,77136 90935	98521	0218 86	9477 03
2	714,50238 25113	6 92151	857,25105 66481	857,25132 58632	98550	0339 70	9599 67
3	751,83375 20901	6 65363	875,91674 27769	875,91700 93132	98579	0460 39	9722 16
4	789,54030 81706	6 38842	894,77002 21432	894,77028 60274	98607	0580 93	9844 50
5	827,62582 14399	6 12586	913,84278 00907	913,81304 13492	98635	0701 34	9966 69
6	866,09410 04811	5 86590	933,04690 09110	933,04917 95700	98662	0821 60	*0088 73
7	904,94899 21540	5 60853	952,47436 80344	952,47462 41196	98687	0941 71	0210 61
8	944,19438 19803	5 35372	972,09706 42216	972,09731 77588	98714	1061 69	0332 35
9	983,83419 45316	5 10145	991,91697 17586	991,91722 27731	98740	1181 52	0453 94
8,30	023,87239 38223	4 85168	*011,93607 26527	*011,93632 11696	98765	1301 21	0575 38
1	**064,31298 37056	4 60440	032,15636 88308	032,15661 48748	98789	1420 75	0696 67
2	105,16000 82742	4 35959	052,57988 23392	052,58012 59350	98813	1540 16	0817 82
3	146,41755 22646	4 11720	073,20865 55463	073,20889 67183	98837	1659 42	0938 81
4	188,08974 14656	3 87723	094,04475 13466	094,04499 01190	98860	1778 54	1059 66
5	230,18074 31438	3 63965	115,09025 33736	115,09048 97702	98882	1897 52	1180 37
6	272,69476 63955	3 40443	136,34726 61756	136,34750 02199	98904	2016 36	1300 92
7	315,63606 26974	3 17156	157,81791 54909	157,81814 72065	98926	2135 06	1421 33
8	359,00892 62020	2 94099	179,50434 83960	179,50457 78060	98947	2253 62	1541 59
9	402,81769 42317	2 71273	201,40873 35522	201,40896 06795	98968	2372 05	1661 71
8,40	447,06674 76999	2 46873	223,53326 14163	223,53348 62836	98989	2490 33	1781 68
1	491,76051 15487	2 26299	245,88014 44594	245,88036 70893	99009	2608 47	1901 51
2	536,90345 51918	2 04147	268,45161 73886	268,45183 78032	99028	2726 48	2021 19
3	582,50009 29612	1 82215	291,24993 73699	291,25015 55914	99048	2844 34	2140 73
4	628,55498 45587	1 60502	314,27738 42543	314,27760 03044	99066	2962 07	2260 13
5	675,07273 55118	1 39004	337,53626 08057	337,53647 47061	99185	3079 67	2379 38
6	722,05799 76343	1 17721	361,02889 29311	361,02910 47032	99103	3197 12	2498 49
7	769,51546 94917	0 96649	384,75762 99134	384,75783 95783	99121	3314 44	2617 46
8	817,44989 68706	0 75787	408,72484 46459	408,72505 22246	99138	3431 62	2736 28
9	865,86607 32537	0 55133	432,93293 38702	432,93313 93835	99155	3548 66	2854 96
	4	**0,0002**	**2**	**2**	**0,99999**	**2,8**	**2,8**

Amp x	x	$\log_e x$	Amp x		x	$\log_e x$	Amp x	
89⁰58′		**2,11**	**1,5702**	**89⁰58′**		**2,12**	**1,5703**	**89⁰58′**
06″,697	**8,30**	625 55148	9 929	17″,479	**8,40**	823 17058	4 659	27″,236
07,825	1	745 96089	*0 424	18,500	1	942 14740	5 107	28,159
08,941	2	866 22548	0 914	19,510	2	*060 98283	5 550	29,072
10,046	3	986 34562	1 398	20,510	3	179 67720	5 998	29,973
11,140	4	*106 32164	1 878	21,500	4	298 23086	6 423	30,873
12,224	5	226 15389	2 353	22,480	5	416 64414	6 853	31,760
13,296	6	345 84271	2 824	23,450	6	534 91736	7 278	32,638
14,358	7	465 38845	3 290	24,411	7	653 05087	7 700	33,507
15,409	8	584 79145	3 751	25,362	8	771 04498	8 117	34,368
16,450	9	704 05205	4 207	26,303	9	888 90003	8 530	35,220
89⁰58′		**2,12**	**1,5703**	**89⁰58′**		**2,13**	**1,5703**	**89⁰58′**

x	φ	sin x	cos x	tg x	arc tg x
	4	0,	— 0,	— 1,	1,45
8,50	87°00′ 50″,85	79848 71126 23490 287	60201 19026 84823 615	32636 43278	368 76
1	87 35 13,50	79242 71699 08528 169	60996 65403 86241 701	29913 21940	382 39
2	88 09 36,15	78628 79851 36928 973	61786 01819 41924 918	27259 85718	396 00
3	88 43 58,80	78007 01722 22053 887	62569 20379 94295 711	24673 18182	409 57
4	89 18 21,45	77377 43529 40012 906	63346 13253 64275 369	22150 21217	423 11
5	89 52 44,09	76740 11568 67487 735	64116 72671 29601 277	19688 13697	436 62
6	90 27 06,74	76095 12213 18774 647	64880 90927 02518 500	17284 30287	450 10
7	91 01 29,39	75442 51912 82053 586	65638 60379 06837 913	14936 20335	463 55
8	91 35 52,04	74782 37193 54889 884	66389 73450 54353 183	12641 46858	476 97
9	92 10 14,69	74114 74656 78975 048	67134 22630 20608 962	10397 85613	490 36
8,60	92 44 37,33	73439 70978 74113 144	67872 00473 20012 701	08203 24238	503 71
1	93 18 59,98	72757 32909 71459 370	68602 99601 80282 593	06055 61465	517 04
2	93 53 22,63	72067 67273 46017 505	69327 12706 16224 184	03953 06396	530 33
3	94 27 45,28	71370 80966 48402 975	70044 32545 02828 286	01893 77827	543 60
$\frac{11\pi}{4}$ = 8,63...	95	70710 67811 86547 524	70710 67811 86547 524	0	556 01
4	95 02 07,93	70666 80957 35878 371	70754 51946 47682 871	*99876 03634	556 83
5	95 36 30,57	69955 74286 02668 295	71457 63808 62691 718	97898 20198	570 03
6	96 10 53,22	69237 68063 09560 533	72153 61100 35092 629	95958 71872	583 21
7	96 45 15,87	68512 69469 12800 563	72842 36861 97768 118	94056 10497	596 35
8	97 19 38,52	67780 85753 92286 533	73523 84205 98841 545	92188 94938	609 46
9	97 54 01,17	67042 24235 79071 871	74197 96317 70551 729	90355 90667	622 55
8,70	98 28 23,81	66296 92300 82182 792	74864 66455 97399 157	88555 69366	635 60
1	99 02 46,46	65544 97402 14758 012	75523 87953 83556 971	86787 08565	648 63
2	99 37 09,11	64786 47059 19518 052	76175 54219 19539 993	85048 91298	661 62
3	*00 11 31,76	64021 48856 93571 596	76819 58735 48125 130	83340 05789	674 59
4	00 45 54,41	63250 10445 12566 409	77455 95062 29516 549	81659 45152	687 52
5	01 20 17,05	62472 39537 54192 412	78084 56836 05749 120	80006 07122	700 43
6	01 54 39,70	61688 43911 21044 556	78705 37770 64323 683	78378 93789	713 31
7	02 29 02,35	60898 31405 62853 207	79318 31658 01067 776	76777 11364	726 16
8	03 03 25,00	60102 09921 98089 832	79923 32368 82215 529	75199 69947	738 98
9	03 37 47,65	59299 87422 34955 805	80520 33853 05700 539	73645 83322	751 77
8,80	04 12 10,29	58491 71928 91762 254	81109 30140 61655 563	72114 68756	764 53
1	04 46 32,94	57677 71523 16708 896	81690 15341 92113 013	70605 46812	777 27
2	05 20 55,59	56857 94345 07069 891	82262 83648 49900 262	69117 41180	789 97
3	05 55 18,24	56032 48592 27794 796	82827 29333 56723 872	67649 78507	802 65
4	06 29 40,89	55201 42519 29532 748	83383 46752 60436 954	66201 88250	815 30
5	07 04 03,54	54364 84436 66088 090	83931 30343 91483 905	64773 02525	827 92
6	07 38 26,18	53522 82710 11315 682	84470 74629 18516 906	63362 55976	840 51
7	08 12 48,83	52675 45759 75464 216	85001 74214 03178 593	61969 85647	853 08
8	08 47 11,48	51822 82059 20975 886	85524 23788 54045 453	60594 30855	865 62
9	09 21 34,12	50965 00134 77750 858	86038 18127 79726 516	59235 33086	878 13
8,90	09 55 56,78	50102 08564 57884 982	86543 52092 41112 060	57892 35879	890 61
1	10 30 19,42	49234 15977 69889 307	87040 20629 02767 096	56564 84730	903 06
2	11 04 42,07	48361 31053 32399 941	87528 18770 83464 490	55252 26993	915 49
3	11 39 04,72	47483 62519 87386 913	88007 41638 05852 671	53954 11790	927 88
4	12 13 27,37	46601 19154 12870 703	88477 84438 45252 958	52669 89930	940 25
5	12 47 50,02	45714 09780 35155 175	88939 42467 77581 632	51399 13820	952 60
6	13 22 12,66	44822 43269 40585 676	98382 11110 26391 949	50141 37393	964 91
7	13 56 35,31	43926 28537 86841 146	89835 85839 09031 404	48896 16036	977 20
8	14 30 57,96	43025 74547 13769 090	90270 62216 81909 613	47663 06517	989 47
9	15 05 20,61	42120 90302 53772 341	90696 35895 84872 309	46441 66922	*001 70
	5	0,	— 0,	— 0,	1,46

x	$\log_e x$	Amp x	
	2,14	1,5703	89°58′
8,50	006 61635	8 939	36″,063
1	124 19426	9 344	36,898
2	241 63408	9 745	37,725
3	358 93615	*0 142	38,544
4	476 10078	0 535	39,355
5	593 12829	0 924	40,157
6	710 01902	1 309	40,952
7	826 77326	1 690	41,739
8	943 39135	2 068	42,517
9	*059 87360	2 442	43,288
	2,15	1,5704	89°58′

x	$\log_e x$	Amp	
	2,15	1,5704	89°58′
8,60	176 22033	2 812	44″,051
1	292 43184	3 178	44,807
2	408 50847	3 541	45,555
3	524 45051	3 900	46,296
$\frac{11\pi}{4}$ = 8,63...	633 07975	4 233	46,983
4	640 25828	4 255	47,030
5	755 93209	4 608	47,756
6	871 47226	4 956	48,475
7	986 87908	5 301	49,187
8	*102 15287	5 643	49,891
9	217 29393	5 981	50,589
	2,16	1,5704	89°58′

x	$\log_e x$	Amp x
	2,16	1,5704
8,70	332 30257	6 316
1	447 17909	6 647
2	561 92379	6 975
3	676 53698	7 300
4	791 01897	7 622
5	905 37004	7 940
6	*019 04231	8 256
7	133 68064	8 568
8	247 64076	8 877
9	361 47117	9 183
	2,17	1,5704

x	e^x	e^{-x}	Sin x	Cos x	Tg x	Ar Sin x	Ar Cos x
		0,0002	2	2	0,99999	2,8	2,8
8,50	4914,76884 02991	0 34684	457,38431 84154	457,38452 18838	99164	3665 57	2973 50
1	4964,16308 83242	0 14438	482,08144 34402	482,08164 48840	99188	3782 35	3091 90
2	5014,05375 67949	*9 94394	507,02677 86777	507,02697 81172	99204	3898 99	3210 16
3	5064,44583 48197	9 74550	532,22281 86824	532,22301 61376	99220	4015 49	3328 28
4	5115,34436 16484	9 54903	557,67208 30791	557,67227 85693	99236	4131 86	3446 26
5	5166,57442 71760	9 35451	583,37711 68154	583,37731 03605	99251	4248 09	3564 09
6	5218,68117 24520	9 16193	609,34049 04163	609,34068 20356	99266	4364 19	3681 79
7	5271,12979 01941	8 97126	635,56480 02407	635,56498 99534	99280	4480 16	3799 35
8	5324,10552 53079	8 78250	662,05266 87414	662,05285 65664	99294	4595 99	3916 77
9	5377,61367 54110	8 59551	688,80674 47280	688,80693 06830	99308	4711 69	4034 05
8,60	5431,65959 13630	8 41058	715,82970 36286	715,82988 77344	99322	4827 26	4151 19
1	5486,24867 78005	8 22739	743,12424 77633	743,12443 00372	99336	4942 69	4268 20
2	5541,38639 36777	8 04603	770,69310 66087	770,69328 70690	99349	5057 99	4385 06
3	5597,07825 28121	7 86646	798,53903 70737	798,53921 57384	99362	5173 16	4501 79
$\frac{11\pi}{4}$ = 8,63...	5649,82470 14772	7 69966	824,91226 22403	824,91243 92369	99373	5281 07	4611 16
4	5653,32982 44360	7 68869	826,66482 37746	826,66500 06615	99374	5288 20	4618 38
5	5710,14673 37535	7 51268	855,07327 93133	855,07345 44402	99387	5403 11	4734 84
6	5767,53466 25028	7 33843	883,76724 45593	883,76741 79436	99399	5517 88	4851 16
7	5825,49934 95247	7 16591	912,74958 89328	912,74976 05919	99411	5632 53	4967 34
8	5884,04659 13362	6 99511	942,02321 06925	942,02338 06436	99422	5747 05	5083 39
9	5943,18224 27101	6 82600	976,59103 72250	976,59120 54851	99434	5861 44	5199 30
8,70	6002,91221 72610	6 65858	*001,45602 53376	*001,45619 19234	99445	5975 69	5315 08
1	6063,24248 80361	6 49283	031,62116 15539	031,62132 64822	99456	6089 82	5430 72
2	6124,17908 81127	6 32872	062,08946 24127	062,08962 56999	99467	6203 81	5546 23
3	6185,72811 12016	6 16625	092,86397 47696	092,86413 64320	99477	6317 68	5661 60
4	6247,89571 22564	6 00539	123,94778 61013	123,94793 61551	99488	6431 42	5776 84
5	6310,68810 80890	5 84613	155,34397 48138	155,34413 32752	99498	6545 03	5891 95
6	6347,11157 79914	5 68846	187,05571 05534	187,05586 74380	99509	6658 52	6006 92
7	6438,17246 43633	5 53236	219,08615 45199	219,08630 98435	99517	6771 87	6121 76
8	6502,87717 33469	5 37781	251,43850 97844	251,43866 35625	99527	6885 10	6236 47
9	6568,23217 54668	5 22480	284,11601 16094	284,11616 38574	99537	6998 20	6351 04
8,80	6634,24400 62779	5 07331	317,12192 77724	317,12207 85055	99546	7111 17	6465 48
1	6700,91926 70181	4 92333	350,45955 88924	350,45970 81257	99555	7224 01	6579 80
2	6768,26462 52692	4 77484	384,13223 87604	384,13238 65088	99563	7336 73	6693 98
3	6836,28681 56230	4 62782	418,14333 46724	418,14348 09506	99572	7449 33	6808 03
4	6904,99264 03552	4 48227	452,49624 77663	452,49639 25890	99581	7561 80	6921 94
5	6974,38897 01058	4 33817	487,19441 33620	487,19455 67438	99589	7674 14	7035 73
6	7044,48274 45654	4 19551	522,24130 13051	522,24144 32602	99597	7786 36	7149 39
7	7115,28097 31698	4 05426	557,64041 63136	557,64055 68562	99604	7898 45	7262 92
8	7186,79073 58009	3 91442	593,39529 83284	593,39543 74726	99613	8010 42	7376 32
9	7259,01918 34947	3 77597	629,50952 28675	629,50966 06272	99620	8122 26	7489 58
8,90	7331,97353 91560	3 63889	665,98670 13835	665,98683 77725	99628	8233 98	7602 72
1	7405,66109 82812	3 50318	702,83048 16247	702,83061 66565	99635	8345 57	7715 74
2	7480,08922 96877	3 36882	740,04454 79997	740,04468 16880	99643	8457 05	7828 62
3	7555,26537 62505	3 23580	777,63262 19462	777,63275 43043	99650	8568 39	7941 37
4	7631,19705 56471	3 10410	815,59846 23030	815,59859 33440	99657	8679 62	8054 00
5	7707,89186 11085	2 97372	853,94586 56857	853,94599 54228	99663	8790 72	8166 50
6	7785,35746 21794	2 84463	892,67866 68666	892,67879 53128	99670	8901 70	8278 87
7	7863,60160 54842	2 71682	931,80073 91580	931,80086 63262	99677	9012 56	8391 12
8	7942,63211 55027	2 59028	971,31599 47999	971,31612 07028	99683	9123 29	8503 24
9	8022,45689 53516	2 46501	**011,22838 53507	**011,22851 00008	99689	9233 91	8615 23
		0,0001	4	4	0,99999	2,8	2,8

Amp x	x	$\log_e x$	Amp x		x	$\log_e x$	Amp x	
89° 58′		2,17	1,5704	89° 58′		2,18	1,57052	89° 59′
51″,278	8,80	475 17215	9 486	57″,818	8,90	385 12767	355	03″,736
51,962	1	588 74399	9 786	58,437	1	497 42415	626	04,295
52,639	2	702 18700	*0 083	59,049	2	599 59466	895	04,849
53,310	3	585 50146	0 377	59,656	3	711 63949	*161	05,398
53,973	4	708 68766	0 668	*00,256	4	833 55892	424	05,941
54,630	5	811 74590	0 956	00,850	5	945 35323	685	06,479
55,281	6	924 67646	1 242	01,439	6	*057 02270	943	07,012
55,925	7	*047 47963	1 524	02,022	7	168 56761	**199	07,539
56,562	8	150 15570	1 804	02,598	8	269 98823	452	08,061
57,194	9	262 70495	2 081	03,170	9	611 28485	703	08,577
89° 58′		2,18	1,5705	89° 59′		2,19	1,57054	89° 59′

x	φ	sin x	cos x	tg x	arc tg x
	5	+ 0,		— 0,	1,46
9,00	15° 39′ 43″,26	41211 84852 41756 570	— 0,91113 02618 84676 988	45231 56594	013 91
1	16 14 05,90	40298 67287 24647 549	— 0,91520 58219 17565 888	44032 36071	026 09
2	16 48 28,55	39381 46738 70487 219	— 0,91918 98621 30932 007	42843 67029	038 25
3	17 22 51,20	38460 32378 77117 640	— 0,92308 19841 24074 032	41665 12233	050 38
4	17 57 13,85	37535 33418 80461 980	— 0,92688 17986 88036 072	40496 35481	062 48
5	18 31 36,50	36606 59108 62411 682	— 0,93058 89258 44528 232	39337 01559	074 55
6	19 05 59,14	35674 18735 58329 052	— 0,93420 29948 83924 126	38186 76193	086 60
7	19 40 21,79	34738 21623 64174 492	— 0,93772 36444 02331 529	37045 26002	098 62
8	20 14 44,44	33798 77132 43267 686	— 0,94115 05223 37732 463	35912 18463	110 62
9	20 49 07,09	32855 94656 32692 042	— 0,94448 32860 05189 113	34787 21863	122 59
9,10	21 23 29,74	31909 83623 49351 771	— 0,94772 16021 31112 025	33670 05264	134 54
1	21 57 52,38	30960 53494 95690 980	— 0,95086 51468 86587 195	32560 38467	146 46
2	22 32 15,03	30008 13763 65084 218	— 0,95391 36059 19758 687	31457 91972	158 35
3	23 06 37,68	29052 73953 46907 927	— 0,95686 66743 87263 558	30362 36950	170 22
4	23 41 00,33	28094 43618 31302 302	— 0,95972 40569 84715 941	29273 45207	182 06
5	24 15 22,98	27133 32341 13633 067	— 0,96248 54679 76237 233	28190 89151	193 87
6	24 49 45,63	26169 49732 98662 744	— 0,96515 06312 23029 452	27114 41767	205 66
7	25 24 08,27	25203 05432 04440 972	— 0,96771 92802 10988 879	26043 76583	217 43
8	25 58 30,92	24234 09102 65923 509	— 0,97019 11580 77357 253	24978 67644	229 17
9	26 32 53,57	23262 70434 38329 538	— 0,97256 60176 36407 828	23918 89488	240 88
9,20	27 07 16,22	22288 99141 00246 958	— 0,97484 36214 04163 742	22864 17116	252 57
1	27 41 38,87	21313 04959 56495 329	— 0,97702 37416 22146 216	21814 25966	264 24
2	28 16 01,51	20334 97649 40756 205	— 0,97910 61602 80150 213	20768 91896	275 88
3	28 50 24,16	19354 86991 17980 578	— 0,98109 06691 38045 275	19727 91152	287 49
4	29 24 46,81	18372 82785 86583 199	— 0,98297 70697 46599 366	18691 00351	299 08
5	29 59 09,46	17388 94853 80433 549	— 0,98476 51734 67323 623	17657 96457	310 65
6	30 33 32,11	16403 33033 70653 277	— 0,98645 48014 91336 058	16628 56759	322 19
7	31 07 54,75	15416 07181 67229 904	— 0,98804 57848 57242 287	15602 58852	333 70
8	31 42 17,40	14427 27170 20456 645	— 0,98953 79644 68031 534	14579 80615	345 19
9	32 16 40,05	13437 02887 22208 204	— 0,99093 11911 06986 200	13560 00194	356 66
9,30	32 51 02,70	12445 44235 07062 408	— 0,99222 53254 52603 408	12542 95978	368 10
1	33 25 25,35	11452 61129 53277 581	— 0,99342 02380 92527 037	11528 46586	379 52
2	33 59 47,99	10458 63498 83635 535	— 0,99451 58095 36488 851	10516 30843	390 91
3	34 34 10,64	09463 61282 66160 127	— 0,99551 19302 28257 430	09506 27766	402 28
4	35 08 33,29	08467 64431 14721 280	— 0,99640 85005 56593 692	08498 16547	413 63
5	35 42 55,94	07470 82903 89534 428	— 0,99720 54308 65211 944	07491 76530	424 95
6	36 17 18,59	06473 26668 97565 324	— 0,99790 26414 61745 431	06486 87199	436 25
7	36 51 41,23	05475 05701 92850 173	— 0,99850 00626 25715 505	05483 28160	447 52
8	37 26 03,88	04476 29984 76741 060	— 0,99899 76346 15503 621	04480 79124	458 77
9	38 00 26,53	03477 09504 98086 647	— 0,99939 53076 74325 439	03479 19889	470 00
9,40	38 34 49,18	02477 54254 53358 121	— 0,99969 30402 35206 472	02478 30328	481 20
1	39 09 11,83	01477 74228 86730 378	— 0,99989 08079 24958 743	01477 90366	492 38
2	39 43 34,47	00477 79425 90128 441	— 0,99998 85855 67158 080	00477 79971	503 53
$\frac{12\pi}{4}=9{,}42\ldots$	40	0	— 1	*0	508 85
3	40 17 57,12	*00522 20154 96750 905	— 0,99998 63651 84121 745	00522 20867	514 66
4	40 52 19,77	01522 14513 86432 240	— 0,99988 41469 97886 191	01522 32150	525 77
5	41 26 42,42	02521 93651 43659 432	— 0,99968 19412 30184 860	02522 73839	536 86
6	42 01 05,07	03521 47569 85388 326	— 0,99937 97681 01426 018	03523 66119	547 92
7	42 35 27,72	04520 66273 80764 214	— 0,99897 76578 28670 731	04525 28913	558 96
8	43 09 50,36	05519 39771 51074 090	— 0,99847 56506 22611 183	05527 82405	569 98
9	43 44 13,01	06517 58075 69663 686	— 0,99787 37966 83549 643	06531 46799	580 97
	5	— 0,		+ 0	1,46

x	$\log_e$ x	Amp x		x	$\log_e$ x	Amp x		x	$\log_e$ x	Amp x
	2,19	1,5705	89° 59′		2,20	1,57057	89° 59′		2,21	1,57059
9,00	722 45773	4 951	09″,090	9,10	827 44135	300	13″,935	9,20	920 34841	425
1	833 50716	5 196	09,596	1	937 27113	522	14,393	1	*028 98503	626
2	944 43341	5 439	10,098	2	*046 98041	742	14,847	2	137 50370	825
3	*055 23674	5 680	10,595	3	156 56946	960	15,296	3	245 90485	*022
4	165 91744	5 919	11,086	4	266 03855	*175	15,741	4	354 18857	217
5	276 47577	6 155	11,573	5	375 38793	389	16,182	5	462 35515	410
6	386 91210	6 388	12,055	6	484 61787	600	16,618	6	570 40487	602
7	497 22641	6 620	12,532	7	593 72863	809	17,049	7	678 33796	791
8	607 41926	6 849	13,005	8	702 72046	**017	17,477	8	786 15468	979
9	717 49082	7 075	13,472	9	811 59364	222	17,900	9	893 85528	**164
	2,20	1,5705	89° 59′		2,21	1,57059	89° 59′		2,22	1,57061

x	e^x	e^{-x}	Sin x	Cos x	Tg x	Ar Sin x	Ar Cos x
		0,0001	**4**	**4**	**0,99999**	**2,8**	**2,8**
9,00	8103,08392 75754	2 34098	051,54190 20828	051,54202 54926	99695	9344 40	8727 09
1	8184,52127 49446	2 21819	092,26057 63813	092,26069 85632	99701	9454 77	8838 84
2	8266,77708 12617	2 09661	133,38848 01478	133,38860 11139	99707	9565 02	8950 45
3	8349,85957 21759	1 97625	174,92972 62067	174,92984 59692	99713	9675 15	9061 94
4	8433,77705 60056	1 85708	216,88846 87174	216,88858 72882	99719	9785 16	9173 31
5	8518,53792 45691	1 73910	259,26890 35890	259,26902 09801	99724	9895 05	9284 55
6	8604,15065 40239	1 62230	302,07526 89004	302,07538 51234	99730	*0004 82	9395 66
7	8690,62381 57141	1 50665	345,31185 03238	345,31196 53903	99735	0114 47	9506 65
8	8777,96602 70272	1 39216	388,98295 65528	388,98307 04744	99740	0224 00	9617 52
9	8866,18605 22580	1 27881	433,09296 97350	433,09308 25230	99746	0333 41	9728 27
9,10	8955,29270 34825	1 16658	477,64629 59084	477,64640 75742	99751	0442 70	9838 89
1	9045,29489 14401	1 05547	522,64739 04427	522,64750 09974	99756	0551 87	9949 39
2	9136,20161 64247	0 94547	568,10075 34850	568,10086 29397	99761	0660 93	*0059 76
3	9228,02196 91862	0 83659	614,01093 04103	614,01103 87759	99765	0769 86	0170 02
4	9320,76513 18311	0 72873	660,38251 22719	660,38261 95592	99770	0878 68	0280 15
5	9414,44037 87583	0 62198	707,22013 62692	707,22024 24890	99774	0987 38	0390 16
6	9509,05707 75687	0 51629	754,52848 62029	754,52859 13658	99779	1095 97	0500 04
7	9604,62469 00112	0 41165	802,31229 29473	802,31239 70638	99783	1204 44	0609 81
8	9701,15277 29265	0 30805	850,57633 49230	850,57643 80035	99787	1312 78	0719 45
9	9798,65097 92035	0 20549	899,32543 85743	899,32554 06292	99792	1421 02	0828 98
9,20	9897,12905 87439	0 10394	948,56447 88523	948,56457 98917	99796	1529 14	0938 38
1	9996,59685 94379	0 00340	998,29837 97019	998,29847 97360	99800	1637 14	1047 66
2	*0097,06432 81483	*9 90387	*048,53211 45548	*048,53221 35935	99804	1745 02	1156 83
3	0198,54151 17058	9 80532	099,27070 68263	099,27080 48795	99809	1852 79	1265 87
4	0301,03855 79132	9 70776	150,51923 04178	150,51932 74954	99811	1960 45	1374 80
5	0404,56571 65607	9 61117	202,28281 02245	202,28290 63362	99815	2067 99	1483 60
6	0509,13334 04504	9 51553	254,56662 26475	254,56671 78028	99819	2175 41	1592 29
7	0614,75188 64317	9 42085	307,37589 61116	307,37599 03201	99823	2282 72	1700 85
8	0721,43191 64473	9 32711	360,71591 15881	360,71600 48592	99826	2389 92	1809 30
9	0829,18409 85891	9 23431	414,59200 31230	414,59209 54661	99830	2497 00	1917 63
9,30	0938,01920 81652	9 14242	469,00955 83705	469,00964 97947	99833	2603 96	2025 85
1	1047,94812 87771	9 05145	523,97401 91313	523,97410 96458	99836	2710 82	2133 94
2	1158,98185 34085	8 96139	579,49088 18973	579,49097 15112	99839	2817 56	2241 92
3	1271,13148 55245	8 87222	635,56569 84011	635,56578 71234	99843	2824 19	2349 78
4	1384,40824 01816	8 78394	692,20407 61711	692,20416 40105	99846	3030 70	2457 52
5	1498,82344 51498	8 69654	749,41167 90922	749,41176 60576	99849	3137 10	2565 15
6	1614,38854 20449	8 61001	807,19422 79724	807,19431 40725	99852	3243 39	2672 66
7	1731,11508 74729	8 52434	860,55750 11148	860,55758 63582	99855	3349 57	2780 05
8	1849,01475 41856	8 43952	924,50733 48952	924,50741 92904	99858	3455 63	2887 33
9	1968 09933 22480	8 35555	984,04962 43463	984,04970 79017	99860	3561 58	2994 50
9,40	2088,38073 02170	8 27241	**044,19032 37465	**044,19040 64705	99863	3667 43	3101 55
1	2209,87097 63327	8 19009	104,93544 72159	104,93552 91168	99866	3773 16	3208 48
2	2332,58221 97210	8 10860	166,29106 93175	166,29115 04035	99869	3878 78	3315 30
$\frac{12\pi}{4}=9{,}42\ldots$	2391,64780 79167	8 06995	195,82386 36086	195,82394 43081	99870	3929 20	3366 29
3	2456,52673 16084	8 02792	228,26332 56646	228,26340 59438	99871	3984 29	3422 00
4	2581,71690 65495	7 94804	290,85841 35345	290,85849 30149	99874	4089 69	3528 59
5	2708,16526 36660	7 86896	354,08259 24882	354,08267 11778	99876	4194 97	3635 06
6	2835,88444 78991	7 79066	417,94218 49962	417,94226 29028	99878	4300 15	3741 42
7	2964,88723 12735	7 71314	482,44357 70711	482,44365 42025	99881	4405 22	3847 67
8	3095,18651 41752	7 63639	547,59321 89056	547,59329 52696	99883	4510 17	3953 80
9	3226,79532 66410	7 56041	613,39762 55185	613,39770 11226	99886	4615 02	4059 82
	1	**0,0000**	**6**	**6**	**0,99999**	**2,9**	**2,9**

Amp x	x	$\log_e x$	Amp x		x	$\log_e x$	Amp x	
89° 59′		**2,23**	**1,57061**	**89° 59′**		**2,24**	**1,57063**	**89° 59′**
18″,318	**9,30**	001 44002	348	22″,285	**9,40**	070 96893	088	25″,873
18,733	1	108 90913	530	22,660	1	177 29536	252	26,213
19,144	2	216 26287	710	23,031	2	283 50886	415	26,550
19,550	3	323 50149	888	23,398	$\frac{12\pi}{4}=9{,}42\ldots$	334 21745	493	26,708
19,953	4	430 62522	*065	23,762	3	389 60966	577	26,882
					4	495 59802	736	27,212
20,351	5	537 63433	240	24,123	5	601 47415	895	27,538
20,746	6	644 52905	413	24,480	6	707 23831	*051	27,861
21,136	7	751 30962	584	24,833	7	812 89072	206	27,181
21,523	8	857 97630	754	25,183	8	918 43163	360	28,497
21,906	9	964 52932	921	25,529	9	*023 86126	512	28,811
89° 59′		**2,23**	**1,57062**	**89° 59′**		**2,25**	**1,57064**	**89° 59′**

x	φ	sin x	cos x	tg x	arc tg x
	5	— 0,	— 0,9	0,	1,46
9,50	44° 18′ 35″,66	07515 11204 61809 307	9717 21561 96378 473	07536 42388	591 94
1	44 52 58,31	08511 89183 04534 473	9637 07993 24561 692	08542 89571	602 89
2	45 27 20,96	09507 82043 26361 380	9546 98062 03118 687	09551 08872	613 81
3	46 01 43,60	10502 79826 06987 225	9446 92669 30610 777	10561 20949	624 71
4	46 36 06,25	11496 72581 76875 397	9336 92815 60131 432	11573 46621	635 59
5	47 10 28,90	12489 50371 16751 611	9216 99600 89301 050	12588 06879	646 45
6	47 44 51,55	13481 03266 56995 001	9087 14224 49267 281	13605 22905	657 28
7	48 19 14,20	14471 21352 76914 256	8947 37984 92712 019	14625 16092	668 10
8	48 53 36,84	15459 94729 03898 863	8797 72279 80866 235	15648 08059	678 89
9	49 27 59,49	16447 13505 12435 545	8638 18605 69533 977	16674 20672	689 65
9,60	50 02 22,14	17432 67812 22979 985	8468 78557 94126 910	17703 76036	700 40
1	50 36 44,79	18416 47794 00673 961	8289 53830 53710 908	18736 96658	711 12
2	51 11 07,44	19398 43612 53898 007	8100 46215 94066 291	19774 05172	721 83
3	51 45 30,08	20378 45448 32649 759	7901 57604 89763 393	20815 24660	732 50
4	52 19 52,73	21356 43501 26738 134	7692 89986 25255 266	21860 78522	743 16
5	52 54 15,38	22332 27991 63783 534	7474 45446 74989 399	22910 90526	753 80
6	53 28 38,03	23305 89161 07014 267	7246 26170 82540 446	23965 84835	764 41
7	54 03 00,68	24277 17273 52849 416	7008 34440 38766 052	25025 86029	775 00
8	54 37 23,32	25246 02616 28258 377	6760 72634 58987 957	26091 19125	785 57
9	55 11 45,97	26212 35500 87887 363	6503 43229 59200 662	27162 09609	796 12
9,70	55 46 08,62	27176 06264 10943 124	6236 48798 31310 034	28238 83457	806 65
1	56 20 31,27	28137 05268 97824 225	5959 92010 17404 336	29321 67165	817 16
2	56 54 53,92	29095 22905 66490 200	5673 75630 83060 232	30410 87774	827 64
3	57 29 16,56	30050 49592 48558 961	5378 02521 89686 468	31506 72899	838 10
4	58 03 39,21	31002 75776 85122 830	5072 75640 65907 962	32609 50764	848 55
5	58 38 01,86	31951 91936 22273 640	4757 98039 77993 195	33719 50228	858 97
6	59 12 24,51	32897 88579 06327 330	4433 72866 99327 833	34837 00819	869 37
7	59 46 47,16	33840 56245 78738 522	4100 03364 78937 654	35962 32769	879 74
8	60 21 09,81	34779 85509 70695 587	3756 92870 09063 914	37095 77050	890 10
9	60 55 32,45	35715 66977 97386 743	3404 44813 91794 403	38237 65409	900 44
9,80	61 29 55,10	36647 91292 51927 748	3042 62721 04753 519	39388 30408	910 75
1	62 04 17,75	37576 49130 98941 818	2671 50209 65854 801	40548 05464	921 05
2	62 38 40,40	38501 31207 67782 377	2291 10990 97119 442	41717 24895	931 32
3	63 13 03,05	39422 28274 45389 356	1901 48868 87564 389	42896 23956	941 57
4	63 47 25,69	40339 31121 68769 724	1502 67739 55163 767	44085 38894	951 81
5	64 21 48,34	41252 30579 17093 021	1094 71591 07887 397	45285 06992	962 02
6	64 56 10,99	42161 17517 03392 677	0677 64503 03820 342	46495 66622	972 21
7	65 30 33,64	43065 82846 65863 950	0251 50646 10367 427	47717 57299	982 38
8	66 04 56,29	43966 17521 58749 344	*9816 34281 62546 856	48951 19734	992 53
9	66 39 18,93	44862 12538 42802 435	9372 19761 20377 058	50196 95899	*002 66
9,90	67 13 41,58	45753 58937 75321 044	8919 11526 25361 055	51455 29085	012 77
1	67 48 04,23	46640 47804 99740 763	8457 14107 56072 672	52726 63968	022 86
2	68 22 26,88	47522 70271 34779 861	7986 32124 82849 067	54011 46683	032 93
3	68 56 49,53	48400 17514 63126 685	7506 70286 21594 076	55310 24889	042 98
4	69 31 12,17	49272 80760 19660 644	7018 33387 86697 020	56623 47853	053 01
5	70 05 34,82	50140 51281 79197 998	6521 26313 43071 658	57951 66529	063 02
6	70 39 57,47	51003 20402 43753 647	6015 54033 57320 113	59295 33643	073 01
7	71 14 20,12	51860 79495 29310 204	5501 21605 48026 615	60655 03784	082 98
8	71 48 42,77	52713 19984 52085 680	4878 34172 35186 074	62031 33502	092 93
9	72 23 05,41	53560 33346 14291 149	4446 96962 88772 501	63424 81405	102 86
	5	— 0,	— 0,8	0,	1,47

x	$\log_e x$	Amp x		x	$\log_e x$	Amp x		x	$\log_e x$	Amp x
	2,25	1,57064	89° 59′		2,26	1,57066	89° 59′		2,27	1,57067
9,50	129 17986	662	29″,121	0,690	176 30985	087	32″,060	9,70	212 58855	376
1	234 38766	811	29,429	1	280 42230	222	32,338	1	315 62823	498
2	339 48488	959	29,733	2	384 42647	355	32,613	2	418 56185	619
3	444 47177	*105	30,034	3	488 32258	487	32,886	3	521 38962	738
4	549 34855	249	30,332	4	592 11086	618	33,155	4	624 11177	857
5	654 11545	392	30,627	5	695 79153	748	33,422	5	726 05620	974
6	758 77271	534	30,919	6	799 36482	876	33,687	6	829 24004	*090
7	863 32055	674	31,208	7	902 83095	*003	33,949	7	931 64661	205
8	967 75920	813	31,494	8	*006 19013	129	34,208	8	*033 94840	318
9	*072 08889	951	31,778	9	109 44259	253	34,465	9	136 14565	431
	2,26	1,57065	89° 59′		2,27	1,57067	89° 59′		2,28	1,57068

x	e^x	e^{-x}	Sin x	Cos x	Tg x	Ar Sin x	Ar Cos x
	1	**0,0000**			**0,99999**	**2,9**	**2,9**
9,50	3359,72682 96619	7 48518	6679,86337 74050	6679,86345 22569	99888	4719 76	4165 73
1	3493,99431 64988	7 41070	6746,99712 11959	6746,99719 53029	99890	4824 39	4271 53
2	3629,61121 40124	7 33697	6814,80557 03214	6814,80564 36911	99892	4928 92	4277 21
3	3766,59108 40055	7 26396	6883,29550 56829	6883,29557 83226	99895	5033 33	4482 78
4	3904,94762 45792	7 19168	6952,47377 63312	6952,47384 82480	99897	5137 63	4588 24
5	4044,69467 15028	7 12013	7022,34730 01508	7022,34737 13520	99899	5241 83	4693 58
6	4185,84619 95975	7 04928	7092,92306 45524	7092,92313 50452	99901	5345 92	4798 82
7	4328,41632 41338	6 97914	7164,20812 71712	7164,20819 69626	99903	5449 90	4903 94
8	4472,41930 22429	6 90968	7236,20961 65730	7236,20968 56699	99905	5553 77	5008 96
9	4617,86953 43426	6 84094	7308,93473 29666	7308,93480 13760	99906	5657 54	5113 86
9,60	4764,78156 55773	6 77287	7382,39074 89243	7382,39081 66530	99908	5761 20	5218 65
1	4913,17008 72726	6 70548	7456,58501 01089	7456,58507 71637	99910	5864 75	5323 33
2	5063,04993 84043	6 63876	7531,52493 60083	7531,52500 23959	99912	5968 20	5427 90
3	5214,43610 70824	6 57270	7607,21802 06777	7607,21808 64047	99914	6071 54	5532 36
4	5367,34373 20500	6 50731	7683,67183 34885	7683,67189 85615	99915	6174 77	5636 72
5	5521,78810 41969	6 44256	7760,89401 98857	7760,89408 43112	99917	6277 90	5740 96
6	5677,78466 80892	6 37845	7838,89230 21523	7838,89236 59368	99919	6380 92	5845 09
7	5835,34902 35131	6 31499	7917,67448 01816	7917,67454 33315	99920	6483 84	5949 12
8	5994,49692 70355	6 25215	7997,24843 22570	7997,24849 47785	99922	6586 65	6053 03
9	6155,24428 35794	6 18994	8077,62211 08400	8077,62217 27394	99923	6689 36	6156 84
9,70	6317,60719 80154	6 12835	8158,80356 83660	8158,80362 96495	99925	6791 96	6260 54
1	6481,60187 67693	6 06737	8240,80090 80478	8240,80096 87215	99926	6894 45	6364 13
2	6647,24472 94456	6 00600	8323,62233 46928	8323,62239 47528	99928	6996 85	6467 61
3	6814,55232 04675	5 94723	8407,27613 04976	8407,27618 99699	99929	7099 14	6570 99
4	6983,54138 07337	5 88805	8491,77066 09266	8491,77071 98071	99931	7201 32	6674 26
5	7154,22880 92910	5 82947	8577,11437 54982	8577,11443 37928	99932	7303 40	6777 42
6	7326,63167 50244	5 77146	8663,31580 86549	8663,31586 63695	99934	7405 38	6880 47
7	7500,76721 83642	5 71404	8750,38358 06119	8750,38363 77523	99935	7507 25	6983 42
8	7676,65285 30099	5 65718	8838,32639 82191	8838,32645 47909	99936	7609 02	7086 26
9	7854,30616 76715	5 60089	8927,15305 58313	8927,15311 18402	99937	7710 69	7189 00
9,80	8033,74492 78285	5 54516	9016,87243 61885	9016,87249 16401	99938	7812 25	7291 63
1	8214,98707 75065	5 48998	9107,49351 13033	9107,49356 62032	99940	7913 71	7394 15
2	8398,05074 13496	5 43536	9199,02534 34980	9199,02539 78516	99941	8015 07	7496 57
3	8582,95422 50421	5 38128	9291,47708 56147	9291,47713 94274	99942	8116 35	7598 88
4	8769,71601 99212	5 32773	9384,85798 33220	9384,85803 65993	99943	8214 05	7701 09
5	8958,35480 20438	5 27472	9479,17737 46483	9479,17742 73955	99944	8318 54	7803 19
6	9148,88943 54453	5 22223	9574,44469 16115	9574,44474 38338	99945	8419 50	7905 19
7	9341,33897 37478	5 17027	9670,66946 10225	9670,66951 27253	99947	8520 35	8007 08
8	9535,72266 20655	5 11883	9767,86130 54386	9767,86135 66269	99948	8621 10	8108 87
9	9732,05993 89292	5 06789	9866,02994 41251	9866,02999 48041	99949	8721 75	8210 56
9,90	9930,37043 82303	5 01747	9965,18519 40278	9965,18524 42025	99950	8822 30	8312 14
1	*0130,67399 11839	4 96754	*0065,33697 07542	*0065,33702 04297	99951	8922 75	8413 61
2	0332,99062 83122	4 91812	0166,49528 95655	0166,49533 87467	99952	9023 10	8514 99
3	0537,34058 14475	4 86918	0268,67026 63729	0268,67031 50697	99953	9123 34	8616 26
4	0743,74428 57556	4 82073	0371,87211 87741	0371,87216 69814	99954	9223 50	8717 43
5	0952,22238 17787	4 77276	0476,11116 70255	0476,11121 47531	99954	9323 54	8818 49
6	1162,79571 75002	4 72527	0581,39783 51237	0581,39788 23765	99955	9423 49	8919 46
7	1375,48535 04292	4 67826	0687,74265 18233	0687,74269 86059	99956	9523 34	9020 32
8	1590,31254 97062	4 63171	0795,15625 16945	0795,15629 80116	99957	9623 10	9121 07
9	1807,29879 82301	4 58562	0903,64937 61870	0903,64942 20432	99958	9722 75	9221 73
	2	**0,0000**	**1**	**1**	**0,99999**	**2,9**	**2,9**

Amp x	x	$\log_e x$	Amp x		x	$\log_e x$	Amp x	
89° 59′		**2,28**	**1,57068**	**89° 59′**		**2,29**	**1,57069**	**89° 59′**
34″,719	**9,80**	238 23857	542	37″,125	**9,90**	253 47571	598	39″,301
34,970	1	340 22736	653	37,352	1	354 43483	698	39,507
35,219	2	442 11224	762	37,577	2	455 29213	796	39,711
35,466	3	543 89342	870	37,800	3	556 04781	894	39,913
35,710	4	645 57111	977	38,021	4	656 70207	991	40,113
35,952	5	747 14552	*083	38,240	5	757 25512	*087	40,311
36,191	6	848 61686	188	38,456	6	857 70716	182	40,507
36,428	7	949 98634	292	38,671	7	958 05840	276	40,701
36,663	8	*051 25118	395	38,883	8	*058 30903	369	40,893
36,895	9	152 41456	497	39,093	9	158 45927	461	41,083
89° 59′		**2,29**	**1,57069**	**89° 59′**		**2,30**	**1,57070**	**89° 59′**

x	e^x	e^{-x}	$\mathfrak{Sin}\,x$
10,0	22026,46579 48067 16517	0,00004 53999 29762	11013,23287 47033 43377
1	24343,00942 44083 88346	0,00004 10795 55225	12171,50469 16644 16560
2	26903,18607 42975 60999	0,00003 71703 18684	13451,59301 85636 21157
3	29732,61885 28914 13821	0,00003 36330 95186	14866,30940 96291 59318
4	32859,62567 44433 12762	0,00003 04324 83008	16429,81282 20054 14877
5	36315,50267 42466 37739	0,00002 75364 49350	18157,75132 33550 94194
6	40134,83743 08757 93109	0,00002 49160 09732	20067,41870 29798 91689
7	44355,85513 02978 66939	0,00002 25449 37913	22177,92755 38764 64513
8	49020,80113 63817 18305	0,00002 03995 03411	24510,40055 79911 07446
9	54176,36379 66987 33990	0,00001 84582 33996	27088,18188 91202 49997
11,0	59874,14171 51978 18455	0,00001 67017 00790	29937,07084 92480 58833
1	66171,16016 83766 04182	0,00001 51123 23820	33085,58007 66321 40181
2	73130,44183 34154 97312	0,00001 36741 96066	36565,22090 98706 50623
3	80821,63754 03135 52465	0,00001 23729 24262	40410,81876 39703 14102
4	89321,72336 08055 55699	0,00001 11954 84843	44660,86167 48050 35428
5	98715,77101 07604 97428	0,00001 01300 93599	49357,88550 03152 01915
6	1 09097,79927 65075 80429	0,00000 91660 87736	54548,89963 36707 46346
7	1 20571,71498 64506 07884	,, 82938 19161	60285,85748 90783 94362
8	1 33252,35294 55309 39735	,, 75045 57915	66626,17646 90131 90915
9	1 47266,62524 05526 56666	,, 67904 04807	73633,31261 68810 00360
12,0	1 62754,79141 90039 20808	,, 61442 12353	81377,39570 64298 54227
1	1 79871,86225 37510 99203	,, 55595 13242	89935,93112 40957 92980
2	1 98789,15114 29545 30399	,, 50304 55607	99394,57556 89620 37396
3	2 19695,98867 21377 34716	,, 45517 44463	1 09847,99433 37929 95126
4	2 42801,61749 83235 41022	,, 41185 88708	1 21400,80874 71024 76157
5	2 68337,28652 08744 56956	,, 37266 53172	1 34168,64325 85739 01892
6	2 96558,56529 82029 28131	,, 33720 15234	1 48279,28264 74154 56448
7	3 27747,90187 38118 24915	,, 30511 25558	1 63873,95093 53803 49679
8	3 62217,44961 12478 85015	,, 27607 72572	1 81108,72480 42435 56221
9	4 00312,19132 98824 57936	,, 24980 50326	2 00156,09566 36922 03805
13,0	4 42413,39200 89205 03326	,, 22603 29407	2 21206,69600 33300 86960
1	4 88942,41461 54600 59140	,, 20452 30625	2 44471,20730 67074 14258
2	5 40364,93724 66919 42888	,, 18506 01198	2 70182,46862 24206 70845
3	5 97195,61379 28162 51019	,, 16744 93209	2 98597,80689 55708 78905
4	6 60003,22476 61566 27675	,, 15151 44112	3 30001,61238 23207 41781
5	7 29416,36984 77013 31861	,, 13709 59086	3 64708,18492 31651 86387
6	8 06129,75912 39902 17000	,, 12404 95080	4 03064,87956 13748 60960
7	8 90911,16597 91609 45513	,, 11224 46365	4 45455,58298 90192 49574
8	9 84609,11122 90349 84647	,, 10156 31471	4 92304,55561 40096 76588
9	10 88161,35540 26400 42869	,, 09189 81358	5 44080,67770 08605 30756
14,0	12 02604,28416 47767 77749	,, 08315 28719	6 01302,14208 19726 24515
1	13 29083,28081 20933 72416	,, 07523 98299	6 64541,64040 56704 87058
2	14 68864,18965 40950 11265	,, 06807 98134	7 34432,09482 67071 06565
3	16 23345,98500 84583 73177	,, 06160 11626	8 11672,99250 39211 80775
4	17 94074,77260 62144 46062	,, 05573 90369	8 97037,38630 28285 27847
5	19 82759,26353 75687 67141	,, 05043 47663	9 91379,63176 85322 09740
6	21 91287,87560 68098 30730	,, 04563 52637	10 95643,93780 31767 39047
7	24 21747,63325 24135 50748	,, 04129 24942	12 10873,81662 60003 12903
8	26 76445,05518 90966 65945	,, 03736 29938	13 38222,52759 43615 18003
9	29 57929,23882 23613 37257	,, 03380 74348	14 78964,61941 10116 31454

Tabelle 1.
Werte von $e^{nh}\,[e^h - 1]$ in (18)
(siehe Anhang § 5, 1).

n	h = 0,1
0	0,10157 09180 75648
1	0,11623 18400 84522
2	0,12845 60494 15833
3	0,14196 58900 65267
4	0,15689 65730 58858
5	0,17339 75296 90381
6	0,19163 39070 79968
7	0,21178 82210 21991
8	0,23406 21826 64482
9	0,25867 87173 02096

x	Cof x*)	Tg x	Ar Sin x	Ar Cof x	log x
		0,99999	2,	2,	
10,0	... 292 01033 23140	99959	99822 30	99292 28	2,30258 50930
1	... 473 27439 71786	99966	*00812 44	*00322 28	2,31253 54238
2	... 305 57339 39842	99972	01792 92	01312 33	2,32238 77203
3	... 944 32622 54503	99977	02763 93	02292 62	2,33214 38952
4	... 285 24378 97885	99981	03725 64	03263 35	2,34180 58061
5	... 135 08915 43544	99985	04678 23	04224 71	2,35137 52572
6	... 872 78959 01420	99988	05621 88	05176 87	2,36085 40011
7	... 757 64214 02426	99990	06556 74	06120 01	2,37024 37415
8	... 057 88906 10858	99992	07482 98	07054 30	2,37954 61341
9	... 190 75784 83993	99993	08400 76	07979 91	2,38876 27892
11,0	... 86 59497 59623	99994	09310 22	08896 99	2,39789 52728
1	... 09 17444 64001	99995	10211 52	09805 70	2,40694 51083
2	... 92 35448 46687	99996	11104 80	10706 20	2,41591 37783
3	... 77 63432 38364	99996	11990 20	11598 63	2,42480 27257
4	... 68 60005 20271	99997	12867 87	12483 13	2,43361 33554
5	... 51 04452 95513	99998	13737 92	13359 84	2,44234 70354
6	... 64 28368 34073	99998	14600 50	14228 92	2,45100 50981
7	... 49 73722 13523	99999	15455 73	15090 47	2,45958 88418
8	... 47 65177 48825	99999	16303 74	15944 64	2,46809 95315
9	... 62 36714 05167	99999	17144 63	16791 55	2,47653 84001
12,0	... 71 25740 66581	99999	17978 54	17631 32	2,48490 66498
1	... 12 96553 06222	99999	18805 58	18464 07	2,49320 54526
2	... 57 39924 93003	99999	19625 86	19289 92	2,50143 59517
3	... 33 33447 39589	*00000	20439 48	20108 99	2,50959 92624
4	... 75 12210 64864	,,	21246 56	20921 38	2,51769 64726
5	... 26 23005 55064	,,	22047 20	21727 20	2,52572 86443
6	... 65 07874 71683	,,	22841 50	22526 56	2,53369 68140
7	... 93 84314 75237	,,	23629 56	23319 56	2,54160 19935
8	... 80 70043 28793	,,	24411 47	24106 30	2,54944 51709
9	... 66 61902 54131	,,	25187 34	24886 88	2,55722 73114
13,0	... 00 55904 16367	,,	25957 26	25661 40	2,56494 93575
1	... 30 87526 44882	,,	26721 30	26429 94	2,57261 22302
2	... 62 42712 72043	,,	27479 57	27192 61	2,58021 68296
3	... 89 72453 22114	,,	28232 15	27949 49	2,58776 40352
4	... 38 38358 85894	,,	28979 13	28700 67	2,59525 47070
5	... 92 45361 45474	,,	29720 58	29446 23	2,60268 96854
6	... 56 26153 56040	,,	30456 59	30186 26	2,61006 97927
7	... 99 01416 95939	,,	31187 23	30920 84	2,61739 58328
8	... 61 50253 08059	,,	31912 59	31650 04	2,62466 85922
9	... 70 17795 12113	,,	32632 74	32373 96	2,63188 88401
14,0	... 08 28041 53234	,,	33347 76	33092 66	2,63905 73296
1	... 40 64228 85357	,,	34057 71	33806 21	2,64617 47974
2	... 82 23879 04700	,,	34762 67	34514 70	2,65324 19646
3	... 50 45371 92401	,,	35462 70	35218 19	2,66025 95373
4	... 30 33859 18216	,,	36157 88	35916 76	2,66722 82066
5	... 76 90365 57402	,,	36848 28	36610 46	2,67414 86494
6	... 80 36330 91683	,,	37533 95	37299 38	2,68102 15287
7	... 62 64132 37845	,,	38214 96	37983 57	2,68784 74938
8	... 59 47351 47941	,,	38891 38	38663 11	2,69462 71808
9	... 41 13497 05803	,,	39563 26	39338 04	2,70136 12130
		1,00000	3,	3,	

h = 0,01		h = 0,001		h = 0,0001		h = 0,00001	
0,010	05 01670 84168	0,00100	05001 66708	0,00010 00	050 00167	0,00001 0000	0 50000
	15 11729 42588		15011 67292		150 01167		1 50001
	25 31939 26761		25031 69376		250 03167		2 50003
	35 62402 38871		35061 73965		350 06167		3 50007
	46 03221 83636		45101 82059		450 10167		4 50010
	56 54501 69336		55151 94664		550 15168		5 50016
	67 16347 08857		65212 12783		650 21168		6 50021
	77 88864 20742		75282 37424		750 28168		7 50029
	88 72160 30252		85362 69595		850 36169		8 50035
	99 66343 70437		95453 10300		950 45169		9 50046

*) Die mit „. . .“ bezeichneten anfänglichen Stellen von Cof x sind den entsprechenden Werten von Sin x zu entnehmen. Z. B. für x = 12,2 ist Cof x = 99394,57557 39924 93003.

x	e^x	e^{-x}	$\mathfrak{Sin}\, x$
15,0	32 69017,37247 21106 39302	$0,0^5$ 03059 02321	16 34508,68623 59023 68491
1	36 12822,93074 02438 44331	,, 02767 91866	18 06411,46536 99835 26232
2	39 92786,83521 09471 82558	,, 02504 51637	19 96393,41760 53483 65461
3	44 12711,89235 04420 61861	,, 02266 18013	22 06355,94617 51077 21924
4	48 76800,85327 22664 04847	,, 02050 52458	24 38400,42663 60306 76195
5	53 89698,47628 30123 67815	,, 01855 39136	26 94849,23814 14134 14340
6	59 56538,01318 46158 94526	,, 01678 82753	29 78269,00654 22240 05886
7	65 82992,58458 37360 04429	,, 01519 06597	32 91496,29229 17920 48916
8	72 75331,95838 95879 21061	,, 01374 50773	36 37665,97919 47252 35144
9	80 40485,29975 85202 66729	,, 01243 70602	40 20242,64987 91979 48064
16,0	88 86110,52050 78726 36763	,, 01125 35175	44 43055,26025 38800 55794
1	98 20670,92207 13565 82889	,, 01018 26037	49 10335,46103 56273 78426
2	108 53519,89906 44180 45529	,, 00921 36008	54 26759,94953 21629 54760
3	119 94994,55120 13332 33724	,, 00833 68108	59 97497,27560 06249 32808
4	132 56519,14046 35683 00166	,, 00754 34583	66 28259,57023 17464 32792
5	146 50719,42895 35169 10098	,, 00682 56034	73 25359,71447 67243 27032
6	161 91549,04176 52861 89444	,, 00617 60613	80 95774,52088 26122 14415
7	178 94429,11955 46139 05553	,, 00558 83314	89 47214,55977 72790 11119
8	197 76402,65849 77754 61391	,, 00505 65313	98 88201,32924 88624 48039
9	218 56305,08232 56648 96059	,, 00457 53388	109 28152,54116 28095 71335
17,0	241 54952,75357 52982 14775	,, 00413 99377	120 77476,37678 76284 07699
1	266 95351,31074 27049 13394	,, 00374 59706	133 47675,65537 13349 83672
2	295 02925,91644 54583 71111	,, 00338 94943	147 51462,95822 27122 38084
3	326 05775,72099 58447 95506	,, 00306 69413	163 02887,86049 79070 63047
4	360 34955,08814 16391 55272	,, 00277 50832	180 17477,54407 08057 02220
5	398 24784,39757 62250 21871	,, 00251 09992	199 12392,19878 80999 55940
6	440 13193,53483 40439 30710	,, 00227 20460	220 06596,76741 70106 05125
7	486 42102,50633 36988 59844	,, 00205 58322	243 21050,75316 68391 50762
8	537 57835,97888 36562 28073	,, 00186 01939	268 78917,98944 18188 13067
9	594 11596,94254 29315 75596	,, 00168 31731	297 05798,47127 14507 71933
18,0	656 59969,13733 05111 38787	,, 00152 29980	328 29984,56866 52479 54403
1	725 65488,37232 22497 75111	,, 00137 80656	362 82744,18616 11179 97228
2	801 97267,40504 71134 14452	,, 00124 69253	400 98633,70252 35504 72600
3	886 31687,64519 41289 61082	,, 00112 82646	443 15843,82259 70588 39218
4	979 53163,60543 32304 45541	,, 00102 08961	489 76581,80271 66101 18290
5	1082 84987,75023 07572 48748	,, 00092 37450	541 42493,87511 53740 05649
6	1196 40264,19819 05133 97760	,, 00083 58390	598 20132,09909 52525 19685
7	1322 22940,62272 72454 49131	,, 00075 62984	661 11470,31136 36189 43074
8	1461 28948,67868 13129 20357	,, 00068 43271	730 64474,33934 06530 38543
9	1614 97464,36864 74215 13410	,, 00061 92048	807 48732,18432 37076 60681
19,0	1784 82300,96318 72608 44910	,, 00056 02796	892 41150,48159 36276 21057
1	1972 53448,41573 97114 12668	,, 00050 69620	986 26274,20786 98531 71514
2	2179 98774,67921 04573 69563	,, 00045 87182	1089 99387,33960 52236 91191
3	2409 25905,95158 92662 02665	,, 00041 50654	1204 62952,97579 46310 26006
4	2662 64304,66872 50454 28992	,, 00037 55667	1331 32152,33436 25208 36663
5	2942 67566,04150 88065 66681	,, 00033 98268	1471 33783,02075 44015 84206
6	3252 15956,12198 05562 88546	,, 00030 74880	1626 07978,06099 02766 06833
7	3594 19216,80017 87860 03059	,, 00027 82266	1797 09608,40008 93916 10396
8	3972 19665,80508 38215 53744	,, 00025 17499	1986 09832,90254 19095 18123
9	4389 95622,73550 64203 80154	,, 00022 77927	2194 97811,36775 32090 51114

Tabelle 2.

Werte von

$e^{-nh}[1-e^{-h}]$ in (18)

(siehe Anhang § 5,1).

n		h = 0,1
0	0,0	9516 25819 64040 427
1		8610 66649 57977 715
2		7791 25323 96263 992
3		7049 81746 46078 566
4		6378 93863 23005 876
5		5771 90236 18606 991
6		5222 63323 02616 918
7		4725 63396 74187 923
8		4275 93043 76622 480
9		3869 02185 69156 790

x	Coſ x*)	Tg x	Ar Sin x	Ar Coſ x	$\log_e x$
			3,4	**3,4**	
15,0	... 23 62082 70811	1,0[5] 0[5]	0230 66	0008 44	2,70805 02011
1	... 37 02603 18098	,, ,,	0893 66	0674 37	2,71469 47438
2	... 0 55988 17098	,, ,,	1552 29	1335 88	2,72129 54279
3	... 7 53343 39937	,, ,,	2206 63	1993 03	2,72785 28284
4	... 3 62357 28652	,, ,,	2856 72	2645 89	2,73436 75094
5	... 4 15989 53476	,, ,,	3502 62	3294 50	2,74084 00239
6	... 4 23918 88639	,, ,,	4144 38	3938 92	2,74727 09143
7	... 9 19439 55513	,, ,,	4782 06	4579 21	2,75366 07124
8	... 9 48626 85917	,, ,,	5415 71	5215 42	2,76000 99400
9	... 7 93223 18666	,, ,,	6045 37	5847 59	2,76631 91092
16,0	... 39925 85969	,, ,,	6671 10	6475 79	2,77258 87222
1	... 57292 04463	,, ,,	7292 95	7100 06	2,77881 92720
2	... 22550 90764	,, ,,	7910 97	7720 45	2,78501 12422
3	... 07083 00916	,, ,,	8525 19	8337 00	2,79116 51078
4	... 18218 67375	,, ,,	9135 68	8949 77	2,79728 13348
5	... 67925 83066	,, ,,	9742 46	9558 80	2,80336 03809
6	... 26739 75029	,, ,,	*0345 59	*0134 43	2,80940 26954
7	... 73348 94433	,, ,,	0945 11	0765 83	2,81540 87194
8	... 89130 13352	,, ,,	1541 07	1363 91	2,82137 88864
9	... 28553 24723	,, ,,	2133 50	1958 43	2,82731 36219
17,0	... 76698 07076	,, ,,	2722 45	2549 43	2,83321 33441
1	... 13724 43377	,, ,,	3307 95	3136 96	2,83907 84635
2	... 27461 33027	,, ,,	3890 05	3721 04	2,84490 93838
3	... 79377 32459	,, ,,	4468 79	4301 73	2,85070 65015
4	... 08334 53052	,, ,,	5044 21	4879 06	2,85647 02062
5	... 81250 65931	,, ,,	5616 35	5453 07	2,86220 08809
6	... 70333 25585	,, ,,	6185 22	6023 80	2,86789 89020
7	... 68597 09083	,, ,,	6750 88	6591 10	2,87356 46396
8	... 18374 15006	,, ,,	7313 37	7155 57	2,87919 84573
9	... 14742 03663	,, ,,	7872 72	7716 67	2,88480 07128
18,0	... 52631 84383	,, ,,	8428 97	8274 66	2,89037 17579
1	... 11317 77883	,, ,,	8982 13	8829 50	2,89591 19383
2	... 35629 41853	,, ,,	9532 27	9381 32	2,90142 15941
3	... 70701 21864	,, ,,	**0079 39	9930 09	2,90690 10598
4	... 66203 27251	,, ,,	0623 54	**0475 86	2,91235 06646
5	... 53832 43099	,, ,,	1164 76	1018 67	2,91777 07321
6	... 52608 78075	,, ,,	1703 06	1558 53	2,92316 15807
7	... 36265 06058	,, ,,	2238 49	2095 50	2,92852 35239
8	... 06598 81814	,, ,,	2771 06	2629 60	2,93385 68698
9	... 37138 52729	,, ,,	3300 82	3160 85	2,93916 19221
19,0	... 36332 23853	,, ,,	3827 80	3689 29	2,94443 89792
1	... 98582 41144	,, ,,	4352 01	4214 95	2,94968 83351
2	... 52309 78372	,, ,,	4873 49	4737 86	2,95491 02790
3	... 46351 76659	,, ,,	5392 28	5258 04	2,96010 50959
4	... 25245 92329	,, ,,	5908 38	5775 53	2,96500 30660
5	... 44049 82474	,, ,,	6421 85	6290 35	2,97041 44656
6	... 02796 81713	,, ,,	6932 69	6802 53	2,97552 95662
7	... 93943 92663	,, ,,	7440 94	7312 10	2,98061 86357
8	... 19120 35621	,, ,,	7946 62	7819 08	2,98568 19377
9	... 32113 29041	,, ,,	8449 76	8323 50	2,99071 97317
			3,6	**3,6**	

h = 0,01		h = 0,001		h = 0,0001		h = 0,00001	
	95 01662 50831 9		95001 66625		950 00167		9 50000 16666 625
	85 11604 42412 7		85011 66042		850 01167		8 50001 16666 042
	75 31397 58247 1		75031 63960		750 03166		7 50003 16663 958
	65 60943 96184 9		65061 59382		650 06166		6 50006 16659 375
	56 00146 51609 2		55101 51309		550 10165		5 50010 16651 292
0,009	46 48909 16465 3	0,00099	45151 38747	0,00009 99	450 15164	0,00000 9999	4 50015 16638 708
	37 07136 78300 4		35211 20700		350 21162		3 50021 16620 626
	27 74735 19312 4		25280 96174		250 28160		2 50028 16596 043
	18 51611 15407 6		15360 64177		150 36156		1 50036 16563 961
	09 37672 35268 6		05450 23716		050 45152		0 50045 16523 378

*) Siehe die Bemerkung auf S. 197.

x	e^x	e^{-x}	Sin x
20	4851 65195,40979 02779 69107	$0{,}0^{5}$ 00020 61154	2425
1	13188 15734,48321 46972 09999	,, 00007 58256	6594
2	35849 12846,13159 15616 81160	,, 00002 78947	17924
3	97448 03446,24890 26000 34633	,, 00001 02619	48724
4	2 64891 22129,84347 22941 39162	,, 00000 37751	1 32445
5	7 20048 99337,38587 25241 61351	,, ,, 13888	3 60024
6	19 57296 09428,83876 42697 76398	,, ,, 05109	9 78648
7	53 20482 40601,79861 66837 47304	,, ,, 01880	26 60241
8	144 62570 64291,47517 36770 47423	,, ,, 00691	72 31285
9	393 13342 97144,04207 43886 20581	,, ,, 00254	196 56671
30	1068 64745 81524,46214 69904 68651	,, ,, 00094	534 32372
1	2904 88496 65247,42523 10856 82112	,, ,, 00034	1452 44248
2	7896 29601 82680,69516 09780 22635	,, ,, 00013	3948 14800
3	21464 35797 85916,06462 42977 61531	,, ,, 00005	10732 17898
4	58346 17425 27454,88140 29027 34610	,, ,, 00002	29173 08712
5	1 58601 34523 13430,72812 96446 25775	,, ,, 00001	79300 67261
6	4 31123 15471 15195,22711 34222 92857	,, ,, 00000	2 15561 57735
7	11 71914 23728 02611,30877 29397 91190	,, ,, ,,	5 85957 11864
8	31 85593 17571 13756,22032 86717 01299	,, ,, ,,	15 92796 58785
9	86 59340 04239 93746,95360 69327 19265	,, ,, ,,	43 29670 02119
40	235 38526 68370 19985,40789 99107 49035	,, ,, ,,	117 69263 34185
1	639 84349 35300 54949,22266 34035 15571	,, ,, ,,	319 92174 67650
2	1739 27494 15205 01047,39468 13036 1124	,, ,, ,,	869 63747 76025
3	4727 83946 82293 46561,47445 75627 4428	,, ,, ,,	2363 91973 41146
4	12851 60011 43593 08275,80929 96321 4310	,, ,, ,,	6425 80005 71796
5	34934 27105 74850 95348,03479 72334 061	,, ,, ,,	17467 13552 87425
6	94961 19420 60244 88745,13364 91171 183	,, ,, ,,	47480 59710 30122
7	2 58131 28861 90067 39623,28580 02152 73	,, ,, ,,	1 29065 64430 95033
8	7 01673 59120 97631 73865,47159 98861 17	,, ,, ,,	3 50836 79560 48815
9	19 07346 57249 50996 90525,09984 09538 5	,, ,, ,,	9 53673 28624 75498
50	51 84705 52858 70724 64087,45332 29334 9	,, ,, ,,	25 92352 76429 35362

Tabelle 3. Werte von A, B in (20)

(siehe Anhang § 5,2)

	n	h = 0,001	h = 0,0001	h = 0,00001
A		0,00000	0,00000 00	0,00000 0000
	0	05000 00042	050 00000	0 50000
	1	15000 00625	150 00000	1 50000
	2	25000 02708	250 00000	2 50000
	3	35000 07292	350 00001	3 50000
	4	45000 15375	450 00002	4 50000
	5	50000 27958	550 00003	5 50000
	6	65000 46042	650 00005	6 50000
	7	75000 70625	750 00007	7 50000
	8	85001 02709	850 00010	8 50000
	9	95001 43292	950 00014	9 50000
B		0,00100 00	0,00010 00000	0,00001 00000 000
	0	001 66667	00167	00
	1	011 66667	01167	01
	2	031 66668	03167	03
	3	061 66673	06167	06
	4	101 66684	10167	10
	5	151 66705	15167	15
	6	211 66742	21167	21
	7	281 66800	28167	28
	8	361 66886	36167	36
	9	451 67008	45167	45

	Coſ x*)	Tg x	Ar Sin x	Ar Coſ x	$\log_e x$
			3,	**3,**	
82597,70489 51379 58977	... 51400 15130	$1{,}0^9\ 0^5$	68950 39	68825 39	2,99573 22736
07867,24160 73482 25871	... 73489 84127	,, ,,	73823 60	73710 22	3,04452 24377
56423,06579 57807 01107	... 57809 80053	,, ,,	78470 58	78367 27	3,09104 24534
01723,12445 12999 66007	... 13000 68626	,, ,,	82911 37	82816 85	3,13549 42159
61064,92173 61470 50705	... 0 88457	,, ,,	87163 48	87076 67	3,17805 38303
49668,69293 62620 73732	... 0 87620	,, ,,	91242 28	90761 15	3,21887 58249
04714,41938 21348 85644	... 8 90753	,, ,,	95161 33	95087 37	3,25809 65380
20300,89930 83418 72712	... 8 74592	,, ,,	98932 68	98864 09	3,29583 68660
32145,73758 68350 23361	... 0 24057	,, ,,	*02567 04	*02503 27	3,33220 45102
48572,02103 71943 10163	... 3 10418	,, ,,	06074 01	06014 56	3,36729 58300
90762,26107 34952 34297	... 34354	,, ,,	09462 22	09406 67	3,40119 73817
32623,71261 55428 41039	... 41073	,, ,,	12739 44	12687 41	3,43398 72045
91340,34758 04890 11311	... 11324	,, ,,	15912 71	15857 05	3,46573 59028
92858,03231 41488 80763	... 80768	,, ,,	18988 42	18942 51	3,49650 75615
63727,44070 14513 67304	... 67306	,, ,,	21972 39	21929 14	3,52636 05246
56715,36406 48223 12887	... 12888	,, ,,	24869 93	24829 11	3,55534 80615
57597,61355 67111 46429	... 46429	,, ,,	27685 90	27647 32	3,58351 89385
01305,65438 64698 95595	... 95595	,, ,,	30424 77	30388 24	3,61091 79126
56878,11016 43358 50649	... 50649	,, ,,	33090 64	33056 02	3,63758 61597
96873,47680 34663 59632	... 59632	,, ,,	35687 32	35654 44	3,66356 16461
09992,70394 99553 7452	... 7452	,, ,,	38218 28	38187 03	3,68887 94541
27474,61133 17017 5779	... 5779	,, ,,	40686 79	40657 05	3,71357 20667
00523,69734 06518 056	... 056	,, ,,	43095 85	43067 50	3,73766 96183
73280,73722 87813 721	... 721	,, ,,	45448 25	45421 21	3,76120 01157
54137,90464 98160 715	... 715	,, ,,	47746 59	47720 77	3,78418 96339
47674,01739 86167 03	... 03	,, ,,	49993 31	49968 62	3,80666 24898
44372,56682 45585 59	... 59	,, ,,	52190 67	52167 04	3,82864 13965
69811,64290 01076 4	... 4	,, ,,	54340 79	54318 16	3,85014 76017
86932,23579 99430 6	... 6	,, ,,	56445 67	56423 97	3,87120 10109
45262,54992 04769 2	... 2	,, ,,	58507 16	58486 33	3,89182 02981
32043,72666 14667 4	... 4	,, ,,	60527 02	60507 12	3,91202 30054
			4,	**4,**	

Tabelle 4. Werte von A, B in (21).

(siehe Anhang § 5,2).

	n	h = 0,1	h = 0,01	h = 0,001	h = 0,0001	h = 0,00001
		0,0	**0,0099**	0,00099 99	0,00009 99999	$0{,}0^5$ 99999 999
A	0	9983 34166 46828 15230 681	9 98333 34166 66486 254	998 33333	99833	**0,00001**
	1	9883 59141 48233 06315 260	9 88333 59166 41450 395	988 33334	98833	99
	2	9685 08758 66278 35964 591	9 68335 09162 58140 204	968 33335	96833	97
	3	9389 81356 47310 91656 099	9 38339 84138 49868 402	938 33340	93833	94
	4	9000 71962 95552 50860 698	8 98350 84044 16934 232	898 33351	89833	90
	5	8521 69347 90832 35692 766	8 48372 08766 27040 422	848 33372	84833	85
	6	7957 52138 46755 69647 166	7 88408 58088 16477 746	788 33409	78833	79
	7	7313 84036 61831 70745 456	7 18466 31639 92333 033	718 33466	71833	72
	8	6597 08187 27960 62733 421	6 38552 28838 36238 437	638 33552	63833	64
	9	5814 40751 80413 11819 112	5 48674 48817 10261 556	548 33675	54833	55
		0,0	**0,0000**	**$0{,}0^5$**	**$0{,}0^5$ 00**	**$0{,}0^5$ 0000**
B	0	0499 58347 21974 23390 444	04 99995 83334 72221 974	04999 99958	050 00000	0 50000
	1	1493 75874 36784 14397 136	14 99937 50087 49936 756	14999 99375	150 00000	1 50000
	2	2473 00887 15635 61148 189	24 99729 17590 26214 054	24999 97292	250 00000	2 50000
	3	3427 54951 22720 93684 378	34 99270 88009 57595 759	34999 92708	349 99999	3 50000
	4	4347 84321 12512 36668 225	44 98462 66011 69375 170	44999 84625	449 99998	4 50000
	5	5224 69469 80694 41887 533	54 97204 59762 08101 521	54999 72042	549 99997	5 50000
	6	6049 34276 25189 87098 509	64 95396 81924 59092 675	64999 53958	649 99995	6 50000
	7	6813 54779 37323 00533 511	74 92939 50660 18964 320	74999 29375	749 99993	7 50000
	8	7509 67410 76500 96443 603	84 89732 90625 13188 487	84998 97292	849 99990	8 50000
	9	8130 76624 02524 73908 378	94 85677 33968 48699 728	94998 56709	949 99986	9 50000

*) Siehe die Bemerkung auf S. 197.

x	φ	sin x	cos x	tg x	arc tg x
					1,4
10,0	572° 57′ 28″,06	— 0,54402 11108 89370	— 0,83907 15290 76452	0,64836 08275	7112 77
1	578 41 14,54	— 0,62507 06488 92882	— 0,78056 81801 69184	0,80078 93029	7210 81
2	584 25 01,02	— 0,69987 46875 93543	— 0,71426 56520 27200	0,97985 20839	7306 94
3	590 08 47,50	— 0,76768 58097 63582	— 0,64082 64175 94994	1,19796 21762	7401 23
4	595 52 33,98	— 0,82782 64690 85653	— 0,56098 42574 27229	1,47566 79143	7493 72
5	601 36 20,47	— 0,87969 57599 71670	— 0,47553 69279 95993	1,84989 99934	7584 46
6	607 20 06,95	— 0,92277 54216 12807	— 0,38533 81907 71829	2,39471 57165	7673 51
7	613 03 53,43	— 0,95663 50162 70188	— 0,29128 92817 21345	3,28414 08054	7760 91
8	618 47 39,91	— 0,98093 62300 66491	— 0,19432 99064 55335	5,04778 83099	7846 70
9	624 31 26,39	— 0,99543 62533 06377	— 0,09542 88510 00951	+ 10,43118 76635	7930 93
11,0	630 15 12,87	— 0,99999 02065 50703	+ 0,00442 56979 88051	— 225,95084 64542	8013 64
1	635 58 59,35	— 0,99455 25882 03989	0,10423 60268 65697	— 9,54135 16623	8094 88
2	641 42 45,83	— 0,97917 77291 51317	0,20300 48634 18751	— 4,82342 00439	8174 68
3	647 26 32,31	— 0,95401 92499 02089	0,29974 53432 77014	— 3,18276 58754	8253 07
4	653 10 18,79	— 0,91932 85256 64676	0,39349 08663 47891	— 2,33634 01906	8330 10
5	658 54 05,27	— 0,87545 21746 88429	0,48330 47587 53006	— 1,81138 74503	8405 80
6	664 37 51,75	— 0,82282 85949 68709	0,56828 96297 67974	— 1,44790 35898	8480 20
7	670 21 38,23	— 0,76198 35839 19033	0,64759 63386 53877	— 1,17663 35577	8553 35
8	676 05 24,71	— 0,69352 50847 77123	0,72043 24789 90838	— 0,96265 10534	8625 26
9	681 49 11,19	— 0,61813 71122 37034	0,78607 02961 41039	— 0,78636 36564	8695 97
12,0	687 32 57,67	— 0,53657 29180 00435	0,84385 39587 32492	— 0,63585 99287	8765 51
1	693 16 44,16	— 0,44964 74645 34601	0,89320 61115 09323	— 0,50340 84057	8833 91
2	699 00 30,64	— 0,35822 92822 36828	0,93363 36440 74638	— 0,38369 36303	8901 20
3	704 44 17,12	— 0,26323 17913 65802	0,96473 26178 86610	— 0,27285 46610	8967 39
4	710 28 03,60	— 0,16560 41754 48310	0,98619 23022 78864	— 0,16792 28027	9032 53
5	716 11 50,08	— 0,06632 18973 51201	0,99779 82791 78581	— 0,06646 82419	9096 63
6	721 55 36,56	+ 0,03362 30472 21137	0,99943 45855 01005	+ 0,03364 20689	9159 73
7	727 39 23,04	0,13323 20414 19943	0,99108 48718 14253	0,13443 05066	9221 83
8	733 23 09,52	0,23150 98251 01538	0,97283 25656 97435	0,23797 49951	9282 97
9	739 06 56,00	0,32747 44391 37693	0,94486 00381 59861	0,34658 51300	9343 17
13,0	744 50 42,48	0,42016 70368 26641	0,90744 67814 50196	0,46302 11329	9402 44
1	750 34 28,96	0,50866 14643 72374	0,86096 66164 62306	0,59080 27729	9460 82
2	756 18 15,44	0,59207 35147 07224	0,80588 39576 40450	0,73468 82998	9518 32
3	762 02 01,92	0,66956 97621 96602	0,74274 91727 03670	0,90147 49350	9574 96
4	767 45 48,40	0,74037 58899 52449	0,67219 30835 53468	1,10143 33650	9630 75
5	773 29 34,88	0,80378 44265 51621	0,59492 06633 09892	1,35107 83473	9685 73
6	779 13 21,36	0,85916 18148 56496	0,51170 39924 53149	1,67902 11285	9739 90
7	784 57 07,85	0,90595 47423 08462	0,42337 45444 50665	2,13984 22607	9793 29
8	790 40 54,33	0,94369 56694 44105	0,33081 48779 49048	2,85263 97461	9845 90
9	796 24 40,81	0,97200 75013 94976	0,23494 98185 39823	4,13708 55591	9896 76
14,0	802 08 27,29	0,99060 73556 94870	0,13673 72182 07834	7,24460 66161	9948 89
1	807 52 13,77	0,99930 93887 47918	+ 0,03715 83847 90826	+ 26,89324 07685	9999 29
2	813 36 00,25	0,99802 66527 16362	— 0,06279 17229 24082	— 15,89423 90213	*0048 99
3	819 19 46,73	0,98677 19642 74613	— 0,16211 44364 99718	— 6,08688 52002	0097 99
4	825 03 23,21	0,96565 77765 49278	— 0,25981 73562 13755	— 3,71667 92497	0146 32
5	830 47 19,69	0,93489 50555 24683	— 0,35492 42667 88705	— 2,63406 91325	0193 98
6	836 31 06,17	0,89479 11721 40504	— 0,44648 48914 12266	— 2,00407 93974	0241 00
7	842 14 52,65	0,84574 68311 42934	— 0,53358 43865 89118	— 1,58502 91958	0287 38
8	847 58 39,13	0,78825 20673 75317	— 0,61635 34829 54720	— 1,28097 44142	0333 13
9	853 42 25,61	0,72288 13495 11976	— 0,69097 31807 19126	— 1,04617 85923	0378 27
					1,5

x	φ	sin x	cos x	tg x	arc tg x
					1,50
15,0	859° 26′ 12″,09	0,65028 78401 57117	— 0,75968 79128 58821	— 0,85599 34008	422 82
1	865 09 58,57	0,57119 68696 59988	— 0,82081 30944 92668	— 0,69589 15172	466 77
2	870 53 45,05	0,48639 86888 53790	— 0,87373 69830 11080	— 0,55668 77657	510 15
3	876 37 31,54	0,39674 05731 30604	— 0,91793 07804 14293	— 0,43221 18635	553 94
4	882 21 18,02	0,30311 83567 45703	— 0,95295 29168 87180	— 0,31808 32456	595 23
5	888 05 04,50	0,20646 74819 37797	— 0,97845 34628 18884	— 0,21101 41052	636 95
6	893 48 50,98	0,10775 36522 99444	— 0,99417 76251 83815	— 0,10838 47087	678 14
7	899 32 37,46	+ 0,00796 31837 85937	— 0,99996 82933 49340	— 0,00796 34363	718 80
8	905 16 23,94	— 0,09190 68502 27681	— 0,99576 76088 73289	+ 0,09229 74893	758 95
9	911 00 10,42	— 0,19085 85813 74189	— 0,98161 75436 06384	0,19443 27327	798 60
16,0	916 43 56,90	— 0,28790 33166 65065	— 0,95765 94803 23385	0,30063 22420	837 75
1	922 27 43,38	— 0,38207 14171 84008	— 0,92413 28000 73130	0,41343 77842	876 42
2	928 11 29,86	— 0,47242 19863 98467	— 0,88137 24903 62234	0,53600 71838	914 62
3	933 55 16,34	— 0,55805 22712 86779	— 0,82980 57980 70649	0,67250 94867	952 34
4	939 39 02,82	— 0,63810 66823 47949	— 0,76994 79605 42071	0,82876 59882	989 61
5	945 22 49,30	— 0,71178 53423 69123	— 0,70239 70575 02714	1,01336 60652	*026 43
6	951 06 35,78	— 0,77835 20785 34298	— 0,62782 80352 46387	1,23975 36186	062 81
7	956 50 22,26	— 0,83714 17780 19747	— 0,54698 59627 94235	1,53046 30008	098 75
8	962 34 08,74	— 0,88756 70335 81504	— 0,46067 85874 11363	1,92665 13744	134 27
9	968 17 55,23	— 0,92912 40127 34369	— 0,36976 82638 63172	2,51271 97316	169 36
17,0	974 01 41,71	— 0,96139 74918 79557	— 0,27516 33380 51597	3,49391 56455	204 05
1	979 45 28,19	— 0,98406 50050 81643	— 0,17780 90711 23117	5,53439 14620	238 33
2	985 29 14,67	— 0,99690 00660 41596	— 0,07867 81947 31839	+ 12,67060 16761	272 22
3	991 13 01,15	— 0,99977 44310 73011	+ 0,02123 88081 73645	— 47,07300 06552	305 71
4	996 56 47,63	— 0,99265 93804 70633	0,12094 35999 28476	— 8,20762 22393	338 82
5	1002 40 34,11	— 0,97562 60054 68158	0,21943 99632 11459	— 4,44598 14484	371 55
6	1008 24 20,59	— 0,94884 44979 18124	0,31574 37549 19242	— 3,00510 93114	399 07
7	1014 08 07,07	— 0,91258 24497 91184	0,40889 27393 98880	— 2,23183 82350	435 92
8	1019 51 53,55	— 0,86720 21794 85582	0,49795 62027 88415	— 1,74152 29987	467 55
9	1025 35 40,03	— 0,81315 71116 61488	0,58204 42524 02124	— 1,39707 09414	498 84
18,0	1031 19 26,51	— 0,75098 72467 71676	0,66031 67082 44080	— 1,13731 37123	529 78
1	1037 03 12,99	— 0,68131 37655 55501	0,73199 14978 08946	— 0,93076 73212	560 38
2	1042 46 59,47	— 0,60483 28224 06284	0,79635 24702 91924	— 0,75950 39194	590 65
3	1048 30 45,95	— 0,52230 85896 26732	0,85275 65521 30873	— 0,61249 43729	620 58
4	1054 14 32,43	— 0,43456 56220 71895	0,90064 01723 84769	— 0,48250 74823	650 19
5	1059 58 18,92	— 0,34248 06194 69613	0,93952 48937 48256	— 0,36452 53274	679 48
6	1065 42 05,40	— 0,24697 36617 36622	0,96902 21929 39049	— 0,25486 89427	708 46
7	1071 25 51,88	— 0,14899 90258 14198	0,98883 73426 94146	— 0,15068 10265	737 13
8	1077 09 38,36	— 0,04953 56408 78368	0,99877 23565 87210	— 0,04959 65277	765 49
9	1082 53 24,84	+ 0,05042 26878 06813	0,99872 79672 43502	+ 0,05048 69088	793 56
19,0	1088 37 11,32	0,14987 72096 62952	0,98870 46181 86669	0,15158 94706	821 33
1	1094 20 57,80	0,24783 42079 82958	0,96880 24594 07210	0,25581 50070	848 81
2	1100 04 44,28	0,34331 49288 19896	0,93922 03466 96871	0,36553 18265	876 00
3	1105 48 30,76	0,43536 53603 72893	0,90025 38547 47305	0,48360 28839	902 92
4	1111 32 17,24	0,52306 57651 57698	0,85229 23238 65464	0,61371 63864	929 55
5	1117 16 30,72	0,60553 98697 19601	0,79581 49698 13944	0,76090 53520	955 92
6	1122 59 50,20	0,68196 36200 68135	0,73138 60956 45498	0,93242 62850	982 01
7	1127 43 36,68	0,75157 34153 52149	0,65964 94533 73461	1,13935 27449	**007 84
8	1134 27 23,16	0,81367 37375 07105	0,58132 18118 14436	1,39969 58672	033 53
9	1140 11 09,64	0,86764 41006 41667	0,49718 57948 71204	1,74511 03986	058 73
					1,52

x	φ	sin φ	cos x	tg x	arc tg x
					1,5
20	1145° 54′ 56″,12	+ 0,91294 52507 27628	+ 0,40808 20618 13392	+ 2,23716 09442	2083 79
1	1203 12 40,93	+ 0,83665 56385 36056	— 0,54772 92602 24268	— 1,52749 85276	2321 32
2	1260 30 25,74	— 0,00885 13092 90404	— 0,99996 08263 94637	+ 0,00885 16560	2537 31
3	1317 48 10,54	— 0,84622 04041 75171	— 0,53283 30203 33398	+ 1,58815 30834	2734 54
4	1375 05 55,35	— 0,90557 83620 06624	+ 0,42417 90073 36997	— 2,13489 66977	2915 38
5	1432 23 40,16	— 0,13235 17500 97773	+ 0,99120 28118 63474	— 0,13352 64070	3081 76
6	1489 41 24,96	+ 0,76255 84504 79603	+ 0,64691 93223 28640	+ 1,17875 35542	3235 37
7	1546 59 09,77	+ 0,95637 59284 04503	— 0,29213 88087 33836	— 3,27370 38004	3377 62
8	1604 16 54,57	+ 0,27090 57883 07869	— 0,96260 58663 13567	— 0,28142 96046	3509 72
9	1661 34 39,38	— 0,66363 38842 12968	— 0,74805 75296 89000	+ 0,88714 28438	3632 80
30	1718 52 24,19	— 0,98803 16240 92862	+ 0,15425 14498 87584	— 6,40533 11966	3747 53
1	1776 10 08,99	— 0,40403 76453 23065	+ 0,91474 23578 04531	— 0,44169 55680	3854 94
2	1833 27 53,80	+ 0,55142 66812 41691	+ 0,83422 33605 06510	+ 0,66110 60415	3955 65
3	1890 45 38,61	+ 0,99991 18601 07267	— 0,01327 67472 23059	— 75,31301 48001	4050 26
4	1948 03 23,41	+ 0,52908 26861 20024	— 0,84857 02747 84605	— 0,62349 89627	4139 30
5	2005 21 08,22	— 0,42818 26694 96151	— 0,90369 22050 91507	+ 0,47381 47204	4223 27
6	2062 38 53,02	— 0,99177 88534 43116	— 0,12796 36896 27405	+ 7,75047 09057	4302 57
7	2119 56 37,83	— 0,64353 81333 56999	+ 0,76541 40519 45343	— 0,84077 12554	4377 59
8	2177 14 22,64	+ 0,29636 85787 09385	+ 0,95507 36440 47295	+ 0,31030 96610	4448 66
9	2234 32 07,44	+ 0,96379 53862 84088	+ 0,26664 29323 59937	+ 3,61455 44071	4516 09
40	2291 49 52,25	+ 0,74511 31604 79349	— 0,66693 80616 52262	— 1,11721 49309	4580 15
1	2349 07 37,06	— 0,15862 26688 04709	— 0,98733 92775 23826	+ 0,16065 66987	4641 09
2	2406 25 21,86	— 0,91652 15479 15634	— 0,39998 53149 88351	+ 2,29138 79924	4699 13
3	2463 43 06,67	— 0,83177 47426 28598	+ 0,55511 33015 20626	— 1,49838 73389	4754 47
4	2521 00 51,47	+ 0,01770 19251 05414	+ 0,99984 33086 47691	+ 0,01770 46993	4807 30
5	2578 18 36,28	+ 0,85090 35245 34118	+ 0,52532 19888 17730	+ 1,61977 51905	4857 78
6	2635 36 21,09	+ 0,90178 83476 48809	— 0,43217 79448 84778	— 2,08661 35311	4906 06
7	2692 54 05,89	+ 0,12357 31227 45224	— 0,99233 54691 50929	— 0,12452 75681	4952 29
8	2750 11 50,70	— 0,76825 46613 23667	— 0,64014 43394 69200	+ 1,20012 72431	4996 60
9	2807 29 35,51	— 0,95375 26527 59472	+ 0,30059 25437 43637	— 3,17290 85522	5039 10
50	2864 47 20,31	— 0,26237 48537 03929	+ 0,96496 60284 92113	— 0,27190 06120	5079 90
					1,5

Tafel X. **Tafel zur Umwandlung von Bogenmaß (x) in Winkelmaß (φ).**

x	φ	x	φ
10	572° 57′ 28″,06247 09636		
9	515 39 43,25622 38672	0,009	0° 30′ 56″,38325 62239
8	458 21 58,44997 67708	0,008	0 27 30,11844 99768
7	401 04 13,64372 96745	0,007	0 24 03,85364 37297
6	343 46 28,83748 25781	0,006	0 20 37,58883 74826
5	286 28 44,03123 54818	0,005	0 17 11,32403 12355
4	229 10 59,22498 83854	0,004	0 13 45,05922 49884
3	171 53 14,41874 12891	0,003	0 10 18,79441 87413
3	114 35 29,61249 41927	0,002	0 06 52,52961 24942
1	57 17 44,80624 70964	**0,001**	0 03 26,26480 62471
0,9	51 33 58,32562 23867	0,0009	0 03 05,63832 56224
0,8	45 50 11,84499 76771	0,0008	0 02 45,01184 49977
0,7	40 06 25,36437 29674	0,0007	0 02 24,38536 43730
0,6	34 22 38,88374 82578	0,0006	0 02 03,75888 37483
0,5	28 38 52,40312 35482	0,0005	0 01 43,13240 31235
0,4	22 55 05,92249 88385	0,0004	0 01 22,50592 24988
0,3	17 11 19,44187 41289	0,0003	0 01 01,87944 18741
0,2	11 27 32,96124 94193	0,0002	0 00 41,25296 12494
0,1	5 43 46,48062 47096	**0,0001**	0 00 20,62648 06247
0,09	5 09 23,83256 22387	0,00009	0 00 18,56383 25622
0,08	4 35 01,18449 97677	0,00008	0 00 16,50118 44998
0,07	4 00 38,53643 72967	0,00007	0 00 14,43853 64373
0,06	3 26 15,88837 48258	0,00006	0 00 12,37588 83748
0,05	2 51 53,24031 23548	0,00005	0 00 10,31324 03124
0,04	2 17 30,59224 98839	0,00004	0 00 08,25059 22499
0,03	1 43 07,94418 74129	0,00003	0 00 06,18794 41874
0,02	1 08 45,29612 49419	0,00002	0 00 04,12529 61249
0,01	0 34 22,64806 24710	**0,00001**	0 00 02,06264 80625

Einheit des Bogenmaßes = 57°, 29577 95131 = 3437′, 74677 07849 = 206264″, 80624 70964 = 57° 17′ 44″, 80624 70963 551 . . .

Tafel IV

Achtstellige Tafeln der Funktionen

$\mathfrak{Sin}\, x \sin x$, $\mathfrak{Sin}\, x \cos x$, $\mathfrak{Cof}\, x \sin x$, $\mathfrak{Cof}\, x \cos x$

von $x = 0$ bis 3,000 für jedes 0,001
von $x = 3{,}00$ bis 10,00 für jedes 0,01

x	Sin x sin x	Sin x cos x	Cof x sin x	Cof x cos x	x	Sin x sin x	Sin x cos x	Cof x sin x	Cof x cos x
	0,000	**0,0**	**0,0**	**1,00000**		**0,00**	**0,0**	**0,0**	**0,99999**
0	0	0	0	0	**0,050**	250 000	4995 832	5004 166	896
0,001	00 100	0100 000	0100 000	000	1	260 100	5095 577	5104 421	887
2	00 400	0200 000	0200 000	000	2	270 400	5195 312	5204 686	878
3	00 900	0299 999	0300 001	000	3	280 900	5295 036	5304 961	868
4	01 600	0399 998	0400 002	000	4	291 600	5394 750	5405 247	858
5	02 500	0499 996	0500 004	000	5	302 500	5494 453	5505 544	847
6	03 600	0599 993	0600 007	000	6	313 600	5594 144	5605 852	836
7	04 900	0699 989	0700 011	000	7	324 900	5693 825	5706 171	824
8	06 400	0799 983	0800 017	000	8	336 400	5793 494	5806 502	811
9	08 100	0899 976	0900 024	000	9	348 100	5893 151	5906 843	798
0,010	10 000	0999 967	1000 033	000	**0,060**	360 000	5992 797	6007 197	784
1	12 100	1099 956	1100 044	000	1	372 100	6092 431	6107 563	769
2	14 400	1199 942	1200 058	000	2	384 400	6192 053	6207 941	754
3	16 900	1299 927	1300 073	000	3	396 900	6291 662	6308 332	737
4	19 600	1399 909	1400 091	*999	4	409 600	6391 258	6408 735	720
5	22 500	1499 888	1500 113	999	5	422 500	6490 842	6509 150	851
6	25 600	1599 863	1600 137	999	6	435 600	6590 414	6609 578	684
7	28 900	1699 836	1700 164	999	7	448 900	6689 970	6710 021	664
8	32 400	1799 806	1800 194	998	8	462 400	6789 514	6810 476	644
9	36 100	1899 771	1900 229	998	9	476 100	6889 044	6910 945	622
0,020	40 000	1999 733	2000 267	997	**0,070**	490 000	6988 561	7011 428	600
1	44 100	2099 691	2100 309	997	1	504 100	7088 064	7111 924	576
2	48 400	2199 645	2200 355	996	2	518 400	7187 552	7212 435	552
3	52 900	2299 594	2300 406	995	3	532 900	7287 026	7312 960	527
4	57 600	2399 539	2400 461	994	4	547 600	7386 485	7413 500	500
5	62 500	2499 479	2500 521	993	5	562 500	7485 930	7514 055	473
6	67 600	2599 414	2600 586	992	6	577 600	7585 359	7614 624	444
7	72 900	2699 344	2700 656	991	7	592 900	7684 773	7715 209	414
8	78 400	2799 268	2800 732	990	8	608 400	7784 172	7815 809	383
9	84 100	2899 187	2900 813	988	9	624 100	7883 555	7916 424	351
0,030	90 000	2999 100	3000 900	987	**0,080**	640 000	7982 922	8017 056	317
1	96 100	3099 007	3100 993	985	1	656 100	8082 274	8117 703	283
2	*02 400	3198 908	3201 092	982	2	672 400	8181 609	8218 367	246
3	08 900	3298 802	3301 198	980	3	688 900	8280 927	8319 046	209
4	15 600	3398 690	3401 310	978	4	705 600	8380 229	8419 743	170
5	22 500	3498 571	3501 429	975	5	722 500	8479 514	8520 456	130
6	29 600	3598 445	3601 555	972	6	739 600	8578 783	8621 186	088
7	36 900	3698 311	3701 688	969	7	756 900	8678 034	8721 934	045
8	44 400	3798 171	3801 829	965	8	774 400	8777 267	8822 698	000
9	52 100	3898 022	3901 977	961	9	792 099	8876 483	8923 480	*954
0,040	60 000	3997 866	4002 133	957	**0,090**	809 999	8975 680	9024 280	906
1	68 100	4097 702	4102 297	953	1	828 099	9074 860	9125 098	857
2	76 400	4197 530	4202 469	948	2	846 399	9174 022	9225 934	806
3	84 900	4297 349	4302 650	943	3	864 899	9273 165	9326 789	753
4	93 600	4397 160	4402 839	938	4	883 599	9372 290	9427 662	699
5	**02 500	4496 962	4503 037	932	5	902 499	9471 395	9528 553	643
6	11 600	4596 755	4603 244	925	6	921 599	9570 482	9629 464	585
7	20 900	4696 538	4703 460	919	7	940 899	9669 549	9730 394	525
8	30 400	4796 313	4803 686	912	8	960 399	9768 597	9831 343	463
9	40 100	4896 078	4903 922	904	9	980 099	9867 625	9932 312	399
	0,002	**0,0**	**0,0**	**0,99999**		**0,00**	**0,0**	**0,0**	**0,99998**

x	e^x
51	140 93490 82426 93879 64492, 14331 23702
1	383 10080 00716 57684 93035, 69548 78620
3	1041 37594 33029 08779 71834, 72933 49380
4	2830 75330 32746 93900 44206, 35480 14075
5	7694 78526 51420 17138 18274, 55901 29394
6	20916 59496 01299 61539 07071, 15721 46738
7	56857 19999 33593 22226 40348, 82063 32533
8	1 54553 89355 90103 93035 30766, 91117 46201
9	4 20121 04037 90514 25495 65934, 30719 16177

x	Sin x sin x	Sin x cos x	Cos x sin x	Cos x cos x
	0,00	0,0	0,1	0,9999
0,100	999 999	9966 633	0033 300	8 333
1	*020 099	*0065 622	0134 308	8 266
2	040 399	0164 590	0235 337	8 196
3	060 899	0263 537	0336 386	8 124
4	081 599	0362 464	0437 455	8 050
5	102 499	0461 370	0538 545	7 974
6	123 598	0560 255	0639 656	7 896
7	144 898	0659 119	0740 788	7 815
8	166 398	0757 961	0841 941	7 733
9	188 098	0856 782	0943 116	7 647
0,110	209 998	0955 580	1044 313	7 560
1	232 098	1054 356	1145 532	7 470
2	254 398	1153 110	1246 772	7 378
3	276 898	1251 842	1348 035	7 283
4	299 598	1350 551	1449 321	7 185
5	322 497	1449 237	1550 629	7 085
6	345 597	1547 900	1651 960	6 982
7	368 897	1646 540	1753 314	6 877
8	392 397	1754 156	1854 691	6 769
9	416 097	1843 748	1956 092	6 658
0,120	439 997	1942 317	2057 517	6 544
1	464 097	2040 862	2158 966	6 427
2	488 396	2139 382	2260 438	6 308
3	512 896	2237 877	2361 935	6 185
4	537 596	2336 348	2463 456	6 060
5	562 496	2434 794	2565 002	5 931
6	587 596	2533 215	2666 573	5 799
7	612 895	2631 611	2768 169	5 664
8	638 395	2729 981	2869 790	5 526
9	664 095	2828 325	2971 437	5 385
0,130	689 995	2926 643	3073 110	5 240
1	716 094	3024 935	3174 808	5 092
2	742 394	3123 201	3276 532	4 940
3	768 894	3221 440	3378 282	4 785
4	795 594	3319 653	3480 059	4 626
5	822 493	3417 838	3581 863	4 464
6	849 593	3515 997	3683 693	4 298
7	876 893	3614 128	3785 551	4 129
8	904 392	3712 231	3887 435	3 955
9	932 092	3810 307	3989 347	3 778
0,140	959 992	3908 354	4091 287	3 597
1	988 091	4006 374	4193 255	3 412
2	**016 391	4104 365	4295 250	3 224
3	044 890	4202 327	4397 274	3 031
4	073 590	4300 261	4499 326	2 834
5	102 490	4398 166	4601 407	2 633
6	131 589	4496 041	4703 517	2 427
7	160 889	4593 887	4805 655	2 218
8	190 388	4691 704	4907 823	2 004
9	220 088	4789 491	5010 020	1 785
	0,02	0,1	0,1	0,9999

x	Sin x sin x	Sin x cos x	Cos x sin x	Cos x cos x
	0,02	0,1	0,1	0,9999
0,150	249 987	4887 247	5112 247	1 562
1	280 087	4984 974	5214 503	1 335
2	310 386	5082 670	5316 789	1 103
3	340 886	5180 335	5419 106	0 867
4	371 585	5277 970	5521 453	0 626
5	402 485	5375 573	5623 831	0 380
6	433 584	5473 145	5726 239	0 129
7	464 883	5570 686	5828 678	*9 874
8	496 383	5668 195	5931 148	9 613
9	528 082	5765 673	6033 650	9 348
0,160	559 981	5863 118	6136 183	9 077
1	592 081	5960 531	5238 748	8 802
2	624 380	6057 911	6341 345	8 521
3	656 879	6155 259	6443 974	8 235
4	689 578	6252 574	6546 636	7 944
5	722 478	6349 856	6649 329	7 647
6	755 577	6447 104	6752 056	7 345
7	788 876	6544 319	6854 815	7 037
8	822 375	6641 501	6957 608	6 723
9	856 074	6738 648	7060 434	6 405
0,170	889 973	6835 761	7163 293	6 080
1	924 072	6932 840	7266 186	5 750
2	958 371	7029 884	7369 112	5 413
3	992 870	7126 894	7472 073	5 071
4	*027 569	7223 869	7575 068	4 723
5	062 468	7320 808	7678 098	4 369
6	097 567	7417 712	7781 162	4 008
7	132 866	7514 581	7884 261	3 642
8	168 365	7611 414	7987 395	3 269
9	204 064	7708 211	8090 564	2 890
0,180	239 962	7804 971	8193 769	2 504
1	276 061	7901 695	8297 009	2 112
2	312 360	7998 383	8400 286	1 713
3	348 858	8093 034	8503 598	1 308
4	385 557	8191 648	8606 946	0 896
5	422 455	8288 225	8710 331	0 478
6	459 554	8384 764	8813 752	0 052
7	496 852	8481 266	8917 210	**9 620
8	534 351	8577 730	9020 705	9 180
9	572 049	8674 155	9124 237	8 734
0,190	609 948	8770 543	9227 807	8 280
1	648 046	8866 892	9331 414	7 819
2	686 344	8963 202	9435 058	7 351
3	724 843	9059 474	9538 741	6 875
4	763 541	9155 706	9642 462	6 392
5	802 439	9251 900	9746 221	5 902
6	841 537	9348 053	9850 019	5 404
7	880 835	9444 167	9953 855	4 898
8	920 333	9540 241	*0057 730	4 384
9	960 031	9636 275	0161 644	3 863
	0,03	0,1	0,2	0,9997

x	e^{-x}
51	$0,0^{20}$ 00709 54741 62285
2	,, 00261 02790 69668
3	,, 00096 02680 05451
4	,, 00035 32628 57220
5	,, 00012 99581 42501
6	,, 00004 78089 28839
7	,, 00001 75879 22024
8	,, 00000 64702 34926
9	,, 00000 23802 66409

x	Sin x sin x	Sin x cos x	Cos x sin x	Cos x cos x
	0,0	0,1	0,2	0,999
0,200	3999 929	9732 269	0265 598	73 333
1	4040 027	9828 222	0369 591	72 796
2	4080 325	9924 134	0473 624	72 251
3	4120 822	*0020 006	0577 696	71 697
4	4161 520	0115 836	0681 809	71 135
5	4202 417	0211 625	0785 962	70 565
6	4243 515	0307 372	0890 155	69 987
7	4284 813	0403 078	0994 389	69 400
8	4326 310	0498 741	1098 663	68 804
9	4368 007	0594 363	1203 979	68 200
0,210	4409 905	0689 941	1307 336	67 587
1	4452 002	0785 478	1411 734	66 965
2	4494 299	0880 971	1516 174	66 334
3	4536 796	0976 422	1620 655	65 694
4	4579 493	1071 829	1725 179	65 046
5	4622 390	1167 193	1829 744	64 388
6	4665 487	1262 513	1934 352	63 720
7	4708 784	1357 789	2039 003	63 044
8	4752 281	1453 022	2143 696	62 358
9	4795 978	1548 210	2248 432	61 663
0,220	4839 874	1643 353	2353 211	60 957
1	4883 971	1738 451	2458 034	60 243
2	4928 267	1833 505	2562 900	59 518
3	4972 763	1928 514	2667 810	58 784
4	5017 460	2023 477	2772 763	58 040
5	5062 356	2118 395	2877 761	57 285
6	5107 452	2213 267	2982 802	56 521
7	5152 748	2308 093	3087 889	55 746
8	5198 244	2402 873	3193 020	54 961
9	5243 940	2497 607	3298 195	54 166
0,230	5289 836	2592 293	3403 416	53 360
1	5335 931	2686 933	3508 682	52 544
2	5382 227	2781 527	3613 993	51 717
3	5428 722	2876 072	3719 350	50 879
4	5475 418	2970 571	3824 752	50 030
5	5522 313	3065 022	3930 201	49 170
6	5569 408	3159 425	4035 695	48 300
7	5616 703	3253 779	4141 236	47 418
8	5664 198	3348 086	4246 823	46 525
9	5711 893	3442 344	4352 457	45 620
0,240	5759 788	3536 553	4458 139	44 704
1	5807 882	3630 714	4563 867	43 777
2	5856 177	3724 825	4669 642	42 838
3	5904 671	3818 887	4775 465	41 888
4	5953 365	3912 899	4881 335	40 925
5	6002 260	4006 862	4987 253	39 951
6	6051 354	4100 775	5093 220	38 964
7	6100 648	4194 637	5199 234	37 966
8	6150 141	4288 449	5305 297	36 955
9	6199 835	4382 211	5411 408	35 932
	0,0	0,2	0,2	0,999

x	Sin x sin x	Sin x cos x	Cos x sin x	Cos x cos x
	0,06	0,2	0,2	0,999
0,250	249 729	4475 921	5517 568	34 896
1	299 822	4569 581	5623 778	33 849
2	350 115	4663 189	5730 036	32 788
3	400 609	4756 746	5836 343	31 715
4	451 302	4850 252	5942 701	30 629
5	502 195	4943 705	6049 107	29 530
6	553 287	5037 106	6155 564	28 418
7	604 580	5130 455	6262 071	27 293
8	656 072	5223 752	6368 628	26 155
9	707 765	5316 995	6475 235	25 003
0,260	759 657	5410 186	6581 893	23 838
1	811 749	5503 323	6688 602	22 660
2	864 041	5596 407	6795 362	21 468
3	916 532	5689 438	6902 173	20 262
4	969 224	5782 415	7009 036	19 042
5	*022 115	5875 338	7115 950	17 809
6	075 206	5968 206	7222 916	16 561
7	128 497	6061 020	7329 934	15 299
8	181 988	6153 780	7437 004	14 023
9	235 679	6246 485	7544 126	12 733
0,270	289 570	6339 134	7651 301	11 428
1	343 660	6431 728	7758 528	10 108
2	397 950	6524 267	7865 808	08 774
3	452 440	6616 750	7973 141	07 425
4	507 130	6709 177	8080 528	06 061
5	562 019	6801 547	8187 968	04 682
6	617 109	6893 862	8295 461	03 288
7	672 398	6986 120	8403 009	01 879
8	727 887	7078 321	8510 610	00 454
9	783 576	7170 465	8618 266	*99 014
0,280	839 465	7262 551	8725 975	97 559
1	895 553	7354 581	8833 739	96 088
2	951 841	7446 552	8941 559	94 601
3	**008 329	7538 466	9049 432	93 098
4	065 017	7630 322	9157 361	91 579
5	121 905	7722 119	9265 346	90 043
6	178 992	7813 858	9373 385	88 492
7	236 279	7905 538	9481 481	86 924
8	293 766	7997 159	9589 632	85 340
9	351 453	8088 721	9697 839	83 739
0,290	409 339	8180 224	9806 102	82 122
1	467 425	8271 667	9914 422	80 488
2	525 711	8363 050	*0022 798	78 836
3	584 197	8454 373	0131 231	77 168
4	642 882	8545 636	0239 721	75 483
5	701 768	8636 838	0348 268	73 780
6	760 853	8727 980	0456 872	72 060
7	820 137	8819 060	0565 534	70 322
8	879 622	8910 080	0674 253	68 567
9	939 306	9001 038	0783 030	66 794
	0,08	0,2	0,3	0,998

x	e^x
60	11 42007 38981 56842 83662 95718, 31447 65630
1	31 04297 93570 19199 08707 34214, 11071 00372
2	84 38356 66874 14544 89073 32948, 03731 17960
3	229 37831 59469 60987 90993 52840, 26861 36005
4	623 51490 80811 61688 29092 38708, 92846 97448
5	1694 88924 44103 33714 14178 36114, 37197 49489
6	4607 18663 43312 91542 67731 84428, 06008 68933
7	12523 63170 84221 37805 13521 96074, 43657 67535
8	34042 76049 93174 05213 76907 18700, 43505 95374
9	92537 81725 58778 76002 42397 91668, 73458 73477

x	Sin x sin x	Sin x cos x	Cos x sin x	Cos x cos x	x	Sin x sin x	Sin x cos x	Cos x sin x	Cos x cos x
	0,0	0,2	0,3	0,998		0,1	0,3	0,3	0,997
0,300	8999 190	9091 935	0891 865	65 003	0,350	2247 957	3553 428	6411 558	49 905
1	9059 274	9182 770	1000 759	63 194	1	2318 022	3640 894	6523 589	47 034
2	9119 557	9273 543	1109 710	61 367	2	2388 286	3728 286	6635 688	44 139
3	9180 040	9364 253	1218 721	59 521	3	2458 750	3815 606	6747 854	41 220
4	9240 723	9454 901	1327 790	57 658	4	2529 413	3902 851	6860 088	38 275
5	9301 606	9545 487	1436 917	55 776	5	2600 276	3990 023	6972 389	35 305
6	9362 688	9636 010	1546 104	53 875	6	2671 338	4077 121	7084 759	32 310
7	9423 970	9726 469	1655 351	51 955	7	2742 600	4164 145	7197 197	29 290
8	9485 452	9816 866	1764 656	50 017	8	2814 061	4251 094	7309 703	26 244
9	9547 133	9907 198	1874 021	48 060	9	2885 721	4337 969	7422 277	23 172
0,310	9609 014	9997 467	1983 447	46 083	0,360	2957 581	4424 769	7534 921	20 075
1	9671 095	*0087 672	2092 932	44 088	1	3029 641	4511 494	7647 633	16 952
2	9733 375	0177 813	2202 477	42 073	2	3101 900	4598 144	7760 414	13 803
3	9795 855	0267 890	2312 083	40 038	3	3174 358	4684 718	7873 264	10 628
4	9858 535	0357 902	2421 749	37 984	4	3247 016	4771 216	7986 184	07 426
5	9921 415	0447 849	2531 476	35 911	5	3319 873	4857 639	8099 173	04 198
6	9984 494	0537 731	2641 264	33 817	6	3392 929	4943 985	8212 232	00 943
7	*0047 773	0627 547	2751 113	31 703	7	3466 185	5030 255	8325 361	*97 661
8	0111 251	0717 298	2861 023	29 570	8	3539 640	5116 448	8438 560	94 352
9	0174 929	0806 984	2970 994	27 416	9	3613 295	5202 564	8551 829	91 017
0,320	0238 807	0896 603	3081 028	25 242	0,370	3687 149	5288 603	8665 169	87 654
1	0302 884	0986 157	3191 122	23 047	1	3761 203	5374 565	8778 579	84 264
2	0367 162	1075 644	3301 279	20 832	2	3835 456	5460 449	8892 060	80 846
3	0431 638	1165 064	3411 499	18 596	3	3909 908	5546 256	9005 611	77 400
4	0496 315	1254 417	3521 780	16 339	4	3984 559	5631 984	9119 234	73 927
5	0561 191	1343 704	3632 124	14 061	5	4059 410	5717 634	9232 928	70 426
6	0626 266	1432 923	3742 531	11 762	6	4134 460	5803 206	9346 694	66 896
7	0691 542	1522 075	3853 000	09 442	7	4209 710	5888 699	9460 531	63 339
8	0757 016	1611 159	3963 533	07 100	8	4285 159	5974 113	9574 440	59 753
9	0822 691	1700 175	4074 128	04 737	9	4360 807	6059 448	9688 421	56 138
0,330	0888 565	1789 123	4184 787	02 352	0,380	4436 655	6144 704	9802 474	52 495
1	0954 639	1878 002	4295 510	*99 946	1	4512 701	6229 880	9916 599	48 822
2	1020 912	1966 813	4406 297	97 517	2	4588 948	6314 976	*0030 797	45 121
3	1087 385	2055 555	4517 147	95 067	3	4665 393	6399 992	0145 068	41 391
4	1154 057	2144 229	4628 062	92 594	4	4742 038	6484 928	0259 411	37 631
5	1220 930	2232 832	4739 040	90 099	5	4918 882	6569 783	0373 827	33 842
6	1288 001	2321 367	4850 084	87 581	6	4895 925	6654 558	0488 316	30 023
7	1355 272	2409 831	4961 192	85 041	7	4973 167	6739 251	0602 879	26 174
8	1422 743	2498 226	5072 364	82 479	8	5050 609	6823 864	0717 515	22 295
9	1490 414	2586 551	5183 602	79 893	9	5128 250	6908 395	0832 225	18 387
0,340	1558 284	2674 805	5294 905	77 284	0,390	5206 090	6992 844	0947 008	14 448
1	1626 353	2762 989	5406 273	74 653	1	5284 130	7077 211	1061 866	10 478
2	1694 622	2851 102	5517 707	71 998	2	5362 368	7161 497	1176 798	06 478
3	1763 091	2939 144	5629 207	69 320	3	5440 806	7245 699	1291 804	02 448
4	1831 759	3027 114	5740 772	66 618	4	5519 443	7329 820	1406 884	**98 386
5	1900 626	3115 013	5852 404	63 892	5	5598 280	7413 857	1522 039	94 294
6	1969 694	3202 841	5964 101	61 143	6	5677 315	7497 812	1637 269	90 170
7	2038 960	3290 596	6075 865	58 370	7	5756 550	7581 683	1752 574	86 015
8	2108 427	3378 279	6187 696	55 572	8	5835 984	7665 470	1867 955	81 828
9	2178 092	3465 890	6299 593	52 751	9	5915 617	7749 174	1983 410	77 610
	0,1	0,3	0,3	0,997		0,1	0,3	0,4	0,995

x	e^{-x}
60	$0,0^{25}$ 08756 51076 26965
1	,, 03221 34028 59925
2	,, 01185 06486 42340
3	,, 00435 96100 00063
4	,, 00160 38108 94549
5	,, 00059 00090 54160
6	,, 00021 70522 01130
7	,, 00007 98490 42457
8	,, 00002 93748 21117
9	,, 00001 08063 92777

x	Sin x sin x	Sin x cos x	Cos x sin x	Cos x cos x	x	Sin x sin x	Sin x cos x	Cos x sin x	Cos x cos x
	0,1	**0,3**	**0,4**	**0,995**		**0,2**	**0,4**	**0,4**	**0,99**
0,400	5995 449	7832 795	2098 941	73 359	**0,450**	0240 774	1901 587	7975 401	316 629
1	6075 480	7916 330	2254 548	69 077	1	0330 750	1980 615	8095 000	310 535
2	6155 711	7999 782	2410 230	64 763	2	0420 925	2059 547	8214 683	304 400
3	6236 140	8083 148	2565 989	60 416	3	0511 299	2138 382	8334 451	298 225
4	6316 769	8166 430	2721 823	56 037	4	0601 871	2217 120	8454 303	292 008
5	6397 597	8249 627	2877 734	51 626	5	0692 642	2295 762	8574 239	285 750
6	6478 624	8332 738	3033 722	47 181	6	0783 611	2374 306	8694 259	279 451
7	6559 850	8415 764	3189 786	42 703	7	0874 779	2452 754	8814 365	273 110
8	6641 275	8498 704	3345 927	38 193	8	0966 145	2531 103	8934 555	266 728
9	6722 899	8581 558	3502 145	33 649	9	1057 710	2609 355	9054 831	260 303
0,410	6804 722	8664 325	3258 440	29 072	**0,460**	1149 473	2687 508	9175 191	253 837
1	6886 745	4747 006	3374 813	24 461	1	1241 435	2765 563	9295 637	247 328
2	6968 966	8829 601	3491 263	19 816	2	1233 596	2843 520	9416 169	240 777
3	7051 386	8912 108	3607 790	15 137	3	1425 955	2921 378	9536 786	234 183
4	7134 006	8994 528	3724 396	10 425	4	1518 512	2999 136	9657 489	227 546
5	7216 824	9076 861	3841 079	05 477	5	1611 268	3076 796	9778 278	220 866
6	7299 842	9159 106	3957 841	00 896	6	1704 222	3154 355	9899 154	214 143
7	7383 058	9241 263	4074 681	*96 080	7	1797 375	3231 815	*0020 115	207 376
8	7466 473	9323 332	4191 599	91 229	8	1890 726	3309 175	0141 163	200 566
9	7550 088	9405 312	4308 596	86 343	9	1984 276	3386 435	0262 298	193 712
0,420	7633 901	9487 204	4425 672	81 422	**0,470**	2078 024	3463 594	0383 519	186 814
1	7717 914	9569 007	4542 827	76 466	1	2171 970	3540 652	0504 827	179 873
2	7802 125	9650 721	4660 061	71 475	2	2266 115	3617 610	0626 223	172 886
3	7886 535	9732 346	4777 374	66 448	3	2360 458	3694 466	0747 705	165 855
4	7971 144	9813 881	4894 767	61 385	4	2454 999	3771 221	0869 276	158 780
5	8055 952	9895 326	5012 239	56 286	5	2549 739	3847 873	0990 933	151 659
6	8140 959	9976 681	5129 791	51 151	6	2644 677	3927 424	1112 678	144 493
7	8226 165	*0057 946	5247 424	45 980	7	2739 813	4000 873	1234 512	137 282
8	8311 570	0139 121	5365 136	40 772	8	2835 147	4077 219	1356 433	130 026
9	8397 174	0220 205	5482 928	35 527	9	2930 680	5153 463	1478 442	122 724
0,430	8482 976	0301 198	5600 801	30 246	**0,480**	3026 411	4229 603	1600 539	115 376
1	8568 978	0382 099	5718 755	24 928	1	3122 340	4305 640	1722 725	107 982
2	8655 178	0462 909	5836 789	19 573	2	3218 468	4381 574	1845 000	100 542
3	8741 577	0543 628	5954 904	14 180	3	3314 793	4457 405	1967 364	093 055
4	8828 175	0624 254	6073 101	08 750	4	3411 317	4533 131	2089 816	085 522
5	8914 972	0704 789	6191 378	03 282	5	3508 039	4608 753	2212 357	077 942
6	9001 968	0785 231	6309 737	**97 777	6	3604 960	4684 271	2334 988	070 314
7	9089 162	0865 580	6428 178	92 233	7	3702 078	4759 684	2457 708	062 640
8	9176 555	0945 837	6546 700	86 652	8	3799 395	4834 992	2580 517	054 918
9	9264 147	1026 000	6665 304	81 032	9	3896 909	4910 195	2703 417	047 149
0,440	9351 938	1106 071	6783 991	75 373	**0,490**	3994 621	4985 292	2826 406	039 332
1	9439 927	1186 047	6902 759	69 676	1	4092 532	5060 284	2949 485	031 467
2	9528 115	1265 930	7021 610	63 940	2	4190 641	5135 170	3072 654	023 553
3	9616 502	1345 719	7140 543	58 164	3	4288 948	5209 950	3195 913	015 592
4	9705 089	1425 414	7259 559	52 350	4	4387 453	5284 623	3319 263	007 581
5	9793 872	1505 014	7378 658	46 496	5	4486 156	5359 190	3442 703	*999 522
6	9882 855	1584 519	7497 840	40 603	6	4585 057	5433 650	3566 234	991 414
7	9972 037	1663 929	7617 105	34 669	7	4684 155	5508 002	3689 856	983 257
8	*0061 417	1743 244	7736 453	28 696	8	4783 452	5582 248	3813 569	975 050
9	0150 996	1822 464	7855 885	22 683	9	4882 947	5656 385	3937 373	966 794
	0,2	**0,4**	**0,4**	**0,993**		**0,2**	**0,4**	**0,5**	**0,98**

x	e^x
70	2 51543 86709 19167 00626 57811 74252, 11296
1	6 83767 12297 62743 86675 58928 26677, 71096
2	18 58671 74528 41279 80340 37018 12545, 41195
3	50 52393 63027 61041 94557 03833 21857, 64649
4	137 33829 79540 17618 77841 88529 80853, 89316
5	373 32419 96799 00164 02549 08317 26470, 01434
6	1014 80038 81138 88727 83246 17841 31716, 97578
7	2758 51345 45231 70206 28646 98199 02661, 94334
8	7498 41699 69901 20434 67563 05912 24060, 45470
9	20382 81066 51266 87668 32313 75371 72632, 37470

x	Sin x sin x	Sin x cos x	Cof x sin x	Cof x cos x	x	Sin x sin x	Sin x cos x	Cof x sin x	Cof x cos x
	0,2	0,4	0,5	0,98		0,3	0,4	0,6	0,98
0,500	4982 640	5730 415	4061 269	958 488	**0,550**	0219 246	9288 842	0375 676	475 228
1	5082 530	5804 357	4185 255	950 133	1	0329 009	9357 038	0504 420	464 111
2	5182 619	5878 150	4309 334	941 727	2	0438 969	9425 112	0633 262	452 933
3	5282 905	5951 855	4433 504	933 270	3	0549 126	9493 065	0762 203	441 695
4	5383 389	6025 451	4557 766	924 763	4	0659 479	9560 897	0891 244	430 395
5	5484 072	6089 938	4682 121	916 205	5	0770 030	9628 607	1020 383	419 034
6	5584 952	6172 315	4806 567	907 597	6	0880 777	9696 195	1149 622	407 611
7	5686 029	6245 583	4931 106	898 937	7	0991 722	9763 660	1278 960	396 127
8	5787 305	6318 741	5055 737	890 226	8	1102 863	9831 004	1408 398	384 581
9	5888 778	6391 789	5180 461	881 463	9	1214 200	9898 224	1537 935	372 972
0,510	5990 450	6464 726	5305 277	872 648	**0,560**	1325 735	9965 321	1667 572	361 301
1	6092 318	6537 553	5430 187	863 782	1	1437 466	*0032 295	1797 309	349 568
2	6194 385	6610 269	5555 190	854 863	2	1549 394	0099 145	1927 146	337 771
3	6296 649	6682 874	5680 286	845 892	3	1661 519	0165 872	2057 083	325 912
4	6399 111	6755 368	5805 475	836 868	4	1773 840	0232 474	2187 121	313 989
5	6501 771	6827 749	5930 758	827 791	5	1886 358	0298 950	2317 259	302 002
6	6604 628	6900 020	6056 134	818 662	6	1999 072	0365 305	2447 498	289 952
7	6707 683	6972 177	6181 604	809 479	7	2111 983	0431 534	2577 837	277 838
8	6810 936	7044 223	6307 168	800 243	8	2225 091	0497 637	2708 277	265 659
9	6914 386	7116 156	6432 827	790 953	9	2338 395	0563 615	2838 819	253 416
0,520	7118 034	7187 976	6558 579	781 610	**0,570**	2451 896	0629 467	2969 461	241 109
1	7021 879	7259 683	6684 426	772 212	1	2565 593	0695 193	3100 205	228 736
2	7225 922	7331 277	6810 367	762 760	2	2679 487	0760 793	3231 050	216 299
3	7330 163	7402 757	6936 403	753 254	3	2793 577	0826 267	3361 996	203 796
4	7434 600	7474 123	7062 534	743 693	4	2907 863	0891 613	3493 045	191 227
5	7539 236	7545 375	7188 760	734 077	5	3022 346	0956 833	3624 195	178 593
6	7644 069	7616 512	7315 081	724 406	6	3137 025	1021 926	3755 447	165 892
7	7749 099	7687 535	7441 497	714 680	7	3251 901	1086 891	3886 801	153 126
8	7854 327	7758 443	7568 009	704 898	8	3366 973	1151 728	4018 257	140 292
9	7959 752	7829 236	7694 616	695 060	9	3482 241	1216 437	4149 815	127 392
0,530	8065 374	7899 914	7821 318	685 167	**0,580**	3597 705	1281 018	4281 476	114 426
1	8171 194	7970 476	7948 117	675 217	1	3713 366	1345 471	4413 239	101 391
2	8277 212	8040 922	8075 011	665 212	2	3829 223	1409 794	4545 106	088 290
3	8383 426	8111 252	8202 002	655 149	3	3945 276	1473 989	4677 075	075 121
4	8489 838	8181 456	8329 088	645 030	4	4061 525	1538 054	4809 146	061 884
5	8596 447	8251 562	8456 271	634 854	5	4177 970	1601 989	4941 321	048 578
6	8703 254	8321 542	8583 551	624 620	6	4294 611	1665 795	5073 600	035 205
7	8810 257	8391 405	8710 927	614 330	7	4411 449	1729 470	5205 981	021 763
8	8917 458	8461 150	8838 400	603 981	8	4528 482	1793 016	5338 466	008 252
9	9024 857	8530 778	8965 970	593 575	9	4645 712	1856 430	5471 055	*994 672
0,540	9132 452	8600 287	9093 637	583 111	**0,590**	4763 137	1919 713	5603 747	981 022
1	9240 244	8669 679	9221 401	572 588	1	4880 758	1982 866	5736 543	967 304
2	9348 234	8738 952	9349 263	562 004	2	4998 576	2045 886	5869 443	952 515
3	9456 421	8808 106	9477 222	551 368	3	5116 589	2108 775	6002 447	939 657
4	9564 805	8877 142	9605 278	540 669	4	5234 798	2171 532	6135 556	925 728
5	9673 386	8946 058	9733 433	529 911	5	5353 203	2234 157	6268 768	911 728
6	9782 164	9014 855	9861 685	519 094	6	5471 804	2296 649	6402 085	897 658
7	9891 139	9083 532	9990 035	508 218	7	5590 601	2359 009	6535 507	883 517
8	*0000 311	9152 089	*0118 484	497 281	8	5709 593	2421 235	6669 034	869 305
9	0109 680	9220 526	0247 030	486 285	9	5828 781	2483 328	6802 665	855 022
	0,3	0,4	0,6	0,98		0,3	0,5	0,6	0,97

x	e^{-x}
70	$0{,}0^{30}$ 39754 49735 90865
1	,, 14624 86227 25123
2	,, 05380 18616 00211
3	,, 01979 25987 79469
4	,, 00728 12901 78322
5	,, 00267 86369 61808
6	,, 00098 54154 68611
7	,, 00036 25140 91914
8	,, 00013 33614 81550
9	,, 00004 90609 47306

x	Sin x sin x	Sin x cos x	Cos x sin x	Cos x cos x	x	Sin x sin x	Sin x cos x	Cos x sin x	Cos x cos x
	0,3	0,5	0,6	0,97		0,4	0,55	0,7	0,97
0,600	5948 165	2545 288	6936 401	840 666	**0,650**	2166 213	466 942	3759 714	026 160
1	6067 745	2607 113	7070 243	826 239	1	2295 537	521 728	3898 962	007 825
2	6187 520	2668 804	7204 189	811 740	2	2425 054	576 366	4038 321	*989 406
3	6307 491	2730 361	7338 241	797 169	3	2554 766	630 857	4177 791	970 901
4	6427 657	2791 784	7472 399	782 524	4	2684 672	685 198	4317 372	952 312
5	6548 019	2853 071	7606 662	767 807	5	2814 771	739 392	4457 065	933 637
6	6668 577	2914 223	7741 030	753 017	6	2945 065	793 436	4596 869	914 876
7	6789 330	2975 240	7875 505	738 154	7	3075 552	847 331	4736 785	896 030
8	6910 278	3036 121	8010 085	723 216	8	3206 233	901 077	4876 812	877 097
9	7031 422	3096 866	8144 772	708 206	9	3337 108	954 673	5016 951	858 078
0,610	7152 761	3157 474	8279 565	693 121	**0,660**	3468 176	*008 119	5157 202	838 973
1	7274 296	3217 946	8414 464	677 961	1	3599 438	061 414	5297 566	819 780
2	7396 026	3278 282	8549 469	662 728	2	3730 894	114 559	5438 041	800 500
3	7517 952	3338 480	8684 581	647 419	3	3862 543	167 553	5578 628	781 133
4	7640 072	3398 540	8819 800	632 035	4	3994 386	220 396	5719 328	761 678
5	7762 388	3458 464	8955 125	616 576	5	4126 423	273 088	5860 141	742 135
6	7884 900	3518 249	9090 558	601 042	6	4258 653	325 628	6001 066	722 504
7	8007 606	3577 896	9226 097	585 432	7	4391 076	378 016	6142 103	702 784
8	8130 508	3637 404	9361 744	569 745	8	4523 693	430 251	6283 253	682 976
9	8253 604	3696 774	9497 498	553 983	9	4656 503	482 334	6424 516	663 078
0,620	8376 896	3756 005	9633 359	538 144	**0,670**	4789 507	534 264	6565 892	643 091
1	8500 383	3815 096	9769 328	522 228	1	4922 703	586 041	6707 382	623 015
2	8624 065	3874 048	9905 405	506 235	2	5056 093	637 665	6848 984	602 848
3	8747 942	3932 861	*0041 589	490 165	3	5189 677	689 134	6990 699	582 592
4	8872 014	3991 533	0177 881	474 018	4	5323 453	740 450	7132 528	562 245
5	8996 281	4050 065	0314 281	457 792	5	5457 423	791 612	7274 471	541 808
6	9120 742	4108 456	0450 789	441 489	6	5591 585	842 619	7416 527	521 279
7	9245 399	4166 706	0587 405	425 108	7	5725 941	893 471	7558 697	500 660
8	9370 251	4224 815	0724 130	408 648	8	5860 489	944 168	7700 980	479 949
9	9495 297	4282 783	0860 963	392 109	9	5995 231	994 710	7843 377	459 146
0,630	9620 538	4340 609	0997 905	375 491	**0,680**	6130 166	**045 096	7985 889	438 251
1	9745 974	4398 292	1134 955	358 794	1	6265 293	095 326	8128 514	417 264
2	9871 605	4455 834	1272 114	342 018	2	6400 614	145 400	8271 254	396 184
3	9997 430	4513 233	1409 383	325 162	3	6536 127	195 317	8414 108	375 013
4	*0123 450	4570 489	1546 760	308 226	4	6671 832	245 078	8557 076	353 747
5	0249 664	4627 603	1684 246	291 209	5	6807 731	294 681	8700 159	332 389
6	0376 073	4684 572	1821 841	274 112	6	6943 822	344 127	8843 357	310 936
7	0502 677	4741 399	1959 546	256 934	7	7080 106	393 415	8986 669	289 390
8	0629 475	4798 081	2097 361	239 676	8	7216 582	442 545	9130 096	267 750
9	0756 468	4854 619	2235 285	222 336	9	7353 251	491 517	9273 637	246 015
0,640	0883 655	4911 013	2373 318	204 914	**0,690**	7490 112	540 331	9417 294	224 185
1	1011 037	4967 261	2511 462	187 411	1	7627 166	588 985	9561 066	202 261
2	1138 613	5023 365	2649 715	169 826	2	7764 413	637 481	9704 953	180 241
3	1266 383	5079 324	2788 079	152 158	3	7901 851	685 817	9848 955	158 126
4	1394 347	5135 137	2926 552	134 408	4	8039 482	733 993	9993 073	135 915
5	1522 506	5190 804	3065 136	116 575	5	8177 305	782 010	*0137 306	113 608
6	1650 859	5246 325	3203 831	098 660	6	8315 321	829 866	0281 655	091 204
7	1779 407	5301 699	3342 635	080 660	7	8453 528	877 561	0426 119	068 703
8	1908 148	5356 927	3481 551	062 578	8	8591 928	925 096	0570 699	046 107
9	2037 084	5412 008	3620 577	044 411	9	8730 520	972 470	0715 395	023 412
	0,4	0,5	0,7	0,97		0,4	0,57	0,8	0,96

x	e^x
80	55406 22384 39351 00525 71173 39583 16612, 92486
1	1 50609 73145 85030 54835 25941 30167 67498, 18994
2	4 09399 69621 27454 69666 09142 29327 82904, 32005
3	11 12863 75479 17594 12087 07147 81839 40805, 7341
4	30 25077 32220 11423 38266 56639 64434 28742, 4690
5	82 23012 71462 29135 10304 32801 64077 74695, 4863
6	223 52466 03734 71504 74430 65732 33271 67398, 775
7	607 60302 25056 87214 95223 28938 13027 60752, 614
8	1651 63625 49940 01855 52832 97962 64858 76706, 96
9	4489 61281 91743 45246 28424 55796 45316 27776, 60

x	Sin x sin x	Sin x cos x	Cos x sin x	Cos x cos x	x	Sin x sin x	Sin x cos x	Cos x sin x	Cos x cos x
	0,4	0,58	0,8	0,96		0,5	0,60	0,8	0,94
0,700	8869 304	019 682	0860 207	000 621	**0,750**	6052 296	168 000	8250 631	730 535
1	9008 280	066 732	1005 135	*977 732	1	6200 809	206 590	8401 474	702 396
2	9147 448	113 621	1150 179	954 744	2	6249 512	245 003	8552 437	674 145
3	9286 807	160 347	1295 340	931 658	3	6498 404	283 239	8703 521	645 781
4	9426 359	206 910	1440 616	908 474	4	6647 485	321 298	8854 726	617 304
5	9566 102	253 311	1586 009	885 191	5	6796 756	359 179	9006 051	588 714
6	9706 037	299 548	1731 519	861 808	6	6946 216	396 881	9157 497	560 010
7	9846 164	345 622	1877 145	838 327	7	7095 865	434 406	9309 063	531 193
8	9986 483	391 532	2022 888	814 745	8	7245 703	471 752	9460 751	502 261
9	*0126 993	437 279	2168 748	791 064	9	7395 730	508 919	9612 559	473 215
0,710	0267 695	482 861	2314 724	767 282	**0,760**	7545 946	545 907	9764 489	444 054
1	0408 588	528 278	2460 818	743 400	1	7696 350	582 715	9916 539	414 778
2	0549 673	573 530	2607 028	719 417	2	7846 944	619 344	*0068 711	385 386
3	0690 949	618 617	2753 356	695 333	3	7997 727	655 792	0221 004	355 879
4	0832 417	663 539	2899 801	671 147	4	8148 698	692 060	0373 418	326 255
5	0974 076	708 295	3046 363	646 860	5	8299 858	728 147	0525 954	296 516
6	1115 926	752 884	3193 043	622 471	6	8451 206	764 053	0678 611	266 660
7	1257 968	797 307	3339 840	597 980	7	8602 743	799 778	0831 390	236 687
8	1400 201	841 564	3486 755	573 386	8	8754 468	835 321	0984 290	206 596
9	1542 624	885 654	3633 787	548 689	9	8906 382	870 682	1137 312	176 389
0,720	1685 240	929 576	3780 937	523 890	**0,770**	9058 484	905 861	1290 456	146 063
1	1828 046	973 331	3928 205	498 987	1	9210 775	940 857	1443 721	115 620
2	1971 043	*016 918	4075 591	473 980	2	9368 253	975 670	1597 108	085 057
3	2114 231	060 337	4223 095	448 869	3	9519 920	*010 301	1750 618	054 377
4	2257 609	103 587	4370 718	423 654	4	9668 775	044 747	1904 249	023 577
5	2401 179	146 669	4518 458	398 335	5	9821 818	079 010	2058 002	*992 657
6	2544 940	189 581	4666 317	372 911	6	9975 049	113 089	2211 878	961 619
7	2688 891	232 325	4814 294	347 381	7	*0128 468	146 983	2365 876	930 460
8	2833 033	274 898	4962 389	321 746	8	0282 075	180 693	2519 996	899 181
9	2977 365	317 302	5110 603	296 006	9	0435 870	214 217	2674 238	867 781
0,730	3121 889	359 535	5258 936	270 160	**0,780**	0589 852	247 556	2828 603	836 260
1	3266 603	401 598	5407 387	244 207	1	0744 022	280 710	2983 090	804 619
2	3411 507	443 491	5555 958	218 148	2	0898 379	313 677	3137 700	772 856
3	3556 601	485 212	5704 647	191 982	3	1052 924	346 459	3292 433	740 971
4	3701 886	526 761	5853 455	165 709	4	1207 657	379 053	3447 288	708 964
5	3847 362	568 139	6002 382	139 329	5	1362 577	411 461	3602 266	676 834
6	3993 027	609 345	6151 428	112 841	6	1517 685	443 682	3757 367	644 582
7	3138 883	650 379	6300 594	086 244	7	1672 979	475 715	3912 591	612 206
8	3284 929	691 240	6449 879	059 540	8	1828 461	507 560	4067 937	579 708
9	3431 165	731 928	6599 283	032 727	9	1984 130	539 217	4223 407	547 086
0,740	3577 592	772 443	6748 806	005 805	**0,790**	2139 986	570 686	4379 000	514 339
1	3724 208	812 784	6898 450	**978 774	1	2296 029	601 966	4534 716	481 469
2	3871 014	852 952	7048 212	951 634	2	2452 260	633 057	4690 555	448 474
3	4018 010	892 945	7198 095	924 384	3	2608 677	663 958	4846 517	415 354
4	4165 196	932 764	7348 097	897 024	4	2765 281	694 670	5002 603	382 108
5	4312 572	972 409	7498 219	869 553	5	2922 071	725 192	5158 812	348 738
6	4460 138	**011 878	7648 461	841 972	6	3079 048	755 523	5315 144	315 241
7	4607 893	051 172	7798 824	814 280	7	3236 212	785 664	5471 601	281 618
8	4755 838	090 291	7949 306	786 476	8	3393 563	815 614	5628 180	247 869
9	4903 972	129 234	8099 908	758 561	9	3551 100	845 373	5784 883	213 993
	0,5	0,60	0,8	0,94		0,6	0,61	0,9	0,93

x	e^{-x}
80	$0{,}0^{30}$ 00001 80485 13878
1	,, 00000 66396 77200
2	,, ,, 24426 00738
3	,, ,, 08985 82594
4	,, ,, 03305 70063
5	,, ,, 01216 09930
6	,, ,, 00447 37793
7	,, ,, 00164 58114
8	,, ,, 00060 54602
9	,, ,, 00022 27364

x	Sin x sin x	Sin x cos x	Cos x sin x	Cos x cos x	x	Sin x sin x	Sin x cos x	Cos x sin x	Cos x cos x
	0,6	0,61	0,9	0,93		0,7	0,63	1,0	0,91
0,800	3708 824	874 940	5941 710	179 990	0,850	1831 119	102 042	3941 965	310 707
1	3866 733	904 315	6098 661	145 860	1	1998 254	121 418	4105 170	269 795
2	4024 829	933 498	6255 736	111 601	2	2165 572	140 585	4268 501	228 739
3	4183 112	962 488	6412 934	077 215	3	2333 072	159 544	4431 958	187 539
4	4341 580	991 286	6570 256	042 700	4	2500 755	178 294	4595 542	146 194
5	4500 235	*019 890	6727 702	008 057	5	2668 620	196 835	4759 252	104 705
6	4659 075	048 302	6885 273	*973 285	6	2836 667	215 166	4923 089	063 070
7	4818 102	076 519	7042 967	938 383	7	3004 896	233 287	5087 052	021 289
8	4977 314	104 542	7200 786	903 352	8	3173 308	251 199	5251 141	*979 362
9	5136 713	132 371	7358 729	868 190	9	3341 901	268 899	5415 357	937 289
0,810	5296 297	160 005	7516 796	832 899	0,860	3510 676	286 389	5579 700	895 069
1	5456 066	187 444	7674 987	797 476	3	3679 633	303 668	5744 169	852 702
2	5616 021	214 687	7833 303	761 923	2	3848 762	320 735	5908 764	810 188
3	5776 162	241 735	7991 743	726 239	3	4018 092	337 591	6073 487	767 526
4	5936 488	268 587	8150 308	690 423	4	4187 594	354 234	6238 336	724 716
5	6097 000	295 243	8308 997	654 476	5	4357 277	370 665	6403 311	681 758
6	6257 697	321 702	8467 811	618 396	6	4527 142	386 883	6568 414	638 650
7	6418 579	347 964	8626 749	582 183	7	4697 188	402 888	6733 643	595 394
8	6579 646	374 029	8785 812	545 838	8	4867 415	418 679	6898 999	551 989
9	6740 898	399 897	8945 000	509 360	9	5037 823	434 257	7064 482	508 434
0,820	6902 336	425 566	9104 313	472 748	0,870	5208 412	449 620	7230 091	464 728
1	7063 958	451 038	9263 750	436 002	1	5379 182	464 769	7395 828	420 873
2	7225 766	476 310	9423 313	399 122	2	5550 133	479 703	7561 691	376 866
3	7387 758	501 384	9583 000	362 108	3	5721 265	494 423	7727 682	332 709
4	7549 934	526 259	9742 812	324 959	4	5892 577	508 926	7893 799	288 400
5	7712 296	550 934	9902 750	287 675	5	6064 070	523 214	8060 044	243 939
6	7874 842	575 409	*0062 812	250 255	6	6235 744	537 286	8226 415	199 326
7	8037 572	599 685	0223 000	212 700	7	6407 598	551 141	8392 914	154 560
8	8200 487	623 759	0383 313	175 008	8	6579 632	564 780	8559 540	109 642
9	8363 586	647 634	0543 751	137 181	9	6751 846	578 201	8726 293	064 571
0,830	8526 870	671 307	0704 314	099 216	0,880	6924 241	591 405	8893 173	019 346
1	8690 337	694 778	0865 003	061 114	1	7096 816	604 391	9060 180	**973 967
2	8853 989	718 048	1025 817	022 875	2	7269 570	617 159	9227 314	928 434
3	9017 825	741 116	1186 757	**984 499	3	7442 505	629 709	9394 576	882 747
4	9181 845	763 982	1347 822	945 984	4	7615 619	642 040	9561 965	836 904
5	9346 049	786 644	1509 013	907 331	5	7788 913	654 151	9729 481	790 907
6	9510 436	809 104	1670 329	868 539	6	7962 386	666 043	9897 124	744 753
7	9675 008	831 360	1831 771	829 608	7	8136 039	677 716	*0064 895	698 444
8	9839 762	853 413	1993 338	790 538	8	8309 871	689 168	0232 793	651 979
9	*0004 701	875 262	2155 031	751 328	9	8483 883	700 400	0400 819	605 357
0,840	0169 823	896 906	2316 850	711 979	0,890	8658 074	711 411	0568 972	558 578
1	0335 129	918 346	2478 795	672 489	1	8832 443	722 201	0737 252	511 642
2	0500 617	939 581	2640 865	632 858	2	9006 992	732 769	0905 660	464 548
3	0666 289	960 610	2803 062	593 086	3	9181 720	743 115	1074 195	417 296
4	0832 145	981 434	2965 384	553 173	4	9356 627	753 240	1242 858	369 886
5	0998 183	**002 052	3127 832	513 118	5	9531 712	763 142	1411 648	322 316
6	1164 404	022 464	3290 407	472 921	6	9706 976	772 821	1580 566	274 588
7	1330 809	042 669	3453 107	432 582	7	9882 419	782 277	1749 611	226 701
8	1479 396	062 668	3615 934	392 100	8	*0058 040	791 509	1918 784	178 653
9	1664 166	082 458	3778 886	351 475	9	0233 840	800 518	2088 085	130 446
	0,7	0,63	1,0	0,91		0,8	0,63	1,1	0,89

x	e^x
90	12204 03294 31784 08020 02710 03513 63697 53970,8
1	33174 00098 33574 26257 55516 10785 25919 09603,0
2	90176 28405 03429 89314 00995 98217 09052 59128,8
3	2 45124 55429 20085 78555 27729 43110 91534 23488,
4	6 66317 62164 10895 83424 48140 50240 87326 26874,
5	18 11239 08288 90232 82193 79875 80988 15925 0479 ,
6	49 23458 28601 20583 99754 86205 91133 04494 8378 ,
7	133 83347 19204 26950 04617 36408 70611 50290 767 ,
8	363 79709 47608 80457 92877 43826 76018 57298 931 ,
9	988 90303 19346 94677 05600 30967 13803 71014 051 ,
100	2688 11714 18161 35448 41262 55515 80013 58736 11 ,

x	Sin x sin x	Sin x cos x	Cos x sin x	Cos x cos x	x	Sin x sin x	Sin x cos x	Cos x sin x	Cos x cos x
	0,8	0,63	1,1	0,8		0,8	0,63	1,2	0,8
0,900	0409 818	809 303	2257 513	9082 078	0,950	9433 759	955 143	0891 874	6451 215
1	0585 973	817 863	2427 069	9033 550	1	9618 693	952 040	1067 823	6394 189
2	0762 307	826 198	2596 752	8984 860	2	9803 799	948 694	1243 899	6336 983
3	0938 819	834 308	2766 563	8936 008	3	9989 078	945 106	1420 104	6279 598
4	1115 509	842 192	2936 502	8886 995	4	*0174 529	941 275	1596 437	6222 033
5	1292 377	849 851	3106 568	8837 820	5	0360 153	937 201	1772 897	6164 288
6	1469 422	857 283	3276 762	8788 482	6	0545 949	932 883	1949 485	6106 362
7	1646 645	864 489	3447 084	8738 981	7	0731 918	928 322	2126 202	6048 254
8	1824 045	871 468	3617 533	8689 316	8	0918 058	923 516	2303 046	5989 966
9	2001 623	878 219	3788 111	8639 488		1104 371	918 466	2480 018	5931 495
					0,960				
0,910	2179 378	884 743	3958 816	8589 496	9	1290 855	913 170	2657 118	5872 842
1	2357 310	891 039	4129 648	8539 340	1	1477 511	907 630	2834 345	5814 007
2	2535 419	897 107	4300 609	8489 019	2	1664 339	901 843	3011 701	5754 989
3	2713 705	902 946	4471 697	8438 533	3	1851 338	895 811	3189 184	5695 787
4	2892 168	908 557	4642 913	8387 882	4	2038 509	889 532	3366 795	5636 402
5	3070 808	913 938	4814 257	8337 064	5	2225 851	883 007	3544 534	5576 833
6	3249 625	919 089	4985 729	8286 081	6	2413 364	876 234	3722 400	5517 079
7	3428 618	924 010	5157 329	8234 931	7	2601 048	869 214	3900 395	5457 140
8	3607 787	928 701	5329 056	8183 614	8	2788 903	861 946	4078 517	5397 016
9	3787 133	933 162	5500 911	8132 130	9	2976 929	854 430	4256 767	5336 707
0,920	3966 655	937 391	5672 895	8080 478	0,970	3165 126	846 665	4435 144	5276 211
1	4146 354	941 390	5845 006	8028 659	1	3353 493	838 652	4613 649	5215 530
2	4326 228	945 156	6017 245	7976 671	2	3542 030	830 389	4792 282	5154 661
3	4506 278	948 690	6189 612	7925 514	3	3730 738	821 877	4971 043	5093 606
4	4686 505	951 992	6362 106	7872 189	4	3919 616	813 115	5149 931	5032 363
5	4866 906	955 062	6534 729	7819 694	5	4108 664	804 102	5328 947	4970 932
6	5047 484	957 898	6707 479	7767 029	6	4297 882	794 839	5508 090	4909 313
7	5228 237	960 501	6880 358	7714 195	7	4487 270	785 325	5687 361	4847 506
8	5409 166	962 870	7053 364	7661 190	8	4676 828	775 560	5866 759	4785 509
9	5590 270	965 004	7226 499	7608 014	9	4866 555	765 542	6046 286	4723 323
0,930	5771 549	966 905	7399 761	7554 666	0,980	5056 451	755 273	6225 939	4660 947
1	5953 003	968 571	7573 151	7501 148	1	5246 517	744 751	6405 720	4598 382
2	6134 632	970 001	7746 669	7447 457	2	5436 752	733 977	6585 629	3535 625
3	6316 436	971 196	7920 315	7393 595	3	5627 156	722 949	6765 665	4472 678
4	6498 415	972 155	8094 089	7339 559	4	5817 729	711 668	6945 829	4409 540
5	6680 569	972 878	8267 991	7285 351	5	6008 471	700 132	7126 120	4346 210
6	6862 897	973 365	8442 021	7230 969	6	6199 382	688 343	7306 538	4282 688
7	7045 399	973 614	8616 179	7176 413	7	6390 461	676 299	7487 084	4218 973
8	7228 076	973 627	8790 465	7121 683	8	6581 708	664 000	7667 757	4155 066
9	7410 927	973 401	8964 878	7066 779	9	6773 124	651 445	7848 557	4090 966
0,940	7593 953	972 938	9139 420	7011 700	0,990	6964 708	638 635	8029 485	4026 672
1	7777 152	972 237	9314 090	6956 446	1	7156 461	625 569	8210 640	3962 184
2	7960 525	971 297	9488 887	6901 016	2	7348 381	612 247	8391 722	3897 502
3	8144 073	970 118	9663 813	6846 411	3	7540 468	598 667	8573 032	3832 625
4	8327 793	968 699	9838 866	6789 629	4	7732 724	584 831	8754 469	3767 553
5	8511 688	967 041	*0014 048	6733 670	5	7925 147	570 737	8936 032	3702 285
6	8695 755	965 143	0189 257	6677 535	6	8117 737	556 385	9117 723	3636 822
7	8879 996	963 005	0364 794	6621 222	7	8310 495	541 775	9299 542	3571 162
8	9064 411	960 625	0540 359	6564 731	8	8503 420	526 906	9481 487	3505 306
9	9248 999	958 005	0716 052	6508 062	9	8696 512	511 778	9663 559	3439 253
	0,8	0,63	1,2	0,8		0,9	0,63	1,2	0,8

x	e^{-x}
90	$0{,}0^{35}$ 00008 19401 26240
1	,, 00003 01440 87851
2	,, 00001 10893 90193
3	,, 00000 40795 58667
4	,, ,, 15007 85763
5	,, ,, 05521 08228
6	,, ,, 02031 09266
7	,, ,, 00747 19723
8	,, ,, 00274 87850
9	,, ,, 00101 12215
100	,, ,, 00037 20076

x	Sin x sin x	Sin x cos x	Cof x sin x	Cof x cos x
	0,9	0,63	1,2	0,8
1,000	8889 771	496 391	9845 758	3373 003
1	9083 196	480 745	*0028 084	3306 554
2	9276 788	464 838	0210 538	3239 908
3	9470 547	448 671	0393 118	3173 063
4	9664 472	432 243	0575 825	3106 019
5	9858 563	415 554	0758 659	3038 775
6	*0052 820	398 603	0941 619	2971 332
7	0247 243	381 391	1124 707	2903 689
8	0441 832	363 916	1307 921	2835 846
9	0636 587	346 179	1491 262	2767 801
1,010	0831 507	328 178	1674 730	2699 555
1	1026 593	309 915	1858 325	2631 108
2	1221 844	291 387	2042 046	2562 458
3	1417 260	272 596	2225 893	2493 606
4	1612 841	253 540	2409 867	2424 552
5	1808 586	234 219	2593 968	2355 294
6	2004 497	214 633	2778 195	2285 832
7	2200 572	194 782	2962 549	2216 166
8	2396 811	174 664	3147 029	2146 296
9	2593 215	154 280	3331 635	2076 221
1,020	2789 783	133 630	3516 367	2005 941
1	2986 515	112 713	3701 226	1935 456
2	3183 411	091 528	3886 211	1864 764
3	3380 471	070 075	4071 322	1793 867
4	3577 694	048 355	4256 560	1722 762
5	3775 080	026 365	4441 923	1651 450
6	3972 630	004 107	4627 413	1579 931
7	4170 343	*981 580	4813 029	1508 203
8	4368 220	958 783	4998 770	1436 267
9	4566 259	935 716	5184 638	1364 123
1,030	4764 460	912 378	5370 631	1291 769
1	4962 824	888 770	5556 750	1219 206
2	5161 351	864 891	5742 995	1146 433
3	5360 040	840 740	5929 365	1073 450
4	5558 891	816 318	6115 862	1000 256
5	5757 904	791 623	6302 484	0926 851
6	5957 079	766 655	6489 231	0853 234
7	6156 416	741 415	6676 104	0779 406
8	6355 914	715 901	6863 103	0705 365
9	6555 574	690 114	7050 227	0631 111
1,040	6755 395	664 052	7237 476	0556 644
1	6955 377	637 716	7424 851	0481 964
2	7155 520	611 105	7612 351	0407 070
3	7355 824	584 219	7799 976	0331 961
4	7556 289	557 057	7987 726	0256 638
5	7756 914	529 620	8175 602	0181 100
6	7957 699	501 906	8363 603	0105 346
7	8158 645	473 915	8551 728	0029 376
8	8359 750	445 647	8739 979	*9953 190
9	8561 061	417 102	8928 354	9876 788
	1,0	0,62	1,3	0,7

x	Sin x sin x	Sin x cos x	Cof x sin x	Cof x cos x
	1,0	0,62	1,3	0,7
1,050	8762 441	388 278	9116 854	9800 168
1	8964 026	359 177	9305 479	9723 330
2	9165 770	329 797	9494 229	9646 275
3	9367 674	300 138	9683 103	9569 001
4	9569 737	270 200	9872 102	9491 509
5	9771 958	239 981	*0061 226	9413 798
6	9974 339	209 483	0250 474	9335 866
7	*0176 878	178 704	0439 846	9257 715
8	0379 576	147 645	0629 343	9179 344
9	0582 432	116 304	0818 964	9100 752
1,060	0785 446	084 681	1008 709	9021 938
1	0988 619	052 777	1198 579	8942 904
2	1191 949	020 590	1388 572	8863 647
3	1395 437	*988 120	1578 690	8784 168
4	1599 083	955 367	1768 931	8704 466
5	1802 886	922 330	1959 297	8624 540
6	2006 846	889 010	2149 786	8544 391
7	2210 963	855 405	2340 399	8464 019
8	2415 237	821 516	2531 136	8383 421
9	2619 668	787 342	2721 997	8302 599
1,070	2824 256	752 882	2912 981	8221 552
1	3029 000	718 136	3104 088	8140 279
2	3233 900	683 104	3295 319	8058 780
3	3438 957	647 786	3486 674	7977 054
4	3644 169	612 180	3678 151	7895 102
5	3849 537	576 287	3869 752	7812 922
6	4055 061	540 107	4061 476	7730 515
7	4260 741	503 638	4253 323	7647 879
8	4466 575	466 881	4445 293	7565 015
9	4672 565	429 835	4637 386	7481 922
1,080	4878 710	392 500	4829 602	7398 600
1	5085 009	354 875	5021 941	7315 048
2	5291 463	316 960	5214 402	7231 266
3	5498 072	278 754	5406 986	7147 253
4	5704 835	240 259	5599 693	7063 009
5	5911 752	201 470	5792 522	6978 534
6	6118 823	162 391	5985 473	6893 827
7	6326 047	123 020	6178 547	6808 888
8	6533 426	083 357	6371 743	6723 716
9	6740 957	043 401	6565 062	6638 311
1,090	6948 642	003 151	6758 502	6552 672
1	7156 481	**962 609	6952 064	6466 800
2	7364 472	921 772	7145 748	6380 693
3	7572 616	880 641	7339 554	0294 352
4	7780 912	839 215	7533 482	6207 775
5	7989 361	797 495	7727 532	6120 963
6	7197 962	755 473	7921 703	6033 915
7	7406 715	713 161	8115 995	5946 630
8	7615 620	670 552	8310 410	5859 109
9	7824 677	627 650	8504 945	5771 351
	1,1	0,60	1,4	0,7

x	sin x	cos x
51	+ 0,67022 91758 43375	+ 0,74215 41968 13783
2	+ 0,98662 75920 40485	− 0,16299 07807 95705
3	+ 0,39592 51501 81834	− 0,91828 27862 12119
4	− 0,55878 90488 51616	− 0,82930 98328 63150
5	− 0,99975 51733 58620	+ 0,02212 67562 61956
6	− 0,52155 10020 86912	+ 0,85322 01077 22584
7	+ 0,43616 47552 47825	+ 0,89986 68269 69194
8	+ 0,99287 26480 84537	+ 0,11918 01354 48819
9	+ 0,63673 80071 39138	− 0,77108 02229 75845

x	Sin x sin x	Sin x cos x	Cos x sin x	Cos x cos x	x	Sin x sin x	Sin x cos x	Cos x sin x	Cos x cos x
	1,1	0,60	1,4	0,7		1,2	0,5	1,5	0,7
1,100	9033 886	584 451	8699 602	5683 354	1,150	9683 499	8037 000	8584 961	0971 214
1	9243 245	540 952	8894 379	5595 120	1	9900 192	7978 129	8785 674	0870 536
2	9452 756	497 155	9089 278	5506 648	2	*0117 026	7918 940	8986 503	0769 599
3	9662 418	453 060	9284 298	5417 936	3	0334 003	7859 434	9187 447	0668 401
4	9872 231	408 666	9479 439	5328 985	4	0551 120	7799 609	9388 508	0566 943
5	*0082 194	363 973	9674 701	5239 794	5	0768 379	7739 465	9589 684	0465 223
6	0292 308	318 981	9870 083	5150 363	6	0985 778	7679 002	9790 975	0363 242
7	0502 572	273 689	*0065 586	5060 692	7	1203 319	7618 220	9992 382	0260 999
8	0712 986	228 097	0261 209	4970 779	8	1421 000	7557 118	*0193 903	0158 494
9	0923 551	182 204	0456 953	4880 625	9	1638 821	7495 695	0395 540	0055 725
1,110	1134 265	136 011	0652 818	4790 230	1,160	1856 782	7433 951	0597 292	*9952 694
1	1345 128	089 516	0848 802	4699 592	1	2074 883	7371 887	0799 159	9849 399
2	1556 141	042 720	1044 907	4608 711	2	2293 124	7309 501	1001 141	9745 839
3	1767 304	*995 621	1241 132	4517 587	3	2511 504	7246 792	1203 237	9642 015
4	1978 615	948 220	1437 477	4426 220	4	2730 024	7183 761	1405 448	9537 926
5	2190 075	900 516	1633 942	4334 609	5	2948 683	7120 408	1607 773	9433 572
6	2401 684	852 509	1830 526	4242 753	6	3167 480	7056 731	1810 213	9328 951
7	2613 441	804 198	2027 230	4150 652	7	3386 416	6992 731	2012 766	9224 065
8	2825 347	755 583	2224 054	4058 307	8	3605 491	6928 406	2215 434	9118 911
9	3037 400	706 664	2420 998	3965 715	9	3824 704	6863 757	2418 215	9013 490
1,120	3249 602	657 440	2618 061	3872 878	1,170	4044 055	6798 783	2621 110	8907 802
1	3461 951	607 911	2815 243	3779 794	1	4263 544	6733 485	2824 118	8801 846
2	3674 448	558 076	3012 544	3686 463	2	4483 170	6667 860	3027 240	8695 621
3	3887 092	507 935	3209 964	3592 885	3	4702 934	6601 909	3230 476	8589 127
4	4099 884	457 487	3407 504	3499 059	4	4922 835	6535 632	3433 825	8482 363
5	4312 822	406 733	3605 162	3404 985	5	5142 873	6469 028	3637 286	8375 330
6	4525 907	355 671	3802 940	3310 662	6	5363 047	6402 097	3840 861	8268 027
7	4739 139	304 302	4000 835	3216 090	7	5583 359	6334 838	4044 548	8160 452
8	4952 518	252 625	4198 850	3121 269	8	5803 806	6267 251	4248 349	8052 607
9	5166 042	200 639	4396 983	3026 197	9	6024 390	6199 336	4452 261	9944 490
1,130	5379 713	148 345	4595 234	2930 876	1,180	6245 109	6131 091	4656 286	7836 101
1	5593 529	095 742	4793 604	2835 303	1	6465 964	6062 517	4860 424	7727 440
2	5807 491	042 829	4992 092	2739 480	2	6686 955	5993 614	5064 673	7618 505
3	6021 599	**989 606	5190 698	2643 405	3	6908 081	5924 380	5269 034	7509 297
4	6235 852	936 072	5389 422	2547 078	4	7129 342	5854 816	5473 508	7399 816
5	6450 250	882 228	5588 264	2450 498	5	7350 738	5784 921	5678 093	7290 060
6	6664 793	828 072	5787 224	2353 665	6	7572 268	5714 695	5882 789	7180 029
7	6879 481	773 605	5986 301	2256 579	7	7793 932	5644 137	6087 597	7069 723
8	7094 313	718 826	6185 496	2159 240	8	8015 731	5573 246	6292 517	6959 142
9	7309 289	663 735	6384 808	2061 646	9	8237 664	5502 023	6497 547	6848 285
1,140	7524 410	608 331	6584 237	1963 798	1,190	8459 730	5430 467	6702 688	6737 151
1	7739 674	552 614	6783 784	1865 694	1	8681 930	5358 578	6907 941	6625 740
2	7955 082	496 583	6983 448	1767 335	2	8904 263	5286 355	7113 304	6514 052
3	8170 634	440 238	7183 229	1668 720	3	9126 729	5213 797	7318 777	6402 086
4	8386 329	383 579	7383 127	1569 849	4	9349 328	5140 905	7524 361	6289 842
5	8602 108	326 605	7583 141	1470 721	5	9572 060	5067 678	7730 056	6177 319
6	8818 149	269 316	7783 273	1371 336	6	9794 924	4994 116	7936 860	6064 517
7	9034 273	211 711	7983 520	1271 693	7	**0017 917	4920 217	8141 774	5951 435
8	9250 539	153 791	8183 885	1171 792	8	0241 048	4845 983	8347 799	5838 074
9	9466 948	095 554	8384 365	1071 633	9	0464 307	4771 411	8553 933	5724 432
	1,2	0,58	1,5	0,7		1,4	0,5	1,6	0,6

x	sin x	cos x
60	— 0,30481 06211 02217	— 0,95241 29804 15156
1	— 0,96611 77700 08393	— 0,25810 16359 38267
2	— 0,73918 06966 49223	+ 0,67350 71623 23586
3	+ 0,16735 57003 02807	+ 0,98589 65815 82550
4	+ 0,92002 60381 96791	+ 0,39185 72304 29550
5	+ 0,82682 86794 90103	— 0,56245 38512 38172
6	— 0,02655 11540 23967	— 0,99964 74559 66350
7	— 0,85551 99789 75322	— 0,51776 97997 89505
8	— 0,89792 76806 89291	+ 0,44014 30224 96041
9	— 0,11478 48137 83187	+ 0,99339 03797 22272

x	Sin x sin x	Sin x cos x	Coſ x sin x	Coſ x cos x	x	Sin x sin x	Sin x cos x	Coſ x sin x	Coſ x cos x
	1,4	0,5	1,6	0,6		1,5	0,5	1,7	0,5
1,200	0687 698	4696 503	8760 176	5610 509	**1,250**	2019 657	0512 091	9208 521	9546 228
1	0911 220	4621 257	8966 529	5496 304	1	2249 437	0419 438	9420 138	9417 379
2	1134 874	4545 673	9172 991	5381 818	2	2479 336	0326 427	9631 855	9288 226
3	1358 658	4469 751	9379 562	5267 049	3	2709 353	0233 056	9843 673	9158 768
4	1582 572	4393 489	9586 242	5151 998	4	2939 489	0139 325	*0055 591	9029 005
5	1806 617	4316 889	9793 031	5036 664	5	3169 743	0045 235	0267 610	8898 936
6	2030 792	4239 949	9999 929	4921 046	6	3400 115	*9950 784	0479 728	8768 560
7	2255 097	4162 670	*0206 935	4805 144	7	3630 604	9855 971	0691 947	8637 878
8	2479 531	4085 049	0414 049	4688 957	8	3861 211	9760 798	0904 265	8506 888
9	2704 095	4007 088	0621 272	4572 485	9	4091 934	9665 263	1116 683	8375 590
1,210	2928 788	3928 786	0828 602	4455 728	**1,260**	4322 774	9569 365	1329 200	8243 985
1	3153 610	3850 142	1036 041	4338 686	1	4553 731	9473 105	1541 817	8112 071
2	3378 560	3771 156	1243 587	4221 357	2	4784 804	9376 482	1754 532	7979 847
3	3603 639	3691 828	1451 241	4103 741	3	5015 993	9279 495	1967 346	7847 314
4	3828 846	3612 156	1659 002	3985 838	4	5247 298	9182 144	2180 258	7714 471
5	4054 181	3532 141	1866 870	3867 647	5	5478 718	9084 429	2393 269	7581 318
6	4279 644	3451 783	2074 845	3749 168	6	5710 253	8986 349	2606 379	7447 854
7	4505 234	3371 080	2282 928	3630 401	7	5941 903	8887 904	2819 586	7314 078
8	4730 952	3290 033	2491 117	3511 344	8	6173 668	8789 093	3032 890	7179 990
9	4956 797	3208 641	2699 412	3391 998	9	6405 547	8689 917	3246 293	7045 590
1,220	5182 768	3126 903	2907 814	3272 362	**1,270**	6637 540	8590 373	3459 793	6910 877
1	5408 866	3044 820	3116 322	3152 436	1	6869 647	8490 463	3673 390	6775 851
2	5635 090	2962 390	3324 937	3032 219	2	7101 868	8390 186	3887 084	6640 511
3	5861 441	2879 614	3533 657	2911 711	3	7334 202	8289 540	4100 874	6504 857
4	6087 917	2796 491	3742 483	2790 911	4	7566 649	8185 527	4314 762	6368 888
5	6314 518	2713 020	3951 414	2669 819	5	7799 208	8087 145	4528 745	6232 605
6	6541 245	2629 201	4160 451	2548 434	6	8031 880	7985 394	4742 825	6096 005
7	6768 098	2545 034	4369 594	2426 756	7	8264 665	7883 273	4957 001	5959 089
8	6995 075	2460 518	4578 841	2304 785	8	8497 561	7780 782	5171 273	5821 857
9	7222 176	2375 653	4788 193	2182 519	9	8305 569	7677 921	5385 640	5684 308
1,230	7449 402	2290 439	4997 650	2059 960	**1,280**	8963 688	7574 689	5600 102	5546 442
1	7676 752	2204 875	5207 212	1937 105	1	9196 918	7471 087	5814 660	5408 257
2	7904 226	2118 960	5416 878	1813 955	2	9430 259	7367 112	6029 313	5269 755
3	8131 824	2032 694	5626 648	1690 509	3	9663 711	7262 766	6244 060	5130 933
4	8359 545	1946 077	5836 523	1566 767	4	9897 273	7158 046	6458 902	4991 792
5	8587 389	1859 108	6046 501	1442 728	5	*0130 945	6052 954	6673 838	4852 331
6	8815 356	1771 787	6256 583	1318 392	6	0364 726	6947 489	6888 868	4712 550
7	9043 446	1684 114	6466 768	1193 758	7	0598 617	6841 650	7103 993	4572 448
8	9271 658	1596 088	6677 057	1068 826	8	0832 618	6735 437	7319 210	4432 025
9	9499 992	1507 708	6887 449	0943 596	9	1066 727	6628 849	7534 522	4291 280
1,240	9728 448	1418 975	7097 944	0818 067	**1,290**	1300 944	6521 885	7749 926	4150 213
1	9957 026	1329 887	7308 542	0692 238	1	1535 270	6414 547	7965 424	4008 824
2	*0185 725	1240 445	7519 243	0566 110	2	1769 704	6306 832	8181 014	3867 112
3	0414 545	1150 648	7730 046	0439 681	3	2004 246	6198 742	8396 697	3725 076
4	0643 486	1060 495	7940 951	0312 951	4	2238 895	6090 274	8612 473	3582 716
5	0872 548	0969 987	8151 959	0185 919	5	2473 651	5981 429	8828 341	3440 031
6	1101 730	0879 122	8363 068	0058 587	6	2708 514	5872 207	9044 300	3297 022
7	1331 032	0787 900	8574 279	*9930 951	7	2943 484	5762 606	9260 352	3153 687
8	1560 454	0696 321	8785 592	9803 014	8	3178 560	5652 627	9476 494	3010 026
9	1789 996	0604 385	8997 006	9674 773	9	3413 742	5542 269	9692 729	2866 039
	1,5	0,5	1,7	0,5		1,6	0,4	1,8	0,5

x	sin x	cos x
70	+ 0,77389 06815 57889	+ 0,63331 92030 86300
1	+ 0,95105 46532 54375	− 0,30902 27281 66071
2	+ 0,25382 33627 62036	− 0,96725 05882 73882
3	− 0,67677 19568 87308	− 0,73619 27182 27316
4	− 0,98514 62604 68247	+ 0,17171 73418 30778
5	− 0,38778 16354 09430	+ 0,92175 12697 24749
6	+ 0,56610 76368 98180	+ 0,82433 13311 07558
7	+ 0,99952 01585 80731	− 0,03097 50317 31216
8	+ 0,51397 84559 87535	− 0,85780 30932 44988
9	− 0,44411 26687 07508	− 0,89597 09467 90963

x	Sin x sin x	Sin x cos x	Cos x sin x	Cos x cos x	x	Sin x sin x	Sin x cos x	Cos x sin x	Cos x cos x
	1,6	0,4	1,8	0,5		1,7	0,3	2,0	0,4
1,300	3649 030	5431 531	9909 054	2721 725	1,350	5541 671	9401 332	0836 348	5078 867
1	3884 423	5320 414	*0125 470	2577 084	1	5781 953	9270 668	1057 008	4917 256
2	4119 922	5208 917	0341 977	2432 115	2	6022 326	9139 602	1277 747	4755 294
3	4355 525	5097 038	0558 574	2286 817	3	6262 788	9008 134	1498 564	4592 980
4	4591 233	4984 779	0775 261	2141 191	4	6503 339	8876 263	1719 458	4430 313
5	4827 045	4872 138	0992 039	1995 236	5	6743 979	8743 988	1940 431	4267 293
6	5062 961	4759 115	1208 906	1848 951	6	6984 708	8611 309	2161 481	4103 920
7	5298 981	4645 710	1425 863	1702 336	7	7225 525	8478 226	2382 608	3940 193
8	5535 104	4531 922	1642 909	1555 391	8	7466 429	8344 738	2603 812	3776 111
9	5771 351	4417 750	1860 043	1408 114	9	7707 422	8210 845	2825 093	3611 674
1,310	6007 660	4303 195	2077 267	1260 506	1,360	7948 501	8076 557	3046 450	3446 882
1	6244 091	4188 256	2294 580	1112 566	1	8189 668	7941 842	3267 884	3281 735
2	6480 625	4072 932	2511 981	0964 293	2	8430 921	7806 730	3487 393	3116 230
3	6717 261	3957 223	2729 470	0815 688	3	8672 260	7671 212	3710 978	2950 369
4	6953 998	3841 129	2947 046	0666 749	4	8913 685	7535 286	3932 638	2784 150
5	7190 837	3724 648	3164 711	0517 476	5	9155 196	7398 953	4154 373	2617 574
6	7427 777	3607 782	3382 463	0367 868	6	9396 791	7262 211	4376 184	2450 639
7	7664 817	3490 528	3600 302	0217 926	7	9638 472	7125 060	4598 068	2283 346
8	7901 958	3372 888	3818 229	0067 649	8	9880 238	6987 501	4820 027	2115 693
9	8139 200	3254 860	4036 242	*9917 035	9	*0122 087	6849 531	5042 060	1947 681
1,320	8376 541	3136 443	4254 341	9766 086	1,370	0364 021	6711 152	5264 166	1779 308
1	8613 981	3017 638	4472 526	9614 799	1	0606 038	6572 362	5486 346	1610 575
2	8851 521	2898 445	4690 798	9463 176	2	0848 138	6433 161	5708 600	1441 480
3	9089 160	2778 862	4909 156	9311 215	3	1090 321	6293 548	5930 926	1272 024
4	9326 897	2658 889	5127 599	9158 915	4	1332 587	6153 524	6153 324	1102 205
5	9564 732	2538 526	5346 127	9006 277	5	1574 935	6013 087	6375 795	0932 024
6	9802 666	2417 772	5564 741	8853 300	6	1817 364	5872 238	6598 338	0761 479
7	*0040 697	2296 627	5783 439	8699 983	7	2059 876	5730 975	6820 953	0590 571
8	0278 826	2175 090	6002 222	8546 326	8	2302 468	5589 299	7043 639	0419 299
9	0517 052	2053 162	6221 090	8392 328	9	2545 141	5447 209	7266 396	0247 663
1,330	0755 374	1930 841	6440 041	8237 990	1,380	2787 895	5304 704	7489 224	0075 661
1	0993 794	1808 127	6659 076	8083 309	1	3030 729	5161 784	7712 123	0903 294
2	1232 309	1685 019	6878 195	7928 287	2	3273 643	5018 449	7935 092	0730 560
3	1470 920	1561 518	7097 397	7772 923	3	3516 636	4874 698	8158 131	0557 460
4	1709 627	1437 623	7316 683	7617 216	4	3759 709	4730 531	8381 240	0383 993
5	1948 428	1313 333	7536 051	7461 165	5	4002 860	4585 946	8604 419	0210 158
6	2187 325	1188 649	7755 502	7304 770	6	4246 089	4440 945	8827 666	0035 956
7	2426 317	1063 568	7975 035	7148 031	7	4489 397	4295 526	9050 983	*9861 385
8	2665 402	0938 092	8194 650	6990 947	8	4732 782	4149 689	9274 368	9686 445
9	2904 582	0812 219	8414 347	6833 518	9	4976 245	4003 433	9497 821	9511 135
1,340	3143 855	0685 950	8634 126	6675 743	1,390	5219 784	3856 759	9721 342	9335 456
1	3383 222	0559 283	8853 987	6517 622	1	5463 401	3709 664	9944 931	9159 406
2	3622 682	0432 218	9073 928	6359 153	2	5707 093	3562 150	*0168 588	8982 985
3	3862 234	0304 756	9293 950	6200 338	3	5950 862	3414 216	0392 311	8806 193
4	4101 879	0176 894	9514 053	6041 175	4	6194 706	3265 861	0616 102	8629 029
5	4341 616	0048 634	9734 236	5881 663	5	6438 626	3117 085	0839 959	8451 492
6	4581 445	*9919 974	9954 500	5721 803	6	6682 620	2967 886	1063 882	8273 583
7	4821 365	9790 915	**0174 843	5561 594	7	6926 689	2818 266	1287 871	8095 300
8	5061 376	9661 455	0395 265	5401 035	8	7170 832	2668 224	1511 926	7916 643
9	5301 478	9531 594	0615 767	5240 126	9	7415 049	2517 758	1736 046	7737 612
	1,7	0,3	2,0	0,4		1,8	0,3	2,1	0,3

x	sin x	cos x
80	− 0,99388 86539 23375	− 0,11038 72438 39048
1	− 0,62988 79942 74454	+ 0,77668 59820 21631
2	+ 0,31322 87824 33085	+ 0,94967 76978 82543
3	+ 0,96836 44611 00185	+ 0,24954 01179 73338
4	+ 0,73319 03200 73292	− 0,68002 34955 87339
5	− 0,17607 56199 48587	− 0,98437 66433 94042
6	− 0,92345 84470 04060	− 0,38369 84449 49742
7	− 0,82181 78366 30823	+ 0,56975 03342 65312
8	+ 0,03539 83027 33661	+ 0,99937 32836 95125
9	+ 0,86006 94058 12453	+ 0,51017 70449 41669

x	Sin x sin x	Sin x cos x	Cos x sin x	Cos x cos x	x	Sin x sin x	Sin x cos x	Cos x sin x	Cos x cos x
	1,8	0,3	2,1	0,3		1,9	0,9	2,2	0,2
1,400	7659 340	2366 869	1960 231	6558 207	1,450	9959 409	4272 537	3245 507	7099 174
1	7903 704	2215 555	2184 481	6378 426	1	*0206 955	4099 433	3472 589	6900 001
2	8148 140	2063 818	2408 795	6198 269	2	0454 553	3925 923	3699 720	6700 427
3	8392 649	1911 655	2633 174	6017 736	3	0702 206	3751 945	3926 899	6500 453
4	8637 230	1759 068	2857 616	5836 826	4	0949 911	3577 519	4154 126	6300 077
5	8881 882	1606 055	3082 122	5655 538	5	1197 669	3402 645	4381 399	6099 300
6	9126 606	1452 615	3306 691	5473 873	6	1445 479	3227 322	4608 720	5898 120
7	9371 401	1298 749	3531 323	5291 830	7	1693 341	3051 550	4836 086	5696 537
8	9616 266	1144 456	3756 017	5109 408	8	1941 254	2875 328	5063 499	5494 550
9	9861 201	0989 735	3980 774	4926 607	9	2189 218	2698 657	5290 958	5292 160
1,410	*0106 207	0834 586	4205 593	4743 426	1,460	2437 233	2521 534	5518 462	5089 366
1	0351 282	0679 009	4430 473	4559 864	1	2685 298	2343 961	5746 011	4886 166
2	0596 426	0523 003	4655 415	4375 923	2	2933 413	2165 936	5973 605	4682 561
3	0841 638	0366 568	4880 418	4191 599	3	3181 577	1987 459	6201 243	4478 551
4	1086 919	0209 703	5105 481	4006 895	4	3429 790	1808 530	6428 925	4274 134
5	1332 268	0052 408	5330 605	3821 808	5	3678 052	1629 147	6656 650	4069 310
6	1577 685	*9894 682	5555 789	3636 338	6	3926 362	1449 312	6884 419	3864 078
7	1823 169	9736 525	5781 033	3450 485	7	4174 719	1269 023	7112 231	3658 439
8	2068 720	9577 937	6006 337	3264 249	8	4423 124	1088 279	7340 085	3452 392
9	2314 338	9418 916	6231 699	3077 628	9	4671 576	0907 081	7567 982	3245 935
1,420	2560 021	9259 463	6457 120	2890 623	1,470	4920 074	0725 428	7795 920	3039 070
1	2805 771	9099 577	6682 600	2703 233	1	5168 618	0543 359	8023 900	2831 794
2	3051 586	8939 258	6908 138	2515 457	2	5417 208	0360 794	8251 921	2624 108
3	3297 465	8778 505	7133 734	2327 295	3	5665 844	0177 773	8479 983	2416 012
4	3543 410	8617 317	7359 388	2138 746	4	5914 524	*9994 294	8708 085	2207 504
5	3789 419	8455 695	7585 098	1949 811	5	6163 248	9810 358	8936 227	1998 584
6	4035 491	8293 638	7810 866	1760 487	6	6412 017	9625 965	9164 408	1789 252
7	4281 627	8131 145	8036 690	1570 776	7	6660 829	9441 113	9392 629	1579 507
8	4527 827	7968 216	8262 571	1380 676	8	6909 684	9255 762	9620 889	1369 349
9	4774 089	7804 851	8488 507	1190 187	9	7158 582	9069 992	9849 187	1158 776
1,430	5020 414	7641 048	8714 499	0999 309	1,480	7407 522	8883 762	*0077 523	0947 790
1	5266 800	7476 808	8940 546	0808 040	1	7656 504	8697 072	0305 897	0736 389
2	5513 248	7312 130	9166 649	0616 381	2	7905 528	8509 922	0534 308	0524 572
3	5759 757	7147 014	9392 806	0424 331	3	8154 593	8322 310	0762 757	0312 340
4	6006 328	6981 459	9619 017	0231 889	4	8403 698	8134 237	0991 243	0099 691
5	6252 958	6815 465	9845 282	0039 056	5	8652 844	7945 702	1219 764	*9886 626
6	6499 649	6649 031	*0071 601	*9845 829	6	8902 029	7756 705	1448 321	9637 143
7	6746 399	6482 158	0297 973	9652 210	7	9151 054	7567 244	1676 914	9459 242
8	6993 209	6314 843	0524 398	9458 198	8	9400 517	7377 320	1905 542	9244 923
9	7240 078	6147 087	0750 875	9263 791	9	9649 819	7186 933	2134 205	9030 186
1,440	7487 005	5978 890	0977 405	9068 990	1,490	9899 159	6996 081	2362 902	8815 029
1	7733 990	5810 251	1203 987	8873 794	1	**0148 537	6804 764	2591 633	8599 452
2	7981 033	5641 170	1430 621	8678 202	2	0397 952	6612 982	2820 398	8383 455
3	8228 134	5471 645	1657 306	8482 215	3	0647 403	6420 735	3049 196	8167 037
4	8475 291	5301 678	1884 041	8285 831	4	0896 891	6228 022	3278 027	7950 198
5	8722 505	5131 266	2110 828	8089 050	5	1146 415	6034 842	3506 890	7732 937
6	8969 775	4960 411	2337 665	7891 872	6	1395 975	5841 195	3735 786	7515 253
7	9217 101	4789 110	2564 551	7694 295	7	1645 569	5647 080	3964 713	7297 147
8	9464 482	4617 365	2791 487	7496 321	8	1895 198	5452 498	4193 671	7078 618
9	9711 918	4445 174	3018 473	7297 947	9	2144 861	5257 447	4422 660	6859 665
	1,9	0,2	2,2	0,3		2,1	0,1	2,3	0,1

x	sin x	cos x
90	+ 0,89399 66636 00558	− 0,44807 36161 29170
1	+ 0,10598 75117 51157	− 0,99436 74609 28202
2	− 0,77946 60696 15805	− 0,62644 44479 10339
3	− 0,94828 21412 69947	+ 0,31742 87015 19702
4	− 0,24525 19854 67654	+ 0,96945 93666 69988
5	+ 0,68326 17147 36121	+ 0,73017 35609 94820
6	+ 0,98358 77454 34345	− 0,18043 04492 91084
7	+ 0,37960 77390 27522	− 0,92514 75365 96414
8	− 0,57338 18719 90423	− 0,81928 82452 91459
9	− 0,99920 68341 86354	+ 0,03982 08803 93139
100	− 0,50636 56411 09759	+ 0,86231 88722 87684

x	Sin x sin x	Sin x cos x	Cos x sin x	Cos x cos x	x	Sin x sin x	Sin x cos x	Cos x sin x	Cos x cos x
	2,1	**0,1**	**2,3**	**0,1**		**2,2**	**+ 0,0**	**2,4**	**+ 0,0**
1,500	2394 558	5061 927	4651 680	6640 287	**1,550**	4912 466	4678 028	6132 674	5119 394
1	2644 288	4865 938	4880 730	6420 485	1	5163 282	4457 988	6362 710	4877 714
2	2894 051	4669 479	5109 809	6200 258	2	5414 107	4237 456	6592 755	4635 584
3	3143 847	4472 550	5338 918	5979 604	3	5664 942	4016 431	6822 809	4393 003
4	3393 674	4275 151	5568 056	5758 525	4	5915 785	3794 912	7052 871	4149 671
5	3643 533	4077 280	5797 222	5537 018	5	6166 637	3572 899	7282 941	3906 487
6	3893 423	3878 937	6026 417	5315 085	6	6417 497	3350 392	7513 017	3662 551
7	4143 344	3680 123	6255 639	5092 723	7	6668 364	3127 389	7743 101	3418 162
8	4393 294	3480 836	6484 889	4869 933	8	6919 238	2903 891	7973 190	3173 319
9	4643 275	3281 076	6714 165	4646 715	9	7170 118	2679 897	8203 286	2928 023
1,510	4893 285	3080 843	6943 469	4423 067	**1,560**	7421 004	2455 407	8433 386	2682 272
1	5143 323	2880 135	7172 798	4198 989	1	7671 895	2230 420	8663 492	2436 067
2	5393 390	2678 954	7402 153	3974 482	2	7922 792	2004 935	8893 602	2189 406
3	5643 485	2477 297	7631 534	3749 543	3	8173 692	1778 953	9123 716	1942 289
4	5893 608	2275 166	7860 939	3524 173	4	8424 597	1552 472	9353 834	1694 716
5	6143 757	2072 558	8090 369	3298 371	5	8675 505	1325 493	9583 955	1446 686
6	6393 933	1869 475	8319 823	3072 137	6	8926 415	1098 014	9814 078	1198 199
7	6644 136	1665 915	8549 301	2845 470	7	9177 329	0870 036	*0044 204	0949 254
8	6894 364	1461 877	8778 802	2618 370	8	9428 244	0641 558	0274 331	0699 851
9	7144 617	1257 363	9008 326	2390 836	9	9679 160	0412 579	0504 460	0449 988
1,520	7394 895	1052 370	9237 873	2162 868	**1,570**	9930 077	0183 100	0734 589	0199 667
1	7645 197	0846 898	9467 442	1934 465	1	*0180 995	*0046 882	0964 719	*0051 115
2	7895 524	0640 948	9697 032	1705 627	2	0431 913	0277 365	1194 849	0302 357
3	8145 873	0434 518	9926 644	1476 353	3	0682 830	0508 350	1424 978	0554 059
4	8396 246	0227 609	*0156 277	1246 642	4	0933 746	0739 839	1655 106	0806 223
5	8646 641	0020 219	0385 930	1016 495	5	1184 660	0971 830	1885 233	1058 850
6	8897 058	*9812 349	0615 603	0785 911	6	1435 573	1204 326	2115 358	1311 938
7	9147 497	9603 997	0845 295	0554 889	7	1686 482	1437 326	2345 480	1565 489
8	9397 956	9395 163	1075 007	0323 428	8	1937 389	1670 830	2575 600	1819 504
9	9648 437	9185 847	1304 738	0091 529	9	2188 292	1904 840	2805 716	2073 982
1,530	9898 937	8976 049	1534 487	*9859 190	**1,580**	2439 191	2139 355	3035 828	2328 925
1	*0149 458	8765 768	1764 254	9626 412	1	2690 085	2374 376	3265 936	2584 333
2	0399 997	8555 003	1994 039	9393 193	2	2940 934	2609 904	3496 039	2840 206
3	0650 556	8343 754	2223 841	9159 533	3	3191 857	2845 939	3726 138	3096 545
4	0901 132	8132 021	2453 659	8925 433	4	3442 734	3082 481	3956 230	3353 350
5	1151 727	7919 803	2683 494	8690 890	5	3693 604	3319 531	4186 316	3610 622
6	1402 339	7707 099	2913 344	8455 905	6	3944 467	3557 089	4416 396	3868 362
7	1652 968	7493 909	3143 210	8220 477	7	4195 323	3795 157	4646 468	4126 569
8	1903 613	7280 234	3373 091	7984 606	8	4446 170	4033 733	4876 533	4385 245
9	2154 274	7066 071	3602 986	7748 292	9	4697 008	4272 820	5106 590	4644 390
1,540	2404 951	6851 422	3832 896	7511 532	**1,590**	4947 837	4512 416	5336 638	4904 004
1	2655 643	6636 284	4062 819	7274 328	1	5198 656	4752 523	5566 677	5164 088
2	2906 349	6420 659	4292 755	7036 679	2	5449 465	4993 142	5796 707	5424 643
3	3157 069	6204 545	4522 705	6798 584	3	5700 263	5234 272	6026 727	5685 668
4	3407 803	5987 942	4752 667	6560 043	4	5951 050	5475 914	6256 736	5947 165
5	3658 550	5770 849	4982 640	6321 054	5	6201 825	5718 068	6486 734	6209 134
6	3909 310	5553 267	5212 626	6081 619	6	6452 587	5960 736	6716 721	6471 575
7	4160 082	5335 194	5442 622	5841 736	7	6703 337	6203 917	6946 696	6734 489
8	4410 865	5116 630	5672 629	5601 404	8	6954 073	6447 612	7176 659	6997 876
9	4661 660	4897 575	5902 647	5360 623	9	7204 795	6691 821	7406 609	7261 737
	2,2	**0,0**	**2,4**	**0,0**		**2,3**	**— 0,0**	**2,5**	**— 0,0**

x	Sin x sin x	Sin x cos x	Coſ x sin x	Coſ x cos x	x	Sin x sin x	Sin x cos x	Coſ x sin x	Coſ x cos x
	2,3	**— 0,0**	**2,5**	**— 0,0**		**2,4**	**— 0,1**	**2,6**	**— 0,2**
1,600	7455 502	6936 545	7636 545	7526 073	**1,650**	9960 413	9839 286	9105 197	1358 801
1	7706 194	7181 784	7866 467	7790 884	1	*0209 657	*0110 874	9333 778	1647 996
2	7956 871	7427 539	8096 375	8056 170	2	0458 858	0383 001	9562 320	1937 691
3	8207 532	7673 810	8326 269	8321 932	3	0708 016	0655 667	9790 820	2227 887
4	8458 176	7920 598	8556 146	8588 170	4	0957 129	0928 873	*0019 280	2518 584
5	8708 803	8167 903	8786 008	8854 885	5	1206 196	1202 619	0247 697	2809 783
6	8959 412	8415 726	9015 854	9122 078	6	1455 218	1476 905	0476 072	3101 485
7	9210 003	8664 066	9245 683	9389 749	7	1704 194	1751 732	0704 405	3393 689
8	9460 575	8912 925	9475 494	9657 898	8	1953 124	2027 101	0932 693	3686 397
9	9711 128	9162 303	9705 288	9926 526	9	2202 005	2303 011	1160 938	3979 609
1,610	9961 661	9412 201	9935 063	*0195 633	**1,660**	2450 839	2579 464	1389 138	4273 325
1	*0212 173	9662 618	*0164 820	0465 220	1	2699 625	2856 460	1617 293	4567 547
2	0462 665	9913 556	0394 557	0735 288	2	2948 361	3133 999	1845 402	4862 273
3	0713 135	*0165 014	0624 274	1005 837	3	3197 047	3412 081	2073 465	5157 506
4	0963 583	0416 994	0853 971	1276 867	4	3445 683	3690 708	2301 481	5453 244
5	1214 009	0669 495	1083 648	1548 379	5	3694 269	3969 880	2529 449	5749 490
6	1464 411	0922 519	1313 303	1820 373	6	3942 802	4249 596	2757 370	6046 243
7	1714 790	1176 065	1542 936	2092 851	7	4191 284	4529 858	2985 242	6343 504
8	1965 145	1430 134	1772 546	2365 812	8	4439 713	4810 666	3213 065	6641 274
9	2215 475	1684 727	2002 134	2639 256	9	4688 088	5092 020	3440 839	6939 552
1,620	2465 780	1939 844	2231 699	2913 185	**1,670**	4936 410	5373 921	3668 562	7238 339
1	2716 058	2195 485	2461 239	3187 600	1	5184 678	5656 370	3896 235	7537 637
2	2966 311	2451 651	2690 755	3462 499	2	5432 890	5939 366	4123 856	7837 445
3	3216 536	2708 343	2920 247	3737 884	3	5681 046	6222 910	4351 426	8137 764
4	3466 734	2965 560	3149 712	4013 756	4	5929 147	6507 004	4578 943	8438 594
5	3716 904	3223 304	3379 152	4290 115	5	6177 190	6791 646	4806 407	8739 936
6	3967 046	3481 575	3608 566	4566 961	6	6425 176	7076 838	5033 817	9041 790
7	4217 158	3740 372	3837 952	4844 296	7	6673 104	7362 580	5261 173	9344 157
8	4467 241	3999 698	4067 311	5122 118	8	6920 973	7648 873	5488 475	9647 038
9	4717 293	4259 551	4296 642	5400 430	9	7168 783	7935 716	5715 721	9950 432
1,630	4967 315	4519 933	4525 945	5679 231	**1,680**	7416 533	8223 111	5942 911	*0254 341
1	5217 305	4780 844	4755 218	5958 522	1	7664 222	8511 058	6170 045	0558 764
2	5467 264	5042 285	4984 462	6238 303	2	7911 851	8799 557	6397 122	0863 703
3	5717 189	5304 256	5213 676	6519 575	3	8159 417	9088 609	6624 141	1169 158
4	5967 082	5566 757	5442 859	6799 339	4	8406 921	9378 215	6851 102	1475 129
5	6216 941	5829 789	5672 011	7080 595	5	8654 363	9668 374	7078 004	1781 616
6	6466 766	6093 352	5901 132	7362 343	6	8901 740	9959 087	7304 847	2088 622
7	6716 557	6357 447	6130 220	7644 584	7	9149 054	**0250 354	7531 631	2396 144
8	6966 312	6622 075	6359 276	7927 318	8	9396 303	0542 177	7758 353	2704 186
9	7216 031	6887 235	6588 298	8210 547	9	9643 486	0834 555	7985 015	3012 746
1,640	7465 714	7152 928	6817 287	8494 270	**1,690**	9890 604	1127 490	8211 614	3321 825
1	7715 359	7419 155	7046 241	8778 487	1	**0137 654	1420 981	8438 152	3631 424
2	7964 968	7685 916	7275 160	9063 201	2	0384 638	1715 028	8664 627	3941 544
3	8214 538	7953 211	7504 044	9348 410	3	0631 553	2009 633	8891 038	4252 184
4	8464 069	8221 042	7732 892	9634 115	4	0878 400	2304 796	9117 385	4563 345
5	8713 561	8489 408	7961 704	9920 318	5	1125 178	2600 517	9343 668	4875 028
6	8963 014	8758 310	8190 478	**0207 018	6	1371 886	2896 796	9569 885	5187 234
7	9212 425	9027 750	8419 216	0494 215	7	1618 524	3193 635	9796 037	5499 962
8	9461 796	9297 723	8647 915	0781,912	8	1865 091	3491 034	**0022 122	5813 213
9	9711 126	9568 235	8876 575	1070 107	9	2111 586	3788 992	0248 141	6126 988
	2,4	**— 0,1**	**2,6**	**— 0,2**		**2,6**	**— 0,3**	**2,8**	**— 0,3**

§ 6. Formelsammlung.

Von den zahlreichen Formeln seien als die wichtigsten die folgenden hervorgehoben:

$$\sin x = \frac{e^{xi} - e^{-xi}}{2i} \qquad \operatorname{ctg} x = \frac{1}{\operatorname{tg} x}$$

$$\cos x = \frac{e^{xi} + e^{-xi}}{2} \qquad \sec x = \frac{1}{\cos x}$$

$$\operatorname{tg} x = \frac{1}{i}\,\frac{e^{xi} - e^{-xi}}{e^{xi} + e^{-xi}} \qquad \operatorname{cosec} x = \frac{1}{\sin x}$$

$$\mathfrak{Sin}\, x = \frac{e^{x} - e^{-x}}{2} \qquad \mathfrak{Ctg}\, x = \frac{1}{\mathfrak{Tg}\, x}$$

$$\mathfrak{Cos}\, x = \frac{e^{x} + e^{-x}}{2} \qquad \mathfrak{Sec}\, x = \frac{1}{\mathfrak{Cos}\, x}$$

$$\mathfrak{Tg}\, x = \frac{e^{x} - e^{-x}}{e^{x} + e^{-x}} \qquad \mathfrak{Cosec}\, x = \frac{1}{\mathfrak{Sin}\, x}$$

x	Sin x sin x	Sin x cos x	Cos x sin x	Cos x cos x	x	Sin x sin x	Sin x cos x	Cos x sin x	Cos x cos x
	2,6	— 0,3	2,8	— 0,3		2,7	— 0,4	2,9	— 0,5
1,700	2358 009	4087 511	0474 091	6441 287	1,750	4572 852	9738 035	1671 964	2835 487
1	2604 359	4386 591	0699 974	6756 112	1	4814 773	*0065 736	1893 652	3177 172
2	2850 636	4686 232	0925 788	7071 461	2	5056 508	0394 019	2115 239	3519 406
3	3096 838	4986 435	1151 532	7387 336	3	5298 175	0722 888	2336 726	3862 191
4	3342 965	5287 200	1377 206	7703 737	4	5539 735	1052 340	2558 111	4205 526
5	3589 018	5588 529	1602 810	8020 665	5	5781 187	1382 378	2779 394	4549 412
6	3834 994	5890 420	1828 343	8338 120	6	6022 529	1713 002	3000 574	4893 849
7	4080 893	6192 875	2053 804	8656 102	7	6263 762	2044 211	3221 651	5238 839
8	4326 715	6495 894	2279 192	8974 613	8	6504 884	2376 007	3442 624	5584 381
9	4572 460	6799 478	2504 508	9293 653	9	6745 895	2708 390	3663 492	5930 477
1,710	4818 125	7103 626	2729 750	9613 221	0,760	6986 794	3041 360	3884 254	6277 125
1	5063 712	7408 341	2954 917	9933 319	1	7227 580	3374 917	4104 911	6624 328
2	5309 218	7713 621	3180 010	*0253 948	2	7468 253	3709 064	4325 461	6972 085
3	5554 644	8019 467	3405 028	0575 107	3	7708 813	4043 799	4545 903	7320 397
4	5799 989	8325 880	3629 969	0896 797	4	7949 257	4379 122	4766 237	7669 265
5	6045 252	8632 861	3854 834	1219 019	5	8189 587	4715 036	4986 463	8018 688
6	6290 433	8940 409	4079 621	1541 773	6	8429 800	5051 539	5206 579	8368 668
7	6535 531	9248 525	4304 331	1865 059	7	8669 897	5388 633	5426 585	8719 204
8	6780 544	9557 210	4528 962	2188 878	8	8909 876	5726 317	5646 480	9070 298
9	7025 474	9866 464	4753 514	2513 231	9	9149 737	6064 593	5866 264	9421 950
1,720	7270 318	*0176 288	4977 986	2838 119	1,770	9389 479	6403 461	6085 935	9774 160
1	7515 077	0486 681	5202 378	3163 540	1	9629 101	6742 921	6305 494	*0126 929
2	7759 749	0797 645	5426 689	3489 497	2	9868 604	7082 973	6524 939	0480 257
3	8004 335	1109 180	5650 919	3815 989	3	*0107 985	7423 619	6744 271	0834 145
4	8248 833	1421 286	5875 066	4143 017	4	0347 245	7764 858	6963 487	1188 593
5	8493 242	1733 964	6099 130	4470 582	5	0586 382	8106 690	7182 588	1543 602
6	8737 563	2047 214	6323 111	4798 684	6	0825 396	8449 118	7401 572	1899 172
7	8981 794	2361 037	6547 008	5127 323	7	1064 287	8792 140	7620 440	2255 304
8	9225 935	2675 432	6770 820	5456 500	8	1303 053	9135 757	7839 190	2611 997
9	9469 984	2990 402	6994 546	5786 216	9	1541 693	9479 970	8057 822	2969 254
1,730	9713 943	3305 945	7218 187	6116 470	1,780	1780 208	9824 779	8276 335	3327 073
1	9957 809	3622 063	7441 741	6447 264	1	2018 596	**0170 185	8494 728	3685 456
2	*0201 582	3938 755	7665 208	6778 598	2	2256 857	0516 187	8713 001	4044 403
3	0445 261	4256 023	7888 587	7110 472	3	2494 990	0862 787	8931 152	4403 914
4	0688 847	4573 867	8111 877	7442 887	4	2732 994	1209 985	9149 183	4763 991
5	0932 337	4892 287	8335 078	7775 844	5	2970 868	1557 781	9367 090	5124 633
6	1175 732	5211 283	8558 190	8109 342	6	3208 612	1906 176	9584 875	5485 841
7	1419 031	5530 857	8781 211	8443 383	7	3446 225	2255 171	9802 536	5847 615
8	1662 232	5851 008	9004 141	8777 966	8	3683 706	2604 764	*0020 072	6209 956
9	1905 337	6171 738	9226 979	9113 093	9	3921 055	2954 958	0237 483	6572 865
1,740	2148 343	6493 045	9449 725	9448 764	1,790	4158 271	3305 752	0454 768	6936 342
1	2391 250	6814 932	9672 378	9784 979	1	4395 353	3657 147	0671 926	7300 386
2	2634 057	7137 398	9894 938	**0121 739	2	4632 301	4009 144	0888 958	7665 000
3	2876 765	7460 444	*0117 403	0459 044	3	4869 113	4361 742	1105 861	8030 183
4	3119 371	7784 070	0339 773	0796 895	4	5105 789	4714 943	1322 635	8395 935
5	3361 876	8108 276	0562 047	1135 292	5	5342 328	5068 746	1539 280	8762 258
6	3604 278	8433 064	0784 226	1474 235	6	5578 729	5423 152	1755 795	9129 151
7	3846 578	8758 433	1006 307	1813 726	7	5814 993	5778 162	1972 179	9496 616
8	4088 774	9084 385	1228 291	2153 765	8	6051 117	6133 775	2188 432	9864 652
9	4330 866	9410 919	1450 177	2494 352	9	6287 102	6489 993	2404 552	**0233 261
	2,7	— 0,4	2,9	— 0,5		2,8	— 0,6	3,0	— 0,7

$$\cos 2x = \cos^2 x - \sin^2 x$$

$$\sin 2x = 2 \sin x \cos x$$

$$\mathrm{tg}\, 2x = \frac{2\, \mathrm{tg}\, x}{1 - \mathrm{tg}^2 x}$$

$$\mathrm{ctg}\, 2x = \frac{\mathrm{ctg}^2 x - 1}{2\, \mathrm{ctg}\, x}$$

$$\sin^2 \frac{x}{2} = \frac{1}{2}[1 - \cos x]$$

$$\cos^2 \frac{x}{2} = \frac{1}{2}[\cos x + 1]$$

$$\cos x \pm i \sin x = e^{\pm x i}$$

$$\cos^2 x + \sin^2 x = 1$$

$$\mathrm{Cos}\, 2x = \mathrm{Cos}^2 x + \mathrm{Sin}^2 x$$

$$\mathrm{Sin}\, 2x = 2\, \mathrm{Sin}\, x\, \mathrm{Cos}\, x$$

$$\mathrm{Tg}\, 2x = \frac{2\, \mathrm{Tg}\, x}{1 + \mathrm{Tg}^2 x}$$

$$\mathrm{Ctg}\, 2x = \frac{\mathrm{Ctg}^2 x + 1}{2\, \mathrm{Ctg}\, x}$$

$$\mathrm{Sin}^2 \frac{x}{2} = \frac{1}{2}[\mathrm{Cos}\, x - 1]$$

$$\mathrm{Cos}^2 \frac{x}{2} = \frac{1}{2}[\mathrm{Cos}\, x + 1]$$

$$\mathrm{Cos}\, x \pm \mathrm{Sin}\, x = e^{\pm x}$$

$$\mathrm{Cos}^2 x - \mathrm{Sin}^2 x = 1$$

x	Sin x sin x	Sin x cos x	Cos x sin x	Cos x cos x	x	Sin x sin x	Sin x cos x	Cos x sin x	Cos x cos x
	2,8	—0,6	3,0	—0,7		2,9	—0,8	3,1	—0,
1,800	6522 946	6846 816	2620 539	0602 441	1,850	8119 431	5468 560	3234 250	89801 863
1	6758 649	7204 244	2836 393	0972 195	1	8347 106	5856 795	3442 482	90200 864
2	6994 210	7562 278	3052 112	1342 523	2	8574 602	6245 656	3650 542	90600 462
3	7229 628	7920 918	3267 696	1713 424	3	8801 916	6635 145	3858 430	91000 657
4	7464 903	8280 164	3483 144	2084 900	4	9029 048	7025 261	4066 144	91401 449
5	7700 034	8640 018	3698 456	2456 951	5	9255 997	7416 006	4273 685	91802 840
6	7935 020	9000 478	3913 630	2829 577	6	9482 763	7807 379	4481 050	92204 829
7	8169 860	9361 547	4128 666	3202 780	7	9709 345	8199 381	4688 240	92607 417
8	8404 554	9723 224	4343 564	3576 558	8	9935 741	8592 013	4895 254	93010 604
9	8639 101	*0085 509	4558 322	3950 913	9	*0161 951	8985 274	5102 090	93414 391
1,810	8873 499	0448 404	4772 940	4325 846	1,860	0387 974	9379 166	5308 749	93818 779
1	9107 749	0811 908	9487 417	4701 356	1	0613 810	9773 688	5515 228	94223 767
2	9341 850	1176 022	5201 752	5077 445	2	0839 457	*0168 841	5721 528	94629 357
3	9575 801	1540 747	5415 946	5454 112	3	1064 915	0564 626	5927 648	95035 548
4	9809 600	1906 082	5629 996	5831 358	4	1290 183	0961 042	6133 587	95442 342
5	*0043 248	2272 029	5843 902	6209 184	5	1515 260	1358 091	6339 344	95849 738
6	0276 744	2638 587	6057 663	6587 590	6	1740 145	1755 772	6544 918	96257 737
7	0510 086	3005 758	6271 280	6966 577	7	1964 838	2154 087	6750 308	96666 339
8	0743 275	3373 541	6484 750	7346 144	8	2189 337	2553 035	6955 514	97075 546
9	0976 308	3741 937	6698 074	7726 294	9	2413 642	2952 617	7160 535	97485 356
1,820	1209 187	4110 946	6911 250	8107 025	1,870	2637 753	3352 833	7365 371	97895 772
1	1441 909	4480 569	7124 278	8488 338	1	2861 667	3753 684	7570 019	98306 793
2	1674 474	4850 807	7337 157	8870 234	2	3085 385	4155 170	7774 480	98718 420
3	1906 881	5221 659	7549 886	9252 714	3	3308 905	4557 292	7978 753	99130 652
4	2139 130	5593 126	7762 465	9635 778	4	3532 228	4960 049	8182 836	99543 492
5	2371 220	5965 209	7974 893	*0019 425	5	3755 351	5363 443	8386 730	99956 938
6	2603 149	6337 907	8187 168	0403 658	6	3978 274	5767 474	8590 433	*00370 992
7	2834 918	6711 223	8399 291	0788 476	7	4200 996	6172 142	8793 944	00785 654
8	3066 525	7085 154	8611 261	1173 879	8	4423 517	6577 447	8997 263	01200 925
9	3297 970	7459 703	8823 076	1559 869	9	4645 836	6983 391	9200 389	01616 804
1,830	3529 251	7834 870	9034 737	1946 445	1,880	4867 951	7389 973	9403 321	02033 292
1	3760 370	8210 655	9246 242	2333 608	1	5089 862	7797 193	9606 058	02450 391
2	3991 322	8587 058	9457 590	2721 359	2	5311 568	8205 053	9808 600	02868 099
3	4222 110	8964 081	9668 781	3109 698	3	5533 069	8613 553	*0010 945	03286 418
4	4452 731	9341 722	9879 815	3498 625	4	5754 363	9022 693	0213 093	03705 348
5	4683 186	9719 983	*0090 689	3888 141	5	5975 449	9432 473	0415 043	04124 890
6	4913 473	**0098 864	0301 405	4278 246	6	6196 328	9842 893	0616 794	04545 043
7	5143 591	0478 367	0511 960	4668 942	7	6416 997	**0253 955	0818 345	04965 809
8	5373 540	0858 490	0722 354	5060 227	8	6637 456	0665 659	1019 696	05387 188
9	5603 318	1239 235	0932 586	5452 103	9	6857 705	1078 005	1220 845	05809 180
1,840	5832 926	1620 601	1142 656	5844 571	1,890	7077 742	1490 993	1421 793	06231 786
1	6062 362	2002 590	1352 562	6237 630	1	7297 566	1904 624	1622 537	06655 006
2	6291 626	2385 201	1562 305	6631 281	2	7517 177	2318 898	1823 077	07078 840
3	6520 716	2768 436	1771 883	7025 525	3	7736 574	2733 816	2023 413	07503 290
4	6749 632	3152 294	1981 295	7420 362	4	7955 756	3149 378	2223 544	07928 355
5	6978 374	3536 776	2190 541	7815 793	5	8174 722	3565 585	2423 468	08354 036
6	7206 940	3921 882	2399 620	8211 817	6	8393 472	3982 436	2623 185	08780 333
7	7435 329	4307 613	2608 531	8608 436	7	8612 003	4399 932	2822 694	09207 247
8	7663 541	4693 970	2817 274	9005 649	8	8830 317	4818 074	3021 994	09634 779
9	7891 575	5080 952	3025 847	9403 458	9	9048 411	5236 863	3221 085	10062 928
	2,9	—0,8	3,1	—0,8		3,0	—1,0	3,2	—1,

$$\arcsin x = -i \log\left[x i + \sqrt{1 - x^2}\right]$$

$$\mathrm{Ar}\,\mathfrak{Sin}\, x = \log\left[x + \sqrt{x^2 + 1}\right]$$

$$\arccos x = \frac{\pi}{2} - \arcsin x = -i \log\left[x + i\sqrt{1 - x^2}\right]$$

$$\mathrm{Ar}\,\mathfrak{Cos}\, x = \log\left[x + \sqrt{x^2 - 1}\right]$$

$$\operatorname{arctg} x = -\frac{1}{2} i \log\left[\frac{1 + x i}{1 - x i}\right]$$

$$\mathrm{Ar}\,\mathfrak{Tg}\, x = \frac{1}{2} \log\left[\frac{1 + x}{1 - x}\right]$$

$$\operatorname{arcctg} x = \frac{1}{2i} \log\left[\frac{x i - 1}{x i + 1}\right]$$

$$\mathrm{Ar}\,\mathfrak{Ctg}\, x = \frac{1}{2} \log\left[\frac{x + 1}{x - 1}\right]$$

x	Sin x sin x	Sin x cos x	Cos x sin x	Cos x cos x	x	Sin x sin x	Sin x cos x	Cos x sin x	Cos x cos x
	3,0	—1,0	3,2	—1,1		3,1	—1,	3,3	—1,3
1,900	9266 285	5656 297	3419 965	0491 695	1,950	9860 037	27460 914	3076 725	2727 627
1	9483 938	6076 379	3618 634	0921 080	1	*0065 519	27913 835	3263 729	3188 485
2	9701 369	6497 107	3817 090	1351 085	2	0270 736	28367 422	3450 478	3649 983
3	9918 578	6918 484	4015 334	1781 709	3	0475 685	28821 676	3636 971	4112 121
4	*0135 563	7340 508	4213 364	2212 953	4	0680 366	29276 598	3823 205	4574 900
5	0352 323	7763 181	4411 179	2644 817	5	0884 778	29732 187	4009 181	5038 321
6	0568 858	8186 502	4608 778	3077 301	6	1088 920	30188 444	4194 898	5502 383
7	0785 167	8610 473	4806 162	3510 407	7	1292 791	30645 370	4380 354	5967 087
8	1001 249	9035 094	5003 328	3944 135	8	1496 390	31102 964	4565 549	6432 434
9	1217 104	9460 364	5200 276	4378 484	9	1699 716	31561 227	4750 482	6898 425
1,910	1432 729	9886 285	5397 005	4813 456	1,960	1902 768	32020 160	4935 151	7365 058
1	1648 125	*0312 857	5593 514	5249 051	1	2105 545	32479 763	5119 557	7832 335
2	1863 290	0740 080	5789 802	5685 269	2	2308 047	32940 036	5303 697	8300 257
3	2078 224	1167 954	5985 870	6122 111	3	2510 272	33400 980	5487 572	8768 823
4	2292 926	1596 480	6181 714	6559 577	4	2712 220	33862 595	5671 180	9238 034
5	2507 394	2025 659	6377 336	6997 668	5	2913 889	34324 881	5854 520	9707 891
6	2721 629	2455 491	6572 734	7436 383	6	3115 279	34787 838	6037 592	*0178 393
7	2935 628	2885 975	6767 906	7875 724	7	3316 388	35251 468	6220 394	0649 542
8	3149 392	3317 113	6962 853	8315 691	8	3517 216	35715 770	6402 925	1121 337
9	3362 919	3748 906	7157 573	8756 284	9	3717 762	36180 745	6585 185	1593 779
1,920	3576 209	4181 352	7352 066	9197 504	1,970	3918 025	36646 393	6767 173	2066 869
1	3789 261	4614 453	7546 330	9639 351	1	4118 004	37112 715	6948 887	2540 606
2	4002 073	5048 209	7740 366	*0081 826	2	4317 697	37579 711	7130 327	3014 992
3	4214 645	5482 621	7934 171	0524 928	3	4517 105	38047 381	7311 492	3490 027
4	4426 975	5917 689	8127 745	0968 660	4	4716 225	38515 725	7492 381	3965 710
5	4639 064	6353 412	8321 087	1413 019	5	4915 058	38984 744	7672 993	4442 043
6	4850 910	6789 793	8514 196	1858 009	6	5113 601	39454 439	7853 327	4919 026
7	5062 513	7226 830	8707 072	2303 628	7	5311 855	39924 810	8033 382	5396 659
8	5273 871	7664 525	8899 714	2749 877	8	5509 818	40395 857	8213 157	5874 942
9	5484 983	8102 878	9092 120	3196 756	9	5707 489	40867 580	8392 651	6353 877
1,930	5695 849	8541 889	9284 290	3644 267	1,980	5904 868	41339 979	8571 864	6833 463
1	5906 467	8981 558	9476 223	4092 409	1	6101 953	41813 056	8750 794	7313 701
2	6116 838	9421 887	9667 918	4541 182	2	6298 743	42286 811	8929 440	7794 591
3	6326 959	9862 875	9859 374	4990 588	3	6495 238	42761 243	9107 802	8276 133
4	6536 831	**0304 522	*0050 590	5440 627	4	6691 436	43236 354	9285 878	8758 329
5	6746 451	0746 830	0241 566	5891 299	5	6887 336	43712 143	9463 667	9241 178
6	6955 820	1189 798	0432 300	6342 604	6	7082 938	44188 611	9641 170	9724 681
7	7164 936	1633 427	0622 792	6794 543	7	7278 241	44665 758	9818 384	**0208 837
8	7373 798	2077 717	0813 041	7247 117	8	7473 243	45143 585	9995 308	0693 649
9	7582 406	2522 669	1003 045	7700 325	9	7667 944	45622 092	*0171 943	1179 115
1,940	7790 759	2968 282	1192 805	8154 168	1,990	7862 343	46101 279	0348 286	1665 237
1	7998 855	3414 559	1382 318	8608 647	1	8056 438	46581 147	0524 336	2152 015
2	8206 694	3861 497	1571 585	9063 762	2	8250 229	47061 696	0700 094	2639 448
3	8414 275	4309 100	1760 604	9519 513	3	8443 714	47542 927	0875 558	3127 538
4	8621 597	4757 365	1949 374	9975 902	4	8636 894	48024 839	1050 726	3616 285
5	8828 658	5206 295	2137 895	**0432 927	5	8829 766	48507 433	1225 599	4105 689
6	9035 459	5655 888	2326 165	0890 590	6	9022 330	48990 710	1400 174	4595 752
7	9241 999	6106 147	2514 184	1348 891	7	9214 584	49474 670	1574 451	5086 472
8	9448 275	6557 070	2701 951	1807 831	8	9406 529	49959 312	1748 430	5577 850
9	9654 288	7008 659	2889 465	2267 409	9	9598 162	50444 639	1922 108	6069 887
	3,1	—1,2	3,3	—1,3		3,2	—1,	3,4	—1,5

$$\sin x + \sin y = 2 \sin \left[\frac{x+y}{2}\right] \cos \left[\frac{x-y}{2}\right]$$

$$\sin x - \sin y = 2 \cos \left[\frac{x+y}{2}\right] \sin \left[\frac{x-y}{2}\right]$$

$$\cos x + \cos y = 2 \cos \left[\frac{x+y}{2}\right] \cos \left[\frac{x-y}{2}\right]$$

$$\cos x - \cos y = 2 \sin \left[\frac{y+x}{2}\right] \sin \left[\frac{y-x}{2}\right]$$

$$\mathfrak{Sin}\, x + \mathfrak{Sin}\, y = 2 \,\mathfrak{Sin} \left[\frac{x+y}{2}\right] \mathfrak{Cos} \left[\frac{x-y}{2}\right]$$

$$\mathfrak{Sin}\, x - \mathfrak{Sin}\, y = 2 \,\mathfrak{Cos} \left[\frac{x+y}{2}\right] \mathfrak{Sin} \left[\frac{x-y}{2}\right]$$

$$\mathfrak{Cos}\, x + \mathfrak{Cos}\, y = 2 \,\mathfrak{Cos} \left[\frac{x+y}{2}\right] \mathfrak{Cos} \left[\frac{x-y}{2}\right]$$

$$\mathfrak{Cos}\, x - \mathfrak{Cos}\, y = 2 \,\mathfrak{Sin} \left[\frac{x+y}{2}\right] \mathfrak{Sin} \left[\frac{x-y}{2}\right]$$

x	$\mathfrak{Sin}\,x \sin x$	$\mathfrak{Sin}\,x \cos x$	$\mathfrak{Cof}\,x \sin x$	$\mathfrak{Cof}\,x \cos x$	x	$\mathfrak{Sin}\,x \sin x$	$\mathfrak{Sin}\,x \cos x$	$\mathfrak{Cof}\,x \sin x$	$\mathfrak{Cof}\,x \cos x$
	3,2	**— 1,5**	**3,4**	**— 1,**		**3,3**	**— 1,**	**3,5**	**— 1,8**
2,000	9789 484	0930 649	2095 486	56562 584	**2,050**	8935 431	76110 546	0358 882	2046 161
1	9980 492	1417 343	2268 562	57055 940	1	9109 497	76631 878	0515 595	2572 969
2	*0171 186	1904 722	2441 335	57549 955	2	9283 198	77153 911	0671 954	3100 456
3	0361 565	2392 785	2613 804	58044 632	3	9456 533	77676 646	0827 960	3628 621
4	0551 627	2881 534	2785 968	58539 969	4	9629 500	78200 081	0983 610	4157 465
5	0741 373	3370 968	2957 827	59035 967	5	9802 099	78724 219	1138 904	4686 989
6	0930 801	3861 089	3129 379	59532 626	6	9974 329	79249 060	1293 840	5217 192
7	1119 909	4351 895	3300 623	60029 948	7	*0146 189	79774 603	1448 417	5748 075
8	1308 698	4843 389	3471 559	60527 932	8	0317 676	80300 848	1602 636	6279 638
9	1497 165	5335 569	3642 184	61026 578	9	0488 792	80827 797	1756 493	6811 882
2,010	1685 311	5828 436	3812 499	61525 887	**2,060**	0659 533	81355 450	1909 989	7344 806
1	1873 133	6321 991	3982 503	62025 860	1	0829 901	81883 806	2063 122	7878 413
2	2060 632	6816 234	4152 194	62526 496	2	0999 892	82412 867	2215 892	8412 700
3	2247 805	7311 166	4321 571	63027 797	3	1169 506	82942 631	2368 296	8947 670
4	2434 652	7806 786	4490 633	63529 762	4	1338 743	83473 101	2520 335	9483 322
5	2621 172	8303 095	4659 380	64032 392	5	1507 600	84004 276	2672 007	*0019 657
6	2807 364	8800 093	4827 810	64535 687	6	1676 078	84536 156	2823 311	0556 675
7	2993 227	9297 781	4995 923	65039 648	7	1844 174	85068 741	2974 245	1094 376
8	3178 760	9796 159	5163 717	65544 275	8	2011 888	85602 033	3124 810	1632 761
9	3363 962	*0295 227	5331 192	66049 568	9	2179 219	86136 031	3275 003	2171 830
2,020	3548 832	0794 986	5498 346	66555 528	**2,070**	2346 166	86670 735	3424 824	2711 583
1	3733 368	1295 436	5665 178	67062 155	1	2512 727	87206 146	3574 272	3252 021
2	3917 571	1796 577	5831 688	67569 449	2	2678 902	87742 265	3723 345	3793 144
3	4101 438	2298 410	5997 872	68077 411	3	2844 689	88279 090	3872 043	4334 953
4	4284 970	2800 935	6163 736	68586 042	4	3010 088	88816 624	4020 364	4877 447
5	4468 164	3304 152	6329 272	69095 341	5	3175 096	89354 866	4168 308	5420 627
6	4651 019	3808 062	6494 481	69605 309	6	3339 714	89893 816	4315 873	5964 493
7	4833 536	4312 665	6659 363	70115 946	7	3503 940	90433 474	4463 058	6509 046
8	5015 712	4817 961	6823 916	70627 253	8	3667 773	90973 842	4609 862	7054 286
9	5197 548	5323 951	6988 139	71139 230	9	3831 212	91514 918	4756 285	7600 214
2,030	5379 041	5830 635	7152 032	71651 877	**2,080**	3994 255	92056 705	4902 324	8146 829
1	5560 190	6338 013	7315 593	72165 195	1	4156 902	92599 201	5047 979	8694 132
2	5740 995	6846 086	7478 822	72679 184	2	4319 152	93142 407	5193 249	9242 123
3	5921 455	7354 853	7641 716	73193 845	3	4481 004	93686 323	5338 133	9790 803
4	6101 569	7864 316	7804 277	73709 178	4	4642 456	94230 950	5482 629	**0340 172
5	6281 335	8374 475	7966 501	74225 182	5	4803 507	94776 289	5626 737	0890 231
6	6460 752	8885 329	8128 389	74741 860	6	4964 156	95322 338	5770 455	1440 978
7	6639 821	9396 880	8289 938	75259 210	7	5124 403	95869 099	5913 783	1992 416
8	6818 538	9909 128	8451 149	75777 233	8	5284 245	96416 572	6056 719	2544 544
9	6996 904	**0422 072	8612 021	76295 931	9	5443 683	96964 757	6199 262	3097 363
2,040	7174 918	0935 713	8772 551	76815 302	**2,090**	5602 714	97513 654	6341 411	3650 873
1	7352 578	1450 052	8932 740	77335 347	1	5761 338	98063 264	6483 165	4205 073
2	7529 883	1965 089	9092 585	77856 067	2	5919 553	98613 587	6624 523	4759 965
3	7706 832	2480 824	9252 087	78377 463	3	6077 359	99164 623	6765 484	5315 550
4	7883 425	2997 258	9411 244	78899 533	4	6234 755	99716 373	6906 047	5871 826
5	8059 660	3514 391	9570 054	79422 280	5	6391 738	*00268 836	7046 210	6428 794
6	8235 536	4032 222	9728 518	79945 702	6	6548 309	00822 014	7185 972	6986 456
7	8411 052	4550 753	9886 634	80469 801	7	6704 466	01375 906	7325 333	7544 811
8	8586 207	5069 984	*0044 400	80994 577	8	6860 207	01930 513	7464 291	8103 859
9	8761 001	5589 915	0201 816	81520 030	9	7015 533	02485 834	7602 845	8663 600
	3,3	**— 1,7**	**3,5**	**— 1,**		**3,4**	**— 2,**	**3,5**	**— 2,0**

$$\operatorname{tg} x \pm \operatorname{tg} y = \frac{\sin[x \pm y]}{\cos x \cos y}$$

$$\operatorname{ctg} x \pm \operatorname{ctg} y = \pm \frac{\sin[x \pm y]}{\sin x \sin y}$$

$$\sin(x \pm y) = \sin x \cos y \pm \cos x \sin y$$

$$\cos(x \pm y) = \cos x \cos y \mp \sin x \sin y$$

$$\operatorname{tg}(x \pm y) = \frac{\operatorname{tg} x \pm \operatorname{tg} y}{1 \mp \operatorname{tg} x \operatorname{tg} y}$$

$$\operatorname{ctg}(x \pm y) = \frac{\operatorname{ctg} x \operatorname{ctg} y \mp 1}{\operatorname{ctg} x \pm \operatorname{ctg} y}$$

$$\mathfrak{Tg}\, x \pm \mathfrak{Tg}\, x = \frac{\mathfrak{Sin}[x \pm y]}{\mathfrak{Cof}\, x\, \mathfrak{Cof}\, y}$$

$$\mathfrak{Ctg}\, x \pm \mathfrak{Ctg}\, y = \pm \frac{\mathfrak{Sin}[x \pm y]}{\mathfrak{Sin}\, x\, \mathfrak{Sin}\, y}$$

$$\mathfrak{Sin}(x \pm y) = \mathfrak{Sin}\, x\, \mathfrak{Cof}\, y \pm \mathfrak{Cof}\, x\, \mathfrak{Sin}\, y$$

$$\mathfrak{Cof}(x \pm y) = \mathfrak{Cof}\, x\, \mathfrak{Cof}\, y \pm \mathfrak{Sin}\, x\, \mathfrak{Sin}\, y$$

$$\mathfrak{Tg}(x \pm y) = \frac{\mathfrak{Tg}\, x \pm \mathfrak{Tg}\, y}{1 \pm \mathfrak{Tg}\, x\, \mathfrak{Tg}\, y}$$

$$\mathfrak{Ctg}(x \pm y) = \frac{\mathfrak{Ctg}\, x\, \mathfrak{Ctg}\, y \pm 1}{\mathfrak{Ctg}\, y \pm \mathfrak{Ctg}\, x}$$

x	Sin x sin x	Sin x cos x	Cos x sin x	Cos x cos x
	3,4	—2,	3,5	—2,
2,100	7170 441	03041 871	7740 995	09224 036
1	7324 931	03598 623	7878 738	09785 166
2	7479 001	04156 091	8016 074	10346 991
3	7632 650	04714 275	8153 002	10909 511
4	7785 878	05273 176	8289 520	11472 726
5	7938 683	05832 793	8425 627	12036 636
6	8091 063	06393 126	8561 323	12601 242
7	8243 019	06954 177	8696 607	13166 545
8	8394 548	07515 946	8831 476	13732 544
9	8545 649	08078 432	8965 930	14299 240
2,110	8696 322	08641 635	9099 969	14866 633
1	8846 566	09205 558	9233 589	15434 723
2	8996 378	09770 198	9366 792	16003 511
3	9145 759	10335 557	9499 575	16572 997
4	9294 706	10901 636	9631 937	17143 182
5	9443 219	11468 433	9763 877	17714 065
6	9591 296	12035 950	9895 395	18285 646
7	9738 937	12604 187	*0026 488	18857 927
8	9886 141	13173 144	0157 157	19430 908
9	*0032 905	13742 821	0287 398	20004 588
2,120	0179 229	14313 219	0417 213	20578 968
1	0325 113	14884 338	0546 599	21154 049
2	0470 553	15456 178	0675 555	21729 830
3	0615 551	16028 739	0804 080	22306 313
4	0760 104	16602 021	0932 173	22883 496
5	0904 211	17176 026	1059 832	23461 381
6	1047 871	17750 753	1187 058	24039 968
7	1191 083	18326 202	1313 848	24619 257
8	1333 846	18902 374	1440 201	25199 248
9	1476 158	19479 268	1566 117	25779 942
2,130	1618 019	20056 886	1691 593	26361 339
1	1759 427	20635 227	1816 630	26943 439
2	1900 382	21214 292	1941 225	27526 243
3	2040 881	21794 080	2065 378	28109 750
4	2180 924	22374 593	2189 087	28693 962
5	2320 509	22955 830	2312 351	29278 878
6	2459 636	23537 792	2435 170	29864 498
7	2598 304	24120 478	2557 541	30450 824
8	2736 510	24703 890	2679 464	31037 854
9	2874 255	25288 027	2800 938	31625 591
2,140	3011 536	25872 890	2921 961	32214 032
1	3148 352	26458 478	3042 533	32803 180
2	3384 703	27044 793	3162 651	33393 035
3	3420 588	27631 834	3282 315	33983 595
4	3556 004	28219 602	3401 525	34574 863
5	3690 951	28808 096	3520 277	35166 838
6	3825 428	29397 317	3638 572	35759 520
7	3959 433	29987 266	3756 409	36352 910
8	4092 966	30577 942	3873 785	36947 007
9	4226 024	31169 346	3990 700	37541 813
	3,5	—2,	3,6	—2,

x	Sin x sin x	Sin x cos x	Cos x sin x	Cos x cos x
	3,5	—2,	3,6	—2,
2,150	4358 608	31761 478	4107 153	38137 327
1	4490 715	32354 338	4223 142	38733 550
2	4622 345	32947 926	4338 667	39330 482
3	4753 496	33542 244	4453 726	39928 124
4	4884 168	34137 290	4568 317	40526 474
5	5014 358	34733 065	4682 441	41125 535
6	5144 066	35329 569	4796 095	41725 306
7	5273 291	35926 804	4909 278	42325 786
8	5402 031	36524 768	5021 989	42926 978
9	5530 285	37123 462	5134 228	43528 880
2,160	5658 052	37722 886	5245 992	44131 493
1	5785 331	38323 041	5357 280	44734 818
2	5912 120	38923 926	5468 092	45338 854
3	6038 419	39525 543	5578 426	45943 602
4	6164 225	40127 891	5688 282	46549 062
5	6289 539	40730 970	5797 656	47155 234
6	6414 358	41334 780	5906 550	47762 119
7	6538 682	41939 323	6014 960	48369 717
8	6662 509	42544 597	6122 887	48978 028
9	6785 838	43150 604	6230 329	49587 052
2,170	6908 668	43757 343	6337 284	50196 790
1	7030 998	44364 815	6443 752	50807 242
2	7152 826	44973 020	6549 732	51418 407
3	7274 151	45581 957	6655 221	52030 287
4	7394 972	46191 628	6760 219	52642 882
5	7515 288	46802 033	6864 725	53256 191
6	7635 097	47413 171	6968 737	53870 215
7	7754 398	48025 044	7072 254	54484 955
8	7873 191	48637 650	7175 275	55100 410
9	7991 473	49250 991	7277 799	55716 581
2,180	8109 244	49865 066	7379 825	56333 468
1	8226 502	50479 877	7481 350	56951 071
2	8343 246	51095 422	7582 375	57569 390
3	8459 476	51711 702	7682 898	58188 426
4	8575 188	52328 718	7782 917	58808 179
5	8690 384	52946 469	7882 431	59428 650
6	8805 060	53564 956	7981 440	60049 837
7	8919 216	54184 179	8079 941	60671 742
8	9032 851	54804 138	8177 934	61294 366
9	9145 963	55424 833	8275 418	61917 707
2,190	9258 552	56046 265	8372 390	62541 766
1	9370 615	56668 434	8468 851	63166 544
2	9482 152	57291 339	8564 798	63792 041
3	9593 162	57914 982	8660 231	64418 256
4	9703 642	58539 362	8755 147	65045 191
5	9813 593	59164 480	8849 547	65672 845
6	9923 012	59790 335	8943 429	66301 219
7	*0031 899	60416 928	9036 790	66930 313
8	0140 251	61044 260	9129 631	67560 127
9	0248 069	61672 329	9221 950	68190 661
	3,6	—2,	3,6	—2,

$$\sin x = \sum_{n=0}^{n=\infty} (-1)^n \frac{x^{2n+1}}{(2n+1)!}$$

$$\cos x = \sum_{n=0}^{n=\infty} (-1)^n \frac{x^{2n}}{(2n)!}$$

$$\operatorname{tg} x = \sum_{n=0}^{n=\infty} (-1)^{(n-1)} \left[\frac{2^{2n}(2^{2n}-1)}{(2n)!}\right] B_{2n}\, x^{(2n-1)} \qquad |x| < \frac{\pi}{2}$$

$$\operatorname{ctg} x = \sum_{n=0}^{n=\infty} (-1)^n \left[\frac{2^{2n} B_{2n}}{(2n)!}\right] x^{2n-1} \qquad |x| < \pi$$

$$\operatorname{Sin} x = \sum_{n=0}^{n=\infty} \frac{x^{2n+1}}{(2n+1)!}$$

$$\operatorname{Cos} x = \sum_{n=0}^{n=\infty} \frac{x^{2n}}{(2n)!}$$

$$\operatorname{Tg} x = \sum_{n=0}^{n=\infty} \left[\frac{2^{2n}(2^{2n}-1)}{(2n)!}\right] B_{2n}\, x^{(2n-1)} \qquad |x| < \frac{\pi}{4}$$

$$\operatorname{Ctg} x = \sum_{n=0}^{n=\infty} \left[\frac{2^{2n} B_{2n}}{(2n)!}\right] x^{2n-1} \qquad |x| < \pi$$

x	$\mathfrak{Sin}$ x sin x	$\mathfrak{Sin}$ x cos x	$\mathfrak{Cos}$ x sin x	$\mathfrak{Cos}$ x cos x	x	$\mathfrak{Sin}$ x sin x	$\mathfrak{Sin}$ x cos x	$\mathfrak{Cos}$ x sin x	$\mathfrak{Cos}$ x cos x
	3,6	—2,	3,6	—2,		3,6	—2,	3,73	—3,
2,200	0355 350	62301 137	9313 746	68821 916	**2,250**	5007 232	94686 819	208 063	01307 720
1	0462 094	62930 684	9405 017	69453 891	1	5085 452	95353 507	271 468	01975 980
2	0568 298	63560 969	9495 762	70086 587	2	5163 068	96020 942	334 282	02644 970
3	0673 963	64191 994	9585 980	70720 004	3	5240 078	96689 123	396 504	03314 691
4	0779 086	64823 757	9675 669	71354 143	4	5316 482	97358 051	458 132	03985 142
5	0883 666	65456 260	9764 829	71989 003	5	5392 278	98027 727	519 166	04656 323
6	0987 703	66089 503	9853 458	72624 585	6	5467 464	98698 149	579 604	05328 235
7	1091 194	66723 485	9941 555	73260 889	7	5542 040	99369 318	639 444	06000 879
8	1194 138	67358 207	*0029 118	73897 915	8	5616 004	*00041 235	698 685	06674 253
9	1296 535	67993 669	0116 147	74535 664	9	5689 355	00713 899	757 327	07348 359
2,210	1398 383	68629 871	0202 640	75174 135	**2,260**	5762 091	01387 310	815 367	08023 195
1	1499 680	69266 814	0288 595	75813 329	1	5834 210	02061 469	872 804	08698 764
2	1600 426	69904 497	0374 012	76453 246	2	5905 713	02736 376	929 637	09375 064
3	1700 619	70542 922	0458 889	77093 886	3	5976 596	03412 031	985 865	10052 096
4	1800 258	71182 087	0543 225	77735 250	4	6046 860	04088 433	*041 486	10729 860
5	1899 341	71821 993	0627 019	78377 337	5	6116 502	04765 584	096 499	11408 356
6	1997 867	72462 640	0710 268	79020 148	6	6185 521	05443 483	150 902	12087 584
7	2095 836	73104 029	0792 974	79663 683	7	6253 916	06122 130	204 694	12767 545
8	2193 245	73746 159	0875 132	80307 942	8	6321 686	06801 526	257 874	13448 238
9	2290 093	74389 031	0956 744	80952 925	9	6388 829	07481 670	310 441	14129 664
2,220	2386 380	75032 645	1037 806	81598 633	**2,270**	6455 343	08162 563	362 392	14811 822
1	2482 103	75677 001	1118 319	82245 066	1	6521 228	08844 205	413 727	15494 713
2	2577 262	76322 099	1198 280	82892 224	2	6586 482	09526 595	464 445	16178 338
3	2671 855	76967 940	1277 688	83540 107	3	6651 103	10209 734	514 543	16862 696
4	2765 881	77614 523	1356 543	84188 715	4	6715 091	10893 623	564 021	17547 787
5	2859 339	78261 849	1434 842	84838 049	5	6778 443	11578 260	612 877	18233 611
6	2952 226	78909 918	1512 585	85488 109	6	6841 160	12263 647	661 110	18920 169
7	3044 543	79558 730	1589 770	86138 894	7	6903 238	12949 783	708 719	19607 460
8	3136 288	80208 285	1666 396	86790 406	8	6964 677	13636 668	755 701	20295 486
9	3227 459	80858 584	1742 461	87442 644	9	7025 476	14324 303	802 057	20984 245
2,230	3318 055	81509 625	1817 965	88095 608	**2,280**	7085 632	15012 688	847 783	21673 739
1	3408 075	82161 411	1892 906	88749 299	1	7145 145	15701 822	892 880	22363 966
2	3497 518	82813 940	1967 282	89403 717	2	7204 014	16391 706	937 345	23054 928
3	3586 382	83467 214	2041 093	90058 862	3	7262 236	17082 340	981 178	23746 624
4	3674 665	84121 231	2114 337	90714 733	4	7319 811	17773 724	**024 376	24439 055
5	3762 367	84775 992	2187 012	91371 333	5	7376 737	18465 858	066 939	25132 221
6	3849 487	85431 498	2259 119	92028 660	6	7433 013	19158 742	108 864	25826 121
7	3936 022	86087 749	2330 654	92686 714	7	7488 637	19852 376	150 152	26520 756
8	4021 972	86744 744	2401 617	93345 496	8	7543 608	20546 761	190 800	27216 126
9	4107 336	87402 484	2472 006	94005 007	9	7597 924	21241 895	230 806	27912 231
2,240	4192 111	88060 969	2541 821	94665 245	**2,290**	7651 585	21937 781	270 171	28609 071
1	4276 297	88720 198	2611 060	95326 212	1	7704 589	22634 417	308 891	29306 647
2	4359 892	89380 174	2679 721	95987 908	2	7756 934	23331 803	346 966	30004 958
3	4442 896	90040 894	2747 803	96650 332	3	7808 619	24029 941	384 394	30704 005
4	4525 306	90702 360	2815 305	97313 485	4	7859 642	24728 829	421 175	31403 787
5	4607 121	91364 572	2882 226	97977 368	5	7910 003	25428 467	457 306	32104 305
6	4688 340	92027 529	2948 564	98641 979	6	7959 699	26128 857	492 786	32805 558
7	4768 963	92691 232	3014 319	99307 320	7	8008 730	26829 998	527 614	33507 548
8	4848 986	93355 682	3079 487	99973 390	8	8057 094	27531 890	561 788	34210 274
9	4928 410	94020 877	3144 069	*00640 190	9	8104 789	28234 533	595 307	34913 735
	3,6	—2,	3,7	—3,		3,6	—3,	3,75	—3,

$$\left.\begin{array}{l}\sin x\\ \mathfrak{Sin}\,x\end{array}\right\}=x\mp\frac{x^3}{6}+\frac{x^5}{120}\mp\frac{x^7}{5040}+\frac{x^9}{3\,62880}\mp\frac{x^{11}}{399\,16800}+\frac{x^{13}}{62270\,20800}\mp\frac{x^{15}}{130\,76743\,68000}+\cdots$$

$$\left.\begin{array}{l}\cos x\\ \mathfrak{Cos}\,x\end{array}\right\}=1\mp\frac{x^2}{2}+\frac{x^4}{24}\mp\frac{x^6}{720}+\frac{x^8}{40320}\mp\frac{x^{10}}{36\,28800}+\frac{x^{12}}{4790\,01600}\mp\frac{x^{14}}{8\,71782\,91200}+\cdots$$

$$\left.\begin{array}{l}\mathrm{tg}\,x\\ \mathfrak{Tg}\,x\end{array}\right\}=x\pm\frac{x^3}{3}+\frac{2x^5}{15}\pm\frac{17x^7}{315}+\frac{62x^9}{2835}\pm\frac{1382x^{11}}{1\,55925}+\frac{21844x^{13}}{60\,81075}\pm\frac{158\,02673x^{15}}{1\,08547\,18875}+\cdots\quad |x|<\frac{\pi}{2}$$

$$\left.\begin{array}{l}\mathrm{ctg}\,x\\ \mathfrak{Ctg}\,x\end{array}\right\}=\frac{1}{x}\left[1\mp\frac{x^2}{3}-\frac{x^4}{45}\mp\frac{2x^6}{945}-\frac{x^8}{4725}\mp\frac{2x^{10}}{93555}-\cdots\right]\quad |x|<\pi$$

x	Sin x sin x	Sin x cos x	Cos x sin x	Cos x cos x	x	Sin x sin x	Sin x cos x	Cos x sin x	Cos x cos x
	3,68	**—3,**	**3,75**	**—3,**		**3,69**	**—3,**	**3,76**	**—3,**
2,300	151 815	28937 927	628 169	35617 933	**2,350**	617 542	65066 490	402 803	71768 206
1	198 169	29642 072	660 374	36322 868	1	628 506	65808 252	400 287	72510 045
2	243 851	30346 969	691 919	37028 538	2	638 725	66550 767	397 040	73252 623
3	288 859	31052 617	722 804	37734 945	3	648 198	67294 035	393 059	73995 941
4	333 191	31759 017	753 027	38442 089	4	656 923	68038 056	388 344	74739 997
5	376 846	32466 168	782 586	39149 969	5	664 898	68782 829	382 892	75484 793
6	419 823	33174 070	811 480	39858 587	6	672 122	69528 355	376 703	76230 329
7	462 121	33882 725	839 708	40567 941	7	678 594	70274 634	369 775	76976 603
8	503 737	34592 130	867 268	41278 031	8	684 312	71021 665	362 107	77723 618
9	544 671	35302 288	894 159	41988 859	9	689 275	71769 450	353 696	78471 371
2,310	584 920	36013 197	920 379	42700 424	**2,360**	693 480	72517 987	344 542	79219 864
1	624 484	36724 859	945 927	43412 727	1	696 927	73267 276	334 643	79969 096
2	663 362	37437 272	970 802	44125 766	2	699 614	74017 319	323 997	80719 068
3	701 551	38150 437	995 002	44839 543	3	701 540	74768 114	312 604	81469 779
4	739 051	38864 354	*018 526	45554 057	4	702 703	75519 661	300 460	82221 229
5	775 859	39579 023	041 372	46269 309	5	703 101	76271 962	287 566	82973 419
6	811 975	40294 444	063 538	46985 298	6	702 733	77025 014	273 919	83726 348
7	847 397	41010 618	085 024	47702 025	7	701 598	77778 820	259 518	84480 017
8	882 123	41727 543	105 829	48419 489	8	699 694	78533 378	244 362	85234 425
9	916 153	42445 221	125 949	49137 691	9	697 020	79288 688	228 448	85989 572
2,320	949 484	43163 651	145 385	49856 631	**2,370**	693 573	80044 751	211 776	86745 459
1	982 116	43882 833	164 134	50576 309	1	689 353	80801 566	194 344	87502 085
2	*014 046	44602 768	182 196	51296 725	2	684 358	81559 134	176 150	88259 451
3	045 274	45323 455	199 569	52017 879	3	678 587	82317 454	157 193	89017 556
4	075 798	46044 894	216 250	52739 771	4	672 037	83076 526	137 472	89776 400
5	105 616	46767 086	232 240	53462 402	5	664 708	83836 351	116 984	90535 984
6	134 728	47490 030	247 536	54185 770	6	656 598	84596 927	095 729	91296 307
7	163 131	48213 727	262 138	54909 877	7	647 705	85358 256	073 704	92057 369
8	190 824	48938 176	276 042	55634 722	8	638 029	86120 337	050 909	92819 171
9	217 806	49663 378	289 249	56360 305	9	627 566	86883 171	027 342	93581 712
2,330	244 075	50389 333	301 757	57086 627	**2,380**	616 316	87646 756	003 000	94344 992
1	269 630	51116 040	313 564	57813 687	1	604 278	88411 093	*977 884	95109 011
2	294 470	51843 499	324 668	58541 486	2	591 449	89176 183	951 990	95873 770
3	318 592	52571 711	335 069	59270 024	3	577 829	89942 024	925 318	96639 268
4	341 996	53300 676	344 765	59999 300	4	563 416	90708 617	897 867	97405 504
5	364 680	54030 394	353 754	60729 315	5	548 207	91475 962	869 634	98172 481
6	386 642	54760 864	362 035	61460 068	6	532 202	92244 058	840 618	98940 196
7	407 882	55492 087	369 607	62191 561	7	515 400	93012 906	810 817	99708 650
8	428 397	56224 063	376 467	62923 792	8	497 798	93782 506	780 231	*00477 843
9	448 186	56956 792	382 616	63656 762	9	479 395	94552 858	748 857	01247 775
2,340	467 248	57690 273	388 050	64390 470	**2,390**	460 189	95323 960	716 694	02018 447
1	485 581	58424 507	392 769	65124 918	1	440 180	96095 815	683 740	02789 857
2	503 184	59159 494	396 771	65860 105	2	419 365	96868 421	649 994	03562 006
3	520 055	59895 234	400 054	66596 031	3	397 742	97641 778	615 454	04334 893
4	536 193	60631 726	402 618	67332 696	4	375 311	98415 886	580 119	05108 520
5	551 597	61368 972	404 461	68070 099	5	352 070	99190 745	543 987	05882 885
6	566 264	62106 970	405 581	68808 242	6	328 017	99966 356	507 057	06657 989
7	580 193	62845 721	405 976	69547 125	7	303 151	*00742 717	469 326	07433 832
8	593 384	63585 224	405 646	70286 746	8	277 470	01519 830	430 795	08210 414
9	605 834	64325 481	404 589	71027 106	9	250 973	02297 693	391 460	08987 733
	3,69	**—3,**	**3,76**	**—3,**		**3,69**	**—4,**	**3,75**	**—4,**

$$\left.\begin{array}{l}\operatorname{arc\,sin} x\\ \operatorname{Ar\,Sin} x\end{array}\right\} = x \pm \frac{x^3}{2\cdot 3} + \frac{1\cdot 3}{2\cdot 4}\frac{x^5}{5} \pm \frac{1\cdot 3\cdot 5}{2\cdot 4\cdot 6}\frac{x^7}{7} + \cdots$$

$$= x \pm \frac{x^3}{6} + \frac{3x^5}{40} \pm \frac{5x^7}{112} + \frac{35x^9}{1152} \pm \frac{63x^{11}}{2816} + \cdots \qquad |x| < 1$$

$$\operatorname{Ar\,Cos} x = \log 2x - \frac{1}{2}\frac{1}{2x^2} - \frac{1\cdot 3}{2\cdot 4}\frac{1}{4x^4} - \frac{1\cdot 3\cdot 5}{2\cdot 4\cdot 6}\frac{1}{6x^6} - \cdots \qquad |x| > 1$$

$$\left.\begin{array}{l}\operatorname{arctg} x\\ \operatorname{Ar\,Tg} x\end{array}\right\} = x \mp \frac{x^3}{3} + \frac{x^5}{5} \mp \frac{x^7}{7} + \frac{x^9}{9} \mp \cdots \pm (-1)^n \frac{x^{2n+1}}{2n+1} + \cdots \qquad |x| < 1$$

x	Sin x sin x	Sin x cos x	Cof x sin x	Cof x cos x	x	Sin x sin x	Sin x cos x	Cof x sin x	Cof x cos x
	3,6	**—4,**	**3,7**	**—4,**		**3,6**	**—4,**	**3,7**	**—4,**
2,400	9223 657	03076 307	5351 321	09765 792	**2,450**	6780 175	42962 040	2283 675	49608 642
1	9195 522	03855 672	5310 375	10544 589	1	6709 046	43778 802	2200 403	50424 255
2	9166 566	04635 787	5268 622	11324 124	2	6637 017	44596 307	2116 244	51240 601
3	9136 787	05416 653	5226 060	12104 397	3	6564 086	45414 557	2031 195	52057 680
4	9106 184	06198 270	5182 686	12885 409	4	6490 250	46233 550	1945 256	52875 492
5	9074 755	06980 636	5138 501	13667 159	5	6415 508	47053 288	1858 424	53694 037
6	9042 499	07763 753	5093 501	14449 648	6	6339 860	47873 769	1770 699	54513 315
7	9009 414	08547 621	5047 686	15232 874	7	6263 302	48694 994	1682 077	55333 326
8	8975 499	09332 238	5001 053	16016 838	8	6185 833	49516 963	1592 558	56154 069
9	8940 752	10117 605	4953 603	16801 540	9	6107 452	50339 674	1502 140	56975 545
2,410	8905 170	10903 722	4905 331	17586 981	**2,460**	6028 158	51163 129	1410 821	57797 753
1	8868 754	11690 589	4856 239	18373 159	1	5947 947	51987 326	1318 600	58620 693
2	8831 501	12478 206	4806 322	19160 074	2	5866 820	52812 266	1225 475	59444 365
3	8793 410	13266 573	4755 581	19947 728	3	5784 773	53637 948	1131 445	60268 768
4	8754 479	14055 688	4704 013	20736 118	4	5701 806	54464 373	1036 507	61093 904
5	8714 706	14845 554	4651 617	21525 247	5	5617 917	55291 540	0940 660	61919 770
6	8674 090	15636 168	4598 391	22315 113	6	5533 104	56119 448	0843 902	62746 368
7	8632 630	16427 532	4544 334	23105 716	7	5447 365	56948 098	0746 233	63573 697
8	8590 323	17219 645	4489 445	23897 056	8	5360 699	57777 490	0647 649	64401 756
9	8547 169	18012 507	4433 720	24689 134	9	5273 105	58607 623	0548 150	65230 547
2,420	8503 165	18806 118	4377 160	25481 949	**2,470**	5184 580	59438 497	0447 734	66060 068
1	8458 311	19600 477	4319 762	26275 501	1	5095 123	60270 113	0346 399	66890 319
2	8412 603	20395 585	4261 525	27069 789	2	5004 732	61102 468	0244 143	67721 301
3	8366 042	21191 442	4202 447	27864 815	3	4913 406	61935 565	0140 965	68553 013
4	8318 625	21988 047	4142 527	28660 577	4	4821 142	62769 401	0036 863	69385 454
5	8270 350	22785 400	4081 763	29457 076	5	4727 940	63603 978	*9931 836	70218 625
6	8221 217	23583 502	4020 153	30254 311	6	4633 797	64439 294	9825 881	71052 526
7	8171 223	24382 351	3957 696	31052 283	7	4538 713	65275 350	9718 998	71887 155
8	8120 367	25181 949	3894 391	31850 991	8	4442 684	66112 146	9611 184	72722 514
9	8068 648	25982 294	3830 235	32650 436	9	4345 710	66949 681	9502 437	73558 602
2,430	8016 063	26783 387	3765 226	33450 616	**2,480**	4247 789	67787 954	9392 757	74395 418
1	7962 611	27585 227	3699 365	34251 533	1	4148 919	68626 967	9282 142	75232 963
2	7908 290	28387 815	3632 648	35053 186	2	4049 099	69466 718	9170 589	76071 236
3	7853 100	29191 150	3565 075	35855 574	3	3948 326	70307 207	9058 097	76910 238
4	7797 038	29995 232	3496 643	36658 698	4	3846 600	71148 435	8944 664	77749 967
5	7740 102	30800 061	3427 351	37462 558	5	3743 918	71990 401	8830 289	78590 424
6	7682 292	31605 638	3357 197	38267 153	6	3640 279	72833 104	8714 971	79431 608
7	7623 605	32411 960	3286 180	39072 483	7	3535 681	73676 544	8598 706	80273 520
8	7564 040	33219 030	3214 299	39878 549	8	3430 123	74520 722	8481 494	81116 159
9	7503 595	34026 845	3141 551	40685 350	9	3323 602	75365 637	8363 334	81959 524
2,440	7442 268	34835 408	3067 935	41492 886	**2,490**	3216 118	76211 288	8244 222	82803 617
1	7380 059	35644 716	2993 449	42301 157	1	3107 668	77057 676	8124 158	83648 435
2	7316 965	36454 770	2918 092	43110 162	2	2998 250	77904 800	8003 140	84493 980
3	7252 985	37265 570	2841 862	43919 902	3	2887 864	78752 660	7881 166	85340 251
4	7188 117	38077 116	2764 758	44730 377	4	2776 507	79601 256	7758 235	86187 248
5	7122 360	38889 407	2686 777	45541 586	5	2664 177	80450 588	7634 344	87034 970
6	7055 712	39702 443	2607 919	46353 529	6	2550 874	81300 655	7509 492	87883 418
7	6988 170	40516 225	2528 181	47166 207	7	2436 594	82151 456	7383 678	88732 590
8	6919 735	41330 752	2447 562	47979 618	8	2321 338	83002 993	7256 900	89582 488
9	6850 404	42146 024	2366 061	48793 763	9	2205 102	83855 264	7129 155	90433 110
	3,6	**—4,**	**3,7**	**—4,**		**3,6**	**—4,**	**3,6**	**—4,**

$$\mathfrak{Sin}\,x\,\sin x = \frac{2\,x^2}{2!} - \frac{2^3\,x^6}{6!} + \frac{2^5\,x^{10}}{10!} - \frac{2^7\,x^{14}}{14!} + \cdots$$

$$\mathfrak{Sin}\,x\,\cos x = x - \frac{2\,x^3}{3!} - \frac{2^2\,x^5}{5!} + \frac{2^3\,x^7}{7!} + \cdots$$

$$\mathfrak{Cof}\,x\,\sin x = x + \frac{2\,x^3}{3!} - \frac{2^2\,x^5}{5!} - \frac{2^3\,x^7}{7!} + \cdots$$

$$\mathfrak{Cof}\,x\,\cos x = 1 - \frac{2^2\,x^4}{4!} + \frac{2^4\,x^8}{8!} - \frac{2^6\,x^{12}}{12!} + \cdots$$

x	Sin x sin x	Sin x cos x	Cos x sin x	Cos x cos x	x	Sin x sin x	Sin x cos x	Cos x sin x	Cos x cos x
	3,6	—4,	3,6	—4,		3,5	—5,	3,5	—5,
2,500	2087 885	84708 269	7000 443	91284 457	**2,550**	4938 419	28288 490	9292 906	34769 687
1	1969 685	85562 009	6870 762	92136 527	1	4768 888	29178 558	9112 546	35657 623
2	1850 502	86416 482	6740 109	92989 322	2	4598 286	30069 343	8931 128	36546 269
3	1730 332	87271 688	6608 484	93842 840	3	4426 611	30960 847	8748 650	37435 624
4	1609 175	88127 628	6475 883	94697 082	4	4253 861	31853 068	8565 109	38325 688
5	1487 028	88984 301	6342 307	95552 047	5	4080 034	32746 006	8380 505	39216 460
6	1363 890	89841 706	6207 753	96407 735	6	3905 129	33639 661	8194 836	40107 941
7	1239 760	90699 844	6072 219	97264 146	7	3729 144	34534 032	8008 099	41000 129
8	1114 634	91558 714	5935 704	98121 279	8	3552 077	35429 119	7820 293	41893 025
9	0988 513	92418 315	5798 205	98979 135	9	3373 926	36324 922	7631 417	42786 628
2,510	0861 394	93278 649	5659 722	99837 712	**2,560**	3194 689	37221 440	7441 467	43680 937
1	0733 275	94139 714	5520 252	*00697 012	1	3014 365	38118 673	7250 444	44575 953
2	0604 154	95001 509	5379 794	01557 032	2	2832 952	39016 620	7058 344	45471 675
3	0474 031	95864 036	5238 345	02417 774	3	2650 448	39915 282	6865 166	46368 103
4	0342 902	96727 293	5095 906	03279 237	4	2466 851	40814 657	6670 908	47265 236
5	0210 767	97591 280	4952 472	04141 420	5	2282 160	41714 746	6475 568	48163 074
6	0077 624	98455 997	4808 044	05004 324	6	2096 373	42615 548	6279 145	49061 617
7	*9943 471	99321 444	4662 618	05867 948	7	1909 487	43517 062	6081 637	49960 863
8	9808 306	*00187 620	4516 194	06732 292	8	1721 501	44419 288	5883 042	50860 814
9	9672 127	01054 525	4368 770	07597 356	9	1532 414	45322 226	5683 358	51761 468
2,520	9534 934	01922 159	4220 343	08463 139	**2,570**	1342 223	46225 876	5482 583	52662 825
1	9396 723	02790 521	4070 913	09329 641	1	1150 926	47130 236	5280 716	53564 885
2	9257 494	03659 611	3920 476	10196 862	2	0958 523	48035 307	5077 755	54467 647
3	9117 244	04529 430	3769 033	11064 801	3	0765 011	48941 089	4873 697	55371 111
4	8975 972	05399 975	3616 581	11933 458	4	0570 388	49847 580	4668 542	56275 276
5	8833 677	06271 248	3463 118	12802 834	5	0374 652	50754 780	4462 287	57180 143
6	8690 356	07143 248	3308 642	13672 927	6	0177 802	51662 689	4254 930	58085 710
7	8546 007	08015 975	3153 152	14543 738	7	*9979 836	52571 307	4046 470	58991 978
8	8400 629	08889 428	2996 646	15415 265	8	9780 752	53480 632	3836 905	59898 946
9	8254 221	09763 606	2839 122	16287 510	9	9580 548	54390 666	3626 233	60806 613
2,530	8106 780	10638 511	2680 579	17160 471	**2,580**	9379 222	55301 407	3414 453	61714 979
1	7958 304	11514 141	2521 014	18034 148	1	9176 773	56212 854	3201 561	62624 044
2	7808 793	12390 496	2360 427	18908 541	2	8973 199	57125 008	2987 557	63533 808
3	7658 244	13267 575	2198 814	19783 650	3	8764 498	58037 868	2772 439	64444 269
4	7506 655	14145 379	2036 175	20659 474	4	8562 668	58951 434	2556 205	65355 428
5	7354 025	15023 908	1872 508	21536 013	5	8355 707	59865 704	2338 853	66267 285
6	7200 352	15903 159	1707 811	22413 266	6	8147 613	60780 679	2120 382	67179 837
7	7045 633	16783 135	1542 082	23291 234	7	7938 386	61696 359	1900 788	68093 087
8	6889 869	17663 833	1375 319	24169 917	8	7728 022	62612 742	1680 072	69007 032
9	6733 056	18545 254	1207 521	25049 313	9	7516 520	63529 829	1458 230	69921 672
2,540	6575 193	19427 398	1038 686	25929 422	**2,590**	7303 878	64447 618	1235 261	70837 008
1	6415 278	20310 263	0868 812	26810 245	1	7090 094	65366 110	1011 163	71753 038
2	6256 309	21193 851	0697 897	27691 780	2	6875 167	66285 305	0785 934	72669 762
3	6095 285	22078 159	0525 940	28574 028	3	6659 095	67205 200	0559 573	73587 180
4	5933 204	22963 189	0352 939	29456 988	4	6441 875	68125 797	0332 077	74505 291
5	5770 064	23848 940	0178 892	30340 660	5	6223 507	69047 094	0103 445	75424 096
6	5605 864	24735 410	0003 797	31225 044	6	6003 988	69969 092	*9873 676	76343 592
7	5440 600	25622 601	*9827 653	32110 138	7	5783 316	70891 789	9642 766	77263 781
8	5274 273	26510 512	9650 458	32995 944	8	5561 489	71815 186	9410 714	78184 661
9	5106 880	27399 142	9472 209	33882 460	9	5338 506	72739 281	9177 519	79106 233
	3,5	—5,	3,5	—5,		3,4	—5,	3,4	—5,

$$\frac{d}{dx}\sin x = \cos x$$

$$\frac{d}{dx}\cos x = -\sin x$$

$$\frac{d}{dx}\operatorname{tg} x = \sec^2 x$$

$$\frac{d}{dx}\operatorname{ctg} x = -\operatorname{cosec}^2 x$$

$$\frac{d}{dx}\mathfrak{Sin}\, x = \mathfrak{Cos}\, x$$

$$\frac{d}{dx}\mathfrak{Cos}\, x = \mathfrak{Sin}\, x$$

$$\frac{d}{dx}\mathfrak{Tg}\, x = \mathfrak{Sec}^2\, x$$

$$\frac{d}{dx}\mathfrak{Ctg}\, x = -\mathfrak{Cosec}^2\, x$$

x	Sin x sin x	Sin x cos x	Cos x sin x	Cos x cos x	x	Sin x sin x	Sin x cos x	Cos x sin x	Cos x cos x
	3,4	— 5,	3,4	— 5,		3,3	— 6,	3,3	— 6,
2,600	5114 365	73664 075	8943 178	80028 495	**2,650**	2389 450	20783 181	5724 403	27011 666
1	4889 064	74589 567	8707 690	80951 447	1	2103 764	21742 918	5429 159	27968 506
2	4662 600	75515 756	8471 053	81875 089	2	1816 821	22703 325	5132 673	28926 010
3	4434 974	76442 642	8233 264	82799 420	3	1528 622	23664 403	4834 940	29884 178
4	4206 181	77370 225	7994 323	83724 441	4	1239 162	24626 151	4535 961	30843 009
5	3976 221	78298 503	7754 227	84650 149	5	0948 441	25588 567	4235 732	31802 502
6	3745 092	79227 477	7512 975	85576 546	6	0656 456	26551 652	3934 252	32762 657
7	3512 791	80157 146	7270 564	86503 630	7	0363 205	27515 405	3631 519	33723 473
8	3279 318	81087 510	7026 992	87431 401	8	0068 687	28479 825	3327 531	34684 951
9	3044 670	82018 568	6782 259	88359 859	9	*9772 900	29444 912	3022 286	35647 088
2,610	2808 845	82950 319	6536 361	89289 003	**2,660**	9475 841	30410 665	2715 782	36609 885
1	2571 841	83882 763	6289 298	90218 832	1	9177 509	31377 084	2408 017	37573 341
2	2333 657	84815 900	6041 067	91149 347	2	8877 903	32344 167	2098 990	38537 455
3	2094 291	85749 729	5791 666	92080 546	3	8577 018	33311 914	1788 697	39502 227
4	1853 741	86684 250	5541 094	93012 429	4	8274 855	34280 325	1477 138	40467 656
5	1612 004	87619 461	5289 348	93944 997	5	7971 411	35249 399	1164 311	41433 741
6	1319 080	88555 364	5036 427	94878 247	6	7666 685	36219 135	0850 213	42400 483
7	1124 966	89491 956	4782 329	95812 180	7	7360 673	37189 533	0534 843	43367 880
8	0879 660	90429 238	4527 052	96746 795	8	7053 375	38160 592	0218 198	44335 932
9	0633 161	91367 209	4270 594	97682 092	9	6744 788	39132 311	*9900 277	45304 637
2,620	0385 466	92305 868	4012 953	98618 071	**2,670**	6434 910	40104 691	9581 078	46273 997
1	0136 574	93245 215	3754 128	99554 730	1	6123 740	41077 729	9260 598	47244 009
2	*9886 483	94185 250	3494 116	*00492 069	2	5811 275	42051 426	8938 837	48214 673
3	9635 191	95125 972	3232 916	01430 088	3	5497 514	43025 781	8615 791	49185 989
4	9382 696	96067 381	2970 526	02368 787	4	5182 454	44000 793	8291 459	50157 956
5	9128 997	97009 475	2706 944	03308 164	5	4866 095	44976 461	7965 839	51130 573
6	8874 091	97952 255	2442 167	04248 220	6	4548 432	45952 786	7638 929	52103 840
7	8617 976	98895 720	2176 195	05188 953	7	4229 466	46929 766	7310 728	53077 756
8	8360 651	99839 869	1909 024	06130 363	8	3909 194	47907 400	6981 232	54052 321
9	8102 114	*00784 701	1640 655	07072 450	9	3587 613	48885 688	6650 441	55027 534
2,630	7842 362	01730 218	1371 083	08015 214	**2,680**	3264 723	49864 630	6318 352	56003 393
1	7581 395	02676 416	1100 308	08958 653	1	2940 520	50844 224	5984 963	56979 899
2	7319 209	03623 297	0828 328	09902 767	2	2615 003	51824 471	5650 272	57957 051
3	7055 804	04570 860	0555 141	10847 556	3	2288 171	52805 368	5314 278	58934 849
4	6791 177	05519 104	0280 744	11793 019	4	1960 021	53786 917	4976 978	59913 290
5	6525 327	06468 028	0005 136	12739 155	5	1630 550	54769 115	4638 371	60892 376
6	6258 251	07417 633	*9728 316	13685 965	6	1299 758	55751 962	4298 454	61872 105
7	5989 948	08367 917	9450 280	14633 447	7	0967 643	56735 458	3957 225	62852 477
8	5720 415	09318 879	9171 028	15581 601	8	0634 201	57719 602	3614 684	63833 490
9	5449 651	10270 520	8890 557	16530 427	9	0299 432	58704 393	3270 826	64815 145
2,640	5177 655	11222 839	8608 866	17479 923	**2,690**	**9963 334	59689 831	2925 651	65797 440
1	4904 423	12175 835	8325 952	18430 090	1	9625 903	60675 915	2579 157	66780 376
2	4629 954	13129 508	8041 814	19380 927	2	9287 139	61662 643	2231 342	67763 950
3	4354 247	14083 857	7756 449	20332 432	3	8947 040	62650 017	1882 203	68748 164
4	4077 299	15038 881	7469 857	21284 607	4	8605 603	63638 034	1531 739	69733 015
5	3799 108	15994 581	7182 034	22237 450	5	8262 827	64626 694	1179 948	70718 503
6	3519 673	16950 954	6892 979	23190 960	6	7918 709	65615 996	0826 827	71704 628
7	3238 991	17908 002	6602 691	24145 137	7	7573 248	66605 940	0472 375	72691 388
8	2957 062	18865 722	6311 167	25099 981	8	7226 441	67596 525	0116 590	73678 784
9	2673 882	19824 116	6018 404	26055 491	9	6878 287	68587 750	**9759 470	74666 814
	3,3	— 6,	3,3	— 6,		3,1	— 6,	3,1	— 6,

$$\frac{d}{dx}\operatorname{arc\,sin} x = \frac{1}{\sqrt{1-x^2}}$$

$$\frac{d}{dx}\operatorname{arc\,cos} x = \frac{-1}{\sqrt{1-x^2}}$$

$$\frac{d}{dx}\operatorname{arc\,tg} x = \frac{1}{1+x^2}$$

$$\frac{d}{dx}\operatorname{arc\,ctg} x = \frac{-1}{1+x^2}$$

$$\frac{d}{dx}\operatorname{Ar\,Sin} x = \frac{1}{\sqrt{x^2+1}}$$

$$\frac{d}{dx}\operatorname{Ar\,Cos} x = \frac{1}{\sqrt{x^2-1}}$$

$$\frac{d}{dx}\operatorname{Ar\,Tg} x = \frac{1}{1-x^2}$$

$$\frac{d}{dx}\operatorname{Ar\,Ctg} x = \frac{-1}{x^2-1}$$

x	Sin x sin x	Sin x cos x	Cof x sin x	Cof x cos x	x	Sin x sin x	Sin x cos x	Cof x sin x	Cof x cos x
	3,1	—6,	3,1	—6,		2,9	—7,	2,9	—7,
2,700	6528 784	69579 615	9401 012	75655 478	2,750	7289 182	19971 659	9729 059	25880 527
1	6177 929	70572 119	9041 216	76644 775	1	6868 213	20995 129	9299 747	26900 525
2	5825 721	71565 260	8680 078	77634 705	2	6445 790	22019 196	8868 993	27921 116
3	5472 158	72559 039	8317 597	78625 266	3	6021 912	23043 862	8436 796	28942 301
4	5117 238	73553 455	7953 771	79616 458	4	5596 575	24069 125	8003 152	29964 077
5	4760 958	74548 506	7588 598	80608 280	5	5169 779	25094 983	7568 060	30986 445
6	4403 317	75544 193	7222 076	81600 732	6	4741 521	26121 437	7131 518	32009 403
7	4044 313	76540 514	6854 202	82593 812	7	4311 799	27148 485	6693 524	33032 950
8	3683 944	77537 469	6484 976	83587 521	8	3880 610	28176 126	6254 075	34057 087
9	3322 208	78535 057	6114 395	84581 857	9	3447 954	29204 360	5813 170	35081 811
2,710	2959 102	79533 277	5742 456	85576 820	2,760	3013 827	30233 185	5370 807	36107 121
1	2594 625	80532 128	5369 159	86572 408	1	2578 228	31262 601	4926 983	37133 018
2	2228 776	81531 611	4994 500	87568 622	2	2141 155	32292 607	4481 696	38159 500
3	1861 551	82531 723	4618 478	88565 460	3	1702 606	33323 202	4034 945	39186 567
4	1492 948	83532 465	4241 091	89562 922	4	1262 578	34354 385	3586 728	40214 216
5	1122 967	84533 835	3862 338	90561 007	5	0821 070	35386 156	3137 041	41242 449
6	0751 605	85535 832	3482 215	91559 714	6	0378 079	36418 512	2685 884	42271 262
7	0378 859	86538 457	3100 721	92559 043	7	*9933 604	37451 454	2233 254	43300 657
8	0004 729	87541 708	2717 854	93558 992	8	9487 642	38484 980	1779 149	44330 632
9	*9629 211	88545 584	2333 612	94559 562	9	9040 192	39519 090	1323 568	45361 185
2,720	9252 304	89550 085	1947 992	95560 750	2,770	8591 250	40553 783	0866 507	46392 317
1	8874 006	90555 210	1560 994	96562 558	1	8140 816	41589 057	0407 965	47424 025
2	8494 315	91560 958	1172 615	97564 983	2	7688 887	42624 912	*9947 940	48456 310
3	8113 229	92567 328	0782 852	98568 024	3	7235 462	43661 347	9486 429	49489 171
4	7730 745	93574 320	0391 704	99571 683	4	6780 537	44698 361	9023 432	50522 606
5	7346 863	94581 933	*9999 169	*00575 956	5	6324 111	45735 953	8558 944	51556 614
6	6981 579	95590 166	9605 245	01580 845	6	5866 182	46774 122	8092 966	52591 195
7	6574 892	96599 017	9209 930	02586 347	7	5406 748	47812 868	7625 494	53626 348
8	6186 800	97608 488	8813 222	03592 462	8	4945 807	48852 188	7156 526	54662 071
9	5797 301	98618 576	8415 118	04599 190	9	4483 356	49892 083	6686 060	55698 365
2,730	5406 393	99629 281	8015 617	05606 529	2,780	4019 394	50932 551	6214 095	56735 227
1	5014 073	*00640 601	7614 717	06614 480	1	3553 918	51973 592	5740 628	57772 658
2	4620 340	01652 537	7212 416	07623 040	2	3086 927	53015 204	5265 657	58810 656
3	4225 192	02665 088	6808 711	08632 209	3	2618 419	54057 387	4789 180	59849 219
4	3828 627	03678 252	6403 601	09641 987	4	2148 390	55100 139	4311 195	60888 348
5	3430 642	04692 029	5997 084	10652 373	5	1676 840	56143 460	3831 699	61928 042
6	3031 236	05706 418	5589 157	11663 365	6	1203 766	57187 349	3350 692	62968 298
7	2630 407	06721 418	5179 819	12674 963	7	0729 166	58231 804	2868 170	64009 117
8	2228 152	07737 028	4769 067	13687 167	8	0253 038	59276 825	2384 131	65050 498
9	1824 470	08753 248	4356 900	14699 975	9	**9775 380	60322 411	1898 574	66092 439
2,740	1419 359	09770 077	3943 316	15713 387	2,790	9296 190	61368 560	1411 496	67134 940
1	1012 816	10787 513	3528 311	16727 402	1	8815 465	62415 272	0922 896	68177 999
2	0604 840	11805 557	3111 886	17742 019	2	8333 204	63462 547	0432 770	69221 616
3	0195 428	12824 207	2694 036	18757 237	3	7849 405	64510 382	**9941 118	70265 789
4	**9784 579	13843 462	2274 761	19773 055	4	7364 065	65558 777	9447 937	71310 518
5	9372 290	14863 322	1854 059	20789 473	5	6877 183	66607 731	8953 225	72355 802
6	8958 560	15883 785	1431 926	21806 489	6	6388 755	67657 242	8456 979	73401 640
7	8543 386	16904 852	1008 362	22824 104	7	5898 781	68707 311	7959 198	74448 030
8	8126 766	17926 520	0583 364	23842 315	8	5407 258	69757 936	7459 880	75494 973
9	7708 699	18948 789	0156 930	24861 123	9	4914 185	70809 115	6959 022	76542 466
	2,9	—7,	3,0	—7,		2,7	—7,	2,7	—7,

Tafel V. Länge der Kreisbogen für einzelne Grade, Minuten und Sekunden.

φ	x	φ	x
		10°	0,17453 29251 99432 95769 23691
1°	0,01745 32925 19943 29576 92369	11	0,19198 62177 19376 25346 16060
2	0,03490 65850 39886 59153 84738	12	0,20943 95102 39319 54923 08429
3	0,05235 98775 59829 88730 77107	13	0,22689 28027 59262 84500 00798
4	0,06981 31700 79773 18307 69476	14	0,24434 60952 79206 14076 93167
5	0,08726 64625 99716 47884 61845	15	0,26179 93877 99149 43653 85536
6	0,10471 97551 19659 77461 54214	16	0,27925 26803 19092 73230 77905
7	0,12217 30476 39603 07038 46584	17	0,29670 59728 39036 02807 70274
8	0,12962 63401 59546 36615 38953	18	0,31415 92653 58979 32384 62643
9	0,15707 96326 79489 66192 31322	19	0,33161 25578 78922 61961 55012

x	Sin x sin x	Sin x cos x	Cos x sin x	Cos x cos x	x	Sin x sin x	Sin x cos x	Cos x sin x	Cos x cos x
	2,	—7,	2,	—7,		2,	2,	2,	—8,
2,800	74419 558	71860 849	76456 623	77590 509	**2,850**	47661 410	25130 713	49324 307	30670 968
1	73923 375	72913 135	75952 679	78639 100	1	47084 772	26209 295	48740 472	31745 671
2	73425 636	73965 973	75447 190	79688 240	2	46506 471	27288 374	48154 984	32820 867
3	72926 337	75019 362	74940 154	80737 926	3	45926 505	28367 949	47567 842	33896 557
4	72425 477	76073 301	74431 567	81788 159	4	45344 870	29448 019	46979 043	34972 739
5	71923 053	77127 789	73921 427	82838 936	5	44761 566	30528 584	46388 586	36049 411
6	71419 063	78182 825	73409 734	83890 257	6	44176 590	31609 641	45796 467	37126 573
7	70913 506	79238 408	72896 484	84942 120	7	43589 939	32691 190	45202 685	38204 223
8	70406 379	80294 536	72381 676	85994 526	8	43001 612	33773 229	44607 238	39282 360
9	69897 680	81351 209	71865 307	87047 473	9	42411 606	34855 757	44010 123	40360 983
2,810	69387 406	82408 426	71347 376	88100 959	**2,860**	41819 920	35938 774	43411 338	41440 091
1	68875 557	83466 185	70827 880	89154 984	1	41226 551	37022 277	42810 882	42519 683
2	68362 129	84524 487	70306 816	90209 547	2	40631 496	38106 266	42208 751	43599 757
3	67847 121	85583 328	69784 184	91264 646	3	40034 755	39190 739	41604 944	44680 313
4	67330 530	86642 710	69259 981	92320 281	4	39436 324	40275 695	40999 459	45761 348
5	66812 355	87702 630	68734 204	93376 451	5	38836 202	41361 134	40392 294	46842 863
6	66292 593	88763 087	68206 852	94433 155	6	38234 386	42447 053	39783 445	47924 855
7	65771 241	89824 081	67677 922	95490 391	7	37630 874	43533 452	39172 912	49007 323
8	65248 299	90885 610	67147 413	96548 158	8	37025 664	44620 329	38560 692	50090 267
9	64723 764	91947 673	66615 322	97606 456	9	36418 754	45707 683	37946 782	51173 685
2,820	64197 634	93010 270	66081 647	98665 284	**2,870**	35810 141	46795 513	37331 181	52257 575
1	63669 906	94073 399	65546 386	99724 640	1	35199 824	47883 818	36713 886	53341 938
2	63140 579	95137 059	65009 536	*00784 523	2	34587 801	48972 597	36094 896	54426 770
3	62609 651	96201 249	64471 097	01844 933	3	33974 068	50061 847	35474 208	55512 072
4	62077 118	97265 968	63931 065	02905 867	4	33358 625	51151 568	34851 819	56597 842
5	61542 980	98331 214	63389 439	03967 326	5	32741 468	52241 760	34227 729	57684 079
6	61007 234	99396 988	62846 216	05029 308	6	32122 596	53332 419	33601 933	58770 781
7	60469 878	*00463 287	62301 394	06091 812	7	31502 006	54423 546	32974 431	59857 947
8	59930 910	01530 111	61754 971	07154 837	8	30879 697	55515 139	32345 221	60945 576
9	59390 327	02597 458	61206 945	08218 382	9	30255 666	56607 196	31714 299	62033 667
2,830	58848 128	03665 328	60657 314	09282 446	**2,880**	29629 910	57699 717	31081 664	63122 219
1	58304 310	04733 719	60106 076	10347 027	1	29002 429	58792 700	30447 314	64211 230
2	57758 872	05802 630	59553 228	11412 125	2	28373 219	59886 144	29811 246	65300 698
3	57211 811	06872 061	58998 769	12477 739	3	27742 278	60980 047	29173 458	66390 624
4	56663 125	07942 009	58442 696	13543 866	4	27109 605	62074 409	28533 948	67481 005
5	56112 811	09012 474	57885 007	14610 508	5	26475 197	63169 228	27892 714	68571 840
	55560 869	10083 455	57325 699	15677 661	6	25839 051	64264 503	27249 754	69663 128
7	55007 295	11154 951	56764 772	16745 326	7	25201 166	65360 232	26605 c66	70754 868
8	54452 088	12226 960	56202 223	17813 500	8	24561 540	66456 414	25958 646	71847 059
9	53895 245	13299 481	55638 049	18882 184	9	23920 170	67553 049	25310 494	72939 698
2,840	53336 764	14372 515	55072 248	19951 375	**2,890**	23277 054	68650 134	24660 606	74032 785
1	52776 644	15446 058	54504 819	21021 073	1	22632 190	69747 668	24008 982	75126 319
2	52214 881	16520 110	53935 759	22091 276	2	21985 576	70845 650	23355 617	76220 298
3	51651 474	17594 670	53365 065	23161 984	3	21337 210	71944 079	22700 511	77314 721
4	51086 421	18669 736	52792 737	24233 195	4	20687 088	73042 954	22043 662	78409 587
5	50519 720	19745 308	52218 771	25304 909	5	20035 210	74142 272	21385 066	79504 894
6	49951 367	20821 385	51643 166	26377 123	6	19381 573	75242 034	20724 721	80600 641
7	49381 362	21897 965	51065 919	27449 837	7	18726 175	76342 236	20062 627	81696 827
8	48809 703	22975 047	50487 028	28523 050	8	18069 013	77442 879	19398 779	82793 450
9	48236 386	24052 630	49906 491	29596 761	9	17410 086	78543 961	18733 177	83890 510
	2,	—8,	2,	—8,		2,	—8,	2,	—8,

φ	x	φ	x
20°	0,34906 58503 98865 91538 47382	**30°**	0,52359 87755 98298 87307 71072
21	0,36651 91429 18809 21115 39751	31	0,54105 20681 18242 16884 63441
22	0,38397 24354 38752 50692 32120	32	0,55850 53606 38185 46461 55810
23	0,40142 57279 58695 80269 24489	33	0,57595 86531 58128 76038 48180
24	0,41887 90204 78639 09846 16858	34	0,59341 19456 78072 05615 40549
25	0,43633 23129 98582 39423 09227	35	0,61086 52381 98015 35192 32918
26	0,45378 56055 18525 69000 01596	35	0,62831 85307 17958 64769 25287
27	0,47123 88980 38468 98576 93965	37	0,64577 18232 37901 94346 17656
28	0,48869 21905 58412 28153 86334	38	0,66322 51157 57845 23923 10025
29	0,50614 54830 78355 57730 78703	39	0,68067 84082 77788 53500 02394

x	Sin x sin x	Sin x cos x	Coſ x sin x	Coſ x cos x	x	Sin x sin x	Sin x cos x	Coſ x sin x	Coſ x cos x
	2,	— 8,	2,	— 8,		1,	— 9,	1,	— 9,
2,900	16749 391	79645 480	18065 818	84988 004	**2,950**	81411 981	35248 743	82408 648	40386 944
1	16086 926	80747 435	17396 699	86085 932	1	80658 200	36370 724	81648 731	41504 782
2	15422 689	81849 825	16725 819	87184 292	2	79902 536	37493 068	80886 954	42622 982
3	14756 677	82952 649	16053 175	88283 083	3	79144 987	38615 775	80123 296	43741 542
4	14088 889	84055 904	15378 766	89382 303	4	78385 551	39738 841	79357 760	44860 460
5	13419 322	85159 591	14702 588	90481 952	5	77624 224	40862 266	78590 345	45979 734
6	12747 974	86263 706	14024 640	91582 027	6	76861 006	41986 048	77821 048	47099 364
7	12074 843	87368 250	13344 919	92682 528	7	76095 894	43110 186	77049 867	48219 348
8	11399 927	88473 221	12663 423	93783 453	8	75328 885	44234 678	76276 801	49339 684
9	10723 223	89578 616	11980 151	94884 801	9	74559 977	45359 523	75501 845	50460 370
2,910	10044 729	90684 436	11295 100	95986 570	**2,960**	73789 169	46484 719	74724 999	51581 406
1	09364 444	91790 678	10608 267	97088 760	1	73016 457	47610 264	73946 260	52702 789
2	08682 364	92897 342	09919 650	98191 368	2	72241 840	48736 157	73165 626	53824 519
3	07998 488	94004 426	09229 248	99294 393	3	71465 315	49862 396	72383 094	54946 592
4	07312 813	95111 927	08537 058	*00397 835	4	70686 881	50988 980	71598 662	56069 009
5	06625 337	96219 846	07843 077	01501 691	5	69906 534	52115 907	70812 329	57191 767
6	05936 058	97328 181	07147 304	02605 960	6	69124 273	53243 176	70024 091	58314 865
7	05244 975	98436 930	06449 737	03710 641	7	68340 095	54370 785	69233 947	59438 301
8	04552 083	99546 092	05750 372	04815 733	8	67553 998	55498 732	68441 894	60562 074
9	03857 382	*00655 665	05049 209	05921 234	9	66765 980	56627 016	67647 930	61686 182
2,920	03160 870	01765 649	04346 244	07027 142	**2,970**	65976 039	57755 636	66852 053	62810 623
1	02462 543	02876 041	03641 475	08133 457	1	65184 173	58884 589	66054 260	63935 397
2	01762 400	03986 840	02934 901	09240 177	2	64390 378	60013 875	65254 550	65060 501
3	01060 438	05098 045	02226 519	10347 300	3	63594 653	61143 490	64452 919	66185 933
4	00356 656	06209 655	01516 327	11454 825	4	62796 996	62273 435	63649 366	67311 693
5	*99651 051	07321 668	00804 322	12562 751	5	61997 404	63403 707	62843 889	68437 778
6	98943 621	08434 082	00090 503	13671 077	6	61195 876	64534 305	62036 485	69564 187
7	98234 363	09546 897	*99374 866	14779 800	7	60392 408	65665 227	61227 152	70690 919
8	97523 276	10660 110	98657 411	15888 920	8	59586 999	66796 471	60415 887	71817 972
9	96810 357	11773 721	97938 134	16998 435	9	58779 646	67928 036	59602 689	72945 343
2,930	96095 604	12887 727	97217 034	18108 343	**2,980**	57970 347	69059 921	58787 555	74073 033
1	95379 015	14002 128	96494 108	19218 644	1	57159 100	70192 123	57970 483	75201 038
2	94660 587	15116 922	95769 354	20329 335	2	56345 903	71324 640	57151 470	76329 357
3	93940 319	16232 107	95042 770	21440 416	3	55530 753	72457 472	56330 515	77457 989
4	93218 208	17347 683	94314 353	22551 884	4	54713 649	73590 617	55507 615	78586 933
5	92494 251	18463 647	93584 102	23663 739	5	53894 587	74724 073	54682 768	79716 185
6	91768 448	19579 998	92852 013	24775 979	6	53073 565	75857 838	53855 971	80845 746
7	91040 795	20696 735	92118 086	25888 603	7	52250 582	76991 911	53027 223	81975 612
8	90311 290	21813 857	91382 317	27001 609	8	51425 635	78126 290	52196 520	83105 784
9	89579 931	22931 361	90644 704	28114 995	9	50598 722	79260 973	51363 862	84236 258
2,940	88846 716	24049 246	89905 246	29228 760	**2,990**	49769 840	80395 960	50529 244	85367 033
1	88111 642	25167 511	89163 940	30342 903	1	48938 988	81531 247	49692 666	86498 107
2	87374 708	26286 155	88420 783	31457 423	2	48106 162	82666 833	48854 125	87629 480
3	86635 911	27405 175	87675 773	32572 317	3	47271 361	83802 717	48013 619	88761 149
4	85895 248	28524 571	86928 909	33687 584	4	46434 583	84938 898	47171 145	89893 112
5	85152 719	29644 340	86180 188	34803 223	5	45595 825	86075 372	46326 701	91025 368
6	84408 319	30764 482	85429 608	35919 233	6	44755 085	87212 139	45480 285	92157 916
7	83662 048	31884 995	84677 165	37035 611	7	43912 361	88349 198	44631 895	93290 753
8	82913 903	33005 877	83922 860	38152 356	8	43067 650	99486 545	43781 528	94423 877
9	82163 881	34127 127	83166 688	39269 468	9	42220 950	90624 180	42929 182	95557 288
	1,	— 9,	1,	— 9,		1,	— 9,	1,	— 9,

φ	x	φ	x
40°	0,69813 17007 97731 83076 94763	**50°**	0,87266 46259 97164 78846 18454
41	0,71558 49933 17675 12653 87132	51	0,89011 79185 17108 08423 10823
42	0,73303 82858 37618 42230 79501	52	0,90757 12110 37051 38000 03192
43	0,75049 15783 57561 71807 71870	53	0,92502 45035 56994 67576 95561
44	0,76794 48708 77505 01384 64239	54	0,94247 77960 76937 97153 87930
45	0,78539 81633 97448 30961 56608	55	0,95993 10885 96881 26730 80299
46	0,80285 14559 17391 60538 48978	56	0,97738 43811 16824 56307 72668
47	0,82030 47484 37334 90115 41347	57	0,99483 76736 36767 85884 65037
48	0,83775 80409 57278 19692 33716	58	1,01229 09661 56711 15461 57406
49	0,85521 13334 77221 49269 26085	59	1,02974 42586 76654 45038 49776

x	Sin x sin x	Sin x cos x	Cos x sin x	Cos x cos x	x	Sin x sin x	Sin x cos x
3,00	1,41372 259	— 9,91762 101	1,42074 854	— 9,96690 983	**3,50**	— 5,80287 619	—15,49145 397
1	1,32775 339	—10,03156 654	1,33422 111	—10,08043 205	1	— 6,01748 061	—15,58803 403
2	1,23976 810	—10,14577 888	1,24568 736	—10,19421 979	2	— 6,23520 820	—15,68340 841
3	1,14998 417	—10,26021 463	1,15488 425	—10,30828 115	3	— 6,45607 794	—15,77753 351
4	1,05765 818	—10,37493 277	1,06250 950	—10,42252 101	4	— 6,68010 860	—15,87036 513
5	0,96348 788	—10,48983 767	0,96781 955	—10,53699 808	5	— 6,90731 865	—15,96185 841
6	0,86721 018	—10,60493 610	0,87103 162	—10,65166 781	6	— 7,13772 632	—16,05196 790
7	0,76880 214	—10,72020 871	0,77212 271	—10,76651 095	7	— 7,37134 957	—16,14064 748
8	0,66824 079	—10,83563 570	0,67106 976	—10,88150 781	8	— 7,60820 589	—16,22785 008
9	0,56550 315	—10,95119 687	0,56784 967	—10,99663 828	9	— 7,84831 310	—16,31352 925
3,10	0,46056 617	—11,06687 157	0,46243 935	—11,11188 182	**3,60**	— 8,09168 781	—16,39763 599
1	0,35340 682	—11,18263 873	0,35481 565	—11,22721 743	1	— 8,33834 693	—16,48012 192
2	0,24400 202	—11,29847 681	0,24495 541	—11,34262 368	2	— 8,58830 687	—16,56093 769
3	0,13232 869	—11,41436 384	0,13283 549	—11,45807 870	3	— 8,84158 372	—16,64003 327
4	+0,01836 375	—11,53027 741	+0,01843 269	—11,57356 015	4	— 9,09819 324	—16,71735 800
5	—0,09791 590	—11,64619 462	—0,09827 617	—11,68904 523	5	— 9,35815 080	—16,79286 052
6	—0,21653 336	—11,76209 214	—0,21731 426	—11,80451 069	6	— 9,62147 145	—16,86648 882
7	—0,33751 172	—11,87794 615	—0,33870 477	—11,91993 280	7	— 9,88816 984	—16,93819 022
8	—0,46087 407	—11,99373 239	—0,46247 087	—12,03528 737	8	—10,15826 023	—17,00791 136
9	—0,58664 348	—12,10942 609	—0,58863 572	—12,15054 973	9	—10,43175 650	—17,07559 821
3,20	—0,71484 299	—12,22500 202	—0,71722 245	—12,26569 471	**3,70**	—10,70867 212	—17,14119 604
1	—0,84549 564	—12,34043 447	—0,84825 417	—12,38069 669	1	—10,98902 013	—17,20464 947
2	—0,97862 442	—12,46821 128	—0,98175 398	—12,50804 359	2	—11,27281 316	—17,26590 239
3	—1,11425 231	—12,57076 359	—1,11774 493	—12,61016 659	3	—11,56006 340	—17,32489 805
4	—1,25240 223	—12,68560 636	—1,25625 003	—12,72458 077	4	—11,85078 257	—17,38157 897
5	—1,39309 706	—12,80019 784	—1,39729 224	—12,83874 443	5	—12,14498 193	—17,43588 701
6	—1,53635 963	—12,91450 977	—1,54089 449	—12,95262 937	6	—12,44267 230	—17,48776 330
7	—1,68221 273	—13,02851 358	—1,68707 963	—13,06620 710	7	—12,74386 397	—17,53714 829
8	—1,83067 906	—13,14219 316	—1,83587 047	—13,17946 158	8	—13,04856 676	—17,58398 175
9	—1,98178 127	—13,25547 895	—1,98728 974	—13,29232 330	9	—13,35678 996	—17,62820 271
3,30	—2,13554 194	—13,36838 053	—2,14136 010	—13,40480 191	**3,80**	—13,66854 237	—17,66974 953
1	—2,29198 357	—13,48085 379	—2,29810 413	—13,51685 337	1	—13,98383 232	—17,70855 984
2	—2,45112 856	—13,59286 739	—2,45754 433	—13,62844 639	2	—14,30266 720	—17,74457 059
3	—2,61299 923	—13,70438 943	—2,61970 308	—13,73954 913	3	—14,62505 447	—17,77771 798
4	—2,77761 780	—13,81538 748	—2,78460 271	—13,85012 923	4	—14,95150 049	—17,80793 744
5	—2,94500 638	—13,92582 857	—2,95226 541	—13,96015 376	5	—15,28051 154	—17,83516 410
6	—3,11518 699	—14,03567 916	—3,12271 326	—14,06958 924	6	—15,61359 270	—17,85933 171
7	—3,28818 151	—14,14490 516	—3,29596 823	—14,17840 164	7	—15,95024 885	—17,88037 377
8	—3,46401 169	—14,25347 192	—3,47205 218	—14,28655 635	8	—16,29048 413	—17,89822 295
9	—3,64269 918	—14,36134 422	—3,65098 681	—14,39401 822	9	—16,63430 206	—17,91281 119
3,40	—3,82426 545	—14,46848 628	—3,83279 369	—14,50075 149	**3,90**	—16,98170 549	—17,92406 973
1	—4,00873 187	—14,57486 172	—4,01749 427	—14,60671 987	1	—17,33269 661	—17,93192 908
2	—4,19611 961	—14,68043 363	—4,20510 979	—14,71188 645	2	—17,68727 695	—17,93631 905
3	—4,38644 972	—14,78516 446	—4,39566 140	—14,81621 375	3	—18,04544 732	—17,93716 872
4	—4,57974 305	—14,88901 610	—4,58917 002	—14,91966 372	4	—18,40720 783	—17,93440 644
5	—4,77602 031	—14,99194 987	—4,78565 643	—15,02219 769	5	—18,77255 787	—17,92795 989
6	—4,97530 198	—15,09392 645	—4,98514 121	—15,12377 640	6	—19,14149 611	—17,91775 597
7	—5,17760 840	—15,19490 596	—5,18764 476	—15,22436 001	7	—19,51402 093	—17,90372 092
8	—5,38295 967	—15,29484 788	—5,39318 727	—15,32390 804	8	—19,89012 799	—17,88578 022
9	—5,59137 570	—15,39371 112	—5,60178 874	—15,42237 943	9	—20,26981 514	—17,86385 865

φ	x	φ	x
60°	1,04719 75511 96597 74615 42145	**70°**	1,22173 04763 96030 70384 65835
61	1,06465 08437 16541 04192 34514	71	1,23918 37689 15973 99961 58204
62	1,08210 41362 36484 33769 26883	72	1,25663 70614 35917 29538 50574
63	1,09955 74287 56427 63346 19252	73	1,27409 03539 55860 59115 42943
64	1,11701 07212 76370 92923 11621	74	1,29154 36464 75803 88692 35312
65	1,13446 40137 96314 22500 03990	75	1,30899 69389 95747 18269 27681
66	1,15191 73063 16257 52076 96359	76	1,32645 02315 15690 47846 20050
67	1,16937 05988 36200 81653 88728	77	1,34390 35240 35633 77423 12419
68	1,18682 38913 56144 11230 81097	78	1,36135 68165 55577 07000 04788
69	1,20427 71838 76087 40807 73466	79	1,37881 01090 75520 36576 97157

x	Cos x sin x	Cos x cos x	x	Sin x sin x	Sin x cos x	Cos x sin x	Cos x cos x
3,50	— 5,81346 893	— 15,51973 251	**4,00**	— 20,65307 743	— 17,83788 029	— 20,66693 875	— 17,84985 219
1	— 6,02824 739	— 15,61592 493	1	— 21,03990 963	— 17,80776 848	— 21,05375 087	— 17,81948 343
2	— 6,24614 344	— 15,71091 381	2	— 21,43030 565	— 17,77344 586	— 21,44412 447	— 17,78490 663
3	— 6,46717 615	— 15,80465 561	3	— 21,82425 859	— 17,73483 436	— 21,83805 268	— 17,74604 372
4	— 6,69136 434	— 15,89710 613	4	— 22,22176 066	— 17,69185 518	— 22,23552 779	— 17,70281 589
5	— 6,91872 659	— 15,98822 058	5	— 22,62280 322	— 17,64442 884	— 22,63654 120	— 17,65514 365
6	— 7,14928 118	— 16,07795 351	6	— 23,02737 673	— 17,59247 514	— 23,04108 342	— 17,60294 679
7	— 7,38304 614	— 16,16625 885	7	— 23,43547 076	— 17,53591 316	— 23,44914 406	— 17,54614 439
8	— 7,62003 906	— 16,25308 954	8	— 23,84707 393	— 17,47466 129	— 23,86071 180	— 17,48465 484
9	— 7,86027 783	— 16,33839 917	9	— 24,26217 396	— 17,40863 722	— 24,27577 439	— 17,41839 582
3,60	— 8,10377 912	— 16,42213 877	**4,10**	— 24,68045 589	— 17,33775 781	— 24,69401 693	— 17,34728 444
1	— 8,35055 991	— 16,50425 997	1	— 25,10281 059	— 17,26193 999	— 25,11633 034	— 17,27123 634
2	— 8,60063 670	— 16,58471 346	2	— 25,52831 775	— 17,18109 821	— 25,54179 435	— 17,19016 825
3	— 8,85402 565	— 16,66344 922	3	— 25,95726 287	— 17,09514 827	— 25,97069 450	— 17,10399 418
4	— 9,11074 257	— 16,74041 661	4	— 26,38962 869	— 17,00400 413	— 26,40301 359	— 17,01262 861
5	— 9,37080 294	— 16,81556 431	5	— 26,82539 695	— 16,90757 933	— 26,83873 339	— 16,91598 506
6	— 9,63422 185	— 16,88884 032	6	— 27,26454 832	— 16,80578 673	— 27,27783 462	— 16,81397 637
7	— 9,90101 402	— 16,96019 198	7	— 27,70706 240	— 16,69853 851	— 27,72029 692	— 16,70651 471
8	— 10,17119 380	— 17,02956 595	8	— 28,15291 768	— 16,58574 617	— 28,16609 883	— 16,59351 159
9	— 10,44477 512	— 17,09690 821	9	— 28,60209 158	— 16,46732 055	— 28,61521 780	— 16,47487 782
3,70	— 10,72177 154	— 17,16216 407	**4,20**	— 29,05456 035	— 16,34317 184	— 29,06763 013	— 16,35052 359
1	— 11,00219 615	— 17,22527 813	1	— 29,51029 913	— 16,21320 955	— 29,52331 101	— 16,22035 838
2	— 11,28606 166	— 17,28619 433	2	— 29,96928 189	— 16,07734 254	— 29,98223 442	— 16,08429 107
3	— 11,57338 031	— 17,34485 591	3	— 30,43148 140	— 15,93547 903	— 30,44437 321	— 15,94222 984
4	— 11,86416 390	— 17,40120 542	4	— 30,89686 926	— 15,78752 659	— 30,90969 899	— 15,79408 226
5	— 12,15842 377	— 17,45518 471	5	— 31,36541 583	— 15,63339 216	— 31,37818 217	— 15,63975 526
6	— 12,45617 077	— 17,50673 495	6	— 31,83709 025	— 15,47298 205	— 31,84979 193	— 15,47915 512
7	— 12,75741 529	— 17,55579 660	7	— 32,31186 039	— 15,30620 192	— 32,32449 617	— 15,31218 751
8	— 13,06216 719	— 17,60230 942	8	— 32,78969 287	— 15,13295 684	— 32,80226 155	— 15,13875 748
9	— 13,37043 585	— 17,64621 246	9	— 33,27055 298	— 14,95315 126	— 33,28305 341	— 14,95876 946
3,80	— 13,68223 010	— 17,68744 409	**4,30**	— 33,75440 474	— 14,76668 902	— 33,76683 579	— 14,77212 728
1	— 13,99755 815	— 17,72594 195	1	— 34,24121 081	— 14,57347 336	— 34,25357 140	— 14,57873 417
2	— 14,31642 808	— 17,76164 298	2	— 34,73093 252	— 14,37340 694	— 34,74322 158	— 14,37849 277
3	— 14,63884 677	— 17,79448 342	3	— 35,22352 980	— 14,16639 182	— 35,23574 633	— 14,17130 513
4	— 14,96432 085	— 17,82439 868	4	— 35,71896 123	— 13,95232 951	— 35,73110 425	— 13,95707 275
5	— 15,29435 667	— 17,85132 391	5	— 36,21718 396	— 13,73112 094	— 36,22925 251	— 13,73569 652
6	— 15,62745 937	— 17,87519 286	6	— 36,71815 370	— 13,50266 646	— 36,73014 687	— 13,50707 681
7	— 15,96413 389	— 17,89593 903	7	— 37,22182 474	— 13,26686 591	— 37,23374 164	— 13,27111 342
8	— 16,30438 443	— 17,91349 509	8	— 37,72814 987	— 13,02361 857	— 37,73998 966	— 13,02770 563
9	— 16,64821 455	— 17,92779 300	9	— 38,23708 043	— 12,77282 319	— 38,24884 228	— 12,77675 216
3,90	— 16,99562 719	— 17,93876 398	**4,40**	— 38,74856 620	— 12,51437 800	— 38,76024 934	— 12,51815 123
1	— 17,34662 458	— 17,94633 857	1	— 39,26255 548	— 12,29818 072	— 39,27415 915	— 12,30180 055
2	— 17,70120 830	— 17,95044 656	2	— 39,77899 498	— 11,97412 856	— 39,79051 845	— 11,97759 731
3	— 18,05937 923	— 17,95101 702	3	— 40,29782 987	— 11,69211 826	— 40,30927 246	— 11,69543 824
4	— 18,42113 752	— 17,94797 835	4	— 40,81900 372	— 11,40204 606	— 40,83036 475	— 11,40521 956
5	— 18,78648 264	— 17,94125 817	5	— 41,34245 847	— 11,10380 776	— 41,35373 731	— 11,10683 704
6	— 19,15541 329	— 17,93078 342	6	— 41,86813 445	— 10,79729 867	— 41,87933 050	— 10,80018 600
7	— 19,52792 693	— 17,91648 031	7	— 42,39597 033	— 10,48241 368	— 42,40708 301	— 10,48516 129
8	— 19,90402 224	— 17,89827 433	8	— 42,92590 310	— 10,15904 723	— 42,93693 186	— 10,16165 735
9	— 20,28369 414	— 17,87609 027	9	— 43,45786 806	— 9,82709 337	— 43,46881 238	— 9,82956 820

φ	x	φ	x
80⁰	1,39626 34015 95463 66153 89526	**90⁰**	1,57079 63267 94896 61923 13217
81	1,41371 66941 15406 95730 81895	91	1,58824 96193 14839 91500 05586
82	1,43116 99866 35350 75307 74264	92	1,60570 29118 34783 21076 97955
83	1,44862 32791 55293 54884 66633	93	1,62315 62043 54726 50653 90324
84	1,46607 65716 75236 84461 59002	94	1,64060 94968 74669 80230 82693
85	1,48352 98641 95180 14038 51372	95	1,65806 27893 94613 09807 75062
86	1,50098 31567 15123 43615 43741	96	1,67551 60819 14556 39384 67431
87	1,51843 64492 35066 73192 36110	97	1,69296 93744 34499 68961 59800
88	1,53588 97417 55010 02769 28479	98	1,71042 26669 54442 98538 52170
89	1,55334 30342 74953 32346 20848	99	1,72787 59594 74386 28115 44539
		100	1,74532 92519 94329 57692 36908

x	Sin x sin x	Sin x cos x	Cos x sin x	Cos x cos x	x	Sin x sin x	Sin x cos x
4,50	—43,99179 879	— 9,48644 571	—44,00265 817	— 9,48878 744	**5,00**	—71,15525 988	21,04864 488
1	—44,52762 713	— 9,13699 699	—44,53840 110	— 9,13920 879	1	—71,65425 473	21,97783 588
2	—45,06528 316	— 8,77864 156	—45,07597 128	— 8,78072 359	2	—72,14885 339	22,92135 893
3	—45,60469 018	— 8,41127 040	—45,61530 204	— 8,41322 580	3	—72,63886 713	23,87931 294
4	—46,14578 970	— 8,03477 616	—46,15630 491	— 8,03660 704	4	—73,12410 435	24,85179 588
5	—46,68849 139	— 7,64905 063	—46,69891 957	— 7,65075 909	5	—73,60437 056	25,83890 478
6	—47,23272 307	— 7,25398 529	—47,24306 389	— 7,25557 343	6	—74,07946 832	26,84073 569
7	—47,77840 571	— 6,84947 131	—47,78865 885	— 6,85094 119	7	—74,54919 725	27,85738 359
8	—48,32545 838	— 6,43539 958	—48,33562 354	— 6,43675 325	8	—75,01335 402	28,88894 241
9	—48,87379 824	— 6,01166 070	—48,88387 516	— 6,01290 020	9	—75,47173 230	29,93550 497
4,60	—49,42334 052	— 5,57814 503	—49,43332 894	— 5,57927 236	**5,10**	—75,92371 527	31,49716 292
1	—49,97399 848	— 5,13474 267	—49,98389 818	— 5,13575 984	1	—76,37031 310	32,07400 672
2	—50,52568 344	— 4,68134 351	—50,53549 421	— 4,68225 251	2	—76,81008 790	33,16612 559
3	—51,07830 467	— 4,21783 724	—51,08802 634	— 4,21864 002	3	—77,24322 875	34,27360 747
4	—51,63176 946	— 3,74411 335	—51,64140 187	— 3,74481 185	4	—77,66951 414	35,39653 895
5	—52,18598 304	— 3,26006 117	—52,19552 604	— 3,26065 733	5	—78,08871 948	36,53500 528
6	—52,74084 858	— 2,76556 988	—52,75030 206	— 2,76606 559	9	—78,50061 706	37,68909 030
7	—53,29626 716	— 2,26052 851	—53,30563 101	— 2,26092 567	7	—78,90497 607	38,85887 634
8	—53,85213 774	— 1,74482 601	—53,86141 189	— 1,74512 650	8	—79,30156 254	40,04444 427
9	—54,40835 717	— 1,21835 122	—54,41754 155	— 1,21855 688	9	—79,69013 935	41,24587 339
4,70	—54,96482 013	— 0,68099 292	—54,97391 471	— 0,68110 560	**5,20**	—80,07046 620	42,46324 138
1	—55,52141 913	— 0,13263 983	—55,53042 388	— 0,13266 135	1	—80,44229 962	43,69662 430
2	—56,07804 447	+ 0,42681 934	—56,08695 939	+ 0,42688 719	2	—80,80539 293	44,94609 649
3	—56,63458 425	0,99749 590	—56,64340 935	0,99765 134	3	—81,15949 622	46,21173 056
4	—57,19092 431	1,57950 114	—57,19965 963	1,57974 239	4	—81,50435 637	47,49359 730
5	—57,74694 824	2,17294 631	—57,75559 381	2,17327 163	5	—81,83971 699	48,79176 568
6	—58,30253 731	2,77794 259	—58,31109 321	2,77835 025	6	—82,16531 845	50,10630 273
7	—58,85757 052	3,39460 107	—58,86603 683	3,39508 937	7	—82,48089 784	51,43727 357
8	—59,41192 452	4,02303 276	—59,42030 133	4,02359 999	8	—82,78618 895	52,78474 129
9	—59,96547 364	4,66334 849	—59,97376 099	4,66399 298	9	—83,08092 228	54,14876 693
4,80	—60,51808 968	5,31565 896	—60,52628 786	5,31637 905	**5,30**	—83,36482 504	55,52940 942
1	—61,06964 228	5,98007 467	—61,07775 135	5,98086 872	1	—83,63762 329	56,92672 551
2	—61,61999 851	6,65670 590	—61,62801 863	6,65757 230	2	—83,89903 095	58,34076 977
3	—62,16902 301	7,34566 272	—62,17695 436	7,34659 986	3	—84,14877 182	59,77159 443
4	—62,71657 799	8,04705 491	—62,72442 075	8,04806 120	4	—84,38655 753	61,21924 944
5	—63,26252 315	8,76099 195	—63,27027 752	8,76206 583	5	—84,61209 842	62,68378 224
6	—63,80671 568	9,48758 302	—63,81438 188	9,48872 293	6	—84,82510 196	64,16523 820
7	—64,34901 026	10,22693 694	—64,35658 851	10,22814 134	7	—85,02527 147	65,66365 963
8	—64,88925 899	10,97916 213	—64,89674 954	10,98042 952	8	—85,21230 740	67,17908 663
9	—65,42731 142	11,74436 664	—65,43471 452	11,74569 552	9	—85,38590 666	68,71155 658
4,90	—65,96302 121	12,52265 806	—65,97033 712	12,52404 694	**5,40**	—85,54576 275	70,26110 421
1	—66,49621 254	13,31414 350	—66,50344 154	13,31559 092	1	—85,69156 576	71,82776 144
2	—67,02674 724	14,11892 958	—67,03388 963	14,12043 410	2	—85,82300 236	73,41155 764
3	—67,55445 764	14,93712 240	—67,56151 371	14,93868 258	3	—85,93975 579	75,01251 847
4	—68,07918 007	15,76882 746	—68,08615 014	15,77044 190	4	—86,04150 576	76,63066 785
5	—68,60074 819	16,61414 971	—68,60763 257	16,61581 701	5	—86,12792 891	78,26602 593
6	—69,11899 291	17,47319 342	—69,12579 195	17,47491 221	6	—86,19869 790	79,91860 997
7	—69,63374 242	18,34606 224	—69,64045 646	18,34783 115	7	—86,25348 231	81,58843 411
8	—70,14482 214	19,23285 908	—70,15145 152	19,23467 678	8	—86,29194 816	83,27550 929
9	—70,65205 468	20,13368 616	—70,65859 978	20,13555 131	9	—86,31375 840	84,97984 353

φ	x	φ	x
		10′	0,00290 88820 86657 21596 15395
1′	0,00029 08882 08665 72159 61539	11	0,00319 97702 95322 93755 76934
2	0,00058 17764 17331 44319 23079	12	0,00349 06585 03988 65915 38474
3	0,00087 26646 25997 16478 84618	13	0,00378 15467 12654 38075 00013
4	0,00116 35528 34662 88638 46158	14	0,00407 24349 21320 10234 61553
5	0,00145 44410 43328 60798 07697	15	0,00436 33231 29985 82394 23092
6	0,00174 53292 51994 32957 69237	16	0,00465 42113 38651 54553 84632
7	0,00203 62174 60660 05117 30776	17	0,00494 50995 47317 26713 46171
8	0,00232 71056 69325 77276 92316	18	0,00523 59877 55982 98873 07711
9	0,00261 79938 77991 49436 53855	19	0,00552 68759 64648 71023 69250

x	Cos x sin x	Cos x cos x	x	Sin x sin x	Sin x cos x	Cos x sin x	Cos x cos x
5,00	— 71,16172 106	21,05055 618	**5,50**	— 86,31857 109	86,70144 012	— 86,32145 447	86,70433 629
1	— 71,66063 238	21,97979 204	1	— 86,30604 298	88,44030 106	— 86,30886 885	88,44319 682
2	— 72,15514 789	22,92335 867	2	— 86,27582 594	90,19642 349	— 86,27859 489	90,19931 827
3	— 72,64507 889	23,88135 499	3.	— 86,22756 876	91,96980 133	— 86,23028 136	91,97269 458
4	— 73,13023 379	24,85387 901	4	— 86,16091 674	93,76042 492	— 86,16357 358	93,76331 609
5	— 73,61041 808	25,84102 777	5	— 86,07551 178	95,56828 092	— 86,07811 342	95,57116 948
6	— 74,08543 435	26,84289 732	6	— 85,97099 230	97,39335 222	— 85,97353 932	97,39623 765
7	— 74,55508 222	27,85958 267	7	— 85,84699 328	99,23561 790	— 85,84948 627	99,23849 970
8	— 75,01915 837	28,89117 777	8	— 85,70314 627	101,09505 315	— 85,70558 580	101,09793 081
9	— 75,47745 647	29,93777 544	9	— 85,53588 444	102,96778 310	— 85,53827 109	102,97065 614
5,10	— 75,92935 973	31,49946 736	**5,60**	— 85,35441 733	104,86531 316	— 85,35675 167	104,86818 109
1	— 76,37587 830	32,07634 399	1	— 85,14878 135	106,77606 813	— 85,15106 395	106,77893 050
2	— 76,81557 431	33,16849 459	2	— 84,92178 930	108,70385 297	— 84,92402 074	108,70670 932
3	— 77,24863 685	34,27600 709	3	— 84,67305 562	110,64862 225	— 84,67523 647	110,65147 212
4	— 77,67484 440	35,39896 813	4	— 84,40219 137	112,61032 621	— 84,40432 219	112,61316 917
5	— 78,09397 239	36,53746 293	5	— 84,10880 420	114,58891 065	— 84,11088 557	114,59174 629
6	— 78,50579 311	37,69157 538	6	— 83,79249 840	116,58431 689	— 83,79453 088	116,58714 478
7	— 78,91007 576	38,86138 782	7	— 83,45287 489	118,59648 165	— 83,45485 906	118,59930 138
8	— 79,30658 637	40,04698 113	8	— 83,08953 125	120,62533 699	— 83,09146 765	120,62814 816
9	— 79,69508 782	41,24843 461	9	— 82,70206 170	122,67081 021	— 82,70395 091	122,67361 245
5,20	— 80,07533 984	42,46582 598	**5,70**	— 82,29005 715	124,73282 382	— 82,29189 972	124,73561 674
1	— 80,44709 894	43,69923 131	1	— 81,85310 520	126,81129 539	— 81,85490 170	126,81407 863
2	— 80,81011 844	44,94872 495	2	— 81,39079 016	128,90613 752	— 81,39254 114	128,90891 071
3	— 81,16414 846	46,21437 951	3	— 80,90269 307	131,01725 773	— 80,90439 909	131,02002 052
4	— 81,50893 586	47,49626 583	4	— 80,38839 171	133,14455 838	— 80,39005 331	133,14731 044
5	— 81,84422 427	48,79445 285	5	— 79,84746 061	135,28793 660	— 79,84907 835	135,29067 758
6	— 82,16975 405	50,10900 766	6	— 79,27947 112	137,44728 418	— 79,28104 555	137,45001 377
7	— 82,48526 230	51,43999 536	7	— 78,68399 136	139,62248 751	— 78,68552 302	139,62520 540
8	— 82,79048 282	52,78747 908	8	— 78,06058 629	141,81342 749	— 78,06207 572	141,81613 336
9	— 83,08514 612	54,15151 985	9	— 77,40881 774	144,01997 940	— 77,41026 549	144,02267 296
5,30	— 83,36897 938	55,53217 663	**5,80**	— 76,72824 439	146,24201 290	— 76,72965 100	146,24469 385
1	— 83,64170 870	56,92950 618	1	— 76,01842 185	148,47939 182	— 76,01978 785	148,48205 990
2	— 83,90304 797	58,34356 308	2	— 75,27890 265	150,73197 421	— 75,28022 857	150,73462 913
3	— 84,15272 102	59,77439 958	3	— 74,50923 627	152,99961 215	— 74,51052 265	153,00225 365
4	— 84,39043 946	61,22206 564	4	— 73,70896 918	155,28215 168	— 73,71021 655	155,28477 950
5	— 84,61591 391	62,68660 890	5	— 72,87764 490	157,57943 274	— 72,87885 378	157,58204 663
6	— 84,82885 106	64,16807 418	6	— 72,01480 397	159,89128 904	— 72,01597 488	159,89388 876
7	— 85,02895 501	65,66650 436	7	— 71,11998 401	162,21754 801	— 71,12111 748	162,22013 332
8	— 85,21592 594	67,18193 938	8	— 70,19271 980	164,55803 065	— 70,19381 633	164,56060 134
9	— 85,38946 077	68,71441 664	9	— 69,23254 323	166,91255 152	— 69,23360 335	166,91510 735
5,40	— 85,54925 301	70,26397 085	**5,90**	— 68,23898 340	169,28091 854	— 68,24000 762	169,28345 931
1	— 85,69499 274	71,83063 397	1	— 67,21156 666	171,66293 300	— 67,21255 548	171,66545 851
2	— 85,82636 663	73,41443 497	2	— 66,14981 660	174,05838 941	— 66,15077 053	174,06089 945
3	— 85,94305 792	75,01540 073	3	— 65,05325 415	176,46707 538	— 65,05417 368	176,46956 977
4	— 86,04474 633	76,63355 399	4	— 63,92139 756	178,88877 161	— 63,92228 320	178,89125 016
5	— 86,13110 851	78,26891 529	5	— 62,75376 250	181,32325 169	— 62,75461 476	181,32571 422
6	— 86,20181 710	79,92150 192	6	— 61,54986 210	183,77028 209	— 61,55068 145	183,77272 844
7	— 86,25654 168	81,59132 802	7	— 60,30920 694	186,22962 202	— 60,30999 388	186,23205 201
8	— 86,29494 829	83,27840 455	8	— 59,03130 518	188,70102 332	— 59,03206 019	188,70343 681
9	— 86,31669 986	84,98273 953	9	— 57,71566 253	191,18423 041	— 57,71638 610	191,18662 724

φ	x	φ	x
20′	0,00581 77641 73314 43192 30790	**30′**	0,00872 66462 59971 64788 46185
21	0,00610 86523 81980 15351 92329	31	0,00901 75344 68637 36948 07724
22	0,00639 95405 90645 87511 53869	32	0,00930 84226 77303 09107 69264
23	0,00669 04287 99311 59671 15408	33	0,00959 93108 85968 81267 30803
24	0,00698 13170 07977 31830 76948	34	0,00989 01990 94634 53426 92342
25	0,00727 22052 16643 03990 38487	35	0,01018 10873 03300 25586 53882
26	0,00756 30934 25308 76150 00027	36	0,01047 19755 11965 97746 15421
27	0,00785 39816 33974 48309 61566	37	0,01076 28637 20631 69905 76961
28	0,00814 48698 42640 20469 23106	38	0,01105 37519 29297 42065 38500
29	0,00843 57580 51305 92628 84645	39	0,01134 46401 37963 14225 00040

x	Sin x sin x	Sin x cos x	Coſ x sin x	Coſ x cos x
6,00	— 56,36178 236	193,67898 013	— 56,36247 496	193,68136 016
1	— 54,96916 573	196,18500 171	— 54,96982 784	196,18736 479
2	— 53,53731 145	198,70201 660	— 53,53794 354	198,70436 260
3	— 52,06571 611	201,22973 841	— 52,06631 866	201,23206 722
4	— 50,55387 419	203,76787 282	— 50,55444 766	203,77018 430
5	— 49,00127 806	206,31611 743	— 49,00182 291	206,31841 148
6	— 47,40741 809	208,87416 173	— 47,40793 478	208,87643 823
7	— 45,77178 267	211,44168 691	— 45,77227 165	211,44394 576
8	— 44,09385 831	214,01836 585	— 44,09432 004	214,02060 695
9	— 42,37312 968	216,60386 293	— 42,37356 460	216,60608 620
6,10	— 40,60907 969	219,19783 401	— 40,60948 826	219,20003 935
1	— 38,80118 956	221,79992 625	— 38,80157 221	221,80211 358
2	— 36,94892 263	224,40967 940	— 36,94927 980	224,41184 865
3	— 35,05180 568	227,02701 900	— 35,05213 780	227,02917 009
4	— 33,10926 653	229,65126 960	— 33,10957 403	229,65340 247
5	— 31,12079 660	232,28214 135	— 31,12107 991	232,28425 593
6	— 29,08586 970	234,91923 654	— 29,08612 925	234,92133 278
7	— 27,00395 845	237,56214 817	— 27,00419 464	237,56422 603
8	— 24,87453 426	240,21045 985	— 24,87474 752	240,21251 927
9	— 22,69706 748	242,86374 568	— 22,69725 822	242,86578 661
6,20	— 20,47102 747	245,52157 015	— 20,47119 609	245,52359 257
1	— 18,19588 267	248,18348 804	— 18,19602 959	248,18549 190
2	— 15,87110 072	250,84904 437	— 15,87122 632	250,85102 954
3	— 13,49614 850	253,51777 400	— 13,49625 320	253,51974 066
4	— 11,07049 229	256,18920 208	— 11,07057 647	256,19115 012
5	— 8,59359 782	258,86284 343	— 8,59366 187	258,86477 282
6	— 6,06492 994	261,53818 465	— 6,06497 425	261,54009 538
7	— 3,48395 486	264,21477 398	— 3,48397 981	264,21666 605
8	— 0,85013 601	266,89204 124	— 0,85014 198	266,89391 463
9	+ 1,83706 162	269,56947 763	+ 1,83707 426	269,57133 235
6,30	4,57817 351	272,24654 571	4,57820 439	272,24838 176
1	7,37373 507	274,92269 724	7,37378 381	274,92451 462
2	10,50206 800	277,59737 310	10,50213 424	277,59917 183
3	13,13034 773	280,27000 317	13,13043 113	280,27178 325
4	16,09246 828	282,94000 621	16,09256 846	282,94176 767
5	19,11117 712	285,60678 980	19,11129 374	285,60853 265
6	22,18700 761	288,26975 017	22,18714 032	288,27147 444
7	25,32049 232	290,92827 216	25,32064 077	290,92997 787
8	28,51216 294	293,58172 905	28,51232 679	293,58341 623
9	31,76255 014	296,22948 249	31,76262 907	296,23115 118
6,40	35,07218 348	298,87088 241	35,07237 712	298,87253 264
1	38,44159 120	301,50526 685	38,44179 925	301,50689 866
2	41,87130 017	304,13196 192	41,87152 230	304,13357 536
3	45,36183 572	306,75028 168	45,36207 160	306,75187 678
4	48,91372 149	309,35952 800	48,91397 081	309,36110 482
5	52,52747 933	311,95899 049	52,52774 176	311,96054 907
6	56,20362 909	314,54794 640	56,20390 433	314,54948.680
7	59,94268 857	317,12566 048	59,94297 631	317,12718 275
8	63,74517 396	319,69138 832	63,74547 389	319,69289 252
9	67,61159 636	322,24435 917	67,61190 818	322,24584 535

x	Sin x sin x	Sin x cos x
6,50	71,54246 838	324,78380 997
1	75,53829 722	327,30895 114
2	79,59958 788	329,81898 349
3	83,72684 237	332,31309 476
4	87,92055 948	334,79045 947
5	92,18123 459	337,25023 889
6	96,50935 987	339,69158 086
7	100,90542 349	342,11361 974
8	105,36990 946	344,51547 633
9	109,90329 860	346,89625 770
6,60	114,50606 688	349,25505 717
1	119,17868 605	351,59095 418
2	123,92162 327	353,90301 420
3	128,73534 093	356,19028 862
4	133,58204 172	358,45181 470
5	138,57694 217	360,68661 543
6	143,60572 512	362,89369 947
7	148,70708 627	365,07206 107
8	153,88146 148	367,22068 003
9	159,12928 104	369,33852 120
6,70	164,45097 275	371,42453 532
1	169,84693 904	373,47765 782
2	175,31760 552	375,49680 961
3	180,86337 100	377,48089 654
4	186,48463 227	379,42880 944
5	192,18177 889	381,33942 404
6	197,95519 297	383,21160 090
7	203,80524 891	385,04418 535
8	209,73231 321	386,83600 735
9	215,73674 422	388,58588 149
6,80	221,81889 188	390,29260 688
1	227,97909 751	391,95496 708
2	234,21769 357	393,57173 005
3	240,53500 338	395,14164 810
4	246,93134 091	396,66345 762
5	253,40701 048	398,13587 949
6	259,96230 656	399,55761 851
7	266,59751 348	400,92736 363
8	273,31290 496	402,24378 750
9	280,10874 485	403,50554 792
6,90	286,98528 488	404,71128 483
1	293,94276 638	405,85962 322
2	300,98141 898	406,94917 159
3	308,10146 058	407,97852 221
4	315,30309 700	408,94625 105
5	322,58652 179	409,85091 779
6	329,95191 583	410,69106 574
7	337,39944 713	411,46522 182
8	344,92927 049	412,17189 652
9	352,54152 723	412,80958 388

φ	x	φ	x
40′	0,01163 55283 46628 86384 61579	**50′**	0,01454 44104 33286 07980 76974
41	0,01192 64165 55294 58544 23119	51	0,01483 52986 41951 80140 38514
42	0,01221 73047 63960 30703 84658	52	0,01512 61868 50617 52300 00053
43	0,01250 81929 72626 02863 46198	53	0,01541 70750 59283 24459 61593
44	0,01279 90811 81291 75023 07737	54	0,01570 79632 67948 96619 23132
45	0,01308 99693 89957 47182 69277	55	0,01599 88514 76614 68778 84672
46	0,01338 08575 98623 19342 30816	56	0,01628 97396 85280 40938 46211
47	0,01367 17458 07288 91501 92356	57	0,01658 06278 93946 13098 07751
48	0,01396 26340 15954 63661 53895	58	0,01687 15161 02611 85257 69290
49	0,01425 35222 24620 35821 15435	59	0,01716 24043 11277 57417 30830
		60	0,01745 32925 19943 29576 92369

x	Coſ x sin x	Coſ x cos x	x	Sin x sin x	Sin x cos x	Coſ x sin x	Coſ x cos x
6,50	71,54279 180	324,78527 821	**7,00**	360,23634 485	413,37676 143	360,23694 395	413,37744 890
1	75,33863 194	327,31040 150	1	368,01383 676	413,87189 021	368,01443 667	413,87256 488
2	79,59993 362	329,82041 603	2	375,87410 196	414,26841 473	375,87470 255	414,26907 671
3	83,72719 883	332,31450 955	3	383,81722 471	414,63976 293	383,81782 585	414,64041 234
4	87,92092 638	334,79185 659	4	391,84327 426	414,90934 616	391,84387 581	414,90998 313
5	92,18161 180	337,25161 840	5	399,95230 453	415,10056 927	399,95290 637	415,10117 391
6	96,50974 682	339,69294 284	6	408,14435 368	415,21178 040	408,14495 569	415,21239 284
7	100,90581 975	342,11496 428	7	416,41944 395	415,24137 115	416,42004 601	415,24197 150
8	105,37031 537	344,51680 349	8	424,77758 123	415,18767 651	424,77818 321	415,18826 490
9	109,90371 359	346,89756 757	9	433,21275 521	415,04902 485	433,21335 699	415,04960 139
6,60	114,50649 069	349,25634 984	**7,10**	441,74293 674	414,82372 793	441,74353 822	414,82429 275
1	119,17911 842	351,59222 973	1	450,35008 212	414,51008 092	450,35068 317	414,51063 414
2	123,92206 394	353,90427 271	2	459,04012 812	414,10636 240	459,04072 864	414,10690 413
3	128,73578 966	356,19153 018	3	467,81299 398	413,61083 434	467,81359 386	413,61136 473
4	133,58249 825	358,45303 940	4	476,66858 055	413,02174 220	476,66917 968	413,02226 133
5	138,57740 626	360,68782 336	5	485,60676 998	412,33731 483	485,60736 826	412,33782 284
6	143,60619 623	362,89489 074	6	494,62742 536	411,55576 462	494,62802 268	411,55626 163
7	148,70756 476	365,07323 576	7	503,73039 034	410,67528 744	503,73098 661	410,67577 356
8	143,88194 681	367,22183 823	8	512,91548 879	409,69406 268	512,91608 392	409,69453 804
9	159,12977 299	369,33966 301	9	522,18252 445	408,61025 335	522,18311 833	408,61071 806
6,70	164,45146 108	371,42566 084	**7,20**	531,53128 050	407,42200 603	531,53187 305	407,42246 021
1	169,84744 354	373,47876 713	1	540,96151 928	406,12745 098	540,96211 040	406,12789 475
2	175,31811 596	375,49790 286	2	550,47298 184	404,72470 215	550,47357 143	404,72513 563
3	180,86388 715	377,48197 381	3	560,06538 758	403,21185 725	560,06597 557	403,21228 057
4	186,48515 393	379,42987 082	4	569,73843 392	401,58699 782	569,73902 022	401,58741 108
5	192,18230 584	381,34046 964	5	579,49179 583	399,84818 960	579,49238 037	399,84859 222
6	197,95572 500	383,21263 083	6	589,32511 054	397,99348 086	589,32569 322	397,99387 467
7	203,80578 582	385,04519 971	7	599,23805 206	396,02090 601	599,23863 280	396,02128 981
8	209,73285 479	386,83700 625	8	609,23018 083	393,92848 211	609,23075 957	393,92885 633
9	215,73729 027	388,58686 505	9	619,30109 335	391,71421 075	619,30167 001	391,71457 549
6,80	221,81944 221	390,29357 520	**7,30**	629,45034 671	389,37607 775	629,45092 122	389,37643 313
1	227,97965 193	391,95592 026	1	639,67747 327	386,91205 326	639,67804 555	386,91239 941
2	234,21825 188	393,57266 821	2	649,98198 017	384,32009 188	649,98255 015	384,32042 890
3	240,53556 540	395,14257 135	3	667,99025 785	381,59813 271	667,99082 546	381,59846 071
4	246,93190 644	396,66436 608	4	670,82103 531	378,74409 947	670,82160 050	378,74441 858
5	253,40757 935	398,13677 326	5	681,35446 827	375,75590 066	681,35503 052	375,75621 098
6	259,96287 860	399,55849 771	6	691,96305 020	372,63142 959	691,96361 034	372,63173 123
7	266,59808 850	400,92822 838	7	702,64615 617	369,36856 456	702,64671 370	369,36885 764
8	273,31348 279	402,24463 791	8	713,40313 357	365,96516 895	713,40368 843	365,96545 358
9	280,10932 532	403,50638 410	9	724,23330 169	362,41909 138	724,23385 381	362,41936 767
6,90	286,98586 782	404,71210 691	**7,40**	735,13595 126	358,72816 583	735,13650 060	358,72843 390
1	293,94335 163	405,86043 131	1	746,11034 407	354,89021 180	746,11089 057	354,89047 173
2	300,98200 638	406,94996 580	2	757,15571 249	350,90303 439	757,15625 609	350,90328 632
3	308,10204 997	407,97930 266	3	768,27125 904	346,76442 456	768,27179 970	346,76466 860
4	315,30368 823	408,94701 786	4	779,45615 596	342,47215 922	779,45669 363	342,47239 546
5	322,58711 469	409,85167 108	5	790,70953 976	338,02400 140	790,71007 440	338,02422 996
6	329,95251 026	410,69180 563	6	802,03053 578	333,41770 044	802,03106 733	333,41792 142
7	337,40004 294	411,46594 843	7	813,41720 770	328,65099 215	813,41873 613	328,65120 566
8	344,92986 754	412,17260 996	8	824,87160 716	323,72159 903	824,87213 241	323,72180 516
9	352,54212 537	412,81028 427	9	836,38974 822	318,62723 039	836,39027 027	318,62742 927

φ	x	φ	x
		10″	0,00004 84813 68110 95359 93590
1″	0,00000 48481 36811 09535 99359	11	0,00005 33295 04922 04895 92949
2	0,00000 96962 73622 19071 98718	12	0,00005 81776 41733 14431 92308
3	0,00001 45444 10433 28607 98077	13	0,00006 30257 78544 23967 91667
4	0,00001 93925 47244 38143 97436	14	0,00006 78739 15355 33503 91026
5	0,00002 42406 84055 47679 96795	15	0,00007 27220 52166 43039 90385
6	0,00002 90888 20866 57215 96154	16	0,00007 75701 88977 52575 89744
7	0,00003 39369 57677 66751 95513	17	0,00008 24183 25788 62111 89103
8	0,00003 87850 94488 76287 94872	18	0,00008 72664 62599 71647 88462
9	0,00004 36332 31299 85823 94231	19	0,00009 21145 99410 81183 87821

x	Sin x sin x	Sin x cos x	Cos x sin x	Cos x cos x	x	Sin x sin x
7,50	847,97161 199	313,36558 264	847,97213 078	313,36577 436	**8,00**	1474,61751 771
1	859,61514 608	307,93433 941	859,61666 158	307,93452 408	1	1487,17279 625
2	871,32226 421	302,33116 683	871,32277 639	302,33134 455	2	1499,68128 433
3	883,08884 571	296,55373 869	883,08935 452	296,55390 956	3	1512,13950 989
4	894,91473 504	290,59968 669	894,91524 046	290,59985 081	4	1524,54394 087
5	906,79874 137	284,46665 067	906,79924 336	284,46680 814	5	1536,89098 473
6	918,73973 402	278,15225 385	918,74023 255	278,15240 478	6	1549,17698 795
7	930,73616 211	271,65410 808	930,73665 714	271,65425 256	7	1561,39823 553
8	942,78701 394	264,96981 407	942,78750 545	264,96995 221	8	1573,55095 049
9	954,89085 661	258,09696 168	954,89134 458	258,09709 357	9	1585,63129 344
7,60	967,04631 552	251,03313 015	967,04679 992	251,03325 590	**8,10**	1597,63536 199
1	979,25197 786	243,77588 844	979,25245 866	243,77600 813	1	1609,05919 036
2	991,50639 214	236,32279 541	991,50686 931	236,32290 915	2	1621,39874 887
3	1003,80806 769	228,67140 023	1003,80854 122	228,67150 810	3	1633,14994 343
4	1016,15547 420	220,81924 257	1016,15594 406	220,81934 468	4	1644,80861 512
5	1028,54704 119	212,76385 299	1028,54750 737	212,76394 943	5	1656,37053 969
6	1040,98115 755	204,50275 320	1040,98171 001	204,50284 406	6	1667,83142 559
7	1053,45617 100	196,03345 641	1053,45662 974	196,03354 177	7	1679,18692 101
8	1065,97038 764	187,35346 763	1065,97084 265	187,35354 760	8	1690,43259 845
9	1078,52207 145	178,46028 406	1078,52252 269	178,46035 873	9	1701,56396 923
7,70	1091,10944 373	169,35139 539	1091,10989 120	169,35146 485	**8,20**	1712,57647 554
1	1103,73068 267	160,02428 418	1103,73112 635	160,02434 851	1	1723,46549 154
2	1116,38392 279	150,47642 621	1116,38436 268	150,47648 550	2	1734,22632 286
3	1129,06725 450	140,70529 087	1129,06769 057	140,70534 521	3	1744,85420 621
4	1141,77872 351	130,70834 152	1141,77915 575	130,70839 100	4	1755,34430 892
5	1154,51633 039	120,48303 590	1154,51675 880	120,48308 061	5	1765,69172 852
6	1167,27803 004	110,02682 653	1167,27845 461	110,02686 655	6	1775,89149 235
7	1180,06173 117	99,33716 110	1180,06215 189	99,33719 652	7	1785,93855 712
8	1192,86529 580	88,41148 291	1192,86571 267	88,41151 381	8	1795,82780 847
9	1205,68653 877	77,24723 129	1205,68695 177	77,24725 775	9	1805,55406 066
7,80	1218,52322 717	65,84184 201	1218,52363 631	65,84186 412	**8,30**	1815,11205 607
1	1231,37307 987	54,19274 779	1231,37348 514	54,19276 562	1	1824,49646 487
2	1244,23376 703	42,29737 869	1244,23416 842	42,29739 233	2	1833,70188 466
3	1257,10290 951	30,15316 262	1257,10330 702	30,15317 215	3	1842,72284 001
4	1269,97807 844	17,75752 578	1269,97847 207	17,75753 128	4	1851,55378 218
5	1282,85679 465	+ 5,10789 319	1282,85718 440	+ 5,10789 474	5	1860,18908 872
6	1295,73652 815	− 7,79831 085	1295,73691 402	− 7,79831 318	6	1868,62306 308
7	1308,61469 768	− 20,96366 225	1308,61507 966	− 20,96366 837	7	1876,84993 437
8	1321,48867 011	− 34,39073 660	1321,48904 821	− 34,39074 644	8	1884,86385 689
9	1334,35575 998	− 48,08210 864	1334,35613 421	− 48,08212 213	9	1892,65890 992
7,90	1347,21322 899	− 62,04035 175	1347,21359 934	− 62,04036 880	**8,40**	1900,27909 232
1	1360,05828 542	− 76,26803 737	1360,05865 190	− 76,26805 792	1	1907,56834 722
2	1372,88808 372	− 90,76773 447	1372,88844 633	− 90,76775 844	2	1914,67051 180
3	1385,69972 388	− 105,54200 895	1385,70008 263	− 105,54203 627	3	1921,52936 692
4	1398,49025 102	− 120,59342 310	1398,49060 591	− 120,59345 370	4	1928,13861 182
5	1411,25665 481	− 135,92453 496	1411,25700 584	− 135,92456 877	5	1934,49186 893
6	1423,99586 897	− 151,53789 778	1423,99621 617	− 151,53793 473	6	1940,58268 351
7	1436,70477 081	− 167,43605 933	1436,70511 416	− 167,43609 935	7	1946,40452 348
8	1449,38018 064	− 183,62156 135	1449,38052 016	− 183,62160 437	8	1951,95077 911
9	1462,01886 131	− 200,09693 886	1462,01919 701	− 200,09698 481	9	1957,21476 284

φ	x	φ	x
20″	0,00009 69627 36221 90719 87180	**30″**	0,00014 54441 04332 86079 80770
21	0,00010 18108 73033 00255 86539	31	0,00015 02922 41143 95615 80129
22	0,00010 66590 09844 09791 85898	32	0,00015 51403 77955 05151 79488
23	0,00011 15071 46655 19327 85257	33	0,00015 99885 14766 14687 78847
24	0,00011 63552 83466 28863 84616	34	0,00016 48366 51577 24223 78206
25	0,00012 12034 20277 38399 83975	35	0,00016 96847 88388 33759 77565
26	0,00012 60515 57088 47935 83334	36	0,00017 45329 25199 43295 76924
27	0,00013 08996 93899 57471 82693	37	0,00017 93810 62010 52831 76283
28	0,00013 57478 30710 67007 82052	38	0,00018 42291 98821 62367 75642
29	0,00014 05959 67521 76543 81411	39	0,00018 90773 35632 71903 75001

x	Sin x cos x	Cos x sin x	Cos x cos x	x	Sin x sin x	Sin x cos x
8,00	− 216,86471 954	1474,61784 961	− 216,86476 835	**8,50**	1962,18970 902	− 1479,37460 916
1	− 233,92742 307	1487,17312 434	− 233,92747 468	1	1966,86877 371	− 1513,98663 101
2	− 251,28756 044	1499,68160 863	− 251,28761 478	2	1971,24503 449	− 1548,99202 161
3	− 268,94763 331	1512,13983 041	− 268,94769 031	3	1975,31149 027	− 1584,39165 608
4	− 286,91013 323	1524,54425 762	− 286,91019 284	4	1979,06106 112	− 1620,18634 759
5	− 305,17754 106	1536,89129 772	− 305,17760 321	5	1982,48658 807	− 1656,37648 595
6	− 323,75232 612	1549,17729 720	− 323,75239 075	6	1985,58083 301	− 1692,96383 614
7	− 342,63694 557	1561,39854 104	− 342,63701 261	7	1988,33647 856	− 1729,94793 688
8	− 361,83384 358	1573,55125 229	− 362,83391 298	8	1990,74612 786	− 1767,32969 917
9	− 381,34545 064	1585,63159 153	− 381,34552 233	9	1992,80230 455	− 1805,10960 483
8,10	− 401,17418 274	1597,63565 639	− 401,17425 666	**8,60**	1994,49745 267	− 1843,28806 496
1	− 421,32244 064	1609,05948 108	− 421,32251 674	1	1995,82393 649	− 1881,86541 846
2	− 441,79260 903	1621,39903 593	− 441,79268 724	2	1996,77404 055	− 1920,84193 051
3	− 462,58705 575	1633,15022 685	− 426,58713 603	3	1997,34496 955	− 1960,21779 098
4	− 483,70813 098	1644,80889 491	− 483,70821 326	4	1997,51384 830	− 1999,99311 294
5	− 505,15816 637	1656,37081 587	− 505,15825 060	5	1997,28772 175	− 2040,16793 103
6	− 526,93947 424	1667,83169 817	− 526,93956 036	6	1996,65355 493	− 2080,74219 989
7	− 549,05434 670	1679,18719 001	− 549,05443 466	7	1995,60323 300	− 2121,71579 254
8	− 571,50505 476	1690,43286 389	− 571,50514 450	8	1994,12856 121	− 2163,08849 879
9	− 594,29384 749	1701,56423 113	− 594,29393 897	9	1992,22126 506	− 2204,86002 357
8,20	− 617,42295 109	1712,57673 392	− 617,42304 424	**8,70**	1989,87299 024	− 2247,02998 528
1	− 640,89456 808	1723,46574 641	− 640,89466 285	1	1987,07530 277	− 2289,59791 411
2	− 664,71087 588	1734,22657 425	− 664,71097 223	2	1983,81968 907	− 2332,56325 040
3	− 688,87402 687	1744,85445 413	− 688,87412 475	3	1980,09755 607	− 2375,92534 286
4	− 694,43844 496	1755,34455 338	− 694,43854 432	4	1975,90023 139	− 2419,68344 694
5	− 738,24933 259	1765,69196 956	− 738,24943 337	5	1971,21896 340	− 2463,83672 302
6	− 763,46565 465	1775,89172 998	− 763,46575 681	6	1966,04492 147	− 2508,38423 471
7	− 789,03715 251	1785,93879 136	− 789,03725 600	7	1960,36919 612	− 2553,32494 703
8	− 814,96583 549	1795,82803 935	− 814,96594 027	8	1954,18279 922	− 2598,65772 470
9	− 841,25368 137	1805,55428 819	− 841,25378 738	9	1947,47666 434	− 2644,38133 028
8,30	− 867,90263 530	1815,11228 027	− 867,90274 251	**8,80**	1940,24164 647	− 2690,49442 241
1	− 894,91460 881	1824,49668 578	− 894,91471 716	1	1932,46852 333	− 2736,99555 391
2	− 922,29147 865	1833,70210 228	− 922,29158 810	2	1924,14799 461	− 2783,88317 001
3	− 950,03508 584	1842,72305 437	− 950,03519 636	3	1915,27068 282	− 2831,15560 644
4	− 978,14723 448	1851,55399 331	− 978,14734 601	4	1905,82713 350	− 2878,81108 759
5	− 1006,62969 064	1860,18929 663	− 1006,62980 319	5	1895,80781 559	− 2926,84772 459
6	− 1035,48418 134	1868,62326 780	− 1035,48429 478	6	1885,20312 178	− 2975,26351 341
7	− 1064,71239 322	1876,85013 591	− 1064,71250 756	7	1874,00336 897	− 3024,05633 295
8	− 1094,31597 158	1884,86405 529	− 1094,31608 677	8	1862,19879 862	− 3073,22394 311
9	− 1124,29651 911	1892,65910 519	− 1124,29663 510	9	1849,77957 725	− 3122,76398 279
8,40	− 1154,65559 470	1900,27928 446	− 1154,65571 148	**8,90**	1836,73579 689	− 3172,67396 799
1	− 1185,39471 231	1907,56853 631	− 1185,39482 982	1	1823,05747 559	− 3222,95128 979
2	− 1216,51533 967	1914,67069 784	− 1216,51545 788	2	1808,73455 794	− 3273,59321 235
3	− 1248,01889 712	1921,52954 993	− 1248,01901 598	3	1793,75691 559	− 3324,59687 093
4	− 1279,90675 632	1928,13879 183	− 1279,90687 580	4	1778,11434 786	− 3375,95926 981
5	− 1312,18023 901	1934,49204 595	− 1312,18035 908	5	1761,79658 233	− 3427,67728 033
6	− 1344,84061 573	1940,58285 757	− 1344,84073 636	6	1744,79327 545	− 3479,74763 875
7	− 1377,88910 454	1946,40469 460	− 1377,88922 569	7	1727,09401 320	− 3532,16694 424
8	− 1411,32686 970	1951,95094 733	− 1411,32699 133	8	1708,68831 179	− 3584,93165 677
9	− 1445,15502 035	1957,21492 817	− 1445,15514 242	9	1689,56561 832	− 3638,03809 502

φ	x	φ	x
40″	0,00019 39254 72443 81439 74360	**50″**	0,00024 24068 40554 76799 67950
41	0,00019 87736 09254 90975 73719	51	0,00024 72549 77365 86335 67309
42	0,00020 36217 46066 00511 73078	52	0,00025 21031 14176 95871 66668
43	0,00020 84698 82877 10047 72437	53	0,00025 69512 51988 05407 66027
44	0,00021 33180 19688 19583 71796	54	0,00026 17993 87799 14943 65386
45	0,00021 81661 56499 29119 71155	55	0,00026 66475 24610 24479 64745
46	0,00022 30142 93310 38655 70514	56	0,00027 14956 61421 34015 64104
47	0,00022 78624 30121 48191 69873	57	0,00027 63437 98232 43551 63463
48	0,00023 27105 66932 57727 69232	58	0,00028 11919 35043 53087 62822
49	0,00023 75587 03743 67236 68591	59	0,00028 60400 71854 62623 62181

x	Cos x sin x	Cos x cos x	x	Sin x sin x	Sin x cos x	Cos x sin x
8,50	1962,18987 148	— 1479,37473 165	**9,00**	1669,71531 158	— 3691,48243 428	1669,71536 244
1	1966,86893 334	— 1513,98675 389	1	1649,12670 276	— 3745,26070 431	1649,12675 200
2	1971,24519 131	— 1548,99214 483	2	1627,78903 629	— 3799,36878 720	1627,78908 393
3	1975,31164 430	— 1584,39177 962	3	1605,69149 061	— 3853,80241 525	1605,69153 667
4	1979,06121 238	— 1620,18647 143	4	1582,82317 907	— 3908,55716 875	1582,82322 358
5	1982,48673 660	— 1656,37697 005	5	1559,17315 080	— 3963,62847 389	1559,17319 377
6	1985,58097 882	— 1692,96396 046	6	1534,73039 162	— 4019,01160 042	1534,73043 308
7	1988,33662 168	— 1729,94806 140	7	1509,48382 671	— 4074,70166 435	1509,48386 668
8	1990,74626 832	— 1767,32982 387	8	1483,42231 295	— 4130,69360 209	1483,42235 145
9	1992,80244 237	— 1805,10972 967	9	1456,53465 724	— 4186,98221 522	1456,53469 429
8,60	1994,49758 787	— 1843,28818 992	**9,10**	1428,80960 020	— 4243,56212 133	1428,80963 584
1	1995,82406 910	— 1881,86554 351	1	1400,23582 596	— 4300,42777 523	1400,23586 019
2	1996,77417 060	— 1920,84205 561	2	1370,80196 148	— 4357,57346 196	1370 80199 433
3	1997,34009 706	— 1960,21791 613	3	1340,49657 771	— 4414,99329 457	1340,49660 920
4	1997,51397 330	— 1999,99323 810	4	1309,30819 080	— 4472,68121 178	1309,30822 094
5	1997,28784 426	— 2040,16805 617	5	1277,22526 326	— 4530,63097 572	1277,22529 208
6	1996,65367 498	— 2080,74232 499	6	1244,23620 524	— 4588,83616 963	1244,23623 277
7	1995,60335 060	— 2121,71591 758	7	1210,32937 583	— 4647,29019 548	1210,32940 207
8	1994,12867 640	— 2163,08862 375	8	1175,49308 432	— 4705,98627 172	1175,49310 930
9	1992,22137 787	— 2204,86014 842	9	1139,71559 162	— 4764,91743 090	1139,71561 536
8,70	1989,87310 068	— 2247,03010 999	**9,20**	1102,98511 161	— 4824,07615 732	1102,98513 413
1	1987,07541 087	— 2289,59803 867	1	1065,28981 260	— 4883,45618 468	1065,28983 392
2	1983,81979 485	— 2332,56337 478	2	1026,61781 879	— 4943,04889 373	1026,61783 893
3	1980,09765 957	— 2375,92546 705	3	986,95721 176	— 5002,84690 988	986,95723 073
4	1975,90033 262	— 2419,68357 092	4	946,29603 203	— 5062,84230 079	946,29604 987
5	1971,21906 239	— 2463,83684 676	5	904,62228 067	— 5123,02693 404	904,62229 739
6	1966,04501 825	— 2508,38435 818	6	861,92392 089	— 5183,39247 467	861,92393 650
7	1960,36929 071	— 2553,32507 023	7	818,18887 973	— 5243,93038 281	818,18889 425
8	1954,18289 165	— 2598,65784 760	8	773,40504 974	— 5304,63191 124	773,40506 320
9	1947,47675 452	— 2644,38145 288	9	727,56029 077	— 5365,48810 301	727,56030 318
8,80	1940,24173 464	— 2690,49454 467	**9,30**	680,64243 174	— 5426,48978 896	680,64244 312
1	1932,46860 940	— 2736,99567 582	1	632,63927 247	— 5487,62758 530	632,63928 283
2	1924,14807 862	— 2783,88329 155	2	583,53858 555	— 5548,89189 121	583,53859 492
3	1915,27076 478	— 2831,15572 760	3	533,32811 829	— 5610,27288 634	533,32812 668
4	1905,82721 344	— 2878,81120 835	4	481,99559 465	— 5671,76052 940	481,99560 209
5	1895,80789 353	— 2926,84784 493	5	429,52871 729	— 5733,34455 067	429,52872 379
6	1885,20319 776	— 2975,26363 332	6	375,91516 967	— 5795,01445 958	375,91517 504
7	1874,00344 300	— 3024,05645 242	7	321,14261 769	— 5856,75953 220	321,14262 235
8	1862,19887 073	— 3073,22406 211	8	265,19871 281	— 5918,56881 382	265,19871 659
9	1849,77964 746	— 3122,76410 131	9	208,07109 327	— 5980,43111 546	208,07109 617
8,90	1836,73586 522	— 3172,67408 602	**9,40**	149,74738 679	— 6042,33501 139	149,74738 884
1	1823,05754 208	— 3222,95140 732	1	90,21521 280	— 6104,26883 665	90,21521 401
2	1808,73462 259	— 3273,59332 936	2	+ 29,46218 472	— 6166,22068 460	+ 29,46218 511
3	1793,75697 844	— 3324,59698 741	3	— 32,52408 760	— 6228,17840 444	— 32,52408 802
4	1778,11440 893	— 3375,95938 576	4	— 95,75599 552	— 6290,12959 870	— 95,75599 673
5	1761,79664 164	— 3427,67739 572	5	— 160,24592 905	— 6352,06162 080	— 160,24593 104
6	1744,79333 303	— 3479,74775 357	6	— 226,00627 439	— 6413,96157 253	— 226,00627 713
7	1727,09406 906	— 3532,16705 849	7	— 293,04941 131	— 6475,81630 163	— 293,04941 479
8	1708,68836 596	— 3584,93177 042	8	— 361,38771 052	— 6537,61239 926	— 361,38771 473
9	1689,56567 082	— 3638,03820 808	9	— 431,03353 102	— 6599,33619 755	— 431,03353 595

φ	x	φ	x
60″	0,00029 08882 08665 72159 61539	**70″**	0,00033 93695 76776 67519 55129
61	0,00029 57363 45476 81695 60898	71	0,00034 42177 13587 77055 54488
62	0,00030 05844 82287 91231 60257	72	0,00034 90658 50398 86591 53847
63	0,00030 54326 19099 00767 59616	73	0,00035 39139 87209 96127 53206
64	0,00031 02807 55910 10303 58975	74	0,00035 87621 24021 05663 52565
65	0,00031 51288 92721 19839 58334	75	0,00036 36102 60832 15199 51924
66	0,00031 99770 29532 29375 57693	76	0,00036 84583 97643 24735 51283
67	0,00032 48251 66343 38911 57052	77	0,00037 33065 34454 34271 50642
68	0,00032 96733 03154 48447 56411	78	0,00037 81546 71265 43807 50001
69	0,00033 45214 39965 57983 55770	79	0,00038 30028 08076 53343 49360

x	Coſ x cos x	x	Sin x sin x	Sin x cos x	Coſ x sin x	Coſ x cos x
9,00	— 3691,48254 672	**9,50**	— 501,99921 623	— 6660,97376 714	— 501,99922 185	— 6660,97384 178
1	— 3745,26081 613	1	— 574,29709 676	— 6722,51091 469	— 574,29710 307	— 6722,51098 852
2	— 3799,36889 839	2	— 647,93947 646	— 6783,93318 616	— 647,93948 344	— 6783,93325 920
3	— 3853,80252 580	3	— 722,93864 065	— 6845,22583 560	— 722,93864 828	— 6845,22590 784
4	— 3908,55727 865	4	— 799,30684 620	— 6906,37388 026	— 799,30685 447	— 6906,37395 170
5	— 3963,62858 311	5	— 877,05632 670	— 6967,36204 052	— 877,05633 559	— 6967,36211 117
6	— 4019,01170 900	6	— 956,19927 529	— 7028,17476 630	— 956,19928 479	— 7028,17483 615
7	— 4074,70177 225	7	— 1036,74785 565	— 7088,79623 624	— 1036,74786 575	— 7088,79630 530
8	— 4130,69370 931	8	— 1118,71419 182	— 7149,21031 807	— 1118,71420 250	— 7149,21038 634
9	— 4186,98232 175	9	— 1202,11036 134	— 7209,40064 068	— 1202,11037 259	— 7209,40070 816
9,10	— 4243,56222 716	**9,60**	— 1286,94841 699	— 7269,35051 719	— 1286,94842 880	— 7269,35058 388
1	— 4300,42788 035	1	— 1373,24033 347	— 7329,04297 978	— 1373,24034 582	— 7329,04304 569
2	— 4357,57356 637	2	— 1460,99805 398	— 7388,46076 988	— 1460,99806 686	— 7388,46083 500
3	— 4414,99339 826	3	— 1550,23346 179	— 7447,58633 573	— 1550,23347 518	— 7447,58640 007
4	— 4472,68131 474	4	— 1640,95838 171	— 7506,40183 006	— 1640,95839 560	— 7506,40189 363
5	— 4530,63107 796	5	— 1733,18457 653	— 7564,88910 768	— 1733,18459 092	— 7564,88917 048
6	— 4588,83627 112	6	— 1826,92374 342	— 7623,02972 318	— 1826,92375 828	— 7623,02978 521
7	— 4647,29029 623	7	— 1922,18751 017	— 7680,80492 851	— 1922,18752 550	— 7680,80498 977
8	— 4705,98637 173	8	— 2018,98743 151	— 7738,19567 074	— 2018,98744 730	— 7738,19573 123
9	— 4764,91753 015	9	— 2117,33498 396	— 7795,18258 485	— 2117,33500 019	— 7795,18264 459
9,20	— 4824,07661 581	**9,70**	— 2217,24156 850	— 7851,74601 564	— 2217,24158 516	— 7851,74607 461
1	— 4883,45628 242	1	— 2318,71849 356	— 7907,86596 711	— 2318,71851 063	— 7907,86602 533
2	— 4943,04899 070	2	— 2421,77698 409	— 7963,52214 852	— 2421,77700 156	— 7963,52220 598
3	— 5002,84700 608	3	— 2526,42817 099	— 8018,69394 797	— 2526,42818 886	— 8018,69400 470
4	— 5062,84239 621	4	— 2632,68308 826	— 8073,36043 507	— 2632,68310 652	— 8073,36049 105
5	— 5123,02702 868	5	— 2740,55266 887	— 8127,50035 863	— 2740,55268 749	— 8127,50041 387
6	— 5183,39256 853	6	— 2850,04774 041	— 8181,09214 456	— 2850,04775 940	— 8181,09219 907
7	— 5243,93047 589	7	— 2961,17901 653	— 8234,11389 368	— 2961,17903 586	— 8234,11394 744
8	— 5304,63200 354	8	— 3073,95711 431	— 8286,54337 903	— 3073,95713 398	— 8286,54343 207
9	— 5365,48819 452	9	— 3188,39250 615	— 8338,35804 634	— 3188,39252 616	— 8338,35809 865
9,30	— 5426,48987 967	**9,80**	— 3304,49555 899	— 8389,53500 685	— 3304,49557 931	— 8389,53505 844
1	— 5487,62767 522	1	— 3422,27650 782	— 8440,05104 027	— 3422,27652 845	— 8440,05109 115
2	— 5548,89198 033	2	— 3541,74545 552	— 8489,88259 039	— 3541,74547 645	— 8489,88264 055
3	— 5610,27297 467	3	— 3662,91236 784	— 8539,00576 285	— 3662,91238 905	— 8539,00581 231
4	— 5671,76061 692	4	— 3785,78706 915	— 8587,39632 451	— 3785,78709 065	— 8587,39637 326
5	— 5733,34463 739	5	— 3910,37923 713	— 8635,02970 012	— 3910,37925 889	— 8635,02974 817
6	— 5795,01454 549	6	— 4036,69839 802	— 8681,88097 109	— 4036,69842 004	— 8681,88101 844
7	— 5856,75961 731	7	— 4164,75392 165	— 8727,92487 344	— 4164,75394 392	— 8727,92492 010
8	— 5918,56889 813	8	— 4294,55501 639	— 8773,13579 590	— 4294,55503 890	— 8773,13584 188
9	— 5980,43119 897	9	— 4426,11072 398	— 8817,48777 813	— 4426,11074 672	— 8817,48782 342
9,40	— 6042,33509 408	**9,90**	— 4559,42991 439	— 8860,95450 880	— 4559,42993 734	— 8860,95455 342
1	— 6104,26891 854	1	— 4694,52128 050	— 8903,50932 396	— 4694,52130 367	— 8903,50936 790
2	— 6166,22076 569	2	— 4831,39333 284	— 8945,12520 517	— 4831,39335 621	— 8945,12524 844
3	— 6228,17848 472	3	— 4970,05439 412	— 8985,77477 789	— 4970,05441 769	— 8985,77482 050
4	— 6290,12967 817	4	— 5110,51259 381	— 9025,43030 978	— 5110,51261 756	— 9025,43035 173
5	— 6352,06169 946	5	— 5252,77586 252	— 9064,06370 916	— 5252,77588 645	— 9064,06375 045
6	— 6413,96165 039	6	— 5396,85192 648	— 9101,64652 296	— 5396,85195 058	— 9101,64656 360
7	— 6475,81637 868	7	— 5542,74830 176	— 9138,14993 612	— 5542,74832 602	— 9138,14997 612
8	— 6537,61247 551	8	— 5690,47228 856	— 9173,54476 915	— 5690,47231 297	— 9173,54480 851
9	— 6599,33627 300	9	— 5840,03096 535	— 9207,80147 715	— 5840,03098 991	— 9207,80151 587
		10	— 5991,43118 298	— 9240,89014 825	— 5991,43120 768	— 9240,89018 635

φ	x	φ	x
80″	0,00038 78509 44887 62879 48719	**90″**	0,00043 63323 12998 58239 42309
81	0,00039 26990 81698 72415 48078	91	0,00044 11804 49809 67775 41668
82	0,00039 75472 18509 81951 47437	92	0,00044 60285 86620 77311 41027
83	0,00040 23953 55320 91487 46796	93	0,00045 08767 23431 86847 40386
84	0,00040 72434 92132 01023 46155	94	0,00045 57248 60242 96383 39745
85	0,00041 20916 28943 10559 45514	95	0,00046 05729 97054 05919 39104
86	0,00041 69397 65754 20095 44873	96	0,00046 54211 33865 15455 38463
87	0,00042 17879 02565 29631 44232	97	0,00047 02692 70676 24991 37822
88	0,00042 66360 39376 39167 43591	98	0,00047 51174 07487 34527 37181
89	0,00043 14841 76187 48703 42950	99	0,00047 99655 44298 44063 36540
		100	0,00048 48136 81109 53599 35899

Tafel XI. Tafeln zur Entwicklung der Koeffizienten von einigen unendlichen Reihen, welche in höheren Rechnungen öfters vorkommen.

n	n!	$\frac{1}{n!}$
1	1	1
2	2	0,5
3	6	0,16666 66666 66666 66666 6...
4	24	0,04166 66666 66666 66666 6...
5	120	0,00833 33333 33333 33333 3
6	720	0,00138 88888 88888 88888 8...
7	5040	0,00019 84126 98412 69841 2...
8	40320	0,00002 48015 87301 58730 1...
9	3 62880	0,00000 27557 31922 39858 9...
10	36 28800	0,00000 02755 73192 23985 8...
11	399 16800	0,00000 00250 52108 38544 1...
12	4790 01600	0,00000 00020 87675 69878 6...
13	62270 20800	0,00000 00001 60590 43836 8...
14	8 71782 91200	0,00000 00000 11470 74559 7...
15	130 76743 68000	0,00000 00000 00764 71637 3...
16	2092 27898 88000	0,00000 00000 00047 79477 3...
17	35568 74280 96000	0,00000 00000 00002 81145 7...
18	6 40237 37057 28000	0,00000 00000 00000 15619 2...
19	121 64510 04088 32000	0,00000 00000 00000 00822 0...
20	2432 90200 81766 40000	0,00000 00000 00000 00041 1...

$\frac{1}{2}$		= 0,50000 00000
$\frac{1}{2\cdot 4}$	$= \frac{1}{8}$	= 0,12500 00000
$\frac{1\cdot 3}{2\cdot 4\cdot 6}$	$= \frac{1}{16}$	= 0,06250 00000
$\frac{1\cdot 3\cdot 5}{2\cdot 4\cdot 6\cdot 8}$	$= \frac{5}{128}$	= 0,03906 25000
$\frac{1\cdot 3\cdot 5\cdot 7}{2\cdot 4\cdot 6\cdot 8\cdot 10}$	$= \frac{7}{256}$	= 0,02734 37500
$\frac{1\cdot 3\cdot 5\cdot 7\cdot 9}{2\cdot 4\cdot\cdot 10\cdot 12}$	$= \frac{21}{1024}$	= 0,02050 78125
$\frac{1\cdot 3\cdot\cdot 9\cdot 11}{2\cdot 4\cdot\cdot 12\cdot 14}$	$= \frac{33}{2048}$	= 0,01611 32812
$\frac{1\cdot 3\cdot\cdot 11\cdot 13}{2\cdot 4\cdot\cdot 14\cdot 16}$	$= \frac{429}{32768}$	= 0,01309 20410
$\frac{1\cdot 3\cdot\cdot 13\cdot 15}{2\cdot 4\cdot\cdot 16\cdot 18}$	$= \frac{715}{65536}$	= 0,01091 00342
$\frac{1\cdot 3\cdot\cdot 15\cdot 17}{2\cdot 4\cdot\cdot 18\cdot 20}$	$= \frac{2431}{262144}$	= 0,00927 35291

$\frac{1}{2\cdot 3}$	$= \frac{1}{6}$	= 0,16666 66667
$\frac{1\cdot 3}{2\cdot 4\cdot 5}$	$= \frac{3}{40}$	= 0,07500 00000
$\frac{1\cdot 3\cdot 5}{2\cdot 4\cdot 6\cdot 7}$	$= \frac{5}{112}$	= 0,04464 28571
$\frac{1\cdot 3\cdot 5\cdot 7}{2\cdot 4\cdot 6\cdot 8\cdot 9}$	$= \frac{35}{1152}$	= 0,03038 19444
$\frac{1\cdot 3\cdot 5\cdot 7\cdot 9}{2\cdot 4\cdot\cdot 10\cdot 11}$	$= \frac{63}{2816}$	= 0,02237 21591
$\frac{1\cdot 3\cdot\cdot 9\cdot 11}{2\cdot 4\cdot\cdot 12\cdot 13}$	$= \frac{231}{13312}$	= 0,01735 27644
$\frac{1\cdot 3\cdot\cdot 11\cdot 13}{2\cdot 4\cdot\cdot 14\cdot 15}$	$= \frac{429}{30270}$	= 0,01396 48437
$\frac{1\cdot 3\cdot\cdot 13\cdot 15}{2\cdot 4\cdot\cdot 16\cdot 17}$	$= \frac{6435}{557056}$	= 0,01155 18009
$\frac{1\cdot 3\cdot\cdot 15\cdot 17}{2\cdot 4\cdot\cdot 18\cdot 19}$	$= \frac{12155}{1245184}$	= 0,00976 16095
$\frac{1\cdot 3\cdot\cdot 17\cdot 19}{2\cdot 4\cdot\cdot 20\cdot 21}$	$= \frac{46189}{5505024}$	= 0,00839 03358

$\frac{1}{2}$		= 0,50000 00000
$\frac{1\cdot 3}{2\cdot 4}$	$= \frac{3}{8}$	= 0,37500 00000
$\frac{1\cdot 3\cdot 5}{2\cdot 4\cdot 6}$	$= \frac{5}{16}$	= 0,31250 00000
$\frac{1\cdot 3\cdot 5\cdot 7}{2\cdot 4\cdot 6\cdot 8}$	$= \frac{35}{128}$	= 0,27343 75000
$\frac{1\cdot 3\cdot 5\cdot 7\cdot 9}{2\cdot 4\cdot 6\cdot 8\cdot 10}$	$= \frac{63}{256}$	= 0,24609 37500
$\frac{1\cdot 3\cdot\cdot 9\cdot 11}{2\cdot 4\cdot\cdot 10\cdot 12}$	$= \frac{231}{1024}$	= 0,22558 59375
$\frac{1\cdot 3\cdot\cdot 11\cdot 13}{2\cdot 4\cdot\cdot 12\cdot 14}$	$= \frac{429}{2048}$	= 0,20947 26562
$\frac{1\cdot 3\cdot\cdot 13\cdot 15}{2\cdot 4\cdot\cdot 14\cdot 16}$	$= \frac{6435}{32768}$	= 0,19638 06152
$\frac{1\cdot 3\cdot\cdot 15\cdot 17}{2\cdot 4\cdot\cdot 16\cdot 18}$	$= \frac{12155}{65536}$	= 0,18547 05811
$\frac{1\cdot 3\cdot\cdot 17\cdot 19}{2\cdot 4\cdot\cdot 18\cdot 20}$	$= \frac{46189}{262144}$	= 0,17619 70520

$\frac{1}{2\cdot 3}$	$= \frac{1}{6}$	= 0,16666 66667
$\frac{1}{2\cdot 4\cdot 5}$	$= \frac{1}{40}$	= 0,02500 00000
$\frac{1\cdot 3}{2\cdot 4\cdot 6\cdot 7}$	$= \frac{1}{112}$	= 0,00892 85714
$\frac{1\cdot 3\cdot 5}{2\cdot 4\cdot 6\cdot 8\cdot 9}$	$= \frac{5}{1152}$	= 0,00434 02778
$\frac{1\cdot 3\cdot 5\cdot 7}{2\cdot 4\cdot\cdot 10\cdot 11}$	$= \frac{7}{2816}$	= 0,00248 57954
$\frac{1\cdot 3\cdot 5\cdot 7\cdot 9}{2\cdot 4\cdot\cdot 12\cdot 13}$	$= \frac{21}{13312}$	= 0,00157 75240
$\frac{1\cdot 3\cdot\cdot 9\cdot 11}{2\cdot 4\cdot\cdot 14\cdot 15}$	$= \frac{33}{30720}$	= 0,00107 42187
$\frac{1\cdot 3\cdot\cdot 11\cdot 13}{2\cdot 4\cdot\cdot 16\cdot 17}$	$= \frac{429}{557056}$	= 0,00077 01201
$\frac{1\cdot 3\cdot\cdot 13\cdot 15}{2\cdot 4\cdot\cdot 18\cdot 19}$	$= \frac{715}{1245184}$	= 0,00057 42123
$\frac{1\cdot 3\cdot\cdot 15\cdot 17}{2\cdot 4\cdot\cdot 20\cdot 21}$	$= \frac{2431}{5505024}$	= 0,00044 15966

Tafel VI

Acht- bis dreizehnstellige Tafeln der Funktion $\log_{10} \Gamma(x)$

von	x = 0	bis 1,00	für	jedes	0,01
„	x = 1,00000	„ 1,00100	„	„	0,00001
„	x = 1,0010	„ 1,1000	„	„	0,0001
„	x = 1,100	„ 2,000	„	„	0,001
„	x = 2,00	„ 3,00	„	„	0,01

x	0	1	2	3	4
0,0	∞	1,99752 873	1,69409 788	1,51567 517	1,38847 341
1	0,97834 067	0,93513 863	0,89560 217	0,85915 283	0,82534 082
2	0,66189 251	0,63947 534	0,61809 849	0,59767 366	0,57812 376
3	0,47589 902	0,46094 834	0,44649 856	0,43252 134	0,41899 085
4	0,34599 278	0,33502 452	0,32435 880	0,31398 303	0,30388 548
5	0,24857 494	0,23902 151	0,23103 544	0,22392 558	0,21610 608
6	0,17295 077	0,16633 819	0,15987 932	0,15357 013	0,14740 675
7	0,11329 321	0,10805 579	0,10293 873	0,09793 938	0,09305 521
8	0,06603 868	0,06189 731	0,05785 393	0,05390 670	0,05005 385
9	0,02882 683	0,02558 975	0,02243 479	0,01936 063	0,01636 597
1,0000	**0**	*99 74932 199	*99 49865 113	*99 24798 741	*98 99733 084
1	**$\bar{1}$,999** 97 49354 139	97 24293 482	96 99233 539	96 74174 310	96 49115 796
2	94 98779 707	94 73726 192	94 48673 391	94 23621 304	93 98569 932
3	92 48276 692	92 23230 318	91 98184 659	91 73139 713	91 48095 481
4	89 97845 085	89 72805 851	89 47767 331	89 22729 526	88 97692 434
5	87 47484 874	87 22452 780	86 97421 399	86 72390 732	86 47360 779
6	84 97196 050	84 72171 094	84 47146 851	84 22123 322	83 97100 506
7	82 46978 602	82 21960 782	81 96943 676	81 71927 284	81 46911 606
8	79 86832 519	79 81821 836	79 46811 866	79 21802 609	78 96794 066
9	77 46857 792	77 21754 243	76 96751 408	76 71749 286	76 46747 878
1,001	74 96754	72 46822	69 96962	67 47172	64 97454
2	50 00642	47 51423	45 02275	42 53198	40 04192
3	25 11653	22 63146	20 14709	17 66344	15 18050
4	00 29777	*97 81980	*95 34254	*92 86599	*90 39015
5	**$\bar{1}$,998** 75 55003	73 07915	70 60899	68 13954	65 67079
6	50 87320	48 40942	45 94634	43 48397	41 02231
7	26 26720	23 81049	21 35449	18 89919	16 44460
8	01 73191	*99 28227	*96 83333	*94 58509	*91 93757
9	**$\bar{1}$,997** 77 26723	74 82465	72 38276	69 94158	67 50111
1,010	52 87307	50 43752	48 00268	45 56855	43 13512
1	28 54931	26 12080	23 69300	21 26589	18 83950
2	04 29586	01 87437	*99 45359	*97 03351	*94 61414
3	**$\bar{1}$,996** 80 11261	77 69814	75 28438	72 87131	70 45895
4	55 99947	53 59201	51 18524	48 77918	46 37382
5	31 95633	29 55586	27 15609	24 75702	22 35865
6	07 98310	05 58961	03 19683	00 80474	*98 41336
7	**$\bar{1}$,995** 84 07967	81 69316	79 30735	76 92224	74 53782
8	60 24594	57 86640	55 48755	53 10940	50 73194
9	36 48182	34 10923	31 73734	29 36614	26 99563
1,020	12 78720	10 42156	08 05661	05 69235	03 32879
1	**$\bar{1}$,994** 89 16199	86 80328	84 44526	82 08794	79 73131
2	65 60608	63 25430	60 90321	58 55281	56 20310
3	42 11938	39 77451	37 43034	35 08685	32 74406
4	18 70179	16 36383	14 02656	11 68998	09 35409
5	**$\bar{1}$,993** 95 35322	93 02215	90 69177	88 36209	86 03309
6	72 07355	69 74937	67 42588	65 10308	62 78096
7	48 86270	46 54540	44 22879	41 91285	39 59761
8	25 72058	23 41014	21 10039	18 79132	16 48295
9	02 64707	00 34349	*98 04060	*95 73838	*93 43686
1,030	**$\bar{1}$,992** 79 64209	77 34536	75 04931	72 75394	70 45926
1	56 70554	54 41564	52 12643	49 83790	47 55005
2	33 83732	31 55425	29 27186	26 99016	24 70914
3	11 03733	08 76108	06 48551	04 21063	01 93642
4	**$\bar{1}$,991** 88 30549	86 03605	83 76729	81 49921	79 23181
5	65 64169	63 37905	16 11709	58 85580	56 59520
6	43 04584	40 78999	38 53482	36 28032	34 02650
7	20 51784	18 26877	16 02038	13 77266	11 52563
8	**$\bar{1}$,990** 98 05761	95 81531	93 57369	91 33274	89 09247
9	75 66504	73 42950	71 19464	68 96045	66 72694

x	5	6	7	8	9
0,0	1,28936 785	1,20805 762	1,13904 749	1,07905 696	1,02596 977
1	0,79380 944	0,76427 099	0,73649 006	0,71027 152	0,68545 182
2	0,55938 108	0,54138 582	0,52408 492	0,50743 104	0,49138 178
3	0,40588 347	0,39317 754	0,38085 316	0,36889 199	0,35729 709
4	0,29405 519	0,28448 190	0,27515 599	0,26606 844	0,25721 075
5	0,20847 475	0,20102 588	0,19375 407	0,18665 416	0,17972 128
6	0,14138 552	0,13550 290	0,12975 552	0,12414 016	0,11865 371
7	0,08828 380	0,08362 278	0,07906 990	0,07462 298	0,07027 991
8	0,04629 367	0,04262 452	0,03904 478	0,03555 292	0,03214 742
9	0,01344 958	0,01061 022	0,00784 672	0,00515 792	0,00254 271
1,0000	*98 74668 141	*98 49603 912	*98 24540 397	*97 99477 597	*97 74415 511
1	**Ī,999** 96 24057 995	95 99000 909	95 73944 537	95 48888 880	95 23833 936
2	93 73519 273	93 48469 329	93 23420 099	92 98371 582	92 73323 780
3	91 23051 963	90 98009 160	90 72967 070	90 47925 694	90 22885 033
4	88 72656 056	88 47620 392	88 22585 441	87 97551 205	87 72517 683
5	86 22331 540	85 97303 014	85 72275 202	84 47248 105	85 22221 720
6	83 72078 405	83 47057 017	83 22036 343	82 97016 382	82 71997 135
7	81 21896 641	80 96882 389	80 71868 851	80 46856 027	80 21843 916
8	78 61786 237	78 46779 121	78 11772 718	77 96767 029	77 71762 054
9	76 21747 183	75 96747 201	75 71747 933	75 46749 378	75 21751 520
1,001	62 47807	59 98232	57 48728	54 99295	52 49933
2	37 55258	35 06395	32 57603	30 08882	27 60232
3	12 69826	10 21674	07 73593	05 25583	02 77645
4	*87 91502	*85 44060	*82 96690	*80 49390	*78 02161
5	**Ī,998** 63 20276	60 73543	58 26881	55 80290	53 33770
6	38 56136	36 10111	33 64157	31 18274	28 72462
7	13 99072	11 53755	09 08508	06 63332	04 18226
8	*89 49075	*87 04464	*84 59923	*82 15452	*79 71053
9	**Ī,997** 65 06134	62 62228	60 18392	57 74626	55 30931
1,010	40 70239	38 27037	35 83905	33 40843	30 97852
1	16 41380	13 98881	11 56451	09 14093	06 71804
2	*92 19546	*89 77749	*87 36022	*84 94365	*82 52778
3	**Ī,996** 68 04728	65 63632	63 22606	60 81649	58 40763
4	43 96915	41 56519	39 16193	36 75936	34 35750
5	19 96098	17 56401	15 16773	12 77216	10 37728
6	*96 02266	*93 63267	*91 24337	*88 85477	*86 46687
7	**Ī,995** 72 15410	69 77107	67 38875	65 00711	62 62618
8	48 35518	45 97912	43 60375	41 22908	38 85510
9	24 62583	22 25671	19 88829	17 52057	15 15354
1,020	00 96592	*98 60375	*96 24227	*93 88148	*91 52139
1	**Ī,994** 77 37538	75 02013	72 66558	70 31172	67 95855
2	53 85409	51 50576	49 15813	46 81119	44 46494
3	30 40195	28 06054	25 71982	23 37979	21 04044
4	07 01889	04 68437	02 35055	00 01742	*97 68497
5	**Ī,993** 83 70478	81 37715	79 05022	76 72398	74 39842
6	60 45953	58 13879	55 81874	53 49937	51 18070
7	37 28305	34 96919	32 65600	30 34351	28 03170
8	14 17525	11 86825	09 56192	07 25629	04 95134
9	*91 13602	*88 83586	*86 53639	*84 23761	*81 93951
1,030	**Ī,992** 68 16526	65 87195	63 57932	61 28738	58 99611
1	45 26289	42 97641	40 69061	38 40550	36 12107
2	22 42880	20 14914	17 87017	15 59187	13 31426
3	*99 66290	*97 39005	*95 11789	*92 84641	*90 57561
4	**Ī,991** 76 96509	74 69905	72 43369	70 16901	67 90501
5	54 33528	52 07603	49 81747	47 55958	45 30237
6	31 77336	29 52091	27 26912	25 01802	22 76759
7	09 27926	07 03358	04 78857	02 54424	00 30059
8	**Ī,990** 86 85287	84 61395	82 37571	80 13814	77 90125
9	64 49410	62 26194	60 03045	57 79964	55 56950

x	0	1	2	3	4
1,040	$\bar{1}$,990 53 34004	51 11125	48 88314	46 65570	44 42894
1	31 08252	28 86047	26 63910	24 41841	22 19838
2	08 89238	06 67707	04 46243	02 24846	00 03517
3	$\bar{1}$,989 86 76953	84 56094	82 35303	80 14578	77 93921
4	64 71388	62 51200	60 31080	58 11027	55 91041
5	42 72533	40 53016	38 33566	36 14183	33 94868
6	20 80379	18 61532	16 42751	14 24038	12 05391
7	$\bar{1}$,988 98 94916	96 76738	94 58626	92 40581	90 22603
8	77 16137	74 98626	72 81182	70 63804	68 46494
9	55 44030	53 27186	51 10409	48 93698	46 77054
1,050	33 78588	31 62410	29 46298	27 30253	25 14275
1	12 19801	10 04287	07 88841	05 73460	03 58146
2	$\bar{1}$,987 90 67659	88 52810	86 38027	84 23311	82 08661
3	69 22154	67 07968	64 93849	62 79796	60 65808
4	47 83277	45 69753	43 56296	41 42904	39 29579
5	26 51018	24 38156	22 25360	20 12629	17 99966
6	05 25369	03 13167	01 01031	*98 88961	*96 76958
7	$\bar{1}$,986 84 06320	81 94777	79 83301	77 71891	75 60546
8	62 93862	60 82979	58 72161	56 61409	54 50723
9	41 87987	39 77761	37 67601	35 57507	33 47478
1,060	20 88686	18 79117	16 69613	14 60176	12 50803
1	$\bar{1}$,985 99 95949	97 87036	95 78188	93 69406	91 60690
2	79 09767	77 01509	74 93317	72 85190	70 77128
3	58 30133	56 22529	54 14990	52 07517	50 00110
4	37 57036	35 50085	33 43200	31 36380	29 29626
5	16 90468	14 84170	12 77937	10 71770	08 65667
6	$\bar{1}$,984 96 30420	94 24774	92 19193	90 13676	88 08225
7	75 76884	73 71888	71 66958	69 62092	67 57291
8	55 29851	53 25505	51 21223	49 17007	47 12856
9	34 89311	32 85614	30 81982	28 78414	26 74911
1,070	14 55256	12 52207	10 49223	08 46303	06 43448
1	$\bar{1}$,983 94 27678	92 25276	90 22939	88 20666	86 18458
2	74 06568	72 04812	70 03121	68 01494	65 99932
3	53 91916	51 90806	49 89760	47 88779	45 87862
4	33 83715	31 83250	29 82848	27 82511	25 82239
5	13 81956	11 82134	09 82376	07 82683	05 83054
6	$\bar{1}$,982 93 86630	91 87451	89 88336	87 89285	85 90299
7	73 97728	71 99191	70 00718	68 02309	66 03965
8	54 15243	52 17347	50 19515	48 21747	46 24043
9	34 39165	32 41909	30 44717	28 47589	26 50525
1,080	14 69485	12 72869	10 76317	08 79828	06 83403
1	$\bar{1}$,981 95 06197	93 10219	91 14305	89 18455	87 22669
2	75 49290	73 53950	71 58674	69 63461	67 68312
3	55 98757	54 04053	52 09414	50 14838	48 20326
4	36 54588	34 60521	32 66518	30 72578	28 78701
5	17 16777	15 23345	13 29977	11 36672	09 43431
6	$\bar{1}$,980 97 85313	95 92516	93 99782	92 07111	90 14504
7	78 60190	76 68026	74 75925	72 83888	70 91914
8	59 41398	57 49867	55 58399	53 66994	51 75653
9	40 28929	38 38030	36 47194	34 56420	32 65710
1,090	21 22775	19 32507	17 42302	15 52160	13 62080
1	02 22928	00 33290	*98 43715	*96 54202	*94 64753
2	$\bar{1}$,979 83 29379	81 40370	79 51424	77 62541	75 73721
3	64 42120	62 53740	60 65422	58 77168	56 88976
4	45 61143	43 73390	41 85701	39 98074	38 10509
5	26 86439	24 99314	23 12251	21 25250	19 38313
6	08 18001	06 31502	04 45065	02 58690	00 72379
7	$\bar{1}$,978 89 55820	87 69946	85 84134	83 98385	82 12698
8	70 99889	69 14639	67 29451	65 44326	63 59264
9	52 50198	50 65572	48 81008	46 96506	45 12067

x	5	6	7	8	9
1,040	**$\bar{1}$,990** 42 20285	39 97744	37 75270	35 52863	33 30524
1	19 97903	17 76036	15 54235	13 32502	11 10836
2	*97 82255	*95 61060	*93 39933	*91 18872	*88 97879
3	**$\bar{1}$,989** 75 73331	73 52808	71 32352	69 11964	66 91642
4	53 71122	51 51270	49 31485	47 11767	44 92116
5	31 75619	29 56437	27 37322	25 18274	22 99293
6	09 86812	07 68299	05 49853	03 31474	01 13162
7	**$\bar{1}$,988** 88 04692	85 86847	83 69069	81 51358	79 33714
8	66 29250	64 12073	61 94962	59 77918	57 60941
9	44 60477	42 43966	40 27521	38 11144	35 94833
1,050	22 98363	20 82518	18 66739	16 51026	14 35380
1	01 42899	*99 27718	*97 12604	*94 97556	*92 82574
2	**$\bar{1}$,987** 79 94077	77 79560	75 65109	73 50724	71 36406
3	58 51888	56 38033	54 24245	52 10522	49 96867
4	37 16320	35 03128	32 90001	30 76941	28 63946
5	15 87368	13 74836	11 62370	09 49970	07 37636
6	*94 65020	*92 53148	*90 41342	*88 29602	*86 17928
7	**$\bar{1}$,986** 73 49268	71 38055	69 26908	67 15827	65 04812
8	52 40102	50 29548	48 19059	46 08636	43 98279
9	31 37515	29 27618	27 17786	25 08020	22 98320
1,060	10 41497	08 32256	06 23081	04 13971	02 04927
1	**$\bar{1}$,985** 89 52039	87 43454	85 34934	83 26479	81 18091
2	68 69132	66 61201	64 53336	62 45536	60 37802
3	47 92768	45 85491	43 78279	41 71132	39 64051
4	27 22936	25 16312	23 09753	21 03260	18 96831
5	06 59630	04 53658	02 47751	00 41909	*98 36132
6	**$\bar{1}$,984** 86 02839	83 97518	81 92262	79 87071	77 81945
7	65 52555	63 47884	61 43278	59 38738	57 34262
8	45 08769	43 04748	41 00791	38 96900	36 93073
9	24 71474	22 68101	20 64792	18 61549	16 58370
1,070	04 40658	02 37933	00 35272	*98 32676	*96 30145
1	**$\bar{1}$,983** 84 16315	82 14236	80 12222	78 10273	76 08388
2	63 98435	61 97002	59 95634	57 94330	55 93091
3	43 87010	41 86222	39 85499	37 84840	35 84245
4	23 82031	21 81887	19 81808	17 81793	15 81842
5	03 83489	01 83989	*99 84553	*97 85181	*95 85873
6	**$\bar{1}$,982** 83 91376	81 92518	79 93725	77 94995	75 96329
7	64 05684	62 07468	60 09315	58 11227	56 13203
8	44 26403	42 28828	40 31316	38 33868	36 36484
9	24 53526	22 56590	20 59718	18 62910	16 66166
1,080	04 87043	02 90746	00 94513	*98 98344	*97 02238
1	**$\bar{1}$,981** 85 26946	83 31287	81 35692	79 40161	77 44694
2	65 73227	63 78206	61 83248	59 88354	57 93523
3	46 25877	44 31492	42 37171	40 42913	38 48719
4	26 84888	24 91139	22 97453	21 03831	19 10272
5	07 50253	05 57138	03 64087	01 71099	*99 78174
6	**$\bar{1}$,980** 88 21960	86 29479	84 37062	82 44708	80 52417
7	69 00003	67 08156	65 16371	63 24650	61 32993
8	49 84374	47 93159	46 02007	44 10918	42 19892
9	30 75063	28 84480	26 93959	25 03501	23 13107
1,090	11 72064	09 82111	07 92221	06 02393	04 12629
1	*92 75367	*90 86043	*88 96783	*87 07585	*85 18451
2	**$\bar{1}$,979** 73 84964	71 96269	70 07638	68 19069	66 30563
3	55 00847	53 12780	51 24777	49 36836	47 48958
4	36 23008	34 35569	32 48192	30 60879	28 73628
5	17 51438	15 64625	13 77875	11 91188	10 04563
6	*98 86129	*96 99942	*95 13818	*93 27756	*91 41757
7	**$\bar{1}$,978** 80 27074	78 41512	76 56013	74 70575	72 85201
8	61 74263	59 89326	58 04450	56 19637	54 34886
9	43 27690	41 43375	39 59123	37 74933	35 90805

x	0	1	2	3	4
1,10	$\bar{1}$,97 834 067	815 695	797 385	779 137	760 951
1	653 132	635 378	617 685	600 053	582 483
2	478 342	461 197	444 114	427 091	410 128
3	309 618	293 077	276 595	260 173	243 810
4	146 886	130 939	115 051	099 223	083 453
5	$\bar{1}$,96 990 070	974 711	959 410	944 168	928 983
6	839 097	824 319	809 598	794 935	780 329
7	693 898	679 693	665 545	651 454	637 419
8	554 402	540 764	527 181	513 655	500 185
9	420 542	407 463	394 440	381 472	368 561
1,20	292 250	279 725	267 255	254 839	242 479
1	169 463	157 485	145 561	133 691	121 876
2	052 117	040 679	029 295	017 965	006 688
3	$\bar{1}$,95 940 150	929 246	918 396	907 599	896 855
4	833 500	823 125	812 803	802 533	792 316
5	732 108	722 256	712 456	702 708	693 011
6	635 917	626 582	617 298	608 065	598 884
7	544 869	536 044	527 271	518 548	509 877
8	458 907	450 589	442 320	434 103	425 935
9	377 978	370 160	362 391	354 673	347 003
1,30	302 028	294 704	287 430	280 206	273 030
1	231 003	224 170	217 385	210 649	203 961
2	164 854	158 505	152 204	145 952	139 747
3	103 528	097 659	091 837	086 063	080 337
4	046 977	041 582	036 235	030 935	025 682
5	$\bar{1}$,94 995 151	990 227	985 349	980 518	975 734
6	948 004	943 545	939 132	934 766	930 445
7	905 489	901 490	897 537	893 630	889 769
8	867 559	864 017	860 519	857 068	853 661
9	834 170	831 079	828 033	825 032	822 076
1,40	805 277	802 634	800 034	797 480	794 969
1	780 838	778 637	776 480	774 368	772 299
2	760 809	759 047	757 328	755 654	754 023
3	745 148	743 821	742 537	741 296	740 098
4	733 816	732 919	732 065	731 254	730 486
5	726 771	726 301	725 873	725 487	725 144
6	723 973	723 926	723 920	723 957	724 035
7	725 385	725 756	726 169	726 624	727 120
8	730 967	731 753	732 581	733 450	734 360
9	740 683	741 880	743 118	744 398	745 718
1,50	754 494	756 099	757 745	759 431	761 157
1	772 365	774 374	776 424	778 513	780 643
2	794 261	796 670	799 120	801 609	804 138
3	820 145	822 952	825 798	828 683	831 608
4	849 984	853 185	856 424	859 702	863 020
5	883 744	887 334	890 964	894 632	898 338
6	921 391	925 368	929 384	933 438	937 531
7	962 892	967 253	971 652	976 089	980 565
8	$\bar{1}$,95 008 216	012 957	017 736	022 553	027 408
9	057 329	062 448	067 604	072 798	078 029
1,60	110 202	115 695	121 225	126 792	132 396
1	166 802	172 666	178 567	184 505	190 480
2	227 101	233 333	239 602	245 907	252 249
3	291 068	297 665	304 298	310 968	317 675
4	358 673	365 632	372 628	379 659	386 727
5	429 888	437 206	444 561	451 952	459 378
6	504 684	512 359	520 070	527 816	535 598
7	583 033	591 062	599 126	607 226	615 361
8	664 907	673 288	681 703	690 153	698 638
9	750 280	759 009	767 772	776 570	785 403

x	5	6	7	8	9
1,10	$\bar{1}$,97 742 827	724 764	706 764	688 825	670 948
1	564 974	547 525	530 138	512 812	495 546
2	393 226	376 384	359 603	342 881	326 220
3	227 508	211 265	195 081	178 956	162 891
4	067 743	052 091	036 498	020 963	005 487
5	$\bar{1}$,96 913 858	898 790	883 780	868 828	853 934
6	765 781	751 290	736 856	722 479	708 160
7	623 441	609 520	595 656	581 848	568 097
8	486 772	473 414	460 112	446 866	433 676
9	355 704	342 903	330 157	317 466	304 831
1,20	230 173	217 922	205 725	193 584	181 496
1	110 114	098 407	086 753	075 154	063 609
2	*995 465	*984 295	*973 179	*962 116	*951 106
3	$\bar{1}$,95 886 164	875 525	864 940	854 407	843 927
4	782 150	772 038	761 977	751 969	742 013
5	683 366	673 773	664 232	654 742	645 304
6	589 753	580 674	571 646	562 669	553 744
7	501 255	492 685	484 165	475 695	467 276
8	417 817	409 749	401 732	393 764	385 846
9	339 384	331 814	324 293	316 822	309 400
1,30	265 903	258 825	251 797	244 817	237 886
1	197 322	190 732	184 190	177 696	171 251
2	133 591	127 483	121 422	115 410	109 445
3	074 659	069 027	063 444	057 907	052 418
4	020 476	015 318	010 206	005 141	000 123
5	$\bar{1}$,94 970 996	966 305	961 660	957 062	952 510
6	926 171	921 942	917 760	913 624	909 533
7	885 954	882 184	878 459	874 780	871 147
8	850 300	846 983	843 712	840 487	837 306
9	819 164	816 297	813 475	810 698	807 965
1,40	792 503	790 082	787 704	785 371	783 082
1	770 274	768 294	766 357	764 464	762 614
2	752 435	750 891	749 390	747 933	746 519
3	738 944	737 832	736 764	735 738	734 756
4	729 760	729 077	728 437	727 839	727 283
5	724 844	724 585	724 369	724 195	724 063
6	724 156	724 318	724 522	724 768	725 056
7	727 657	728 236	728 857	729 519	730 222
8	735 311	736 303	737 336	738 411	739 526
9	747 079	748 480	749 923	751 406	752 930
1,50	762 924	764 732	766 580	768 468	770 397
1	782 812	785 022	787 272	789 562	791 891
2	806 707	809 315	811 963	814 651	817 378
3	834 573	837 576	840 620	843 702	846 824
4	866 376	869 772	873 207	876 680	880 193
5	902 084	905 868	909 691	913 552	917 452
6	941 662	945 831	950 039	954 285	958 570
7	985 078	989 630	994 219	998 847	*003 512
8	$\bar{1}$,95 032 301	037 231	042 199	047 205	052 248
9	083 298	088 604	093 947	099 328	104 746
1,60	138 038	143 717	149 433	155 186	160 975
1	196 491	202 540	208 625	214 747	220 906
2	258 628	265 043	271 494	277 982	284 507
3	324 417	331 196	338 011	344 862	351 749
4	393 831	400 970	408 146	415 357	422 604
5	466 840	474 337	481 870	489 439	497 044
6	543 416	551 268	559 156	567 080	575 039
7	623 531	631 736	639 976	648 252	656 562
8	707 158	715 713	724 303	732 927	741 586
9	794 270	803 172	812 108	821 079	830 085

x	0	1	2	3	4
1,70	**$\bar{1}$,95** 839 124	848 199	857 308	866 451	875 628
1	931 414	940 831	950 283	959 769	969 288
2	**$\bar{1}$,96** 027 122	036 880	046 672	056 497	066 357
3	126 224	136 320	146 449	156 612	166 809
4	228 693	239 125	249 589	260 087	270 619
5	334 506	345 270	356 067	366 898	377 761
6	443 637	454 732	465 859	477 020	488 213
7	556 062	567 485	578 941	590 429	601 949
8	671 758	683 507	695 288	707 101	718 947
9	790 701	802 772	814 877	827 013	839 181
1,80	912 867	925 260	937 685	950 142	962 631
1	**$\bar{1}$,97** 038 233	050 945	063 689	076 464	089 271
2	166 778	179 807	192 867	205 958	219 081
3	298 479	311 822	325 196	338 601	352 038
4	433 313	446 968	460 654	474 371	488 120
5	571 260	585 225	599 221	613 247	627 305
6	712 297	726 570	740 873	755 208	769 572
7	856 404	870 982	885 591	900 231	914 901
8	**$\bar{1}$,98** 003 559	018 442	033 354	048 297	063 270
9	153 743	168 927	184 141	199 385	214 660
1,90	306 934	322 418	337 932	353 475	369 049
1	463 114	478 895	494 707	510 547	526 418
2	622 261	638 339	654 445	670 581	686 747
3	784 357	800 728	817 129	833 558	850 017
4	949 383	966 046	982 738	999 459	*016 209
5	**$\bar{1}$,99** 117 318	134 271	151 253	168 264	185 303
6	288 145	305 386	322 656	339 954	357 281
7	461 845	479 372	496 928	514 513	532 125
8	638 400	656 211	674 051	691 920	709 817
9	817 790	835 885	854 007	872 158	890 337
2,0	0	*0185 010	*0372 804	*0563 365	*0756 674
1	**0,0** 1973 336	2185 430	2400 144	2617 462	2837 371
2	4210 375	4448 000	4688 100	4930 661	5175 668
3	6696 363	6958 133	7222 247	7488 692	7757 457
4	9418 081	9702 749	9989 643	*0278 752	*0570 065
5	**0,1** 2363 620	2670 060	2978 620	3289 288	3602 057
6	5522 200	5849 390	6178 602	6509 828	6843 058
7	8884 017	9231 025	9579 967	9930 834	*0283 618
8	**0,2** 2440 117	2806 091	3173 917	3543 588	3915 095
9	6182 295	6566 451	6952 384	7340 088	7729 556

$$\int \sin x\,dx = -\cos x \qquad \int \mathfrak{Sin}\,x\,dx = \mathfrak{Cos}\,x$$

$$\int \cos x\,dx = \sin x \qquad \int \mathfrak{Cos}\,x\,dx = \mathfrak{Sin}\,x$$

$$\int \mathrm{tg}\,x\,dx = -\log\cos x \qquad \int \mathfrak{Tg}\,x\,dx = \log\mathfrak{Cos}\,x$$

$$\int \mathrm{ctg}\,x\,dx = \log\sin x \qquad \int \mathfrak{Ctg}\,x\,dx = \log\mathfrak{Sin}\,x$$

$$\vartheta = \mathfrak{Amp}\,x$$

$$x = \log\mathrm{tg}\left[\frac{\pi}{4} + \frac{\vartheta}{2}\right] \qquad \mathfrak{Sin}\,x = \mathrm{tg}\,\vartheta \qquad \mathfrak{Tg}\,x = \sin\vartheta$$

$$\vartheta = 2\left[\mathfrak{Tg}\,\frac{x}{2} - \frac{1}{3}\,\mathfrak{Tg}^3\,\frac{x}{2} + \frac{1}{5}\,\mathfrak{Tg}^5\,\frac{x}{2} - \cdots\right]$$

$$x = 2\left[\mathrm{tg}\,\frac{x}{2} + \frac{1}{3}\,\mathrm{tg}^3\,\frac{x}{2} + \frac{1}{5}\,\mathrm{tg}^5\,\frac{x}{2} + \cdots\right]$$

x	5	6	7	8	9
1,70	$\bar{1}$,95 884 840	894 086	903 367	912 682	922 031
1	978 842	988 430	998 052	*007 708	*017 398
2	$\bar{1}$,96 076 250	086 178	096 138	106 133	116 162
3	177 039	187 303	197 600	207 931	218 295
4	281 183	291 781	302 413	313 077	323 775
5	388 658	399 588	410 551	421 546	432 575
6	499 439	510 698	521 990	533 315	544 672
7	613 503	625 089	636 707	648 358	660 042
8	730 825	742 735	754 678	766 653	778 661
9	851 382	863 615	875 880	888 177	900 506
1,80	975 151	987 704	*000 289	*012 905	*025 553
1	$\bar{1}$,97 102 110	114 980	127 882	140 816	153 781
2	232 235	245 421	258 639	271 887	285 167
3	365 506	379 005	392 535	406 097	419 689
4	501 899	515 709	529 550	543 422	557 326
5	641 393	655 512	669 662	683 843	698 055
6	783 968	798 394	812 851	827 338	841 855
7	929 602	944 332	959 094	973 885	988 707
8	$\bar{1}$,98 078 274	093 307	108 371	123 465	138 589
9	229 964	245 298	260 662	276 056	291 480
1,90	384 652	400 285	415 947	431 640	447 362
1	542 318	558 247	574 207	590 195	606 214
2	702 942	719 166	735 420	751 703	768 016
3	866 505	883 022	899 569	916 144	932 749
4	*032 988	*049 796	*066 633	*083 499	*100 394
5	$\bar{1}$,99 202 371	219 469	236 595	253 749	270 933
6	374 637	392 022	409 435	426 876	444 346
7	549 767	567 436	585 135	602 861	620 616
8	727 742	745 695	763 676	781 686	799 724
9	908 544	926 779	945 042	963 333	981 653
2,0	*0952 716	*1151 473	*1352 930	*1557 070	*1763 878
1	0,0 3059 854	3284 896	3512 484	3742 603	3975 238
2	5423 110	5672 971	5925 241	6179 904	6436 949
3	8028 528	8301 895	8577 546	8855 468	9135 650
4	*0863 571	*1159 259	*1457 119	*1757 139	*2059 309
5	0,1 3916 914	4233 851	4552 858	4873 924	5197 042
6	7178 282	7515 492	7854 680	8195 836	8538 951
7	*0638 311	*0994 904	*1353 389	*1713 758	*2076 004
8	0,2 4288 433	4663 591	5040 564	5419 344	5799 923
9	8120 779	8513 752	8908 468	9304 919	9703 098

§ 7. Zahlenschatz.

$e = 2{,}71828\ 18284\ 59045\ 23536\ldots$

$\log_{10} e = 0{,}43429\ 44819\ 03251\ 82765\ldots$

$\log_e 10 = 2{,}30258\ 50929\ 94045\ 68401\ldots$

$\pi = 3{,}14159\ 26535\ 89793\ 23846\ldots$

$\frac{1}{\pi} = 0{,}31830\ 98861\ 83790\ 67153\ldots$

$\pi^2 = 9{,}86960\ 44010\ 89358\ 61883\ldots$

$\frac{1}{\pi^2} = 0{,}10132\ 11836\ 42337\ 77144\ldots$

$\sqrt{\pi} = 1{,}77245\ 38509\ 05516\ 02729\ldots$

$\frac{1}{\sqrt{\pi}} = 0{,}56418\ 95835\ 47756\ 28694\ldots$

$\log_e \pi = 1{,}14472\ 98858\ 49400\ 17414\ldots$

$\log_{10} \pi = 0{,}49714\ 98726\ 94144\ 85435\ldots$

Die **Bernouillischen Zahlen** sind durch die symbolische Gleichung

$$(B+1)^n - B_n = n \quad (n = 1, 2, 3, \ldots)$$

definiert; bei Ausführung der Potenz ist B_k statt B^k zu setzen. Ihre erzeugende Funktion ist

$$\frac{x}{e^x - 1} = \sum_{n=0}^{\infty} (-1)^n \frac{B_n}{k!} x^n$$

$$= 1 - \frac{x}{2} + \frac{B_2}{2!} x^2 + \frac{B_4}{4!} x^4 + \cdots + B_n \frac{x^n}{k!} + \cdots;$$

die Reihe ist konvergent für $|x| < 2\pi$.

Tafel IX. Die Potenzen von 2, 3, 4 und 5.

x	2^x	3^x	4^x	5^x
1	2	3	4	5
2	4	9	16	25
3	8	27	64	125
4	16	81	256	625
5	32	243	1024	3125
6	64	729	4096	15625
7	128	2187	16384	78125
8	256	6561	65536	3 90625
9	512	19683	2 62144	19 53125
10	1024	59049	10 48576	97 65625
11	2048	1 77147	41 94304	488 28125
12	4096	5 31441	167 77216	2441 40625
13	8192	15 94323	671 08864	12207 03125
14	16384	47 82969	2684 35456	61035 15625
15	32768	143 48907	10737 41824	3 05175 78125
16	65536	430 46721	42949 67296	15 25878 90625
17	1 31072	1291 40163	1 71798 69184	76 29394 53125
18	2 62144	3874 20489	6 87194 76736	381 46972 65625
19	5 24288	11622 61467	27 48779 06944	1907 34863 28125
20	10 48576	34867 84401	109 95116 27776	9536 74316 40625
21	20 97152	1 04603 53203	439 80465 11104	47683 71582 03125
22	41 94304	3 13810 59609	1759 21860 44416	2 38418 57910 15625
23	83 88608	9 41431 78827	7036 87441 77664	11 92092 89550 78125
24	167 77216	28 24295 36481	28147 49767 10656	59 60464 47753 90625
25	335 54432	84 72886 09443	1 12589 99068 42624	298 02322 38769 53125
26	671 08864	254 18658 28329	4 50359 96273 70496	1490 11611 93847 65625
27	1342 17728	762 55974 84987	18 01439 85094 81984	7450 58059 69238 28125
28	2684 35456	2287 67924 54961	72 05759 40379 27936	37252 90298 46191 40625
29	5368 70912	6863 03773 64883	288 23037 61517 11744	1 86264 51492 30957 03125
30	10737 41824	20589 11320 94649	1152 92150 46068 46976	9 31322 57461 54785 15625

Die ersten 21 Werte der Bernouillischen Zahlen sind:

$$B_2 = \frac{1}{6} \qquad B_{16} = \frac{-3617}{510} \qquad B_{30} = \frac{861\;58412\;76005}{14322}$$

$$B_4 = \frac{-1}{30} \qquad B_{18} = \frac{43867}{798} \qquad B_{32} = \frac{-770\;93210\;41217}{510}$$

$$B_6 = \frac{1}{42} \qquad B_{20} = \frac{-1\;74611}{330} \qquad B_{34} = \frac{257\;76878\;58367}{6}$$

$$B_8 = \frac{-1}{30} \qquad B_{22} = \frac{8\;54513}{138} \qquad B_{36} = \frac{-26315\;27155\;30534\;77373}{19\;19190}$$

$$B_{10} = \frac{5}{66} \qquad B_{24} = \frac{-2363\;64091}{2730} \qquad B_{38} = \frac{2\;92999\;39138\;41559}{6}$$

$$B_{12} = \frac{-691}{2730} \qquad B_{26} = \frac{85\;53103}{6} \qquad B_{40} = \frac{-2\;61082\;71849\;64491\;22051}{13530}$$

$$B_{14} = \frac{7}{6} \qquad B_{28} = \frac{-2\;37494\;61029}{870} \qquad B_{42} = \frac{15\;20097\;64391\;80708\;02691}{1806}$$

Zu bemerken ist

$$B_0 = 1, \quad B_1 = \frac{1}{2}, \quad B_3 = B_5 = B_7 = \cdots = 0.$$

Tafel VII

Sieben- bis achtstellige Tafeln der Funktion $\Gamma(x)$

von	x =	− 5,00	bis	1,00	für	jedes	0,01
„	x =	1,000	„	2,000	„	„	0,001
„	x =	2,00	„	5,00	„	„	0,01

x	9	8	7	6	5
— 5					
— 4,9	— 0,84780 47	— 0,43139 78	— 0,29277 49	— 0,22360 30	— 0,18221 55
— 4,8	— 0,09313 88	— 0,08716 01	— 0,08216 18	— 0,07793 63	— 0,07433 13
— 4,7	— 0,06087 18	— 0,05951 40	— 0,05832 71	— 0,05729 20	— 0,05639 29
— 4,6	— 0,05324 28	— 0,05302 15	— 0,05287 32	— 0,05279 47	— 0,05278 30
— 4,5	— 0,05402 17	— 0,05443 84	— 0,05491 50	— 0,05545 21	— 0,05605 07
— 4,4	— 0,06102 39	— 0,06210 51	— 0,06326 69	— 0,06451 33	— 0,06584 90
— 4,3	— 0,07606 71	— 0,07820 76	— 0,08049 86	— 0,08295 21	— 0,08558 19
— 4,2	— 0,10606 68	— 0,11048 88	— 0,11528 44	— 0,12049 68	— 0,12617 66
— 4,1	— 0,17424 00	— 0,18562 63	— 0,19843 44	— 0,21293 24	— 0,22946 02
— 4,0	— 0,40934 80	— 0,46628 00	— 0,53972 89	— 0,63796 11	— 0,77585 68
— 3,9	4,23054 56	2,14836 11	1,45509 13	1,10907 06	0,90196 67
— 3,8	0,45544 86	0,42534 12	0,40012 82	0,37877 04	0,36050 66
— 3,7	0,29157 60	0,28447 71	0,27822 01	0,27270 97	0,26786 61
— 3,6	0,24970 88	0,24814 06	0,24691 80	0,24602 32	0,24544 12
— 3,5	0,24795 97	0,24932 80	0,25096 15	0,25286 16	0,25503 06
— 3,4	0,27399 73	0,27823 09	0,28280 30	0,28772 94	0,29302 80
— 3,3	0,33393 44	0,34254 92	0,35177 87	0,36167 13	0,37228 11
— 3,2	0,45502 65	0,47289 21	0,49226 42	0,51331 66	0,53625 07
— 3,1	0,73006 57	0,77591 80	0,82747 13	0,88579 87	0,95226 00
— 3,0	1,67423 33	1,90242 26	2,19669 66	2,59012 19	3,14221 99
— 2,9	— 16,87987 68	— 8,55047 71	— 5,77671 25	— 4,39191 97	— 3,56276 86
— 2,8	— 1,77169 51	— 1,65032 38	— 1,54849 59	— 1,46205 39	— 1,38795 03
— 2,7	— 1,10507 31	— 1,07532 34	— 1,04888 99	— 1,02538 84	— 1,00449 80
— 2,6	— 0,92142 56	— 0,91315 72	— 0,90618 90	— 0,90044 50	— 0,89586 03
— 2,5	— 0,89017 55	— 0,89259 41	— 0,89593 27	— 0,90018 73	— 0,90535 86
— 2,4	— 0,95625 07	— 0,96824 36	— 0,98132 63	— 0,99554 36	— 1,01094 64
— 2,3	— 1,13203 77	— 1,15781 64	— 1,18549 43	— 1,21521 56	— 1,24714 18
— 2,2	— 1,49703 72	— 1,55108 60	— 1,60970 39	— 1,67341 20	— 1,74281 49
— 2,1	— 2,32890 96	— 2,46741 91	— 2,62308 39	— 2,79912 39	— 2,99961 91
— 2,0	— 5,17338 09	— 5,85946 15	— 6,74385 87	— 7,92577 31	— 9,58377 07
— 1,9	50,47083 150	25,48042 165	17,15683 623	13,00008 239	10,51016 749
— 1,8	5,12019 880	4,75293 251	4,44418 337	4,18147 424	3,95565 843
— 1,7	3,08315 404	2,98939 901	2,90542 499	2,83007 208	2,76236 945
— 1,6	2,47863 481	2,44726 142	2,41952 473	2,39518 369	2,37402 982
— 1,5	2,30555 445	2,30289 276	2,30254 709	2,30447 956	2,30866 440
— 1,4	2,38106 433	2,40124 411	2,42387 596	2,44903 729	2,47681 880
— 1,3	2,70557 005	2,75560 293	2,80962 161	2,86790 885	2,93078 328
— 1,2	3,42821 505	3,53647 607	3,65402 778	3,78191 113	3,92133 345
— 1,1	5,10031 210	5,37897 365	5,69209 202	6,04610 763	6,44918 108
— 1,0	10,81236 599	12,18768 001	13,95978 749	16,32709 265	19,64672 984
— 0,9	— 100,43695 468	— 50,45123 487	— 33,79896 738	— 25,48016 148	— 20,49482 664
— 0,8	— 9,67717 573	— 8,93551 312	— 8,31062 290	— 7,77754 208	— 7,31796 809
— 0,7	— 5,51884 565	— 5,32113 023	— 5,14260 224	— 4,98092 686	— 4,83414 654
— 0,6	— 4,18889 283	— 4,11139 919	— 4,04060 630	— 3,97600 493	— 3,91714 920
— 0,5	— 3,66583 157	— 3,63857 057	— 3,61499 894	— 3,59498 812	— 3,57842 983
— 0,4	— 3,54778 585	— 3,55384 128	— 3,56309 766	— 3,57559 444	— 3,59138 726
— 0,3	— 3,76074 237	— 3,80273 204	— 3,84918 161	— 3,90035 603	— 3,95655 743
— 0,2	— 4,42239 767	— 4,52668 937	— 4,64061 578	— 4,76520 803	— 4,90166 681
— 0,1	— 6,06937 140	— 6,34718 891	— 6,65974 766	— 7,01348 485	— 7,41655 825
— 0,0	— 11,78547 893	— 13,16269 442	— 14,93697 261	— 17,30671 821	— 20,62906 634

x	4	3	2	1	0
—5					— ∞
—4,9	—0,15472 39	—0,13517 62	—0,12059 63	—0,10933 11	—0,10038 89
—4,8	—0,07123 26	—0,06855 33	—0,06622 57	—0,06419 66	—0,06242 34
—4,7	—0,05561 66	—0,05495 20	—0,05438 96	—0,05392 17	—0,05354 13
—4,6	—0,05283 61	—0,05295 19	—0,05312 92	—0,05366 70	—0,05366 46
—4,5	—0,05671 20	—0,05743 75	—0,05822 91	—0,05908 89	—0,06001 96
—4,4	—0,06727 90	—0,06880 90	—0,07044 54	—0,07219 52	—0,07406 62
—4,3	—0,08840 30	—0,09143 28	—0,09469 05	—0,09819 82	—0,10198 08
—4,2	—0,13238 26	—0,13918 40	—0,14666 25	—0,15491 58	—0,16406 11
—4,1	—0,24845 51	—0,27048 86	—0,29632 34	—0,32699 95	—0,36397 31
—4,0	—0,98317 71	—1,32936 59	—2,02275 55	—4,10501 18	— ∞
—3,9	0,76433 63	0,66641 85	0,59333 37	0,53681 58	0,49190 58
—3,8	0,34476 59	0,33111 26	0,31920 80	0,30878 55	0,29963 21
—3,7	0,26362 26	0,25992 29	0,25671 91	0,25397 10	0,25164 40
—3,6	0,24515 93	0,24516 74	0,24545 70	0,24602 18	0,24685 71
—3,5	0,25747 23	0,26019 17	0,26319 54	0,26649 11	0,27008 82
—3,4	0,29871 87	0,30482 40	0,31136 88	0,31838 08	0,32589 12
—3,3	0,38366 91	0,39590 39	0,40906 30	0,42323 42	0,43851 74
—3,2	0,56130 23	0,58874 82	0,61891 59	0,65219 57	0,68905 64
—3,1	1,02860 40	1,11711 80	1,22085 25	1,34396 80	1,49228 98
—3,0	3,97203 56	5,35734 45	8,13147 70	16,46109 74	∞
—2,9	— 3,01148 50	— 2,61902 48	— 2,32586 79	— 2,09894 96	—1,91843 27
—2,8	— 1,32390 11	— 1,26816 11	— 1,21937 47	— 1,17647 28	—1,13860 21
—2,7	— 0,98594 86	— 0,96951 23	— 0,95499 52	— 0,94223 24	—0,93108 28
—2,6	— 0,89237 99	— 0,88995 75	— 0,88855 44	— 0,88813 89	—0,88868 57
—2,5	— 0,91145 18	— 0,91847 68	— 0,92644 78	— 0,93538 39	—0,94530 87
—2,4	— 1,02759 24	— 1,04554 64	— 1,06488 12	— 1,08567 86	—1,10802 99
—2,3	— 1,28145 49	— 1,31836 00	— 1,35808 91	— 1,40090 52	—1,44710 74
—2,2	— 1,81861 95	— 1,90165 66	— 1,99290 91	— 2,09354 83	—2,20498 05
—2,1	— 3,22981 66	— 3,49657 93	— 3,80905 98	— 4,17974 03	—4,62609 83
—2,0	—12,07498 84	—16,23275 37	—24,55706 07	—49,54790 30	— ∞
—1,9	8,85376 590	7,67374 261	6,79153 441	6,10794 346	5,56345 479
—1,8	3,75987 912	3,58889 603	3,43863 655	3,30588 865	3,18808 591
—1,7	2,70149 927	2,64676 850	2,59758 697	2,55344 980	2,51392 352
—1,6	2,35588 301	2,34058 820	2,32801 240	2,31804 242	2,31058 286
—1,5	2,31508 756	2,32374 620	2,33464 850	2,34781 365	2,36327 180
—1,4	2,50732 549	2,54067 769	2,57701 252	2,61648 537	2,65927 185
—1,3	2,99860 447	3,07177 883	3,15076 673	3,23609 097	3,32834 701
—1,2	4,07370 758	4,24069 414	4,42425 822	4,62674 164	4,85095 714
—1,1	6,91180 743	7,44771 395	8,07520 675	8,81925 211	9,71480 638
—1,0	24,63297 626	32,95249 000	49,60526 253	99,59128 509	∞
—0,9	—17,17630 584	—14,81032 323	—13,03974 606	— 11,66617 201	—10,57056 411
—0,8	— 6,91817 758	— 6,56767 974	— 6,25831 853	— 5,98365 846	— 5,73855 464
—0,7	— 4,70060 873	— 4,57890 951	— 4,46784 959	— 4,36639 916	— 4,27366 998
—0,6	— 3,86364 814	— 3,81515 876	— 3,77138 009	— 3,73204 830	— 3,69693 257
—0,5	— 3,56523 485	— 3,55533 168	— 3,54866 572	— 3,54159 861	— 3,54490 770
—0,4	— 3,61054 870	— 3,63316 910	— 3,65935 777	— 3,68924 437	— 3,72298 059
—0,3	— 4,01813 000	— 4,08546 585	— 4,15901 209	— 4,23927 918	— 4,32685 111
—0,2	— 5,05139 739	— 5,21605 380	— 5,39759 502	— 5,59835 739	— 5,82114 857
—0,1	— 7,87946 047	— 8,41591 676	— 9,04423 156	— 9,78936 984	—10,68628 702
—0,0	—25,61829 531	—33,94106 470	—50,59736 778	—100,58719 794	— ∞

x	0	1	2	3	4
0,0	∞	99,43258 513	49,44221 018	32,78499 836	24,46095 502
1	9,51350 770	8,61268 640	7,86325 155	7,23024 192	6,68868 619
2	4,59084 371	4,35988 806	4,15048 158	3,95980 372	3,78550 441
3	2,99156 898	2,89033 605	2,79575 145	2,70720 622	2,62416 326
4	2,21815 954	2,16284 063	2,11037 093	2,06054 939	2,01319 335
5	1,77245 385	1,73841 507	1,70584 381	1,67465 590	1,64477 344
6	1,48919 224	1,46668 952	1,44503 818	1,42419 719	1,40412 817
7	1,29805 533	1,28249 532	1,26747 302	1,25296 626	1,23895 409
8	1,16422 971	1,15318 057	1,14249 400	1,13215 710	1,12215 758
9	1,06862 870	1,06069 310	1,05301 555	1,04558 808	1,03840 309
1,00	1	0,99942 377	0,99884 952	0,99827 723	0,99770 691
1	0,99432 585	0,99376 911	0,99321 429	0,99266 138	0,99211 038
2	0,98884 420	0,98830 643	0,98777 052	0,98723 648	0,98670 429
3	0,98354 995	0,98303 064	0,98251 315	0,98199 748	0,98148 362
4	0,97843 820	0,97793 688	0,97743 734	0,97693 956	0,97644 355
5	0,97350 427	0,97302 048	0,97253 842	0,97205 808	0,97157 947
6	0,96874 365	0,96827 695	0,96781 194	0,96734 861	0,96688 696
7	0,96415 204	0,96370 202	0,96325 364	0,96280 689	0,96236 179
8	0,95972 531	0,95929 155	0,95885 940	0,95842 884	0,95799 989
9	0,95545 949	0,95504 161	0,95462 530	0,95421 055	0,95379 736
1,10	0,95135 077	0,95094 840	0,95054 755	0,95014 824	0,94975 045
1	0,94739 550	0,94700 828	0,94662 255	0,94623 832	0,94585 557
2	0,94359 019	0,94321 777	0,94284 682	0,94247 732	0,94210 929
3	0,93993 145	0,93957 351	0,93921 701	0,93886 193	0,93850 827
4	0,93641 607	0,93607 229	0,93572 992	0,93538 894	0,93504 936
5	0,93304 093	0,93271 102	0,93238 247	0,93205 529	0,93172 948
6	0,92980 307	0,92948 672	0,92917 171	0,92885 804	0,92854 571
7	0,92669 961	0,92639 655	0,92609 480	0,92579 437	0,92549 524
8	0,92372 781	0,92343 777	0,92314 902	0,92286 155	0,92257 537
9	0,92088 504	0,92060 776	0,92033 174	0,92005 698	0,91978 348
1,20	0,91816 874	0,91790 397	0,91764 045	0,91737 815	0,91711 709
1	0,91557 649	0,91532 400	0,91507 272	0,91482 265	0,91457 380
2	0,91310 595	0,91286 550	0,91262 624	0,91238 818	0,91215 130
3	0,91075 486	0,91052 623	0,91029 878	0,91007 250	0,90984 738
4	0,90852 106	0,90830 405	0,90808 819	0,90787 348	0,90765 991
5	0,90640 248	0,90619 688	0,90599 241	0,90578 907	0,90558 686
6	0,90439 711	0,90420 273	0,90400 946	0,90381 730	0,90362 624
7	0,90250 306	0,90231 971	0,90213 745	0,90195 628	0,90177 619
8	0,90071 848	0,90054 597	0,90037 454	0,90020 418	0,90003 489
9	0,89904 159	0,89887 975	0,89871 898	0,89855 927	0,89840 061
1,30	0,89747 070	0,89731 937	0,89716 909	0,89701 985	0,89687 165
1	0,89600 418	0,89586 320	0,89572 326	0,89558 434	0,89544 644
2	0,89464 046	0,89450 969	0,89437 992	0,89425 117	0,89412 343
3	0,89337 805	0,89325 733	0,89313 760	0,89301 887	0,89290 113
4	0,89221 551	0,89210 469	0,89199 486	0,89188 601	0,89177 814
5	0,89115 144	0,89105 040	0,89095 033	0,89085 123	0,89075 309
6	0,89018 453	0,89009 314	0,89000 270	0,88991 321	0,88982 469
7	0,88931 351	0,88923 163	0,88915 070	0,88907 071	0,88899 167
8	0,88853 715	0,88846 468	0,88839 314	0,88832 253	0,88825 285
9	0,88785 429	0,88779 110	0,88772 884	0,88766 750	0,88760 708
1,40	0,88726 382	0,88720 981	0,88715 671	0,88710 453	0,88705 325
1	0,88676 466	0,88671 972	0,88667 569	0,88663 256	0,88659 033
2	0,88635 579	0,88631 983	0,88628 476	0,88625 059	0,88621 730
3	0,88603 624	0,88600 916	0,88598 297	0,88595 765	0,88593 322
4	0,88580 507	0,88578 678	0,88576 936	0,88575 282	0,88573 715
5	0,88566 138	0,88565 179	0,88564 307	0,88563 521	0,88562 821
6	0,88560 434	0,88560 337	0,88560 325	0,88560 400	0,88560 560
7	0,88563 312	0,88564 069	0,88564 911	0,88565 838	0,88566 849
8	0,88574 696	0,88576 300	0,88577 988	0,88579 759	0,88581 615
9	0,88594 513	0,88596 956	0,88599 482	0,88602 092	0,88604 785

x	5	6	7	8	9
0,0	19,47008 531	16,14572 750	13,77360 061	11,99656 638	10,61621 654
1	6,22027 287	5,81126 917	5,45117 418	5,13182 119	4,84676 335
2	3,62560 991	3,47845 045	3,34260 394	3,21685 170	3,10014 340
3	2,54614 698	2,47273 481	2,40355 002	2,33825 566	2,27654 946
4	1,96813 640	1,92522 682	1,88432 579	1,84530 618	1,80805 129
5	1,61612 427	1,58864 143	1,56226 271	1,53693 027	1,51259 019
6	1,38479 510	1,36616 420	1,34820 373	1,33088 387	1,31417 654
7	1,22541 670	1,21233 537	1,19969 237	1,18747 091	1,17565 505
8	1,11248 374	1,10312 447	1,09406 918	1,08530 779	1,07683 068
9	1,03145 332	1,02473 181	1,01823 194	1,01194 736	1,00587 198
1,00	0,99713 854	0,99657 212	0,99600 765	0,99544 511	0,99488 452
1	0,99156 129	0,99101 409	0,99046 879	0,98992 538	0,98938 385
2	0,98617 396	0,98564 548	0,98511 884	0,98459 405	0,98407 108
3	0,98097 156	0,98046 130	0,97995 285	0,97944 618	0,97894 130
4	0,97594 929	0,97545 679	0,97496 605	0,97447 704	0,97398 979
5	0,97110 257	0,97062 738	0,97015 390	0,96968 212	0,96921 204
6	0,96642 698	0,96596 867	0,96551 203	0,96505 704	0,96460 372
7	0,96191 832	0,96147 648	0,96103 626	0,96059 766	0,96016 068
8	0,95757 253	0,95714 675	0,95672 257	0,95629 996	0,95587 894
9	0,95338 572	0,95297 564	0,95256 711	0,95216 012	0,95175 468
1,10	0,94935 418	0,94895 942	0,94856 618	0,94817 445	0,94778 423
1	0,94547 431	0,94509 454	0,94471 624	0,94433 942	0,94396 407
2	0,94174 270	0,94137 756	0,94101 387	0,94065 163	0,94029 082
3	0,93815 604	0,93780 522	0,93745 582	0,93710 783	0,93676 124
4	0,93471 116	0,93437 435	0,93403 893	0,93370 489	0,93337 222
5	0,93140 502	0,93108 193	0,93076 019	0,93043 980	0,93012 076
6	0,92823 471	0,92792 504	0,92761 670	0,92730 968	0,92700 399
7	0,92519 742	0,92490 091	0,92460 569	0,92431 177	0,92401 915
8	0,92229 046	0,92200 683	0,92172 448	0,92144 339	0,92116 358
9	0,91951 123	0,91924 024	0,91897 050	0,91870 200	0,91843 475
1,20	0,91685 726	0,91659 866	0,91634 129	0,91608 513	0,91583 020
1	0,91432 615	0,91407 971	0,91383 447	0,91359 043	0,91334 759
2	0,91191 561	0,91168 110	0,91144 777	0,91121 562	0,91098 465
3	0,90962 343	0,90940 064	0,90917 901	0,90895 854	0,90873 922
4	0,90744 749	0,90723 621	0,90702 607	0,90681 707	0,90660 921
5	0,90538 577	0,90518 580	0,90498 595	0,90478 922	0,90459 261
6	0,90343 629	0,90324 745	0,90305 970	0,90287 306	0,90268 751
7	0,90159 720	0,90141 929	0,90124 247	0,90106 672	0,90089 206
8	0,89986 668	0,89969 953	0,89953 345	0,89936 843	0,89920 448
9	0,89824 300	0,89808 644	0,89793 093	0,89777 647	0,89762 306
1,30	0,89672 449	0,89657 836	0,89643 327	0,89628 921	0,89614 618
1	0,89530 956	0,89517 371	0,89503 887	0,89490 505	0,89477 225
2	0,89399 669	0,89387 095	0,89374 623	0,89362 250	0,89349 978
3	0,89278 439	0,89266 863	0,89255 387	0,89244 009	0,89232 731
4	0,89167 125	0,89156 534	0,89146 040	0,89135 644	0,89125 346
5	0,89065 592	0,89055 972	0,89046 448	0,89037 020	0,89027 689
6	0,88973 711	0,88965 049	0,88956 482	0,88948 010	0,88939 633
7	0,88891 357	0,88883 641	0,88876 019	0,88868 490	0,88861 056
8	0,88818 410	0,88811 629	0,88804 940	0,88798 343	0,88791 840
9	0,88754 758	0,88748 899	0,88743 133	0,88737 458	0,88731 874
1,40	0,88700 289	0,88695 343	0,88690 488	0,88685 723	0,88681 049
1	0,88654 900	0,88650 856	0,88646 903	0,88643 039	0,88639 264
2	0,88618 491	0,88615 340	0,88612 278	0,88609 305	0,88606 420
3	0,88590 967	0,88588 699	0,88586 520	0,88584 428	0,88582 424
4	0,88572 234	0,88570 841	0,88569 535	0,88568 316	0,88567 184
5	0,88562 208	0,88561 682	0,88561 241	0,88560 886	0,88560 616
6	0,88560 805	0,88561 136	0,88561 552	0,88562 054	0,88562 640
7	0,88567 946	0,88569 127	0,88570 393	0,88571 743	0,88573 177
8	0,88583 555	0,88585 579	0,88587 687	0,88589 879	0,88592 154
9	0188607 562	0,88610 422	0,88613 365	0,88616 391	0,88619 500

x	0	1	2	3	4
1,50	0,88622 693	0,88625 968	0,88629 326	0,88632 767	0,88636 291
1	0,88659 168	0,88663 270	0,88667 454	0,88671 720	0,88676 068
2	0,88703 878	0,88708 800	0,88713 803	0,88718 888	0,88724 054
3	0,88756 763	0,88762 499	0,88768 316	0,88774 214	0,88780 193
4	0,88817 766	0,88824 311	0,88830 936	0,88837 642	0,88844 428
5	0,88886 835	0,88894 183	0,88901 612	0,88909 121	0,88916 710
6	0,88963 920	0,88972 068	0,88980 295	0,88988 601	0,88996 988
7	0,89048 975	0,89057 917	0,89066 938	0,89076 039	0,89085 218
8	0,89141 955	0,89151 688	0,89161 499	0,89171 389	0,89181 358
9	0,89242 821	0,89253 340	0,89263 937	0,89274 613	0,89285 367
1,60	0,89351 534	0,89362 836	0,89374 215	0,89385 673	0,89397 209
1	0,89468 061	0,89480 142	0,89492 301	0,89504 537	0,89516 851
2	0,89592 367	0,89605 224	0,89618 159	0,89631 171	0,89644 261
3	0,89724 423	0,89738 054	0,89751 762	0,89765 548	0,89779 410
4	0,89864 203	0,89878 605	0,89893 083	0,89907 639	0,89922 272
5	0,90011 682	0,90026 852	0,90042 099	0,90057 423	0,90072 824
6	0,90166 837	0,90182 774	0,90198 788	0,90214 878	0,90231 044
7	0,90329 650	0,90346 352	0,90363 130	0,90379 984	0,90396 915
8	0,90500 103	0,90517 568	0,90535 109	0,90552 727	0,90570 420
9	0,90678 182	0,90696 408	0,90714 711	0,90733 090	0,90751 545
1,70	0,90863 873	0,90882 861	0,90901 924	0,90921 064	0,90940 279
1	0,91057 168	0,91076 915	0,91096 738	0,91116 638	0,91136 613
2	0,91258 058	0,91278 564	0,91299 147	0,91319 805	0,91340 539
3	0,91466 537	0,91487 802	0,91509 143	0,91530 560	0,91552 053
4	0,91682 603	0,91704 626	0,91726 726	0,91748 901	0,91771 152
5	0,91906 253	0,91929 035	0,91951 893	0,91974 827	0,91997 837
6	0,92137 488	0,92161 029	0,92184 646	0,92208 339	0,92232 107
7	0,92376 313	0,92400 613	0,92424 989	0,92449 441	0,92473 968
8	0,92622 731	0,92647 790	0,92672 926	0,92698 138	0,92723 425
9	0,92876 749	0,92902 569	0,92928 466	0,92954 438	0,92980 486
1,80	0,93138 377	0,93164 959	0,93191 617	0,93218 351	0,93245 161
1	0,93407 626	0,93434 970	0,93462 391	0,93489 888	0,93517 462
2	0,93684 508	0,93712 617	0,93740 802	0,93769 064	0,93797 402
3	0,93969 039	0,93997 914	0,94026 865	0,94055 893	0,94084 997
4	0,94261 236	0,94290 878	0,94320 598	0,94350 393	0,94380 266
5	0,94561 118	0,94591 529	0,94622 018	0,94652 584	0,94683 226
6	0,94868 704	0,94899 888	0,94931 148	0,94962 486	0,94993 901
7	0,95184 019	0,95215 976	0,95248 011	0,95280 123	0,95312 313
8	0,95507 085	0,95539 819	0,95572 631	0,95605 521	0,95638 488
9	0,95837 931	0,95871 444	0,95905 036	0,95938 705	0,95972 453
1,90	0,96176 583	0,96210 879	0,96245 253	0,96279 706	0,96314 237
1	0,96523 073	0,96558 154	0,96593 314	0,96628 552	0,96663 870
2	0,96877 431	0,96913 301	0,96949 250	0,96985 278	0,97021 385
3	0,97239 692	0,97276 354	0,97313 095	0,97349 916	0,97386 817
4	0,97609 891	0,97647 349	0,97684 886	0,97722 504	0,97760 201
5	0,97988 065	0,98026 323	0,98064 660	0,98103 078	0,98141 577
6	0,98374 254	0,98413 315	0,98452 457	0,98491 680	0,98530 983
7	0,98768 498	0,98808 367	0,98848 318	0,98888 349	0,98928 461
8	0,99170 841	0,99211 522	0,99252 285	0,99293 129	0,99334 055
9	0,99581 326	0,99622 824	0,99664 404	0,99706 066	0,99747 810
2,0	1	1,00426 911	1,00862 109	1,01305 645	1,01757 573
1	1,04648 585	1,05160 901	1,05682 101	1,06212 254	1,06751 432
2	1,10180 249	1,10784 756	1,11398 926	1,12022 847	1,12656 611
3	1,16671 191	1,17376 547	1,18092 541	1,18819 281	1,19556 878
4	1,24216 934	1,25033 817	1,25862 522	1,26703 182	1,27555 930
5	1,32934 039	1,33875 344	1,34829 895	1,35797 847	1,36779 359
6	1,42962 455	1,44043 578	1,45139 634	1,46250 810	1,47377 293
7	1,54468 585	1,55707 757	1,56963 859	1,58237 109	1,59527 728
8	1,67649 080	1,69067 803	1,70505 805	1,71963 342	1,73440 675
9	1,82735 508	1,84359 069	1,86004 667	1,87672 605	1,89363 188

x	5	6	7	8	9
1,50	0,88639 897	0,88643 587	0,88647 358	0,88651 213	0,88655 149
1	0,88680 498	0,88685 010	0,88689 604	0,88694 281	0,88699 039
2	0,88729 302	0,88734 632	0,88740 042	0,88745 535	0,88751 108
3	0,88786 253	0,88792 394	0,88798 616	0,88804 918	0,88811 302
4	0,88851 295	0,88858 243	0,88865 270	0,88872 378	0,88879 566
5	0,88924 379	0,88932 127	0,88939 956	0,88947 864	0,88955 852
6	0,89005 454	0,89013 999	0,89022 624	0,89031 328	0,89040 112
7	0,89094 477	0,89103 815	0,89113 231	0,89122 727	0,89132 302
8	0,89191 405	0,89201 531	0,89211 736	0,89222 019	0,89232 381
9	0,89296 199	0,89307 110	0,89318 099	0,89329 166	0,89340 311
1,60	0,89408 823	0,89420 514	0,89432 284	0,89444 132	0,89456 058
1	0,89529 243	0,89541 713	0,89554 260	0,89566 885	0,89579 587
2	0,89657 428	0,89670 672	0,89683 994	0,89697 393	0,89710 870
3	0,89793 349	0,89807 366	0,89821 460	0,89835 630	0,89849 878
4	0,89936 981	0,89951 768	0,89966 631	0,89981 571	0,89996 588
5	0,89088 301	0,90103 855	0,90119 486	0,90135 193	0,90150 977
6	0,90247 287	0,90263 607	0,90280 003	0,90296 476	0,90313 025
7	0,90413 922	0,90431 006	0,90448 166	0,90465 402	0,90482 714
8	0,90588 190	0,90606 036	0,90623 958	0,90641 956	0,90660 031
9	0,90770 076	0,90788 684	0,90807 367	0,90826 126	0,90844 962
1,70	0,90959 571	0,90978 938	0,90998 382	0,91017 901	0,91037 497
1	0,91156 664	0,91176 791	0,91196 994	0,91217 273	0,91237 627
2	0,91361 349	0,91382 235	0,91403 197	0,91424 234	0,91445 348
3	0,91573 622	0,91595 266	0,91616 986	0,91638 783	0,91660 655
4	0,91793 479	0,91815 882	0,91838 361	0,91860 916	0,91883 546
5	0,92020 922	0,92044 084	0,92067 321	0,92090 634	0,92114 023
6	0,92255 952	0,92279 872	0,92303 868	0,92327 941	0,92352 089
7	0,92498 572	0,92523 252	0,92548 008	0,92572 839	0,92597 747
8	0,92748 789	0,92774 229	0,92799 745	0,92825 337	0,92851 005
9	0,93006 611	0,93032 812	0,92059 089	0,93085 442	0,93111 872
1,80	0,93272 048	0,93299 011	0,93326 050	0,93353 166	0,93380 358
1	0,93545 112	0,93572 838	0,93600 641	0,93628 520	0,93656 476
2	0,93825 817	0,93854 308	0,93882 876	0,93911 521	0,93940 242
3	0,94114 178	0,94143 436	0,94172 771	0,94202 183	0,94231 671
4	0,94410 215	0,94440 242	0,94470 345	0,94500 526	0,94530 783
5	0,94713 946	0,94744 744	0,94775 618	0,94806 569	0,94837 598
6	0,95025 394	0,95056 964	0,95088 611	0,95120 336	0,95152 139
7	0,95344 581	0,95376 927	0,95409 350	0,95441 851	0,95474 429
8	0,95671 534	0,95704 658	0,95737 859	0,95771 138	0,95804 495
9	0,96006 279	0,96040 184	0,96074 166	0,96108 227	0,96142 366
1,90	0,96348 846	0,96383 534	0,96418 301	0,96453 146	0,96488 070
1	0,96699 266	0,96734 741	0,96770 295	0,96805 928	0,96841 640
2	0,97057 571	0,97093 837	0,97130 182	0,97166 606	0,97203 109
3	0,97423 797	0,97460 856	0,97497 995	0,97535 214	0,97572 513
4	0,97797 979	0,97835 836	0,97873 773	0,97911 790	0,97949 888
5	0,98180 155	0,98218 814	0,98257 553	0,98296 373	0,98335 273
6	0,98570 367	0,98609 831	0,98649 377	0,98689 003	0,98728 710
7	0,98968 655	0,99008 929	0,99049 285	0,99089 722	0,99130 241
8	0,99375 063	0,99416 152	0,99457 323	0,99498 575	0,99539 910
9	0,99789 636	0,99831 545	0,99873 535	0,99915 608	0,99957 763
2,0	1,02217 948	1,02686 827	1,03164 269	1,03650 334	1,04145 084
1	1,07299 707	1,07857 156	1,08423 854	1,08999 882	1,09585 319
2	1,13300 310	1,13954 037	1,14617 889	1,15291 965	1,15976 365
3	1,20305 445	1,21065 096	1,21835 951	1,22618 127	1,23411 746
4	1,28420 900	1,29298 233	1,30188 069	1,31090 551	1,32005 825
5	1,37774 594	1,38783 715	1,39806 890	1,40844 290	1,41896 086
6	1,48519 275	1,49676 950	1,50850 515	1,52040 173	1,53246 127
7	1,60835 942	1,62161 980	1,63506 074	1,64868 461	1,66249 381
8	1,74938 068	1,76455 790	1,77994 115	1,79553 320	1,81133 689
9	1,91076 927	1,92813 538	1,94573 942	1,98358 265	1,98166 839

x	0	1	2	3	4
3,0	2,	2,01858 091	2,03741 460	2,05650 459	2,07585 449
1	2,19762 028	2,21889 501	2,24046 054	2,26232 101	2,28448 064
2	2,42396 548	2,44834 310	2,47305 615	2,49810 950	2,52350 809
3	2,68343 738	2,71139 824	2,73974 695	2,76848 925	2,79763 094
4	2,98120 643	3,01331 498	3,04587 304	3,07888 733	3,11236 470
5	3,32335 097	3,36027 114	3,39771 335	3,43568 553	3,47419 573
6	3,71702 382	3,75953 739	3,80265 842	3,84639 630	3,89076 053
7	4,17065 179	4,21968 022	4,26941 697	4,31987 308	4,37105 976
8	4,69417 425	4,75080 526	4,80826 371	4,86656 259	4,92571 517
9	5,29932 973	5,36484 890	5,43133 629	5,49880 733	5,56727 773
4,0	6	6,07592 85	6,15299 21	6,23120 89	6,31059 76
1	6,81262 29	6,90076 35	6,99023 69	7,08106 48	7,17326 92
2	7,75668 95	7,85918 14	7,96324 08	8,06889 37	8,17616 62
3	8,85534 34	8,97472 82	9,09595 99	9,21906 92	9,34408 74
4	10,13610 19	10,27540 41	10,41688 58	10,56058 35	10,70653 48
5	11,63172 84	11,79455 17	11,95995 10	12,12796 99	12,29865 29
6	13,38128 58	13,57193 00	13,76562 35	13,96241 86	14,16236 83
7	15,43141 16	15,65501 36	15,88223 11	16,11312 66	16,34776 35
8	17,83786 21	18,10056 80	18,36756 74	18,63893 47	18,91474 62
9	20,66738 60	20,97655 92	21,29083 82	21,61031 28	21,93507 42

Tabelle 5. Werte von A, B, C in (22).

(Siehe Anhang § 5, 3.)

	n		h = 0,001		h = 0,0001		h = 0,00001
	0		99966 66666 44443		9995 00001 66802		999 66666 66762
	1		99566 66693 11109		9955 00001 70135		995 66666 66764
	2		98766 66906 44425		9875 00001 92802		987 66666 66785
A	3		97566 67626 44296		9755 00002 66802		975 66666 66857
	4	999,	95966 69333 10416	9999,9	9595 00004 40135	99999,99	959 66666 67026
	5		93966 72666 42083		9395 00007 76802		939 66666 67362
	6		91566 78426 37936		9155 00013 56801		915 66666 67934
	7		88766 87572 95639		8875 00022 56135		887 66666 68826
	8		85567 01226 11496		8555 00035 46801		855 66666 70118
	9		81967 20665 80003		8195 00053 26707		819 66666 71888
	0		0,99999 99999 99999		1,00000 00000 00000		1,00000 00000 00000
	1		2,99999 61000 01333		2,99999 99600 00000		2,99999 99996 00000
	2		4,99998 00000 22665		4,99999 98000 00002		4,99999 99979 99999
B	3		6,99994 40001 30665		6,99999 94400 00013		6,99999 99944 50000
	4		8,99988 00004 70999		8,99999 88000 00047		8,99999 99880 00000
	5		10,99978 00013 05328		10,99999 78000 00130		10,99999 99779 99999
	6		12,99963 60030 33320		12,99999 63600 00303		12,99999 99635 99999
	7		14,99944 00062 34633		14,99999 44000 00623		14,99999 99439 99999
	8		16,99918 40116 95919		16,99999 18400 01169		16,99999 99183 99999
	9		18,99886 00204 43825		18,99998 86000 02044		18,99999 98859 99999
	0		0		0		0
	1		0199 99866 66665		019 99999 98666		01 99999 99999
	2		0599 99880 50009		059 99999 88000		05 99999 99988
C	3		1199 99525 00074		119 99999 52000		11 99999 99952
	4	0,0	1999 98666 67013	0,00	199 99998 66666	0,000	19 99999 99867
	5		2999 97000 01180		299 99997 00000		29 99999 99700
	6		4199 94120 03254		419 99994 12000		46 99999 99414
	7		5599 89546 74402		559 99989 64667		55 99999 98968
	8		7199 82720 16473		719 99983 22000		71 99999 98322
	9		8999 73000 32220		899 99974 35000		89 99999 97437

x	5	6	7	8	9
3,0	2,09546 793	2,11534 863	2,13550 036	2,15592 694	2,17663 226
1	2,30694 370	2,32971 456	2,35279 764	2,37619 743	2,39991 850
2	2,54925 697	2,57536 123	2,60182 608	2,62865 680	2,65585 875
3	2,82717 795	2,85713 628	2,88751 203	2,91831 141	2,94954 074
4	3,14631 205	3,18073 654	3,21564 530	3,25104 566	3,28694 503
5	3,51325 214	3,55286 311	3,59303 707	3,63378 267	3,67510 863
6	3,93576 078	3,98140 686	4,02770 876	4,07467 664	4,12232 081
7	4,42298 841	4,47567 064	4,52911 824	4,58334 320	4,63835 772
8	4,98573 493	5,04663 558	5,10843 109	5,17113 563	5,23476 362
9	5,63676 345	5,70728 072	5,77884 607	5,85147 629	5,92518 848
4,0	6,39117 72	6,47296 68	6,55598 61	6,64025 50	6,72579 37
1	7,26687 27	7,36189 80	7,45836 85	7,55630 78	7,65574 00
2	8,28508 51	8,39567 76	8,50797 13	8,62199 43	8,73777 53
3	9,47104 61	9,59997 79	9,73091 55	9,86389 26	9,99894 31
4	10,85477 66	11,00534 84	11,15828 92	11,31363 89	11,47143 82
5	12,47204 51	12,64819 27	12,82714 24	13,00894 20	13,19364 00
6	14,36552 68	14,57194 91	14,78169 12	14,99481 00	15,21136 38
7	16,58620 65	16,82852 16	17,07477 58	17,32503 73	17,57937 58
8	19,19507 95	19,48001 34	19,76962 83	20,06400 62	20,36323 05
9	22,26521 56	22,60083 17	22,94201 89	23,28887 57	23,64150 20

Tabelle 6. Werte von A, A_1, A_2, A_3 in (32).

(Siehe Anhang § 5, 7).

h	n	A	A_1	A_2	A_3
0,001	0	—0,00000 0000 0	0,00 100 00000	0,00000 05000	0,00000 00 002
	1	—0,00000 0000 0	0,00 100 00000	0,00000 15000	0,00000 00 011
	2	—0,00000 0000 0	0,00 100 00000	0,00000 25000	0,00000 00 032
	3	—0,00000 0000 0	0,00 100 00000	0,00000 35000	0,00000 00 062
	4	—0,00000 0000 0	0,00 100 00000	0,00000 45000	0,00000 00 101
	5	—0,00000 0000 0	0,00 100 00000	0,00000 55000	0,00000 00 152
	6	—0,00000 0000 1	0,00 100 00000	0,00000 65000	0,00000 00 212
	7	—0,00000 0000 2	0,00 100 00000	0,00000 75000	0,00000 00 281
	8	—0,00000 0000 2	0,00 100 00000	0,00000 85000	0,00000 00 362
	9	—0,00000 0000 3	0,00 100 00000	0,00000 95000	0,00000 00 451
0,0001	0	—0,00000 00000	0,000 10 00000	0,00000 00 050	0,00000 0000 0
	1	—0,00000 00000	0,000 10 00000	0,00000 00 150	0,00000 0000 0
	2	—0,00000 00000	0,000 10 00000	0,00000 00 250	0,00000 0000 0
	3	—0,00000 00000	0,000 10 00000	0,00000 00 350	0,00000 0000 0
	4	—0,00000 00000	0,000 10 00000	0,00000 00 450	0,00000 0000 0
	5	—0,00000 00000	0,000 10 00000	0,00000 00 550	0,00000 0000 0
	6	—0,00000 00000	0,000 10 00000	0,00000 00 650	0,00000 0000 0
	7	—0,00000 00000	0,000 10 00000	0,00000 00 750	0,00000 0000 0
	8	—0,00000 00000	0,000 10 00000	0,00000 00 850	0,00000 0000 0
	9	—0,00000 00000	0,000 10 00000	0,00000 00 950	0,00000 0000 1

x	$\frac{x\pi}{2}$	x	$\frac{x\pi}{2}$
0	0	**0,10**	0,15707 96326 79490
0,01	0,01570 79632 67949	1	0,17278 75959 47439
2	0,03141 59265 35898	2	0,18849 55592 15388
3	0,04712 38898 03847	3	0,20420 35224 83337
4	0,06283 18530 71796	4	0,21991 14857 51286
5	0,07853 98163 39745	5	0,23561 94490 19234
6	0,09424 77796 07694	6	0,25132 74122 87183
7	0,10995 57428 75643	7	0,26703 53755 55132
8	0,12566 37061 43592	8	0,28274 33388 23081
9	0,14137 16694 11541	9	0,29845 13020 91030

Tafel VIII. Die ersten zehn Potenzen aller natürlichen Zahlen von 1 bis 100.

x	x^2	x^3	x^4	x^5	x^6	x^7
1	1	1	1	1	1	1
2	4	8	16	32	64	128
3	9	27	81	243	729	2187
4	16	64	256	1024	4096	16384
5	25	125	625	3125	15625	78125
6	36	216	1296	7776	46656	2 79936
7	49	343	2401	16807	1 17649	8 23543
8	64	512	4096	32768	2 62144	20 97152
9	81	729	6561	59049	5 31441	47 82969
10	100	1000	10000	1 00000	10 00000	100 00000
11	121	1331	14641	1 61051	17 71561	194 87171
12	144	1728	20736	2 48832	29 85984	358 31808
13	169	2197	28561	3 71293	48 26809	627 48517
14	196	2744	38416	5 37824	75 29536	1054 13504
15	225	3375	50625	7 59375	113 90625	1708 59375
16	256	4096	65536	10 48576	167 77216	2684 35456
17	289	4913	83521	14 19857	241 37569	4103 38673
18	324	5832	1 04976	18 89568	340 12224	6122 20032
19	361	6859	1 30321	24 76099	470 45881	8938 71739
20	400	8000	1 60000	32 00000	640 00000	12800 00000
21	441	9261	1 94481	40 84101	857 66121	18010 88541
22	484	10648	2 34256	51 53632	1133 79904	24943 57888
23	529	12167	2 79841	64 36343	1480 35889	34048 25447
24	576	13824	3 31776	79 62624	1911 02976	45864 71424
25	625	15625	3 90625	97 65625	2441 40625	61035 15625
26	676	17576	4 56976	118 81376	3089 15776	80318 10176
27	729	19683	5 31441	143 48907	3874 20489	1 04603 53203
28	784	21952	6 14656	172 10368	4818 90304	1 34929 28512
29	841	24389	7 07281	205 11149	5948 23321	1 72498 76309
30	900	27000	8 10000	243 00000	7290 00000	2 18700 00000
31	961	29791	9 23521	286 29151	8875 03681	2 75126 14111
32	1024	32768	10 48576	335 54432	10737 41824	3 43597 38368
33	1089	35937	11 85921	391 35393	12914 67969	4 26184 42977
34	1156	39304	13 36336	454 35424	15448 04416	5 25233 50144
35	1225	42875	15 00625	525 21875	18382 65625	6 43392 96875
36	1296	46656	16 79616	604 66176	21767 82336	7 83641 64096
37	1369	50653	18 74161	693 43957	25657 26409	9 49318 77133
38	1444	54872	20 85136	792 35168	30109 36384	11 44155 82592
39	1521	59319	23 13441	902 24199	35187 43761	13 72310 06679
40	1600	64000	25 60000	1024 00000	40960 00000	16 38400 00000
41	1681	68921	28 25761	1158 56201	47501 04241	19 47542 73881
42	1764	74088	31 11696	1306 91232	54890 31744	23 05393 33248
43	1849	79507	34 18801	1470 08443	63213 63049	27 18186 11107
44	1936	85184	37 48096	1649 16224	72563 13856	31 92778 09664
45	2025	91125	41 00625	1845 28125	83037 65625	37 36694 53125
46	2116	97336	44 77456	2059 62976	94742 96896	43 58176 57216
47	2209	1 03823	48 79681	2293 45007	1 07792 15329	50 66231 20463
48	2304	1 10592	53 08416	2548 03968	1 22305 90464	58 70683 42272
49	2401	1 17649	57 64801	2824 75249	1 38412 87201	67 82230 72849
50	2500	1 25000	62 50000	3125 00000	1 56250 00000	78 12500 00000

x	$\frac{x\pi}{2}$	x	$\frac{x\pi}{2}$
0,20	0,31415 92653 58979	**0,30**	0,47123 88980 38469
1	0,32986 72286 26928	1	0,48694 68613 06418
2	0,34557 51918 94877	2	0,50265 48245 74367
3	0,36128 31551 62826	3	0,51836 27878 42316
4	0,37699 11184 30775	4	0,53407 07511 10265
5	0,39269 90816 98724	5	0,54977 87143 78214
6	0,40840 70449 66673	6	0,56548 66776 46163
7	0,42411 50082 34622	7	0,58119 46409 14112
8	0,43982 29715 02571	8	0,59690 26041 82061
9	0,45553 09347 70520	9	0,61261 05674 50010

x	x^8	x^9	x^{10}
1	1	1	1
2	256	512	1024
3	6561	19683	59049
4	65536	2 62144	10 48576
5	3 90625	19 53125	97 65625
6	16 79616	100 77696	604 66176
7	57 64801	403 53607	2824 75249
8	167 77216	1342 17728	10737 41824
9	430 46721	3874 20489	34867 84401
10	1000 00000	10000 00000	1 00000 00000
11	2143 58881	23579 47691	2 59374 24601
12	4299 81696	51597 80352	6 19173 64224
13	8157 30721	1 06044 99373	13 78584 91849
14	14757 89056	2 06610 46784	28 92546 54976
15	25628 90625	3 84433 59375	57 66503 90625
16	42949 67296	6 87194 76736	109 95116 27776
17	69757 57441	11 85878 76497	201 59939 00449
18	1 10199 60576	19 83592 90368	357 04672 26624
19	1 69835 63041	32 26876 97779	613 10662 57801
20	2 56000 00000	51 20000 00000	1024 00000 00000
21	3 78228 59361	79 42800 46581	1667 98809 78201
22	5 48758 73536	120 72692 17792	2655 99227 91424
23	7 83109 85281	180 11526 61463	4142 65112 13649
24	11 00753 14176	264 18075 40224	6340 33809 65376
25	15 25878 90625	381 46972 65625	9536 74316 40625
26	20 88270 64576	542 95036 78976	14116 70956 53376
27	28 24295 36481	762 55974 84987	20589 11320 94649
28	37 78019 98336	1057 84559 53408	29619 67666 95424
29	50 02464 12961	1450 71459 75869	42070 72333 00201
30	65 61000 00000	1968 30000 00000	59049 00000 00000
31	85 28910 37441	2643 96221 60671	81962 82869 80801
32	109 95116 27776	3518 43720 88832	1 12589 99068 42624
33	140 64086 18241	4641 14844 01953	1 53157 89852 64449
34	178 57939 04896	6071 69927 66464	2 06437 77540 59776
35	225 18753 90625	7881 56386 71875	2 75854 73535 15625
36	282 11099 07456	10155 99566 68416	3 65615 84400 62976
37	351 24794 53921	12996 17397 95077	4 80858 43724 17849
38	434 77921 38496	16521 61012 62848	6 27821 18479 88224
39	535 20092 60481	20872 83611 58759	8 14040 60851 91601
40	655 36000 00000	26214 40000 00000	10 48576 00000 00000
41	798 49252 29121	32738 19343 93961	13 42265 93101 52401
42	968 26519 96416	40667 13838 49472	17 08019 81216 77824
43	1168 82002 77601	50259 26119 36843	21 61148 23132 84249
44	1404 82236 25216	61812 18395 09504	27 19736 09384 18176
45	1681 51253 90625	75668 06425 78125	34 05062 89160 15625
46	2004 76122 31936	92219 01626 69056	42 42074 74827 76576
47	2381 12866 61761	1 11913 04731 02767	52 59913 22358 30049
48	2817 92804 29056	1 35260 54605 94688	64 92506 21085 45024
49	3323 29305 69601	1 62841 35979 10449	79 79226 62976 12001
50	3906 25000 00000	1 95312 50000 00000	97 65625 00000 00000

x	$\frac{x\pi}{2}$	x	$\frac{x\pi}{2}$
0,40	0,62831 85307 17959	**0,50**	0,78539 81633 97448
1	0,64402 64939 85908	1	0,80110 61266 65397
2	0,65973 44572 53857	2	0,81681 40899 33346
3	0,67544 24205 21806	3	0,83252 20532 01295
4	0,69115 03837 89755	4	0,84823 00164 69244
5	0,70685 83470 57703	5	0,86393 79797 37193
6	0,72256 63103 25652	6	0,87964 59430 05142
7	0,73827 42735 93601	7	0,89535 39062 73091
8	0,75398 22368 61550	8	0,91106 18695 41040
9	0,76969 02001 29499	9	0,92676 93828 08989

x	x^2	x^3	x^4	x^5	x^6	x^7
51	2601	1 32651	67 65201	3450 25251	1 75962 87801	89 74106 77851
52	2704	1 40608	73 11616	3802 04032	1 97706 09664	102 80717 02528
53	2809	1 48877	78 90481	4181 95493	2 21643 61129	117 47111 39837
54	2916	1 57464	85 03056	4591 65024	2 47949 11296	133 89252 09984
55	3025	1 66375	91 50625	5032 84375	2 76806 40625	152 24352 34375
56	3136	1 75616	98 34496	5507 31776	3 08409 79456	172 70948 49536
57	3249	1 85193	105 56001	6016 92057	3 42964 47249	195 48974 93193
58	3364	1 95112	113 16496	6563 56768	3 80686 92544	220 79841 67552
59	3481	2 05379	121 17361	7149 24299	4 21805 33641	248 86514 84819
60	3600	2 16000	129 60000	7776 00000	4 66560 00000	279 93600 00000
61	3721	2 26981	138 45841	8445 96301	5 15203 74361	314 27428 36021
62	3844	2 38328	147 76336	9161 32832	5 68002 35584	352 16146 06208
63	3969	2 50047	157 52961	9924 36543	6 25235 02209	393 89806 39167
64	4096	2 62144	167 77216	10737 41824	6 87194 76736	439 80465 11104
65	4225	2 74625	178 50625	11602 90625	7 54188 90625	490 22278 90625
66	4356	2 87496	189 74736	12523 32576	8 26539 50016	545 51607 01056
67	4489	3 00763	201 51121	13501 25107	9 04583 82169	606 07116 05323
68	4624	3 14432	213 81376	14539 33568	9 88674 82624	672 29888 18432
69	4761	3 28509	226 67121	15640 31349	10 79181 63081	744 63532 52589
70	4900	3 43000	240 10000	16807 00000	11 76490 00000	823 54300 00000
71	5041	3 57911	254 11681	18042 29351	12 81002 83921	909 51201 58391
72	5184	3 73248	268 73856	19349 17632	13 93140 69504	1003 06130 04288
73	5329	3 89017	283 98241	20730 71593	15 13342 26289	1104 73985 19097
74	5476	4 05224	299 86576	22190 06624	16 42064 90176	1215 12802 73024
75	5625	4 21875	316 40625	23730 46875	17 79785 15625	1334 83886 71875
76	5776	4 38976	333 62176	25355 25376	19 26999 28576	1464 51945 71776
77	5929	4 56533	351 53041	27067 84157	20 84223 80089	1604 85232 66853
78	6084	4 74552	370 15056	28871 74368	22 51996 00704	1756 55688 54912
79	6241	4 93039	389 50081	30770 56399	24 30874 55521	1920 39089 86159
80	6400	5 12000	409 60000	32768 00000	26 21440 00000	2097 15200 00000
81	6561	5 31441	430 46721	34867 84401	28 24295 36481	2287 67924 54961
82	6724	5 51368	452 12176	37073 98432	30 40066 71424	2492 85470 56768
83	6889	5 71787	474 58321	39390 40643	32 69403 73369	2713 60509 89627
84	7056	5 92704	497 87136	41821 19424	35 12980 31616	2950 90346 55744
85	7225	6 14125	522 00625	44370 53125	37 71495 15625	3205 77088 28125
86	7396	6 36056	547 00816	47042 70176	40 45672 35136	3479 27822 21696
87	7569	6 58503	572 89761	49842 09207	43 36262 01009	3772 54794 87783
88	7744	6 81472	599 69536	52773 19168	46 44040 86784	4086 75596 36992
89	7921	7 04969	627 42241	55840 59449	49 69812 90961	4423 13348 95529
90	8100	7 29000	656 10000	59049 00000	53 14410 00000	4782 96900 00000
91	8281	7 53571	685 74961	62403 21451	56 78692 52041	5167 61019 35731
92	8464	7 78688	716 39296	65908 15232	60 63550 01344	5578 46601 23648
93	8649	8 04357	748 05201	69568 83693	64 69901 83449	6017 00870 60757
94	8836	8 30584	780 74896	73390 40224	68 98697 81056	6484 77594 19264
95	9025	8 57375	814 50625	77378 09375	73 50918 90625	6983 37296 09375
96	9216	8 84736	849 34656	81537 26976	78 27577 89896	7514 47478 10816
97	9409	9 12673	885 29281	85873 40257	83 29720 04929	8079 82844 78113
98	9604	9 41192	922 36816	90392 07968	88 58423 80864	8681 25533 24672
99	9801	9 70299	960 59601	95099 00499	94 14801 49401	9320 65347 90699
100	10000	10 00000	1000 00000	1 00000 00000	100 00000 00000	10000 00000 00000

x	$\frac{x\pi}{2}$	x	$\frac{x\pi}{2}$
0,60	0,94247 77960 76938	**0,70**	1,09955 74287 56428
1	0,95818 57593 44887	1	1,11526 53920 24377
2	0,97389 37226 12836	2	1,13097 33552 92326
3	0,98960 16858 80785	3	1,14668 13185 60275
4	1,00530 96491 48734	4	1,16238 92818 28223
5	1,02101 76124 16683	5	1,17809 72450 96172
6	1,03672 55756 84632	6	1,19380 52083 64121
7	1,05243 35389 52581	7	1,20951 31716 32070
8	1,06814 15022 20530	8	1,22522 11349 00019
9	1,08384 94654 88479	9	1,24092 90981 67968

x	x^8	x^9	x^{10}
51	4576 79445 70401	2 33416 51730 90451	119 04242 38276 13001
52	5345 97285 31456	2 77990 58836 35712	144 55510 59490 57024
53	6225 96904 11361	3 29976 35918 02133	174 88747 03655 13049
54	7230 19613 39136	3 90430 59123 13344	210 83251 92649 20576
55	8373 39378 90625	4 60536 65839 84375	253 29516 21191 40625
56	9671 73115 74016	5 41616 94481 44896	303 30548 90961 14176
57	11142 91571 12001	6 35146 19553 84057	362 03333 14568 91249
58	12806 30817 18016	7 42765 87396 44928	430 80420 68994 05824
59	14683 04376 04321	8 66299 58186 54939	511 11675 33006 41401
60	16796 16000 00000	10 07769 60000 00000	604 66176 00000 00000
61	19170 73129 97281	11 69414 60928 34141	713 34291 16628 82601
62	21834 01055 84896	13 53708 65462 63552	839 29936 58683 40224
63	24815 57802 67521	15 63381 41568 53823	984 93029 18817 90849
64	28147 49767 10656	18 01439 85094 81984	1152 92150 46068 46976
65	31864 48128 90625	20 71191 28378 90625	1346 27433 44628 90625
66	36004 06062 69696	23 76268 00137 99936	1568 33688 09107 95776
67	40606 76775 56641	27 20653 43962 94947	1822 83780 45517 61449
68	45716 32396 53376	31 08710 02964 29568	2113 92282 01572 10624
69	51379 83744 28641	35 45208 78355 76229	2446 19406 06547 59801
70	57648 01000 00000	40 35360 70000 00000	2824 75249 00000 00000
71	64575 35312 45761	45 84850 07184 49031	3255 24355 10098 81201
72	72220 41363 08736	51 99869 78142 28992	3743 90624 26244 87424
73	80646 00918 94081	58 87158 67082 67913	4297 62582 97035 57649
74	89919 47402 03776	66 54041 07750 79424	4923 99039 73558 77376
75	1 00112 91503 90625	75 08468 62792 96875	5631 35147 09472 65625
76	1 11303 47874 54976	84 59064 38465 78176	6428 88893 23399 41376
77	1 23573 62915 47681	95 15169 44491 71437	7326 68047 25862 00649
78	1 37011 43706 83136	106 86892 09132 84608	8335 77583 12361 99424
79	1 51710 88099 06561	119 85159 59826 18319	9468 27608 26268 47201
80	1 67772 16000 00000	134 21772 80000 00000	10737 41824 00000 00000
81	1 85302 01888 51841	150 09463 52969 99121	12157 66545 90569 28801
82	2 04414 08586 54976	167 61955 04097 08032	13744 80313 35960 58624
83	2 25229 22321 39041	186 94025 52675 40403	15516 04118 72058 53449
84	2 47875 89110 82496	208 21574 85309 29664	17490 12287 65980 91776
85	2 72490 52503 90625	231 61694 62832 03125	19687 44043 40722 65625
86	2 99217 92710 65856	257 32741 73116 63616	22130 15788 88030 70976
87	3 28211 67154 37121	285 54415 42430 29527	24842 34141 91435 68849
88	3 59634 52480 55296	316 47838 18288 66048	27850 09760 09402 12224
89	3 93658 88057 02081	350 35640 37074 85209	31181 71992 99661 83601
90	4 30467 21000 00000	387 42048 90000 00000	34867 84401 00000 00000
91	4 70252 52761 51521	427 92980 01297 88411	38941 61181 18107 45401
92	5 13218 87313 75616	472 16136 32865 56672	43438 84542 23632 13824
93	5 59581 80966 50401	520 41108 29884 87293	48398 23071 79293 18249
94	6 09568 93854 10816	572 99480 22286 16704	53861 51140 94899 70176
95	6 63420 43128 90625	630 24940 97246 09375	59873 69392 38378 90625
96	7 21389 57898 38336	692 53399 58244 80256	66483 26359 91501 04576
97	7 83743 35934 76961	760 23105 86545 65217	73742 41268 94928 26049
98	8 50763 02258 17856	833 74776 21301 49888	81707 28068 87546 89024
99	9 22744 69442 79201	913 51724 74836 40899	90438 20750 08804 49001
100	10 00000 00000 00000	1000 00000 00000 00000	1 00000 00000 00000 00000

x	$\frac{x\pi}{2}$	x	$\frac{x\pi}{2}$
0,80	1,25663 70614 35917	**0,90**	1,41371 66941 15407
1	1,27234 50247 03866	1	1,42942 46573 83356
2	1,28805 29879 71815	2	1,44513 26206 51305
3	1,30376 09512 39764	3	1,46084 05839 19254
4	1,31946 89145 07713	4	1,47654 85471 87203
5	1,33517 68777 75662	5	1,49225 65104 55152
6	1,35088 48410 43611	6	1,50796 44737 23101
7	1,36659 28043 11560	7	1,52367 24369 91050
8	1,38230 07675 79509	8	1,53938 04002 58999
9	1,39800 87308 47458	9	1,55508 83635 26948
		1,00	1,57079 63267 94897

Anhang.

Die Tafeln bedürfen eigentlich keiner besonderen Beschreibung und Anweisung zu ihrem Gebrauche; sie sprechen für sich. Im folgenden haben wir uns nur darauf beschränkt, einen kurzen Abriß der Hyperbelfunktionen und einige Hinweise über die Berechnung der Gammafunktion anzugeben. Interpolationsformeln nebst einer Formelsammlung sind noch hinzugefügt.

§ 1. Kurzer Abriß der Hyperbelfunktionen.

Die Hyperbelfunktionen sind so genannt, weil sie geometrisch mit der gleichseitigen Hyperbel in ähnlicher Weise zusammenhängen, wie die Kreisfunktionen mit dem Kreise.

Ihre analytische Definition kann mit Hilfe der natürlichen Exponentialfunktionen wie folgt gegeben werden. Ist x die unbeschränkte reelle Variable, so wird

$$\left.\begin{array}{ll} \dfrac{e^x + e^{-x}}{2} & \text{als hyperbolischer Kosinus } (\mathfrak{Cof}\, x), \\ \dfrac{e^x - e^{-x}}{2} & \text{„ \quad „ \quad Sinus } (\mathfrak{Sin}\, x) \end{array}\right\} \tag{1}$$

von x erklärt; mit Hilfe dieser beiden Funktionen definiert man die hyperbolische Tangente, Kotangente, Sekante und Kosekante ganz nach Art der Kreisfunktionen, indem man schreibt:

$$\left.\begin{array}{ll} \mathfrak{Tg}\, x = \dfrac{\mathfrak{Sin}\, x}{\mathfrak{Cof}\, x}, & \mathfrak{Sec}\, x = \dfrac{1}{\mathfrak{Cof}\, x}, \\ \mathfrak{Ctg}\, x = \dfrac{\mathfrak{Cof}\, x}{\mathfrak{Sin}\, x}, & \mathfrak{Cofec}\, x = \dfrac{1}{\mathfrak{Sin}\, x}. \end{array}\right\} \tag{2}$$

Mitunter werden auch andere Bezeichnungen gebraucht; man schreibt manchmal $\sinh x$, $\cosh x, \ldots$, oder kürzer $\operatorname{sh} x$, $\operatorname{ch} x, \ldots$ für $\mathfrak{Sin}\, x$, $\mathfrak{Cof}\, x, \ldots$.

Aus diesen Definitionen lassen sich Beziehungen zwischen den genannten Funktionen ableiten, ebenso zahlreich und von ähnlicher Bauart wie bei den Kreisfunktionen.

Die geometrische Bedeutung der Hyperbelfunktionen ergibt sich aus folgender Betrachtung. Der Kreis sei um O mit dem Radius 1 beschrieben. Man hat

$$\left.\begin{array}{ll} PM = \sin\vartheta, & BE = \operatorname{ctg}\vartheta, \\ OP = \cos\vartheta, & OR = \sec\vartheta, \\ AQ = \operatorname{tg}\vartheta, & OS = \operatorname{cosec}\vartheta. \end{array}\right\} \tag{3}$$

Wird nun RH senkrecht zu OU und gleich AQ gemacht, so ist der Ort des so bestimmten Punktes H eine gleichseitige Hyperbel, die A zu einem ihrer Scheitel hat. Bezeichnet man nämlich die Koordinaten von H mit u, v, so ist

$$u = \sec\vartheta,$$
$$v = \operatorname{tg}\vartheta;$$

folglich erhält man als Gleichung der Hyperbel

$$u^2 - v^2 = 1.$$

Vergleicht man diese mit

$$\mathfrak{Cof}^2 x - \mathfrak{Sin}^2 x = 1,$$

so folgt, daß

$$\mathfrak{Cof}\, x = OR,$$
$$\mathfrak{Sin}\, x = RH$$

gesetzt werden kann.

Man überzeugt sich ferner, daß der Halbmesser OH der Hyperbel auf der Tangente in A eine mit PM gleiche Strecke AN abschneidet, und daß die Tangente der Hyperbel im Punkte H durch P geht; denn es ist

$$\frac{AN}{RH} = \frac{OA}{OR}, \qquad \text{woraus } AN = \frac{RH}{OR} = \sin\vartheta = PM;$$

weiter ist der Richtungskoeffizient der Tangente

$$\frac{dv}{du} = \frac{d}{du}(u^2 - 1)^{\frac{1}{2}} = \frac{u}{v} = \frac{1}{\sin\vartheta},$$

aber auch

$$\operatorname{tg} \sphericalangle RPH = \frac{v}{u - \cos\vartheta} = \frac{\operatorname{tg}\vartheta}{\sec\vartheta - \cos\vartheta} = \frac{1}{\sin\vartheta},$$

so daß tatsächlich PH die Tangente ist.

Auf Grund dieser Ergebnisse kann man beweisen, daß ganz entsprechend den Kreisfunktionen:

$$\begin{aligned} RH &= \mathfrak{Sin}\, x, & BF &= \mathfrak{Ctg}\, x, \\ OR &= \mathfrak{Cos}\, x, & OP &= \mathfrak{Sec}\, x, \\ AN &= \mathfrak{Tg}\, x, & OT &= \mathfrak{Cosec}\, x. \end{aligned}$$

Die Analogie erstreckt sich auch auf die Bedeutung der Argumente: Wenn unter der Größe ϑ das Bogenmaß AM verstanden ist, stellt sie gleichzeitig die Fläche des Sektors $M'OMAM'$

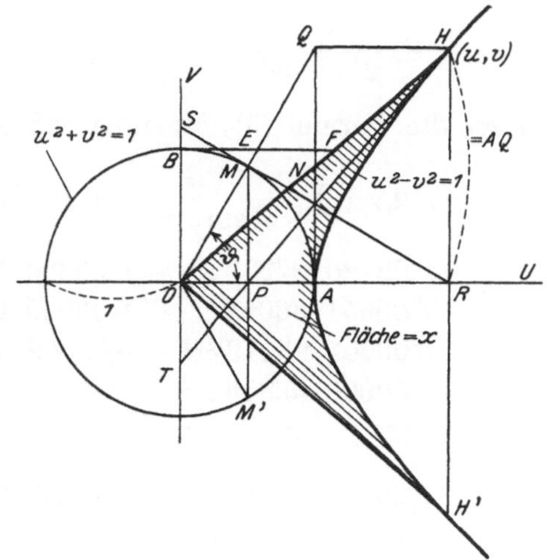

dar. In den trigonometrischen Bezeichnungen (3) kann also das Argument ϑ, anstatt des Bogenmaßes, als die obengenannte Fläche des Sektors aufgefaßt werden. Das Argument x in den hyperbolischen Funktionen (1), (2) bezeichnet dementsprechend die Fläche des Hyperbelsektors $H'OHAH'$.

Der Zusammenhang zwischen den beiden Argumenten x, ϑ ergibt sich in folgender Weise. Die Beziehung

$$\mathfrak{Cos}\, x + \mathfrak{Sin}\, x = e^x$$

verwandelt sich im Hinblick auf die Figur in

$$\sec\vartheta + \operatorname{tg}\vartheta = e^x.$$

Die weitere Verfolgung dieses Ansatzes gibt:

$$\frac{1 + \sin\vartheta}{\cos\vartheta} = \frac{1 + \cos\left[\frac{\pi}{2} - \vartheta\right]}{\sin\left[\frac{\pi}{2} - \vartheta\right]} = \operatorname{ctg}\left[\frac{\pi}{4} - \frac{\vartheta}{2}\right] = \operatorname{tg}\left[\frac{\pi}{4} + \frac{\vartheta}{2}\right] = e \quad ,$$

woraus

$$x = \log_e \operatorname{tg} x \left[\frac{\pi}{4} + \frac{\vartheta}{2}\right].$$

Man nenn ϑ die „hyperbolische Amplitude“ von x oder auch **Lamberts** transzendenten Winkel. Die Beziehung ist manchmal mit

$$\vartheta = \mathfrak{Amp}\, x$$

dargestellt.

§ 2. Über die Berechnung der Gammafunktion.

Die Gammafunktion hat nach **Legendre** die Bezeichnung

$$\Gamma(x) = \lim_{m=\infty} \frac{m!\, m^{x-1}}{x(x+1)\cdots(x+m-1)}. \tag{4}$$

Gauß hat noch die Bezeichnung $\Pi(x)$ eingeführt. Zwischen beiden gilt die Beziehung $\Pi(x) = \Gamma(1+x)$. Durch diese Formeln ist die Funktion für beliebige reelle oder komplexe Werte von x definiert.

Um die Gammafunktion für beliebige Werte von x zu berechnen, genügt es, sie für irgendein Intervall von $x = n$ bis $n+1$ sämtlich zu kennen. Für solchen Zweck bedient man sich am bequemsten der logarithmischen Formel:

$$\ln \Gamma(1+\xi) = \frac{1}{2} \ln \left[\frac{(1-\xi)\,\xi\pi}{(1+\xi)\sin \xi\pi}\right] - \xi(\nu-1) - \frac{\xi^3}{3}(S_3-1) - \frac{\xi^5}{5}(S_5-1) - \cdots, \tag{5}$$

eine unendliche Reihe, die für $|\xi| < 1$ gleichmäßig konvergiert. Hierbei bezeichnet ν die **Eulersche** Konstante 0,57721 56649 015329; S_n bedeutet die unendliche Reihe

$$S_n = \frac{1}{1^n} + \frac{1}{2^n} + \frac{1}{3^n} + \cdots + \frac{1}{m^n} + \cdots.$$

Für den praktischen Gebrauch sei die Formel (5) folgendermaßen angegeben:

$$\begin{aligned}\log_{10} \Gamma(1+\xi) = \frac{1}{2} \log_{10} \left[\frac{(1-\xi)\,\xi\pi}{(1+\xi)\sin \xi\pi}\right] &+ 0{,}18361\ 29038\,\xi \\ - 0{,}02925\ 07327\,\xi^3 &- 0{,}00320\ 75041\,\xi^5 \\ - 0{,}00051\ 80064\,\xi^7 &- 0{,}00009\ 69149\,\xi^9 \\ - 0{,}00001\ 95112\,\xi^{11} &- 0{,}00000\ 40995\,\xi^{13} \\ - 0{,}00000\ 08856\,\xi^{15} & \\ \cdots\cdots\cdots &\end{aligned} \tag{6}$$

oder

$$\begin{aligned}\log_{10} \Gamma(1+\xi) = - 0{,}25068\ 15781\,\xi &+ 0{,}35719\ 28942\,\xi^2 \\ - 0{,}17401\ 55600\,\xi^3 &+ 0{,}11751\ 17520\,\xi^4 \\ - 0{,}09006\ 64005\,\xi^5 &+ 0{,}07363\ 77464\,\xi^6 \\ - 0{,}06256\ 00751\,\xi^7 &+ 0{,}05450\ 81569\,\xi^8 \\ - 0{,}04835\ 18573\,\xi^9 &+ 0{,}04347\ 26420\,\xi^{10} \\ \cdots\cdots\cdots &\end{aligned} \tag{6a}$$

Nach dieser Formel kann $\log_{10} \Gamma(x)$ und also $\Gamma(x)$ in dem Bereiche von $x = 1$ bis $x = 2$ berechnet werden. Es ist aber bequemer, wenn man dabei $\xi = 0$ bis 0,5 setzt und die Berechnung für die erste Hälfte des Bereiches ausführt. Die Formel für die andere Hälfte des Bereiches läßt sich aus der bekannten Eigenschaft der Gammafunktion

$$\Gamma(x)\,\Gamma(1-x) = \frac{\pi}{\sin x\pi} \tag{7}$$

$$x\,\Gamma(x) = \Gamma(1+x) \tag{8}$$

formen. Da durch (8) auch $(1-\xi)\,\Gamma(1-\xi) = \Gamma(2-\xi)$, erhält man aus (7) die Beziehung

$$\Gamma(2-\xi) = \frac{(1-\xi)\,\xi\pi}{\Gamma(1+\xi)\sin \xi\pi},$$

und daraus die gesuchte Formel

$$\log_{10} \Gamma(2-\xi) = \log_{10} \left[\frac{(1-\xi)\,\xi\pi}{\sin \xi\pi}\right] - \log_{10} \Gamma(1+\xi). \tag{9}$$

Bei der Anwendung von (9) braucht man für ξ wieder nur die Werte 0 bis 0,5 anzugeben.

Ist die Funktion einmal für das Intervall $x=1$ bis 2 bestimmt, so läßt sie sich nach der Formel (8) für $x=0$ bis 1 leicht berechnen.

Um die Funktion für ein beliebiges positives x zu berechnen, bedient man sich der Formel

$$\Gamma(x)=(x-1)(x-2)\cdots(x-n)\,\Gamma(x-n), \tag{10}$$

worin n eine positive ganze Zahl bedeutet, die kleiner als x ist.

Der Verlauf der Gammafunktion für ein negatives Argument läßt sich mit Hilfe der Formeln (7), (8) leicht ableiten.

Die am nächsten bei $x=0$ liegenden Maxima bzw. Minima der Gammafunktion sind:

$$\begin{aligned}
x &= 1{,}46163\ 21, & \Gamma(x) &= 0{,}88560\ 32,\\
&= -0{,}504, & &= -3{,}54464\ 3722,\\
&= -1{,}573, & &= 2{,}30241\ 0103,\\
&= -2{,}611, & &= -0{,}88813\ 6734,\\
&= -3{,}635, & &= 0{,}24512\ 7663.
\end{aligned}$$

§ 3. Newtonsche Interpolationsformeln.

Es zeigte sich, daß unsere Tafel für die Interpolation auf die gewöhnliche Weise an manchen Stellen nicht geeignet ist; deshalb sind auch keine Proportionalteile beigefügt worden. Bei der Interpolierung kann man sich also nur der Interpolationsformel bedienen.

An den Stellen der Tafel, an denen die Argumentswerte äquidistant sind, gilt im allgemeinen die bekannte Newtonsche Interpolationsformel. Mit Bezugnahme auf das folgende Schema lautet die Formel:

$$y=y_0+\frac{x-x_0}{1}\,\frac{\Delta y_0}{\Delta x}+\frac{(x-x_0)(x-x_1)}{2!}\,\frac{\Delta^2 y_0}{\Delta x^2}+\cdots+\frac{(x-x_0)(x-x_1)\cdots(x-x_{n-1})}{n!}\,\frac{\Delta^n y_0}{\Delta x^n} \tag{11}$$

mit dem Restgliede

$$+\frac{(x-x_0)(x-x_1)\cdots(x-x_n)}{(n+1)!}\,y^{(n+1)}(\xi).$$

Das Argument x, für welches die Funktion interpoliert werden soll, ist als zwischen x_0 und x_n liegend vorausgesetzt. Die Größe ξ im Restgliede bezeichnet eine mittlere Zahl zwischen der größten und der kleinsten unter den Zahlen x_0, x_1, x_2, ... und x.

x	y	Δy	$\Delta^2 y$	$\Delta^3 y$		
x_0	y_0					
		Δy_0				
$x_1=x_0+\Delta x$	y_1		$\Delta^2 y_0$			
		Δy_1		$\Delta^3 y_0$		
$x_2=x_0+2\Delta x$	y_2		$\Delta^2 y_1$			
		Δy_2		$\Delta^3 y_1$		
			$\Delta^2 y_2$			
				$\Delta^3 y_2$		
					$\Delta^{n-1} y_0$	
						$\Delta^n y_0$
					$\Delta^{n-1} y_1$	
			$\Delta^2 y_{n-3}$			
				$\Delta^3 y_{n-3}$		
		Δy_{n-2}				
$x_{n-1}=x_0+(n-1)\Delta x$	y_{n-1}		$\Delta^2 y_{n-2}$			
		Δy_{n-1}				
$x_n=x_0+n\Delta x$	y_n					

Die Schreibweise $\Delta^2 y$ bedeutet soviel wie $\Delta(\Delta y)$, d. h. die Differenz der ersten Differenzen. Ebenso $\Delta^3 y$ soviel wie $\Delta(\Delta^2 y)$ usw. Δx^2, Δx^3, ... aber bedeutet das Quadrat, den Kubus von Δx, also $(\Delta x)^2$, $(\Delta x)^3$, ...

Für den praktischen Gebrauch empfiehlt es sich manchmal, eine Schreibweise einzuführen, bei der man von dem speziellen Werte von Δx unabhängig wird. Wir setzen

$$\left.\begin{aligned}
\frac{x-x_0}{\Delta x} &= \lambda,\\
\frac{x-x_1}{\Delta x} &= \frac{x-x_0}{\Delta x}-\frac{x_1-x_0}{\Delta x}=\lambda-1,\\
\frac{x-x_2}{\Delta x} &= \frac{x-x_0}{\Delta x}-\frac{x_2-x_0}{\Delta x}=\lambda-2,\\
&\cdots\cdots\cdots\cdots\\
\frac{x-x_{n-1}}{\Delta x} &= \frac{x-x_0}{\Delta x}-\frac{x_{n-1}-x_0}{\Delta x}=\lambda-(n-1)
\end{aligned}\right\}$$

und erhalten für (11) die Darstellung:

$$y=y_0+\lambda\Delta y_0+\frac{\lambda(\lambda-1)}{2!}\Delta^2 y_0+\cdots+\frac{\lambda(\lambda-1)(\lambda-2)\cdots[\lambda-(n-1)]}{n!}\Delta^n y_0. \tag{11a}$$

Wenn entweder, wie es manchmal der Fall ist, die Argumentswerte hinreichend dicht aufeinanderfolgen, oder, wie bei $\arcsin x$, $\arccos x$ in unserer Tafel, die angegebenen Funktionswerte auf eine verhältnismäßig geringe Anzahl von Dezimalstellen beschränkt sind, fallen die ersten Differenzen auf eine gewisse Strecke des Arguments unveränderlich aus. Diesen Fällen entspricht lineare Interpolation. Für solche Strecken setzt man in (11) $n=1$. Die Formel nimmt mithin die bekannte Form

$$\left.\begin{aligned}
y&=y_0+(x-x_0)\frac{\Delta y_0}{\Delta x}\\
&\text{oder}\\
y&=y_0+(x-x_0)\frac{y-y_0}{x-x_0}
\end{aligned}\right\} \tag{12}$$

an.

Im Falle, wo nicht die ersten Differenzen, sondern erst die zweiten Differenzen streckenweise konstant sind, setzt man in (11) $n=2$. Es ergibt sich:

$$y=y_0+(x-x_0)\frac{\Delta y_0}{\Delta x}+\frac{(x-x_0)(x-x_1)}{2}\frac{\Delta^2 y_0}{\Delta x^2}, \tag{13}$$

eine Formel, die als quadratische Interpolation bezeichnet wird.

Man kann noch weitergehen. Man setzt $n=3$ in (11) und erhält:

$$y=y_0+(x-x_0)\frac{\Delta y_0}{\Delta x}+\frac{(x-x_0)(x-x_1)}{2}\frac{\Delta^2 y_0}{\Delta x^2}+\frac{(x-x_0)(x-x_1)(x-x_2)}{6}\frac{\Delta^3 y_0}{\Delta x^3}. \tag{14}$$

Als Beispiel möge $e^{\frac{\pi}{5}}$ durch Interpolation aus der Tafel berechnet werden. Es ist

$$\frac{\pi}{5}=0{,}62831\ 85307.$$

Man erhält auf S. 73 die Werte von $y=e^x$ für fünf aufeinanderfolgende Argumente und berechnet darauf Δy, $\Delta^2 y$, $\Delta^3 y$ wie folgt:

x	$y=e^x$	Δy	$\Delta^2 y$	$\Delta^3 y$
0,628	1,87385 91108			
		187 47964		
0,629	1,87573 39072		18757	
		187 66721		19
0,630	1,87761 05793		18776	
		187 85497		18
0,631	1,87948 91290		18794	
		188 04291		
0,632	1,88316 95581			

Hierauf setzen wir in der Newtonschen Formel (11):

$$\begin{aligned}
y_0&=1{,}87385\ 91108, & \Delta y_0&=0{,}00187\ 47964,\\
x&=0{,}62831\ 85307, & \Delta^2 y_0&=0{,}00000\ 18757,\\
x-x_0&=0{,}00031\ 85307, & \Delta^3 y_0&=0{,}00000\ 00019,\\
x-x_1&=-0{,}00068\ 14693, & \Delta x&=0{,}001,\\
x-x_2&=-0{,}00168\ 14693,
\end{aligned}$$

und führen alle Operationen aus:

$$(x - x_0)\frac{\Delta y_0}{\Delta x} = \quad 0{,}00059\ 71802,$$

$$\frac{(x - x_0)(x - x_1)}{2}\,\frac{\Delta^2 y_0}{\Delta x^2} = -\,0{,}00000\ 02036,$$

$$\frac{(x - x_0)(x - x_1)(x - x_2)}{6}\,\frac{\Delta^3 y_0}{\Delta x^3} = \quad 0{,}00000\ 00001.$$

Wir erhalten

$$\begin{array}{rr} + & 1{,}87385\ 91108 \\ + & 59\ 71802 \\ - & 2036 \\ + & 1 \\ \hline \end{array}$$

$$y = e^{\frac{\pi}{5}} = 1{,}87445\ 60875$$

Man überzeugt sich, daß der Fehler des Resultates kleiner ist als eine Einheit der letzten Dezimalstelle. Der wahre Wert von $e^{\frac{\pi}{5}}$ ist 1,87445 60875 85.

§ 4. Interpolation mittels der Differenzenrechnung.

Es sei zwischen zwei benachbarten Argumentswerten, für die die Funktionswerte in der Tafel angegeben sind, eine gewisse Anzahl von Zwischenwerten gewählt, und zwar so, daß sie von einem der Grenzargumente bis zum andern, voneinander mit konstanter Differenz entfernt, aufeinanderfolgen. Es handelt sich jetzt darum, für diese Zwischenwerte des Arguments die Funktionswerte einzuschalten. Um den Zweck zu erreichen, könnte man sich des Verfahrens der Interpolation bedienen. Bald würde man aber dabei die Differenzenermittlung, die man für die Tafelwerte zu machen hat, umständlich finden. In einigen Fällen könnte man die gesuchten Zwischenwerte unmittelbar, z. B. mittels der Taylorentwicklung, berechnen. Dadurch würde man aber jeden Wert voneinander unabhängig ausrechnen und hätte über die Richtigkeit des Ergebnisses keine Kontrolle. Um dieser Unbequemlichkeit zu entgehen, berechnen wir für die einzuschaltenden Funktionswerte die ersten Differenzen. Die Ausdrücke für sie können bei manchen Funktionen ziemlich einfach geformt werden. Auch wenn dies praktisch nicht möglich ist, können die Differenzen zweiter oder höherer Ordnung und dadurch die ersten Differenzen so genau geschrieben werden, daß sich ein für praktische Zwecke hinreichend genaues Resultat ergibt.

Mit Bezug auf das folgende Schema

x	f	Δ	Δ^2	Δ^3
$x - h$	$f(x-h)$			
		Δ_{x-h}		
x	$f(x)$		Δ^2_{x-h}	
		Δ_x		Δ^3_{x-h}
$x + h$	$f(x+h)$		Δ^2_x	
		Δ_{x+h}		Δ^3_x
$x + 2h$	$f(x+2h)$		Δ^2_{x+h}	
		Δ_{x+2h}		Δ^3_{x+h}
			Δ^2_{x+2h}	
				Δ^3_{x+2h}
$x + nh$	$f(x+nh)$			
		Δ_{x+nh}		
$x + (n+1)h$	$f[x+(n+1)h]$			
x_1	$f(x_1)$			
		Δ_{x_1}		
$x_1 + h$	$f(x_1+h)$		$\Delta^2_{x_1}$	
		Δ_{x_1+h}		
$x_1 + 2h$	$f(x_1+2h)$			

erhält man im allgemeinen als die ersten Differenzen:

$$
\left.\begin{aligned}
\Delta_{x-h} &= h f'(x) - \frac{h^2}{2!} f''(x) + \frac{h^3}{3!} f'''(x) - \frac{h^4}{4!} f^{IV}(x) + \cdots \\
\Delta_{x} &= h f'(x) + \frac{h^2}{2!} f''(x) + \frac{h^3}{3!} f'''(x) + \frac{h^4}{4!} f^{IV}(x) + \cdots \\
\Delta_{x+h} &= h f'(x) + \frac{h^2}{2!}[2^2-1] f''(x) + \frac{h^3}{3!}[2^3-1] f'''(x) + \frac{h^4}{4!}[2^4-1] f^{IV}(x) + \cdots \\
&\cdots\cdots\cdots\cdots\cdots\cdots\cdots\cdots \\
\Delta_{x+nh} &= h f'(x) + \frac{h^2}{2!}[(n+1)^2-n^2] f''(x) + \frac{h^3}{3!}[(n+1)^3-n^3] f'''(x) \\
&\quad + \frac{h^4}{4!}[(n+1)^4-n^4] f^{IV}(x) + \cdots \\
&\cdots\cdots\cdots\cdots\cdots\cdots\cdots\cdots
\end{aligned}\right\} \tag{15}
$$

Der Ausdruck für das allgemeine Glied Δ_{x+nh} läßt sich bei manchen besonderen Funktionen verhältnismäßig einfach gestalten.

Als die zweiten Differenzen erhält man:

$$
\left.\begin{aligned}
\Delta^2_{x-h} &= h^2 f''(x) + \frac{2h^4}{4!} f^{IV}(x) + \frac{2h^6}{6!} f^{VI}(x) + \cdots, \\
\Delta^2_{x} &= h^2 f''(x) + \frac{[2^3-2]h^3}{3!} f'''(x) + \frac{[2^4-2]h^4}{4!} f^{IV}(x) + \cdots, \\
&\cdots\cdots\cdots\cdots\cdots\cdots\cdots\cdots \\
\Delta^2_{x+nh} &= h^2 f''(x) + \frac{[(n+2)^3-2(n+1)^3+n^3]h^3}{3!} f'''(x) \\
&\quad + \frac{[(n+2)^4-2(n+1)^4+n^4]h^4}{4!} f^{IV}(x) + \cdots, \\
&\cdots\cdots\cdots\cdots\cdots\cdots\cdots\cdots
\end{aligned}\right\} \tag{16}
$$

Der Ausdruck für Δ^2_{x-h} ist, wegen des Fehlens eines Gliedes mit h^3, die zweckmäßigste Form.

Die dritten Differenzen erhalten die Ausdrücke:

$$
\left.\begin{aligned}
\Delta^3_{x-h} &= h^3 f'''(x) + \frac{h^4}{4!}[2^4-4] + \frac{h^5}{5!}[2^5-2] f^{V}(x) + \frac{h^6}{6!}[2^6-4] f^{VI}(x) \\
&\quad + \frac{h^7}{7!}[2^7-2] f^{VII}(x) + \cdots, \\
&\cdots\cdots\cdots\cdots\cdots\cdots\cdots\cdots \\
\Delta^3_{x+nh} &= h^3 f'''(x) + \frac{[(n+3)^4-3(n+2)^4+3(n+1)^4-n^4]h^4}{4!} f^{IV}(x) \\
&\quad + \frac{[(n+3)^5-3(n+2)^5+3(n+1)^5-(n+1)^5]h^5}{5!} f^{V}(x) + \cdots. \\
&\cdots\cdots\cdots\cdots\cdots\cdots\cdots\cdots
\end{aligned}\right\} \tag{17}
$$

Stellen also x, x_1 die zwei in Betracht gezogenen benachbarten Argumente und h die konstante Differenz der Zwischenargumente dar, so sind $x+h$, $x+2h$, ..., $x+nh$, ..., x_1-h die Zwischenargumente. Häufig trifft der Fall ein, daß man aus einer gegebenen Tafel eine neue herstellen will, in der das Argumentenintervall zehnmal kleiner ist. Zum Beispiel sucht man zu den Werten $x=1{,}825$, $x_1=1{,}826$ auch für die Zwischenwerte 1,8251, 1,8252, ..., 1,8259 die Funktionswerte zu bekommen. Dabei bezeichnet h ein Zehntel des Intervalls (1,825 bis 1,826) und n alle ganze Zahlen von 1 bis 9; es ist also $x_1=x+10h$.

§ 5. Formeln für die Differenzenrechnung.

1. Bei e^x, e^{-x}.

Der Ausdruck für Δ_{x+nh} nimmt die Form

$$
\left.\begin{aligned}
&\text{bei } e^x, && \Delta_{x+nh} = e^{x+(n+1)h} - e^{x+nh} = e^x\,[e^{nh}(e^h-1)], \\
&\text{bei } e^{-x}, && \Delta_{x+nh} = e^{-[x+(n+1)h]} - e^{-[x+nh]} = -\,e^{-x}\,[e^{-nh}(1-e^{-h})]
\end{aligned}\right\} \tag{18}
$$

an. Die Größen $e^{nh}(e^h - 1)$, $e^{-nh}(1 - e^{-h})$, mit denen e^x bzw. e^{-x} multipliziert werden sollen, um Δ_{x+nh} zu erhalten, sind von x unabhängig. Die Tabellen 1, 2 (S. 196, 198) enthalten die numerischen Werte dieser Ausdrücke für $h = 0{,}1$, $0{,}01$, $0{,}001$, $0{,}0001$ und $0{,}00001$; n stellt dabei alle ganze Zahlen von 1 bis 9 dar.

Beispielsweise soll e^x im Intervall von $x = 0{,}610$ bis $0{,}611$ für jedes $0{,}0001$ eingeschaltet werden. Für diese zwei Argumente entnehmen wir der Tafel:

$$e^x = 1{,}84043\ 13988, \quad e^x = 1{,}84227\ 27507.$$

Mit Hilfe der Tabelle 1 berechnen wir für jeden Zwischenwert die ersten Differenzen. Näheres ist aus folgendem Schema ersichtlich:

x	e^x	Δ_x	Δ^2
0,6100	**1,84043 13988**	0,00018 40523	$0{,}0^5$ 00184 0
1	061 54511	0,00018 40707	$0{,}0^5$ 00184 0
2	079 96218	0,00018 40892	$0{,}0^5$ 00184 1
3	098 36110	0,00018 41076	$0{,}0^5$ 00184 1
4	116 77186	0,00018 41260	$0{,}0^5$ 00184 1
5	135 18446	0,00018 41444	$0{,}0^5$ 00184 1
6	153 59890	0,00018 41628	$0{,}0^5$ 00184 1
7	172 01518	0,00018 41812	$0{,}0^5$ 00184 2
8	190 43330	0,00018 41996	$0{,}0^5$ 00184 2
9	208 85326	0,00018 42181	$0{,}0^5$ 00184 2
0,6110	**1,84227 27507**		$0{,}0^5$ 00184 2

Berechnet man zuerst für die Grenzargumente die entsprechenden Werte von Δ^2, so findet man manchmal, daß die gewonnenen Werte voneinander sehr wenig verschieden ausfallen, und zwar so wenig, daß sich die ganze Reihe der Δ^2 zwischen diesen zwei Werten auf den ersten Blick hinschreiben läßt. Aus diesen Werten von Δ^2 berechnet man die Reihe der ersten Differenzen. Dabei kann man sich von dem Genauigkeitsgrad der Werte Δ^2 dadurch überzeugen, daß man für die Grenzargumente die entsprechenden ersten Differenzen im voraus berechnet. Die Formeln dafür lauten:

$$\left.\begin{aligned} \Delta_x &= e^x [e^h - 1], \\ \Delta^2_{x-h} &= 4\, e^x \,\mathfrak{Sin}^2 \frac{h}{2}. \end{aligned}\right\} \tag{19}$$

Die folgende Tabelle enthält die numerischen Werte der Koeffizienten:

h	$e^h - 1$	$4\,\mathfrak{Sin}^2 \frac{h}{2}$
0,1	0,10157 09180 75648	0,01000 83361 11607
0,01	0,01005 01670 84168	0,00010 00008 33338
0,001	0,00100 05001 66708	0,00000 10000 00083
0,0001	0,00010 00050 00167	0,00000 00100 00000
0,00001	0,00001 00000 50000	0,00000 00001 00000

Im letzten Beispiel ergibt sich:

für $x = 0{,}610$: $\Delta_x = 0{,}00018\ 40523$, $\Delta^2_{x-h} = 0{,}00000\ 00184\ 0$,

für $x = 0{,}611$: $\Delta_x = 0{,}00018\ 42365$, $\Delta^2_{x-h} = 0{,}00000\ 00184\ 2$.

Zwischen diesen zwei Werten von Δ^2_{x-h} schalten wir die Zwischenwerte linear ein; darauf berechnen wir die ersten Differenzen und die Funktionswerte. Die Reihe der Δ^2 ist zu dem obigen Schema hinzugefügt. Die auf Grund dieser Werte Δ^2 berechneten ersten Differenzen weichen an einigen Stellen von den oben berechneten um eine Einheit der letzten Dezimalstelle ab.

2. Bei $\mathfrak{Sin}\, x$, $\mathfrak{Cof}\, x$, $\sin x$ und $\cos x$.

Es ergibt sich:

$$\left.\begin{aligned} &\text{bei } \mathfrak{Sin}\, x\text{:} \quad \Delta_{x+nh} = \mathfrak{Sin}\,[x + (n+1)h] - \mathfrak{Sin}\,[x + nh] = A\,\mathfrak{Sin}\, x + B\,\mathfrak{Cof}\, x, \\ &\text{bei } \mathfrak{Cof}\, x\text{:} \quad \Delta_{x+nh} = \mathfrak{Cof}\,[x + (n+1)h] - \mathfrak{Cof}\,[x + nh] = B\,\mathfrak{Sin}\, x + A\,\mathfrak{Cof}\, x, \\ &\text{wobei} \\ &\qquad A = \mathfrak{Cof}\,(n+1)h - \mathfrak{Cof}\, nh, \\ &\qquad B = \mathfrak{Sin}\,(n+1)h - \mathfrak{Sin}\, nh. \end{aligned}\right| \tag{20}$$

Analog erhält man:

$$\left.\begin{aligned} &\text{bei } \sin x: \quad \Delta_{x+nh} = A\cos x - B\sin x, \\ &\text{bei } \cos x: \quad \Delta_{x+nh} = -[A\sin x + B\cos x], \\ &\text{wobei} \\ &A = \sin(n+1)h - \sin nh, \\ &B = \cos nh - \cos(n+1)h. \end{aligned}\right\} \quad (21)$$

Die Werte für A, B in (20), (21) sind in den Tabellen 3, 4 (S. 200, 201) angegeben.

3. Bei $\mathbf{tg}\,x$, $\mathfrak{Tg}\,x$.

Für die ersten Differenzen erhält man bei $\mathbf{tg}\,x$:

$$\left.\begin{aligned} &\Delta_{x+nh} = \operatorname{tg}[x+(n+1)h] - \operatorname{tg}[x+nh] = \frac{1}{[A - B\operatorname{tg} x]\cos^2 x + C}, \\ &\text{wenn} \\ &A = \frac{\cos(2n+1)h}{\sin h}, \\ &B = \frac{\sin(2n+1)h}{\sin h}, \\ &C = \frac{\sin(n+1)h\sin nh}{\sin h}. \end{aligned}\right\} \quad (22)$$

Die numerischen Werte der Koeffizienten A, B, C sind in der Tabelle 5 (S. 264) angegeben.

Zum Beispiel soll $\operatorname{tg} x$ im Intervall von $x = 4{,}30$ bis $4{,}31$ für jedes $0{,}001$ eingeschaltet werden. Es ist

$$\begin{aligned} &\text{für } x = 4{,}30: \quad \operatorname{tg} x = 2{,}28584\;78774, \\ &\text{für } x = 4{,}31: \quad \operatorname{tg} x = 2{,}34955\;73069 \end{aligned}$$

und

$$\begin{aligned} \cos 4{,}30 &= -0{,}40079\;91720\;80, \\ \cos^2 4{,}30 &= 0{,}16063\;99763\;40. \end{aligned}$$

Der Gang der Rechnung ist aus der nachstehenden Tabelle ersichtlich:

x	$B\operatorname{tg} 4{,}30$	$A - B\operatorname{tg} 4{,}30$	$\cos^2 4{,}30\,[A - B\operatorname{tg} 4{,}30] + C$	Δ	$\operatorname{tg} x$
4,300	2,28584 78774	997,71381 87892	160,27272 4	0,00623 93648	**2,28584 78774**
1	6,85753 47176	993,13813 19517	159,53968 5	26 80329	2,29208 72422
2	11,42919 36700	988,55847 30206	158,80800 9	29 69116	2,29835 52751
3	16,00079 79912	983,97486 87714	158,07769 9	32 60030	2,30465 21867
4	20,57235 65959	979,38731 03374	157,34875 4	35 53093	2,31097 81897
5	25,14382 37678	974,79584 34988	156,62118 0	38 48325	2,31733 34990
6	29,71519 03644	970,20047 74782	155,89498 0	41 45747	2,32371 83315
7	34,28643 81004	965,60123 06569	155,17015 7	44 45382	2,33013 29062
8	38,85754 86907	960,99812 14319	154,44671 3	47 47250	2,33657 74444
9	43,42850 38507	956,39116 82158	153,72465 1	50 51376	2,34305 21694
4,310					**2,34955 73069**

Analog ergibt sich für $\mathfrak{Tg}\,x$:

$$\left.\begin{aligned} &\mathfrak{Tg}[x+(n+1)h] - \mathfrak{Tg}[x+nh] = \frac{1}{[A + B\,\mathfrak{Tg}\,x]\,\mathfrak{Cof}^2 x + C}, \\ &\text{wenn} \\ &A = \frac{\mathfrak{Cof}(2n+1)h}{\mathfrak{Sin}\,h}, \\ &B = \frac{\mathfrak{Sin}(2n+1)h}{\mathfrak{Sin}\,h}, \\ &C = \frac{\mathfrak{Sin}(n+1)h\,\mathfrak{Sin}\,nh}{\mathfrak{Sin}\,h}. \end{aligned}\right\} \quad (23)$$

Es sollen noch die Formeln für das Verfahren bei den zweiten Differenzen abgeleitet werden. Führt man die Beziehungen

$$\left.\begin{aligned}
&y = \mathrm{tg}\, x, \\
&\frac{dy}{dx} = 1 + \mathrm{tg}^2 x, && \frac{d^4 y}{dx^4} = 8\,\mathrm{tg}\, x\,[1 + \mathrm{tg}^2 x]\,[2 + 3\,\mathrm{tg}^2 x], \\
&\frac{d^2 y}{dx^2} = 2\,\mathrm{tg}\, x\,[1 + \mathrm{tg}^2 x], && \frac{d^5 y}{dx^5} = 8\,[1 + \mathrm{tg}^2 x]\,[2 + 15\,\mathrm{tg}^2 x\,(1 + \mathrm{tg}^2 x)], \\
&\frac{d^3 y}{dx^3} = 2\,[1 + \mathrm{tg}^2 x]\,[1 + 3\,\mathrm{tg}^2 x], && \frac{d^6 y}{dx^6} = 16\,\mathrm{tg}\, x\,[1 + \mathrm{tg}^2 x]\,[17 + 60\,\mathrm{tg}^2 x + 45\,\mathrm{tg}^4 x] \\
& && \cdots\cdots\cdots\cdots\cdots\cdots\cdots\cdots
\end{aligned}\right\}$$

in (15), (16) ein, so erhält man:

$$\left.\begin{aligned}
\Delta_x &= h\,[1 + \mathrm{tg}^2 x]\Big[1 + h\,\mathrm{tg}\, x + \frac{h^2}{3}(1 + 3\,\mathrm{tg}^2 x) + \frac{h^3}{3}\,\mathrm{tg}\, x\,(2 + 3\,\mathrm{tg}^2 x) \\
&\quad + \frac{h^4}{15}\,[2 + 15\,\mathrm{tg}^2 x\,(1 + \mathrm{tg}^2 x)] + \frac{h^5}{45}\,\mathrm{tg}\, x\,[17 + 60\,\mathrm{tg}^2 x + 45\,\mathrm{tg}^4 x] + \cdots\Big], \\
\Delta^2_{x-h} &= 2 h^2\,\mathrm{tg}\, x\,[1 + \mathrm{tg}^2 x]\Big[1 + \frac{h^3}{3}\,(2 + 3\,\mathrm{tg}^2 x) + \frac{h^4}{45}(17 + 60\,\mathrm{tg}^2 x + 45\,\mathrm{tg}^4 x) + \cdots\Big].
\end{aligned}\right\} \quad (24)$$

Als Beispiel möge $\mathrm{tg}\, x$ zwischen $x = 3{,}22$ bis $3{,}23$ für jedes $0{,}001$ vermittelst dieser Formeln eingeschaltet werden. Es ist

für $x = 3{,}22$: $\mathrm{tg}\, x = 0{,}07856\ 84178$, $\mathrm{tg}^2 x = 0{,}00617\ 29963$,
für $x = 3{,}23$: $\mathrm{tg}\, x = 0{,}08863\ 83952$, $\mathrm{tg}^2 x = 0{,}00785\ 67651$.

Da $h = 0{,}001$, ergibt sich:

für $x = 3{,}22$:	für $x = 3{,}23$:
$\Delta_x = 0{,}00100\ 62524$,	$\Delta_x = 0{,}00100\ 79464$,
$\Delta^2_{x-h} = 0{,}00000\ 01582$,	$\Delta^2_{x-h} = 0{,}00000\ 01786$.

Zwischen $\Delta^2_{x-h} = 0{,}00000\ 01582$ und $0{,}00000\ 01786$ schalten wir die Zwischenwerte linear ein. Auf diese Weise ist folgendes erhalten worden:

x	$\mathrm{tg}\, x$	Δ	Δ^2
3,220	**0,07856 84178**		**1852**
		0,00100 62524	
1	0,07957 46702		1602
		0,00100 64126	
2	0,08058 10828		1622
		0,00100 65748	
3	0,08158 76576		1643
		0,00100 67391	
4	0,08259 43965		1663
		0,00100 69054	
5	0,08360 13019		1684
		0,00100 70738	
6	0,08460 83757		1704
		0,00100 72442	
7	0,08561 56199		1725
		0,00100 74167	
8	0,08662 30366		1745
		0,00100 75912	
9	0,08763 06278		1766
		0,00100 77678	
3,230	**0,08863 83952**		**1786**
		0,00100 79464	

Bei $y = \mathfrak{Tg}\, x$ ist:

$$\left.\begin{aligned}
&\frac{dy}{dx} = 1 - \mathfrak{Tg}^2 x, && \frac{d^4 y}{dx^4} = 8\,\mathfrak{Tg}\, x\,[1 - \mathfrak{Tg}^2 x]\,[2 - 3\,\mathfrak{Tg}^2 x], \\
&\frac{d^2 y}{dx^2} = -2\,\mathfrak{Tg}\, x\,[1 - \mathfrak{Tg}^2 x], && \frac{d^5 y}{dx^5} = 8\,[1 - \mathfrak{Tg}^2 x]\,[2 - 15\,\mathfrak{Tg}^2 x\,(1 - \mathfrak{Tg}^2 x)], \\
&\frac{d^3 y}{dx^3} = 2\,(1 - \mathfrak{Tg}^2 x)\,[3\,\mathfrak{Tg}^2 x - 1], && \frac{d^6 y}{dx^6} = 16\,\mathfrak{Tg}\, x\,[1 - \mathfrak{Tg}^2 x]\,[17 + 60\,\mathfrak{Tg}^2 x - 45\,\mathfrak{Tg}^4 x], \\
& && \cdots\cdots\cdots\cdots\cdots\cdots\cdots\cdots
\end{aligned}\right\}$$

Es ergibt sich:

$$\left.\begin{aligned}\varDelta_x &= h[1-\mathfrak{Tg}^2 x]\Big[1-h\,\mathfrak{Tg}\,x+\frac{h^2}{3}(3\,\mathfrak{Tg}^2 x-1)+\frac{h^3}{3}\mathfrak{Tg}\,x(2-3\,\mathfrak{Tg}^2 x)\\ &\quad+\frac{h^4}{15}[2-15\,\mathfrak{Tg}^2 x(1-\mathfrak{Tg}^2 x)]+\frac{h^5}{45}\mathfrak{Tg}\,x[17+60\,\mathfrak{Tg}^2 x-45\,\mathfrak{Tg}^4 x]+\cdots\Big],\\ \varDelta^2_{x-h} &= -2h^2\,\mathfrak{Tg}\,x[1-\mathfrak{Tg}^2 x]\Big[1-\frac{h}{3}(2-3\,\mathfrak{Tg}^2 x)-\\ &\quad-\frac{h^4}{45}(17+60\,\mathfrak{Tg}^2 x-45\,\mathfrak{Tg}^4 x)+\cdots\Big].\end{aligned}\right\} \tag{25}$$

4. Bei $\mathfrak{Ar}\,\mathfrak{Sin}\,x$, $\mathfrak{Ar}\,\mathfrak{Cof}\,x$.

Bei diesen Funktionen kann man keine zweckmäßige Formel für $\varDelta_{x+nh}$ ableiten. Wir begnügen uns also mit der Angabe der Ausdrücke für die speziellen Werte der ersten und zweiten Differenzen. Führt man die Beziehungen:

$$\left.\begin{aligned}&y=\mathfrak{Ar}\,\mathfrak{Sin}\,x,\\ &\frac{dy}{dx}=(x^2+1)^{-\frac{1}{2}}, &&\frac{d^3y}{dx^3}=(2x^2-1)(x^2+1)^{-\frac{5}{2}},\\ &\frac{d^2y}{dx^2}=-x(x^2+1)^{-\frac{3}{2}}, &&\frac{d^4y}{dx^4}=3x(3-2x^2)(x^2+1)^{-\frac{7}{2}}\\ &&&\cdots\cdots\cdots\end{aligned}\right|$$

in (15), (16) ein, so erhält man:

$$\left.\begin{aligned}\varDelta_x &= \frac{h}{\sqrt{x^2+1}}\left[1-\frac{hx}{2(x^2+1)}+\frac{h^2(2x^2-1)}{6(x^2+1)^2}+\frac{h^3x(3-2x^2)}{8(x^2+1)^3}+\cdots\right],\\ \varDelta^2_{x-h} &= \frac{h^2x}{\sqrt{x^2+1}}\left[\frac{1}{x^2+1}+\frac{h^2(3-2x^2)}{4(x^2+1)^3}+\cdots\right].\end{aligned}\right\} \tag{26}$$

Entsprechend folgt für $y=\mathfrak{Ar}\,\mathfrak{Cof}\,x$

$$\left.\begin{aligned}&\frac{dy}{dx}=(x^2-1)^{-\frac{1}{2}}, &&\frac{d^3y}{dx^3}=(2x^2+1)(x^2-1)^{-\frac{5}{2}},\\ &\frac{d^2y}{dx^2}=-x(x^2-1)^{-\frac{3}{2}}, &&\frac{d^4y}{dx^4}=3x(3-2x^2)(x^2-1)^{-\frac{7}{2}},\\ &&&\cdots\cdots\cdots\end{aligned}\right|$$

und

$$\left.\begin{aligned}\varDelta_x &= \frac{h}{\sqrt{x^2-1}}\left[1-\frac{hx}{2(x^2-1)}+\frac{h^2(2x^2+1)}{6(x^2-1)^2}+\frac{h^3x(3-2x^2)}{8(x^2-1)^3}+\cdots\right],\\ \varDelta^2_{x-h} &= \frac{h^2x}{\sqrt{x^2-1}}\left[\frac{1}{x^2-1}+\frac{h^2(3-2x^2)}{4(x^2-1)^3}+\cdots\right].\end{aligned}\right\} \tag{27}$$

5. Bei $\arcsin x$, $\arccos x$.

Es ist

$$\left.\begin{aligned}&y=\arcsin x,\\ &\frac{dy}{dx}=(1-x^2)^{-\frac{1}{2}}, &&\frac{d^3y}{dx^3}=(1+2x^2)(1-x^2)^{-\frac{5}{2}},\\ &\frac{d^2y}{dx^2}=x(1-x^2)^{-\frac{3}{2}}, &&\frac{d^4y}{dx^4}=3x(3+2x^2)(1-x^2)^{-\frac{7}{2}}.\\ &&&\cdots\cdots\cdots\end{aligned}\right|$$

Mithin kommt:

$$\left.\begin{aligned}\varDelta_x &= \frac{h}{\sqrt{1-x^2}}\left[1+\frac{hx}{2(1-x^2)}+\frac{h^2(1+2x^2)}{6(1-x^2)^2}+\frac{h^3x(3+2x^2)}{8(1-x^2)^3}+\cdots\right],\\ \varDelta^2_{x-h} &= \frac{h^2x}{\sqrt{1-x^2}}\left[\frac{1}{1-x^2}+\frac{h^2(3+2x^2)}{4(1-x^2)^3}+\cdots\right].\end{aligned}\right\} \tag{28}$$

Bei $y = \mathbf{arccos}\, x$ hat die erste Ableitung $\frac{dy}{dx} = -(1-x)^{-\frac{1}{2}}$, abgesehen vom Vorzeichen, denselben Ausdruck wie die für $\arcsin x$. Da dasselbe für die höhere Ableitung auch gilt, nehmen Δ_x, Δ^2_{x-h} dieselbe Ausdrücke wie (28) nur mit umgekehrten Vorzeichen an.

6. Bei **arctg** x, $\mathfrak{Ar\,Tg}\, x$.

Es ist

$$y = \mathrm{arctg}\, x,$$

$$\left.\begin{aligned} \frac{dy}{dx} &= \frac{1}{1+x^2}, & \frac{d^3y}{dx^3} &= \frac{-2(1-3x^2)}{(1+x^2)^3}, \\ \frac{d^2y}{dx^2} &= \frac{-2x}{(1+x^2)^2}, & \frac{d^4y}{dx^4} &= \frac{24x(1-x^2)}{(1+x^2)^4}, \\ & & & \cdots\cdots\cdots \end{aligned}\right\}$$

und es ergibt sich:

$$\left.\begin{aligned} \Delta_x &= \frac{h}{1+x^2}\left[1 - \frac{hx}{1+x^2} - \frac{h^2(1-3x^2)}{3(1+x^2)^2} + \frac{h^3x(1-x^2)}{(1+x^2)^3} + \cdots\right], \\ \Delta^2_{x-h} &= \frac{-2h^2x}{(1+x^2)^2}\left[1 - \frac{h^2(1-x^2)}{(1+x^2)^2} + \cdots\right]. \end{aligned}\right\} \tag{29}$$

Da bei $y = \mathfrak{Ar\,Tg}\, x$,

$$\left.\begin{aligned} \frac{dy}{dx} &= \frac{1}{1-x^2}, & \frac{d^3y}{dx^3} &= \frac{2(1+3x^2)}{(1-x^2)^3}, \\ \frac{d^2y}{dx^2} &= \frac{2x}{(1-x^2)^2}, & \frac{d^4y}{dx^4} &= \frac{24x(1+x^2)}{(1-x^2)^4}, \\ & & & \cdots\cdots\cdots \end{aligned}\right|$$

ist, bekommt man:

$$\left.\begin{aligned} \Delta_x &= \frac{h}{1-x^2}\left[1 + \frac{hx}{(1-x^2)^2} + \frac{h^2(1+3x^2)}{3(1-x^2)^3} + \frac{h^3x(1+x^2)}{(1-x^2)^4} + \cdots\right], \\ \Delta^2_{x-h} &= \frac{2h^2x}{(1-x^2)^2}\left[1 + \frac{h^2(1+x^2)}{(1-x^2)^2} + \cdots\right]. \end{aligned}\right\} \tag{30}$$

7. Bei $\mathfrak{Sin}\, x \sin x$, $\mathfrak{Sin}\, x \cos x$, $\mathfrak{Cof}\, x \sin x$, $\mathfrak{Cof}\, x \cos x$.

Diese vier Funktionen genügen, wenn sie mit $f(x)$ bezeichnet sind, ein und derselben Differentialgleichung von der Form:

$$\frac{d^4f}{dx^4} + 2f = 0.$$

Die Entwicklung von $f(x+a)$ kann daher als eine lineare Funktion von $f(x)$, $f'(x)$, $f''(x)$ und $f'''(x)$ angegeben werden:

$$f(x+a) = C f(x) + C_1 f'(x) + C_2 f''(x) + C_3 f'''(x).$$

Hierbei bedeuten C, C_1, C_2, C_3 vier nur von a abhängige Größen; sie haben dieselben Ausdrücke für alle vier Funktionen. Anschließend geben wir die Tabelle an:

$f(x)$	$f'(x)$	$f''(x)$	$f'''(x)$	
$\mathfrak{Sin}\, x \sin x$	$\mathfrak{Cof}\, x \sin x + \mathfrak{Sin}\, x \cos x$	$2\,\mathfrak{Cof}\, x \cos x$	$2[\mathfrak{Sin}\, x \cos x - \mathfrak{Cof}\, x \sin x]$	(31)
$\mathfrak{Sin}\, x \cos x$	$\mathfrak{Cof}\, x \cos x - \mathfrak{Sin}\, x \sin x$	$-2\,\mathfrak{Cof}\, x \sin x$	$-2[\mathfrak{Sin}\, x \sin x + \mathfrak{Cof}\, x \cos x]$	
$\mathfrak{Cof}\, x \sin x$	$\mathfrak{Sin}\, x \sin x + \mathfrak{Cof}\, x \cos x$	$2\,\mathfrak{Sin}\, x \cos x$	$2[\mathfrak{Cof}\, x \cos x - \mathfrak{Sin}\, x \sin x]$	
$\mathfrak{Cof}\, x \cos x$	$\mathfrak{Sin}\, x \cos x - \mathfrak{Cof}\, x \sin x$	$-2\,\mathfrak{Sin}\, x \sin x$	$-2[\mathfrak{Cof}\, x \sin x + \mathfrak{Sin}\, x \cos x]$	

Auf Grund des Gesagten kann man für das allgemeine Glied Δ_{x+nh} der ersten Differenzen die folgende Formel:

$$f[x+(n+1)h] - f(x+nh) = A f(x) + A_1 f'(x) + A_2 f''(x) + A_3 f'''(x)$$

bilden.

A, A_1, A_2, A_3 sind von x unabhängig; sie haben bei den vier Funktionen die folgenden gemeinsamen Ausdrücke:

$$\left.\begin{aligned}
A &= \left| 1 - 2\frac{\xi^4}{4!} + 2^3\frac{\xi^8}{8!} - 2^3\frac{\xi^{12}}{12!} + \cdots \right|_{\xi=nh}^{\xi=(n+1)h}, \\
A_1 &= \left| \xi\left[1 - 2\frac{\xi^4}{5!} + 2^2\frac{\xi^8}{9!} - 2^3\frac{\xi^{12}}{13!} + \cdots\right] \right|_{n=nh}^{\xi=(n+1)h}, \\
A_2 &= \left| \xi^2\left[\frac{1}{2!} - 2\frac{\xi^4}{6!} + 2^2\frac{\xi^8}{10!} - 2^3\frac{\xi^{12}}{14!} + \cdots\right] \right|_{\xi=nh}^{\xi=(n+1)h}, \\
A_3 &= \left| \xi^3\left[\frac{1}{3!} - 2\frac{\xi^4}{7!} + 2^2\frac{\xi^8}{11!} - 2^3\frac{\xi^{12}}{15!} + \cdots\right] \right|_{\xi=nh}^{\xi=(n+1)h}.
\end{aligned}\right\} \tag{32}$$

Auf diese Weise lassen sich die ersten Differenzen für eine der Funktionen $f(x)$ durch die Funktion selbst und ihre drei ersten Ableitungen und also Δ_{x+nh} für eine Funktion durch die vier Funktionen darstellen.

Die Werte von A, A_1, A_2, A_3 sind in der Tabelle 6 [S. 265] angegeben.

Zum Beispiel sollen die Werte für $\mathfrak{Sin}\, x \sin x$ im Intervall $x = 0{,}952$ bis $0{,}953$ für jedes $0{,}0001$ eingeschaltet werden. Wir entnehmen der Tafel:

x	$\mathfrak{Sin}\, x \sin x$	$\mathfrak{Sin}\, x \cos x$	$\mathfrak{Cof}\, x \sin x$	$\mathfrak{Cof}\, x \cos x$
0,952	0,89803 799	0,63948 694	1,21248 899	0,86336 983
0,953	0,89989 078	0,63945 106	1,21420 104	0,86279 598

Wir setzen $f(x) = \mathfrak{Sin}\, x \sin x$. Dann erhalten wir hieraus für $x = 0{,}952$:

$$\begin{aligned}
f(x) &&= 0{,}89803\ 799, \\
f'(x) &= \mathfrak{Cof}\, x \sin x + \mathfrak{Sin}\, x \cos x &= 0{,}85192\ 593, \\
f''(x) &= 2\,\mathfrak{Cof}\, x \cos x &= 1{,}72673\ 966, \\
f'''(x) &= 2\,[\mathfrak{Sin}\, x \cos x - \mathfrak{Cof}\, x \sin x] &= -1{,}14590\ 410.
\end{aligned}$$

Mit Hilfe der Tabelle 6 lassen sich die ersten Differenzen Δ_{x+nh} und daraus die einzuschaltenden Funktionswerte wie folgt ermitteln:

x	$\mathfrak{Sin}\, x \sin x$	Δ
0,9520	**0,89803 799**	
1	0,89822 319	$0{,}0^3 18\ 520$
2	0,89840 841	$0{,}0^3 18\ 522$
3	0,89859 365	$0{,}0^3 18\ 524$
4	0,89877 890	$0{,}0^3 18\ 525$
5	0,89896 417	$0{,}0^3 18\ 527$
6	0,89914 946	$0{,}0^3 18\ 529$
7	0,89933 476	$0{,}0^3 18\ 530$
8	0,89952 008	$0{,}0^3 18\ 532$
9	0,89970 542	$0{,}0^3 18\ 534$
0,9530	**0,89989 078**	$0{,}0^3 18\ 536$

Ferner mögen die Werte für $f_4(x) = \mathfrak{Cof}\, x \cos x$ im Intervall $x = 0{,}952$ bis $0{,}953$ für jedes $0{,}0001$ eingeschaltet werden, nachdem wir im letzten Beispiel die Zwischenwerte für $\mathfrak{Sin}\, x \sin x$ berechnet haben. Die Einführung der Zahlenwerte von $f_1(x)$, $f_2(x)$, $f_3(x)$ und $f_4(x)$ gibt für $f_4(x)$:

$$\begin{aligned}
\text{für } x = 0{,}925\colon\quad \Delta_x &= -0{,}00005\ 7304, \\
\text{für } x = 0{,}953\colon\quad \Delta_x &= -0{,}00005\ 7484.
\end{aligned}$$

Als die zweiten Differenzen nehmen wir die im letzten Beispiel erhaltenen, mit $-2h^2$ multiplizierten Werte von $\mathfrak{Sin}\, x \sin x$ an, die für das ganze Intervall gleichbleibend sind. Daraus wird berechnet:

x	Δ^2	Δ	$f_4(x) = \mathfrak{Cof}\, x \cos x$
0,9520	$-0{,}0^{5}\,0018$	$-0{,}0^{4}5\,7304$	0,86336 983
1	$-0{,}0^{5}\,0018$	$-0{,}0^{4}5\,7322$	0,86331 253
2	$-0{,}0^{5}\,0018$	$-0{,}0^{4}5\,7340$	0,86325 520
3	$-0{,}0^{5}\,0018$	$-0{,}0^{4}5\,7358$	0,86319 786
4	$-0{,}0^{5}\,0018$	$-0{,}0^{4}5\,7376$	0,86314 051
5	$-0{,}0^{5}\,0018$	$-0{,}0^{4}5\,7394$	0,86308 313
6	$-0{,}0^{5}\,0018$	$-0{,}0^{4}5\,7412$	6,86302 574
7	$-0{,}0^{5}\,0018$	$-0{,}0^{4}5\,7430$	0,86296 832
8	$-0{,}0^{5}\,0018$	$-0{,}0^{4}5\,7448$	0,86291 089
9	$-0{,}0^{5}\,0018$	$-0{,}0^{4}5\,7466$	0,85285 345
0,9530	$-0{,}0^{5}\,0018$	$-0{,}0^{4}5\,7484$	0,86279 598

Die Einschaltung kann manchmal durch die Berechnung der zweiten Differenzen ganz einfach erfolgen. Setzt man

$$\mathfrak{Sin}\, x \sin x = f_1(x), \qquad \mathfrak{Cof}\, x \sin x = f_3(x),$$
$$\mathfrak{Sin}\, x \cos x = f_2(x), \qquad \mathfrak{Cof}\, x \cos x = f_4(x),$$

so werden die ersten sowie die zweiten Differenzen Δ_x, Δ^2_{x-h} folgendermaßen angegeben:

	Δ_x	Δ^2_{x-h}
$f_1(x)$	$h[f_2+f_3]+h^2 f_4+\frac{h^3}{3}[f_2-f_3]+\cdots$	$2h^2 f_4+\cdots$
$f_2(x)$	$h[f_4-f_1]-h^2 f_3+\frac{h^3}{3}[f_4+f_1]+\cdots$	$-2h^2 f_3+\cdots$
$f_3(x)$	$h[f_4+f_1]+h^2 f_2+\frac{h^3}{3}[f_4-f_1]+\cdots$	$2h^2 f_2+\cdots$
$f_4(x)$	$h[f_2-f_3]-h^2 f_1+\frac{h^3}{3}[f_2+f_3]+\cdots$	$-2h^2 f_1+\cdots$

(33)

Da in den Ausdrücken für Δ^2_{x-h} die mit Punkten angedeuteten Glieder bei praktischer Berechnung gegen die angeschriebenen vernachlässigt werden können, geht hervor, daß die zweite Differenz Δ^2_{x-h} bei den Funktionen $f_1(x)$, $f_2(x)$, $f_3(x)$ und $f_4(x)$ beziehungsweise zu $f_4(x)$, $f_3(x)$, $f_2(x)$ und $f_1(x)$ direkt proportional sind. Aus diesem Grunde können, wenn zwei von vier $f(x)$, z. B. $f_1(x)$, $f_2(x)$ eingeschaltet sind, Δ^2_{x-h} für die anderen beiden $f_3(x)$, $f_4(x)$ leicht berechnet werden.

8. Bei $\log_e x$.

Da $\left|\frac{h}{x+nh}\right| < 1$ ist, ergibt sich:

$$\Delta_{x+nh} = \log_e[x+(n+1)h - \log_e[x+nh] = \log_e\left[1+\frac{h}{x+nh}\right]$$
$$= \frac{h}{x+nh} - \frac{1}{2}\left[\frac{h}{x+nh}\right]^2 + \frac{1}{3}\left[\frac{h}{x+nh}\right]^3 - \cdots. \tag{34}$$

Wenn x so groß ist, daß man zur Berechnung von Δ_{x+nh} nur mit dem ersten Glied $\frac{h}{x+nh}$ zu tun hat, kann man angenähert

$$\Delta_{x+nh} = \frac{h}{x} - \frac{nh^2}{x^2} \tag{35}$$

setzen. Diese Formel macht die Rechnung bequemer.